Thieme

Manfred Coenen, Ingrid Vervuert

Pferdefütterung

Begründet von Helmut Meyer

6., aktualisierte Auflage

69 Abbildungen

Georg Thieme Verlag
Stuttgart • New York

Prof. Dr. med. vet. Manfred **Coenen**
Lothringer Str. 18i
30559 Hannover
Deutschland

Prof. Dr. med. vet. Ingrid **Vervuert**
Institut für Tierernährung
Veterinärmedizinische Fakultät
An den Tierkliniken 9
04103 Leipzig
Deutschland

Bibliografische Information der Deutschen Nationalbibliothek
Die Deutsche Nationalbibliothek verzeichnet diese Publikation in der Deutschen Nationalbibliografie; detaillierte bibliografische Daten sind im Internet über http://dnb.d-nb.de abrufbar.

Ihre Meinung ist uns wichtig! Bitte schreiben Sie uns unter:
support.thieme.com/de-DE/
thieme.com/produktsicherheit

Oswald-Hesse-Straße 50
70469 Stuttgart
Deutschland

www.thieme.com

Printed in Germany
1. Auflage 1986 Paul Parey Verlag Berlin, Hamburg
2. Auflage 1992 Paul Parey Verlag Berlin, Hamburg
3. Auflage 1995 Parey Buchverlag in
Blackwell Wissenschafts-Verlag, Berlin, Wien
4. Auflage 2002 Parey Buchverlag in
Blackwell Wissenschafts-Verlag, Berlin, Wien
5. Auflage 2014 Enke Verlag in
MVS Medizinverlage Stuttgart GmbH & Co. KG, Stuttgart

Redaktion: Katharina Schmalz, Wenzenbach b. Regensburg
Zeichnungen: Gay & Sender, Bremen; Andrea Schnitzler, Innsbruck
Umschlaggestaltung: Thieme Gruppe
Umschlaggrafik: Katharina Vollendorf, Malerin, 83623 Ascholding, www.katharinavollendorf.com
Satz: L42 AG, Berlin
Druck: Beltz Grafische Betriebe GmbH, Bad Langensalza

DOI 10.1055/b-006-161670

ISBN 978-3-13-241178-4 3 4 5 6

Auch erhältlich als E-Book:
eISBN (PDF) 978-3-13-241778-6
eISBN (epub) 978-3-13-241779-3

FSC
www.fsc.org
MIX
Papier | Fördert gute Waldnutzung
FSC® C089473

Vorwort zur 6. Auflage

Das vorliegende Buch Pferdefütterung strebt mit der 6. Auflage eine Aktualisierung einer wissenschaftlich begründeten Erörterung zur Ernährung des Pferdes an, die auf Professor Meyer, dem vormaligen Direktor des Instituts für Tierernährung an der Stiftung Tierärztliche Hochschule Hannover zurückgeht. Biologische Zusammenhänge mit wissenschaftlichen Instrumenten für die Praxis zu erörtern, war von Beginn an das Credo. Auch nach seinem Tode ist der Name Meyer mit diesem Werk verbunden und soll es bleiben. Wissenschaftlich erarbeitete Befunde und Daten altern nicht, entsprechend weit war stets der Rahmen der verwerteten Literatur. Bereits bei der vorherigen Auflage hat Professorin Dr. Ingrid Vervuert maßgeblich als Co-Autorin mitgewirkt; dies hat sich verstetigt und erweitert; folgerichtig ist sie ebenfalls Mit-Herausgeberin bei der neuen Auflage, was ihre Kompetenz besonders im Bereich der ernährungsbedingten Erkrankungen und Diätetik hervorhebt.

Die 5. Auflage stand unter dem Eindruck der gerade neu überarbeiteten Empfehlungen zur Ernährung des Pferdes durch den Ausschuss für Bedarfsnormen der Gesellschaft für Ernährungsphysiologie 2014. Zahlreiche Änderungen in der Futterbewertung und Ableitung der Versorgungsempfehlungen wurden eingearbeitet. In der Zwischenzeit kann bereits auf Erfahrungen in der Anwendung der Versorgungsempfehlungen zurückgegriffen werden. Die Bewertung der Raufutterqualität und -verfügbarkeit ist für die Praxis von herausragender Bedeutung; hier ist auch eine deutliche Wirkung der Versorgungsempfehlungen sichtbar. Entsprechende Rationsempfehlungen in der aktualisierten Auflage greifen dies verstärkt auf. Die Betonung der Beziehung zwischen Verhalten und Ernährung sowie Wertung des Energiebedarfs ergeben eine Grundstruktur der Ration, die traditionelle Vorstellungen – noch geprägt aus der Zeit der intensiven Nutzung des Pferdes in der Landwirtschaft – teilweise auflöst, jedoch einen deutlichen Fortschritt für das Tierwohl bringt.

Die Versorgungsempfehlungen und damit erstellte Rationen können nicht grundsätzlich das individuelle Pferd in der spezifischen Umwelt abbilden. Ein Justieren der alltäglichen Fütterung ist eine Notwendigkeit, die wissenschaftlich erarbeiteten Grundlagen sind jedoch die Basis, deren Wert gegenüber empirischen Erwägungen unbestritten ist. Dementsprechend zielt auch diese Auflage darauf ab, ein Höchstmaß an Wissenschaftlichkeit wiederzugeben.

Aus diesen Gründen ist auch die Struktur des Buches beibehalten worden. Da sich laufend aktualisierte Informationen zu Futtermitteln an anderer Stelle finden (u. a. Internet), wurde die Dokumentation über die Inhaltsstoffe vor allem in Mischfuttermitteln im Vergleich zu den vorhergehenden Auflagen gekürzt.

Dem Verlag danken wir herzlich für die Unterstützung und Gestaltung bei der Neuauflage.

Wir hoffen und wünschen, dass die Leser/innen durch dieses Werk zu einer auf wissenschaftliche Fakten gestützten Sicht bei der Ernährung ihres Pferdes angeregt werden.

Leipzig, im September 2019

Manfred Coenen

Ingrid Vervuert

Vorwort zur 1. Auflage

„Wer sein Pferd nicht pflegt und nährt, ist des Tieres nicht wert", sagt eine alte Bauernregel. Diese Forderung gilt noch, aber wie man Pferde richtig nährt, ist heute für viele Pferdebesitzerinnen und -besitzer, die nicht mit den jahrhundertelang tradierten bäuerlichen Erfahrungen auf diesem Gebiet vertraut sind, nicht immer klar. Doch auch die alten, zum Teil recht starren Vorstellungen über die Fütterung helfen heute nicht immer weiter angesichts der veränderten Haltungsbedingungen, des vielfältigen Futtermittelangebots und der unterschiedlichen Nutzungsarten. Das Pony, das Vielseitigkeitspferd für Military-Prüfungen, das Holzrückepferd im Wald, das Pferd für Distanzritte, der Traber oder das Rennpferd, die Zuchtstute oder das heranwachsende Fohlen und schließlich das Standard-Reitpferd, das täglich oft weniger als eine Stunde bewegt wird – sie alle verlangen eine richtige Ernährung, wenn sie die von ihnen erwarteten Leistungen erfüllen und, vor allem, wenn sie gesund bleiben sollen.

Für die artgerechte Ernährung ist gewiss Intuition *(„Des Herrn Auge füttert sein Pferd")* nicht zu entbehren, doch solche Fähigkeiten können konkretes Wissen über die Funktion des kompliziert aufgebauten und störanfälligen Verdauungskanals des Pferdes, über die Futtermittel, ihre Inhaltsstoffe, Konservierung und Lagerung, über den Energie- und Nährstoffbedarf bei verschiedenen Leistungen oder die Prinzipien der Rationsgestaltung nicht ersetzen.

Die „Pferdefütterung" erscheint nun als selbständiges Buch, nicht mehr in der traditionellen Kombination mit der Pferdezucht (bisher Loewe/Meyer [1978]: Pferdezucht und Pferdefütterung, Verlag E. Ulmer, Stuttgart). Bestimmend dafür war, dass die Fütterung – anders als die Zucht – jede Pferdehalterin und jeden Pferdehalter täglich beschäftigt und er in der Lage sein muss, sie je nach Leistungen, Haltungsbedingungen, Jahreszeiten und Futtermittelpreisen sachgerecht anzupassen bzw. zu modifizieren. Die Trennung erlaubte, die theoretischen Grundlagen, insbesondere die Verdauungsphysiologie, und praktische Aspekte einschließlich der Fütterung von Leistungspferden, der Pathogenese ernährungsbedingter Krankheiten und der Diätetik kranker Pferde eingehend zu beschreiben und dennoch ein nicht zu umfangreiches und preisgünstiges Buch herauszugeben. Es wendet sich an die Studenten der Veterinärmedizin und Landwirtschaft, an Tierärzte und vor allem an Pferdebesitzerinnen und -besitzer sowie und -betreuerinnen und -betreuer, denen das Wohlergehen ihres Tieres am Herzen liegt.

Allen Mitarbeitern im Institut, insbesondere Herrn Dr. Coenen, danke ich für die Hilfe und Anregungen. Dem Verlag gilt meine besondere Anerkennung für die entgegenkommende Gestaltung und rasche Herausgabe.

Hannover, im Januar 1986
Helmut Meyer

Inhaltsverzeichnis

Teil 2

Grundlagen der Fütterung

Teil 3

Erkrankungen und Diätetik

Teil 4
Versorgungsempfehlungen

Teil 5
Anhang

Autorenvorstellung

Prof. Dr. med. vet.
Manfred Coenen

- Fachtierarzt für Tierernährung und Diätetik, Dipl. ECVCN
- Studium der Veterinärmedizin in Hannover und München
- Promotion 1978 durch die Tierärztliche Hochschule Hannover (Dissertationsprojekt zur Fütterung von Milchkühen am Institut für Tierzucht und Tierverhalten der Bundesforschungsanstalt für Landwirtschaft Braunschweig Völkenrode/Mariensee)
- Assistenz in einer Großtierpraxis in Schleswig-Holstein
- Ab 1981 wissenschaftlicher Mitarbeiter am Institut für Tierernährung der Tierärztlichen Hochschule Hannover – Arbeiten zur Ernährung von Schwein, Rind und Pferd
- 1992 Habilitation (Chloridhaushalt und -bedarf des Pferdes)
- 1996 Professor für Tierernährung und Diätetik am Institut für Tierernährung der Tierärztlichen Hochschule Hannover
- 2005 Berufung auf den Lehrstuhl Tierernährung, Ernährungsschäden und Diätetik an der Veterinärmedizinischen Fakultät der Universität Leipzig
- 2013–2016 Dekan der Veterinärmedizinischen Fakultät der Universität Leipzig
- Seit Oktober 2016 im Ruhestand

Prof. Dr. med. vet.
Ingrid Vervuert

- Fachtierärztin für Tierernährung und Diätetik mit Weiterbildungsermächtigung
- 1989–1995 Studium der Veterinärmedizin an der FU Berlin
- 1996–1998 Promotion zum Thema Sportpferdefütterung am Institut für Tierernährung und Diätetik, Tierärztliche Hochschule Hannover
- 1997–2001 Wissenschaftliche Mitarbeiterin, ab 2001–2006 Wissenschaftliche Assistentin am Institut für Tierernährung und Diätetik
- 2003 Fachtierarztprüfung für Tierernährung und Diätetik
- 2006–2010 Wissenschaftliche Assistentin am Institut für Tierernährung, Ernährungsschäden und Diätetik, Veterinärmedizinische Fakultät, Universität Leipzig
- 2009 Habilitationsschrift: „Food properties affecting starch digestion by healthy horses as measured by glycaemic and insulinaemic responses"
- Seit 2010 Privatdozentin am Institut für Tierernährung, Ernährungsschäden und Diätetik in Leipzig
- Seit Juli 2019 außerplanmäßige Professorin am Institut für Tierernährung, Ernährungsschäden und Diätetik in Leipzig
- Forschungsschwerpunkte beim Pferd: Adipositas, Prävention von Magenschleimhautveränderungen und Spurenelementversorgung

Teil 1
Allgemeine Grundlagen

1 Vom Laubfresser zum „Hafermotor“

Manfred Coenen, unter früherer Mitarbeit von Helmut Meyer †

1.1 Entwicklung des Pferdes

Frühgeschichte Der Stammbaum des Pferdes beginnt vor rd. 60 Mio. Jahren im Eozän, in der Morgenröte der Erdneuzeit. In riesigen, weit über die heutige Verbreitung hinausgehenden tropischen Regenwäldern der Alten und Neuen Welt lebte ein etwa fuchsgroßes Säugetier (**Hyracotherium**, frühere Bezeichnung **Eohippus**) mit 4- bzw. 3-strahligem Fuß, aus dem auf manchen Wegen und Umwegen vor rd. 3 Mio. Jahren **Equus ferus**, das Wildpferd, entstand.

Über die Ernährung der Pferdevorfahren wüssten wir wenig, wenn nicht zahlreiche fossile Knochen (u. a. Schädel mit vollständigem Gebiss) Rückschlüsse zuließen. Aus der Zahnform kann abgeleitet werden, dass Hyracotherium vor allem Laubfresser war, aber wohl auch Früchte und Samen genutzt hat. Dies zeigen Funde in der Ölschiefergrube Messel bei Darmstadt: Im Magen eines Urpferdes waren noch Blätter (vermutlich von Lorbeergewächsen) zu erkennen.

Als sich im Laufe der Erdgeschichte das Klima änderte und die weit nach Norden reichenden tropischen Regenwälder Busch- und Grassteppen wichen, hat sich Hyracotherium offenbar an die neue Gelände- und Futtersituation anzupassen versucht. Durch Entwicklung zum Einhufer unter stetiger Vergrößerung des Körpers entstand über **Mesohippus** und **Merychippus** schließlich ein typisches Fluchttier für offene Landschaften.

Parallel dazu vergrößerten und verbreiterten sich die Backenzähne. Ihre Kaufläche wurde rauer, denn durch seitliche Einfaltung des Zahnschmelzes entstanden auf der Kaufläche gewundene Leisten, zwischen denen sich weicheres Material aus Dentin und Zement (▶ **Abb. 3.4**) einlagerte. So konnten ohne übermäßigen Abrieb die harten, teilweise verkieselten Gräser fein zermahlen werden. Die Entwicklung der hochkronigen Zähne (Hypsodontie) vor rd. 15 Mio. Jahren war ein essenzieller Prozess in der Anpassung an die sich ändernde Nahrungsgrundlage; die Gräser mit ihren spezifischen Phytolithen bedingten eine besonders harte Zahnoberfläche, die bei Grasland bewohnenden Equiden mit Riefen und Rillen anders aussehen als bei Laubfressern (▶ **Abb. 1.1**).

Die Veränderungen im Kopfskelett, die neben dem Gebiss auch die Winkelung des Unterkiefers und Ausformung des Kiefergelenks betreffen, belegen die Anpassung an ein anderes Nahrungsspektrum, für das ein quetschender, mahlender Kauvorgang günstiger ist als bei den Vorläufern.

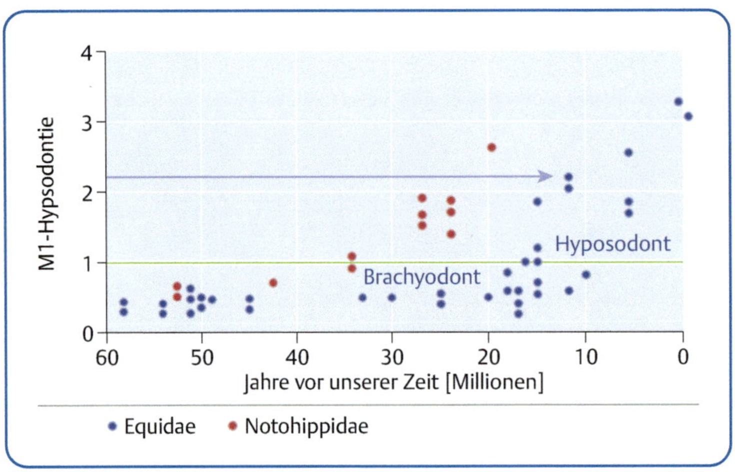

▶ **Abb. 1.1** Entwicklung der Hypsodontie bei Equiden (Angabe der Relation von Kronenhöhe zu Kronenbreite) als Anpassung an die Ausdehnung des Graslandes (Abb. basiert auf Daten aus Shockey 1997 zit. nach MacFadden 2000).

Vermutlich hat sich im Laufe der Entwicklung auch der Dickdarm, in dem faserig pflanzliches Material mit Hilfe von Mikroben aufgeschlossen werden kann, weiter vergrößert. Die Entwicklung der Körpergröße war mit der Vergrößerung des Dickdarmes assoziiert; nur so konnte der Energiebedarf mittels Fermentation gedeckt werden. Das bedeutet zugleich, dass die morphologische Anpassung an die gleichzeitige Adaptation der Mikroflora gebunden war. Metagenomische Analysen (Erfassen des tiereigenen Genoms und der zugehörigen Darmflora) belegen die Koevolution wie auch die Unterschiede zu omnivoren und herbivoren Spezies mit einer Vormagenfermentation. Die Beziehungen zwischen dem intestinalen Mikrobiom und der immunologischen Kompetenz des Magen-Darm-Traktes deuten auf eine evolutionär abgestimmte Bedingung hin und veranlassen zu einer ganzheitlichen Sicht auf die authochtone Intestinalflora und Leistung der Darmwand.

Die Trennung des Wildpferdes (Equus ferus przewalski) und des Hauspferdes (Equus ferus caballus) sowie der Esel erfolgte nach jüngsten genomanalytischen Arbeiten offenbar früher als bislang angenommen (38000–72000 J. v. u. Z.), offenbar initiiert durch weitere Diversifikation der Nahrung.

Der erfolgreichen allmählichen Anpassung an die Veränderung des Nahrungsspektrums mittels eines differenziert aufgebauten Verdauungskanals verdankt das Pferd seine Fähigkeit, unterschiedliche Futtermittel – nach intensiver Zerkleinerung durch den Kauvorgang – zu verdauen: konzentrierte Stoffe wie Zucker, Stärke, Eiweiß und Fett durch körpereigene Enzyme im Magen und Dünndarm, Kohlenhydrate aus Gerüstsubstanzen der pflanzlichen Nahrung mit Hilfe mikrobiell gebildeter Enzyme im Dickdarm. Die im Jahresverlauf in Steppe und Wald anfallenden unterschiedlichen Futtermittel (junges und überständiges Gras, auch Laub, zuckerreiche Früchte, stärke- und fettreiche Samen) konnten optimal genutzt werden. Von Vorteil ist, dass Pferde wertvolle Inhaltsstoffe im jungen Gras direkt nutzen, indem sie es zwischen den Backenzähnen ausquetschen und die löslichen Stoffe im Dünndarm verdauen und die Gerüstsubstanzen dem mikrobiellen Aufschluss überlassen.

Diese Vielseitigkeit, verschiedene Pflanzeninhaltsstoffe zu verwerten, geht aber auf Kosten der Effizienz in der Ausnutzung spezieller Stoffe, besonders der pflanzlichen Fasern. Ein Vergleich der Verdauungskapazität von Pferden und Wiederkäuern zeigt, dass das Pferd typische Produkte der Gras- und Waldsteppe mit hohem Rohfasergehalt, wenig hochwertigem Eiweiß und geringen Mengen an Zucker, Stärke oder Fetten nicht so gut verdaut und verwertet wie Wiederkäuer, aber diesen Nachteil durch eine höhere Futteraufnahme mehr als kompensiert und daher je Zeiteinheit mehr Nährstoffe aus der Nahrung extrahiert als der Wiederkäuer. Ferner ist zu betonen, dass Einhufer selektiv grasen, d. h. Pflanzen und Pflanzenteile nach den Inhaltsstoffen differenzieren können.

Altertum Mit der Domestikation hat sich die Ernährung des Pferdes zunächst wenig geändert, d. h., das Pferd musste mit dem natürlichen Futter (Gras, Laub etc.) auskommen. Eine systematische Futterkonservierung (Gras-, Laubtrocknung) zur Überbrückung futterarmer Zeiten hat – wie die noch bis vor einigen Jahrhunderten in diesem Raum übliche Praxis zeigte – wohl kaum eine Rolle gespielt. Die ersten Hauspferde blieben also, ähnlich wie die Wildpferde, den üblichen jahreszeitlichen Rhythmen im Futterangebot ausgesetzt.

Als im Laufe des 2. Jahrtausends v. Chr. das Pferd auch in den alten Kulturlandschaften des Vorderen Orients – zunächst im Zweistromland, später auch in Ägypten – Fuß fasste, wurde es intensiver und systematisch genutzt: als Tragtier, vor dem Wagen, später auch als Reittier; letzterer Nutzungstyp hat vermutlich aber erst sehr viel später durch die Erfindung der Steigbügel in China entscheidende Impulse erfahren (ältestes Paar Steigbügel in Grabbeigaben datieren aus 322 n. Chr.). Aus dem 2. Jahrtausend v. Chr. sind Berichte über massierte Pferdehaltung an königlichen Höfen im Vorderen Orient überliefert. So soll König Salomo (965–926 v. Chr.) in Israel zeitweilig 12000 Reit- und 4000 Wagenpferde besessen haben. In der großen Kampfwagenschlacht von Kadesh zwischen Hethitern und Ägyptern (1299 v. Chr.) waren auf hethitischer Seite rd. 7000 Pferde beteiligt.

Die intensivere Nutzung des Pferdes zwang zweifellos zu einer besseren Futterauswahl und Fütterungstechnik, da

- mit steigenden Leistungen der zunehmende Energiebedarf nicht mehr allein über Raufutter oder Gras gedeckt werden konnte,

- das Pferd bei ausschließlicher Gras- und Raufutterzuteilung durch die lange Futteraufnahmezeit nur begrenzt nutzbar war,
- einseitiges Angebot voluminöser Futtermittel die Leistungsfähigkeit einschränkte,
- bei massierter Pferdehaltung in futterarmen Gebieten die logistischen Probleme nur durch zusätzlichen Einsatz konzentrierter, energiereicher und lagerfähiger Futtermittel zu lösen waren.

Wenn auch im Vorderen Orient die Luzerne ein relativ energiedichtes Futtermittel lieferte, begann im Laufe des 2. Jahrtausends v. Chr. die Fütterung mit Getreidekörnern, wie aus dem Kikkuli-Text (14. Jahrhundert v. Chr.) über Fütterung und Training der hethitischen Kampfwagenpferde hervorgeht (vom 167. Trainingstag heißt es z. B.: „Sobald man die Pferde ausspannt, versorgt man sie mit Wasser, dann vermischt man ihnen 3 Hand Weizen, 2 Hand Gerste und 5 Hand Heu ...“). Darstellungen von Pferden wie auf einem assyrischen Relief aus der Zeit um 700 v. Chr. (Louvre, Paris) bestätigen diese Art der Fütterung.

Da höhere Leistungen des Pferdes als Zug- und Tragtier von der Verfügbarkeit konzentrierter Futtermittel abhängen, konnte es erst mit dem Übergang vom Nomadentum zum Ackerbau intensiver genutzt werden. Im mediterranen Raum hat sich die Pferdefütterung im 1. Jahrtausend v. Chr. nach schriftlichen Belegen in dieser Richtung weiterentwickelt und differenziert. Im römischen Reich wurden Pferde nicht allein wegen ihrer militärischen Bedeutung geschätzt, sondern auch für sportliche Zwecke gepflegt; Mosaike zeugen von aufwändig ausgestalteten Gestüten.

Neben den ursprünglichen Futtermitteln (Laub, Gras, Heu, Stroh, Kaff, Luzerne) wurden auch Rüben und als Getreide die in diesem Raum gut gedeihende Gerste favorisiert. Auch Weizen (allerdings mit Vorbehalt) sowie Wicken, Erbsen und Kichererbsen waren üblich. Hafer wird erst in der spätrömischen Kaiserzeit erwähnt. Die römischen Soldaten erhielten als Furage für ihre Pferde Getreidekörner und kannten bereits das Risiko für Hufrehe nach einseitiger Gerstenfütterung.

Der Sonnenwagen von Trondholm, datiert auf die Bronzezeit ca. 1400 v. Chr., zeigt bereits ein „modern“ wirkendes Pferd, das vor allem im Hals- und Kopfbereich nicht dem Erscheinungsbild des Wildpferdes entspricht. Dies legt nahe, dass auch in anderen Kulturen das Pferd eine hervorgehobene Stellung eingenommen hat und entsprechend alimentiert wurde.

Zweifellos wurden im Altertum die Pferde, die allein für Jagd, Sport, Krieg und nicht für Zugarbeit (für Warentransport und Feldarbeit, dies oblag Ochsen und Eseln) gehalten wurden, in der Regel sorgfältig betreut. Von Priamos z. B. heißt es im 24. Gesang der „Ilias“:

> *„Rosse für Priamos' Joch nun führten sie, welche der Alte selbst mit Sorge gepflegt an schön geglätteter Krippe ...“*

Schon damals blühte bei der teilweise großen Passion für Pferde manche Extravaganz. Das Lieblingspferd des römischen Kaisers Caligula (37–41 n. Chr.) wurde u. a. mit Rosinen, Mandeln und Honig gefüttert und mit verdünntem Wein aus goldenen Schalen getränkt.

Mittelalter Im Mittel- und Nordeuropa lösten erst am Ende des 1. Jahrtausends n. Chr. neue Fütterungssysteme die allgemein bevorzugte Pferdehaltung auf Weide und Waldweide ab. Im fränkischen Raum hat Karl der Große (768–814 n. Chr.) Gestüte eingerichtet; in diesem Zusammenhang wurde vermutlich auch die Fütterung intensiviert. Die Nutzung des Pferdes dürfte der Oberschicht vorbehalten und damit stark militärisch geprägt gewesen sein. In Zentraleuropa war das Pferd als Fleischlieferant offenkundig unbedeutend, zumal durch päpstliche und kaiserliche Dekrete der Konsum von Pferdefleisch untersagt war. Untersuchungen zur Verteilung der Kohlen- und Stickstoffisotope in Haaren aus mittelalterlichen Artefakten in Tschechien deuten darauf hin, dass Gras- und Buschland die Nahrung für Pferde stellen mussten, wenngleich Getreide, allen voran Hafer, Hirse, Reis und auch Hanf neben Leguminosen nicht unbekannt waren.

Erst die Ausbreitung des Ackerbaus in Mittel- und Nordeuropa schaffte hier die Voraussetzungen, aber auch die Möglichkeiten für eine intensive Nutzung des Pferdes in der Landwirtschaft und zu militärischen Zwecken. Die Arbeitsleistung des Pferdes war 10-mal höher als die des Menschen und etwa doppelt so hoch wie die von Ochsen. Ritterpferde, die mit Rüstung und Reiter bis zu 170 kg tragen mussten, ließen sich mit Grundfuttermitteln (Gras, Heu, Stroh, Laub, Heidekraut) kaum ausreichend ernähren. In Mitteleuropa hatte sich der Hafer dank günstiger Anbaumöglichkeiten im maritimen Klima und seiner vorteilhaften verdauungsphysiologischen Eigenschaften als Körnerfutter durchgesetzt. Daneben wurden Gerste, Roggen (beide stets eingeweicht), Pferdebohnen, Erbsen, geringe Mengen Hirse, Dinkel und Weizen sowie Leinkuchen verwendet, vermutlich aber auch Möhren und andere Wurzeln. Als Raufutter dienten neben Laub, Heu und Gerstenstroh Klee, Wicken und ggf. Schilf. Mögliche Leistung und Futteraufwand repräsentieren allerdings einen gravierenden Interessenskonflikt. Aufgrund der Kosten war die Nutzung des Pferdes (in England ca. 4-mal teurer als Ochsen) in der kleinbäuerlichen Landwirtschaft sicher begrenzt, während die Pferde der Oberschicht regelmäßig Getreide erhalten haben und damit auch mehr leisten konnten.

Besonders sorgfältig wurde die Fütterungstechnik gehandhabt: Im bäuerlichen Betrieb erhielten Arbeitspferde ihr erstes Futter um 4–5 Uhr in der Frühe. Während des Tages wurde noch 3-mal gefüttert, in manchen Betrieben auch noch um Mitternacht.

Später hat sich die Pferdefütterung entsprechend den Nutzungsrichtungen und verfügbaren Futtermitteln entwickelt. In der Landwirtschaft unterschied man Gras- und Stallpferde. Die Graspferde (klein, weniger leistungsfähig, für leichte Arbeit) wurden vorwiegend auf der Weide gehalten. Die für schwere Arbeiten genutzten Stallpferde erhielten bei voller Leistung täglich etwa 6 kg Hafer und 7 kg Heu (rd. 120 MJ verdauliche Energie) – eine Futtermenge, die auch nach heutigen Kenntnissen Pferde mit einem Gewicht von 500 kg zu intensiver Arbeit befähigt. Wenn auch noch keine konkreten Vorstellungen über den Energie- und Nährstoffbedarf bestanden, so wurden doch schon differenzierte Methoden zur Bewertung der Futtermittel (Sinnenprüfung, Litergewicht für Hafer) entwickelt, wie aus älteren Gestütsaufzeichnungen hervorgeht.

19. Jahrhundert bis heute Wissenschaftliche Arbeiten zur Verdauungsphysiologie sowie zum Energie- und Eiweißstoffwechsel beginnen erst im letzten Viertel des 19. Jahrhunderts, als bereits detaillierte Kenntnisse zu diesen Fragen bei Mensch und Hund vorlagen. Schrittmacher für die Fortschritte in den Kenntnissen zur Ernährung des Pferdes war die Entwicklung der analytischen Chemie. Frühe, eher sporadische Untersuchungen zum Ca- und P-Stoffwechsel des Pferdes werden Ende des 19. Jahrhunderts durch Skeletterkrankungen („Big Head Disease", chronische Lahmheiten) ausgelöst. Erst nach der Jahrhundertwende folgen systematische Arbeiten zur Reproduktion dieser Störungen und zur Ermittlung des Bedarfs, überwiegend durch Militärveterinäre. Forschungen über Stoffwechsel und Bedarf von Spurenelementen und Vitaminen beginnen beim Pferd erst in den 30er Jahren des 20. Jahrhunderts.

Im 18. und 19. Jahrhundert gewinnt das Pferd neben seinen traditionellen Aufgaben in Landwirtschaft und Armee immer größere Bedeutung im Transportwesen. 1910 wurden in New York 128000 Pferde gezählt; 1930 arbeiteten 52000 Pferde in den britischen Bergwerken untertage. Die konzentrierte Haltung von Pferden außerhalb landwirtschaftlicher Bereiche, beim Militär und in Städten, verlangte eine arbeitssparende Fütterung, raumsparende Lagerung und einfache Handhabung der Futtermittel. Im Gegensatz zum landwirtschaftlichen Betrieb mussten vorrangig Trockenfuttermittel eingesetzt werden: die bekannten „3 H" (Heu, Hafer, Häcksel), die noch Anfang des 20. Jahrhunderts in vielen Pferdeställen dominierten. Für die knapp 6000 Pferde der „General Omnibus Company" Londons Mitte des 19. Jahrhunderts ist eine Tagesration von 3–4 kg Heuhäcksel, 1,5 kg Stroh und 8 kg Quetschhafer beschrieben.

Logistische Überlegungen führten konsequenterweise schon früh zur Herstellung konzentrierter Futtermischungen. Bereits Ende des 16. Jahrhunderts waren in England Rezepturen für Pferdebrot auf Basis von Erbsen und Getreide offenbar in sauerteigartiger Zubereitung bekannt. Unmittelbar nach den Befreiungskriegen (1815/16) angestellte Versuche mit Futterbroten („russischer Zwieback") wurden in der preußischen Armee nur halbherzig weiterverfolgt. Praktische Bedeutung erlangten „Pferdebiskuits", die – zuerst 1870 wiederum in England hergestellt – auf dem Kontinent weit verbreitet und beliebt waren. Die kranzförmigen Kuchen von 10–12 cm Durchmesser (1 cm dick, auf Draht gereiht) konnten am Sattel mitgeführt werden. Sie enthielten neben Hafer- und Gerstenschrot Leinsamen und Erbsen, waren also energie- und eiweißreich. Der 1. Weltkrieg stimulierte zur Herstellung von Pressmischfutter (rd. 9–10 kg schwere Blöcke aus Heu, Hafer, Biertreber, Sesam, Sojamehl, Erdnüssen, Malzkeimen und Melasse) als „eiserne Reserve“. Im Zweiten Weltkrieg waren solche „Fertigfutter“ handlicher (rd. 5 kg) und enthielten neben Hafer, Heu und Stroh auch Kartoffelflocken und Futterhefe. Nach diesen Vorübungen für die Herstellung von einfach zu handhabenden Pferdemischfuttern wurde dann im Wesentlichen erst nach dem Zweiten Weltkrieg das Konzept der kommerziellen, pelletierten Mischfutter praxisreif.

Das Hauspferd erhielt keineswegs immer nur wenige ausgesuchte Futtermittel (Heu, Hafer), sondern je nach regionalen, saisonalen und logistischen Bedingungen recht unterschiedliche pflanzliche Produkte.

Merke

Für die heutige Fütterungspraxis bleibt die Erkenntnis, dass wir einerseits die durchaus bestehende Elastizität des Verdauungskanals des Pferdes gegenüber verschiedenen Futtermitteln nutzen können, andererseits aber die in Jahrmillionen entstandene anatomische und ernährungsphysiologische Grundkonzeption beachten müssen. Denn beim Pferd sind in rd. 6000 Jahren seit seiner Domestikation Bau und Funktion des Verdauungskanals einschließlich des Mikrobioms ebenso wie der Rhythmus der Nahrungsaufnahme unverändert erhalten geblieben.

Die Pferdehaltung und -fütterung sind heute noch durch die Tradition der ehemaligen intensiven Nutzung in den verschiedenen Wirtschaftssegmenten geprägt. Dies ist konfliktträchtig angesichts der Lebensbedingungen des urbanen Pferdes im 21. Jahrhundert. So haben Aspekte des Verhaltens erheblich an Gewicht für Beschreibung des Bedarfs und damit die Rationsgestaltung gewonnen und gelten unabhängig von den traditionellen Bedarfsmerkmalen wie Energie und Nährstoffe.

2 Das Pferd in Zahlen – allgemeine Daten

Manfred Coenen, unter früherer Mitarbeit von Helmut Meyer †

2.1 Zahl der Pferde

Weltweit wird die Zahl der Hauspferde auf ca. 60 Mio. geschätzt (▶ **Tab. 2.1**). Sie ist trotz Rückgang in der Landwirtschaft und in den hochentwickelten Industrieländern in den letzten 20 Jahren bemerkenswert konstant geblieben: Ein großer Teil der Pferde lebt heute in der Neuen Welt und in Asien; Europa stellt knapp 10 % der Weltpferdepopulation. Das Pferd, ein typischer Vertreter der gemäßigten Klimagebiete, ist in feuchtwarmen tropischen Zonen nicht heimisch geworden. Die deutlichsten Zuwächse in der Pferdepopulation sind auf dem amerikanischen Kontinent zu verzeichnen. Bemerkenswert ist der Umfang der Esel- und Maultierpopulationen, für die eine Nutzung im Sport weitgehend ausscheidet.

In Europa hat sich die Zahl der Pferde in den letzten 50 Jahren mehr als halbiert. Die 10 pferdereichsten Länder Europas beherbergen etwa 80 % der in Europa gehaltenen Pferde; Deutschland trägt mit knapp 400000 Pferden etwa 6,6 % zu dieser Teilpopulation bei (▶ **Abb. 2.1**).

In Gesamtdeutschland gab es nach 1945 noch über 2 Mio. Pferde. Durch Ausdünnung in der Landwirtschaft war der Bestand bis in die 1970er Jahre rückläufig und hat sich nunmehr bei rd. 400000 Tieren eingependelt (Angaben der FAO sowie des Statistischen Bundesamtes; ▶ **Tab. 2.1**). Der Rückgang der Pferdepopulationen wird allgemein mit der Mechanisierung des Transportwesens und der Nahrungsmittelproduktion begründet. Steigende Kosten für fossile Brennstoffe ergeben allerdings unter bestimmten Bedingungen bei kleinen Betriebsgrößen eine ökonomische Überlegenheit des Pferdes gegenüber der Maschine, was in manchen Ländern für eine stärkere Nutzung des Tieres in der Agrarproduktion spricht.

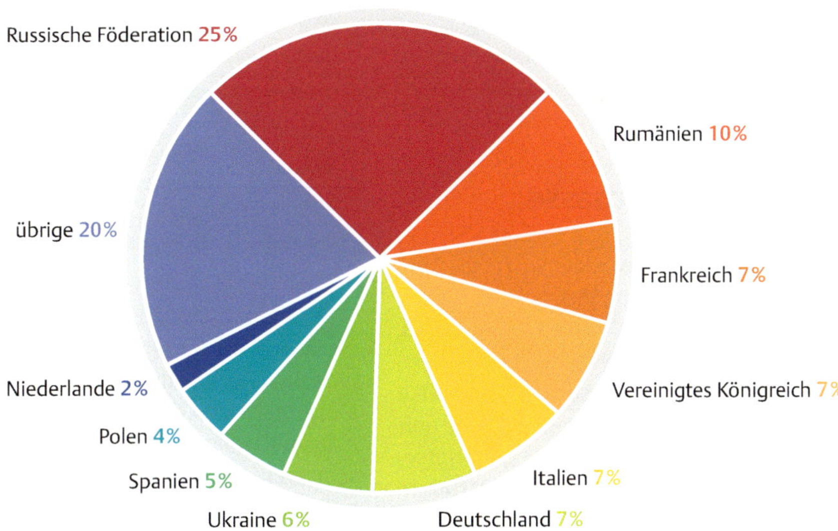

▶ **Abb. 2.1** Verteilung der Pferdepopulation in Europa (Abb. basiert auf Daten der FAO 2017).

▶ **Tab. 2.1** Pferdebestände weltweit (in Mio.) (Tab. basiert auf Daten der FAO 2017).

Geografische Zuordnung	1970	1990	2000	2010	2014	2014 (Esel/Maultiere)
Welt, insgesamt	61,0	61,0	57,8	59,8	58,8	42,8/10,2
Asien	16,5	16,3	16,7	13,6	14,3	16,5/3,0
Afrika	3,7	5,4	4,3	6,0	6,1	18,9/1,0
Nordamerika	4,5	5,5	5,6	10,4	10,7	0,05/0,03
Mittelamerika	6,6	7,1	7,2	7,3	7,3	3,3/3,5
Südamerika	12,4	14,6	15,3	14,3	12,9	3,0/2,4
Karibik	1,3	1,4	1,3	1,5	1,6	0,4/0,3
Ozeanien	0,6	0,5	0,4	0,4	0,4	0,009/–
Europa	15,4	10,2	7,0	6,3	5,6	0,5/0,2
Deutschland	0,40	0,48	0,48	0,55	0,37	–/–

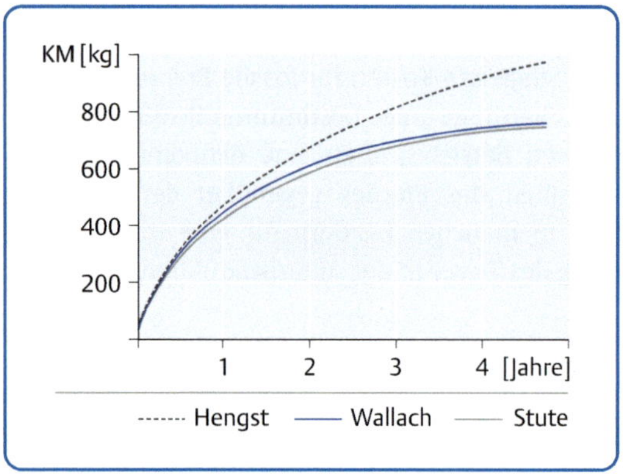

▶ **Abb. 2.2** Entwicklung der Körpermasse bei Stuten, Wallachen und Hengsten, Niederländisches Kaltblut (Fohlen siehe ▶ **Abb. 4.12**) (Abb. basiert auf Daten aus den Engelsen 1966).

2.2 Größe und Körpermasse

Die Selektion nach verschiedenen Nutzungs- und Interessenrichtungen hat eine Vielzahl von Rassen hervorgebracht, weltweit gegenwärtig rd. 250. Zwergrassen (z. B. Falabellas aus Argentinien) erreichen bei einer Körpermasse von < 20 kg eine Widerristhöhe von < 50 cm (Rekord 11,9 kg mit 38 cm), während die Riesen (z. B. Shirehorse) auf > 1000 kg KM bei Widerristhöhen von 190 cm und mehr kommen (Rekord 1452 kg/2,19 m). Die wichtigsten Rassen in Deutschland sind in ▶ **Tab. 2.2** zusammengestellt. Innerhalb jeder Rasse variiert die Körpermasse erheblich, je nach regionalen Zuchtbedingungen. Zwischen den Geschlechtern sind die Unterschiede gering, außer in einigen Kaltblutrassen, in denen Hengste erheblich schwerer werden als Stuten, während Wallache sich von Stuten nicht unterscheiden (▶ **Abb. 2.2**).

▶ **Tab. 2.2** Körpermasse (KM) ausgewachsener Pferde verschiedener Rassen (Durchschnitt von Stuten und Wallachen).

Rasse	kg KM
Shetland-Pony	135–270[1)]
Connemara-Pony	365–455[1)]
Welsh-Pony	2050–325[1)]
Deutsches Reitpony	350–460[2)]
Isländer	310–500[2)]
Araber	420–570[2)]
Haflinger	400–610[2)]
Fjordpferd	545–635[1)]
Vollblut	450–590[2)]
Quarter Horse	410–620[2)]
Deutsches Warmblut	500–760[2)]
Kaltblut	520–890[2)]
Ardenner	710–1060[2)]
Shire Horse	770–1220[1)]

[1)] www.equi-analytical.com; [2)] www.pferdewaage24.de

2.3
Körperzusammensetzung und Verteilung der Gewebe und Organe

Aus der Verteilung der wichtigsten Gewebearten im Organismus des Pferdes (▶ **Tab. 2.3**) geht hervor, dass rd. 40 % auf die **Muskulatur** entfallen, davon der größte Teil auf die Hinterhand.

Das **Skelett** umfasst rd. 15 % des Organismus. Es zeichnet sich im Vergleich zu anderen Spezies durch einen relativ hohen Aschegehalt (vor allem in den Gliedmaßenknochen), ein weites Ca:P-Verhältnis (2,2–2,4:1) sowie geringe Mg-Gehalte aus.

Der Anteil der **Haut** (einschließlich Haare und Hufe) erreicht rd. 6 % der Körpermasse.

Auf die Gewebe des **Verdauungskanals** (ohne Inhalt) entfallen etwa 5 % der Körpermasse, unabhängig von der Futterart. Die Größe des Verdauungskanals sowie der assoziierten Organe Pankreas und Leber steht über die tierartlichen Grenzen hinweg betrachtet nicht in linearer Beziehung zur Körpermasse (1–1000 kg). Für das Pferd kann dennoch vereinfachend angenommen werden, dass sich der Verdauungstrakt linear mit der Größe des Pferdes verändert. Zwischen Ponys und Großpferden werden keine maßgeblichen Unterschiede in der Verdauungskapazität erwartet, wohl aber in der Verwertung der Verdauungsprodukte. Allerdings bestehen bei gleicher Futtergrundlage Divergenzen bezüglich der Relation der Futterstrukturen zu der verfügbaren Kaufläche. Entsprechend unterschiedlich sind Verzehrsrate (Futteraufnahme/Zeiteinheit) und Speichelbildung je Futtereinheit zwischen Ponys und Großpferden (Speichelbildung/kg Krippenfutter: Großpferde > Ponys).

Der **Inhalt von Magen und Darm** variiert hingegen erheblich in Abhängigkeit von Futterart und -menge. Bei konzentrierten Futtermitteln (Krippenfutter) fällt er auf rd. 10 %, expandiert aber bei ausschließlicher Heufütterung durch stärkere Wasserbindung bis auf 20 % der Körpermasse. Die Unterschiede beruhen somit auf variablen Mengen an unverdautem Futter und – wichtiger – auf einem variierenden Wasservolumen im Darmkanal. Die Na-Menge im Darminhalt steigt parallel mit der Wassermenge an (Ø 2,3 g Na/kg Darminhalt; zum Wasservolumen ▶ **Abb. 3.1**).

Die hohen physischen Leistungen des Pferdes beruhen vor allem auf einem effektiven Kreislauf- und Atmungsapparat. Das **Herz** des Pferdes ist mit durchschnittlich 0,8 % der Körpermasse (▶ **Tab. 2.3**) relativ groß (Mensch 0,4–0,5 %). Bei Vollblütern wurden 0,9 %, nach Training rd. 1,1 % der Körpermasse erreicht. Die relative Herzgröße ist – da mit dem Sauerstofftransport verbunden – daher ein leistungsrelevantes Merkmal. Entscheidend für die Leistung ist u. a. das Herzschlagvolu-

▶ **Tab. 2.3** Verteilung von Geweben und Organen beim Pferd.

Gewebe bzw. Organ	Gewichtsprozent %
Muskulatur	40
Skelett	15
Verdauungskanal, leer	5
Inhalt des Verdauungskanals	10–20
Haut	6
Blut	6 (12)[1)]
Leber	1,4 (3)[1)]
Lunge	1,3
Herz	0,8
Milz	0,6
Nieren	0,35
Sonstiges	~10–14

1) Neugeborene

men, das bei 500 kg schweren Pferden 1,1–1,4 l betragen kann. Bei maximaler Leistung steigt die Herzfrequenz von 30 auf rd. 250 Schläge pro Minute, dann pumpt das Gesamtherz bei mittelgroßen Rassen rd. 600 l Blut/Min.; die je Herzschlag transportierte Sauerstoffmenge steigt von rd. 0,1 auf etwa 180 ml je kg Körpermasse und Minute.

Die **Blutmenge** variiert beim Pferd zwischen 6 und 9 % der Körpermasse (▸ **Tab. 2.3**). Sie ist bei Vollblütern höher als in anderen Rassen und vor allem durch eine höhere Erythrozytenzahl charakterisiert. Pferde, insbesondere trainierte Laufpferde, setzen bei körperlichen Belastungen relativ rasch rote Blutkörperchen aus der Milz frei. Der Hämoglobingehalt im Blut (und damit die Sauerstofftransportkapazität) können somit bei körperlichen Belastungen um 40 % ansteigen, von 14–15 g in Ruhe auf 18–20 g/100 ml Blut.

Auch die **Lunge** des Pferdes ist mit 1,3 % der Körpermasse relativ stark entwickelt. Das Atemzugvolumen kann von 1 l/100 kg KM in Ruhe auf rd. 1,8 l/100 kg KM während der Arbeit zunehmen. Durch Steigerung der Atemfrequenz, die in Ruhe < 25/min beträgt und sich bei hohen Belastungen auf 100–120 erhöht, werden Atemminutenvolumina von fast 300 l/100 kg KM erreicht. Bemerkenswert ist hierbei, dass beim Pferd die Zeit, die das Blut die alveolären Areale durchströmt, in Gänze zur Sauerstoffaufnahme benötigt wird, anders als beim Wiederkäuer. Eine Störung der Lungenfunktion wie bei chronischen Erkrankungen muss daher unmittelbar den Sauerstofftransport beeinflussen.

Der Organismus des Pferdes besteht zum größten Teil aus **Wasser**: bei Neugeborenen zu rd. ¾, bei ausgewachsenen Tieren zu ⅔ (▸ **Tab. 2.4**). Die Verteilung von Wasser und **Elektrolyten** im Organismus des Pferdes ist im Hinblick auf ihre Bedeutung für die Wärmeregulation in ▸ **Tab. 2.5** und ▸ **Tab. 2.6** detailliert aufgeführt. Das Körperwasser steht zum Fettgehalt in negativer Beziehung: je höher der Fettanteil, umso geringer der Wassergehalt.

Das Wasser verteilt sich entsprechend den Gewebeanteilen. Es fallen jedoch proportional geringere Mengen im Skelett, höhere in Blut und Haut auf. Der Wassergehalt im Verdauungskanal variiert entsprechend Futterart und -menge. Im Vergleich zu Konzentraten bedingen strukturreiche Futtermittel einen höheren Wassertransfer vom Dünndarm in den Dickdarm und eine Wasserbindung in Dickdarminhalt. Je nach Verdaulichkeit der organischen Substanz im Dickdarm durch mikrobielle Aktivität wird Wasser jedoch wieder verfügbar und resorbiert.

Das Körperwasser lässt sich mit Hilfe von Markern nach funktionellen Gesichtspunkten weiter aufteilen. Je kg KM entfallen auf den extrazellulären Raum rd. 200–270 ml (bei adulten Tieren rd. 36 % des Körperwassers [KM]) mit rd. 50–90 ml Plasmawasser und 150–220 ml interstitiellem („zwischenzellulärem") Wasser. Die intrazelluläre Flüssigkeit, die bei Markerstudien auch das trans-

▸ **Tab. 2.4** Chemische Zusammensetzung und Energiegehalt des Gesamtkörpergewebes neugeborener und ausgewachsener Pferde (pro kg KM) (Tab. basiert auf Daten aus Robb et al. 1972; Schryver et al. 1974; Meyer u. Ahlswede 1976; Coenen u. Vervuert 2003).

Merkmal	Neugeborene	Ausgewachsene
Energie (MJ)	5	10 (7–12)[1)]
Eiweiß (g)	170	187[1)]
Fett (g)	26	150 (60–200)[1)]
Wasser (g)	730	650

[1)] bezogen auf Ingesta-freie Masse

▸ **Tab. 2.5** Verteilung des Körperwassers auf Kompartimente (%) (Tab. basiert auf Daten aus Robb et al. 1972; Schryver et al. 1974; Meyer u. Ahlswede 1976; Coenen u. Vervuert 2003).

Kompartimente	Anteil am Gesamt-Körperwasser
außerhalb von Körperzellen (extrazellulär)	36,1
• Blutplasma	7,9
• Verteilungsraum außerhalb der Blutgefäße	28,2
innerhalb von Körperzellen (intrazellulär)	44,0
Magen-Darm-Trakt	19,9

► **Tab. 2.6** Mengenelemente in der Körpermasse des Pferdes und ihre Verteilung auf verschiedene Gewebe (Tab. basiert auf Daten aus Coenen 2013).

	Ca	P	Mg	Na	K	Cl	S
Menge (g/kg KM)							
Adulte	14,8	8,6	0,34	1,58	2,09	1,12	1,49
Feten bzw. Neugeborene	18,2	9,7	0,38	1,9	1,9	1,2	1,75
Anteile (%)							
Muskulatur	0,13	16,8	34,3	10,8	75,1	19,9	70,5
Skelett	99,5	81,4	55,7	51,1	4,7	13,9	11,5
Leber	< 0,01	0,53	0,77	2,1	5,0	15,4	2,5
Niere	< 0,01	0,11	0,17	2,1	5,0	15,4	2,5
Lunge	0,01	0,31	0,38	2,1	5,0	15,4	2,5
Herz	< 0,01	0,20	0,48	2,1	5,0	15,4	2,5
Magen-Darm-Trakt	0,03	1,13	1,86	4,3	5,6	6,1	4,6
Haut	0,03	0,20	0,75	8,3	2,6	15,1	3,1
Blut	0,03	0,21	0,52	10,8	5,0	15,5	4,1

zelluläre Wasser (das vor allem im Verdauungskanal vorliegt) einschließt, erreicht 350–500 ml/kg KM; davon entfallen 80–180 ml/kg KM auf den Verdauungskanal. Der Extrazellularraum ist bei Belastungen oder Störungen im Wasserhaushalt besonders beansprucht. Während der **Eiweißgehalt** im Organismus des Pferdes nach der Geburt nur wenig ansteigt, nimmt der **Fettanteil** nachhaltig zu. Bei der Geburt haben Fohlen kaum Fettreserven. Intensiv gefütterte nicht verfettete Pferde, selbst Vollblüter können dagegen bis zu 20 % Fett im Körper speichern. Die Veränderungen im Körperfettbestand spiegeln sich im Energiegehalt der Körpermasse wieder. Die Bewertung des Ernährungszustands anhand des sichtbaren und/oder tastbaren Unterhautfettgewebes nach einem Punktesystem („Body Condition Scoring") kann zur Einschätzung des Körperfettbestands hilfreich sein. Auch die Messung des Unterhautfettgewebes mittels Ultraschall ist möglich.

Fettbestand des Gesamtkörpers

Anhand der Skalierung des Ernährungszustandes mit dem verbreiteten Punktesystem (1 kachektisch, 9 stark verfettet) kann der Fettbestand des Gesamtkörpers geschätzt werden. Bei Zuchtpferden sollte der Fettbestand mit 18–20 % höher sein als bei Pferden im Reit- und Rennsport (< 18 %). Dies ist u. a. mit der negativen Beziehung zwischen Körperfett und maximaler Sauerstoffaufnahme (VO_{2max}) begründet. Erhöht sich der Fettbestand des Körpers um 5 %, sinkt VO_{2max} um 8,4 ml/kg KM je Minute (VO_{2max}, ml/kg KM je min = 151,7–1,67x; x = Fettgehalt der Gesamtkörpermasse).

Die wichtigsten **Mengenelemente** (**Kalzium** und **Phosphor**) sind im Skelett deponiert. Sie erreichen bereits beim Neugeborenen eine hohe Konzentration aufgrund der fortgeschrittenen Skelettentwicklung (Fluchttier) und hohen Mineralisation der Knochen. Im Speziesvergleich fällt das Fohlen mit besonders hohen Kalziumbeständen auf. Mit zunehmendem Alter geht ihr Anteil u. a. infolge des erhöhten Fettansatzes relativ zurück (► **Tab. 2.6**). Auch **Magnesium** ist maßgeblich im Knochen eingelagert, allerdings ist hier eine stärkere Verteilung auch auf andere Gewebe erkennbar als bei den primären Knochenbaustoffen. Vom Gesamtkörper-**Natrium** sind rd. 50 % im Skelett deponiert, der Rest verteilt sich überwiegend über den extrazellulären Flüssigkeitsraum auf andere Gewebe. Zwischen Skelett und extrazellulärem Raum bestehen begrenzte Austauschvorgänge. Auch **Chlorid** liegt vorrangig im extrazellulären Raum. Sein Anteil im Skelett ist erheblich geringer als der des Natriums, in der Haut dagegen höher. **Kalium** kommt überwiegend im intrazellulären Raum vor, dementsprechend entfällt der größte Teil auf das Muskelgewebe.

Unter den **Spurenelementen** fallen bei Fohlen besonders die hohen Gehalte an Eisen und Kupfer auf (Eisen zu 80 % im Blut, Kupfer zu 60 % in der Leber; ▶ **Tab. 2.7**). Beim Kupfer nimmt das Pferd eine Ausnahmestellung ein; die Leberkupferkonzentrationen sind deutlich höher als beim Menschen oder dem Schaf.

Aufgrund der Einbindung in zelluläre Funktionen verteilen sich die Spurenelemente insgesamt stärker auf Weichgewebe als die Mengenelemente; die relative Muskelmasse bedingt daher, dass der größte Anteil der Spurenelemente durch das Muskelgewebe repräsentiert wird, ausgenommen Mangan, dessen Bedeutung für die Skelettbildung und -erhaltung auch im Beitrag der Knochen zum Gesamtkörperbestand an Mangan deutlich wird.

2.4 Leistungen

Das Pferd wird in den meisten Ländern als Reit- und Zugtier verwendet. Die Reproduktionsleistungen und Wachstumsraten sind an dieser Nutzungsweise ausgerichtet. Die prinzipiell mögliche und früher relevante Fleischproduktion ist kaum mehr von Bedeutung. Zum Teil werden Leistungen parallel vollbracht, z. B. Bewegung und Trächtigkeit oder Laktation und bereits erneute Gravidität.

2.4.1 Reproduktion

Eine Zuchtstute soll jährlich möglichst 1 gesundes Fohlen zur Welt bringen. Im Durchschnitt werden jedoch nur etwa 5–6 vitale Fohlen innerhalb von 10 Jahren pro Stute aufgezogen. Als Höchstleistung wird von einer Ostfriesischen Stute berichtet, die vom 4. Lebensjahr innerhalb von 21 Jahren jedes Jahr nach einmaliger Belegung ein gesundes Fohlen brachte. Bei wild lebenden Pferden ist die Trächtigkeitsrate etwa ab dem 6. Lebensjahr annähernd konstant (> 80 %), während jüngere Stuten deutlich geringere Werte aufweisen und darüber hinaus höhere Verluste während der Gravidität (u. a. embryonaler Fruchttod) und Geburt verzeichnen. Die **Trächtigkeitsrate** je Rosse bzw. je

▶ **Tab. 2.7** Spurenelemente in der Körpermasse des Pferdes und ihre Verteilung auf verschiedene Gewebe (Tab. basiert auf Daten aus Coenen 2013).

Bezug/Gewebe	Fe	Cu	Zn	Mn	Se
Menge (mg/kg KM)					
Adulte	95	3,30	30	1,00	0,06
Feten bzw. Neugeborene	85–118	3,8–5,0	21–42	0,7–1,3	0,06
Anteile (%)					
Muskulatur	32,12	65,97	46,71	27,91	42,46
Skelett	12,82	20,43	37,82	53,63	32,10
Leber	3,64	3,48	4,83	2,87	5,58
Niere	0,35	0,80	0,73	0,35	2,29
Lunge	1,79	0,69	0,85	0,32	0,87
Herz	0,47	0,90	0,73	0,30	0,70
Magen-Darm-Trakt	1,36	2,03	2,80	3,23	3,43
Haut	1,68	3,30	1,23	8,05	5,70
Blut	36,15	1,27	0,18	1,11	3,06
Sonstiges	9,62	1,14	4,11	2,24	3,81

Zuchtsaison liegt bei Zuchtpferden nach neueren Auswertungen bei rd. 40 bzw. 75 %; die Fertilität der Stuten nimmt schließlich etwa mit 15 Jahren ab.

Die **Tragezeit** beträgt beim Pferd im Mittel 336 (323–350) Tage; bei unbefriedigender Energie- und Nährstoffzufuhr in der frühen Trächtigkeit kann ein Abbruch der Trächtigkeit erfolgen, während in der fortgeschrittenen Phase der mütterliche Organismus versucht, Engpässe zu kompensieren. Dies ist in begrenztem Umfang mit einer verlängerten Tragezeit verbunden (z. B. Abfohlung nach 406 Trächtigkeitstagen bei einer kachektischen Stute). Das Wachstum des Feten und der Plazenta im Verlauf der Trächtigkeit verläuft exponentiell (▶ **Abb. 2.3**) mit sehr hohen Zuwachsraten im letzten Trächtigkeitsdrittel (▶ **Tab. 2.8**).

Die **Fohlen** sind bei der Geburt schon relativ groß und verfügen als Fluchttiere über einen leistungsfähigen Bewegungsapparat. Im Mittel weisen sie als Neugeborene 10–11 % ihrer späteren Körpermasse auf. Fohlen kleiner Rassen sind mit 11–13 % deutlich weiter entwickelt als bei Riesen (7–8 %).

2.4.2 Milchbildung

Die Höhe der Milchproduktion von Stuten richtet sich nach ihrer Größe und dem Laktationsstadium. Bei großen Pferderassen erreicht sie im Mittel 3 %, bei Ponys 4 % der Körpermasse (▶ **Abb. 2.4**, ▶ **Tab. 2.9**).

Die Milchleistung ist in absoluter Höhe und im Verlauf maßgeblich eine Abbildung der „Nachfrage", d. h. des Energiebedarfs des wachsenden Säuglings, und kann artifiziell durch zusätzliches Melken deutlich gesteigert werden. Die publizierten Daten zeigen eine erhebliche Streuung der erfassten Milchmengen, so dass eine Laktationskurve nicht direkt erkennbar wird. Die maximale Milchleistung, die schon nach rd. 30 Tagen erzielt wird, erreicht bei Pferden (500–600 kg KM) 18–20 kg, was eine Energieabgabe (= Energieaufnahme für das Fohlen) von 40–46 MJ/Tag bedeutet (▶ **Tab. 2.9**, ▶ **Tab. 2.10**). Bei ungenügender Energie- und Nährstoffaufnahme geht die Milchmenge zunächst nur wenig zurück. Die Stute mobilisiert ihre Körperreserven und magert ab. Der Milchbildung und damit dem Saugfohlen wird metabolisch absolute Priorität eingeräumt. Der Rückgang der

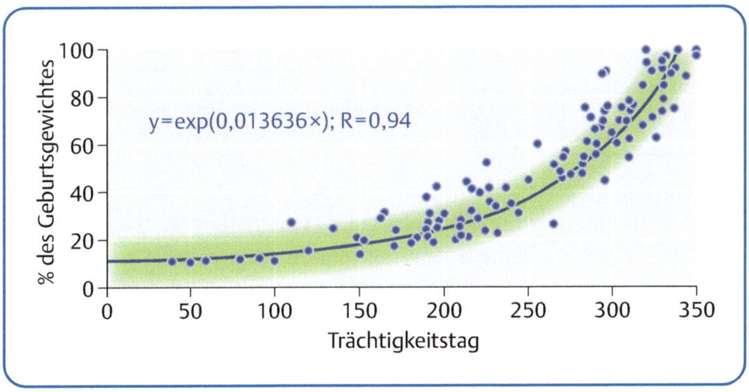

▶ **Abb. 2.3** Entwicklung der Masse des equinen Fetus (in % der Körpermasse bei der Geburt) (Abb. basiert auf Daten aus Caskin u. Bogdanov 1952; Meyer u. Ahlswede 1976; Platt 1978; Fowden et al. 1999, 2000a, b; s. GfE 2014).

▶ **Tab. 2.8** Entwicklung der Konzeptionsprodukte (Fetus und Plazenta) zu verschiedenen Zeitpunkten der Trächtigkeit (Tab. basiert auf Daten aus GfE 2014).

Körpermasse der Stute	Gewicht der Konzeptionsprodukte (kg)			Zunahme (g/Tag)		
	Trächtigkeitstag					
	275	305	336	275	305	336
200	10,6	15,3	22,4	130	188	275
400	21,1	30,6	44,6	260	376	551
600	31,7	45,9	67,2	390	564	826

► **Tab. 2.9** Milchmengenleistung und Energieabgabe über die Milch bei Stuten (Tab. basiert auf Daten aus Coenen et al. 2011; GfE 2014).

KM	Milchmenge (kg)		Milchenergie (MJ)	
	Max.[1)]*	Gesamt[2)]	Max.*	Gesamt[2)]
100	4,3	128	9,3	273
200	7,7	225	16,4	482
300	10,7	314	22,9	683
400	13,5	398	28,9	852
500	16,2	478	34,7	1023
600	18,9	555	40,3	1188
700	21,4	630	45,8	1348
800	23,9	703	51,1	1503

* Maximum je Tag; [1)] am Ende des 1. Laktationsmonats; [2)] bei 180 Laktationstagen

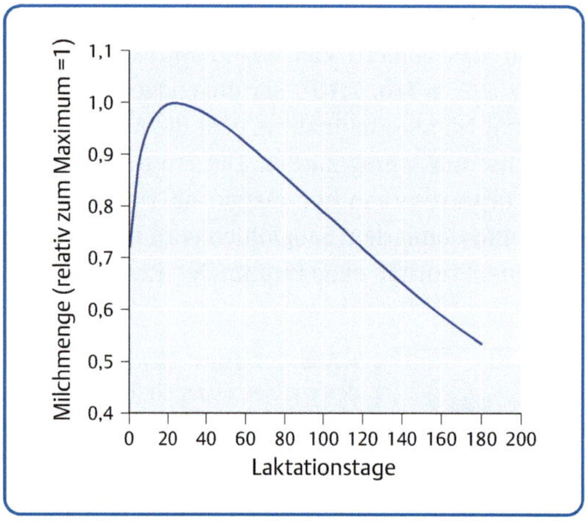

► **Abb. 2.4** Angenommener Verlauf der Milchmengenleistung bei säugenden Stuten relativ zum Maximum = 1 (normiert auf 2,14 MJ je kg Milch) (Abb. basiert auf Daten aus Coenen et al. 2010; GfE 2014).

► **Tab. 2.10** Milchmengenleistung bei Stuten (Tab. basiert auf Daten aus Coenen et al. 2011; GfE 2014).

Milchmenge relativ zum Maximum	
Laktationstag	Relationswert
60	0,92
75	0,87
90	0,82
105	0,77
120	0,72
135	0,67
150	0,62
180	0,53

Energie- und Nährstoffaufnahme des Saugfohlens über die Milch wird durch die zunehmende Festfutteraufnahme vollständig kompensiert, so dass Fohlen mit 6 Monaten abgesetzt werden können. Unter natürlichen Bedingungen trennt sich das Fohlen erst im Alter von 8–9 Monaten von der Mutterstute.

Die Stutenmilch (► **Tab. 2.11**), die in manchen Teilen der Welt auch dem menschlichen Konsum dient (u. a. zur Herstellung von Kosmetika), zeichnet sich im Vergleich zur Kuhmilch durch einen hohen Zucker- (Laktose-), aber geringen Eiweiß- und Fettgehalt aus, was andererseits vom Fohlen eine hohe Saugfrequenz erfordert.

Das **Kolostrum** weist aufgrund der Immunglobuline sehr hohe Eiweißgehalte auf, die aber binnen 12, max. 24 h zurückgehen; das Milchweiß ist reich an essenziellen Aminosäuren, insbesondere Lysin und Leucin. Die Zusammensetzung des Milcheiweißes verändert sich offenbar nicht.

Im Milchfett kommen größere Anteile an ungesättigten Fettsäuren (insbesondere Linolensäure) vor. Im Verlauf der Laktation nehmen die Gehalte an Eiweiß sowie an den mineralischen Baustoffen Kalzium, Phosphor und Magnesium ab. Für die übrigen Milchinhaltsstoffe können über die Laktation hinweg weitgehend konstante Werte angesetzt werden.

► **Tab. 2.11** Zusammensetzung des Kolostrums bei Pferden sowie der reifen Pferdemilch (Tab. basiert auf Daten aus Coenen et al. 2010; GfE 2014).

Inhaltsstoff	Einheit	Kolostrum	Milch im Laktationsmittel	Milch an Laktationstag				
				30	60	90	120	150
Bruttoenergie	kJ/kg	3276	2150	*				
Asche	g/kg	6	4,2	*				
Fett	g/kg	18,8	13,9	*				
Laktose	g/kg	48,3	64,6	*				
Eiweiß	g/kg	79,8	23,2	23,4	21,1	19,8	18,8	18,1
• Leucin	g/kg	6,93	2,15	2,16	1,95	1,83	1,74	1,67
• Lysin	g/kg	6,87	1,72	1,73	1,56	1,47	1,40	1,34
• Threonin	g/kg	5,50	0,98	0,99	0,89	0,83	0,79	0,76
• Valin	g/kg	4,18	1,27	1,28	1,15	1,08	1,03	0,99
• Phenylalanin	g/kg	3,58	1,00	1,01	0,91	0,85	0,81	0,78
• Arginin	g/kg	3,44	1,19	1,20	1,08	1,01	0,96	0,92
• Histidin	g/kg	3,03	0,65	0,65	0,59	0,55	0,53	0,51
• Isoleucin	g/kg	2,40	1,04	1,05	0,94	0,88	0,84	0,81
• Tryptophan	g/kg	1,12	0,55	0,56	0,50	0,47	0,45	0,43
• Methionin	mg/kg	1,05	0,50	0,51	0,46	0,43	0,41	0,39
Kalzium	mg/kg	874	1033	995	870	796	744	704
Phosphor	mg/kg	683	604	534	449	400	365	338
Magnesium	mg/kg	203	73	74	63	57	52	49
Natrium	mg/kg	424	183	*				
Kalium	mg/kg	1084	666	*				
Chlorid	mg/kg	[1]	278	*				
Schwefel	mg/kg	1025	241	*				
Kupfer	mg/kg	1,6	0,29	*				
Zink	mg/kg	4,4	2,2	*				
Eisen	mg/kg	0,9	0,7	*				
Mangan	mg/kg	0,045	0,039	*				
Selen	mg/kg	0,093	0,032	*				
Vitamin A	IU/kg	2600	2077	*				
Vitamin D_3	IU/kg	216	128	*				
Vitamin E	mg/kg	1,34	1,13	*				
Vitamin K	mg/kg	0,04	0,03	*				
Vitamin C (Askorbinsäure)	mg/kg	25	109	*				
Thiamin	µg/kg	380	209	*				
Riboflavin	mg/kg	1,4	0,35	*				
Niacin	mg/kg	1,6	0,62	*				
Pantothensäure	mg/kg	7,5	0,33	*				

* keine wesentlichen Veränderungen im Verlauf der Laktation
[1] kein Wert vorhanden

Von den Milchinhaltsstoffen können allein das Fettsäurenmuster sowie die Gehalte an Jod, Selen, Vitamin A und E nachhaltig über die Fütterung der tragenden und laktierenden Stuten beeinflusst werden.

2.4.3 Postnatales Wachstum

Das intrauterine Wachstum ist durch Zellvermehrung geprägt, während mit der Geburt die sich einstellende Dominanz der Zellvergrößerung für Wachstumsprozesse angezeigt wird. Da das neugeborene Fohlen über ein weitgehend ausdifferenziertes Gehirn verfügt, ist es zur eigenständigen Bewegung befähigt. Das exponentiell verlaufende intrauterine Wachstum wird postnatal durch eine zunehmend flacher werdende Wachstumskurve abgelöst. Dementsprechend ist das anfängliche Wachstum noch außerordentlich intensiv, obwohl eine direkte Selektion auf diese Leistung niemals erfolgte. Das Geburtsgewicht hat sich nach 35–45 Tagen verdoppelt (▸ **Abb. 2.5**, ▸ **Tab. 2.12**), nach 2 Monaten verdreifacht; die spätere Entwicklung verläuft langsamer. Bei mittelgroßen Rassen werden im 1. Lebensmonat Tageszunahmen von 1,5 kg erzielt. Die Wachstumsintensität bzw. Gewichtsentwicklung divergiert nicht nur über die Zeit nach der Geburt, sondern – für die Ableitung von Versorgungsempfehlungen relevant – auch zwischen den Rassen (▸ **Abb. 2.5**). Bei Ponys (100–300 kg KM) und schweren Rassen (700–1000 kg KM) wird ein langsameres Wachstum angenommen als bei Warmblut- und Vollblutpferden (▸ **Abb. 2.5**). Durchschnittliche Zunahmen werden in der ▸ **Tab. 2.13** aufgezeigt.

Je nach Rasse, körperlicher Belastung und Ernährung beginnen mit 15–20 Jahren Alterungsprozesse, die besonders am Kopf (härtere Konturen, Vertiefung der Augen und Jochbeingruben, Herabhängen der Unterlippe) und an den Zähnen (stärkere horizontale Stellung der Schneidezähne) auffallen. Das Höchstalter wird mit 30–33, der Rekord mit 62 Jahren angegeben. Je nach Haltungs- und Nutzungsbedingungen sind altersbedingte Veränderungen in der Verdauungsleistung, Sauerstoffaufnahme und Muskelmasse unterschiedlich stark ausgeprägt; allgemein forciert Bewegungsarmut diese Prozesse.

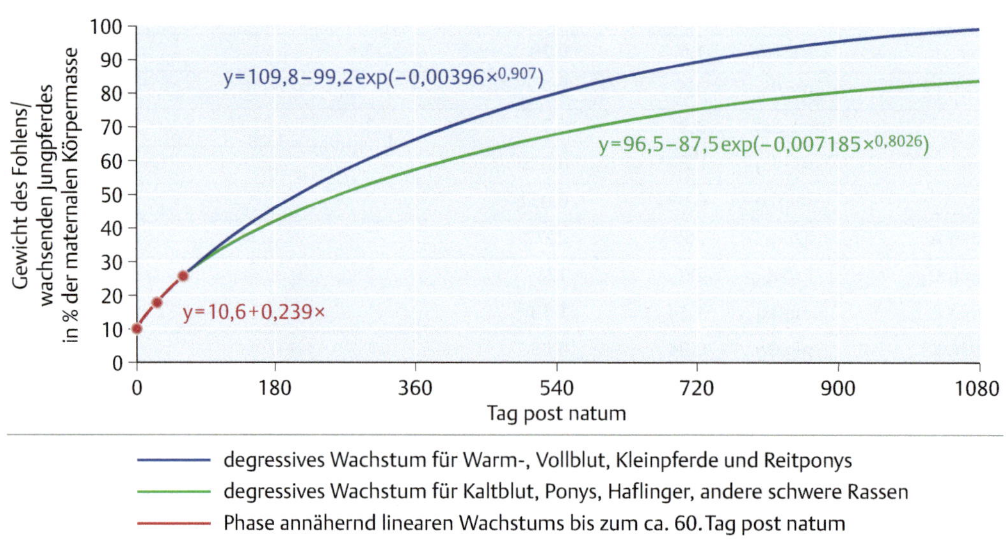

▸ **Abb. 2.5** Postnatale Entwicklung der Körpermasse (in % der maternalen Körpermasse) (Abb. basiert auf Daten aus Hois 2004, Hois et al. 2005, Mack 2006, Vervuert et al. 2005; s. GfE 2014).

► **Tab. 2.12** Gewichtsentwicklung (kg) von Pferden bei unterschiedlichem Endgewicht (Tab. basiert auf Daten aus GfE 2014).

Alter	Endgewicht des Pferdes (kg)							
	100	200	300	400	500	600	700	800
15. Tag	14	29	43	60	75	90	100	115
30. Tag	18	36	54	75	94	113	127	145
45. Tag	21	43	64	89	111	134	150	171
60. Tag	24	49	73	102	127	153	170	194
90. Tag	29	59	88	125	157	188	206	235
120. Tag	34	68	102	147	183	220	237	271
150. Tag	38	76	114	166	207	249	265	303
180. Tag	41	83	124	184	229	275	290	332
1. Jahr	58	116	174	267	334	401	405	463
2. Jahr	75	151	226	356	445	534	528	604
3. Jahr	84	169	253	398	497	597	591	675

► **Tab. 2.13** Körpermassezunahme pro Tag (g) bei wachsenden Pferden bei unterschiedlichem Endgewicht (Tab. basiert auf Daten aus GfE 2014).

Alter	Endgewicht des Pferdes (kg)							
	100	200	300	400	500	600	700	800
15. Tag	278	555	833	1058	1322	1587	1943	2220
30. Tag	231	462	693	953	1191	1429	1616	1847
45. Tag	204	409	613	883	1103	1324	1430	1634
60. Tag	186	371	557	828	1035	1242	1299	1484
90. Tag	159	318	477	742	927	1113	1113	1272
120. Tag	140	280	421	673	842	1010	982	1122
150. Tag	126	251	377	616	770	924	880	1005
180. Tag	114	228	341	566	708	850	797	910
1. Jahr	69	139	208	357	447	536	486	556
2. Jahr	33	66	99	161	202	242	231	264
3. Jahr	18	35	53	77	97	116	123	141

2.4.4 Bewegung

Allgemeine Merkmale der Muskelarbeit

Bei der Muskeltätigkeit wird chemische Energie in Wärme (rd. 75 %) und mechanische Energie (rd. 25 %) umgewandelt und somit Arbeit verrichtet. Zu unterscheiden sind:

- horizontale Fortbewegung: kinetische Energie
- Steig- oder Hubarbeit: potentielle Energie
- Zugarbeit: Zugkraft

Metabolisch verfügbare chemische Energieträger sind Glykogen, Glukose, Triglyzeride, Fettsäuren, Milchsäure und Aminosäuren. Ihre Nutzung erfolgt

- **aerob:** Auf dem Wege der Oxidation der Substrate, d. h. bei Verbrauch von Sauerstoff, wird Adenosintriphosphat (ATP) gebildet und damit die Muskeltätigkeit ermöglicht.
- **anaerob:** Die Herzfrequenz verändert sich bei Muskeltätigkeit analog zum Sauerstoffverbrauch. Bei einem Übergang auf höhere Aktivität steigt die Herzfrequenz nicht immer so rasch an wie

der ATP-, d. h. Energieverbrauch der Muskulatur; das Organ benötigt wenige Minuten, um sich auf die Anforderungen einzustellen (vorübergehende Sauerstoffschuld). Bei hohen Geschwindigkeiten und entsprechend hohem ATP-Bedarf kann das Herz endgültig nicht so viel Sauerstoff-angereichertes Blut in die Muskulatur pumpen, wie für die Muskelkontraktionen nötig wäre; wahrscheinlich ist es den Muskelzellen auch nicht möglich, mehr Sauerstoff aufzunehmen. Unter diesen Bedingungen entsteht eine weitere, umfangreichere Sauerstoffschuld. Das Pferd kann jedoch die oben genannten Substrate auch ohne Sauerstoff, d. h. auf anaeroben Wege nutzen. Hierbei wird notwendigerweise Milchsäure gebildet. Die Milchsäurekonzentration im Blut während der Arbeit spiegelt den Umfang der anaeroben Bereitstellung von ATP. Diese ist nicht an bestimmte „Grenzbelastungen" oder Schwellen gebunden, sondern erfolgt bei forcierter Belastung kontinuierlich und nimmt bei hohen Geschwindigkeiten bzw. hohen Herzfrequenzen exponentiell zu.

Sauerstoffverbrauch (Oxidation von Glukose, Glykogen, Fett- und Aminosäuren) und Milchsäurebildung (anaerober Umsatz von Glukose und Glykogen) repräsentieren daher den Substratverbrauch für die Muskeltätigkeit. Insgesamt sind während der Belastung Herzfrequenz, Sauerstoffverbrauch sowie im Blut Milchsäure und freie Fettsäuren messbar, um den metabolischen Aufwand zu verfolgen. Die inzwischen verfügbaren mobilen Geräte zur Gaswechselmessung lassen derartige Prüfungen sogar unter Feldbedingungen zu.

Die notwendigen Substrate sind nur in geringem Umfang direkt dem Zellinhalt der arbeitenden Muskelzellen oder dem sie versorgenden Blut zu entnehmen, vielmehr müssen sie aus den Depots (Glykogen aus Muskulatur u. Leber, Fettsäuren aus dem Depotgewebe) mobilisiert werden; dies wiederum erfordert eine Repletion der Substratbestände. Daher ist zu beachten, dass bei Bewegung die metabolischen Leistungen nicht mit Einstellen der körperlichen Aktivität enden. So kann die Wiederauffüllung der Glykogenbestände der Muskulatur mehrere Tage erfordern.

Bewegungsleistungen

Geschwindigkeit Das Pferd imponiert vor allem durch seine physische Leistungsfähigkeit (Geschwindigkeit, Zugkraft).

Im Vergleich zu anderen Haustierarten ist das Pferd sehr schnell. Allein Rennhunde erreichen über 300–600 m bis 60 km/h. Der Mensch entwickelt auf kurzen Sprintstrecken (100 m) Spitzengeschwindigkeiten von 36 km/h.

Höchstgeschwindigkeiten sind in Rennregistern gut belegt. Über Strecken von 400 m werden fast 70 km/h, über 1600 m 62–63 km/h erreicht. Bei den Meisterschaften der Quarter Horses wird die Viertelmeile i. d. R. in 21–23 sec absolviert. Auf Distanzen über 1500 m geht die Geschwindigkeit zurück, bleibt aber auf Strecken bis zu 3000 m noch bei rd. 55 km/h. Die durchschnittliche Höchstgeschwindigkeit auf Galopprennbahnen ist in den letzten Jahrzehnten nur geringfügig gestiegen (um 1900: 55–56, 2008–2017: 58–59 km/h; www.galopp-sieger.de), trotz verbesserter Trainings- und Haltungsbedingungen, während Traber in dem genannten Zeitraum durchschnittlich 15 % schneller wurden. Da im Bereich der Spitzengeschwindigkeit geringe Leistungszuwächse nur bei erheblicher Steigerung energetischer Umsetzungen und biomechanischer Abläufe (die Beschleunigung der Hufe liegt bei > 130 g!) denkbar sind, stellt auch ein geringer Anstieg der Renngeschwindigkeit eine deutliche Leistungssteigerung dar. Nach bisherigen Beobachtungen besteht kaum Aussicht, dass Rennpferde auf den gängigen Rennstrecken > 65 km/h erzielen.

Ausdauer Neben den Höchstgeschwindigkeiten imponieren die Ausdauerleistungen. Sie werden stark von Kondition, Belastung, Bodenverhältnissen, Pflege etc. bestimmt. Im Mittel absolvieren Pferde bei Distanzritten 50–70 km/Tag, Hochleistungswettbewerbe führen über bis zu 160 km. Wesentlich längere Strecken wurden bei historischen Leistungsritten bewältigt, z. B. Wien – Paris (1250 km) in 12 Tagen oder Metz – Bukarest (2160 km) in 25 Tagen. Bemerkenswert ist der Ritt von G. Perry (Australien) mit 22 565 km in 157 Tagen (abwechselnd mit 6 Pferden); der Rekord wird F. Tschiffely (Schweiz) mit 2 Criollos zugeschrieben, die ihren Reiter in 2,5 Jahren von Buenos Aires nach Washington DC trugen. In heutigen Distanzwettbewerben erreichen optimal trainierte Pferde Durchschnittgeschwindigkeiten von rd. 20 km/h. Bei den Weltmeisterschaften 2016 bzw. 2017 erreichten 18 bzw. 5 Pferde das Ziel nach 160 km mit durchschnittlich > 20 km/h. Während solcher Wettbewerbe werden längere Abschnitte über ca. 50–60 Minuten auch mit Geschwindigkeiten um 25 km/h absolviert.

Hochsprung, Weitsprung Für Hochsprünge scheinen Pferde von Natur aus wenig disponiert, gleichwohl bewältigen sie Höhen von über 2 m (Rekord 2,47 m). Bei anspruchsvollen Wettbewerben meistern Pferde Weitsprünge über Wassergräben von bis zu 4 m; der Rekord liegt bei > 8 m.

Zugleistung Unter den Zugleistungen sind Dauer- und Höchstleistungen zu unterscheiden. Bei einer Geschwindigkeit von 4 km/h kann ein Pferd über längere Zeit eine Zugkraft (in Newton = N) aufbringen, die dem 1–1,2-Fachen seiner Körpermasse (in kg) entspricht (d. h. bis 1200 N), z. B. beim Pflügen. Während kurzfristiger Belastung wird das 10-Fache an Zugkraft entwickelt. Bei dem berühmten Versuch von O. v. Guericke, mittels Pferdekraft 2 durch Vakuum zusammengehaltene Halbkugeln zu trennen, waren die Pferde nicht in der Lage, die theoretisch nötige Zugkraft von rd. 1731 N je Pferd zu entwickeln.

Zugkraftwettbewerbe sind regional sehr populär; u. a. Kaltblutpferde ziehen hierbei im Gespann Schlitten mit einer Zuglast von mehr als 4 Tonnen über eine kurze Distanz. Bei dem Zugkraftwettbewerb anlässlich der Calgary Stampede zogen Zweispänner unterschiedlicher Gewichtsklassen Lasten zwischen 3000 und 5000 kg über 4,3 m. Da die Reibungskräfte zwischen Last und Boden sehr unterschiedlich sind, kann aus der Last (kg) allerdings nur bedingt auf die geforderte Zugkraft zur Bewegung der Last geschlossen werden.

Bei typischen Tätigkeiten in der Landwirtschaft werden Zugkräfte (N) von < 100–4000 verlangt, die ab rd. 1200 N Zwei- und 2000 N auch Dreispänner erfordern, wenn die Zugkraft über längere Zeit aufgebracht werden soll.

Lastentransport Pferde vermögen Lasten bis zu 40 % der KM zu tragen. Die Rassen unterscheiden sich erheblich in der Fähigkeit, hohe Lasten aufzunehmen. Allgemein weisen die Daten darauf hin, dass Lasten zu einer linearen Erhöhung des Energieumsatzes führen. Lasten von > 25 % der KM bedingen deutliche Steigerungen der Herz- und Atemfrequenz und zusätzliche Laktatbildung (anaerobe Energiegewinnung), bei < 30 % der KM verändert sich die Bewegungen der Gliedmaßen; derartige Lasten können nur über kurze Distanzen bewältigt werden.

Thermoregulation bei körperlicher Arbeit

Bei physischer Aktivität erwärmt sich der Körper, da von der in der Muskulatur umgesetzten Energie nur 25–35 % in Muskelbewegung, der Rest in Wärme übergeht. Die Wärmebilanz ist besonders bei länger andauernden Belastungen leistungsbestimmend. Sie umfasst die arbeitsbedingte Wärmebildung und Wärmeaufnahme durch Sonneneinstrahlung. Der Ausgleich erfolgt über Wärmespeicherung im Gewebe sowie Wärmeexport aus dem Körper über Verdunstung auf der Haut und in der Lunge, Wärmeabstrahlung, -strömung (Konvektion) und -diffusion (Konduktion).

Das Pferd reguliert seinen Wärmehaushalt ähnlich wie der Mensch, jedoch im Gegensatz zu fast allen anderen Spezies vor allem über **Schweißbildung** und **-verdunstung** sowie über die Erwärmung der Ausatemluft. Aus den Daten zur Wärmebilanz arbeitender Pferde geht die Bedeutung der Haut bzw. Schweißbildung für die Thermoregulation hervor (► **Tab. 2.14**). Der Anstieg der Körperinnentemperatur zeigt den Umfang der Wärmespeicherung an und belegt zugleich die begrenzte Möglichkeit, Wärme temporär zu speichern: Die Wärmebildung ist mit einem Anstieg der Temperatur im Blut assoziiert. In der A. pulmonalis werden bei intensiver Arbeit Temperaturen von bis zu 42 °C erreicht; während der Perfusion des Lungengewebes erfolgen Sauerstoffaufnahme und Wärmeabgabe, so dass sauerstoffangereichertes und „gekühltes“ Blut in den großen Kreislauf zurückgeführt wird. Der größte Teil der Wärmeenergie verbleibt dann zum Export über die Schweißbildung. Damit ist deutlich, dass diese Funktion der Haut für die Arbeitsleistung unabdingbar ist. Da feuchte Luft bei der Inhalation oder von der Hautoberfläche weniger Feuchtigkeit aufnehmen kann als trockene, kann die Temperatur

▸ **Tab. 2.14** Wärmebilanz bei Arbeitsbelastung von Pferden bei 500 kg KM, 25 °C, 60 % rel. Luftfeuchte: 1 °C Anstieg der Rektaltemperatur.

Dauer der Belastung (min)		**60**	**60**	**60**	**30**	**3**
Gangart		**Schritt**	**Trab, leicht**	**Galopp, leicht**	**Galopp**	**Galopp, max.**
Energieumsatz, gesamt (MJ/d)		10,7	28,2	57,6	41,4	7,5
Wärmeenergie (MJ/d)		7,8	20,6	42,0	30,2	5,5
Verteilung der Wärmeenergie (%)						
Speicherung im Gewebe		4,5	4,2	4,1	6,9	15,8
Elimination	> Atmung	19,7	19,6	31,8	32,9	26,1
	> Abstrahlung	19,4	7,6	4,0	2,8	1,4
	> Schweißbildung	56,4	68,5	60,1	57,3	56,7
nötige Schweißmenge (l)		**1,8**	**5,8**	**10,5**	**7,2**	**1,3**

▸ **Tab. 2.15** Schweißmenge (l/100 kg KM je Tag) in Abhängigkeit von der Arbeitsleistung (Tab. basiert auf Daten aus GfE 2014).

Arbeitsleistung	**Schweißmenge (l/100 kg KM/Tag)**	**Ø Schweißmenge [1]**
leichte Arbeit	0,5–1,2	0,8
mittlere Arbeit	1,3–1,7	1,5
schwere Arbeit	1,8–2,4	2,1
sehr schwere Arbeit	2,5–> 5	3,5

[1] zur Einteilung der Arbeit siehe ▸ **Tab. 4.8**

der Umgebung allein kein Kriterium für die Anforderung an die Thermoregulation sein.

Je nach den Umweltbedingungen (Temperatur, Luftfeuchte, Wind, Sonneneinstrahlung) variiert die Schweißmenge erheblich in Abweichung von den Orientierungswerten in ▸ **Tab. 2.15**.

Über den ganzen Körper verteilt mit größter Dichte an Schulter, Hals und Unterbauch liegen **Schweißdrüsen** (mehrere Hundert/cm^2), die innerhalb kurzer Zeit erhebliche Schweißmengen produzieren können als logische Folge der Wärmebildung. Während eines Distanzritts verloren 500 kg schwere Pferde in 5 h rd. 35 l oder 7 % ihrer Körpermasse (▸ **Tab. 2.15**).

Zur Schätzung der möglichen Schweißmengen kann die Beurteilung der Körperoberfläche dienen (▸ **Tab. 2.16**); auch Wägungen der Pferde vor und nach Belastung geben einen Anhaltspunkt.

Der Schweiß des Pferdes weist höhere **Elektrolytgehalte** (Natrium, Kalium, Chlorid) auf als der des Menschen. Die Natriumkonzentration liegt in ähnlicher Höhe wie im Blutplasma, die Werte von Kalium und Chlorid sind hingegen höher (▸ **Tab. 2.17**). Selbst bei ungenügender Zufuhr an Wasser oder Elektrolyten bleibt bei körperlicher Belastung die Schweißproduktion unverändert, allerdings auf Kosten des Körperbestands an Wasser und Elektrolyten.

▶ **Tab. 2.16** Anhaltspunkte zur Schätzung von Schweißmengen beim Pferd unter Arbeitsbelastung (Tab. basiert auf Daten aus Zeyner et al. 2014; GfE 2014).

Schweiß-Score	Beobachtete Veränderungen	Schweißverlust, Empfehlung zur praktischen Nutzung[1)]
1	• Fläche unter dem Sattel teilweise trocken, teilweise aber auch dunkle, klebrige und feuchte Areale • Halsbereich klebrig • Flanken dunkler als normal	1–4 (0,2–0,7)
2	• Fläche unter dem Sattel und Areale am Hals nass • evtl. kleine weiße Areale an den Schabrackenrändern infolge von Schaumbildung • Reibungsflächen zwischen Hals und Zügel sowie zwischen den Innenschenkeln können infolge Schaumbildung weiß sein	>4–7 (>0,7–1,2)
3	• Trense hinterlässt einen deutlich feuchten Abdruck (häufig mit Schaumbildung an Backenstück und Nasenriemen) • Hals und Fläche unter Sattel und Gurt durchgängig nass • Flanken deutlich feucht	>7–9 (>1,2–1,5)
4	• Hals und Flanken komplett nass • feuchte, dunkle Falten über den Augen • bei stark bemuskelten oder aber fetten Pferden zwischen den Hinterschenkeln aufgrund von Schaumbildung weiß	>9–12 (>1,5–2,0)
5	• Pferde zusätzlich über dem Auge und unter dem Bauch tropfend nass	>12–18 (>2,0–3,0)

[1)] in l (und % der LM), (ca. 600 kg LM)

▶ **Tab. 2.17** Zusammensetzung von Schweiß beim Pferd (Tab. basiert auf Daten aus Meyer 1987; GfE 2014).

Bestandteil	Gehalte
Natrium (g/l)	3,1
Kalium (g/l)	1,6
Chlorid (g/l)	5,5
Kalzium (g/l)	0,12
Magnesium (g/l)	0,05
Stickstoff (g/l)	1–3
Phosphor (mg/l)	<10
Zink (mg/l)	11
Eisen (mg/l)	5
Kupfer (mg/l)	0,3
Selen (mg/l)	Spuren

3 Grundlagen der Ernährung

Manfred Coenen, unter früherer Mitarbeit von Helmut Meyer †

3.1 Bau und Funktion der Verdauungsorgane

3.1.1 Allgemeines

Komplexe Informationen, die über den Geruchs-, Geschmacks- und Tastsinn verarbeitet werden (Farbe offensichtlich unbedeutend), führen zur Selektion von Futter. Intestinale und/oder metabolische Sensoren (z. B. Glukose-, Aminosäurenhomöostase, Salz) sind hierbei maßgebend besonders für die Präferenz bestimmter Pflanzen oder -teile.

Im Verdauungskanal werden die aufgenommenen Futtermittel zunächst mit Hilfe der Zähne mechanisch zerkleinert, im Magen konditioniert, so dass nachfolgend die Futterinhaltsstoffe durch körpereigene und/oder bakteriell erzeugte Enzyme zerlegt und aufgesaugt (absorbiert) werden. Die unverdauten Reste des Futters (Kot) müssen schließlich eliminiert werden.

Die verdauten Stoffe werden verwertet, gespeichert oder, falls im Überfluss vorhanden (z. B. Na) oder nicht verwertbar (z. B. Harnstoff), notwendigerweise ausgeschieden. Im Gegensatz zur Energie können Nährstoffe physiologisch nicht oder nur begrenzt „bevorratet" werden, so dass Überschüsse stets die „Entsorgungswege" über Haut, Lunge, Darm und Nieren beanspruchen.

Aufbau

Der Verdauungstrakt des Pferdes gliedert sich in:

- Kopfdarm (S. 41), ▶ **Abb. 3.3** mit Lippen, Maulhöhle, Zähnen und Ösophagus
- Magen (S. 44), ▶ **Abb. 3.5**
- Dünndarm (S. 46) mit Zwölffingerdarm (Duodenum), Leerdarm (Jejunum) und Hüftdarm (Ileum)
- Dickdarm (S. 49) mit Blinddarm (Zäkum), Grimmdarm (Kolon) und Mastdarm (Rektum), ▶ **Abb. 3.9**

Er ist in Aufbau und Funktion der ursprünglichen natürlichen Nahrung der Equiden angepasst. Die evolutionäre Adaptation verlief bei Pflanzenfressern wie Pferd oder Wiederkäuern jedoch unterschiedlich.

Bei Rind, Schaf oder Ziege entwickelten sich am Eingang des Verdauungskanals Vormägen, in denen strukturiertes pflanzliches Material mikrobiell abgebaut wird unter Bildung auch neuer, unverzichtbarer Syntheseprodukte (Bakterieneiweiß, Vitamine). Diese und andere nicht zerlegte Substanzen werden dann im Dünndarm durch körpereigene Enzyme verdaut.

Bei Pferden liegen dagegen die Gärkammern mit mikrobieller Verdauung am Ende des Verdauungskanals in Form des **stark erweiterten Dickdarms**. Dort werden Futterinhaltsstoffe, die zuvor im Magen und Dünndarm nicht zerlegt werden konnten, durch Mikroorganismen weiter aufgeschlossen und z. T. noch nutzbar gemacht. Diesen verdauungsphysiologischen Bedingungen wird mit der Einteilung des Magen-Darm-Traktes in den präzäkalen (Zerkleinerung der Nahrung in der Maulhöhle, Hygienisierung im Magen, Aufschluss durch körpereigene Enzyme) und postilealen (mikrobielle Verdauung, Wasser- u. Elektrolytabsorption) Abschnitt entsprochen.

Füllung

Die Füllung des Verdauungskanals hängt von Art und Menge des aufgenommenen Futters ab und erreicht 10–20 %, im Mittel 15 % der Körpermasse (▶ **Tab. 2.3**, ▶ **Tab. 3.1**).

Die im Darmkanal enthaltene Menge an **Trockenmasse** entspricht – unabhängig von der Futterart – etwa der täglich aufgenommen Trockensubstanzmenge.

Die Variationen in der Darmfüllung – bei gleicher Futtermengenaufnahme – entstehen durch unterschiedliche **Wassergehalte** im Darm, vor allem im Dickdarm (▶ **Abb. 3.1**). Diese Wassermenge hängt von der Wasserbindungskapazität der Futtermittel ab. Wenig verholzte Pflanzenteile binden erheblich mehr Wasser als stärker lignifiziertes Material, z. B. Stroh.

Der sogenannte „Grasbauch“ bei einseitiger Fütterung von jungem Gras oder früh geschnittenen Graskonserven geht maßgeblich auf die Bindung von Wasser im Darminhalt zurück. Beim „Strohbauch“ hingegen entwickelt sich ein hohes Volumen des Darminhalts vor allem durch entsprechend hohe Mengen unverdaulicher Substanzen nach einseitiger Fütterung mit überständigem Gras bzw. dessen Konserven oder Stroh.

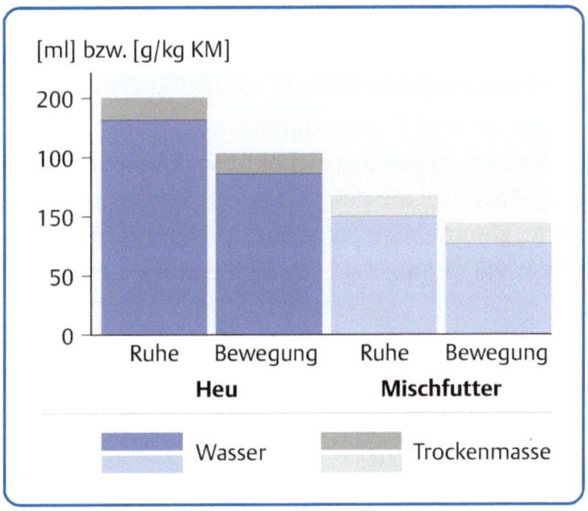

▶ **Abb. 3.1** Wasser- und Trockensubstanzmenge (ml bzw. g/kg KM) im Darmkanal des Pferdes bei Heu- oder Mischfutterzuteilung 3,5 h nach der letzten Fütterung bei Ruhe oder 1-stündiger Bewegung, max. 200 m/min (Abb. basiert auf Daten aus Coenen et al. 1990).

Darmbewegungen

Die Darmbewegungen zum Transport, aber auch zum Durchmischen des Darminhalts, gehen von der Längs- und Ringmuskulatur in der Darmwand aus. Neben den durch Eigenpotentiale der glatten Muskulatur ausgelösten langsamen Kontraktionswellen steuern vor allem die in der Darmmuskulatur liegenden enterischen Nervengeflechte die verschiedenen Darmbewegungen – ebenso wie andere elementare Funktionen des Magen- und Darmtrakts (Sekretion, Resorption).

Die Sensoren des „Darmgehirns“ reagieren auf mechanische (Druckerhöhung) ebenso wie auf chemische Reize (Nährstoffkonzentrationen, pH-Wert oder Osmolarität im Darmlumen). Übergeordnete Zentren koordinieren aufeinander abgestimmte Bewegungsabläufe, z. B. Erschlaffung des Dünndarms bei Entleerung des Magens.

Der Eintritt der Nahrung in den Verdauungskanal löst neuronale und humorale Regulationen aus. Als Verbindung zwischen dem eigenständigen darmeigenen Nervengeflecht und dem Zentralnervensystem steht das autonome Nervensystem mit dem Parasympathikus (Vagus), der Motorik und Sekretion fördert, und dem Sympathikus mit dämpfenden Wirkungen. Über psychische oder physische Belastungen kann der Sympathikus z. B. die Motorik und Sekretion hemmen und damit die Entstehung von Störungen im Darm begünstigen.

Die endokrinen Reaktionen auf den Eintritt des Nahrungsbreis lassen sich wie in ▶ **Tab. 3.2** zusammenfassen.

▶ **Tab. 3.1** Größe und Inhalt des Verdauungskanals sowie Dauer der Nahrungspassage (500 kg KM) (Tab. basiert auf Daten aus Bergner u. Ketz 1969; Argenzio 1975; Coenen et al. 1990; van Weyenberg et al. 2006; INRA 2015).

Abschnitt des Verdauungskanals	Länge (m)	Inhalt[1] (kg/100 kg KM)		Dauer der Nahrungspassage
		Heu	Kraftfutter	
Schlund	bis 1,5	–	–	10–15 s
Magen	–	2,5	1,8	1–5 h
Dünndarm	16–24	2,2	2,2	1–2 h
Zäkum	1	3,5	1,5	15–20 h
Kolon	6–8	12,0	6,0	18–24 h
Rektum[2]	0,2–0,3	bis 0,4	bis 0,3	1–2 h
insgesamt	–	20,0	11,5	30–50 h

[1] 3–4 h nach der letzten Fütterung gleicher Mengen von Heu bzw. Kraftfutter
[2] diskontinuierlich gefüllt

Mithilfe der in ▶ **Tab. 3.2** genannten und weiterer Botenstoffe werden die Abgabe von Verdauungsenzymen, der Transport der Verdauungsprodukte durch die Darmwand und postabsorptive Regelmechanismen koordiniert.

Nahrungspassage

Die Dauer der Nahrungspassage durch den Verdauungskanal (▶ **Tab. 3.1**) wird vor allem durch die Futterart bestimmt. Allgemein ist die Durchlaufzeit bei Heu rascher als bei konzentrathaltigen Rationen, bei grob strukturiertem Futter rascher als bei stark zerkleinertem Material, bei großen Futtermengen kürzer als bei kleinen. Von der Gesamtpassagedauer entfallen rd. 85 % auf den Dickdarm. Von der Fütterungsintensität kaum beeinflusst kann für typische Rationen eine Transit-Zeit von rd. 30 h angesetzt werden.

Verdauungssekrete und -enzyme sowie mikrobielle Darmflora

Die Sekretion in den Verdauungskanal ist mit rd. 30 kg/100 kg KM je Tag sehr umfangreich. Zusammen mit der teilweisen Rückresorption entsteht das Bild eines intensiven intestinalen Wasserumsatzes (S. 57), ▶ **Abb. 3.16**. Der Speichel ermöglicht den Transport der Nahrung durch den Ösophagus in den Magen und sichert hier eine brei- bis teigartige Konsistenz des Inhaltes; Verdauungsenzyme werden über den Speichel nicht abgegeben. Diese gelangen erst mit den Verdauungssekreten der Drüsenschleimhaut des Magens, des Pankreas und der Darmeigendrüsen in das Dünndarmlumen (▶ **Tab. 3.3**, ▶ **Tab. 3.4**) oder sind in der Dünndarmschleimhaut lokalisiert (Disaccharidasen, Di- und Tripeptidasen).

Die von der Bauchspeicheldrüse (Pankreas) gebildete **Amylase**, die der präzäkalen Stärkeverdauung dient, kommt beim Pferd nur in relativ geringer Aktivität vor (▶ **Tab. 3.4**). Für die Spaltung der Stärke-

▶ **Tab. 3.2** Endokrine Reaktionen (selektiv) auf den Nahrungsbrei.

Lokalisation	Peptidhormon	Reaktion
Magen	Gastrin	Sekretion von Magensäure
Dünndarm	Sekretin	Einstrom von Puffer; saurer Mageninhalt wird auf pH-Werte um 7–7,5 abgepuffert
	Cholecystokinin	• Pankreassekretion • Abgabe von Gallensaft
	Glukose-abhängiges insulinotropes Peptid (GIP)	Insulinausschüttung
	Glukagon-ähnliches Peptid-1 (GLP1)	Insulinausschüttung
	Glukagon-ähnliches Peptid-2 (GLP2)	Anpassung der Zellen an der Oberfläche der Schleimhaut

▶ **Tab. 3.3** Menge und Zusammensetzung der Verdauungssekrete (Tab. basiert auf Daten aus Meyer 1992).

Verdauungssekret	Menge[1)]	Zusammensetzung (g/kg)					
	kg/100 kg KM je Tag	Na	Cl	K	Ca	Mg	P
Speichel, insgesamt	3–5	1,5[2)]	2–3[3)]	1,1	0,15	0,03	0,02
Magensaft	5–10	(0,6)	3	–	–	–	–
Pankreassaft	5–10	3,3	3,2	0,2	–	–	–
Galle	3	3,4	3,6	0,26	0,13	0,04	0,2
Darmsaft	2–4	–	–	–	–	–	–

[1)] Die Ohrspeicheldrüse produziert nur während des Kauens, die Galle fließt dagegen kontinuierlich. Magen und Pankreas sezernieren auch zwischen den Mahlzeiten, verstärkt jedoch während der Futteraufnahme.
[2)] Zunahme bzw. [3)] Abnahme mit steigender Sekretion

teilstücke (Maltose) steht dagegen im Bürstensaum der Dünndarmschleimhaut eine größere Kapazität an **Maltase** zur Verfügung. Die Möglichkeiten des Darmes, die Enzymbereitstellung an Art und Menge der aufgenommenen hydrolysierbaren Kohlenhydrate anzupassen, ist begrenzt. Daher ist insbesondere die Effektivität der stärkespaltenden Enzyme im Chymus bei Anwesenheit unterschiedlicher Getreidestärken sehr verschieden (► **Abb. 3.2**). Gemessen an der Haferstärke sind native Stärken z. B. von Mais oder Gerste deutlich schwerer angreifbar; erst thermische Prozeduren (z. B. Expander oder Flockierungen) verhelfen den offenbar limitiert verfügbaren Dünndarmenzymen zu vergleichbarem Stärkeabbau wie beim Hafer.

Das die Saccharose (Rohrzucker) in Glukose und Fruktose spaltende Enzym **Saccharase** entwickelt sich erst im Laufe des 1. Lebensjahrs, während die

► **Tab. 3.4** Enzymaktivitäten im Dünndarmchymus bei Pferd und Schwein (adult) (Tab. basiert auf Daten aus Roberts 1975; Abello et al. 1989; Kienzle u. Radicke 1993; Flothow 1995; Heintzsch 1995).

Enzym	Einheit	Pferd	Schwein
Amylase	U/g Chymus	10–40	400–600
Maltase	U/g Eiweiß[1)]	150–400	500–600
Saccharase	U/g Eiweiß[1)]	80–130	250–350
Laktase	U/g Eiweiß[1)]	0–40[2)]	< 10
Chymotrypsin	U/g Chymus	0,3–5	30
Lipase	U/g Chymus	30–100	100

[1)] Proben der Darmschleimhaut
[2)] bei Fohlen

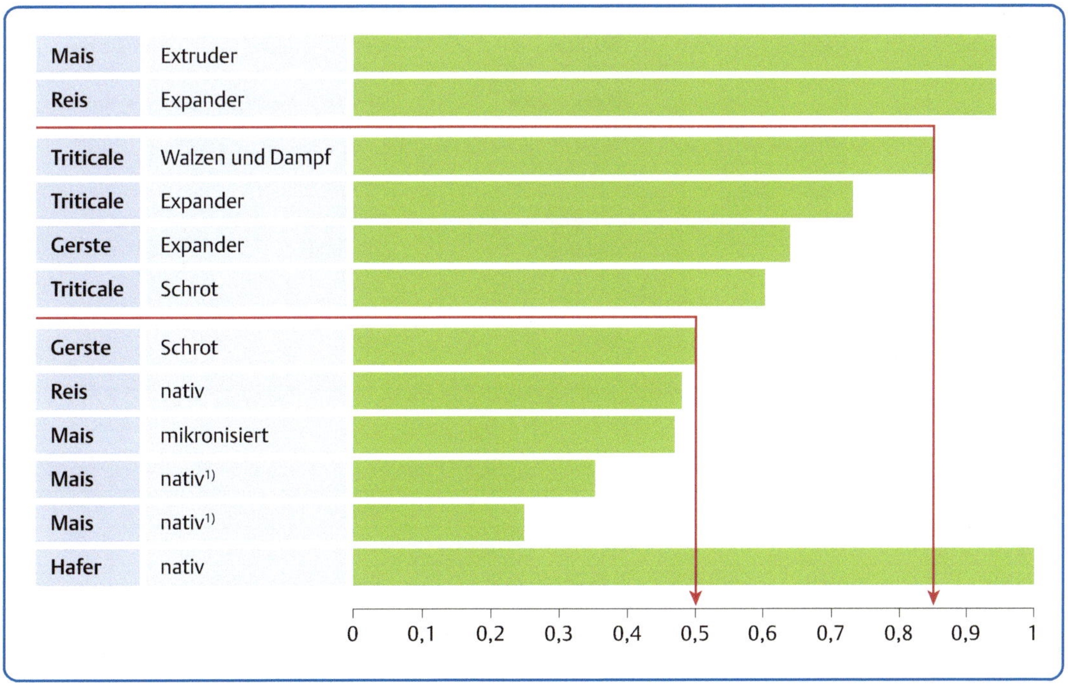

► **Abb. 3.2** Rangliste der Stärketräger nach der Abbaubarkeit der Stärke in vitro (Inkubation mit Jejunuminhalt) relativ zu Hafer (= 1) (Abb. basiert auf Daten aus Richards et al. 2003). [1)] unterschiedliche Maissorten

Laktase (Spaltung von Laktose in Glukose und Galaktose) bei Saugfohlen eine hohe Aktivität zeigt, die jedoch mit der Umstellung auf feste Nahrung stark zurückgeht, ohne gänzlich zu verschwinden.

Die Enzymaktivitäten im Dünndarm und an der Oberfläche der Dünndarmmukosa sind zwischen den Tieren sehr variabel; ein eindeutiges Gefälle zum Dünndarmende fehlt im Gegensatz zu den Verhältnissen bezüglich der Transportkapazitäten. Die Verteilung der Glukosetransporter in den Membranen der Darmzellen geht gegen Ende des Dünndarmes deutlich zurück, entsprechend vermindert sich auch der Glukosetransport. Die Präsentation von Spaltprodukten des enzymatischen Kohlenhydratabbaus induziert eine Adaptation, allerdings ist diese Seite der Anpassung an einen Futterwechsel offenbar träger als erwartet.

Von den eiweißspaltenden Enzymen sind **Pepsin** im Magen, Trypsin und **Chymotrypsin** aus dem Pankreas (Spaltung von Eiweißen in kleinere Bruchstücke, die Peptide) bekannt. Letzteres kommt in relativ geringer Konzentration vor.

Die Kapazität zur Spaltung von Fetten durch **Lipasen** (aus dem Pankreas) ist beim Pferd hoch. Auch bei intensivierter Fettzufuhr (1 g/kg KM) sind diese Enzyme offensichtlich nicht limitierend.

Neben den körpereigenen sind auch **bakteriell gebildete Enzyme** für die Verdauung, insbesondere im Dickdarm, essenziell. Ein Kollaps der mikrobiellen Verdauung stellt eine massive Störung der Darmfunktion dar. Außer Bakterien enthält der Verdauungskanal des Pferdes auch **Protozoen** und **Pilze** (▶ **Tab. 3.5**). Im Anfangsteil des Magens liegt bereits eine hohe Zahl vor allem laktatbildender Keime vor, die nach Zufluss von saurem Magensaft jedoch erheblich zurückgeht (▶ **Tab. 3.5**).

Auch wenn die Magensäure und das Pankreassekret bakterizid wirken, ist der Dünndarminhalt physiologischerweise nicht keimfrei. Vielmehr baut sich im **Dünndarm** eine spezifische Flora auf, die fortschreitend zunimmt und am Ende – je nach Futterart – bis zu 500 Mio. Keime pro g Chymus erreicht. Der Anstieg beruht auf einer Zunahme

▶ **Tab. 3.5** Bakteriengehalte und pH-Werte in verschiedenen Abschnitten des Verdauungskanals (Tab. basiert auf Daten aus Kern et al. 1974; Meyer et al. 1980; Mackie u. Wilkins 1988; Julliand 1992; Kollarczik et al. 1992; Meyer u. Landes 1994; [3] und [4] nach de Fombelle et al. 2003).

Verdauungskanal	Fütterung von Kraftfutter		Fütterung von Raufutter oder älterem Gras		Fütterung einer Ration aus Heu + pelletiertem Mischfutter, 1:1,3[3] bzw. Stroh + pelletiertem Mischfutter, 1:2,1[4]		Effekt des Einsatzes von Kraftfutter zusammenfassend	
	Zahl KBE[1] Mio. je g Inhalt	pH	Zahl KBE[1] Mio. je g Inhalt	pH	Zahl KBE[1] Mio. je g Inhalt	pH	Keimgehalt	pH
Magen (drüsenloser Blindsack)	–	5,9	200	>6	1000/1300	5,1/4,5	↑	↓
Magen (Fundus → Pylorus)	–	5,7 → 3–5	10	5,4 → 2,6	–	–	–	↑
Duodenum	–	5,6–8	2,9	6,3	–	6,6/5,9	–	↓
Jejunum	1–18[2]	7–8	29	7,1	400/500	7,2/6,9	↔	↔
Ileum	0,2–7[2]	7	38	7,5	630/80	7,4/7,2	↓	↓
Zäkum	6–47[2]	6,5–7,5	500–2500	6,7	50/40	6,4/6,2	↓	↓
Kolon	10–54[2]	6,0	360–600	6,6	320/400	6,4/6,4	↑	↓

[1] Bakteriengehalt (gemessen in KBE = koloniebildenden Einheiten)
[2] bei Trockenschnitzel-Zuckerfütterung
[3] 3,5 g Stärke/kg KM je Tag
[4] 1,1 g Stärke/kg KM je Tag

von Streptokokken und *E. coli*, weniger auf Veränderungen der Laktobazillen.

Im **Zäkum** und **Kolon**, wo ausschließlich mikrobiell verdaut wird, steigen die Keimzahlen auf ähnliche Werte wie in den Vormägen der Wiederkäuer. Dort dominieren obligat anaerobe Keime (Enterobakteriazeen, Bazillen, Clostridien) neben Laktobazillen und Streptokokken. Die Zahl der Protozoen bleibt mit 5000–50000 pro g Darminhalt niedriger als in den Vormägen der Wiederkäuer. Für den Verdauungsprozess haben sie quantitativ scheinbar keine Bedeutung. Die pH-Werte im Darminhalt reflektieren die Sekretion von Säure und puffernden Substanzen sowie die Bildung organischer Säuren durch die Mikroorganismen. Der Anteil an Stärke in der Ration beeinflusst das mikrobielle Profil im gesamten Magen-Darm-Trakt. Zusammenfassend kommt es bei stärkereicher Fütterung mit einem hohen Abfluten der Stärke in den Dickdarm zu einer Bevorzugung der Milchsäurebildner und einem Rückgang der Milchsäurekonsumenten. Entsprechend steigen die Milchsäuregehalte im Darminhalt bei konzentratreicher Ration deutlich an (▸ **Tab. 3.8**).

Die Intestinalflora interagiert mit der Darmwand. Die Bildung der Proteine zwischen den Zellen auf der Schleimhautoberfläche sowie die Bildung des Mukus werden von der Mikroflora mitbestimmt; insofern ist die Mikroflora für die Darmbarriere von Bedeutung. Dies zeigt sich auch in der Freisetzung von Zytokinen, die nach neueren Arbeiten bei stärkereichen Rationen offenbar vermehrt einen proinflammatorischen Charakter aufweisen.

! Merke

Je nach Art, Menge, Zubereitung sowie Keimbesatz der Futtermittel können die Gehalte von Mikroorganismen im Darmlumen nachhaltig variieren. Kommt es zu starken Veränderungen in der Zahl, Zusammensetzung, Lokalisation sowie Aktivität (= Dysbiosen bzw. Dysfermentation) der Darmflora, so sind schwere gesundheitliche Störungen (S. 307) möglich.

3.1.2 Verdauungsvorgänge in einzelnen Darmabschnitten

Kopfdarm

Anatomie Den Eingang zum Verdauungskanal bildet die Maulspalte, die von kräftigen und sehr beweglichen Lippen begrenzt wird. Das Pferd nimmt das Futter vor allem mit **Lippen** und **Zunge** auf, teilweise werden auch, besonders beim Grasen oder Fressen fester Stoffe (Zweige, Rüben), die **Schneidezähne** eingesetzt.

Wegen der großen Beweglichkeit der Lippen kann das Pferd Futterteile sortieren und nicht schmackhafte Komponenten zurücklassen. Offenbar spielt der Eiweißgehalt des Futters – zumindest bei Gräsern – eine gewichtige Rolle bei der Auswahl der Pflanzen bzw. Pflanzenteile. Studien zu Rezeptoren für Nährstoffe (Aminosäuren, NaCl) im Kopf- und Dünndarm belegen das Potential zur Futterselektion mit dem Ziel, Versorgungsengpässe zu begrenzen. Die Möglichkeit der sorgfältigen Futterauswahl mindert ferner das Risiko, Fremdkörper aufzunehmen, erhöht aber auf der Weide die Gefahr einer Umschichtung der Flora bei längerdauernder einseitiger Nutzung durch Pferde (Verbiss und Reduktion wertvoller Gräser, Vermehrung wenig schmackhafter Pflanzen).

In der Maulhöhle wird das Futter zwischen den **Backenzähnen** (▸ **Abb. 3.3**) zermahlen. Ihre breiten Kauflächen weisen neben dem leichter abriebfähigen Dentin und Zement harte, höher stehende Schmelzleisten auf (▸ **Abb. 3.4**), so dass stets eine raue Oberfläche erhalten bleibt. Das Pferd kaut jeweils nur auf einer Seite, wobei periodisch gewechselt wird (bei Großpferden 60–80 Kieferschläge pro min weitgehend unabhängig von der Futterart). Die Reduktion der Partikelgrößen des Futters auf die in der Speiseröhre (**Ösophagus**) transportfähigen Strukturen ist relativ einheitlich. Bis zum Dünndarmende erfolgt keine wesentliche Veränderung in den Partikelgrößen des Chymus.

Funktion Entsprechend der Struktur und Konsistenz der Futtermittel dauert die Aufnahme unterschiedlich lange (▸ **Tab. 3.6**). Für 1 kg Hafer oder pelletiertes Mischfutter werden rd. 10 min, für 1 kg Heu oder Stroh 30–60 min benötigt, allerdings mit erheblicher Variation zwischen verschiedenen Tieren. Zumischen von Häcksel verlängert, Anfeuchten verkürzt die Futteraufnahme.

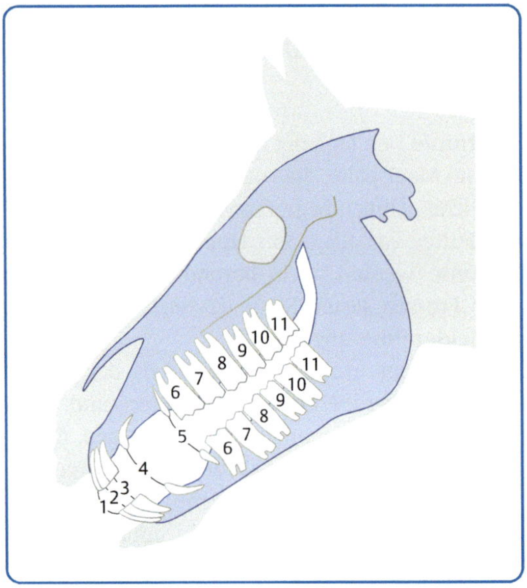

▶ **Abb. 3.3** Schädel eines Pferdes mit freigelegten Zahnwurzeln: 1–3 Schneidezähne, 4 Hakenzahn, 5 Wolfszahn, 6–11 Backenzähne. (aus Simon, Herold, Schlemper: Praxisleitfaden Zahn- und Kiefererkrankungen des Pferdes. Parey Verlag: Stuttgart; 2009)

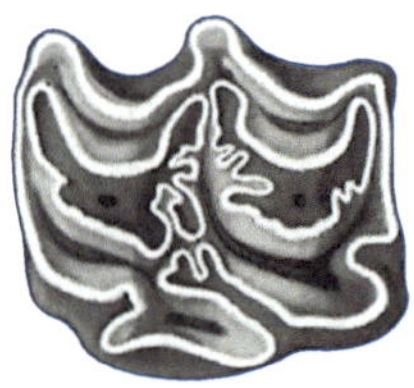

▶ **Abb. 3.4** Kaufläche eines Backenzahns aus dem Oberkiefer. (aus Nickel, Schummer, Seiferle: Lehrbuch der Anatomie der Haustiere. Bd. 2. 9. Aufl. Stuttgart: Parey in MVS Medizinverlage Stuttgart; 2004)

Kleinpferde fressen langsamer. Sie benötigen für ungeschrotete Körnerfutter oder Pellets gegenüber Großpferden die 4-fache Zeit, da sie offenbar Schwierigkeiten haben, größere Partikel zwischen den schmaleren Kauflächen der Backenzähne zu halten.

Aus ▶ **Tab. 3.6** kann abgeleitet werden, wie lange die tägliche Futteraufnahme durchschnittlich dauert, wenn Rau- und Krippenfutter in unterschiedlichen Mengen kombiniert werden. Zu kurze Futteraufnahmezeiten begünstigen Verhaltensänderungen (Lecken, Nagen, Knabbern, Beißen).

▶ **Tab. 3.6** Dauer der Futteraufnahme (min/kg Futter) (Tab. basiert auf Daten aus Meyer et al. 1986, 1997; Brüssow 2006; Brüssow et al. 2005; Bochnia 2008; Vervuert et al. 2009, 2013; Müller 2010; Müller 2011; Bochnia et al. 2017).

Futtermittel	Großpferde	Kleinpferde
Stroh	40–60	100
Heu, lang	25–50	80
Anwelklage[1]	25–45	–
Trockenschnitzel	20–30	35–45
Luzernehäcksel	18	–
Luzernehäcksel + Strohhäcksel	20–30	–
Luzernehäcksel + Getreide	11	–
Haferkörner, heil oder gequetscht	10–20	10–40
Mischfutter, pelletiert (4–8 mm)	15–25	35–55
Mischfutter, nicht pelletiert	< 10–20	10–30

[1] bezogen auf TS, TS-Gehalt 55–58 %

Praxis

Um Pferde ausreichend kauend zu beschäftigen,

- ist bei Tieren im Erhaltungsstoffwechsel der Energiebedarf ausschließlich über kaufähiges Raufutter (Gras, Graskonserven oder Stroh) zu decken.
- sind in anderen Fällen täglich mindestens 1,5 kg Trockenmasse pro 100 kg KM als kaufähiges Raufutter zuzuteilen.

Während des Kauens wird das Futter **stark zerkleinert**, Raufutter (Heu und Stroh) in Partikel von max. 2 mm Durchmesser und 1–4 mm Länge zerlegt (bei weichem, elastischem Material wie Gras sind sie etwas größer). Die gründliche Zerkleinerung faseriger Futtermittel ist für ihre ungestörte Passage durch den Verdauungskanal unerlässlich. Unterschiedliche Passagegeschwindigkeiten für flüssige und feste Chymusbestandteile sind im Blinddarm, der magenähnlichen Erweiterung und an der Beckenflexur des Kolons möglich. Bei feinfaserigem Material (junger, langgewachsener Klee,

Windhalm etc.) ebenso wie bei zu kurz gehäckseltem Raufutter (unter 2 cm) besteht das Risiko, dass es ungenügend zerkleinert abgeschluckt wird und Obstipationen verursacht (Ileumende, Übergang Zäkum-Kolon, Beckenflexur des Kolons).

Pferde mit intaktem Gebiss quetschen und mahlen Haferkörner, pelletierte Mischfutter wechselnder Größe und selbst kleine Grassamen im Allgemeinen ausreichend, so dass eine vorherige Zerkleinerung nicht notwendig ist.

Das Futter wird im Kopfdarm nicht nur zermahlen, sondern – vor allem frisches, wasserreiches Material – durch den hohen Druck der Backenzähne auch **ausgequetscht**. (Die molaren Zahnflächen entwickeln Drücke von bis zu knapp 2 kN.) Dadurch werden wertvolle Inhaltsstoffe (Eiweiße, Zucker) frei, die unmittelbar im Magen und Dünndarm verdaut und damit besser genutzt werden können als bei einem mikrobiellen Aufschluss im Dickdarm.

Die Bewegung der Kiefer ist bei Heu deutlich größer als bei Mischfutterverzehr (Backenzähne, Kieferöffnen und -schließen 16 vs. 14 mm, Seitwärtsbewegung 20 vs. 15 mm, Bewegung in Längsrichtung 6 vs. 4,5 mm; Bonin et al. 2006, 2007), so dass bei Konzentrataufnahme neben der verminderten Kaudauer auch die verminderte Auslenkung des Unterkiefers den Zahnabrieb senkt.

Für die Futteraufnahme und -zerkleinerung ist ein gesundes, vollständiges **Gebiss** unerlässlich:

- **Schadhafte Schneidezähne** können die Lippen verletzen und evtl. die Futteraufnahme erschweren oder Speichelverluste (ungenügender Lippenschluss) bedingen.
- Bei **ungleichmäßiger Abnutzung der Backenzähne** (durch zu geringe Kautätigkeit, krankhafte Veränderungen von Kiefergelenk, Kaumuskulatur oder Zähnen) entstehen an den äußeren Rändern der Oberkiefer- und an der Innenseite der Unterkieferbackenzähne hakenförmige oder gratige Überstände (► **Abb. 10.1**), die eine normale Kautätigkeit erschweren und damit den Zahnabrieb weiter reduzieren.
- Bei **Zahnanomalien**, **Zahnverlust** oder **Treppengebiss** wird das Futter nicht nur zu langsam oder unvollkommen aufgenommen, sondern auch ungenügend zerkleinert und schlechter verdaut (Verstopfungsrisiko!). Das ist auch im Zusammenhang mit dem Durchbruch der bei der Geburt noch nicht vorhandenen Molaren bzw. dem Wechsel der Prämolaren zu beobachten (► **Tab. 3.7**).

► **Tab. 3.7** Durchbruch und Wechsel der Backenzähne des Pferdes.

Backenzähne	Wechsel	Durchbruch
2. Prämolar	2 ½ Jahre	–
3. Prämolar	2 ½ Jahre	–
4. Prämolar	3 ½ Jahre	–
1. Molar	–	6–9 Monate
2. Molar	–	2–2 ½ Jahre
3. Molar	–	3 ½–4 ½ Jahre

Post-mortem-Erhebungen belegen eine sicherlich teilweise vermeidbare Häufigkeit von Schäden am Gebiss infolge unzureichender Zahnpflege. Systematische Untersuchungen zeigen auf, dass typische, moderate Unregelmäßigkeiten der Kauflächen nur geringe Auswirkungen auf die Partikelgrößen der Ingesta bzw. des Kotes und die Verdaulichkeit haben. Kritischer sind offenbar kariöse Schäden der Zahnoberflächen, die im Gegensatz zu den Hacken der Backenzähne bei ausschließlichem Weidegang nicht vorkommen (s. u.).

Während des Kauens wird **Speichel** vor allem von der Oberspeicheldrüse gebildet und das Futter damit vermischt. Daher beeinflusst die Dauer der Futteraufnahme – die von Struktur und Zerkleinerungsgrad (S. 63) des Futters abhängt – den Speichelfluss nachhaltig. Großpferde bilden pro min 40–90 ml, Kleinpferde 20–60 ml Speichel. Pro kg Raufutter wird wegen der längeren Aufnahmezeit erheblich mehr Speichel produziert (3–5 kg) als pro kg Krippenfutter (1–1,5 kg). Die Tagesmenge kann bis zu rd. 6 kg pro 100 kg KM erreichen (► **Tab. 3.3**). Speichel enthält keine Verdauungsenzyme, jedoch größere Mengen an Mineralstoffen und Bikarbonat (► **Tab. 3.3**), die zur Neutralisierung der im Anfangsteil des Magens entstehenden Säuren dienen. Darüber hinaus werden durch den Speichel die Futterbissen schluckfähig gemacht und eingeweicht, so dass die im Magen gebildeten Verdauungssäfte den Futterbrei durchdringen können. Unterschätzt ist die Bedeutung des Speichels für die natürliche Pflege der Maulhöhle und besonders der Zähne. Eine verminderte Speichelbildung bei Aufnahme konzentratreicher

Rationen begünstigt die Bildung von Plaques und Entstehung von Karies, besonders wenn die Kraftfutter reich an löslichen Kohlenhydraten sind. Schäden sind bei alten Pferden offensichtlich die Regel, betreffen aber Tiere aller Altersgruppen mit höherer Prävalenz als angenommen.

Merke
Für eine ausreichende Speichelproduktion, gleichmäßige Zahnabnutzung, befriedigende Zahnreinigung und einen ungestörten Ablauf der Verdauung im Magen ist eine möglichst lange Kauzeit günstig.

Die Pferde formen in der Maulhöhle ca. 50–70 g große **Bissen**, die sie im Abstand von etwa 30 sec **abschlucken**. Je nach Dauer der Futteraufnahme variiert der Trockensubstanzgehalt im Bissen zwischen 15–20 % bei Raufutter und 25–40 % bei Krippenfutter. Vor dem Mageneingang kann der mit Hilfe der kräftigen Ringmuskulatur des Schlunds transportierte Bissen bis zu 30 sec liegenbleiben, so dass evtl. 2 Bissen unmittelbar hintereinander in den Magen gelangen.

Magen

Anatomie Der Magen mittelgroßer Pferde ist mit 15–20 l relativ klein und auf die kontinuierliche Aufnahme kleiner Futtermengen eingestellt. Durch seine bohnenförmige Gestalt entstehen eine blindsackartige vordere Magenabteilung mit kutaner, drüsenloser Schleimhaut und ein hinterer Magenraum (Fundus und Pylorus), dessen Schleimhaut Magensaft sezernierende Drüsen enthält (► **Abb. 3.5**). Die schräg in die Magenwand einmündende Speiseröhre verfügt über eine starken Schließmuskel, der sich je nach Füllungsdruck im Magen reflektorisch kontrahiert. Bei stark gefülltem Magen besteht ein Dauertonus, der Erbrechen nahezu unmöglich macht.

Vorsicht
Der Magen des Pferdes ist an die kontinuierliche Futteraufnahme angepasst und daher kein Speicherorgan. Da Pferde nicht erbrechen (nur im Extremfall), stellen Magenüberladungen ein erhebliches Risiko dar.

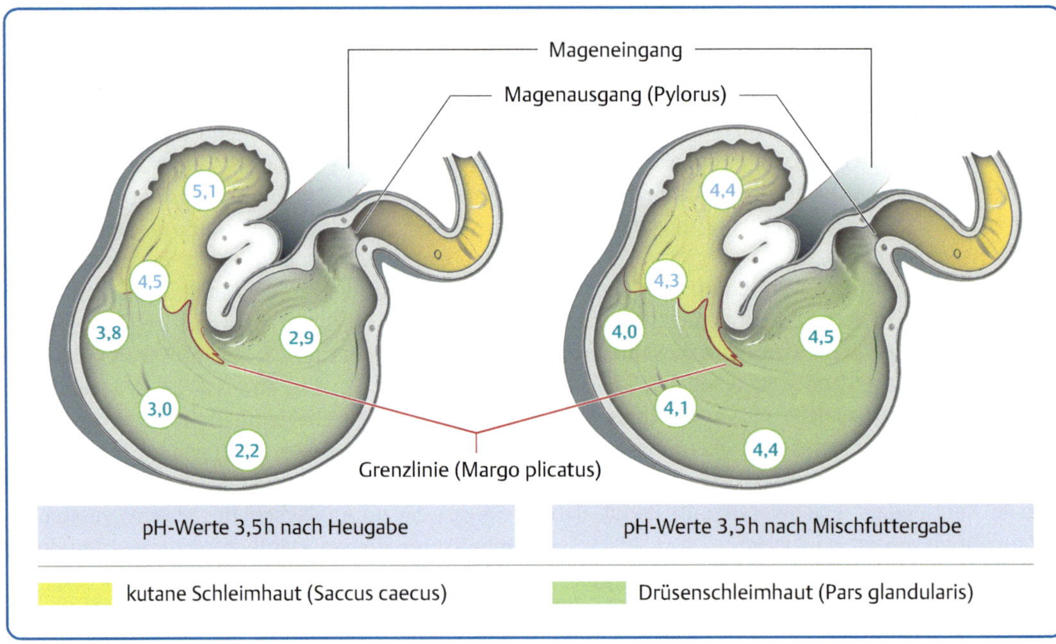

► **Abb. 3.5** Aufbau des Pferdemagens: Trennung der kutanen Schleimhaut (gelbgrün) von der Drüsenschleimhaut (grün) durch den Margo plicatus. Die Drüsenschleimhaut besteht aus der Kardia- (Übergang von kutaner zu glandulärer Schleimhaut), Fundus- und Pylorusdrüsenzone und dient der Abgabe von Mukus, Enzymen und Magensäure. Die pH-Bedingungen sind zahlenmäßig exemplarisch wiedergegeben für 3,5 Stunden nach der Aufnahme von Heu oder Mischfutter (Abb. basiert auf Daten aus Coenen 1991).

Funktion Der Magen füllt sich schichtweise zunächst im Blindsack und Fundus. Der Mageninhalt wird dann nach und nach in die tieferen Abschnitte weitergeleitet und weitergehend verflüssigt. Die Entleerung setzt bereits während der Futteraufnahme ein. Bei typischen Mahlzeiten mit einem gewissen Abstand zur vorherigen Futteraufnahme haben 50 % der aufgenommenen Futtermengen etwa 2 h nach der Mahlzeit den Magen passiert. Dies steht in Einklang mit dem postprandialen Verlauf der Konzentration von Glukose und Aminosäuren im Blut, die als Zeitmarker für die Verdauung im Dünndarm fungieren. Dabei wird intensiv eingespeicheltes Futter (Raufutter, TS-Gehalte des Mageninhalts < 20 %) offenbar schneller transportiert als konzentrierte Futtermittel (TS-Gehalte im Mageninhalt bis über 30 %). Nach größeren Mengen Krippenfutter ist der Magen aufgrund der schnellen Aufnahme und eher langsamen Entleerung temporär stärker gefüllt als bei Zuteilung gleicher Mengen Raufutter (Gefahr temporärer Überladung). Bei einer Füllung von 35–40 g/kg KM sind schmerzhafte Zustände möglich, bei Füllungen von 45–50 g/kg KM besteht die Gefahr einer Ruptur der Magenwand, i. d. R. längs der großen Kurvatur.

Die Verdauung im Magen ist durch die gleichzeitige Aktivität von Enzymen aus dem Futter, von Mikroorganismen sowie körpereigenen Substraten (Magensaft) gekennzeichnet. Im **Anfangsteil des Magens** dominieren aufgrund eines hohen Keimgehalts und pH-Werten von > 5 (▶ **Abb. 3.5**, ▶ **Tab. 3.5**) mikrobielle Umsetzungen. Es werden leicht fermentierbare Kohlenhydrate abgebaut, wie Zucker, Oligosaccharide und Stärke, z. T. auch Eiweiße. Neben Laktat und kurzkettigen Fettsäuren (▶ **Tab. 3.8**) entstehen Gase (Kohlendioxid, Wasserstoff; ▶ **Abb. 3.8**) sowie Eiweißspaltprodukte (Ammoniak, Phenol etc.). Verstärkte mikrobielle Umsetzungen im Anfangsteil des Magens scheinen die Entstehung von Magengeschwüren zu begünstigen; offenbar werden Transportbedingungen für Ionen in den Zellen der Magenwand durch flüchtige Fettsäuren verändert.

Erst im **Fundusgebiet** wird Magensaft gebildet, der das eiweißspaltende Pepsin und Salzsäure, jedoch keine fett- oder kohlenhydratspaltenden Fermente enthält. Die Aktivierung des Pepsins setzt eine Azidierung des Inhaltes voraus. Die gastrale Säuresekretion initiiert neben der Proteinverdauung (Aktivierung von Pepsin) auch den Aufschluss von Mineralstoffen.

Die Sekretion der Magensäure wird maßgeblich durch Gastrin reguliert, dessen Freisetzung gegenüber intragastralen Signalen (u. a. Kalzium; Füllung) und externen Faktoren (Stress → Catecholamin-, Cortisolfreisetzung) sensibel ist. Die endokrin initiierte Salzsäuresekretion determiniert schließlich den pH-Wert im Mageninhalt (▶ **Abb. 3.6**).

Durch Vermischen des Futterbreis mit saurem Magensaft wird der **pH-Wert** auf ein Niveau gesenkt (▶ **Tab. 3.5**), bei dem eine nachhaltige Ein-

▶ **Tab. 3.8** Flüchtige Fettsäuren und Laktat im Magen- und Darmchymus 3–8 h postprandial in Abhängigkeit von der aufgenommenen Futterart (mmol/l) (Tab. basiert auf Daten aus Landes 1992, Kleffken 1993[1]; de Fombelle et al. 2003[2]).

		Fütterung von			
Verdauungstrakt	**Flüchtige Fettsäuren/ Laktat**	**Kraftfutter[1]**	**Heu[1]**	**Heu + Kraftfutter[2]**	**Stroh + Kraftfutter[2]**
		mmol/l			
Magen	flüchtige Fettsäuren	6–7	14	20	10
	Laktat	7–32	3	1,3	4,5
Duodenum	flüchtige Fettsäuren	10	24	7	5
	Laktat	14–18	1	0,6	1,2
Jejunum	flüchtige Fettsäuren	10–20	4–26	9	4
	Laktat	8–21	5	0,4	0,5
Ileum	flüchtige Fettsäuren	5–54	7–17	9	5
	Laktat	2–45	2– 4	0,5	0,5

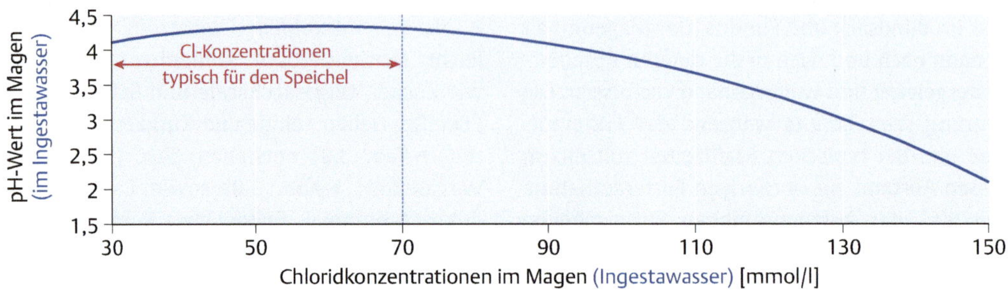

▶ **Abb. 3.6** pH-Werte im Mageninhalt in Abhängigkeit von der Chloridkonzentration als Indikator für die Sekretion von Magensäure (Abb. basiert auf Daten aus Coenen 1991).

schränkung bakterieller Tätigkeit erfolgt. Der Magensaft kann anfangs nur die wandständigen Schichten des Futterbreis durchtränken, erst in Nähe zum Magenausgang wird er – infolge stärkerer Kontraktionsbewegungen der Magenwand – mit dem Inhalt wirkungsvoll durchmischt. Der pH-Wert des durchsafteten Mageninhaltes ist eine Funktion der Salzsäuresekretion wie die Beziehung zwischen pH-Wert und Cl-Konzentration aufzeigt (▶ **Abb. 3.6**).

Während der pH-Wert im Mittelteil des Magens zunächst zwischen 4–6 liegt, sinkt er bei reiner Heufütterung am Magenausgang auf < 3, nicht dagegen bei einseitiger Kraftfuttergabe (▶ **Tab. 3.5**). Der kompakte Mageninhalt nach Konzentrataufnahme ist trockener und verfügt über höhere Pufferkapazität als nach Heuverzehr; hierdurch wird die gewünschte Durchsäuerung des Inhaltes begrenzt.

Wasser wird – sofern nicht durch quellfähiges Material im Magen gebunden – auf kürzestem Wege (kleine Magenstraße) durch den Magen geleitet. Abnorm große Wassermengen, während der Mahlzeit aufgenommen, spülen den Mageninhalt in den Dünndarm (Risiko von Verdauungsstörungen).

Für einen normalen Ablauf der Verdauung muss der Mageninhalt ausreichend mit **Magensaft** durchtränkt werden. Gelingt das nicht wegen

- zu geringer Magensaftsekretion (z. B. infolge übermäßiger physischer oder psychischer Belastungen des Pferdes unmittelbar nach der Futteraufnahme),
- zu rascher Futteraufnahme,
- zu großer Futtermengen oder
- stark verkleisternder Futtermittel (z. B. Weizen- oder Roggenschrot),

kann infolge ungenügender pH-Wert-Senkung die bakterielle Zerlegung des Futters unter vermehrter Bildung von Gas (Druckerhöhung im Magen, Unruhe, Kolik), Laktat und flüchtigen Fettsäuren fortschreiten. Auch stark verkeimtes Futter begünstigt solche **Fehlgärungen** (S. 307).

Der Magen des Pferdes ist aufgrund seiner Größe und seines Aufbaus besonders störanfällig. Deshalb ist bei Zuteilung rasch aufnehmbarer Futtermittel besondere Vorsicht geboten. Die je Mahlzeit tolerierbare Konzentratmenge wird auch mit Blick auf die mikrobiellen Bedingungen im gesamten Magen-Darm-Trakt sowie die Dynamik der Insulinfreisetzung durch die Stärkekonzentration im Futter bestimmt.

Praxis
Die Stärkeaufnahme ist auf 1 g/kg KM je Mahlzeit zu limitieren.

Dünndarm

Anatomie Der rd. 20 m lange Dünndarm des Pferdes wird in Zwölffingerdarm (**Duodenum**), Leerdarm (**Jejunum**) und Hüftdarm (**Ileum**) unterteilt. In das Duodenum (ca. 1 m lang) münden etwa 15 cm unterhalb des Magenausgangs gemeinsam der Hauptausführungsgang der Bauchspeicheldrüse (Pankreas) und der Gallengang.

Die **Dünndarmschleimhaut** ist mit zahlreichen 0,5–1 mm hohen Zotten ausgestattet, deren lumenseitiges einschichtiges Zylinderepithel fadenförmige Ausstülpungen (Bürstensaum) aufweist. Damit wird die Schleimhautoberfläche nachhaltig vergrößert. Unter der Schleimhaut liegt eine Muskelschicht, von der die Eigenbewegung des Darms ausgeht. Die Schleimhaut enthält zahlreiche Darmeigendrüsen, die neben den Submukosadrüsen den Darmsaft produzieren. Die Schleimhaut wird von einer Muzinschicht schützend abgedeckt. Diese wie auch die zwischen den zylinderförmigen Enterozyten eingelagerten Eiweiße sind wesentlich für die Integrität der Darmwand. Das komplexe System von Muzin und interzellulären Proteinen ist, wie oben erwähnt, auf eine für das ausgewogen ernährte Pferd typische Darmflora angewiesen.

Der **Dünndarminhalt** ist stark wässrig einhergehend mit geringer Viskosität: Bei gabe von Raufuttermitteln liegt der Trockensubstanzgehalt im Ileuminhalt unter 4 %, bei gemischten Rationen zwischen 4–6 % und bei reinem Krippenfutter zwischen 4–10 %. Die Gehalte steigen mit erhöhter Mengenzuteilung pro Mahlzeit.

Funktion Die **Darmbewegungen** dienen sowohl der Durchmischung des Inhalts als auch dem Weitertransport. Durch Tonusänderungen sowie begrenzte, rhythmisch wechselnde Kontraktionen (Pendelbewegungen, Segmentation) wird der Inhalt durchmischt, während die in Richtung Darmende laufenden peristaltischen Wellen den Transport des Darminhalts bewirken. Die Ingesta passieren den Dünndarm in einer Geschwindigkeit von ca. 20 cm/min, d. h. den rd. 20 m langen Dünndarm in 1½ Stunden. Im Ileum sammelt sich der Inhalt und wird stoßweise in Mengen von 200–1500 ml unter Druck in den Blinddarm geschleudert (3–6-mal/h).

Die **Bauchspeicheldrüse (Pankreas)** produziert kontinuierlich ein Sekret, das im Vergleich zu anderen Tierarten geringere Enzymkonzentrationen (S. 38) aufweist. Die tägliche Sekretmenge wird auf 5–10 % der Körpermasse geschätzt (▶ **Tab. 3.3**). Der Pankreassaft enthält neben Enzymen (Trypsin, Amylase, Lipase) hohe Mengen an Alkalien, die zur Neutralisierung des sauren Mageninhalts dienen. Zusätzlich zur Bereitstellung von Enzymen trägt das Sekret zur Kontrolle der Mikroorganismen im Dünndarm bei.

Die Leber produziert **Galle**; diese wird kontinuierlich und in großen Mengen (▶ **Tab. 3.3**) ohne Eindickung in das Lumen des Dünndarms eingeleitet, da dem Pferd die Gallenblase fehlt. Die Galle trägt durch enthaltene Mineralstoffe und Bikarbonat gleichfalls zur Neutralisierung des sauren Mageninhalts und dem Erhalt eines für die sezernierten Enzyme günstigen pH-Bereiches im Dünndarm bei. Die Gallensäuren unterstützen durch eine emulgierende Wirkung die Fettverdauung (S. 55).

Am Ende des Dünndarms tritt verstärkt **Bikarbonat** in das Dünndarmlumen, so dass die im Blinddarm entstehenden Säuren (S. 50) z. T. abgepuffert werden können und Pufferkapazität in den Blinddarm transferiert werden kann.

Der Inhalt des Dünndarms, der schon erhebliche Mengen anaerober Keime aufweist (▶ **Tab. 3.5**), enthält durch Zufluss aus dem Magen, aber auch durch unmittelbare mikrobielle Aktivität je nach Futterart und Menge mehr oder weniger hohe Konzentrationen an **organischen Säuren** (flüchtige Fettsäuren, Laktat; ▶ **Tab. 3.8**).

Die Konzentrationen **flüchtiger Fettsäuren** im Mageninhalt unterscheiden sich in Abhängigkeit von der Fütterung nur wenig. Im Dünndarmchymus liegen die Gehalte – abgesehen vom Ileuminhalt – nach Raufutter tendenziell höher als nach Kraftfutter.

Die **Laktat**konzentrationen im Magen und Dünndarm (▶ **Tab. 3.8**) sind nach Raufuttergabe in der Regel gering. Nach Kraftfutterzuteilung sind dort höhere Werte anzutreffen, insbesondere, wenn pro Mahlzeit mehr als 0,5 kg leicht fermentierbare Kohlenhydrate pro 100 kg KM zugeteilt werden.

Der **pH-Wert** im Dünndarmchymus resultiert aus dem Säuregrad der einfließenden Mageningesta, der enthaltenen oder sich bildenden Laktatmengen sowie der Pufferkapazität von Sekreten, die in das Duodenum eintreten (u. a. Pankreassaft, Galle). Normalerweise erreicht der pH-Wert im Duodenum etwa 6,5 und steigt im Jejunum und Ileum auf über 7 (▶ **Tab. 3.5**).

Erhalten Pferde stärkereiche Kraftfutter, so können die pH-Werte infolge starker Laktatbildung auf < 6,5 abfallen (▶ **Abb. 3.7**). Abgesehen von mög-

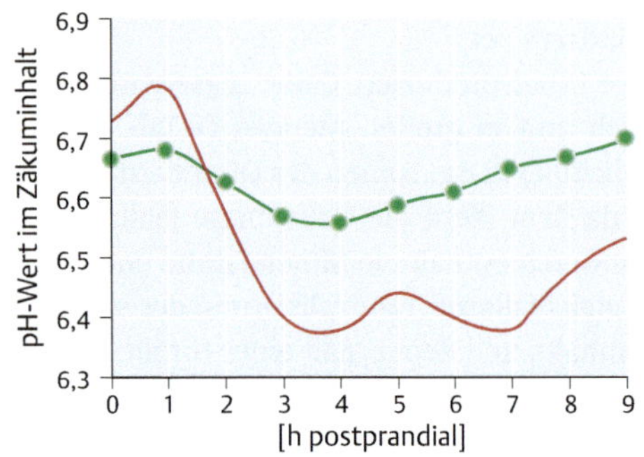

▸ **Abb. 3.7** Variation des pH-Wertes im Zäkumchymus bei stärkearmer (grün) und stärkereicher (rot) Ration (Abb. basiert auf Daten aus Brøkner et al. 2012).

lichen Schäden an der Schleimhaut sowie Störungen der Peristaltik wird damit bereits der optimale Wirkungsbereich für die körpereigenen Enzyme (pH 7–8) merklich unterschritten.

Die Nährstoffaufnahme aus dem Dünndarm erfolgt bei natürlichem Grasungsverhalten bzw. intensiver Raufuttergabe kontinuierlich, bei typischen, in Mahlzeiten (2–3/Tag) definierten Futterzuteilungen konzentriert sich die präzäkale Nährstoffabsorption auf die ersten 4 Stunden nach der Futteraufnahme. Dies wird notwendigerweise von entsprechenden endokrinen Reaktionen begleitet, um den Metabolismus der Verdauungsprodukte zu regulieren. Am Beispiel der Blutglukose ist dies eindrucksvoll erkennbar (▸ **Abb. 4.1**).

Die Absorption aus dem Dünndarm kann für Mineralstoffe teilweise reguliert werden, offenbar aber nicht für Aminosäuren und Glukose. Diese Substrate werden nach der Absorption dem intermediären Stoffwechsel in der Leber und in anderen Geweben zugeführt. Hierbei ist die Regulation der Glukosehomöostase von größter Bedeutung; durch Insulin-vermittelte Signale erfolgt die Glukoseaufnahme in Zellen diverser Zielgewebe. Eine hohe, vor allem länger anhaltende Insulinfreisetzung (Hyperinsulinämie) kann das Resultat einer hohen Glukoseabsorption sein – s. Begrenzung der Stärkeaufnahme (S. 46) je Mahlzeit – oder auf einen unbefriedigenden Transfer von Glukose in Zielgewebe beruhen, da Insulin als Signalgeber nicht mehr voll wirksam ist.

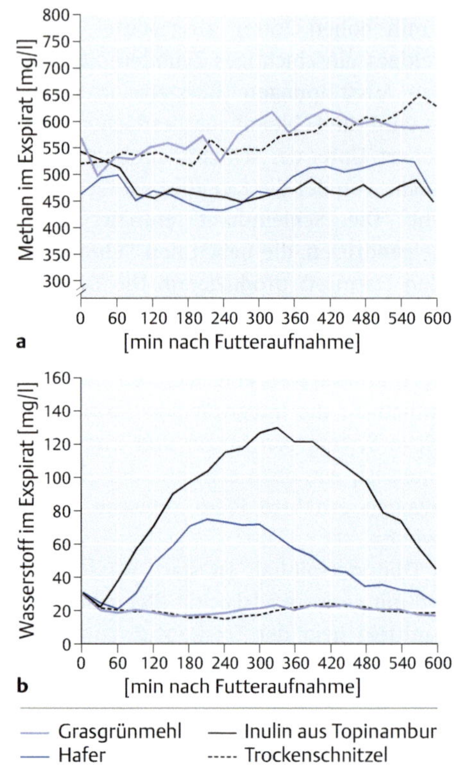

▸ **Abb. 3.8** Methan (**a**) und Wasserstoff (**b**) in der Ausatemluft nach Fütterung charakteristischer Futtermittel: Grasgrünmehl (Hauptbestandteil Zellulose), Hafer (Hauptbestandteil Stärke), Topinambur (Hauptbestandteil fermentierbare Oligosaccharide), Trockenschnitzel (Hauptbestandteil Pektin) (Abb. basiert auf Daten aus Coenen et al. 2006).

Parallel zur Säurebildung werden von den Mikroorganismen auch **Gase** (Kohlendioxid, Wasserstoff) produziert. Die Intensität der Wasserstoffbildung, die vorrangig im Dünndarm erfolgt, lässt sich größenordnungsmäßig durch Messung der Konzentrationen in der Ausatmungsluft erfassen. Während sie nach Heufütterung nur mäßig ansteigt, nimmt sie nach Zuteilung größerer Mengen Krippenfutter pro Mahlzeit zeitweilig erheblich zu (▸ **Abb. 3.8**).

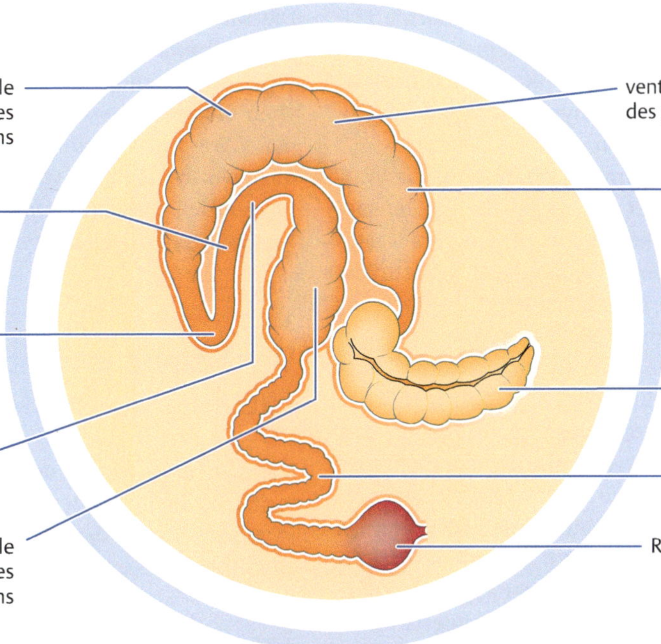

▶ **Abb. 3.9** Dickdarm des Pferdes, Blick von oben und hinten.

Dickdarm

Anatomie Der Dickdarm (▶ **Abb. 3.9**) des Pferdes umfasst voluminöse, stark gegliederte und gekammerte Abschnitte mit Zäkum (Blinddarm), großem und kleinem Kolon (Grimmdarm) sowie Rektum (Mastdarm). Das **Zäkum** besteht aus dem Kopf, der in der rechten Flanke des Pferdes lokalisiert ist, und dem spitzkegeligen Körper, der in der Mitte des Bauchraums liegt und bis zum Brustbein reicht. Auf das Zäkum folgt das umfangreiche, teilweise sackartig erweiterte große **Kolon**. Es verläuft vom hinteren rechten Teil der Bauchhöhle nach vorn, wendet sich vor dem Zwerchfell nach links und wieder rückwärts bis zum Becken, wo es in einem scharfen Bogen (Beckenflexur) unter deutlicher Verminderung des Lumens nach oben umschlägt, abermals nach vorn und oberhalb der ersten Schlinge quer am Zwerchfell vorbei wieder nach hinten zieht. Nach seiner magenähnlichen Erweiterung mündet es in das mit Poschen versehene kleine Kolon, das in das **Rektum** übergeht (▶ **Abb. 3.9**). Im letzten Teil des Verdauungstrakts, dem kleinen Kolon und Rektum, wird der Darminhalt durch Wasserabsorption mehr oder weniger stark eingedickt. Die poschenartigen Aussackungen des kleinen Kolons bewirken die charakteristische ballenartige Kotform.

Funktion Die Bewegungen des Zäkums dienen der Durchmischung des Inhalts und Aufrechterhaltung einer homogenen Verteilung partikulärer Bestandteile in der Chymusflüssigkeit. Nachhaltige Separationen der beiden Fraktionen begünstigen die Entstehung von Passagestörungen (z. B. im Zäkum durch Separation von Stroh mit nur mäßiger Wasserbindungskapazität). Abwechselnde Kontraktionen und Erschlaffungen im Zäkumkopf und -körper sorgen für eine gleichmäßige Verteilung der Chymusbestandteile. Parallel fließen zunächst die feineren Partikel durch das schlitzförmige Orificium caecocolicum in das ventrale (untere) Kolon. Die pumpenden Bewegungen des Zäkums sind nicht in der Lage, mechanische Behinderungen zu überwinden. Daher führen abnorme Füllung und Sandablagerungen zu einer Einschränkung der Motorik. Auch hohe Konzentrationen an organischen Säuren im Chymus scheinen die Peristaltik eher zu dämpfen.

Im weiteren Dickdarm ist die einsetzende Wasserabsorption an der Zunahme des Trockensubstanzgehaltes zu erkennen. In den unteren Kolonlagen werden gröbere Partikel stärker zurückgehalten als kleine, umgekehrt wirkt am Übergang von der magenähnlichen Erweiterung (dorsales Kolon) in das kleine Kolon ein **Separationsmechanismus**, so dass Flüssigkeit und feinpartikuläre, proteinreiche Elemente verstärkt zurückbleiben, während die schwerverdaulichen Komponenten rascher in das kleine Kolon übertreten. Bei schwerverdaulichen stickstoffarmen Futtermitteln (z. B. Stroh) werden dadurch einerseits die verwertbaren Inhaltsstoffe intensiver abgebaut, andererseits wertlose Anteile rascher eliminiert.

Zäkum und Kolon sind **Gärkammern**, in denen Bakterien (neben Protozoen) hauptsächlich die Gerüstsubstanzen zersetzen, aber auch andere im Dünndarm unverdaute Nährstoffe. Die Zahl der im Dickdarminhalt vorkommenden **Keime** erreicht eine ähnliche Dichte wie in den Vormägen der Wiederkäuer (▸ **Tab. 3.5**). Ihre Aktivität hängt u. a. von der Art und Menge der aus dem Dünndarm zufließenden Nährstoffe, der Passagegeschwindigkeit des Futters und der Pufferkapazität im Darmlumen ab. Ein ausgewogenes Verhältnis von leicht und schwer abbaubaren Kohlenhydraten ist für die Aktivität der Mikroorganismen ebenso wichtig wie ein kontinuierlicher Zufluss und ein ausreichendes Angebot an Stickstoff und Mineralstoffen. Die Mikroorganismen bilden u. a. flüchtige Fettsäuren, Laktat sowie Gase und synthetisieren Eiweiß, aber auch größere Mengen an **wasserlöslichen Vitaminen** (▸ **Tab. 3.9**). In welchem Umfang der Wirt diese Vitamine zu nutzen vermag, ist nicht bekannt. Erfahrungen zeigen jedoch, dass bei ungestörter Dickdarmverdauung im Allgemeinen kein Mangel an B-Vitaminen auftritt (▸ **Tab. 8.1**).

3.2 Verdauung und Absorption der Futterinhaltsstoffe

Das Zusammenwirken der präzäkalen und postilealen Segmente bei der Verdauung der Nährstoffe ist schematisch in den ▸ **Abb. 3.10** und ▸ **Abb. 3.15** zusammengefasst.

3.2.1 Kohlenhydrate

Zucker (Mono-, Disaccharide)

Die Futtermittel enthalten < 5 % dieser Zucker in der Trockenmasse, ausgenommen Verarbeitungsprodukte von Trauben und Zitrusfrüchten (Trester), Futter- und Zuckerrüben.

Die in den Futtermitteln enthaltenen Einfachzucker (**Glukose**, **Fruktose**) gelangen unmittelbar über die Darmwand in den Pfortaderkreislauf. Sie werden, sofern nicht im Darm metabolisiert, nahezu vollständig aufgenommen.

Saccharose (Rohrzucker, bestehend aus Glukose + Fruktose) wird von ausgewachsenen Pferden

▸ **Tab. 3.9** B-Vitamine im Futter und Darminhalt des Pferdes (mg/kg Trockensubstanz) (Tab. basiert auf Daten aus Kolb u. Gürtler 1971).

Vitamin	Gehalt im Futter	Gehalt im Zäkum	Gehalt im Kolon	
			Anfangsteil	Endabschnitt
B_1	1,1	7,1	17,8	7,8
B_2	0,4	7,0	9,2	12,2
B_6	< 0,2	2,4	6,1	6,2
Niacin	3,0	121,0	96,0	119,0
Pantothensäure	0,8	39,2	34,4	20,5
Biotin	< 0,01	0,2	3,8	2,3
Folsäure	< 0,1	3,0	4,7	2,7

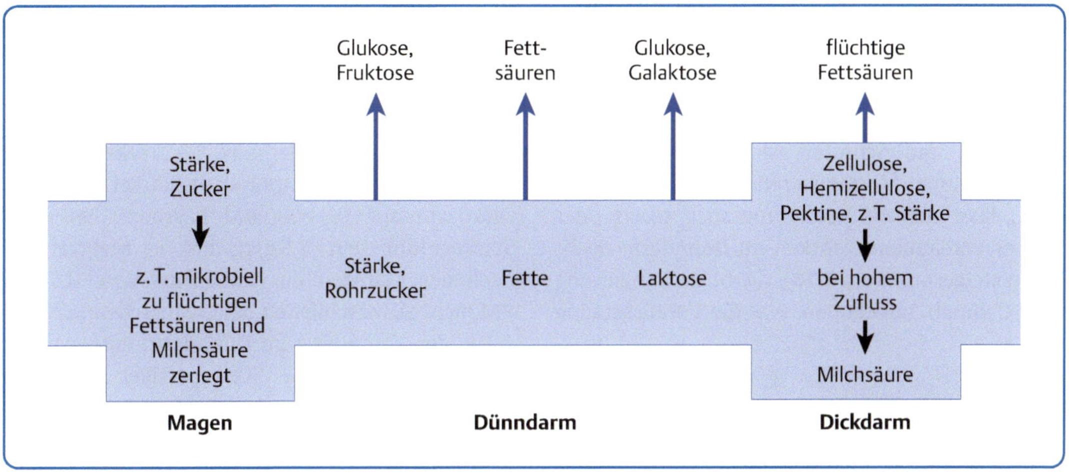

▸ **Abb. 3.10** Verdauung und Absorption von Kohlenhydraten und Fetten im Verdauungskanal des Pferdes (die Pfeile geben Nettobewegungen an).

durch das ausreichend vorhandene Enzym **Saccharase** (▸ **Tab. 3.4**) in Mengen bis zu 5 g/kg KM/Tag schnell zerlegt; die Teilstücke werden rasch und weitestgehend absorbiert. Bis zum 7. Lebensmonat hat sich die Saccharaseaktivität aber noch nicht voll entfaltet, so dass bei Fohlen (insbesondere in Milchaustauschfutter) kein Rüben- bzw. Rohrzucker verfüttert werden sollte.

Umgekehrt ist nur das Fohlen in der Lage, **Laktose** (Milchzucker) durch körpereigene Laktase zu verwerten (▸ **Abb. 3.10**). Kleine Laktosemengen (bis zu 1 g/kg KM/Tag) oder **Laktulose** (Galaktofruktose, bis zu 0,8 g/kg KM/Tag) können bei ausgewachsenen Pferden, bei denen dieser Zucker zum größten Teil unverändert in den Dickdarm fließt, genutzt werden, um eine inaktive Dickdarmflora zu stimulieren. Größere Mengen führen infolge übermäßiger bakterieller Fermentation im Dickdarm zu Störungen (wässriger Kot, evtl. Hufrehe).

Stärke

Getreide und Ackerbohnen enthalten 40–70 % Stärke, die daher auch Hauptinhaltsstoff in getreidereichen Krippenfuttern ist. Die Stärke besteht maßgeblich aus Amylose (17–30 %, unverzweigte helikale Struktur von α-1–4 glygosidisch verbundenen Glukoseeinheiten) und Amylopektin (weitgehend der Rest, verzweigte helikale Struktur ebenfalls von α-1–4 glygosidisch verbundenen Glukoseeinheiten mit baumartig angeordneten Seitenketten nach jeweils ca. 15 Glukoseeinheiten). Das Verhältnis von Amylose zu Amylopectin variiert zwischen den Stärketrägern, aber auch zwischen den Sorten, so dass für die Getreidearten keine singulären Kennzahlen vorliegen. Je höher der Anteil der Amylose ist, umso leichter ist die Stärke enzymatisch angreifbar. Je nach Struktur und Zubereitung wird Stärke im Dünndarm durch die nur mit geringer Aktivität vorkommende körpereigene **Amylase** (▸ **Tab. 3.4**) oder im Dickdarm mikrobiell im verdaut. In dem Spektrum der Stärkeaufnahme experimenteller Arbeiten von 0,7–3,4 g/kg KM je Mahlzeit ist ein Effekt des Stärkeverzehrs auf die Verdaulichkeit im Dünndarm nicht eindeutig belegt. Dennoch ist zu betonen, dass mehr Stärke auch stets mehr Fermentation von Stärke bedeutet.

Unabhängig von der Stärkeaufnahme je Mahlzeit erreicht die präzäkale Verdaulichkeit der Haferstärke > 80 %; bei Mais wird dieses Niveau offensichtlich nur bei thermischer Behandlung erzielt (▸ **Abb. 3.2**). Da Mischfutter i. d. R. zumindest mechanisch bearbeitete Stärke enthalten, kann auch hier ein Wert in der genannten Größenordnung (> 80 %) erwartet werden. Der enzymatische Abbau **grobkörniger Stärken**, wie von Mais, Gerste, Hirse, Kartoffeln oder Maniok, im Dünndarm fällt wesentlich geringer aus (▸ **Abb. 3.11**). Grund hierfür sind Unterschiede in Aufbau und Organisationsform der Stärkegranula. Die Getreidestärke rangiert absteigend nach ihrer präzäkalen Verdaulichkeit wie folgt: Hafer, Hirse, Gerste, Mais. Durch Quetschen und Schroten, sicherer durch Wärmebehandlung (Mikronisieren, Poppen, Dampfflocken), lässt sich die Verdauung auch gering oder schwer verdaulicher Stärken im Dünndarm nachhaltig steigern (▶ **Tab. 3.10**), die obige Rangierung wird dadurch aufgehoben, was die Voraussetzung für eine sichere Verwendung vor allem von Mais darstellt. Eine restriktive Stärkeaufnahme und hohe Dünndarmverdaulichkeit gewährleisten einen moderaten Übertritt von Stärke in den Blinddarm (▶ **Abb. 3.12**). Bei max. 1 g Stärke/kg KM je Mahlzeit wird der postprandiale Stärkefluss in den Dickdarm auf < 0,3 g/kg KM begrenzt. Bei einer Stärkezufuhr von > 1,5 g/kg KM je Mahlzeit ist nach der Mahlzeit ein Stärkefluss von > 0,6 g/kg KM nicht auszuschließen bzw. wahrscheinlich.

Die der Verdauung im Dünndarm entgangenen Zucker (Laktose) bzw. Stärkepartikel fließen in den Blinddarm und werden durch mikrobielle Enzyme rasch zerlegt, so dass die Gesamtverdaulichkeit fast 100 % erreicht (▶ **Tab. 3.10**); dieser Wert gibt keine Hinweise auf die Lokalisation der Verdauung. Kot-pH-Werte unter 6,5 deuten jedoch auf eine Beteiligung der mikrobiellen Verdauungsprozesse hin (Bildung organischer Säuren).

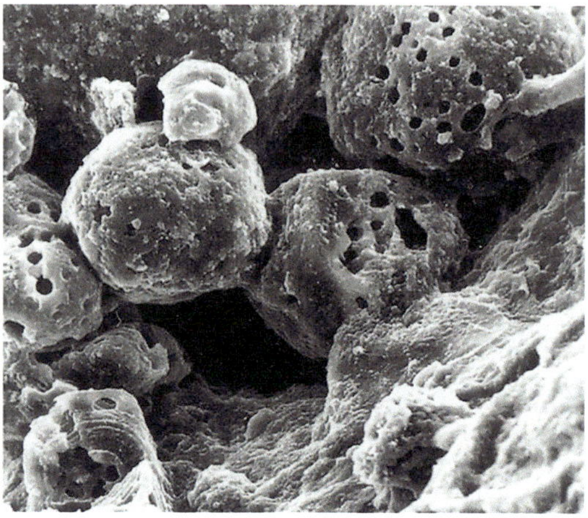

▶ **Abb. 3.11** Stärkekörner aus Maissilage (Milchreife) am Ende des Dünndarms, 2000-fache Vergrößerung. Die relativ großen Stärkekörner zeigen zahlreiche feine Löcher, von denen aus der Stärkeabbau beginnt, bis zum Ende des Dünndarms aber noch nicht abgeschlossen ist. (Quelle: Kienzle et al. 1997)

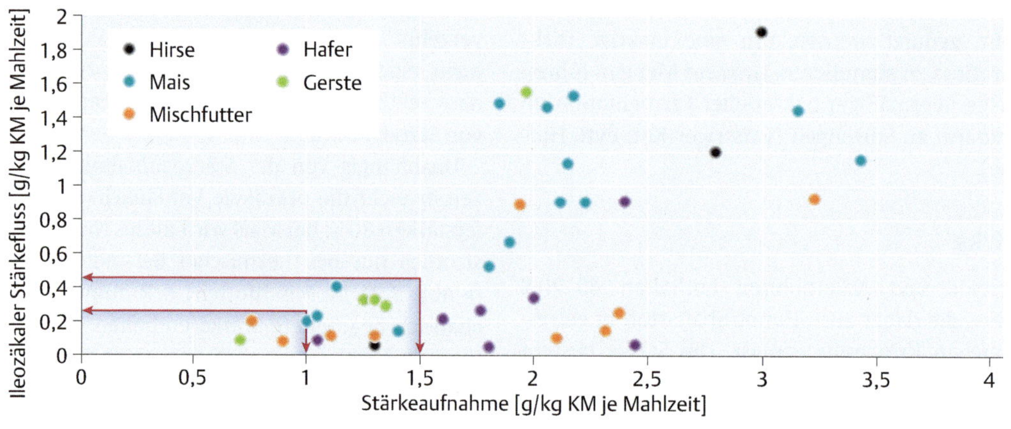

▶ **Abb. 3.12** Ileozäkaler Stärkefluss bei unterschiedlicher Stärkeaufnahme (Abb. basiert auf Daten aus Zeyner et al. 2011).

▶ **Tab. 3.10** Scheinbare Verdaulichkeit organischer Rohnährstoffe ausgewählter Pferdefuttermittel (organische Substanz, Rohprotein und Stärke) insgesamt bzw. im Magen und Dünndarm (präzäkal) (Tab. basiert auf Daten aus DLG-Futterwerttabellen für Pferde 1994 [Gesamtverdaulichkeit außer Mais]; Wolter u. Gouy 1976; Housholder 1977; Arnold et al. 1981; Hinkle et al. 1983; Krull 1984; Gibbs et al. 1988; Raddicke 1990; Wilke 1992; Kleffgen 1993; Illenseer 1994; Meyer u. Landes 1994; Rottmann 1994; Farley et al. 1995; Heintzsch 1995; Meyer et al. 1995; Gibbs et al. 1996; Zeyner et al. 2011; INRA 2014 [übrige Werte]).

Futtermittel	Verdaulichkeit (%)				
	insgesamt			präzäkal	
	organische Substanz	Rohprotein	NfE	Rohprotein	Stärke
Stroh, Weizen	33	28	32	4–18	–
Wiesenheu (inkl. Bermudagras)	45–66	53–67	50–68	1–67	–
Luzerneheu	67	64–80	60–76	1–29	–
Luzernecobs	–	–	–	48	–
Grünfutter, Weide jung	70	76	73	65	–
Haferkörner, heil o. gequetscht	71	79	77	13–55	80–98
Maiskörner, heil	86	88	91	40	29
Mais, geschrotet/gemahlen	86	88	91	3–40	20–78
Mais, gepoppt	86	88	91	40	90
Maissilage	72	72	78	30	80
Maiskolbensilage 4 % Rfa (TS) + Heu	84	79	88	40	65
Gerstenkörner, geschrotet	82	79	88	–	22–75[1)]
Futterrüben	85	67	88	–	–
Maniok	86	63	89	16	9
Kartoffeln, gedämpft	87	70	91	3	7[2)]
Sojaextraktionsschrot[3)]	75	80	–	60	–
Heu/Mais (1:3)	–	84	–	31	–
Heu/Mais (1:3) + Sojaextraktionsschrot	–	88	–	42	–
Heu/Mais (1:3) + Baumwollsaatmehl	–	84	–	56	–

[1)] gequetscht; [2)] roh; [3)] 20 % der Ration

Wasserlösliche Oligo- und Polysaccharide

Insbesondere die vegetativen Teile der Pflanzen enthalten Kohlenhydrate, die weder als Stärke vorliegen noch den Zellwandbestandteilen zugeordnet werden; sie werden vielfach als Nicht-Struktur-gebundene-Kohlenhydrate („Non-structural Carbohydrates", NSC) und – sofern Stärke noch separiert wird – als wasserlösliche Kohlenhydrate bezeichnet (WSC). Diese Saccharide lassen sich analytisch oder rechnerisch differenzieren:

NSC = TS – (Ra + Rp + Rfe + NDF); WSC = NSC – Stärke

Es handelt sich um chemisch unterschiedlich aufgebaute Oligo- oder Polysaccharide, die nicht durch körpereigene Enzyme gespalten, sondern i. d. R. sehr rasch fermentiert werden. Die Fruktane sind Vertreter dieser Gruppe, die den Pflanzen als temporäres Energiedepot dienen und u. a. zur Frosttoleranz beitragen. Der mikrobielle Abbau dieser Kohlenhydrate beginnt bereits im Dünndarm.

Zellulose

Die durch körpereigene Enzyme nicht aufschließbaren, als Gerüstsubstanzen zusammengefassten Kohlenhydrate wie **Zellulose, Hemizellulosen** (Pentosane, Hexosane) und **Pektine** werden im den Dünndarm kaum oder nur begrenzt abgebaut. Sie beeinflussen die Passagerate im Dünndarm und den Wasserfluss vom Ileum in das Zäkum (▶ **Abb. 3.13**).

Allerdings kommt es bei der relativ hohen Keimdichte auch im Dünndarmchymus schon zu einem begrenzten Abbau, der bei Haferschalen über 3 %, bei Trockenschnitzeln rd. 15 % erreichte. Im Dickdarm setzt sich die mikrobielle Zerlegung verstärkt fort. Dabei entstehen **flüchtige (kurzkettige) Fettsäuren** wie **Essig-**, **Propion-** und **Buttersäure**, die über die Darmwand ins Blut gelangen und der Energieversorgung dienen. Die Quantität an flüchtigen Fettsäuren (FFS) ist eine Funktion der fermentierten Kohlenhydrate (ca. 920 g/kg fermentierte organische Substanz).

Die Konzentration an flüchtigen Fettsäuren insgesamt variiert im Blinddarmsaft in Abhängigkeit von Futterart und Zeitpunkt nach der Fütterung (▶ **Abb. 3.14**).

Das Verhältnis der FFS untereinander wird im Zäkum-, nicht im Koloninhalt durch die Raufutter-Kraftfutter-Relation (▶ **Tab. 3.11**) sowie die Höhe der Kraftfuttergaben beeinflusst. Dies wird durch die Abhängigkeit des Azetats vom Rohfasergehalt der Ration wiedergegeben (molarer Anteil (%) des Azetat an der Summe der FFS = 57 + 0,054 x Rfa, g/kg TS).

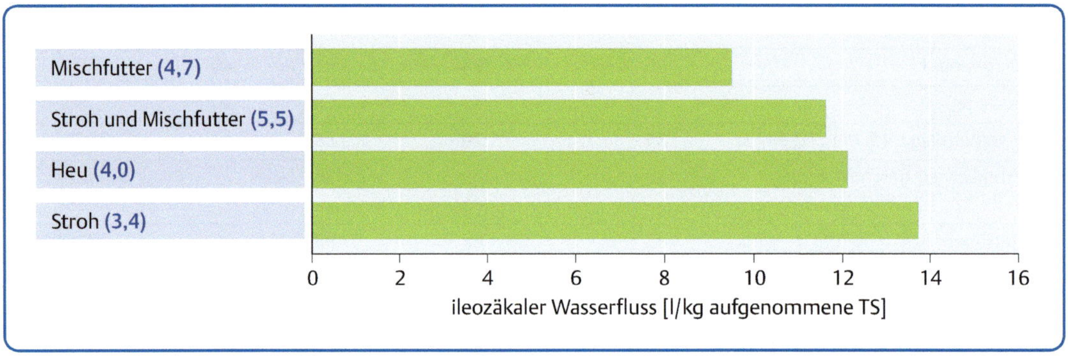

▶ **Abb. 3.13** Ileozäkaler Wasserfluss bei unterschiedlichen Futtermitteln; in Klammern TS-Gehalt des Chymus in % (Abb. basiert auf Daten aus Muuss et al. 1982).

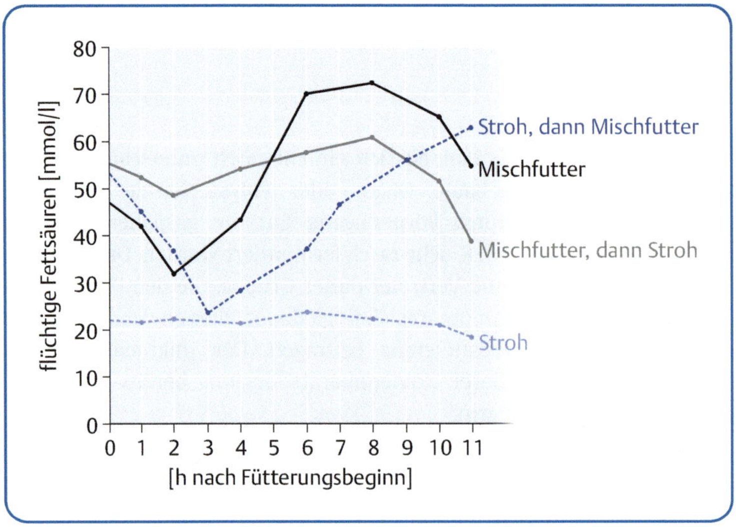

▶ **Abb. 3.14** Konzentration flüchtiger Fettsäuren im Zäkuminhalt (mmol/l) nach Fütterung von Mischfutter (0,6 kg), Stroh (0,5 kg) sowie Mischfutter + Stroh (0,6 kg + 0,25 kg pro 100 kg KM und Mahlzeit) in unterschiedlicher Reihenfolge (Abb. basiert auf Daten aus Schwabenbauer et al. 1982).

▶ **Tab. 3.11** Anteil flüchtiger Fettsäuren im Zäkum- und Koloninhalt bei unterschiedlicher Heu-Kraftfutter-Gabe (Tab. basiert auf Daten aus Hintz et al. 1971[1]; Julliand et al. 2001[2]).

Heu-Kraftfutter-Anteile in der Ration, %	Essigsäure (mol/100 mol)	Propionsäure (mol/100 mol)	Buttersäure (mol/100 mol)
Zäkuminhalt			
100[1]	76,2	14,8	8,0
60:40[1]	70,4	21,2	7,2
20:80[1]	61,2	26,0	10,2
Effekt des Kraftfutters	↓	↑	↑
Koloninhalt			
100[1]	69,5	16,2	7,6
100[2]	61,0	16,3	7,9
70:30[2]	59,1	20,8	7,6
60:40[1]	68,2	15,0	8,8
50:50[2]	62,0	23,9	7,2
20:80[1]	67,0	17,0	9,0
Effekt des Kraftfutters	↓	↑	↑

Die FFS sind essenziell für die Funktion der Enterozyten (u. a. Elektrolyt-, Wasserabsorption). Letztlich werden sie absorbiert und metabolisiert; Propionsäure kann über die Glukoneogenese direkt in Glukose umgewandelt werden. Somit leisten die FFS auch einen wichtigen Beitrag zur Energieversorgung des Tieres.

Fließen größere Mengen an leicht vergärbaren Kohlenhydraten in das Zäkum ein, so fällt der Essigsäureanteil, während die Propionsäure (evtl. auch Laktat) zunimmt unter gleichzeitiger Reduktion des pH-Werts, insbesondere wenn parallel die stimulierende Wirkung von Raufutter für die Bildung von puffernden Darmsekreten fehlt.

Der **pH-Wert** wird im Zäkum- und Koloninhalt durch Bikarbonat- und Phosphatpuffer bei artgerechter Fütterung zwischen 6,6–7,5 gehalten, wobei die Pufferkapazität zur sauren Seite höher ist als zur alkalischen. Bei Einschluss von Stärke in die Ration ist mit einem postprandialen Abfall des pH-Wertes im Chymus zu rechnen, der je nach Stärkemenge und Verarbeitung des Getreides unterschiedliche Tiefstwerte erreicht und im Vergleich zur stärkefreien Ration auch länger auf niedrigem Niveau persistiert (▶ **Abb. 3.7**).

Schwer zerlegbare Futter (stark verholztes Raufutter) mit niedrigem Stickstoffgehalt bedingen eine Verarmung der Bakterienflora und einen geringen Abbau dieser Stoffe, so dass im Extrem Anschoppungen durch unverdaute Futtermittel auftreten können.

3.2.2 Fette

Fette werden im vorderen Teil des Dünndarms nach Emulgierung durch Gallensäuren von Lipasen vorwiegend in **Fettsäuren** und **Monoglyzeride** aufgespalten, die anschließend absorbiert werden (▶ **Abb. 3.10**). Die Verdaulichkeit der Fette im Dünndarm variiert um 80–90 %. Ein mikrobieller Abbau ist nicht vorhanden. Dennoch kommt es bei hohem Einstrom von Fetten in den Dickdarm zu Irritationen der mikrobiellen Verdauung. Die Empfindlichkeit der mikrobiellen Verdauung gegenüber Lipiden wird durch den Rückgang der Verdaulichkeit von Gerüstsubstanzen bei forcierter Fettaufnahme angezeigt.

In Mengen bis zu 2 g/kg KM/Tag werden Fette mit niedrigem Schmelzpunkt (Öle) zu über 80 % bis zum Ende des **Dünndarms** verdaut, härtere Fette (Talg) in geringerem Umfang. Bei einem täglichen endogenen Fettfluss in diesem Bereich (über Verdauungssekrete, Schleim etc.) von rd. 100 mg/kg KM erreicht die wahre Absorption der Fette über 90 %. Höhere Fettmengen im Futter und Chymus können die Magenentleerung hemmen und möglicherweise die mikrobielle Aktivität im Magen und Dünndarm dämpfen. Darüber hinaus scheinen Fette pflanzlicher Herkunft den Säureausstoß im Magen zu vermindern.

Im **Dickdarm** werden Fettsäuren aus dem Futterfett – evtl. nach Zerlegung in kleinere Teilstücke – ebenfalls noch absorbiert, andererseits synthetisieren die Mikroorganismen auch Fette, die ausgeschieden werden. Insgesamt erfolgt keine nennenswerte Absorption von Lipiden aus dem Dickdarm.

3.2.3 Eiweiße

Der im Magen bereits durch Aktivierung von Pepsin (säureabhängig) eingeleitete Abbau von Eiweißen (Proteinen) wird im Dünndarmlumen mit Hilfe der Peptidasen (vor allem Trypsin) zu **Tri-** und **Dipeptiden** und in der Dünndarmschleimhaut zu **Aminosäuren** fortgesetzt. Durch körpereigene Enzyme können im Dünndarm im Wesentlichen nur die in rohfaserarmen Futtermitteln vorliegenden sowie aus rohfaserreichen Futtermitteln (Gras) die durch Quetschung im Kopfdarm freigesetzten Eiweiße verdaut werden. Bis zur Einmündung des Dünndarms in den Blinddarm sind von den Eiweißen aus Getreide und Grünfutter rd. 50 %, aus Raufutter 20–30 % scheinbar verdaut (▶ **Tab. 3.10**, ▶ **Abb. 3.15**).

Die wahre Verdaulichkeit liegt aufgrund des endogenen N-Flusses (150 mg/kg KM/Tag) höher, denn im Dünndarm werden nicht nur stickstoffhaltige Substanzen absorbiert, sondern mit den Verdauungssekreten fließen auch Eiweiße und **Harnstoff** in das Lumen ein. Der Harnstoffgehalt im Ileumchymus entspricht dem des Blutplasmas. Bei erhöhtem Harnstoffspiegel im Blut (durch forcierte Eiweißgabe, Nierenschäden oder Wassermangel) gelangt vermehrt Harnstoff in den Dünndarm (▶ **Abb. 3.15**). Die über den Dünndarmchymus oder in Form von Darmschleim über die Dickdarmwand in das Dickdarmlumen eintretenden stickstoffhaltigen Substanzen werden durch eiweiß- oder harnstoffspaltende Enzyme der Mikroorganismen weitgehend zerlegt. Auch bei den Abbauvorgängen, die vorwiegend im Blinddarm und Anfangsteil des Kolons ablaufen, fallen neben flüchtigen Fettsäuren und S-haltigen Verbindungen (Schwefelwasserstoff, Merkaptane) Ammoniak und biogene Amine an, die in der Darmschleimhaut (biogene Amine) oder nach Absorption in der Leber (Ammoniak durch Umwandlung in Harnstoff) inaktiviert werden.

Harnstoff scheint über die Dickdarmwand nicht in das Lumen zu diffundieren, sondern wird offenbar bereits in der Mukusschicht der Schleimhaut durch **bakterielle Ureasen** zu Ammoniak und Kohlendioxid zerlegt. Der freigesetzte Ammoniak

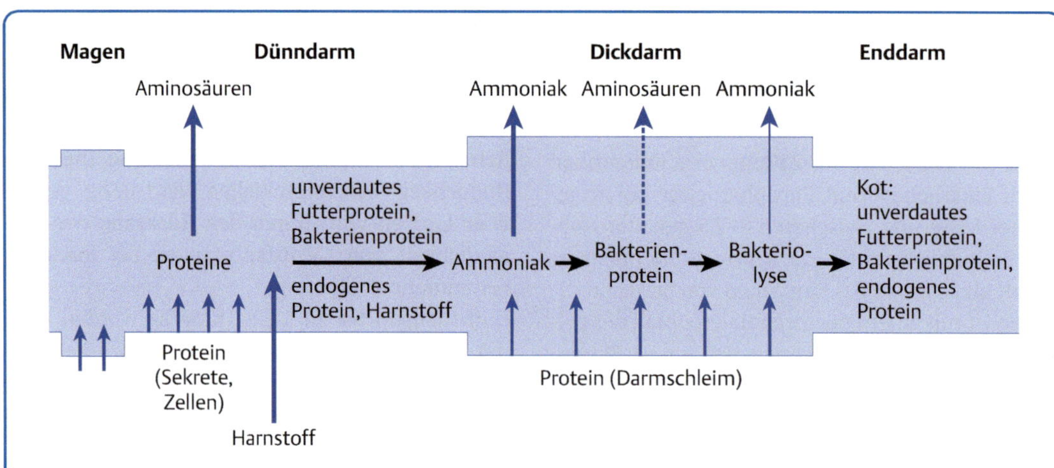

▶ **Abb. 3.15** Intestinaler Stickstoff- bzw. Eiweißstoffwechsel. Pfeilrichtung und -stärke geben Sekretion in den Darm und Absorption sowie das Gewicht in Bezug auf den gesamten intestinalen N-Umsatz wieder; der gestrichelte Pfeil zeigt eine unbedeutende Fließrichtung an.

▸ **Tab. 3.12** Aminosäurengehalte in Futter, Zäkuminhalt sowie Zäkumbakterien beim Pferd in mol/100 mol Gesamtaminosäuren (Tab. basiert auf Daten aus Reitnour et al. 1970).

Aminosäure	Futter	Zäkum-inhalt	Zäkum-bakterien
Lysin	3,13	5,82	7,06
Threonin	4,28	5,37	6,70
Isoleucin	3,84	4,61	5,49
Methionin	1,37	1,43	1,72
Alanin	8,47	13,6	10,7

diffundiert sodann offensichtlich überwiegend in das Blutgefäßsystem zurück.

Die **Ammoniakkonzentrationen** in den Gefäßen des Dickdarms erreichen bis zu 12 mg/l. Nach Synthese zu Harnstoff in der Leber zirkulieren bei Pferden mit intakter Leber nur geringe Ammoniakmengen (< 1 mg/l) im peripheren Blut. Ein Teil der im Dickdarm freigesetzten Aminosäuren bzw. des Ammoniaks wird von den Bakterien und Protozoen für die Synthese von Aminosäuren und Eiweißen herangezogen (▸ **Tab. 3.12**).

Die Darmbakterien sterben teilweise während der Passage durch den Dickdarm ab, vor allem in der magenähnlichen Erweiterung des Kolons. Dabei werden Peptide und Aminosäuren (auch essenzielle) frei, die jedoch kaum absorbiert werden können. Pferde sind daher auf die Zufuhr **essenzieller, im Dünndarm absorbierbarer Aminosäuren** über das Futter angewiesen.

Minderwertiges pflanzliches Eiweiß oder nichteiweißartige stickstoffhaltige Verbindungen (**Harnstoff**) können zwar im Darmkanal zu hochwertigem mikrobiellem Eiweiß umgebaut, jedoch durch das Pferd nur marginal genutzt werden.

Durch Einsatz von Harnstoff kann daher beim Pferd die Aminosäurenversorgung nicht verbessert werden. Der durch mikrobiellen Abbau unverdauter Futterproteine sowie durch Absterben von Mikroorganismen freigesetzte **Ammoniak** (nach Passage der Dickdarmwand) kann bei proteinarmen Rationen für den Aufbau nichtessenzieller Aminosäuren (in der Leber) verwertet werden, so dass allein unter diesen Bedingungen der Wirtsorganismus von den Endprodukten der mikrobiellen Eiweißverdauung im Dickdarm noch Nutzen ziehen kann.

Bei üblichen Rationen, auch solchen, die schwerverdauliche Raufutter enthalten, wird den Mikroorganismen ausreichend N für die gewünschte mikrobielle Aktivität zur Verfügung stehen. Engpässe sind bei einseitiger Strohfütterung möglich; die hierbei bestehende N-Verarmung wird auch durch niedrige Harnstoffgehalte im Blutplasma angezeigt.

3.2.4 Wasser und Elektrolyte (Natrium, Chlorid, Kalium)

Im Verdauungskanal ist der Wasser- und Elektrolytumlauf erheblich (▸ **Abb. 3.16**). Mit den Verdauungssekreten fließen bei normaler Fütterung eines 500 kg schweren Pferdes täglich ca. 100 l **Wasser** in den vorderen Bereich des Verdauungskanals, mit rd. 250 g **Natrium** und 300 g **Chlorid**. Bei Hochleistungspferden mit größerer Futteraufnahme können die Werte um 50 % höher liegen.

Von dem eingeflossenen Wasser und den Elektrolyten wird ein Teil bereits im Dünndarm wieder absorbiert, doch der tägliche Fluss vom Dünndarm in den Dickdarm umfasst unter Standardbedingungen (500 kg KM) noch ca. 50 l Wasser, 150–200 g Natrium und 50–70 g Chlorid (▸ **Abb. 3.16**). Der ileozäkale Wasserfluss liegt bei Raufuttermitteln bei 11–12 l/kg TS, bei Verzehr von Konzentraten allgemein unter 10 l/kg TS (▸ **Abb. 3.13**).

Im Dickdarm, besonders im Endteil, wird das vom Dünndarm eingeleitete Wasser zu 70–90 % absorbiert, Natrium und Chlorid zu über 95 % (bezogen auf die in den Dickdarm einfließenden Mengen), bei marginaler Versorgung bis zu 99 %. Die **Kalium**-Absorption erfolgt hingegen überwiegend im Dünndarm (65–75 %). Der Dickdarm kann Kalium sowohl absorbieren als auch sezernieren.

Durch **Mg-Sulfat** kann der ileozäkale Wasserstrom gefördert werden, während **Na-Sulfat** die Wasserabsorption im Dickdarm erschwert (Abführmittel).

Bei einem **Dünndarmverschluss** werden die Verdauungssäfte zunächst weiter sezerniert, so dass sich der Dünndarm vor der Verschlussstelle auffüllt, evtl. bis zum Magen (sekundäre Magenüberladung); auch die Darmwand selbst ist von einer Einlagerung von Wasser und Elektrolyten betroffen (Ödematisierung), die Störungen der Gewebeperfusion nach sich ziehen kann. Da parallel

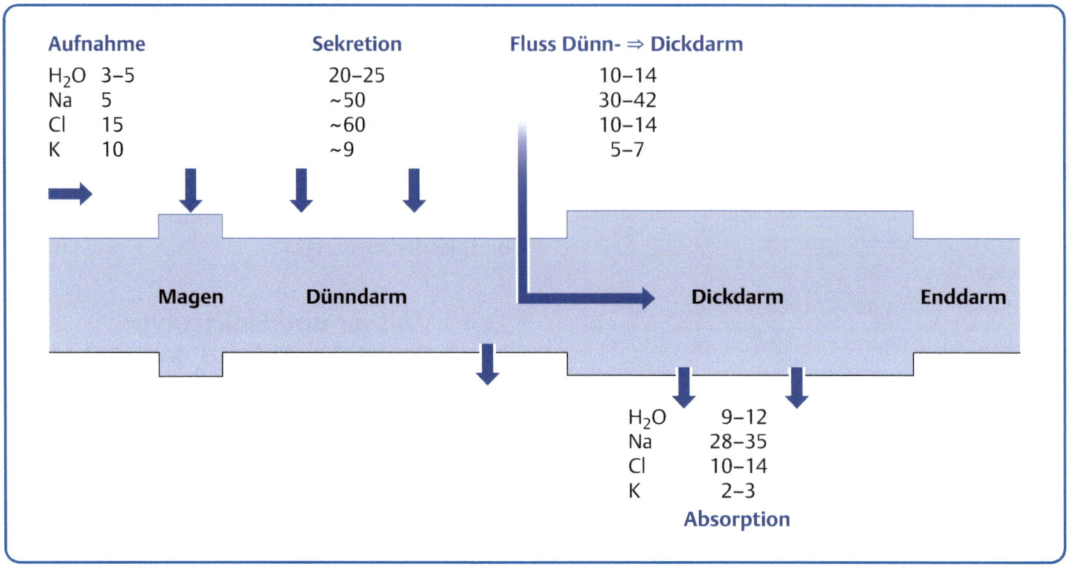

▸ **Abb. 3.16** Täglicher intestinaler Umsatz von Wasser (l) und Elektrolyten (g) pro 100 kg KM (Abb. basiert auf Daten aus Meyer 1992).

Wasser und Elektrolyte in diesem Bereich nicht ausreichend absorbiert werden können, geht der Wassergehalt im Körper rasch zurück (endogene Exsikkose) bis hin zu einer lebensbedrohenden Bluteindickung.

3.2.5 Kalzium, Phosphor, Magnesium und Spurenelemente

Die Elemente Kalzium, Phosphor und Magnesium müssen vor der Absorption zunächst gelöst werden (u. a. Wirkung der Magensäure). Daher ist die Absorptionsrate aus schwerlöslichen Verbindungen (z. B. Ca-Sulfat, Ca-Oxalat, Ca-Phytat) gering. Auch aus Futter mit mineralstoffbindenden Komponenten (z. B. Oxalsäure) wird weniger absorbiert (z. B. Zn, Ca).

Die Bindung von Mineralstoffen an Phytinsäuren wird im Dickdarm durch die mikrobielle Aktivität reduziert, so dass die Mineralstoffabsorption im Dickdarm (z. B. P, s. u. P-Absorption) nicht beeinträchtigt sein muss. Daher sind Phytasen, die beim Schwein und Geflügel eingesetzt werden, um Phosphor aus der Bindung an Phytinsäure zu lösen, nicht notwendig.

Kalzium und **Magnesium** werden vorwiegend passiv im vorderen Dünndarmbereich aufgenommen (ca. zu rd. 60–80 %; Mg zu rd. 45–60 %). Die Bedeutung des Vitamin D für die Ca-Absorption scheint gering zu sein.

Die Höhe der Ca-Aufnahme beeinflusst die Absorptionsrate nur geringfügig, so dass ein hohes Ca-Angebot zu einem verstärkten Ca-Einstrom in den Körper führen kann (postprandialer Anstieg der Ca-Konzentrationen im Plasma um rd. 0,4–0,6 mmol/l und korrespondierend verstärkte renale Ca-Abgabe).

Im Dickdarm können sowohl Kalzium als auch Magnesium sezerniert werden, doch der überwiegende Teil des überschüssig aufgenommenen und absorbierten Kalziums und Magnesiums verlässt den Körper über die Nieren.

Phosphor fließt mit den Verdauungssekreten in den Dünndarm, so dass bei Raufuttergabe bis zum Ileumende eine Nettosekretion besteht (Zufluss > Absorption). Damit wird auch dem P-Bedarf der Mikroorganismen im Dickdarm entsprochen. Im Dickdarm wird Phosphor dann verstärkt absorbiert; aufgrund der unterschiedlichen Lokalisation der Ca- und P-Absorption wirkt ein hoher P-Überschuss (besonders als Phytinsäure) nachteilig auf die Ca-Verwertung, während umgekehrt ein Ca-Überschuss die P-Verwertung kaum beeinträchtigt.

Unter den **Spurenelementen** ist für **Jod** und **Selen** eine hohe Absorptionsrate zu erwarten (bei Überdosierung Intoxikationsgefahr!). Die Absorption der übrigen Elemente – **Eisen**, **Kupfer**, **Zink** und **Mangan** – wird ähnlich wie bei anderen Spezies offenbar dem Bedarf angepasst. Die straffe Regulation der Eisenabsorption durch Hepcidin (ein in der Leber gebildetes Protein) schützt den Organismus vor kritisch hoher Eisenabsorption; fehlt diese Regulation, kommt es zu einer funktionsstörenden Eiseneinlagerung in der Leber. Die genannte Regulation ist von großer Bedeutung, da die Eisengehalte in Futtermitteln sehr hoch sein können (> 200 mg/kg TS). Aufgrund der straffen Regulation sind bei physiologisch abgestimmten Rationen Eisenzulagen wirkungslos oder schädlich. Da diese Elemente überwiegend mit der Galle ausgeschieden werden, kann die Bestimmung der Gesamtnettoabsorption wenig über Interaktionen zwischen verschiedenen Elementen im Darm aussagen. Sehr hohe Mengen an **Molybdän**, Eisen und Zink scheinen die Verwertung von Kupfer zu beeinträchtigen, während hohe Ca-Gaben keine negativen Auswirkungen hatten, auch nicht bei Zink.

3.2.6 Ablauf der Verdauung nach Fütterung von Rau- bzw. Kraftfutter

Die beiden wichtigsten Futtermittelgruppen (Raufutter bzw. Kraftfutter) beeinflussen die Dauer der Futteraufnahme, die Bildung von Verdauungssekreten sowie den Ablauf der Verdauung sehr unterschiedlich. Daher sind ihre wesentlichen Effekte in ▸ **Tab. 3.13** nochmals zusammenfassend aufgeführt. Sie müssen bei der Rationsgestaltung, aber auch Fütterungstechnik berücksichtigt werden, um eine optimale Verwertung des Futters zu erreichen und Störungen im Verdauungskanal zu vermeiden.

3.3 Verdaulichkeit der Futtermittel

Als „scheinbar verdaut" gilt derjenige Teil des Futters, der *nicht* wieder mit dem Kot ausgeschieden wird. Diese Menge entspricht annähernd – nicht vollständig – dem Futteranteil, der – zerlegt in seine Teilstücke – über die Darmwand ins Körperinnere gelangt. In geringem aber messbaren Umfang werden mit Mukus, Zellen der Darmwand und Sekreten (z. B. Galle) N-Verbindungen, Lipide und Mineralstoffe fäkal ausgeschieden; diese

▸ **Tab. 3.13** Einfluss von Raufutter und Kraftfutter auf Verdauungsvorgänge im Darmkanal des Pferdes.

Verdauungsvorgang	Raufutter	Kraftfutter
Dauer der Futteraufnahme	lang	kurz
Einspeichelung	stark	gering
Trockensubstanzgehalt der Futterbissen (%)	~20	~40
Füllung des Magens	langsam	schnell
Füllungsgrad des Magens, temporär	mäßig	mäßig bis stark, je nach Futtermenge
Trockensubstanzgehalt des Mageninhalts (%)	~20	30–40
pH-Wert-Senkung: Mageninhalt, Pyloruszone	ausgeprägt	verzögert und/oder abgeschwächte Durchsäuerung (Puffervermögen d. Futters)
mikrobielle Aktivität im Magen und Dünndarm	moderat	evtl. hoch
Dickdarmfüllung mit Wasser, Natrium, Chlorid	zunehmend	abnehmend
Säurebildung im Dickdarm	kontinuierlich, moderat	diskontinuierlich, bei hohen Futtermengen pro Mahlzeit erheblich (▸ **Abb. 10.3**)
Kottrockensubstanz (%)	20	20–45

Quantitäten, die nicht den unverdauten Teil des Futters entstammen, werden als „endogene Verluste“ (eV) bezeichnet.

3.3.1 Berechnung der Verdaulichkeit

Die Berechnung der scheinbaren Verdaulichkeit (%) setzt die Kenntnis der quantitativen Futteraufnahme und -abgabe mit dem Kot voraus. Sie erfolgt nach einfachem Rechengang:

$$\frac{\text{Nährstoffaufnahme} - \text{fäkale Nährstoffabgabe}}{\text{Nährstoffaufnahme}} \times 100$$

Die Erfassung dieser Daten am Tier ist arbeitsaufwändig. Zur Arbeitserleichterung werden Substanzen (**Marker**) verwendet, die sich während der Passage durch den Verdauungskanal nicht verändern und die auch nicht absorbiert werden, so dass aus deren Konzentrationsveränderungen im Kot gegenüber dem Futter die Verdaulichkeit berechnet werden kann. Zur weiteren Vereinfachung werden auch **In-vitro-Techniken** zur Bestimmung der Verdaulichkeit (z. B. Inkubation des zu prüfenden Futtermittels mit suspendiertem Pferdekot) erfolgreich eingesetzt.

Bei genauer Betrachtung gilt, dass die Menge des tatsächlich verdauten Nährstoffs durch Abzug der endogenen Verluste von den fäkalen Abgaben abzuleiten ist. Wird im obigen Rechengang entsprechend verfahren, erhält man die „wahre Verdaulichkeit“. Bei den späteren futtermittelkundlichen Betrachtungen wird auf diese Differenzierung allerdings verzichtet, allgemein der Begriff Verdaulichkeit genutzt und hierbei stets die Angabe zur scheinbaren Verdaulichkeit (VQ) verwendet.

Da bei Wasser und anorganischen Nährstoffen keine Veränderung der Substanzen im chemischen Sinne erfolgt, wird in diesen Fällen der Begriff Nettoabsorption (statt scheinbare Verdaulichkeit) bevorzugt, wenngleich der Rechengang identisch ist.

Präzäkale Verdaulichkeit Es ist von Vorteil, nach der Lokalisation der Verdauung zu differenzieren: präzäkal vs. postileal. Quantitative Angaben über die **Verdauung bis zum Ende des Dünndarms** sind wegen der dafür notwendigen aufwändigen Methoden noch unvollständig (▶ **Tab. 3.10**). Dies ist jedoch eine wichtige Größe, denn je höher der Futteranteil, der bereits vor dem Dickdarm zerlegt und absorbiert wird, umso günstiger ist die Ausnutzung der verdauten Futterenergie (verminderte Energieabgabe durch Gas oder Wärme, die bei mikrobiellen Umsetzungen entstehen). Darüber hinaus ist nur das **präzäkal verdaute Eiweiß** (S. 56) für die Versorgung mit essenziellen Aminosäuren von Nutzen. Andererseits wird bei geringer präzäkaler Verdauung von mikrobiell leicht zerlegbaren Futterkomponenten (Stärke, Zucker) das **Risiko für Fehlgärungen** im Dickdarm größer.

Da der Bedarf an Protein bzw. Aminosäuren auf der Stufe des Dünndarmes ausgedrückt wird (präzäkal oder dünndarmverdauliches Rohprotein; ▶ **Tab. 13.34**), sind Angaben zur präzäkalen Verdaulichkeit des Proteins der einzelnen Futtermittel unerlässlich.

Die vorhandenen Daten zur präzäkalen Verdaulichkeit der Stärke werden zur Bewertung von Aufschlussverfahren für Stärketräger genutzt.

3.3.2 Verdaulichkeit der einzelnen Futterbestandteile

Verdaulichkeit der organischen Substanz Zur Charakterisierung der Verdaulichkeit eines Futtermittels wird im Allgemeinen die Verdaulichkeit seiner organischen Substanz herangezogen. Soll die verdauliche oder umsetzbare Energie eines Futtermittels berechnet werden, ist die Kenntnis der Verdaulichkeit einzelner energiehaltiger Inhaltsstoffe (Rohprotein, Rohfaser, Rohfett, stickstofffreie Extraktstoffe) notwendig (▶ **Tab. 13.2**).

Die Verdaulichkeit der organischen Futtersubstanz variiert bei verschiedenen Futtermitteln erheblich (▶ **Tab. 3.10**). Stroh wird z. B. nur zu 33 % verdaut, Rüben dagegen zu rd. 85 %. Diese weite Spanne ist von zahlreichen Faktoren abhängig, maßgeblich aber von der Zusammensetzung der Futtermittel (Gehalt an Gerüstsubstanzen) sowie von physiologischen und psychischen Bedingungen beim Tier.

Von den einzelnen Bestandteilen des Futters erreichen Lipide und die **N-freien Extraktstoffe** bzw. die NSC die höchste Verdaulichkeit (90 % und mehr), sofern sie nicht von lignifizierten Zellwänden umschlossen sind.

Beim **Rohprotein**, das im Mittel hohe Verdaulichkeitswerte erreicht, ist vor allem die Höhe der präzäkalen Verdaulichkeit zu beachten (▶ **Tab. 3.10**), da nur die in diesem Darmabschnitt absorbierten essenziellen Aminosäuren (S. 91) für das Pferd von Nutzen sind. Die präzäkale Verdaulichkeit des Proteins wird auch für die Aminosäuren anzunehmen sein. Das nicht an Strukturkohlenhydrate gebundene Protein – maßgeblich aus dem Zellinnern – erreicht mit rd. 90 % eine insgesamt hohe und zwischen den Futtermitteln ähnliche Verdaulichkeit.

Die Verdaulichkeit der **Rohfaser** kann zwischen 10 und 60 % variieren, je nach ihrer Zusammensetzung. Je höher der Gehalt an Holz- und Korkstoffen (z. B. in Stroh, Getreidespelzen, überständigem Gras), desto schlechter wird die Rohfaser verdaut, während reine Zellulose und Pektine bei ungestörter Tätigkeit der Dickdarmbakterien ähnlich gut aufgeschlossen werden wie die übrigen Kohlenhydrate. Durch höhere Stärkeanteile in der Ration wird die Verdaulichkeit von Rohfaser nicht oder nur geringfügig verändert, obwohl durch stärkehaltige Rationen die Zahl der Zellulose-abbauenden Bakterien vermindert ist.

Die Fähigkeit des Pferdes, Nahrungsfette zu zerlegen (Lipasen des Pankreassekrets), zu emulgieren und aufzunehmen ist erstaunlich hoch. Selbst bei höheren Fettzulagen (pflanzliche Öle, tierische Fette; bis 15 % in der Ration) wurden Verdaulichkeitswerte bis 95 % erreicht.

Die i. d. R. aufgeführten niedrigen Werte für die scheinbare Verdaulichkeit des Fettes (z. B. bei 30–40 g Fett im Gras oder Heu Verdaulichkeitswerte um 30 %) beruhen auf einem hohen Anteil von Lipiden endogener Herkunft (Sekrete, Darmzellen, Lipide mikrobieller Herkunft) an der fäkalen Fettabgabe (s. o. Anmerkung zur Ableitung der scheinbaren Verdaulichkeit).

Verwertung der Mineralstoffe Die wahre Absorption der Mineralstoffe ist – wie oben gezeigt – mit konventionellen Methoden nicht sicher zu erfassen. Da jedoch bei der Berechnung von Bedarfswerten die Ausnutzung der mit dem Futter zugeführten Mineralstoffe bekannt sein muss, wurden umfangreiche Datensätze ausgewertet (Kienzle u. Burger 2011) und anhand der Relationen von Mineralstoffaufnahme und -ausscheidung Angaben für die Verwertung abgeleitet (▶ **Tab. 3.14**). Die Verwertungsraten können in Abhängigkeit von Leistung, Alter der Tiere, Futterbegleitstoffen oder Höhe der Zufuhr variieren, dennoch gelten die aufgeführten Angaben als hinreichend genau, um – ausgenommen P – ohne Differenzierung für alle Bedingungen eingesetzt zu werden. Bei erhöhtem Bedarf für Wachstum und Laktation kann eine höhere P-Verwertung angenommen werden als unter Erhaltungsbedingungen; auch die endogenen Verluste sind altersbedingt (P-Umsatz bei Wachstum ↑) divergent. Schwefel wird nahezu ausschließlich für An- und Umsatz S-haltiger Aminosäuren benötigt. Daher kann bei ausreichender Proteinaufnahme eine hinreichende S-Versorgung angenommen werden.

Für die Spurenelemente sind vergleichbare Ableitungen wie für die Mengenelemente mit Unsicherheiten behaftet. Die endogenen Verluste bei Kupfer werden mit 0,035 mg/kg KM je Tag ver-

▶ **Tab. 3.14** Durchschnittliche Verwertung der mit dem Futter aufgenommenen Mengenelemente und endogene Verluste (Tab. basiert auf Daten aus Kienzle u. Burger 2011; GfE 2014).

Kriterium	Ca	P	Mg	Na	K	Cl
Verwertung (%)	45[1)]	15/35[2) 3)]	45	70	85	95
endogene Verluste (mg/kg $KM^{0,75}$ je Tag)	74	17/37[4)]	24	19	118	14
Erhaltungsbedarf (mg/kg $KM^{0,75}$ je Tag)	164	49[5)] 106[6)]	53	27	139	15

[1)] bei hohem P-Angebot Verwertung niedriger
[2)] Verdaulichkeit anorganischer P-Verbindungen höher
[3)] im Erhaltungsstoffwechsel, während der Gravidität und bei arbeitenden Pferden 15 %, sonst 35 % Verwertung
[4)] 17 für ausgewachsene Pferde, Fohlen und Jungpferde 37 mg/kg $KM^{0,75}$
[5)] ausgewachsene Pferde im Erhaltungsstoffwechsel oder bei Arbeit
[6)] wachsende Pferde

anschlagt, bei einer Verwertung von 30 %. Die Verwertung von Zn und Mn liegt vermutlich ein gleicher Größenordnung, während für Eisen ein geringerer, für Selen ein höherer Wert anzunehmen ist.

3.3.3 Einflussfaktoren auf die Verdaulichkeit

Den größten Einfluss auf die Verdaulichkeit eines Futtermittels haben der Gehalt an Gerüstsubstanzen und bei bestimmten Krippenfuttern der Zerkleinerungsgrad (S. 63).

In einigen Futtermittel (v. a. Leguminosen) kommen Stoffe vor, die hemmend auf die Wirkung der Verdauungsenzyme wirken (Tannine; Trypsinhemmstoffe). Durch Wärmebehandlung können die Trypsininhibitoren inaktiviert werden, während Tannine eine Restriktion der Futtermenge erfordern.

Einfluss der Gerüstsubstanzen

Zwischen dem Gehalt des Futters an Gerüstsubstanzen und der Verdaulichkeit der organischen Substanz besteht eine negative Beziehung; mehr Gerüstsubstanz = Minderung der Verdaulichkeit. Zusätzlich gilt, je größer der Anteil der Holz- und Korkstoffe in den Strukturstoffen, desto stärker ist die verdaulichkeitsdepressive Wirkung der Gerüstsubstanz, da diese – auch durch Mikroorganismen nicht aufschließbaren – Substanzen die übrigen Nährstoffe teilweise hüllenartig umschließen und den Zugang der körpereigenen oder mikrobiellen Verdauungsenzyme erschweren.

! Merke

Je höher der Gehalt eines Futtermittels an Gerüstsubstanzen ist, desto geringer ist die Verdaulichkeit der organischen Substanz des Futters.

Andererseits können Futtermittel, deren Rohfaser überwiegend aus den mikrobiell gut abbaubaren Pektinen besteht (z. B. Trockenschnitzel), hochverdaulich sein.

Trotz dieses Einflusses der Gerüstsubstanzqualität haben sich für den übergeordneten Zusammenhang Modelle ableiten lassen, die eine Schätzung der Verdaulichkeit anhand der analysierten Gerüstsubstanzen (Rfa, NDF, ADF) erlauben (s. Tabellenanhang, ▶ **Tab. 13.3**). Insgesamt sind trotz unterschiedlicher Parameter und Anwendungsstimmungen für die Schätzgleichungen befriedigend übereinstimmende Ergebnisse zu erhalten. Die Auswahl des jeweiligen Modells kann in Abhängigkeit der verfügbaren Informationen (Rfa oder NDF) erfolgen.

Von den Schätzwerten gibt es in Einzelfällen jedoch erhebliche Abweichungen. So wird z. B. die organische Substanz von **Trockenschnitzeln** mit einem Rohfasergehalt von 20 % (in der TS) zu 82 % verdaut, der Schätzwert wäre 67 %. Andererseits erreicht die tatsächliche Verdaulichkeit von **Weizenstroh** nur 33 %, nach der Schätzgleichung auf Basis der Rohfaser müsste der Wert 44 % betragen. Die im Vergleich zum Schätzwert günstigere Verdaulichkeit der Trockenschnitzel beruht auf dem hohen Gehalt an mikrobiell leicht abbaubaren Gerüstsubstanzen, z. B. Pektin (ohne Begleitung von Lignin). Das Weizenstroh weist dagegen überproportional viel **Lignin** auf. Bei gemischten Rationen werden solche Abweichungen jedoch weitgehend ausgeglichen.

Interaktionen zwischen verschiedenen Futterinhaltsstoffen

Eine negative Interaktion zwischen Futterinhaltsstoffen tritt evtl. bei **hohen Fettgaben** auf, da durch Lipide der mikrobielle Abbau der Rohfaser gestört werden kann.

Gelegentlich bestehen aber auch positive Interaktionen zwischen Futterinhaltsstoffen. Die **Zulage eiweißreicher Komponenten** zu eiweißarmen Futtermitteln, z. B. Stroh, kann deren (mikrobielle) Verdauung verbessern. Auch **Kohlenhydrate**, die im Dünndarm nur ungenügend verdaut werden, z. B. Laktose oder manche Stärkearten (S. 51) steigern in begrenzten Mengen die Rohfaserverdauung über ein erhöhtes Substratangebot an die Dickdarmflora.

Wassergehalt

Der Wassergehalt in der Ration ist für die Verdauung primär ohne Bedeutung. Bei extrem wasserreichem, jungem Grünfutter ebenso wie bei stark suppigem Futter kann die präzäkale, jedoch nicht die Gesamtverdaulichkeit abfallen, vermutlich infolge geringerer Kautätigkeit und rascher Passage durch Magen und Dünndarm.

Zerkleinerungsgrad

Die Verdaulichkeit von **Raufutter** ist wegen des höheren Rohfaser- bzw. Ligningehalts geringer als von Kraftfutter. Dies ist durch mechanische Bearbeitung des Futters nicht zu kompensieren. Zerkleinertes Raufutter wird schneller gefressen, aber nicht besser verdaut; bei Pulverisierung nimmt die Verdaulichkeit infolge beschleunigter Passage des Dickdarms sogar ab. Durch **Pelletieren** von Raufutter wird die Verdaulichkeit nicht wesentlich verändert, bis auf einen Rückgang der Rohfaserverdaulichkeit (bis zu 15 %), der mit der oben genannten rascheren Darmpassage von feingemahlenem Raufutter im Zusammenhang steht. Die kombinierte Anwendung von Zerkleinerung, Druck und Wärme kann evtl. die Nutzung von Stroh begünstigen, allerdings fehlen hierzu experimentelle Daten.

Die Zerkleinerung beeinflusst bei den Getreidekörnern die Verdaulichkeit auf unterschiedlichen Wegen: Sehr kleine, heile **Körner** (z. B. Hirse, Weizen) werden evtl. unzerkaut abgeschluckt und entgehen so teilweise der Verdauung. Andere Körner mit im Dünndarm schwerverdaulicher Stärke (Mais, Gerste; ▶ **Tab. 3.10**) werden zwischen den Backenzähnen evtl. nicht so stark zerkleinert, dass sie im Dünndarm ausreichend abgebaut werden können. Die Gesamtverdauung ist dann zwar unverändert, die energetische Ausnutzung dagegen geringer infolge der energetisch minder effizienten Fermentation im Dickdarm.

! Merke

Quetschen oder Schroten von Hafer erhöht die Verdaulichkeit nicht wesentlich, sofern die Pferde gründlich kauen. Bei Pferden mit Zahnfehlern, im Zahnwechsel oder mit hastiger Futteraufnahme ist dagegen eine vorherige Zerkleinerung lohnend. Gleiches gilt auch für eiweißreiche Samen.

Eine Wärmebehandlung bestimmter Stärketräger (Kartoffeln, Maniok, Mais, Gerste) fördert hingegen die Verdaulichkeit im präzäkalen Abschnitt des Verdauungstraktes.

Gesamtfuttermenge

Die Gesamtfuttermenge beeinflusst die Verdaulichkeit dann, wenn bei diskontinuierlichem Nahrungsangebot zu große Mengen pro Mahlzeit aufgenommen werden; bei 6–8 Mahlzeiten/Tag wurden höhere Verdaulichkeitswerte beobachtet als bei 2-maliger Fütterung. Die Kombination von Raufutter mit Kraftfutter vermindert nicht die Verdaulichkeit der im Kraftfutter enthaltenen Futterinhaltsstoffe.

Alter des Pferdes

Auch das Alter des Pferdes hat einen Einfluss auf die Futterverdaulichkeit.

Fohlen Fohlen verdauen Raufutter zunächst schlechter wegen der unvollkommenen Ausbildung der Backenzähne und des Dickdarms. Hinzu kommen Unterschiede in der Enzymausstattung, so dass z. B. Laktose besser, Rohrzucker und Stärke zunächst schlechter als bei adulten Pferden verdaut bzw. vertragen werden.

Jungpferde Da der Wechsel bzw. Durchbruch der Backenzähne erst mit 3,5–4 Jahren abgeschlossen und ein vollständiges Aufquetschen von Getreidekörnern nicht sicher ist, sollten in dieser Zeit alle Körner zerkleinert, Gersten- und Maiskörner thermisch aufgeschlossen werden.

Ausgewachsene Pferde Zwischen gesunden ausgewachsenen Pferden kommen bei gleicher Fütterung erhebliche Unterschiede (bis 10 % Punkte) in der Futterverdaulichkeit vor, die z. T. Ursache für „Leicht- oder Schwerfuttrigkeit“ sein können. Sie werden verursacht durch das Fressverhalten (ungenügendes Kauen), Gebissschäden, erhöhte Peristaltik, Unterschiede in der Enzymproduktion oder Erkrankungen im Magen-Darm-Trakt (Katarrhe, Parasitenbefall, Sandablagerungen usw.). Werden Pferde gemeinsam an einer Krippe gefüttert, kann die durch Futterneid bedingte hastige Futteraufnahme die Verdaulichkeit senken.

Unterschiedliche Rassen Die Verdaulichkeit der Nährstoffe ist bei den verschiedenen Rassen weitgehend ähnlich. Entsprechende Vergleichsuntersuchungen (z. B. Warmblut vs. Isländer) ergaben widersprüchliche Ergebnisse. Daher ist die Annahme einer konstant höheren Verdaulichkeit der Futtermittel bei Ponys im Vergleich zu Warm- oder Vollblütern unbegründet.

Alte Pferde Ein altersbedingter, vorhersehbarer Rückgang der Sekretion von Verdauungsenzymen im präzäkalen Verdauungskanal ist beim Pferd nicht beobachtet worden. Die mikrobielle Aktivität, d. h. die Verdauungsleistung im Dickdarm, ist von der Ration, nicht vom Alter des Tieres bestimmt.

Individuell kann die Verdauungsleistung jedoch infolge von Zahnschäden, chronischen Erkrankungen von Magen und Dünndarm, Verlust an Motilität des Darmtraktes und Erkrankungen von Leber und Nieren deutlich vermindert sein, so dass eine gezielte Auswahl von Futtermitteln und deren Behandlung nötig sein kann.

Körperliche Beanspruchung des Pferdes

Die Verdauungsvorgänge werden auch durch körperliche Beanspruchung der Pferde beeinflusst. Leichte, nicht anstrengende Bewegung nach der Futteraufnahme (ohne Reiter) fördert die Verdauungstätigkeit. Stärkere, strapazierende körperliche Belastungen nach der Futteraufnahme, besonders rasche Bewegungen, beeinträchtigen die Verdauung und führen zu geringerer Futterausnutzung, was teils durch die arbeitsbedingt verminderte Durchblutung des Verdauungskanals während und nach der Arbeitsperiode zu erklären ist und bei der Fütterungstechnik intensiv belasteter Pferde berücksichtigt werden sollte. Unruhe im Pferdestall nach dem Füttern wirkt in die gleiche Richtung.

! Merke
Leichte Bewegung fördert die Verdauung, strapazierende Belastung wirkt ihr entgegen.

3.4 Futteraufnahme und ihre Regulation

3.4.1 Futteraufnahme unter natürlichen Bedingungen und im Stall

Unter **natürlichen Bedingungen** nimmt das Pferd seine Nahrung in kleinen Portionen über Tag und Nacht verteilt auf. Sowohl verwilderte Pferde in freier Natur als auch Weidepferde sind täglich 12–18 h mit der Nahrungssuche und -aufnahme beschäftigt in Abhängigkeit vom Futterangebot. Die Grasungsphasen sind durch relativ kurze Pausen von maximal 4 h unterbrochen (▶ **Abb. 3.17**).

Die Verteilung der Tag- und Nachtaktivitäten wird u. a. von der Tagestemperatur bestimmt.

Steht Pferden **im Stall** ad lib. Futter zur Verfügung, so ist eine ähnliche Rhythmik zu beobachten, selbst bei konzentrierten Futtermitteln. Wurde Mischfutter zur freien Verfügung angeboten, teilten sich die Pferde das Gesamtfutter in täglich etwa 10 Mahlzeiten auf. Dabei lag die Futtermenge pro Mahlzeit niemals über 0,25 kg/100 kg KM.

3.4.2 Regulation der Futteraufnahme

Die Futteraufnahme unterliegt Einflüssen des speziestypischen Verhaltensmusters, dessen neurale Schaltzentrale im Stammhirn liegt, sowie den im Hypothalamus (Zwischenhirn) etablierten Schaltkreisen für Hunger, Sättigung und andere übergeordnete Funktionen.

Bei der Regulation der Futteraufnahme durch das Zwischenhirn sind lang- und kurzfristig wirkende Steuerungsfaktoren zu unterscheiden:

- langfristig im Hinblick auf die Erhaltung der Lebendmasse
- kurzfristig für Beginn und Beendigung einer Mahlzeit

Beide Vorgänge reagieren auf Signale aus der Peripherie.

Langfristige Regulation

Langfristig (d. h. über Jahre betrachtet) versucht der equine Organismus, im **Energiegleichgewicht** zu bleiben, d. h. eine bestimmte Lebendmasse zu

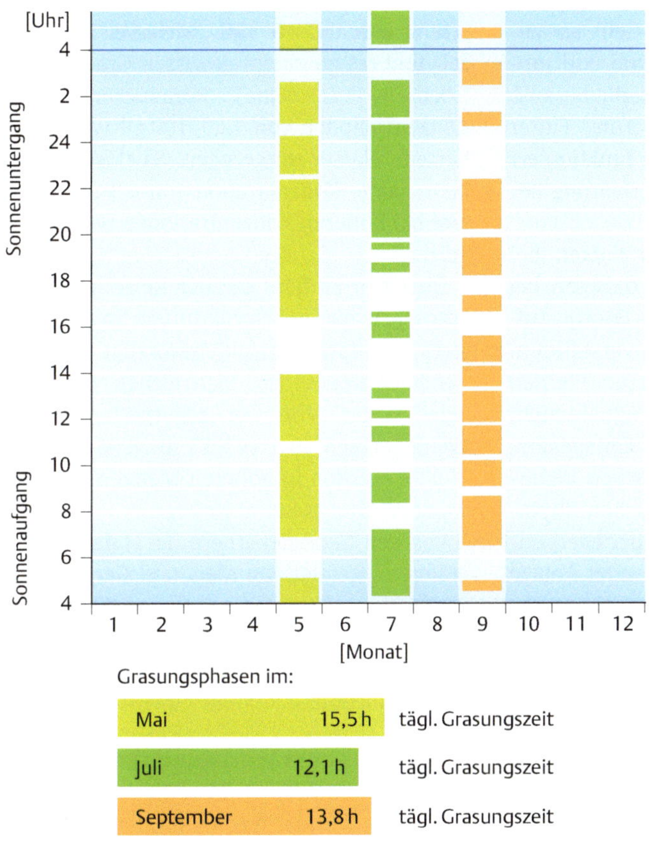

▶ **Abb. 3.17** Rhythmus der Nahrungsaufnahme bei Weidepferden. Die farbigen Balkenabschnitte stellen die jeweiligen Grasungsphasen in den Monaten Mai, Juli und September dar (Abb. basiert auf Daten aus Krull 1984).

erhalten, wie Studien an wild lebenden Pferden bestätigen. Dies schließt aufeinanderfolgende Phasen der Fetteinlagerung bei Energie- und Nährstoffüberschuss und Mobilisierung der Reserven bei Ressourcenverknappung oder hohen Leistungen (insbesondere Laktation) ein. Dem Ziel „Erhalt der Körpermasse" entsprechend können Pferde eine tägliche Futteraufnahme von > 200 g/kg $KM^{0,75}$ (> 4,5 % d. KM) tätigen, wenn die Verdaulichkeit zwar gering, das Futterangebot jedoch nicht limitierend ist. Beobachtungen bei kleinen Haustieren zeigen, dass vermutlich von den energiespeichernden Geweben nervale (durch Veränderung der Zellgröße) oder auch humorale Reize ausgehen, die ihrerseits die zentralen Stellen der Futteraufnahme beeinflussen. Beim Hauspferd fehlen bisher gezielte Untersuchungen über die Regulation des Energiebestands im Körper. Beachtenswert ist jedoch, dass durch Angebot von Futtermitteln, die nicht im Spektrum der Wildpferde vorkamen (Kraftfutter), die unter natürlichen Bedingungen effektiven Regelmechanismen möglicherweise nicht immer voll wirksam sind.

Das Normalgewicht ausgewachsener Tiere wird u. a. durch die physiologische Fettspeicherkapazität bestimmt, die bei Extensivrassen höher zu liegen scheint als bei Warm- und Vollblutpferden.

Wird zusätzlich Energie benötigt, z. B. bei tiefen Temperaturen, körperlicher Arbeit oder während der Laktation, so muss zur Erhaltung der Körpersubstanz vermehrt Futter, d. h. Energie, aufgenommen werden, um den Energiebestand im Körper konstant zu halten. Bei wachsenden Tieren besteht ein zusätzliches Futteraufnahmebedürfnis, solange die Ansatzkapazität für Eiweiß und Fett noch nicht erschöpft ist.

Die aufgenommene Futtermenge wird auch durch die **Energiedichte** bestimmt: Geht sie zurück, steigt die Futtermengenaufnahme und umgekehrt, nach einer Anpassungsphase, die bis zu 2 Wochen dauern kann. Wird energiearmes Futter (älteres Gras, Raufutter) angeboten, funktioniert das Regulationssystem zur Konstanterhaltung der Lebendmasse nahezu perfekt.

Bei überwiegend **konzentriertem Futter**, bei jungem, hochverdaulichem Gras ist dagegen bei disponierten Tieren eine **übermäßige Energieaufnahme** festzustellen, verbunden mit verstärktem Fettansatz. Danach scheinen bei diesen Pferden die von den Fettzellen ausgehenden Signale nicht auszureichen, um eine übermäßige Fettspeicherung zu verhindern. Da unter natürlichen Bedingungen das Futterangebot jahreszeitlichen Rhythmen unterworfen ist, werden Phasen der energetischen Überversorgung mit entsprechender Anlage von Fettgewebe von solchen der Verknappung abgelöst, die mit einer Mobilisierung der Energiereserven einhergeht. Diese Rhythmik wird beim „urbanisierten" Pferd i. d. R. ausgeschlossen.

Kurzfristige Regulation

Untersuchungen bei anderen Spezies haben ergeben, dass über das Futteraufnahmezentrum ständig das Bedürfnis zum Futterverzehr aufrechterhalten wird – es wird jedoch durch verschiedene Faktoren gehemmt. Pferde fasten jedoch freiwillig selten länger als 3–4 h.

Für Beginn und Beendigung der Mahlzeiten sind Eigenschaften des Futters, Signale aus dem Verdauungskanal (Konzentration flüchtiger Fettsäuren, Aminosäuren), evtl. der Stoffumsatz in verschiedenen Geweben, aber auch physische und psychische Einflüsse von Bedeutung.

Futtereigenschaften

Eine Erkennung bzw. Diskriminierung von Futter nach der Farbe scheint aufgrund des dichromatografischen Sehens der Pferde unbedeutend.

Vor dem Fressen wird bereits die **Geruchsqualität** des Futters registriert: Dumpfer, schimmeliger Geruch oder sonstige Fremdgerüche können die Futteraufnahme erheblich beeinträchtigen.

Gleiches gilt – nach Kontakt mit dem Futter – für **bitter schmeckende** Futtermittel (z. B. Mineralstoffe, Roggen). Positiv dagegen wirken die Geschmacksqualitäten **süß** (Melasse, Zuckerschnitzel) und bis zu einem gewissen Grad auch **salzig** (Viehsalz, Lecksteine). Rohrzuckerlösungen in Konzentrationen von 12,5–100 g/l wurden destilliertem Wasser vorgezogen. Salzlösungen waren bis zu einer Konzentration von 6,3 g/l indifferent, erst bei höheren Konzentrationen wurden sie abgelehnt.

Über den Einfluss **taktiler Reize** liegen nur Erfahrungen zur Futterstruktur vor. So wird z. B. härteres Heu (stängelreich) bevorzugt gefressen im Vergleich zu weichem, blattreichen Material; staubiges Futter wird nur zögernd aufgenommen. Weidegras mit über 14 % TS sowie Maissilage über 25 % TS werden in höheren Mengen gefressen als wasserreiches Material vorliegt.

Von den Getreidekörnern hat **Hafer** die höchste Präferenz, gefolgt von **Mais** und **Gerste**, während Roggen und Weizen die geringste Akzeptanz aufweisen.

Bei Fohlen vermögen **eiweißreiche Rationen** die Gesamtfutteraufnahme zu erhöhen.

Signale aus dem Verdauungskanal

Von den hemmenden Signalen aus dem Verdauungskanal sind die mit Kauen und Schlucken zusammenhängenden vermutlich die wichtigsten. Bei faserreichen, strukturierten Futtermitteln kann nicht ausgeschlossen werden, dass die **Intensität des Kauvorgangs** die auftretenden Pausen in der Futteraufnahme (▶ **Abb. 3.17**) mitbestimmt, allerdings scheint die Speichelbildung nicht limitierend zu sein. Dafür spricht auch die Beobachtung, dass nach Erleichterung der Raufutteraufnahme durch Häckseln, Pulverisieren oder Pelletieren die Gesamtfutteraufnahme erheblich gesteigert werden kann, bei Fohlen bis zu 50 %.

> **Praxis**
> Für Raufutter ausreichend lange Fresszeiten vorsehen (ca. 45 min/kg).
> Konzentrierte Futtermittel (Krippenfutter, evtl. auch junges Gras) stets in begrenzten Mengen (pro Mahlzeit) füttern, um eine Magenüberladung zu vermeiden.

Der Magen des Pferdes verfügt über **keine Dehnungsrezeptoren**, die bei übermäßiger Füllung die Nahrungsaufnahme blockieren. So kann Krippenfutter, evtl. aber auch junges, faserarmes Gras, das rasch aufgenommen wird, eine Magenüberladung provozieren. Bei stärkereicher Fütterung besteht neben dem Risiko der temporären Magenüberladung auch die Gefahr der Gastritis und Schleimhautschädigung (sog. Magengeschwür). Dies kann mit unregelmäßiger Futteraufnahme einhergehen.

Stoffumsatz

Der Einfluss verschiedener Abbauprodukte aus der Nahrung im Dünn- oder Dickdarm (Aminosäuren, Fettsäuren), die osmotisch oder auf anderen Wegen wirken können, ist beim Pferd bisher nicht hinreichend geklärt. Hohe Konzentrationen an **flüchtigen Fettsäuren**, vor allem auch an Laktat im Darmchymus (▶ **Tab. 3.8**) scheinen die Futteraufnahme eher zu dämpfen. Die nach Überfütterung mit konzentrierten Futtermitteln bei stark beanspruchten Pferden gelegentlich von Tag zu Tag variierende Futteraufnahme („Sauerwerden") könnte auf höheren Konzentrationen an organischen Säuren im Dünn- oder Dickdarm beruhen (s. o. Magengeschwür).

Der Glukoseumsatz im Gehirn (glukostatische Steuerung) ist bei Pferden offenbar ohne spezifischen Einfluss auf die Futteraufnahme.

Im Hypothalamus und nachgeordneten Strukturen erfolgt ein Monitoring der Hydratation und osmotischen Bedingungen in den Körperflüssigkeiten. Entsprechend kann eine Salzaufnahme in ein Durstsignal transformiert oder bei entsprechenden homöostatischen Veränderungen „Salzappetit" ausgelöst werden. Bei einem Wassermangel wird zunächst die Absorption intensiviert und der Trockensubstanzgehalt des Chymus steigt an; alsbald erfolgt jedoch eine Bluteindickung und die Futteraufnahme wird eingeschränkt oder sogar eingestellt.

Ungenügende Futteraufnahme kann auch durch Nährstoffmängel in der Ration bedingt sein, u. a. durch eine Unterversorgung mit B-Vitaminen (sekundäres Vit.-B-Defizit infolge gestörter Syntheseleistung im Dickdarm), Natrium und Aminosäuren. Es ist allerdings unklar, inwieweit hierbei zentrale Regelkreise involviert sind.

Physische und psychische Einflüsse

Letztlich sind auch physische und psychische Einflüsse für das Fressverhalten bestimmend. Positiv wird die Futteraufnahme beeinflusst durch Gewöhnung an Futter, Umgebung und Betreuer sowie durch die gemeinsame Haltung von mehreren Tieren (soziale Stimulation).

Krankheiten aller Art, besonders an Zähnen, Zunge Schlund und Magen, wirken sich nachteilig auf die Futteraufnahme aus, desgleichen eine allgemeine starke Erschöpfung oder Überhitzung (nach Rennen, Jagden bzw. bei hohen Umgebungstemperaturen).

3.4.3 Futteraufnahmekapazität

Die physiologische Futteraufnahme eines gesunden Pferdes variiert in Abhängigkeit von der Größe der Tiere und der geforderten Leistung, vor allem aber je nach Zubereitung der Futtermittel (▶ **Tab. 3.15**) Die höchste Futteraufnahme wird bei laktierenden Stuten verzeichnet. Im Rahmen der dargelegten Größen (▶ **Tab. 3.15**) wird die Fähigkeit des Pferdes, Nahrung mit Lippen und Zähnen zu fixieren, zu kauen, einzuspeicheln und abzuschlucken, nicht überschritten. Vielmehr ist bei der angegebenen Futteraufnahme eine bedarfsgerechte Energieaufnahme problemlos möglich.

Die maximale Futteraufnahme kann nicht sicher bestimmt werden; zur Orientierung dienen die in ▶ **Tab. 3.15** aufgeführten Werte; sie geben die von einem gesunden Pferd bei ausgewogener Ration i. d. R. realisierbare Futteraufnahme an; bei einem Futterangebot ad libitum können individuell höhere Werte erreicht werden (> 200 g TS/kg $KM^{0,75}$ je Tag).

▶ **Tab. 3.15** Orientierungswerte zur täglichen Trockenmasseaufnahme von Pferden (Tab. basiert auf Daten aus GfE 2014).

Status des Pferdes	g TS/kg^{0,75} KM	g TS/kg KM
Saugfohlen	54	16
Erhaltung, Wachstum, Trächtigkeit	104	23
wachsende Pferde im Training	104	22–25
Arbeit	135	29
Laktation	147	30

3.5 Kotmenge und -zusammensetzung

Das Pferd setzt Kot je nach Volumen an unverdauten Futterstoffen, Wassergehalt, Bewegungsbeanspruchung usw. in Abständen von 90–120 min ab.

Der Kot des Pferdes besteht aus den nicht absorbierten Teilen von Futter und Verdauungssekreten sowie aus Bakterienresten (▶ **Tab. 3.16**). Die täglich abgesetzte Menge variiert zwischen 1–3 % der KM in Abhängigkeit von der aufgenommenen Futtermenge und ihrer Verdaulichkeit.

Der **Wassergehalt** liegt im Mittel um 75 %. Nach Verfütterung von grobstengeligem Heu (insbesondere Leguminosenheu), Zuckerrüben, Grünfutter, Weizenkleie oder strukturarmen Rationen (junges Weidegras) kann er mehr oder weniger deutlich ansteigen, bedingt durch raschere Nahrungspassage, höhere Wasserbindung, evtl. auch durch Reizung der Darmschleimhaut. Einseitige Fütterung von stark lignifiziertem, wenig wasserbindendem Material (z. B. ausschließlich Hafer mit seinen schwerverdaulichen Spelzen) führt dagegen zu einem ausgesprochen trockenen Kot.

Bei Weidepferden ist manchmal der **Sandgehalt** im Kot erhöht durch Erdkontamination des Futters, besonders bei kurzem Gras und Abbiss unmittelbar über dem Boden (Vernagen der Grasnarbe).

Der **pH-Wert** des Kots variiert zwischen 6,8 und 8. Werte unter 6,8 werden bei höherer Stärkeaufnahme beobachtet, Werte unter 6,5 weisen auf eine zunehmende Stärkeaufnahme bzw. Dysfermentationen im Dickdarm hin.

Merke

Der regelmäßige Kotabsatz sowie normale Form-, Konsistenz- und Geruchseigenschaften des Kotes sind wesentliche Kriterien für eine ungestörte Funktion des Verdauungstrakts.

Bei Störungen des Verdauungstrakts kommt es zu abweichenden Koteigenschaften (S. 310).

Ungenügende Wasserverfügbarkeit und einseitige Fütterung (Stroh, Konzentrate) ergeben kompakte Kotballen mit TS-Gehalten auch > 30 %. Hohe Mengen an Trockenschnitzeln (ca. 0,8 kg/100 kg KM) erzeugen einen schwach geformten, breiigen Kot, allerdings ohne nennenswert erhöhte fäkale Wasserabgabe (geringe Menge unverdaulicher Substanz). Physiologisch ist die Kapazität zur Wasserabsorption im Dickdarm außerordentlich hoch. Fehlfermentationen, gestörte Elektrolytabsorptionen, Entzündungen sowie bakterielle und virale Infektionen können die fäkale Wasserabgabe erhöhen.

Die Ursache für das Absetzen von Wasser neben normal geformtem Kot ist unklar; aktuelle Befunde sprechen für eine Beteiligung der Mikroflora. Offenbar kommt es zur Separation von Wasser, ohne dass eine Schädigung der Schleimhaut vorliegt. Möglicherweise löst ein erhöhter intraluminaler Druck zusätzliche Darmbewegungen aus.

▸ **Tab. 3.16** Kotzusammensetzung beim Pferd (Tab. basiert auf Daten aus Wolf 1887; Müller-Reh 1972; Mundt 1978; Pferdekamp 1978; Lindemann 1982; Günther 1984; Krull 1984; Martin-Rosset und Dulphy 1987; Schulze 1987; Martin-Rosset et al. 1990; Cuddeford et al. 1992; Harris und Rodiek 1993; Miraglia et al. 1999; Warren et al. 1999; Karlsson et al. 2000; Barsnik 2003; Müller 2002; Zeyner et al. 2004; Bergero et al. 2005; Mackenthun 2011; Jensen et al. 2014; Neustädter 2015; Taran et al. 2016; Turcott-White et al. 2017).

Inhaltsstoff	Dimension	Mittel	von	bis	–	Bemerkung
		Frischkot				
Wasser	g/kg	760	833	665		Diarrhoe > 850
Trockensubstanz	g/kg	240	167	335	240	↑ [3]: Stroh, Konzentrat
		in der Trockenmasse			**im Frischkot**	
organische Substanz[1]	g/kg	890	950	735	214	–
Rohasche[1]		110	50	265	26	↑: Mischfutter, Sandaufnahme[4]
Rohprotein[1]		115	57	557	28	↑: proteinreiches Gras
Rohfett[1]		50	15	90	12	↑: Ölzulagen
Rohfaser[1]		345	188	494	83	↑: überständiges Gras, Stroh
N-freie Extrakt-stoffe[1]		380	338	445	91	–
NDF[1]		670	429	744	161	–
ADF[1]		425	287	538	102	s. Rfa
ADL[1]		105	71	137	25	s. Rfa
Stärke		3	0	10	0,8	relevant nur b. stärkereichen Rationen
Ca		12	3,3	63,4	3,0	↑: hohe Strohaufnahme ↑: überhöhte Aufnahme[5]
Mg		3,1	0,9	12,9	0,8	
P		8,7	2,9	38,5	2,1	
Na		1,3	0,1	2,8	0,3	↑: hohe Strohaufnahme
K		13	5,1	50,9	3,0	↑: je nach K im Raufutter
Cl		1	0,6	1,3	0,2	–
S		1,4	0,6	2,3	0,3	–
Fe[1]	mg/kg	1270	605	2074	305	↑: überhöhte Aufnahme[5]
Cu		18	12	23	4	
Zn[1]		100	64	139	24	
Mn		280	167	468	67	
Se		0,38	-	-	0,09	Aufnahme ↑ = renale Abgabe ↑
Si		11	10	13	3	–
H_2S		36	31	41	9	–
NH_3	mg/l[2]	180	152	204	137	↑: hohe N-Aufnahme
flüchtige FS	mmol/l	26	12	37	20	–
Laktat	mg/l	32	27	38	25	↑: hohe Stärkeaufnahme

[1] mittlere Gehalte auf ±5 gerundet; [2] je Liter Kotwasser; die Angabe für Frischkot bezieht sich auf 0,76 l; [3] ↑ Anstieg gegenüber mittleren Werten durch genannten Faktor; [4] bei > 50 g/kg Frischkot evtl. unnötig hohe Mineralstoffaufnahme, bei > 100 g/kg Frischkot i. d. R. erhebliche Sandaufnahme; [5] überhöhte Aufnahme der jeweiligen Elemente

4 Energie-, Nährstoff- und Strukturstoffbedarf

Manfred Coenen, unter früherer Mitarbeit von Helmut Meyer †

4.1 Definition des Bedarfs

Voraussetzung für eine richtige und zweckmäßige Ernährung des Pferdes ist die Kenntnis seines Energie- und Nährstoffbedarfs.

Merke

„Bedarf" beschreibt die Energie sowie die Menge an Bau-, Strukturstoffen und Vitaminen, die zur Erfüllung bestimmter Stoffwechselbedingungen beansprucht werden und im Verhalten begründete Erfordernisse berücksichtigen. Der Bedarf variiert nach tierspezifischen Merkmalen sowie infolge von Einflüssen der Haltung und Einwirkung von Umweltfaktoren. Der Bedarf ist daher ein komplexes biologisches Phänomen, für das mathematische Modelle formuliert werden, die den Variationsursachen nicht immer gerecht werden können.

Die Ableitung der jeweiligen Größen erfolgt überwiegend auf Basis experimentell, möglichst unter standardisierten Bedingungen gewonnener Daten. Dabei wird zwischen dem **Erhaltungsbedarf** und dem **Leistungsbedarf** differenziert Anhand solcher Bedarfsableitungen werden gegebenenfalls unter Einbeziehung von Sicherheitsmargen Versorgungsempfehlungen erstellt. Teilweise fehlen die notwendigen Daten für eine klassische Bedarfsableitung, z. B. für Vitamine; in solchen Fällen basieren die Versorgungsempfehlungen auf Schlussfolgerungen aus der Nährstoffaufnahme unter durchschnittlichen Praxisbedingungen und Analogieschlüssen auch anhand der Angaben zu anderen herbivoren Spezies.

Die sogenannte „faktorielle Bedarfsableitung" für Eiweiß, Energie und Mengenelementen setzt hierbei eher aus pragmatischen als aus Gründen biologischer Zusammenhänge den Bedarf prinzipiell aus folgenden Größen zusammen:

- **Nettobedarf**; er ergibt sich aus der messbaren Quantität und Qualität der Produkte des Stoffwechsels:
  - Energie:
    - Wärmebildung des Organismus (auch des tragenden Uterus),
    - Energieansatz im prä- oder postnatal wachsenden Tier,
    - Energieabgabe mit der Milch,
    - kinetische Energie;
  - Eiweiß, Aminosäuren, Mengenelemente:
    - unvermeidbare Verluste über Harn, Fäzes und Haut,
    - Ansatz in Konzeptionsprodukten oder im postnatal wachsenden Tier,
    - Abgabe mit der Milch,
    - Abgabe mit dem Schweiß;
- **Bewertung des Aufwandes** zur Abdeckung des Nettobedarfs:
  - Energie:
    - Die Umwandlung chemischer Energie der Nahrung in Wärme oder kinetische Energie erfolgt unter Sauerstoffverbrauch, der mit einem mittleren Äquivalenzfaktor in umsetzbare Energie (ME) transformiert wird: O_2 [ml] x 20,1 J = Bedarf an ME [J]. Der Sauerstoffverbrauch ist Grundlage für die Ableitung des Bedarfs an ME für Arbeit und den Energieumsatz des graviden Uterus.
    - Nettobedarf/Verwertung der ME = Bedarf an ME; die Verwertung für den wachstumsbedingten Energieansatz wird je nach Alter mit 70–60 % und für die Milchbildung mit 65 % berücksichtigt.
  - Eiweiß, Aminosäuren:
    - Nettobedarf an Proteinen oder Aminosäuren/ Verwertung des präzäkal verdaulichen Proteins bzw. der präzäkal verdaulichen Aminosäuren = Bedarf an dünndarmverdaulichem Protein bzw. ebensolchen Aminosäuren.
    - Die Verwertung im Dünndarm absorbierten Proteins bzw. der Aminosäuren ist spezifisch für den jeweiligen Nettobedarf: Aus-

gleich endogener Verluste (= Erhaltungsbedarf, 60 %), intrauteriner Ansatz (50 %), Milchbildung (70 %), Wachstum (60 %).

- Mengenelemente:
  - Nettobedarf/Verwertung der ME = Bedarf an ME; für das jeweilige Element werden spezifische Verwertungsgrößen eingesetzt (▶ **Tab. 3.14**): Im Falle der Mengenelemente umfasst die Verwertung die Verdaulichkeit wie auch die Ausnutzung der absorbierten Elemente, die – anders als bei Energie und Eiweiß bzw. Aminosäuren – für die diversen Formen des Nettobedarfs (z. B. Wachstum oder Milchbildung) als konstant angesehen werden kann.

Nettobedarf und **Verwertung** stellen Merkmale des Stoffwechsels im Erhaltungsstoffwechsel oder bei bestimmten Leistungen dar, sie beschreiben also das jeweilige Tier. Die **Verdaulichkeit** hingegen ist keine Frage der Leistung, sondern eine Eigenschaft des Futters. Deshalb ist der Bedarf stets ein Ausdruck für die dem Stoffwechsel anzubietende Energie bzw. Nährstoffe. Die Eigenschaften des Futters entscheiden, mit welcher Menge des jeweiligen Futters die Stoffwechselnachfrage bedient werden kann.

Nur in Fällen, in denen die Verdaulichkeit keine bemerkenswerten futtermittelbedingten Variationen aufweist, kann es sinnvoll sein, den sogenannten **Bruttobedarf** anzugeben. So wird bei den Mengenelementen mit dem Bedarf die dem Tier insgesamt anzubietende Menge beschrieben, da eine einheitliche Verdaulichkeit angenommen werden kann.

Der Begriff „Bedarf" hat in den vergangenen Jahren eine wichtige Erweiterung erfahren. Die Art der Ration bestimmt nachhaltig die „Funktionssicherheit" des Verdauungskanals, die Kompetenz des Immunsystems und das Verhalten des Tieres. Entsprechende Irritationen, z. B. Koprophagie (S. 251), können fütterungsbedingt sein, ohne dass ein Nährstoffmangel oder -überschuss vorliegt. Die Wertung der Funktion des Verdauungstraktes und die Interaktion zwischen Ernährung und Verhalten resultieren in Vorstellungen vor allem zum Bedarf an einer der Tierart entsprechenden, d. h. tierartgerechten Ration.

Daher ist bei Anwendung von Bedarfsgrößen mit einer korrekten Rationsgestaltung dem Bedarf nach einer tierartgerechten und verträglichen Fütterung Rechnung zu tragen. Die im Folgenden genannten Zahlen basieren im Wesentlichen auf Angaben der Gesellschaft für Ernährungsphysiologie der Haustiere (2014), berücksichtigen aber auch Wertungen und Empfehlungen aus anderen Ländern.

Bei den Empfehlungen für die Energie- und Nährstoffversorgung handelt es sich um **Richtwerte**, die auf Ableitungen zum Bedarf an Energie und Nährstoffen beruhen und sicherstellen, dass ein durchschnittliches Tier in allen bekannten Merkmalen angemessen versorgt ist. Die Versorgungsempfehlungen können nicht die teils erheblichen Abweichungen zwischen berechnetem Bedarf und dem tatsächlichen individuellen Bedarf in Abhängigkeit von Umweltbedingungen und Futterqualität berücksichtigen. In den folgenden Abschnitten wird daher versucht, neben den absoluten Bedarfszahlen vor allem auch die Ursachen der Bedarfsvariation aufzuzeigen, damit die Werte sinnvoll modifiziert werden können.

4.2 Energie- und Eiweißbedarf

4.2.1 Energiestoffwechsel

Der Organismus ist permanent auf die Verfügbarkeit von Energie angewiesen:

- für Erhaltung der Körperinnentemperatur, Funktion des Immunsystems und der Organe
- Neubildung von Gewebe
- Milchbildung
- Bewegung

Die Energie muss konstant zugeführt werden und oder wird durch Abbau von Körpergewebe generiert.

Energie aus den Futterinhaltsstoffen

Die notwendige Energie bezieht der Organismus aus den absorbierten Futterinhaltsstoffen und deren **Oxidation**. Dieser Schritt vollzieht sich unter Sauerstoffverbrauch und bietet **Adenosintriphosphat (ATP)** als das energiehaltige Reaktionsprodukt an, mit dem alle energiefordernden Vorgänge

▶ **Tab. 4.1** Faktoren zur Berechnung des Bruttoenergieertrags (kJ/g) von Kohlenhydraten, Fetten und Eiweißen.

Energielieferant	Faktor
Kohlenhydrate	17,2
Fette	38,9–39,8
Eiweiße als Baustoff	23,9
Eiweiße als Brennstoff	18,0

„bezahlt“ werden können. Das Potenzial der Nährstoffe, auf oxidativem Wege Energie bereitzustellen, ist unterschiedlich. Der Energieertrag kann mit bestimmten Faktoren abgeleitet werden (in kJ/g), die der energetischen Wertigkeit der Rohnährstoffe entsprechen (▶ **Tab. 4.1**).

$$1\ \text{kJ} = 0,24\ \text{kcal};\ 1000\ \text{kJ} = 1\ \text{Megajoule (MJ)}$$

Die energieliefernden Substanzen des Futters gelangen nach der Verdauung in Form von Zuckern, mittel- und langkettigen Fettsäuren aus der Fettabsorption, flüchtigen Fettsäuren aus der mikrobiellen Verdauung von Gerüstsubstanzen oder Aminosäuren über Darmwand und Blutbahn zu den Körpergeweben (▶ **Abb. 3.10**, ▶ **Abb. 3.15**).

Monosaccharide aus Zuckern oder Stärke ebenso wie Fettsäuren aus den Futterfetten passieren schon 1–3 h nach Aufnahme die Darmschranke. Aus Zellulose oder verwandten strukturierten Kohlenhydraten steht die Energie erst 4–6 h nach der Futteraufnahme – nach Abbau durch Mikroben des Dickdarms – in Form von flüchtigen Fettsäuren wie z. B. Essigsäure (= Azetat) zur Verfügung (▶ **Tab. 3.11**, ▶ **Abb. 3.15**). Rationen mit einem ausgeglichenen Verhältnis von Raufutter und Kraftfutter sichern zwischen den Mahlzeiten einen gleichmäßigen Fluss energieliefernder Stoffe aus dem Verdauungskanal.

Die Konzentration der im Blut umlaufenden Metaboliten des Kohlenhydrat- und Fettstoffwechsels (▶ **Tab. 4.2**) hängt von der Geschwindigkeit der Absorption, dem Umsatz sowie ggf. der Mobilisation ab und wird z. T. über das endokrine System gesteuert.

Merke

Die Konzentrationen von Glukose im Blut liegen nüchtern zwischen 2,8 und 4 mmol/l (die Gehalte im Plasma erreichen das 1,7-Fache dieser Werte). Der Blutglukosespiegel wird beim Pferd wie bei anderen Spezies durch Insulin (Blutglukose-senkend) und Glukagon (Blutglukose-steigernd) reguliert. Ferner können Katecholamine, Kortisol und Schilddrüsenhormone den Blutglukosespiegel verändern, z. B. bei Stressreaktionen.

Für die Regulation der Glukosehomöostase ist neben **Insulin** (Nüchternwerte < 20 µU/ml) auch Glukagon unverzichtbar. Nach zucker- oder stärkereichen Mahlzeiten steigen der Glukose- bzw. Insulinwert des Blutplasmas – je nach Menge und Verdaulichkeit der aufgenommenen Kohlenhydrate (▶ **Tab. 3.10**) – innerhalb von 1–3 h auf über 5 mmol/l bzw. 50–70 µU/ml, bei hoher Glukoseanflutung sogar auf Werte um 10 mmol/l bzw. 120–150 µU/ml. Bei moderaten postprandialen Glukosespitzen werden 4–5 h nach der Mahlzeit wieder die Ausgangswerte erreicht (▶ **Abb. 4.1**). Ein Persistieren hoher postprandialer Glukosekonzentrationen im Blut wird bei ungestörter Ansprechbarkeit der Glukose-aufnehmenden Zellen durch Insulin weitgehend ausgeschlossen.

Gegenspieler des Insulins ist **Glukagon**; dieses Peptidhormon induziert die Mobilisierung von Energiereserven und hat somit eine Blutglukose-steigernde Wirkung. Eine Hypoglykämie wird auf diese Weise vermieden (Hypoglykämie allenfalls bei extremem Glukosebedarf und Erschöpfung der Energiereserven).

Die **flüchtigen Fettsäuren** aus dem Dickdarm kommen auch im peripheren Blut vor, ein Teil wird in der Darmwand bzw. der Leber metabolisiert. Nach Fasten geht vor allem der Gehalt an Propionsäure im Blut zurück.

Die freien **langkettigen Fettsäuren** erreichen Werte von 0,06–0,3 mmol/l, während der Bewegung können sie infolge einer Mobilisierung aus dem Depotgewebe auf das 10-Fache ansteigen. Bei Shetlandponys wurden höhere Werte als bei anderen Pferderassen gefunden. Die Menge der **Triglyzeride** im Blutplasma wird von der Fettaufnahme kaum beeinflusst. Bei intensiver Bewegung oder Nahrungskarenz können die Gehalte allerdings infolge einer Mobilisierung erheblich ansteigen (▶ **Tab. 4.2**).

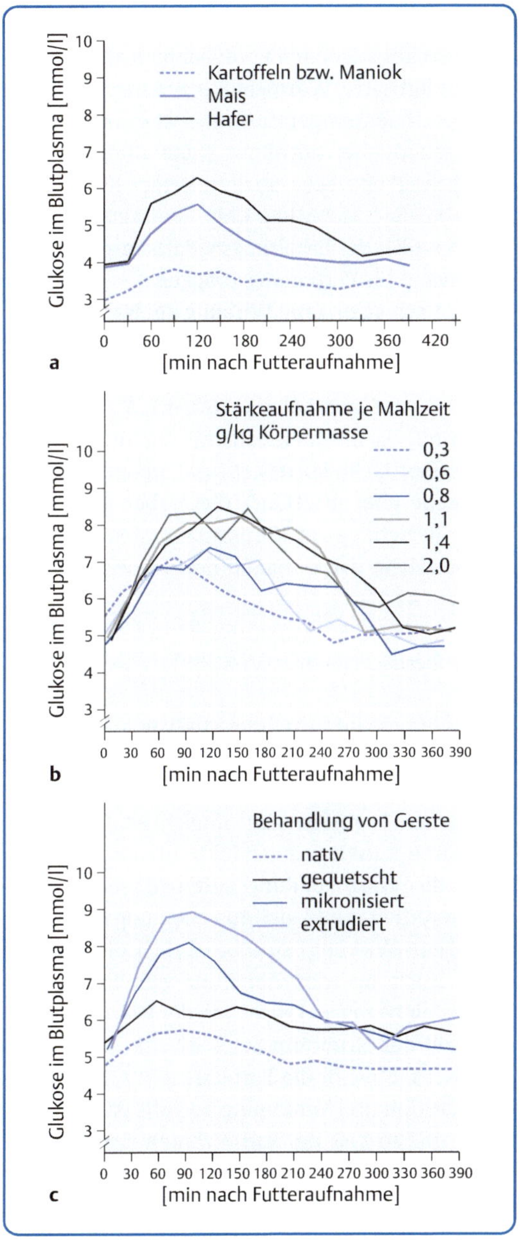

▶ **Abb. 4.1** Postprandiale Veränderungen im Blutglukosespiegel nach Aufnahme von Stärke bei unterschiedlichen Bedingungen. **a** Stärkeherkunft: 2 g Stärke kg^{-1} KM aus Hafer, Mais oder Maniok bzw. Kartoffeln. **b** Stärkemenge: 0,3–2 g kg^{-1} KM. **c** Stärkebehandlung: 2 g Gerstenstärke kg^{-1} KM nativ bzw. mechanisch oder thermisch aufgeschlossen (Abb. basiert auf Daten aus Radicke et al. 1994, Vervuert et al. 2007 u. 2009).

▶ **Tab. 4.2** Metaboliten des Kohlenhydrat-, Fett- und Eiweißstoffwechsels im Blutplasma bzw. Serum des Pferdes (nüchtern) (Tab. basiert auf Daten aus Kennedy u. Little 1966; Lieb et al. 1970; Argenzio u. Hinz 1971; Robie et al. 1975; Rose u. Sampson 1982; Unkel 1984; Gazzola et al. 1984; Kraft 2005; Kaneko et al. 2008; Köller et al. 2014).

Metabolit	Blutplasma (mmol/l)	Serum (mmol/l)
Glukose	–5,5	3,8–7,0
Brenztraubensäure	0,04	–
Laktat	1,0	< 1–3,7
flüchtige Fettsäuren	4–6	–
freie Fettsäuren	0,06–0,3	bis > 1
Triglyzeride	0,2–0,4	0,13–0,6
Gesamteiweiß	–	58–78 g
Harnstoff	3,2–5,6	2,5–7,3

Energie aus den Körpersubstanzen

Bei temporär stark erhöhtem Energiebedarf oder bei fehlender Zufuhr über das Futter mobilisiert der Organismus Energie aus Körpersubstanzen. Dazu zählt das **Glykogen**, ein Polysaccharid in Muskulatur und Leber; 140–200 kJ/kg KM stehen aus dieser Quelle zur Verfügung. Bei ruhenden Pferden werden etwa 70 % des Energiebedarfs über die Nutzung von Glukose (ca. 7 %) und Glykogen abgedeckt.

Mehr Energie kann in den **Fettdepots** gespeichert werden. Der Gesamtkörper enthält zwischen 6 und 20 % Fett (▶ **Tab. 2.4**). Mittelgroße, normal ernährte Pferde können aus den Fettdepots (rd. 1300 kJ/kg KM) über einen längeren Zeitraum 1000–1500 MJ freisetzen. Sind die Fettreserven erschöpft, wird schließlich **eiweißhaltiges Gewebe** zur Energiegewinnung abgebaut.

4.2.2 Eiweißstoffwechsel

Pferde im Erhaltungsstoffwechsel benötigen die absorbierten Aminosäuren für die ständige Regeneration eiweißhaltiger Gewebe sowie für die Substitution der unvermeidbaren Verluste über Darm, Niere und Haut. Gravide, laktierende oder wachsende Tiere beanspruchen zusätzlich größere Mengen an Aminosäuren für die Synthese von Körpergewebe (Embryo, Fetus, Eihäute) bzw. Milch.

Im Erhaltungsstoffwechsel, vielfach auch bei arbeitenden Pferden, übersteigt bei konventionellen Rationen häufig die Proteinaufnahme den Proteinbedarf. Die nicht für Eiweißregeneration oder -aufbau verwendeten Aminosäuren werden **desaminiert** (Abspaltung der Aminogruppe) und die verbleibenden Säuren als **Energiequellen** genutzt. Die bei der Desaminierung freigesetzten Aminogruppen müssen in der Leber entgiftet werden. Der entstehende **Harnstoff** wird über die Nieren (zusammen mit anderen N-haltigen Metaboliten) ausgeschieden. Da der Harnstoff noch einen Brennwert von 10,6 kJ/g besitzt, der nicht nutzbar ist, und auch die Harnstoffsynthese energiezehrend ist, erreichen Eiweiße, die im Energiestoffwechsel umgesetzt werden, nur einen **Brennwert** von rd. 18 kJ/g.

Der **Gesamteiweißspiegel** im Blutplasma variiert bei normaler Ernährung und Wasserzufuhr zwischen 60 bis max. 80 g/l (▶ **Tab. 4.2**) und fällt bei chronischem Eiweißmangel ab (▶ **Tab. 8.2**). Werte oberhalb des Referenzbereiches beruhen hingegen nicht auf erhöhter Eiweißsynthese, sondern auf einer Bluteindickung (z. B. bei Wasserverlusten bzw. Wasserdefizit).

Der **Harnstoffspiegel** im Blutplasma reflektiert die Eiweißaufnahme (▶ **Abb. 3.15**) bzw. die Zirkulation von nicht verwertbarem und daher über die Harnstoffsynthese entgiftetem Stickstoff.

Abnorme Harnstoffspiegel im Plasma können – sofern keine Leber- und/oder Nierenerkrankungen vorliegen – sowohl einen Eiweißmangel als auch einen Eiweißüberschuss bzw. bei wachsenden oder laktierenden Tieren ein unausgeglichenes Aminosäurenangebot signalisieren (▶ **Tab. 8.2**). Bei Nierenerkrankungen oder Wassermangel können die Harnstoffwerte unabhängig von der Eiweißzufuhr ansteigen.

4.2.3 Energie- und Eiweißbedarf im Erhaltungsstoffwechsel

Pferde, die keine besonderen Leistungen erfüllen, d. h. nicht arbeiten, laktieren oder wachsen, benötigen Energie für den Erhaltungsstoffwechsel, d. h. für die Konstanterhaltung der Körperinnentemperatur und der Körpermasse sowie die elementaren Funktionen des Organismus (Kreislauf, Atmung, Ausscheidung, Futteraufnahme, Darmtätigkeit und spontane Bewegungen, Funktion des Immunsystems). Der daraus resultierende Erhaltungsbedarf setzt sich aus folgenden Komponenten zusammen:

- Grundumsatz: Wärmebildung zum Erhalt der Körperinnentemperatur in thermoneutraler Umgebung bei absoluter Ruhe ohne Verdauungstätigkeit bei unveränderter Körpermasse = 0,278–0,352 MJ/kg $KM^{0,75}$ je Tag; entspricht ca. 53–68 % des Erhaltungsbedarfs insgesamt
- Aufwand für Verdauungstätigkeit
- spezifisch kalorigene Wirkung der Nahrung
- arttypisches Verhalten

Der Bezug auf metabolische KM, d. h. kg $KM^{0,75}$, ist zwingend, da die metabolische Aktivität mit der Körperoberfläche korreliert (u. a. infolge der Wärmeabgabe über die Haut), diese aber nicht in linearer Beziehung zur Körpermasse steht. Die Körperoberfläche kann anhand der Körpermasse berechnet werden:

$$\text{Körperoberfläche in } m^2 = 0{,}1\ KM^{0{,}64}$$

Die insgesamt im Erhaltungsstoffwechsel benötigte umsetzbare Energie ist erheblich größer als der Grundumsatz, der zwar gut belegt und für die verschiedenen Tierarten sehr ähnlich ist. Die unverzichtbaren Aufwendungen für Verdauungstätigkeit sowie die Wärmebildung aufgrund der metabolischen Aktivität inkl. der Ausscheidung (spezifisch kalorigene Wirkung) sind beachtlich und werden daher auch bei der Ableitung des Erhaltungsbedarfs einbezogen. Dieser Teil der Wärmebildung oberhalb des Grundumsatzes ist eine Eigenschaft des Tieres, obwohl die Futterart den Aufwand für die Ingestion und Verdauung beeinflusst.

Der größte Teil der umsetzbaren Energie wird demnach unter Erhaltungsbedingungen in Wärme überführt.

Für die Wärmebilanz (▶ **Abb. 4.2**) unter den Bedingungen des Erhaltungs- aber auch Leistungsstoffwechsels gilt:

a) Wärmebildung = Wärmeabgabe (**Wab**)
b) Wab = evaporative + nicht evaporative Wärmeabgabe (Wab_{ev}, Wab_{nev})
c) für die mittels Verdunstung (Evaporation) abgeführte Wärme:
   $Wab_{ev} = Wab_{resp} + Wab_{cutan} + Wab_{Schweiß}$
   - Wab_{resp}: Wärmeabgabe über die Lunge; ca. 27 % d. Grundumsatzes, entspricht 0,0785 MJ/kg $KM^{0,75}$ je Tag

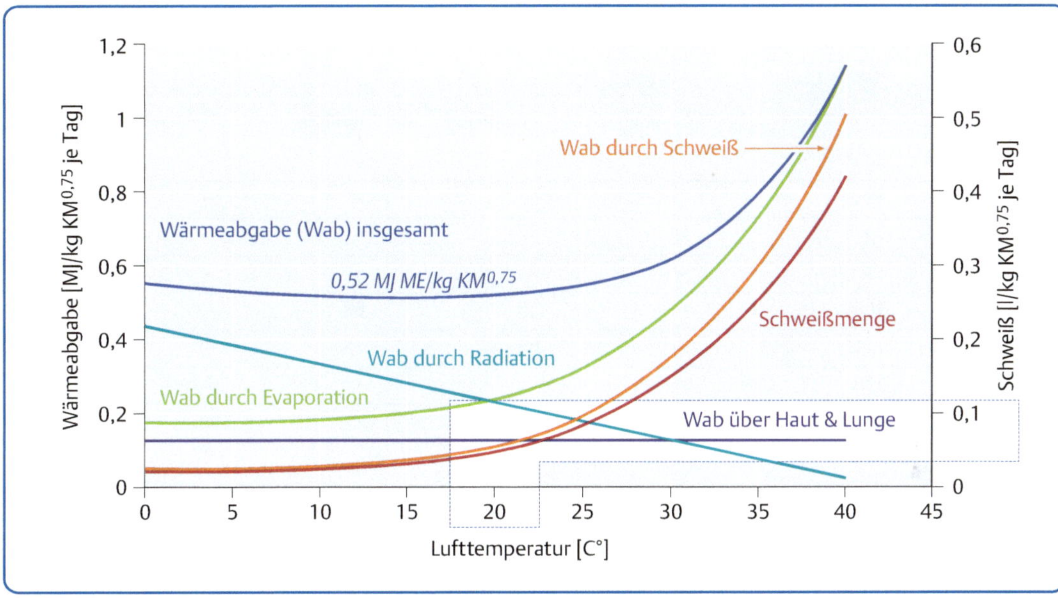

▶ **Abb. 4.2** Modell zur Wärmeabgabe beim Pferd in Abhängigkeit von der Temperatur der Umgebung sowie die zur Elimination notwendige Schweißmenge (Abb. basiert auf Daten aus Morgan et al. 1997; Heilemann et al. 1990; Hattingh 1972; umgerechnet auf eine Wärmeabgabe im Erhaltungsstoffwechsel von 0,52 MJ/kg $KM^{0,75}$ je Tag).

- Wab_{cutan}: Diffusion durch die Haut; entspricht 0,0459 MJ/kg $KM^{0,75}$ je Tag
- $Wab_{Schweiß}$: Wärmeabgabe bei Schweißbildung; entspricht $Wab_{ev} - (Wab_{resp} + Wab_{cutan})$

d) für die nicht evaporative Wärmeabgabe: Wab_{nev} = Wärmestrahlung (Radiation) + Wärmeübertragung (Konvektion) + Wärmeableitung (Konduktion)

Nach physikalischen Gesetzmäßigkeiten vermindern sich die nicht evaporativen Wärmeabgaben mit steigenden Umgebungstemperaturen (▶ **Abb. 4.2**); der Wärmeexport über Verdunstung muss zunehmen. Da die Wärmeabgabe über die Lunge und per Diffusion von Wasser an die Hautoberfläche und Verdunstung nicht ausreichen, muss eine Schweißbildung initiiert werden. Die abzuleitenden Daten ergeben Schweiß in Mengen von 0,04–0,08 l/kg $KM^{0,75}$ je Tag in dem Temperaturbereich von 20–25 °C. Dieser wird hier als „Ruheschweiß" bezeichnet, da er unabhängig von Bewegungsleistung und der damit verbundenen Schweißbildung zu verzeichnen ist. Die genannten Größen können bei der Ableitung von Versorgungsempfehlungen für Elektrolyte zur Anwendung kommen.

Nach experimentellen Untersuchungen benötigt ein Pferd unter üblichen Klimabedingungen im Erhaltungsstoffwechsel, d. h. unter Einschluss des Grundumsatzes, täglich **rd. 0,4–0,64 MJ ME/kg $KM^{0,75}$**. Der Bedarf an ME variiert deutlich je nach **Pferdetyp**. Diese Unterschiede beruhen demnach nicht auf Divergenzen im Grundumsatz oder in der Verdauung der Nahrung, sondern in der Wärmebildung oberhalb des Grundumsatzes. Hierfür dürfte die Verteilung des Fettgewebes eine Rolle spielen. Für die Praxis ist das in ▶ **Tab. 4.3** aufgeführte Raster zum Erhaltungsbedarf empfohlen.

▶ **Tab. 4.3** Erhaltungsbedarf an umsetzbarer Energie (ME) bei Pferden in optimalem Ernährungszustand bei Stallhaltung und moderatem Training je Tag (Tab. basiert auf Daten aus Kienzle et al. 2010; GfE 2014).

Rasse	ME (MJ/kg $KM^{0,75}$)
Warmblut	0,52
Vollblut	0,64
Pony	0,40
Sonstige	0,40–0,50

▶ **Tab. 4.4** Empfehlungen für die tägliche Versorgung ausgewachsener Pferde im Erhaltungsstoffwechsel mit umsetzbarer Energie (ME) (Tab. basiert auf Daten aus GfE 2014).

KM (kg)	$KM^{0,75}$ (kg)	ME (MJ/Tag)			
		Pony	Warmblut	Vollblut	Kaltblut u. a.
100	32	13	–	–	–
200	53	21	–	–	–
300	72	29	–	–	–
400	89	–	47	57	–
500	106	–	55	68	–
600	121	–	63	78	48
700	136	–	–	–	54
800	150	–	–	–	60
1000	178	–	–	–	71

▶ **Tab. 4.5** Orientierungswerte für Zuschläge zum Erhaltungsbedarf (%) zur Berücksichtigung bedarfsverändernder Faktoren (Tab. basiert auf Daten aus Kienzle et al. 2010; INRA 2012; GfE 2014).

Gruppierung	Bedarfsverändernde Faktoren		
Aktivität	**im Training**	**sehr guter Trainingszustand**	
Pony, schweres Warmblut	5	10	
Warmblut	10	25	
Vollblut	30	40	
Zuchtnutzung	**ohne**	**Zuchteinsatz**	
Hengste	5	10	
Kälte-, Hitzestress	**Kälte < 5 °C**	**Hitze > 25 °C**	**Kälte + Nässe + Wind**
Pferde allgemein	10	10	bis 20
Gruppenhaltung	**Herde auf der Weide**	**Offenstall, restriktiver Weidegang**	
Pferde allgemein	bis 50	bis 10	

Aus diesen Werten errechnen sich die in ▶ Tab. 4.4 aufgeführten Empfehlungen für **ausgewachsene Tiere unterschiedlicher Größe**.

Merke

Kleine Pferde benötigen pro kg KM wegen ihrer relativ größeren Oberfläche mehr Energie als große Pferde; daher ist zur Standardisierung der Bezug zur metabolischen Stoffwechselmasse, d. h. $KM^{0,75}$, kg zu wählen.
Schwerkalibrige Pferde, Kaltblüter und Ponys haben einen deutlich geringeren Energiebedarf je kg $KM^{0,75}$ als Warm- und Vollblüter.

Die aufgeführten Bedarfszahlen liefern eine valide Basis, aber sie sind nur für die **thermoneutrale Zone** gültig, d. h. für einen Umgebungstemperaturbereich, in dem die Pferde ihren Wärmehaushalt nicht durch Variationen des Energiestoffwechsels zu regulieren haben.

Anhaltspunkte, den zunächst abgeleiteten Bedarf gemäß vorhandener Umweltfaktoren zu justieren, sind Tabelle ▶ **Tab. 4.5** zu entnehmen.

Praxis

Die thermoneutrale Zone liegt bei ausgewachsenen, an die Umwelt adaptierten Pferden **zwischen −15 und + 25 °C**. Die Toleranz gegenüber Kälte ist weitaus größer als gegenüber Hitze. Besonders belastend ist die Kombination von hoher Lufttemperatur mit hoher Luftfeuchtigkeit.

Fällt die Umgebungstemperatur **unter −15 °C**, steigt der Energiebedarf pro °C um 2,5 %. Für die **untere kritische Temperatur** sind Adaptation (rd. 2 Wochen, abgesehen vom Haarwuchs, der eine längere Anpassungszeit erfordert), Alter, Körpergröße, Leistung sowie Menge und Art des aufgenommenen Futters sowie die übrigen Klimafaktoren zu beachten.

Während bei trockener Kälte ohne starke Luftbewegungen die Wärmedämmung über die äußere Haut relativ perfekt funktioniert, nehmen die Wärmeverluste bei **Regen** und **Wind** zu. An kühlen, windigen und regnerischen Herbsttagen muss z. B. bei Weidepferden auch schon bei weniger tiefen Temperaturen mit einem Mehrbedarf an Energie gerechnet werden.

Für **neugeborene Fohlen** wird die untere kritische Temperatur mit + 20 °C, für **Absatzfohlen** und **Jährlinge** mit ±0 °C angegeben. Bei Fohlen steigt der Erhaltungsbedarf pro Grad unter 0 °C um 1,3 % (Fütterung ad lib.).

Überschreitet die Umgebungstemperatur die **obere kritische Grenze**, steigt der Energieumsatz ebenfalls, da vermehrte Aufwendungen (verstärkte Durchblutung der Haut, Schwitzen) für die Regulation des Wärmehaushalts notwendig werden.

Neben den äußeren können auch **individuelle Faktoren** oder **Rasseeigenschaften** den Energiebedarf im Erhaltungsstoffwechsel variieren (► **Tab. 4.3**), z. B. durch Temperament (erhöhte spontane Bewegungsaktivität) ebenso wie durch die Effizienz der Hautisolierung (Länge und Dichte des Haarkleids, Stärke des Unterhautfettgewebes). Andererseits hat sich gezeigt, dass **bei intensiv gefütterten Pferden im Training** der Erhaltungsbedarf offenbar ansteigt, z. T. bedingt durch eine Zunahme der energetisch aufwändigen Muskelmasse.

Der Ernährungszustand verändert den Erhaltungsbedarf, da je nach Körperzusammensetzung

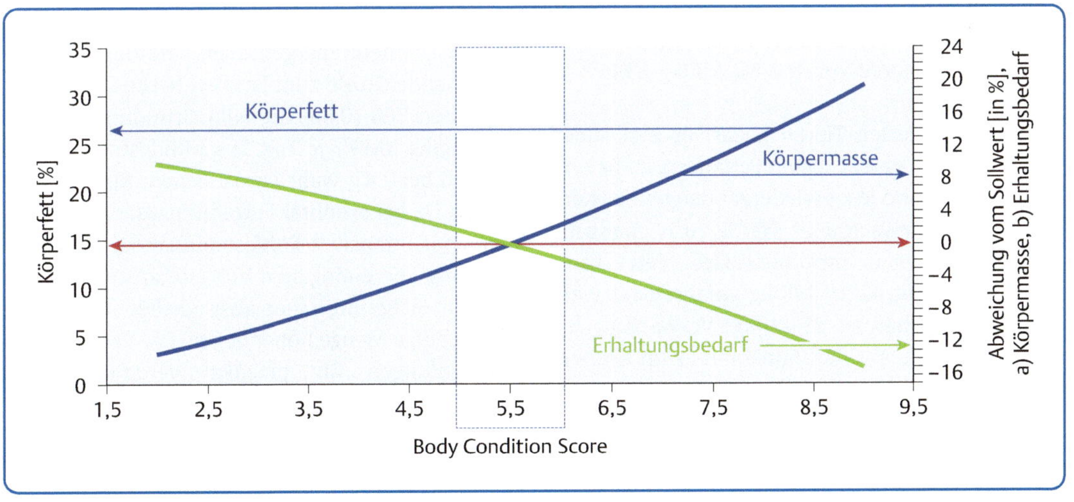

► **Abb. 4.3** Der Bestand des Pferdes an Körperfett (rote Linie, linke y-Achse) je nach Body Condition Score (BCS) und die korrespondierenden Abweichungen in

- der Körpermasse (rote Linie; in % vom Sollwert bei BCS 5,5, rechte y-Achse) und
- des Erhaltungsbedarfs (grüne Linie; in % vom Sollwert 0,52 MJ ME/kg $KM^{0,75}$ je Tag, rechte y-Achse; negative Werte sind als Zuschlag, positive als Abschlag zum bzw. vom Erhaltungsbedarf zu verstehen)

Die Richtungspfeile verweisen auf die zugehörige y-Achse.
Beispiel BCS 3,5: Körperfett ca. 7,5 % a.d. linken y-Achse, Körpermasse 8 % unter Soll (rechte y-Achse) = Erhaltungsbedarf (rechte y-Achse) ca. 8 % höher als bei Sollbedingungen.
(Abb. basiert auf Daten aus Dugdale et al. 2012).

der Aufwand variiert; allgemein gilt, dass bei Zunahme des Körperfetts der Erhaltungsbedarf abfällt. Der Fettbestand des Körpers kann anhand des BCS geschätzt werden (► **Abb. 4.3**). Bei kachektischen Tieren fällt das Körperfett deutlich unter 10 %, während bei sichtbar überversorgten Tieren Werte > 25 % vorliegen können. Bei gleicher Körpermasse (kg) ist demnach bei einem abgemagerten Pferd (z. B. BCS 3 auf der Skala 1–9; Körperfett geschätzt ca. 6 %) der Anteil der fettfreien Körpermasse höher und damit „teurer" als bei einem Pferd mit BCS 8 (ca. 25 % Körperfett). Damit lässt sich ableiten, dass dem abgemagerten Tier Körpermasse fehlt (maßgeblich subkutanes und intramuskuläres Fett; in vorliegenden Beispiel ca. 7 %; ► **Abb. 4.3**). Das verfettete Pferd ist hingegen schwerer als es tatsächlich sein sollte (ca. 12 % bei BCS 8). Der Erhaltungsbedarf muss unterschiedlich sein (ca. 8 % Zuschlag zum Normwert bei BCS 3 vs. 10 % Abschlag bei BCS 8).

Die Energiezuteilung für übergewichtige Pferde muss die Empfehlungen ► **Tab. 4.3** deutlich unterschreiten, wenn eine Gewichtsreduktion bewirkt werden soll. Bei einem angestrebten Rückgang der Körpermasse um wöchentlich 1 % des Ausgangsgewichtes scheint nach Literaturdaten für Ponys eine Zuteilung von 0,2–0,25 MJ ME/kg $KM^{0,75}$ je Tag, für Großpferde von 0,4 MJ ME/kg $KM^{0,75}$ je Tag angemessen.

Bei abgemagerten Tieren bedarf es evtl. einer Zulage, um den gewünschten Fettansatz zu bewirken. Der Aufwand je kg wiederzuerlangender Körpermasse ausgewachsener Pferde (d. h. maßgeblich subkutanes u. intramuskuläres Fett) kann überschlägig mit 42 MJ ME/kg veranschlagt werden (Energiegehalt rd. 29 MJ/kg; Verwertung für den Ansatz 0,7). Aus den Annahmen zum Körperfettgehalt ergeben sich folgende Orientierungswerte zum notwendigen Gewichtszuwachs, um einen höheren BCS zu erreichen als aktuell gegeben:

- von BCS 2 auf BCS 3: ca. 3,1 %,
- von BCS 3 auf BCS 4: ca. 3,7 %,
- von BCS 4 auf BCS 5: ca. 4,3 % der aktuellen Körpermasse.

Die resultierenden Größen für Pferde mit 500–600 kg KM ergeben etwa 50–70 Tage als notwendigen Zeitraum je BCS-Stufe bei täglichen Ansatzraten von rd. 300 g.

Bei **älteren Tieren** ist bei Rückgang der Spontanaktivität mit einer Abnahme des Energieumsatzes zu rechnen (schätzungsweise 10–20 %).

Allerdings können altersbedingte Erkrankungen (z. B. Nierenerkrankungen) oder niedrige Umgebungstemperaturen den Energiebedarf so deutlich erhöhen, dass die altersbedingte Verminderung im Grundumsatz unbedeutend ist.

! Merke

Es ist notwendig, die anhand der Versorgungsempfehlungen kalkulierte Energiezuteilung nach dem Ernährungszustand zu justieren.

Aus dem Energiebedarf ergibt sich bei definierter TS-Aufnahme die notwendige Energiedichte in der Ration. Bei Großpferden reichen bei einer TS-Aufnahme zwischen 80 und 100 g/kg $KM^{0,75}$ je Tag Energiekonzentrationen um 6 MJ ME/kg TS; bei Ponys liegen die Anforderungen an den Energiegehalt der Futtertrockenmasse niedriger.

Der **tägliche Bedarf an dünndarmverdaulichem bzw. präzäkal verdaulichem Rp (pcvRp)** im Erhaltungsstoffwechsel ergibt sich aus den unvermeidbaren Stickstoffverlusten über Kot, Harn und Haut sowie aus dem für die Darmflora notwendigen minimalen Stickstoffgehalt der Futtertrockenmasse. Die dem energetischen Grundumsatz entsprechende Größe zum basalen N-Umsatz variiert zwischen 200 (0,669 mg N/kJ Grundumsatz) und 250 mg/kg $KM^{0,75}$ je Tag. Der Mindestbedarf liegt danach bei 2,4 g wahr verdaulichem Rp/kg $KM^{0,75}$ je Tag. Da bei erhöhter Futteraufnahme, insbesondere mit intensiver Rohfaseraufnahme und -verwertung, die endogenen Verluste ansteigen, wird die zur Sicherung einer ausgeglichenen N-Bilanz notwendige Menge höher liegen. Die Versorgungsempfehlungen für präzäkal verdauliches Rp (pcvRp) sowie die wichtigsten, evtl. limitierenden Aminosäuren lauten daher:

- pcvRp, g/kg $KM^{0,75}$ je Tag: 3
- pcvAminosäuren, g/kg $KM^{0,75}$ je Tag
  - Lysin: 0,125
  - Methionin + Cystin: 0,086
  - Threonin: 0,155

In diesen Größen sind auch die N- bzw. Aminosäurenabgaben über Haut und Haare berücksichtigt.

► **Tab. 4.6** Empfehlungen für die tägliche Versorgung ausgewachsener Pferde im Erhaltungsstoffwechsel mit präzäkal verdaulichem Rohprotein (pcvRp), Lysin (pcvLys), Cystin (pcvCys) und Threonin (pcvThr) in g pro Tag je nach Körpermasse (kg) (Tab. basiert auf Daten aus GfE 2014).

KM (kg)	$KM^{0,75}$ (kg)	pcvRp (g/Tag)	pcvLys (g/Tag)	pcvCys (g/Tag)	pcvThr (g/Tag)
100	32	96	4	3	5
200	53	160	7	5	8
300	72	216	9	6	11
400	89	268	11	8	14
500	106	317	13	9	16
600	121	364	115	10	19
700	136	408	17	12	21
800	150	451	19	13	23
1000	178	533	22	15	28

Praxis

Nach bisherigen Untersuchungen reichen täglich etwa **3 g pcvRp pro kg $KM^{0,75}$** aus, um das Stickstoffgleichgewicht im Organismus sicherzustellen und darüber hinaus temporär evtl. erhöhten Anforderungen (Zellersatz, Immunsystem) gerecht zu werden.

Dieser Wert kann z. B. bei leber- oder nierenkranken Pferden noch um 20–30 % unterschritten werden, ohne dass eine negative Stickstoffbilanz auftritt.

Für eine Differenzierung der Versorgungsempfehlungen für pcvRp nach Rassen – wie bei der Energie notwendig – besteht kein Anlass; die aus den obigen Angaben abzuleitenden Werte für unterschiedliche Gewichte sind in ► **Tab. 4.6** aufgeführt. Die notwendige Konzentration an pcvRp in der Futtertrockenmasse liegt je nach Futteraufnahme zwischen 30 und 60 g/kg TS.

Praxis

Bezüglich der Eiweiß-Energie-Relation im Futter gilt: Pferde, die im Erhaltungsstoffwechsel stehen, benötigen in der Ration etwa 6 g pcvRp je MJ umsetzbare Energie (Relationen bis 12 : 1 werden toleriert).

Erhöhte Harnstoffgehalte im Blut zeigen beim gesunden Pferd die bedarfsübersteigende Proteinaufnahme an.

Unter solchen Bedingungen nehmen die N-Emissionen aus der Pferdehaltung deutlich zu.

Anhand der Eiweißenergie-Relation kann die Ausgewogenheit eines Futtermittels oder einer Futterration im Energie- und Eiweißgehalt rasch beurteilt werden (► **Tab. 13.34**). In den meisten Futtermitteln (abgesehen von Stroh und Hackfrüchten) wird diese Relation erreicht oder überschritten. Bei Pferden im Erhaltungsstoffwechsel ist Eiweißmangel daher selten, Eiweißüberschuss dagegen häufig zu beobachten. Eiweißüberschuss (S. 86) bis zum 3-Fachen des Bedarfs wird von gesunden Pferden toleriert. Ein **Eiweißmangel**, der mit abnehmender Fresslust, Hauterkrankungen, Abwehrschwäche und Gewichtsverlust einhergeht, ist bei Unterschreiten der Bedarfsnormen um mehr als 30 % zu erwarten.

Engpässe können bei umfangreichen Verletzungen, Diarrhoe oder chronischen Erkrankungen entstehen, wenn die Proteinverluste stark ansteigen oder der N-Umsatz (z. B. Aktivität des Immunsystems) forciert ist.

4.2.4 Energie- und Eiweißbedarf bei Muskelarbeit

Aufbau und Funktion des Muskels

Im Muskel wird chemische Energie in kinetische umgewandelt. Der Muskel setzt sich aus zahlreichen Muskelfasern (vielkernige, lange zylindrische Zellen) zusammen (Länge: wenige mm bis 30 cm), die wiederum aus den kontraktilen Myofibrillen bestehen. Die 1–2 µm starken **Myofibrillen** enthalten kontraktionsfähige Proteinfäden und weisen

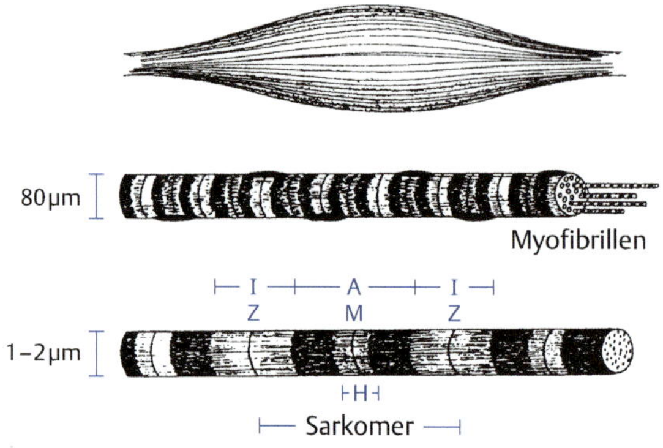

▶ **Abb. 4.4** Aufbau des Skelettmuskels aus Muskelfaser und Myofibrille. Im Sarkomer, der kleinsten kontraktilen Einheit des Muskels, wechseln dunkle, aus Myosinfilamenten bestehende A-Zonen mit hellen I-Streifen aus dünnen Aktinfilamenten ab. Diese Bereiche sind jeweils durch Membranen (M bzw. Z) unterteilt. (Quelle: Scheunert und Trautmann 1987)

dunkle und helle Querstreifungen auf mit Myosin- und Aktinfilamenten (▶ **Abb. 4.4**).

Nach ihrer Leistungsfähigkeit unterscheidet man

- **weiße Muskelfasern**, die sich schnell kontrahieren und höchste Kraft entwickeln, aber schnell ermüden,
- **rote Muskelfasern** (mit mehr Muskelfarbstoff), die sich langsam kontrahieren, aber wesentlich ausdauernder sind, und den
- **intermediären Typ**, der dazwischen steht.

Sprintpferde verfügen über einen größeren Anteil an weißen, Ausdauer- und Zugpferde an roten Muskelfasern.

Nach nervösen Impulsen und Depolarisation der motorischen Endplatte kontrahieren sich die zwischen den Querstreifungen liegenden Muskelsegmente: Aktinfilamente gleiten in die Myosinfilamente. Dazu wird Energie benötigt, die vom energiereichen **Adenosintriphosphat (ATP)** bereitgestellt wird, das dabei in **Adenosindiphosphat (ADP)** übergeht.

Die im Muskel in Form von ATP deponierte Energie (rd. 0,1 kJ/kg KM) reicht nur für 10–20 Kontraktionen. Das ADP wird jedoch über das energiereiche **Kreatinphosphat (KP)** unmittelbar wieder zu ATP regeneriert. Doch auch diese Quelle liefert nur Energie für rd. 100 Kontraktionen.

Die weitere Energie für die ATP- und KP-Synthese liefert **Glukose**, die aus dem Blut zugeführt bzw. durch Abbau des in der Muskulatur gespeicherten Glykogens freigesetzt wird. Im weiteren Verlauf der Bewegung werden zunehmend **Fettsäuren** als Energiequellen genutzt (▶ **Abb. 4.5**).

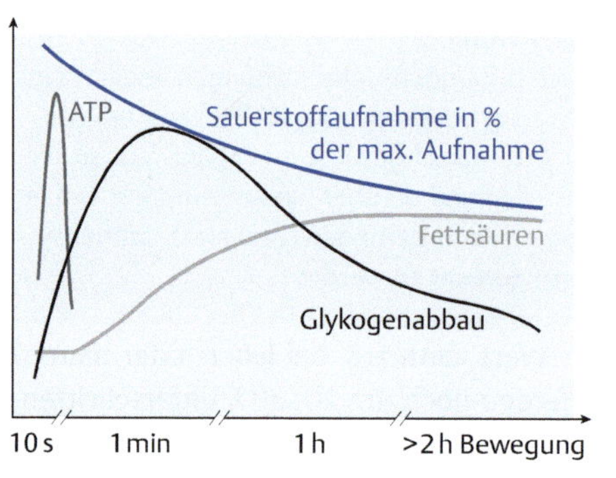

▶ **Abb. 4.5** Quellen der Energiebereitstellung bei Bewegung (Abb. basiert auf Daten aus Schmidt und Thews 1987).

Bei Abbau von 1 mol Glukose werden in Gegenwart von Sauerstoff (**aerober Stoffwechsel**) 38 mol ATP, in Abwesenheit von Sauerstoff (**anaerober Stoffwechsel**) aber nur 2 mol ATP netto gebildet, da dann die Glukose über Brenztraubensäure nur bis zur Laktat abgebaut wird.

Nach rd. 60 s ist die **oxidative Phosphorylierung** (Bereitstellung von ATP auf oxydativem Wege) voll angelaufen. Anschließend hängt die Art der Energiegewinnung von der Durchblutung der Gewebe (O_2-Zufuhr) ab.

Der Sauerstoffbedarf der arbeitenden Muskulatur wird durch den Anstieg der Atem- und Herzschlagfrequenz zunächst gedeckt. Unter Ruhebedingungen werden rd. 0,05 ml O_2 je Herzschlag transportiert; diese Transportleistung nimmt leistungsbestimmend zu. Der Sauerstofftransport erhöht sich, da a) mit jedem zusätzlichen Herzschlag konstant mehr Sauerstoff aufgenommen wird und b) die Herzschlagfrequenz selbst gesteigert wird.

Während **moderater Geschwindigkeiten** dominiert die aerobe Verwertung der Glukose (Herzschlagfrequenz < ca. 150/min). Sie wird zunächst aus dem **Glykogen** der Muskulatur bezogen. Bei kurzfristiger Belastung baut die Muskelzelle jedoch höchstens ⅓, bei längeren Anstrengungen ⅔ des Glykogens ab, nur unter extremen Bedingungen (Distanzritte) darüber hinausgehend. Parallel entsteht Glukose auf dem Weg der **Glukoneogenese** (aus Propionsäure, Glyzerin, fortschreitend aber auch aus Aminosäuren). Zusätzlich werden vermehrt **Fettsäuren** in der Muskelzelle verbrannt. Sie stammen zunächst aus dem intramuskulären Fett, bei längerer Belastung auch aus dem Fett der Körperdepots (Anstieg der Fettsäuren im Blut; ▸ **Tab. 4.2**). Im Mittel liefert 1 mol Fett (rd. 125 g) 140 mol ATP. Länger anhaltende Leistungen bei aeroben Energieumsatz wie bei zahlreichen Trainingseinheiten oder im Wettkampf beispielsweise bei Distanzritten sind ohne energetische Nutzung des Fettgewebes nicht möglich.

! Merke

Bei einem gut ernährten Pferd sind mindestens 30–50 g Fett/kg KM zur Mobilisierung verfügbar, d. h., aus dieser Energiequelle kann der Energiebedarf auch bei länger dauernden moderaten Bewegungen sicher abgedeckt werden – allerdings nur auf aerobem Weg.

Bei zunehmender Geschwindigkeit kann jedoch der Sauerstofftransport nicht mehr in gleichem Maße erhöht werden, wie der Bedarf ansteigt. Daher entsteht eine Sauerstoffschuld („oxygen debt"). Die Muskulatur ist jedoch in der Lage, den anaeroben Weg zu beschreiten, wenngleich mit einer Minderung der Energieausnutzung (s. o. Laktatbildung). Die Beteiligung der anaeroben Energiegewinnung am Gesamtumsatz setzt nicht ab einer definierten Belastungsschwelle ein, sondern beginnt schon je nach Trainingszustand bei mittleren Geschwindigkeiten (ca. 4–6 m/s) und erhöht sich auf max. ca. 60 % bei Extrembelastung im anaeroben Bereich bei Höchstgeschwindigkeiten. Dies wird dann auch durch hohe Laktatkonzentrationen im Blut abgebildet.

Damit ist der tierische Organismus aber – im Gegensatz zum Verbrennungsmotor – in der Lage, temporär eine Überlast bis zum 10-Fachen der Norm zu bewältigen.

Bei Geschwindigkeiten von über 30–40 km/h (8,3–11,1 m/s) entsteht schon nach 1–2 min eine Sauerstoffschuld, so dass zwingend Energie anaerob gewonnen werden muss. Der **Laktatgehalt** in Muskulatur und Blut steigt an (▸ **Tab. 4.2**), obwohl Laktat ständig in der Leber abgebaut wird. Bei den oben genannten Geschwindigkeiten liegen die Laktatkonzentrationen im Blut i. d. R. > 4 mmol/l. Die bei Belastung stetig ansteigenden Laktatkonzentrationen im Blut zeigen, dass die Laktatbildung größer ist als die Laktatverwertung.

Eine stetig fortschreitende Laktatakkumulation führt schließlich zur Ermüdung einhergehend mit Verschiebungen im Säure-Basen-Haushalt (Abfall des pH-Wertes u. a. im Blut und den Muskelzellen).

Die verbrauchten Energiebestände müssen nach der Belastung wieder aufgefüllt werden, ein Prozess, der unmittelbar nach Abschluss der Arbeit und Erholung des Herz-Kreislauf-Systems einsetzt. Sofern hohe Laktatwerte im Blut vorliegen, werden diese i. d. R. binnen einer Stunde abgebaut.

Die vollständige **Regeneration der Glykogenreserven** in der Muskulatur dauert relativ lange; die maximale Syntheserate liegt zwischen 1,3 und 2,4 mg/kg KM je Stunde. Nach 8 h ist der größte Teil des verbrauchten Glykogens wieder ersetzt. Für die vollständige Regeneration sind jedoch bei moderaten Verlusten insgesamt rd. 3 Tage zu veranschlagen, unabhängig von der Kohlenhydratzufuhr.

Durch forcierte orale Energiezufuhr (z. B. Glukose) kurz nach Belastung lässt sich die Glykogensynthese nicht beschleunigen. Positiv wirkt jedoch die Kompensation der Elektrolyt- und Flüssigkeitsverluste infolge der Schweißbildung. Entscheidend hierbei ist die Regeneration des Flüssigkeitsbestandes der Muskelzellen verbunden mit einer beschleunigten Normalisierung des zellulären Säuren-Basen-Status.

Zusätzlicher Energiebedarf durch Bewegung

Reit-, Spring-, Lauf- und Zugpferde benötigen zusätzlich zum Erhaltungsbedarf Energie für ihre Muskelarbeit (S. 224). Die Höhe des über die Erhaltung hinausgehenden (zusätzlichen) Bedarfs für Bewegung kann nur indirekt ermittelt werden (s. Kap. Bewegung (S. 31)).

Eine wesentliche Herausforderung besteht in der Erfassung des „Produkts", der **kinetischen Energie:** Bei der Bewegung des Pferdes verändert sich die Position der physikalischen Masse auch seitwärts und vertikal; zudem wird Energie in Bändern und Sehnen temporär gespeichert. Die für die eigene Fortbewegung geleistete Arbeit kann daher nicht vollständig über den üblichen Ansatz aus Masse × Weg definiert werden.

Ein aussagefähiger indirekter Parameter über den mit körperlicher Aktivität verbundenen Energieumsatz ist der **Sauerstoffverbrauch**. Aus ▶ Abb. 4.6 ist ersichtlich, dass mit zunehmender Arbeitsintensität (Geschwindigkeit) der Sauerstoffverbrauch zunächst linear, bei hoher Last schließlich unterproportional zunimmt.

Merke

Offenbar kann die Sauerstoffaufnahme nicht beliebig erhöht werden, da die Herzfrequenz sich nicht gleichbleibend steigern lässt. Der dennoch entwickelte Energiebedarf muss folglich über die Energiegewinnung ohne verfügbaren Sauerstoff, d. h. anaerob, erfolgen. Die Laktatkonzentrationen im Blut spiegeln den Beitrag des anaeroben Stoffwechsels zur Energiebereitstellung wider.

Unter durchschnittlichen Bedingungen zeigt der Sauerstoffverbrauch den aus der **Oxidation der energieliefernden Substrate** erzielten Ertrag von **20,1 kJ/l Sauerstoff** an. Mit diesem energetischen Äquivalent kann der Sauerstoffverbrauch in umsetzbare Energie transformiert werden.

Unter Feldbedingungen ist der Sauerstoffverbrauch mit mobilen Geräten durchaus messbar (unterhalb des Nasenriemens der Trense über den Nüstern liegende, mit Sensoren bestückte Maske, die eine quantitative und qualitative Erfassung der ein- und ausgeatmeten Luft auch unter dem Reiter bei hohen Geschwindigkeiten zulässt). Der apparative und bedienungstechnische Aufwand u. a. zur Eichung begrenzen die Einsatzmöglichkeiten.

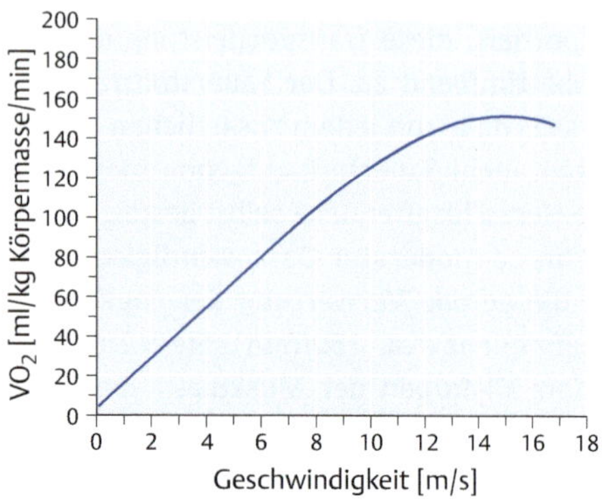

▶ **Abb. 4.6** Sauerstoffverbrauch (ml/kg KM/min) bei Pferden in Abhängigkeit von der Geschwindigkeit (m/s) (Abb. basiert auf Daten aus Coenen 2008).

Da jedoch der Sauerstoffverbrauch unabdingbar mit der **Herzfrequenz** korreliert, kann diese zur Schätzung des Sauerstoffverbrauchs bzw. der umsetzbaren Energie genutzt werden (▶ Abb. 4.7). Anhand des Verlaufs der Blutlaktatwerte bei zunehmender Geschwindigkeit kann der anaerobe Teil der Energiegewinnung abgeleitet werden.

Bei sehr hohen **Blutlaktatwerten** wird der Beitrag des anaeroben Stoffwechsels mit mindestens 60 % angesetzt werden (Höchstleistung optimal austrainierter Pferde), bei geringeren Laktatwerten fällt der anaerobe Part entsprechend niedriger aus. Somit kann eine Schätzung der **anaeroben Energiegewinnung** vorgenommen werden und der Energieumsatz insgesamt abgebildet werden (▶ Abb. 4.7).

Der **zusätzliche Energiebedarf für horizontale Strecken** ist nicht allein durch die Geschwindigkeit bestimmt. Bewegungsart, Bodenverhältnisse, Klimabedingungen, Trainingszustand des Pferdes und beim Reitpferd auch vom Geschick des Reiters stellen komplexe Faktoren dar, die zu erheblichen Abweichungen des tatsächlichen Energiebedarfs von den erwarteten Größen Anlass geben. Bei gut trainierten Pferden ist zudem ein geringerer, bei verfetteten Pferden ein höherer Energieumsatz für eine gegebene Leistung zu erwarten.

Die **Herzfrequenz** integriert die individuellen als auch alle äußeren Faktoren, die den Energieumsatz beeinflussen. Sie ist daher ein genaueres Merkmal als die Geschwindigkeit. Anhand des in ▸ **Abb. 4.7** aufgeführten Modells kann der Energieumsatz und damit der Bedarf an umsetzbarer Energie geschätzt werden. Die resultierenden Größen zeigen eine befriedigende Übereinstimmung mit den Ergebnissen von Verbrauchsmessungen unter Feldbedingungen (▸ **Abb. 4.8**) als auch mit den beobachteten Fütterungsintensitäten.

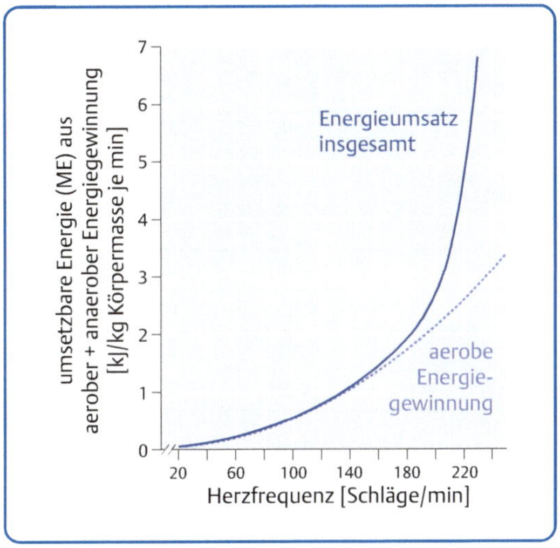

▸ **Abb. 4.7** Umsetzbare Energie in Abhängigkeit von der Herzfrequenz. Die umsetzbare Energie (insgesamt) ist aus dem Sauerstoffverbrauch und der anaeroben Energiebereitstellung abgeleitet (Abb. basiert auf Daten aus Coenen et al. 2011; GfE 2014).

▸ **Tab. 4.7** zeigt, dass 1 h Arbeit je 100 kg KM 100–900 g Hafer (11,1 MJ ME/kg) kostet.

> **Merke**
> **Bei Steigungen ist bei gleicher Geschwindigkeit mit einem erheblichen Anstieg der Herzfrequenz zu rechnen: Je % Steigung nimmt die Herzfrequenz um rd. 3 Schläge/min und der Energieumsatz um 42 J/kg KM/min zu.**

Anhand der Angaben in ▸ **Tab. 4.7** oder ▸ **Tab. 4.8** kann der Leistungsbedarf für unterschiedliche Belastungsprofile kalkuliert werden. Die Mehrheit der reiterlich genutzten Pferde wird den vier erstgenannten Belastungsintensitäten zuzuordnen sein. Die Angaben entsprechen den Kategorien von ‚sehr leicht' bis ‚sehr intensiv', die nach französischen Empfehlungen zur Bewertung der Arbeit genutzt werden.

Das **Gewicht von Reiter/in und Sattelzeug** ist der Körpermasse des Pferdes zuzurechnen. Tatsächlich werden für die Bewegung einer zusätzli-

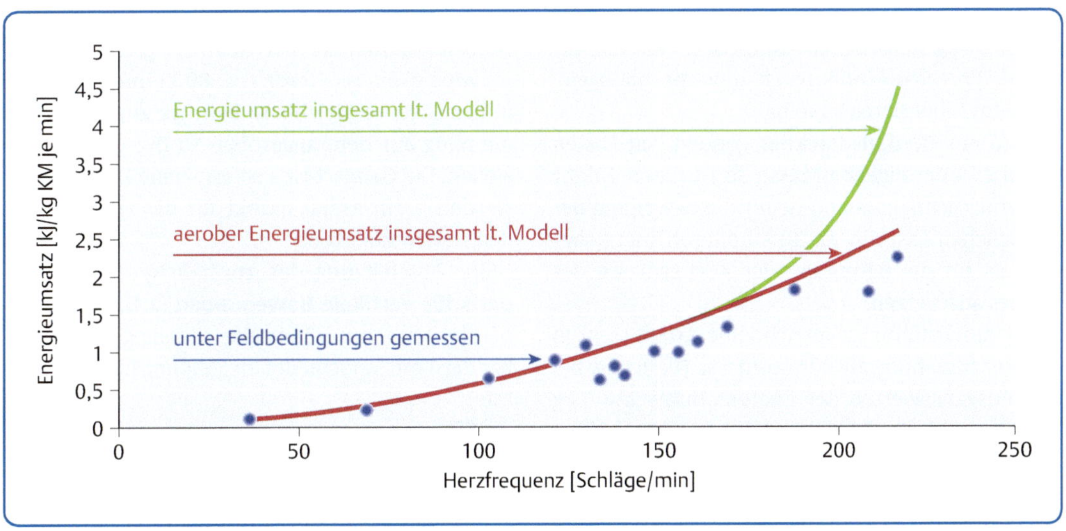

▸ **Abb. 4.8** Energieumsatz (Erhaltung + Leistung) in Abhängigkeit von der Herzfrequenz (HF) – Schätzwerte lt. Modell für den aeroben Energieumsatz (rote Linie: $y = 0{,}0000566 HF^{1{,}9955}$) im Vergleich zu Daten aus Feldmessungen (blaue Punkte) unter wettkampfähnlichen Bedingungen sowie Schätzwerte lt. Modell für den Energieumsatz einschließlich des anaeroben Anteils (grüne Linie: anaerober Energieumsatz in kJ/kg KM je Min = $0{,}000000248e^{(0{,}07308 HF)}$) (Abb. basiert auf Daten aus GfE 2014; Fortier et al. 2015; 2015a; 2015b; Goachet u. Juliand 2015).

▶ **Tab. 4.7** Zusätzlich zum Erhaltungsbedarf benötigte Energie für die Eigenbewegung des Pferdes (Tab. basiert auf Daten aus GfE 2014).

Bewegungsart		Geschwindigkeit		Herzfrequenz[1)]	ME (MJ/100 kg KM)[2)]	
		m/s	km/h	Schläge/min	je km	je h[3)]
Schritt	langsam	0,7–1	2,5–3,6	54–62	0,36–0,39	1–1,3
	schnell	1,4–1,7	5–6,1	72–80	0,35	1,8–2,1
Trab	leicht	3,34	12	115	0,36	4,4
	mittel	4,17	15	130	0,37	5,6
Trab/ Galopp	schneller Trab/ verhaltener Galopp	5	18	143	0,38	6,8
	scharfer Trab/ leichter Galopp	5,55	20	151	0,38	7,6
Galopp	mittel	6,94	25	168	0,39	9,7
	schnell	8,33	30	182	0,4	0,2 je min
	sehr schnell	9,72	35	193	0,41	0,24 je min
	Renngalopp	11,1	40	205	0,43	0,29 je min
	forcierter Renngalopp	12,5	45	210	0,47	0,35 je min
	Höchstgeschwindigkeit	13,9–16,7	50–60	215–230	0,52–0,73	0,43–0,73 je min

1) Pferde von 400–600 kg KM
2) Pferd und Reiter
3) sofern nicht anders angegeben

chen Last rd. 30 % mehr Energie benötigt als für die Masse des Pferdekörpers allein, doch bei Lasten bis 75 kg steigt der Gesamtbedarf dadurch nur um rd. 3 %. Diese Erhöhung ist zu vernachlässigen, da sie im Fehlerbereich bleibt.

Wird ein Pferd als **Packtier** genutzt mit Lasten bis zu 25 % der eigenen Masse, so ist dieser Faktor zu berücksichtigen. Dann ist für die Bewegung der zusätzlichen Last ein rd. 30 % höherer Energiebedarf als für die Bewegung der Körpermasse des Pferdes anzusetzen.

Der Aufwand für zu verrichtende Arbeit steht in linearer Beziehung zur Körpermasse (daher ist bei den Ausgangswerten der Energieumsatz auf 1 kg KM bezogen). Das Modell zur Schätzung des Sauerstoffverbrauchs anhand der Herzfrequenz ist somit auf ein breites Gewichtsspektrum anwendbar (z. B. Ponys 191 kg KM, Energieumsatz/min gemessen 60–100 kJ vs. 86–128 kJ geschätzt). Auch die gangarttypischen Beschleunigungswerte sind zwischen Pferden und Ponys nahezu identisch. Allerdings stehen die Herzfrequenzen in einem anderen Verhältnis zu den erzielten Geschwindigkeiten als beim Großpferd; Ponys erreichen die maximale Sauerstoffaufnahme bei deutlich geringerer Geschwindigkeit als Pferde (ca. 80 %) und sind nicht in der Lage, vergleichbare Beiträge zur Energiegewinnung aus dem anaeroben Stoffwechsel zu beziehen. Die Gangart ist – sofern keine Daten erfasst werden – ein Anhaltspunkt für die zu erwartenden Herzfrequenzen.

Zur Abschätzung des **zusätzlichen Energiebedarfs für vertikale Bewegungen** (z. B. bei Springpferden) liegen nur indirekte Messungen auf Laufbändern mit verschiedenen Steigungsraten vor.

Praxis

Für die Anhebung von 100 kg Körpermasse um 1 m werden rd. 3 kJ benötigt, d. h. das 15–20-Fache gegenüber dem Bedarf bei Horizontalbewegungen.

In der Praxis ist es nicht möglich, ständig die benötigte Energie aus der Arbeit abzuleiten, falls keine

▸ **Tab. 4.8** Leistungsbedarf an umsetzbarer Energie für verschiedene Belastungsintensitäten (Pferd mit 600 kg KM + 70 kg für Reiter/in) (Tab. basiert auf Daten aus GfE 2014; Marlin 2002[4]; Ost 2015[5]; Goachet et al. 2014[8]).

Einteilung der Arbeits-intensität	Leistungs-bedarf als x-Faches des Erhaltungs-bedarfs (= 1)	Beispiele für verschiedene Bewegungsarten und -zeiten[1]						Leistung-sbedarf
		Schritt	Trab		Galopp		gesamt	ME (MJ)[2]
			leicht	schnell	leicht	mittel	min	
geringfügig	≤ 0,25	80	–	–	–	–	80	15[3]
		30	10	–	5	–	45	15
leicht	0,25–0,49	45	–	–	20	–	65	25
		30	10	10	10	–	60	27
mittel	0,50–0,74	60	45	–	10	–	115	43
		60	30	–	10	10	110	46
Vielseitigkeits-pferde im Training[4]	0,6–0,64	40	15	15	10	5	85	40
anspruchsvoll	0,75–0,99	60	30	10	20	10	130	62
		60	20	15	15	10	120	57
Leistungspferde (Springen)[5]	0,76	80	16		19		115	47[3]
schwer	1,0–1,5	45	60	20	20	10 + 5[6]	160	88
		120	30	–	45	15	210	91
sehr schwer[7]	> 1,5	240	30	–	60	–	330	111
		60	30	15	15	45	170	102
Distanzpferde[8]	> 2,5[9]	160 km, 9,4 bzw. 11,1 h = 17,02 bzw. 14,46 km/h						168 bzw. 270; gemessen[8] 170 bzw. 240

[1] für die Arbeitsintensitäten jeweils 2 Beispiele
[2] einschließlich Erhaltungsbedarf für die Dauer der Arbeit, der bei > 3 h Arbeit berücksichtigt werden sollte
[3] Schritt ohne Reiter/in; z. B. Führmaschine
[4] mittlerer Trainingsumfang von Vielseitigkeitspferden
[5] berechnet für 586 kg KM + Reiter/in, 70 kg
[6] + 5 min im schnellen Galopp, ca. 30 km/h
[7] mehrstündige – ganztägige Wanderritte, Feldarbeit, intensives Leistungstraining
[8] Angaben zu Distanzpferden, geschätzter vs. gemessener Energieumsatz; berechnet für 520-kg-Araber + Reiter; Erhaltungsbedarf für die Dauer der Belastung ist in diesen Fällen subtrahiert; siehe Text
[9] der Energiebedarf insgesamt relativ zum Erhaltungsbedarf ergibt sich aus 1 plus jeweilige Angabe, z. B. schwere Arbeit: Gesamtbedarf/Erhaltungsbedarf = 2,0–2,5

Geräte zur Aufzeichnung der Herzfrequenz Verwendung finden. Daher ist es hilfreich, anhand von Modellrechnungen aus Gangart und Dauer (▸ **Tab. 4.7**) die Intensität der Belastung abzuleiten und sodann die abverlangte Arbeit nach **leicht**, **mittel** und **schwer**, bei Hochleistungspferden auch nach **sehr schwer** einzuteilen (▸ **Tab. 4.8**) und den Mehrbedarf relativ zum Erhaltungsbedarf zu definieren.

Da der Energieaufwand auch bei gleichen Leistungen von Tier zu Tier variieren kann (Temperament, Trainingszustand, Futterausnutzung usw.), ist eine **Anpassung für jedes Einzeltier** notwendig. Sicheres Kriterium für die richtige Energiezuteilung bei arbeitenden Pferden bleibt letztlich die Gewichtskontrolle (S. 210) bzw. die Beobachtung der Körperkondition (▶ **Abb. 6.5**).

Im Gegensatz zur Bewegung des Pferdes selbst kann die **Zugarbeit** direkt beschrieben werden:

$$\text{Arbeit} = \text{Kraft} \times \text{Weg}$$

Werden bei Zugpferden über Zugkraftmesser die aufgewendete Kraft (Newton, N; früher in kp, 1 kp = 9,81 N) erfasst – oder arbeitstypische Werte angenommen – und die zurückgelegte Strecke (in m) registriert, kann die verrichtete Arbeit abgeleitet werden.

Die **Arbeit (Nm)** ist ein direktes Maß für die zusätzlich benötigte Energie, da 1 Nm 1 Joule entspricht. Die im Muskel umgesetzte Energie wird jedoch auch bei dieser Form der Arbeit nur zu 20–35 % in kinetische Energie, d. h. letztendlich in Arbeit, umgewandelt, der Rest wird in Form von Wärme frei. Mittels dieser Verwertung kann schließlich der zusätzliche Bedarf an umsetzbarer Energie unmittelbar abgeleitet werden (▶ **Tab. 4.9**). Praxisbeobachtungen bei Kutschpferden stimmen mit den aus ▶ **Tab. 4.9** abgeleiteten Werten überein.

Merke

Der Energiebedarf von Arbeitspferden steigt pro Stunde um rd. 10 % des Erhaltungsbedarfs an (nach Brody 1945).

Pferde können über längere Zeit eine Zugkraft (in N) vom 1- bis 1,2-Fachen ihrer Körpermasse (in kg) ohne Ermüdung bewältigen, d. h. ein 500 kg schweres Pferd bis 600 N. Bei höherem Kraftaufwand wird das Pferd langfristig überfordert (▶ **Tab. 4.9**).

Zusätzlicher Eiweißbedarf für die Bewegung

Der Eiweißbedarf des arbeitenden Pferdes verändert sich, da

- bei der Arbeit Stickstoff mit dem Schweiß verloren geht (rd. 1–3 g N/l Schweiß),
- bei höherem Energiebedarf mehr Futter aufgenommen, mehr Eiweiß in der Darmwand um-

▶ **Tab. 4.9** Zugkraft (N) und Arbeit (Nm) bei verschiedenen Zugleistungen (Tab. basiert auf Daten aus Ehrenberg 1954; Breidbach 1959; Dyrendahl 1972; Schulze 1999; Herold 2016).

Charakteristik der Zugarbeit	Notwendige Zugkraft (N)/Pferd im 2-Gespann (abgerundet)	Geschwindigkeit (km/h)	Arbeit/h u. Pferd (Mio. Nm)
Wagen, gummibereift, bis 20 Pers., Teerstraße	130	4	0,6
Wagen, gummibereift, 10–20 Pers., fester Weg	200–400	4	0,8–1,6
Wagen, gummibereift, leer, Acker	550	3	1,7
Wagen, beladen, 10 dt, fester Weg	450	4	1,8
Wagen, beladen, 10 dt, unbefestigter Weg	750–1000	3,5	2,6–3,5
Wagen, beladen, 30 dt, Steinpflaster	500	3,5	1,8
Mähwerk – Bodenantrieb	1300	–	5,9
Mähwerk – motorbetriebenes Schneidwerk	600–800	4–5	3,2
Waldarbeit	750–800	4	3,1

Der zusätzlich zur Erhaltung benötigte Bedarf an umsetzbarer Energie ergibt sich aus der Arbeit, der Verwertung der umsetzbaren Energie sowie dem Bedarf für die Eigenbewegung (s. Text).
Beispiel: Pferd mit 600 kg KM, Zugkraft 800 N, 1 h Arbeit, zurückgelegte Strecke 3 500 m
Arbeit pro h: 2,8 Mio. Nm = 2,8 MJ Nettoenergie
Verwertung der umsetzbaren Energie: 25 % → ME (MJ) = 2,8/0,25 = 10,6
Bedarf für Eigenbewegung: 6 × 0,7 MJ (▶ **Tab. 4.7**) = 4,2 MJ umsetzbare Energie
Zusätzlicher Bedarf, insgesamt (pro Tier u. h): 12,6 MJ umsetzbare Energie
Liegt die notwendige Zugkraft (N) um 50 % über der KM (in kg), wird das Pferd – sofern die Belastung nicht nur kurzfristig ist – überfordert; dann sind mehr oder schwerere Pferde einzusetzen.

gesetzt wird und die fäkalen Stickstoffverluste steigen,
- die Dickdarmbakterien eine bestimmte Relation zwischen Energie und Eiweiß bevorzugen, um optimal vermehrungsfähig zu bleiben,
- bei schweren Belastungen im Rahmen der Glukoneogenese auch Aminosäuren umgesetzt werden,
- Aminosäuren für spezifische Prozesse vermehrt benötigt werden (z. B. Alanin für den Laktatstoffwechsel im sog. „Cori-Zyklus"),
- bei vermehrter Muskeltätigkeit nach Ruhepausen die Muskelmasse zunimmt (Arbeitshypertrophie).

Quantitativ fallen diese Größen jedoch kaum ins Gewicht und werden durch die allgemein notwendig werdenden höheren Futtermengen mit entsprechenden Eiweißgehalten ausgeglichen.

Unter Berücksichtigung dieser Bedingung sind die Empfehlungen in ▶ **Tab. 4.10** formuliert. Die Angaben zum pcvRp ergeben sich aus dem Verhältnis von pcvRp:ME von 6:1.

Praxis

Für Pferde, die arbeiten, reichen 6 g pcvRp pro MJ umsetzbare Energie aus, um ihren Eiweißbedarf zu decken.

In der Praxis werden die Versorgungsempfehlungen für Eiweiß vielfach überschritten, weil die Eiweiß-Energie-Relation in den üblichen Pferdefuttermitteln oft über dem notwendigen Wert liegt. Siehe hierzu die Tabellen im Anhang (S. 334). Bis zu einer Aufnahme von 2,8–3 g Rohprotein/kg KM/Tag ist dieser Überhang bei gesunden Pferden zu tolerieren.

Bei **überhöhter Eiweißzufuhr** wird Eiweiß als Energiequelle genutzt, der Organismus durch den Zwang zur Entgiftung und Ausscheidung der Eiweißabbauprodukte (Ammoniak) jedoch unnötig belastet. Außerdem muss mit erhöhtem Wasserumsatz und Anstieg der Serumharnstoffkonzentration, einer azidogenen Wirkung, evtl. auch mit Störungen im Verdauungskanal (Dysbiosen) oder des Mineralstoffhaushalts (erhöhter Ca- und P-Verlust über die Nieren) gerechnet werden. Bei Distanzpferden ist eine negative Beziehung zwischen dem Blutharnstoffspiegel und der Leistung beobachtet worden.

► **Tab. 4.10** Empfehlungen für die tägliche Versorgung von Pferden, die Arbeit verrichten, mit umsetzbarer Energie (ME) in MJ und die zu erwartende Aufnahme an dünndarmverdaulichem bzw. präzäkalem Rohprotein (g pcvRp) bei einem Verhältnis pcvRp:E von 6:1; Definition der Arbeitsintensität in ► **Tab. 4.8** (Tab. basiert auf Daten aus GfE 2014)..

KM	leicht		mittel		anspruchsvoll		schwer		sehr schwer	
kg	ME	pcvRp	ME	pcvRp	ME	pcvRp	ME	pcvRp	ME	pcvRp
100[1) 2)]	15–20	120–140	20–22	140–165	22–25	165–190	25–32	190–235	>32	>235
200[1) 2)]	27–32	200–240	32–37	240–280	37–43	280–320	43–53	320–400	>53	>400
300[1) 3)]	35–45	270–325	45–50	325–380	50–60	380–435	60–70	435–540	>70	>540
400[3) 4)]	60–70	335–400	70–80	400–470	80–95	470–535	95–115	535–670	>115	>670
500[3) 4)]	70–80	395–475	80–95	475–555	95–110	555–635	110–135	635–795	>135	>795
600[3) 4)]	80–95	455–545	95–110	545–635	110–125	635–725	125–160	725–910	>160	>910
700[3) 5)]	70–80	510–610	80–95	610–715	95–110	715–815	110–135	815–1020	>135	>1020
800[3) 5)]	75–90	565–675	90–105	675–790	105–120	790–905	120–150	905–1130	>150	>1130

1) Erhaltungsbedarf 0,4 MJ ME/kg $KM^{0,75}$
2) pcvRp auf ±5 gerundet
3) Angaben auf auf ±5 gerundet
4) Erhaltungsbedarf 0,52 MJ ME/kg $KM^{0,75}$
5) Erhaltungsbedarf 0,40 MJ ME/kg $KM^{0,75}$

4.2.5 Energie- und Eiweißbedarf in der Trächtigkeit

Der zusätzliche Energie- und Nährstoffbedarf tragender Stuten errechnet sich aus dem Wachstum des Fetus und dem Gewebeansatz der Stute im Genitalbereich (Uterus, Gesäuge) sowie im Gesamtkörper (Fett-, evtl. Eiweißspeicherung).

Allein aufgrund der Fruchtentwicklung nehmen Stuten bis zum Ende der Trächtigkeit etwa 10 % zu. Hinzu kommen rd. 3,5 % der Körpermasse für Uterus, Fruchthüllen und Fruchtwasser. Außerdem legt die Stute während der Trächtigkeit Energiereserven für die folgende Laktation an.

Praxis

Es ist sinnvoll, den Ernährungszustand nach dem BCS zu kontrollieren (5,5–6,5 auf der Skala von 1–9), um den angemessenen Körperfettbestand von 15–18 % zu sichern.
Stuten in gutem Ernährungszustand (s. o.) zur Zeit der Geburt haben die größte Aussicht, nach der Geburt bald wieder zu rossen. Die Körpermasse der Stuten vor der Geburt sollte mind. 18 % über dem Gewicht als güste Stute liegen.

Das exponentiell verlaufende Wachstum der Frucht und der Adnexe (▶ **Abb. 4.9**) und die zugleich fortschreitenden Veränderungen in der Zusammensetzung der Konzeptionsprodukte ergeben einen überproportional ansteigenden Energie- und Nährstoffbedarf. Während der ersten Hälfte der Gravidität sind die absoluten Größen noch gering und können dem Erhaltungsbedarf zugeschlagen werden (d. h. Maßgabe: kein Verlust an Körpermasse, Erhalt des zuchttypischen BCS). Wesentlich ist in dieser frühen Phase die **Organentwicklung**, die Ansprüche insbesondere an die Verfügbarkeit von Spurenelementen und Vitaminen bedingt. Dem kann durch Ergänzung von Gras oder Heu mit diesen Nährstoffen wie unter Erhaltungsbedingungen leicht entsprochen werden. Bei ausreichender Futtermenge werden die Anforderungen erfüllt.

Ab dem 200. Trächtigkeitstag ist der zusätzliche Energie- und Nährstoffbedarf tragender Stuten so groß, dass er gezielt zu berücksichtigen ist; die Plazenta ist weitgehend ausgebildet und es setzt das exponentielle Wachstum des Fetus ein (▶ **Abb. 2.3**).

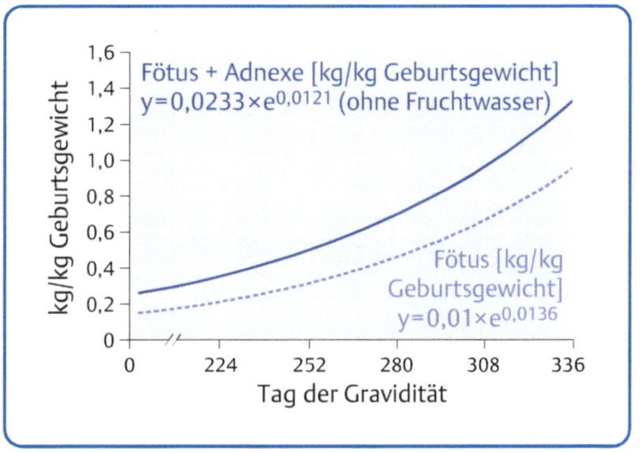

▶ **Abb. 4.9** Gewichtsentwicklung der Konzeptionsprodukte relativ zum Geburtsgewicht des Fohlens (= 1) (Abb. basiert auf Daten aus GfE 2014).

Aus Gründen der Praktikabilität ist es vorteilhaft, die quantitative Entwicklung der Konzeptionsprodukte relativ zum Geburtsgewicht des Fohlens anzugeben; die daraus abzuleitenden Daten zum Energie- und Nährstoffansatz lassen sich sodann auf alle Bedingungen anwenden. Für die Entwicklung der Konzeptionsprodukte gelten die in ▶ **Abb. 4.9** definierten Bedingungen.

Der Energieansatz ist eine Funktion der Gewichtsentwicklung (▶ **Abb. 4.9**) und der Zusammensetzung der Konzeptionsprodukte (▶ **Tab. 2.8**). Der **Energiebedarf für die Fruchtbildung** ergibt sich aus der Summe des Energieansatzes und der Wärmebildung des tragenden Uterus; Letztere ist anhand der Sauerstoffverbrauchs messbar. Nach aufwändigen Studien an graviden Stuten sind hierfür **0,419 MJ/kg fetaler KM je Tag** zu veranschlagen.

Der **Bedarf an pcvRp** für das Wachstum der Konzeptionsprodukte basiert gleichfalls auf dem Produkt von Massenzunahme und Zusammensetzung der Gewebe. Die Verwertung der Aminosäuren bzw. des absorbierten Proteins für die Eiweißsynthesen in den Konzeptionsprodukten wird mit 50 % angenommen. Aus diesen Angaben lassen sich die Versorgungsempfehlungen tragender Stuten mit Energie und Eiweiß ableiten, siehe Tabellenanhang (S. 334).

Der Gesamtbedarf **hochtragender Stuten** an Energie und Eiweiß (▶ **Tab. 4.11**) erreicht in den beiden letzten Trächtigkeitsmonaten (ab Tag 275), stark vereinfacht, das 1,2- bis 1,5-Fache (Energie) bzw. das 1,3- bis 2-Fache (Eiweiß) des Erhaltungs-

▶ **Tab. 4.11** Empfehlungen für die tägliche Versorgung von tragenden Stuten mit umsetzbarer Energie (ME) und präzäkal verdaulichem Rohprotein (pcvRp) (Tab. basiert auf Daten aus GfE 2014).

Stute (kg)	Geburtsgewicht des Fohlens (kg)	Trächtigkeitstag											
		215		245		275		305		320		335	
		ME	pcvRp	ME	pcvRp	ME	pcvRp	ME	pcvRp	ME	pcvRp	ME	pcvRp
100[1]	10,5	13,6	103	14,1	108	14,8	117	16,0	131	16,8	142	17,7	155
200[1]	21,0	23,2	176	24,2	186	25,7	204	28,0	232	29,5	253	31,5	279
300[1]	31,5	31,7	241	33,2	257	35,4	283	38,9	326	41,2	356	44,1	396
400[2]	42,0	50,3	301	52,3	322	55,3	357	59,9	414	63,0	455	66,9	508
500[2]	52,5	59,7	358	62,2	384	66,0	428	71,7	499	75,6	551	80,5	617
600[2]	63,0	68,7	413	71,7	444	76,2	497	83,1	582	87,8	644	93,6	723
700[3]	73,5	67,8	466	71,3	502	76,6	563	84,6	663	90,1	735	96,9	828
800[3]	84,0	75,2	517	79,2	559	85,2	628	94,4	743	100,7	825	108,5	931

Erhaltungsbedarf an ME, MJ/kg $KM^{0,75}$ je Tag: [1] 0,40 [2] 0,52 [3] 0,45

bedarfs. Daraus resultiert ein erheblich höherer Bedarf an pcvRp je MJ ME als bei güsten Stuten. Bei schweren Stuten ist der gegenüber Warmblutstuten geringere energetische Erhaltungsbedarf zu berücksichtigen – wie auch bei Ponystuten (s. Fußnoten ▶ **Tab. 4.11**). Bei sehr schwerkalibrigen Rassen ist mit einem Wert < 0,45 MJ ME/kg $KM^{0,75}$ je Tag zu rechnen.

Praxis

Hochtragende Stuten sowie Stuten in den ersten 40 Tagen der Laktation benötigen rd. 8–9 g pcvRp je MJ ME.

Der **Bedarf an Aminosäuren** für den Ansatz in den Konzeptionsprodukten lässt sich nicht hinreichend ableiten, da ein intensiver Austausch zwischen dem mütterlichen und fetalen Organismus erfolgt und Aminosäuren in großem Umfang energetisch genutzt werden. Der gegenüber Erhaltung erhöhte Eiweißbedarf erfordert jedoch hochwertiges Grundfutter oder proteinreiche Konzentrate; hierbei kann das Angebot an Aminosäuren als angemessen gelten.

4.2.6 Energie- und Eiweißbedarf in der Laktation

Während der Laktation werden zusätzlich zum Erhaltungsbedarf Energie und Eiweiß entsprechend der Menge und des Nährstoffgehalts der Milch benötigt (▶ **Tab. 4.12**). Der Gesamtbedarf laktierender Stuten an Energie und pcvRp steigt nach dem Abfohlen rasch an und nimmt ab dem 2. Laktationsmonat kontinuierlich ab. Da der Energiegehalt der Milch weitgehend konstant bleibt, ist der Energiebedarf zu Beginn des 2. Laktationsmonats am höchsten, korrespondierend mit der maximalen Energieversorgung der Fohlen über die Milch während dieser Zeit. Der Proteingehalt der Milch ist hingegen zu Laktationsbeginn am höchsten (1. Laktationswoche 30 g/l) und fällt im Verlauf der Laktation konstant ab (rd. 20 g/l am Ende des 2. Laktationsmonats), so dass die höchsten Bedarfswerte bereits im 1. Laktationsmonat erreicht werden.

Neben der Eiweißmenge ist auch die **Eiweißqualität** zu beachten. Der Aminosäurenbedarf folgt im Wesentlichen dem Eiweißbedarf, da im Verlauf der Laktation das Milcheiweiß qualitativ nur unwesentliche Veränderungen erfährt.

Praxis

Im Zeitraum der höchsten Milchmengenleistung (Ende 1., Beginn 2. Laktationsmonat) sollte das pcvRp je kg rd. 70 g Lysin aufweisen.

Bei einem Bedarf einer laktierenden Stute (500 kg KM) in Höhe von 862 g pcvRp/Tag sind somit 70 × 0,862 = 61 g pcvLysin/Tag vorzusehen (▶ **Tab. 4.13**).

Auf der Weide ist bei gutem Bewuchs mit > 140 g Rohprotein/kg TS eine ausreichende Versorgung mit allen essenziellen Aminosäuren zu erwarten, insbesondere Dank des günstigen Aminosäurenmusters im jungen Gras und der Aminosäurenfreisetzung durch Ausquetschen des Futters im Kopfdarm. Da das Eiweiß in Getreidekörnern und Getreidenachprodukten für die Versorgung mit **essenziellen Aminosäuren** nicht optimal zusammengesetzt ist, sind bei begrenztem oder fehlendem Weidegang in dieser Periode hochwertige, präzäkal gut verdauliche Eiweiße (z. B. Soja-, Rapsextraktionsschrot) einzusetzen.

Sofern die Stuten während der Laktation **Arbeit** verrichten, ist zusätzlich Energie zuzuführen (▶ **Tab. 4.7**, ▶ **Tab. 4.8**).

▸ **Tab. 4.12** Empfehlungen für die tägliche Versorgung von laktierenden Stuten mit umsetzbarer Energie (ME) und präzäkal verdaulichem Rohprotein (pcvRp) (Tab. basiert auf Daten aus GfE 2014).

Stute (kg)	Laktationstag											
	15			30			90			150		
	Milch	ME	pcvRp	Milch	ME	pcvRp	Milch	ME	pcvRp	Milch	ME	pcvRp
	kg	MJ	g	kg	MJ	g	kg	MJ	g	kg	MJ	g
100[1)]	4	27	250	4	27	241	4	25	203	3	23	173
200[1)]	8	46	433	8	47	417	7	44	351	5	39	298
300[1)]	10	63	597	11	65	576	9	60	483	7	54	410
400[2)]	13	90	751	14	92	723	12	86	606	10	78	513
500[2)]	16	107	897	17	109	864	14	102	723	11	88	611
600[2)]	18	124	1037	19	126	998	17	118	835	13	107	654
700[3)]	21	130	1172	22	133	1128	19	124	943	15	111	796
800[3)]	23	144	1303	24	147	1255	21	137	1047	17	123	884

Erhaltungsbedarf an ME, MJ/kg $KM^{0,75}$ je Tag: [1)] 0,40 [2)] 0,52 [3)] 0,45

▶ **Tab. 4.13** Empfehlungen für die Versorgung von laktierenden Stuten mit essenziellen Aminosäuren in g je kg präzäkal verdaulichen Rohproteins und in g/Tag je Pferd für den 30. Laktationstag (Tab. basiert auf Daten aus GfE 2014).

Aminosäure	g/kg pcvRp	g/Tag am Ende des 1. Laktationsmonats							
		Körpermasse der Stute (kg)							
		100	200	300	400	500	600	700	800
Lysin	69,7	15	26	36	45	54	62	71	79
Methionin + Cystin	32,4	8	13	18	23	27	32	37	40
Threonin	46,9	11	19	26	33	39	46	5352	57
Leucin	91,5	20	35	48	60	72	83	94	105
Isoleucin	45,3	10	17	24	30	35	41	46	52
Phenylalanin + Tyrosin	77,1	17	29	40	50	60	70	79	88
Tryptophan	19,9	4	8	11	14	16	19	21	24
Valin	57,2	12	21	30	37	44	51	58	65
Histidin	25,2	6	10	14	17	21	24	27	30
Arginin	69,5	15	25	34	43	52	59	67	75

4.2.7 Energie- und Eiweißbedarf im Wachstum

Bei der Geburt ist das Fohlen schon gut entwickelt und das Längenwachstum der Gliedmaßen weit fortgeschritten (▶ **Abb. 4.10**). Die Wachstumsdynamik ist – genetisch codiert – auf die Gewebe unterschiedlich verteilt (▶ **Abb. 4.11**). Da das Fluchttier zur Geburt einen leistungsfähigen Trageapparat benötigt, ist der Wachstumsbedarf des Skeletts geringer als für die Muskulatur, die deutlich rascher wächst als der Gesamtkörper. Die inneren Organe sind wiederum bei der Geburt weit entwickelt und wachsen postnatal langsamer als die Körpermasse. Aus der Anordnung der geweblichen Entwicklung lässt sich ableiten, dass der Fettbestand des Körpers zunimmt und damit der Energiegehalt des Zuwachses. Das Wachstum kann durch Rassenzugehörigkeit sowie das Geschlecht unterschiedlich sein und durch Umweltfaktoren spürbar beeinflusst werden:

▶ **Abb. 4.10** Körperproportionen beim neugeborenen Fohlen und ausgewachsenen Pferd (Abb. basiert auf Daten aus Martin-Rosset 1990).

- **Rasse** (▶ **Abb. 2.5**) → beachtenswerte Unterschiede in der Wachstumsrate, Fettverteilung, im Muskelansatz. Zwischen den Rassen Warmblut und Kaltblut bestehen Unterschiede in der physiologischen Wachstumsgeschwindigkeit, so dass sich entsprechende Differenzen im Stoffansatz und dem Energie- und Nährstoffbedarf ergeben.
- **Geschlecht** → Dimorphismus. Bis zu 1½ Jahren wirkt sich das **Geschlecht** auf die Entwicklungsgeschwindigkeit kaum aus. Nach diesem Zeitpunkt wachsen die Hengste in Rassen mit ausgeprägtem Geschlechtsdimorphismus (Kaltblüter) rascher, während Stuten und Wallache etwa gleiche Zunahmen aufweisen (▶ **Abb. 4.12**, ▶ **Abb. 2.2**).
- **Ernährung der tragenden Stute** → Regulation des Energiehaushaltes beim Fohlen. Der Energieumsatz der tragenden Stute sieht eine Präferenz der Entwicklung der Konzeptionsprodukte vor; Uterus und fetales Gewebe werden bevorzugt mit Energie versorgt (Abnahme der Insulinsensitivität maternalen Gewebes). Bei hoher

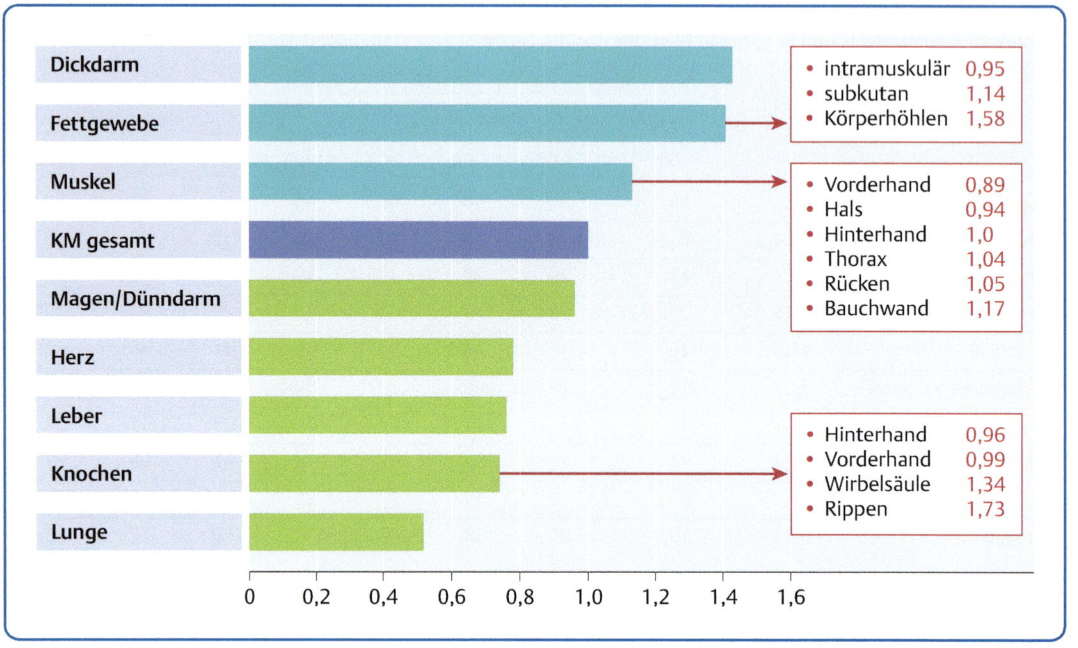

▶ **Abb. 4.11** Allometrische Faktoren zum Wachstum einzelner Gewebetypen bzw. Organe relativ zum Wachstum des Körpers insgesamt (Wert > 1 = rascheres Wachstum als der Gesamtkörper) sowie von definierten Teilen des Fettgewebes, der Muskulatur und des Knochen relativ zum Wachstum des genannten Gewebes insgesamt (z. B. Wirbelsäulenknochen wachsen 1,34-mal so schnell wie das Knochengewebe insgesamt) (Abb. basiert auf Daten aus Martin-Rosset et al. 1983; INRA 2015).

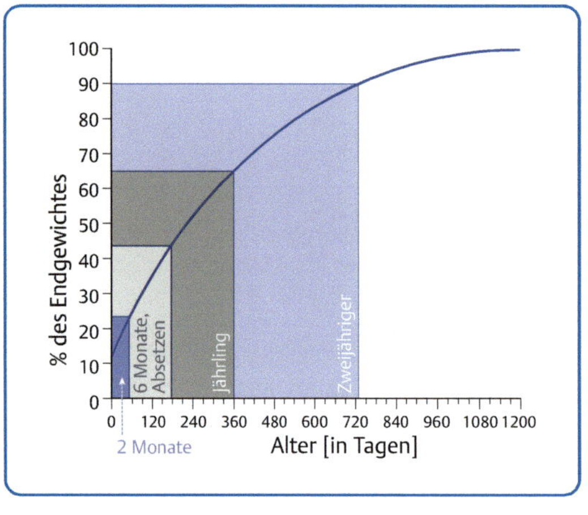

▶ **Abb. 4.12** Gewichtsentwicklung von Fohlen; charakteristisch für Warmblut-, Vollblut-, Araber- und Reitponyfohlen (Abb. basiert auf Daten aus Hois 2004).

Stärkeaufnahme in der Trächtigkeit kann offensichtlich der Glukosetransfer zum Fetus forciert werden, was wiederum zu Verschiebungen in der Regulation des Energiehaushaltes (verminderte Insulinsensitivität) des Fetus aber auch des Fohlens in den frühen Lebensphase Anlass geben kann. Zudem steigt das Risiko für Erkrankungen des Bewegungsapparates (S. 319).

- **Ernährung der laktierenden Stute** → forcierte Milchleistung und -aufnahme durch das Saugfohlen. Eine unzureichende Energieaufnahme der gesunden laktierenden Stute wirkt sich zunächst kaum auf die Milchleistung und Milchaufnahme des Fohlens aus, da das Muttertier Körpersubstanz mobilisiert, um die Milchbildung aufrechtzuerhalten. Erst bei starker Abmagerung und Verlust an Körpereiweiß ist mit einer Einschränkung der Milchabgabe zu rechnen. Eine intensivierte Energie- und Nährstoffaufnahme kann in begrenztem Umfang die Milchleistung besonders durch die Persistenz der hohen Milchmengenleistung im 2. Laktationsmonat erhöhen.
- **Fütterungsintensität beim Fohlen** → hohe Zunahmen in Weichgeweben, ohne entsprechend gestärkte Entwicklung des Trageapparates (s. ▶ **Tab. 4.14**, ▶ **Tab. 4.15**, ▶ **Tab. 4.16**). Durch

► **Tab. 4.14** Wachstum von Fohlen in % der Körpermasse ausgewachsener Tiere (Tab. basiert auf Daten aus Jelan et al. 1996; Pagan u. Jackson 1996; Vervuert et al. 2004; Borchers 2002; GfE 2014).

Alter[1]	Kleinpferde, Kaltblutpferde u. Ähnliche	Großpferde (400–600 kg)		Widerristhöhe % vom Endmaß
		moderate Aufzucht	intensive Aufzucht	
Geburt	11–14	9–11	9–11	61–64
2. Monat[1]	24–25	24–25	25	68–70
4. Monat	34	37	38	75–80
6. Monat	41	46	47	83–86
12. Monat	58	67	69	91–93
18. Monat	68	80	83	94–96
24. Monat	75	89	90	96–98
36. Monat	84	99	100	100

[1] am Ende des Monats

► **Tab. 4.15** Körpermasse der Fohlen bei der Geburt und am Ende des jeweiligen Lebensmonats (kg) – moderate Aufzucht – sowie Vervielfachung der Geburtsmasse (Tab. basiert auf Daten aus GfE 2014).

Zeitpunkt	Körpermasse des ausgewachsenen Pferdes (kg)							
	100[1]	200[1]	300[2]	400[2]	500[2]	600[2]	700[1]	800[1]
Körpermasse im Verlauf des Wachstums (kg)								
Geburt	14,2	23,9	32,4	40,0	47,5	54,6	60,9	68,0
Ende Lebensmonat								
2.	24	49	77	103	128	154	171	196
4.	34	68	111	148	185	222	239	274
6.	42	84	139	185	232	278	293	335
12.	58	116	200	267	334	401	405	463
18.	68	137	240	321	401	481	478	547
24.	75	151	267	356	445	534	528	604
36.	84	169	298	398	497	597	591	675
Vervielfachung der Geburtsmasse								
nach 6 Monaten	3,5	4,0	4,3	4,6	4,7	4,8	4,9	4,9
nach 12 Monaten	5,0	5,9	6,2	6,6	6,6	6,7	6,8	6,7

[1] Wachstumskurve für Kaltblut, Pony u. a.; [2] Wachstumskurve für Vollblut, Warmblut u. a.

Zufütterung des Fohlens etwa ab Mitte des 2. Lebensmonats kann die Gewichtsentwicklung des wachsenden Tieres modifiziert werden.

- **Extensive Fütterung der Fohlen** verzögert die Körperentwicklung und damit die spätere Zucht- und Arbeitsnutzung. Die Futterkosten steigen entsprechend an. Die Entwicklung von Organen und Skelett wird durch eine knappe Fütterung jedoch nicht negativ beeinflusst. Langsam wachsende, gesunde Fohlen bleiben in ihren Endmaßen (Widerristhöhe) nicht hinter intensiv gefütterten zurück.
- Im Gegensatz dazu können **intensiv gefütterte Fohlen** früh genutzt werden – für Zucht und Arbeit. Die Forcierung des Wachstums ist jedoch mit Risiken verbunden, da Entwick-

lung und Ausreifung verschiedener Körpergewebe nicht in gleicher Weise stimuliert werden. Durch eine intensive Energie- und Nährstoffzufuhr in der wachstumsintensiven Phase können der Proteinansatz geringfügig, die Mineralisation des Knochens nicht, und Fettansatz hingegen deutlich gefördert werden. Das forcierte Wachstum führt schließlich dazu, dass es zu einer Diskrepanz zwischen mechanischer Belastung und Tragfähigkeit des Skeletts (S. 319) kommt.

Merke

Geringe Fütterungsintensität bedeutet langsames Wachstum und geringen Fettansatz, forcierte Fütterung bis zur Grenze der Futteraufnahmekapazität ergibt hohe Tageszunahmen und starken Fettansatz.

Vorsicht

Bei Fohlen mit fütterungsbedingt erhöhter Wachstumsrate muss das noch nicht voll ausgereifte Skelett eine relativ hohe Masse (infolge der verstärkten Muskel- und Fettbildung) tragen. Daraus können Schäden (S. 319) resultieren, die eine lange Nutzung infrage stellen.

Wesentlich für die Entwicklung des Trageapparats ist die **ausreichende Bewegung** der Fohlen, deren Wirkung u. a. auf die Mineralisation des Skeletts für die Gesunderhaltung unersetzlich ist.

Die unter üblichen Fütterungsbedingungen zu erwartenden Körpermassen und Zuwachsraten zeigen (► **Tab. 4.14**), dass Fohlen rasch heranwachsen. Nach 40–45 Tagen ist bei normaler Entwicklung das Geburtsgewicht verdoppelt. In den **ersten 2 Lebensmonaten** liegen die täglichen Zunahmen an Körpermasse bei knapp 0,2 % des Endgewichts. Nach **2 Monaten** sind bereits 25–30 % der Endmasse gebildet, nach einem ½ Jahr bei kleinen Rassen 41 %, bei großen rd. 45 %, bei Vollblütern aber oft schon 55 %. **Ein Jahr** alte Fohlen erreichen Widerristhöhen von 91–93 % adulter Tiere, während die Körpermasse zwischen ~ 60–70 % des Endwerts variiert.

Im 2. Lebensjahr verlangsamt sich die Wachstumsgeschwindigkeit erheblich: Nach **3 Jahren** werden 84–100 % der Endmasse erreicht, mit **4–5 Jahren** sind auch Pferde großer Rassen ausgewachsen (► **Tab. 4.14**). Die Körpermasse im Verlauf des Wachstums für unterschiedliche Endgewichte als ausgewachsene Pferde sind in ► **Tab. 4.15** aufgeführt.

Der **Energie- und Eiweißbedarf** wachsender Fohlen ergibt sich aus Erhaltung sowie Menge (► **Tab. 4.15**) und Zusammensetzung des Zuwachses. Während in den ersten Lebensmonaten der Eiweißgehalt im Zuwachs am höchsten liegt, steigt mit zunehmendem Alter der Fett- und damit der Energiegehalt an.

Die in ► **Tab. 4.16** empfohlene **Energiezufuhr** für wachsende Fohlen sichert eine mittlere Aufzuchtintensität, d. h., am Ende des 1. Lebensjahrs werden etwa 60–65 % der Endmasse erreicht. Die Normen können entsprechend Rasse, Bewegungsintensität oder Individualität variiert und werden. Bei intensiver Aufzucht nimmt gleichzeitig der Bedarf für Eiweiß, Mineralstoffe und Vitamine zu.

Der tägliche **Eiweißbedarf** von Fohlen liegt in den ersten beiden Lebensmonaten mit rd. 3,2–3,8 g pcvRp/kg KM am höchsten und fällt dann kontinuierlich auf 1–1,5 g/kg KM ab; zum absoluten Bedarf s. ► **Tab. 4.16**. Bis zum Alter von 8–9 Monaten ist auf die Eiweißqualität, d. h. auf eine ausreichende Zufuhr an essenziellen Aminosäuren besonders zu achten.

Vorsicht

Konventionelle Rationen aus Heu und Hafer reichen bei Absetzern für eine optimale Versorgung mit essenziellen Aminosäuren nicht aus.

Als erstlimitierend gilt auch beim Fohlen das **Lysin**. Für Absetzer sind etwa 0,4–0,5 g, für Jährlinge 0,25–0,3 g pro MJ umsetzbare Energie vorzusehen (in der Stutenmilch beträgt die Relation im 1.–2. Laktationsmonat etwa 0,8–0,9 g Lysin/MJ; ► **Tab. 4.13**). Für **Methionin + Cystin** können 0,25 und 0,17 g/MJ umsetzbare Energie für 6 und 12 Monate alte Fohlen bzw. Jungpferde angesetzt werden.

Bei Absatzfohlen mit Grundfutterrationen aus Luzerneheu, Hafer, Trockenschnitzeln und Maiskolben (115 g Rohprotein/kg) konnte durch hochwertige pflanzliche Eiweiße (Sojaextraktionsschrot) oder Lysin das Wachstum bis zum Alter von 8 Monaten

► Tab. 4.16 Empfehlungen für die tägliche Versorgung von Fohlen mit umsetzbarer Energie (ME)[1)] und präzäkal verdaulichem Rohprotein (pcvRp) bei moderater Aufzucht (► **Tab. 4.14**, ► **Tab. 4.15**) (Tab. basiert auf Daten aus GfE 2014).

Mo.	Körpermasse des ausgewachsenen Pferdes, kg															
	100[2)]		200[2)]		300[3)]		400[3)]		500[3)]		600[3)]		700[2)]		800[2)]	
	ME	pcvRp	ME	pcvRp	ME	pcvRp	ME	pcvRp	ME	pcvRp	ME	pcvRp	ME	pcvRp	ME	pcvRp
	MJ	g	MJ	g	MJ	g	MJ	g	MJ	g	MJ	g	MJ	g	MJ	g
2.	7	85	12	160	17	202	26	330	32	406	37	482	35	508	40	575
4.	8	82	14	150	21	253	32	317	38	387	44	457	41	459	46	517
6.	9	81	15	147	25	245	36	310	43	377	49	443	45	436	50	490
12.	10	83	18	145	28	241	43	299	51	361	59	420	52	409	57	457
18.	12	85	20	146	35	236	48	294	57	353	66	409	57	400	63	445
24.	13	86	21	148	39	234	53	292	62	348	72	402	62	396	69	440
36.	13	88	22	150	42	233	55	289	65	343	75	395	65	394	72	437

Mo. = zum Ende des Lebensmonats

1) Der zugrunde gelegte Energiegehalt im Zuwachs wurde aus kalkulatorischen Gründen anhand der Originalangaben mittels Regressionsgleichung in Anhängigkeit vom Alter abgeleitet.

2) Wachstumskurve für Kaltblut, Pony u. a.

3) Wachstumskurve für Vollblut, Warmblut u. a.

deutlich verbessert werden. Versorgungsempfehlungen für wachsende Pferde mit präzäkal verdaulichen Aminosäuren sind in ▶ **Tab. 4.16** und im Tabellenanhang ab ▶ **Tab. 13.18** zu finden.

4.3 Mengenelemente

Zu den für das Pferd lebensnotwendigen Mengenelementen zählen Kalzium, Phosphor, Magnesium, Kalium, Natrium, Chlorid und Schwefel. Die Versorgung erfolgt durch die natürlichen Gehalte in den verschiedenen Futtermitteln sowie durch Verwendung mineralischer Einzelfuttermittel (z. B. Futterkalk, Salz) oder Mineralfutter.

Schwefel (S) ist ein essenzieller Bestandteil des Eiweißes und wird deshalb bei genügender Eiweißversorgung ausreichend zugeführt. Größenordnungsmäßig kann der Bedarf mit etwa 80 mg/kg $KM^{0,75}$ je Tag (Verwertung 0,7) angenommen werden. Die üblichen Gehalte in Gras und Graskonserven variieren um 2–4 g/kg Trockenmasse. Dies kann ungeachtet der Unsicherheiten in der Bedarfsableitung als ausreichend angesehen werden. Aufgrund der Fixierung von S in den Aminosäurenumsatz wird dieses Element im Folgenden nicht näher behandelt.

Die Empfehlungen zur Versorgung mit Mengenelementen bei den diversen Bedingungen sind in den Tabellen ▶ **Tab. 4.17**, ▶ **Tab. 4.18** und ▶ **Tab. 4.19** aufgeführt. Die Elektrolyte sind wegen der Besonderheiten bei arbeitenden Pferden gesondert vorgestellt (▶ **Tab. 4.18**, ▶ **Tab. 4.19**).

4.3.1 Kalzium (Ca) und Phosphor (P)

Funktion Im Körper eines mittelgroßen Pferdes sind rd. 7 kg Ca enthalten, davon 99 % im Skelett. Von der Gesamt-P-Menge im Körper (rd. 4 kg) ist ebenfalls der größte Teil (80 %) im Skelett deponiert. Diese Verteilung weist auf die wichtige Aufgabe beider Elemente für Stabilität und Funktion des Knochengerüsts hin. Darüber hinaus sind sie u. a. auch bei der Blutgerinnung, der Reizübertragung auf die Muskelfibrillen und für den Energiestoffwechsel in der Muskulatur unentbehrlich.

Schlüsseleigenschaften/-funktionen:
- Mineralisation des Knochens
- zelluläre Kommunikation, Reizleitung
- Energietransfer (energiereiche Phosphate)
- Blutgerinnung
- Bereitstellung von Enzymen (P)
- Absorption im Dünndarm (Ca) bzw. Dünn- u. Dickdarm (P)
- hormonelle Regulation der Ca-Homöostase
- Induktion hormoneller Regelkreise (Ca- u. Gastrinfreisetzung)
- essenziell für die mikrobielle Verdauung (P)
- Ausscheidung von Überschüssen renal, P auch fäkal

Kalzium zirkuliert nur in geringen Mengen im Blut (Elementghalte im Blut ▶ **Tab. 8.2**).

Die Ca-Konzentration im Blut wird durch Parathormon (PTH; Erhöhung) und Kalzitonin (Senkung) reguliert.

Während einer Unterversorgung wird der Ca-Spiegel durch Mobilisierung von Kalzium aus dem Skelett auf konstantem Niveau gehalten, während der Ca-Gehalt im Blut nach Ca-Überversorgung einige Stunden nach der Fütterung bis über 3,6 mmol/l ansteigen kann.

Der größte Teil des im Überschuss aufgenommenen Kalziums wird über die Nieren ausgeschieden.

Für die Homöostase ist das in ionisierter Form im Blut und den Zellen vorliegende Kalzium (Ca^{++}) entscheidend. Bei lang andauernder Arbeit bleibt die Konzentration an Ca^{++} im Blut weitgehend unverändert; mit dem Schweiß werden nur geringe Mengen an Ca abgegeben. Bei kurzfristigen Sprintbelastungen mit einer Laktat-bedingten Azidierung fällt der Ca^{++}-Spiegel hingegen ab (▶ **Abb. 4.13**), was auch mit einer PTH-Freisetzung beantwortet wird. Bereits geringe Veränderungen im Blut-Ca^{++} induzieren diese hormonelle Reaktion und Ca^{++} wird aus dem Speichergewebe nachgeführt. Da hierdurch auch die Knochen-aufbauenden Mechanismen angeregt werden, wirkt sich ein Bewegungsreiz langfristig positiv auf die Tragfähigkeit des Knochens aus. Dieser Prozess benötigt jedoch keine forcierte Ca-Zufuhr.

Mit dem Auftakt des Trainings setzen adaptive Prozesse in der Muskulatur ein (z. B. Vergrößerung der Muskelzellen, Vermehrung der Mitochon-

► **Tab. 4.17** Empfehlungen für die Mineralstoffversorgung von Pferden bei unterschiedlicher Leistung (für 300 und 600 kg KM[1]) (Tab. basiert auf Daten aus GfE 2014).

	Ca		**P**		**Mg**		**Na**		**K**		**Cl**	
Körpermasse, ausgewachsen, kg	**300**	**600**	**300**	**600**	**300**	**600**	**300**	**600**	**300**	**600**	**300**	**600**
Erhaltung	12	20	8	14	4	6	13 (2)	23 (3)	15 (10)	25 (17)	17 (1)	29 (2)
Trächtigkeit												
d 215	15	26	10	18	4	7	13 (2)	23 (4)	15 (10)	25 (17)	17 (1)	29 (2)
d 245	17	30	12	21	4	7	14 (2)	23 (4)	15 (10)	25 (17)	17 (1)	29 (2)
d 275	20	37	14	26	4	7	14 (2)	24 (4)	15 (10)	26 (18)	17 (1)	29 (2)
d 305	27	50	18	34	4	7	14 (3)	24 (5)	15 (11)	26 (18)	18 (1)	30 (3)
d 320	31	59	21	40	4	7	14 (3)	25 (5)	15 (11)	26 (18)	18 (1)	30 (3)
d 335	38	72	25	48	4	7	15 (3)	25 (6)	16 (11)	27 (19)	18 (2)	30 (3)
Laktation												
d 15	38	6	27	46	6	10	16 (4)	28 (8)	23 (18)	39 (31)	20 (4)	34 (7)
d 30	36	62	25	43	6	10	16 (4)	28 (8)	23 (19)	40 (32)	20 (4)	34 (7)
d 90	29	49	19	33	5	9	16 (4)	27 (7)	22 (17)	38 (30)	20 (4)	34 (7)
d 150	24	41	15	27	5	8	15 (4)	26 (7)	21 (16)	35 (27)	19 (3)	33 (6)
Wachstum												
Mo. 2	15	30	8	14	0,6	1	7 (23)	10 (5)	4(2)	7(4)	8(1)	11 (2)
Mo. 6	22	41	15	25	1	2	11 (3)	18 (5)	11 (5)	19 (8)	12 (1)	20 (1)
Mo. 12	18	34	15	21	1	2	13 (2)	23 (4)	12 (4)	20 (6)	15 (1)	26 (1)
Mo. 18	16	30	16	20	1	2	15 (2)	25 (3)	12 (3)	21 (5)	17 (0,5)	29 (1)
Mo. 24	15	27	18	20	1	2	16 (2)	27 (3)	13 (3)	21 (4)	19 (0,5)	21 (0,5)
Mo. 36	14	24	21	23	1	1	17 (2)	29 (3)	13 (2)	22 (3)	20 (0,5)	34 (0,5)

d = Tag; Mo. = Lebensmonat

[1] weitere Angaben für Pferde anderer Gewichtsklassen, s. Anhang (S. 334)

In Klammern gesetzte Zahlenwerte geben den jeweiligen Minimalbedarf an, s. Kap. Natrium (S. 104)

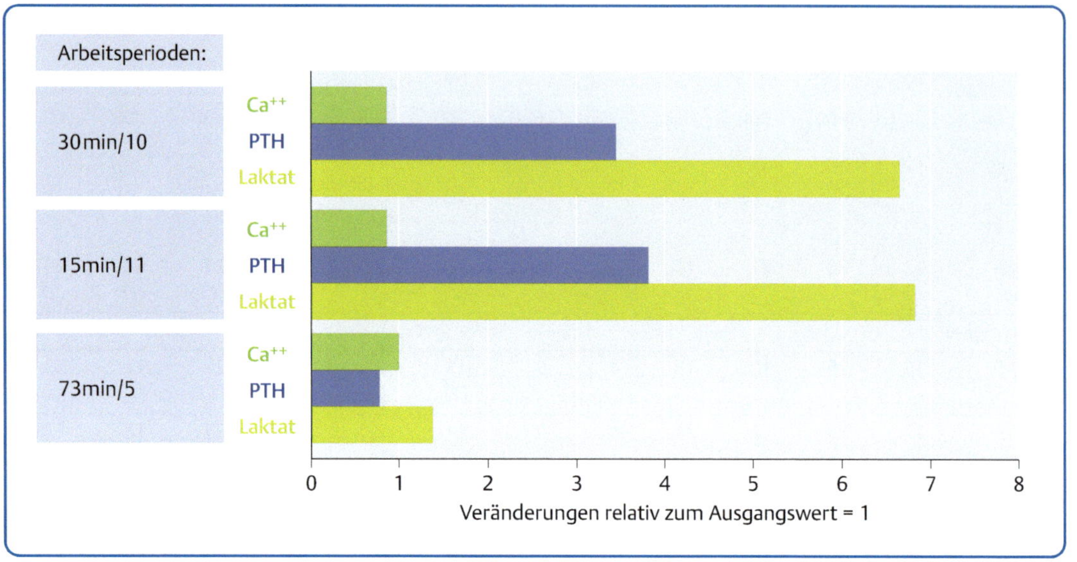

▶ **Abb. 4.13** Ionisiertes Kalzium, Laktat sowie PTH-Aktivität im Blut von Pferden bei kurzer intensiver Belastung (30 bzw. 15 min, Endgeschwindigkeit 10 bzw. 11 m/s) und Dauerbeanspruchung (73 min bei 5 m/s) – Angaben nach der jeweiligen Arbeitsperiode relativ zu den Ruhewerten vor Belastung (Abb. basiert auf Daten aus Vervuert et al. 2002).

▶ **Tab. 4.18** Ableitung möglicher Schweißmengen.

Umfang, Intensität der Arbeit	**Leistungsbedarf an ME MJ**	**mögliche Schweißmenge, l**	**Leistungsbedarf an ME MJ**	**mögliche Schweißmenge, l**	**Leistungsbedarf an ME MJ**	**mögliche Schweißmenge, l**
	400 kg KM		**500 kg KM**		**600 kg KM**	
geringfügig	9	2	11	2	13	3
leicht	12	3	14	3	16	3
mittel	23	5	27	6	32	7
anspruchsvoll	35	8	41	9	47	10
schwer	47	10	55	12	63	14
sehr schwer	70	15	82	18	95	21

▶ **Tab. 4.19** Elektrolytbedarf: Leistungsbedarf an Natrium, Kalium und Chlorid für unterschiedliche Schweißmengen von 2–5 l (in Gramm zusätzlich zum Erhaltungsbedarf; für höhere Schweißmengen das entsprechende Vielfache bilden).

Elektrolyte	**Schweiß, l**			
	2	**3**	**4**	**5**
Na	8	12	16	20
K	3	5	7	8
Cl	11	17	22	28

drien), die eine Retention von P bedingen. Daher sollte insbesondere bei jungen Pferden, die ein Training aufnehmen, die P-Versorgung keinesfalls unsicher sein.

Bedarf Der tägliche Bedarf an Kalzium und Phosphor (▶ **Tab. 4.17**) errechnet sich für Tiere, die im Erhaltungsstoffwechsel stehen, aus den unvermeidbaren Verlusten über Kot und Harn unter Berücksichtigung der Verwertung (s. ▶ **Tab. 3.14**). Dem Bedarf für intrauterines oder postnatales

Wachstum sowie Milchleistung liegen die Ca- und P-Gehalte im Gewebeansatz sowie in der Milch zugrunde; für die Verwertung gelten wiederum die in ▶ **Tab. 3.14** aufgeführten Werte.

Der Ca-Bedarf steigt bei einem Ca:P-Verhältnis < 1 sowie bei hohen Oxalsäuregehalten im Futter (> 2 % TS) an, der für Phosphor durch stark überhöhte Eiweißversorgung (vermehrte renale P-Ausscheidung).

Bei einem starken Überschuss an Anionen im Futter (P, Cl, S) im Vergleich zu den Kationen (Ca, Mg, K, Na) kann es langfristig zu einer verstärkten Ca-Mobilisierung aus den Knochen und entsprechend erhöhter renaler Ca-Abgabe kommen (azidierende Wirkung anionenreicher Fütterung). Bedarfsgerechte Rationen weisen ein Übergewicht der Kationen auf, maßgeblich aufgrund der K-Gehalte im Raufutter; zur Berechnung des Kationen: Anionen-Verhältnisses im Futter s. Anhang (S. 334).

Für **Arbeitspferde** entsteht ein geringer Mehrbedarf infolge zusätzlicher Verluste über den Schweiß und – aufgrund erhöhter Futteraufnahme – auch über den Darmtrakt. Dieser Mehraufwand ist allerdings niedrig; 20 l Schweiß gehen mit kutanen Verlusten von 2,4 g Ca einher; die P-Abgabe mit der genannten Schweißmenge wird unter 200 mg liegen (s. ▶ **Tab. 2.17**).

Bei einer Verwertung von 0,45 ergibt sich bei derart hohen Schweißmengen ein zusätzlicher Bedarf von rd. 5 g Ca.

Aufgrund der Geringfügigkeit der zu erwartenden kutanen Ca-Abgaben und des Umstandes, dass die Ca-Aufnahme den Erhaltungsbedarf ausgewachsener Pferde i. d. R. deutlich übersteigt, können die kutanen Ca-Abgaben vernachlässigt werden.

Bei **graviden Stuten** steigt im letzten Drittel der Trächtigkeit der Bedarf für Kalzium und Phosphor merklich an, da das Fohlen mit weitgehend mineralisiertem Skelett zur Welt kommt (▶ **Tab. 4.17**).

Ein erheblicher Mehrbedarf entsteht auch bei **laktierenden Stuten** infolge der Mineralstoffausgaben über die Milch. Der Ca- und P-Gehalt in der Stutenmilch (▶ **Tab. 2.11**) liegt im 1. Laktationsmonat am höchsten und geht dann kontinuierlich zurück. Entsprechend entwickelt sich der Gesamtbedarf (▶ **Tab. 4.17**).

Der Bedarf an Kalzium und Phosphor pro kg KM ist bei **Fohlen** im 1. Lebenshalbjahr besonders hoch. Die absoluten Bedarfswerte (▶ **Tab. 4.17**)

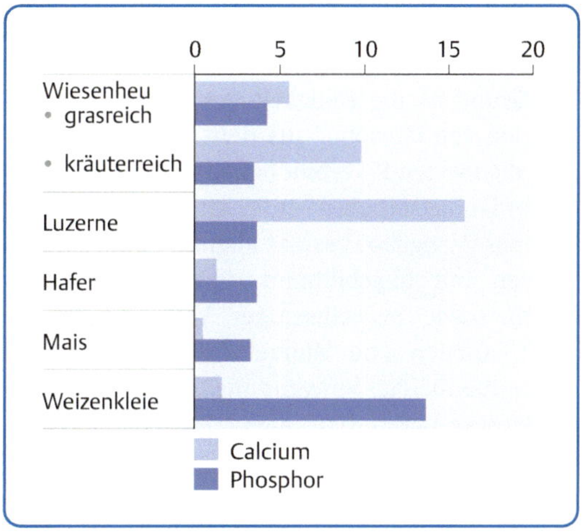

▶ **Abb. 4.14** Ca- und P-Gehalte in Futtermitteln für Pferde (g/kg).

verändern sich allerdings mit fortschreitendem Alter nicht erheblich, da dem abnehmenden Bedarf für die Skelettausbildung ein steigender Erhaltungsbedarf gegenübersteht.

Versorgung Die **Ca-Versorgung** des Pferdes ist bei konventionellen Rationen (Heu, Hafer) nicht immer ausreichend infolge der geringen Ca-Gehalte in früh geernteten klee- und kräuterarmen Heusorten und im Getreide (▶ **Abb. 4.14**).

Vorsicht

Ein ungenügendes Ca-Angebot kann durch Verwendung phosphorreicher Futtermittel (Kleie, Nachmehle, Ölsamenrückstände) verstärkt werden (enges Ca:P-Verhältnis). Auch im jungen Weidegras ist das Ca:P-Verhältnis infolge eines niedrigen Ca-Gehalts oft eng oder sogar invers.

Selbst durch Ca-reiches Tränkwasser (0,2 g Ca/l) wird die Ca-Versorgung nicht wesentlich verbessert. Bei der Verwendung von **Leguminosenheu** (Klee, Luzerne, Esparsette) in Mengen von über 2 kg ist dagegen stets mit einer ausreichenden Ca-Versorgung zu rechnen.

Die **P-Versorgung** des Pferdes ist meistens ausreichend. Im Gegensatz zu anderen Tierarten wird der Phytinphosphor, der in Rationen mit hohen Mengen an Getreide und Getreidenachprodukten (Kleie) ca. 75 % der Gesamtmenge ausmacht, ähnlich gut verdaut wie anorganischer Phosphor (S. 57) (z. B. Ca-Phosphat aus einem Mineralfutter). Der Grund ist die Fähigkeit des Pferdes zur Absorption von Phosphor aus dem Dickdarm, nachdem die inerten P-Verbindungen durch mikrobielle Verdauungstätigkeit aufgeschlossen sind. Ein knappes P-Angebot besteht allenfalls auf P-armen Weiden mit abgeblühtem, überständigem Bewuchs sowie bei einseitiger Verfütterung von Stroh, Knollen und Wurzeln. Ein P-Überschuss durch übermäßige Verwendung von Getreide, Getreiderückständen (vor allem Kleie) und P-reichem Mineralfutter ist ungünstig, da vermeidbare Belastungen der Ausscheidungswege entstehen und die P-Emission durch die Tierhaltung kritikwürdig ist. Bei gleichzeitigem Defizit an Ca ist ein P-Überschuss bedenklich, da dem Knochen Ca entzogen wird (s. u. Ca-Mangel).

Zur Beurteilung der Versorgung s. Kap. Diagnostik zur Überprüfung einer adäquaten Energie- und Nährstoffversorgung (S. 265).

Mangel Liegt ein **Ca-Mangel** bzw. ein Ca-Mangel in Kombination mit P-Überschuss vor, entsteht ein **nutritiver sekundärer Hyperparathyreoidismus**. Infolge des Ca-Defizits wird unter dem Einfluss von Parathormon (aus der Nebenschilddrüse) zunächst das metabolische Knochengewebe abgebaut (endogene Ca-Versorgung). Mit fortschreitendem Ca-Mangel greifen die Abbauvorgänge aber auch auf das funktionelle Knochengewebe über, so dass schließlich faseriges Ersatzgewebe gebildet wird (**Osteodystrophia fibrosa generalisata**).

An exponierten Stellen entsteht durch bindegewebigen Ersatz des mechanisch belastbaren Knochengewebes keine funktionale Kompensation, und das Stützgewebe entwickelt an belasteten Stellen **sichtbare Umfangsvermehrungen**. Aufgrund der hohen mechanischen Anforderungen an die Kieferknochen durch den Kauvorgang treten solche Auftreibungen des Knochengewebes am Oberkiefer auf, die den Kopf unförmig und groß erscheinen lassen („Big Head Disease“). An den Gliedmaßenknochen werden unter diesen Bedingungen besonders die Zonen unmittelbar unter der Knochenhaut demineralisiert und teilweise vom Periost aus bindegewebig aufgefüllt. Durch Zugspannung an den Ansatzstellen von Sehnen und Bändern entstehen **Schmerzen**, die sich in vorübergehenden **unspezifischen Lahmheiten** oder einem **steifen, unsicheren Gang** äußern.

Die Kenntnisse zu den Zusammenhängen der Regulation der Ca-Homöostase haben dazu geführt, dass diese Erkrankung in Europa selten ist. Dennoch ist die Ca-Versorgung von Stuten und Fohlen vielfach unbefriedigend.

Bei wachsenden Tieren wirkt sich ein Ca-Mangel (mit oder ohne P-Überschuss) besonders nachteilig aus. Neben Auftreibungen und Verbiegungen an den Gliedmaßenknochen, bedingt durch unzureichende Mineralstoffeinlagerung in das Knochengewebe, fallen grobe Kopfformen auf.

Temporäre Regulationsstörungen des Ca-Plasma-Spiegels (**Hypokalzämien**) werden gelegentlich bei **Stresssituationen** (Aufregung, Transport, schwere körperliche Anstrengungen) oder besonderen Belastungen des Ca-Stoffwechsels wie bei **Trächtigkeit** oder **Laktation** beobachtet, die mit Unruhe, Muskelspasmen, Ataxien, evtl. auch Tetanien einhergehen.

Stuten zeigen während der späten Gravidität und der frühen Laktation gelegentlich einen Rückgang der Ca-Konzentrationen im Blut (Ca^{++} im Blut ↓; ▶ **Abb. 4.15**). Die Konzentrationen des Ca^{++} im Blut tragender und laktierender Stuten korrespondieren mit dem hohen Bedarf für den Transfer in das fetale Knochengewebe und die Milch. Störungen in der Ca-Homöostase können sich nachteilig auf die Darmmotorik auswirken und daher das Kolikrisiko erhöhen. Deshalb ist die Ca-Versorgung tragender und laktierender Stuten besonders beachtenswert.

Überschuss Überschuss an Kalzium wird vom Pferd in Grenzen (Überschreitung der Norm um das 2–3-Fache) vertragen, sofern andere Elemente (Magnesium, Mangan, Eisen, Zink) ausreichend vorliegen. Überdosierungen steigern die renale Ca-Ausscheidung (Risiko der **Harnsteinbildung**). Ein P-Überschuss kann neben einer Beeinträchtigung der Ca-Verwertung auch die **Darmsteinbildung** – derzeit in Deutschland selten – begünstigen (Nachteile klee- und luzernereicher Fütterung) (▶ **Tab. 10.7**).

Praxis

Das Ca:P-Verhältnis sollte in Pferdefutterrationen nicht unter 1:1 und nicht über 3:1 liegen.

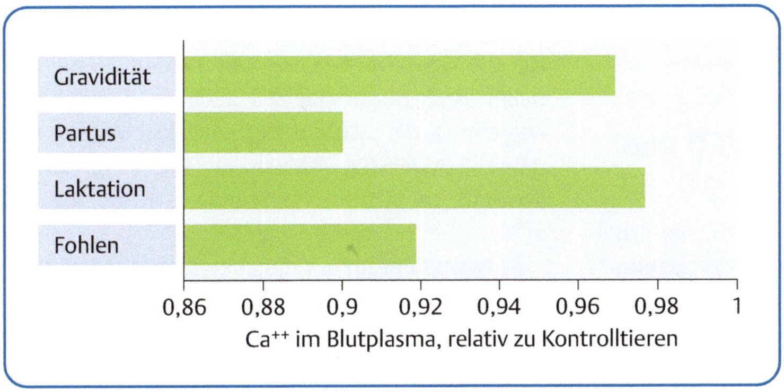

▶ **Abb. 4.15** Ionisiertes Kalzium im Blut von Stuten und Fohlen relativ zu Kontrolltieren (güste Stuten) (Abb. basiert auf Daten aus Berlin u. Aroch 2009; Mariella et al. 2014).

4.3.2 Magnesium (Mg)

Funktion Magnesium ist für die Funktion zahlreicher Enzyme vor allem im Nerven- und Muskelgewebe sowie die Mineralisation des Knochen essenziell. Dieses Gewebe stellt ca. 50 % des gesamten Mg-Bestandes des Körpers.

Schlüsseleigenschaften/-funktionen

- Hauptdepot in Knochen (60 %) und Muskulatur (32 %, hier überwiegend intrazellulär)
- präzäkale Absorption, Sekretion im Dickdarm
- für zelluläre Funktionen (Atmungskette, Erhalt d. Nukleinsäuren, Enzyme) unerlässlich
- Schutz vor proinflammatorischen Zytokinen und Peroxidation (u. a. Herzmuskel)
- Steuerung der Apoptose
- Beteiligung an Neurotransmittersynthese
- Leistung des ZNS

Abweichende Konzentrationen in der Extrazellularflüssigkeit außerhalb des Gefäßsystems werden mit Störungen der Zellmauserung in Verbindung gebracht. So scheint die Toleranz des Embryos gegenüber Veränderungen der Mg-Konzentrationen im Uterussekret gering zu sein. Bemerkenswert ist die Bedeutung von Mg für die Funktion des Nervengewebes einschließlich der kognitiven Fähigkeiten.

Dem Element werden kardiotrope und stressmindernde Wirkungen zugeschrieben; eindeutige Belege hierfür stehen jedoch aus. Mg-Aufnahmen bis 45 mg/kg KM/Tag (überwiegend in organischer Bindung) führten zu keiner erkennbaren Verbesserung der physischen Leistungsfähigkeit.

Bedarf Im Erhaltungsstoffwechsel reichen rd. 53 mg/kg $KM^{0,75}$ je Tag aus (▶ **Tab. 4.17**). Versorgungsempfehlungen siehe auch im Tabellenanhang (S. 334).

Über den **Schweiß** (▶ **Tab. 2.17**) gehen geringe Mengen verloren, so dass bei **Reitpferden** ein mäßiger Mehrbedarf entsteht.

Während der **Trächtigkeit** ist ein geringer Mehrbedarf zu berücksichtigen. Deutlich ist der Anstieg dagegen zur Zeit der **Laktation** (Gehalte in der Milch ▶ **Tab. 2.11**) und während des postnatalen **Wachstums**.

Versorgung Die Mg-Versorgung wird mit den meisten praxisüblichen Rationen gesichert, da Raufutter (Gras und Graskonserven) i. d. R. > 1,5 g mg/kg TS enthalten.

Mg-Oxid wird zur Ergänzung von Futtermitteln genutzt. Bei evtl. notwendigen Korrekturen einer Unterversorgung sollte Mg-Chlorid oder Mg-Phosphaten den Vorzug gegeben werden.

Zur Beurteilung der Versorgung s. Kap. Diagnostik zur Überprüfung einer adäquaten Energie- und Nährstoffversorgung (S. 265).

Mangel Allein auf intensiv gedüngten Weideflächen mit einseitigem Grasbewuchs ist evtl. ein Mg-Mangel zu erwarten, der sich in erhöhter Erregbarkeit, Muskelzittern, Muskelkrämpfen oder ausgeprägten Tetanien manifestieren kann.

Überschuss Eine Überversorgung (bis zum 3- bis 4-Fachen des Bedarfs) führte zu keinen Nachteilen. In Kombination mit einem P-Überschuss nimmt aber das Risiko für die Bildung von Harngries oder Harnsteinen (selten auch von Darmsteinen) zu.

4.3.3 Natrium (Na), Chlorid (Cl) und Kalium (K)

Funktion Natrium und Chlorid sind für die Erhaltung des osmotischen Drucks in der extrazellulären Flüssigkeit und für die Regulation des Säuren-Basen- sowie Wasserhaushalts unentbehrlich. Mit rd. 51 % stellt das Knochengewebe den größten Teil des Gesamtbestandes an Na, während Cl eher gleichmäßig über die Gewebe verteilt ist (► **Tab. 2.6**).

Schlüsseleigenschaften/-funktionen

- Hauptdepot für Na im Knochen (51 %), für K i.d. Muskulatur (70 %, überwiegend intrazellulär)
- Cl: wichtigstes anorganisches Anion
- Betrag zum osmotischen Druck in den Körperflüssigkeiten
- Aufrechterhaltung eines optimalen Säuren-Basen-Status (Blut-pH ca. 7,38)
- essenziell für Transportvorgänge zwischen intra- und extrazellulären Kompartements
- Na-Einfluss auf Schilddrüsenfunktion
- Cl-Sekretion mit der Magensäure
- Absorption vor allem im Dickdarm
- Ausscheidung nicht genutzter Mengen renal, K auch fäkal
- hohe Abgaben innerhalb kurzer Zeit bei Schweißbildung

Bedarf Der Minimalbedarf wird mit 27 mg Na, 15 mg Cl und 139 mg K/kg $KM^{0,75}$ je Tag angegeben, um die unvermeidbaren renalen und fäkalen Verluste abzudecken (► **Tab. 3.14**, ► **Tab. 4.17**). Aufgrund der Cl- und K-Gehalte im Gras und in Graskonserven liegt die Aufnahme an diesen Elementen jedoch stets um ein Vielfaches höher (s. u., Versorgung), während die Na-Aufnahme über das Raufutter meist unbefriedigend ist.

Die Anforderungen der Thermoregulation (S. 33) legen nahe, eine höhere Versorgung mit Na und Cl zu empfehlen, als sich allein aus dem Minimalbedarf ergibt. Dies trägt dem Umstand Rechnung, dass der intra- und extrazelluläre Wasserbestand gefördert wird. Bei niedriger Na-Aufnahme ist mit einem Anstieg des Hämatokrits (Anteil der korpuskulären Blutbestandteile) zu rechnen. Daher wird für die Grundversorgung mit beiden Elementen neben dem Minimalbedarf auch die Empfehlung aufgeführt, die sich aus der Berücksichtigung von 0,04 l Schweiß/kg $KM^{0,75}$ je Tag (sog. Ruheschweiß; ca. 30 ml/m^2 je Stunde s. ► **Abb. 4.2**) ergibt.

Aufgrund der hohen Abgaben über den **Schweiß** steigt der Bedarf an beiden Elementen bei Bewegungsleistungen erheblich an (► **Tab. 4.17**), und zwar proportional zu der Belastung, da weder die Schweißmenge bei fortgesetzter Belastung noch die Elektrolytgehalte im Schweiß abnehmen. Je nach Schweißmenge kann mit den in ► **Tab. 4.19** aufgeführten Größen als Leistungsbedarf, d. h. zusätzlich zur Grundversorgung, gearbeitet werden. Die entscheidende Variable ist die Schweißmenge selbst. Die Ableitungen aus dem Energieumsatz (► **Tab. 4.18**) können als Orientierung dienen; eine Absicherung durch Wägung oder Anwendung des sog. Schweißschlüssels ► **Tab. 2.16** ist zu empfehlen, um den individuellen Bedingungen Rechnung zu tragen.

Der Elektrolytbedarf von **Zuchtstuten** und **Fohlen** (► **Tab. 4.17**) liegt nur geringfügig über dem Erhaltungsbedarf, da im angesetzten Gewebe bzw. in der Milch wenig Natrium und Chlorid enthalten sind. Die Versorgungsempfehlungen berücksichtigen jedoch auch in diesen Fällen eine geringe Schweißabgabe im Rahmen der Thermoregulation auch des nicht arbeitenden Pferdes (► **Tab. 4.17**).

Versorgung Die **Na-Versorgung** des Pferdes bleibt selbst im Erhaltungsstoffwechsel teils ungenügend oder unsicher, da viele Grundfuttermittel wenig Natrium enthalten. Im Grünfutter ebenso wie im Heu und in Silagen liegen die Na-Gehalte oft unter 0,5, teils unter 0,2 g/kg TS. Auch in Getreidekörnern und Getreidenachprodukten ist der Na-Gehalt mäßig (► **Tab. 13.34**).

Allein Rüben und Rübennachprodukte sowie Melasse liefern höhere Na-Mengen.

Der Gesamtbedarf ist bei Arbeitspferden infolge der Schweißverluste so variabel, dass er nicht sicher durch die Na-Gehalte von Raufutter und Konzentraten erfüllt werden kann. Lecksteine, die zur freien Verfügung stehen, bei hohen Schweißverlusten auch Zulagen von losem Salz in die Krippe, müssen die Versorgung sichern. Die freiwillige

Salzaufnahme über Lecksteine liegt bei bis zu 30 g/Tag. Im Ergänzungsfutter eingemischt wurde eine NaCl-Aufnahme bis zu 140 g beobachtet. Allerdings bestehen Zweifel, dass derartige Mengen an Na und Cl effektiv zur Substitution von Schweißverlusten genutzt werden können.

Folgende Faktoren sind zur Kompensation hoher Elektrolytverluste über den Schweiß zu berücksichtigen:

- Pferd: Aktivieren von Einsparungen u. temporärer Kompensation
- Ration: Anpassung des Elektrolytangebotes

Die Reduktion der renalen Elektrolytabgaben zur Anpassung an verminderte Aufnahme oder Kompensation der Schweißverluste ist für die Bilanz entscheidend. Über den Bedarf hinausgehend aufgenommene Mengen an Na und Cl werden über die Niere ausgeschieden. Bei erhöhter Nachfrage infolge der Schweißbildung kann die Ausscheidung nachhaltig vermindert werden; nach Bilanzstudien ist eine Absenkung auf etwa 30 % der renalen Abgabe von Na und Cl an Ruhetagen möglich. Das absolute Einsparpotential ist logischerweise von der Elektrolytaufnahme abhängig.

Die ► **Abb. 4.17** zeigt modellhaft, dass bei erhöhter NaCl-Zufuhr (45 g Na, 142 g Cl, 250 g K) die Abgaben von Cl und K über die Nieren gegenüber dem Ruhetag sicher so weit vermindert werden können, dass die Schweißverluste an Cl und K gänzlich kompensiert werden. Für den Ausgleich der kutanen Na-Abgaben wird hingegen noch zusätzlich eine endogene Umverteilung zulasten körpereigener Depots erforderlich sein (verbleibendes Defizit von 30 g Na entspricht ⅔ der Na-Abgabe über den Schweiß), die aber aufgrund der Größenordnung leistbar erscheint. Als temporär verfügbare Reserve kann der Knochen verstanden werden, in dem besonders der im extrazellulären Wasserraum vertretende Na-Anteil (ca. 17 %) mobilisierbar ist.

Die Abnahme der Mineralstoffdichte im Knochen bei fortgesetztem Na-Defizit ist besonders bei Dauerbelastung beobachtet worden. Die Sensibilität des Knochens gegenüber Vasopressin (antidiuretisches Hormon; fördert die Wasserrückresorption in der Niere; Stimulation von Zellen des Knochengewebes) und Aldosteron (hemmt die Na-Abgabe über die Niere; interagiert mit Parathormon) stützen die Annahmen zur Beteiligung des Knochens an der Kompensation kutaner Verluste. Wird der in ► **Abb. 4.16** erkennbare Anteil der endogenen Depots zur Kompensation kutaner Na-Abgaben mit ⅔ angenommen, lässt sich die notwendige Na-Aufnahme ableiten, die bei Minderung der renalen Exkretion zum Ausgleich der kutanen Abgaben notwendig ist (► **Abb. 4.17**). Nach diesen modellhaften Ableitungen muss selbst bei einer Aufnahme von 1 g Na je Gramm Na im Schweiß (**z. B. 15 l Schweiß, 42 g Na-Abgabe vs. Aufnahme von rd. 40 g Na**) die renale Ausscheidung stark gedrosselt und der Extrazellularraum zur temporären Kompensation herangezogen werden. Aufgrund der endokrinen Bedingung ist es naheliegend, NaCl-Supplementierungen vor allem nach Arbeitsperioden vorzusehen, wenn die Regelkreise auf das Konservieren von Wasser und Elektrolyten eingestellt sind.

Die Aufnahme von 2100 g NaCl bei Arbeitspferden ist unsicher, so dass bei hohen Schweißverlusten die Kompensation kutaner Abgaben mehrere Tage in Anspruch nehmen wird.

Die **Cl-Versorgung** ist generell günstiger, da Gras und Graskonserven überwiegend mehr als 6, im Mittel 8 g Cl/kg Futter-TS enthalten. Selbst bei eingeschränkter Futteraufnahme (ca. 1,5 kg Trockenmasse/100 kg KM/Tag) werden über Gras und Graskonserven > 8 g Chlorid/100 kg KM/Tag (bzw. > 400 mg/kg $KM^{0,75}$) aufgenommen.

Praxis

Die Na- und Cl-Versorgung des Pferdes sollte stets durch Lecksteine, bei hoher Arbeitsintensität zusätzlich durch loses Viehsalz (ohne Zusatz von Jod und Fluorid) abgesichert werden.
Bei hohen, regelmäßigen Schweißverlusten ist Na bevorzugt als NaCl entsprechend den Schweißverlusten zu supplementieren.

Zur Beurteilung der Versorgung s. Kap. Diagnostik zur Überprüfung einer adäquaten Energie- und Nährstoffversorgung (S. 265).

Zur Abdeckung des K-Bedarfs muss das Futter zwischen 4–6 g K/kg Futter-TS enthalten. Diese Werte werden in üblichen Futtermitteln stets erreicht bzw. deutlich überschritten. In Gras und Graskonserven können regelmäßig > 20 g Kalium/kg TS erwartet werden.

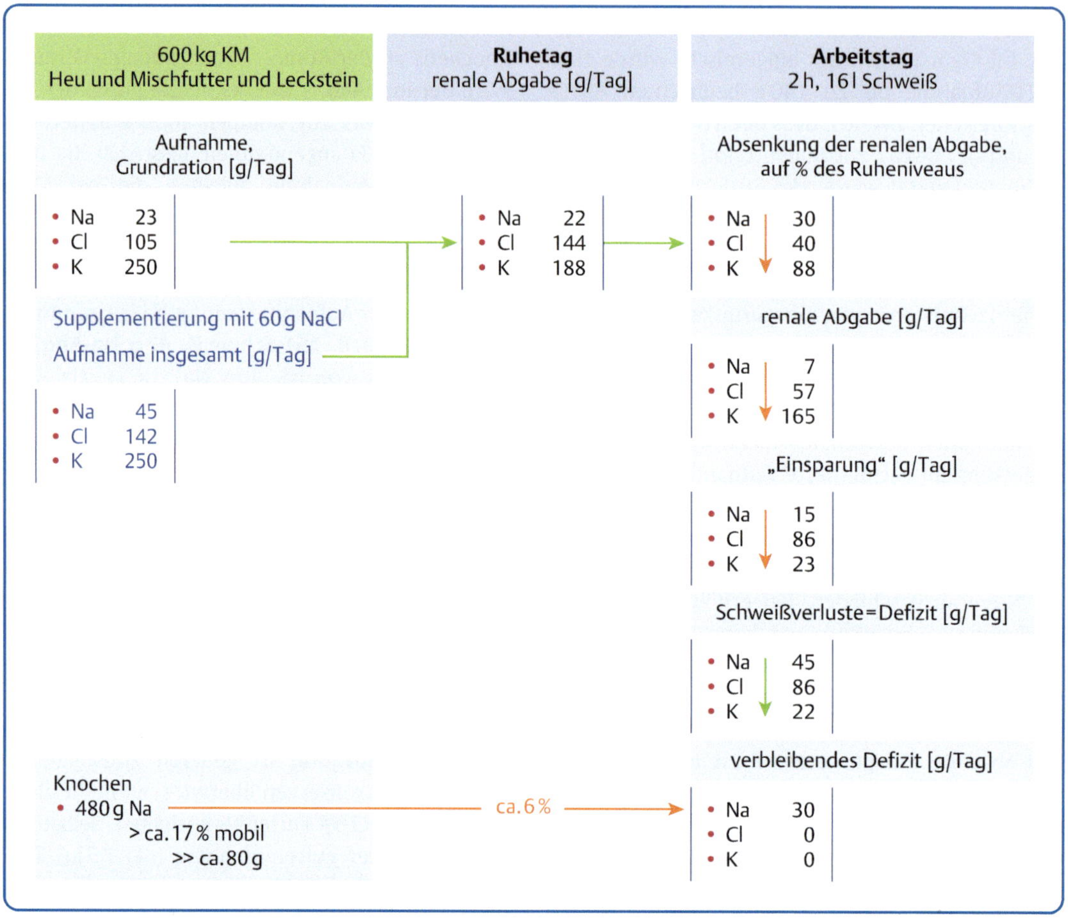

▶ **Abb. 4.16** Modellhafte Ableitung zum Beitrag der Reduktion renaler Elektrolytabgaben und der möglichen Beteiligung des Knochens zur Kompensation kutaner Elektrolytverluste (Abb. basiert auf Daten aus Kienzle u. Burger 2011, Coenen u. Vervuert 2003, GfE 2014).

Verlieren die Pferde vermehrt Kalium über den **Schweiß**, so sind Gehalte bis zu 10 g/kg TS notwendig. Auch dieser Wert wird demnach im Mittel bei ausreichenden Raufuttermengen in den meisten Fällen erreicht bzw. überschritten.

Mangel Na-, aber auch Cl-Defizite treten vor allem bei Reitpferden aufgrund der hohen Abgaben über den **Schweiß** auf, gelegentlich auch nach hohen Blutverlusten, schweren Schäden an der Magenschleimhaut oder Durchfällen.

Einseitiger **Na-Mangel** kann auf der Weide bestehen, mit Lecksucht, bei Weidepferden evtl. Erdefressen, geringem Appetit, Gewichtsabnahme, trockener Haut, Rückgang der Osmolalität im Blut, Leistungsschwäche sowie Eindickung des Darminhalts.

Bei **Cl-Mangel** ist die klinische Symptomatik nur schwach ausgeprägt (ähnlich wie beim Na-Defizit); vielmehr entsteht neben der Hypochlorämie eine metabolische Alkalose. Diese Bedingung kann temporär bei hohen Schweißmengen auftreten.

Ein primärer alimentärer K-Mangel, gekennzeichnet durch geringe Fresslust und Muskelschwäche, ist unter Praxisbedingungen nicht zu erwarten.

Bei intensiv arbeitenden Pferden (Pferde im Leistungssport mit täglichem Training), die viel Kalium über den Schweiß verlieren, kommt es nach Belastungen evtl. zu einer Hypokaliämie (▶ **Abb. 4.18**). Mit Beginn der Bewegung tritt Kali-

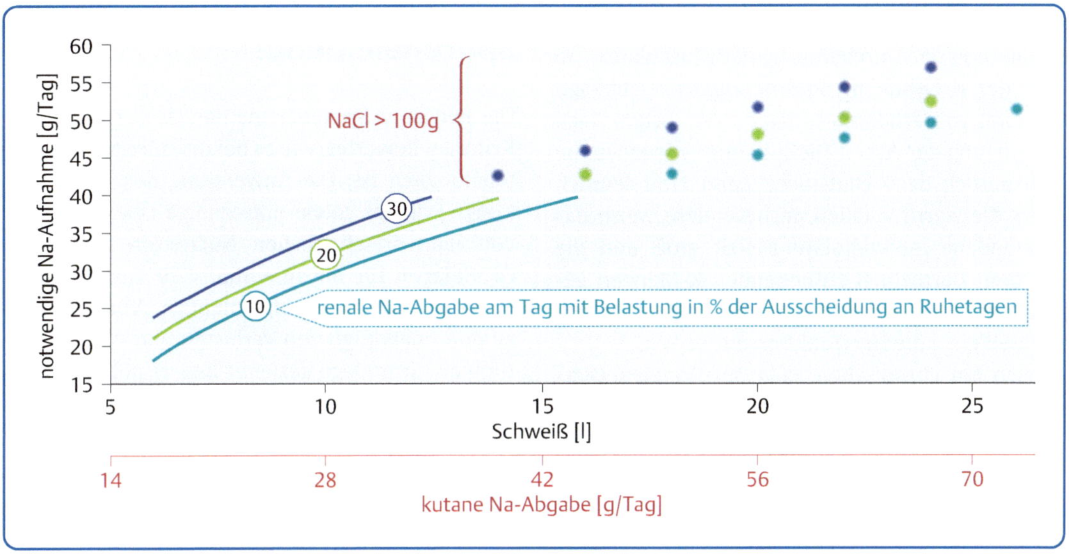

▸ **Abb. 4.17** Die zum Ausgleich der Na-Bilanz notwendige Na-Aufnahme bei Na-Verlusten über den Schweiß differenziert nach der Reduktion der renalen Na-Abgaben gegenüber Ruhebedingungen auf 10, 20 und 30 % (Prämisse: ⅔ der kutanen Verluste werden temporär aus dem Extrazellularraum kompensiert) (Renale Na-Abgabe unter Ruhebedingungen: Abb. basiert auf Daten aus Kienzle u. Burger 2011; GfE 2014). Beispiel: Bei 10 l Schweiß und 28 g kutaner Na-Verluste muss die Na-Aufnahme rd. 31 g betragen, um mit Hilfe der auf 20 % der Na-Ausscheidung an Ruhetagen verminderten renalen Abgabe und einem Beitrag des Extrazellularraumes u. a. des Knochens in Höhe von ⅔ der Schweißverluste die kutanen Verluste auszugleichen.

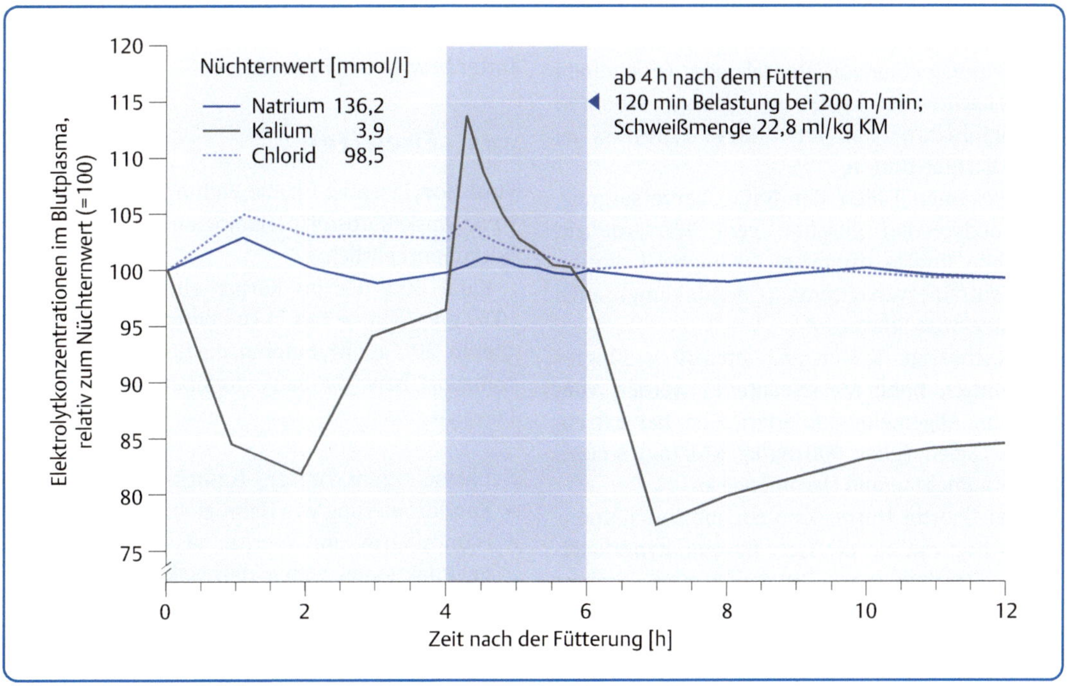

▸ **Abb. 4.18** Veränderungen von Elektrolytkonzentrationen im Blutplasma nach der Fütterung über 12 Stunden einschließlich einer Arbeitsbelastung ab der 4. Stunde postprandial für 120 Minuten (Abb. basiert auf Daten aus Coenen et al. 1995).

um aus den Muskelzellen in das Blutplasma über (Steigerung der Durchblutung der Muskulatur), so dass der K-Gehalt im Plasma zunächst ansteigt, begleitet von erhöhten renalen K-Verlusten. Nach Beendigung der Arbeit fließt Kalium wieder in die Zelle zurück, der K-Blutspiegel kann dann deutlich unter die Norm abfallen, insbesondere wenn das entstandene intrazelluläre Defizit groß und die aus dem Darmkanal zufließenden K-Mengen gering sind. Temporäre Hypokaliämien können sich nachteilig auf die Herzfunktion auswirken.

Auch bei chronischen, lang anhaltenden **Diarrhöen** besteht die Gefahr eines K-Defizits und der Störung des Säuren-Basen-Haushalts.

Überschuss Bei freiem Zugang zu Salzquellen beobachtet man z. T. eine höhere Salzaufnahme als es dem Bedarf entspricht, bei einer allerdings weiten Variation zwischen einzelnen Tieren. Ein bedarfsübersteigender Na- und Cl-Konsum wird mit forcierten renalen Abgaben kompensiert. Solange Wasser zur Verfügung steht, um die Diurese zu ermöglichen, ist dies unkritisch. Eine unreflektierte, nicht durch Schweißabgaben begründete NaCl-Aufnahme ist allerdings zu vermeiden.

Eine stark überhöhte Na-Aufnahme, die gelegentlich bei jüngeren oder unerfahrenen Tieren nach Bereitstellung von Viehsalz oder Lecksteinen zu beobachten ist, kann zusätzlich zur erhöhten Wasseraufnahme mit verstärktem Harnfluss zu einer Diarrhöe führen.

In extremen Fällen der NaCl-Überversorgung, insbesondere bei gleichzeitigem Wasserdefizit, entstehen infolge osmotisch bedingter Irritation des Zentralnervensystems (Ödembildung) auch zentralnervöse Störungen.

Überschüssige K-Mengen (intensiv gedüngtes Weidefutter, hohe Melasseanteile) werden vom Pferd im Allgemeinen toleriert. Erst bei extrem hohen Gaben (über 500 mg/kg KM/Tag) steigen Wasseraufnahme und Harnmenge an.

Unter Quarter Horses kam ein autosomal dominantes Gen vor, das die Tiere für eine **hyperkaliämische Paralyse** (nach Bewegung oder erhöhter K-Zufuhr) disponierte. In solchen Fällen ist eine restriktive K-Versorgung notwendig.

4.4 Spurenelemente

Der Bedarf an Spurenelementen ist nicht nach den Kriterien bewertet, wie es bei den Mengenelementen möglich ist. Die Anwendung des Dosis-Wirkungs-Prinzips sowie notwendige Übertragungen von landwirtschaftlichen Nutztieren bilden die Grundlagen für die in ▶ **Tab. 4.20** zusammengefassten Versorgungsempfehlungen. Vorstellungen zu den unabdingbaren Verlusten und der Verwertung als Grundlage gezielter Bedarfsableitung wie bei den Mengenelementen sind allenfalls größenordnungsmäßig vorhanden. Vergleichende Kalkulationen und Abgleichungen mit früheren Empfehlungen lassen den Schluss zu, dass die aktuellen Angaben (▶ **Tab. 4.20**) die tatsächlichen Anforderungen hinreichend absichern.

Die natürlichen Gehalte der üblichen Futtermittel reichen nicht immer zur optimalen Versorgung aus (betrifft Cu, Zn, Se und teilweise J).

Folglich sind Misch- oder Mineralfutter einzusetzen, die mit Spurenelementen angereichert sind. Da Spurenelemente zu den Zusatzstoffen zählen, unterliegen sie rechtlichen Bestimmungen u. a. zur Zulässigkeit der jeweiligen chemischen Verbindungen und den Höchstgehalten im Alleinfutter bzw. in der Tagesration.

4.4.1 Eisen (Fe)

Funktion Eisen ist für die Bildung des roten Blut- bzw. Muskelfarbstoffs (Hämoglobin bzw. Myoglobin) unentbehrlich.

Rund 60 % des im Körper enthaltenen Eisens (0,07 g/kg KM; ▶ **Tab. 4.20**) entfallen auf **Hämoglobin**, 20 % auf **Myoglobin**, die für den Sauerstofftransport bzw. die Sauerstoffübertragung unentbehrlich sind.

Schlüsseleigenschaften/-funktionen

- Konditionierung von Hämoglobin und Myosin
- Hämosiderin und Ferritin als „Lagerformate", bei Infektionen auch in den Makrophagen
- Faktor für Enzyme (z. B. Enzyme bei der Synthese nicht essenzieller Aminosäuren oder der Inaktivierung von Sauerstoffradikalen)
- Absorption im Duodenum

► **Tab. 4.20** Empfehlungen für die tägliche Spurenelementversorgung von Pferden (mg; Tab. basiert auf Daten aus GfE 2014).

	Trockensubstanzaufnahme (kg)	Fe	Cu	Zn	Mn	Se	J
je kg KM^{0,75}							
Erhaltung	0,1	4	1	4	4	0,01	0,015
Trächtigkeit	0,1	5	1	4,5	4,5	0,015	0,015
Laktation	0,145	5	1	4,5	4,5	0,015	0,015
Wachstum	0,1	8	1,1	4,5	4,5	0,015	0,015
Arbeit	0,13	4	1	4,5	4,5	0,015	0,015
Empfohlene Spurenelementgehalte je kg Trockensubstanz							
Erhaltung		40	10	40	40	0,10	0,15
Trächtigkeit		50	10	45	45	0,15	0,15
Laktation		34	7	31	31	0,10	0,10
Wachstum		80	11	45	45	0,15	0,15
Arbeit		31	8	35	35	0,12	0,15
Spurenelementzufuhr je Tier/Tag bei 500 kg KM (ausgewachsen)							
Erhaltung	10,6	423	106	423	423	1,1	1,6
Trächtigkeit	10,6	529	106	529	423	1,6	2,1
Laktation	15,3	529	106	529	423	1,6	2,1
Wachstum[1)]	10,6	401	55	201	201	0,8	1,0
Arbeit	13,7	423	106	529	476	1,1	2,1

- Verfügbarkeit u. a. durch Magensäure gefördert, durch Antacida gehemmt
- straffe Regulation der Absorption durch Hepcidin
- Ausscheidung über Galle und Fäzes
- zulässiger Gehalt 750 mg/kg Alleinfutter bzw. Tagesration

Bedarf Entsprechend den genannten Funktionen ist Eisen besonders für **Fohlen** (Blutbildung) von Bedeutung. Neugeborene Fohlen verfügen nach der Geburt aufgrund ihres erhöhten Blutvolumens und Hämatokritwerts über begrenzte Fe-Reserven im Blut (rd. 80 % des Gesamtkörper-Eisens laufen im Blut um), so dass die geringe Fe-Aufnahme über die Milch zunächst intern kompensiert werden kann.

Erhöhter Bedarf besteht nach **Blutverlusten** (Verletzungen, Darmparasiten) sowie bei **beginnendem Training** (Vermehrung der roten Blutkörperchen). Da mit dem **Schweiß** Eisen verlorengeht, steigt auch bei stark schwitzenden Pferden der Bedarf. Hierzu trägt auch die erhöhte Erneuerungsrate der Erythrozyten bei. Diesen Anforderungen entsprechend sind die Bedarfszahlen anzusetzen (► **Tab. 4.20**).

Die Fe-Absorption erfolgt über den gesamten Magen-Darm-Trakt, schwerpunktmäßig im Dünndarm und ist streng durch **Hepcidin** reguliert; hierdurch ist gesichert, dass Eisen nicht im Überschuss absorbiert wird. Hepcidin ist bei erhöhter Fe-Aufnahme ebenso aktiviert wie bei Entzündungsvorgängen. Unter diesen Bedingungen wird die Fe-Speicherung von Makrophagen verstärkt. Angesichts dieser straffen Regulation ist eine bedarfsübersteigende Fe-Supplementierung fragwürdig.

Versorgung Die Fe-Versorgung ist bei ausgewachsenen Pferden in der Regel gesichert, da die üblichen Pferdefuttermittel mehr Eisen enthalten, als die Bedarfszahlen vorsehen (► **Tab. 4.21**). Allerdings wird Eisen aus manchen Futtermitteln (Getreidekörner, Getreidenachprodukte, Ölsaatrückstände), in denen es überwiegend in Form von Eisenphytat vorliegt, schlecht verwertet.

► **Tab. 4.21** Spurenelementgehalte verschiedener Futtermittel (mg/kg Trockensubstanz) (Tab. basiert auf Daten aus Jeroch et al. 1993, Coenen 2013, https://www.feedipedia.org, DLG-Futtermitteldatenbank); Einzelfuttermittel s. Anhang (S. 334).

Futtermittel	Fe	Cu	Mn	Zn	Ko	J	Se
Gras, Graskonserven	> 100	4–8	> 30	20–50	0,1–0,3	0,05–0,1	< 0,1
Getreide	30–100	6–9	30–40	15–40	< 0,1	< 0,1	0,2–0,3
proteinreiche Samen	> 150	10–20	40–60	40–50	0,1–0,2	0,1–0,3	0,15–0,3
Nebenprodukte der Müllerei	> 150	> 20	> 100	> 100	0,1–0,15	0,1–0,15	0,3–0,4
Nebenprodukte der Ölgewinnung	> 150	> 20	> 100	> 40	0,1–0,13	0,1–0,3	0,3–0,4

Zur Beurteilung der Versorgung s. Kap. Diagnostik zur Überprüfung einer adäquaten Energie- und Nährstoffversorgung (S. 265).

Mangel Bei Rennpferden und stark parasitär befallenen Pferden wurden gelegentlich Mangelzustände beobachtet. Bei Saugfohlen treten in der Regel keine Fe-Mangelerscheinungen auf, andererseits ist die Fe-Versorgung **zu früh geborener Fohlen** zu beachten, da rd. 50 % des insgesamt im Fohlenkörper retinierten Eisens (► **Tab. 2.7**) erst im letzten Trächtigkeitsmonat eingelagert werden.

Bei einer ungenügenden Fe-Versorgung können Hämoglobin und Myoglobin nicht ausreichend gebildet werden. Die Zahl der roten Blutkörperchen geht zurück; mikrozytäre hypochrome Anämie, Leistungsschwäche, Infektionsanfälligkeit und angestrengte Atmung sind die Folgen.

Vorsicht

Bei normal entwickelten, neugeborenen Fohlen sind orale Gaben zu vermeiden, weil noch keine ausreichende Fe-Bindungskapazität im Serum vorliegt. Bei klinisch manifestem Fe-Mangel in den ersten Lebenswochen hat die orale Gabe von Fe-Sulfat zur Verbesserung der gestörten Blutbildung beigetragen (4 mg/kg KM je Tag).

Überschuss Der maximal verträgliche Fe-Gehalt in Futterrationen für adulte Pferde ist bei 1000 mg/kg Futter-TS anzusetzen. Hohe Fe-Gehalte in der Ration (starke Kontamination des Weidegrases mit Erde) können die Verwertung von Phosphor, evtl. auch von Kupfer, Mangan und Zink beeinträchtigen. Auch kommt es vermutlich zu einer unerwünscht hohen Freisetzung von Hepcidin (verstärkte Fe-Speicherung in Makrophagen und in der Leber).

4.4.2 Kupfer (Cu)

Funktion Kupfer ist für die Nerven-, Blut-, Pigment- und Bindegewebsbildung und damit auch für die Knochenentwicklung unentbehrlich.

Schlüsseleigenschaften/-funktionen

- Beteiligung an der Bildung von Hämoglobin und Myelin
- Einfluss auf die Formation von Kollagenasen → Entwicklung und Belastbarkeit von Sehnen und Bändern, Knochenstoffwechsel
- Faktor für Keratinsynthese und Pigmentbildung
- Cu-Speicherung im Lebergewebe
- Cu-abhängige Enzyme → Zellatmung, antioxidative Kapazität
- zulässiger Gehalt 25 mg/kg Alleinfutter bzw. Tagesration

Bedarf Zur Abdeckung des Cu-Bedarfs wird eine Zufuhr von 1 mg/kg $KM^{0,75}$ je Tag empfohlen.

Der Cu-Gehalt der Ration sollte bei Absatzfohlen und Zuchtstuten 10, bei den übrigen Tieren 8–10 mg/kg Futter-TS betragen (► **Tab. 4.20**). Die Versorgungsempfehlungen für Stuten entsprechen französischen Daten oder liegen geringfügig höher. Für tragende Stuten wird die notwendige Einlagerung von Cu in die Leber des Fetus berücksichtigt. Die Cu-Versorgung des Saugfohlens hängt von den Cu-Vorräten der eigenen Leber ab, die während der späten intrauterinen Wachstumsphase angelegt werden. Cu-Konzentrationen in der Gesamtration der Stute von > 15 mg/kg TS (entsprechen rd. 2 mg Cu/kg $KM^{0,75}$ je Tag) sind für die notwendige Cu-Ausstattung des Neugeborenen nicht erforderlich, möglicherweise unwirksam.

Versorgung Die Cu-Gehalte in Gras und Graskonserven sind üblicherweise für Pferde im Erhaltungsstoffwechsel ausreichend (▶ **Tab. 4.21**). Stuten und Fohlen hingegen sind häufig einer Cu-Verknappung ausgesetzt, besonders wenn die Cu-Gehalte, wie nicht selten der Fall, im Raufutter unterdurchschnittlich sind (< 6 mg/kg Trockenmasse). Im Ergänzungsfutter für Saugfohlen ist der Cu-Gehalt wegen der niedrigen Gehalte in der Stutenmilch höher anzusetzen (25 mg/kg), um auf einen Gehalt in der Gesamtration von rd. 10 mg/kg Futter-TS zu kommen.

Zur Absicherung der Cu-Versorgung sollten Gras und Graskonserven mit spurenelementhaltigen Mineralfuttermitteln ergänzt werden.

Zur Beurteilung der Versorgung s. Kap. Diagnostik zur Überprüfung einer adäquaten Energie- und Nährstoffversorgung (S. 265).

Mangel Bei mangelhafter Versorgung sind bei wachsenden Fohlen Anämien und Skelettveränderungen, bei tragenden Stuten ungenügende Einlagerung von Kupfer in die fetale Leber, bei älteren Pferden Neigung zu Gefäßrupturen und Pigmentverlusten zu erwarten.

Eine ungenügende Cu-Speicherung in der fetalen Leber erhöht nach der Geburt das Risiko für einen temporären Cu-Mangel und die Entwicklung von Bewegungsstörungen, da Stutenmilch relativ Cu-arm ist.Bei 2–4 Monate alten Saugfohlen wurden Cu-Mangelerscheinungen beobachtet (schmerzhafte Schwellungen insbesondere am Fesselkopf, generalisierte Osteochondrose), wenn sie nur Muttermilch aufnahmen und auf Cu-armen Standorten (Sand-, Moor- und Marschböden) weideten.

Überschuss Die Toleranz des Pferdes gegenüber Kupfer erscheint hoch. Gehalte von 800 mg/kg Futter-TS wurden über mehrere Monate toleriert; dennoch sind Werte über 50 mg/kg Futter-TS zu vermeiden, da die Leber geschädigt (Cu-Speicherung in der Leber) und die Zn-Verwertung beeinträchtigt werden können. Schließlich werden hohe Mengen ungenutzt ausgeschieden und können die Umwelt belasten.

4.4.3 Zink (Zn)

Funktion Zink ist für zahlreiche Enzyme im Kohlenhydrat- und Eiweißstoffwechsel unentbehrlich, vor allem auch für die normale Funktion der Epithelregeneration von Haut und Schleimhäuten sowie die Funktion des Nervengewebes.

Schlüsseleigenschaften/-funktionen

- die höchsten Anteile am Gesamtbestand: Muskulatur
- Zn-reich: Pankreassekret, Leber
- essenzieller Faktor bei Zellerneuerung und Erhalt genetischer Information (Funktion der sog. Zink-Finger-Proteine)
- Bedeutung für kognitive Leistungen
- unabdingbar für die Keratinbildung
- zulässiger Gehalt 150 mg/kg Alleinfutter bzw. Tagesration

Bedarf Die empfohlene Zufuhr von 4–4,5 mg Zn/kg $KM^{0,75}$ je Tag deckt den Bedarf von Pferden ab.

Dies wird bei ungestörter Futteraufnahme mit etwa 30–40 mg Zn/kg Futter-TS erreicht (▶ **Tab. 4.20**). Bei hohen Gehalten an Phytinsäure im Futter (Getreidekörner, Getreidenachprodukte) sowie einem hohen Ca- oder Cu-Angebot ist mit einer Einschränkung der Verfügbarkeit zu rechnen, so dass eine erhöhte Zn-Zufuhr gerechtfertigt ist.

Versorgung Die Zn-Versorgung des Pferdes ist über die natürlichen Gehalte im Raufutter vielfach unbefriedigend (▶ **Tab. 4.21**). Mineralfutter zur Ergänzung von Gras, Heu und anderem Raufutter (Stroh) sollte stets Zn enthalten. Zn-Oxid ist zwar sehr verbreitet, aber weniger effektiv als Zn-Chlorid oder Zn-Sulfat. Organische Verbindungen sind nicht notwendig. Eine übertriebene Supplementierung ist ungünstig; wie bei Cu besteht eine lineare Beziehung zwischen Zn-Aufnahme und fäkaler Abgabe (vermeidbare Emission).

Zur Bewertung der Versorgung ist die Untersuchung der Futtermittel die erste Wahl.

Mangel Mangelerkrankungen wurden bisher nur unter experimentellen Bedingungen erzeugt. Ein Zinkmangel führt zu borkigen Auflagerungen und Verdickungen der Haut (Parakeratose) bei gleichzeitigem Haarausfall und erhöhter Infektionsneigung.

Überschuss Die Toleranz erwachsener Pferde gegenüber erhöhten Zn-Gehalten im Futter ist groß (> 500 mg/kg TS).

> **Vorsicht**
> **Tragende Stuten sollten nicht mit Zink überversorgt werden oder unkontrolliert hohe Zn-Mengen aufnehmen können (evtl. überhöhte Zn-Speicherung in der fetalen Leber).**

4.4.4 Mangan (Mn)

Funktion Mangan wirkt als Ko-Faktor in zahlreichen Enzymsystemen (Mineral- und Fettstoffwechsel). Es ist auch für die Funktion der Eierstöcke essenziell.

Schlüsseleigenschaften/-funktionen

- bedeutender Faktor für das Immunsystem und Schutz vor oxidativem Stress
- hohe Konzentrationen in Nervenzellen
- erforderlich für die Funktion von Chondroitinsulfat
- zulässiger Gehalt 150 mg/kg Alleinfutter bzw. Tagesration

Bedarf Die empfohlene Zufuhr von 4–4,5 mg Mn/kg $KM^{0,75}$ je Tag sichert eine bedarfsgerechte Versorgung. Dem wird auch nach Beobachtungen bei anderen Tieren mit 40 mg/kg Futter-TS entsprochen. (► **Tab. 4.20**).

Versorgung Die Mn-Versorgung ist in der Regel gesichert (► **Tab. 4.21**). Der Mn-Gehalt im Grünfutter und Heu liegt selten unter 30 mg/kg TS. Nur auf kalkhaltigen Böden mit hohem pH-Wert sowie auf leichten Sandböden, die von Natur aus Mn-arm sind und stark aufgekalkt wurden, kommen tiefere Werte vor. Auch Produkte der Maispflanze und Getreidekörner weisen geringere Gehalte auf als oben genannt.

Mangel Akute Mangelzustände sind nicht bekannt.

Überschuss Stark überhöhte Mn-Gehalte im Grünfutter (600–1200 mg Mn/kg TS) begünstigen Anämien, vermutlich infolge beeinträchtigter Fe-Absorption.

Zur Beurteilung der Versorgung s. Kap. Diagnostik zur Überprüfung einer adäquaten Energie- und Nährstoffversorgung (S. 265).

4.4.5 Kobalt (Co)

Funktion Kobalt liegt als Zentralatom im Vitamin B_{12} vor, das im Darmtrakt des Pferdes durch Mikroorganismen synthetisiert wird.

Schlüsseleigenschaften/-funktionen

- Cobalamin als biologisch wirksames Format
- essenziell im Energiestoffwechsel der Zelle
- beteiligt an der energetischen Verwertung flüchtiger Fettsäuren
- Co-Speicherung in der fetalen Leber

Bedarf Der Co-Bedarf des Pferdes ist nicht hinreichend spezifiziert. Bei Co-Konzentrationen im Futter von 0,1 mg/kg TS gilt jedoch eine adäquate Versorgung als gesichert. (► **Tab. 4.20**).

Die empfohlene Zufuhr wird mit den üblichen Pferdefuttermitteln in der Regel gedeckt (► **Tab. 4.21**). Auf ausgewaschenen Sand- bzw. Granit- und Gneisverwitterungsböden liegt der Co-Gehalt im Aufwuchs evtl. unter dem angegebenen Mindestwert.

Mangel Ein Co-Mangel führt zu Vitamin-B_{12}-Mangel, d. h. zu Blutarmut, Hautveränderungen und Wachstumsstillstand, da nicht genügend Vitamin B_{12} gebildet werden kann. Mangelkrankheiten sind in der Praxis jedoch bisher nicht beschrieben worden.

4.4.6 Jod (J)

Funktion Jod ist Bestandteil der Schilddrüsenhormone, die den Stoffumsatz im Organismus steuern.

Schlüsseleigenschaften/-funktionen

- essenziell für die Verfügbarkeit von Thyroidhormonen
- wachstumsrelevante Wirkung schon in der Embryonalphase
- frühe Deponierung von J in der Plazenta
- J-Mangel und -Überschuss → Vergrößerung der Schilddrüse
- zulässiger Gehalt 4 mg/kg Alleinfutter bzw. Tagesration

Bedarf Die empfohlene Jodversorgung von 0,015 mg/kg $KM^{0,75}$ je Tag wird mit J-Konzentrationen in der Gesamtration von 0,2 mg/kg Futter-TS erreicht (▶ **Tab. 4.20**). Liegen störende Sekundärstoffe (S. 113) im Futter vor, muss die J-Zufuhr auf das 2- bis maximal 3-Fache angehoben werden. Dies ist bei der Verwendung von Rapsprodukten bei tragenden Stuten bedeutsam.

Versorgung Der J-Bedarf der Pferde wird in küstennahen Gebieten durch die bodenständigen Grundfuttermittel sicher gedeckt, da dort mit den Niederschlägen größere J-Mengen abregnen (▶ **Tab. 4.21**). In Mittelgebirgs- und Alpengebieten kann aufgrund eines geringen J-Gehalts in Böden, Futtermitteln und Trinkwasser die J-Versorgung marginal sein.

Zur J-Substitution sind Jod-Salze und jodhaltige Futtermittel (Algen-, Fischmehle, jodiertes Viehsalz, Mineralfutter) geeignet. Lagern Lecksteine länger auf der Weide, wird Jod, wenn es in der leicht zersetzbaren Form des Kaliumjodids zugemischt wurde, flüchtig. Dann enthalten die äußeren, vom Tier beleckten Flächen nur noch Jodspuren. Der Zusatz von **Kaliumjodat**, das weniger leicht zersetzt wird, ist zweckmäßiger.

Mangel Ein J-Mangel kann **primär** entstehen durch geringe J-Gehalte im Futter oder **sekundär** durch Futterinhaltsstoffe, die eine Hemmung der Bildung der Schilddrüsenhormone erzeugen. Dazu zählen einwertige Ionen mit ähnlichem Ionendurchmesser wie Jodid, z. B. Thiozyanate oder Isothiozyanate aus Brassicaceen oder Weißklee, vor allem aber Nitrat. Durch erhöhte J-Gaben kann der negative Effekt kompensiert werden. Dies gilt nicht für andere goitrogene Stoffe, z. B. Goitrin aus Raps oder Thiourazile.

Ein primärer oder sekundärer Jodmangel fällt bei ausgewachsenen Pferden zunächst nur durch Kropfbildung auf, erst im fortgeschrittenen Stadium werden Appetitlosigkeit, Lethargie, Haarausfall u. a. sichtbar.

Ein Mangel bei **tragenden Stuten** verursacht Aborte oder eine verzögerte Reifung des Fetus (verlängerte Tragezeit) sowie Störungen in der Entwicklung des Nerven- und Skelettsystems. Die Neugeborenen sind lebensschwach. Neben einem Kropf fallen lethargisches Verhalten und Skelettdeformationen auf. Da unter diesen Bedingungen der J-Gehalt der Stutenmilch niedrig ist, bleibt die J-Versorgung der Fohlen auch post natum ungenügend.

Überschuss Fütterung von > 20 mg Jod/Tag (z. B. durch Algenmehl, üblicherweise 500–600 mg J/kg TS, gelegentlich deutlich höher) an tragende Stuten verursachte bei neugeborenen Fohlen Erscheinungen wie beim J-Mangel (Kropf sowie Skelettveränderungen).

> **Vorsicht**
> **Eine unkontrollierte, überhöhte Jodzufuhr ist zu vermeiden.**

4.4.7 Selen (Se)

Funktion Selen schützt neben Vitamin E die Zellmembranen vor schädlich wirkenden Peroxiden. Während Vitamin E als Antioxidans die Bildung von Peroxiden hemmt, inaktiviert das Se-haltige Enzym Glutathionperoxidase diese Peroxide.

Schlüsseleigenschaften/-funktionen

- Bestandteil der Glutathionperoxidase → antioxidatives Prinzip, Radikalfänger
- zahlreiche Selenoproteine → z. T. gewebespezifische Antioxidantien
- essenziell für das Immunsystem
- passiver, nicht regulierter Transport durch die Darmwand bei anorganisch gebundenem Se; bei Se-Aminosäuren → Absorption mit Aminosäuren
- kein Speichergewebe
- zulässiger Gehalt 0,5 mg/kg Alleinfutter bzw. Tagesration

Bedarf Bei rd. 0,1–0,2 mg Se /kg Futter-TS wird die empfohlene Versorgung von 0,01–0,015 mg/kg $KM^{0,75}$ je Tag gewährleistet (▶ **Tab. 4.20**).

Versorgung Die Se-Gehalte in Futtermitteln (▶ **Tab. 4.21**) variieren erheblich in Abhängigkeit vom Boden (niedrige Gehalte auf sauren Standorten sowie Sand-, Moor-, Granitverwitterungs- und Schwemmlandböden), von Düngungsintensität, Industrieimmissionen, Vegetationsstadium oder Konservierungsart.

Insgesamt kann auf typischen hiesigen Weidestandorten bzw. bei Verwendung der Graskonserven keine angemessene Se-Aufnahme angenommen werden. Auch Getreidekörner und Nebenprodukte sind allgemein selenarm. **Lein-** und Rapssamen bzw. Nebenprodukte der Ölgewinnung aus diesen Samen können hohe Se-Konzentrationen aufweisen (> 1 mg/kg TS).

Durch Trocknung bei hohen Temperaturen kann der Se-Gehalt abnehmen, da sich teilweise flüchtiger Selenwasserstoff bildet. Dies erklärt teilweise die sehr geringen Gehalte in Trockenmagermilch oder Trockenhefe.

Vorsicht
Erhalten Pferde nur wirtschaftseigenes Futter, ist die Se-Versorgung oft nicht ausreichend.

Zur Vorbeugung eines Se-Mangels sind Se-haltige **Mineralfutter** (rd. 15 mg Se/ kg), auf der Weide auch Se-haltige **Lecksteine** (bis 24 mg Se/kg) einzusetzen. Zur Steigerung des Se-Gehalts im Grünfutter wird die Düngung mit 2–4 g Se/ha (als Natriumselenat) empfohlen. Auch im Getreideanbau erzeugt eine Se-Düngung einen Anstieg in den Se-Gehalten des Getreidekorns.

Mangel Eine marginale oder defiziente Se-Versorgung schwächt allgemein die Infektionsabwehr und vermindert die gewünschte Reaktion des Immunsystems bei Impfmaßnahmen.

Gehalte unter 0,025 mg/kg TS führen mit großer Wahrscheinlichkeit zu Störungen – besonders bei Feten und Neugeborenen. Spezifische degenerative Herzmuskel- und Skelettveränderungen kommen bei neugeborenen Fohlen in den ersten Tagen oder Wochen nach der Geburt vor, wenn tragende Stuten ungenügend mit Selen versorgt wurden. Das klinische Bild der sog. „Weißmuskelkrankheit" ist durch Schmerzhaftigkeit der Muskulatur, steifen Gang, Lahmheit, Saugschwierigkeiten (Schmerzen beim Drehen des Kopfes) charakterisiert. In fortgeschrittenen Fällen verenden die Fohlen unter allgemeiner Schwäche.

Bei älteren Pferden sind vergleichbare Muskelschäden nicht bekannt; hier dominieren Effekte des oxidativen Stress und des geschwächten Immunsystems.

Überschuss Bei Gehalten von 2 mg Selen/kg Futter-TS muss mit **chronischer Se-Vergiftung** gerechnet werden, die sich durch ringförmige Einschnürungen an Hufen, Ausschuhen der Hufkapsel, Haarverlust an Mähne und Schweif sowie unspezifische Lahmheiten manifestiert, verursacht durch Verdrängen des Schwefels bei Formierung von Disulfitbrücken bei der Keratinbildung.

Akute Vergiftungserscheinungen (Schwitzen, Kolik) sind nach oraler Aufnahme von 12 mg Na-Selenit (rd. 6 mg Selen) pro kg KM/Tag beobachtet worden.

Merke
Die Toleranz des Pferdes gegenüber Selen ist gering.

4.4.8 Sonstige Spurenelemente

Außer den genannten Spurenelementen sind noch weitere (Fluor, Molybdän, Chrom, Zinn, Bor u. a.) für den Organismus essenziell, Chrom u. a. für die Insulinwirkung. Bei üblicher Fütterung scheint die Versorgung ausreichend zu sein.

4.5 Vitamine

Der Vitaminbedarf des Pferdes hängt von Nutzungsrichtung, Alter sowie besonderen Belastungen und Krankheiten ab, die Versorgung vom Gehalt im Futter sowie der mikrobiellen Synthese im Darm.

Wie bei den Spurenelementen werden Informationen aus Dosis-Wirkungs-Beziehungen unter Einbeziehung von Daten anderer Tierarten genutzt. Die Versorgungsempfehlungen sind trotz begrenzter Datengrundlage hinreichend sicher; sie sind auch maßgebend, unnötige Überversorgungen zu vermeiden, die negative Wirkungen erzeugen können.

Während die **fettlöslichen Vitamine** A und E (bzw. ihre Vorstufen) stets in ausreichenden Mengen über das Futter zur Verfügung gestellt werden müssen, werden Vitamin K sowie die **wasserlöslichen Vitamine** in größerem Umfang auch im Darm gebildet (▶ **Tab. 4.22**).

▶ **Tab. 4.22** Empfehlungen zur täglichen Vitaminversorgung von Pferden (Tab. basiert auf Daten aus GfE 2014).

Status	–	TS, kg	Vit. A, IE	Vit. D, IE	Vit. E, mg	Vit. B_1, mg	Vit. B_2, mg	Biotin, mg
Empfohlene Zufuhr je kg $KM^{0,75}$								
Erhaltung		0,1	150	30	5	0,3	0,2	0,03
Trächtigkeit	bis. 7. Mon.	0,1	300	30	5	0,3	0,2	0,1
	ab 8. Mon.			50	10			
Laktation	1.–2. Mon.	0,145	300	50	10	0,3	0,2	0,12
	ab 3. Mon.				5			
Wachstum	bis 6. Mon.	0,1	300	110	10	0,3	0,2	0,05
	7.–12. Mon.			90				
	13.–18. Mon.			80				
	19.–24. Mon.			70				
	25.–36. Mon.			50				
Arbeit	leicht bis moderat	0,13	225	30	5	0,3	0,2	0,03
	intensiv				10	0,6		
Erforderliche Vitamingehalte je kg Futtertrockenmasse								
Erhaltung		–	1500	300	50	3	2	0,3
Trächtigkeit	bis. 7. Mon.	–	3000	300	50	3	2	1
	ab 8. Mon.			500	100			
Laktation	1.–2. Mon.	–	2100	345	70	2	1,5	1
	ab 3. Mon.				35			
Wachstum	bis 6. Mon.	–	3000	1100	100	3	2	0,5
	7.–12. Mon.			900				
	13.–18. Mon.			800				
	19.–24. Mon.			700				
	25.–36. Mon.			500				
Arbeit	leicht bis moderat	–	1750	230	40	2,5	1,5	0,2
	intensiv				80	4,5		
Empfohlene Vitaminzufuhr je Tier/Tag (500 kg KM ausgewachsen)								
Erhaltung		–	15900	3200	530	32	21	3
Trächtigkeit	bis. 7. Mon.	–	31700	3200	530	32	21	11
	ab 8. Mon.			5300	1060			
Laktation	1.–2. Mon.	–	31700	5300	1060	2	2	1
	ab 3. Mon.				530			
Wachstum	bis 6. Mon.	–	17800	11000	590	18	12	3
	7.–12. Mon.		23400	9000	780	23	16	4
	13.–18. Mon.		26900	8000	900	27	18	4
	19.–24. Mon.		29100	7000	970	29	19	5
	25.–36. Mon.		31600	5000	1050	32	21	5
Arbeit	leicht bis moderat	–	23800	200	530	32	21	3
	intensiv				1060	63		

1 IE Vitamin A = 0,3 µg Retinol; 1 IE Vitamin D = 0,026 µg Vit. D_3 bzw. D_2

Vitamine werden dem Futter zugesetzt, um Versorgungslücken zu vermeiden. Als Zusatzstoffe unterliegen sie futtermittelrechtlichen Regelungen, die auch die Deklaration von Vit. A, D und E vorsehen.

Merke
Die Absorption fettlöslicher Vitamine ist u. a. vom Fettgehalt im Futter abhängig und kann bei Störungen der Fettverdauung herabgesetzt sein, während generelle Verdauungsstörungen meistens von einer geringeren Synthese und Absorption wasserlöslicher Vitamine begleitet werden.

4.5.1 Fettlösliche Vitamine

Vitamin A

Funktion Vitamin A ist die Sammelbezeichnung für eine Reihe verwandter Stoffe (β-Ionone), die die biologische Aktivität von all-trans-Retinol aufweisen (1 IE Vitamin A = 0,3 µg all-trans-Retinol).

Schlüsseleigenschaften/-funktionen

- essenzieller Faktor für die Integrität von Epithelschichten
- Schutz der genetischen Codes auch bei Zellvermehrung in der Embryonalphase
- Entwicklung u. Erhalt des Sehvermögens
- antioxidative Eigenschaften (Karotin)
- Speicherung in der Leber
- zulässiger Gehalt in Alleinfuttermitteln rechtlich nicht spezifiziert

Vitamin A wird zunächst aus Provitaminen generiert; präformiertes Vitamin A kommt in Futtermitteln pflanzlicher Herkunft nicht vor.

Als **Provitamin A** werden Substanzen aus der Gruppe der Karotinoide bezeichnet, die nach enzymatischer Zerlegung Vitamin-A-Aktivität besitzen. Als wichtigstes und wirksamstes Provitamin A gilt **β-Karotin**, das in der Dünndarmschleimhaut durch spezifische Enzyme in Vitamin A umgewandelt wird. Pauschal wird mit einer Bereitstellung von 400 IE Vitamin A aus 1 mg β-Karotin gerechnet, doch dieser Faktor unterliegt erheblichen Schwankungen (Höhe des Angebots, Versorgungsgrad des Tieres, Begleitstoffe im Futter u. a. m.).

Das Vitamin A entfaltet seine wichtigsten Wirkungen in den äußeren Zellschichten von Haut und Schleimhäuten (**Epithelschutzvitamin**). Es ist auch für den Knochenstoffwechsel bedeutend.

Bedarf Ausgewachsene Pferde werden mit Karotinoiden aus Grünfutter i. d. R. hinreichend versorgt.

Der Vitamin-A-Bedarf (► **Tab. 4.22**) ist bei Zuchttieren und Fohlen besonders hoch. Die Versorgungsempfehlungen sind daher mit 300 IE/kg $KM^{0,75}$ je Tag höher als für Tiere im Erhaltungsstoffwechsel. Bei schwerer körperlicher Beanspruchung sowie bei Infektionen ist eine höhere Versorgung empfohlen (225 IE/kg $KM^{0,75}$ je Tag).

Ob Zuchtstuten für die normale Funktion ihrer Eierstöcke unmittelbar β-Karotin (S. 240) benötigen, ist bisher nicht eindeutig geklärt. Durch Speicherung von β-Karotin im Ovar kann nach Erfahrungen beim Rind durch stetige Bildung von Vitamin A offenbar ein bestimmter Retinolspiegel in der Follikelflüssigkeit aufrecht erhalten und eine ausreichende Eiweiß- und Hormonsynthese gesichert werden.

Sofern die Grundfuttermittel kein β-Karotin enthalten, kann bei Problemstuten neben Vitamin A auch β-Karotin verabreicht werden (mind. 200 mg/Tier und Tag).

Versorgung Vitamin A kommt in natürlichen Futtermitteln für Pferde nicht vor (► **Tab. 4.23**). Das Pferd muss daher aus dem β-Karotin, das sich in allen grünen Pflanzen findet, Vitamin A bilden. Bei hoher β-Karotinzufuhr ist die Umwandlung geringer als bei knappem Angebot. Manche Begleitstoffe im Futter (hohe Nitratgehalte) beeinträchtigen die Umwandlung von β-Karotin in Vitamin A.

Die β-Karotin- und damit Vitamin-A-Versorgung sind stets gesichert, wenn Pferde **frisches Grünfutter** erhalten. Weidetiere nehmen in der Regel weit mehr Karotin auf, als es ihrem Bedarf an Vit. A entspricht. Durch die dann geringere Umwandlung von Karotin in Vitamin A wird der Organismus jedoch vor einem Überangebot von Vitamin A geschützt. Da Pferde über eine hohe Vitamin-A-Speicherkapazität in der Leber verfügen, können sie nach einer Weidesaison eine Periode marginaler Versorgung oft überbrücken. In älterem Weidefutter (abgestorbenes, verholztes Material) geht der Karotingehalt erheblich zurück, so dass dann

▶ **Tab. 4.23** Karotin-, Vitamin-D- und -E-Gehalt verschiedener Futtermittel (pro kg ursprüngl. Substanz) (Tab. basiert auf Daten nach DLG-Futterwerttabelle 1976; Jeroch et al. 1993; www.feedipedia.org).

Futtermittel	β-Karotin (mg)	Vit. D (IE)	Vit. E (mg)
Grünfutter, Weide, jung	50–75	30–50	25–80
Grünfutter, älter	30–50	50	5–10
Grassilage, frisch	40–50	50–70	15
Grassilage, angewelkt	20–50	60–80	10–15
Maissilage, Milchreife	20–40	–	–
Heu, unterdachgetrocknet	15–20	200	10–20
Heu, gut, sonnengetrocknet	5–10	500–1000	20–100
Klee- und Luzerneheu	20	200	75
Grünmehl, künstlich getrocknet	100–400	–	40–150
Möhren, rot	50–60	–	4
Möhren, gelb	20	–	1–5
Haferkörner	–	–	18
Maiskörner	4	–	19
Gerstenkörner	4	–	32
Maiskeime	–	–	160
Biertreber	–	–	30
Weizenkleie	2	–	17
Mais-/Weizenkeimöl	–	–	700–2000

(Weidegebiete in Trockenzonen) der Bedarf nicht immer gedeckt wird.

Während der Stallfütterung ist bei konventionellen **Heu-Hafer-Rationen** die Karotinversorgung nicht sicher, meistens nicht ausreichend, da der Karotingehalt im Heu, der bereits durch die Trocknung auf rd. 10 % des Ausgangswerts zurückgeht, während der Lagerung ständig abnimmt.

Durch **Möhren**, **Grünmehl** (▶ Tab. 4.23) oder **Ergänzungsfutter** kann die Versorgung verbessert werden. Bei tragenden und laktierenden Stuten ist eine Ergänzung der Heu-Hafer-Ration durch die genannten Futtermittel oder vitaminierte Mineralfutter unumgänglich.

Die Vitamin-A-Versorgung der **Saugfohlen** hängt ausschließlich vom Vitamin-A-Gehalt der Muttermilch ab, da sie ohne Reserven in der Leber zur Welt kommen.

Zur Ergänzung karotinarmer Rationen ist neben natürlichen Karotinträgern synthetisch hergestelltes stabilisiertes Vitamin A verfügbar, das über Mineral- oder Mischfutter verabreicht werden kann. Die Mischfutterdeklaration gibt Auskunft über Art und Umfang der Supplementierung.

Zur Beurteilung der Versorgung s. Kap. Diagnostik zur Überprüfung einer adäquaten Energie- und Nährstoffversorgung (S. 265).

Mangel Bei Vitamin-A-Mangel verhornen die Epithelien, die Sekretion der Schleimdrüsen geht zurück, und damit steigt die Infektionsanfälligkeit nicht nur der äußeren Haut, sondern auch aller anderen Organsysteme, die mit Epithel ausgekleidet sind (Verdauungskanal, Atmungs-, Harn- und Geschlechtsapparat, Bindehautsack am Auge).

Unter der erhöhten Infektionsdisposition leiden besonders Jungtiere (Erkrankungen des Verdauungskanals und der Atmungswege, Parasitenbefall). Beim ausgewachsenen Pferd macht sich ein krasser Vitamin-A-Mangel am Hufhorn bemerkbar, das brüchig wird und zu Spaltbildungen neigt, sowie in einer hohen Empfindlichkeit im Bereich der Beugesehnen an den Extremitäten.

Bei einem Vitamin-A-Mangel verzögert sich zudem der physiologisch notwendige Abbau der inneren lumenseitigen Schichten an Knochenröhren oder -kanälen, so dass sich ihr Lumen verengt. Frühe Symptome eines Vitamin-A-Mangels sind daher Erhöhung des Liquordrucks in Schädel und Wirbelkanal sowie Kompression von Nervensträngen, die Knochenkanäle durchlaufen (Lahmheiten). Daneben treten beim Vitamin-A-Mangel Sehstörungen (u. a. Nachtblindheit) auf.

Bei weiblichen Zuchttieren wird bei starkem Vitamin-A-Mangel auch die Funktion der Gebärmutterauskleidung bzw. der Fruchthüllen betroffen, so dass Fertilitätsstörungen (Missbildungen, Absterben der Frucht) resultieren.

Überschuss Hohe Karotinzufuhr vermag keine Überversorgung mit Vit. A zu induzieren, da die Umwandlung in Vit. A entsprechend eingestellt wird. Durch chronische oder stoßweise überhöhte Zufuhr von präformiertem Vitamin A kann es zu **Intoxikationen** kommen (raues Haarkleid, gesenkter Muskeltonus, Depressionen, Ataxien). Die bei anderen Spezies beobachteten Knochenschäden (erhöhte Frakturneigung, Hyperostosis) nach Vitamin-A-Überdosierung wurden beim Pferd bisher noch nicht beschrieben.

Vorsicht

Vit.-A-Überdosierungen bleiben ohne positive Wirkung, vielmehr wird die Toxizität von Vit. A unterschätzt. Langfristig sollten 1000 IE Vitamin A pro kg KM/Tag nicht überschritten werden.

Nach Erfahrung bei anderen Spezies sind evtl. schon bei geringen als den toxisch wirksamen Mengen Nachteile zu erwarten, z. B. eine geringere Vitamin-E-Absorption.

Vitamin D

Funktion Als Vitamin-D-aktive Stoffe sind Vitamin D_2 und D_3 bekannt.

Schlüsseleigenschaften/-funktionen

- Provitamine + UV-Licht → Vit. D
- Ergocalciferol, Cholecalciferol (Vit. D_2, D_3)
- Beitrag zum Ca- und P-Umsatz besonders in der Niere, an der Darmwand (Absorption) und am Knochengewebe (Retention und Mobilisierung)
- zulässiger Gehalt 2000 IE/kg Alleinfutter bzw. Tagesration

Vitamin D_2 (Ergokalziferol) kommt in Pflanzen vor. Es entsteht durch UV-Bestrahlung aus einer Vorstufe und ist daher in abgestorbenen Blättern sowie in sonnengetrocknetem Heu in größeren Konzentrationen zu finden, nicht dagegen in jungem Grünfutter oder Getreidekörnern. Das **Vitamin D_3 (Cholekalziferol)** entsteht aus einer im Körper selbst synthetisierten Vorstufe (7-Dehydrocholesterol) in der Haut nach Sonnenbestrahlung.

Im Organismus werden die beiden Vitamine bei den meisten Spezies durch Hydroxylierung in der Leber und Niere umgewandelt, es entstehen 1,25 $(OH)_2D_2$ bzw. D_3. Als Vit.-D-sensibel gelten 3 Zielgewebe:

- Darmmukosa: Förderung der Absorption von Kalzium und Phosphor
- Niere: intensivierte Rückresorption von Ca
- Knochen: Einlagerung von Ca und P in das Knochengewebe

Allerdings ist die Bedeutung von Vit. D für die Ca- und P-Homöostase beim Pferd wesentlich geringer als bei anderen Tierarten.

Bedarf Aus experimentellen Befunden zum Vit. D bzw. den abhängigen Funktionen beim Pferd kann der Schluss gezogen werden, dass der Bedarf sehr gering ist; Beobachtungen zur Gesundheit und Leistung von Pferden ohne Sonnenlichtexposition und Vitamin-D-Gabe (z. B. Grubenpferde) bestätigen dies.

Daher ist die Notwendigkeit der Supplementierung dieses Vitamins über die natürlichen Gehalte des Futters hinausgehend beim Pferd fraglich. Gleichwohl wird eine Versorgung in Höhe von 30–110 (Wachstum) IE/kg $KM^{0,75}$ je Tag empfohlen (► **Tab. 4.24**).

Versorgung Bei Weidehaltung ist die Vit.-D-Versorgung ausreichend.

Zur Vitamin-D-Versorgung ist während der Stallhaltung sonnengetrocknetes Heu am geeignetsten, da es gegenüber Grünfutter, Trockengrün, Grünfuttersilagen oder unterdachgetrocknetem Heu die höchsten Vitamin-D-Gehalte aufweist (► **Tab. 4.23**). Da die Vitamin-D-Aufnahme über natürliche Futtermittel während der Stallhaltung gering sein kann, wird üblicherweise Vitamin D_2 über **Misch-** oder **Mineralfutter** zur Verfügung ge-

► **Tab. 4.24** Gehalte verschiedener Vitamine (oder ihrer Vorstufen) im Plasma bzw. Serum des Pferdes (Tab. basiert auf Daten aus Ahlswede u. Konermann 1980; Donoghue et al. 1981; Stowe 1982; Felbinger 1987; Mäenpää et al. 1987 u. 1988; NRC 1989; Snow u. Frigg 1990; Gottwald 1992).

Vitamin	Einheit	Weide	Stall
β-Karotin	µg/l[1)]	700–3000	100–500
Vitamin A: Retinol, insgesamt	µg/l	150–300	100–200
Vitamin-D-Metabolit: 1,25 $(OH)_2D$	ng/l	20	20
Vitamin-D-Metabolit: 25-OH-D	µg/l	4–6	4–6
Vitamin E: α-Tokopherol	mg/l	2–3	1–2
Folsäure	µg/l	~10	~10
Biotin	pg/l	0,3–0,5	0,3–0,5
Askorbinsäure	mg/l	2–5	2–5

[1)] Bei Stuten. Männliche Tiere weisen wesentlich geringere Gehalte auf. Extrem hohe Werte werden peripartal beobachtet.

stellt. Die verbindlich zu deklarierenden Gehalte lassen eine gute Bewertung der Vit.-D-Zufuhr zu. Handelsübliche vitaminierte Mineralfutter enthalten bis zu 20000 IE/100 g und verlangen eine gezielte Dosierung. Für die Injektion von Vit. D besteht keine Indikation.

Vorsicht

Oral und parenteral zugeführte Vitamine addieren sich in ihrer Wirkung. Das Pferd ist gegenüber hohen Vitamin-D-Gaben sehr empfindlich.

Mangel Es fehlen eindeutige Berichte über Vitamin-D-Mangelerscheinungen bei Fohlen und adulten Tieren.

Überschuss Eine Zufuhr oberhalb der Empfehlungen ist weder durch Leistungen noch durch Erkrankungen zu begründen. Überhöhte Vitamin-D-Gaben, insbesondere parenteral, sind beim Pferd kritisch. Eine 2-malige Injektion von 10000 IE D_3/kg KM verursachte schwerste akute Störungen (Appetitlosigkeit, Lahmheiten, Nierenversagen, erhöhte Plasma-P-Spiegel), die einmalige Injektion von 5000 IE/kg KM chronische Schäden (Gefäß- und Nierenverkalkungen). Tägliche orale Gaben von 3300 IE/kg KM führten nach 4 Monaten zum Tod.

Überschreiten einmalige Vitamin-D-Gaben das 20-Fache, längerfristige Gaben das 5-Fache der Versorgungsempfehlung, ist mit nachteiligen Wirkungen zu rechnen (► **Tab. 4.22**).

Die Gefahr der Überdosierung besteht bei unreflektierter Verwendung mehrerer Vit.-D-haltiger Mischfutter, besonders in Kombination mit parenteraler Applikation. Primärer Effekt ist eine unerwünschte Ca-Einlagerung in Weichgewebe, u. a. die Gefäßwände.

Einige Pflanzen (im mitteleuropäischen Raum z. B. **Goldhafer, Trisetum flavescens**) enthalten Vitamin D_3 bzw. seine Metaboliten. Bei übermäßiger Aufnahme verursachen sie die gleichen Reaktionen wie eine übermäßige Zufuhr des synthetischen Vitamin D_3, z. B. Gewebeverkalkungen. Auffällig und i. d. R. eher sichtbar ist eine verstärkte Diurese aufgrund der Nierenfunktionsstörung. Pferde sollten daher nicht auf goldhaferreichen Weiden (> 15 % vom Pflanzenbestand) gehalten werden.

Vitamin E

Funktion Vitamin E umfasst verschiedene Tokopherole, von denen das **α-Tokopherol** die größte Wirksamkeit und Verbreitung hat.

Schlüsseleigenschaften/-funktionen

- unterschiedliche Tokopherole in der Pflanze
- Antioxidans, Radikalfänger

Die Tokopherole wirken als **Antioxidanzien** (daher sind sie bei Luftzutritt sehr instabil) und schützen Zellmembranen und subzelluläre Membranen vor stark reaktionsfähigen Sauerstoffverbindungen. Die höchste Wirksamkeit hat α-Tokopheryl-Acetat. Tokopherole sind damit für Struktur und Funktion verschiedener Gewebe, insbesondere der Herz- und Skelettmuskulatur, unentbehrlich. Als Radikalfänger ist das Vitamin auch für die Unversehrtheit von Nukleinsäuren bei der Zellteilung von Bedeutung.

Vitamin E schützt als Antioxidans auch empfindliche Nährstoffe wie Vitamin A oder ungesättigte Fettsäuren vor Oxidation und Inaktivierung sowohl im Futter wie auch im Darmkanal und Stoffwechsel.

Bedarf Die Versorgungsempfehlung für Vit. E beläuft sich auf 5–10 mg/kg $KM^{0,75}$ je Tag (▸ **Tab. 4.22**). Für den Schutz exponierter Gewebe (Muskulatur, Herz, Lunge, Leber) bei hohen Beanspruchungen gegenüber Radikalen bei Rennpferden wurden bis zu 20 mg Vit. E/kg $KM^{0,75}$ je Tag empfohlen, ebenso bei Pferden mit mit muskulären Problemen wie z. B. der Polysaccharid-Speicherkrankheit. Der Bedarf steigt an, wenn größere Mengen an ungesättigten Fettsäuren aufgenommen werden (z. B. Leinsamen, Kleien, junges Grünfutter, Fettzulagen).

Versorgung Die Vitamin-E-Versorgung des Pferdes ist auf der Weide oder bei **Grünfütterung** stets ausreichend (▸ **Tab. 4.23**). In der Stallfütterungsperiode kann die Vitamin-E-Zufuhr ungenügend sein, insbesondere bei Verwendung von überaltertem Heu und überlagertem, gequetschtem und geschrotetem Hafer (Oxidation des Fettes).

Durch Propionsäurezusatz wird ein Teil des Tokopherols inaktiviert. Um den Bedarf zu sichern, sind **Grünmehle** oder **vitaminierte Mineralfutter** bzw. **hochkonzentrierte Spezialfutter** geeignet. Bei Zuchtstuten und ambitioniert genutzten Sportpferden sollte während der Stallhaltung die Vit.-E-Supplementierung mindestens auf Höhe der Empfehlung für Erhaltung liegen, so dass sich zusammen mit natürlichen Gehalten eine höhere Versorgung ergibt.

Bei der Auswahl von vitaminierten Mineralfuttern ist der Vit.-E-Gehalt wichtiger als der an Vit. A.

Mangel Plasma-Vitamin-E-Werte < 0,5–1 mg/l deuten auf eine knappe oder ungenügende Versorgung (S. 267) hin (▸ **Tab. 4.24**).

Ein Mangel führt primär zu Permeabilitätsstörungen, zu erhöhtem Sauerstoffverbrauch, sekundär zu degenerativen Veränderungen insbesondere an der Muskulatur (**antidystrophisches Vitamin**). Außerdem nimmt bei einem Mangel an Vitamin E in Kombination mit Selen die Antikörperbildung ab.

Die **Gelbfettkrankheit von Fohlen** (Oxidation ungesättigter Fettsäuren vor allem im Unterhautbindegewebe) ist ebenfalls Folge eines Vitamin-E-Mangels.

Vitamin-E-Mangelzustände bei Saugfohlen in Kombination mit einer Se-Unterversorgung konnten durch 200 mg Vitamin E und 1 mg Se/Tier und Tag erfolgreich behandelt werden. Die wöchentliche Gabe von 25 mg Na-Selenit und 500 mg Vitamin E an hochtragende Stuten (500 kg KM, maximal 4-mal) war in Mangelgebieten präventiv wirksam.

Überschuss Nachteile durch Vitamin-E-Überversorgung sind nur bei extremen Dosierungen (> 20 mg/kg KM/Tag) zu erwarten.

Vitamin K

Funktion Unter der Bezeichnung Vitamin K werden Naphthochinonderivate zusammengefasst, die v. a. für die Blutgerinnung unentbehrlich sind (Förderung der Thrombinbildung). Die Bedeutung von Vit. K für den Knochenauf- und adaptiven -umbau wird unterschätzt.

Schlüsseleigenschaften/-funktionen

- Blutgerinnung
- Anregung der knochenformierenden Prozesse
- Lipidstoffwechsel in Nervengewebe, Sphingolipide
- umfängliche Eigensynthese → sensibel gegenüber Störungen der Intestinalflora

Bedarf Der Bedarf ist nicht eindeutig bestimmt. Aus tierartlichen Vergleichen kann gefolgert werden, dass eine Versorgung mit etwa 0,5 mg je kg Futter-TS bzw. rd. 0,05 mg/kg $KM^{0,75}$ je Tag sicher ausreichend ist. Fohlen sind wegen des zunächst noch nicht voll entwickelten Dickdarms auf die Zufuhr über die Muttermilch angewiesen, die rd. 0,03 mg K_3/l enthält. Vor operativen Eingriffen bei Saugfohlen sollte wegen der unsicheren Vitamin-K-Versorgung die Gerinnungsfähigkeit des Blutes überprüft werden.

Bei erhöhter Blutungsneigung ist eine i. v.-Gabe von 0,2–0,5 mg Vitamin K_1/kg KM angezeigt.

Versorgung In der Regel wird Vitamin K im Darm durch Mikroorganismen ausreichend synthetisiert. Eine regelmäßige Supplementierung mit diesem Vitamin ist bei gesunden Pferden nicht notwendig. Unter den Futtermitteln sind die Grünfutter besonders reich an Vitamin K. Durch Licht- und Sauerstoffeinwirkung nimmt der Gehalt im Lauf der Konservierung, ähnlich wie beim Karotin, rasch ab.

Mangel Durch Schädigung der Darmflora (Diarrhöe, Medikamente) oder durch Aufnahme von Vitamin-K-Antagonisten (z. B. Dikumarol aus verschimmeltem Klee) kann es notwendig werden, Vitamin K oral zu substituieren.

Überschuss Dosierungen > 2,2 mg/kg KM wirken toxisch.

4.5.2 Wasserlösliche Vitamine

Zu den wasserlöslichen Vitaminen zählen die B-Vitamine und Vitamin C.

Schlüsseleigenschaften/-funktionen

- Sicherung der Funktionalität von Enzymen
- Faktoren für die Atmungskette
- Antioxidans (Ascorbinsäure)
- Differenzierung von Keratinozyten (Biotin)
- Replikation von Nukleinsäuren bei der Zellteilung (Folsäure)

Wegen der meist hohen Gehalte im Futter (außer Vitamin B_{12}) und der **mikrobiellen Synthese im Darm** (▶ **Tab. 3.9**) sind Mangelzustände selten.

Saugfohlen nehmen größere Mengen über die Milch auf (▶ **Tab. 2.11**). Nach dem Absetzen, wenn die Darmflora noch nicht voll entwickelt ist, ebenso wie bei Störungen der Darmflora durch Diarrhöen, verschimmeltes Heu, rohfaserarme Rationen, plötzliche Futterumstellungen oder oraler Verwendung von Medikamenten mit bakteriostatischer Wirkung ist ein Mangel möglich, zumal die B-Vitamine, ausgenommen Vitamin B_{12}, kaum im Organismus gespeichert werden. Auch nach schweren operativen Eingriffen am Dickdarm kann die Vitamin-B-Versorgung ungenügend sein.

Die Ausfallerscheinungen sind bei einem **Multivitaminmangel** meistens unspezifisch. Bei Leistungsschwäche, wechselndem Appetit, Fressunlust, Blut- und Hautveränderungen, evtl. auch nervösen Symptomen ist u. a. die Versorgungslage mit B-Vitaminen zu überprüfen.

Vitamin B_1

Funktion Das Vitamin B_1 (**Thiamin**, **Aneurin**) übernimmt eine zentrale Funktion im Kohlenhydratstoffwechsel.

Bedarf Der Bedarf des Pferdes an Vitamin B_1 kann nach vorläufigen Erfahrungen mit **3–5 mg/kg Futter-TS** gedeckt werden (▶ **Tab. 4.22**). Er nimmt mit steigendem Kohlenhydratumsatz zu. Bei körperlich stärker beanspruchten Pferden reichen 3 mg Vitamin B_1/kg Futter-TS offenbar nicht aus (erhöhte Laktat- und Brenztraubensäuregehalte im Blut nach Bewegung), so dass bei Hochleistungspferden **4–5 mg/kg Futter-TS** zu empfehlen sind, insbesondere wenn geringe Syntheseleistungen der Darmflora bestehen (Verwendung kraftfutterreicher, rohfaserarmer Rationen).

Versorgung Die Versorgung mit Vitamin B_1 ist bei raufutterreicher Fütterung und Verwendung qualitativ einwandfreier Futtermittel im Allgemeinen durch die im Darm gebildeten und im Futter enthaltenen Vitamin-B_1-Mengen gesichert.

Bei besonders hohem Bedarf, bei einseitig zusammengesetzten Rationen (wenig Heu, viel Kraftfutter) ebenso wie nach Verwendung von schimmeligem Futter sowie Heu mit Sumpfschachtelhalm oder Adlerfarn kann eine gezielte Substitution notwendig werden.

Vorsicht

Durch Thiaminasen, die im Sumpfschachtelhalm (Equisetum palustre) und Adlerfarn (Pteridium aquilinum) vorkommen (S. 271), wird Vitamin B_1 inaktiviert, ebenso durch Amprolium, ein Kokzidiostatikum, das evtl. irrtümlich ins Pferdefutter gelangen kann.

Zur Substitution eignen sich Vitamin-B-reiche Futtermittel wie Trockenhefe, Weizen- oder Reiskleie (▶ **Tab. 4.25**) oder synthetische Produkte.

Mangel Bei einem Vitamin-B_1-Mangel können Zwischenprodukte des Kohlenhydratabbaus (Brenztraubensäure, α-Ketoglutarsäure) nicht weiter metabolisiert werden, so dass diese Substanzen im Blut ansteigen. Klinisch beobachtet man ungenügende Futteraufnahme, schlechte Futterausnutzung, gesteigerte Erregbarkeit (Schreckhaftigkeit), unkoordinierte Bewegungen und Lahmheiten. Schließlich kann es zur Herzmuskelschädigung kommen.

Bei einem Vitamin-B_1-Mangel steigen die Gehalte im Plasma an Brenztraubensäure und Laktat erheblich an (Normalwerte ▶ **Tab. 4.24**).

Überschuss Sehr hohe Vitamin-B_1-Mengen wirken bei nervösen Pferden nicht beruhigend. Überhöhte Vitamin-B-Gaben mit dem Futter werden vom Pferd toleriert und führen zu keinen gesundheitlichen Risiken.

Vitamin B_2

Funktion Vitamin B_2 (**Riboflavin**) übernimmt essenzielle katalytische Funktionen im Energiestoffwechsel (Bereitstellung von Adenosintriphosphat) sowie bei der Verwertung von Fett- und Aminosäuren.

Bedarf Der Bedarf wird auf rd. **2 mg/kg Futter-TS** geschätzt (▶ **Tab. 4.22**).

Versorgung Bei üblicher Fütterung reichen die Vitamin-B_2-Zufuhr bzw. die Eigensynthese aus.

Mangel Ein Vitamin-B_2-Mangel wurde beim Pferd bisher nur unter experimentellen Bedingungen erzeugt. Beobachtet wurden katarrhalische Bindehautentzündung, erhöhter Tränenfluss, Lichtscheue sowie in späteren Stadien auch Schädigungen der Linse.

▶ **Tab. 4.25** Vitamin-B_1- und -B_2-Gehalt einiger Futtermittel (mg/kg ursprüngl. Substanz) (Tab. basiert auf Daten aus DLG–Futterwerttabellen 1976; Souci, Fachmann u. Kraut 1994; Jeroch et al. 1993).

Futtermittel	Vitamin B_1	Vitamin B_2
getrocknete Bierhefe	100	40
Weizenkeime	27	5
Weizenkleie	6	3
Grünfutter	5	13
Grünmehl (Luzerne)	5	17
Heu (Wiese)	2	11
Hafer	7	2

Überschuss Überhöhte Vitamin-B-Gaben mit dem Futter führen zu keinen gesundheitlichen Risiken.

Vitamin B_{12}

Funktion Vitamin B_{12} (**Kobalamin**) ist für die Zellteilung essenziell und deshalb besonders für Gewebe mit hohem Zellumsatz (z. B. Darmschleimhaut), aber auch für das Nervengewebe von großer Bedeutung. Kobalamin ist an der Methioninsynthese und dem Energieumsatz der Mitochondrien beteiligt. Hierfür ist u. a. die Einschleusung von Fett- und Aminosäuren notwendig.

Bedarf Vitamin-B_{12}-Zulagen erscheinen bei funktionierendem Darmsystem überflüssig. Bei abgemagerten, anämischen Pferden können Vitamin-B_{12}-Gaben die Blutbildung fördern.

Versorgung Im Darm des Pferdes werden erhebliche Mengen an Vitamin B_{12} synthetisiert und absorbiert. Unter üblichen Fütterungsverhältnissen scheint daher die Vitamin-B_{12}-Versorgung stets ausreichend zu sein. Voraussetzung ist jedoch das Vorhandensein von **Kobalt** im Futter (▶ **Tab. 4.21**). Neugeborene Fohlen werden über das Kolostrum mit Vitamin B_{12} versorgt.

Mangel Selbst bei extrem niedrigen Vitamin-B_{12}-Gehalten im Futter konnte experimentell kein Vitamin-B_{12}-Mangel mit klinischen Folgen erzeugt werden.

Überschuss Überhöhte Vitamin-B-Gaben mit dem Futter werden vom Pferd toleriert und führen zu keinen gesundheitlichen Risiken.

Folsäure

Funktion Die größte Bedeutung hat Folsäure für die Vermittlung von Aminosäuren bei der Organisation von Nukleinsäuren. Damit erklärt sich auch die prominente Rolle dieses Vitamins in der Funktion der Keimdrüsen und der Entwicklung in der frühen embryonalen Wachstumsphase.

Bedarf Der Bedarf für das Pferd ist nicht hinreichend spezifiziert. Bei tierartgerechter Rationsgestaltung kann jedoch von einer ausreichenden Versorgung ausgegangen werden.

Versorgung Die Folsäureversorgung des Pferdes ist allgemein unproblematisch. Bei geringer Grünfutteraufnahme, starken physischen Belastungen und ungünstigen Synthesebedingungen im Darm kann in Fällen von Leistungsschwäche und Anämien ein Mangel bestehen und eine Substitution versucht werden. Auf der Weide liegt die Folsäureaufnahme fast 10-fach höher (> 50 mg/Tag) als im Stall (etwa 6 mg/Tier und Tag).

Mangel Folsäuremangel (Anämie, Leistungsschwäche) wurde bei ausschließlich im Stall gehaltenen Leistungspferden ohne Grünfütterung beobachtet. Nach 3-wöchiger Zulage von 20 mg Folsäure pro Tier und Tag konnten ein Anstieg der Folsäurekonzentration im Blut (▶ **Tab. 4.24**) und Leistungssteigerungen beobachtet werden.

Biotin

Funktion Für den Einbau von Kohlendioxid in diverse Zielsubstrate im zellulären Energiehaushalt sind biotinabhängige Enzyme (Carboxylasen) notwendig. Biotin ist daher u. a. für die Ausreifung der Zellen, die für die Keratinentwicklung verantwortlich sind, von Bedeutung.

Bedarf Nach Beobachtungen beim Schwein und Geflügel reichen 0,05–0,2 mg Biotin/kg Futter-TS aus, um Wachstums- und Fertilitätsstörungen sowie Hautveränderungen (trockene Haut, brüchiges Haar) zu vermeiden.

Nach neueren Erfahrungen wirken langfristig hohe Dosierungen (3 mg Biotin/100 kg KM und Tag) nur bei Pferden günstig, die für die Bildung von weichem Hufhorn und Hornspalten (S. 323) disponiert sind.

Versorgung Die Biotinversorgung des Pferdes gilt aufgrund der enteralen Synthese als ausreichend. Eine gezielte Supplementierung ist bei Pferden mit schlechtem Hufhorn angezeigt, sofern andere Nährstoffe bedarfsgerecht zugeführt werden.

Mangel Mangelerscheinungen wurden bei Pferden experimentell bisher nicht erzeugt. Die auf eine Biotinzulage mit verbesserter Hufhornbildung offensichtlich positiv reagierenden Pferde weisen keinen primären Biotinmangel auf. Möglicherweise ist die Verwertung des mikrobiell gebildeten Biotins im Dickdarm gestört oder es besteht – genetisch bedingt – eine Störung der Keratinsynthese.

Niacin

Funktion Die Verstoffwechselung von Kohlenhydraten, Amino- und Fettsäuren ist auf die Koenzyme Nikotinsäureamid-Adenin-Dinukleotid (NAD) und Nikotinsäureamid-Adenin-Dinukleotid-Phosphat (NADP) angewiesen, die bereits namentlich Niacin bzw. Nikotinsäure (Synonym) als Bestandteile ausweisen.

Bedarf Der Bedarf an Niacin ist nicht klar quantifiziert. Auch für dieses Vitamin gilt, dass bei tierartgerechter Ration die Versorgung gesichert ist.

Mangel Allenfalls nach einseitiger Körnermaisfütterung und allgemein geringer Tryptophanzufuhr besteht die Gefahr einer marginalen Niacinversorgung.

Vitamin C

Funktion Vitamin C (**Askorbinsäure**) ist als sogenanntes Antioxidans am Schutz der Zelle und Zellorganellen gegenüber reaktionsfähigen Substraten, die zur Oxidation führen, beteiligt.

Bedarf Der Bedarf an Askorbinsäure ist, obwohl unstrittig, nicht sicher genug bestimmt.

Versorgung Die Askorbinsäure wird beim Pferd im Körper in ausreichenden Mengen synthetisiert. Das Saugfohlen wird über die Stutenmilch versorgt, die hohe Gehalte an Askorbinsäure ausweist. Bei ausgewachsenen Pferden, die mit einer nahezu Vitamin-C-freien Ration ernährt wurden, ging auch bei stärkerer Bewegung der Vitamin-C-Gehalt im Blut und Harn nicht zurück.

Mangel Eine zusätzliche Vitamin-C-Versorgung kann bei Stress (z. B. Infektionen der Atemwege, Nasenbluten, hohe Umgebungstemperaturen, allgemeine Leistungsschwäche) und alten Pferden angezeigt sein, da dann evtl. die Eigensynthese nicht ausreicht.

Für eine längerfristige Substitution ist die **orale Applikation** des relativ schmackhaften **Askorbinpalmitats (rd. 4 g/100 kg KM/Tag)** zu empfehlen, das auch in ausreichenden Mengen absorbiert wird.

Eine i. v. Substitution ist nur in Notfällen gerechtfertigt, da der Plasma-Vitamin-C-Spiegel allenfalls für 2 h angehoben werden kann. Bis 12 h erhöhte Plasmaspiegel können durch **intramuskuläre Injektionen** (die besser als s. c. Gaben vertragen werden) von **2–4 g Vitamin C pro 100 kg KM** erreicht werden.

Sonstige Vitamine

Ein Mangel an **Pantothensäure (Vitamin B_3), Vitamin B_6** und **Cholin** wurde beim Pferd bisher nicht beobachtet und konnte, soweit geprüft, auch experimentell nicht erzeugt werden.

4.6 Essenzielle Fettsäuren

Funktion Für die meisten Säugetiere sind **Linol-, Linolen-** und **Arachidonsäure** essenziell. Sie dienen der Synthese von Lipiden in den Zellmembranen sowie als Vorstufe der Prostaglandine.

Die **Linolensäure** hat eine entzündungsdämpfende Wirkung wie auch andere der Omega-3-Familie zugehörige Fettsäuren (u. a. **Docosahexaensäure**). Insbesondere bei Haut- und Lungenerkrankungen oder anderen chronischen Entzündungszuständen kann die Zufuhr dieser Fettsäuren empfohlen werden. In der Lunge scheint die Synthese der phospholipidhaltigen Grenzschicht auf den Pneumozyten (Surfactant) gefördert werden zu können.

Bedarf Der Bedarf an Linolsäure ist beim Pferd bisher nicht bekannt.

Versorgung Saugfohlen nehmen je nach Fettart und -menge im Futter der Stute täglich pro 100 kg KM etwa 60 g **Linolsäure** mit der Milch auf. Bei älteren Pferden traten nach mehrmonatiger Fütterung nahezu fettfreier Diäten keine auffallenden Veränderungen an der Haut auf, möglicherweise, weil die essenziellen Fettsäuren aus dem Körperfett, das im Mittel rd. 20 % Linolsäure enthält, mobilisiert werden konnten.

Die zu den Omega-3-Fettsäuren zählende **Linolensäure** kommt im Nahrungsfett des Pferdes nur in geringen Mengen vor; Milch enthält rd. 1–1,5 g/l, Gras bei rd. 40 g Fett etwa 10 g Linolensäure je kg Trockenmasse. Als Quelle für Linolen- und andere Omega-3-Fettsäuren kommen außerdem Leinsaat bzw. Leinöl oder Marineöle infrage.

Wirkung der Docosahexaensäure

Neuere Arbeiten bei anderen Tierarten geben Hinweise, dass durch die Zufuhr von Docosahexaensäure (ca. 30 mg/kg KM/Tag) Beeinträchtigungen der Lungenfunktion (Lungenbluten, chronische Lungenerkrankungen) positiv beeinflusst werden. Dies erfolgt möglicherweise über die Verbesserung der Ausstattung der Lungenbläschen mit dem sogenannten Surfactant.

Mangel Ein Mangel an essenziellen Fettsäuren führt zu Hautveränderungen (raues, trockenes Haarkleid, Hautverdickungen, Haarausfall, rissige Haut mit Sekundärinfektionen) und Fertilitätsstörungen.

4.7
Carnitin

Funktion L-Carnitin ist eine chemische Verbindung aus Lysin und Methionin, das für die Passage von Fettsäuren durch die Mitochondrienmembran besonders in der Herz- und Skelettmuskulatur notwendig ist. Es wird im Körper selbst synthetisiert, so dass es bisher nicht zu den essenziellen Stoffen in der Nahrung gezählt wird.

Bedarf und Versorgung Die Eigensynthese scheint auch unter belastenden Bedingungen (starke und lange Bewegungen, Aufzucht) auszureichen, da Zulagen zum Futter zu keinen überzeugenden Verbesserungen im Stoffwechsel oder bei den Leistungen geführt haben.

4.8
Strukturstoffe

Funktion Neben Energie und Nährstoffen sind Pferde als Pflanzenfresser auf strukturiertes, rohfaserreiches und kaustimulierendes pflanzliches Material (Gras, Graskonserven, Stroh) angewiesen. Dazu ist ihre Bedeutung für die Funktion des Verdauungstrakts zu beachten (▶ **Tab. 3.13**).

Bedarf Der Bedarf des Pferdes an Strukturstoffen wird mit einer Quantifizierung der nicht vermahlenen, gerüstsubstanzreichen Futtermittel versucht. Damit wird das Ziel verfolgt, vorrangig Ansprüchen des Verhaltens und der Funktionen des Verdauungstraktes gerecht zu werden.

Rohfasergehalt im Futter
Die Angabe „Rohfasergehalt“ berücksichtigt **nicht** die physikalische Struktur, da die Rohfaser auch in gemahlener Form (z. B. Grünmehl) vorliegen kann. Durch diesen Strukturverlust geht der Einfluss auf die Regulierung der Nahrungsaufnahme sowie die Kau- und Speicheltätigkeit verloren. Die Nährstoffversorgung der Dickdarmbakterien wird dagegen nicht beeinträchtigt.

Zur Ableitung des Bedarfs an Strukturstoffen müssen Erfordernisse aus der Funktion des Magen-Darm-Traktes und des Tierverhaltens integriert werden. Tierartgerechte Rationen lassen sich nur mit Futtermitteln erstellen, die eine ausgedehnte Beschäftigung der Tiere mit der Futtersuche und -aufnahme sichern (Ziel: Futtersuche- und -aufnahme-spezifisches Verhalten über 8–10 h/Tag). Aus diesen Gründen wird der Bedarf an Strukturstoffen in Form von kaufähigem strukturiertem Raufutter auf Basis von Gras und Graskonserven (d. h. ausgenommen Stroh) entsprechend der Verlautbarung eines internationalen Gremiums angegeben:

a) für Pferde im Erhaltungsstoffwechsel: Raufutter in der dem energetischen Erhaltungsbedarf entsprechenden Menge
b) bei Pferden mit leistungsbedingt erhöhtem Energiebedarf: mind. 15 g TS/kg KM je Tag

Bei gehäckseltem Material wird eine Partikellänge von > 2,5 cm empfohlen.

Versorgung Geeignete Strukturträger sind Gras, Graskonserven, Stroh (begrenzt) und Ganzpflanzensilagen, sofern sie nicht zu stark gehäckselt sind.

Einige der mit Heu in Verbindung gebrachten Nachteile lassen sich durch Feuchtkonserven (Grassilagen, Heusilagen) umgehen.

Mangel Bei ungenügender Rohfaseraufnahme steigen die Risiken für verschiedene Störungen, z. B. für Hakenbildung an den Backenzähnen infolge ungenügender Kauintensität, für Schlundverstopfungen oder für Fehlgärungen im Magen bzw. Dünndarm. Die geringe Beschäftigung mit der Futteraufnahme fördert Untugenden wie Benagen der Krippen, Stallwände oder Flankierbäume oder die vermehrte Aufnahme von Kot (Koprophagie).

Die bei strukturarmen Rationen zu erwartende geringere Syntheseleistung der Darmbakterien begünstigt latente Nährstoffmangelzustände (wasserlösliche Vitamine), die sich evtl. in geringer Fresslust und Leistungsschwäche ausdrücken. Der fehlende Einfluss auf die Darmperistaltik kann einerseits Obstipationen begünstigen, andererseits auch infolge sekundärer Fehlgärungen zu dünnbreiigem Kot und Diarrhöen führen.

Überschuss Die **obere Grenze** der Raufutteraufnahme ergibt sich aus Energiebedarf einerseits und Futteraufnahmekapazität andererseits. Gut verdauliches, d. h. energiereiches Raufutter kann bei freiem Futterangebot zu einer unerwünscht hohen Energieaufnahme, bei disponierten Pferden sogar zur Verfettung führen.

Eine übermäßige Verwendung von **eiweißarmem Raufutter (Stroh)** ist im Hinblick auf seine geringe Verdaulichkeit im Dickdarm und Obstipationsgefahren von Nachteil. Stroh sollte daher nicht als alleiniges Raufutter und möglichst mit < 10 g/kg KM je Tag eingesetzt werden.

4.9 Wasser

Funktion Wasser ist für die ungestörte Funktion des Darmkanals, den Energie-, Nährstoff- und Sauerstofftransport in die Gewebe, den intermediären Stoffwechsel sowie für die Regulation des Wärmehaushalts (Schweißbildung) unentbehrlich.

Bedarf Der Wasserbedarf im engeren Sinne ist nicht exakt zu beschreiben. Die Versorgungsempfehlungen berücksichtigen die frei gewählte Wasseraufnahme; diese liegt für Pferde ohne wesentliche Belastungen des Wasserhaushaltes bei 40 ml/kg KM je Tag.

Die Wasseraufnahme wird sowohl durch Veränderungen der Osmolalität im Plasma als auch des Plasmavolumens reguliert. Steigt die Plasma-Osmolalität (ca. 283 mOsmol) um über 3 % oder reduziert sich das Plasmavolumen um über 6 %, entsteht ein Durstgefühl: Das Pferd versucht, Wasser aufzunehmen. Da während und nach der Mahlzeit Wasser mit den Sekreten in den Verdauungskanal fließt (Erhöhung der Plasma-Osmolalität), steigt in dieser Zeit das auch Trinkbedürfnis nachhaltig (▶ **Abb. 4.19**). Ähnlich ist die Reaktion nach schweißtreibender Arbeit (▶ **Tab. 4.26**) oder bei hohen Umgebungstemperaturen. Weidepferde nahmen z. B. bei 0–5 °C Umgebungstemperatur 1-mal in 8 h Wasser auf, bei 30–35 °C 1,8-mal/h.

Die Tränkwasseraufnahme hängt von folgenden Faktoren ab:

- der Wassermenge, die gleichzeitig mit dem Futter aufgenommen wird (z. B. 10 kg Gras ≈ 8 l vs. 10 kg Heu ≈ 1,5 l)
- der Bildung von Wasser beim Metabolismus von Kohlenhydraten, Fetten und Aminosäuren (bis ca. 0,4 l/kg aufgenommene Futter-TS)
- der Salzaufnahme (Steigerung um rd. 0,2 ml je mg Na-Aufnahme)
- der Proteinaufnahme (Steigerung um rd. 8 ml/g Rp-Aufnahme)
- den Wasserverlusten des Körpers über Niere, Darm, Haut, Lunge und Euter

Mit Raufutterrationen werden im Mittel 3,5 kg, mit gemischten Rationen (Raufutter/Kraftfutter) 3 kg Wasser/kg Futter-TS aufgenommen. Die auf verschiedenen Wegen entstehenden Wasserverluste müssen durch Wasseraufnahme ausgeglichen werden, so dass auch höhere Werte vorliegen können (z. B. Laktation): Die größten Wassermengen gibt der Organismus **renal** ab, da über die Niere Stoffe, die im Stoffwechsel nicht mehr verwertet werden können (z. B. Eiweißabbauprodukte) oder die im Überschuss aufgenommen wurden (Kalium, Kalzium, Natrium usw.), in gelöster Form aus dem Körper geschleust werden müssen. Diese Stoffe können nur bis zu einer bestimmten Grenze im Harn konzentriert werden, so dass z. B. ein überhöhtes Angebot an Eiweiß oder Mineralstoffen (einseitige Leguminosenheufütterung, Melasse) den Harnfluss und damit den Wasserbedarf verstärkt.

> **! Merke**
> **Die tägliche Harnmenge erreicht bei üblicher Fütterung und normalen Umgebungstemperaturen 1–3 l/100 kg KM. Bei raufutterreichen Rationen (höhere Wasserabgabe über den Kot) ebenso wie bei stärkeren Schweißverlusten kann der Anteil bis auf 10–20 % der aufgenommenen Wassermenge zurückgehen.**

Die Harnabgabe fällt bis zur 2. Stunde nach Fütterungsbeginn ab, steigt dann an und erreicht nach 5–6 h ein Maximum, gefolgt von einem allmählichen Rückgang.

Die mit dem **Kot** ausgeschiedenen Wassermengen hängen von Art und Verdaulichkeit der Futtermittel ab. Der Wassergehalt im Kot variiert zwischen 60 und 80 %. Pro Tag werden 0,5–3,5 l Wasser/100 kg KM mit dem Kot abgegeben. Je unverdaulicher das Futter, desto größer ist die abgesetzte Kot- und Wassermenge und desto höher der Wasserbedarf.

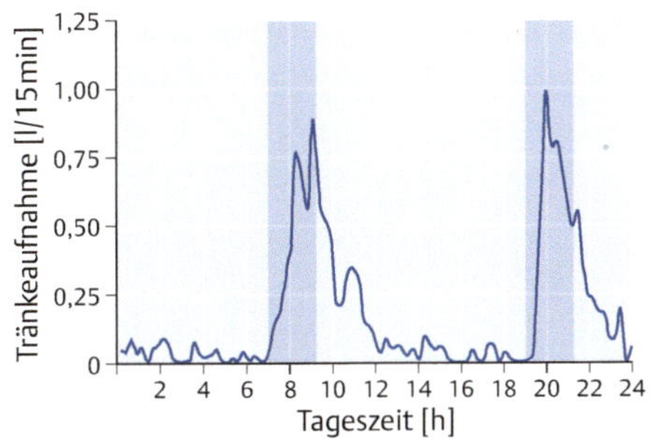

▶ **Abb. 4.19** Wasseraufnahme beim Pferd in Abhängigkeit von der Fütterung (dunkelblaue Balken): je 0,4 kg Heu und Mischfutter pro 100 kg KM und Mahlzeit (Abb. basiert auf Daten aus Heilemann 1985).

Vorsicht

Bei Durchfällen geht mehr Wasser über den Darm verloren, da der Wassergehalt im Kot bis über 90 % ansteigt. Das entstehende Flüssigkeitsdefizit, das besonders bei Fohlen beachtet werden muss, führt in Verbindung mit Elektrolytmangel (Natrium, Kalium) zu Bluteindickung und schweren Kreislaufbelastungen.

Große Wassermengen können auch über die Haut (mit dem **Schweiß**; ▶ Tab. 2.15), in geringerem Umfang über die Lungen den Körper verlassen. Daher ist bei hohen Umgebungstemperaturen (auch auf der Weide), insbesondere aber für Arbeitspferde, eine ausreichende Wasserversorgung wichtig.

Laktierende Stuten geben mit der **Milch** (▶ Tab. 2.9) täglich 2–4 l Wasser/100 kg KM ab; der Wasserkonsum verdoppelt sich gegenüber Pferden im Erhaltungsstoffwechsel.

Versorgung Bei wasserreichen Futtermitteln (junges Weidegras, Nasssilage, Rüben) mit Wassergehalten von 80–90 % nimmt das Pferd teilweise schon mehr Wasser auf, als dem Bedarf entspricht. Deshalb zeigen Weidepferde im Frühjahr, Herbst und Winter bei Wassergehalten im Gras von 80 % und mehr nur eine geringe Aufnahme von Tränkwasser. Dennoch gilt unabhängig von der Haltungsform, dass Tränkwasser zu freien Aufnahme verfügbar sein soll. Bei Selbsttränken ist eine hohe Flussrate (8 l/min) Voraussetzung für eine Wasseraufnahme auf dem Niveau, das die Tiere selbst wählen.

Bei Rationen mit durchschnittlich 85–88 % Trockenmasse werden die in ▶ **Tab. 4.26** angegebenen Tränkwassermengen benötigt.

▶ **Tab. 4.26** Täglicher Tränkwasserkonsum der Pferde bei Rationen mit 12 % Wasser (= 88 % TS).

Tiergruppe, Leistung	pro 100 kg KM
Fohlen	7–10
ausgewachsene Tiere:	
Erhaltung	3–5
leichte Arbeit	5–7
schwere Arbeit	7–10
säugende Stuten	8
je kg Futter-TS	3–3,5

Mangel Wassermangel führt zunächst zu einem Rückgang der Futteraufnahme. Der Rückgang des Wasserbestands im Magen-Darm-Trakt (sein Inhalt wird trockener) birgt ein nachhaltiges Kolikrisiko. Durch Störungen der osmotischen Bedingungen in den diversen Geweben ist schließlich der Austausch von Wasser und Mineralstoffen zwischen den Zellen bzw. zwischen dem extra- und intrazellulären Kompartiment gestört.

Überschuss Bei überhöhter Wasseraufnahme wird mehr Harn abgegeben; die fäkale Wasserabgabe verändert sich bei gesunden Pferden nicht.

Teil 2
Grundlagen der Fütterung

5 Futtermittel

Manfred Coenen, unter früherer Mitarbeit von Helmut Meyer †

5.1 Einteilung

Die einzelnen Futtermittel (Einzelfuttermittel) enthalten in sehr unterschiedlichem Umfang die für die Funktion des Verdauungskanals unentbehrlichen Strukturstoffe, Nährstoffe und Energie.

Die **Energie**gehalte streuen über den Bereich von < 4 bis 38 MJ ME/kg TS (Stroh/Fett).

Eiweiß ist in unbearbeiteten Futtermitteln mit < 100 (Stroh, Gras) bis > 300 g/kg TS (Leguminosensamen) vertreten; in Nebenprodukten der Ölgewinnung werden Gehalte um 500 g/kg TS erreicht (Extraktionsschrote), in Mais- oder Weizenkleber auch Werte um 800 g/kg TS.

Die **Fett**gehalte variieren überwiegend zwischen 10 und 80 g/kg TS; in fettreichen Samen (z. B. Lein, Raps) sind Fettkonzentrationen > 300 g/kg TS anzutreffen.

Die Gehalte an Gerüstsubstanzen erstrecken sich von < 40 bis > 400 g/kg TS (Nacktgetreide/Stroh); bezüglich der Verdaulichkeit sind die Gerüstsubstanzen sehr heterogen (Lignin – unverdaulich, Zellulose – hochverdaulich). Durch Kombination von Einzelfuttermitteln entstehen Mischfutter, die Eigenschaften der Einzelfutter für bestimmte Anwendungsbereiche integrieren.

Die Einteilung der Futtermittel ist in ▶ **Tab. 5.1** und ▶ **Tab. 5.2** vorgestellt.

▶ **Tab. 5.1** Einteilung der Futtermittel – Einzelfuttermittel.

Gruppe/Eigenschaft	Herkunft	Form
Raufutter (Grobfutter)		
• **Energiegehalte allgemein < 10 MJ ME/kg TS** • **Rfa > 200 g/kg TS** • **alleiniger Bestandteil oder überwiegender Anteil der Ration**		
Grünfutter	Gramineen (i. d. R. Gras), Leguminosen und Kreuzblüter	• frisch
Grünfutterkonserven	s. o.	• aus natürlicher Trocknung, teils kombiniert mit technisch unterstützter Unterdachtrocknung
		• aus künstlicher Trocknung
		• Konservierung durch Anwelken + Silieren
Stroh	Gramineen	• aus natürlicher Trocknung
Wurzeln und Knollen		
• **zucker- oder stärkerreich** • **gut verdauliche Gerüstsubstanzen** • **Ergänzung zum Raufutter**		
Wurzeln	Beta-, Daucarüben	• frisch od. getrocknet
	Maniok (Wolfsmilchgewächs)	• geschält u. getrocknet
Knollen	Kartoffeln (Solanaceen)	• frisch od. erhitzt

▸ **Tab. 5.1** Fortsetzung

Gruppe/Eigenschaft	Herkunft	Form
Konzentrate		
• **Energiegehalte allgemein > 10 MJ ME/kg TS** • **Rfa überwiegend < 150 g/kg TS, bei einzelnen gering lignifizierten FM auch > 200 g/kg TS (z. B. Trockenschnitzel, Sojabohnenschalen)** • **Auswahl aufgrund bestimmter Inhaltsstoffe und mengenmäßig restriktive Verwendung additiv zum Raufutter; Grundlage von Mischfuttermitteln**		
a) Körner/Samen		
Getreide	Gramineen	natürlich getrocknet, nativ od. bearbeitet
fett- und eiweißreiche Samen	Leguminosen, Kreuzblüter, Leingewächse	
b) Nebenprodukte (NP) der Lebensmittelgewinnung		
NP der Getreideverarbeitung	s. o.	–
• NP der Müllerei mit variablem Stärkegehalt		• unbearbeitet, evtl. pelletiert; z. B. Nachmehle, Kleien
• NP der Brennerei, Brauerei		• getrocknet; Bierhefe, Trester, Schlempen
NP der Verarbeitung fettreicher Saaten (Ölgewinnung)	s. o.	• Kuchen, Expeller od. Extraktionsschrote
		• unbearbeitet, evtl. pelletiert
NP der Verarbeitung von Wurzeln und Knollen	s. o.	–
• NP der Zuckergewinnung		• Zuckerrübenschnitzel, frisch gepresst, siliert od. getrocknet
• NP aus der Stärkegewinnung		• Kartoffelpülpe, frisch od. getrocknet
NP der Saftgewinnung	Obst, Zitrusfrüchte, Möhren	• Trester, Pülpe, getrocknet

▸ **Tab. 5.2** Einteilung der Futtermittel – Mischfuttermittel.

Mischfuttermittel (MF)	Merkmale
eiweiß- und energiehaltige MF	• Energiegehalte meist > 9 MJ ME/kg TS
	• Proteingehalte variabel je nach Einsatzbereich (Stuten, Fohlen > übrige Pferde)
	• Gehalt an Gerüstsubstanzen i. d. R. < 120 g/kg TS
	• Verwendung nur additiv zum Raufutter gemäß notwendiger Energie- und/oder Proteinergänzung)
vitamin- und mineralstoffreiche MF	• gezielt zur Ergänzung von Raufutter oder Raufutter-Getreidekombinationen
vitaminierte Mineralfutter	• > 40 % anorganische Bestandteile
	• ausschließliche Mineralstoff-, Vitaminergänzung von Raufutter oder Raufutter-Getreidekombinationen
Diätmischfutter	• dienen einem spezifischen Ernährungszweck

5.2
Bestimmung der Futterinhaltsstoffe

Das Pferd benötigt für die Erhaltung seiner Körpersubstanz, seiner Gesundheit (inklusive Funktion des Verdauungstraktes, physiologisches Verhalten), Fruchtbarkeit und Leistungsfähigkeit Energie, Nährstoffe (Aminosäuren, Fettsäuren, Mineralstoffe, Vitamine) und Strukturstoffe (S. 125). Zu den **energieliefernden Substanzen** zählen die Kohlenhydrate, Fette und – soweit im Überschuss aufgenommen – auch Eiweiße (S. 56).

Die organischen Futterinhaltsstoffe werden nach dem **Weender Analyseverfahren** bestimmt (▶ **Tab. 5.3**), mit einigen erweiternden Modifikationen speziell im Segment der Kohlenhydrate. Die mit dieser Methode erfassten Inhaltsstoffe sind mit den Nährstoffen im biologischen Sinne nicht identisch, dennoch ist das Analyseverfahren weltweit mit sehr guter Vergleichbarkeit der Ergebnisse in Anwendung. Die Nährstoffe sind im Sinne einer Konvention durch das analytische Prozedere definiert und werden deshalb als **Roh**nährstoffe bezeichnet. Die Vorsilbe „Roh" verdeutlicht, dass die Analytik die eigentlichen Nährstoffe nicht präzise isolieren kann, sondern auch Stoffe miterfasst, denen kein Nährwert zugeschrieben wird.

5.2.1 Trockensubstanz (TS)

Durch Trocknen der Futtermittel können die flüchtigen und nicht flüchtigen Stoffe getrennt werden. Die flüchtigen Komponenten bestehen überwiegend aus Wasser, in geringem Umfang aus flüchtigen Säuren, Geruchsstoffen oder einfachen Stickstoffverbindungen; dieser Anteil kann bei Silagen relevant sein. Der zurückbleibende Teil des Futtermittels wird als Trockensubstanz bezeichnet. Bei Gras- und Maissilagen kann der tatsächliche TS-Gehalt geschätzt werden, indem rechnerisch eine Korrektur erfolgt, die flüchtige Bestandteile wie Alkohole, flüchtige Fettsäuren berücksichtigt:

- Grassilagen:
  $TS_{korrigiert}$ (%) = 2,08 + 0,975 x $TS_{analysiert}$ (%)
- Maissilagen:
  $TS_{korrigiert}$ (%) = 2,22 + 0,96 x $TS_{analysiert}$ (%)

Die Angabe **ursprüngliche Substanz (uS)** oder **Frischsubstanz (FS)** bezieht sich auf das Futtermittel, wie es gefüttert wird.

▶ **Tab. 5.3** Futterinhaltsstoffe nach der Weender-Analyse erweitert um die Differenzierung der Gerüstsubstanzen nach vanSoest.

Futterinhaltsstoffe	Physikalische Eigenschaften bzw. chemische Bestandteile
Rohwasser	Wasser sowie andere bei > 103 °C flüchtige Substanzen
Trockensubstanz (TS)	Substanzen, die bei 103 °C nicht flüchtig sind
Rohasche (Ra)[1)]	Mengen- und Spurenelemente, Silikate (Erdverunreinigungen)
Rohprotein (Rp)	Reineiweiß und nichteiweißartige stickstoffhaltige Verbindungen (u. a. Amide), primärer Analyt ist Stickstoff (N); N × 6,25 = Rohprotein, bei Milcheiweiß N × 6,38
Rohfett (Rfe)	Fette und fettähnliche Substanzen
Rohfaser (Rfa)	unlösliche Anteile von Zellulose, Hemizellulosen, Lignin sowie Kutin und Suberin
N-freie Extraktstoffe (NfE)	Zucker, Stärke, lösliche Anteile von Zellulose, Hemizellulosen, Lignin und Pektinen
Saure Detergenzienfasern (ADF)	Zellulose, Lignin
Neutrale Detergenzienfasern (NDF)	Hemizellulose, Zellulose, Lignin
Saure-Detergenzien-Lignin (ADL)	Lignin
Hemizellulose bzw. Zellulose	Differenz aus NDF–ADF bzw. ADF–ADL
Neutrale Detergenzienfaser-N	N in der die Zellwand repräsentierenden Fraktion

[1)] Anmerkung: vielfach wird in Fachgremien die Vorsilbe „Roh" mit „X" abgekürzt (XP statt Rp etc.).

5.2.2 Rohasche (Ra)

Die Rohasche besteht aus säurelöslichen Verbindungen der Mengen- und Spurenelementen, aber auch aus unlöslichen Stoffen (Sand, Ton). Erdkontaminationen (z. B. in Graskonserven) können zu hohen Werten führen. Die originären pflanzeneigenen Mineralstoffgehalte liegen allgemein unter 10 % der TS. Mittels Säurebehandlung der Rohasche kann der säurelösliche Teil separiert werden; dieser wird als Reinasche bezeichnet und enthält die verwertbaren Mineralien.

5.2.3 Organische Substanz (oS)

Die Differenz aus TS und Ra umfasst die organische Substanz, die nun in die einzelnen Fraktionen zerlegt werden kann.

5.2.4 Rohprotein (Rp)

Übersicht

Eiweiße (Proteine) der Nahrung werden durch körpereigene Enzyme in Peptide und Aminosäuren gespalten; 40–80 % des Nahrungsproteins sind auf diese Weise verdaulich und stellen mit Peptiden und Aminosäuren **Baustoffe**, die für den Aufbau von Körpersubstanz (Muskulatur, Bindegewebe, Organe, Blut, Milch, Verdauungssekrete) und spezielle Funktionseinheiten wie Immunglobuline benötigt werden. Eiweiße enthalten neben Kohlenstoff, Wasserstoff, Sauerstoff und Stickstoff auch Schwefel sowie Phosphor.

Sie bestehen aus 100 bis mehreren tausend kettenförmig aneinandergereihten Aminosäuren; durch Brückenbindungen zwischen bestimmten Aminosäuren bilden sich besondere Strukturen, z. B. Spiralen oder Faltblätter. Für diese Strukturen ist die Art der beteiligten Aminosäuren (insgesamt gibt es rd. 20 verschiedene), aber auch ihre Aufeinanderfolge (Sequenz) bestimmend.

Der Organismus kann nur einen Teil der für die Synthese der körpereigenen Proteine nötigen Aminosäuren aus verdauten Proteinen sowie Kohlenhydrat- bzw. Fettabbauprodukten selbst herstellen.

> **Vorsicht**
> **Die essenziellen Aminosäuren wie Lysin, Methionin, Tryptophan, Leucin, Isoleucin, Threonin, Valin, Histidin und Phenylalanin müssen mit dem Futter zugeführt werden. Steht nur eine dieser essenziellen Aminosäuren in ungenügender Menge zur Verfügung, so wird der gesamte Aufbau von körpereigenem Eiweiß beeinträchtigt (limitierende Aminosäuren; häufig Lysin).**

In pflanzlichen Eiweißen (besonders in Getreidekörnern) sind die Aminosäuren Lysin, Methionin und Tryptophan nur in relativ geringer Menge enthalten, während Eiweiße tierischer Herkunft eher eine ausgeglichene Aminosäurenzusammensetzung im Hinblick auf den Bedarf wachsender oder laktierender Tiere aufweisen. Zum Eiweißstoffwechsel (S. 73) siehe ▶ **Tab. 13.36.** Das Aminosäureprofil der diversen Proteine (Aminosäuren im Protein) ist von der Proteinkonzentration im Futter weitgehend unabhängig; somit entscheidet die **Proteinherkunft** über das **Muster** der vertretenen Aminosäuren, der **Proteingehalt** des Futters hingegen korrespondiert mit der **Menge** der Aminosäuren.

Die beim erwachsenen Pferd im Dickdarm mikrobiell gebildeten, im Prinzip hochwertigen Eiweiße enthalten alle essenziellen Aminosäuren (▶ **Tab. 3.12**), stehen dem Wirtsorganismus aber nicht zur Verfügung. Siehe dazu auch den Abschnitt zur Eiweißverdauung (S. 56).

Analytik

Das Rohprotein (S. 140) des Futters wird durch Bestimmung des Stickstoffs ermittelt (N × 6,25, da Eiweiß pflanzlicher Herkunft im Mittel 16 % N enthält). Das Rohprotein umfasst neben den Reineiweißen (fällbare N-Verbindungen) auch alle **stickstoffhaltigen Substanzen nichteiweißartiger Natur (NPN = Non-Protein-Nitrogen)** wie freie Aminosäuren, Peptide, Amide, Ammoniumsalze, Alkaloide, stickstoffhaltige Glykoside, Harnstoff u. a., deren Anteil ist üblicherweise gering, Fehleinschätzungen des Proteins sind jedoch möglich:

- bei Silagen, da während des Siliervorgangs eine teilweise Aufspaltung der Proteine erfolgt (Proteolyse)
- bei Verfälschungen durch Einmischen von Harnstoff in proteinreiche FM (Täuschung)

Durch gesonderte Analysenschritte ist der Anteil des in fällbaren Verbindungen vorhandenen N feststellbar; dieser wird als **Reineiweiß** angegeben.

Die Rohproteingehalte von Gras, Getreide, Leguminosen und anderen Samen variieren zwischen 10 und 40 % der TS.

Durch chromatografische Verfahren kann der Gehalt des Proteins an Aminosäuren bestimmt werden (Aminosäurenprofil).

5.2.5 Rohfett (Rfe)

Übersicht

Fette, die aus Glyzerin und Fettsäuren bestehen, spielen in der natürlichen Nahrung des Pferdes eine untergeordnete Rolle. Ihr Anteil in der Gesamtration liegt in der Regel unter 5 %. Die köpereigenen Enzyme (Lipasen) und emulgierenden Eigenschaften der Gallensäuren ermöglichen dem Pferd, 80–95 % der aufgenommenen pflanzlichen Fette zu verdauen und die Fettsäuren energetisch zu nutzen. Das fäkal ausgeschiedene Fett enthält von der Fettaufnahme weitgehend unabhängige Mengen an Lipiden aus der Sekretion, der Darmschleimhaut und den Mikroorganismen sowie das tatsächlich unverdaute Fett aus der Nahrung (ca. 5–15 %); daher wird bei geringer Fettaufnahme die unverdaute Fettmenge überschätzt.

Über fettreiche Samen (z. B. Leinsaat) oder extrahierte pflanzliche Fette kann die Fettaufnahme erheblich gesteigert werden. Fette (S. 180) werden vermehrt, besonders bei Hochleistungspferden, eingesetzt, um Stärke als Energielieferant zu ersetzen und die Staubfreisetzung aus Krippenfutter zu minimieren. Fette und Kohlenhydrate können einander als Energielieferanten vertreten. Durch körpereigene Enzyme nicht verdaute Fette werden durch die Mikroorganismen nicht abgebaut, vielmehr leidet die Effizienz der mikrobiellen Verdauung durch erhöhten Zufluss von Lipiden. In üblichen Rationen stellt das Rohfett etwa 10 % der umsetzbaren Energie

Analytik

Unter Rohfett werden alle etherlöslichen Substanzen (d. h. die mit einem Lösungsmittel wie Petrolether in einer ca. 8-stündigen Prozedur extrahierbaren Stoffe) in den Futtermitteln zusammengefasst: Fette, Lipoide, Wachse, Fettsäuren und fettlösliche Vitamine. Der verseifbare Anteil grenzt das Reinfett von Wachsen und anderen etherlöslichen Stoffen ab. Die natürlichen Rohfettgehalte der Futtermittel, ausgenommen fettreiche Samen, liegen unter 8 % der TS.

Durch weiterführende chromatografische Verfahren kann das Fett nach den vorhandenen Fettsäuren differenziert werden (Fettsäurenmuster).

5.2.6 Kohlenhydrate

Übersicht

Diese Nährstofffraktion ist chemisch und ernährungsphysiologisch betrachtet sehr heterogen; sie enthält sowohl hochverdauliche Stärke oder Zucker als auch nahezu unverdauliche Gerüstsubstanzen.

In den üblichen Pferdefuttermitteln liefern Kohlenhydrate den größten Teil der Energie – also Verbindungen, die aus Kohlenstoff, Wasserstoff und Sauerstoff im Verhältnis von 1 : 2 : 1 bestehen. Die Grundelemente der Kohlenhydrate sind die Einfachzucker (**Monosaccharide** wie Glukose, Fruktose, Galaktose, Pentosen), die in verschiedenen Kombinationen Zwei- oder Mehrfachzucker (**Di-, Oligo-** oder **Polysaccharide**) bilden.

In der Fütterung sind die Disaccharide **Rohrzucker** (**Saccharose** = Glukose + Fruktose) und **Milchzucker** (**Laktose** = Glukose + Galaktose) zwar nutzbar, aber aus ökonomischen Gründen (Saccharose) von geringer Bedeutung oder nur temporär vertreten (Laktose während der Saugphase).

Der Hauptteil der verdaulichen Kohlenhydrate besteht aus den Mehrfachzuckern Stärke, Oligosacchariden, Hemizellulose und Zellulose, die aus zahlreichen Glukosemolekülen zusammengesetzt sind, jedoch mit unterschiedlicher Bindungsform. **Stärke** wird hauptsächlich von körpereigenen Enzymen in die Einfachzucker zerlegt, desgleichen Saccharose; das energetisch relevante Verdauungsprodukt ist Glukose. Der Abbau der Gerüstsubstanz-Kohlenhydrate wie **Zellulose** ist nur mit Hilfe der mikrobiellen Enzyme möglich. Ähnliches gilt für die **Pentosane** und **Pektine** – Polysaccharide, die aus Pentosen bzw. Galakturonsäure aufgebaut sind und vorwiegend in Zellwänden, vor allem in Speicherorganen der Wurzeln (Möhren, Rüben), vorkommen – gleichfalls für die als **Fruk-**

tane zusammengefassten Oligosaccharide, die aus Fruktoseeinheiten aufgebaut sind. Die flüchtigen Fettsäuren (überwiegend Azetat, Propinat und Butyrat) sind die energetisch verwertbaren Produkte der mikrobiellen Verdauung von Kohlenhydraten. Entkommt Stärke der Zerlegung durch körpereigene Enzyme (unzureichende Sekretion von Enzymen in das Darmrohr, zu hohe Stärkemengen), unterliegt auch diese dem mikrobiell bedingten Abbau; hierbei entsteht als Fermentationsprodukt neben den flüchtigen Fettsäuren auch Milchsäure.

Eine verdauungsphysiologische Betrachtung der Kohlenhydrate ist in ▸ **Tab. 5.4** enthalten. Das heterogene Profil der fermentierbaren Kohlenhydrate bedingt eine unterschiedliche Fermentationsgeschwindigkeit (Pektin → Zellulose). Die langsam abbaubaren Kohlenhydrate sind aufgrund des konstanten Angebots flüchtiger Fettsäuren für die Absorption von Vorteil, da sie gleichmäßig zur Energiebereitstellung beitragen. Da Pferde auch bei energiearmem Aufwuchs die Körpermasse erhalten und die Nahrung nahezu ausschließlich mikrobiell verdauliche Kohlenhydrate aufweist, kann gefolgert werden, dass die Fermentationsprodukte nachhaltig der energetischen Versorgung dienen können. Wird ein Beitrag der flüchtigen Fettsäuren zur Energieversorgung von 80 % angenommen, würde ein Gehalt an umsetzbarer Energie von 4–5 MJ/kg Futtertrockenmasse ausreichen, den Erhaltungsbedarf von Pferden bei hinreichender Futterverfügbarkeit zu decken.

Merke

Bei korrekter Dosierung und Behandlung werden Stärke und Saccharose hinreichend durch körpereigene Enzyme zerlegt und liefern Glukose als Verdauungsprodukt für den Energiehaushalt.

Die flüchtigen Fettsäuren aus der mikrobiellen Verdauung von Gerüstsubstanz-Kohlenhydraten sind energetisch sehr effizient und erklären das Überleben des Dickdarmfermenters Pferd auch bei hohem Gehalt an Zellwand-gebundenen Kohlenhydraten in der Nahrung. Die Mikroorganismen des Darmes können auch Stärke und andere durch körpereigene Enzyme abbaubare Kohlenhydrate zerlegen.

▸ **Tab. 5.4** Verdauungsphysiologische Fraktionierung von Kohlenhydraten (KH) (Tab. basiert auf Daten aus Hoffmann et al. 2001, Kamphues et al. 2014).

Funktion/biochemischer Abbau von (komplexen) KH	KH-Typ	Verdaulichkeit/Fermentierbarkeit unter physiologischen Bedingungen
Speicher-KH/hydrolysierbare KH	• Pentosen, Hexosen • Disaccharide • einige Oligosaccharide • Stärke	maßgeblich durch körpereigene Enzyme verdaulich[1)]
teils Speicher-KH, Faserstoffe/durch Mikroorganismen des Darms fermentierbare KH	• resistente Stärke • Galacto-Oligosaccharide • Fructo-Oligosaccharide (u. a. Fruktane)	rasch mikrobiell fermentierbar
	• lösliche Fasern: – Mucine – Pectine – Polysaccharide	
	• unlösliche Fasern: – Hemicellulose – Cellulose – Lignocellulose • β-Glucane	langsam mikrobiell fermentierbar
„Pflanzengerüst"/schwer angreifbar	• Lignin	weitgehend unverdaulich

[1)] KH dieser Gruppe werden ebenfalls mikrobiell rasch fermentiert, wenn die Aktivität körpereigener Enzyme nicht ausreicht

> **Vorsicht**
> **Werden einem mikrobiell gegründeten Verdauungsvorgang leicht fermentierbare Kohlenhydrate wie Stärke in hoher Menge zugeführt, kommt es zu kritischen Veränderungen in der Zusammensetzung der Mikrobenpopulation (Dysbiosen).**

Wie am Beispiel von überständigem Wiesenheu aufgezeigt, werden über fermentierbare Kohlenhydrate (Rohfaser + NfE außer Stärke und Zucker) rd. ¾ der umsetzbaren Energie des Futters gestellt; bei Einschluss von Getreide in die Ration wird dieser Anteil durch die dünndarmverdauliche Stärke und Zucker erheblich vermindert.

Analytik

Folgende Fraktionen werden in der Routineanalytik abgedeckt:

Rohfaser (Rfa)

Zur Bestimmung der Rohfaser wird das Futtermittel nacheinander für jeweils ½ Stunde in verdünnter Säure bzw. Lauge gekocht. Dabei gehen außer den strukturierten Zellwandbestandteilen alle anderen Futterinhaltsstoffe in Lösung. Der ausgewaschene Rückstand wird als Rohfaser bezeichnet.

Die Rfa umfasst demnach verschiedene verdauungsphysiologisch heterogene **Kohlenhydrate** (Zellulose, Hemizellulosen u. a.), aber auch andere Begleitstoffe der **Gerüstsubstanzen** aus der Zellwand (Holzstoffe wie Lignin, Kutin, oder Suberin). Die Rohfasergehalte liegen zwischen < 5 (Weizenkörner) und > 30 % der TS (stängelreiches Heu, Stroh).

Zellulosen und **Hemizellulosen** werden allein durch mikrobiell gebildete Enzyme abgebaut und sind wertvolle Energieträger. Die **Holzstoffe** (Lignin), die aus großen, netzartig aufgebauten Molekülen bestehen und mit zunehmendem Alter der Futterpflanzen in die Zellwände eingelagert werden, können selbst durch Mikroorganismen im Darm des Pferdes nicht zerlegt werden. Diese schwer- oder unverdaulichen Strukturstoffe (S. 125) sind aber in bestimmten Mengen auch für die Funktion des Verdauungskanals unentbehrlich.

Wegen der unsicheren Charakterisierung der Zellwandbestandteile (Gerüststoffe) nach dem traditionellen Weender Verfahren ist die Bestimmung der Rohfaser in die Kritik geraten.

Neutrale und saure Detergenzienfaser (NDF, ADF), Lignin

Zur verdauungsphysiologisch zutreffenderen Spezifizierung werden die Zellwandbestandteile nach einer erweiterten Methode (Behandlung der Futterprobe mit neutraler und saurer Detergenzienlösung) bestimmt und als **NDF** (**neutral detergent fiber**, neutrale Detergenzienfaser) oder **ADF** (**acid detergent fiber**, saure Detergenzienfaser) bezeichnet. Mittels erneuter Säurebehandlung der ADF-Fraktion gelingt die Abtrennung von Zellulose, es verbleibt noch Lignin (ADL). Der entscheidende Vorteil dieser Vorgehensweise ist, dass mit der NDF die Zellwand als Lieferant fermentierbarer Kohlenhydrate (Dickdarmverdauung) besser charakterisiert und präziser vom Zellinhalt getrennt wird (Zellinhalt → Dünndarmverdauung), als es mit der Rohfaserbestimmung (enthält Kohlenhydrate aus dem Zellinhalt und der Zellwand) möglich ist. Bei fehlenden Angaben können aus dem Rohfasergehalt die entsprechenden Werte für NDF und ADF geschätzt werden.

Stickstoffreie Extraktstoffe (NfE), organischer Rest

Die NfE werden definitionsgemäß rechnerisch bestimmt aus der Differenz zwischen Trockensubstanz (S. 132) und der Summe von Rohasche, Rohprotein, Rohfett und Rohfaser, siehe Anhang (S. 334). Sie enthalten im Wesentlichen leicht verdauliche Kohlenhydrate wie Zucker und Stärke sowie lösliche Anteile von Zellulose, Hemizellulosen, diversen Oligosacchariden, Pektinen und Lignin. Der Hauptteil der letztgenannten Stoffe findet sich jedoch in der Rohfaserfraktion (S. 136).

Auch bei Applikation der modifizierten Analyse mit NDF und ADF verbleibt ein rechnerisch abzuleitender Rest (TS – (Ra + Rp + Rfe + NDF)), der jedoch nicht als NfE (Fehlbewertung), sondern als „organischer Rest" zu bezeichnen ist. Da es sich um Kohlenhydrate handelt, die nicht der Zellwand zugeordnet werden, können sie als „Nicht-Struktur-Kohlenhydrate" (NSC, Non-Structural Carbohydrates) zusammengefasst werden. Um ihre Zuordnung zum Zellinhalt wiederzugeben, wird auch der Begriff Cytoplasmakohlenhydrate genutzt. Diese wiederum lassen sich in die wasserlöslichen (WSC, Water-Soluble-Carbohydrates; überwiegend Zucker) und unlöslichen (maßgeblich Stärke) Fraktionen aufteilen.

Stärke und Zucker

Polarimetrische oder auch enzymatische Verfahren lassen die genaue Bestimmung dieser Kohlenhydrate zu.

Extraktionen mittels Wasser erlauben die Bestimmung der wasserlöslichen Zucker, insbesondere der Pentosane und Fruktane, denen im Gras bzw. im Heu Aufmerksamkeit zukommt.

Merke

Die beiden Fraktionen (Rfa + NfE) repräsentieren alle im Futter vorhandenen Kohlenhydrate. Diese sind aus verdauungsphysiologischer Sicht sehr unterschiedlich zu werten. Daher ist eine weiterführende Differenzierung vor allem mittels der neutralen und sauren Detergenzienfasern angemessen.

5.2.7 Mineralstoffe

Übersicht

Bei den Mineralstoffen sind zu unterscheiden:

- Mengenelemente (S. 98): Kalzium, Phosphor, Magnesium, Natrium, Kalium, Chlorid und Schwefel
- Spurenelemente (S. 108): Eisen, Kupfer, Kobalt, Zink, Mangan, Jod und Selen

Die Mineralstoffe werden teils mit den rohfaserreichen Futtermitteln wie Gras teils über anorganische Verbindungen (z. B. Ca-Karbonat, Cu-Sulfat) aufgenommen und in sehr unterschiedlichem Umfang absorbiert (< 10 %, z. B. Zn; > 80 %, z. B. Cl). Je nach Futtergrundlage und Leistung reichen die natürlichen Gehalte nicht aus. Bei Verwendung mineralischer Einzelfuttermittel (dazu zählen alle zur Fütterung geeigneten Verbindungen von Mengenelementen, u. a. $CaCO_3$, MgO, NaCl sowie Phosphate) oder mit Spurenelementen angereicherter Mischfutter bzw. Mineralfutter können Versorgungsengpässe vermieden werden. Spurenelemente sind rechtlich als Futterzusatzstoffe definiert und daher für die Anwendung an die genannten Futtertypen gebunden, s. Kap. Futtermittelrechtliche Bestimmungen (S. 141).

Elektrochemisch unterscheiden sich die Elemente nach ihrer Ladung; die Mengelemente werden folgendermaßen unterteilt:

- Kationen, positiv geladen: Ca^{++}, Mg^{++}, K^+, Na^+
- Anionen, negativ geladen; Cl^-, S^{--}, P^{4-}

Als Kat- oder Anionen können die Elemente selbst durch bestimmte Kanäle in den Zellmembranen transportiert werden; durch die Verlagerung der elektrochemischen Ladung werden ferner andere Transportvorgänge angetrieben. Die in Körperflüssigkeiten gelösten Kationen binden bevorzugt an Bikarbonat (HCO_3^-), der pH-Wert der Flüssigkeit steigt an (= alkalisierend), die Anionen ziehen H^+ an, der pH-Wert der Flüssigkeit sinkt (= azidierend). Durch Abatmung von Kohlendioxid und renaler Abgabe von Bikarbonat oder H^+ wird der pH-Wert der Körperflüssigkeiten streng reguliert. Bei raufutterbetonten Rationen gemäß den Versorgungsempfehlungen (15 g TS/kg KM je Tag) – s. Kap. Energie-, Nährstoff- und Strukturstoffbedarf (S. 70) – ist eine Belastung des Säuren-Basen-Status insbesondere durch Absorption von Anionen nicht gegeben, da offenbar Produkte der Verstoffwechselung von Chlorophyll stark puffernd wirken. Häufig sind Veränderungen im systemischen pH-Wert durch eine leistungsbedingte Laktatbildung (Abfall des Blut-pH-Wertes; s. anaerobe Energiegewinnung (S. 82)) oder infolge fortgesetzter Schweißverluste (Anstieg des Blut-pH-Wertes infolge Cl-Entzug über den Schweiß).

Analytik

Mineralstoffe (S. 98) werden in speziellen zusätzlichen Analyseverfahren (Atomabsorptionsspektroskopie, Kolorimetrie, Titration) unmittelbar als Elemente bestimmt.

Die essenziellen Mengen- und Spurenelemente sind in die Routineanalytik integriert, während Vitaminuntersuchungen aufwändiger sind und daher nur selten durchgeführt werden.

5.2.8 Vitamine

Übersicht

Die Vitamine (▶ **Tab. 4.22**) werden unterteilt in:

- fettlösliche Vitamine (S. 116): Vitamin A und seine Vorstufe, das β-Karotin, sowie die Vitamine D, E und K
- wasserlösliche Vitamine (S. 121): Vitamine B_1, B_2, B_6, B_{12}, Nikotinsäure, Pantothensäure und Folsäure

- Weidefutter enthält Karotin, Vit. D und E. Vit. D (Cholecalciferol) wird bei Einwirkung von UV-Strahlen des Sonnenlichts auf die Haut gebildet, Vit. K durch die Mikroorganismen des Darmes umfänglich bereitgestellt.
- Die wasserlöslichen Vitamine kommen auch in pflanzlicher Nahrung vor – höhere Werte erreichen teilweise Nebenprodukte fermentativer Prozesse (z. B. Bierhefe).
- Ausschlaggebend jedoch ist die intensive Eigensynthese dieser Vitamine durch die Intestinalflora.

Die Gehalte in Silagen und Heu variieren stark in Abhängigkeit von der Art und dem Ablauf der Konservierung. Besonders Karotinoide und Tokopherole sind oxidationsempfindlich. Getreide und andere Samen enthalten neben Karotinoiden vor allem Vit. E.

Analytik

Vitamine werden in speziellen chromatografischen Verfahren als Verbindungen (Hochdruckflüssigkeitschromatografie) bestimmt. Aufgrund des Aufwandes werden Vitamine in der Routineanalytik selten aufgegriffen.

5.3

Bewertung des Energie- und Eiweißgehalts in Futtermitteln

5.3.1 Energiegehalt in Futtermitteln

Die Bewertung der im Futter enthaltenen und tatsächlich für Leistungen zur Verfügung stehenden Energie ist nur unter starker Vereinfachung möglich (▶ **Tab. 5.5**).

Merke

Bei überwiegend im Dickdarm mikrobiell aufgeschlossenen Futtermitteln ist die als verdaut erscheinende Futterenergie in geringerem Umfang verfügbar als bei vorwiegend im Dünndarm verdauten Futtermitteln, da im Dickdarm Energie z. T. in Wärme oder Gase überführt wird und nicht genutzt werden kann.

Auch hochverdauliche Futtermittel, in zu großen Mengen pro Mahlzeit gegeben und zu einem größeren Anteil im Blinddarm mikrobiell vergoren, werden energetisch schlechter verwertet als bei maßgeblicher Verdauung im Dünndarm.

Wird die Energie eines Futters, die bei dessen Verdauung und Verwertung über Kot, Harn und Darmgase abgegeben wird, vom Bruttoenergiegehalt (GE) des Futters abgezogen, so bleibt die

▶ **Tab. 5.5** Stufen der Energiebewertung in Futtermitteln.

Bezeichnung	Definition bzw. Berechnung	Auf der jeweiligen Stufe zur Verfügung stehender Anteil
Bruttoenergie (BE)	physikalischer Brennwert	100 %
verdauliche Energie (DE)	BE minus Energie im Kot	~50–90 %
umsetzbare Energie (ME)	DE minus Energieabgabe über Harn und Gase (Lunge, Rektum)	~40–70 %
Nettoenergie (NE)	in Leistung übergehende Energie • Grundumsatz → Wärme • Bewegung → kinetische Energie • prä- und postnataler Ansatz → chemische Energie – Fett – Protein – Glykogen • Milch → chemische Energie – Milchfett – Milcheiweiß – Milchzucker	~20–60 %
Wärmeenergie	Differenz zwischen ME und NE	~4–80 %

umsetzbare Energie (ME). Sie umfasst das ATP-Bildungsvermögen des Futters: Hiermit werden die energetischen Bedürfnisse für die lebenswichtigen Funktionen im Erhaltungsstoffwechsel, aber auch für zusätzliche Leistungen versorgt. Allerdings kann auch die umsetzbare Energie nicht vollständig in produktspezifische Energie (Eiweiß-Fett-Synthese, Bewegung) umgewandelt werden, da bei der Energietransformation je nach Art der Leistungen mehr oder weniger große Wärmemengen anfallen (thermische Energie), die für den Organismus nicht nutzbar sind, ausgenommen Grundumsatz bzw. Erhaltungsbedarf; unter diesen Bedingungen finden weder Synthesen von Geweben noch nennenswerte Skelettmuskelbewegungen statt. Das Produkt des Energieumsatzes ist die Körperinnentemperatur, d. h. Wärme.

Wird bei Bilanzgleichgewicht (keine Veränderung der Körpermasse), bei Gewebeansatz, Milchbildung oder Bewegung von der ME noch die in Form von Wärme anfallende Energie abgezogen, erhält man die dem Grundumsatz zuzuordnende Wärme bzw. die in einem Produkt (z. B. Gewebeansatz) messbare **Nettoenergie (NE).** So ist beispielsweise die Energie in der Milch die NE; bei der Milchbildung wird die ME zu rd. 60 % in die organischen Milchinhaltsstoffe überführt werden, während der Rest als Wärme anfällt, die abgeführt werden muss.

Die im intermediären Stoffwechsel anfallende Wärme ist außerordentlich variabel; beim Energieansatz des wachsenden Pferdes beläuft sich dieser Anteil auf rd. 30 % der aufgewandten ME, bei Arbeitsbelastung ist mit etwa 80 % der ME als Wärme zu rechnen. Es gibt keinen einheitlichen Transfer von ME zu NE für alle Stoffwechselbedingungen. Da aber belastbare Daten zur Verwertung der ME (sog. Teilwirkungsgrade) für die verschiedene Leistungen verfügbar sind, kann für alle Leistungen der notwendige Aufwand an ME abgeleitet werden (NE/Teilwirkungsgrad = Bedarf an ME). Dieser ist ausschließlich eine Eigenschaft des Tieres bzw. seiner Leistung. Daher wird seit 2014 die ME für die Beschreibung des Bedarfs als auch für die Bewertung des Futters eingesetzt (Ablösung der DE). Hierfür werden die Nährstoffe mit kalorischen Äquivalenten multipliziert, die dem energetischen Wert im Stoffwechsel entsprechen.

Der Unterschied zwischen der DE und der ME wird durch energiehaltige Verbindungen bedingt, die maßgeblich über Gase und Harn abgeführt werden. Der **Export nicht verwertbarer Energie über den Harn** erfolgt im Wesentlichen über stickstoffhaltige Verbindungen (u. a. Hippursäure, die ihren Namen dem Vorkommen im Pferdeharn verdankt). Die Energieabgabe über den Harn (E_{Harn}) hängt direkt von der Eiweißaufnahme ab (d. h. je Gramm Eiweiß ist eine Minderung der umsetzbaren Energie anzusetzen). Pauschal wird die renale Energieabgabe mit 8 kJ/g Rp veranschlagt; d. h., der energetische Wert des Rohproteins ($ME_{Protein}$) mindert sich um diese vom Proteingehalt abhängige Größe, die für die im Anhang gelisteten Futtermittel zur Anwendung kam:

$$\begin{aligned} ME_{Protein}\ kJ/g &= 20,9 - E_{Harn} = 20,9 - 8 \\ &= 12,9\ kJ/g \end{aligned}$$

Da aber das Profil der energiehaltigen Verbindungen im Harn je nach Futtermitteltyp und Proteinqualität nicht konstant ist, wird nach einer Präzisierung in der Ableitung der Harnenergie gesucht. Damit soll dem Umstand entsprochen werden, dass beispielsweise bei Raufuttermitteln die Energieabgabe mit dem Harn je g Futterprotein größer ist als bei Extraktionsschroten. Nach jüngsten Untersuchungen können die renalen Energieabgaben nach Futtermitteln differenziert geschätzt werden; die nachstehenden Faktoren wurden ebenfalls auf die im Anhang gelisteten Futtermittel angewandt. (Die Ausführungen zur Ableitung der renalen Energieabgaben sollen berücksichtigen, dass an einer Präzisierung der Futtermittelbewertung gearbeitet wird und in absehbarer Zeit entsprechende Ergebnisse vorliegen dürften, die in den Fachgremien behandelt und möglicherweise verbindlich verabschiedet werden.) E_{Harn}, kJ/g Rp:

- < 60 g Rp/kg TS: 11
- > 60–170 g Rp/kg TS: 23 - $0{,}21x + 0{,}00068x^2$, x = Rp, g/kg TS
- > 170–200 g Rp/kg TS: 7
- > 400 g Rp/kg TS: 4,5
- sonstige Einzelfuttermittel, Mischfutter, Rationen insgesamt: 8

Die mikrobielle Fermentation ist die entscheidende Quelle für **Energieentzug über gasförmige Stoffe** wie Wasserstoff und Methan. Die mikrobielle Verdauung ist eine Funktion der Zufuhr an Gerüstsubstanzen. Der energetische Ertrag (ME) aus Rohfaserfraktion mindert sich im Mittel um 2 kJ je g Rohfaser. (Für eine Differenzierung dieser Größe nach der Qualität der Gerüstsubstanzen fehlen aktuell noch entsprechende Daten.)

Beide Formen des Energieabzugs sind Eigenschaften des Futters.

Merke

Zur Bewertung der ME des Futters müssen Eiweiß- und Gerüstsubstanzgehalt mit einem Faktor integriert sein, um dem Anfall energiehaltiger Gase aus der mikrobiellen Aktivität v. a. im Dickdarm und der Ausscheidung von energiehaltigen N-Verbindungen über den Harn Rechnung zu tragen.

Bei der energetischen Bewertung des Rohfetts und der in der Fraktion der N-freien Extraktstoffe zusammengefassten Nährstoffe besteht kein Anlass, Abzüge vorzusehen.

Für die Bewertung des ME-Gehalts von Einzel- und Mischfuttermitteln wie auch von Gesamtrationen wird folgendes Modell genutzt:

$$\text{ME, MJ/kg TS} = -3{,}54 + (0{,}0209 - E_{Harn})Rp + 0{,}042Rfe - 0{,}0019Rfa + 0{,}0185NfE$$

(**Nährstoffe stets in g/kg TS!**; nicht anwendbar bei Rationen mit > 350 g Rfa oder > 80 g Rfe/kg TS)

Das vorgestellte Modell basiert auf einer umfangreichen Analyse von Verdauungsversuchen mit Einzelfuttermitteln und gemischten Rationen; entsprechend gehen Interaktionen zwischen Futtermitteln in die Bewertung ein (s. Tabellenanhang, ▶ **Tab. 13.2**).

5.3.2 Eiweißgehalt in Futtermitteln

Der Gehalt an **Rohprotein (Rp)** im Futtermittel ergibt sich gemäß der Konvention zur Analyse von Futtermitteln nach dem Weender-Analyseverfahren (S. 133) aus dem Stickstoffgehalt (N) und der Verallgemeinerung, dass der Stickstoffgehalt des Eiweißes insgesamt 16 % beträgt, d. h. N × 6,25 = Rp (S. 133).

Das Rohprotein kann analytisch in die **Aminosäuren** zerlegt werden. Seine Zusammensetzung variiert je nach Herkunft des Eiweißes (z. B. Lysin in 100 g Eiweiß aus Getreide ~3 g, aus Sojabohnen ~6 g). Innerhalb eines Futtermitteltyps sind hingegen Veränderungen bei den Aminosäuren maßgeblich durch den Eiweißgehalt selbst bestimmt (z. B. proteinarmes vs. proteinreiches Gras: zwar unterschiedliche Aminosäurengehalte je kg Futter, aber gleiche Eiweißqualität, d. h. gleiche Aminosäurengehalte im Eiweiß). Wertbestimmend für das Nahrungsprotein sind die Aminosäuren.

Das **verdauliche Eiweiß (vRp)** beinhaltet eine Überbewertung des verfügbaren Eiweißes, da ein Teil im Dickdarm mikrobiell aufgeschlossen wird. Im Dickdarm jedoch werden annähernd ausschließlich einfache Stickstoffverbindungen absorbiert, die keinen Beitrag zur Aminosäurenversorgung des Tieres leisten (allenfalls Nutzung des N zur Synthese nicht essenzieller Aminosäuren bei marginaler Proteinaufnahme). Für die Versorgung des Pferdes insbesondere mit essenziellen Aminosäuren ist die Eiweiß- bzw. Aminosäurenabsorption im Dünndarm entscheidend. Da im Dünndarm nur eine begrenzte, unbedeutende Verdauung der Gerüstsubstanzen erfolgt, kann unterstellt werden, dass im präzäkalen Abschnitt des Magen-Darm-Trakts überwiegend Aminosäuren aus dem Zellinhalt verdaut und aufgenommen werden. Die Gerüstsubstanzen der Zellwand werden analytisch durch die neutralen Detergenzienfasern (NDF) erfasst.

Demnach kann das Rohprotein insgesamt wie folgt differenziert werden:

- Fraktion A → N bzw. Rp in Gerüstsubstanzen fixiert, im Dünndarm nicht verdaulich; analytisch wird dieser Teil durch das Rp in der NDF-Fraktion abgebildet **(NDF-Rp)**;
- Fraktion B → N bzw. Rp nicht in Gerüstsubstanzen fixiert, z. B. aus dem Zellinhalt oder Speichergewebe; entspricht der Differenz aus Rp-insgesamt minus NDF-Rp.

Der mit Fraktion B definierte Teil des Rohproteins kann als der im Dünndarm durch körpereigene Enzyme verdauliche Anteil angesehen werden; die präzäkale Verdaulichkeit dieser Fraktion und der in ihr gebundenen Aminosäuren wird mit 90 % angesetzt. Da sich die Proteinfraktionen im Aminosäurenmuster vermutlich nicht unterscheiden, kann die Zusammensetzung des Futterrohproteins auch für die Fraktion B, d. h. den dünndarmverdaulichen Anteil übernommen werden.

Für die Bewertung des **dünndarm- bzw. präzäkal verdaulichen Rohproteins (pcvRp)** und der **dünndarmverdaulichen Aminosäuren (pcvAS)** in Futtermitteln für Pferde gelten daher folgende Konventionen:

- pcvRp = (Rp–NDF-Rp) × 0,9
- pcvAS = pcvRp × AS-Gehalt des Futterproteins

Beispiel (Heu): 160 g Rp, 4,6 g Lysin je 100 g Heu-Rp, 35 g NDF-Rp

Berechnung:

$$(160\text{g} - 35\text{g}) \times 0,9 = 113\text{g pcvRp}$$

$$113\text{g} \times \frac{4,6\text{g}}{100\text{g}} = 5,2\text{g pcvLysin}$$

Falls die entsprechenden Analysedaten nicht verfügbar sind, kann das pcvRp aus den Gehalten des Futters an Rp und NDF (jeweils in g/kg TS) wie folgt geschätzt werden:

- alle Futtermittel:
  pcvRp, gkg = –1,470 + 0,817 Rp – 0,044 NDF; $r^2 = 0{,}94$
- Heu:
  pcvRp, gkg = –17,06 + 0,827Rp – 0,013 NDF; $r^2 = 0{,}95$
- Getreide:
  pcvRp, gkg = –4,514 + 0,847 Rp – 0,013 NDF; $r^2 = 0{,}907$
- Mischfutter:
  pcvRp, gkg = –10,96 + 0,863 Rp – 0,050 NDF; $r^2 = 0{,}946$

Die Schätzgleichungen sind als Behelf zu verstehen und ersetzen nicht die chemische Analyse, die stets Vorrang haben sollte.

5.4 Futtermittelrechtliche Bestimmungen

Verkehr und Verwendung von Futtermitteln unterliegen rechtlichen Regelungen, die von der europäischen Union für alle Mitgliedstaaten formuliert und mittels EU-Verordnungen verbindlich kommuniziert werden. Diese werden auf nationaler Ebene durch Ausführungen im **Lebensmittel-, Bedarfsgegenstände- und Futtermittelgesetzbuch (LFGB in der Fassung vom 3. Juli 2013, zuletzt geändert am 10. März 2018)** und zugehörigen Verordnungen ergänzt.

Anmerkung: EU-Verordnungen sind in allen Mitgliedsländern verbindlich; nationale Regelungen sind stets nachgeordnet. Somit ist der Charakter einer EU-Verordnung eher der eines Gesetzes.

Leitgedanke der futtermittelrechtlichen Bestimmungen ist primär die Beziehung zwischen Futtermittel und Lebensmittel tierischer Herkunft. Die Fokussierung auf lebensmittelliefernde Tiere schränkt keinesfalls die Gültigkeit für andere Tierarten ein. Eine der bereits in der grundlegenden EU-Verordnung niedergelegte und im LFGB spezifizierte Festlegung (§ 17 LFGB) betrifft alle Futtermittel für Pferde (sinngemäß):

Es ist verboten, Futtermittel

- herzustellen,
- in Verkehr zu bringen,
- zu verfüttern,

die das Tier oder den Menschen über die von Tieren gewonnenen Lebensmittel schädigen können.

Diese äußerst weitreichende Formulierung gilt nicht allein für Mischfutter, sondern für Futtermittel allgemein, und legt bereits das Schädigungspotential als Verbotsgrund fest, um das Anliegen des vorsorglichen Gesundheitsschutzes zu würdigen. Die futtermittelrechtlichen Bestimmungen haben zum Ziel, u. a. Tiere vor Schäden zu bewahren, Käufer von Futtermitteln vor Täuschung zu schützen und Belastungen des Naturhaushaltes zu begrenzen bzw. zu vermeiden.

Für Käufer von Pferdefuttermitteln und alle am Verkehr mit Futtermitteln Beteiligten sind folgende futtermittelrechtlichen Regelungen von Bedeutung:

- Futtermittel dürfen **nicht gesundheitsschädigend** sein (z. B. durch Höchstmengenregelungen von Zusatzstoffen und unerwünschten Stoffen sowie allgemeine Fütterungsverbote gewürdigt).
- Futtermittel müssen von handelsüblicher **Reinheit und Unverdorbenheit** sein (sofern beim Verkauf keine besonderen Angaben gemacht werden). Körnerfutter sollen eine botanische Reinheit von mindestens 95 % aufweisen (Ziel Schutz des Tieres vor Schäden und des Käufers vor Täuschung).
- Futtermittel dürfen nicht unter **irreführenden Bezeichnungen** in den Handel gebracht werden (Ziel Schutz vor Täuschung; diesbezüglich u. a. Regelungen zur Deklaration von Futtermittel).
- **Werbeaussagen**, die sich auf die Beseitigung und Linderung von Krankheiten beziehen, sind verboten, außer Angaben zur Verhütung von Krankheiten, die durch einen Mangel an Nährstoffen verursacht werden, oder bei Diätfuttermitteln, für die erweiterte Kennzeichnungsvorschriften gelten.
- Bei **Einzelfuttermitteln** müssen die **Bezeichnungen** der Natur der Sache entsprechen und der Gehalt an den wichtigsten, den Futterwert bestimmenden Inhaltsstoffen angegeben werden, z. B. Stärke, Rohprotein, Rohfaser u. a.
- Bei **Mischfuttermitteln** muss aus der **Kennzeichnung** hervorgehen, ob es sich um Allein- oder Ergänzungsfuttermittel handelt, für welche Tierart bzw. Alters- oder Nutzungsgruppe es bestimmt ist und welche Gemengeteile und Inhaltsstoffe (S. 184) es enthält. Der Wassergehalt ist anzugeben, wenn er 14 % übersteigt (Ziel u. a. Schutz vor Täuschung).
- Mischfutter dürfen nur **Zusatzstoffe** enthalten, die zugelassen sind (▶ **Tab. 5.6**), und müssen entsprechend gekennzeichnet werden (Ziel: Schutz vor Schäden, Schutz der Umwelt).
- In Einzelfuttermitteln und Mischfuttern dürfen festgesetzte Gehalte an **unerwünschten Stoffen** (z. B. Schwermetalle, Mykotoxine, Pflanzenschutzmittel, einige toxische Pflanzeninhaltsstoffe) nicht überschritten werden (Schutz vor Schäden).
- Mischfutter (S. 184) dürfen nur an die **Tierart** verfüttert werden, für die sie bestimmt sind.

▶ **Tab. 5.6** Zusatzstoffe in Mischfuttermitteln für Pferde – ausgenommen Siliermittel.

Zusatzstoff lt. VO (EG) 1831/2003 „Zusatzstoffe“	**Zugelassener Höchstgehalt[1) 3)]**
a. Stoffe mit Nährstoffcharakter	
Aminosäuren, Spurenelemente	
Eisen	750
Jod	4
Kobalt	2
Kupfer	25
Mangan	150
Molybdän	2,5
Selen	0,5
Zink	150
Vitamine	
Vitamin D_2/D_3	4000 IE
Nikotinsäure	50000
Vitamine A, E, K_1 und K_3 Vitamine B_1, B_2, B_6, B_{12} Biotin, Ca-Pantothenat Folsäure, β-Karotin Vitamin C[3)]	o.H.[2) 3)]
vitaminähnliche Stoffe	o.H.[2)]
Inosit, Cholinchlorid	o.H.[2)]
p-Aminobenzoesäure	o.H.[2)]
Taurin, L-Carnitin	o.H.[2)]
Aminosäuren	o.H.[2)]
b. Sonstige Stoffe	
Antioxidanzien u. a.	
Vitamin C[3)]	150
Butylhydroxytoluol	150
synthetische Tokopherole	o.H.[2)]
Bindemittel, Fließhilfstoffe u. a.	
Bentonit	20000
Zitronensäure, Kieselgur, Vermicult u. a.	o.H.[2)]
Emulgatoren, Stabilisatoren, Verdickungs-, Geliermittel u. a.	
Polyethylenglykol 6000	300
Guarkernmehl	5000
Lecithine, Agar-Agar, Pektine u. a.	o.H.[2)]

▶ **Tab. 5.6** Fortsetzung

Zusatzstoff lt. VO (EG) 1831/2003 „Zusatzstoffe"	Zugelassener Höchstgehalt[1) 3)]
Färbende Stoffe u. a.	
Brillantsäuregrün	o.H.[2)]
Patentblau V	o.H.[2)]
Konservierungsstoffe u. a.	
Essigsäure, Propionsäure	o.H.[2)]
Kalziumsorbat, Ammoniumpropionat u. a.	o.H.[2)]
Siliermittel	**o.H.[2)]**

Ferner zugelassen sind Aromastoffe, Säureregulatoren, wasserbindende Stoffe, Enzyme und Radionuklid-Bindemittel.

[1)] mg/kg Gesamtration bei 88 % Trockenmasse, sofern nicht anders vermerkt

[2)] o.H. = ohne Festlegung eines Höchstgehaltes

[3)] Für Vitamin C besteht eine Höchstmenge nur bei Verwendung als Antioxidans, nicht aber als Nährstoff.

5.5 Einzelfuttermittel

Für die Rationsberechnung sind Kenntnisse über die Futtermittel, ihre Herstellung, Zubereitung, Zusammensetzung, Konservierung, Schmackhaftigkeit, enthaltene schädliche Inhaltsstoffe, mögliche Kontaminationen und allgemeine Verträglichkeit unerlässlich. Für das Pferd haben Grünfutter und seine Konservate (Heu, Heulagen, Silagen) sowie Getreide und Getreidenachprodukte die größte Bedeutung Über die Zusammensetzung der Einzelfuttermittel orientiert ▶ **Tab. 13.34.** Siehe auch hygienische Beschaffenheit von Futtermitteln (S. 192).

5.5.1 Raufutter (Grobfutter)

Raufutter ist ein unerlässlicher Bestandteil der Ration von Pferden, s. Kap. Energie-, Nährstoff- und Strukturstoffbedarf (S. 70).

Grünfutter

Grünfutter besteht aus oberirdischen Teilen von Futterpflanzen, deren Wachstum noch nicht abgeschlossen ist. Nach seiner Herkunft unterteilt es sich in:

- Grünfutter vom Dauergrünland (Wiesen oder Weiden)
- Grünfutter vom Acker (Feld- oder Ackerfutter)

Grünfutter vom Dauergrünland

Die Pflanzenarten des Grünlandes sowie Klima, Boden und Düngung beeinflussen in hohem Maße Nährstoffzusammensetzung und Geschmack des Grünfutters von Wiesen und Weiden.

Botanische Zusammensetzung

Auf natürlichem Grünland kommen über 100 verschiedene Pflanzenarten vor. Sie lassen sich grob einteilen in Gräser, Kleeartige und Kräuter.

Pflanzenarten vom Grünland

Gräser

Obergräser

Wiesenschwingel (Festuca pratensis), Wiesenlieschgras (Phleum pratense), Wiesenfuchsschwanz (Alopecurus pratensis), Glatthafer (Arrhenatherum elatius), Goldhafer (Trisetum flavescens), Knaulgras (Dactylis glomerata), Wehrlose Trespe (Bromus inermis), Rohrglanzgras (Phalaris arundinacea)

Untergräser

Deutsches Weidelgras (Lolium perenne), Wiesenrispengras (Poa pratensis), Gemeines Rispengras (Poa trivialis), Weißes Straußgras (Agrostis alba), Rotschwingel (Festuca rubra), Jähriges Rispengras (Poa annua)

Kleeartige

Weißklee (Trifolium repens), Wiesenrotklee (Trifolium pratense), Bastardklee (Trifolium hybridum), Zaunwicke (Vicia sepium), Vogelwicke (Vicia cracca), Wiesenplatterbse (Lathyrus pratensis)

Kräuter

Löwenzahn (Taraxacum officinale), Herbstlöwenzahn (Leontodon autumnalis), Schafgarbe (Achillea millefolium), Große Bibernelle (Pimpinella major), Spitzwegerich (Plantago lanceolata), Großer Wiesenknopf (Sanguisorba officinalis), Großer Sauerampfer (Rumex acetosa) etc.

Gräser Die Gräser sind die eigentlichen Massenbildner des Grünlands und bestimmen daher die Quantität des Futters. Sie können nach ihrem Nutzungswert unterteilt werden in wertvoll bis brauchbar und minderwertig.

In der ersten Gruppe sind **Ober-** und **Untergräser** zu unterscheiden. Die Obergräser zeichnen sich durch hohe Blütenstände mit relativ geringem Blattanteil aus, während die Untergräser kürzere Halme und mehr Blätter bilden und somit einen geringeren Rohfasergehalt und eine höhere Verdaulichkeit besitzen.

Zu den minderwertigen Gräsern gehören Rasenschmiele, Pfeifengras, Borstgras, Schilfrohr, ferner die Seggen, Binsen und Simsen. Diese Arten haben infolge ihres hohen Rohfaser- und geringen Mineralstoffgehalts nur einen mäßigen Futterwert. Außerdem senken sie bei stärkerer Verbreitung den Gesamtertrag der Grünlandflächen. Die Seggen werden von Pferden zwar noch gefressen, doch die stark verkieselten Blattrandzähnchen können bei empfindlichen Tieren evtl. Lippen, Zunge und Zahnfleisch verletzen.

Der Geschmackswert der Gräser hängt von Art, Sorte, Alter, Düngung, Boden und relativer Häufigkeit im Bestand ab, weniger von der Wuchsform. Auch hochgewachsene Gräser werden vom Pferd aufgenommen, wenn sie schmackhaft sind. Zu den gern gefressenen Gräsern zählen Rotschwingel, Rohrschwingel, Kreuzungen zwischen Deutschem und Welschem Weidelgras sowie Kammgras, während Wiesenfuchsschwanz, Lieschgras, Knaulgras, Wiesenschwingel, Trespenarten und Quecken nicht favorisiert werden. Mittleren Geschmackswert scheinen Wiesenrispengras, Deutsches Weidelgras und rotes Straußgras zu haben.

Kleeartige Die in der Gruppe der Kleeartigen zusammengefassten Pflanzen sind nicht so massenwüchsig, aber hochverdaulich und reich an Eiweiß, Kalzium und Magnesium. Auf besseren, nicht zu sauren Böden mit starker Verdichtung der Oberfläche breitet sich besonders der Weißklee aus, der auf Pferdeweiden aufgrund seiner Ausläuferbildung recht ausdauernd ist. Von den Kleeartigen wird der Weißklee sehr gern, der Rotklee dagegen ungern gefressen.

Kräuter Zur Gruppe der Kräuter gehören weidewirtschaftlich alle zweikeimblättrigen Pflanzen außer Schmetterlingsblütlern, aber auch Farne, Flechten und Moose. In ihr gibt es sowohl wertvolle Futterpflanzen wie auch giftige Unkräuter. Auf extensiven, wenig gedüngten Flächen ist der Anteil an Kräutern und Unkräutern im Allgemeinen hoch; mit steigender Nutzungsintensität geht ihr Spektrum zurück. Sie enthalten z. T. höhere Spurenelementmengen (Fe, Mn, Zn) und meistens auch viel Kalzium (► **Tab. 5.10**) im Vergleich zu Gräsern.

Zu den Kräutern mit mittlerem bis gutem Futterwert, die vom Pferd noch gefressen werden, zählen die oben gelisteten Pflanzen.

Sie sind allerdings nur dann wertvoll, wenn sie nicht in zu großen Mengen im Grünland vorkommen. Nimmt ihre Zahl überhand, wirken sie ertragsmindernd. Von mäßigem Futterwert sind u. a. Gänseblümchen, Margerite, gemeines Hornkraut, Flockenblume, kriechender Hahnenfuß.

Unter den Kräutern kommen allerdings auch Arten vor, die schon als **Unkräuter** zu bezeichnen sind, weil sie nicht gefressen werden (Ginster, Hauhechel, Heidekraut, Krauser Ampfer).

Bedeutsam sind ebenfalls den Kräutern zugeordnete Giftpflanzen (S. 271), die gelegentlich oder regional auch regelmäßig vorkommen: Scharfer und Knolliger Hahnenfuß, Sumpfdotterblume, Wiesenschaumkraut, Sumpfschachtelhalm, Adonisröschen, Herbstzeitlose, Adlerfarn, Johanniskraut, Jacobskreuzkraut.

Verteilung Die Verteilung von Gräsern, Kleeartigen und Kräutern auf dem Grünland hängt von Boden und Klima, aber auch von Nutzungsart und Grasungsverhalten der Weidetiere ab; i. d. R. geht die botanische Vielfalt des Aufwuchses mit der Intensivierung der Nutzung des Grünlandes zurück, der Anteil der Gräser wird gefördert. Eine vielseitige Zusammensetzung der Flora wirkt sich jedoch günstig auf Ertrag, Nährstoffangebot und Geschmack aus. Der Gräseranteil sollte möglichst 70–80 % nicht übersteigen, Kleeartige und Kräuter je 10–15 % erreichen. Eine ideale Verteilung ist – aufgrund von Klima und Boden – nicht auf allen Flächen möglich. Auf feuchten Standorten mit hohen Niederschlägen liegt der Anteil an Gräsern im Allgemeinen höher, während auf trockenen, kalkreichen Flächen mehr Leguminosen und Kräuter wachsen.

Nutzungsart Bei ausschließlicher Nutzung durch Pferde gehen in der Regel die schmackhaften Gräser zurück, da sie oft bis auf die Wurzeln abgefressen werden und nicht zum Blühen kommen, während die weniger beliebten Gräser und Kräuter reifen und sich vermehren. Auch Pflanzen mit bodennahen Vegetationsorganen, die vom Pferd schwer erreicht werden (Löwenzahn, Wegerich, Gänseblümchen), oder mit hohem Lichtbedürfnis (Weißklee) haben auf reinen Pferdeweiden große Chancen zur Vermehrung. Ihre Ausbreitung spricht für eine Überweidung durch Pferde.

Eine einseitige Entwicklung wird durch **zwischenzeitliche Mähnutzung** (Heugewinnung) verhindert bzw. verzögert, da sich dann alle Pflanzen, besonders aber Obergräser und höherwüchsige Leguminosen entwickeln und z. T. blühen können. Gleichzeitig werden die bei ausschließlicher Beweidung begünstigten Pflanzen mit bodennahen Vegetationsorganen in ihrer Entwicklung beeinträchtigt.

Auch die **wechselseitige Nutzung** der Weiden **durch Pferde und Rinder** kann einen vielseitigen Aufwuchs begünstigen, da sie unterschiedliche Pflanzen bevorzugen. Außerdem wird die Parasitenbelastung für beide Spezies geringer.

Düngung Ganz erheblich wird die botanische Zusammensetzung des Weidefutters durch Düngung und Düngungsintensität verändert. Allgemein nimmt mit steigender Düngeranwendung die Artenzahl auf dem Grünland ab, besonders bei Kleeartigen und Kräutern.

Eine einseitige **Stickstoffdüngung** fördert den Wuchs der Gräser, vor allem in Gebieten mit hohen Niederschlägen oder bei Beregnung. Andere Pflanzen werden unterdrückt, besonders der Weißklee, da er schattenempfindlich ist. Werden die Flächen jedoch früh genutzt, so ist auch bei intensiver Stickstoffdüngung der Weißklee auf der Weide noch zu halten.

Die isolierte Düngung mit **Phosphor** oder **Kalium** fördert im Allgemeinen die Kleeartigen, während die Kombination Stickstoff/Kalium nicht allein das Wachstum der Gräser, sondern auch mancher Kräuter, besonders der Doldenblütler, begünstigt. Variationen in der Düngung können dazu beitragen, einen bestimmten Pflanzenbestand zu erhalten. Nimmt z. B. der Weißklee überhand, kann durch Stickstoffdüngung sowie einmalige Nutzung der Weide zur Heugewinnung die Kleeausbreitung nachhaltig unterdrückt werden.

Praxis

Eine auf Bodenanalysen beruhende Düngung mit allen Kernnährstoffen in Kombination mit wechselseitiger Nutzung (Weiden und Mähen) und Wechsel der Weidetiere (Pferde und Rinder) führt zu den geringsten Verschiebungen in den Hauptpflanzengruppen.

Nachsaat Wenn die Ertragsleistung einer Pferdeweide infolge Überrepräsentation ertragsschwacher Pflanzen nachlässt, ist vor einem Umbruch zunächst die Nachsaat zu versuchen. Dazu wird die Fläche im Frühjahr leicht geeggt (keine tiefgreifenden Geräte) und die Saat mit der Drillmaschine überkreuz eingebracht. Für die Nachsaat kommt pro ha folgende Mischung infrage: 5 kg ausläufertreibender Rotschwingel (sehr schmackhaft, gleichzeitig Bildung eines elastischen Graspolsters), 5 kg Wiesenrispe und 1 kg weißes Straußgras. Die Zugabe von einjährigem Weidelgras (~10 kg) sichert einen schnellen Aufwuchs, so dass der Boden früh bedeckt wird.

Umbruch und Neuansaat Wenn durch Düngung, Nutzung und Nachsaat die Grünfläche nicht mehr ertragreich gehalten werden kann, sollte man umbrechen und möglichst unmittelbar danach im Spätsommer oder Frühherbst neu ansäen. Je nach Standort kommen verschiedene Ansaatmischungen infrage (▶ **Tab. 5.7**). Im 1. Jahr werden neu angesäte Flächen bei einem Aufwuchs von rd. 15 cm gemäht, ggf. auch zunächst durch Rinder genutzt, um die Wurzelentwicklung zu verbessern und den Bestand zu verdichten. Die jährlichen Erträge (Trockenmasse) auf Wiesen und Weiden können zwischen 400 und 1000 kg/ha liegen.

Die Auswahl der Aussaatmischung wird von Standortfaktoren bestimmt, so dass eine allgemeine Empfehlung nicht zweckmäßig ist, sondern lokale Institutionen (Landwirtschaftskammern, Landesämter) Informationen bereithalten.

Düngung

Pferdeweiden müssen gedüngt werden, wenn sie nicht zu ertragsschwachen Naturflächen degenerieren sollen. Bei richtiger Anwendung organischer oder mineralischer Düngemittel wird nicht nur der Ertrag gesteigert, sondern auch die Qualität des Futters verbessert. Besonders wichtig ist

▸ **Tab. 5.7** Aussaatmischungen für Grünland zur Nutzung durch Pferde (Weide, Schnittnutzung) (Tab. basiert auf Daten aus *Archer 1980 [1]; **Köhnekamp 1978 [2]).

Pflanze	Botanische Bezeichnung	1*	2**	3	4	5	6	7	8	9	10	11	12	13
Deutsches Weidelgras	Lolium perenne – gesamt	51	10	16	16	53	73	27	100	80	50	5	10	20
	• früh	–		5	5	13	20		25		25	5	10	–
	• mittel	–		5	5	20	26	–	25	40	–			
	• spät	–	-	6	6	20	27	27	50	40	25			20
Lieschgras (Timothe)	Phleum pratense	–	16	24	17	17	17	17	–	20	20	30	25	15
Wiesenrispe	Poa pratensis	5,1	20	20	10	10	10	10	–		20	15	15	10
Wiesenschwingel	Festuca pratensis	–		20	47	20	–					25	25	40
Rohrschwingel	Festuca arundinacea	6,1	–									5	10	–
Rotschwingel	Festuca rubra euruba	25,5	12	20	10	–					10	15	10	10
Knaulgras	Dactylis glomerata	6,1	8	–				40	–					
Horstrotschwingel	Festuca rubra fallax	–	6	–										
Wehrlose Trespe	Bromus inermis	–	4	–										
Weißes Straußgras	Agrostis alba	–	4	–									5	–
Kammgras	Cynosurus cristatus	5,1	4	–										
Esparsette	Onobrychis sativa	–	4	–										
Hornschotenklee	Lotus corniculatus	–	4	–										
Weißklee	Trifolium repens	1	2	–				6	–					
Wiesenfuchsschwanz	Alopecurus pratensis	–										5	–	
Glatthafer	Arrhenatherum elatius	–												
Kümmel	Carum carvi	–	6	–										5
Aussatmenge, kg/ha	–	49	50	30	30	30	30	30	20–30		40	40	30–40	

1: Gestütsweiden; 2: sandiger Lehmboden; 3: Pferdeweise extensive Nutzung; 4: Weide, extensive Nutzung; 5: Mähweide allgemein; 6: intensive Nutzung, guter Standort; 7: Mähweide, trockener Standort; 8, 9: Nachsaat, Wechselgrünland; 10: intensive Nutzung u. starke Beanspruchung; 11, 12: Weide- u. Schnittnutzung, Weidelgras reduziert; 13: bevorzugt für Heugewinnung; Nr. 3–8: Verband der Landwirtschaftskammern: Qualitätsstandardmischungen für Dauergrünland; Nr. 9–13 nicht ausschließliche Beispiele kommerzieller Mischungen

dies, wenn Böden von Natur aus arm sind an lebenswichtigen Mineralstoffen (wie Phosphor, Kupfer, Mangan, Kobalt usw.). Auf solchen Flächen ist die Düngung absolut notwendig. Durch einseitige und überhöhte Anwendung mineralischer oder organischer Düngemittel kann andererseits die Qualität des Futters beeinträchtigt werden, wenn auch die Erträge insgesamt steigen.

In diesem Zusammenhang können nur kurze Hinweise zur Düngung gegeben werden. Zu den Kernnährstoffen der Pflanze zählen Stickstoff, Phosphor, Kalium und Kalzium. Unter lokalen Bedingungen kann auch die Düngung mit Magnesium, Kupfer, Mangan, Selen und Bor notwendig werden. Kalk ist zusätzlich Bodendünger und kann eine Übersäuerung des Bodens vermeiden.

Die Höhe der Düngermengen richtet sich nach Bodenverhältnissen, Klima und Nutzungsintensität. Regelmäßige Bodenuntersuchungen sind für die Beurteilung der Düngebedürftigkeit unerlässlich.

Stickstoff Mengen von 60–90 kg/ha an Sticksoff sind auf Pferdeweiden möglich, evtl. auch mehr, wenn sie auf die Vegetationszeit verteilt werden. Eine frühe Gabe im April (Kalkammonsalpeter: 76 % Ammoniumnitrat + 24 % Kalziumkarbonat) kann in sehr günstigen Lagen infolge des natürlichen intensiven Graswuchses im Frühjahr evtl. entfallen.

Praxis
Die Zufuhr von Perlkalkstickstoff im Frühjahr (3 dt/ha) vernichtet gleichzeitig überwinterte Parasitenlarven. Er ist bei trockenem Wetter, aber feuchten Böden auszubringen. Pferde sollten bis 2 Wochen nach der Düngung nicht aufgetrieben werden.

Lässt die Wuchsleistung im Sommer nach, sind schnell wirksame Stickstoffdünger am Platze: pro ha je 25 kg Salpeter – Kaliumnitrat – Anfang Juni und Anfang August. Bei starkem Verbiss trägt der Salpeter zur raschen Regeneration der Narbe bei. Im Herbst ist Kalkstickstoff – $Ca(CN)_2$ – geeignet, um Schadpflanzen zu unterdrücken.

Phosphor Die Phosphormenge richtet sich nach dem Versorgungsgrad der Böden. Bei Gehalten von 30 mg P_2O_5/100 g Boden und mehr ist keine Düngung angezeigt. Zur Erhaltung eines ausreichenden P-Bestands in Boden und Pflanze werden etwa 40 kg P/ha benötigt, auf P-armen Böden entsprechend mehr. Phosphor wird am zweckmäßigsten im Spätherbst oder Frühjahr ausgebracht.

Kalium Die Höhe der Kaliumdüngung ist ebenfalls vom K-Gehalt im Boden (Richtwert: 15–25 mg K_2O/100 g Boden) bzw. in der Pflanze (Richtwert: höchstens 2,5 % der TS) abhängig zu machen. Sie wird im zeitigen Frühjahr oder Herbst vorgenommen, evtl. in Kombination mit Kali-Magnesia (40–60 kg K_2O/ha). Auf Kotabsatzplätzen ist sie überflüssig.

Kalk Zur Beurteilung der Kalkbedürftigkeit des Bodens muss der pH-Wert bestimmt werden, der auf Sandböden 5–5,5, auf Lehm- und Tonböden 6–6,5 und auf Moorböden etwa 4,5 betragen sollte. Die Versorgung der Böden mit Kalzium kann über Düngekalk oder, wenn auch Magnesium fehlt, über Magnesiumbranntkalk erfolgen. Auf sauren Böden wird eine Kalkung in der Regel alle 3–4 Jahre notwendig (10–15 dz/ha), am zweckmäßigsten im Herbst bzw. Frühwinter. Auf schwachsauren Böden genügen oft schon kalkhaltige Stickstoff- oder Phosphordünger.

Natrium Natrium ist kein Pflanzennährstoff. Eine Steigerung der Na-Gehalte im Aufwuchs gelingt nur bei einigen Pflanzenarten, z. B. Weidelgras oder Weißklee. Natrium ist in den meisten K-Düngern enthalten.

Mehrfachdünger Mineralstoffarme Böden (Sand- und Moorböden, Granit- und Gneisverwitterungsböden) erfordern Mehrfachdünger mit Spurenelementzusätzen (Kupfer, Mangan, Zink, Selen, Bor). In krassen Mangelsituationen (Bodenanalysen!) sind spezielle Dünger mit diesen Elementen angezeigt.

Organischer Dünger Auch organische Düngemittel können auf Pferdeweiden eingesetzt werden. Gut kompostierter Stallmist ist ein ausgezeichnetes, allerdings hohen Aufwand (Arbeit, Maschinen) verursachendes Düngemittel aufgrund der langsam freiwerdenden Nährstoffe und der schonenden Wirkung für die Grasnarbe. Der Stalldung (rd.

100 dt/ha jedes 3. Jahr) wird möglichst im Herbst (Vermeidung von Geschmacksbeeinträchtigungen) auf den Weiden fein verteilt. So bietet er gleichzeitig Schutz vor Auswinterungsschäden.

Vorsicht

Durch Stalldung von Pferden können Weiden mit Eiern des Pferde-Spulwurms (Parascaris equorum) kontaminiert werden. Zur Vernichtung der sehr widerstandsfähigen Eier ist der Stalldung so zu lagern, dass es durch mikrobielle Aktivität zu einer starken Erwärmung kommt (Innentemperatur > 70 °C); Randschichten müssen evtl. zwischenzeitlich nach innen gepackt werden.

Weidepflege

Vor dem Auftrieb im Frühjahr werden die Weiden abgeschleppt und Maulwurfshügel etc. eingeebnet, Moorweiden, die im Winter leicht auffrieren, auch gewalzt.

Zur Bekämpfung spezieller Unkräuter muss gegebenenfalls auf zugelassene Unkrautbekämpfungsmittel zurückgegriffen werden, die bei sachgerechter Anwendung (Beachtung der Anwendungsvorschriften, Wartezeiten) ohne Risiko für das Pferd sind. Die Anwendung von **Herbiziden** setzt eine Bestandsaufnahme zum Vorkommen der zu bekämpfenden Pflanzen voraus; unter Berücksichtigung der Nutzungsart der Futterfläche kann über die rechtskonforme Vorgehensweise entschieden werden. Dies setzt spezifische Fachkenntnisse voraus, so dass entsprechende Beratungen (z. B. durch Landwirtschaftskammern) erforderlich sind. Zielführende Dokumentationen zur Unkrautbekämpfung auf Futterflächen finden sich bei den Landesanstalten (u. a. Thüringer Landesanstalt für Landwirtschaft: Bekämpfung verbreiteter Grünlandunkräuter, 2009; Bayerische Landesanstalt für Landwirtschaft, Institut für Pflanzenschutz: Unkrautmanagement auf Wiesen und Weiden; 2012; berücksichtigt auch die Pflanzen der Voralpen- und Alpenregionen; s. auch www.lfl.bayern.de; www.lwk-niedersachsen.de/index.cfm/portal/pflanze/nav/278.html; www.thueringen.de/th9/tll/pflanzenproduktion/futterbau_gruenland/index.aspx).

Weidestandort und Weideeinrichtungen

Bodenbedingungen Die besten Bedingungen für Pferdeweiden bestehen auf trockenen, durchlässigen, möglichst kalkhaltigen Böden mit einer vielseitigen Pflanzengesellschaft und einer festen Narbe, die auch bei Niederschlägen nicht zertreten wird. Feuchte oder sumpfige Standorte sind nicht oder nur bedingt geeignet.

Lage Pferdeweiden sollten möglichst in offenem Gelände mit ausreichender Luftzirkulation liegen. Lose Baumgruppen können Weideflächen ergänzen. Waldweiden bieten neben Rückzugsmöglichkeiten auch begrenzt Grünfutter: Allerdings ist der Futterwert von Schattenpflanzen erheblich geringer als der von Weidegras. Eine sinnvolle Nutzung setzt voraus, dass Pferde in solchen Arealen keiner Insektenplage ausgesetzt sind.

Wetterschutz Pferde sollen auf der Weide Schutz vor Wind und Sonne finden: durch Wallhecken und Bäume (s. o.) oder Weideschuppen. Die Schuppen mit Zugang an der windabgewandten Seite sollten oberhalb der Widerristhöhe nach allen Seiten offenbleiben, so dass sich Insekten infolge der Luftzirkulation nicht halten.

Einzäunung Die Pferdeweide muss nach außen durch einen festen Zaun begrenzt sein. Ausführungen aus Holz (2–3 waagrecht liegende Holzstangen, Höhe etwas unterhalb Widerrist, meistens 1,50 m), aber auch aus Kunststoff oder Metall haben sich bewährt. Zwischen den Pfosten werden auch Gummibänder, die kräftig gespannt und gut sichtbar sein müssen, verwendet.

Elektrozäune (zunehmend aus 4 cm breiten Elektrobändern oder einer Kombination von Draht und Bändern) können die Hüte-, nicht aber die Sicherungsfunktion eines Zaunes erfüllen, d. h., in der Nähe von Straßen, Ortschaften, Eisenbahnlinien etc. sind sie als alleinige Begrenzungen niemals ausreichend.

Stacheldraht ist wegen der Verletzungsgefahr zur Einzäunung von Pferdeweiden verboten.

Die äußere Umgrenzung der Pferdeweiden lässt sich durch Sträucher oder Bäume (keine ungeeigneten; Giftpflanzen, ▶ **Tab. 9.1**) abschirmen. Dafür kommen Weißdorn, Weißbuche, Rosen, auf feuchteren Standorten auch Weiden, Erlen und Pappeln infrage.

Innerhalb der fest eingezäunten Weiden sind weitere Unterteilungen durch Elektrozäune möglich. Die Drähte müssen in einer Höhe von 30 und 80–100 cm angebracht werden (vorzugsweise gut sichtbare Elektrobänder), damit die Pferde die Begrenzungen erkennen.

Tränke Auf Weiden mit natürlichen Wasserquellen von ungenügender Qualität sind Brunnen mit Pumpen anzulegen. Die Selbsttränken werden an Schlauchleitungen angeschlossen, so dass die Standorte gewechselt werden können und sich die in der Umgebung stationärer Tränken häufig auftretende Schädigung der Weidenarbe sowie eine Anreicherung mit Parasitenlarven vermeiden lassen. Als weitere Alternative bieten sich fahrbare Wasserbehälter mit Tränkebecken (bis 15 Pferde pro Tränke) an.

Grasungs- und Abkotverhalten

Das Pferd selektiert bestimmte Pflanzen oder Pflanzenteile und beweidet manche Flächen besonders intensiv. Lippen und Zähne können Sprossen, Sprossknoten, evtl. sogar die Wurzeln erfassen. Die Regenerationskraft der verbissenen Weidepflanzen wird dadurch nachhaltig geschwächt. Weniger schmackhafte Pflanzen bleiben dagegen unberührt und können sich ausbreiten. So entsteht das typische Bild einseitig genutzter Pferdeweiden: Flächen mit extrem kurzem Aufwuchs wechseln ab mit Zonen überständiger, verholzter, abgeblühter Gräser und Unkräuter.

Diese Entwicklung wird begünstigt durch das eliminative Verhalten der Pferde, die Kot und Harn nur auf bestimmten Plätzen absetzen und diese kontaminierten Flächen später nicht begrasen. Dabei bestehen Unterschiede zwischen Stuten und Hengsten bzw. Wallachen. Während letztere Kot und Harn auf eng begrenzten Stellen absetzen, neigen Stuten dazu, stets an der Peripherie der Abkotflächen zu defäkieren, die sich so immer stärker ausdehnen.

Praxis

Durch tägliches Kotsammeln, Nachmahd der hochgewachsenen Pflanzen, vor allem aber durch Düngung mit Rindermist, der den spezifischen Pferdekotgeruch kaschiert, lässt sich der Kotabsatzbereich räumlich begrenzen.

Unterbleiben solche Maßnahmen, so kann der nicht mehr genutzte Weideanteil 50 % erreichen.

Weidenutzung

Über den Rhythmus der Nahrungsaufnahme des Pferdes auf der Weide orientiert ▸ **Abb. 3.17**.

Die Weidenutzung sollte darauf abgestimmt sein, den Pferden während der Weidesaison kontinuierlich ein gleichmäßig zusammengesetztes Futter zu sichern bei gleichzeitig möglichst hohen Erträgen. Dazu wäre aufgrund des Grasungs- und Abkotverhaltens der Pferde das für Rinder entwickelte **Portionsweidesystem** besonders geeignet, das täglich oder jeden 2. Tag mittels Elektrozaun eine geringe Futterfläche bereitstellt, so dass der Aufwuchs nur kurzfristig belastet wird. Zu kleine Weideflächen sind für Pferde jedoch weniger zweckmäßig, da die Weide nicht nur Futter, sondern auch Bewegungsraum bieten soll.

Merke

Je temperamentvoller ein Pferd (abhängig von Alter, Geschlecht, Rasse) und je mehr das Training der Bewegungsorgane im Vordergrund steht, umso größer müssen die Weideflächen sein.

Standweide Bei nur einem oder wenigen Pferden ist die Standweide, d. h. Haltung der Pferde während der gesamten Vegetationszeit auf einer Fläche, trotz der Nachteile durch selektives Grasen praktikabel. Pro Tier werden je nach Weidequalität die in ▸ **Tab. 5.8** genannten Flächen vorgeschlagen.

Für **laktierende Stuten** (500 kg KM) mit Fohlen bei Fuß sind auf guten Flächen (Marsch) 0,5 ha, auf weniger günstigen Standorten (Geest) 0,7 ha zu veranschlagen, in Vollblutgestüten rd. 1 ha pro Pferd.

In den Monaten Mai und Juni, der Zeit des stärksten Graswuchses, können die Weiden **zusätzlich mit anderen Tieren** besetzt werden. Zur Ergänzung sind besonders **Rinder** geeignet, die

▸ **Tab. 5.8** Benötigte Weidefläche pro Tier.

Körpermasse des Pferdes (kg)	Fläche (ha)
<200	0,1–0,2
200–400	0,2–0,4
400–600	0,4–0,6

auch das von Pferden verschmähte Futter noch abgrasen. Die Kombination mit **Schafen** ist auch möglich, jedoch – da das Schaf die Grasnarbe ebenfalls verbeißt – weniger günstig. Kupferhaltige Ergänzungsfutter für Pferde sollten für Schafe nicht zugänglich sein –Vergiftungsgefahr!

Im Spätherbst und Frühwinter wird das Futter auf den verfügbaren Flächen nicht immer ausreichen. Dann besteht evtl. die Möglichkeit, zusätzlich Rinderweiden zu nutzen.

Pferde, besonders aus Extensivrassen, können in Mitteleuropa auch im **Winter** auf der Weide gehalten werden, wenn sie sich kontinuierlich an die Jahreszeit anpassen können (Winterhaar), ein ausreichend großer (rd. 10 m^2 pro 500 kg KM) gegen Wind und Niederschläge schützender Unterstand zur Verfügung steht und die Tiere täglich beobachtet und bei knappem Futterangebot oder Schneefall zusätzlich gefüttert werden, sofern nicht gezielt ein Abbau von Körpermasse aus der Sommer-, Herbstperiode angestrebt werden soll. Bei hochtragenden Stuten ist jedoch eine – auch nur kurzfristige – Energieunterversorgung wegen der Gefahr der Hyperlipidämie (S. 315) zu vermeiden.

Da die Weide innerhalb von wenigen Wochen unterschiedlich abgeweidet sein wird, müssen die Reste zwischenzeitlich gemäht werden, um die weniger wertvollen Arten an Blüte und Vermehrung zu hindern. Der **Mähschnitt** ist möglichst hoch anzusetzen (5 cm), um das junge, nachwachsende Gras zu schonen. Das gemähte Gras kann, sofern die Masse nicht zu groß ist, auf der Weide zum Trocknen liegenbleiben; es wird teilweise von Pferden noch gefressen.

Trotz dieser Pflegemaßnahmen werden Standweiden für Pferde nach Jahren einseitiger Nutzung in ihrer Qualität nachlassen. Nach mehrjährigem ausschließlichem Besatz mit Pferden ist eine 1-jährige Beweidung durch Rinder (intensive Portionsweide) empfehlenswert.

Praxis

Die Nachteile einer einseitigen Weidehaltung werden auf Standweiden am einfachsten umgangen, wenn Pferde gemeinsam mit Rindern weiden (Anteil der Pferde rd. 15–30 % des Gesamtbesatzes).

Umtriebsweide Können mehrere Pferde (> 5) auf der Weide gehalten werden, so ist eine gemäßigte Form der Umtriebsweidemöglich. Die Besatzdichte sollte bei etwa 30 dt/ha liegen, d. h. rd. 5 Pferde/ha. Je nach Zahl der Tiere kann die Gesamtfläche in Teilflächen untergliedert werden, so dass ein mindestens 3-wöchiger Wechsel zwischen Beweidung und Weideruhe möglich wird.

Auch unter diesen Bedingungen ist nach jedem Umtrieb nachzumähen. Nach einigen Jahren empfiehlt sich zur Regeneration des Pflanzenbestands während einer Vegetationsperiode die ausschließliche Nutzung durch Rinder in Form der intensiven Portionsweide. Eine Nachmahd vor Winterbeginn verhindert, dass längeres Gras erstickt oder von Pilzen befallen wird.

Nährstoffgehalte im Grünfutter

Grünfutter zeichnet sich durch eine weite Variation im Nährstoffgehalt aus.

Nutritives Potential

- natürliche Nahrungsgrundlage für den Erhaltungsbedarf, saisonal auch darüber hinausgehend
- gleichmäßige Futteraufnahme bei artgemäßem Verhalten

Durchschnittswerte für Energie und Nährstoffe können nur mit Vorbehalt gegeben werden. In ▶ **Tab. 5.9** sind Streubreiten aufgeführt, sowie die wichtigsten Variationsfaktoren. Tabellenwerte über die Nährstoffgehalte müssen diesen Faktoren entsprechend modifiziert werden.

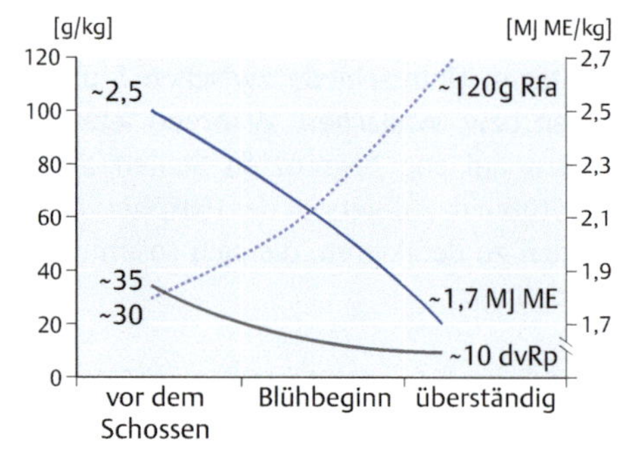

▶ **Abb. 5.1** Veränderungen des Energie- und Nährstoffgehalts von Grünfutter in Abhängigkeit vom Vegetationsstadium (Gehalte pro kg).

▶ **Tab. 5.9** Nährstoffgehalte im Grünfutter und die Ursachen ihrer Variationen.

Nährstoff	Gehalt pro kg		Variationsursachen
	Frischsubstanz	Trockensubstanz	
Rohfaser (g)	30–100	200–350	steigende Gehalte mit zunehmendem Alter der Gräser und bei viel Obergräsern (höherer Stängelanteil; ▶ **Abb. 5.1**)
pcvRp (g)	10–35	50–250	hohe Gehalte in jungen Pflanzen und Kleearten, kein Einfluss durch N-Düngung
ME (MJ)	1,2–2,5	5–10	Veränderung umgekehrt proportional zum Rohfasergehalt
Kalzium (g)	0,6–2,5	3–10	höhere Gehalte bei vermehrtem Anteil an Kleeartigen und Kräutern (▶ **Tab. 5.10**), niedrige Gehalte bei jungen und intensiv mit N und K gedüngten, aber auch überständigen, verholzten Pflanzen
Magnesium (g)	0,1–0,6	1–2,5	
Phosphor (g)	0,5–1,2	2–5	hohe Werte in jungem, eiweißreichem Material bei ausreichender P-Düngung; geringe Gehalte auf P-armen Standorten, sauren Böden und bei Trockenheit
Natrium (g)	0,02–0,6	0,1–2	geringe Gehalte bei Na-armer Düngung (keine Verwendung von Kalirohsalzen oder Na-haltiger Mehrfachdünger)
Kalium (g)	2–6	10–35	hohe Werte bei einseitiger Düngung (Jauche, Gülle, K-Düngemittel)
Eisen (mg)	40–200	200–800	hohe Gehalte bei Erdverunreinigungen
Kupfer (mg)	0,4–4	2–15	niedrige Gehalte auf Cu-armen Standorten (Sand, Moor, Marsch) und fehlender Cu-Düngung
Zink (mg)	4–20	15–50	–
Mangan (mg)	4–100	20–400	niedrige Gehalte evtl. auf Mn-armen Standorten (Sandböden), bei hohen pH-Werten im Boden (Kalkverwitterungsböden)
Kobalt (µg)	4–30	20–150	auf ausgewaschenen Sand- sowie Granit- und Gneisverwitterungsböden niedrige Gehalte
Jod (µg)	80 und mehr	300	geringe Werte evtl. im Mittelgebirge und Alpengebiet; höhere Gehalte in der Regel in Küstennähe
Selen (mg)	0,01–0,03	0,01–0,25	niedrige Gehalte auf staunassen, sauren Böden sowie auf Sand-, Moor- u. Granitverwitterungsböden
β-Karotin (mg)	20–90	60–450	abnehmende Gehalte bei älteren Pflanzen sowie bei Welk- und Trocknungsvorgängen
Vitamin E (mg)	50–100	140–500	
Vitamin D_2 (IE)	40–60	110–300	höhere Werte mit zunehmendem Alter der Pflanzen und Absterben der Blätter

Der Gehalt an umsetzbarer Energie und dünndarmverdaulichem Eiweiß wird vor allem durch das Vegetationsstadium beeinflusst (▶ **Abb. 5.1**). Mit fortschreitendem Alter der Pflanzen nimmt der Rohfasergehalt zu und damit ihre Verdaulichkeit ab. Der Aufwuchs im Frühjahr, aber auch im Spätsommer (z. B. nach Schnittnutzung nachwachsendes Grünfutter ab September) und Herbst ist am rohfaserärmsten (mehr Blätter, weniger Stängel), aber eiweiß- und energiereich, während im Sommer bei starker Halmbildung umgekehrte Verhältnisse vorliegen.

Energie- und Nährstoffaufnahme

Energie und Eiweiß Pferde ohne besondere Belastungen nehmen auf der Weide täglich ca. 2 kg TS/100 kg KM, gelegentlich auch mehr auf; Futteraufnahme s. ▶ **Tab. 3.15**. Bei 7–9 MJ ME/kg Futter-TS reicht die Energiezufuhr also mit Sicherheit für den energetischen Erhaltungsbedarf, z. T. auch für geringe bis mittlere Arbeitsleistung. Auf ertragsstarken Weiden besteht das **Risiko der energetischen Überversorgung**, so dass Pferde sichtbar Fett ansetzen, disponierte Pferde der Extensivrassen auch verfetten. Das Risiko ist besonders hoch bei jungem Aufwuchs, der je nach Grasart 300 g wasserlösliche Kohlenhydrate (WSC) pro kg TS enthalten kann. Lischgras erreicht höhere Gehalte als Schwingelgräser. In den Sommermonaten nehmen die diesbezüglichen Unterschiede zwischen den Gräsern ab, die Gehalte an WSC variieren zwischen 50 und 100 g/kg TS. Über den Weideaufwuchs werden auch hohe Eiweißmengen aufgenommen, da das **pcvRp-ME-Verhältnis** im jungen Gras bis 15 : 1 betragen kann; selbst bei überständigem Gras wird das Verhältnis 5 : 1 selten unterschritten. Von gesunden Pferden wird die Proteinüberversorgung toleriert.

Praxis

Um eine übermäßige Aufnahme von jungem, energiereichem Gras zu vermeiden, ist die Verfügbarkeit des Grünfutters zu begrenzen:

- Weide zuvor evtl. hoch angesetzt mähen
- portionierte Zuweisung (Elektrozaun)
- Verwendung von perforierten Maulkörben, die das Ertasten und Abbeißen des Grases behindern (sog. Fressbremsen; Cave: Nach Entfernen der Vorrichtung nehmen die Pferde kompensatorisch überproportional viel Gras auf!)
- Erhöhen der Besatzdichte

Pferde mit **stärkeren, vor allem zeitintensiven Arbeitsleistungen** können nicht ausschließlich durch Weidefutter versorgt werden, da sie zur Aufnahme der notwendigen Futtermengen viel Zeit benötigen (12–18 h/Tag; ▶ **Abb. 3.17**). Zur Ergänzung der Nährstoffversorgung kann auf der Weide beigefüttert werden, oder die Pferde bleiben nur über Nacht auf der Weide, wo sie noch rd. 5–10 MJ ME pro 100 kg KM aufnehmen.

Für **Stuten** und **Fohlen**, deren TS-Aufnahme auf der Weide 3 % der KM, bei guter Futterqualität auch mehr, betragen kann, ist bei ertragsstarker Weide mit einer ausreichenden Energie- und Eiweißzufuhr zu rechnen; Engpässe bestehen regelmäßig bei Natrium und einigen Spurenelementen (s. u.), so dass eine diesbezügliche Supplementierung angezeigt ist. Auf ungünstigen Standorten oder bei geringerer Wuchsleistung im Sommer wird Zufütterung auch zur Deckung des Energie- und Proteinbedarfs notwendig. Ähnliches gilt für Fohlen im 1. Lebensjahr.

Mineralstoffe Von den Mineralstoffen sind vor allem zu Beginn der Saison auf reinen Grasweiden (▶ **Tab. 5.10**) oder bei überständigem Gras **Kalzium, selten auch Magnesium** knapp, während **Phosphor** im Allgemeinen ausreicht (außer auf P-armen, ungedüngten Standorten). Von den Alkalien wird **Kalium** meistens in überhöhten Mengen (besonders nach zu reicher Düngung) aufgenommen, während das Angebot an **Natrium** in der Regel marginal oder unzureichend ist.

Im jungen Gras wird der für Fohlen bzw. laktierende Stuten notwendige Ca-Gehalt oft nicht erreicht, so dass bei Fohlen – auch aufgrund des gleichzeitigen engen Ca:P-Verhältnisses – Störungen in der Skelettentwicklung, bei Stuten Hypokalzämien (Kolikrisiko) möglich sind. Gelegentlich sind auch die P-Gehalte im Gras für Zuchtpferde nicht ausreichend.

Merke

Lücken in der Mineralstoffzufuhr auf der Weide müssen durch Salzlecksteine und durch Mineralfutter oder mineralische Ergänzungsfutter ausgefüllt werden, die den lokalen Bedingungen entsprechend ausgewählt oder betriebsindividuell erstellt werden.

▶ **Tab. 5.10** Durchschnittlicher Mineralstoffgehalt in verschiedenen Pflanzengruppen (g/kg Trockensubstanz).

Weidepflanzen	Ca	Mg	P	Na
Gräser	4–6	1–2	2–3	0,5–2
Kleeartige	14–16	3,5–4	3,5–4	0,5–2
Kräuter	16–19	5	3–4	1,5

Spurenelemente Die Versorgung mit Spurenelementen richtet sich nach Bodenverhältnissen und Düngung (▶ **Tab. 5.9**). Typische Engpässe betreffen **Kupfer, Zink** und **Selen** bei Stuten und Fohlen, so dass ggf. Spezialdünger oder spezifische Ergänzungen notwendig werden.

Gesundheitliche Risiken

Diese entstehen durch übermäßige Energieaufnahme, hohe Gehalte an WSC, evtl. hohe Eiweißgehalte im Weidefutter (Übergang auf die Weide), Giftpflanzen (S. 271) sowie durch Kontamination des Futters (S. 275) mit Düngemitteln, Pestiziden, Schwermetallen (Fluor, Blei, Molybdän, Zink) oder Parasitenlarven bzw. -eiern.

Merke

Werden Pferde nachts aufgestallt und beigefüttert, so gilt folgende Regel: Raufutter vor dem Austrieb, Krippenfutter nach dem Eintrieb.

Vorsicht

Kleinere Kraftfuttermengen direkt auf der Weide zu füttern (als Belohnung etc.), birgt Risiken. Eine hastige Futteraufnahme kann zu Schlundverstopfungen führen.

Praxis

Umstellung von Stall- auf Weidehaltung

Der Übergang von der Stall- auf Weidefütterung sollte langsam erfolgen. Ein abrupter Wechsel von trockenem und in der Regel rohfaserreichem, eiweißarmem Stallfutter auf das wasserreiche, rohfaserarme, dagegen kohlenhydrat- (WSC) und eiweißreiche Frühjahrsweidefutter kann zu Verdauungsstörungen führen, mit wässrigen Durchfällen, Tympanien und Koliken, unter Umständen auch mit schweren Regulationsstörungen oder Intoxikationen einhergehen; Hufrehe (S. 324), besonders bei Ponys.

Dieses Risiko entsteht maßgeblich durch hohe Gehalte an WSC (bis rd. 300 g/kg TS), die im Dünndarm zerlegt und absorbiert werden, teils im Dickdarm mikrobiell fermentiert werden. Je höher die Insulinreaktion nach Aufnahme der WSC ausfällt, umso höher ist das Risiko für die Entwicklung einer metabolischen Störung und einer Hufrehe.

Dies betrifft insbesondere adipöse Tiere bzw. solche mit bereits bestehender Insulindysfunktion; s. Equines metabolisches Syndrom (S. 325).

Bei der Umstellung sind auch die **Belastungen vor allem bei verfetteten Tieren** (Gewöhnung an neue Umgebung, andere Weidepferde, Restriktion der Futteraufnahme) zu beachten, die eine Cortisolfreisetzung induzieren.

Zur Risikominderung werden die Pferde im Frühjahr bei stallnahen Weiden zunächst nur für einige Stunden ausgetrieben oder die Weide wird stark portioniert bzw. das frische Grünfutter im Stall angeboten. Ist beides nicht möglich, sollte sehr junger Aufwuchs zuvor einmal gemäht werden (8–10 cm) oder es sollte in den ersten Tagen nach dem Austrieb zusätzlich älteres Heu oder Stroh zugefüttert werden.

Stark **überweidete** Flächen („Golfrasen") begünstigen aufgrund der kurzen Abbisse Erdaufnahme und Obstipationen.

Gefrorenes Gras ist – solange tiefe Temperaturen herrschen und keine Verderbnis eingesetzt hat – unbedenklich. Folgen der Frostperiode mildere Temperaturen, sind – je nach Grad der Frostschädigung – Qualitätsveränderungen wahrscheinlich, die besonders bei tragenden Stuten und Fohlen beachtet werden müssen.

Durch Düngung bedingte **hohe Nitratgehalte** (S. 275) (> 10 g/kg TS) im Grünfutter sind zwar unerwünscht, werden aber von Pferden, die an die Weide adaptiert sind, vertragen. Hohe Gehalte an anderen NPN-Verbindungen, die ebenfalls nach intensiver Stickstoffdüngung auftreten, begünstigen evtl. die Weidediarrhoe.

Die gelegentlich bei Fohlen zu beobachtende starke **Erdaufnahme** kann auf einem absoluten Nahrungsmangel (Aufsuchen der Pflanzenwurzeln), aber auch auf einer ungenügenden Zufuhr an Mineralstoffen (Natrium, Kalzium, evtl. auch Spurenelementen wie Kupfer oder Eisen) beruhen. Dennoch ist dieses Verhalten kein sicheres Indiz für Mangelzustände. Gelegentlich scheint eine Unart, die auch nachgeahmt sein kann, vorzuliegen. Besonders gefährdet sind Pferde auf Winterausläufen mit spärlichem Bewuchs und wenig Ablenkung bzw. Beschäftigung. Die vereinzelt stehenden Gräser werden dann oft insgesamt herausgerissen, so dass bei Pflanzen mit kräftigem Wurzelwerk (1-jähriges Rispengras, Quecken) erhebliche Mengen an Sand aufgenommen werden. In der Folge kann es zur Sandkolik (S. 308) kommen.

Im Klee und entsprechend in kleereichem Aufwuchs können Blausäure-haltige Verbindungen vorkommen; im Aufwuchs von Flächen, auf denen Pferde an „Grass Sickness" erkrankten, wurden im Mittel rd. 450, vereinzelt sogar > 1500 mg HCN/kg TS gefunden, so dass die entsprechenden Metaboliten (Thiozyanat) auch im Blut auftreten. Eine Beziehung der pflanzlichen Zyanogenese zum Risiko für die Entstehung der Grass Sickness konnte allerdings nicht bestätigt werden.

Die Gefahr der Störung mikrobieller Verdauung durch Saponine in Klee oder auch Luzerne ist beim Pferd offensichtlich geringer als beim Wiederkäuer.

Giftpflanzen (S. 271) wie Kreuzkraut, Herbstzeitlose, Hahnenfuß, Schierling, Wolfsmilch sowie die in ▶ **Tab. 5.17** genannten, die auf den meisten Kulturflächen eine untergeordnete Rolle spielen, werden im Allgemeinen von Pferden gemieden, sofern Alternativen vorliegen und die Tiere über nachteilige Erfahrungen verfügen.

Bei Vorkommen von Goldhafer, Herbstzeitlose oder Kreuzkraut ist besondere Vorsicht geboten; ist der Besatz der Flächen mit diesen Pflanzen so groß, dass eine wiederholte und regelmäßige Aufnahme erfolgen kann, ist eine Nutzung als Grünfutterfläche bzw. des konservierten Aufwuchses nicht möglich.

Siehe auch Lücken in der Nährstoffaufnahme (S. 152).

Grünfutter vom Acker

Die vom Acker stammenden **Leguminosen** (Rotklee, Luzerne, Esparsette zeichnen sich durch hohen Eiweiß- und Ca-Gehalt aus (▶ **Tab. 5.9**). Sie sollten täglich nur in Mengen bis zu 4 kg Frischmasse/100 kg KM verfüttert werden. Vor der Verfütterung müssen langwüchsige Leguminosen mit noch wenig verholzten Stängeln **grob gehäckselt** werden, da sie sich bei ungenügender Zerkleinerung zu Faserkonglobaten im Dickdarm zusammenschließen können.

Praxis

Günstig im Hinblick auf ein ausgeglichenes Nährstoffangebot und Verträglichkeit sind Gemische aus Klee und Gräsern (Kleegrasgemisch, Landsberger Gemenge) oder die Kombination mit eiweißarmen, rohfaserreichen Futtermitteln (Stroh, Trockenschnitzel).

Unter den **Kleearten** sind Schweden- und Inkarnatklee weniger gut verträglich. Nach einseitiger Fütterung großer Mengen Schwedenklee wurden schwere Lebererkrankungen beobachtet.

Die Grünfutterpflanzen aus der Gruppe der **Gräser** (Grünmais, Grünroggen, Grünhafer, Liesch-, Wiesengras) weisen bei früher Nutzung hohe Energiekonzentrationen auf. Sie sind ärmer an Kalzium und im fortgeschrittenen Vegetationsstadium auch ärmer an Eiweiß als die Leguminosen. Sie werden gern gefressen, sofern zeitig genug geerntet. Mit zunehmendem Alter verholzen sie rasch (insbesondere Grünroggen) und verlieren an Geschmack und Futterwert.

Die übrigen, vielfach als Zwischenfrüchte angebauten Ackerpflanzen sind für Pferde nur bedingt geeignet. **Senf**, **Raps**, **Stoppelrüben** und **Markstammkohl** (Futterkohl) scheiden wegen ihrer geringen Schmackhaftigkeit und der enthaltenen Senfölderivate (negativer Einfluss auf die Schilddrüsenfunktion) aus.

Von den Lupinen kommen allein die **Süßlupinen** mit geringem Alkaloidgehalt infrage. Bei älterem Pflanzenmaterial mit abgestorbenen Blättern besteht die Gefahr für Pilzbefall und Intoxikationen. Die Verwendung der **Sonnenblumen** wird durch die rasche Verholzung der Stängel eingeschränkt.

Frisch geerntete **Zuckerrübenblätter** können, sofern sie nicht verschmutzt sind, in Mengen bis zu 20 kg/Tag verfüttert werden. Die heute üblichen Anbau- und Erntebedingungen lassen jedoch die Nutzung dieses Futtermittels, das zudem nur temporär verfügbar ist, kaum zu.

Frische **Möhrenblätter** werden gerne gefressen. Sie sind karotinreich, können allerdings hohe Nitratgehalte aufweisen. Wegen der meistens starken Erdkontamination sind die Verwendungsmöglichkeiten jedoch begrenzt.

Vorsicht

Auch im Stall sind Pferde langsam an Grünfutter zu gewöhnen. Es sollte täglich frisch gemäht und bei Zwischenlagerung in dünner Schicht ausgebreitet werden, um eine Erhitzung zu vermeiden. Haufenlagerung begünstigt einen erhöhten Keimgehalt und somit das Risiko von Verdauungsstörungen und Koliken.

Grünfutterkonserven

Heu

Nutritives Potential

- bei Stallfütterung unverzichtbar
- ausreichende Energie- und Nährstoffversorgung bei Erhaltungsbedingungen (ausgenommen Na, Se und evtl. Cu, J), bei guter Qualität auch darüberhinausgehend
- Absicherung artgemäßen Verhaltens
- energetisch verwertbare Gerüstsubstanz

Zusammensetzung Als Heu wird allgemein getrocknetes Grünfutter von Wiesen und Weiden bezeichnet (= Wiesenheu); Grüngetreide, entsprechend früh geschnitten, kann ebenfalls genutzt werden.

Typischerweise besteht Heu aus mehreren Grasarten, vorteilhafterweise im Gemisch mit Leguminosen und Kräutern. Werden nur einzelne Pflanzenarten getrocknet, so wird das Heu näher gekennzeichnet, z. B. Lieschgras-, Klee-, Luzerne-, Esparsetteheu. Grünhafer, natürlich (Haferheu) oder künstlich getrocknet (lose oder in gepresster Form), hat eine gewisse Verbreitung gefunden. Der Energiegehalt ist höher als im typischen Grasheu von Wiesen oder Weiden.

Für die Beliebtheit von Heuarten aus bestimmtem Ausgangsmaterial lässt sich keine eindeutige Rangordnung aufstellen. Unterschiede im Pflanzenmaterial werden oft überdeckt durch Veränderungen infolge Erntezeit und Lagerung. Zeitweise wurde das Wiesenlieschgras (Timothe) für Pferde als besonders geeignet angesehen. Vergleichende Versuche mit verschiedenen Heusorten bei Ad-libitum-Fütterung wiesen jedoch auf keine Präferenz hin. Allein Klee- und Luzerneheu wurde in etwas größeren Mengen (um 10 %) aufgenommen. Vermutlich steht dies mit den allgemein höheren Proteingehalten in Zusammenhang.

Schnittzeitpunkt Je nach Vegetationsstadium wird die Schnittzeit charakterisiert:

- im Ähren- und Rispenschieben
- vor der Blüte
- in der Blüte
- am Ende der Blüte

Das Grünfutter wird im 1. Schnitt bereits im Mai und je nach Produktivität der Fläche bis zum 3. Schnitt im August oder September geerntet. Im 2. oder 3. Schnitt („Grummet") werden die späteren Vegetationsstadien dann nicht mehr erreicht. Die allgemein bevorzugte Erntezeit zur Heugewinnung für Pferde liegt überwiegend in der frühen Gräserblüte. Für energiereiches Heu, das insbesondere für Leistungspferde von Interesse ist, empfiehlt sich ein Schnittzeitpunkt schon im Ähren- und Rispenschieben.

Früh geerntetes, hochverdauliches und eiweißreiches Futter ist in der Fohlen- und Stutenfütterung unentbehrlich. Älteres, strohiges Heu kann – sofern die Qualität einwandfrei ist – die Funktion des Raufutters noch erfüllen, besitzt aber einen geringeren Futterwert. Für Pferde im Erhaltungsstoffwechsel, besonders für solche mit geringem Erhaltungsbedarf, z. B. Ponys (S. 261), sind solche Heuqualitäten jedoch gut geeignet.

Merke

Heu für Pferde sollte möglichst mehr als 20 %, für stark beanspruchte Pferde allerdings nicht mehr als 28 % Rohfaser aufweisen. Zu weiches, blattreiches Heu (Grummet oder Almheu) führt nicht nur zu größeren Schwierigkeiten bei der Lagerung, sondern ist auch vielfach nicht so schmackhaft wie härteres, stängelhaltiges Material.

Trocknung Nach Trocknungsverfahren sind zu unterscheiden boden-, reuter- und evtl. unter-Dach-getrocknetes Heu, nach der Verarbeitung bei der Ernte Lang-, Pressballen- und Häckselheu (Sonderformen z. B. bei Luzerne). Pressballenheu wird teilweise noch als traditionelle Hochdruckballen mit Gewichten von 12–15 kg, aber zunehmend in Form quaderförmiger oder runder Großraumballen von 200–500 kg hergestellt.

Während der **Bodentrocknung** entstehen im fortgeschrittenen Stadium der Trocknung Bröckelverluste, besonders unter den eiweiß- und mineralstoffreichen Bestandteilen (Blätter), nach stärkeren Niederschlägen auch erhebliche Auswaschungsverluste, vor allem bei Eiweißen, Mineralstoffen und Vitaminen.

Die **Reutertrocknung** (Aufpacken auf Holzgerüste und Drahtseile) verringert die Bröckel- und Auswaschungsverluste, wird jedoch wegen des hohen Arbeitsaufwands nur noch selten praktiziert, allenfalls bei Luzerne und Klee, deren kleine, spröde Blätter besonders leicht abbröckeln.

Sobald der Wassergehalt des Heus auf 18–20 % gesenkt ist, kann eingefahren werden. Dieses Stadium wird bei günstiger Witterung nach 2–3 Tagen, bei ungünstigen Verhältnissen mit nachhaltiger Verzögerung erreicht.

> **Vorsicht**
> **Ein verzögertes Einfahren des Heus bedingt nicht nur deutlich ansteigende Nährstoffverluste durch das wiederholte Bearbeiten und eine verlängerte Oxidation, sondern auch ein erhöhtes Risiko mikrobieller Kontamination (v. a. durch Pilze).**

Die **Unterdachtrocknung** von Grünfutter mit aktiver Zufuhr von Warm- oder Kaltluft gewinnt infolge der vermehrten Nutzung regenerativer Energien und der Applikation neuer Technologien wieder an Gewicht. Das Produkt (naturbelassen, gehäckselt, gehäckselt und verpresst) ist zur Abgrenzung gegenüber dem Heu als Trockengrün zu bezeichnen, steht dem Heu jedoch näher als dem traditionellen Grünmehl.

Vermehrt werden verpresste, noch gröbere Strukturen aufweisende Trockenprodukte („**Heubriketts**") angeboten. Dazu wird das Heu lang gehäckselt (1–8 cm) und in Stempelpressen zu rd. 2 cm dicken Scheiben von 7 cm Durchmesser verdichtet. **Heucobs** sind Presslinge aus kürzer gehäckseltem Material mit 1,5–2,5 cm Durchmesser. Aufnahme und Zerkleinerung von zu fest gepressten Trockengrünprodukten bereiten evtl. Schwierigkeiten. Durch die Verdichtung wird der originäre Nährstoffgehalt nicht verändert; aufgrund der verminderten Oberfläche sind allenfalls die Karotinverluste geringer als bei konventionellem Heu.

Lagerung Während der ersten Wochen der Lagerung macht das frische Heu die sogenannte **Schwitzphase** durch, sofern der Wassergehalt über 15 % liegt. Dabei vermehren sich Bakterien, und der Heustapel erwärmt sich, vor allem im Kern. Entstehender Wasserdampf dringt dann von innen nach außen und kondensiert in den kühleren Randschichten. So ist zu erklären, dass sich das Heu während dieser Schwitzphase an den Rändern noch feucht und klamm anfühlt. Nach und nach gibt es so noch Wasser ab, bis bei einem Wassergehalt von unter 15 % Keimruhe eintritt. Die Dauer dieser Schwitzphase richtet sich nach dem Wassergehalt beim Einfahren und der Dichte der Lagerung:

> **Vorsicht**
> **Die Schwitzphase dauert bei nicht zu früh geerntetem (höherer Stängelanteil) und weniger dicht lagerndem Heu mit Wassergehalten von 18–20 % beim Einfahren etwa 6–8 Wochen. Solange die Fermentation im Heu nicht abgeschlossen ist, darf es nicht verfüttert werden, da der erhöhte Keimgehalt schwere Verdauungsstörungen und Koliken verursachen kann.**

Während dieser Phase entsteht aufgrund der mikrobiellen Aktivität eine erhebliche Wärme. Bei zu feuchtem oder zu dicht gepacktem Heu kann es zu sehr hohen Temperaturen im Heustock kommen, die einen Rösteffekt bewirken (mindere Proteinqualität, Depression der Verdaulichkeit) oder sogar zur Selbstentzündung führen.

Junges, blattreiches Material, das im Frühherbst oft weniger gut vorgetrocknet eingefahren wird und besonders dicht lagert (Grummet), benötigt längere Zeit zur Stabilisierung der Keimflora.

Bei der heute üblichen Heubergung in **Pressballen** sind Nachtrocknungsvorgänge wegen der stärkeren Verdichtung erschwert. Gelangen einzelne, noch zu feuchte Partien in das Balleninnere, kann diese Restfeuchtigkeit schwer entweichen, so dass evtl. Schimmelpilznester entstehen.

Fällt der Wassergehalt im Heu während Ernte und Lagerung nicht unter 15 %, können sich neben Bakterien und Milben vor allem **Schimmelpilze** entwickeln (Aspergillus, Penicillium, Mucorales u. a). Ihr Wachstum führt nicht allein zu Nährstoffverlusten, sondern unter Umständen auch zur Bildung hochtoxischer Substanzen. Schimmelpilzbefallenes Heu kann bei Pferden Verdauungsstörungen (Durchfälle), Koliken, Allergien und bei tragenden Stuten Aborte auslösen. Vgl. hierzu auch Mykotoxine (S. 283).

Die größte Belastung geht jedoch unter den Bedingungen des konstant erhöhten Keimgehalts von dem sich entwickelnden staubigen Charakter des Heus aus. Akute, vor allem aber chronische Atembeschwerden („Equines Asthma") können durch die inhalative Belastung der Tiere (auch der Menschen) mit **Staub** provoziert werden. Mit dem Staub werden auch Mikroorganismen bis in die Alveolen (Lungenbläschen) eingetragen.

Vorsicht

Vor Verfütterung ist das Heu auf Schimmelbefall zu überprüfen, besonders das Ballenheu, in dem sich durch dichte Pressung und Feuchtigkeitsstau leicht Schimmelpilznester bilden.

Beurteilung Das Heu zählt bis heute zu den wichtigsten Futtermitteln für Pferde. Von seiner Qualität hängen in hohem Maße Wohlbefinden und Gesundheit der Tiere ab. Bei Einkauf oder vor seiner Verfütterung ist seine Qualität zu beurteilen. ▶ **Tab. 5.11** zeigt, welche einfachen Kriterien und welche Schlussfolgerungen zu beachten bzw. möglich sind.

▶ **Tab. 5.11** Heubeurteilung (Tab. basiert auf Daten aus Kamphues et al. 2014).

Eigenschaft/Befund	= Hinweis für
Farbe und Aussehen	
frisch, grün	günstige Erntebedingungen, geringe Nährstoffverluste
blass, bleich	spät geerntet, bei Ernte verregnet oder lange gelagert, geringer Karotingehalt
braun bis schwarz	während der Lagerung überhitzt, Nährstoffverluste, geringe Eiweißverdaulichkeit
schmutzig-grau bis nesterweise grau-weiß	erhöhter Schimmelpilzbefall, **nicht verfüttern!**
Geruch	
frisch, angenehm	gute Ernte- und Lagerungsbedingungen
aromatisch	evtl. hoher Anteil an Kräutern und Kleeartigen
ohne spezifischen Geruch	stark ausgewaschenes, altes Heu
brandig	bei der Lagerung überhitzt, Abnahme Nährstoffgehalt und Verdaulichkeit
muffig, dumpf, faulig	Schimmelpilzbefall (Nährstoffverluste, Gefahr von Gesundheitsschädigungen), **nicht verfüttern!**
Griff	
weich, zart	blattreiches, stängelarmes Material, hoher Eiweiß-, geringer Rohfasergehalt, evtl. Ca-arm
rau	blattärmer, stängelreicher, abnehmender Eiweiß-, steigender Rohfaseranteil
sperrig	viele Stängel, wenige Blätter, geringere Verdaulichkeit
klamm	Feuchtigkeit noch > 20 %, Nachtrocknung noch nicht abgeschlossen, Risiko für Verderb, **nicht verfüttern!**
Verunreinigungen	
Erde, Stroh, Stallmistreste, Steine, Staub (Schimmelpilze)	je nach Art und Umfang qualitätsmindernd und gesundheitsgefährdend; **nicht verfüttern!**
Botanische Zusammensetzung	
überwiegend Gräser	bei jungem, intensiv gedüngtem Futter Ca-, Mg- und Na-arm, P- und eiweißreich
hoher Anteil an Kleeartigen und Kräutern	hoher Gehalt an Ca, Mg und Eiweiß
Giftpflanzen	
Beachten:	Adlerfarn, Adonisröschen, Gundermann, Herbstzeitlose, Johanniskraut, Kreuzkraut, Sumpfschachtelhalm, Goldhafer: **Nicht verfüttern!**

Merke
Die Schmackhaftigkeit des Heus hängt von der Zusammensetzung, der Gewinnung und dem Trocknungsgrad ab. Je trockener ein Heu, desto höher ist im Allgemeinen seine Akzeptanz, unabhängig von anderen Eigenschaften (Halmstärke, Zusammensetzung etc.).

Futterwert und Nährstoffgehalte Heu kann – ähnlich wie Grünfutter – im Energie- und Nährstoffgehalt erheblich variieren (▶ **Tab. 5.12**). An umsetzbarer Energie werden erreicht:

- bei früher Ernte von jungem Aufwuchs bis 9 MJ ME/kg TS (= rd. 0,8 kg Hafer)
- bei überständigem, spät geerntetem, ausgewaschenem Material mit hohen Bröckelverlusten < 6 ME/kg TS (= 0,5 kg Hafer)

Die Unterschiede zwischen durchschnittlichen Heuqualitäten im **Energiegehalt** erreichen rd. 2 MJ ME/kg TS; bei empfohlenen Heumengen von 10–12 kg für Großpferde ergibt sich eine Differenz in der Energiezuteilung, die bis zu 1,8 kg Hafer entspricht.

Ähnlich verhalten sich die Nährstoffgehalte (Eiweiß, Mineralstoffe, Vitamine). Variationen im **Eiweißgehalt** sind besonders in der Stuten- und Fohlenfütterung, weniger bei Reitpferden zu beachten.

Der zielführende Umgang mit den jeweils vorhandenen Raufutterqualitäten setzt Nährstoffanalysen und eine Bewertung der Gehalte an Energie und dünndarmverdaulichem Rohprotein voraus.

Die **Kalziumgehalte**, die je nach Kräuter- und Leguminosenanteil sowie Alter zwischen 3 und > 10 g/kg variieren können, sind bei Kombination von Heu mit Hafer entscheidend für die Gesamtversorgung mit diesem für das Skelett wichtigen Mineral. Sehr unsicher sind auch die **Natriumgehalte** mit oft < 0,5 g/kg.

Bei den Spurenelementen sind die durch Boden und Düngung bedingten Variationen zu beachten (▶ **Tab. 5.9**). Allgemein sind die **Selengehalte** nicht ausreichend; nicht selten sind – bedeutsam für die Zucht und Aufzucht – auch sehr niedrige **Kupfergehalte** (< 6 mg/kg TS) zu verzeichnen.

Teilweise sind auch die Zink- und Jodgehalte (küstenferne Standorte) unbefriedigend.

▶ **Tab. 5.12** Streubreite der Gehalte an Trockensubstanz, Rohprotein, Rohfaser und umsetzbarer Energie in Gras und Graskonserven (ohne Differenzierung nach Nutzungstyp des Grünlandes oder Vegetationsstadium des Aufwuchses; in Einzelfällen können die Werte über- oder unterschritten werden).

Bezug	Gras	Grassilage	Heulage	Heu[1)]
Trockensubstanz, g/kg				
Mittel	200	400	700	860
• von	160	350	600	850
• bis	300	550	750	900
Rohprotein, g/kg TS				
Mittel	160	155	110	105
• von	120	90	55	80
• bis	210	180	120	145
Rohfaser, g/kg TS				
Mittel	245	260	300	300
• von	190	240	270	280
• bis	300	310	320	320
ME, MJ/kg TS				
Mittel	8,5	7,8	7,4	7,3
• von	7,4	7,0	6,7	6,5
• bis	10,0	8,2	7,8	7,7

[1)] inklusive Trockengrün; bei < 860 g TS/kg Gefährdung der Lagerfähigkeit

Wichtig ist der gegenüber dem Grünfutter geringe **Karotingehalt**, der schon durch die Trocknung abfällt (bis auf 10 % des Ausgangswerts) und während der Lagerung noch weiter zurückgeht.

Der **Vitamin-D-Gehalt** steigt bei längerer Sonneneinwirkung an und liegt beim bodengetrockneten Heu im Allgemeinen höher als bei den übrigen Futterkonserven (▶ **Tab. 4.23**).

Der Futterwert des Heus ergibt sich nicht allein aus seinem Nährstoffgehalt, sondern auch aus seiner physikalischen Struktur (S. 125). Bei der hohen Futteraufnahmekapazität des Pferdes können je nach Größe 2,5 bzw. 3 kg Heu/100 kg KM/Tag, bei Stuten auch mehr zugeteilt werden. Die damit auch bei mäßiger Qualität erzielbare Energieaufnahme liegt deutlich oberhalb des Erhaltungsbedarfs; zur Vervollständigung der Versorgung bedarf es noch der Ergänzung mit vitaminiertem Mineralfutter.

Bei stark verholztem Heu (sehr spät geerntet, Grassamenheu) sollten die für Stroh (S. 164) angegebenen Risiken beachtet werden. Bei Fütterung von Triticaleheu bzw. -stroh (Kreuzung zwischen Weizen und Roggen) entstanden durch Grannen ulzerative Maulentzündungen.

Künstlich getrocknetes Grünfutter

Herstellung und Verarbeitung Trockengrünfutter werden aus grünen Pflanzen (Gras, Luzerne, Rotklee) durch schonende Trocknung (evtl. nach vorheriger Pressung) mittels Warmluft hergestellt (sog. Trommeltrockner): je nach Ausgangsmaterial Gras-, Luzerne-, Kleetrockengrün usw.

Werden Grünfutter nach dem Trocknen fein gemahlen, entstehen **Grünmehle** bzw. nach Pelletieren **Grünmehlpellets**.

Grünmehle sollten zur Erhaltung des Karotins in lichtdichten Säcken verpackt sein und nicht mehr als 12 % Rohwasser enthalten. Zum Schutz oxidationsempfindlicher Vitamine werden z. T. Antioxidanzien zugesetzt.

Nährstoffgehalt Der Nährstoffgehalt von Trockengrünfutter ist unter Berücksichtigung des Wasserverlusts ähnlich wie im Ausgangsmaterial, da durch die Trocknung kaum Verluste entstehen. Für Pferde sind auch Chargen mit höheren Rohfaserwerten (25–28 %) geeignet. Besonders günstig ist der hohe Karotin-, aber auch Vitamin-E- und Vitamin-B-Gehalt im Trockengrün. Der Vitamin-D-Wert liegt dagegen in der Regel tiefer als in sonnengetrocknetem Heu (▶ **Tab. 4.23**). Produkte mit Rohaschegehalten von > 12 % sind für Pferde weniger geeignet (Erdverunreinigungen).

Merke

Fein vermahlene Trockengrünfutter können kaufähiges strukturiertes Raufutter nicht ersetzen (außer Briketts mit längeren Partikeln).

Wegen ihres hohen Karotin- und teilweise auch Mineralstoffgehalts (Klee, Luzerne) werden Trockengrünfutter gern zur Ergänzung von Rationen für gravide oder laktierende Stuten (0,2–0,4 kg/100 kg KM je Tag) am Winterausgang, aber auch bei wachsenden Fohlen (0,1–0,3 kg/100 kg KM je Tag) eingesetzt.

Je nach Preisverhältnissen kann Trockengrün einen Teil des Hafers ersetzen (1 kg entspricht im Energiegehalt rd. 0,8 kg Hafer).

Silagen

Die Konservierung durch den Siliervorgang erfolgt unter Luftabschluss bei pH-Werten < 5 durch mikrobiell gebildete Milchsäure; je nach beteiligter Mikroflora werden unterschiedliche Mengen an Essig-, Propion- und Buttersäure gebildet. Voraussetzung für die Silierung ist ein Mindestgehalt an fermentierbaren Zuckern (> 2 % der Frischmasse). Hohe Wasser-, Asche- und Proteingehalte (Abpuffern der pH-Wertsenkung) des Grünfutters erschweren die Silierung.

Durch Anwelken wird die Siliereignung des Pflanzenmaterials verbessert (Erhöhen der Zuckerkonzentration); hierbei wird zudem der osmotische Druck auf unerwünschte Mikroorganismen erhöht (osmotisch wirksame Stoffe – z. B. Salze – werden aufkonzentriert; Milchsäurebildner sind osmotolerant). Demzufolge ergibt sich durch das Anwelken eine zweite konservierende Komponente, so dass die zur Konservierung notwendige Säurebildung geringer ausfallen kann.

Sind die Voraussetzungen für eine erfolgreiche Silierung unsicher oder soll der Silierverlauf (s. u.) optimiert werden, können Zusätze verwandt werden, die in ▶ **Tab. 5.13** aufgeführt sind.

▶ **Tab. 5.13** Anhaltspunkte zur Auswahl von Zusätzen zur Verbesserung des Silierverlaufs.

Bedingung	Zusatz
zu wenig fermentierbare Kohlenhydrate, z. B. überständiges Gras	Zucker, z. B. Melasse, Zellulose-spaltende Enzyme
hohe Stärkegehalte (Maispflanzen/-teile)	Milchsäurebildner
hohe Eiweißgehalte, hohe Pufferkapazität	Organische Säuren (u. a. Propionsäure)

Somit sind Silagen wie folgt zu differenzieren:

- Pflanzenmaterial
  - Gras
  - Luzerne, Klee, Landsberger Gemenge u. a.
  - Getreide
    - ganze Pflanze (z. B. Maissilage, Gerstenganzpflanzensilage)
    - Pflanzenteile (z. B. Maiskolbenschrotsilage)
- Nebenprodukte, u. a.
- Biertrebersilage
- Pressschnitzelsilage
- Kartoffelpülpe, siliert
- Wasserentzug/Anwelken
  - ohne Anwelken: Nasssilage bei Gras, TS-Gehalte 20–30 %
  - moderates Anwelken: Anwelksilage bei Gras, Luzerne, Klee, TS-Gehalte 30–55 %
  - intensives Anwelken: „Heulage" bei Gras, Luzerne, Klee, TS-Gehalte 55–75 %
  - mechanisches Abpressen: Biertreber, Pressschnitzel, TS-Gehalte 25–30 %
- Siliertechnik/Luftabschluss
  - Hochsilo (> 5 m hoher, verschließbarer Zylinder; für alle Materialien außer Gras ohne Anwelken und Nebenprodukte)
  - Flachsilo (z. B. 6 m breit, 3 m hohe Betonseitenwände, Abdeckung mit Folie; für alle Materialien)
  - Schlauchsilo (luftdicht verschließbarer Gewebeschlauch mit einem Durchschnitt von 2–3 m, > 10 m Länge bevorzugt für Mais und Nebenprodukte)
  - versiegelte Hochdruckballen (Rund- oder Quaderballen von 20–1000 kg, Luftabschluss durch mehrfaches Umwickeln mit Folie (mind. 6-fach) für alle Materialien außer nicht angewelkte Grünpflanzen, Biertreber und Pülpe

Anwelksilagen aus Gras, Luzerne und Klee

Die größte Bedeutung in der Pferdefütterung haben Ballensilagen auf Basis von Gras, Luzerne, Gras-Klee-Gemengen in Form der Anwelksilage oder Heulage.

Zur Silageproduktion wird Gras zu ähnlichen Zeitpunkten geschnitten wie für die Heugewinnung; ein 2. oder auch folgende Schnitte erweisen sich aufgrund der teilweisen Unabhängigkeit von der Witterung als machbar. Das geschnittene Material wird auf Trockensubstanzgehalte von 30 bis rd. 70 angewelkt, je nach gewünschtem Silagetyp (Anwelksilage oder Heulage), was allgemein unter günstigen Bedingungen 1–2 Tage beansprucht, und sodann unter Verdrängung des Sauerstoffs (Verdichten) und Luftabschluss eingelagert. Das Verdichten erfolgt in den üblichen Fahrsilos durch Befahren, bei den Ballensilagen durch den Pressvorgang. Das Abdecken mit Folien bzw. Einwickeln von Ballen mit Folien in mehrfacher Lage dient schließlich dem luftdichten Abschluss des Silierguts. Nach Verbrauch des Restsauerstoffs durch Oxidation und mikrobielle Aktivität entsteht das anaerobe Milieu, in dem sich die Milchsäurebildner behaupten; die pH-Werte variieren zwischen 4,5 (Anwelksilage) und 6,5 (Heulage).

Eine Sonderform stellen Anwelksilagen/Heulagen dar, die aus einem Silo oder Großraumballen entnommen und portioniert in Plastiksäcken vakuumiert werden, teils nachdem organische Säuren zur Konservierung oder weitere Nährstoffe (z. B. Mineralstoffe) hinzugefügt worden sind.

Nach Öffnen der Ballen ist eine zügige Verwertung anzustreben. Bei sommerlichen Temperaturen sollte ein geöffneter Ballen in max. 2 Tagen verwertet sein, im Winter sind 3–5 Tage tolerabel. Ein Erwärmen des Ballens zeigt eine erheblich forcierte mikrobielle Aktivität an (Nachgärungen), die das Futter unbrauchbar macht. Zur Unterdrückung von Nachgärungen kann das Besprühen des Ballens mit einer Propionsäurelösung hilfreich sein.

Anwelksilage aus Flachsilos sind für Pferde gleichfalls geeignet, sofern Futterverbrauch und Silogröße aufeinander abgestimmt sind. Soll täglich frisches Futter zur Verfügung stehen (Vorschub im Winter 1 m, im Sommer 2 m/Woche), so fallen im Winter bei Anschnittflächen von 3,5 m^2 in üblichen **Flachsilos** täglich rd. 350 kg an (Dichte 700 kg/m^3). Diese Mengen können allein in größeren Beständen (> 15 Pferde) oder in Betrieben mit gleichzeitiger Rinderhaltung risikolos verwertet werden. Während der Sommermonate sollte, wenn ein rascher Verbrauch nicht gesichert ist, auf Silage aus Flachsilos verzichtet werden. Auch in diesen Fällen kann das evtl. bestehende Risiko für Nachgärungen durch regelmäßige Behandlung der Anschnittsfläche mit Propionsäure kontrolliert werden. Die Schmackhaftigkeit des Futters wird durch Propionsäure nicht beeinträchtigt. Die für die Verdichtung notwendige **Zerkleinerung** sollte bei Silagen für Pferde nicht übertrieben werden (Mindestlänge 5 cm), da sonst die kaustimulierende Wirkung verloren geht.

Nutritives Potential

- diesbezüglich weitgehend identisch mit Heu
- Vorteil in der Futterproduktion (Witterungsabhängigkeit ↓; Häufigkeit der Schnittnutzung von Grünland zum Zwecke der Konservierung ↑)
- Staubbelastung der Stallluft ↓

Nährstoffgehalt und Futterwert Die Konservierung von Grünfutter durch Silierung ist mit geringeren Nährstoffverlusten verbunden und außerdem weniger arbeitsaufwändig und witterungsabhängig als die Heugewinnung. Beim Verfüttern entfällt die bei Heu kaum vermeidbare Staubentwicklung, gleichzeitig scheint die Verwertung der Nährstoffe unter vergleichbaren Bedingungen bei siliertem Material höher als bei getrocknetem zu sein.

Merke

Bei guter hygienischer Qualität ist Grasanwelksilage dem Heu ebenbürtig, wenn nicht überlegen. Der Eiweißgehalt muss nicht höher sein als im Heu. Durch Proteolyse wird im Verlauf des Siliervorgangs ein nicht vorhersehbarer Anteil des Rohproteins abgebaut, und der analytisch ausgewiesene Rohproteingehalt täuscht eine Eiweißqualität vor, die tatsächlich nicht gegeben ist.

Der Verlust an Eiweiß, d. h. an Aminosäuren, entfällt bei zunehmendem Trocknungsgrad und ist schließlich bei Trockensubstanzgehalten > 65 % unbedeutend (Heulagen).

Die Bestimmung des fällbaren Rohproteins (= Reineiweiß) oder der Aminosäuren kann den erwähnten Verlust an Eiweiß objektivieren. Für Stuten und Fohlen kann dies von Bedeutung sein.

Beurteilung Vor der Verfütterung müssen Silagen beurteilt werden. Wenn der allgemeine Futterwert auch mit den in ▸ **Tab. 5.14** genannten einfachen

▸ **Tab. 5.14** Silagebeurteilung (Tab. basiert auf Daten aus Kamphues et al. 2014).

Kriterien	Geeignet bis tolerabel	Nicht verfüttern
Geruch	• angenehm säuerlich-aromatisch bis brotartig-fruchtig • angenehmer bis intensiver Röstgeruch • schwacher bis mäßiger Buttersäuregeruch[2)]	• hefig-stockige Nuancen[1)] bis deutlich hefig-alkoholischer Geruch • leicht schimmelig-muffig • Schimmel-, Rotte- oder fauliger Fäkalgeruch
Griff	• > 25 % TS[3)] • Sand-/Erdbeimengungen: keine, gering bis durchschnittlich	• < 25 % TS[3)] • leichte bis deutliche Erwärmung[2)] infolge Nachgärung • leichter bis starker Strukturverlust[4)] (schleimige Beläge) • überdurchschnittliche Erd-/Sandkontaminationen
Farbe	• produkttypisch[5)] leichte Abweichungen (aufgehellt bzw. gedunkelt)	• weiße, graue, grünlich-schwärzliche Farbabweichungen durch Schimmelbeläge: nesterweise oder allgemein
Verunreinigungen	• frei oder nur wenig Unkräuter bzw. Fremdbestandteile	• hohe Anteile an Unkräutern Erde, Sand, Tierkadavern

1) häufig bei Zwischenlagerung im Stall, insbesondere Maissilage
2) bei Reiben zwischen den Fingern schon geringer Gehalt wahrnehmbar
3) Schätzung des TS-Gehalts: Gehäckseltes Gut wird zwischen den Händen zu einem Ball geformt und unterschiedlich intensiv gepresst bzw. lang strukturiertes Gut ausgewrungen. Die TS beträgt 20–30 % der uS, wenn aus dem geformten Ball kein Pflanzensaft abgepresst werden kann und nur bei Wringen Saft austritt, 30–35 % der uS, wenn bei Wringen die Handflächen feucht werden, > 35 % der uS, wenn auch bei kräftigem Druck die Handflächen trocken bleiben, > 50 % der uS, wenn das Material heuähnlichen Charakter gewinnt (sperrig, hart, klamm im Griff).
4) Strukturverlust: infolge mikrobieller Umsetzungen schleimige Konsistenz
5) Farbe durch Blatt-Korn-Anteil sowie durch Vegetationsstadium beeinflusst

Kriterien nicht vollständig erfasst werden kann, so sind doch schon bei wenig Übung mäßige Abweichungen vor allem von der hygienischen Qualität sicher aufzudecken.

Risiken Bei der Verfütterung von Silagen bestehen – abgesehen von den durch mangelhafte Qualität (S. 278) verursachten Risiken – Gefahren durch eingetragene bakterielle Krankheitserreger:

Zunächst ist die Kontamination des Silierguts mit Listerien (S. 282) zu nennen, die evtl. mit Erdverunreinigungen auf das Siliergut gelangen und sich in den Randzonen von schlecht vergorener Silage aus Flachsilos halten oder vermehren können. Gefährdet sind eher Fohlen (fieberhafte Septikämien), während bei adulten Pferden nervöse Erscheinungen bzw. Aborte auftreten können.

Gefährlicher als die Kontamination mit Listerien ist eine sensorisch nicht erkennbare Belastung des Silierguts mit dem Toxin von *Clostridium botulinum* (S. 282), für das Pferde besonders empfindlich sind. Der Keim oder seine Toxine können durch Tierkadaver oder – häufiger – durch Erdverunreinigungen in die Silage gelangen. Allerdings ist nicht auszuschließen, dass aufgrund der heute üblichen Erntetechnik Klein- oder Jungtiere verstärkt Gefahr laufen, in die Futterproduktionskette zu gelangen, und die Kontaminationsrisiken mit *Clostridium botulinum* erhöht sind. Beim Heu ist das Risiko etwas geringer als bei Silagen mit weniger Arbeitsgängen vor der Verdichtung.

Merke

Aufgrund des verbreiteten, nicht unnatürlichen Vorkommens von Clostridien im Boden ist jegliche Erdkontamination von Futtermitteln kritisch zu werten.

Durch Erdkontamination können Sporen oder Bakterien in das Siliergut gelangen und sich bei pH-Werten von > 4,5 und Wasseraktivitäten von > 0,985 (TS-Gehalte < 35 %) noch entwickeln. Die Bakterien sind entweder bodenständig oder gelangen mit Grabenaushub, Gülle etc. auf das Grünland. Typischerweise wird präformiertes Toxin mit dem Futter aufgenommen. Bei Fohlen wird ferner vermutet, dass sich bei massiver Aufnahme die Keime im Darmkanal vermehren und Toxine bilden. Das Botulinumtoxin lagert sich an den Nervenenden an und blockiert die Erregungsübertragung. Es kommt zur schlaffen Muskellähmung (S. 282).

Es ist noch nicht hinreichend geklärt, welche Rolle *Clostridium botulinum* bzw. das Toxin in der Pathogenese der **„Grass Sickness“** hat, einer fast endemisch in Schottland, vereinzelt auch in Deutschland vorkommenden, gleichfalls mit neuronalen Ausfallerscheinungen einhergehenden, häufig letal endenden Erkrankung.

Praxis

Kriterien für die Qualität von Ballensilage

Bei Beachtung der nachfolgend genannten Bedingungen ist eine für Pferde ausreichende Qualität zu erreichen:

- Vermeiden einer Erdkontamination beim Mähen
- Anwelken auf 35–45 % TS, bei Heulagen auch > 55 %
- maximale und gleichmäßige Verdichtung
- nach dem Pressen möglichst innerhalb von 2 h in Folien verpacken (einstretchen)
- mind. 6 Folienlagen vorsehen, um Gasaustausch und Verletzungsgefahr zu minimieren
- weiße oder hellgrüne Folien verwenden zur Verminderung der Kondenswasserbildung
- Lagerung stirnseitig, möglichst an wind- und regengeschützten Stellen
- schattige Plätze wählen, um starke Temperaturschwankungen zu vermeiden (Risiko von Kondenswasserbildung mit Schimmelpilzwachstum unter der Folienoberfläche sowie Bombagen)

Nährstoffgehalt Grasanwelksilagen und Heulagen weisen bei ungestörtem Silierverlauf (bezogen auf TS) eine ähnliche Zusammensetzung wie das Ausgangsmaterial auf. Ein Teil der Kohlenhydrate ist jedoch zu **Laktat**, das konservierende Agens, umgewandelt. Das **Karotin** bleibt in Grünfuttersilagen im Gegensatz zum Heu weitgehend erhalten, während der **Vitamin-D_2-Gehalt** je nach Vorwelkzeit unterschiedlich hoch sein kann, doch typischerweise geringer ist als im Heu (► **Tab. 4.23**).

Klee-/Grassilagen mit Trockensubstanzgehalten von > 30 % sind besonders für Zuchtstuten und wachsende Fohlen mit einem höheren Eiweißbedarf geeignet. Die tägliche Futtermenge richtet sich nach der Höhe des Trockensubstanzgehalts und der Energiedichte. Hochwertige Produkte erreichen 7,5–8 MJ ME/kg TS.

Grünmaissilage

Herstellung Für Grünmaissilagen sollte der Mais möglichst bis zur Teigreife (teigartige Konsistenz der Körner) heranwachsen. Dann erreicht Maissilage die erwünschten TS-Gehalte von > 25 % (Beginn der Teigreife bei 27 %, Ende der Teigreife bei 32–35 % TS).

Nach nicht zu kurzer Häckselung (möglichst > 3–5 cm) wird das Material in der Regel in Fahrsilos mit festen Böden und Seitenwänden eingebracht und luftdicht abgeschlossen. Vergleichbares gilt für die Silierung weiterer Getreideganzpflanzen (z. B. Gerstenganzpflanzensilage).

Bei der Herstellung von Maissilagen für Rinder wird auf < 1 cm gehäckselt.

Solche Materialien lassen sich besser silieren, verlieren aber einen Teil ihrer kaustimulierenden Wirkung, d. h., sie können anderes Raufutter nicht gänzlich ersetzen.

Nutritives Potential

- stärkereiches, bei nicht zu feiner Häckselung auch strukturreiches Futter
- Mineralstoffgehalte nicht ausreichend

Maissilage ist stärkereich (rd. 100 g/kg uS), eiweißarm und im Mineralstoff- und Vitamingehalt unausgeglichen. Aufgrund des hohen Energiegehalts sind Maissilagen für Pferde mit geringerem Eiweißbedarf gut geeignet. Ihre Stärke wird im Dünndarm besser als die der ausgereiften Maiskörner verdaut (▶ **Tab. 3.10**). 3,5 kg Maissilage (30 % TS) entsprechen im Futterwert etwa 1 kg Hafer oder 1,5 kg Heu.

Die Akzeptanz der Maissilage ist bei einwandfreier Qualität gut und hängt außerdem vom TS-Gehalt ab. Bei 25 % TS wurden 1,1, bei 40 % TS 1,6 kg TS/100 kg KM/Tag aufgenommen.

Reitpferde können pro 100 kg KM täglich 2–4 kg Maissilage fressen, Zuchtstuten und Fohlen sollten wegen ihres höheren Eiweißbedarfs eher darunter bleiben. Die genannten Mengen ergeben bei mittlerer Qualität (ca. 100 g Stärke/kg Futter) bis zu 400 g Stärke/100 kg KM je Tag; bei der Zuteilung ist daher auf eine angemessene Verteilung und Mahlzeitenfrequenz zu achten, um die angestrebte Limitierung der Stärkeaufnahme auf 1 g/kg KM je Mahlzeit einzuhalten; s. Kap. Energie-, Nährstoff- und Strukturstoffbedarf (S. 70).

Aufgrund der erheblichen Lücken im Mineralstoff- und Vitamingehalt sind je nach Zusammensetzung der Gesamtration **Ergänzungen mit Mineralfutter** oder mineralisierten Mischfuttern notwendig.

Risiken Bezüglich der **Nachgärungen** der Anschnittfläche bestehen ähnliche Probleme wie bei der Grassilage. Die bei Maissilagen meist durch Hefen (Candida) bedingten Nachgärungen sind bei Pferden besonders ungünstig (Gasbildung!).

> **Praxis**
> Pferde sollten langsam an Maissilage gewöhnt werden, damit sich die Dünndarmflora an die erhöhte Stärkezufuhr adaptieren kann.

Aufgespleißte harte Stängelstücke können anfangs evtl. Lippenverletzungen begünstigen. Bei kurz gehäckselter Maissilage (< 2 cm) bestehen **Risiken für Ileumobstipationen** bei hohem Vorkommen der dann oft geringer zerkleinerten Hüllblättern (Lischen) der Maiskolben, die sich aufgrund der ledrigen Struktur dem Kauvorgang offenbar teilweise entziehen. Nach aktuellen Beobachtungen scheinen sich Risiken für die Entstehung kariöser Zahnschäden einzustellen. Demnach ist bei Maissilage die nachfolgende Raufuttergabe (Heu, Stroh) zu betonen, damit die Selbstreinigung der Maulhöhle durch den Speichel gefördert wird.

Rübenblattsilage

Rübenblattsilagen waren ein übliches Futter für Pferde in der Landwirtschaft (bei einwandfreier Qualität in tägl. Mengen von 2 kg/100 kg KM). Sie sind heute bedeutungslos und aufgrund der offensichtlichen unvermeidbaren Erdkontamination auch nicht zu empfehlen.

Pressschnitzelsilage

Nutritives Potential

- hochverdauliche Gerüstsubstanz
- Begrenzung der Verzehrsgeschwindigkeit

Zeitweilig sind Silagen aus Pressschnitzeln, die durch Abpressen der bei der Zuckerrübenverarbeitung anfallenden Nassschnitzel entstehen und möglichst einen TS-Gehalt von > 25 % aufweisen sollen, im Gebrauch.

Nach **Zusatz von Melasse** in Höhe von 5 % lassen sich Pressschnitzel leicht silieren und werden vom Pferd hochverdaut (> 80 %). Sie stellen ein eiweißarmes Futter, das sich bei einer Relation von dünndarmverdaulichem Rohprotein zu umsetzbarer Energie von 7–8 : 1 besonders für Arbeitspferde eignet.

Pressschnitzel sind schwer zu silieren; häufig bilden sich nesterförmige Verpilzungen (Penicillien und Aspergillen), auch ist auf das Risiko von Nachgärungen nach Silo-Öffnung hinzuweisen.

Luzerne-, Kleesilage

Nutritives Potential

- hochverdaulich
- eiweißreich
- Ca-reich
- NPN-Gehalt evtl hoch (bei TS-Gehalten < 50 %)

Die eiweißreichen Grünfutter lassen sich aufgrund der hohe Proteingehaltes und des Puffervermögens schwer silieren. Dies kann sich in einer Vermehrung buttersäurebildender Mikroorganismen während der Silierung niederschlagen; verantwortlich hierfür sind u. a. Clostridien, deren Vorkommen bei Erdeintrag besonders gefördert wird.

Die Siliereignung ist für Gemenge dieser Pflanzen mit Gras günstiger.

Aufgrund des im Vergleich zu Weide- oder Wiesengras höheren Eiweißgehaltes eignen sich diese Silagen besonders für Zuchtpferde. Es ist hierbei allerdings zu prüfen, in welchem Umfang durch Proteolyse ein Verlust an pflanzlichem Protein stattgefunden hat. Das Risiko hierfür ist bei Anwelkgraden auf > 50 % TS merklich gemindert.

Beachtenswert sind die hohen Ca-Gehalte in diesen Silagetypen. Bei den Spurenelementen sind vergleichbare Schwächen zu erwarten wie bei Grassilagen.

Stroh

Nutritives Potential

- Begrenzung der Energieaufnahme
- Absicherung artgemäßen Verhaltes bei der Futteraufnahme

Futterstroh (unzerkleinert) dient in erster Linie zur Regulierung der Futteraufnahme und Beschäftigung der Pferde, aber auch zur Erhaltung physiologischer Bedingungen im Dickdarm und für ein ausreichendes Sättigungsgefühl. In Kombination mit Kraftfuttermitteln kann es teilweise die Funktion von Heu ersetzen.

Gewinnung und Verarbeitung Bezüglich Ernte, Lagerung und Qualität stellen sich ähnliche Forderungen wie beim Heu. Nicht ausreichend getrocknetes Stroh, das in ungünstigen Jahren bei Mähdrusch und Pressballenherstellung anfällt, oder virusgeschädigtes Stroh kann leicht schimmelig und muffig werden und zu ähnlich schweren Erkrankungen führen wie schimmeliges Heu. Auch mit Rost- und Brandpilzen befallenes Stroh ist für Pferde ein unsicheres Futtermittel.

Da bei ungenügender Raufuttergabe ein größerer Teil des **Streustrohs** von den Pferden aufgenommen wird, muss es eine Qualität wie Futterstroh aufweisen.

Wird Stroh **gehäckselt**, um es mit anderen Futtermitteln mischen zu können, soll die Länge mindestens 3–5 cm betragen, um Zäkumobstipationen und Koliken zu verhüten. Der Zusatz von Strohhäcksel zu Getreidekörnern (20 %) verzögert die Futteraufnahme und fördert die Kautätigkeit und Speichelproduktion.

Beurteilung Anhaltspunkte für die Beurteilung von Stroh gibt ▸ **Tab. 5.15**.

Nährstoffgehalt und Futterwert Die Stroharten zeichnen sich durch geringen Eiweiß-, aber hohen, ligninreichen Rohfasergehalt und geringe Verdaulichkeit (rd. 35 %) aus. Die Vitamin- und Mineralstoffgehalte sind unbedeutend (bis auf den Ca-Gehalt im Leguminosenstroh). Der Futterwert wird vom Verhältnis Blatt/Stängel, aber auch von der Akzeptanz bestimmt. Am nährstoffreichsten sind blattreiche Stroharten (Hafer- und Leguminosenstroh); am besten gefressen werden jedoch stängelreiche, harte, gut getrocknete Arten wie Weizen- und Gerstenstroh. Gerstenstroh wird zu Futterzwecken kritisch gesehen, da es durch die Grannen zu Läsionen an der Maulschleimhaut kommen kann.

► **Tab. 5.15** Strohbeurteilung (Tab. basiert auf Daten aus Kamphues et al. 2014).

Merkmal/Befund	= Hinweis für
Aussehen	
natürliche Strohfarbe (gelb, gelblich)	günstige Erntebedingungen
verfärbt, ausgebleicht	eingeregnet, ausgewaschen
graue oder schwarze Beläge, z. T. nesterweise	Schimmelpilzbefall, nicht verfüttern, auch für Einstreu nicht geeignet
Geruch	
typisch[1)]	günstige Erntebedingungen
fad oder geruchlos	eingeregnet, ausgewaschen
dumpf, muffig	abweichend, Schimmelpilzbefall
Griff	
mäßig hart (viele Blätter, wenig Halme)	Verdaulichkeit der uS 35 % und mehr
rau (mäßiger Blattanteil)	sperrig, überwiegend Stängel, abnehmende Verdaulichkeit
klamm	nicht ausreichend getrocknet, anfällig für Verderb
Verunreinigungen	
frei von Fremdbestandteilen oder Unkräutern	gute Verträglichkeit
m. o. w. starke Verunreinigungen (Staub, Erde, Schimmel, Käfer, Milben)	abnehmende Verträglichkeit (für Verdauungs-, Atmungsapparat)
Windhalm	in größeren Mengen Risiko für Anschoppungen

[1)] abgesehen von aufgeschlossenem Stroh

Aufgeschlossenes Stroh Zur Verbesserung der Verdaulichkeit kann Stroh (ausgenommen Haferstroh) durch Behandlung mit alkalisch wirkenden Substanzen „aufgeschlossen“ und die Verdaulichkeit von rd. 35 auf 45–50 % erhöht werden. Arbeits- und sicherheitstechnische Aspekte erschweren allerdings die Anwendung dieser Verfahren, die dennoch mit Blick auf mögliche technische Entwicklungen und wiederholte Engpässe in der Verfügbarkeit von Heu aufgeführt werden.

Bei Verwendung von **Ammoniak** wird das Pilzwachstum weitgehend unterbunden. Aus diesem Grund kann auch Stroh mit höheren Feuchtigkeitsgehalten für den Aufschluss genutzt werden. Die Akzeptanz des Strohs wird durch den Aufschluss nicht gemindert. Mit **Natronlauge** aufgeschlossenes Stroh wird weniger gern gefressen.

Aufgeschlossenes Stroh lässt sich in ähnlichen Mengen wie Heu einsetzen, allerdings unter ausreichender Ergänzung mit Eiweiß, Mineralstoffen und Vitaminen. Extensiv genutzte Pferde können mit aufgeschlossenem Stroh unter Zulage von Ergänzungsfutter ihren Energiebedarf im Erhaltungsstoffwechsel decken (Aufnahme bis 2,2 kg/100 kg KM/Tag). Allerdings wird für bewegungsarm gehaltene Pferde eine derart hohe Dosierung von Stroh aufgrund der erhöhten Obstipationsrisiken nicht empfohlen.

Risiken Übermäßige Strohfütterung (> 1 kg/100 kg KM/Tag) kann insbesondere bei alten Pferden (die das Stroh unvollkommen kauen), bei Tieren mit wenig Bewegung oder bei sehr hartstängeligem Material (Raps-, Rübsenstroh) Obstipationen und Koliken (S. 306) begünstigen.

Stroh ist, auch als Einstreu genutzt, ein wesentlicher gesundheitsrelevanter Umweltfaktor, da es nicht nur verzehrt wird, sondern auch das Stallklima mitbestimmt. Die Erntetechnik gewährleistet nicht immer den Umgang mit Stroh, der zur Wahrung der Erfordernisse notwendig ist. Bei Trockensubstanzgehalten unter 84 % bestehen besonders bei hoher Verdichtung Risiken durch Keimvermehrung, speziell durch Pilzwachstum. Derartige Qualitäten können zur kontinuierlichen inhalativen Belastung von Pferden mit Schimmelpilzen beitragen.

5.5.2 Wurzeln und Knollen

Allgemeines

Zu den wichtigsten Wurzeln und Knollen zählen **Kartoffeln**, **Maniok**, **Gehalts-** und **Zuckerrüben** sowie Möhren. Ferner sind hier die Nebenprodukte der industriellen Verarbeitung zu nennen (z. B. Trockenschnitzel oder Pülpe).

Nutritives Potential

- hochverdauliche organische Substanz, daher energiereich
- gut fermentierbare Gerüstsubstanz
- eiweißarm

Die Bedeutung von Wurzeln und Knollen in der Pferdefütterung ist in den letzten Jahren jedoch zurückgegangen, ausgenommen Möhren; neben arbeitswirtschaftlichen Gründen wirken die begrenzte Haltbarkeit, Erfordernisse zur Lagerung und Reinigung hemmend.

Die Anbauverfahren, Ernte- und Verarbeitungstechnik bei **Möhren** hingegen sichern eine nahezu ganzjährige Verfügbarkeit gereinigter Wurzeln für Mensch und Tier, ergänzt durch Nebenprodukte der Möhrenverarbeitung u. a. zur Saftgewinnung.

Diese Futtermittel sind originär durch folgende Eigenschaften charakterisiert:

- hoher Wassergehalt (geringe Haltbarkeit)
- geringer Ligningehalt (hohe Verdaulichkeit)
- hoher Anteil an Kohlenhydraten in Form von Stärke (Kartoffeln, Maniok), Zucker (Beta-Rüben, Möhren), Pektinen (Rüben, Möhren)
- geringer Eiweiß- und Ca-Gehalt
- Mangel an fettlöslichen Vitaminen bzw. Vorstufen (außer Möhren)
- hoher bis mittlerer Gehalt an B-Vitaminen (insbesondere Kartoffeln)

! Merke
Wurzeln und Knollen sind einseitig zusammengesetzte, überwiegend Kohlenhydrate enthaltende, bei richtiger Zubereitung hochverdauliche Futtermittel, die in der Pferdefütterung vor allem als Energielieferanten verwendet werden. Begrenzend sind ihr hoher Wassergehalt (geringe Haltbarkeit), der gelegentlich hohe Verschmutzungsgrad sowie teilweise schädliche Inhaltsstoffe.

Kartoffeln

Kartoffeln können, sofern ausreichend gereinigt, frisch oder gedämpft an Pferde verfüttert werden.

Rohe Kartoffeln, deren Verwendung weniger arbeitsaufwändig ist, sollten wegen des Gehalts an Trypsinhemmstoffen und Solanin, aber auch wegen der begrenzten Verdauung der Stärke im Dünndarm (► **Tab. 3.10**) nur in Mengen bis 2 kg/100 kg KM/Tag an Arbeitspferde verfüttert werden, nicht an Zuchtstuten oder Fohlen.

Gekochte Kartoffeln werden von schweren Fahr- bzw. Zugpferden in Mengen bis zu 25 kg/Tag vertragen. Grüne, gekeimte (Solaningehalt) Kartoffeln müssen stets gekocht werden (Kochwasser entfernen) und lassen sich ähnlich wie andere Kartoffeln am besten im Gemisch mit Spreu oder Häcksel verfüttern.

Maniokmehl

Maniokmehle – aus den Knollen des Kassavastrauchs – haben je nach Rohfasergehalt unterschiedliche Futterwerte. Für Pferde sind asche- und blausäurearme Chargen geeignet. Sie werden am besten, da fein vermahlen (Staub), im Gemisch mit anderen Komponenten bzw. als Bestandteile von Mischfuttermitteln eingesetzt. Die präzäkale Verdaulichkeit der Stärke ist gering, wenn sie nicht durch thermische Behandlung aufgeschlossen wird (► **Tab. 3.10**).

Rüben

Beta-Rüben

Unter den Beta-Rüben sind die **Zuckerrüben** mit ihrem hohen Zucker- und Trockensubstanzgehalt am wertvollsten. Der Zucker (rd. 70 % der TS) wird von erwachsenen Pferden gut verwertet. Allerdings bereiten die Säuberung der Zuckerrüben infolge der tiefen Riefen und zahlreichen Würzelchen erhebliche Schwierigkeiten. Gut gereinigt, vertragen schwer arbeitende Pferde 2–3 kg Zuckerrüben pro 100 kg KM/Tag bei entsprechender Ergänzung mit Raufutter.

Von den übrigen Beta-Rüben haben allein die gehaltreichen **Futter-** und **Futterzuckerrüben** in der Pferdefütterung Bedeutung, während die **Massenrüben** mit rd. 90 % Wasser wegen des geringen Nährstoffgehalts und der hohen Wasseraufnahme weniger geeignet sind. Gehaltreiche Futterrüben werden je nach Arbeitsleistung der Pferde in Mengen von 2–5 kg/100 kg KM/Tag eingesetzt.

Die **Rote Bete**, eine weitere Kulturform der Beta-Rüben, ist ebenfalls wasserreich, jedoch im Gegensatz zu Möhren arm an Karotin. Für ihre Verwendung in der Pferdefütterung besteht keine besondere Indikation, obwohl die Verdaulichkeit sehr gut ist und die typischen Kohlenhydrate gut fermentiert werden, ohne die laktatbildenden Keime zu fördern.

Brassica-Rüben

Die Rüben aus der Familie der Brassicaceae (Steck- und Wasserrüben) werden heute nur noch selten in der Pferdefütterung eingesetzt (schwierige Reinigung, geringe Schmackhaftigkeit durch Senföle). Bei Verwendung in größeren Mengen über längere Zeit kann die Schilddrüsenfunktion gedämpft werden. Für Stuten und Fohlen sind Brassica-Rüben ungeeignet. Arbeitspferde können bei langsamer Gewöhnung bis zu 1 kg/100 kg KM/Tag aufnehmen.

Möhren

Möhren sind aufgrund ihres hohen Zuckergehalts (bis 50 % der TS) recht schmackhaft und energiereich. Ein weiterer Wert liegt in ihrem **hohen Karotingehalt**, der im Mittel zwischen 20 mg (gelbe) und 60 mg/kg (rote) Möhren variiert (▸ **Tab. 4.23**). **Getrocknete Möhren** sind als Karotinträger geschätzt und werden im Handel in Form von Schnitzeln angeboten.

Merke

Während der Lagerung von Möhren in lichtgeschützter, kühler Umgebung nimmt der Karotingehalt nicht ab, so dass die Funktion der Möhre als Vitaminträger auch nach der Ernte lange voll erhalten ist.

Bei Stuten und Fohlen sichern 2 kg/100 kg KM/Tag die Karotinversorgung. Sind Möhren preisgünstig, lassen sie sich bei Arbeitspferden bis zu 4 kg/100 kg KM/Tag einsetzen. Die Kosten für Möhren begrenzen ihre Verwendung stärker als Aspekte der Zusammensetzung und des Futterwerts.

Topanimbur

Die Knollen von Topinambur enthalten mit Inulin ein besonderes Reservekohlenhydrat (aus Fruktoseeinheiten, mikrobiell rasch abbaubar). Sie können begrenzt als Energielieferanten verwendet werden, sind jedoch nicht zuletzt aufgrund eingeschränkter Verfügbarkeit unbedeutend.

Rückstände der Zuckerrübenverarbeitung

Trockenschnitzel

Nutritives Potential

- hochwertige Gerüstsubstanz
- kaum lignifiziert
- begünstigt intestinalen Wasserumlauf

Das nach Entzuckerung verbleibende Rübenmark wird in der Regel getrocknet und kommt als Trockenschnitzel in den Handel. Die Schnitzel enthalten vorwiegend **Pektine** neben geringen Zuckermengen (3–7 %) und weisen rechnerisch einen ähnlichen Energiewert wie Hafer auf, werden jedoch überwiegend im Dickdarm verdaut unter entsprechenden Energieverlusten.

Vorsicht

Zuckerrübenschnitzel werden gern gefressen und in begrenzten Mengen gut vertragen. Voraussetzung ist jedoch, dass sie (i. d. R. in pelletierter Form vorliegend) vor der Verfütterung gründlich mit Wasser (1 : 4) rd. 1 h eingeweicht werden, da die Pektine stark quellen und bei Trockenfütterung die Gefahr von Schlundverstopfungen oder Magenrupturen besteht.

Zu den Risiken durch nicht pelletierte, nicht eingeweichte Trockenschnitzel in geringen Mengen liegen widersprüchliche Erfahrungen und Wertungen vor. In loser Form bzw. nach feiner Vermahlung der Trockenschnitzel ist die Gefahr von Schlundverstopfungen offenbar gering.

Pro Tag können **bis zu 1 kg/100 kg KM** an Pferde verfüttert werden, was aufgrund des Energiegehalts nur bei entsprechenden Leistungen infrage kommt. In Kombination mit weiteren leichtverdaulichen Kohlenhydraten wird verstärkte Flatulenz beobachtet.

Im **Mischfutter** sollten maximal 8–10 %, bei Gegenwart anderer quellender Futtermittel (Weizenkleie) nur 5–8 % Trockenschnitzel eingemischt werden, um das Risiko für Schlundverstopfungen weitgehend zu mindern.

Die Perspektiven von Trockenschnitzeln (gilt auch für andere pektinhaltige Futtermittel) sind mit dem Energiegehalt nur unvollkommen beschrieben. Die Verdaulichkeit ist hoch, beruht aber auf der guten **Fermentierbarkeit der Gerüstsubstanzen** im Dickdarm. Bei Aufnahme und Passage durch den präzäkalen Abschnitt des Magen-Darm-Trakts werden hohe Wasservolumina gebunden und mit in das Zäkum und Kolon transportiert. Bei der Fermentation wird die wasserbindende Matrix abgebaut und das Wasser kann absorbiert werden. Gegenüber einer heureichen Ration nimmt daher bei Einschluss von Trockenschnitzeln (oder Möhren) in die Ration bei gleicher Futtertrockenmasseaufnahme die fäkale Wasserabgabe ab, die renale Wasserabgabe steigt an zur Kompensation der vermehrten Wasserabsorption. Bei einem Anstieg des Wasserbedarfs jedoch (z. B. infolge Schweißbildung) steht dieses vermehrt absorbierte Wasser zum Ausgleich zur Verfügung.

! Merke
Pektinreiche Futtermittel sind energetisch hochwertig, schützen die Mikroflora des Dickdarmes und unterstützen den Wasserhaushalt von Pferden.

Trockenschnitzel-Melasse-Mischungen

Trockenschnitzel werden mit Melasse vermischt auch in pelletierter Form angeboten mit Zuckergehalten von 9–16 % (= zuckerarm), 16–23 % und über 23 % (= zuckerreich); ihr Futterwert erhöht sich entsprechend. Auch melassierte Trockenschnitzel sind rd. 1 h vor der Verfütterung einzuweichen. An warmen Tagen vergären länger stehende, eingeweichte melassierte Trockenschnitzel infolge des hohen Zuckergehalts schnell.

Melasse

Nutritives Potential

- Förderung der Akzeptanz anderer Futtermittel bei Melassezusatz
- einseitige Mineralstoffgehalte (K)

Melasse, eine sirupartige, bräunliche Flüssigkeit, enthält 50 % Zucker. Das Rohprotein (rd. 80 g/kg) besteht vorwiegend aus nichteiweißartigen stickstoffhaltigen Verbindungen (Amiden). Beachtenswert ist der hohe Gehalt an **Kalium** (35 g/kg) und **Natrium** (rd. 6 g/kg). Melasse wird von Pferden gern gefressen. Sie wirkt in begrenzten Mengen günstig auf die Verdauungsvorgänge.

Wegen der klebrigen, sirupartigen Konsistenz wird sie am zweckmäßigsten anderen Futtermitteln zugemischt: z. B. Trockenschnitzeln, Maniokmehl oder Mühlennachprodukten. Bei starker Arbeit vertragen schwere Zugpferde pro Tag bis zu 0,5 kg, Reitpferde bis 0,25 kg Melasse pro 100 kg KM. Höhere Mengen fördern den Wasserkonsum und erzeugen eine weiche Kotkonsistenz.

Futterzucker

Futterzucker (Rohrzucker, Saccharose) ist ein hochverdauliches, rasch energieliefernde s Futtermittel, das jedoch in jeder Weise (Eiweiß, Mineralstoffe, Vitamine, Strukturstoffe) der Ergänzung bedarf. Aktuell steht Futterzucker jedoch nur ausnahmsweise zur Verfügung, da von den produzierten Mengen ein zunehmender Anteil technisch genutzt wird. Je nach Fütterungstechnik und Arbeitsleistung werden bis 0,5 kg/100 kg KM/Tag vertragen. Die Verdaulichkeit der übrigen Futtermittel wird durch Zucker nicht beeinträchtigt. Überhöhte Mengen pro Mahlzeit verstärken allerdings im Magen und Dünndarm die Laktatbildung.

5.5.3 Obst und Obstrückstände

! Merke
Obst und Obstrückstände zählen nicht zu den natürlichen Futtermitteln des Pferdes. Die Rückstände aus der Saftgewinnung (Trester, Pülpe) können infolge der hochverdaulichen Gerüstsubstanz als Energieträger eingesetzt werden.

Nutritives Potential

- stärkearme Energieträger
- wertvolle Bestandteile von Mischfuttern
- gute Schmackhaftigkeit

Für die Verfütterung von **Äpfeln** besteht bei sachgemäß zusammengesetzten Rationen keine Notwendigkeit. Sie enthalten rd. 85 % Wasser; die Trockensubstanz besteht vorwiegend aus Zucker und Pektinen. Der Mineralstoffgehalt ist gering, der Gehalt an wasserlöslichen Vitaminen nicht höher als in Wurzeln und Knollen. Unreife, angefaulte oder wurmstichige Früchte sind für Pferde ungeeignet.

Die Rückstände der Obstverarbeitung (Äpfel, Birnen), die sog. **Trester**, sind eiweißarm und rohfaserreich (20–30 %). Frische Trester, die allerdings rasch vergären, können in Mengen von 1–2 kg/100 kg KM verfüttert werden. Günstiger ist die Verwendung getrockneter Trester als eiweißarme Strukturträger in Mischfuttern oder als Weidebeifutter.

Zitrusrückstände werden in Mengen bis zu 15 % in Mischfuttern akzeptiert. Die Eigenschaften der Kohlenhydrate der Trester sind mit denen der Trockenschnitzel und Möhren vergleichbar.

5.5.4 Getreidekörner

Die Nutzung des Getreidekorns begann vermutlich ca. 15000 Jahre vor unserer Zeit in Vorderasien. Wahrscheinlich war Weizen eher gebräuchlich als Hafer (Bronzezeit), der aber in Zentral- und Nordeuropa rasch dominant wurde. Wenngleich die Verwendung als Nahrungsmittel im Vordergrund stand, ist der Nutzen von Getreide bei Pferden in der Antike gut belegt. Die Verbreitung von Pferdebrot auf den britannischen Inseln bereits im 15. Jahrhundert zeugt von den tradierten Kenntnissen über die Vorzüge einer Getreidebearbeitung und der umsichtigen Verwendung von Nebenprodukten der Müllerei.

Das Getreidekorn umfasst bei den spelzenfreien „Nacktgetreidearten" wie Weizen die fettreiche Keimanlage (ca. 2,5 % des Gesamtkorns), den stärkehaltigen Mehlkörper (ca. 82,5 %) und die unterschiedlich organisierte eiweißreiche Zelllage (Aleuronschicht, ca. 7 %) als wertbestimmende Kompartimente. Diese sind durch die mineralienreiche Samenschale (ca. 2,5 %) und die rohfaserhaltige Fruchtschale (ca. 5,5 %) umhüllt. Bei Spelzgetreide sind diese Anteile in vergleichbarer Abstufung angeordnet, stellen aber insgesamt nur rd. 80 % des Korngewichtes, da je nach Art und Sorte der Anteil des Spelzes (Hüllblätter der Blüte) um 20 % variiert.

Nutritives Potential

- Stärke als Energielieferant
- i. d. R. gute Schmackhaftigkeit
- essenzielle Fettsäuren und Vit. E in der Keimanlage
- Ca-arm, P-reich

Die für Pferde gebräuchlichen Getreidekörner (Hafer, Gerste, Mais, Dinkel, Hirse) zeichnen sich durch einen hohen Gehalt an Stärke, mittlere Eiweißmengen (rd. 10 %) und mäßige Fettgehalte (2–5 %) aus.

Wichtige Unterschiede bestehen in der **Struktur der Stärke**. Während die Haferstärke aus mittelgroßen Granula besteht, die leicht in sehr kleine Untereinheiten zerfallen (4–7 µm), sind die mittelgroßen bis großen Stärkegranula von **Mais** fest miteinander verkittet (▸ **Abb. 5.2a**) und nur durch starke mechanische Einwirkungen oder Wärmebehandlung (▸ **Abb. 5.2b**) zu zertrümmern.

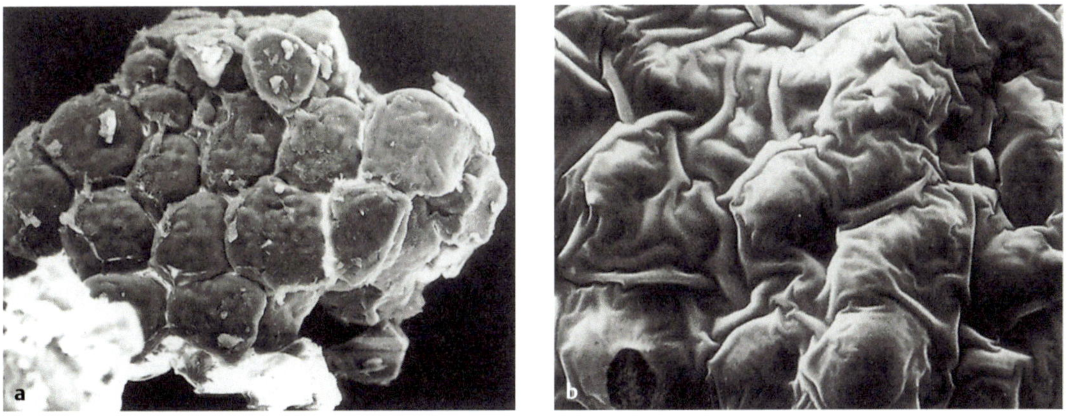

▸ **Abb. 5.2** Morphologie der Stärkegranula des Maiskorns (Quelle: Kienzle et al. 1997). **a** Maisstärkegranula nativ, 1000-fach vergrößert. **b** Maisstärkegranula nach Wärmebehandlung, 2000-fach vergrößert.

Auch die Stärkegranula der **Gerste** (Ø 20–30 µm) sind schwer zu zerlegen und damit im nativen Zustand im Dünndarm schlechter verdaulich als die Haferstärke (▸ **Tab. 3.10**). Stärke und die umgebenden Proteine bestimmen das „Verkittungsverhalten"; durch pflanzenzüchterische Bearbeitung ist dieses im Sinne der Backeignung optimiert worden, was nicht mit einer verdauungsphysiologischen Optimierung identisch sein muss. So kann Weizen beim Pferd auch in beträchtlichen Mengen eingesetzt werden; die Verträglichkeit variiert jedoch erheblich in Abhängigkeit vom Verhalten der Kleberproteine bei denaturierender Wärme- oder Säureeinwirkung. Ähnliches gilt auch für Roggen.

Die Tagesmengen an Getreide folgen aus dem Energiebedarf und dem Energiegehalt über das prioritär quantifizierte Raufutter.

Für die je Mahlzeit darzureichenden Mengen ist für alle Getreide, unabhängig von der Bearbeitungsform, die Begrenzung der Stärkeaufnahme auf 1 g/kg KM je Mahlzeit entscheidend. Diese Limitierung schützt den Magen vor Deregulierungen im Zusammenspiel von Füllung und Säuresekretion sowie Magenentleerung, den Darmtrakt, besonders den Dickdarm vor nachteiliger Veränderung der Mikroflora und – vermutlich wichtiger – vermeidet eine hohe Insulinsekretion mit Insulinaktivitäten im Blut, die auch 3–4 h nach der Fütterung noch oberhalb der Basalwerte persistieren

Die Eiweißqualität des Getreideproteins ist mäßig; die essenziellen Aminosäuren sind schwächer vertreten als im Protein aus Gras, Erbsen, Sojabohnen, Raps u. a.

Der **Rohfaseranteil** ist bei Hafer (10 %) und Dinkel noch relativ hoch, bei Gerste, Weizen und Mais dagegen niedrig (5 bzw. 2 %).

Alle Getreidekörner sind arm an **Kalzium** (rd. 1 g/kg oder weniger) bei einem Ca:P-Verhältnis von unter 1:1. **Natrium** und **Kalium** sind nur in geringen Mengen vertreten, während **Phosphor** und **Magnesium** mittlere Werte (3,2 bzw. 1,1 g/kg) erreichen.

Von den fettlöslichen Vitaminen kommt nur **Vitamin E** in größeren Mengen (in der Keimanlage) vor. Getreidekörner sind reich an **B-Vitaminen** (außer B_{12}), die besonders in den äußeren Schichten und daher auch in höheren Mengen in den Nachprodukten der Müllerei (Kleie und Nachmehle) vorliegen.

Die **Haltbarkeit** der Körner ist in unzerkleinertem Zustand bei einem Wassergehalt von unter 14 % gut. Bei Lagerung frisch geernteter Getreidekörner (besonders Hafer, in dessen Spelzfalten leicht Restfeuchtigkeit zurückbleibt) kommt es zunächst noch zu erhöhter mikrobieller Aktivität. Aus diesem Grund darf nicht ausreichend getrocknetes Getreide frühestens 8–10 Wochen nach der Ernte, nach schlechten Erntebedingungen erst später verfüttert werden. Ungenügend getrocknetes Getreide kann durch Zusatz von **Propionsäure** (bei 30 % Wasser rd. 0,6 %), ohne Nachteil für Akzeptanz oder Verträglichkeit, stabilisiert werden.

Vor der Verfütterung sollten Getreidekörner – außer Hafer (S. 170) – bevorzugt, Mais jedoch stets wärmebehandelt werden (Aufbrechen der Stärkegranula). Geschrotetes oder gequetschtes Getreide ist weniger haltbar, da es dichter lagert und die für die Mikroorganismen notwendigen Nährstoffe aus dem Korninnern frei zugänglich sind. **Geschroteter** Hafer kann daher, insbesondere bei ungünstigen Bedingungen (feuchte Wände oder Bodenflächen, hohe Feuchtigkeit der Stallluft), rasch muffig werden. Er sollte nicht länger als eine Woche bevorratet werden. Neben Schimmelbildung besteht das Risiko der Fettzersetzung („ranziger Hafer") und des Vitamin-E-Verlusts.

Hafer (Avena sativa)

Von den Getreidesorten wird Hafer (TKG 30–45 g} in der Pferdefütterung in Europa traditionell bevorzugt – nicht zu Unrecht, denn er bietet manche Vorteile gegenüber anderen Getreidekörnern. Infolge seines hohen Spelzenanteils und seiner Größe wird er in der Regel gut gekaut und bedarf dank der hohen Verdaulichkeit bis zum Ende des Dünndarms (> 80 %; ▸ **Tab. 3.10**) keiner besonderen Zubereitung. Die Hafersorten variieren in der Pigmentierung des Spelzes, wovon die Bezeichnungen Weiß-, Gelb- und Schwarzhafer zeugen. Die nutritiven Eigenschaften werden dadurch jedoch nicht unterteilt.

Inhaltsstoffe Hafer enthält relativ hohe Mengen an ungesättigten Fettsäuren und Schleimstoffe (β-Glucane), die günstig wirken. Von den Getreidearten ist Hafer mit rd. 8 % das fettreichste; skandinavische Sorten überschreiten die 10-%-Hürde. Andererseits ist Hafer in der Pferdefütterung nicht unentbehrlich; er kann durch andere Getreidearten oder sonstige Futtermittel voll ersetzt werden. Besondere Inhaltsstoffe, die auf Temperament oder Leistungsfähigkeit positiv wirken sollen, wurden bisher nicht nachgewiesen.

Beurteilung Die ackerbauliche Verdrängung des Hafers mindert die Angebotssicherheit. Nährstoffgehalt und hygienische Qualität des Hafers können variieren. Aus diesem Grund ist vor dem Kauf oder der Verfütterung eine gründliche sensorische Überprüfung notwendig. Dabei sind besonders die Kriterien der hygienischen Qualität zu beachten, da Hafer wegen seiner tiefen Spelzfalten und dort verbleibender Restfeuchte für mikrobiellen Besatz anfällig ist.

Praxis

Beurteilung von Hafer

Korngröße und -form

- große, vollrunde Körner: höchste Nährstoffgehalte
- kleine, schmale Körner: weniger wertvoll
- viele kleine Körner: Hinweis auf ungenügende Siebung

Indirekte Korngrößenbestimmung, Litergewicht

- >500 g: schwere Sorten
- 450–550 g: mittlere Sorten
- <450 g: weniger wertvolle Sorten

Farbe

- Haferspelzen sind je nach Sorte gelb, schwarz oder weiß.
- Graue Beläge oder graue bzw. graubraune Farbveränderungen besonders in den Falzen von helleren Sorten weisen auf ungünstige Ernte- und Lagerbedingungen hin (Schimmelrasen).
- Grüne Körner sind nicht voll ausgereift → begrenzte Lagerfähigkeit.

Geruch

- Abweichungen – sauer, ranzig, muffig etc. – sprechen für Qualitätsmängel.

Geschmack

- Beim Kauen des Mehlkörpers wird zunächst ein mehlig-nussartiger, später süßer Geschmack registriert.
- Bitterer Geschmack deutet auf Pilzbefall oder frühe Ernte hin.

Querschnitt des Korns

- Sollte stets hellweiß sein.
- Abweichungen können durch Pilzbefall verursacht werden.

Verunreinigungen

- Staubiger Hafer ist i. d. R. mit erhöhtem mikrobiellem Besatz belastet.
- Höhere Anteile an Erde, Grannen, Staub, Steinchen, Glas, Milben oder Mäusekot deuten auf ungenügende Reinigung, zu lange Lagerung oder sonstige Qualitätsmängel hin.
- Höhere Anteile an Unkrautsamen, besonders an Taumellolch (Schwindelhafer) sind schädlich bis toxisch.
- Der botanische Fremdbesatz sollte 5 % nicht übersteigen

Anmerkung: Diese Struktur der Beurteilung nach Größe, Farbe, Geruch, Geschmack, Querschnitt und Verunreinigung gilt für alle Körner/Samen; sofern als Kriterium etabliert, gelten für das Litergewicht andere Abstufungen. Vielfach wird das Tausendkorngewicht genutzt.

Korngröße und -form Je größer und runder die Haferkörner sind, desto höher ist der Energie- und geringer der Eiweißgehalt. Schmale, lange Körner weisen höhere Spelzenanteile auf und sind weniger verdaulich. Die verschiedenen Formen des Hafers zeigen Unterschiede in den wichtigsten Inhaltsstoffen (▶ **Tab. 5.16**).

▶ **Tab. 5.16** Litergewicht und Inhaltsstoffe (pro kg) von Hafer in Abhängigkeit von der Korngröße.

Korngröße	Litergewicht	Rohfaser	Rohprotein	Rohfett	N-freie Extraktstoffe
	g	g	g	g	g
flachkörnig	<450	150	127	56	499
mittel	450–500	103	103	48	585
vollkörnig	>550	81	82	42	632

In Deutschland werden neben einheimischem Hafer besonders Sorten aus Schweden, Finnland und Schottland verwendet, die sich durch große, vollrunde Körner auszeichnen. Neuere Züchtungen fallen durch hohe Fettgehalte auf (> 80 g/kg).

Litergewicht Als Kriterium für Größe und Nährstoffgehalte des Haferkorns (S. 171) kann das Litergewicht herangezogen werden, das bei großen, schweren Sorten 550 g und mehr beträgt, bei schmalen und kleinen Körnern unter 450 g/l liegt. Allerdings vermag diese Bestimmung eine Analyse nicht zu ersetzen, da Litergewicht und Energiegehalt nicht immer parallel gehen.

Farbe Die Farbe der Spelzen (gelb, weiß, schwarz) ist für den Nährwert ohne Bedeutung. Die natürliche Spelzenfarbe kann jedoch sekundär durch Pilzbefall verändert werden.

Nährstoffgehalte Die Mineralstoffgehalte des Hafers sind nicht ausgeglichen. Für Stuten und Fohlen reicht auch der Lysingehalt nicht aus.

Merke
Beim Hafer besonders zu beachten sind das enge Ca:P-Verhältnis sowie der Mangel an fettlöslichen Vitaminen. Bei marginaler Proteinzufuhr (proteinarmes Gras oder Heu) ist die mäßige Proteinqualität beachtenswert.

Nackthafersorten (Avena nuda; ohne Spelzen) besitzen höhere Gehalte an Fett (80 g) und Stärke (550 g) bei niedrigeren Rohfasergehalten (26 g/kg), so dass ihr Energiewert um 20–30 % über dem von **Spelzhafer** liegt. Die nach dem Entspelzen vorliegenden Haferflocken sind ähnlich zu bewerten wie Nackthafer, weisen jedoch einen noch niedrigeren Rohfasergehalt auf. Ungeachtet des hohen Energiegehaltes bieten Nackthafer und Haferflocken in der Fütterung des gesunden Pferdes keine Vorteile, während betont fettreiche Varianten bei Leistungspferden Beachtung verdienen.

Fütterungspraxis Der Hafer kann unzerkleinert verfüttert werden, sofern die Backenzähne der Tiere intakt sind. Bei Fohlen mit noch nicht voll entwickeltem Gebiss (bis rd. 3½ Jahre) ebenso wie bei älteren Pferden mit Zahnschäden sind **Quetschen** oder **Schroten** vorteilhaft (höhere Verdaulichkeit). Eine zu starke Zerkleinerung ist wegen Staubentwicklung und möglicher Pastenbildung im Magen nicht empfehlenswert. Über die Beurteilung fester Haferkörner im Kot s. Kap. Krankheiten des Verdauungskanals (S. 298).

Die Haferration richtet sich nach Arbeitsleistung, Größe des Tieres und Begleitfutter. Einseitige Haferfütterung führt wie jeder fehlerhafte Einsatz von Getreide zu schweren Störungen bei der Verdauung (Magenfunktion), mikrobiellen Verdauung und im Stoffwechsel (zu hohe Insulinfreisetzung, Irritationen im Mineralstoffhaushalt).

Dinkel (Triticum spelta)

Der Dinkel (TKG entspelzt 105–125 g) (Synonym: Spelz), eine frühe Form des Weizens, trägt noch Spelzen. Insgesamt ist der Dinkel im nutritiven Charakter dem Hafer sehr ähnlich.

Besondere Vorteile gegenüber dem Hafer wurden bisher nicht nachgewiesen. Dinkel muss zum Aufschluss des Mehlkörpers zumindest leicht **gequetscht** werden.

Merke
Mit rd. 10 % Rohfaser und 8 % Rohprotein entsprechen Futterwert und Verträglichkeit von Dinkel denen von Hafer.

Gerste (Hordeum vulgare)

Nach Hafer eignet sich Gerste (TKG 400–550 g) sehr gut als energiereiche Rationskomponente in der Pferdefütterung (5 % Rohfaser). Sie ist z. B. im Vorderen Orient das typische Körnerfutter für Pferde.

Die Spelzen sind mit der Samenschale verkittet; daher ist das Risiko einer unerwünschten bakteriellen Besiedlung unter den Spelzen geringer als beim Hafer oder Dinkel.

Merke
In der Fütterungspraxis ist der im Vergleich zu Hafer höhere Energiegehalt von Gerste zu beachten: 1 kg Hafer entspricht rd. 0,9 kg Gerste.

Wegen ihrer Härte und der geringen präzäkalen Verdaulichkeit der nativen Stärke (▶ **Tab. 3.10**) sollten Gerstenkörner **wärmebehandelt** werden. Die Effekte der mechanischen oder thermischen Behandlung können für Getreide exemplarisch an der Gerste anhand der Blutglukosewerte nach der Getreideaufnahme dargelegt werden. Die Spaltung der Stärke im Dünndarm bietet als „Verdauungsprodukt" Glukose, die je nach Menge der verdauten Stärke unterschiedlich hohe Konzentrationen im Blut aufweist; die Höchstwerte werden wie für Nährstoffe typisch, die im Dünndarm verdaut werden, etwa 2 h nach der Mahlzeit erreicht (▶ **Abb. 4.1** zeigt entsprechende Verlaufskurven).

Hohe Gerstemengen pro Mahlzeit (unbehandelt) begünstigen die Entstehung von Störungen der mikrobiellen Verdauung.

Wenn beim Hafer die β-Glukan-Gehalte als positiv angesehen werden, dann müsste Gerste als besonders β-Glukan-reich positiv hervorgehoben werden, da die NSP in der Regel höher sind als im Hafer. Nachteilige Effekte der β-Glukane auf die Beschaffenheit des Darminhaltes wie bei anderen Spezies wurden beim Pferd bisher nicht beobachtet.

Mais (Zea mays)

Mais (TKG 200–450 g) wird besonders auf dem amerikanischen Kontinent in großem Umfang genutzt.

Merke

Mais ist mit rd. 60 % Stärke energiereicher als Hafer. 1 kg Hafer entspricht im Energiewert rd. 0,85 kg Mais. Zugleich ist Mais eiweiß- und rohfaserarm.

Maiskörner müssen vor der Verfütterung wegen der geringen präzäkalen Stärkeverdaulichkeit (▶ **Tab. 3.10**) wärmebehandelt werden. Die morphologischen Merkmale der Maisstärke in nativer Form und nach thermischem Aufschluss sind anhand der mikroskopischen Aufnahmen gut nachvollziehbar (Veränderungen der Granula, ▶ **Abb. 5.2**).

Die Limitierung der Stärkeaufnahme (1 g/kg KM je Mahlzeit) ergibt für Mais, dass Mengen von 0,16 kg/100 kg KM je Mahlzeit nicht überschritten werden sollen.

Einen ähnlichen Futterwert wie Maiskörner erreichen rohfaserarme **Maiskolbensilagen** (bezogen auf TS), die aus Körnern mit wenig Spindel- und Lieschblattanteilen bestehen (CCM). Die enthaltene Stärke (bis 400 g/kg uS) wird im Dünndarm besser als die Stärke ausgereifter Maiskörner verdaut (▶ **Tab. 3.10**). Bei einwandfreier Qualität sind maximal 0,25 kg/100 kg KM/Mahlzeit vorzusehen.

Getrocknete ganze Maispflanzen mit weitgehend reifen Körnern werden als **Maispellets** oder **-cobs** gehandelt. Selbst bei einem Rohfasergehalt von 20 % wird noch ein Energiegehalt von knapp 10,0 MJ ME/kg erreicht. Diese Produkte sind daher trotz des Gehalts an Strukturstoffen als Kraftfutter gewertet.

Weizen (Triticum aestivum) und Roggen (Secale cornutum)

Weizen (TKG 40–55 g; LG 620–870 g) und Roggen (TKG 30–40 g; LG 580–770 g) kommen nur in beschränktem Maße für Pferde infrage. Aufgrund der im Mehlkörper enthaltenen **Klebereiweiße** besteht bei einseitiger Fütterung Gefahr für „Verkleisterung" im Magen mit nachfolgenden schweren Störungen (Magenentzündungen, Magenruptur, Hufrehe). Ursache sind teigähnliche Konglobate, die für Verdauungsvorgänge im Magen schwer zugänglich sind und die Magenentleerung behindern können. Die sogenannten Teigbälle, im Magen von Mastschweinen gelegentlich vorkommend, belegen, dass dieses Getreide Irritationen der Verdauungsvorgänge hervorrufen kann.

Da die Eigenschaften der Weizensorten (Brotgetreide vs. Futtergetreide) sehr unterschiedlich sind, lassen sich eindeutig sichere Mengen für dieses Getreide nicht für die allgemeine Fütterungspraxis benennen. Die Verdaulichkeit der Stärke im Dünndarm ist ähnlich der für Haferstärke, so dass eine Konditionierung z. B. durch Wärmebehandlung diesbezüglich keine Vorteile erwarten lässt. Unklar ist, ob die nachteiligen Wirkungen der Klebereiweiße vermindert werden.

Roggen wurde in größeren Mengen nach längerem, gründlichem Einweichen vertragen. In Mischfuttern sind Anteile von 10–20 % vertretbar.

Hirse

Unter den Hirsen sind **bespelzte** (Rispen-, Kolbenhirse; *Panicum miliaceum, Setaria italica*; TKG 5–7 g; LG 700–800 g) und **unbespelzte Arten** (Sorghumhirse, Milocorn; *Sorghum bicolor*; TKG ca. 20 g) zu unterscheiden. Erstere haben einen ähnlichen Futterwert wie Gerste, Letztere wie Mais.

Sorghumhirsen, die wegen ihres Tanningehalts (bei tanninarmen Sorten 29, sonst > 50 g kondensierte Tannine/kg TS) weniger schmackhaft sind, sollten nur bis zu 20 % im Krippenfutter verwendet werden. Die Blausäuregehalte von Sorghumhirsen, s. Leinsamen (S. 177)) stellen unter solchen Anwendungsbedingungen kein Risiko dar.

Alle Hirsearten entziehen sich wegen der geringen Körnergröße teilweise dem Kauvorgang und sind daher zuvor fein zu **schroten** oder **mit Wärme zu behandeln**.

Reis (Oryza sativa)

Nativer Reis (Rohreis od. Paddyreis; TKG 15–45 g; LG 650–750 g) enthält etwa 80 g Rohprotein und dem relativ hohen Spelzenanteil entsprechend 100 g Rohfaser/kg. Der Stärkegehalt ist mit 620 g deutlich höher als beim Hafer. Nach Entspelzen steht der sog. braune Reis zur Verfügung, der rohfaserarm und stärkereich, d. h. dem Mais gleichzusetzen ist. Der polierte Reis entspricht dem Weizengries; bei dem Schälvorgang wird die Samenschale vom Korn getrennt. Nativer Reis kann ähnlich wie andere Getreidearten verwendet werden. Die Verwendung in der Pferdefütterung ist in Europa allenfalls eine Randerscheinung, da Reis der Humanernährung zugeführt wird; wenn die Nutzung als Futtermittel infrage kommt, sollte bevorzugt Rohreis eingesetzt werden.

5.5.5 Getreidenachprodukte

Rückstände der Müllerei

Nutritives Potential

- gerüstsubstanzreiche, gut verdauliche Futtermittel mit reduziertem oder geringem Stärkegehalt
- proteinreich, allerdings bei schlechter Proteinqualität
- gute Wasserbindungsfähigkeit
- vitaminreich (B-Vit.)
- geringe Ca- und hohe P-Gehalte

Nachmehl

Die bei der Mehlherstellung aus Weizen und Roggen anfallenden Nachmehle weisen einen geringen Rohfaser-, aber noch hohen Stärkegehalt auf, so dass sie insbesondere aufgrund der feineren Partikelgröße ähnlich vorsichtig zu verfüttern sind wie die Körner selbst.

Kleie

Größere Bedeutung in der Pferdefütterung besitzen die Kleien, insbesondere **Weizenkleie**. Sie enthält vorwiegend die äußeren Schichten des Getreidekorns und geringe Anteile des Mehlkörpers, so dass der Rohfasergehalt um 10–15 % liegt.

Roggenkleien werden wegen des herben, etwas bitteren Geschmacks weniger gut gefressen. Durch langsame Gewöhnung oder Zusatz von Melasse kann die Aufnahme verbessert werden.

Weizenkleie wird von Pferden gern gefressen. Sie wirkt – unabhängig, ob trocken oder feucht gefüttert – **leicht abführend** und ist daher besonders in Kombination mit stopfenden Futtermitteln diätetisch günstig. Bei einwandfreier Beschaffenheit können bis zu 0,2 kg Weizenkleie/100 kg KM/Tag gefüttert werden, an kranke Pferde vorübergehend auch mehr.

Kleien werden am besten im Gemisch mit anderen Futtermitteln oder angefeuchtet verfüttert, um eine übermäßige Quellung im Magen zu vermeiden.

Merke
Bei größeren Kleiemengen in der Ration ist besonders auf einen Ca:P-Ausgleich zu achten, da das Ca:P-Verhältnis in den Kleien invers ist (► Abb. 4.14).

Bei einseitiger Verwendung sind Störungen im Mineralstoffwechsel zu erwarten; unter solchen, heute sehr seltenen Umständen können sich infolge des hohen Mg- und P-Angebots **Darmsteine** bilden (früher **Müller-** oder **Bäckerpferdekrankheit**).

Den unstrittigen diätetischen Vorteilen insbesondere von Weizenkleien stehen neben den einseitigen Mineralstoffgehalten einige weitere Nachteile gegenüber. Das Protein ist lysinarm (rd.

4 g Lys/100 g Rohprotein), allerdings relativ reich an S-haltigen Aminosäuren.

Wegen der stark vergrößerten Oberfläche der plättchenförmigen Einzelpartikel nimmt das Futtermittel leicht Feuchtigkeit auf, kann von Mehlmotten befallen werden und rasch vergären (muffiger Geruch). Die **Haltbarkeit** von Kleien wird zudem weiter **begrenzt** durch die den äußeren Schichten des Korns anhaftenden Mikroorganismen, die dann in dem Nachprodukt angereichert werden. Bei einer Belastung von Getreide mit Mykotoxinen (S. 283) (Zearalenon, Vomitoxin) kann das Nebenprodukt gleichfalls höher kontaminiert sein als das native Getreide.

Bei der Reisverarbeitung fallen neben Reisschalen diverse Kleien an. Da die typische Reiskleie auch den Keimling enthält, ist sie fettreich (ca. 120–140 g/kg) und daher energiereicher als die zuvor genannten Kleien. Bei etwa 140 g Rohprotein/kg TS ist die Proteinqualität geringer als in Leguminosen. Reiskleie ist aufgrund des Energiegehaltes ein bevorzugtes Futtermittel für Leistungspferde, das allerdings von Pferden häufig nur zögerlich akzeptiert wird. Das Öl enthält mit γ-Orizanol eine dopingrelevante Substanz (ca. 1,5 %), so dass die Nutzungsperspektiven eingeschränkt sind.

Rückstände der Brauerei

Nutritives Potential

- eiweißreiche, stärke- und zuckerarme Rückstände mit guter Verdaulichkeit
- gegenüber dem Ausgangsmaterial erhöhte Vitamingehalte
- geringe Haltbarkeit
- mineralstoffhaltig, aber einseitig P-reich

Malzkeime

Bei der Bierherstellung anfallende Malzkeime sind relativ eiweiß- und fettreich, stark hygroskopisch, beschränkt lagerfähig und für Fettverderbnis und Schimmelpilzbildung besonders anfällig. Hierdurch und infolge des Vorkommens von Hordenin und anderer Amine ist von der Verwendung abzuraten. Hordenin kommt im Keimling der Gerste vor und wird im Rückstand der Brauerei entsprechend aufkonzentriert (> 1 g/kg TS). Aufgrund der kardiorespiratorischen Wirkung zählt der Stoff zu den dopingrelevanten Substanzen.

Treber

Treber sind Rückstände des Getreides bei der Bierbrauerei und bestehen vorwiegend aus den Schalenanteilen des Gerstenkorns sowie den Eiweißen des Mehlkörpers. Es sind somit eiweiß-, rohfaser- und Vitamin-B-reiche, aber Ca-arme Produkte. **Frische Biertreber** sollten nur unmittelbar nach der Herstellung verfüttert werden, da sie leicht verderben. Risikoloser ist die Verwendung **getrockneter Biertreber**. Im Gemisch mit anderen Futtermitteln können bis zu 20 % im Kraftfutter enthalten sein. **Silierte Biertreber** kommen bei einwandfreier Qualität wegen ihres relativ hohen Eiweißgehalts auch in der Stutenfütterung infrage.

Bierhefe

Bierhefe zeichnet sich durch hohen Eiweiß- (rd. 50 %) und **B-Vitamin-Gehalte** (▸ **Tab. 4.25**) aus. Sie kommt in getrockneter Form in den Handel und wird in Mischfuttern bis zu 5 % eingesetzt.

> **Praxis**
> Bei länger bestehenden Verdauungsstörungen, bei Schädigungen der Darmflora, Appetitlosigkeit oder allgemeiner Leistungsschwäche wirkt die Verfütterung von Trockenhefe oft günstig.

Bei Renn- und Turnierpferden mit kraftfutterreichen, strukturarmen Rationen (geringe Syntheseleistung der Mikroflora im Dickdarm) kann Bierhefe (50 g/100 kg KM/Tag) die Versorgung mit B-Vitaminen (auch Biotin) verbessern.

Auch bei Absatzfohlen wirkt sich die tägliche Fütterung von etwa 0,4 g Trockenhefe/kg KM günstig aus.

Hülsenfruchtsamen

Nutritives Potential/Besonderheiten

- Eiweißträger
- hochverdauliche und verwertbare Energie aus Fett oder Stärke
- gering lignifizierte Gerüstsubstanz
- sekundäre Pflanzeninhaltsstoffe erfordern Mengenbegrenzungen oder gezielte Bearbeitung der Futtermittel

Hülsenfruchtsamen (Bohnen, Erbsen, Wicken, Lupinen, Sojabohnen) sind seit Langem in der Pferdefütterung bekannt; Erbsen waren ein geschätzter

Bestandteil von Kraftfuttern der Rennpferde des antiken Roms. Die genannten Samen sind **eiweißreicher** als Getreidekörner (zwischen 20 und 40 %), z. T. auch **fettreicher** (Lupine, Sojabohne). Generell sind sie also nur für Pferde mit höherem Eiweiß- (Fohlen, Zuchttiere) oder Energiebedarf von Bedeutung, allerdings ist die biologische Wertigkeit des Eiweißes, außer bei Sojabohnen, mäßig; Lysin oder Methionin sind die limitierenden Aminosäuren. Aufgrund spezieller Inhaltsstoffe, die die Akzeptanz und Eiweißverdaulichkeit beeinträchtigen, wird ihre Verwendung weiter eingeengt oder erst nach thermischer Behandlung möglich.

Bezüglich der übrigen Nährstoffe (Mineralstoffe, Vitamine) bestehen ähnliche Verhältnisse wie bei Getreidekörnern. Beachtenswert ist auch hier das **enge Ca:P-Verhältnis**.

Der **Rohfaseranteil** liegt bei den Leguminosenkörnern zwar höher als beim Getreide (6–14 %); ihre Verdaulichkeit ist jedoch aufgrund des geringen Ligningehalts hoch, besonders wenn die äußeren Schalen durch Quetschen oder Schroten aufgebrochen werden.

Erbsen

Acker- und **Saaterbsen** (Pisum arvense bzw. sativum) werden vom Pferd gut vertragen, sofern ihre hygienische Qualität einwandfrei ist. Sie stellen ein traditionelles, gut nutzbares, zu Unrecht in den Hintergrund gedrängtes eiweißhaltiges Futtermittel für Pferde dar. In den Mengen, die für die Versorgung laktierender Stuten oder wachsender Tiere sinnvoll sind, ist der sortenbedingt variable Tanningehalt unkritisch. In Mischfuttern für Fohlen werden – nach Gewöhnung – bis 12,5 % akzeptiert.

Für Pferde ungeeignet sind **Platterbsen** (Lathyrus sativus, vorwiegend auf dem Balkan angebaut), da sie ein starkes Gift (Aminopropionitril) enthalten, das zu schweren Nervenschäden führen kann, die bei fortgesetzter Aufnahme Lähmungen – zunächst an den Gliedmaßen, später auch aufsteigend (Kehlkopfpfeifen) – zur Folge haben.

Bohnen (Vicia faba)

Ackerbohnen (Vicia faba; TKG 300–700 g), die in ihrer kleinen Variante als **Pferdebohnen**, in der größeren als Dicke Bohnen oder **Saubohnen** bezeichnet werden, sind von der Gartenbohne (Phaseolus vulgaris) und der originär aus Indien stammenden, im Angelsächsischen auch „Horse Gram“ genannten Leguminosenart (Macrotyloma uniflorum) zu trennen. Unter hiesigen Bedingungen sind die gut erbsengroßen, dunkelbraunen Ackerbohnen anzutreffen, die ehemals als energielieferndes Beifutter (Stärkegehalt rd. 450 g/kg TS) für schwer arbeitende Pferde geschätzt waren. Allerdings enthalten diese Bohnen Gerbsäuren, die Verstopfungen begünstigen. Beim Abbau der im Endosperm lokalisierten Kohlenhydrate im Dickdarm kommt es leicht zu Blähungen. Weitere Nebenwirkungen (Gallebildung, Ödeme) nach Bohnenfütterung sind wiederholt beschrieben worden, ursächlich jedoch nicht geklärt. An Jungtiere und tragende Stuten sollten wegen der blähenden Wirkung nur geringe Mengen verfüttert werden (0,1 bis maximal 0,2 kg/100 kg KM/Tag).

Wuchsform, Reifezeit der Pflanze machen die Bohnen witterungsbedingt anfällig für Befall mit Schimmelpilzen; bei erhöhtem Feuchtegehalt der geernteten Bohnen kann sich der mikrobielle Besatz im Lager unter erheblicher Wärmebildung steigern und zum Verderb führen.

Wicken (Vicia sativa at al.)

Die diversen Wickenarten (TKG 40–100 g) sind als Grünfutter, Heu und auch in Form der Samen für die Fütterung nutzbar; positive Eigenschaften der Pflanze in Bezug auf den Erhalt der Bodenfruchtbarkeit lassen ihr wieder vermehrt Aufmerksamkeit zuteilwerden. Die Wickensamen sind mit rd. 280 g Rohprotein und 490 g Stärke/kg TS ähnlich zu bewerten wie Ackerbohnen, allerdings sind sie tanninreicher als Ackerbohnen und können nach Sorte und Umweltfaktoren wechselnde Blausäuregehalte, s. Leinsamen (S. 177), aufweisen, so dass ihre Verwendung durch gezielte Untersuchungen abgesichert sein sollte.

Lupinen (Lupinus augustifolius)

Von den Lupinen kommt für Pferde allein die **Süßlupine (TKG 110–550 g)** infrage, die von bitteren und toxischen Alkaloiden weitgehend frei ist; der Gehalt der Samen an dem namengebenden, den bitteren Geschmack verursachenden Alkaloid liegt in Kultursorten der Süßlupine unter 0,01 %. Mit > 300 g Rohprotein/kg TS sind sie ein wertvoller Proteinträger, der ohne konditionierende Bearbeitung direkt einsetzbar ist. Die Optionen für Lupinen in der Fütterung werden unterschätzt. Die Samen sind stärkearm, aber reich an Oligosacchariden, die mikrobiell zerlegt werden. Die Raffinose stellt in der Fraktion dieser Kohlenhydrate einen hohen Anteil. Hierdurch ist eine Neigung zu intensivierter Gasbildung im Dickdarm begründet. Lupinensamen neigen infolge der unterschiedlichen Ausreifung der Körner innerhalb der Hülse ähnlich wie Ackerbohnen leicht zu **Schimmelbefall**. Nach neueren Untersuchungen sind besonders die durch Pilze produzierten Toxine für manche nach Verfütterung von Lupinen aufgetretenen Störungen bei Pferden (Leberschäden und Gelbsucht) verantwortlich. Bei einwandfreier Qualität können bis zu 0,2 kg Lupinen pro 100 kg KM/Tag verfüttert werden.

Sojabohnen (Glycine max)

Sojabohnen sind eiweiß- und fettreich; der Gehalt an Kohlenhydraten beschränkt sich auf die nur wenig lignifizierten Gerüstsubstanzen. Obwohl sie als Eiweiß- und Energieträger im Prinzip nutzbar sind, finden sie beim Pferd kaum direkte Anwendung; in der Regel werden Sojabohnen chemisch entfettet (Sojaöl für die Humanernährung); das fettarme Extraktionsschrot steht dann nach entsprechender Hitzebehandlung zur Zerstörung der verdauungshemmenden Inhaltsstoffe (Trypsininhibitoren) als Proteinträger zur Verfügung Die Erhitzung ist für die Inaktivierung der antinutritiven Inhaltsstoffe unerlässlich.

Die Sojavollbohne stellt ein protein- und mit > 200 g Fett/kg TS energiereiches Futtermittel dar. Aus der Gruppe der Hülsenfrüchte ist die Sojabohne jedoch die einzige, die zur Fettgewinnung herangezogen wird und daher in Form des Extraktionsschrotes wichtiger ist als die Vollbohne.

Die vorzügliche biologische Wertigkeit des Proteins erklärt die Präferenz dieses Proteinträgers; durch die Verfügbarkeit synthetischer Aminosäuren zur Aufwertung von Proteinen (z. B. Raps + Lysin) werden dieses Argument jedoch deutlich relativiert und die Verwendung von Sojaextraktionsschrot in der Tierernährung zunehmend restriktiv gehandhabt.

Bei der Verarbeitung fallen die Sojabohnenschalen an (vergleichbar mit dem „Häutchen" der Erdnuss). Diese enthalten ähnliche Gehalte an Rohfaser wie Stroh, die jedoch kaum verholzt ist. Darin ist die sehr hohe Verdaulichkeit im Dickdarm begründet. Diese Eigenschaft ist für den Dickdarmfermenter Pferd von großem Wert. Allerding sind Sojabohnenschalen als Einzelfuttermittel aufgrund der hohen Nachfrage für die Herstellung von Mischfutter vor allem für Rinder kaum verfügbar.

5.5.6 Ölsamen und Ölsamenrückstände

Ölhaltige Samen können auch zur Fütterung von Pferden genutzt werden. Sie sind fett- und eiweißreich. Da jedoch bei hohem Eiweißbedarf (Wachstum, Laktation) die Energiezufuhr über Gras und Graskonserven sowie Getreide am einfachsten gelingt, sind fettreiche Samen in der Pferdefütterung eher unbedeutend, ausgenommen Leinsamen, die wegen der diätetischen Eigenschaften geschätzt sind. Die Nebenprodukte der Fettgewinnung – Fette für die Humanernährung oder für technische Anwendungen – hingegen sind als Kuchen, Expeller oder Extraktionsschrote weit verbreitete Rationsbestandteile besonders bei Stuten und Fohlen.

Nutritives Potential/Besonderheiten

- hochverdauliche eiweißreiche Futtermittel
- Fett überwiegend mit hohem Anteil reich an ungesättigten Fettsäuren
- mikrobiell gut verdauliche Gerüstsubstanzen, ausgenommen Sonnenblumenschalen
- antinutritive Stoffe verlangen gezielte Sortenwahl, Futtermittelbehandlung oder Einhaltung von rechtlich festgelegten Höchstgehalten

Leinsamen (Linum usitatissimum)

Die Leinpflanze ist mit dem Ziel der Faser- und Ölgewinnung pflanzenzüchterisch bearbeitet worden, so dass unterschiedliche Sorten zur Verfügung stehen. Die Samen sind weiß, gelb oder braun pigmentiert, ohne dass damit futtermittelkundliche Eigenschaften korrelieren. Überwiegend ist die braune Varietät anzutreffen.

Leinsamen weisen einen hohen Fett- (über 40 %) und Eiweißgehalt (20 %) auf; Stärke und Zucker sind lediglich mit rd. 8 % vertreten.

Als Besonderheit ist der hohe Anteil an **Schleimstoffen (bis ca. 7 %)** zu nennen; sie sind in den

Zellen der Samenschale eingeschlossen und werden nach Beschädigung derselben (Einweichen, Kauvorgang) freigesetzt. Es handelt sich um Mukopolysaccharide, die im Darm große Wassermengen binden (bis zum Verhältnis 1 : 8). Ihnen wird empirisch eine schützende Wirkung auf die Schleimhaut von Magen und Darm zugeschrieben. Tatsächlich ist bei Pferden mit experimentell bedingter Ileumfistel beobachtet worden, dass die Schleimstoffe des Leinsamens die Beschaffenheit des Chymus noch am Dünndarmende mitbestimmen. Die Mukopolysaccharide werden dann im Dickdarm mikrobiell zerlegt. Auf diesen Eigenschaften beruht die günstige Wirkung der Leinsamenschleime, besonders bei Jungtieren mit Darmerkrankungen.

Das Fett der Leinsamen besteht überwiegend aus ungesättigten Fettsäuren (80–90 %) mit 20–30 % Öl- und Linolsäure (ω6-Fettsäuren) sowie 40–60 % Linolensäure (ω3-Fettsäuren). Damit ist Leinöl der wichtigste Lieferant der diätetisch wertvollen ω3-Fettsäuren (antiinflammatorische Wirkung).

Das Fett wird auf mechanischem Wege durch Pressen gewonnen oder mittels Lösungsmittel extrahiert; die korrespondierenden Nebenprodukte sind Kuchen bzw. Expeller mit Rest-Fettgehalten bis etwa 10 % der TS oder Extraktionsschrote, die i. d. R. weniger als 5 % Fett enthalten.

Das Protein der Leinsamen und deren Rückstände enthält rd. 4 % **Lysin, in geringeren Anteilen als Sojaprotein (rd. 6 % Lysin)** (▸ Tab. 5.17). Das Leinprotein weist hingegen deutlich dagegen höhere Gehalte an schwefelhaltigen Aminosäuren sowie Threonin und Tryptophan auf als Sojaeiweiß (▸ **Tab. 13.34**).

Leinsamen, -kuchen und -extraktionsschrote sind Ca-reicher als Getreide oder Samen der Hülsenfrüche, dennoch besteht auch hier ein inverses Ca:P-Verhältnis. Die Spurenelementgehalte sind gemessen an den Versorgungsempfehlungen hoch (einschließlich Se).

In Leinsamen und Nebenprodukten kommen **blausäurehaltige Glykoside** vor. Die futtermittelrechtlichen Regelungen zum Schutz der Gesundheit des Tieres geben Höchstgehalte von 250 mg/kg in Leinsaat und 350 mg/kg in Leinsaatextraktionsschroten bzw. -kuchen) vor. Die Anreicherung von Blausäuren ist pflanzenseitig ein erfolgreiches Konzept, Fraßfeinde und Invasoren auch bakterieller Art abzuwehren. Selbst das Freisetzen von Cyanid aus verrottenden Pflanzenteilen hat Konsequenzen für die Mikrobiologie des Bodens. Da die blausäurehaltigen Glykoside auch eine rasch mobilisierbare N-Reserve für die Pflanzen bzw. die Samen zum Zeitpunkt der Keimung darstellen, erfüllen diese Verbindungen in der Pflanze wesentliche, erhaltenswerte Funktionen. Bei Einhalten der genannten Grenzen und dem sachgerechten Einsatz der Leinsamen und -produkte ist eine Gefährdung des Pferdes nicht zu erwarten. Dennoch wird vielfach das Aufbrühen der Samen oder Leinkuchen praktiziert. Hierdurch wird das pflanzeneigene Enzym, die Linamarase, inaktiviert. Dieses Enzym spaltet auch im Verdauungskanal das Glykosid und setzt damit Blausäure frei. Durch die Vorbehandlung wird die glykosidisch gebundene Blausäuremenge nicht vermindert, sondern lediglich deren stoßweise Freisetzung im Darmkanal verhindert. Effektiver sind Einweichen einhergehend mit dem Entweichen der flüchtigen Cyanidverbindung oder Extrudieren.

▸ **Tab. 5.17** Gehalte ausgewählter Aminosäuren im Eiweiß von Produkten, die beim Pferd als Eiweißlieferanten eingesetzt werden (g Aminosäure je 100 g Eiweiß).

Futtermittel	Lysin	Methionin + Cystin	Threonin	Tryptophan
Erbsen	7,3	2,7	3,9	0,95
Sonnenblumenextraktionsschrot	3,6	4,1	3,7	1,2
Rapsextraktionsschrot	5,3	4,7	4,5	1,4
Leinsaatextraktionsschrot	3,7	3,7	4,3	1,6
Sojaextraktionsschrot	6,3	3,0	4,0	1,3
Bierhefe	6,8	2,7	4,8	1,1
Kasein	8,3	3,5	4,5	1,3

Die nativen Samen sollten bei Trockenfütterung zuvor **geschrotet** und **gequetscht** werden, da die feste Schale eine ausreichende Verdauung behindert. Wegen der Oxidationsempfindlichkeit der ungesättigten Fettsäuren sind zerkleinerte Leinsamen (sofern keine Antioxidanzien zugesetzt werden) nur kurzfristig lagerfähig (Ranzigwerden, Vitamin-E-Abbau).

An Fohlen und ausgewachsene Pferde können 0,5–1 g/kg KM je Tag geschrotete, ungekochte Leinsamen verfüttert werden. Bei Gabe von 0,65 g Leinsamen/kg KM je Tag wurde eine intensivierte fäkale Sandabgabe beobachtet.

Rückstände der Leinsamen nach Entfettung (**Leinkuchen** bzw. **Leinsaatextraktionsschrot**) wirken ähnlich günstig wie die Leinsamen selbst. Aufgrund des hohen Eiweißgehalts (350 g Rp, 12 g Lysin/kg) sind sie für Stuten und Fohlen bzw. Jungpferde sehr gut geeignet, insbesondere bei Aufwertung des Proteins durch Zusatz von Lysin.

Leinsaatrückstände sollten ähnlich wie die Samen selbst in trockener Form verfüttert werden. Im Fohlenfutter sind bis zu 15 % üblich. Ältere, abgemagerte Pferde können bis zu 2 g/kg KM/Tag erhalten.

Sonnenblumenrückstände

Native Sonnenblumenkerne werden, wenngleich möglich, kaum als Futtermittel für Pferde genutzt, wohl aber die Nebenprodukte der Ölgewinnung. Der Wert von Sonnenblumenrückständen richtet sich in erster Linie nach der Höhe des Schalenanteils sowie dem Verfahren des Fettentzugs (Extraktionsschrot < 5 %, Kuchen und Expeller 5 % Fett). Je mehr von den nahezu unverdaulichen, zudem lignifizierten Schalen zurückbleiben, umso geringer ist der Futterwert. Im Übrigen sind die Sonnenblumenrückstände jedoch gut verträglich. Sie enthalten, ähnlich wie Leinsamen, Schleimstoffe, die günstig auf Darmschleimhaut und Verdauungsvorgänge wirken. Auch nach Verfütterung von Sonnenblumenrückständen nimmt der Glanz von Haut und Haaren zu, offenbar bedingt durch eine Prägung der mit den Talgdrüsen abgegebenen Lipide durch das Fettsäurenmuster der Sonnenblumenprodukte. Aufgrund des hohen Eiweißgehalts (35 % Rp, 12 g Lysin/kg) sind Sonnenblumenrückstände vorwiegend für Fohlen und Stuten geeignet (je nach Eiweißbedarf 1–3 g/kg KM/Tag).

Sojaextraktionsschrot

Durch Erhitzen (sog. Toasten) werden die hitzelabilen antinutritiven Stoffe der Sojabohne bzw. ihrer Verarbeitungsprodukte zerstört; einwandfrei getoastetes Sojaextraktionsschrot ist für Pferde gut verträglich. Dieses Futter (rd. 450 g Rp/kg) weist besonders hohe Gehalte an essenziellen Aminosäuren wie Lysin (30 g/kg) und Methionin auf (► **Tab. 5.17**). Sojaextraktionsschrot ist daher für wachsende Fohlen sowie laktierende Stuten sehr gut geeignet. Für Arbeitspferde ist dieses Futtermittel – wie auch die anderen hier aufgeführten proteinreichen Nebenprodukte – i. d. R. nicht notwendig, ausgenommen bei geringen Proteingehalten im Raufutter (Heu-Stroh-Rationen, proteinarmes Gras bzw. Heu) und gegenüber den Erhaltungsbedingungen erhöhtem Proteinbedarf (wachsende Pferde, Muskelaufbau zu Beginn des Trainings).

Rapsextraktionsschrot

Als Alternative zu Sojaextraktionsschrot können das analoge Produkt der Rapssaat oder auch die unterschiedlich stark entfetteten Rapsexpeller und -kuchen genutzt werden. In Fohlenfuttern wurden bis zu 15 % Rapsextraktionsschrot (im Austausch gegen Sojaextraktionsschrot) akzeptiert. Eiweißqualität und Verdaulichkeit lassen die Verwendung in der Pferdefütterung ohne Schwierigkeiten zu. Vorbehalte werden evtl. mit der Wirkung der auch in den heute verfügbaren Sorten noch vorhandenen geringen Gehalte an antinutritiven Stoffen (Glukosinolate) auf den Jodstoffwechsel und die Schilddrüsenfunktion begründet. Auffällig hohe Gehalte an Glucosinolaten und Erucasäure werden jedoch nicht beobachtet. Nach den Prüfungen beim Milchrind und Schwein werden die tierischen Leistungen bei Verwendung der verfügbaren Produkte aus dem 00-Raps nicht geschmälert.

Erdnussrückstände

Erdnussrückstände, die von Pferden gern gefressen werden, sind ähnlich hochverdaulich wie Sojaextraktionsschrot; die biologische Wertigkeit des Eiweißes ist jedoch geringer. Erdnussrückstände enthalten bei ungünstigen Ernte- und Lagerbedingungen in den Erzeugerländern evtl. hochtoxische

Pilzgifte (Aflatoxine); durch EU-Verordnungen ist eine diesbezügliche Kontrolle der Importe von Erdnüssen und Erdnussprodukten geregelt. Aufgrund ausreichenden Angebots anderer Proteinträger sind Erdnussextraktionsschrote hierzulande von geringer Bedeutung.

Weitere Ölsamenrückstände

Die übrigen Rückstände der Ölsamen, insbesondere von **Baumwollsamen, Rübsen, Kokos, Palmkernen, Mohn, Hanf** usw., kommen für die Pferdefütterung kaum oder nur in geringen Mengen infrage, da sie zum Teil wenig schmackhaft und verdaulich sind oder auch unverträgliche Inhaltsstoffe aufweisen. Hanfpflanzen als auch Hanfsamen gehörten im Altertum und Mittelalter zu den teils eher zufällig aufgenommenen Stoffen für Pferde. Mit 240 g Rp und 360 g Rfe/kg TS entsprechen die Samen anderen fettreichen Samen. Hanfkuchen bzw. -extraktionsschrote erreichen Proteingehalte > 320 g/kg TS bei geringerer Proteinqualität als in Soja-, Raps- oder Leinprotein. Das Hanföl enthält weniger ω3-Fettsäuren als Leinöl. Hanfsamen und -produkte sind bei diversen Tierarten außer Pferden experimentell geprüft. Nach dem Amino- und Fettsäurenmuster besteht kein Anlass zur Bevorzugung gegenüber üblichen fettreichen Samen und deren Verarbeitungsprodukten.

5.5.7 Futtermittel tierischer Herkunft

Die von Tieren stammenden Futtermittel (Milch, Fisch- und Fleischmehl) sind durch **hohe Eiweißgehalte** und biologische Wertigkeit des Eiweißes (**Lysingehalt** 25–40 g/kg) sowie gute Verdaulichkeit gekennzeichnet.

Magermilch enthält, bis auf Fett und fettlösliche Vitamine, noch alle Nährstoffe der Kuhmilch und eignet sich als Beifutter für Fohlen, deren Mütter nicht genügend Milch produzieren, besonders aber für Absatzfohlen, die zunächst noch auf die Zufuhr hochwertiger Eiweiße angewiesen sind. Sie kann bei Fohlen in Mengen von 3–5 kg (frisch oder dicksauer) eingesetzt werden. Einfacher ist die Verwendung von **Trockenmagermilch** (Rohprotein 34 %, 27 g Lysin/kg) im Gemisch mit anderen Futtermitteln, z. B. in Milchaustauschfutter und Fohlenaufzuchtfutter.

Der Einsatz von Produkten aus Geweben von Säugetieren ist durch rechtliche Bestimmungen unterbunden. Unabhängig davon besteht allerdings auch nicht die Notwendigkeit, in der Pferdefütterung auf diese Stoffe zurückzugreifen.

Von begrenzter Bedeutung ist lediglich die Nutzung mariner Fette/Öle, insbesondere als Träger der **Omega-3-Fettsäuren**. Verdaulichkeit und Energiegehalt solcher Fette sind ähnlich wie bei Fetten (S. 180) pflanzlicher Herkunft. Für die energetische Aufwertung von Rationen für Pferde bieten daher marine Fette keine Vorteile gegenüber denen pflanzlicher Herkunft. Der hohe Gehalt an mehrfach ungesättigten Fettsäuren bedingt zudem eine begrenzte Haltbarkeit. Andererseits sind Fischöle wegen des hohen Gehaltes an Eicosapentaen- und Docosahexaensäure (▶ **Tab. 10.3**) von Interesse für diätetische Konzepte, die sich der antiinflammatorischen Wirkung der Omega-3-Fettsäuren (ω3-Fettsäuren in pflanzlichen Fetten < 10 %, in Fischölen 10–30 %) oder deren Einfluss auf die Zusammensetzung von Phospholipiden in bestimmten Geweben (z. B. Lunge) bedienen.

5.5.8 Fette

In der Pferdefütterung werden vermehrt Fette eingesetzt. Hierfür gibt es im Wesentlichen 3 Gründe:

- **Staubbindung:** Kleine Mengen (1 % zum Krippenfutter) reichen aus, um nachhaltig die Staubentwicklung zu unterdrücken.
- **Stärkung der Energiezufuhr:** In Mengen von bis zu 1 g/kg KM dient Fett bei Hochleistungspferden der Verbesserung der Energiezufuhr; 1 g Fett enthält doppelt so viel Energie wie 1 g Stärke. Fette sind ausschließlich Energieträger. Sie enthalten bis auf Tokopherole als natürliche Antioxidantien keine anderen Nährstoffe.
- Durch Fettzulagen, evtl. über das oben genannte Maß hinausgehend, kann das Futtervolumen reduziert werden, ebenso die Rohprotein- und Kohlenhydratzufuhr. Damit wird die Füllung des Verdauungskanals vermindert und auch das Risiko für eine überhöhte mikrobielle Aktivität im Darmrohr und für Verschlag (Rhabdomyolyse).
- **Diätetik durch Zufuhr bestimmter (insbesondere ungesättigter) Fettsäuren:** Den Omega-3-Fettsäuren (z. B. Linolensäure) kann eine diäteti-

sche Wirkung zugeschrieben werden, die mit der Minderung der Prostaglandinsynthese in einer Modulation von Entzündungsreaktionen besteht. Bestimmte Fettsäuren (Docosahexaensäure) üben offenbar einen positiven Effekt auf die Lungenfunktion aus, möglicherweise durch Beeinflussung von Phospholipiden, die für die Funktion der Alveolen essenziell sind (Synthese des sog. Surfactant). Lieferanten solcher Fettsäuren sind vor allem Leinöl und Öle von Seetieren.

Die Akzeptanz der Fette ist bei einzelnen Pferden sehr unterschiedlich. Pflanzliche Fette (Öle) werden tierischen vorgezogen. Unter den **Pflanzenölen** hat Maisöl die höchste Akzeptanz, aber auch andere Keimöle (Weizen-, Reiskeimöl) sowie Soja-, Lein-, Sonnenblumen-, Erdnuss-, Raps- oder Baumwollsaatöl werden erfolgreich eingesetzt, selbst **Fischöl** (vermengt mit Trockenfutter) wird von Pferden aufgenommen. Die größte Verbreitung in der Pferdefütterung haben Soja-, Sonnenblumen- und Leinöl. Bei längerer einseitiger Verwendung eines Öls soll es gelegentlich zu einer Aversion kommen. Leinöl verursachte in Mengen von 2,5 ml/kg KM/Tag Unverträglichkeitserscheinungen.

Die wahre Verdaulichkeit der Fette (präzäkal und insgesamt, ▸ **Tab. 3.10**) erreicht 90 % (für Fette mit Schmelzpunkten bis zu 40 °C). Bei der Auswahl der Fette ist auf eine ausreichende Qualität (Frischezustand, Reinheit) zu achten.

Fette können in Mischfutter eingebracht oder auch unmittelbar über das Krippenfutter gegeben werden. Dazu eignen sich vor allem pflanzliche Öle (Sonnenblumen-, Mais-, Sojaöl). Fettzulagen von 0,5–0,75 g/kg KM/Mahlzeit scheinen je nach Fettart tolerierbar (pro Tag maximal das Doppelte). Bei höheren Mengen sind Störungen in der Rohfaserverdauung und der Ca-Absorption (Seifenbildung) möglich. Die Umstellung auf fettreiche Rationen sollte möglichst über 2 Wochen gestreckt werden.

5.5.9 Mineralsalze

Der Mineralstoffgehalt der üblichen Futtermittel pflanzlicher Herkunft reicht häufig nicht aus, um den Mineralstoffbedarf des Pferdes zu erfüllen. Zur Ergänzung eignen sich Einzelmineralien oder kommerzielle Mineralfutter (S. 189).

Von den Einzelmineralien kommen vor allem die in ▸ **Tab. 5.18** aufgeführten Verbindungen in der Pferdefütterung infrage (= mineralische Einzelfuttermittel). Bei einseitigem Ca-Defizit ist **kohlensaurer Futterkalk** geeignet, der mindestens 37 % Kalzium aufweisen soll. Durch Zumischung von 1 % zu Getreideschroten und von 3 % zu Kleien wird ein Ca:P-Verhältnis von mindestens 1 : 1 erreicht. **Kalziumzitrat** und **Kalziumlaktat** sind bei akuten Mangelsituationen geeignet.

Die phosphorhaltigen Ca-Verbindungen sind nur dort am Platze, wo neben Ca-Mangel auch ein P-Defizit besteht (unter praktischen Verhältnissen selten). Der **phosphorsaure Futterkalk** ist wegen seiner besseren Schmackhaftigkeit den übrigen Verbindungen vorzuziehen. Ca- und P-haltige Mineralien werden auch von unterversorgten Pferden in konzentrierter Form nicht spontan auf-

▸ **Tab. 5.18** Mineralstoffgehalte verschiedener mineralische Einzelfuttermittel (g/kg).

Futtermittel	Kalzium	Phosphor	Ca:P-Verhältnis	Natrium	Chlorid	Kalium
kohlensaurer Futterkalk	370	–	–	–	–	–
Kalziumchlorid, techn. getr.	340	–	–	–	600	–
Kalziumzitrat	210	–	–	–	–	–
Kalziumlaktat	130	–	–	–	–	–
phosphorsaurer Futterkalk	250	180	1,4 : 1	–	–	–
Dikalziumphosphat	260	180	1,4 : 1	–	–	–
Knochenfuttermehl	300	150	2 : 1	–	–	–
Viehsalz	–	–	–	370	580	–
Kaliumchlorid	–	–	–	–	–	520

▶ **Tab. 5.19** Elementegehalte verschiedener Spurenelementverbindungen (g/kg).

Spurenelementverbindung	FE	Cu	J	Se	Zn
Fe-Fumarat	320	–	–	–	–
$CuSO_4 + 5\ H_2O$	–	250	–	–	–
KJ	–	–	760	–	–
$Na_2\ SeO_3$	–	–	–	460	–
$Na_2\ SeO_4$	–	–	–	420	–
ZnO	–	–	–	–	800
$ZnCO_3$	–	–	–	–	520

genommen, daher ist ihre gründliche Vermischung mit anderen Futtermitteln notwendig.

Zur Überbrückung des verbreiteten Na-Defizits ist **Viehsalz** geeignet (mindestens 37 % Natrium), das vergällt wird, z. B. mit 0,25 % Eisenoxid oder Brillantgrün (daher gelblich-braune oder grünlich, blaue Farbe). Viehsalz kann lose oder in Form von Lecksteinen eingesetzt werden.

Zur Ergänzung einzelner **Spurenelemente** werden im Allgemeinen die in ▶ **Tab. 5.19** aufgeführten Verbindungen verwendet, die als Spurenelementträger zugelassen sind. Die Spurenelemente unterliegen als Futterzusatzstoffen neben der Zulassungspflicht auch Abgabebeschränkungen und weiteren Reglementierungen u. a. hinsichtlich der Höchstgehalte in der Gesamtration (S. 141).

5.5.10 Kräuter

In den letzten Jahren hat das Interesse an Kräutern in der Pferdefütterung nachhaltig zugenommen, so dass sie als Einzelfuttermittel oder als Zusätze zu Mischfuttern angeboten werden.

Beim Einsatz solcher Produkte werden folgende Ziele verfolgt:

- Verbesserung der Mineralstoff- und Spurenelementversorgung
- Verbesserung von Geruch und Geschmack bestimmter Futtermittel
- Förderung der Tiergesundheit in Teilbereichen
  - Bewegungsapparat, insbesondere Gelenke
  - Funktion des Verdauungskanals bzw. des Gesamtorganismus
  - Huf, Hufhorn
  - Haut und Haar
  - Verhalten, Entspannung
  - Husten, Allergie
  - Regulation des Energiehaushaltes (Insulindysregulation)

Die erstgenannte Indikation wird aus dem hohen **Mineralstoff- und Spurenelementgehalt** der Kräuter abgeleitet (▶ **Tab. 5.10**), der sich auch bei hohem Anteil im Weidefutter (10–15 %) positiv auswirkt. Bei den meist geringen Kräuterzumischungen im Mischfutter (1–2 %) kann in dieser Richtung jedoch keine sichere Ergänzung erwartet werden. Zielgerichtete Mineralstoffergänzungen sind zweifellos zuverlässiger.

Durch Kräuterzusätze zu bestimmten Futtermitteln wird versucht, deren **Akzeptanz zu verbessern** oder unangenehme Geschmacksempfindungen zu kaschieren. Diese Indikation ist nicht neu und auch futtermittelrechtlich (S. 141) gesichert. Wenn Pferde schlecht fressen, müssen jedoch die Ursachen (S. 289) aufgeklärt werden. Einwandfreie Futtermittel sollten von gesunden Pferden gern gefressen werden. Ob durch Kräuterzulagen die Gesamtfutteraufnahme gesteigert werden kann (bei Pferden im Erhaltungsstoffwechsel meistens nicht erwünscht), ist bisher nicht schlüssig erwiesen. Die Akzeptanz der Kräuter selbst ist in den meisten Fällen gut.

Aus der Volksmedizin wird auch von gesundheitsfördernder **Wirkung** mancher Kräuter berichtet (z. B. Ackerschachtelhalm, Blutwurz, Brennnessel, Eibisch, Eisenkraut, Gelber Hohlzahn, Lungenkraut, Mariendistel, Mariennessel, Ringelblume, Sellerie, Spitzwegerich, Tausendgüldenkraut, Wilde Malve, Wildes Stiefmütterchen, Zimt, Zwiebeln). Nicht auszuschließen ist, dass erkrankte Pferde Kräuter auch gezielt selektieren:

- Equines Cushing-Syndrom: Gelber Hohlzahn (Galeopsis segetum), Zimt (Cinnamoni cortex)
- Hauterkrankungen: Wildes Stiefmütterchen (Viola tricolor), Ringelblume (Calendula officinalis)
- Atemwegserkrankungen: Wilde Malve (Malva sylvestris), Mariennessel (Marrubium vulgare)

Zu den Kräutern, die zwecks Prüfung auf Wirkung und Wirksamkeit bei Pferd zur Anwendung gekommen und von den Autoren positiv bewertet worden sind, zählen:

- Chinesische Beerentraube (Schisandra chinensis): beschleunigte Erholung nach schweren Belastungen u. im Training
- Kamille (Matricaria chamomilla): antiinflammatorische, antoxidative Wirkung nach operativen Eingriffen
- Sonnenhut (Echinacea augustifolia/purpurea): Stimulation des Immunsystems
- Echtes Süßholz (Glycyrrhiza glabra) + Thymian (Thymus vulgaris): Abklingen von Diarrhoe und Hyperperistaltik, verbesserte Futteraufnahme
- Teufelskralle (Harpogophytum procumbens) + Klette (Arvtium lappa) + Brennnessel (Urtica dioica) + Löwenzahn (Taraxum albidum) + Beinwell (Symphyticum cordatum): entzündungshemmend, keine Verbesserung von Lahmheiten
- Teufelskralle (Harpogophytum procumbens) + Silberweide (Salix alba) + Schwarze Johannisbeere (Ribes nigrum) + Ackerschachtelhalm (Equisetum arvense): Minderung des Lahmheitsgrades
- Heckenrose (Rosa canina): entzündungshemmend
- Thymian (Thymus vulgaris) + Knoblauch (Allium sativum) + Mariennessel (Marrubium vulgare) + Wasserdost (Eupatorium perfoliatum) + Anis (Pimpinella anisum) + Fenchel (Foeniculum vulgare) + Süßholz (Glycyrrhiza glabra) + Ysop (Hyssopus officinalis): Minderung der Atemfrequenz bei Dämpfigkeit (COPD)
- Eisenkraut (Verbena officinalis) + Gelber Enzian (Gentiana lutea) + Sauerampfer (Rumex acetosa) + Schlüsselblume (Primula veris) + Schwarzer Holunder (Sambucus nigra): Verbesserung der Lungenfunktion bei Dämpfigkeit (COPD)
- Flavonoide aus Zitrusfrüchten: erhöhter antioxidativer Status

Bei Stereotypien (Kopfschlagen) oder Regulationsstörungen im Energiehaushalt (Insulindysfunktion) sind keine positiven Wirkungen oder widersprüchliche Ergebnisse nach Gabe von Kräutern oder -extrakten vorgestellt worden.

Insgesamt ist die Prüfung von Kräutern und -mischungen beim Pferd unzureichend.

Die Indikationen wie Diarrhoe, Atemwegserkrankungen, Lahmheit (Schmerz) u. a. setzen eine pharmakologische Wirkung spezifischer Inhaltsstoffe voraus. Als solche kommen ätherische Öle, Flavonoide, Glykoside, Schleimstoffe, Salicylate, Cumarine, Silikate, Vanillinsäure, Valeriansäure u. a. infrage. Mit diesen Stoffen sollen keine nutritiven, sondern pharmakologische Wirkungen realisiert werden. Fehlende oder nicht befriedigende klinische Prüfungen, auch die Schwierigkeit, aufgrund mangelnder Standards für die wesentlichen Inhaltsstoffe nachvollziehbare und sichere Anwendungen zu entwickeln, lassen eine den Ansprüchen der Pharmakotherapie genügende, die Erwartung auf positive Wirkungen rechtfertigende Anwendung von Kräutern kaum zu.

Gesunde, richtig ernährte Pferde sind auf Kräuter nicht angewiesen. Ist ein Pferd chronisch oder akut erkrankt, sollte eine klare tierärztliche Diagnose gestellt und eine wirksame Therapie vorgesehen werden. Dabei können auch **Heilkräuter** mit standardisiertem Wirkstoffgehalt ggf. einbezogen werden. Zu berücksichtigen ist hierbei, dass Kräuter bzw. aus diesen extrahierte Stoffe aufgrund ihrer Pharmakologie dopingrelevant sein können.

5.5.11 Sonstige Ergänzungsstoffe

Die Wirkung und Effizienz mancher in Spezialprodukten enthaltenen Stoffe, z. B. **L-Carnitin** oder **Tryptophan** (bei Übererregbarkeit) ist wissenschaftlich noch nicht hinreichend nachgewiesen worden.

Für **Gelatine** ist zumindest die Verdaulichkeit belegt. Ältere Versuche mit markierten Aminosäuren bei anderen Tierarten deuten darauf hin, dass die Aminosäuren aus Gelatine auch in Gelenke aufgenommen werden.

Die gelegentlich als „Aufbaustoffe" empfohlenen **Aminosäurengemische** sind für gesunde Pferde im Erhaltungsstoffwechsel oder bei durchschnittlicher Beanspruchung entbehrlich.

Bei begründeter Indikation (Krankheit, Abmagerung, Eiweißmangel) oder bei Tieren im schweren Training (Adaptation und Proliferation der Muskulatur) kann die Aminosäurenzufuhr durch Eiweißfuttermittel oder Aminosäurengemische als Ergänzungsfutter (Definition s. u.) temporär gezielt gestärkt werden. Von Vorteil ist, wenn über derartige Ergänzungsfuttermittel maßgeblich essenzielle Aminosäuren, vorrangig Lysin, Methionin, Threonin, vor allem Leucin und Isoleucin, angeboten werden.

5.6 Mischfutter

5.6.1 Allgemeine Eigenschaften und Einteilung

Mischfuttermittel bestehen aus mehreren Einzelfuttermitteln, die so kombiniert sind, dass mit dem resultierenden Energie- und Nährstoffgehalt spezifische Anforderungen an die Versorgung des Tieres abgedeckt werden. Der Begriff ist futtermittelrechtlich vorgegeben und mit Bestimmungen zur Bezeichnung und Angabe der Komponenten sowie Inhalts- und Zusatzstoffen verbunden.

Bei der industriellen Fertigung ist es möglich,

- Futtermittel zu bearbeiten (z. B. thermische Behandlung von Getreide),
- schwer verfügbare Komponenten zu nutzen (z. B. Sojabohnenschalen),
- Nebenprodukte sicher zu verwenden (z. B. Zitrustrester),
- Zusatzstoffe in vorgesehen geringen Mengen verlässlich einzumischen (z. B. Natrium-Selenid),
- besondere Konfektionierungen zu wählen (z. B. Pelletieren) und
- die Mischung nach Kosten zu optimieren.

Daher können Mischfutter zur Vereinfachung der Fütterung und Verbesserung der Nährstoffzufuhr auch bei Pferden eingesetzt werden. Für die Aussicht auf eine sinnvolle Auswahl muss vor dem Kauf allerdings Klarheit bestehen zum Bedarf des Pferdes und zu welchem Raufutter das Mischfutter welche Nährstoffe ergänzen soll.

Vorteile Die Vorteile der Mischfutter liegen in ihrer spezifischen, kontrollierten Nährstoffzusammensetzung, einer zweckmäßigen Verarbeitung und Zubereitung, leichter Handhabung und ihrer generell hohen hygienischen Qualität. Zudem lassen sich zahlreiche Einzelfuttermittel z. B. aus dem Segment der Nebenprodukte einfacher über Mischfutter verwenden als in isolierter Reinform.

Herstellung und Inhaltsstoffe Zu den wichtigsten Komponenten von Mischfuttern zählen, soweit es sich nicht um Mineralfutter handelt, Getreidekörner, Mühlennachprodukte (Kleien), Nebenprodukte aus der Öl-, Zucker- und Saftgewinnung, Grünmehle, Melasse, Pflanzenöle sowie Mineralstoff- und Vitaminvormischungen.

Durch spezielle Behandlung (Vermahlung), Einwirkung heißer Luft (Poppen), Infrarotstrahlen (Mikronisieren), Druck ohne oder mit Wasser (Flockieren, Extrudieren) oder Restitution (Förderung enzymatischer Umsetzungen durch temporäre feuchte Lagerung) wird die z. T. schwerverdauliche Stärke verschiedener Futtermittel (▶ **Tab. 3.10**) besser nutzbar gemacht.

Deklaration Im Handel müssen die Anteile der Einzelfuttermittel in absteigender Reihenfolge oder in % ihre Anteile sowie die Gehalte an Rohprotein, Rohfett, Rohfaser, Rohasche, Kalzium, Phosphor, Natrium, bei Ergänzungsfuttern auch von Magnesium angegeben werden (üblicherweise in % der Originalsubstanz). Weitere Angaben, z. B. über Stärke, Aminosäuren, Kalium etc., sind zulässig, nicht dagegen Angaben über den Energiegehalt.

Mischfuttern für Pferde können verschiedene **Futterzusatzstoffe** zugesetzt werden (▶ **Tab. 5.6**); die Zusatzstoffe, für die Höchstwerte definiert sind, müssen separat von den Inhaltsstoffen unter dem Oberbegriff Zusatzstoffe deklariert werden.

! Merke

Die Deklaration der Zusatzstoffe (z. B. Kupfer) beinhaltet die Quantität und Qualität des zugesetzten Stoffes (z. B. 10 mg Cu aus Kupfersulfat), nicht jedoch die in den Einzelfuttermitteln, die zum Mischfutter vereint wurden, natürlicherweise vorkommenden Gehalte.

Die Höchstgehalte jedoch beziehen beide Quellen eines Stoffes, den Zusatz wie auch den natürlichen

Gehalt ein. Ein Beispiel für die Deklaration von Mischfuttern ist in ▶ Tab. 13.1 enthalten.

Darreichungsformen Mischfutter kommen **lose** (geflockt, gebröselt, „Müsli-Futter") oder **pelletiert** (4–12 cm Durchmesser) in den Handel. Durch Pressen werden der Keimgehalt der originären Komponenten deutlich reduziert, Transport, Lagerung und Zuteilung erleichtert. Die Selektion von Futterpartikeln wird weitestgehend verhindert. Für kleinere Pferde sind Pellets mit geringerem Durchmesser geeigneter, bei größeren Pferden können sämtliche Größen verwendet werden. Unterschiede in der Futteraufnahmedauer bzw. im Risiko für Schlundverstopfungen in Abhängigkeit von der Pelletgröße oder anderen Zubereitungsformen bestehen offenbar nicht.

Die Mischfutter können nach Aussehen, Geruch, Konsistenz sowie aufgrund der Deklaration beurteilt werden. Die Pellets sollen ausreichend fest sein (wenig Abrieb), andererseits aber keine gebräunten Ränder (Überhitzung bei der Herstellung) aufweisen. Vermischungen mit anderen Futterarten sind durch Unterschiede in Größe und Farbe der Pellets erkennbar. Bei der Anlieferung müssen sie ausreichend abgekühlt sein, um Kondenswasserbildung in den Silos zu verhüten. Zur mikrobiologischen Beurteilung ▶ Tab. 9.5.

Merke

Den futtermittelrechtlichen Bestimmungen zufolge werden die Gehalte an dünndarmverdaulichem Rohprotein und umsetzbarer Energie bei Mischfuttern nicht deklariert (unzulässig). Die Hersteller halten i. d. R. jedoch diese Information in geeigneter Weise bereit.

Der Grund für die obigen Einschränkungen in der Deklaration ist der, dass die futtermittelrechtlichen Bestimmungen keine Schätzgleichung zur EU-weiten Anwendung aufführen.

Die für die Energiebewertung auf der Stufe der umsetzbaren Energie notwendige Bewertungsstruktur (S. 70) ist von der Gesellschaft für Ernährungsphysiologie 2014 verabschiedet worden, s. Kap. Energiegehalt in Futtermitteln (S. 138). Sie erlaubt die Ableitung des Gehalts an verdaulicher und auch umsetzbarer Energie sowohl für das Einzel- und Mischfutter als auch für die gesamte Ration. Die Entwicklung und Anwendung dieses Bewertungssystems ist Aufgabe der wissenschaftlichen Fachgremien und setzt nicht voraus, dass eine Gleichung für die Schätzung der umsetzbaren Energie auch futtermittelrechtlich etabliert ist.

Aus den deklarationspflichtigen Angaben für Mischfutter kann der Gehalt an **umsetzbarer Energie** abgeleitet werden, ohne dass weitergehende Analysen erforderlich sind. Das **dünndarmverdauliche Rohprotein** hingegen ist mittelbar eine Funktion des in den Gerüstsubstanzen fixierten und daher im Dünndarm nicht verdaulichen Eiweißes. Die dies repräsentierende Größe, das **Neutrale-Detergenzien-unlösliche Protein**, ist Gegenstand einer eigenständigen Analyse (S. 140).

Merke

Für die energetische Bewertung von Einzel- und Mischfuttermitteln sind in der Routineanalytik die Analysen von Nährstoffen etabliert.

Lagerung Mischfutter müssen sachgemäß aufbewahrt werden. Lose Ware sollte höchstens 4–6 Wochen in kühlen und trockenen Räumen lagern. Die Säcke müssen durch Isolierschichten (Paletten) von Boden und Wänden getrennt sein. Sauberkeit (verschüttetes Futter beseitigen) verhindert die Ansammlung von Milben, Insekten oder Nagern. Pelletierte Mischfutter sind länger lagerfähig. Bei fettreichen Futtermitteln ist zu beachten, dass bei hohen Umgebungstemperaturen und Lichteinwirkung oxidative Umsetzungen des Fettes beschleunigt sind.

Generell **ungünstig** ist die Lagerung von Mischfuttern (ausgenommen Tagesportionen) unter folgenden Bedingungen:

- offene Behältnisse (Zugang von Schadnagern und Vögel und Kontamination des Futters mit deren Ausscheidungen)
- Exposition gegenüber Sonneneinstrahlung (Wechsel von Aufheizen und Abkühlen mit Gefahr der Kondenswasserbildung)
- tiernahe Aufstellung der Lagerbehältnisse (allgemein erhöhte Luftfeuchtigkeit und evtl. Belastung mit Stallstaub, z. B. bei oben offenen flexiblen, sogenannten Gewebesilos)

Praxis
Die Lagersilos sollten vor der neuen Beschickung gründlich gereinigt und auf Verklebungen oder Ablagerungen überprüft werden; derartige Residuen sind zu entfernen und zu verwerfen.

Falsch gelagertes oder zu altes Mischfutter kann besonders bei hohen Melasseanteilen durch Bakterien, Hefen, Pilze, Insekten und Milben zersetzt werden und zu schweren Gesundheitsstörungen führen. Begünstigend wirken stets hohe Luftfeuchtigkeit und Eintrag von Schmutz. Verklumpungen, bei Silolagerung auch mangelndes Nachrieseln des Futters bei der Entnahme sowie Milbenbesatz sind frühe Anzeichen von Qualitätsschäden oder Verderb (S. 277).

Einteilung Bei Mischfuttern ist zwischen Allein- und Ergänzungsfuttern zu unterscheiden.

5.6.2 Alleinfutter

Echte Alleinfutter, die bei ausschließlicher Verwendung alle Bedürfnisse des Pferdes (d. h. auch den Bedarf an strukturiertem Raufutter) erfüllen, sind bisher für Pferde nur in begrenztem Umfang auf dem Markt. Ein solches Fütterungssystem wird vielfach gewünscht und kann viele Vorteile vereinigen:

- Vermeidung von Futterverlusten und Futterselektion
- einfache Handhabung bei Transport, Lagerung und Zuteilung
- geringe Staubbildung
- geringer Lagerraum
- gleichmäßige Qualität

Die Erstellung sogenannter Mischrationen (Standardverfahren in der Milchproduktion) kommt dem Konzept des Alleinfutters sehr nahe.

Als echte Alleinfutter kommen Mischungen auf den Markt, die neben langgehäckselten Raufutteranteilen konzentrierte Komponenten wie Hafer, Getreiderückstände oder Melasse enthalten und teilweise in Stangenpressen zu **Scheiben** (im Durchmesser von 5–7 cm bei einer Dicke von 1–2 cm) geformt werden. Diese Futter bieten aus ernährungsphysiologischer Sicht günstige Voraussetzungen (gleichmäßige Nährstoffaufnahme, langsame Füllung des Magens) und sind ohne jede weitere Raufutterzulage einsetzbar; Herstellung und Transport sind jedoch aufwändiger als bei pelletierten Mischfuttern. Auch vermögen diese Futtermittel aufgrund des Getreideanteils i. d. R. nicht die gewünschte **Beschäftigung** der Tiere mit der Futteraufnahme zu gewährleisten; u. U. werden die Alleinfutter schneller verzehrt als Heu.

Auch ein Alleinfutter muss das Ziel verfolgen, bei bedarfsgerechter Energiezuteilung über eine Raufuttergabe von 1,5 kg TS/100 kg KM je Tag die Beschäftigung der Pferde zu fördern. Zu diesem Zweck wird u. a. versucht, in luftdichten Folien verpackte **Anwelksilagen mit Zusätzen**, je nach Einsatzgebiet unterschiedlich vervollständigt, als Alleinfutter zu konzipieren. Diese Futter enthalten bis zu 10,5 MJ ME pro kg TS und sind vielseitig zu verwenden.

Pelletierte Mischfutter können langfristig als Alleinfutter, d. h. ohne Ergänzung mit Raufutter nicht verwendet werden, da sie durch die starke Zerkleinerung der enthaltenen Raufutterkomponenten zu rasch aufgenommen und die Pferde nicht ausreichend kauend beschäftigt werden. Daneben treten weitere Nachteile auf, wie sie im Zusammenhang mit einem Mangel an strukturierten Futtermitteln (S. 125) beobachtet werden.

5.6.3 Ergänzungsfuttermittel

Bei den Mischfuttern für Pferde handelt es sich mehrheitlich um Ergänzungsfutter, die in Kombination mit einem unentbehrlichen Raufutter eine umfassend sichere, tierart- und bedarfsgerechte Versorgung gewährleisten sollen.

Bei den **Ergänzungsfuttern** ist zu unterscheiden zwischen:

- Mischungen, die primär zur Ergänzung der Energie- und Eiweißzufuhr dienen (gleichzeitig aber auch Mineralstoffe und Vitamine ergänzen) und in größeren Mengen (> 1 kg/Tag) notwendig bzw. sinnvoll sind,
- Mineralfuttern (> 40 % Rohasche), die meistens auch Vitamine enthalten und in Mengen von 50–100 g/Tag eingesetzt werden.
- Dazwischen liegen die mineralstoffreichen Ergänzungsfutter mit > 20 %, aber weniger als 40 % Rohasche.

- Mischungen, die primär keinem Ernährungszweck dienen, sondern der Belohnung des Pferdes und der Bindung an die betreuende Person. Dies schließt nicht aus, dass sie gleichzeitig auch Träger von Nährstoffen (Mineralstoffe, Vitaminen) sind.
- Diätmischfutter; sie dienen einem besonderen Ernährungszweck, der über den üblichen Energie- und Nährstoffbedarf hinausgeht, s. Kap. Futtermittelrechtliche Bestimmungen (S. 141)

Für die sachgerechte, objektive Auswahl eines Ergänzungsfutters ist entscheidend: Wieviel Energie bzw. welche Nährstoffmenge soll mit welcher Futtermenge angeboten und aufgenommen werden? Zur Entscheidungsfindung über Art und Menge des geeigneten Ergänzungsfutters sind die folgenden Schritte zielführend:

1. Klärung des Bedarfs
2. Ableitung des Energie- und Nährstoffangebots über das Raufutter, s. Mindestmenge an Raufutter (S. 70)
3. Ermittlung der Differenz zwischen Bedarf und Angebot über Raufutter
4. Einsetzen gewünschter Einzelfuttermittel (z. B. Getreide) zum Auffüllen bestehender Lücken bei Energie und/oder Protein
5. Prüfung des Angebots an Protein, Mengen-, Spurenelementen und Vitaminen
6. Einsetzen eines Ergänzungsfutters zum Ausgleich evtl. bestehender Lücken nach 5.
7. Prüfung der Futtermengen insgesamt bezüglich der Aufnehmbarkeit

Die Schritte 4.–6. lassen sich auch mit einem einzigen Ergänzungsfutter realisieren.

Somit ergeben sich 4 Rationstypen:

a) Raufutter + vitaminiertes Mineralfutter
b) Raufutter + Getreide + Eiweißträger (evtl. bei Zuchtstuten) + vitaminiertes Mineralfutter
c) Raufutter + Getreide + Ergänzungsfutter
d) Raufutter + Ergänzungsfutter

Aus der **Differenz zwischen Angebot aus dem Grundfutter** (z. B. Heu oder Heu + Möhren) **und dem Bedarf** ergibt sich die über Ergänzungsfutter abzudeckende Menge (z. B. Energiebedarf 100 MJ ME, 10 kg Heu liefern 80 MJ; ein energiearmes Ergänzungsfutter mit 9 MJ ME/kg muss dann mit 2,3 kg gefüttert werden); wenn die Futtermenge von 2,3 kg zu hoch ist, muss ein anderes Mischfutter gewählt werden. Hierfür ist die Kenntnis des Bedarfs, der futtermittelkundlichen Daten (Energie- und Nährstoffgehalte) und der zu erwartenden Futteraufnahme entscheidend.

Ergänzungsfuttermittel zum Angebot an Energie und Nährstoffen

Ergänzungsfuttermittel sollen Grundfuttermittel wie Heu, Stroh oder Silagen mit Energie oder Eiweiß ergänzen. Da diese Grundfuttermittel häufig auch Lücken bei Mineralstoffen und Vitaminen aufweisen, werden auch diese Nährstoffe meistens eingemischt. Die Ergänzungsfutter werden mit wechselnden Nährstoffgehalten entsprechend der Zusammensetzung der zu ergänzenden Grundfuttermittel angeboten. So gibt es Ergänzungsfutter zu Heu/Getreide, zu Heu/Stroh/Getreide oder auch zum vollständigen Ersatz des Getreides bzw. anderer konzentrierter Einzelfuttermittel.

Diesen Intentionen entsprechend, aber auch im Hinblick auf die Ansprüche verschiedener Alters- und Leistungsgruppen, werden die Ergänzungsfuttermittel eingeteilt:

Ergänzungsfuttermittel zur Heu-Getreide-Ergänzung Diese sollen die möglichen Nährstofflücken (maßgeblich Spurenelemente, Karotin, Vit. E) bei Rationen aus Heu und Hafer ausgleichen. Sie werden im Allgemeinen in Mengen von 0,2–0,3 kg/100 kg KM/Tag im Austausch gegen entsprechende Mengen an Hafer verwendet.

Das Beispiel in ▸ **Tab. 5.20** zeigt, dass mit Heu/Hafer das Angebot an Eiweiß und Kalzium befriedigt wird, doch verbleiben Lücken bei Energie, Kupfer und Vit. E. Werden der Hafer auf 3 kg beschränkt und 1,5 kg eines Mischfutters verwendet, bleibt die Futtermenge im Bereich des Möglichen (hier 12–15 kg TS) und eine sichere Ergänzung wird bei Cu und Vit. E erreicht. Dabei ist nicht zu vermeiden, dass über das Ergänzungsfutter Eiweiß und Ca hinzugefügt werden, obwohl keine Lücke besteht.

Ergänzungsfuttermittel zum Haferersatz Diese werden in Kombination mit Rau- oder Saftfuttermitteln eingesetzt und ergänzen diese üblicherweise mit Mengen von bis zu 1 kg/100 kg KM, bei

► **Tab. 5.20** Beispiel: 500 kg KM, Warmblut, mittelschwere Arbeit.

Bedingung/Futtermittel	TS, kg	ME, MJ	pcvRp, g	Ca, g	Cu, mg	Vit. E, mg
Soll f. Arbeit	–	98	566	20	106	1060
Heu, 9 kg	7,7	52	378	38	41	360
Differenz[1]	–	–46	–188	18	–65	–700
Hafer, 3 kg	2,6	33	237	3[2]	10[2]	36
Ergänzungsfutter, 1,5 kg	1,3	15	137	8[2]	75[2]	1500
Summen	11,6	100	752	49	125	1896

[1] zu leistende Ergänzungen; [2] nicht notwendig, aber nicht zu vermeiden

► **Tab. 5.21** Beispiel: Stute, 500 kg KM, Anfang 2. Laktationsmonat.

Bedingung/Futtermittel	TS, kg	ME, MJ	pcvRp, g	Ca, g	Cu, mg	Vit. E mg
Laktation-Soll	–	110	865	55	105	1060
Heu, 10 kg	8,5	57	420	42	46	400
Differenz	–	–53	–445	–13	–59	–660
Mischfutter, 5,5 kg[1]	4,8	53	753	83	138	1375
Summen	13,3	110	1173	125	184	1775

[1] Beispiel eines Mischfutters f. Zuchtstuten, je kg: ME 9,6 MJ, Rp 180 g, Ca 15 g, Cu 25 mg, Vit. E 250 mg

laktierenden Stuten evtl. auch mehr. Die notwendigen täglichen Mengen richten sich nach den Leistungen. Im obigen Beispiel (► **Tab. 5.20**) müsste ein solches Mischfutter die Energie und Nährstoffe liefern, die von der Hafer-Mischfutter-Kombination bereitgestellt werden. Günstig sind in solchen Mischfuttern Anteile an hochverdaulichen Gerüstsubstanzen aus pektin- oder zellulosereichen Einzelfuttermitteln.

Ergänzungsfutter für Sportpferde Sie zeichnen sich durch niedrige Rohfaser- und Rohaschegehalte aus und weisen dank aufgeschlossener Getreideflocken und erhöhter Fettgehalte höhere Energiedichten um 11 MJ ME/kg auf. Teilweise werden Aminosäuren hinzugefügt, um bei schweren Belastungen oder im frühen Training die Regeneration und Proliferation der Muskulatur zu unterstützen.

Ergänzungsfutter mit hohen Rohfasergehalten (> 200 g/kg) Diese sind dank ihres niedrigen Energiegehalts besonders für Pferde geeignet, bei denen die Raufutteraufnahme nicht erhöht werden kann oder soll, aber zusätzlich Energie über ein betont strukturreiches Futter angeboten und Lücken bei den Mikronährstoffen geschlossen werden sollen. Da die rohfaserliefernden Komponenten zerkleinert sind, können diese Mischfutter originäre Raufutter nicht oder – bei Verwendung von Häcksel – nur in begrenztem Umfang ersetzen.

Ergänzungsfutter für Zuchtstuten (hochtragend und laktierend) Diese enthalten entsprechend dem Bedarf der Zuchttiere höhere Eiweiß-, Mineralstoff- und Vitamingehalte als die oben aufgeführten Typen. Sinnvoll sind Gehalte an pcvRp von 120–140 g/kg, was Eiweißgehalte von rd. 14–18 % im Mischfutter voraussetzt (s. Beispiel ► **Tab. 5.22**).

Das Futteraufnahmevermögen lässt eine höhere Heumenge als 10 kg zu. Die Futtertrockenmasseaufnahme bei laktierenden Stuten von 500 kg KM kann mit 13,7–16 kg angesetzt werden. Bei der gegebenen Raufutterquantität fällt dem Mischfutter die Aufgabe zu, neben Energie auch Eiweiß, Ca sowie die Mikronährstoffe bereitzustellen. Dies verdeutlicht, dass die Auswahl eines optimal geeigneten Mischfutters nur bei sicherer Bewertung des Raufutters in Menge und Qualität gelingen kann.

Bei einer angenommenen TS-Aufnahme von 15 kg/Tag müssten im Mittel 58 g pcvRp/kg TS der Gesamtration enthalten sein. Da Raufutter diese Größenordnung nicht zuverlässig erreicht, sollte Mischfutter für Stuten > 12 % Rp enthalten.

Ergänzungsfutter für Saug- und Absatzfohlen Diese zeichnen sich durch Schmackhaftigkeit und einen hohen Anteil an biologisch hochwertigem Eiweiß (aus Magermilch, Soja-, Raps oder Leinprodukten) aus. Bei gleichzeitig geringem Rohfasergehalt vermögen sie die besonderen Ansprüche wachsender Fohlen, insbesondere ihren Bedarf an essenziellen Aminosäuren, Vitaminen, aber auch Kupfer, zu decken. Die Verwendung synthetischer Aminosäuren ist in diesen Mischfuttern gut möglich, um die Qualität des Proteins zu optimieren. Von dieser Möglichkeit wird teils auch in der Pferdefütterung Gebrauch gemacht.

Da bei Aufwertung des Proteins durch synthetische Aminosäuren (z. B. Lein-, Rapsextraktionsschrot + synthetisches Lysin) der Proteinaufwand für Wachstum (auch für Milchbildung) vermindert werden kann, ist ein solches Mischfutterkonzept aus nährstoffökonomischer Sicht vorteilhaft.

Ergänzungsfutter für Jährlinge Da die Wachstumsintensität deutlich zurückgeht – s. Tageszunahmen wachsender Fohlen bzw. Jungpferde (S. 70) –, nimmt der resultierende Teilbedarf an Energie und Nährstoffen ab. Ein entsprechendes Ergänzungsfutter zu Raufutter genügt daher mit geringeren Energie- und Nährstoffkonzentration als für Saug- oder Absatzfohlen.

Mischfutter zur mutterlosen Aufzucht Hierbei handelt es sich um pulverförmige Produkte auf der Basis von Magermilch (Rind) und/oder Molke unter Zusatz von Laktose, Vitaminen und Mineralstoffen. Durch die Auswahl der Komponenten und den Umfang der Verwendung soll die Zusammensetzung der Stutenmilch (▸ **Tab. 2.11**) weitestgehend nachgebildet werden.

Ergänzungsfuttermittel zum Angebot an Mineralstoffen und Vitaminen (vitaminierte Mineralfutter)

Eine weitere Gruppe von Ergänzungsfuttermitteln dient ausschließlich oder überwiegend der Deckung des Mineralstoff- oder Vitaminbedarfs. Dafür stehen **mineralstoffreiche Ergänzungsfutter**, insbesondere aber vitaminierte **Mineralfutter** zur Verfügung, die sich in der Nährstoffausstattung erheblich unterscheiden.

Sie enthalten neben Mengen- und Spurenelementen in der Regel auch Vitamine; die jeweiligen Gehalte wie auch die genutzten chemischen Verbindungen können der Deklaration entnommen werden. Ihre Akzeptanz wird durch Zusatz von Gewürzstoffen, Kräutern sowie durch Granulieren, Brikettieren, Pelletieren erhöht. Sie werden notwendig, wenn keine anderen mineralisierten oder vitaminierten Ergänzungsfutter (▸ **Tab. 13.38**) eingesetzt werden. Zunehmend werden auch Ergänzungsfutter eingesetzt, die wenige Elemente oder nur eines enthalten (z. B. Ergänzungsfutter ausschließlich mit Selen und Vit. E). Sie eignen sich sehr gut, um gezielte Versorgungsbedingungen einzustellen. Die Verfügbarkeit der Mineralstoffe, insbesondere der Spurenelemente aus den anorganischen Verbindungen, ist ausreichend (ausgenommen Zinkoxid); es besteht keine Notwendigkeit, für gesunde Pferde organische Spurenelementträger zu bevorzugen.

Auswahl Ein passendes Mineralfutter für **alle** Futterrationen kann es nicht geben. Im Einzelfall ist jenes Mineralfutter am geeignetsten, das die Grundration am besten ergänzt. Bei der Fülle des Angebots fällt die Auswahl allerdings schwer. Da bei den üblichen Rationen aus Getreidekörnern in Kombination mit Wiesenheu, Gras-/Maissilage/Stroh für Pferde im Erhaltungsstoffwechsel oder bei Arbeitsbelastung vor allem ein Engpass bei **Spurenelementen** und Vit. E besteht, sind diese Stoffe bei der Auswahl vorrangig zu beachten, in speziellen Fällen aber auch andere. Für Zuchtstuten und wachsende Pferde ist in diesem Zusammenhang von Bedeutung, dass die **Kalzium-, gelegentlich auch Phosphorgehalte** in Gras und Graskonserven oftmals unterdurchschnittlich und unzureichend sind; das Mineralfutter muss dann auch entsprechendes Ergänzungspotential aufweisen. Überwiegend reichen aber auch für solche Fälle Ca-Gehalte im Mineralfutter von 10–12 % aus. Eine stärkere Berücksichtigung anderer Inhaltsstoffe wird bei besonderen Leistungen, standortbedingten Versorgungsschwierigkeiten oder auch Erkrankungen verlangt. In Gebieten mit bodenständigem Spurenelementmangel (z. B. Selen, Kupfer) sind diese Elemente zu besonders beachten, bei Höchstleistungspferden z. B. auch der Vitamin-E-Gehalt.

Die Mineralfutter werden am besten täglich 1-mal mit dem Krippenfutter gemischt verabreicht, sofern keine besonderen Zubereitungen vorliegen (z. B. Briketts).

Merke

Vielfach wird kein Ca- und P-haltiges Mineralfutter benötigt, sondern eine Ergänzung des Raufutters mit Spurenelementen. In dem entsprechenden Ergänzungsfutter für Grünfutter kann auf Vitamine verzichtet werden, während bei Einsatz von Silagen, Heulagen, Heu oder Stroh Zusätze an Karotin oder Vit. A und Vit. E angemessen sind.

Dosierung Die Dosierung der Mineralfutter (bzw. mineralstoffreichen Ergänzungsfutter) muss sich nach der Grundfutterzusammensetzung und ihren Gehalten an den wichtigsten Inhaltsstoffen orientieren. Üblicherweise reichen rd. 10 g/100 kg KM aus. Grundlage der Dosierung sollte stets eine Berechnung der wahrscheinlichen Aufnahme über das Raufutter und evtl. andere Rationskomponenten sein. Auch wenn keine spezifischen Analysedaten vorliegen, lässt sich anhand von Tabellenwerten eine ausreichende Orientierung erarbeiten. Bei Zuchtstuten und Fohlen ist jedoch eine gezielte Untersuchung des Raufutters (Ca, P, Cu, Zn) anzuraten, um Handlungssicherheit zu erlangen.

Ausgleich von Elektrolytverlusten Die hohen Elektrolytverluste über den Schweiß können wegen der großen Variabilität i. d. R. nicht über Mineralfutter abgedeckt werden. Neben Lecksteinen, die aus Natriumchlorid und einem Bindemittel bestehen, und losem Viehsalz werden dafür zunehmend elektrolythaltige Produkte angeboten. Diese sind jedoch nur sinnvoll, wenn mit den für die Produkte vorgeschlagenen Mengen auch tatsächlich eine nennenswerte Elektrolytgabe erfolgt. Je Liter Schweiß werden 2,8 g Natrium abgegeben. Die Substitution erfordert rd. 11 g reines Salz (0,38 g Na/g; Verwertung 70 %). Hieran können elektrolythaltige Produkte gemessen werden.

Lecksteine (enthalten nur Na und Cl) dienen vorrangig der zusätzlichen Versorgung mit Natrium und Chlorid im Rahmen der Grundversorgung bei geringen Schweißabgaben (z. B. sommerliche Weidehaltung i.d. Herde, s. auch ▶ **Tab. 2.17**). Im Stall werden die Lecksteine am besten in der Nähe der Krippe angebracht. Auf der Weide sind sie im Weideschuppen oder neben den Tränken aufzustellen (ebenso wie die Leckschalen). Die Lecksteine sollten einerseits nicht zu hygroskopisch sein (Ablösen und Abtropfen des Salzes), andererseits aber nicht zu hart, damit die Pferde nicht zu große Mühe haben, die äußeren Schichten aufzulecken.

Im Allgemeinen bedienen sich die Pferde ihrem Bedarf entsprechend, doch kann es von Tier zu Tier selbst bei geringer Schweißbildung erhebliche Variationen in der Salzaufnahme (0,04–0,3 g/kg KM/Tag) geben (evtl. Untugend). Bleibt die Salzaufnahme bei Pferden (400–600 kg KM) in dem Bereich von 30–50 g, so sind durch das Salz keine nachteiligen Folgen zu erwarten. Im Unterschied zu den Lecksteinen (nur NaCl = mineralisches Einzelfuttermittel) handelt es sich bei den Leckmassen um Mineralfutter oder mineralstoffreiche Ergänzungsfutter, die für die frei gewählte Aufnahme von Mineralstoffen konzipiert sind. Dies ist eine pragmatische Lösung für die Mineralstoffversorgung von Weidepferden, die zweifellos zu einer Verbesserung der Versorgung führt, aber andererseits ein Über- oder Unterschreiten der sinnvollen Ergänzung nicht absolut sicher auszuschließen vermag, da die Aufnahme sehr variabel ist (regelmäßig den Konsum prüfen). Sie sind zur Abdeckung des erhöhten Na- und Cl-Bedarfs arbeitender Pferde ungeeignet, da die Pferde den Konsum dann nach dem „Salzhunger“ tätigen und daher unnötig, evtl. auch kritisch hohe Mengen anderer Stoffe aufnehmen (Se, J).

Bei hohem Salzbedarf (Sportpferde) sind Lecksteine in der Regel unzureichend; dann sollte **Viehsalz** in loser Form dem Krippenfutter beigemischt werden.

> **Vorsicht**
> **Nimmt ein Pferd übermäßig Salz ohne erkennbaren Grund (starkes Schwitzen, Durchfall etc.) auf, so sind die Lecksteine zu entfernen und die täglich notwendigen Mengen als Viehsalz in die Krippe zu geben. Unerfahrene Saugfohlen sollten Lecksteine nicht erreichen können, da sich bei ihnen ein Abusus entwickeln kann.**

Produkte zur Vitaminergänzung

Neben den Mineralfuttern sind auch vitaminreiche Ergänzungsfuttermittel im Handel. Flüssige Produkte mit den fettlöslichen Vitaminen A, D und E können bis zu 50000 IE Vitamin A und 200 IE Vitamin D pro ml bzw. g enthalten, so dass die Dosierungsvorschriften streng beachtet werden müssen.

Für Stuten stehen auch karotinreiche, für Pferde mit weichen, rissigen Hufen biotinreiche, für gestresste Pferde Vitamin-C-reiche Produkte zur Verfügung, während für Leistungspferde auch Vitamin-E-reiche Präparate (oft in Kombination mit Selen und B-Vitaminen) angeboten werden. Zur Ergänzung mit B-Vitaminen stehen u.a. Hefeprodukte auf dem Markt zur Verfügung.

Eine Verwendung solcher Produkte ist nur gerechtfertigt, wenn ein Ergänzungsbedarf begründet ist und die Zufuhr der fraglichen Stoffe über die Ration selbst geprüft ist. Es ist sicherzustellen, dass keine überflüssigen/kritischen Mengen an Nährstoffen zugeführt werden.

Sonstige Futtermittelzubereitungen

Als sogenannter „Mash" werden Mischungen u.a. auf Basis von Kleien, Leinsamen, -produkten, und Salz angeboten, denen eine mild laxierende Wirkung zugeschrieben wird. Die Fertigprodukte erleichtern die Zubereitung und helfen bei dem üblichen Zusatz von Wasser, Futterverluste infolge Verderbs zu vermeiden.

Zur **Belohnung** des Pferdes werden feste Riegel oder Würfel („Lockfutter, Leckerli") angeboten. Neben industriell hergestellten Produkten sind für diesen Zweck auch trockene Brot- oder Möhrenscheiben oder selbst hergestellte Kekse geeignet (z.B. aus 225 g Zuckerrübensirup, 200 g Weizen- oder Vollkornmehl, 125 g Vollkornhaferflocken).

> **Vorsicht**
> **Da kommerzielle Produkte meistens auch Mineralstoffe und Vitamine enthalten, ist eine unkontrollierte Verwendung von „Lockfutter" zu vermeiden.**

Diese Futtermittel sollten auf flacher Hand angeboten werden, damit das Pferd rasch und ungehindert Zugang hat. Mehrmalige Verzögerungen, z.B. durch Wegziehen der Hand, können zu aggressivem Suchen nach solchen Zulagen führen.

5.6.4 Diätfuttermittel

Nach dem Futtermittelrecht sind als Diätfuttermittel zugelassen und definiert:

„Mischfutter, die dazu bestimmt sind, den besonderen Ernährungszweck von Tieren zu erfüllen, bei denen insbesondere Verdauungs-, Resorptions- oder Stoffwechselstörungen vorliegen oder zu erwarten sind."

Für Pferde sind in einer Positivliste Diätfuttermittel für folgende Indikationen zugelassen:

- chronische Störungen der Dickdarm- bzw. Dünndarmfunktion
- Leber- und Niereninsuffizienz
- Rekonvaleszenz
- Minderung von Stresssituationen
- Ausgleich von Elektrolytverlusten (Schwitzen)

Die Futtermittelindustrie hat von diesen Möglichkeiten bisher erst in geringem Umfang Gebrauch gemacht. Allerdings wird durch die meist komplexe Genese der genannten Störungen, die unterschiedlichen Folgewirkungen und die Notwendigkeit, stets auch kaustimulierende Grundfuttermittel mit zu verwenden, der erfolgversprechende Einsatz konfektionierter Diätfuttermittel erschwert. Deshalb bleibt es meistens notwendig, für den Einzelfall passende Rationen selbst zu konzipieren (S.288). Die Diätmischfutter müssen in der Bezeichnung den Wortteil „Diät-" aufweisen bei Nennung des Ernährungszwecks. Die Deklaration enthält ferner – über die üblichen Deklarationsverpflichtungen hinausgehend – die für den verfolgten Ernährungszweck entscheidenden Komponenten oder Nährstoffgehalte.

5.7 Beurteilung von Futtermitteln

5.7.1 Entnahme von Futterproben

Futterproben werden im Wesentlichen aus 2 Gründen entnommen:

- Überprüfung des Futterwerts
- Kontrolle der Zusammensetzung und Qualität bei Erkrankungen oder Leistungsstörungen

Im 1. Fall geht es primär um eine vorbeugende Maßnahme, z. B. bei Zukauf von Futtermitteln (zur Kontrolle der zugesicherten Leistungen oder Qualitäten) oder allgemein – vor allem bei Grundfuttermitteln mit stark variierendem Nährstoffgehalt – um die Gewinnung von Informationen zur optimalen Rationsgestaltung (Auswahl und Dosierung zweckmäßiger Ergänzungsfuttermittel).

Unter diesen Bedingungen ist entscheidend, dass von dem *gesamten* zur Verfütterung vorgesehen Material eine repräsentative Probe gezogen wird. Dazu können folgende praktische Hinweise dienen:

Grünfutter

Die Gewinnung einer repräsentativen Probe von Weidefutter ist aufwändig: Je nach Größe der Fläche und Homogenität des Bestands je ha mehrere Areale von 2 m² Größe ausmähen, mischen und eine Sammelprobe von rd. 5 kg herstellen, luftdicht verschließen (Plastikbeutel) und an Untersuchungsinstitute einschicken. (Falls TS-Bestimmung vorgesehen, zuvor wiegen; bei Probenahme auf Weiden Grasungsverhalten der Pferde simulieren, d. h. Abreißen der Pflanzen möglichst in Risshöhe, keine Wurzelanteile; Erdkontamination vermeiden.) Sofern dieser Aufwand nicht zu leisten ist, sollte die Vorgehensweise protokolliert werden, um bei abweichenden Befunden Einflüsse der Probenahme würdigen zu können.

Heu

Von der Wiese Mindestens 10–20 Proben mit der Gabel aus dem Schwad vor dem Pressen oder Aufladen entnehmen, mischen, davon 2 kg für die Untersuchung verpacken.

Aus dem Heustock bzw. -ballen Aus (möglichst 2–5) Ballen 10–20 Teilproben entnehmen, die vereinigt nicht weniger als 2 kg ergeben sollen (abfallende Blätter mit berücksichtigen).

Silage

Randpartien auslassen (30–50 cm), Entnahme möglichst mit Spezialbohrern, mindestens 10 Proben an verschiedenen Stellen, davon ca. 2 kg entnehmen; Behälter (Gläser, Blech- oder Plastikdosen) ganz auffüllen und luftdicht verschließen.

Getreide oder Mischfutter

Für die allgemeine Prüfung der Futtermittel, speziell zur Vorbereitung einer Rationsplanung, oder in Absprache mit Futtermittellieferanten zur laufenden Qualitätskontrolle ist es ausreichend, aus dem laufenden Warenstrom (bei loser Anlieferung) oder mehreren Gebinden (gesackter Ware) mindestens 5 Teilproben aus verschiedenen Bereichen für eine Gesamtprobe von 2 kg zu entnehmen.

> **Praxis**
> Falls Anlass besteht, eine Futterlieferung zu beanstanden, ist für die Probenahme ein amtlicher Probennehmer zu bestellen bzw. der Lieferant (falls verhindert, in jedem Falle ein Zeuge) zu beteiligen und Probenahme sowie genaue Kennzeichnung der Proben zu protokollieren.

Für amtliche Zwecke oder in Konfliktfällen kommen die Vorgaben der **Probenahmeverordnung** zur Anwendung (Verordnung (EU) Nr. 691/2013 der Kommission vom 19. Juli 2013 zur Änderung der Verordnung (EG) Nr. 152/2009 hinsichtlich der Probenahmeverfahren und Analysemethoden; Verordnung (EG) Nr. 152/2009 der Kommission vom 27. Januar 2009 zur Festlegung der Probenahmeverfahren und Analysemethoden für die amtliche Untersuchung von Futtermitteln): Unter anderem sind von loser Ware pro 2,5 t mindestens 7 Einzelproben (Stechheber aus Tankwagen bzw. beim Auslaufen) zu entnehmen und die Einzelproben (je 2 kg) zu einer Sammelprobe (rd. 4 kg) zu vereinigen. Beträgt die lose Futtermenge mehr als 2,5 t, ist nach folgender Formel vorzugehen:

$$\text{Anzahl der Einzelproben} = \sqrt{\text{Masse (in t)}} \times 20$$

Aus verpackter Ware werden bei Lieferung von bis zu 16 Verpackungen 4 Einzelproben gezogen und dann zu einer Sammelprobe vermischt). Bei größerer Anzahl gilt:

$$\text{Anzahl der Einzelproben} = \sqrt{\text{n (bis max. 20 Proben)}}$$

Im Fall einer Beanstandung oder zwecks Klärung einer Erkrankungsursache muss sichergestellt werden, dass die Beteiligten (evtl. Konfliktparteien) über die Art der Probenahme Einvernehmen erzielen. Dies gelingt vielfach mit der Bestellung eines **amtlichen Probennehmers**. Ziel ist, die Probenahme so zu gestalten, dass die Neutralität der Probe und der gewonnenen Analyseergebnisse gewährleistet wird. Bei amtlich initiierten Probenahmen ist meist die Repräsentanz der Probe für das beprobte Futtervolumen ausschlaggebend. Bei Schadensfällen kann dieser Gesichtspunkt unbedeutend sein, da der Teil des Futters interessiert, von dem während eines bestimmten Zeitraumes gefüttert worden ist. Dies kann zu Modifikation der Probenahme Anlass geben.

Praxis

Sind in einem Bestand akute Erkrankungen oder Leistungsminderungen nach Fütterung einer neuen Futtercharge aufgetreten und wird vermutet, dass das Futter ursächlich an der Störung beteiligt ist, muss (unter den oben genannten Bedingungen, Einvernehmen zur Probenahme) möglichst von der Futtermenge, die *unmittelbar zuvor* aufgenommen wurde (Reste aus Krippe, Säcken oder Silos etc.), eine Probe gezogen werden (nicht von der gesamten Charge), da abweichende Qualitäten evtl. nur in bestimmten Partien einer gelieferten Futtermenge vorkommen können.

Das **verdächtige Futter** ist bis zur Klärung der Ursache insgesamt **sicherzustellen**, damit notfalls Probefütterungen möglich sind. In solchen Fällen ist die Gegenwart eines **Zeugen** bei der Probenahme besonders wichtig.

5.7.2 Untersuchungsparameter

Der Anlass der Futtermitteluntersuchung gibt das Spektrum der zu prüfenden Merkmale vor. Bei allgemeinen Maßnahmen zur Planung/Sicherung der Energie- und Nährstoffversorgung ist zu entscheiden, welche Parameter tatsächlich notwendig sind und für welche Tabellenwerte oder – im Falle von Mischfuttern – Angaben der Deklaration ausreichen. Zur Orientierung gelten folgende Untersuchungsparameter als sinnvoll:

- Raufutter: TS, Ra, Rp, Rfa bzw. NDF, NDF-Rp, Cu, Zn, für Stuten und Fohlen zusätzlich Ca und P
- Getreide: TS
- proteinreiche Einzelfutter: TS, Rp, NDF, NDF-Rp
- Mischfutter: TS, Rp, NDF, NDF-Rp

Bei Unsicherheiten über die Qualität von Futtermitteln, dem Verdacht auf Abweichungen zwischen deklarierten und tatsächlichen Gehalten in Mischfuttern und schließlich im Falle von Gesundheitsstörungen ist sachlogisch eine andersartige Auswahl an Untersuchungsparametern zu treffen.

Hierbei kann es notwendig sein, die botanische Reinheit oder – bei Raufuttermitteln, Mischfuttern – die botanische Zusammensetzung prüfen zu lassen. Dies ist z. B. bedeutsam, wenn die Aufnahme von Giftpflanzen, -teilen zu klären ist.

Häufig veranlassen Unsicherheiten über die hygienische Beschaffenheit (z. B. Abweichungen bei der sensorischen Überprüfung) oder Erkrankungen, die in ihrer Entstehung durch Hygienemängel des Futters begünstigt werden, eine prioritäre Klärung zum Hygienestatus des Futters.

Da dieses Merkmal anders als etwa der Rohfasergehalt in einer Mischfuttercharge nicht konstant ist (Veränderungen während der Lagerung, Unterschiede je nach Lagerort und innerhalt eines Futterstapels), kommt einer Dokumentation zum Vorbericht des Falles und der Probenahme besondere Bedeutung zu.

Die Informationen zum Hygienestatus des Futters umfassen:

- sensorische Prüfung
- Trockensubstanzgehalt
- die vermehrungsfähigen Keime
  - Bakterien
  - Pilze
  - Hefen

- Endotoxine (Zellwandbestandteile bestimmter Bakterien, die auch nachweisbar sind, wenn sich die Bakterien auf dem Nährboden nicht mehr nachweisen lassen)
- mikrobiell gebildete Toxine
  - bakterielle Toxine (z. B. Botulinustoxin)
  - Mykotoxine

5.7.3 Beurteilung von Untersuchungsbefunden

Grundlage einer Beurteilung sind allgemeine Merkmale:

- botanische Reinheit (in der Regel 95 %)
- Gehalt an Salzsäure-unlöslicher Asche
- die Ansprüche an (handels)übliche Beschaffenheit
- im Falle von Mischfuttermitteln die Deklarationstreue

Die Beurteilung der Befunde einer mikrobiologischen, mikrobiologisch-toxikologischen Untersuchung orientiert sich an den Keimgehalten in Futtermitteln von praxis- bzw. handelsüblicher Qualität; dabei wird zwischen Keimgruppen (KG) unterschieden:

- unspezifische, produkttypische Bakterien und Pilze (KG 1 und KG 4)
- Verderb-anzeigende Bakterien und Pilze (KG 2 und 3, KG 5 und 6)
- Verderb-anzeigende Hefen (KG 7)

Für die gängigen Futtermittelgruppen liegen entsprechende Referenzdaten für eine durchschnittliche, nicht zu beanstandende Qualität vor. Anhand der Keimzahlen in den Keimgruppen werden zusammenfassend Qualitätsstufen abgeleitet (üblich, leichte Mängel, erhebliche Mängel, Verderb).

Eine mikrobiologische Befundung des Futters ist nur bei entsprechender Bewertung seitens der untersuchenden Einrichtung zweckdienlich. Zu beachten ist hierbei, dass eine Keimzahl zwar im Sinne einer Qualitätsminderung erhöht, aber für die Kausalität einer Erkrankung noch unauffällig sein kann.

5.7.4 Wasserqualität

Praxis
Das Tränkwasser für Pferde soll stets frisch, ohne Beigeschmack und von mittlerer Temperatur (9–12 °C) sein.

Sofern das Wasser aus **zentralen Versorgungsleitungen** stammt, ist mit einer ausreichenden Qualität zu rechnen. Allerdings reagieren manche Pferde empfindlich auf gechlortes Wasser.

Bei **Eigenversorgung** ist die Wasserqualität (Geschmack und Verträglichkeit) zu berücksichtigen. Organische Verunreinigungen (Ammoniak, Schwefelwasserstoff) sowie hohe Na- und K-Gehalte deuten auf Kontamination mit Jauche oder Fäkalien hin. Dann ist auch eine bakterielle Verunreinigung (Koli-Keime, Salmonellen) möglich. Geringe Schwefelwasserstoffmengen geben dem Wasser einen fauligen Geschmack. Hohe Magnesium-, Kalium-, Eisen- und Sulfatgehalte (bitter) ebenso wie hohe Salzgehalte setzen den Geschmackswert des Wassers erheblich herab. Toleranzwerte für Nitrat und Nitrit können vorerst allein nach Erfahrungen bei anderen Spezies abgeleitet werden. Verunreinigungen durch Schwermetalle sind evtl. in Industriebezirken zu erwarten.

Auf der Weide ist es oft schwierig, natürliche Wasserquellen von ausreichender Qualität zu finden. Manche Gewässer (Gräben und Flüsse) sind noch so verunreinigt, dass sie als Tränkwasserquelle nicht infrage kommen. Sollen Pferde aus **natürlichen Gewässern** ihren Wasserbedarf decken, so ist eine vorherige Wasseranalyse und -bewertung nach den in ▶ **Tab. 5.22** angegebenen Kriterien angezeigt. Wasser aus Teichen, Gräben oder Tümpeln, das nicht kontaminiert ist, kann jedoch evtl. Zwischenwirte der Leberegel enthalten. Häufig wird daher die Wasserzufuhr über Tränkwagen notwendig.

▶ **Tab. 5.22** Beurteilung das Tränkwassers (Mengenangaben pro l) (Tab. basiert auf Daten aus Leitfaden der Niederländischen Kommission zur Untersuchung der Mineralstofffütterung 1973; Lewis 1995; NRC 1989; Birnbreier u. Hilliger 1993; GfE 2014; Kamphues et al. 2014).

Beurteilungskriterien	Geeignet	Ungeeignet	Bei Abweichungen Hinweis auf
pH-Wert	6–7,5	< 2 und > 11	industrielle Verunreinigungen
Schwefelwasserstoff	wenn negativ	wenn positiv	bakterieller Abbau organischer Substanz
Ammonium	< 3 mg	> 3 mg	
Salz (NaCl)	< 2 g	> 5 g	Verunreinigung von Oberflächenwasser, Brackwasser
Kalzium	< 500 mg	> 500 mg	–
Magnesium	< 50 mg	> 125 mg	–
Kalium	< 20 mg	> 1400 mg	wie Na Indikator für Verschmutzung z. B. durch Gülle
Eisen	< 0,2 mg	> 3 mg	–
Sulfate	< 250	> 50 mg	–
Blei	–	> 0,1 mg	Kontamination[1)]
Kadmium	–	> 0,05 mg	
Fluor	–	> 2,0 mg	–
Quecksilber	–	> 0,001 mg	–
Zink	–	> 5 mg	–
Nitrat	< 50	> 200 mg	Verunreinigung durch organisches Material
Nitrit	< 0,5	> 30 mg	
fäkale Koli-Keime	nur wenn negativ	–	Verunreinigung durch Fäkalien
Streptokokken	nur wenn negativ	–	
Salmonellen	nur wenn negativ	–	
Pestizide - gesamt		> 0,0005 mg	

[1)] Kontamination durch Wasserleitung, Abraumhalden, industrielle Emissionen u. a.

6 Allgemeines zur Fütterung

Ingrid Vervuert, unter früherer Mitarbeit von Helmut Meyer †

6.1 Stall und Stalleinrichtungen

Im Folgenden werden die für die Fütterung relevanten Aspekte berücksichtigt.

6.1.1 Stallklima

In ▸ **Tab. 6.1** sind die Richtwerte für das Stallklima gemäß der Leitlinien zur Beurteilung von Pferdehaltungen unter Tierschutzaspekten zusammengefasst.

Lufttemperatur

Das Pferd toleriert bei Gewöhnung relativ große Temperaturbereiche.

Praxis

Der optimale Temperaturbereich liegt bei adaptierten Pferden zwischen 0 und 15 °C. Stalltemperaturen müssen im Winter oder während der Nacht nicht konstant gehalten werden; Veränderungen parallel zur Außentemperatur sind eher vorteilhaft.

Durch natürliche Temperaturschwankungen im Stall werden die Wärmeregulationsmechanismen der Pferde trainiert, an die beim häufigen Wechsel von drinnen nach draußen hohe Anforderungen gestellt werden. Außerdem ist die Gefahr der Zugluftbildung umso geringer, je kleiner die Differenz zwischen Stall- und Außentemperatur ist. Stalltemperaturen unter dem Gefrierpunkt (S. 202) bringen u. U. technische Probleme (Einfrieren der Tränke), werden aber vom Pferd gut vertragen.

Relative Luftfeuchte

Bei den tolerierten Temperaturschwankungen wird die relative Luftfeuchte im Pferdestall weitgehend mit den Veränderungen in der Außenluft konform gehen; allerdings reichert sich die Luft bei ungenügender Umwälzung mit Wasser an, da mittelgroße Pferde pro Tag rd. 5–7 l Wasser über Haut und Atemwege abgeben.

Merke

Ohne ausreichende Lüftung (Richtwert Luftgeschwindigkeit: ≥ 0,2 m/s) wird der optimale Richtwert von 60–80 % relative Luftfeuchtigkeit im Stall überschritten.

▸ **Tab. 6.1** Richtwerte für das Stallklima bei Pferden (Tab. basiert auf Daten aus Leitlinien zur Beurteilung von Pferdehaltungen 2009).

Parameter	Bedeutung	Richtwerte
Lufttemperatur	Anpassung der Stalltemperatur an die Außentemperatur trainiert Thermoregulation	Stalltemperatur soll der Außentemperatur gemäßigt folgen; optimaler Bereich liegt zwischen 0–15 °C
relative Luftfeuchtigkeit	> 80 %: erhöhte mikrobielle Belastung (z. B. Vermehrung von Pilzen), Störung der Thermoregulation	60–80 %
Luftgeschwindigkeit im Tierbereich	Abfuhr von Schadstoffen und -gasen, Zufuhr von Sauerstoff	≥ 0,2 m/s
Kohlendioxidgehalt der Luft	erhöhte CO_2-Konzentration bei erhöhten Gehalten an unerwünschten Substanzen (z. B. hohe Staubbelastung)	< 1000 ppm
Ammoniakgehalt der Luft	NH_3 entsteht bei der mikrobiellen Zersetzung von Harn und Kot	< 10 ppm
Schwefelwasserstoff der Luft	Hinweis auf extrem unhygienische Zustände	0 ppm

Hohe Luftfeuchtigkeit (> 80 %) ist bei hohen oder tiefen Temperaturen ungünstig: In Kombination mit hohen Temperaturen wird die Wärmeregulation (Wasserverdunstung) erschwert, bei tiefen Temperaturen die Kondensation von Luftfeuchtigkeit an den Wandflächen begünstigt.

Gas- und Staubgehalt in der Luft

In der Stallluft wird mit 0,2–0,8 mg Staub/m^3 gerechnet. Nach der Fütterung kann die Konzentration erheblich ansteigen (▸ **Abb. 6.4**).

Merke

Staub enthält nicht nur originäre Futterbestandteile mit geringer Partikelgröße, sondern konzentriert auch Pilzsporen, Mikroorganismen (einschließlich Endotoxine) sowie Milben und Milbenkot.

Die Inhalation kontaminierter Staubarten ist in jedem Fall kritisch, besonders bei Pferden mit Lungenerkrankungen (S. 294) wie z. B. dem equinen Asthma.

Vorrichtungen zur Regulierung des Stallklimas

Zur Regulierung von Temperatur, Feuchte und Gaskonzentration reichen in kleinen Ställen einfache Mittel wie Fensteröffnungen oder Außentüren mit aufklappbarem Oberteil. In größeren Ställen sind Lüftungsschächte, evtl. auch Ventilatoren notwendig.

Ammoniak- und Schwefelwasserstoffgehalte in der Luft können auch durch saugfähige Einstreu (S. 198) und eine bedarfsgerechte Eiweißfütterung günstig beeinflusst werden.

6.1.2 Stallart und -größe

Art, Ausstattung und Größe des Pferdestalls richten sich nach Klimabedingungen, Pferderassen und Nutzungsart. Im maritim-milden Klima Westeuropas werden **extensiv genutzte** Pferderassen auch im Winter draußen gehalten. Bei **intensiv genutzten** Pferden ist dagegen, insbesondere in ungünstigen Klimalagen, die Stallhaltung üblich, die z. T. ganzjährig oder aber nur saisonal praktiziert wird.

Die Ställe sollen vor Wind, Niederschlägen und in begrenztem Ausmaß auch vor Temperaturschwankungen schützen. Der Pferdestall muss **hell** sein.

Praxis

Als Mindestgröße der Fensterfläche sind 1/20 der Stallfläche anzusetzen. Die Beleuchtungsstärke ist mit mindestens 80 Lux im Tierbereich über mindestens 8 Stunden pro Tag vorzusehen.

Die Fenster müssen zu öffnen sein, so dass ein ungestörter Austausch zwischen Innen- und Außenluft möglich ist.

Als Haltungsformen werden Gruppen- und Einzelhaltung unterschieden.

Gruppenhaltung

Bei der Gruppenhaltung werden die Pferde in Gruppen in einem Stallgebäude mit und ohne Zugang nach draußen gehalten. Ställe, die dabei einen dauerhaften Zugang zu einem Auslauf besitzen, werden auch als **Offenlaufstall** bezeichnet.

Der Stall bzw. der Auslauf (Paddock oder Weide) kann dabei in unterschiedliche **Funktionsbereiche** wie z. B. Fress-, Trink-, Ruhe- und Laufbereich unterteilt sein („Aktivstall"). Hierbei werden die Funktionseinheiten Raufutterplatz, Kraftfutterstation, Ruheraum, Tränke und Auslauffläche durch Abtrennungen so zueinander angeordnet, dass die Pferde zur Bewegung angeregt werden.

Die saisonale oder ganzjährige **Weidehaltung** wird häufig auch ohne die Nutzung eines Stallgebäudes praktiziert, hier muss allerdings ein Witterungsschutz zur Verfügung stehen.

Praxis

Die Liegeflächen (in m^2) für die unterschiedlichen Gruppenhaltungsformen müssen mindestens (2–3 × Widerristhöhe)^2/Pferd betragen (ohne den Platz für den Fressbereich).

Die Haltung der Pferde in Gruppen berücksichtigt die Ansprüche des Pferdes als Herdentier im Besonderen, so dass diese Haltungsform anzustreben ist. Allerdings stellt diese Haltung an das Management und die ordnungsgemäße Gestaltung der Haltung besondere Ansprüche, die ein fachspezifisches Wissen voraussetzen.

Einzelhaltung

Die Einzelhaltung findet in **Boxen** statt. Hierbei wird zwischen Innen- und Außenbox unterschieden. In einigen Ställen sind an die Außenboxen kleine Ausläufe, z. T. auch mit separatem Fressbereich integriert.

> **Praxis**
> Die Mindestgrößen (in m^2) für Boxenflächen variieren zwischen $(2 \times \text{Widerristhöhe})^2$ bei einzeln gehaltenen Pferden und $(2{,}3 \times \text{Widerristhöhe})^2$ bei Stuten mit Fohlen.

Die Boxenschmalseite darf dabei eine Länge (in m) von 1,75 × Widerristhöhe nicht unterschreiten. Bei einem Stockmaß von 1,60 m wird also eine Bodenfläche von 10,2 m^2 notwendig.

Die Boxenställe können durch einfache **Trennwände** getrennt werden, deren Höhe (in m) ca. 0,8 × Widerristhöhe erreichen sollte. Höhere Abtrennungen sollten im oberen Teil mit Stabgittern durchbrochen sein, so dass die Pferde ihre Umgebung beobachten können. Jede Einzelhaltung muss so gestaltet sein, dass die Pferde mindestens Sicht-, Hör- und Geruchkontakt zu anderen Pferden aufnehmen können.

Insbesondere für die Einzelhaltung, z. T. aber auch für die Gruppenhaltung, muss täglich für eine ausreichende, den physiologischen Anforderungen entsprechende Bewegung gesorgt werden. Dabei ist zu beachten, dass kontrollierte Bewegung wie Reiten oder Führanlagen nicht die gleichen Bewegungsabläufe beinhaltet wie die freie Bewegung. Gänzlich tierschutzwidrig gilt die dauerhafte Ständerhaltung von Pferden.

6.1.3 Einstreu

Die Einstreu soll die Ausscheidungen des Pferdes möglichst aufsaugen oder binden, eine zusätzliche Wärmeisolierung schaffen sowie vor mechanischen Insulten schützen.

Das Wohlbefinden des Pferdes hängt in hohem Maße von einer trockenen, weichen und sauberen Unterlage ab. Eine einstreulose Haltung ist nur unter bestimmten Bedingungen (Gummimatten) anzustreben. Als Einstreumaterial kommen Stroh, Torf, Sägemehl oder Hobelspäne, z. T. auch Papierschnitzel infrage.

Langgehäckseltes (5–10 cm), frisches, gut geerntetes **Stroh** (Hafer-, Roggen- oder Weizenstroh) kann die oben genannten Bedingungen am besten erfüllen. Nachteile sind allenfalls die hohen Strohmengen, die für die Erhaltung ausreichender Trockenheit notwendig sind, sowie eine unkontrollierte Strohaufnahme, die zu Dickdarmobstipationen führen kann. Die ausreichende Vorlage an Raufutter wie z. B. Heu (mindestens 1,7 kg Heu/100 kg KM pro Tag, entspricht 1,5 kg TS/100 kg KM) verhindert in vielen Fällen die übermäßige Strohaufnahme.

Strohpellets werden z. T. auch als Einstreumaterial eingesetzt. Die gute Saugfähigkeit und die sehr geringe Staubentwicklung sind hervorzuhebende Eigenschaften der Strohpellets, allerdings kann auch hier ebenfalls eine übermäßige Aufnahme zu Verstopfungskoliken führen.

Regional werden auch **Raps-** und **Leinstroh** als Einstreumaterialen genutzt. Rapsstroh (gehäckselt) besitzt eine gute Saugfähigkeit, wohingegen das Leinstroh eine eher geringe Saugfähigkeit besitzt. Beim Raps werden nachteilige Inhaltsstoffe wie Glucosinolate oder Erucasäure herausgezüchtet, so dass bezüglich dieser antinutritiven Substanzen keine Einwände gegenüber dem Einsatz von Rapsstroh als Einstreu beim Pferd bestehen. Problematisch kann aber die hygienische Qualität des Rapsstrohs durch erhöhte Bakterien- und Pilzgehalte sein, da der Raps zum Zeitpunkt der Ernte mit rd. 50 % Wasser einen relativ hohen Restwassergehalt besitzt, so dass einer adäquaten Nachtrocknung der Stängel eine erhebliche Bedeutung zukommt.

Torf (Weißtorf) ist ebenfalls als Einstreu geeignet, insbesondere wegen seiner hohen Saugfähigkeit und Bindungskraft für Ammoniak. Außerdem werden Staubrisiken vermieden. Stark durchfeuchteter Torf kann evtl. das Hufhorn angreifen (weich und bröselig machen). Eine Kombination von Stroh und Torf reduziert die Nachteile beider Einstreuarten.

Sägespäne, **Holzwolle** und **Papierschnitzel** besitzen – sofern nicht besonders präpariert – keine Wasserbindungsfähigkeit, die der des Strohs gleichkommt. Spezialprodukte von Sägespänen liefern allerdings eine nahezu staubfreie Einstreu. Sägespäne sollten keine toxischen Substanzen enthalten (Imprägnierungsmittel) oder von Bäumen mit toxischen Stoffen (z. B. Robinie oder Walnuss, auch im Kernholz; ▶ **Tab. 9.1**) stammen. Einer stärkeren Verwendung steht die geringe Düngewirkung entgegen, da sägespänehaltige Düngeabfälle erst nach längerer Kompostierung für den Acker geeignet sind.

6.1.4 Fütterungseinrichtungen

Futterkrippen

Größe und Form Pferdekrippen sollten ausreichend groß sein, damit das Futter verteilt werden kann. Krippen von 60–80 cm Länge und 50 cm Breite sind zu empfehlen. Bei dreieckigen Trögen sollten die beiden Schenkel, die zur Befestigung dienen, mindestens 50 cm lang sein. Futtertröge sollten etwa 20 cm tief und am oberen Rand gewulstet sein, damit das Futter nicht aus der Krippe geschoben oder geblasen werden kann. Der zum Pferd liegende Krippenrand muss so geformt sein, dass beim Fressen kein spitzer Winkel zwischen Hals und Kopf (Erschwerung des Schluckvorgangs) entsteht (▶ **Abb. 6.1**).

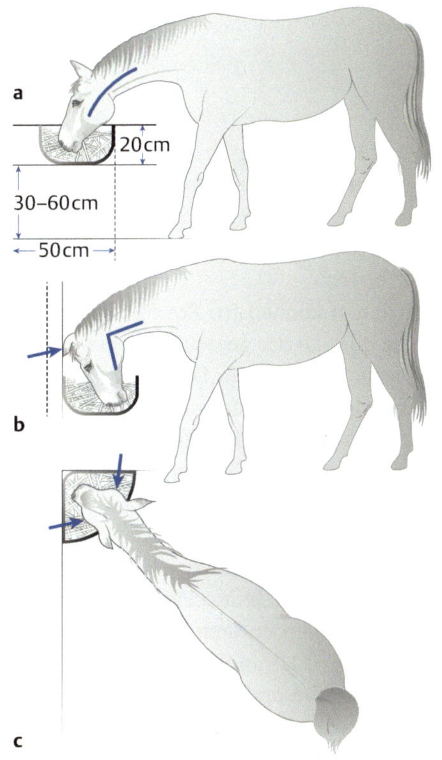

▶ **Abb. 6.1** Verschiedene Krippenformen: **a** Höhe und Form sowie Abstand von der Wand optimal. **b** Krippe zu dicht an der Wand. **c** dreieckige Krippenform (Abb. basiert auf Daten aus Schnitzer 1970).

Material Die Krippen können aus Ton, Stein, Metall oder Kunststoff hergestellt werden. Entscheidend sind: geringe Verletzungsgefahr, gute Reinigungsmöglichkeit, Haltbarkeit, keine Kontamination des Futters (Zink, Eisen) und kein Eigengeruch. Diese Forderungen werden durch Steinzeug- oder Steinkrippen erfüllt. Kunststoffkrippen sind vergleichsweise weniger aufwändig und kostengünstiger. Holzkrippen haben den Nachteil, dass sie leicht benagt werden. Außerdem können sich in Ritzen Futterreste ansammeln, die in Vergärung übergehen und durch Geruchsveränderungen evtl. die Futteraufnahme beeinträchtigen.

Anbringung Zur einfachen Beschickung der Krippen sind verschiedene Lösungen entwickelt worden: schwenkbare Tröge, die von außen gefüllt werden können, oder Luken, über die das Futter vom Futtergang zugeteilt wird. Die Höhe der Lukenöffnung sollte 20 cm nicht überschreiten, damit der Kopf des Pferdes nicht eingeklemmt werden kann.

Für die Krippenhöhe sind zwei gegensätzliche Forderungen in Einklang zu bringen:

- Die Futteraufnahme soll unter physiologischen Bedingungen erfolgen
- Die Verunreinigung soll möglichst gering sein

Unter natürlichen Verhältnissen (Weide) nehmen Pferde das Futter vom Boden auf, bei entspannter Haltung im Kopf- und Halsbereich. Krippen in Bodenhöhe sind jedoch nicht möglich, da Pferde bei der Nahrungsaufnahme nach vorn drängen und mit den Vorderhufen in die Krippen treten würden. Außerdem besteht die Gefahr der Verunreinigung mit Einstreu oder Fäkalien. Hoch angebrachte Krippen können solche Verunreinigungen verhindern, führen aber zu einer unphysiologischen Haltung während der Futteraufnahme.

Praxis

Die Futtertröge sollten in einer Höhe (in m) von ≤ 0,3 (max. 0,4) × Widerristhöhe angebracht werden.

Dabei besteht allerdings immer noch die Gefahr, dass die Pferde mit den Vorderhufen in die Krippen treten, besonders in Boxen, deren Seitenwände hoch geschlossen sind und den Pferden keinen Ausblick bieten.

Die Krippen können im Boxenstall entlang der Stallgasse oder an der gegenüberliegenden Wandseite angebracht werden. Da die Pferde gewöhnlich mit dem Kopf zur Stallgasse gewendet stehen, kommt es im ersten Fall zu einem geringeren Verunreinigungsrisiko. Außerdem können die Tiere unmittelbar von der Stallgasse aus durch aufklappbare Gitter gefüttert werden.

Bei Gruppenhaltung im Laufstall ist eine sichere Futterdosierung für jedes Pferd evtl. schwierig. Liegen die Krippen entlang einer Stallseite, müssen die Tiere u. U. angebunden werden, damit schwächere, insbesondere unter Fohlen, nicht abgedrängt werden. Querbalken zwischen den Futterplätzen mindern das Verletzungsrisiko.

Raufuttervorlage

Das Raufutter kann in Raufen, Netzen oder unmittelbar vom Boden gefüttert werden.

Wandraufen zur Fütterung des Raufutters sollten aufgrund der unphysiologischen Fressposition sowie der durch die erhöhte Kopfposition vermehrten Inhalation von Staubpartikeln beim Fressen nicht bei Pferden eingesetzt werden.

Rundraufen eignen sich in Bewegungsställen (außen und überdacht), auf Weiden, aber auch bei Gruppenhaltung in Ställen (mit und ohne Auslauf) für die Bereitstellung von Raufutter.

Neuere Stallkonstruktionen bieten die **Fütterung vom Boden** (Kraft- und Raufutter) an, wobei der Fressbereich außerhalb der Box (Einzeltierhaltung) bzw. Lauffläche (Gruppenhaltung) liegt. Hierbei haben die Pferde über sog. **Durchfressgitter** (30–35 cm breite Zwischenräume, durch die die Pferde die Köpfe einfädeln müssen) Zugang zum Futter, die Fressebene muss auf ca. 20–60 cm angehoben werden, um die Futteraufnahme ohne Ausfallschritt zu ermöglichen.

Slow Feeding Systeme

Mit dem Begriff „Slow Feeding Systeme" werden Futterdispenser oder Raufen bezeichnet, bei denen das Raufutter mit Netzen oder Gittern abgedeckt wird, um die Futteraufnahme der Pferde zu verlangsamen.

Die einfachste Variante eines Slow Feeding Systems ist das Füttern des Raufutters aus **Netzen.** Durch sehr engmaschige Netze (< 30 mm Maschenweite) wird die Futteraufnahme verlangsamt, allerdings darf die verlangsamte Raufutteraufnahme auch nicht überbewertet werden, da im Mittel z. B. das Heu nur 5–10 min/kg langsamer verzehrt wird als beispielsweise bei der Fütterung von Heu in sehr grobmaschigen Netzen (75 mm). Ähnlich wie Heunetze können auch sogenannte „HeuToys" (▶ **Abb. 6.2**) eingesetzt werden, hierbei handelt es sich um Behälter (in der Regel aus Kunststoff) mit mehr oder weniger großen Löchern zum Fressen. Eine weitere Möglichkeit stellen Raufen dar, die mit einem Metall- oder Kunststoffgitter ausgestattet sind, welches durch Gummiexpander oder Stangenarretierungen flexibel das Raufutter Richtung Boden drücken (▶ **Abb. 6.3**).

Futterautomaten

Für Einzelpferde, aber auch für größere Bestände sind Futterautomaten praktisch, mit denen – ernährungsphysiologisch erwünscht – das Krippenfutter in kleinen Portionen in mehreren Mahlzeiten zugeteilt werden kann. Wird die Mahlzeitenfrequenz für das Krippenfutter auf > 10 Mahlzeiten pro Tag eingestellt, so vernachlässigen einige Pferde die Raufutteraufnahme, da sie permanent auf die Zuteilung des Krippenfutters warten, in solchen Fällen muss die Mahlzeitenfrequenz des Futterautomaten reduziert werden. Neben stationären Anlagen für Einzelboxen werden für größere Ställe auch zentral gesteuerte Anlagen mit Zuteilung an den einzelnen Fressplätzen angeboten oder computergesteuerte mobile Dosierwagen, die im Stallgang unter der Decke hängen und jede Krippe einzeln bedienen können.

Die individuelle Kraftfutterzuteilung ist bei Gruppenhaltung durch computergesteuerte Abruffütterung möglich. Über einen am Halfter oder Halsband befestigten Sender kann z. B. jedes Pferd

▸ **Abb. 6.2** HeuToy auf der Koppel. (Quelle: Udo Röck GmbH)

▸ **Abb. 6.3** Heukiste.
a Außenansicht Heukiste mit flexiblem Fressgitter (Quelle: www.heufresser.com)
b Innenansicht Heukiste mit flexiblem Fressgitter ohne Befüllung (Quelle: www.heufresser.com)

die individuell vorgesehene Futtermenge am Futterautomaten abrufen. Mit Hilfe dieses Systems ist auch eine genaue Kontrolle der täglich aufgenommenen Futtermengen für jedes Pferd möglich.

Auch die Raufutterzuteilung kann über automatisierte Systeme gesteuert werden. Hier gibt es verschiedene Systeme, wobei das Raufutter z. B. in Raufen über verschiebbare Seitenelemente bzw. Schieber durch Öffnen und Schließen dieser Elemente über eine Zeitsteuerung zugeteilt werden kann. Bislang gibt es kaum Untersuchungen über die optimale Zeitsteuerung bei der Raufutterzuteilung. Automatisierte Systeme, die z. B. stündlich für 15–20 min Zugang zum Raufutter gewährleisten, haben den Vorteil, dass die Pferde sich zwischen den verschiedenen Funktionsräumen bewegen (Wasser, Ruhebereich, ggf. Kraftfutterstation, ggf. Weide). Bei alten Pferden kann aber das Problem auftreten, dass die Zeiträume für die Raufutteraufnahme zu knapp bemessen sind, hier sollten ggf. Zugangsbereiche mit ungestörter Raufutteraufnahme geschaffen werden. Andere automatisierte Systeme sind so gesteuert, dass die Pferde Transponder-gesteuert Zugang zum Raufutter haben. Diese bieten den Vorteil, dass in Abhängigkeit vom Ernährungszustand die Zeitdauer der Raufutteraufnahme gesteuert werden kann.

Sowohl bei der Kraftfutter- als auch bei der Raufutterzuteilung sollte bei der Gruppenhaltung darauf geachtet werden, dass in den Nachtstunden die Zeittaktung auf größere Intervalle eingestellt wird, um eine ausreichende Ruhe- bzw. Schlafphase gewährleisten zu können.

6.1.5 Tränken

Tränken sollten im Boxenstall – um häufige Wasseraufnahme während des Fressens zu erschweren und Verunreinigungen durch Futterreste vom Maul des Pferdes gering zu halten – möglichst der Krippe gegenüber, seitlich versetzt (geringeres Risiko der Verunreinigung mit Kot) angebracht werden. Die Tränke (in m: ca. 0,3–0,4 × Widerristhöhe) kann durch bogenförmige Rundeisen vor Schlag, Druck oder Verunreinigungen geschützt werden. Selbsttränken ohne Deckel haben sich im Pferdestall am besten bewährt. In Kaltställen sind beheizte Tränken notwendig. Im Laufstall und auf der Weide können auch Ballontränken, die in begrenztem Umfang frostsicher sind, verwendet werden. In diesem System verschließt ein aufschwimmender Ball die Öffnung der Tränke. Zur Tränktechnik (S. 211).

Praxis

In Gruppenhaltung ist jeweils ein Selbsttränkebecken für ca. 15 Pferde notwendig, bei Trogtränken reicht i. d. R. ein Tränkebecken für jeweils 20 Pferde.

6.2 Allgemeines zur Rationsgestaltung

6.2.1 Prinzipien

Die optimale Zusammensetzung einer Ration ist die Voraussetzung für die Gesunderhaltung und Leistungsfähigkeit des Pferdes. Zur Überprüfung der eingesetzten Ration stehen zahlreiche computergestützte Rationskalkulationsprogramme zur Verfügung. Die Rationskalkulation sollte Basis der Rationsgestaltung sein, zumindest aber bei gesundheitlichen Störungen stellt die Rationskalkulation ein „Muss“ dar. Eine berechnete Ration gibt einen Handlungsplan, dessen Qualität von den futterkundlichen Daten, der Beurteilung des Tieres und Bewertung des Bedarfs abhängt. Die wesentlichen Anforderungen und Prinzipien einer adäquaten Rationsgestaltung werden im Folgenden erläutert.

Auswahl der Futtermittel

Unter den zahlreichen, für Pferde geeigneten Futtermitteln, die teils im landwirtschaftlichen Betrieb anfallen, teils zugekauft werden müssen, ist nach Notwendigkeit, Eignung, Nährstoffkonzentration, Verfügbarkeit und Preis auszuwählen. Die Eignung der Futtermittel ergibt sich aus ihrer Schmackhaftigkeit und Verträglichkeit, einige Futtermittel sind aufgrund besonderer Inhaltsstoffe oder einseitiger Zusammensetzung (S. 130) nur begrenzt einsetzbar.

Feststellung der Nährstoffgehalte in Futtermitteln

Vor der Kombination verschiedener Futtermittel in einer Ration sind die Nährstoffgehalte der ausgewählten Futtermittel zu ermitteln.

Für Getreidekörner, proteinreiche Saaten und Pflanzenöle sowie für die meisten Nachprodukte stehen in der Regel zuverlässige Tabellenwerte zur Verfügung (► **Tab. 13.34**).

Für Gras und getrocknete Grünfuttermittel wie Graswürfel, Heu, Heulage oder Grünmehle sind die Tabellenwerte nur als Richtwerte zu verstehen, da Pflanzenvielfalt, Düngemaßnahmen, Schnittzeitpunkt und weitere Faktoren die Energie- und Nährstoffgehalte stark beeinflussen.

Viele Landwirtschaftskammern verfügen über regelmäßig veröffentlichte Daten, vielfach mit regionaler Zuordnung, über die Energie- und Nährstoffzusammensetzung von Raufuttermitteln, die für die Rationsüberprüfung nutzbar sind. Für kommerzielle Ergänzungs- und Mineralfutter sind die wesentlichen Inhaltsstoffe der Deklaration zu entnehmen, darüber hinaus werden häufig erweiterte Informationen zu den Energie- und Nährstoffgehalten für die Produkte auf der Website der jeweiligen Futtermittelfirma veröffentlicht. Die korrekte Deklaration der Inhaltsstoffe in kommerziellen Ergänzungs- und Mineralfuttermittel wird sowohl behördlich als auch über Eigenkontrollen regelmäßig überprüft.

Ermittlung des Energie- und Nährstoffbedarfs

Grundlage jeder Rationsgestaltung ist die Ermittlung des Energie- und Nährstoffbedarfs für das zu versorgende Pferd. Dazu sind in ▶ **Tab. 4.6** Richtzahlen angegeben, die der jeweiligen speziellen Situation (aktuelles Körpergewicht, optimales Körpergewicht, Temperament, Rasse, Trainingszustand, klimatische Verhältnisse, Haltungsbedingungen etc.) angepasst und nicht rein schematisch angewendet werden sollten.

Grundlage dieser Richtzahlen sind die sog. „Empfehlungen zur Energie- und Nährstoffversorgung der Pferde", die von der Gesellschaft für Ernährungsphysiologie der Haustiere letztmals 2014 in aktualisierter Fassung veröffentlicht wurden und Grundlage der hier vorgestellten Rationen sind. Siehe hierzu den Tabellenanhang (S. 334).

Kombination der Futtermittel zur Ration

Die verschiedenen Futtermittel sind in ihren Mengen unter Berücksichtigung der oben genannten Gesichtspunkte so zu kombinieren, dass primär der Energie- und Eiweißbedarf gedeckt werden. Nachdem diese Forderung erfüllt ist, werden die übrigen Nährstoffe (Mengen- und Spurenelemente sowie Vitamine) berechnet und mit dem Bedarf verglichen. Bestehen noch Lücken, so sind Ergänzungsfutter (Einzelmineralien wie z. B. Natriumchlorid oder Vitaminmischungen wie z. B. Vitamin E) zuzusetzen.

Durch korrekte Berechnung und Bewertung der Futterrationen (S. 334) ist eine hohe Sicherheit für die optimale Versorgung der Pferde mit allen Nährstoffen zu erreichen. Weitere Zusätze nährstoffhaltiger Präparate oder von Zusatzprodukten mit vielfach nicht belegten Wirkungen können entfallen. Sie richten unter Umständen eher Schaden an, da zahlreiche Spurenelemente wie z. B. Selen oder Vitamine wie z. B. Vitamin D bei bedarfsüberschreitender Versorgung toxisch sein können.

Überprüfung der Aufnehmbarkeit der Ration

In der Regel ist bei gesunden Pferden die maximale Futteraufnahmekapazität zur adäquaten Abdeckung des Energiebedarfs kein limitierender Faktor, selbst wenn Leistungen wie Laktation oder Bewegung eine hohe Energieaufnahme erfordern. Bei Pferden im Erhaltungsstoffwechsel, aber auch bei Sportpferden kann eine Trockenmasseaufnahme zwischen 2,0–3 % der KM angenommen werden, bei laktierenden Stuten ist die erwartete Trockenmasseaufnahme mit 3–3,5 % der KM deutlich höher. Bei ganztägigem Weidegang werden z. T. deutlich höhere Trockenmasseaufnahmen (bis zu 5 % der KM) von vielen Pferden realisiert. Zahlreiche Faktoren wie das Alter, der Gesundheitszustand, das Klima, die Schmackhaftigkeit der Futtermittel oder die Verfügbarkeit von Wasser können die Futteraufnahmekapazität (S. 64) positiv wie negativ beeinflussen. Die Bedeutung der freien Verfügbarkeit von Wasser, auch bei Weidehaltung, wird vielfach unterschätzt. Einschränkungen in der Wasseraufnahme verringern u. a. den Futterverzehr.

! Merke

Ein gesundes Pferd nimmt bei einem ausgewogenen Futterangebot in der Regel ausreichend Energie und Protein auf, um den Bedarf für den Erhalt der Körpermasse abdecken zu können, vielfach werden auch deutlich höhere Futtermengen aufgenommen. Körpermasseverluste sind ein Hinweis auf eine eingeschränkte Futterverfügbarkeit und/ oder Erkrankungen.

Mit steigendem Anteil an Ergänzungsfutter muss mit einer Minderung bei der Raufutteraufnahme gerechnet werden. Dieser Effekt hängt vor allem von der Qualität des Grundfutters und dem Energiebedarf des Tieres ab. Nach vorläufigen Untersuchungen ging bei mittelgroßen Rassen die Aufnahme an Trockensubstanz aus Heu bei Steigerung der Krippenfuttermenge bis zu 8 kg/Tag um 0,45 kg pro kg Kraftfutter zurück. Bei Grassilagefütterung (50 % TS) wirkten sich Krippenfuttermengen bis 3 kg/Tag nicht nachteilig auf die Silageaufnahme aus, nach Kraftfutterzulagen von 3–6 kg nahm die TS-Aufnahme aus der Silage um rd. 0,55 kg pro kg zugelegtes Kraftfutter ab. In dem Bereich, in dem bei der gewünschten täglichen Raufutterzuteilung von 1,5 kg TS/100 kg KM noch Ergänzungsfutter zusätzlich erforderlich ist, kann allerdings die Raufutterverdrängung als nachrangig bewertet werden.

Abdeckung der spezifischen Bedürfnisse

Die Basis jeder Ration ist bei Pferden immer das kaufähige Raufutter (Gras, Heu, Heulagen, Gras- oder Maissilagen) aufgrund der Bedeutung für die Funktion des Verdauungskanals und für das Vermeiden von Verhaltensstörungen. Bei der Rationsgestaltung sollte aus diesem Spektrum – ausgenommen Maissilagen – eine Trockensubstanzmenge von 1,5 kg/100 kg KM je Tag angestrebt werden, mindestens aber die zur Abdeckung des energetischen Erhaltungsbedarfs notwendige Trockensubstanzmenge. Je nach Wassergehalt des Futters ergeben sich unterschiedliche Frischfuttermengen. Die Zufuhr von Maissilage sollte aufgrund der Stärkegehalte auf 1 kg TS/100 kg KM je Tag limitiert bleiben.

Praxis

Die in ▸ Tab. 6.2 aufgeführten täglichen Mindestmengen für verschiedene Raufuttermittel sind unbedingt einzuhalten.

▸ **Tab. 6.2** Tägliche Mindestmengen für unterschiedliche Raufuttermittel zur Abdeckung der pferdespezifischen Bedürfnisse unter Berücksichtigung einer TS-Aufnahme von 1,5 kg/100 kg KM.

TS, %	Futterart	1,5 kg TS entsprechende Frischfuttermenge, kg
16	Grünfutter, frisch	9,4
20		7,5
22		6,8
40	Anwelksilagen	3,8
50		3,0
60	„Heulagen“	2,5
70		2,1
86	Heu, Trockengrün	1,7
88		1,7

Überprüfung der Verträglichkeit

Stärkeaufnahme

Getreide stellt vielfach einen nicht unerheblichen Bestandteil der Ration für Pferde mit einem hohen Energiebedarf wie Sportpferde, laktierende Stuten oder Pferde im Wachstum dar. Bei der Fütterung von Getreide an Pferde ist es notwendig, eine **hohe Stärkeverfügbarkeit im Dünndarm** zu gewährleisten, um ein Abfluten von Stärke in den Dickdarm zu minimieren. Des Weiteren sichert der enzymatische Abbau von Stärke im Dünndarm eine höhere Energieeffizienz, da mehr Glukose anfluten kann.

Im **Dickdarm** wird die Stärke sehr schnell durch Bakterien fermentiert, wodurch es zu einer Akkumulation von Laktat und kurzkettigen Fettsäuren wie z. B. Propionsäure kommen kann und nachfolgend der pH-Wert stark abfällt. Diese Vorgänge führen zu einer Veränderung der Mikroflora, wobei gesundheitliche Störungen wie z. B. Koliken oder das Auslösen einer Hufrehe induziert werden können.

Eine **thermische Verarbeitung des Getreides**, d. h. eine Hitzebehandlung in Kombination mit Druck, führt zu einer erhöhten präzäkalen Stärkeverfügbarkeit im Vergleich zum unbehandelten Getreide und minimiert somit die Risiken des Abflutens von Stärke in den Dickdarm. Auf der anderen Seite bedingt eine erhöhte präzäkale enzymatische Stärkeverfügbarkeit u. U. eine hohe postprandiale Anflutung von Glukose und Insulin, welches als Risikofaktor für das Entstehen einer Insulindysregulation angesehen wird. Hafer und Dinkel müssen in der Regel bei Pferden ohne Gebissprobleme nicht thermisch bearbeitet werden und beide Getreide können als ganzes Korn gefüttert werden. Gerste und Mais sollten allerdings grundsätzlich thermisch aufgeschlossen werden, hier stehen z. B. Maisflocken zur Verfügung.

Eine **hohe Getreide-** bzw. **Kraftfutteraufnahme** steht des Weiteren im Zusammenhang mit einer erhöhten Inzidenz an Magenschleimhautveränderungen bis hin zu Magengeschwüren und belastungsbedingten Myopathien.

Praxis

Um den Ansprüchen zur Gesunderhaltung gerecht zu werden, sollte eine **maximale Aufnahme** von 0,3 kg/100 kg KM pro Mahlzeit für Mischfutter oder Getreide (oder 1 g Stärke/kg KM pro Mahlzeit), die einen Stärkegehalt zwischen 30–40 % besitzen, realisiert werden. Die Gesamtkraftfuttermenge sollte 1 kg/100 kg KM pro Tag selbst bei hohen Leistungen nicht überschreiten.

Fettaufnahme

Die Zulage von Fett ist relativ populär in der Pferdefütterung und beinhaltet zahlreiche Vorteile:

- Reduktion von Stärke im Austausch von Fett
- Erhöhung der Energiedichte in der Ration bei sehr hohem Energiebedarf oder bei abgemagerten Pferden
- geringere endogene Wärmeproduktion während intensiver Belastungen
- Einsparung von Glukose und Glykogen während der Belastung
- Staubbindung z. B. beim Einmischen in Getreide
- vielfach hohe Akzeptanz durch gute Schmackhaftigkeit

Beim Pferd eignen sich primär Pflanzenöle mit einem hohen Anteil an ungesättigten Fettsäuren wie **Sonnenblumen-, Maiskeim-, Soja-, Raps- oder Leinöl,** wohingegen Fette mit einem hohen Anteil an gesättigten Fettsäuren wie Kokosfett durch eine geringere Verdaulichkeit gekennzeichnet sind.

Eine **zu hohe Fettaufnahme** birgt das Risiko, dass Fett in den Dickdarm abflutet und somit die Mikroflora im Zäkum und Kolon nachteilig beeinflussen kann.

Praxis

Die tägliche Fettaufnahme sollte nach Adaptation auf maximal 0,5–1 g/kg KM limitiert werden. Grundsätzlich muss die Pflanzenölgabe auf mehrere Mahlzeiten verteilt werden, da Pferde keine Gallenblase besitzen, aber die in der Leber gebildeten Gallensäuren werden kontinuierlich in kleinen Mengen in den Dünndarm abgegeben.

Eiweißaufnahme

Ein Überschuss an Eiweiß kommt sehr häufig vor, bei gesunden Pferden wird der überschüssige Stickstoff in Form von Harnstoff über die Nieren eliminiert und führt nicht zu gesundheitlichen Störungen. Eine Restriktion von Eiweiß in der Ration ist z. B. bei **Nieren-** und **Lebererkrankungen** notwendig.

Darüber hinaus wird der Harnstoff in der Einstreu zu Ammoniak umgewandelt, was sich nachteilig auf das Stallklima auswirkt.

Praxis

Bei gesunden Pferden sollte das präzäkal verdauliche Rohprotein auf ~2,5 bis maximal 3 g/kg KM limitiert werden, da die Umwandlung in Harnstoff ein energieabhängiger Prozess ist.

Mineralstoff- und Vitamintoleranzen

Die Prävention einer Über- und Unterversorgung mit Energie- und Nährstoffen ist das wesentliche Ziel einer adäquaten Rationsgestaltung. Während das Schließen der Energie- und Nährstofflücken durch die Vielfalt der kommerziellen Angebote sehr leicht gelingt, müssen vielfach Überschüsse in der Ration bewertet werden. Die **maximal tolerierbaren Gehalte von Mineralstoffen und Vitaminen** sind so definiert, dass bei Verfütterung über einen längeren Zeitraum keine nachteiligen gesundheitlichen Störungen auftreten (▶ **Tab. 6.3**).

Neben den absoluten Gehalten an Mineralstoffen und Vitaminen müssen auch **Interaktionen der Mineralstoffe** beachtet werden (▶ **Tab. 6.4**). Eine sehr hohe Zinkaufnahme (S. 111) kann z. B. die Kupferverwertung beeinflussen, aber auch andere Interaktionen wie diejenige zwischen Selen und Schwefel sind denkbar.

▶ **Tab. 6.3** Maximale tolerierbare Gehalte an Mineralstoffen und Vitaminen in Rationen für Pferde.

Element	Risiko für Gesundheitsstörungen	pro kg TS
Kalzium	gering bis mittel	20 g
Phosphor	mittel	10 g
Magnesium	gering	8 g
Kalium	gering bis mittel	30 g
Natriumchlorid	hoch, wenn kein Wasser zur Verfügung steht	330–60 g
Kupfer	gering	800 mg
Zink	gering	500 mg
Selen	sehr hoch	2 mg
Jod	mittel bis hoch	5 mg
Eisen	mittel	500 mg
Vitamin A	mittel	16000 IU
Vitamin D	hoch bis sehr hoch	2200 IU, evtl. Toleranzwert zu hoch
Vitamin E	sehr gering	kein Maximalwert festgelegt

▶ **Tab. 6.4** Interaktionen von Spurenelementen mit Mineralstoffen und anderen Faktoren.

Element	Interaktion mit
Kupfer	Molybdän, Schwefel, Kalzium, Eisen, Zink, Cadmium, Silber, Phytinsäure
Eisen	Kalzium, Phosphor, Kupfer, Zink, Phytinsäure
Mangan	Phosphor, Phytinsäure
Selen	Schwefel
Zink	Kalzium, Kupfer, Phytinsäure

6.2.2 Fütterungstechnik

Von Natur aus ist das Pferd auf kontinuierliche Aufnahme kleiner Futtermengen eingestellt (Steppentiere, ▶ **Tab. 3.14**). Im Stall können diese Bedingungen häufig nicht eingehalten werden, doch sollte sich die Fütterungstechnik stets an den ursprünglichen Verhältnissen orientieren.

Häufigkeit der Fütterung

Die Forderung, möglichst oft in kleinen Mengen zu füttern, lässt sich aus arbeitswirtschaftlichen Gründen nur in begrenztem Ausmaß realisieren. Die notwendige Frequenz der täglichen Mahlzeiten hängt vom Nährstoffbedarf des Pferdes, seinem individuellen Verhalten, der Art der Futtermittel und auch der Einstreu ab.

In der Regel werden Pferde nur 2–3-mal täglich gefüttert mit 8–10-stündigem Abstand während des Tages und einer 12–14-stündigen Nachtpause. Wird ausschließlich oder überwiegend Raufutter eingesetzt, so ist diese Fütterungstechnik wegen der langen Futteraufnahmezeit problemlos.

Die stoßweise Aufnahme hoher Mengen konzentrierter Futtermittel, gefolgt von langen Futterpausen, ist jedoch in doppelter Hinsicht nachteilig: Magen und Darm werden überlastet, es besteht ein Kolikrisiko durch Magenüberladung oder Gasbildung (S. 308), andererseits fehlt den Mikroorganismen im Dickdarm ein kontinuierliches Nährstoffangebot, so dass bei längeren Fütterungsintervallen (> 12 h) deren Zahl und Aktivität bereits abnimmt. Die nachfolgenden Verdauungsvorgänge können bereits beeinträchtigt werden.

Praxis

Nach einer längeren Nahrungskarenz ist zunächst Raufutter zu füttern, damit sich die Verdauungsvorgänge anpassen können.

▶ **Tab. 6.5** Krippenfutter: Mahlzeiten pro Tag bei Pferden (550–600 kg KM) in Abhängigkeit von der Gesamtmenge (maximal).

Gesamtmenge	Häufigkeit (Mindestwerte)
< 4 kg	2–3-mal
4–6 kg	3–4-mal

▶ **Tab. 6.6** Verteilung von Krippen- und Raufutter bei 3 Mahlzeiten am Tag.

Tageszeit	Krippenfutter	Raufutter
morgens	⅓	¼ (⅓)
mittags	⅓	¼
abends	⅓	½ (⅔)

Pferde mit **hohem Energiebedarf** (säugende Stuten, Fohlen, Rennpferde) müssen aus den genannten Gründen häufiger pro Tag gefüttert werden (▶ **Tab. 6.5**). Die Maximalmenge an Krippenfutter pro Mahlzeit beträgt 0,3 kg/100 kg KM.

Das Pferd gewöhnt sich rasch an einen bestimmten Rhythmus, so dass die festgelegten Futterzeiten eingehalten werden sollten. Unregelmäßige Fütterung kann zu vermehrter Unruhe im Stall, aber auch zu Verdauungsstörungen beitragen.

Über Futterautomaten (S. 200) sind häufige Mahlzeiten auf den Tag verteilt leicht einzurichten, eine sehr hohe Fütterungsfrequenz > 10 Mahlzeiten pro Tag führt bei einigen Pferden allerdings zur Vernachlässigung der Raufutteraufnahme, da die Pferde permanent Krippenfutter erwarten, in solchen Fällen sind Fütterungsfrequenz und ggf. auch Höhe der Kraftfuttermenge zu reduzieren.

Zuteilung der Futtermittel

Krippen- und Raufutter werden bei 3 Mahlzeiten am zweckmäßigsten verteilt wie in ▶ **Tab. 6.6** angeführt.

Durch die geringe Raufuttermenge während des Tages wird die Dauer der Futteraufnahme verkürzt, die höhere Zuteilung am Abend hilft, das längere Fütterungsintervall bis zum nächsten Morgen zu überbrücken.

> **Praxis**
> Für die Verdauungsvorgänge (Speichelbildung, Schichtung des Futters im Magen, Passage von Magen und Dünndarm) ist es günstiger, mit dem Raufutter zu beginnen und nach 15–30 min Krippenfutter zuzuteilen.

Das Zuteilen geringer Mengen an Heuhäckseln zum Krippenfutter (< 30 % der Gesamtkrippenmahlzeit) reduziert in der Regel nicht die Futteraufnahmezeit, schafft aber bessere Bedingungen für die Magenverdauung.

Krippenfutter

Vor der Fütterung sind die Krippen sorgfältig zu reinigen.

Das Krippenfutter (lose, pelletiert, gequetscht usw.) sollte, da nicht ständig gewogen werden kann, nach Volumen (ausgewogene Messgefäße) zugeteilt werden.

Krippenfutter in mehlig-staubiger Form kann mit Wasser oder auch mit Pflanzenöl benetzt werden (1–3 % der Krippenmahlzeit), damit die Tiere nicht zu viel Staub inhalieren. Größere Krippen, evtl. mit Bruchstücken von Salzlecksteinen, verzögern ebenfalls die Futteraufnahme.

Das Krippenfutter sollte kontinuierlich aufgenommen werden, kommt es zu starken zeitlichen Verzögerungen, so sind sowohl das Futtermittel auf Zusammensetzung und Hygiene als auch der Gesundheitszustand zu überprüfen.

Raufutter

Eine exakte quantitative Zuteilung des Raufutters ist durch einfache Maßnahmen möglich. Federwaagen, die in Nähe des Raufutterlagers aufgehängt werden können, ermöglichen das Abwiegen von Raufutter z. B. in Heunetzen. Bei Ballenheu können stichprobenartige Wägungen zu einer sicheren Zuteilung beitragen. Beim Öffnen der Ballen sind Geruch und Aussehen zu beachten, da im Kern gelegentlich Schimmelnester vorkommen.

Aufschütteln des Heus auf der Stallgasse erhöht den Staubgehalt in der Luft (▶ **Abb. 6.4**) und belastet Mensch und Tier unnötig. Durch intensives Wässern oder Dampfbehandlung des Heus (rd. 10–30 min) kann die Staubbelastung gemindert werden, insbesondere bei Pferden mit chronischen Atemwegserkrankungen.

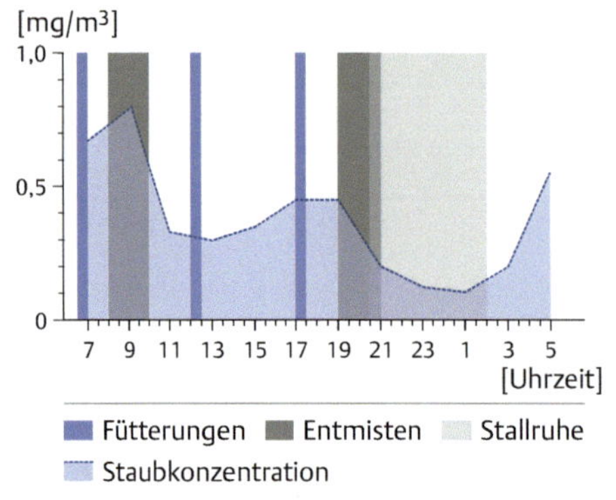

► **Abb. 6.4** Staubkonzentration in der Stallluft in Abhängigkeit von Fütterung und Stallreinigung (Entmisten 8–10 und 19–21 Uhr) (Abb. basiert auf Daten aus Crichlow et al. 1980).

Ruhepause

Nach der Futteraufnahme, insbesondere nach der Aufnahme von Krippenfutter, sollen Pferde nicht unmittelbar zu anstrengenden Tätigkeiten herangezogen oder transportiert werden. Ruhepausen von mind. 1 h sichern eine ungestörte Verdauung. Stärkere Anstrengungen unmittelbar nach der Futteraufnahme führen zu einer Minderdurchblutung des Verdauungstraktes, hemmen die Sekretion der Verdauungssäfte und können u. U. die Leistungsfähigkeit durch den gefüllten Magen (beengte Atmung) beeinträchtigen als auch Erkrankungen wie Koliken verursachen.

Praxis

Zwischen Fütterung von größeren Mengen an Kraftfutter und höheren Belastungen sollte ein zeitlicher Abstand von 3–4 h eingehalten werden.

Futterwechsel

Jeder Futterwechsel ist mit Risiken verbunden, selbst der Wechsel von einer Heu- oder Kraftfuttersorte auf eine andere. Durch Verschneiden der Futterchargen über 3–5 Tage kann ein allmählicher Übergang erreicht werden. Besondere Gefahren bestehen beim Übergang von Stall- auf Weidefütterung.

Vorsicht

Unmittelbar vor dem morgendlichen Austrieb auf die Weide sollten Pferde kein Kraftfutter bekommen, das infolge des hohen Keimgehalts im Gras im Magen evtl. vergärt (Tympanie).

Die Fütterung von Rauftter wie z. B. Heu oder Heulage vor dem Austrieb mindert das Risiko von Fehlgärungen im Magen, bei Zugang zu jungem, rohfaserarmem Gras.

6.2.3 Beurteilung der Fütterung

Zur Futterzeit sind Gesundheit der Pferde sowie Verträglichkeit und Wirkung der Fütterungsmaßnahmen zu beachten.

Ernährungszustand

Der Ernährungszustand gibt Hinweise über die richtige Höhe der Energiezufuhr, ggf. auch über den Gesundheitszustand. Für die Beurteilung des Ernährungszustands (► **Tab. 6.7**) kann der sog. **„Body Condition Score"** erhoben werden, wobei verschiedene Körperregionen wie Mähnenkamm, Schulter und Hüfte beurteilt werden, rassespezifische Besonderheiten sind allerdings dabei zu berücksichtigen. Bei der Beurteilung des BCS liegen verschiedene Beschreibungen vor, vielfach reicht die Bewertungsskala von 1 (sehr mager) bis 6 (sehr fett) (► **Tab. 6.7**) bzw. von 1 bis 9.

Neben der Beurteilung des BCS anhand verschiedener Körperregionen kann auch der sogenannte **„Nackenkamm-Score"** (Cresty Neck Score) genutzt werden, hier wird auf einer Skala von 0–5 ausschließlich der Nacken beurteilt. Bei einem Score von 0 ist der Kamm weder zu sehen noch zu palpieren, bei einem Score von 5 fällt der Nackenkamm aufgrund seiner Ausmaße auf eine Halsseite ab (► **Tab. 6.8**, ► **Abb. 6.5**). Bei einem Nackenkamm-Score von ≥ 3 besteht ein erhöhtes Risiko für Pferde und Ponys an einer Insulindysregulation und an Hufrehe (S. 324) zu erkranken.

Praxistipp

Anhand der in ► **Tab. 6.7** aufgeführten Kriterien kann der Ernährungszustand beurteilt werden.

▶ **Tab. 6.7** Beurteilung des Ernährungszustands beim Pferd (Quelle: Carrol C, Huntington P. Body condition scoring and weight estimation of horses. Equine vet. J. 1988; 20: 41–45. Deutsche Übersetzung: Prof. Dr. med. vet. Ingrid Vervuert).

Beurteilung		**Beurteilungskriterien am**		
Note	**verbal**	**Hals**	**Rücken und Brustkorb**	**Becken**
1	sehr mager	sehr dünn, gratig	Dornfortsätze und Rippen deutlich hervortretend	Beckenknochen stark herausragend, tiefe Gruben seitlich des Schwanzes
2	mager	dünn	Dornfortsätze konturiert, Rippen gut erkennbar	Beckenknochen noch sichtbar, Gewebe am Schwanzansatz eingefallen
3	schlank	schlank	Dornfortsätze verstrichen, Rippen schwach sichtbar	Kruppe abgerundet, geringe Gruben seitlich des Schwanzansatzes
4	normal	keine Kammbildung (außer bei Hengsten)	Rippen leicht tastbar	runde Kruppe, Hüfthöcker leicht tastbar
5	fett	leichter Kamm, breit und fest	nur unter Druck tastbar, beginnende Rinnenbildung auf dem Rücken	Hüfthöcker nur unter Druck tastbar
6	sehr fett	ausgeprägter Kamm, breit und fest, Fettfalten	Rippen nicht mehr tastbar, breiter Rücken mit tiefer Rinne in der Mittellinie	Hüfthöcker nicht mehr tastbar, tiefe Spalte in der Kruppe

▶ **Tab. 6.8** Beschreibung des Nackenkamm-Scores (Tab. basiert auf Daten aus Carter et al. 2009).

Bewertung	**Nackenkamm-Score**	**Risikoeinschätzung für Pferde/Ponys an einer Insulindysregulation oder Hufrehe zu erkranken**
• nicht sicht- und nicht palpierbarer Kamm	0	geringes Risiko
• nicht sichtbarer Kamm • aber geringe Füllung der Hand bei der Palpation	1	geringes Risiko
• Fettverteilung von Kopf bis Widerrist • Kamm beweglich • moderate Füllung der Hand	2	geringes Risiko
• Kamm in der Nackenmitte verdickt • Hand wird vollständig ausgefüllt • geringe Seitenbeweglichkeit	3	hohes Risiko
• Kamm deutlich verdickt • deutlicher Verlust der Seitenbeweglichkeit, z. T. mit Faltenbildung	4	hohes Risiko
• Kamm fällt vollständig zur Seite	5	sehr hohes Risiko

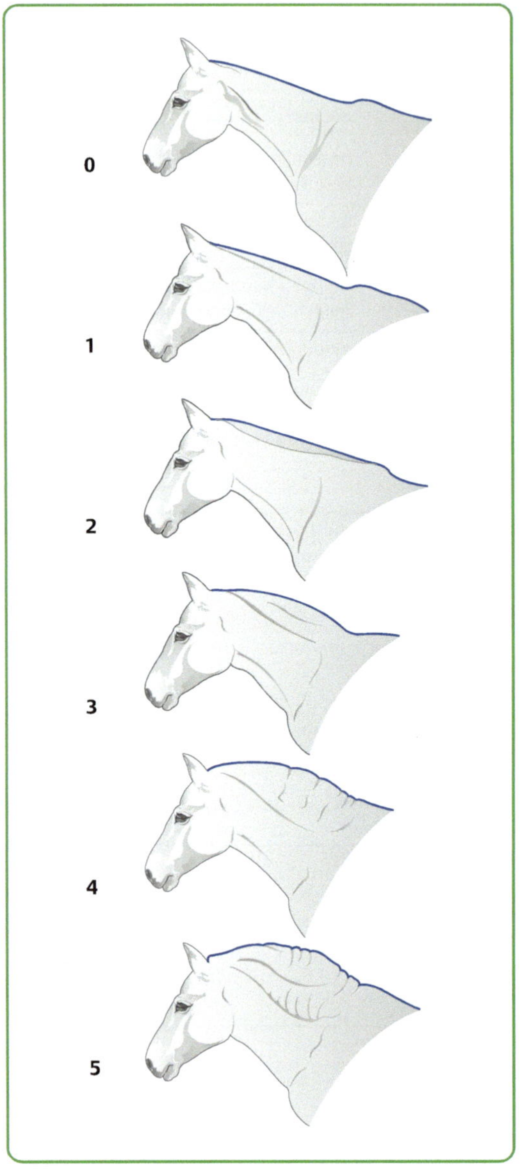

▶ **Abb. 6.5** Nackenkamm-Score.

Bestimmung der Körpermasse

Kommerzielle Dienste werden zum **Wiegen** von Pferden angeboten, dies ermöglicht die regelmäßige Gewichtskontrolle.

Durch **Messung von Körperlänge** (Abstand Buggelenk – Sitzbeinhöcker) **und Brustumfang** kann die Körpermasse nach folgender Formel mit einem Fehler von rd. 5 % berechnet werden (▶ **Abb. 6.6**):

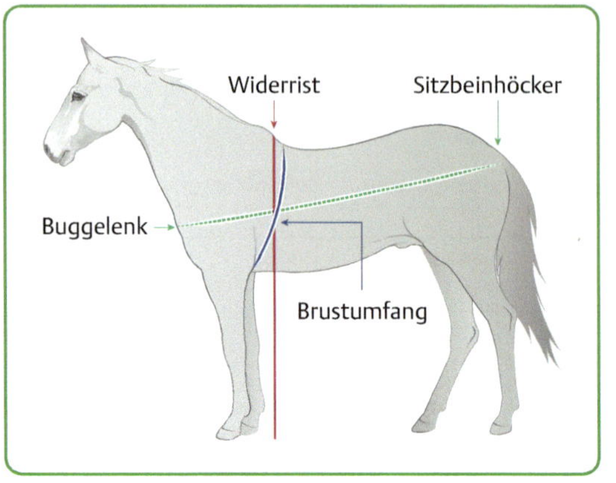

▶ **Abb. 6.6** Vermessung des Brustumfangs und der Körperlänge vom Buggelenk bis zum Sitzbeinhöcker.

$$\text{Körpermasse (kg)} = \frac{\text{Brustumfang (cm)}^2 \times \text{Körperlänge (cm)}}{11877}$$

Wird immer dasselbe Pferd gemessen, sind zuverlässige Aussagen über Körpermasseveränderungen des Tieres möglich, da bereits kleine Veränderungen in der Stärke des Unterhautfettgewebes deutliche Effekte im Umfang hervorrufen.

Auch sog. **Gewichtsbänder** können bei adäquatem Gebrauch eine zuverlässige Hilfe zur Gewichtsbestimmung sein, hier sollte allerdings das Anlegen des Gewichtsbands an den vorgesehenen Punkten im Vergleich zum gewogenen Körpergewicht trainiert werden, um Fehler zu vermeiden.

Umfangreiche Datenauswertungen haben komplexe Schätzgleichungen, auch unter Einbeziehung des Body Condition Scores, mit sehr hoher Schätzgenauigkeit hervorgebracht (▶ **Tab. 13.39**).

Sonstige Kriterien

Glanz und **Aussehen des Haarkleids**, **Kautätigkeit** sowie das **Verhalten** (Benagen der Holzwände, Aufnahme von Streustroh) sind weitere Kriterien für die richtige Fütterung.

Ganz besonders ist der **Kot** zu beachten, seine Form, Farbe, Zusammensetzung, pH-Wert und Konsistenz. Es gibt Tests zur Überprüfung von Koteigenschaften (S. 68).

6.2.4 Tränktechnik

Merke

Wasser muss Pferden grundsätzlich kontinuierlich zur Verfügung stehen, dies gilt unabhängig von der Haltungsform.

In Ausnahmefällen wie bei starken Frosttemperaturen auf der Weide kann das Wasser portioniert angeboten werden, mindestens aber 3-mal täglich bis zur Sättigung. Wasser erhalten die Pferde über Selbst- oder Balltränken oder durch Eimertränken. Die Wasserqualität muss den Anforderungen an die Kriterien für Tränk- bzw. Trinkwasser (S. 194) entsprechen.

Über **Selbsttränken** vermögen Pferde ihren Wasserbedarf zeitgerecht und vollständig zu decken (▶ **Abb. 4.19**). Schwierigkeiten treten auf, wenn sie an den Tränken spielen oder während der Mahlzeiten zu oft oder zu große Wassermengen aufnehmen (Gefahr der ungenügenden Futterzerkleinerung). Selbsttränken sind nicht wartungsfrei. Im Becken können sich Futterreste ansammeln, die rasch in Zersetzung übergehen (Keimvermehrung). Die Tränken müssen daher täglich gereinigt und die Funktionstüchtigkeit überprüft werden.

Praxis

Trinkt ein Pferd bei gutem Appetit nicht ausreichend, so ist zu prüfen,

- ob die Tränkebecken ständig gereinigt werden,
- ob die Ränder der Becken scharfe Kanten haben,
- ob ein ausreichender Durchfluss an Wasser vorhanden ist,
- ob Kriechströme von defekten elektrischen Leitungen vorliegen und
- ob das Wasser einen abweichenden Geschmack oder Geruch aufweist (starke Chlorung kann evtl. schon zu einer Aversion führen, hohe Eisengehalte).

7 Spezielle Fütterung

Manfred Coenen, unter früherer Mitarbeit von Helmut Meyer †

7.1 Pferde im Erhaltungsstoffwechsel

Von vielen Liebhaberpferden, vor allem Ponys, aber auch von älteren Tieren werden keine Leistungen oder nur gelegentlich geringe Arbeit gefordert, so dass nur ihr Erhaltungsbedarf zu decken ist. Solche Pferde fühlen sich am wohlsten auf der **Weide**. Allerdings besteht dort zeitweilig die Gefahr übermäßiger Energieaufnahme (Frühjahr/Herbst) und unausgeglichener Nährstoffversorgung (▸ **Tab. 5.9**). Daher ist die Weidefläche gegebenenfalls restriktiv zuzuteilen. Die Mineralstoff- und Vitaminversorgung auf der Weide ist mit Ausnahme von Natrium, Selen und gelegentlich Jod i. d. R. unkritisch (▸ **Abb. 7.1**). Bei durchschnittlicher Futteraufnahme wird der Energiebedarf sicher gedeckt, während es typischerweise zu einer überschüssigen Proteinaufnahme kommt (etwa mehr als das 2-Fache der Versorgungsempfehlungen). Bei typischer Zusammensetzung des Aufwuchses ist die Aufnahme an Mengenelementen (ausgenommen Na) gleichfalls im Überschuss, ohne dass hieraus gesundheitliche Probleme erwachsen. Die Bemessung für die Zufuhr an Natrium beinhaltet den Minimalbedarf (endogene Verluste/Verwertung = 0,027 g/kg $KM^{0,75}$ je Tag) und zusätzlich „basale" Schweißmengen zur Thermoregulation (0,04 l/kg $KM^{0,75}$ je Tag entsprechend 0,16 g Na/kg $KM^{0,75}$ Tag); die diesbezüglich sehr variablen Bedürfnisse (auch höhere Schweißmengen bei hohen Umgebungstemperaturen möglich) werden mit der Verfügbarkeit eines Leck-

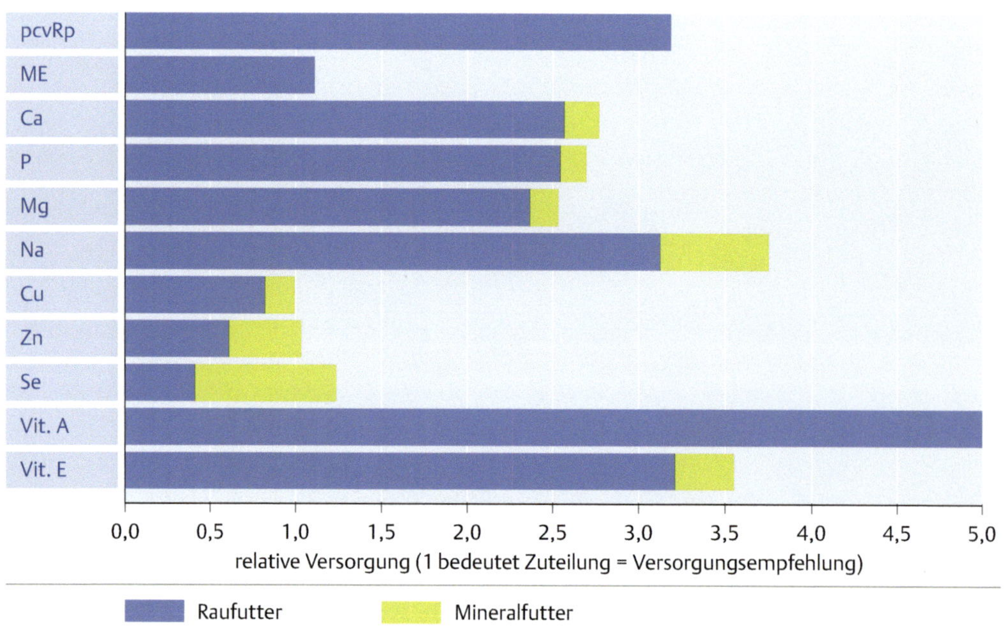

▸ **Abb. 7.1** Versorgungsbedingungen auf der Weide (600 kg KM; 50 kg Gras (junger Aufwuchs) + 100 g vit. Mineralfutter (g/kg: Ca 40, P 20, Mg 10, Na 20; mg/kg: Cu 200, Zn 2000, Se 10, Vit. E 2000)) relativ zu den Versorgungsempfehlungen; die Na-Zufuhr ist am Minimalbedarf bemessen, s. Kap. Natrium (S. 104).

Tab. 7.1 Versorgungsempfehlungen für Ponys und Pferde im Erhaltungsstoffwechsel sowie die Versorgungsbedingungen bei Gabe von Heu durchschnittlicher Qualität ergänzt mit einem Salzleckstein und vitaminiertem Mineralfutter (weitere Angaben s. Tabellenanhang, **Tab. 13.5**).

KM, kg	Versorgungsempfehlungen					Ration, kg bzw. g/Tag		Tägliche Zufuhr				
	ME, MJ	pcvRp, g	Ca, g	Cu, mg	Se, mg	Heu, kg[4]	vit. Mineralfutter, g[5]	ME, MJ	pcvRp, g	Ca, g	Cu, mg	Se, mg
100	13[1]	95	5	32	0,3	2,5	10	16	125	11	20	0,33
200	21[1]	160	9	53	0,5	4	15	25	200	18	30	0,5
300	29[1]	216	12	72	1,1	5	40	31	250	24	55	1,05
400	47[2]	268	15	89	0,9	8	40	50	400	37	70	1,2
500	55[2]	317	17	106	1,1	9	40	58	450	41	75	1,25
600	63[2]	364	20	121	1,2	11	50	70	550	50	90	1,55
700	68[3]	408	22	136	1,4	11	60	70	550	51	100	1,75
800	75[3]	451	24	150	1,5	12	70	77	600	56	110	2,01

1) Ponys, 0,4 MJ ME/kg^{0,75} KM
2) Warmblut 0,52 MJ ME/kg^{0,75} KM
3) Kaltblut 0,5 MJ ME/kg^{0,75} KM
4) Heu allgemein, 6,4 MJ ME, 50 g pcvRp, 4,2 g Ca, 5 mg Cu/kg; **Tab. 13.34**
5) vit. Mineralfutter aus dem Spektrum handelsüblicher Produkte mit < 12 Ca; Ca 100 g/kg, Cu 800, Se 20 mg/kg

steins am einfachsten berücksichtigt. Eine weitere Ergänzung mit Mengenelementen ist auf der Weide in der Regel nicht erforderlich, während ein „Weidemineralfutter", das ausschließlich Spurenelemente enthält, sinnvoll ist, um die Versorgung mit Zn, Cu, Se und ggf. J zu sichern. Hierzu sind auch Leckmassen geeignet, wenn eine individuelle Beifütterung nicht möglich ist. Bei der Auswahl der Leckmasse ist jedoch auf eine geringe Ausstattung mit Ca und P (► **Abb. 7.1**) und in der Anwendung auf eine Kontrolle des Konsums zu achten.

Die Vitaminversorgung ist aufgrund der natürlichen Vorkommen von Karotin und Tokopherolen sowie der Eigensynthesen von Vit. D, Vit. K und wasserlöslichen Vitaminen mehr als großzügig (bei der in ► **Abb. 7.1** vorgestellten Bedingung wird ein Karotingehalt von 50 mg/kg Gras eingesetzt, der bei der üblichen Verwertung (1 mg > 400 IE Vit. A) eine entsprechend angepasste Vitamin-A-Versorgung ergibt. Selbst bei geringeren Karotingehalten im Gras (Aufwuchs in der Blüte oder überständig ≈ 25–35 mg β-Karotin/kg) oder verminderter Umwandlungsrate ist die Vitamin-A-Versorgung gesichert. Dies gilt auch für Vit. D, nicht zuletzt aufgrund der Eigensynthese durch die Einwirkung des Sonnenlichts auf die Haut.

Werden Pferde an die kältere Jahreszeit adaptiert, können sie auch im **Winter** weitgehend auf der Weide bleiben, sofern sie vor Regen und Wind geschützt sind und der Ernährungszustand regelmäßig überprüft wird. Bei ganzjähriger Weidehaltung sind Gewichtszunahmen während der warmen Jahreszeiten in gewissem Umfang unproblematisch, vor allem wenn über die Spätherbst- und Wintermonate wieder eine Mobilisierung der aufgebauten Energiedepots erfolgt; dies ist die natürliche Bedingung bei freilebenden Pferden (z. B. Sardinien, Camargue, Island, Sable Island, Cumberland Island, Neuseeland u. a.). Gras wird unter dünner Schneelage mit den Hufen freigescharrt. Wegen des hohen Wassergehalts im Grünfutter zu dieser Jahreszeit (bis 85 %) besteht bei ausschließlicher Grünfutteraufnahme im Allgemeinen kein zusätzlicher Wasserbedarf. Dennoch ist grundsätzlich bei Weidehaltung **Tränkwasser** vorzusehen, damit die Tiere evtl. bei sistierender Futteraufnahme oder bei temporär erhöhten Bedarf unabhängig von der Futteraufnahme Wasser konsumieren können. Bei nasskaltem Wetter und weichen Böden ist es zweckmäßig, die Pferde aufzustallen, um Trittschäden an der Weidenarbe in Grenzen zu halten.

Während der **Stallfütterungsperiode** wird am besten überwiegend oder ausschließlich **Raufutter** gegeben. Dies entspricht der Forderung nach einer tierartgerechten Versorgung; die Futteraufnahme gesunder Pferde (► **Tab. 3.15**) im Erhaltungsstoffwechsel (90–110 g TS/kg $KM^{0,75}$ je Tag ≈ 10–16 kg Heu für Pferde mit 400–600 kg KM) ist sicher ausreichend, den Energiebedarf für Erhaltung und zusätzlich die Anforderungen für leichte Arbeit ausschließlich über Gras oder Graskonserven zu decken (► **Tab. 7.1**). Dies sichert eine hinreichend lange Beschäftigung der Tiere mit der Futteraufnahme, schützt vor Verhaltensstörungen (Weben, Koppen, Koprophagie u. a.) und begrenzt das Risiko der Überfütterung.

Bei Ponys und Warmblutpferden kann auch bei energiearmem Heu eine bedarfsgerechte Versorgung erreicht werden, wenn die Futtermenge der Qualität des Heus entsprechend eingestellt wird. Bei Vollblütern ist hingegen bei mäßigem Futterwert des Raufutters die notwendige Futteraufnahme sehr hoch; es ist daher zu empfehlen, in den Fällen, in denen nur energiearmes Heu (< 5,5 MJ ME/kg TS) zur Verfügung steht, eine begrenzte Menge Getreide einzusetzen (► **Tab. 7.2**).

► **Tab. 7.2** Rationsgrößen bei ausschließlicher Heugabe, ergänzt mit einem spurenelementhaltigen, vitaminierten Mineralfutter (Spuren-E; mg/kg, Cu 1200, Zn 4000, Se 18, Vit. E 10000). Beim Vollblut sollte aufgrund des höheren Energiebedarfs zusätzlich Hafer ergänzt werden.

Rasse	Heu – allgemein	Viehsalz (Leckstein)	Mineralfutter („Spuren-E")	Hafer
Pony	4 kg	20 g	30 g	–
Warmblut	12 kg	30 g	60 g	–
Vollblut	12 kg	30 g	60 g	1 kg
Kaltblut	12 kg	50 g	80 g	–

Da das Raufutter meistens nicht alle essenziellen Nährstoffe ausreichend enthält, muss ein vitaminiertes Mineralfutter, in seltenen Fällen ein Ergänzungsfutter (▸ **Tab. 7.1**) zugegeben werden. Günstig sind allgemein **Mineralfutter**, die nur geringe Gehalte an Mengenelementen aufweisen, da das Raufutter zur Abdeckung des Erhaltungsbedarfs (▸ **Tab. 4.17**, ▸ **Tab. 4.20**) hinreichende Gehalte aufweist. Dem Bedarf an Natriumchlorid wird vorzugsweise über einen **Salzleckstein** Rechnung getragen, dessen Nutzung regelmäßig zu kontrollieren ist, um abnormen Verbrauch zu erkennen und zu unterbinden.

Merke

Die Futteraufnahmefähigkeit gesunder Pferde reicht aus, auch bei unterdurchschnittlichem Energiegehalt in Gras oder Graskonserven ausreichend Energie für den Erhaltungsbedarf aufzunehmen.

Beispielrationen mit Heu und Mineralfuttern sind in ▸ **Tab. 7.1** und ▸ **Tab. 7.2** aufgeführt.

Bei Auswahl eines geeigneten **Ergänzungsfutters** ist ein vitaminiertes Mineralfutter in der Regel überflüssig (▸ **Tab. 7.3**). Die Auswahl der sinnvollen Ergänzung richtet sich nach den Nährstoffgehalten im Grundfutter (Gras, Graskonserven) und dem Anteil des Ergänzungsfutters an der Gesamtration (▸ **Tab. 13.38**).

Statt Heu kann auch **Silage** eingesetzt werden. Bei Chargen mit unterschiedlichen TS-Gehalten ergeben sich die in ▸ **Tab. 7.4** angegebenen Austauschäquivalente gegenüber Heu. Häufig allerdings sind die Nährstoffgehalte in den Heulagen/Silagen höher als in Heu, so dass sich unter Berücksichtigung der Energiegehalte andere Austauschmengen ergeben können.

▸ **Tab. 7.4** Heulage/Anwelksilage: Austauschäquivalente gegenüber 1 kg Heu (86–88 % TS).

Trockensubstanzgehalte	zu verfütternde Menge (Mengenersatz von 1 kg Heu[1])
75 %	1,17 kg
70 %	1,26 kg
65 %	1,35 kg
60 %	1,47 kg
55 %	1,6 kg
50 %	1,76 kg

[1] Zum isoenergetischen Austausch von 1 kg Heu müssen die Energiegehalte von Heu und Anwelksilage/Heulage bekannt sein; dann können sich andere Austauschäquivalente ergeben; z. B. Heu, 5,5 MJ ME/kg, Anwelksilage 3,5 MJ ME/kg; 1,6 kg Anwelksilage ersetzen energetisch 1 kg Heu.

▸ **Tab. 7.3** Orientierungsgrößen zu den Energie- und Nährstoffgehalten von Ergänzungsfuttermitteln.

Energie und Nährstoffe	Mineralfutter zu Gras oder Graskonserven	Mischfutter zur Ergänzung von		
		Heu + Getreide	Heu	Heu + Stroh
ME (MJ)	–	10	10–11	10–11
Rohprotein (g)	–	100–120	90–110	120–140
pcvRp (g)	–	90–100	70–90	100–120
Kalzium (g)	–	4–6	4–5	4–5
Phosphor (g)	–	3–4	<4	<4
Magnesium (g)	–	1,5–2	1,5–2	1,5–2
Natrium (g)	–	3–5	3–5	3–5
Kupfer (mg)	800–1000	40–60	15–30	15–30
Zink (mg)	3000–4000	100–150	50–100	50–100
Selen (mg)	18–20	0,5–0,6	0,2	0,2
Vitamin A (IE)	<200000	<20000	<10000	<10000
Vitamin D (IE)	<10000	<1500	<1000	<1000
Vitamin E (mg)	10000	800–1500	200–300	150–300

Als Alternative zu Gras bzw. Graskonserven kommen Luzerne-, Kleegras- oder Esparsettenheu in Betracht. Bei diesen Futtermitteln ist gegenüber Gras und Graskonserven eine Verstärkung der Überversorgung mit Eiweiß und Kalzium nicht zu vermeiden, für gesunde Pferde jedoch unproblematisch. Da Kalzium in diesen Futtermitteln um ca. 15 g/kg variiert, erreicht die Aufnahme leicht das mehr als 3-Fache der Versorgungsempfehlung, entsprechend ist die Verwendung eines Ca-haltigen Mineralfutters obsolet.

Bei eingeschränkter Verfügbarkeit von Heu bzw. Anwelksilagen oder Heulagen kommt die Verwendung von Maissilage oder Stroh in Betracht. Der Frischezustand des Futters sowie Stärkegehalte der Maissilage verlangen eine sorgfältige Rationsplanung und -umsetzung. Stroh aus der Grassamengewinnung oder dem Getreideanbau wird mit Blick auf Obstipationsrisiken restriktiv eingesetzt.

Bei **Offenstallhaltung im Winter** oder **anderen Faktoren, die den Energiebedarf verändern** (z. B. Gruppenhaltung), ist die Futtermenge entsprechend der Körperverfassung der Tiere zu modifizieren.

Praxis

Ein Pferd, das langsam an tiefe Temperaturen gewöhnt wird (Entwicklung eines langen, dichten Haarkleids, subkutane Fettpolster) und vor Wind und Nässe geschützt ist, benötigt erst bei −10 bis −15 °C zusätzliche Energie in Höhe von rd. 2,5 % des Erhaltungsbedarfs pro 1 °C Temperaturabnahme.

Auch bei tiefen Temperaturen ist eine heureiche Ration vorteilhaft, da vermehrte Wärme im Dickdarm anfällt, die zur Regulierung der Körperinnentemperatur genutzt werden kann. In Offenställen sind beheizbare Selbsttränken notwendig, da Wassermangel die Futteraufnahme (insbesondere von Raufutter) beeinträchtigt.

Die Fütterung von Ponys (S. 261) und Kaltblutpferden, die überwiegend im Erhaltungsstoffwechsel stehen, ist unter Beachtung des im Vergleich zum Warmblut geringeren Energiebedarfs je kg Stoffwechselmasse anzupassen (▸ **Tab. 7.3**).

7.2 Gesunde ältere Pferde

Pferde über 20 Jahre gelten allgemein als alt. Auch bei gesunden Tieren nimmt allmählich die Leistungsfähigkeit des Organismus ab, die Zahl, aber auch die Größe der Zellen in verschiedenen Geweben ebenso wie deren Wassergehalt gehen zurück. Damit ist eine Reduktion des Stoffumsatzes, z. T. auch der Speicherfähigkeit von Nährstoffen verbunden. Beim Pferd können Alterungsprozesse in der Körperzusammensetzung am Verdauungskanal (Zähne, Enzymproduktion, Motorik des Darms), aber auch an Herz, Niere und am passiven Bewegungsapparat auftreten. Parasitenbefall und Inaktivität können solche Veränderungen befördern. Die Verdaulichkeit von Energie und Nährstoffen ist altersbedingt nicht grundsätzlich vermindert; auch der Stickstoffumsatz bzw. die Proteinsynthese ist nicht herabgesetzt. Eine Abnahme der Muskelmasse und nachlassende Aktivität ergeben eine Verminderung des Energiebedarfs. Insgesamt besteht jedoch kein Anlass, die Versorgungsempfehlungen altersspezifisch zu modifizieren. Entscheidend ist der Erhalt der Körpermasse bei einem moderaten Ernährungszustand (BCS 5–6 a.d. Skala 1–9).

Durch die Fütterung lassen sich Alterungsprozesse nicht rückgängig machen, u. U. aber verzögern. Wenn bereits Alterserkrankungen aufgetreten sind, können Fütterungsmaßnahmen (S. 288) die Ausfallerscheinungen evtl. mindern.

Praxis

Bei alten Pferden muss sich die Energiezuteilung primär am Ernährungszustand orientieren, da zwischen der errechneten Energiezufuhr und der tatsächlich verdauten und verwerteten Energie größere Diskrepanzen als bei jüngeren Pferden bestehen können.

Die **Eiweißmenge** sollte den Versorgungsempfehlungen entsprechen, ggf. um 10–20 % erhöht werden (bei Verlust an Muskelmasse); dabei sind möglichst hochwertige Eiweiße einzusetzen, die überwiegend im Dünndarm verdaut werden (▸ **Tab. 7.5**), wie junges Grünfutter, früh geerntete Grassilagen sowie Soja-, Raps- bzw. Leinextraktionsschrot.

Durch Kontrolle der Plasmaeiweiß- und Plasmaharnstoffgehalte (▶ **Tab. 8.2**) kann geprüft werden, ob die Eiweißversorgung ausreicht und das Nahrungsprotein erwartungsgemäß verwertet wird.

Bei den **Mengenelementen** ist eine überhöhte Ca-Zufuhr zu vermeiden (Risiko für die Entstehung von Harngries oder Harnsteinen). Das Ca:P-Verhältnis sollte bei ausreichenden absoluten Mengen den Bereich zwischen 1,1–3 : 1 erzielen (▶ **Tab. 4.17**). Eine Verknappung an Vitamin A und E (Heu aus überständigem Aufwuchs oder aus anderen Gründen von minderer Qualität) sollte durch vitaminierte Mineralfutter kompensiert werden. Bierhefe kann zur Anregung der mikrobiellen Aktivität und Dickdarmfunktion sowie als Lieferant von B-Vitaminen eingesetzt werden (50 g/100 kg KM/Tag).

Die verwendeten Futtermittel müssen schmackhaft und hygienisch einwandfrei sein. Solange die Schneidezähne noch intakt sind und weder Bewegungsstörungen noch metabolische Funktionsstörungen (Insulindysregulation, Hypophysenfehlfunktion) vorliegen, ist für ältere Pferde **Weidegang** vorteilhaft. Das Futter ist in der Regel gut verdaulich und wird nur in kleinen Portionen aufgenommen.

Im Stall kommt als übliches **Raufutter**, bei Zahnschäden bevorzugt gut verdauliches, früh geerntetes Heu (bzw. entsprechende Qualitäten von Grassilage) infrage. Wenn die Backenzähne noch voll funktionsfähig sind, kann Heu, wie in ▶ **Tab. 7.5** angegeben, bzw. die energetisch äquivalente Menge an Anwelksilagen oder Heulage gefüttert werden; dazu ist ein Mineralfutter mit den notwendigen Gehalten an Spurenelementen, Vit. A und Vit. E vorzusehen. Stroh ist wegen der geringen Verdaulichkeit weniger geeignet. Durch ausreichende Heumengen kann die Strohaufnahme aus der Einstreu knapp gehalten werden.

▶ **Tab. 7.5** Rationsvorschläge für gesunde alte Pferde (600 kg KM) in kg/Tag.

Futtermittel	I	II	III	IV	V	VI	VII
Heu, allgemein	12	6	8	10	8	6	–
Esparsette, Heu	–	6	–	–	–	–	4
Grasgrünmehl	–	–	2	–	1	–3	3
Hafer, gequetscht	–	–	–	–	–	–2	–
Mais, flockiert	–	–	–	–	–	–	1
Pflanzenöl	–	–	–	–	–	0,5	–
Leinsamen	–	–	–	–	–	–	1
Rübenschnitzel, eingeweicht	–	–	–	1	–	–	–
Möhren, frisch	–	–	–	–	3	–	–
vitaminiertes Mineralfutter[1)]	0,1	0,1	0,1	0,1	0,1	–	–
Mischfutter für Zucht	–	–	–	–	–	–	2
Gehalte in der Gesamtration							
ME (MJ)	77	80	67	72	63	103	103
pcvRp (g)[2)]	600	870	615	545	530	780	935
Anmerkung	–	unregelmäßige Futteraufnahme	eingeschränkte Kautätigkeit	Gewichtsverlust, Störung d. Dickdarmverdauung	s. IV	erheblich gestörte Heuaufnahme	s. VI, Inappetenz

[1)] Siehe Empfehlungen in ▶ **Tab. 7.3**.
[2)] auf ± 5 gerundet

In ▶ **Tab. 7.5** werden einige Rationsvorschläge unter Verwendung verschiedener Einzelkomponenten (Pflanzenöl, Möhren, Leinsaat) mit spezifischen Wirkungen (S. 143) gemacht. Für ältere Pferde sind auch speziell für „Senioren" konzipierte kommerzielle Mischfuttermittel geeignet.

Futtermengen und Energieangebot sind ggf. höher einzustellen, als unter den Standardbedingungen für den Erhaltungsbedarf angesetzt werden, um den Veränderungen im Energieumsatz und den Unsicherheiten im Futterverzehr (besonders beim Raufutter) Rechnung zu tragen. Durch Verwendung von Esparsettenheu und/oder Grasgrünmehl kann auf die möglicherweise auftretenden negativen Veränderungen in der Futteraufnahme reagiert werden. Pektinhaltige Komponenten erhöhen die Zufuhr gut fermentierbarer Kohlenhydrate (Pektine). Zunehmende Schwierigkeiten in der Futteraufnahme können durch Einsatz von Getreideflocken, Pflanzenöl oder Sojabohnen, Leinsamen und Mischfutter aufgefangen werden.

Das Kraftfutter wird nötigenfalls mit heißem Wasser zu einem **Brei** verrührt.

Das Raufutter muss konstant zur Verfügung stehen, um die gewünschte Aufnahme zu erreichen, ansonsten werden Konzentrate gefüttert bzw. die Tagesration wird auf 3–4 Mahlzeiten verteilt.

Verlieren ältere Pferde an Gewicht, sind die kritischen Organsysteme zu untersuchen und bei Zahnschäden, Verdauungsstörungen, Leber-, Herz- und Nierenerkrankungen spezifische diätetische Maßnahmen einzuleiten.

7.3 Arbeitspferde

7.3.1 Energie- und Nährstoffbedarf

Zug-, Reit-, Renn- und Springpferde leisten Muskelarbeit in sehr unterschiedlichem Umfang. Dazu benötigen sie zusätzlich zum Erhaltungsbedarf primär Energie (S. 79) sowie je nach Schweißbildung Wasser und Elektrolyte (S. 98).

Pferden in der Feldarbeit oder im städtischen Transportwesen wurde schwere, teils sehr schwere Arbeit abverlangt (▶ **Abb. 7.2**); entsprechend hoch war die Fütterungsintensität (Energiezufuhr über längere Zeit > 1,7 × Erhaltungsbedarf). Derart dauerhaft fordernde Arbeit müssen nach Felddaten allgemein Reitpferde im Breitensport heute nicht verrichten, wenngleich unter Wettkampfbedingungen temporär hohe Belastungsintensitäten auftreten können. Insgesamt variieren nach obigen Angaben Energiebedarf und Energiezufuhr um das 1,5-Fache des Erhaltungsbedarfs, was leichter bis mittlerer Arbeit (S. 79) entspricht. Die Trainingsarbeit von Trabern und intensiv trainierenden Springpferden ist offenbar umfangreicher, was sich in der augenscheinlich nötigen Fütterungsintensität (ca. 1,7 × Erhaltung) widerspiegelt (▶ **Abb. 7.2**).

Die Bedingungen im Energie- und Nährstoffbedarf lassen sich folgendermaßen klassifizieren:

- Zunahme proportional zur Schwere, Intensität der Arbeit
  - Energie
  - Na, Cl, K
  - Wasser
- geringfügige Zunahmen des Bedarfs, werden durch die erhöhte Fütterungsintensität abgedeckt
  - Rp bzw. pcvRp und pcvAminosäuren
  - Ca, Mg
  - Fe
  - Vit. E/bei sehr schwerer Arbeit auch Folsäure, Vit. B_1, B_{12}
- keine Veränderung gegenüber den Bedingungen im Erhaltungsstoffwechsel
  - Fettsäuren
  - Spurenelemente außer Fe
  - Vitamine, die oben genannten ausgenommen

Der Strukturbedarf des Arbeitspferdes wird durch die Arbeit nicht relativiert. Dem Leistungsbedarf an Energie und Elektrolyten ist durch Ergänzung des Raufutters zu entsprechen.

Die allgemein erhöhte Fütterungsintensität und bereits im Grundfutter vorhandene Nährstoffdichte sichern die Zufuhr weiterer Nährstoffe, die in vermehrtem, aber nicht näher quantifiziertem Umfang benötigt werden (z. B. Eiweiß).

Zur Ableitung des Leistungsbedarfs (S. 79) von **Reitpferden** sind Informationen zur Körpermasse, Dauer der Arbeitsperiode, Gangart und evtl. Herzfrequenz essenziell bzw. hilfreich.

Die Herzfrequenz ist ein Indikator für die Arbeitsintensität (Geschwindigkeit, Steigung, Sprunghöhe u. -weite, Zuglast); sie ist demnach ein individuelles

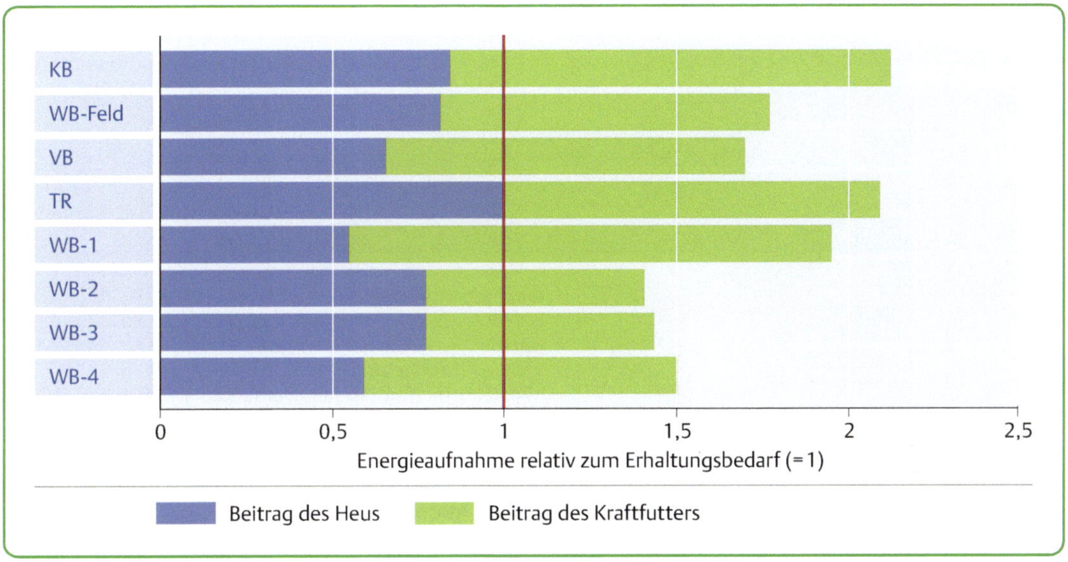

▶ **Abb. 7.2** Energieaufnahme von Pferden bei Arbeitsbelastung relativ zum Erhaltungsbedarf (= 1) (Abb. basiert auf Daten nach Ost 2015).

- KB: Kaltblut, Percheron 900 kg KM, Zugarbeit im öffentlichen Straßenbahnverkehr; kg/Tag: Heu 8, Stroh 4, Hafer 8, Gerste 0,2, Kleie 0,5 (Abb. basiert auf Daten nach Rey 1858)
- WB-Feld; schweres Warmblut, 600 kg KM, herbstliche Feldarbeit; kg/Tag: Heu 5, Stroh/Spreu 5, Hafer 3, Trockenschnitzel 3 (Abb. basiert auf Daten nach AID 1952)
- VB, Volblutrennpferde 506 kg KM, Galopptraining 4-mal pro Woche, Rennen alle 2 Wochen; kg/Tag: Heu ca. 8, Krippenfutter ca. 6,5 (Abb. basiert auf Daten nach Gallagher et al. 1992)
- TR, Trabrennpferde, 519 kg KM, tägliches Training, 3-mal ca. 27 km/h, 1-mal 43 bzw. Rennen mit > 48 km/h; kg/Tag: Heu ca. 11, Krippenfutter ca. 6 (Abb. basiert auf Daten nach Gallagher et al. 1992)
- WB-1, Springpferde eines Olympiaquaders; kg/Tag: Heu 6–7, Hafer 3–6, Mischfutter 3–4 (Abb. basiert auf Daten nach Vervuert u. Coenen 2003)
- WB-2, Springpferde, 598 kg KM, Sprunghöhen 120–150 cm; kg/Tag: Heu ca. 8,5, Krippenfutter ca. 3,5 (Abb. basiert auf Daten nach Brunner et al. 2015)
- WB-3, Freizeit- und Turnierpferde, mittlere Arbeitsdauer 64 min/Tag; kg/Tag: Heu 7,8, Hafer 1,8, Mischfutter 1,9 (Abb. basiert auf Daten nach Schüler 2009)
- WB-4, Leistungsspringpferde, mittlere Arbeitsdauer 113 min; kg/Tag: Heu 3,9–12,3, Mischfutter 2,6–7,7

Merkmal für die Beanspruchung des Stoffwechsels. Der Bedarf an umsetzbarer Energie für Erhaltung plus Bewegung nimmt je nach Belastungsintensität unterschiedlich rasch zu (▶ **Abb. 7.3**, ▶ **Tab. 7.6**). Zur groben Abschätzung des Leistungsbedarfs, d. h. zusätzlich zum Erhaltungsbedarf, können für die jeweiligen Gangarten folgende Werte hilfreich sein (kJ/kg KM je min):

- Schritt: 0,19
- Trab: 0,48
- Galopp: 1,92

Der Energiebedarf lässt sich somit anhand von Gangart und Belastungsdauer größenordnungsmäßig prognostizieren. Die Herzfrequenz kann dagegen für differenziertere Schätzungen genutzt werden; s. Kap. Bewegungsleistungen (S. 32), wenn geeignete Geräte zur Verfügung stehen. Für die Praxis ist es hilfreich, zur Ableitung einer sinnvollen Fütterungsintensität, die Arbeit nach leicht bis sehr schwer zu klassifizieren (▶ **Tab. 7.7**).

Bei **Zugpferden** ergibt sich der Energiebedarf (S. 79) aus der Eigenbewegung, der anhand der oben genannten gangartspezifischen Orientierungsgrößen abgeleitet werden kann, und dem Leistungsbedarf für die eigentliche Zugarbeit. Dieser ist durch die geforderte Zugkraft und die Arbeitsdauer bzw. zurückzulegende Strecke definiert.

Der mit den genannten Grundlagen beschriebene **Bedarf an umsetzbarer Energie** für Arbeitspferde wird durch empirisch erhobene Daten belegt. Dennoch sind die Angaben als Orientierungswert zu

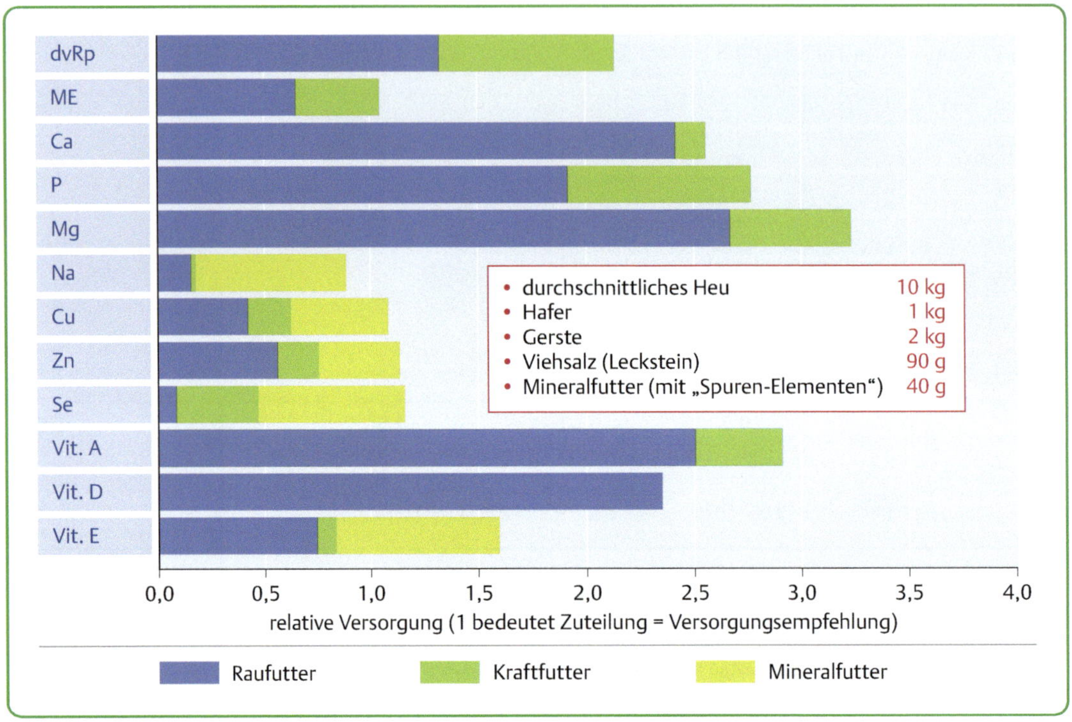

► **Abb. 7.3** Versorgungsbedingungen für ein Warmblutpferd (500 kg KM + Reiter = 570 kg) bei mittlerer Arbeitsintensität (60 min, 88 MJ ME, Details s. Tabellenanhang, ► **Tab. 13.25**, ► **Tab. 13.26**, ► **Tab. 13.27**, ► **Tab. 13.28**, ► **Tab. 13.29**, ► **Tab. 13.30**, ► **Tab. 13.31**, ► **Tab. 13.32** und ► **Tab. 13.33**; 300-1000 kg KM; sowie ► **Tab. 7.6**).

► **Tab. 7.6** Rationsgrößen bei unterschiedlichen Arbeitsintensitäten.

Futtermittel	Warmblut (500 kg KM + 70-kg-Reiter)	Vollbut (500 kg KM + 70-kg-Reiter)	Schweres Warmblut (700 kg KM + Zugarbeit)	Schweres Warmblut (700 kg KM + Zugarbeit)
Arbeit	60 min, 88 MJ ME	95 min Training für Vielseitigkeit, 140 MJ ME	140 min Zugarbeit (Kutsche, 1000 kg, 10 Personen, 10 km, N 450), 120 MJ ME	140 min Zugarbeit (Kutsche, 1000 kg, 10 Personen, 10 km, N 450), 124 MJ ME
Heu – allgemein	10 kg	12 kg	10 kg	12 kg
Pressschnitzelsilage	–	–	12 kg	10 kg
Hafer	1 kg	2,0 kg	3 kg	2,5 kg
Gerste	2 kg	3,5 kg	–	–
Viehsalz (Leckstein)	90 g	120 g	120 g	130 g
Mineralfutter „Spuren-E"	40 g	20 g	70 g	80 g

▶ **Tab. 7.7** Schätzung des Energiebedarfs für unterschiedlich profilierte Arbeitsphasen und Bewertung des Gesamtbedarfs relativ zum Erhaltungsbedarf (600 kg KM, 63 MJ ME = 1).

Gangart	Standardwerte			Beispiele für Arbeitsperioden											
				I		II		III		IV		V[1]		VI[2]	
	HF, S/min	Geschw., m/sec	MJ/min	Dauer min	ME MJ	Dauer min	ME MJ	Dauer min	ME MJ	Dauer min	ME MJ	Dauer min	ME MJ	Dauer min	ME MJ
Schritt	70	1,5	0,16	60	9,8	20	3,3	30	4,9	30	4,9	30	4,9	30	4,9
Trab	140	5	0,66	–	–	10	6,6	20	13,1	30	19,7	30	19,7	10	6,6
Trab, schnell	160	6	0,87	–	–	–	–	5	4,3	2	1,7	0	0,0	–	–
Galopp	180	8	1,15	–	–	5	5,8	8	9,2	30	34,5	60	69,1	2	5,8
Galopp, schnell	200	12	1,66	–	–	–	–	–	–	2	8,3	5	8,3	–	–
Galopp, max	220	15	3,02	–	–	–	–	–	–	–	–	–	–	2,5	7,5
Summe				60	9,8	35	15,6	63	31,5	94	69,1	125	101,9	44,5	24,8
Gesamtbedarf/Erhaltungsbedarf				–	1,16	–	1,25	–	1,50	–	2,10	–	2,62	–	1,39
Belastungsgrad[3]				gering		leicht		mittel		schwer		sehr schwer		mittel	

[1] Distanzritt; [2] Galopprennen; [3] s. ▶ **Tab. 4.8**

verstehen. Die Schwierigkeiten liegen in der Bewertung der erzeugten kinetischen Energie (S. 79), mehr aber noch in der Erfassung des anaeroben Anteils der Energiebereitstellung. Auswirkungen der regelmäßigen Arbeit auf die Zusammensetzung des Körpers (mehr Muskelmasse = erhöhte „Betriebskosten"), auf den Energieumsatz nach den Belastungsperioden sowie mögliche Veränderungen im Erhaltungsbedarf ergeben Divergenzen zwischen abgeleiteten und tatsächlichen Größen energetischer Umsetzungen und sind nicht sicher quantifizierbar. Daher kommt bei intensiv arbeitenden Pferden der Kontrolle der Körpermasse und des Ernährungszustands (S. 208) besondere Bedeutung zur Justierung der Fütterung zu.

Die Muskeltätigkeit (S. 79) ist unabdingbar mit Wärmeproduktion und der Schweißbildung/-verdunstung zur leistungslimitierenden Wärmeabgabe verbunden. Diese unabdingbaren kutanen **Verluste an Wasser und Elektrolyten** kann der Organismus dauerhaft nicht intern kompensieren.

Allein der Schweißverlust von 15 kg bedeutet für ein 500 kg schweres Pferd eine Reduktion des Gesamtwasserbestands von 5 % (abgesehen von Wasserabgaben über die Lunge). Die **Wasserverluste** betreffen fast ausschließlich den extrazellulären Raum (rd. 250 ml/kg KM), der auch das Blutwasser umfasst. Bei 15 l Schweißverlust würde dieses Volumen um 15 % schrumpfen, wenn nicht aus dem Verdauungskanal (in begrenztem Umfang auch aus den Geweben) zunächst für 1–2 h je nach Fütterung (▶ **Abb. 7.12**) bis zu 25 ml Wasser/kg KM bereitgestellt werden könnten. Sind die inneren Kompensationsmöglichkeiten erschöpft, so verringert sich auch das Flüssigkeitsvolumen im Blutgefäßsystem. Der Plasmaeiweißgehalt steigt dann an (▶ **Tab. 10.14**), da sich die umlaufende Eiweißmenge nicht verändert. Ein hoher Wasserverlust (ca. 8 % des Körperwassers) erschwert die Gewebeperfusion und vor allem den Transfer von Wärme an die Körperoberfläche bzw. in die Lunge. Da die Konzentration der Elektrolyte im Blut bzw. der Körperflüssigkeit und im Schweiß relativ ähnlich ist, entsteht bei schwitzenden Pferden eine **Dehydratation** mit nur moderaten Veränderungen in der Tonizität des Körperwassers. Ein Effekt ist die nur mäßige oder gar ausbleibende Entwicklung von durstauslösenden Signalen. Die Versorgung von Arbeitspferden nach der Belastung (evtl. auch während lang andauernder Arbeitsperioden) soll gezielt auch die Wasseraufnahme fördern. Die Regeneration der Elektrolytgleichgewichte intra- und extrazellulär über entsprechende Zufuhr an Natrium, Kalium und Chlorid ist dabei Voraussetzung für die Rehydratation und zelluläre Erneuerung einschließlich der Glykogensynthese.

Merke

Steigen die Wasserverluste auf über 6–8 % des Wasserbestands (KM-Verlust 4–5 %), wird die Leistungsfähigkeit beeinträchtigt.

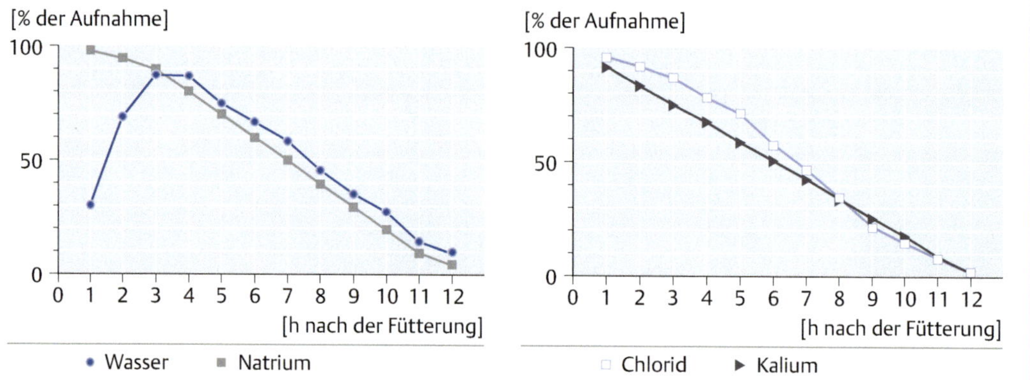

▶ **Abb. 7.4** Verlauf der Wasser- und Elektrolytretention im Organismus von Pferden in Ruhe nach Aufnahme von rd. 100 mg Na, 140 mg Cl und 80 mg K pro kg KM mit einer Mahlzeit aus 50 % Heu und 50 % Krippenfutter, Berechnung aus Aufnahme minus fäkaler und renaler Abgabe, Wasserverluste über Haut und Atmungstrakt blieben unberücksichtigt, Wasseraufnahme rd. 40 ml/kg KM/Mahlzeit (Abb. basiert auf Daten aus Meyer 1990).

Neben den Wasserverlusten sind demzufolge die **Elektrolytabgaben** zu beachten, die an heißen Tagen bei 500 kg schweren Pferden innerhalb von wenigen Stunden über 100 mg Natrium, 150 mg Chlorid und 50 mg Kalium pro kg KM erreichen. Intern können diese Verluste z. T. kompensiert werden, z. B. durch Freisetzung aus dem Verdauungskanal (bei 1–2-stündiger Bewegung bis zu 70 mg Natrium, 20–25 mg Chlorid und 30 mg Kalium je kg KM), aber auch durch Einsparungen infolge Schrumpfung des extrazellulären Flüssigkeitsraums oder durch Freisetzung aus den Geweben; s. Kap. Mengenelemente (S. 98).

Da die Abgabe von **Chlorid** über den Schweiß annähernd doppelt so hoch liegt wie bei Natrium, die internen Kompensationsbedingungen aber nicht entsprechend dimensioniert sind, entsteht für dieses Element zuerst ein Engpass. Ein deutlicher Rückgang des Plasma-Cl-Gehalts, der vom Zeitpunkt und der Höhe der Cl-Aufnahme vor der Belastung und deren Dauer abhängt, wird von einem parallelen Anstieg des Blut-pH-Werts begleitet (metabolische Alkalose) (▶ **Abb. 7.5**).

Das Pferd vermag während der Arbeit weder die Schweißmenge zu drosseln noch die Konzentration der Elektrolyte im Schweiß zu reduzieren (für längerdauernde rasche Bewegungen ist das Pferd von Natur aus wenig gerüstet).

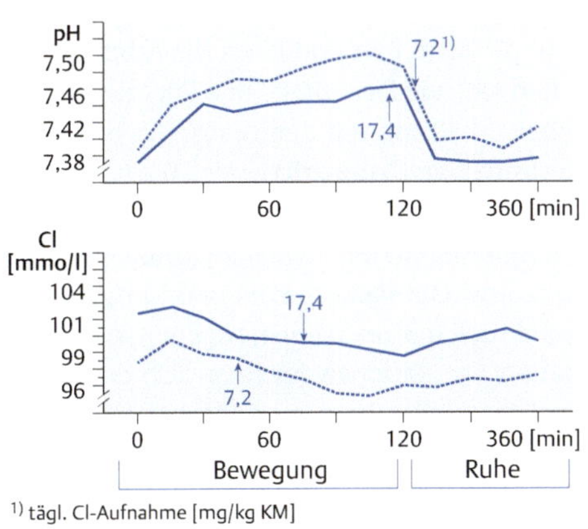

▶ **Abb. 7.5** Verlauf des Cl-Gehalts und des Blut-pH-Werts während und nach 2-stündiger Arbeit in Abhängigkeit von der Cl-Aufnahme (7,2 bzw. 17,4 g/100 kg KM; 3,5 h vor Belastung) (Abb. basiert auf Daten aus Coenen 1992).

Vorsicht

Aus hohen Schweißverlusten resultieren ernste Gefahren für Leistung und Gesundheit, wenn die körpereigenen Kompensationsmöglichkeiten beschränkt sind und keine Substitution erfolgt.

Zu möglichen Störungen als Folge hoher, fortgesetzter Schweißabgabe zählen Dehydratation (Wasserverlust), Hyperthermie (Überhitzung), Hypochlorämie (Alkalose), Muskelkrämpfe und synchrones Zwerchfellflattern, evtl. auch Hypoglykämie und Hypokalzämie (S. 326).

Nach schweren Belastungen ist der Energie- und Proteinstoffwechsel noch zeitweilig erhöht, verbrauchte Substrate müssen wieder ersetzt, Wasser- und Elektrolytverluste kompensiert und Anpassungen initiiert werden (= Trainingseffekt). Die Muskelzelle ist gekennzeichnet durch

- Energiedefizit (Glykogendepletion)
- Laktatakkumulation
- Flüssigkeitsdefizit
- Verlust von Enzymen
- Abbau oder Schäden von/an Zellorganellen

Das **Wiederauffüllen der Glykogenreserven** setzt eine entsprechend hohe Energiezufuhr voraus, kann aber durch die typischen Energieträger (S. 79) nicht beschleunigt werden, Schrittmacher ist vielmehr die Wiederherstellung des Elektrolyt- und Wasserbestandes im Gewebe.

Mit dem Elektrolytverlust geht eine Verschiebung im Säuren-Basen-Haushalt in Richtung einer **metabolischen Alkalose** (pH-Wert-Anstieg) einher. Bei hoher **Laktatbildung** (Anteil anaerober Energiegewinnung) wird dieser Effekt der Elektrolytverluste allerdings überlagert. Die Fütterungsmaßnahmen nach der Belastung zielen auf eine rasche Kompensation der genannten Defizite und Korrektur des Säuren-Basen-Status. Raufutter ist der optimale K-Lieferant und sollte daher nach anspruchsvollen Arbeitsperioden angeboten werden. Natrium und Chlorid werden mit Salz bereitgestellt; über Osmorezeptoren wird die Wasseraufnahme anregt, was den Ausgleich des Wasserdefizits fördert. Bei starken Schweißverlusten muss daher nicht nur ständig ein **Salzleckstein** zur Verfügung stehen, sondern – je nach Schweißmenge (s. Kap. Schweiß (S. 104)) – auch zusätzlich

Viehsalz in das Kraftfutter gegeben werden (ca. 10–35 g/100 kg KM). Zur teilweisen Kompensation der kutanen Wasser- und Elektrolytverluste kommt auch salzhaltiges Tränkwasser in Betracht; s. Fütterungspraxis und -technik (S. 237).

Die Erholung der Muskelzellen beinhaltet daneben – wenngleich quantitativ nur unzureichend definiert – die Bereitstellung von Aminosäuren für den Metabolismus der Milchsäure (Cory-Zyklus) und die Synthese von Enzymen sowie Ersatz oder – im Sinne eines Trainingseffektes – Vermehrung von Mitochondrien.

Signalgeber für die intrazelluläre Proteinbilanz ist ein komplexes Protein, das als mTOR (mammalian target of rapamycin) bezeichnet wird. Dieses Protein und die abhängige Signalkette werden durch Leuzin gefördert. Dies erklärt vermutlich auch den hohen Leuzingehalt des Milchproteins (Proteinquelle für die Periode der intensivsten Größenzunahme der Muskelzellen) und begründet zugleich die Auswahl von Milchprotein für die gezielte Supplementierung nach sehr fordernden Beanspruchungen. Wenngleich detaillierte Informationen zur optimalen temporären Aminosäurensupplementierung fehlen, kann eine Gabe von 0,2 g pcvRp/kg KM eines leuzinreichen Proteins oder einer entsprechenden Mischung von Aminosäuren gezielt nach schweren Arbeitsperioden – auch bei älteren moderat genutzten Pferden, die zum Abbau der Muskulatur neigen – vorteilhaft sein.

Pferde müssen auf längere Belastungen sorgfältig vorbereitet werden. Sie sind an Tränke- und Fütterungsroutinen zu gewöhnen, einschließlich der Aufnahme von Kraftfutter mit eingemischtem Salz oder der Aufnahme von elektrolythaltigem Tränkwasser. Zur Erreichung und Erhaltung eines guten Ernährungszustands sind energiedichte (fettreiche) raufutterbetonte Rationen während der Trainingszeit vorzusehen. Durch die gezielte Auswahl gut verdaulichen Raufutters und Einschluss pektinreicher Futtermittel können eine Expansion der Wasser- und Elektrolytmengen im Darmkanal und dabei eine Verbesserung der Kompensationsmöglichkeiten für die Schweißverluste induziert werden.

7.3.2 Reit- und Zugpferde bei geringer bis mittlerer Arbeit

Von den meisten **Reitpferden im Freizeit- und Turniersport** (z. B. Prüfungsklasse A u. L lt. LPO) wird eine geringe bis mittlere Arbeit über sehr variable Zeiträume verlangt. Die Leistung (Arbeit/Zeit) ist entsprechend divergent. Diese Pferde arbeiten überwiegend im aeroben Bereich (S. 79). Der Energiebedarf insgesamt überschreitet selten das 1,5-Fache des energetischen Erhaltungsbedarfs.

Rationstyp Der Energie- und Nährstoffbedarf kann ausschließlich oder maßgeblich über adäquat mit Spurenelementen und Vitaminen ergänztes Raufutter gedeckt werden (s. ▸ **Tab. 7.8**). Die Elektrolytversorgung (s. Tabellenanhang, ▸ **Tab. 13.25**, ▸ **Tab. 13.26**, ▸ **Tab. 13.27**, ▸ **Tab. 13.28**, ▸ **Tab. 13.29**, ▸ **Tab. 13.30**, ▸ **Tab. 13.31**, ▸ **Tab. 13.32** und ▸ **Tab. 13.33**) ist je nach Schweißbildung variabel zu gestalten.

7.3.3 Pferde bei mittlerer bis schwerer Arbeit

Reitpferde

Reitpferde im ambitionierten Turniersport (regelmäßig) und solche auf Distanzritten oder in Vielseitigkeitswettbewerben sowie den zugehörigen Trainingseinheiten arbeiten allgemein intensiver (Geschwindigkeit, Dauer) als die oben beschriebenen Reitpferde. Auch hier dominiert die Arbeit im aeroben Bereich; vielfach steigt der Energiebedarf gegenüber Erhaltung um den Faktor 1,5 bis 2. Wettbewerbsmäßige **Distanzritte** (bis 60 km, Ø > 20 km/h) und **Wanderritte** (bis ca. 7 h, 20–30 km, mehrere Tagen hintereinander) stellen aufgrund ihrer Dauer hohe Stoffwechselbelastungen und -ansprüche dar, die punktuell mit noch höherem Energiebedarf einhergehen. Die Rationen zeichnen sich durch unterschiedliche stärkehaltige Konzentratanteile aus (▸ **Tab. 7.8**). Die Schweißmengen sind sehr variabel, i. d. R. jedoch > 2 l/100 kg KM je Arbeitstag; die notwendige Elektrolytversorgung ist mit Lecksteinen allein nicht gesichert.

Es besteht offenbar die Neigung, die Trainingsintensität ungünstig hoch einzustellen oder in Bezug auf den Energiebedarf zu hoch einzuschätzen.

Demzufolge wird auch die Fütterung evtl. unnötig intensiv gestaltet. Selbst Trainingsumfänge von Distanzpferden von 3–4 h mehrmals wöchentlich mit Distanzen um 40 km ausschließlich im aeroben Bereich ergeben einen Energiebedarf von rd. 1,8 x Erhaltung (450 kg KM, Araber, rd. 90–100 MJ ME).

Rationstyp Zu Gras oder Graskonserven werden Getreide oder stärkehaltige Mischfutter mit rd. 0,2–0,4 kg/100 kg KM je Tag eingesetzt (s. ▸ **Tab. 7.8**, ▸ **Tab. 7.9** und ▸ **Tab. 7.10**; Tabellenanhang, ▸ **Tab. 13.25**, ▸ **Tab. 13.26**, ▸ **Tab. 13.27**, ▸ **Tab. 13.28**, ▸ **Tab. 13.29**, ▸ **Tab. 13.30**, ▸ **Tab. 13.31**, ▸ **Tab. 13.32** und ▸ **Tab. 13.33**). Eine Salzsupplementierung in Höhe von mindestens 20 g/100 kg KM möglichst verteilt auf mehrere Tage ist i. d. R. erforderlich, teils ist der Bedarf noch höher (Schweißmengen > 3 l/100 kg KM).

Zugpferde

Zugpferde in Training und Wettbewerb (Ein- und Mehrspänner), im touristischen Personentransport (i. d. R. Zweispänner) sowie bei ganztägigem Einsatz in Land- und Forstwirtschaft verrichten schwere, teils auch sehr schwere Arbeit unter aeroben Stoffwechselbedingungen (Energiebedarf = Erhaltung x 1,5–2). Andere Nutzungsformen im Gespann (z. B. Ausflugsfahrten) entsprechen eher geringer bis mittlerer Beanspruchung (s. o. Reitpferde). Training von Pferden für Zugkraftwettbewerbe und die Wettbewerbe selbst stellen Sonderformen von Arbeit und Leistung dar (hoher Anteil anaerober Energiegewinnung), die schwerer, im Wettkampf auch sehr schwerer Arbeit entsprechen können.

Werden die Zugpferde an verschiedenen Tagen unterschiedlich beansprucht, muss die Futtermengenzuteilung (Energieaufnahme) den jeweiligen Anforderungen (S. 79) angepasst werden. Eine überhöhte Energieaufnahme vor oder an Ruhetagen fördert bei schweren Zugpferden das Risiko für eine Schädigung der Muskulatur, bevorzugt an der Hinterhand (Lumbago, engl. „exertional Rhabdomyolysis“; früher auch als Verschlag bezeichnet).

Rationstyp Für Zugpferde können ähnliche Rationen angewandt werden wie für Reitpferde. Vielfach besteht in landwirtschaftlichen Betrieben die Möglichkeit, auf preisgünstige Futtermittel wie Maissilage (S. 237) zurückzugreifen.

7.3.4 Pferde im Leistungssport (schwere Arbeit)

Renn- und Springpferde im Leistungssport entwickeln innerhalb kürzester Zeit Höchstleistungen. Kurzfristige hochintensive Muskelarbeit verlangt die unverzügliche Bereitstellung von Energie, auch wenn die Sauerstoffaufnahme der Zellen nicht ausreicht, die Kohlenhydrate, Lipide und Proteine zu oxidieren. Die im Muskel während eines Rennens bei hohen Geschwindigkeiten (Herzfrequenzen > 180 Schläge je min) umgesetzte Energie stammt in erheblichem Umfang aus dem anaeroben Stoffwechsel durch Verbrennung von Glukose, die unmittelbar aus dem Blut oder durch Abbau von Glykogen der Muskelzelle bereitsteht. Nach verschiedenen Erhebungen liegt bei ambitioniert genutzten Pferden im Renn-, Spring- und Ausdauersport (Araber, Warmblut, Vollblut) der energetische Gesamtbedarf (Erhaltung + Leistung) während der Trainings- und Wettkampfsaison zwischen dem 1,4–2,1-Fachen des Erhaltungsbedarfs, was leichter bis anspruchsvoller/schwerer Arbeit entspricht (s. Tabellenanhang, ▸ **Tab. 13.25**, ▸ **Tab. 13.26**, ▸ **Tab. 13.27**, ▸ **Tab. 13.28**, ▸ **Tab. 13.29**, ▸ **Tab. 13.30**, ▸ **Tab. 13.31**, ▸ **Tab. 13.32** und ▸ **Tab. 13.33**).

Die Substratnutzung intensiv arbeitender Pferde ist demnach unterschiedlich: Rennpferde: Glykogen → Fett; Distanzpferde: Fett → Glykogen. Während der Fettbestand durch die Energiezufuhr beeinflusst wird und mittels des BCS gewertet werden kann, kann die Fütterung den Glykogenbestand der Muskulatur ebenso wenig beeinflussen wie die Dynamik in der Nutzung der Energiereserven für die Muskeltätigkeit.

Die notwendige Trainingsintensität von Renn- und Springpferden bestimmt stärker als der Wettbewerb selbst den Energiebedarf.

Die während eines Rennens über 1500–2000 m oder entsprechender Wettkampfbelastung im Gelände **zusätzlich benötigten rd. 30–40 MJ ME** werden bei gut trainierten Pferden unschwer durch Glykogen bzw. durch Glukose, die auf dem Wege der Glukoneogenese in der Leber gebildet wird (weniger durch Fettsäuren), zur Verfügung gestellt, so dass eine ungenügende Energieversorgung selten Ursache enttäuschender Wettbewerbsleistungen ist. Erniedrigte Blutglukosespiegel, die für ein temporäres Energiedefizit sprechen können, werden nach Rennen kaum beobachtet.

Erfolg und Gesundheit von Pferden im Leistungssport werden vor allem von der Leistungsfähigkeit ihres Atmungs- und Kreislaufapparats, der Zahl der roten Blutkörperchen sowie der Integrität von Muskel- und Skelettsystem bestimmt. Durch Training muss die Leistungsfähigkeit der einzelnen Organe und Gewebe (Förderung der Durchblutung und der Enzymaktivität, rascher Auf- und Abbau der Glykogenspeicher in Muskulatur und Leber, evtl. Aufbau neuer Muskelmasse) erhalten oder verstärkt werden. Hierbei werden auch die aerobe Kapazität und die Arbeitsfähigkeit im anaeroben Bereich („Laktathärte") trainiert. Die Fütterung schafft für diese Vorgänge die notwendigen Voraussetzungen.

Leistungsentscheidend ist jedoch die Adaptation der für den Energieumsatz im Muskel notwendigen Enzyme durch Training und Fütterung, so dass Energie kontinuierlich und in ausreichender Menge zur Verfügung steht.

Merke

Von einem schlecht veranlagten oder trainierten Pferd sind auch bei noch so hohen Mengen an Energie, Nähr- oder „Wirk"-Stoffen oder durch ausgeklügelte Rationstypen keine Höchstleistungen zu erbringen. Fütterungsfehler hingegen können die Leistungsfähigkeit des Pferdes nachhaltig beeinträchtigen.

Vielseitigkeits-, Distanz- und auch **Dressurpferde** absolvieren anspruchsvolle Trainingseinheiten und Wettkämpfe. Im Vordergrund steht eine Dauerbelastung mit aerober Energiegewinnung bei intervallartig erhöhter Arbeitsintensität und forcierter anaerober Energiebereitstellung. Der Energiebedarf steigt überwiegend auf das 2-Fache des Erhaltungsbedarfs. Insbesondere bei Distanzpferden kann der Energieumsatz im Wettkampf erheblich höher sein als im Training, das aber insgesamt für die Bemessung des Energieangebotes ausschlaggebend ist. Pferde, die Strecken von über 50 km zurücklegen, benötigen das Doppelte bis 3-Fache des Erhaltungsbedarfs an Energie.

Durch hohen zusätzlichen Energieumsatz wird die Thermoregulation stark beansprucht. Die **zusätzlich gebildete Wärme** (bei einem zusätzlichen Bedarf von 60 MJ ME rd. 45 MJ) muss abgeführt werden, damit keine Hyperthermie entsteht. Durch Verdunstung von Wasser über die Haut (nach Schweißbildung) und über den Atmungstrakt (frequente Atmung bis zum Hecheln) kann die Wärme z. T. abgeführt werden (pro 1 l Wasser etwa 2,5 MJ). Siehe Wärmebilanz (S. 33).

Bei einem Wärmeanfall von beispielhaft 45 MJ müssten – wenn rd. ⅓ über den Atemtrakt exportiert wird – rd. 12 l **Schweiß** (rd. 20–30 ml/kg KM) gebildet und verdunstet werden, um den Wärmehaushalt im Gleichgewicht zu halten. Dies gelingt vielfach nicht, insbesondere wenn hohe Umgebungstemperaturen herrschen, verbunden mit hoher Luftfeuchtigkeit, oder wenn die Pferde unökonomisch schwitzen (zu starke Bildung und Abfließen des Schweißes) bzw. die Verdunstungsmöglichkeiten erschwert sind (kurzes oder kurz geschorenes Haar).

Ein Anstieg in der Körperinnentemperatur (s. ▸ **Tab. 2.14**) zeigt die herausragende Beanspruchung der Thermoregulation bei diesen Pferden auf. Bei lang andauernder Arbeit ist die thermoenergetische Bilanz (Wärmeproduktion, -speicherung, respiratorische und kutane Wärmeabgabe) leistungsbestimmend.

Merke

Körperinnentemperaturerhöhungen nach intensiven Belastungen bis zu 2 °C über die Norm sind noch nicht kritisch.

Nach intensiver Belastung nimmt die Regeneration und Entwicklung der Trainingseffekte mehr Zeit in Anspruch als die Erholung des Herz-Kreislauf-Systems nahelegen könnte. Besonders nach Sprintbelastungen mit intensivem Abbau des Glykogens ist zu berücksichtigen, dass die Wiederherstellung der Glykogenbestände nicht beschleunigt werden kann und bis zu 3 Tage in Anspruch nehmen kann.

Rationstyp Die Fütterung von Hochleistungspferden muss vor allem Risiken der notwendigerweise hohen Energiezufuhr und optimalen Anpassung an hohe Belastungen sowie die Förderung der Erholung berücksichtigen. Hochverdauliches Raufutter wird mit Konzentraten (Getreide, Mischfutter) bis rd. 1 kg/100 kg KM je Tag ergänzt (s. ▸ **Tab. 7.8**, ▸ **Tab. 7.9** und ▸ **Tab. 7.10**); die üblicherweise hohen Schweißmengen (> 3 l/100 kg KM je Tag) erfordern eine regelmäßige Supplementierung mit Salz, eingemischt in das Kraftfutter, teils auch über das Tränkwasser. An Wettkampftagen können besondere Routinen angezeigt sein (s. Fütterungspraxis, -technik (S. 237)).

7.3.5 Rationsgestaltung

Futteraufnahme

Die Futteraufnahme erreicht nach publizierten Daten rd. 110–140 g Trockenmasse/kg $KM^{0,75}$ je Tag; dies entspricht für 400–600 kg schwere Tiere rd. 13–18 kg Futter (bei TS-Gehalten von 88 %). Hohe Futtermengen werden allgemein mit nachteilig hoher Masse im Darmtrakt gleichgesetzt. Maßgeblich ist jedoch weniger die Futtermenge als die **Futterqualität**: Mit 12 kg Heu werden 10 kg Trockenmasse zugeführt, wobei

- bei **überständigem Material** mit einer Verdaulichkeit von etwa 40 % täglich 6 kg unverdauliche Massen im Dickdarm transportiert werden müssen und für die Ausscheidung (bei üblichen Kot-TS-Gehalten von 20 %) näherungsweise 24 l Wasser benötigt werden,
- bei **hochwertigem Raufutter** die Verdaulichkeit 60 % und mehr betragen kann und der unverdauliche Anteil von 4 kg Trockenmasse schließlich unter Aufwendung von 16 l Wasser ausgeschieden wird.

Die Verdaulichkeit des Raufutters bestimmt dessen Energiegehalt, die Füllung des Dickdarms und die zur Ausscheidung der unverdaulichen Anteile notwendige Wassermenge. Schwerverdauliche Raufutter belasten somit den Energie- und Wasserhaushalt sowie die Thermoregulation des Pferdes. Leistungspferde benötigen daher ein leistungsgerechtes Raufutter.

Allgemeines zur Rationsgestaltung

Allgemeine Merkmale für Rationen von Arbeitspferden ergeben sich bei Beachtung der zuvor beschriebenen Bedingungen besonders bezüglich der Raufutter- (s. Strukturbedarf), Stärkemenge, und Elektrolytversorgung. Die **Raufuttermenge** kann ohne Nachteile für die Leistung 1,5 kg/100 kg KM je Tag und bei hoher Qualität des Raufutters auch mehr betragen. Naturgemäß wird die Rationsgestaltung mit zunehmender Intensität der Arbeit aufwändiger; die Art der Arbeit ist hierbei sekundär. Die Veränderung im Energie-, Wasser- und Elektrolytbedarf durch Bewegungsleistung ist entscheidend und nicht der Arbeitstyp (z. B. Spring- vs. Dressurreiten).

Für arbeitende Pferde, insbesondere bei solchen, denen mehr als mittlere Arbeit abverlangt wird, d. h. bei einem Energiebedarf > 1,75-Fache des Erhaltungsbedarfs (s. ▸ **Tab. 4.8**, ▸ **Tab. 7.8**) sind die folgende Punkte zu beachten – ungeachtet evtl. weiterer begleitender Maßnahmen bei besonderen Anforderungen (z. B. aktives Kühlen bei Distanzritten).

Energieversorgung Für die bei Bewegung notwendige Erhöhung der **Energie**aufnahme bestehen folgende Möglichkeiten:

- Steigerung der Futtermenge
- Auswahl eines gut/hochverdaulichen Raufutters
- Anheben der Energiedichte in der Ration
  - Verwendung von Stärketrägern
  - Einsatz von Pflanzenöl

Die traditionelle Vorstellung, dass die gewünschte Energiezufuhr bei arbeitenden Pferden am ehesten durch Kohlenhydrat(Stärke)-reiche Rationen gelingt, hat sich nicht bestätigt. Demzufolge ist die früher übliche Betonung des Krippenfutters in Rationen von Hochleistungspferden (> 50 % der Energie) zu relativieren. Unter anderem belegen skandinavische Arbeiten zur Leistung von Trabern bei ausschließlicher Raufuttergabe (Heulage aus früh geschnittenem Weideaufwuchs; TS-Aufnahme 2 kg/100 kg KM je Tag), dass stärkearme, gerüstsubstanzreiche Rationen mit hoher Leistungsfähigkeit vereinbar sind. Voraussetzung ist, dass ein hoher Futterwert des Raufutters gegeben ist (> 8 MJ ME/kg TS). Allerdings ist nicht auszuschließen, dass bei kurzfristig hohen Anforderungen mit

Höchstgeschwindigkeiten Limitierungen der Glukoneogenese vorhanden sein können, wenn die Stärkeaufnahme gering ist. Die Futteraufnahme von Arbeitspferden ist mit 110–140 g/kg $KM^{0,75}$ je Tag deutlich höher als unter Erhaltungsbedingungen und lässt einen hohen Beitrag des Raufutters zum Energieangebot zu. Eine Orientierung der möglichen Energieaufnahme arbeitender Pferde im Rahmen der genannten Futteraufnahme bei unterschiedlicher Energiedichte in der Ration ist in ▶ **Tab. 7.8** dargelegt. Das Futtervolumen ist bei Beachtung des notwendigerweise hohen Futterwertes nicht leistungslimitierend (s. u. Anmerkung „totes Gewicht"). Für die über das Raufutter hinausgehende Bereitstellung von umsetzbarer Energie stehen stärke- und/oder fettreiche Futtermittel zur Verfügung (Intention der Nutzung von Pflanzenölen s. u.).

Raufutter von hoher Verdaulichkeit (Rfa < 280 g/kg TS) bevorzugen Raufutter (Gras, Graskonserven) ist mindestens dem Strukturbedarf entsprechend einzusetzen (1,5 kg/100 kg KM je Tag). Bei guter Verdaulichkeit können wie erwähnt höhere Mengen vorgesehen werden, die den Energiebedarf für leichte Arbeit abdecken.

Große Mengen schwer verdaulichen Raufutters sind zu vermeiden, da sie das „tote Gewicht", d. h. die Füllung des Verdauungskanals, unnötig steigern (1 kg Heu kann im Vergleich zu 1 kg Kraftfutter die Füllung des Verdauungskanals maßgeblich durch Fixieren von Wasser um 3–4 kg erhöhen; s. Kap. Füllung (S. 36)). Hierbei ist auch eine verstärkte Strohaufnahme bei begrenztem Raufutterangebot zu berücksichtigen. Der positive Effekt hochverdaulichen Raufutters wird wieder aufgehoben, wenn die Pferde bei knapper Zuteilung kompensatorisch Stroh aus der Einstreu – besonders während der Nacht – aufnehmen. Für die Füllung des Darmtraktes (totes Gewicht) ist der Rohfasergehalt und damit die Verdaulichkeit des Raufutters wichtiger als die Raufuttermenge selbst.

Das Raufutter sollte aus Weideaufwuchs (vor der Blüte) oder Graskonserven bestehen (möglichst 1. Schnitt, Rohfasergehalte < 280 g/kg).

- Heu (TS > 86 %), das gut getrocknet und staubfrei ist oder
- Heulage (TS 55–70 %) bzw.
- Anwelksilage (TS 40–55 %)

Staubbedingte Belastungen des Atmungstraktes können die Leistung mindern. Luzerne-, Esparsette- oder Kleeheu sind für Hochleistungspferde weniger zweckmäßig.

Merke

Hochverdauliches Raufutter (auch Heulagen, Anwelksilagen) ist die unabdingbare Voraussetzung für leistungssichernde Rationen.

Nutzung pektin-, zellulosereicher Futtermittel Der mögliche Beitrag fermentierbarer Kohlenhydrate unabhängig vom Raufutter aus dem Segment der Gerüstsubstanzen von Samen, Früchten, Wurzeln oder Knollen (u. a. Zellulose, Pektine) ist offenbar unterschätzt. Entsprechende Einzelfuttermittel (z. B. Möhren, Tockenschnitzel, Trester) können dazu beitragen, das Stärkeangebot bei hohem Energiebedarf zu begrenzen. Sie bieten darüber hinaus den Vorteil, den intestinalen Wasserumsatz zu fördern. Die hochverdaulichen Gerüstsubstanzen erhöhen den ileozäkalen Wasserfluss und die Wasserabsorption im Dickdarm. Durch die gezielte Auswahl gut verdaulichen Raufutters und Einschluss der erwähnten Futtermittel in die Ration (i. d. R. über Mischfutter) können eine Expansion der Wasser- und Elektrolytmengen im Darmkanal und die Absorption gefördert werden. Dies stärkt die Kompensationsmöglichkeiten bei Schweißverlusten.

Leistungsabhängige Dosierung von Getreide oder Mischfutter Nur bei zutreffender Bewertung des Bedarfs einerseits und des Futterwertes der Rationskomponenten andererseits kann eine befriedigende Ableitung der notwendigen Kraftfuttermengen gelingen. Das Kraftfutter besteht aus Getreide (Hafer, andere Getreide thermisch aufgeschlossen) und/oder stärkehaltigen Mischfuttermitteln. Diese enthalten gleichfalls Getreide sowie diverse Nebenprodukte (Nachmehle, Trester); es können bis zu 10 % Fett eingemischt werden.

Wie beim Raufutter sind höchste Ansprüche an die Qualität zu stellen. Getreide muss staubfrei (evtl. spezielle Reinigung) und ohne Schimmelpilzbeläge sein. Hafer sollte in geschroteter oder gequetschter Form nicht länger als eine 1 Woche gelagert werden (sofern keine keimhemmenden Stoffe zugesetzt werden). Kraftfutter ist u. a. zum

Schutz gegen Feuchtigkeit, Staub, direkte Sonneneinstrahlung, Zutritt von Schadnagern und Vögeln in geeigneten Räumen oder Silos aufzubewahren.

Erhöhen der Energiedichte des Kraftfutters bei gleichzeitiger Begrenzung der Stärkekonzentration durch Verwendung pflanzlicher Fette Überzeugende Daten über Leistungssteigerungen durch Verwendung von Pflanzenölen stehen aus. Einige Befunde sprechen für eine Minderung des Glykogenabbaus bei schwerer Arbeit durch Einsatz von Fetten als Energieträger. Wichtige Vorteile von Soja-, Sonnenblumen- oder Rapsöl sind jedoch unabhängig von derartigen Sonderwirkungen (s. ▸ **Tab. 7.8**):

- teilweise Ersatz von Stärke, zur Minderung von Risiken hoher Stärkeaufnahme
- wirkungsvoller Beitrag zur Reduzierung der Staubfreisetzung aus dem Krippenfutter
- Unterstützung bei der Prävention von Magenschleimhautveränderungen

Auch langfristig gelten 1 g Pflanzenöl/kg KM je Tag als verträglich.

Proteinversorgung Bei durchtrainierten Pferden wird bei üblicher Zusammensetzung des Raufutters der Erhaltungsbedarf an pcvRp i. d. R. um den Faktor 1,5 bis 2 überschritten, so dass ein evtl. gegebener Mehrbedarf bei Arbeit zuverlässig abgedeckt wird. In der Gesamtration sollte die Relation von pcvRp zu umsetzbarer Energie nicht > 10 : 1 betragen, der Gehalt an Rohprotein 16 % nicht übersteigen.

Eine konstant über den Bedarf hinausgehende Eiweißzufuhr – Ausnahme temporäre Supplementierung mit Aminosäuren ausschließlich nach sehr fordernden Belastungen – ist unnötig und kann auch den Wasser- und Wärmehaushalt belasten. Zu Beginn des Trainings und dies besonders bei jungen Pferden (Vollblüter) sind erhöhte Eiweißgaben gerechtfertigt (Aufbau neuer Muskelmasse, Enzymvermehrung, Blutbildung), sofern das Angebot über das Raufutter gering ist (< 100 g Rp/kg Raufutter).

Bei einer gegenüber dem Bedarf erhöhten Proteinaufnahme nimmt die Konzentration an Harnstoff bzw. Harnstoff-N im Blutplasma zu (▸ **Abb. 7.6**). Der Energieaufwand für die Harnstoffsynthese und Energieabgabe über den Harn steigen bei mehr als ca. 150 g Rp/kg TS um < 5 % des Erhaltungsbedarfs. Da der in den Darmkanal sezernierte Stickstoff hier durch die mikrobielle Aktivität – im Gegensatz zu konzentratreichen Rationen – vermehrt in mikrobielles Eiweiß fixiert und ausgeschieden wird, ist ein Eiweißüberhang bei heureichen Rationen weniger kritisch als bei geringer Aufnahme an fermentierbaren Gerüstsubstanzen. Die Aufnahme an pcvRp sollte das 2,5–3-Fache des Bedarfs nicht überschreiten.

Vermeidung von Überschüssen an Kalzium Bei hohen Getreideanteilen und Ca-armem Raufutter kann das **Ca:P-Verhältnis** aus < 2:1 abfallen. Jedoch ist selbst ein Verhältnis von 1 : 1 zu tolerieren, wenn die absoluten Bedarfswerte erreicht oder überschritten werden. Auch ohne zusätzliches **Ca, P und Mg-Angebot** über ein vitaminiertes Mineralfutter

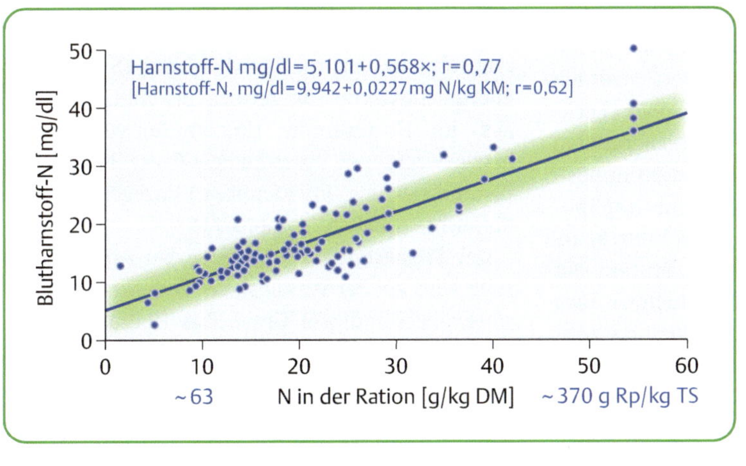

▸ **Abb. 7.6** Harnstoff-N in Abhängigkeit vom N bzw. Rohproteingehalt der Ration (Literaturauswertung).

steigt die Aufnahme an diesen Elementen aufgrund der Fütterungsintensität üblicherweise deutlich über das Niveau des Erhaltungsbedarfs (► **Abb. 7.3**). Eine Zulage ist allenfalls bei jungen, noch nicht ausgewachsenen Pferden angebracht.

Wasserangebot ad libitum Die notwendige Ergänzung von **Wasser und Elektrolyten** zur Abdeckung des zusätzlichen Bedarfs infolge von Schweißverlusten bei leichter Arbeit ist unproblematisch; es wird Wasser zur freien Aufnahme angeboten und ein Salzleckstein bereitgestellt. Grundsätzlich gilt, dass Wasser vor und nach der Arbeitsperiode stets zur freien Verfügung anzubieten ist, gegebenenfalls auch in Belastungspausen. Trotz hoher Wasserverluste über den Schweiß ist die Wasseraufnahme von Pferden oftmals unbefriedigend; da sich die Osmolalität im Blut nicht wesentlich ändert, bleiben Signale für die Entwicklung von Durst aus oder schwach. Eine nachhaltige Rehydratation gelingt am besten bei Kompensation der kutanen Elektrolytverluste.

Mehrbedarf an Elektrolyten Bei höherer Arbeitsintensität, besonders aber bei schwerer bis sehr schwerer Arbeit, die von Hochleistungspferden unter dem Reiter und gelegentlich von Fahr- bzw. Zugpferden geleistet wird, ist die Elektrolytversorgung allein über Salzlecksteine unsicher. Der hohe Bedarf an Natrium und Chlorid infolge der Schweißabgaben erfordert die Zulage von Salz zum Kraftfutter (s. Kap. Natrium (S. 104), ► **Abb. 4.17**).

Bei hoher Beanspruchung mit Schweißmengen > ca. 12–15 l erreicht der Na-Bedarf bei Großpferden > 70 g. Unter diesen Bedingungen wird auch bei einer Salzsupplementierung mit täglich 120–140 g eine Bilanzlücke bestehen, die durch endogene Umverteilung kompensiert werden muss. Salzhaltige Mineralfutter in Form von Leckmassen sind ungeeignet, da sie entsprechend dem Na-Bedarf aufgenommen werden, was zu unnötiger oder sogar kritisch hoher Aufnahme von Spurenelementen und/oder Vitaminen führen kann. Es ist notwendig, die Elektrolytsubstitution auf mehrere Mahlzeiten, wenn möglich mehrere Tage zu verteilen, um eine kurzfristig vermehrte Ausscheidung über die Niere zu vermeiden.

Die hohen Kaliumabgaben über den Schweiß werden bei hinreichender Gabe von Raufutter abgedeckt (K im Gras bzw. in Graskonserven > 20 g/kg Trockenmasse).

Keine Salzsupplementierung ohne Wasserangebot Eine Salzgabe muss stets mit einem Wasserangebot verbunden sein. Ansonsten erhöht sich die Konzentration der Elektrolyte im Blut und die Ausscheidung wird forciert.

Raufutterrationen: leichte bis mittlere Arbeit

Weidegang

Arbeitende Pferde können, sofern keine hohen und zeitintensiven Leistungsanforderungen bestehen, ganztägig auf der Weide gehalten werden; größere Bewegungsmöglichkeiten der Tiere sowie allgemein geringe Futter- und Pflegekosten sind als Vorteil zu nennen.

Notwendig ist die Supplementierung mit Spurenelementen wie unter Erhaltungsbedingungen (s. ► **Abb. 7.1**) und die Bereitstellung von Salzlecksteinen. Falls der Salzleckstein trotz regelmäßiger Arbeit und entsprechender Schweißbildung nicht angenommen wird oder die Schweißmengen ca. 1,6–2 l/100 kg KM überschreiten, ist das Einmischen von Salz in eine begrenzte Menge Kraftfutter in Betracht zu ziehen.

Bei mittlerer Qualität des Weidefutters, botanisch heterogener Zusammensetzung und ausreichender Biomasse (> 300 g TS bzw. > 1,5 kg Frischmasse/m^2; günstige Aufwuchshöhe 6–10 cm) ist im Falle ganztägiger Weidehaltung (Tag und Nacht) mit einer Trockensubstanzaufnahme von mindestens 100 g/kg KM^{0,75} je Tag (entspricht rd. > 2 % der Lebendmasse) und mehr zu rechnen (bis rd. 160 g/kg KM^{0,75} je Tag). Das heißt, bei einem Energiegehalt der Trockensubstanz von rd. 8,5 MJ ME/kg TS reicht die **Energieaufnahme** für geringe bis mittlere Arbeit aus, im Hochsommer (kurzer Aufwuchs < 6 cm, hochgewachsenes, überständiges Gras > 30 cm, Temperaturbelastung, Insektenplage) dagegen allenfalls für leichte Arbeit (s. ► **Abb. 7.7**).

Der **Eiweißbedarf** für Pferde bei Arbeitsbelastung wird auf der Weide sicher gedeckt (außer bei stark überständigem Gras). Das Überangebot im Frühjahr oder Herbst kann durch Beifütterung eiweißarmer, strukturierter Stoffe (Stroh, Heu mittlerer Qualität, Trockenschnitzel) limitiert werden.

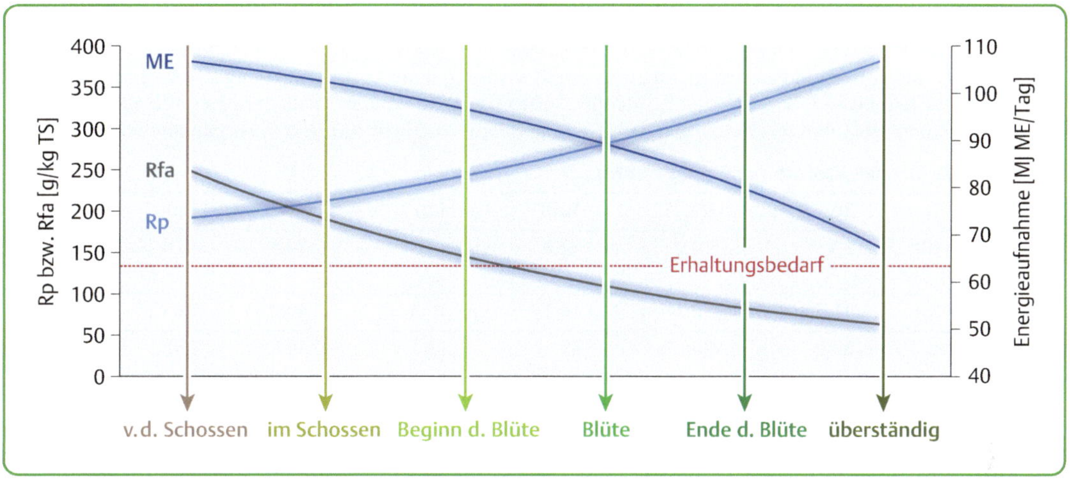

▸ **Abb. 7.7** Modell zur Energieaufnahme auf der Weide bei einer TS-Aufnahme von 12 kg für ein Pferd mit 600 kg KM im Verlauf der Vegetationsperiode (Abb. basiert auf Daten aus Kamphues et al. 2014, GfE 2014).

Falls die Pferde nur stundenweise auf der Weide gehalten werden können, ist entsprechend der Höhe der Grasaufnahme mit Heu (alternativ Anwelksilagen, Heulagen) und gegebenenfalls je nach Arbeitsintensität mit Konzentraten beizufüttern (Beispiele s. ▸ **Tab. 7.8**). Eine Konzentrataufnahme vor dem Verzehr von Gras – auch bei Vorlage von gemähtem Gras – ist wegen der Kolikrisiken zu vermeiden.

Graskonserven

Die Trockenmasseaufnahme bei Vorlage dieser Futtermittel variiert bei rd. 100–120 g/kg KM^{0,75} je Tag. Bei mittleren Werten (7–8 MJ ME/kg TS = 6–6,9 MJ ME/kg) erreicht die Energieaufnahme das > 1,5-Fache des Erhaltungsbedarfs. Das Angebot an Protein, Mineralstoffen und Vitaminen – ausgenommen Vit. A und Vit. E – ist wie auch bei Weidegang zu beurteilen; das Mineralfutter zur Ergänzung der Spurenelemente sollte auch Karotin oder Vit. A sowie Vit. E aufweisen (s. Ergänzung zu Heu bei Erhaltungsbedarf). Ein Wasserangebot ad libitum und die Verfügbarkeit von Salzlecksteinen sind obligatorisch (Indikation für ggf. zusätzliche Salzgabe s. o.).

Grünfutterkonserven plus Kraftfutter: mittlere bis sehr schwere Arbeit

Dieser Rationstyp hat insgesamt die größte Verbreitung, die Raufuttermengen werden meist konstant gehalten und leistungsbedingt unterschiedliche Anforderungen an die Energieaufnahme durch Einstellen der Kraftfuttermengen berücksichtigt.

Wird die Futteraufnahme gegenüber den Erhaltungsbedingungen (90–110 g TS/kg KM^{0,75}) **ausschließlich** über Raufutter auf 110–140 g TS/kg KM^{0,75} gesteigert, kann die Energiezufuhr auf etwa das 1,5–1,6-Fache des Erhaltungsbedarfs erhöht werden (▸ **Abb. 7.8**; ▸ **Tab. 7.8**); höhere Leistungen erfordern daher eine Erhöhung der Energiedichte in der Gesamtration, um bei gegebenem Futterverzehr die geforderte Energie anzubieten. Realistisch kann ein Raufutterverzehr von etwa 100 g TS/kg^{0,75} KM angestrebt und empfohlen werden; damit wird der Strukturbedarf für diese Pferde (s. ▸ **Tab. 7.8**, s. Kap. Strukturstoffe (S. 125)) sicher gedeckt. Das Energieangebot über das Raufutter selbst entspricht dann bei durchschnittlicher Qualität den Anforderungen für Erhaltung und leichte Arbeit (Erhaltung x 1,25–1,3; ▸ **Abb. 7.8**).

► **Tab. 7.8** Futteraufnahme und Energieangebote für ein Pferd mit 600 kg KM bei unterschiedlichen Raufutter- und energieliefernden Konzentratmengen (Prämissen: Heu, TS 860 g/kg, ME 7 MJ/kg TS, Hafer, TS 880 g/kg TS, ME 12,6 MJ/kg TS).

Futteraufnahme, korrespondierende Heumengen und Energieangebote bei a) Steigerung der Raufuttermenge, b) konstanter Raufuttermenge + steigender Menge Kraftfutter, c) konstanter Raufuttermenge + 2 alternativen Kraftfuttermengenangeboten + Steigerung der Ölmenge relativ zu diesen Kraftfuttermengenangeboten							
a) steigende Mengen Raufutter (TS, g/kg^{0,75} KM)							
	80	90	**100**	110	120	130	140
TS (kg/Tag für 600 kg KM)	9,7	10,9	12,1	13,3	14,5	15,8	17,0
= Heu (kg/Tag)	11,3	12,7	14,1	15,5	16,9	18,3	19,7
= ME aus Heu (MJ/Tag)	67,9	76	85	93	102	110	119
ME-Aufnahme, relativ	1	1,13	1,25	1,38	1,50	1,63	1,75
b) zu 100 g Raufutter-TS/kg KM^{0,75} steigende Mengen stärkereicher Konzentrate, hier Hafer (für ein Pferd mit 600 kg KM)							
	Hafer (kg)	–	TS gesamt (kg/Tag)	ME gesamt (MJ/Tag)			
Steigerung des Stärketrägers	1	–	13,0	96	Menge an Raufutter bleibt konstant		
	2	–	13,9	107			
	3	–	14,8	118			
	4	–	15,6	129			
	5	–	16,5	140			
	6	–	17,4	151			
c) Erhöhung der Energiezufuhr bei konstantem Raufutterangebot und 2 bzw. 4 kg eines stärkereichen Konzentrats, hier Hafer, durch Zulagen von Öl alternativ zu einer Erhöhung des Stärketrägers (für ein Pferd mit 600 kg KM)							
	Hafer (kg)	**Öl (kg)**	TS gesamt (kg/Tag)	ME gesamt (MJ/Tag)			
Stärketräger konstant, Steigerung der Ölmenge	**2**	0,2	14,1	115	Menge an Raufutter bleibt konstant		
		0,4	14,3	122			
		0,6	14,5	130			
	4	0,2	15,8	137			
		0,4	16,0	145			
		0,6	16,2	152			

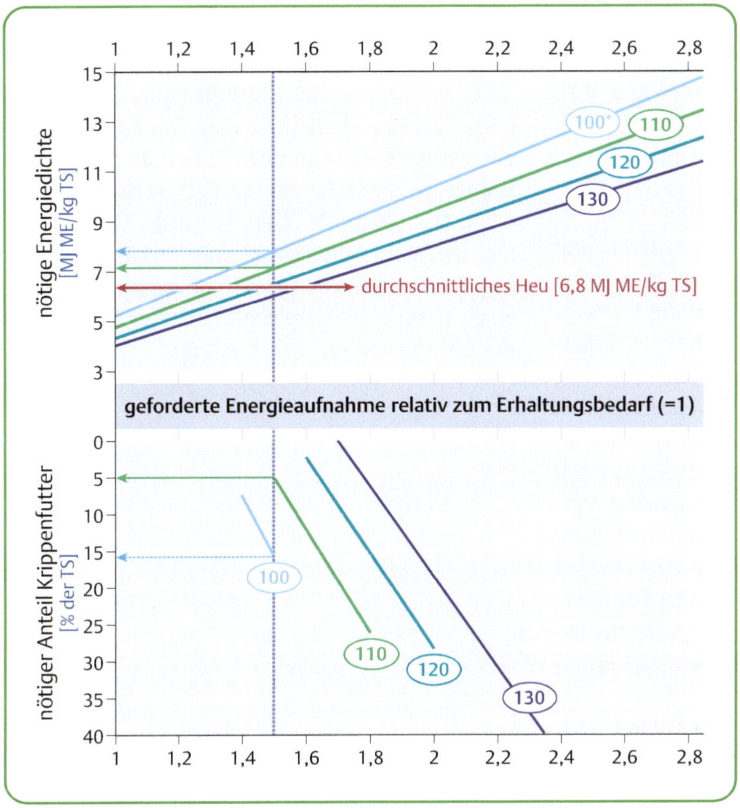

► **Abb. 7.8** Notwendige Energiedichte in der Futtertrockenmasse für steigenden Energiebedarf (relativ zum Erhaltungsbedarf) bei TS-Aufnahmen zwischen 100 und 130 g/kg $KM^{0,75}$ je Tag und den ggf. notwendigen Anteil an Krippenfutter an der verzehrten Trockenmasse (Prämissen: Heu 6,8; Krippenfutter = Hafer 13,3 MJ ME/kg TS). * = TS-Aufnahme in g/kg $KM^{0,75}$

Beispiele zu ► Abb. 7.8 **:**

- gewünschte Fütterungsintensität: Erhaltung x 1,6
- angenommene Futteraufnahme: 110 g/kg $KM^{0,75}$ je Tag > d. h. für 600 kg KM, 101 MJ ME/Tag, 13,3 kg TS/Tag
- notwendige Energiedichte: 7,5 MJ ME/kg TS
  - notwendiger Anteil des Krippenfutters an der Gesamt-TS 12 % von 13,3 kg = 1,6 kg TS = 1,8 kg bei 88 % TS
  - Heumenge = 13,3 - 1,6 = 11,7 kg TS = 13,5 kg Heu bei 87 % TS
- 100 g TS/kg $KM^{0,75}$ müssen für ein Versorgungsniveau von Erhaltung x 1,5 15 % Krippenfutter enthalten, bei höherer Futteraufnahme von 110 g/kg $KM^{0,75}$ wären nur 5 % Krippenfutter nötig; bei anderen Daten zur Futteraufnahme bzw. den Energiegehalten in Rau- und Krippenfutter können die Anteile über das Mischungskreuz abgeleitet werden (z. B. Warmblut, 500 kg KM, TS-Aufnahme 13 kg/Tag, Energiebedarf 117 MJ ME/Tag):
  - gewünschte Energiedichte, 9 MJ ME/kg TS[1)]
  - gegeben sind Heu, 7 MJ ME/kg TS[2)] und Mischfutter mit 12 MJ ME/kg TS[3)]

Für das Mischungskreuz (Bildung der Differenzen über Kreuz ohne Beachtung des Vorzeichens) ergibt sich hieraus:

7[2)]	3 Diff.	= 60% ≙ 13 × 0,6 = 7,8 kg TS aus Heu
9 (Zielwert)[1)]		
12[3)]	2 Diff.	= 40% ≙ 13 × 0,4 = 5,2 kg TS aus Mischfutter
	5 Summe	= 100%

Bei nicht überständigem Aufwuchs wird der Proteinbedarf für arbeitende Pferde sicher überschritten (► **Abb. 7.7**). Zweckmäßig sind vitaminierte Mineralfutter mit geringen Ca- und P-Gehalten oder ohne jegliche Mengenelementgehalte, aber entsprechenden Ergänzungen bei den Spurenelementen und Vit. E. Bei > 10 kg Heu für mittelgroße Pferde werden täglich sicher > 40 g Ca angeboten, so dass ein eventueller Mehrbedarf zuverlässig abgedeckt wird. Dies trifft auch auf die Vitamine A (außer bei ernte- oder lagerbedingt karotinarmem Heu) und D zu. Da das Vit.-E-Angebot über die Raufutterkonserven unsicher ist, wird eine Ergänzung in Kombination mit der ohnehin nötigen Spurenelementsupplementierung empfohlen (▶ **Abb. 7.7**). Für die energetische Aufwertung des Raufutters bieten sich unterschiedliche Konzepte an.

Grünfutterkonserven und Getreide

Bei erhöhten Anforderungen bei mittlerer und schwerer Arbeit kann Getreide mit Heu kombiniert und variabel dosiert werden; die Energieaufnahme kann auf das 2–2,5-Fache des Erhaltungsbedarfs angehoben werden (▶ **Tab. 7.8**, 14 kg Heu + 4 kg Hafer). Heu(Heulage, Anwelksilage)-Getreide-Rationen lassen sich vielfältig modifizieren (Art, Bearbeitung und Menge des Getreides), doch gilt grundsätzlich, dass die bedarfsgemäße Verwendung von Kraftfutter kein begründeter Anlass ist, die Raufuttermenge zu vermindern. Die in ▶ **Tab. 7.9** aufgeführten Rationen decken den Energie- und Nährstoffbedarf für leichte oder mittelschwere Arbeit ab (das 1,5 bzw. 2-Fache des Erhaltungsbedarfs an ME).

Dem Natrium- und Chloridbedarf wird mit einer Gabe von Viehsalz, eingemischt in das Getreide, Rechnung getragen.

Für Heu-Getreide-Rationen können die aus ▶ **Tab. 7.9** abzuleitenden Faustzahlen zugrunde gelegt werden: 2 kg Raufutter (86 % TS) + 0,5 kg Getreide je 100 kg KM. Energie- und Eiweißbedarf werden bei den angegebenen Mengen sicher erfüllt. Hervorzuheben ist, dass die Mindest-Raufuttermenge 1,5 kg TS/100 kg KM (= 1,7 kg Heu/100 kg KM) problemlos überschritten und die Kraftfuttermengen dann entsprechend geringer angesetzt werden können. Meistens liegt ein **Eiweißüberschuss** vor, der toleriert werden kann, sofern er durch Grundfutter bedingt ist.

Die Versorgung mit **Kalzium** hängt von seinem Gehalt im Heu ab. Bei Gehalten von 3 g und weniger pro kg liegt die absolute Zufuhr an der unteren Grenze des Bedarfs und das Ca:P-Verhältnis unter 1 : 1. Mit steigender Getreidezulage (bei Pferden mit schwerer Arbeit) wird das Verhältnis immer ungünstiger (enger). Die Aufnahme von **Phosphor** erreicht bei getreidereichen Rationen das 3-Fache des Bedarfs und mehr (▶ **Tab. 7.3**).

Praxis

Bei der Auswahl eines Mineralfutters zu Heu-Getreide-Rationen sind

- die notwendigen Gehalte an Spurenelementen und Vitaminen ausschlaggebend. Das Ergänzungspotenzial sollte daher wie bei Raufutterrationen primär bei Kupfer, Zink, Selen und Vitamin E liegen.
- die Ca- und P-Gehalte zu beachten, da raufutterbedingte Überschüsse nicht verschärft werden sollen, andererseits aber auch sehr niedrige Ca-Gehalte in Heu möglich sind und eine moderate Ergänzung angezeigt sein kann. Hierbei muss keinesfalls ein Ca:P-Verhältnis von 2 : 1 in der Gesamtration erreicht werden, was nur zu abnorm hoher Ca-Aufnahme führt; es sollte lediglich ein inverses Ca:P-Verhältnis vermieden werden.

Beispiel für Gehalte von im Handel verfügbaren vitaminierten Mineralfuttern für Pferde (600 kg KM) bei schwerer Arbeit: Ca 10 %, P 2 %, Mg 2 %, Na 5 %, Cu 1000 mg/kg, Zn 2500 mg/kg, Se 6 mg/kg, Vit. E 8000 mg/kg, Vit. A 300 IE/kg, Vit. D 30 IE/kg.

▶ **Tab. 7.9** Rationsgrößen bei einer Heu-Getreide-Ration und mittlerer Arbeit.

	Warmblut (600 kg KM + Reiter)	**Araber (450 kg KM + Reiter)**	**Pony (300 kg KM + Reiter)**
Arbeit	75 min, Leistungsbedarf 44 MJ ME, 10 l Schweiß	45 min, Leistungsbedarf 20 MJ ME	60 min, Leistungsbedarf 21 MJ ME, 5 l Schweiß
Heu – allgemein	12 kg	12 kg	6 kg
Hafer	3,5 kg	–	–
Gerste	–	–	1,5 kg
Viehsalz (Leckstein)	130 g	70 g	80 g
Mineralfutter „Spuren-E“	50 g	50 g	30 g

Anstelle von Hafer können Dinkel- (gewalzt), Gersten- oder Maiskörner (thermisch aufgeschlossen) eingesetzt werden.

Heu-Getreide-Rationen bedingen je nach Getreidemenge und -art eine hohe Stärkeaufnahme/Tag, die auf 3–5 Mahlzeiten/Tag zu verteilen ist, um die Empfehlung von max. 1 g Stärke/kg KM je Mahlzeit nicht zu überschreiten.

Bei stärkereichen Rationen (> 0,7 kg Hafer, > 0,5 kg Gerste/100 kg KM je Tag) ist es von Vorteil, durch Verwendung von Pflanzenölen die Stärkezufuhr zu reduzieren und die mengenmäßige Ausdehnung der Ration zu begrenzen (▶ **Tab. 7.8**, 14 kg Heu + 4 kg Hafer ≈ 130 MJ ME vs. 14 kg Heu + 2 kg Hafer + 0,6 kg Pflanzenöl ≈ 130 MJ ME).

Modifikationen dieses Rationstyps ergeben sich durch Verwendung von Ergänzungsfuttern zu Heu/Hafer bei Ersatz eines Teils des Getreides und Verzicht auf das vit. Mineralfutter (Ergänzungsfutter zu Heu/Hafer) oder bei vollständigem Ersatz von Getreide und vit. Mineralfutter durch ein Ergänzungsfutter zum Haferersatz.

Heu-Getreide-Mischfutter-Rationen

Die regelmäßige Beifütterung geringer Mineralfuttermengen ist arbeitsaufwändig. Manchmal bestehen auch Akzeptanz- und Dosierungsschwierigkeiten; geringfügige Abweichungen in der Dosierung ergeben zudem erhebliche Verschiebungen in der Nährstoffzuteilung. Daher ist es einfacher, die Heu-Getreide-Rationen mit einem passenden Ergänzungsfutter zu Heu und Getreide zu komplettieren (▶ **Abb. 7.9**). Im Allgemeinen reichen etwa 0,2–0,3 kg/100 kg KM je Tag aus (im Austausch gegen Getreide; ▶ **Tab. 7.3**), um eine vollständige Ergänzung der Raufutter-Getreide-Kombination zu erreichen. Das Ergänzungsfutter (Orientierungswerte zur Zusammensetzung ▶ **Tab. 7.10**) kann je nach Arbeitsleistung der Tiere mit dem Getreide vorher vermischt werden.

Die Rohnährstoffgehalte der hier einsetzbaren Mischfutter ähneln denen von Getreide; sie sind in der Regel fettreicher. Die durch Mischfutter bedingten zusätzlichen Ca- und P-Gaben sind bei gutem Heu nicht erforderlich, aber aufgrund der natürlichen Gehalte in den Mischfutterkomponenten

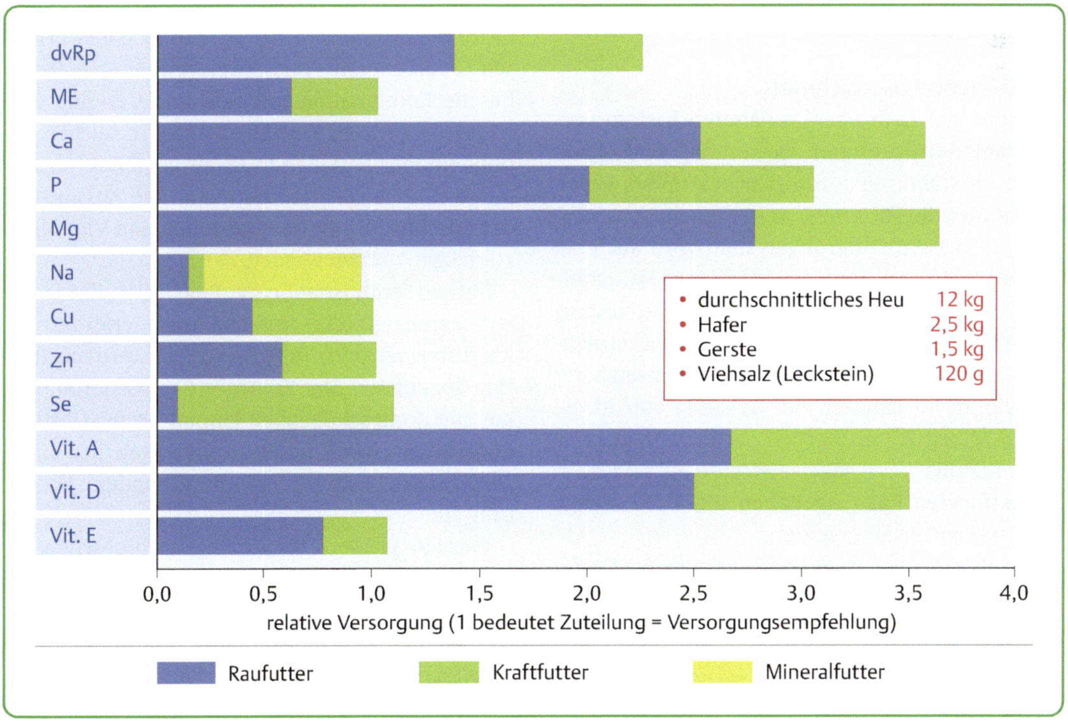

▶ **Abb. 7.9** Versorgungsbedingungen für ein Warmblutpferd (600 kg KM + Reiter/in) bei mittlerer Arbeit (75 min, Leistungsbedarf 44 MJ ME, 10 l Schweiß) bei einer Heu-Hafer-Mischfutter-Ration, ergänzt mit Salz (s. a. ▶ **Tab. 7.10**).

► **Tab. 7.10** Beispiele für Raufutter-Getreide-Mischfutter- und Raufutter-Mischfutter-Rationen.

	Warmblut (600 kg KM + Reiter)		
Arbeit	75 min, Leistungsbedarf 44 MJ ME, 10 l Schweiß		
Heu – allgemein	12 kg	12 kg	6 kg
Weizenstroh	–	–	5 kg
Hafer	2,5 kg	–	–
Mischfutter	1,5 kg	4 kg	5 kg
Viehsalz (Leckstein)	120 g	120 g	100 g

auch nicht zu umgehen. Die Ausstattung mit den Zusatzstoffen Kupfer, Zink, Selen und Vitamin E ist essenziell, um die notwendige Ergänzung zu erzielen. Um evtl. karotinarme Heuqualitäten zu berücksichtigen, sind Vitamin-A-Gehalte im Mischfutter von rd. 10000 IE/kg angebracht. Bei gezielter Auswahl des Mischfutters ist eine zusätzliche Aufwendung von Mineralfuttern nicht nötig bzw. nachteilig – ausgenommen Salz.

Bei Veränderungen im Energiebedarf werden der Getreideanteil angepasst, das Mischfutter möglichst konstant gehalten.

Heu-Mischfutter-Rationen

Während bei dem oben genannten System verschiedene Krippenfutter notwendig sind, kann durch vollständigen Austausch des Hafers gegen Mischfutter die Fütterung weiter vereinfacht werden. Mit diesem Fütterungssystem wird auch bei Verwendung von Heu mit geringen Nährstoffgehalten eine ausgeglichene Nährstoffversorgung der Pferde gesichert. Die notwendigen Futtermengen ergeben sich aus dem Gehalt an umsetzbarer Energie im Mischfutter. Bei Gehalten von rd. 9–11 MJ ME/kg Futter werden sie näherungsweise im Verhältnis 1 : 1 gegen Getreide ausgetauscht, bei geringeren Energiegehalten muss die Menge entsprechend erhöht werden.

Das **Mischfutter** (ca. 90 g Rohprotein, 5 g Ca, 5 g Na/kg) muss möglichst energiereich sein (bis 100 g Rohfett/kg). Überhöhte Ca-Gehalte in der Ration sind zu vermeiden.

Soll die Gesamt-TS-Aufnahme 2,5 kg/100 kg KM nicht überschreiten (= 120 g/kg $KM^{0,75}$; zur Begrenzung des Darmvolumens und Bauchumfangs), sind in der Gesamtration bei einem Bedarf von 130 MJ ME/600 kg KM/Tag rd. 9–10 MJ ME/kg Futter-TS notwendig.

Energiereiche Mischfutter erlauben in Rationen für intensiv arbeitende Pferde die Gesamt-TS-Aufnahme auch bei größeren Raufuttermengen in Grenzen zu halten. Der evtl. hohe Na- und Cl-Bedarf wird nicht durch das Mischfutter, sondern durch bedarfsabhängig eingemischtes Viehsalz abgedeckt. Der zusätzliche K-Bedarf wird wie bei den vorherigen Rationstypen über das Raufutter hinreichend berücksichtigt.

Stroh-Mischfutter-Rationen: leichte bis mittlere Arbeit

Bei geringer oder mittlerer Arbeit ist auch die überwiegende Verwendung von Mischfutter in Kombination mit energie- und nährstoffarmem Heu oder in Kombination mit einem Heu-Stroh-Gemenge möglich (► **Tab. 7.10**, ► **Abb. 7.2**).

Bei diesem Rationstyp kann das Grundfutter meist weniger als die Hälfte der notwendigen Energie bereitstellen; auch ist mit einer geringen Eiweißzufuhr bei zugleich minderer Eiweißqualität zu rechnen. Das Mischfutter sollte daher in diesen Fällen energie- und eiweißreicher sein als die für die Kombination mit Heu und Getreide vorgesehenen. Da der Konzentratanteil in solchen Rationen höher ausfallen muss als bei Raufuttermitteln mit hohem Futterwert, kann die Ausstattung der Mischfutter mit Mineralstoffen und Vitaminen zurückgenommen werden.

Natives Stroh ist auf max. 1 kg/100 kg KM je Tag zu begrenzen; die restliche noch erforderliche Raufuttermenge ist in Form von gut verdaulichem Heu anzubieten. Der Kontrolle der Wasseraufnahme und Kotbeschaffenheit kommt wegen Obstipationsrisiken durch hohe Strohmengen bei unbefriedigender Wasseraufnahme besondere Bedeutung zu.

Werden größere Strohmengen vorgesehen, ist aufgeschlossenes Material (S. 164) zu empfehlen, das ebenfalls in Kombination mit Mischfutter oder mit Haferkörnern (plus Ergänzungsfutter oder Mineralfutter) verfüttert werden kann.

Rationen mit Ganzpflanzen-, Pressschnitzelsilagen und anderen wasserreichen Futtermitteln: leichte bis mittlere Arbeit

Futtermittel wie Mais-, Pressschnitzelsilagen oder Wurzeln und Knollen, teils auch Nebenprodukte wie Biertreber können mit Erfolg verwendet werden, i. d. R. unter Einsparung von Hafer bzw. anderen Krippenfuttern. Voraussetzung ist die Verfügbarkeit von hygienisch einwandfreiem Futter, was im Falle der Silagen nur bei einem entsprechenden Verbrauch gewährleistet ist (Anwelksilagen (S. 160)). Daher ist die Nutzung dieser Futtermittel bei gleichzeitiger Rinderhaltung gut möglich. Um stets frisches Futter anbieten zu können und aus Gründen der Wirtschaftlichkeit sollten täglich mindestens 2 kg, Silage/100 kg KM vorgesehen werden. Bei Maissilage sind bei üblichen Stärkegehalten max. 3 kg/100 kg KM je Tag einzusetzen bei Beobachtung der notwendigen Raufutterzuteilung (Grünmaissilage (S. 163)).

Auch Maiskolbensilage (CCM), die je nach TS-Gehalt und Hüllblattanteil 200–400 g Stärke pro kg enthält, ist geeignet. Bei der Zuteilung ist darauf zu achten, dass die Limitierung für die Stärkeaufnahme von 1 g/kg KM je Mahlzeit eingehalten wird. Für leichtfuttrige oder überkonditionierte Pferde und insbesondere für solche, die zu Hufrehe neigen, ist dieses Futtermittel nicht geeignet.

Wurzeln und Knollen (Gehaltsrüben, Möhren) sind – sofern frei von Erde und verdorbenen Stellen – gut verträgliche Energieträger, die mit 1–4 kg/100 kg KM je Tag eingesetzt werden können. Limitierend ist primär die Verfügbarkeit dieser Futtermittel.

Aufgrund des Volumens bieten sich Rationen mit den genannten Futtermitteln für Pferde mit geringer bis mittlerer Arbeit, insbesondere für Zugpferde, an.

Zusätzliche Stoffe

Wenn die Rationen von Leistungspferden nach den obigen Gesichtspunkten konzipiert werden, sind zusätzliche Stoffe in der Regel überflüssig, evtl. sogar schädlich.

Für viele gebräuchliche Ergänzungen (Eisen, Magnesium, Selen, Vitamin B_{12}, Vitamin A und D oder auch Kreatin) fehlen bei ausgeglichener Ration Indikationen bzw. Beweise für eine besondere Wirksamkeit zur Leistungssteigerung.

Für **L-Carnitin**, das für die Fettsäurenaufnahme in den Mitochondrien wichtig ist und im Körper selbst aus Methionin und Lysin gebildet wird, ist die Absorption supplementierter Substanzmengen und auch deren Aufnahme in die Muskulatur belegt; nach bisherigen Beobachtungen sind jedoch damit keine leistungsrelevanten Wirkungen zu erzielen.

Zusätzliche Vitamin-K-Gaben zur Verhütung des Nasenblutens nach intensiven Belastungen sind wirkungslos. Lediglich für **Docosahexaensäure** (DHA) aus der Gruppe der Omega-3-Fettsäuren liegen erste Hinweise für positive Wirkungen bei Pferden mit der genannten Blutungsneigung und anderen chronischen Funktionsstörungen der Lunge vor (3–5 mg DHA/kg KM je Tag; offenbar wird die Sufactantsynthese im Lungengewebe verbessert).

Durch Zulagen von **Natriumbikarbonat** kann zwar die durch Laktatbildung induzierte Absenkung des Blut-pH-Wertes gedämpft, nicht jedoch die Leistungsfähigkeit gesteigert werden. Eine nach der Belastung persistierende Alkalose wird andererseits durch die Zulage verlängert und dürfte der Regeneration der Glykogenspeicher entgegenstehen.

> **!** **Merke**
> **Insgesamt sind keine Zusatzstoffe zu nennen, die bei korrekter Fütterung die Leistung steigern.**

7.3.6 Fütterungspraxis, -technik

Für Pferde mit geringer Arbeitsbelastung ist bei Raufutterrationen eine gleichmäßige Energie- und Nährstoffaufnahme einfach zu realisieren. Bei intensiverer Beanspruchung muss die Aufteilung der Ration den Arbeitsabläufen angepasst werden, um hinreichende Abstände zwischen Futteraufnahme und Arbeit einzuhalten. Die Konstanz sämtlicher Fütterungsroutinen fördert die Gewöhnung an die Aufnahme von Komponenten mit mäßiger Schmackhaftigkeit und sichert die optimale Anpassung der mukosalen Transportsysteme sowie die gleichmäßige Anflutung energieliefernder Verdauungsprodukte. Futtermittel oder Ergänzungsstoffe und Zubereitungen (z. B. Mash), die am Wettkampftag erstmalig dargeboten werden, sind wirkungslos oder riskant.

Folgende Punkte sind zu berücksichtigen:
- konstante Fütterungsroutinen
- Ration auf 3–4 Mahlzeiten/Tag verteilen
- ½, bei 4 Mahlzeiten ⅓ des Raufutters am Abend anbieten
- Futterwechsel besonders an Wettkampftagen meiden

Vor der Belastung (v.B.):
- keine Nüchternzeiten
- Heuaufnahme zulassen
- kein Kraftfutter binnen 3 h v.B.
- Wasser frei verfügbar
- kein Salz ohne Wasser

Nach der Belastung (n.B.; d. h. nach Rekonstitution der Atmung u. des Herz-Kreislauf-Systems):
- Wasser- und Heuangebot
- Salzangebot evtl. vermengt mit Grünmehl o. Ä., evtl. salzhaltiges Wasser
- kein Krippenfutter binnen 1 h n.B., dann max. 0,3 kg/100 kg KM je Mahlzeit

Vor der Belastung sind Nüchterungszeiten verdauungsphysiologisch nachteilig (u. a. Gefahr der Magenschleimhautschädigung) und leistungsphysiologisch nicht von Vorteil. Wasser und Elektrolyte können nicht auf „Vorrat" zugeführt werden, denn mit fortschreitender Zeit nach der Fütterung werden im Überschuss aufgenommenes Wasser bzw. aufgenommene Elektrolyte – sofern kein zusätzlicher Bedarf entwickelt wird – vorrangig über die Niere wieder ausgeschieden. Der Abstand zwischen Futteraufnahme und Belastungsbeginn beeinflusst zwingend den Wasser- und Elektrolytbestand des Pferdes:
- >4–6 h: bereits Einsetzen renaler Exkretion, z. B. von Na, das dann zur Kompensation von Schweißverlusten nicht mehr zur Verfügung steht
- <2 h:
  - Hoher Ingestadurchsatz im Magen-Dünndarm-Bereich erfordert intensive Durchblutung von Darm und Bauchorganen, obwohl bei Einsetzen der Arbeit die Perfusion der arbeitenden Muskulatur bevorzugt wird.
  - Übliche erhöhte postprandiale Insulinaktivitäten stehen im Widerspruch zur notwendigen Mobilisierung von Energie aus dem Fettgewebe und der Muskulatur.

Maßnahmen vor Belastung Die Vorlage konzentrathaltiger Tagesrationen (Rau- + Kraftfutter) in 3–4 Mahlzeiten reduziert nachhaltig die Risiken für Fehlgärungen und Koliken. Bei Verwendung von Kraftfutterautomaten ist eine weitergehende Verteilung der Konzentrate möglich. Durch anstrengende Trainingseinheiten und Wettbewerbe wird nicht nur der Kreislauf belastet, sondern auch die Blutverteilung im Körper verändert, was auch die Funktion des Verdauungskanals betrifft. Daher muss vor intensiver Bewegung stärkereiches Kraftfutter den Magen weitgehend passiert haben (ca. 50 % der Mahlzeit haben nach rd. 120 min den Magen verlassen) und die Verdauung im Dünndarm muss fortgeschritten sein.

Vor Wettkämpfen mit punktuellen Belastungsspitzen wird die morgendliche **Krippenfuttermenge** auf mehrere kleine Portionen im Abstand von 1–1½ h verteilt und mit Heu ergänzt. Die letzte Krippenfuttergabe vor dem Start sollte mind. 3–4 h zurückliegen.

Bei 500–600 kg schweren Pferden kann die letzte Mahlzeit etwa aus 0,4 kg **Krippenfutter** und 0,4 kg **Heu** pro 100 kg/KM bestehen. Dem Krippenfutter werden maximal 50 g **Salz** pro kg zugesetzt (Gesamtaufnahme rd. 75 mg Na und 120 mg Cl/kg KM). Davon stehen, wie ▶ **Abb. 7.4** zeigt, auch 4 h nach Aufnahme noch größere Mengen zur Kompensation der Verluste mit dem Schweiß bereit. Zusätzliche Salzgaben unmittelbar vor dem Start haben sich nicht als günstig erwiesen. **Wasser** muss grundsätzlich bis zum Start ad libitum zur Verfügung stehen. Ist in der Zeit zwischen der letzten Mahlzeit und dem Beginn der Belastung die Wasseraufnahme unsicher (Unruhe, fehlende Tränke), ist auf das Einmischen von Salz zu verzichten.

Bei aufgeregten Pferden kann eine **Heugabe** in den letzten Stunden vor dem Rennen (1 kg) zur Ablenkung und Beruhigung beitragen. Durch Heu werden darüber hinaus mögliche Fehlgärungen und Blähungen im Magen und Dünndarm eher vermieden, die über Druck auf das Zwerchfell die Atmungskapazität einschränken würden.

Zuckerhaltige Ergänzungsfutter, unmittelbar vor dem Rennen gegeben, wirken eher nachteilig, da die ausgelöste Insulinreaktion die während des Rennens notwendige Glykogenmobilisierung hemmt und sich temporär subnormale Blutzuckerwerte einstellen. Auch Gaben von B-Vitaminen oder Natriumbikarbonat vor dem Rennen wirkten nicht leistungsfördernd.

Maßnahmen nach Belastung Bei stark strapazierten, wählerischen Pferden wird nach dem Rennen sowie bei anschließenden längeren Transporten vielfach ein Mash eingesetzt, um Verdauungsstörungen vorzubeugen. Die Wirkung sollte nicht überbewertet werden; entscheidend sind Zugang zu gut verdaulichem Heu, Wasser und Elektrolyten. Wenn Mash eingesetzt wird, sollten die Tiere daran gewöhnt sein und die Zubereitung sorgfältig erfolgen.

Rezeptvorschlag

Mash

0,5–1 kg Weizenkleie-Leinsamen-Gemenge (oder ein Gemisch aus Haferschrot, Leinsamen und Weizenkleie) wird in einem geeigneten Gefäß mit 50 g grobem Viehsalz versetzt, mit 3–4 l kochend heißem Wasser übergossen, umgerührt und zugedeckt.
Die Mischung bleibt für einige Zeit an einem nicht zu kühlen Platz stehen, wird nochmals umgerührt und nach Prüfung der Temperatur (nicht > 40 °C) in die Krippe gegeben. Wird der Mash nicht vollständig gefressen, müssen die Reste entfernt werden, da sie rasch vergären.

Praxis

Die relativ lange Phase, d. h. bis zu 2–3 Tage, der vollständigen Restitution der Glykogenreserven (S. 225) lässt sich durch Fütterungsmaßnahmen nicht verkürzen. Deshalb sind nach schweren Rennen Pausen von mindestens 3 Tagen einzuhalten.

Praxis

Je nach Intensität der Bewegung und Höhe der Schweißverluste müssen nach 2–3 h Pausen eingelegt werden. Bestehen Hinweise auf kritische Wasserverluste (S. 222) (► **Tab. 8.2**), Überhitzung oder andere Störungen, sind die Pausen so weit auszudehnen, dass sich der Wärme-, Wasser- und Elektrolythaushalt erholen kann. Anderenfalls ist der Ritt abzubrechen.

Nach der Belastung ist die Erholung des Herz-Kreislauf-Systems abzuwarten; die Normalisierung der Körpertemperatur kann einige Zeit in Anspruch nehmen, während noch Schweiß abgeben werden kann (sog. Nachschwitzen). Stark erhitzte Pferde führt man zunächst, so dass sie etwas abkühlen können. Innerhalb von 10 min sollte die Körpertemperatur auf 39,5 °C abgefallen sein. Schwere und länger dauernde Hyperthermien bedürfen einer speziellen Behandlung (S. 296).

Die **spontane Wasseraufnahme** ist meistens gering, da der Impulsgeber zur Auslösung des Durstgefühls fehlt. Andererseits ist die Schrumpfung des extrazellulären Flüssigkeitsvolumens, die bei Unterschreiten von mehr als 6 % die Wasseraufnahme stimuliert, oft noch nicht kritisch.

Bei sehr hohen Schweißmengen (> 4 l/100 kg KM) und bei Pferden mit ausbleibender Wasseraufnahme ist es zweckmäßig, eine **salzreiche Zwischenmahlzeit** anzubieten (z. B. 200–300 g einer Mischung aus 50 % Grünmehl, 30 % Melasse und 20 % Viehsalz; Dosierung mind. 50 % der geschätzten Schweißverluste). Im Anschluss trinken viele, allerdings nicht alle Pferde ausreichend.

Auch **Salzzulagen ins Trinkwasser** (5–7 g/l), an die die Pferde aber schon während der Trainings gewöhnt sein müssen, können versucht werden. Falls nicht akzeptiert, ist reines Wasser in kleinen Portionen besser als kein Wasser.

Die Applikation von **Elektrolytlösungen per Nasen-Schlund-Sonde** ist als letzte Möglichkeit vorzusehen. Werden handelsübliche Elektrolytlösungen eingesetzt, ist die Höhe der Schweißverluste (z. B. nach 2 h bis 35 g Na und 55 g Cl) mit den enthaltenen Elektrolytmengen zu vergleichen, um die Höhe der Substitution berechnen zu können. Generell sind isotone NaCl-Lösungen oder Lösungen aus NaCl, KCl und Dextrose geeignet.

Eine **Substitution der K-Verluste** ist in der Regel nicht notwendig, wenn die oben genannte Futtermischung angeboten wird, die rd. 3 g K/100 g enthält.

Mit Wasser wird Heu angeboten. Bereits geringe Mengen an **Heu** (500 g = 10–15 g K) können zur Überbrückung einer temporär nach der Belastung auftretenden Hypokaliämie (► **Abb. 4.18**) dienen. Darüber hinaus wird mit gut verdaulichem Heu Störungen des Magen-Darm-Traktes vorgebeugt und zügig wieder Energie zugeführt.

Frühestens 1 h nach Arbeitsperioden, 2 h nach schweren Trainingseinheiten oder Prüfungen kann auch wieder Kraftfutter vorgelegt werden.

Die während eines heißen Tages entstandenen Defizite an Elektrolyten lassen sich meistens noch nicht während der folgenden Abend- und Nachtstunden voll auffüllen. Entsprechende Substitutionen sollten daher auf rd. 2 Tage verteilt werden.

7.3.7 Fütterung und Doping

Von der Zufuhr essenzieller Nährstoffe – auch in höheren Mengen – geht im Allgemeinen keine Dopingwirkung aus.

Hohe **Vitamin-B_1-Gaben** (1 g/Tier/Tag) sollen sedierend wirken, doch tritt dieser Effekt möglicherweise nur bei marginal versorgten Pferden auf und ist daher nicht sicher.

Auch dem **Tryptophan** wird nach Befunden bei anderen Tierarten eine dämpfende Wirkung nachgesagt. Dosierungen bis zu 0,1 mg/kg KM täglich konnten das beim Pferd allerdings noch nicht bestätigen.

Mit praxisüblichen Futtermitteln können Substanzen aufgenommen, die im Sinne eines Dopings wirken können. Es handelt sich um natürlich vorkommende Stoffe in folgenden Futtermitteln:

- Futterpflanzen (Flavonoide, Phytöstrogene, Salizylsäure); nach luzernereichen Rationen wurden (im Mittelmeerraum) gelegentlich höhere Mengen an **Salizylsäure** (> 0,75 mg/ml Harn) gefunden, die auch aus synthetischen Produkten stammen könnten.
- Nebenprodukte (NP):
  - NP aus der Verarbeitung von Kaffee- oder Kakaobohnen, nach deren Verfütterung **Xanthinderivate (Koffein, Theobromin)** im Harn zu erwarten sind. Mengen über 1 mg/kg Futter sind kritisch. Etwa 2–4 Tage nach Absetzen des theobrominhaltigen Futters liegt – je nach Diurese – die Konzentration im Harn unter dem Schwellenwert.
  - NP der Malzgewinnung; in Malzkeimen (Keimwurzeln der Gerste) ebenso wie in Keimwurzeln einiger Hirsearten und der Mäusegerste (Hordenum murinum) kommt **Hordenin** vor (bis 4 g/kg TS), eine Substanz, die mit den Katecholaminen verwandt ist. Malzkeime ebenso wie ausgewachsene (d. h. gekeimte) Gerste sind daher in Rationen für Hochleistungspferde zu meiden. Auch im Rohrglanzgras (Phalaris arundinacea) wurde Hordenin in Mengen bis zu 0,5 g/kg TS nachgewiesen, ebenso wie in Bierhefe (bis 125 mg/kg). Bei Einsatz bis 300 g Bierhefe/Tag sind allerdings noch keine kritischen Werte im Harn zu erwarten.
  - Pflanzen und -teile, die nicht für die Fütterung vorgesehen sind und als botanische Verunreinigungen zu verstehen sind. Hierzu zählen Valerensäure (Baldrian), Cannabinoide, Opoid-Alkaloide (div. Mohnarten, u. a. Klatschmohn), Colchizin (Herbstzeitlose), Hyoscyamin und Scopolamin (Stechapfel).

Für die genannten Stoffe wurden teilweise **Höchstmengen im Harn** festgelegt, die nicht überschritten werden dürfen:

Kräuter oder weitere Pflanzenteile, die gezielt zur Anwendung kommen können, beinhalten teilweise dopingrelevante Stoffe (Echinacea, Teufelskralle, Bienenpollen, Ginseng, Süßholz, Weihrauch u. a.). Dies sowie die vielfach fehlenden Belege über nutritive oder pharmakologisch positive Wirkungen geben Anlass, von der Verwendung abzusehen (s. FN, www.pferd-aktuell.de/turniersport/anti-doping-und-medikation?).

7.4 Stuten

Zuchtstuten sollen möglichst jährlich ein lebendes Fohlen zur Welt bringen – ein hoch gestecktes Ziel, das allenfalls von ⅔ aller Stuten erreicht wird. Eine vielseitige, artspezifische Fütterung kann dazu beitragen, diese Situation zu verbessern. Dabei bleibt zu berücksichtigen, dass für Fruchtbarkeitsstörun-

▶ **Tab. 7.11** Einfluss von Energie und Nähr- bzw. Schadstoffen auf Fertilitätskriterien bei der Stute (Tab. basiert auf Daten aus Meyer 1998).

Faktoren		Ovulation	Konzeption, embryonale Entwicklung	fetales Wachstum, Geburtsgewicht	Aborte	Vitalität des Fohlens	Qualität von Kolostrum und Milch
Energie ↓↓	langfristig	–	–	0		(–)	0
	kurzfristig	–	–	0	–	–	0
Energie ↑		+	+	0	0	0	0
Eiweiß ↓		(–)					(–)
Kalzium ↓				–			
Jod ↓		(–)	(–)		(–)	–	–
Jod ↑↑					(–)	–	+
Selen ↓			(–)		–	–	–
Cu ↓						–	0
Vitamin A ↓			–			–	–
β-Karotin ↓		(–)				–	–
Ungenügende Futtermittelhygiene							
Infektionserreger					–		
Mykotoxine (u. a. Ergotalkaloide)					–	–	

+ = positiver, – = negativer Effekt nachgewiesen;
(–) = Effekt wahrscheinlich oder vermutet; 0 = kein Effekt belegt; leere Zellen = keine sichere Aussage möglich

gen neben der Fütterung vor allem auch Infektionen, Klimabedingungen oder generell Stress verantwortlich sind.

Die **Fruchtbarkeit** ist von vielen ineinandergreifenden physiologischen Abläufen abhängig – von der Ovulation bis zur komplikationslosen Fohlengeburt –, diese verschiedenen Stufen sind z. T. von ganz unterschiedlichen Fütterungsfaktoren beeinflusst. In ▶ **Tab. 7.11** werden daher zunächst diese Zusammenhänge schematisch aufgeführt, im folgenden Text dann erläutert.

7.4.1 Güste und niedertragende Stuten

Die Saisonalität des **Zyklus** der Rosse beruht auf endogenen Regelsystemen und exogenen Faktoren, von denen Licht und Temperatur die bedeutsamsten sind (▶ **Abb. 7.10**). Im Frühjahr und Frühsommer bestehen die günstigsten Bedingungen für das Einsetzen der Rosse und eine erfolgreiche Belegung; die Fruchtresorptions- bzw. Abortrate nimmt im weiteren Verlauf des Jahres stetig zu.

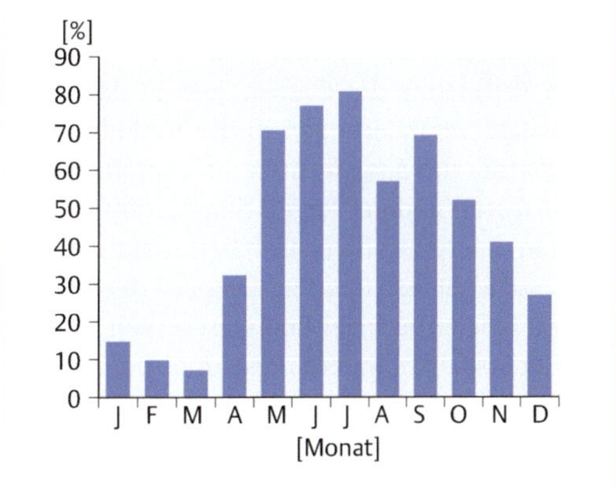

▶ **Abb. 7.10** Einfluss der Jahreszeit auf die Frequenz der Ovulationen bei Stuten (% der Stuten) in Irland (Abb. basiert auf Daten aus Jennings 1988).

Dieser natürliche Rhythmus wird nicht ausgenutzt, wenn i. d. R. aus betriebswirtschaftlichen Gründen der Abfohltermin vorgezogen werden soll. Reproduktionsbiologisch günstiger ist, die natürliche Rhythmik zur Ovulation auszunutzen und das Abfohlen in die Weidesaison zu terminieren. Der Übergang von der anöstrischen Phase (Spätherbst, Winter) zur aktiven Phase, die sich am Ovar durch Heranbildung und Ausreifung von Follikeln kennzeichnet, ist sensibel gegenüber nutritiven Faktoren (s. u.).

Energie- und Nährstoffbedarf Die nicht laktierende Stute soll zur Zeit der Belegung in einem **guten bis sehr guten Ernährungszustand** sein (BCS auf der Skala 1–9: Note 5–6).

Wie bei andere Tierarten zeigt sich auch beim Pferd, dass die hormonelle Leistung der weiblichen Zuchttiere mit dem Körperfettbestand korreliert; demzufolge ist das Fettgewebe als endokrin aktives „Organ" zu verstehen. Unterdurchschnittliche Körperkondition verzögert eher den Eintritt der Rosse, hemmt die Follikelausreifung und mindert die Befruchtungsrate. Diese ist entscheidend für den Zuchterfolg, da die Abfohlrate gemessen an der Konzeptionsrate weitgehend konstant ist. Bei überkonditionierten oder gar vefetteten Stuten herrscht im Uterus ein entzündungsähnliches Milieu; auffällig sind, neben einer überdurchschnittlichen Verlustrate der Graviditäten in den ersten 4 Wochen, Veränderungen in der Vaskularisation der Plazenta des diaplazentaren Metabolismus der Aminosäuren und der Regulationssysteme des Fetus den Energiestoffwechsel betreffend. Zusammenfassend ist festzuhalten, dass sich der Organismus im Falle zu geringer Energiereserven vor einer Gravidität schützt, indem diese unterbunden oder abgebrochen wird; bei abnorm hohem Fettbestand sind Embryo und Fetus inflammatorischen Zytokinen und wahrscheinlich länger bestehenden Veränderungen der Insulin-abhängigen Regulationen ausgesetzt.

Sofern keine zusätzliche Arbeit gefordert wird, muss zum Ovulationszeitpunkt **Energie** entsprechend dem Erhaltungsbedarf (S. 74) oder leicht darüber zugeführt werden (▸ **Tab. 4.6**). Spätestens etwa 6–8 Wochen vor der Belegung sollten die Stuten zunehmen, wenn ihr Ernährungszustand nicht optimal ist. Nach Untersuchungen an freilebenden Pferden ist nicht auszuschließen, dass spürbare Veränderungen im Körperfettbestand um den Ovulations- bzw. Befruchtungszeitpunkt das Geschlecht beeinflussen. Körpermasseverluste zu diesem Zeitpunkt begünstigen im Sinne des Arterhalts die Entwicklung weiblicher Embryonen („Trivers-Willard-Effekt").

Die **Eiweißmenge** ist gegenüber dem Erhaltungsbedarf allenfalls um 20 % zu erhöhen. Praxisübliche Rationen erfüllen diese Bedingungen ohne zusätzliche eiweißreiche Futtermittel fast regelmäßig. Allerdings ist zu empfehlen, am Winterausgang besonders bei Verwendung von rohfaserreichem Heu (mäßige Eiweißgehalte und -qualität) hochwertiges Eiweiß über Extraktionsschrote zuzulegen (ca. 1–1,5 g pcvRp/kg $KM^{0,75}$ aus Soja-, Lein- oder Rapsextraktionsschrot).

Merke
Von Vorteil für die Reproduktion ist eine verbesserte Lysin- und Methioninzufuhr.

Neben einer ausgeglichenen **Mineralstoffversorgung** (ausgewogenes Ca:P-Verhältnis) und ausreichenden **Se-** und **J-Mengen** werden vor der Belegung **Vitamin A** und **E** bedarfsgerecht supplementiert.

Vor allem am Winterausgang, wenn die Futtermittel nur noch geringe Gehalte aufweisen, kann dies nur über Ergänzungsfutter gesichert werden (Mineralstoffbedarf ▸ **Tab. 4.17**). Ein Mangel mindert die Befruchtungsaussichten. Durch Zulage von täglich 180 IE Vitamin A und/oder 0,18 mg Vitamin E pro kg KM vor dem Belegen im Januar bis April konnte in Problembetrieben die Abfohlrate gesteigert werden.

Vermutlich benötigen Stuten neben Vitamin A auch **Karotin** für das Einsetzen der Rosse bzw. die Vitalität der Ova. Deshalb ist bei Rationen, die karotinarme oder -freie Futtermittel enthalten (wie Hafer, älteres Heu, Stroh, Trockenschnitzel, Rüben), zusätzlich β-Karotin durch Beifütterung von Grassilagen oder Möhren (10 g/kg KM) oder Luzernegrünmehl (ca. 2 g/kg KM) zu geben oder direkt β-Karotin über ein Mineralfutter bzw. Ergänzungsfutter zu supplementieren. Nach bisherigen Erfahrungen erscheinen 0,4 mg Karotin pro kg KM und Tag (4 Wochen vor der erwarteten Rosse) ausreichend. Bei sicherer bedarfsangepasster Nährstoffversorgung sind zusätzliche Gaben an Vitaminen und Spurenelementen offensichtlich ohne Wirkung.

Merke

Mineralstoff- und Vitaminzulagen können nur helfen, wenn die Grundversorgung lückenhaft ist und keine anderen den Sexualzyklus störenden Fütterungsfehler oder sonstigen negativen Einflüsse vorliegen.

Im späten Frühjahr wirken sich Weidegang oder Grünfütterung günstig auf die Geschlechtsfunktionen aus.

Rationsgestaltung Grundlage für die Ration güster Stuten (▶ **Tab. 7.12**) ist während der Stallperiode gutes, vielseitig zusammengesetztes **Heu**, das gemäß den allgemeinen Empfehlungen in Mengen von 1,5 kg/100 kg KM je Tag, mindestens aber zur vollständigen Abdeckung des Erhaltungsbedarf

▶ **Tab. 7.12** Rationen für Zuchtstuten (600 kg KM; kg/Tag).

Futtermittel	Trächtigkeit						Laktation			
	215. Tag			305. Tag			30. Tag			
Gras, allgemein	40	–	–	–	–	–	50	–	–	–
Wiesenheu, allgemein	–	10	10	12	11	12	–	12	15	10
Luzernegrünmehl, 14–18 % Rp	–	–	–	–	–	1	–	–	–	–
Möhren	–	–	–	–	–	4	–	–	–	–
Maissilage, TS 270 g/kg	–	–	–	–	–	–	–	–	–	10
Hafer	–	0,5	–	0,5	–	–	3,5	4,5	4	–
Leinsaatextraktionsschrot	–	–	–	0,5	–	–	–	–	–	–
Sojaextraktionsschrot	–	–	–	–	–	–	–	0,5	–	–
Ergänzungsfutter f. Zuchtstuten[1]	–	–	1,5	–	1,5	1	–	–	2	3
vit. Mineralfutter	0,1	0,1	–	0,1	–	–	0,15	0,1	–	–
Gehalte in der Gesamtration										
ME (MJ)	72	70	74	88	86	83	129	126	132	131
pcvRp (g)[2]	920	540	620	760	730	730	1420	1100	1140	1060
pcvLysin (g)[3]	30	25	25	30	30	30	50	50	55	55
Ca (g)	52	55	54	65	64	66	68	68	95	95
P (g)	26	27	29	35	34	31	44	46	51	48
Cu (mg)[3]	140	200	75	165	95	80	180	175	125	130
Zn (mg)[2]	500	550	390	620	490	420	690	710	650	700
Se (mg)	2,4	2,2	0,9	2,5	2,4	1,8	3,6	3,0	2,0	2,5
Vit. A (IE × 1000)	> 900	> 70	> 55	> 80	> 60	180[4]	> 100	> 85	> 80	> 90
Vit. E (mg)	> 3000	> 1500	> 1000	> 1500	> 1500	> 1200	> 4000	> 2000	> 1100	> 1100

[1] Siehe ▶ **Tab. 7.13** und Versorgungsempfehlungen im Tabellenanhang (S. 334)
[2] auf ± 10 gerundet
[3] auf ± 5 gerundet
[4] bedingt durch Möhren; mg Karotin × 400 = IE Vitamin A

verfüttert wird; ferner sind Gehaltsrüben, Möhren, Mais- bzw. Grassilage oder Heulage und auch Trockengrün einsetzbar teilweise im Austausch gegen Heu.

Die **Kraftfutterzulage**, die nur in geringem Umfang notwendig wird (z. B. zur Korrektur des Ernährungszustandes, 0,2–0,4 kg/100 kg KM), dient vor allem der Abdeckung des Eiweiß-, Vitamin- und Mineralstoffbedarfs. Ein Mischfutter, wie es in vereinfachter Form in ▶ **Tab. 7.13** vorgestellt wird, ist, wie praktische Erfahrungen bestätigen, reiner Haferfütterung überlegen.

Vor dem Decktermin Falls die Stute noch nicht in der gewünschten Zuchtkondition ist, wird zwei bis drei Wochen vor dem vorgesehenen Decktermin zur Auslösung der Rosse die Kraftfuttermenge leicht (um 20 % oder mehr, je nach Ernährungszustand) angehoben. Stuten, die während der Decksaison Gewicht verloren, rossten nicht, oder die Rosse verlief ohne Ovulation. Bei übergewichtigen Stuten ist ein längerer Zeitraum zur Vorbereitung zu veranschlagen; unterkalorische Bedingungen zum Zeitpunkt der Ovulation sind ungünstig.

Nach strenger faktorieller Wertung der Anforderungen ist kein erhöhter Eiweißbedarf abzuleiten (Veränderungen der Körpermasse etc.). Dennoch hat sich eine **Eiweißzufuhr bei Zuchtstuten** oberhalb des faktoriell abgeleiteten Bedarfs als vorteilhaft erwiesen, offenbar aufgrund der Bedeutung von Aminosäuren für quantitativ nicht erfasste Stoffwechselleistungen (z. B. Bildung des Uterussekrets). Daher kann ein Eiweißüberschuss, wie er bei Rationen mit gutem Raufutter (> 12 Rp/kg TS) allgemein auch besteht, toleriert werden.

Nach dem Decktermin Futterumstellungen im Zusammenhang mit Transport und Aufenthalt auf der Deckstation ebenso wie Futterausfall in den Tagen der Belegung sind zu vermeiden. In den ersten 8 Wochen nach der Belegung ist der Embryo noch nicht mit dem Uterus verbunden; er wird über die Sekretion der Gebärmutter ernährt. Auch aufgrund dieser Ernährungsbedingungen ist er empfindlich gegenüber Umwelteinflüssen und Engpässen in der Nahrungszufuhr der Stute, besonders solchen Einwirkungen, die mit der Freisetzung von Katecholaminen verbunden sind. Veränderungen in der Energie- und Nährstoffzufuhr während der ersten 2 Graviditätsmonate sind daher zu vermeiden oder lediglich zum Erhalt des Ernährungszustandes vorzunehmen.

▶ **Tab. 7.13** Futtermischung für Zuchtstuten (vit. Mineralfutter ist noch separat anzubieten).

Einzelfuttermittel	**Anteil in %**
Hafer, geschrotet	50
Maisflocken	30
Sojaextraktionsschrot	10
Leinsaatextraktionsschrot	7
Pflanzenöl	3
Inhaltsstoffe	**Gehalt/kg**
ME (MJ)	12,0
Rp (g)	153
pcvRp (g)	117
Rfe (g)	68
Rfa (g)	70
NDF (g)	204
Lysin (g)	6,7
Methionin + Cystin (g)	5,4
Tryptophan (g)	1,9
Threonin (g)	5,7
Histidin (g)	3,6
Ca (g)	1–2
P (g)	4–6
Cu (mg)	5
Zn (mg)	26
Se (mg)	0,2

Werden Stuten in dieser Phase auf die Weide gebracht, so besteht im Falle von Verdauungsstörungen das Risiko einer Unterversorgung.

Auch bei nasskaltem, windigem Frühlingswetter kann die Energiebilanz negativ werden, da einerseits der Energiebedarf steigt, andererseits die Futteraufnahme zurückgeht. Nächtliche Aufstallung und Zufütterung insbesondere bei empfindlichen Tieren mindern die Gefahr der Fruchtresorption.

Frühträchtigkeit Bei nicht laktierenden Stuten besteht in der Anfangsphase der Trächtigkeit die Gefahr der Energieüberversorgung (S. 89). Da während der Rosse bei rd. ⅓ der Tiere Doppelovulationen und -befruchtungen vorkommen, kann bei einem Energieüberschuss die erwünschte Abstoßung eines Embryos unterbleiben. Eine fortbestehende **Zwillingsträchtigkeit** endet in der Regel mit dem Abort beider Früchte im 8.–11. Trächtigkeitsmonat. Bei den heutigen Möglichkeiten der sehr frühen Erkennung einer Zwillingsträchtigkeit und ihrer Unterbrechung sind frühere Empfehlungen (Drosselung der Energiezufuhr) nicht mehr zeitgemäß.

Nach der ersten sensiblen Phase der Trächtigkeit bis zum Beginn der Hochträchtigkeit (nach rd. 200 Tagen) ist die Fütterung weitgehend unproblematisch. Weidefütterung mit vielseitig zusammengesetztem Grünfutter, der Aufenthalt in natürlicher Umgebung sowie ausreichende Bewegungsmöglichkeiten stellen die günstigsten Voraussetzungen für eine ungestörte, normale Entwicklung der Frucht dar. Da während der Frühträchtigkeit das fetale Wachstum noch gering ist (▶ **Abb. 2.3**), genügt meistens ausschließlicher Weidegang. Auf guter Weide (heterogener Aufwuchs, 6–10 cm Aufwuchshöhe) nehmen Stuten mehr zu, als es dem Fruchtwachstum entspricht (▶ **Abb. 4.9**), so dass sie schon extragenital Fett (Energie) ansetzen. Bei unbefriedigender Futteraufnahme auf der Weide bei geringem oder überständigem Aufwuchs (nachlassender Ernährungszustand) muss ggf. zugefüttert werden (Ergänzungsfutter für Zuchtstuten, ▶ **Tab. 7.13**). Während der Stallhaltung sind heureiche Rationen in Kombination mit Mineral- oder Ergänzungsfuttern möglich (▶ **Tab. 7.12**).

7.4.2 Hochtragende Stuten

Energie- und Nährstoffbedarf Etwa ab dem 7. Trächtigkeitsmonat steigt der **Bedarf an Energie** auf das 1,25- bis 1,4-Fache, an Eiweiß sowie Kalzium und Phosphor auf das 1,5-Fache des Erhaltungsbedarfs (S. 89). Die Stute muss in angemessenem Ernährungszustand (BCS 6 auf der Skala 1–9) abfohlen, damit sie alsbald wieder rossig wird. Doch eine zu starke Verfettung ist vor allem bei schweren Rassen unerwünscht (Geburtsschwierigkeiten).

Die Entwicklung der fetalen Körpermasse insgesamt ist in den letzten 3 Graviditätsmonaten am höchsten, die Gewebeentwicklung ist zudem von besonders intensivem Eiweißansatz in der Muskulatur und Einlagerung von Mineralstoffen in das Skelett bestimmt. Daher steigen **Eiweiß-, Ca- und P-Bedarf** stärker als der Energiebedarf; diese Nährstoffe müssen folglich mit höheren Anteilen in der Ration vertreten sein als im vorangegangenen Abschnitt (▶ **Tab. 7.12**). Eine Ca-Unterversorgung (um 50 % des Bedarfs) senkte die Geburtsgewichte um über 15 %.

Gegen Ende der Trächtigkeit ist die **Na-Versorgung** zu beachten, da ein Mangel nicht allein die Darmtätigkeit der Stute, sondern evtl. auch bei neugeborenen Fohlen den Abgang des Darmpechs verzögert.

In Gebieten mit bodenständigem **Cu-, Se- und J-Mangel** sind diese Spurenelemente besonders zu supplementieren, da Cu-, Se- und J-Mangel die Entwicklung der Frucht, ihre Vitalität, z. T. auch die Qualität der Milch beeinträchtigt (▶ **Tab. 2.7**, ▶ **Tab. 2.11**).

Die Cu-Versorgung der Stute muss die Einlagerung des Spurenelementes in die fetale Leber sichern, da über diese Depots der Cu-Bedarf des Saugfohlens abgedeckt werden muss. Um die J-Versorgung zu sichern, sollen keine goitrogenen Futtermittel, z. B. Grünfutter mit hohen Nitratgehalten verwendet werden; Rapsprodukte (S. 57) sind trotz der üblichen 00-Qualität (reduzierte Glukosinolat- und Erucasäuregehalte) als dominierende Proteinquelle in dieser Zeit zu meiden. Andererseits ist eine **Überversorgung mit Jod** (> 20 mg/Tier/Tag) über Mineralfutter oder Algenmehl gefährlich (Störungen in der Skelettentwicklung der Fohlen, Kropfbildung). Ein extremer Se-Mangel scheint auch Aborte zu begünstigen.

Adäquate **Vitamin-A- und -E-Mengen** sorgen für ausreichend hohe Gehalte im Kolostrum. Das Fohlen besitzt zur Zeit der Geburt keine Reserven an diesen Vitaminen.

Rationsgestaltung Während der Hochträchtigkeit sind die Stuten gewöhnlich schon aufgestallt. Ihre Rationen (▶ **Tab. 7.12**) bestehen wie bei niedertragenden Stuten aus **Raufutter** und **Ergänzungsfutter für Zuchtstuten**. Letzteres sollte so gewählt werden (rd. 15 % Rohprotein; ▶ **Tab. 7.13**), dass es auch während der Laktation gefüttert werden kann (kein Futterwechsel beim Abfohlen).

Auch gegen Ende der Trächtigkeit liegt die **Futteraufnahmekapazität** der Stuten noch in der Größenordnung von annähernd 2 kg/100 kg KM je

Tag (▶ **Abb. 7.11**), so dass der Energie- und Eiweißbedarf durch gut verdauliches Heu (> 6,5 MJ ME/kg) gedeckt werden könnte. Dennoch sind aus Sicherheitsgründen rd. 0,4 kg Zuchtstutenfutter/100 kg KM je Tag vorzusehen, nicht zuletzt um die Mineralstoff- und Vitaminversorgung sicherzustellen. Für proteinarme Raufutter ist das Mischfutter zudem zur Eiweißergänzung notwendig.

Klinische Erfahrungen zur peripartalen Kolik weisen auf eine **verminderte Motilität des Verdauungstrakts** bei diesen Stuten hin. Deshalb muss über eine solche Ergänzung eine sichere Mineralstoffversorgung gewährleistet sein. Bei **Darmträgheit** können ferner dem Krippenfutter Komponenten, die eine leicht abführende Wirkung besitzen (Weizenkleie, Melasse, ganze Leinsaat oder Leinkuchen) zugesetzt werden (insbesondere peripartal).

In der letzten Phase der Trächtigkeit muss die **Qualität der Futtermittel** besonders beachtet werden. Schimmelbefallenes Heu oder Stroh, erhöhte Keimgehalte in Kraftfuttermischungen (zu lange Lagerung), Erdverunreinigungen bei Hackfrüchten usw. können Koliken und damit Aborte verursachen. Mutterkornhaltige Futterrationen induzierten verlängerte Trächtigkeit (Prolaktinantagonismus), Lebensschwäche der Fohlen, Milchmangel, im Extremfall auch Aborte. Die diesbezügliche Gefahr geht weniger von kontaminiertem Getreide, sondern von Gras bzw. Heu aus, das mit Ergotalkaloiden belastet ist.

Zeit um die Geburt Vor der Geburt wird die Futtermenge gedrosselt (Heu auf rd. 1,0 kg/100 kg KM), damit der Verdauungstrakt während der Geburt nicht überladen ist. Ein vollständiger Futterentzug kurz vor der Geburt für 20–30 h kann jedoch eine vorzeitige Geburt mit lebensschwachen Fohlen auslösen. Nach der Geburt sind Tränken mit geschrotetem Leinsamen, Weizenkleie und Kochsalz zweckmäßig, wenn die Darmtätigkeit vermindert ist und die Futteraufnahme nicht befriedigt.

7.4.3 Laktierende Stuten

Energie- und Nährstoffbedarf Nach dem Abfohlen kann unter sorgfältiger Beobachtung der Fresslust sowie der Verdauungstätigkeit der Stute das Raufutterangebot erhöht werden, bei ungestörter Verdauungstätigkeit ist eine Vorlage ad libitum möglich. Die Konzentratmenge wird über 2–4 Tage stufenweise auf das vorgesehene Maß eingestellt und auf 3–4 Mahlzeiten pro Tag verteilt.

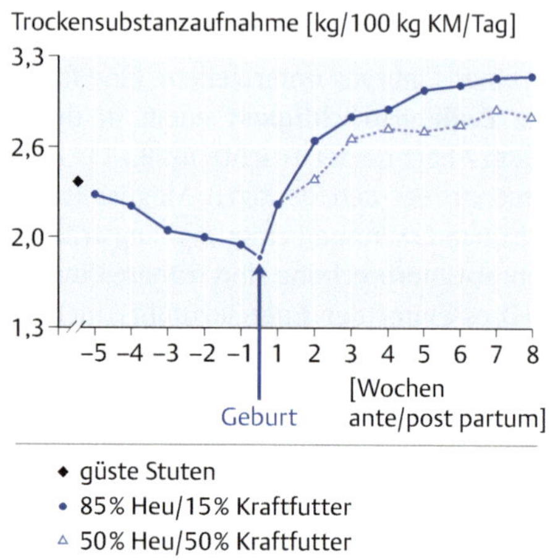

▶ **Abb. 7.11** Trockensubstanzaufnahme bei hochtragenden und laktierenden Kaltblutstuten (ad lib.) (Abb. basiert auf Daten aus Boulot und Doreau 1986).

Die Futteraufnahmekapazität liegt 2 Wochen nach der Geburt bereits wieder über 2,5 kg/100 kg KM (▶ **Abb. 7.11**).

Vorsicht

Steigt die Futtermenge zu rasch (und damit die Milchproduktion), sind Verdauungsstörungen bei den Fohlen möglich. Eine zu knappe Fütterung verzögert die Fohlenrosse.

Besteht in den ersten Laktationsmonaten ein **Energiedefizit**, so sind Abmagerung (ein begrenzter Gewichtsverlust ist auch bei ausreichender Energieaufnahme physiologisch), geringe Milchproduktion und bei Stuten, die bereits in der Fohlenrosse belegt wurden, evtl. Fruchtresorption (S. 241) die Folgen. Nach eingehenden Beobachtungen verloren während des 2. Trächtigkeitsmonats 12 % aller in der Fohlenrosse belegten Stuten ihre Frucht, dagegen nur 2 % der nichtlaktierenden Stuten. Das Risiko der Energieüberversorgung ist bei fohlenführenden Stuten nicht gegeben.

Rationsgestaltung Grundlage für die Ration laktierender Stuten (▶ **Tab. 7.12**) ist während der Wintermonate aromatisches Heu mit gutem Futterwert (> 6,5 MJ ME/kg), das ad libitum oder mindestens in einer Menge von 1,5 kg/100 kg KM je Tag anzubieten ist. Der hohe Energie- und Eiweißbedarf erfordert zusätzlich **Kraftfutter** (1,2–1,5 kg/100 kg KM), das vielseitig zusammengesetzt und mit ausreichenden Gehalten an essenziellen Aminosäuren, Fettsäuren, Vitaminen und Mineralstoffen ausgestattet sein muss. Zu Hafer sind **Ergänzungsfuttermittel für Zuchtpferde** einzusetzen, die höherwertige Eiweißträger (Sojaextraktionsschrot, Rapsextraktionsschrot, Leguminosenkörner) enthalten (▶ **Tab. 7.14**). Ein Mangel an **essenziellen Aminosäuren** (insbesondere Lysin, Methionin) senkt nicht nur die Milchmengenleistung, sondern auch den Milcheiweißgehalt, d. h., die Fohlen entwickeln sich nicht wie gewünscht.

Sobald es die Vegetation zulässt, werden die laktierenden Stuten auf die **Weide** gebracht unter entsprechender Vorsicht während des Übergangs. Ausschließliche Weidehaltung ohne Beifütterungsmöglichkeit verlangt vielseitig zusammengesetztes, ausgeglichenes Grünfutter mit Protein- und Kalziumgehalten von > 140 g und > 6 g/kg TS. In der langfristigen Planung sind für dieses Nutzungsziel Düngungs- und Nutzungsmaßnahmen zu beachten. Bei ganztägigem Weidegang und unter günstigen Witterungsbedingungen nehmen laktierende Stuten (500–600 kg KM) 14–18 kg Futter-TS (130–150 g/kg $KM^{0,75}$ je Tag) auf. Damit stehen bei guter Futterqualität 90–120 MJ umsetzbare Energie und – wenn der Aufwuchs nicht verholzt ist – rd. 1400–1600 g pcvRp zur Verfügung.

Praxis

Bei artenreichem Weideaufwuchs kann bei guter Futterverfügbarkeit eine ausreichende Energie- und Nährstoffzufuhr erwartet werden, da die Pferde Futterpflanzen präferieren (z. B. nach dem Proteingehalt). Bei Aufwuchs auf reinen Grasstandorten wird mit guter Futterqualität (junges Gras) der Bedarf an Eiweiß (auch essenziellen Aminosäuren), Karotin und Phosphor üblicherweise gedeckt. Gelegentlich sind das Energie- und Ca-Angebot unbefriedigend (▶ **Tab. 4.17**). Regelmäßig ist eine Supplementierung mit Natrium und Spurenelementen zu empfehlen.

▶ **Tab. 7.14** Empfehlungen zur Zusammensetzung von Mischfutter für Zuchtstuten.

Inhaltsstoffe	Einheit	Gehalte je kg
ME	MJ	11–12
Rohprotein	g	150–160
pcvRp	g	115–125
Lysin	g	5–6
Kalzium	g	10–15
Phosphor	g	4–6
Natrium	g	2–4
Kupfer	mg	25–35
Zink	mg	150–180
Selen	mg	0,3–0,6
Vitamin A	IE × 1000	30–50
Vitamin E	mg	200–500

Bei ausschließlichem Weidegang sind Salzlecksteine und zur Absicherung der Spurenelementversorgung zusätzlich Ergänzungsfutter zu geben oder, falls eine individuelle Zuteilung nicht möglich ist, **Leckmassen** bereitzustellen.

Die „Schlüsselparameter“ für die Qualität des Weidefutters sind ME, Rp, Rfa, Ca und Cu.

Ist das Gras anfangs jung, eiweißreich und rohfaserarm, so wird, um Durchfälle zu vermeiden, zusätzlich **strukturiertes Futter** (Stroh, überständiges Heu, Maissilage) zugefüttert. Bei unverträglichen Stuten muss für jedes Tier ein getrennter Futterplatz hergerichtet werden, in dem z. B. Schalen in Autoreifen gelegt oder Eimer an verschiedenen Weidepfosten aufgehängt werden. Abstände der Fressplätze von mindestens 30 m mindern die Risiken für Auseinandersetzungen um den Fressplatz.

Werden Stuten an Weidefressstände gewöhnt oder nachts aufgestallt, lässt sich ihre Energie- und Nährstoffversorgung wesentlich besser sichern. Die Zusammensetzung eines evtl. nötigen zusätzlichen Kraftfutters muss sich an der Qualität des Grünfutters orientieren.

Eiweißreduzierte betriebseigene Mischungen oder Mischfutter (bis 12 % Rohprotein mit 10–15 g Ca, 5 g Na, 3 g Mg je kg, evtl. auch mit Eisen-, Kupfer-, Zink-, Selen- und Jodzusätzen; dann Verzicht auf Mineralfutter Leckmassen) sind im Frühjahr oder Frühsommer zweckmäßig. Bei überständigem Futter müssen eiweißreiche Ergänzungen vorgesehen werden.

Die Kraftfuttermenge richtet sich nach Dauer der Grasungszeit, dem Grasangebot und indirekt nach dem Wachstum der Fohlen, häufig reichen 0,2–0,5 kg/100 kg KM und Tag. Mit fortschreitender Vegetation wird im Sommer vor allem in Trockengebieten und Trockenjahren oder auch bei geringer Futteraufnahme infolge Hitze und Fliegenplage eine stärkere Beifütterung notwendig.

7.5 Deckhengste

Die Empfehlungen zur Fütterung der Hengste beruhen auf empirisch begründeten Annahmen; eine faktorielle Ableitung ist nicht zielführend. Insgesamt lehnt sich die Fütterung von Zuchthengsten an die Praxis für Pferde bei leichter Arbeit an.

Energie- und Nährstoffbedarf Die Normalgewichte (S. 22) von Hengsten liegen im Mittel rd. 5–10 % (bei Kaltblütern bis 30 %) über denen von Stuten und Wallachen.

Energie- und Nährstoffbedarf Außerhalb der Decksaison (Marstallzeit) liegt der Energie- und Nährstoffbedarf je nach Temperament und Bewegungsaktivität in der Größenordnung von Pferden mit geringer Arbeit. Rationen aus vielseitig zusammengesetztem Heu (> 6,5 MJ ME/kg) in Kombination mit vitaminierten Mineralfuttern oder Ergänzungsfuttern (▸ **Tab. 7.1**) oder Weidegang (mit entsprechenden Ergänzungen) können in dieser Zeit den Bedarf optimal decken, sofern das Raufutter hinreichend zur Verfügung steht.

> **Vorsicht**
> **Eine übermäßige Fütterung, insbesondere an Energie, die zu verstärktem Fettansatz führt, ist nach Erfahrungen bei anderen Spezies unvorteilhaft für die Zuchtleistung.**

Einige Wochen **vor und während der Decksaison** wird die Energie- und Nährstoffzufuhr in Abhängigkeit vom gewünschten BCS (6 auf der Skala 1–9) eingestellt.

Durch **Gewichtskontrollen** oder kontinuierliche Bewertung des Ernährungszustandes anhand des BCS ist zu überprüfen, ob die Energiezufuhr ausreicht.

Der **Energiebedarf** variiert nach Temperament, Bewegungsaktivität und Deckeinsatz. Selbst bei starker Beanspruchung (15 Sprünge/Woche) und bei zusätzlicher 1-stündiger Bewegung liegt er höchstens um 50 %, im Mittel um 25 % über dem Erhaltungsbedarf. Auch in dieser Phase ist sowohl für die momentane Fertilitätsleistung als auch für die gesamte Nutzungsdauer eine zur Verfettung führende Fütterung unzweckmäßig. Nach Erfahrungen bei Zuchtbullen leidet die Befruchtungsfähigkeit selbst bei einem vorübergehenden Energiedefizit, d. h. bei Gewichtsverlust, nicht.

Die **Eiweißzufuhr** sollte in ähnlicher Größenordnung wie bei Stuten im 6. Graviditätsmonat liegen. Eine marginale Proteinaufnahme (eiweißarmes Raufutter, Rp < 12 %) ist zu vermeiden, da es zu Engpässen bei essenziellen Aminosäuren kommen kann. Nach Daten von anderen Tierarten sind insbesondere Methionin + Zystin zu beachten (vorläufige Empfehlung mind. 5 g Methionin + Zystin und 8 g Lysin pro Tag/100 kg KM).

In der Praxis erreicht die Eiweißaufnahme während der Decksaison häufig unnötigerweise das 3–4-Fache des Erhaltungsbedarfs. Davon ist jedoch weder eine Verbesserung der Libido noch der Spermaqualität zu erwarten.

Die Empfehlungen zur **Mineralstoff-** und **Vitaminversorgung** liegen in ähnlicher Größenordnung wie bei hochtragenden Stuten (▸ **Tab. 4.17**, ▸ **Tab. 4.22**).

Die Zulage von mehrfach ungesättigten Fettsäuren insbesondere auch solchen aus der Omega-3-Reihe über **Lein- oder Fischöl** (20–40 ml/100 kg KM/Tag) kann bei unbefriedigender Spermaqualität (verminderte Motilität) versucht werden. Bei durchschnittlichen Werten zur Zahl, Beweglichkeit u. a. der Spermien auch nach vorübergehender Konservierung konnte allerdings keine Verbesserung beobachtet werden. Auch hohe Dosen an Vitamin A und E sind für unwirksam befunden worden.

Kombinierte Gaben von Fettsäuren, Vit. E und Selen vermochten die antioxidativen Eigenschaften des Spermas nicht zu stärken.

Allerdings korreliert der Selenstatus des Ejakulats mit der Fruchtbarkeit der Hengste. Danach kann eine marginale **Se-Versorgung** die Spermaqualität, insbesondere ihre Konservierungsfähigkeit, beeinträchtigen.

Carnitin kann bei schlechter Spermaqualität wahrscheinlich über eine verbesserte Energieversorgung der Samenzellen positiv wirken.

Aus Beobachtungen zum Bleigehalt in der Samenflüssigkeit kann auf negative Wirkungen von Schwermetallen auf die Spermaqualität geschlossen werden, auch wenn keine Allgemeinerkrankung vorliegt. Langzeitstudien bei Kaltblutpferden zeigen ähnlich wie beim Menschen einen Rückgang des Ejakulatvolumens. Die Ursachen sind bisher allerdings unklar, Nährstoffmängel sind bisher nicht aufgedeckt worden.

Rationsgestaltung Da Hengste bei der Futteraufnahme z. T. wählerisch sind, bereitet die Rationsgestaltung manchmal Schwierigkeiten. Grundlage in jeder Hengstration sollte vielseitig zusammengesetztes, aromatisches, schmackhaftes **Heu** sein. Günstig ist auch unter dem Aspekt der Proteinversorgung die Kombination von Gras- und Leguminosenheu (Verhältnis 2:1; **Luzerne, Esparsette).**

Im Sommer hat sich die tägliche Zufütterung von 2–4 kg **frischem Grünfutter/100 kg KM** (mit nicht zu hohem Weißkleeanteil), im Winter von etwa 0,5 kg **Trockengrün/**100 kg KM bewährt.

Als Kraftfutter ist ausschließlich **Getreide** wegen des unausgeglichenen Gehalts an essenziellen Aminosäuren, aber auch an Vitaminen und Mineralstoffen unzureichend (► **Tab. 4.9**). Konventionelle Heu-Getreide-Rationen bedürfen daher der Ergänzung mit einem Salzleckstein, vitaminiertem Mineralfutter (Supplementierung von Cu, Zn, Se, Karotin, Vit. E) und Proteinträgern (Soja-, Raps-, Leinextraktionsschrot; ca. 0,1 kg/100 kg KM je Tag) (► **Tab. 7.15**). Als Alternative bietet sich der Einsatz von Mischfutter für Zuchtstuten an (0,5 kg/100 kg KM je Tag).

Unkontrollierte Gaben zusätzlicher Präparate (Aminosäuren, Vitamine, Spurenelemente) sind bei ausgeglichenen Rationen ohne Wirkung und schaden eher.

► **Tab. 7.15** Ration für Hengste (600 kg KM) während der Decksaison bei täglich 1- bis 2-stündiger Bewegung (kg/Tag).

Futtermittel	Gehalte
• 10 kg Heu, allgemein • 1 kg Hafer • 2 kg Ergänzungsfutter für Zuchtstuten[1]	• 94 MJ ME • 850 g pcvRp • 43 g pcvLysin • 31 g pcvMeth. + Cyst. • >60000 IE Vit. A • >900 mg Vit. E • 73 g Kalzium • 38 g Phosphor • 100 mg Cu • 510 mg Zn • 1,9 mg Se
[1] Alternative:	**Gehalte/kg**
• 52 % Hafer • 10 % Weizenkleie • 10 % Biertreber • 10 % Sojaextraktionsschrot • 5 % Bierhefe • 5 % Leinsaatextraktionsschrot • 5 % Luzernegrünmehl • 3 % vit. Mineralfutter	• 10,0 MJ ME • 106 g pcvRp • 9 g pcvLysin • 5 g Methionin + Zystin

7.6 Fohlen

7.6.1 Saugfohlen

In der Landeszucht gehen jährlich immer noch rd. 8 % der geborenen Fohlen verloren, vor allem während der frühen Säugeperiode. Schwergeburten und Infektionen sind die häufigsten Todesursachen (Schwergeburten: Mortalitätsrisiko 17-fach erhöht gegenüber normalen Geburten). Fohlen mit vermindertem Immunstatus (Immunglobulin G herabgesetzt) sind um den Faktor 63 stärker gefährdet, die ersten 6 Wochen nicht zu überleben, als Vergleichstiere mit befriedigendem Immunstatus. Dies hängt auch mit der Vitalität und dem Verhalten des Fohlens zusammen. Diesbezüglich wesentliche Faktoren nach dem Abfohlen sind die Zeiten

- bis zum Aufstehen: Soll < 60 min
- bis zum ersten Saugen: Soll < 120 min
- bis zum Abgang des Mekoniums (Darmpech): < 3 h
- bis zum Harnabsatz: < 12 h

Kolostrumperiode

Das Saugfohlen ist gleich nach der Geburt schon recht selbständig (Fluchttier): Gesunde Fohlen stehen üblicherweise innerhalb einer Stunde, Stutfohlen i. d. R. eher als Hengstfohlen, so dass auch aus eigenen Kräften innerhalb der ersten 2 Lebensstunden instinkthaft die Milchdrüse gesucht wird und die erste Kolostrumportion aufgenommen wird.

Zusammensetzung von Kolostrum Das Kolostrum, die erste Nahrung der Fohlen, ist anders als die reife Milch zusammengesetzt: besonders auffallend sind der hohe Eiweißgehalt (der jedoch innerhalb weniger Stunden von 15 % auf < 5 % abfällt) und die hohe Konzentration an Vitamin A (▶ **Tab. 2.11**).

Merke
Das Kolostrum besitzt eine Doppelfunktion: Es liefert nicht nur Nährstoffe, sondern über die Eiweiße und Vitamine (A, E) auch Schutzstoffe, die das Fohlen vor Infektionen schützen.

Von diesen Komponenten kommt den **Antikörpern (γ-Globuline)** gegenüber den in der Umwelt der Stute vorkommenden Keimen größte Bedeutung zu. Das Fohlen wechselt bei der Geburt von der keimfreien Umwelt im Uterus in die keimreiche Umgebung des Stalls. Es ist in den ersten Lebenswochen noch nicht in der Lage, gegenüber Bakterien und ihren Toxinen selbst Schutzstoffe (Antikörper) zu bilden. Diese Lücke schließt das Kolostrum mit den von der Mutter vorproduzierten Antikörpern, die in den beiden ersten Lebenstagen, ohne abgebaut zu werden, die Darmwand passieren. Nach der Kolostrumaufnahme steigt der Antikörpergehalt im Blut des Fohlens rasch an (▶ **Abb. 7.12**). Mit dieser passiven Immunisierung ist das Neugeborene vor den Keimen in seiner neuen Umwelt weitgehend geschützt. Die negative Beziehung zwischen Immunstatus des Fohlens und Sterblichkeitsrisiko untermauert die Bedeutung der frühzeitigen Kolostrumaufnahme. Beachtenswert ist, dass die relevanten Milchinhaltsstoffe im Magen nicht konditioniert werden müssen; eine starke Azidierung wäre ungünstig. Daher verfügt das Fohlen auch noch nicht über die Magensäuresekretion, die später bei der Aufnahme von Festfutter essenziell ist.

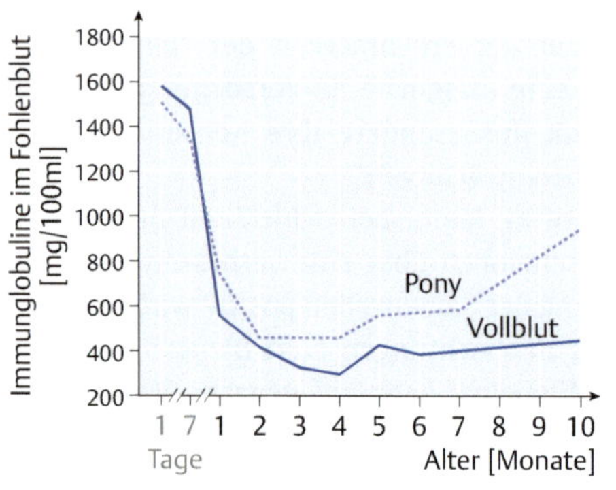

▶ **Abb. 7.12** Gehalt an Antikörpern (Immunglobulinen) im Fohlenblut nach der Kolostrumaufnahme und in den folgenden Lebensmonaten (Abb. basiert auf Daten aus Rouse 1971).

Merke
Für die Überlebenschance des Fohlens ist die Aufnahme hochwertigen Kolostrums möglichst bald nach der Geburt unerlässlich.

Erfolgt der erste Saugakt zu spät, werden geringere Antikörpermengen aufgenommen, da sich einerseits ihre Konzentration in der Milch mit fortschreitender Milchsekretion verdünnt (innerhalb von 4–8 h auf $^1/_6$ bis $^1/_{10}$ des Ausgangswerts), andererseits sich aber auch die Passagebedingungen durch die Darmwand verschlechtern.

Um **stallspezifische Antikörper** bilden zu können, müssen Stuten, insbesondere Maidenstuten, mindestens 4–6 Wochen vor der Geburt in diejenige Umgebung gebracht werden, in der auch die Fohlen geboren werden und aufwachsen sollen. Nur dann kann die Stute gegenüber den stallspezifischen Keimen passende Antikörper produzieren.

Durch vorzeitiges Anmelken oder unerwünschten Milchfluss vor der Geburt geht ein Teil der wertvollen Antikörper verloren. Fohlen solcher Stuten sind besonders gefährdet und sollten zusätzlich Kolostrum (S. 255) erhalten.

Neben den Antikörpern dient auch der hohe **Vitamin-A-Gehalt** im Kolostrum (der von der Vitamin-A- bzw. Karotinversorgung der hochtragenden Stute abhängt) dem Infektionsschutz der Neugeborenen, die ohne Depots in der Leber und mit geringen Vitamin-A-Gehalten im Blut geboren werden.

Praxis

Falls das Fohlen 1 h nach der Geburt nicht stehen und saugen kann, ist das Kolostrum abzumelken und körperwarm mit der Flasche zuzuteilen (bis 6 h p. p. stündlich 20–30 ml/10 kg KM).

Mekoniumverhaltung Setzt das Fohlen innerhalb von 12 h nach der Geburt keinen Kot ab (das zähklebrige Mekonium), ist im Rahmen tierärztlicher Konsultation ein Einlauf mit einem milden, oberflächenaktiven Abführmittel, bei kolikartigen Symptomen auch eine schmerzstillende Behandlung angezeigt.

Hämolytischer Ikterus In seltenen Fällen treten 24–36 h nach der Geburt und der Kolostrumaufnahme schwere Unverträglichkeiten (Zittern, Schwäche, Gelbsucht, Blutharnen) auf. Diese Störung beruht auf einer Antigen-Antikörper-Reaktion. Sie entsteht, wenn Stuten gegenüber Antigenen des Fohlenblutes (die vom Vater geerbt wurden, bei der Mutter aber nicht vorkommen) Antikörper gebildet haben und diese Antikörper über das Kolostrum in die Blutbahn des Fohlens gelangen. Dann muss das Fohlen sofort von der Mutter abgesetzt und 2–3 Tage mit Ammen- oder Ersatzmilch ernährt werden. Anschließend kann es zur Mutter zurück, da nun die Darmschranke für die Antikörper geschlossen ist. Zwischenzeitlich wird die Milchproduktion der Stute durch Melken aufrechterhalten.

Mutterlose Aufzucht Fällt die Stute durch Krankheit oder Tod aus, ist das Fohlen mutterlos (S. 255) oder mit Hilfe einer Ammenstute aufzuziehen. Stuten erkennen ihr Fohlen an Geruch, Stimme und Aussehen. Um die Annahme des fremden Fohlens zu erleichtern, wird das Fohlen der Ammenstute einige Stunden abgesetzt (erhöhter Milchdruck) und das fremde Fohlen mit Milch der Ammenstute bestrichen.

Säugeperiode

In den ersten Lebenswochen bereitet die Fütterung der Saugfohlen wenig Aufwand. Die Stute stellt die Nahrung in richtiger Dosierung und Zusammensetzung; die Energie der Stutenmilch ist für das Fohlen zu 97 %, bei Aufnahme von Festfutter zu 90 % verwertbar; Protein und Mengenelemente der Milch werden nahezu vollständig absorbiert. Die Fohlen saugen relativ häufig: im Mittel 50-mal in 24 h; bei Vollblutfohlen (Alter zwischen 24 und 58 Tage) wurde eine Säugezeit von 27–78 min/Tag beobachtet. Eine Saugperiode dauert i. d. R. max. 80 Sekunden. Die pro Mahlzeit aufgenommene Milchmenge liegt bei mittelgroßen Rassen (Stute 400–600 kg KM) zwischen 280 und 380 ml. Sofern säugende Stuten schon 2–3 Wochen nach dem Abfohlen wieder arbeiten müssen, ist das häufige Tränkbedürfnis des Fohlens zu berücksichtigen. Bis zur 4. Lebenswoche sollen die Fohlen während des Tages mindestens 6-mal saugen können, nachts unbegrenzt.

In den ersten beiden Lebensmonaten ist maßgeblich die Proteinaufnahme über die Milch limitierend für das Wachstum.

Koprophagie Fohlen nehmen in der 1.–5. Lebenswoche natürlicherweise frischen Kot der Stuten auf (Versorgung mit B-Vitaminen bzw. Besiedlung des Darmtrakts mit Bakterien und Protozoen). Dies erfolgt regelmäßig in den ersten 8 Wochen täglich etwa 4–6-mal. Offenbar sind Fohlen in der Lage, die Faeces des jeweiligen Muttertieres geruchlich zu identifizieren und bevorzugt aufzunehmen. Damit beginnt vor allem die immunologische Ausreifung des Darmtraktes. Daher sollte dieses Verhalten des Fohlens nicht unterbunden werden. Eine Infektion mit Parasiten ist bei Aufnahme von **frischem Kot** nicht zu befürchten, da Eier oder Larven im Kot erst nach einigen Tagen ansteckungsfähig werden.

Gegen Ende des 2. Lebensmonats sind die Intestinalflora und das Darm-assoziierte Immunsystem ausgereift.

Bewegung Falls möglich, sollten Stute und Fohlen schon bald nach der Geburt – auch im Winter (außer bei nasser Kälte) – täglich einige Stunden im **Auslauf** gehalten werden, damit sie sich ausreichend bewegen können.

Aufnahme von Festfutter Die Muttermilch kann den Nährstoffanspruch des Fohlens nach etwa 2 Monaten weder quantitativ noch qualitativ erfüllen, so dass zunehmend Energie über Gras oder anderes Festfutter aufgenommen werden muss

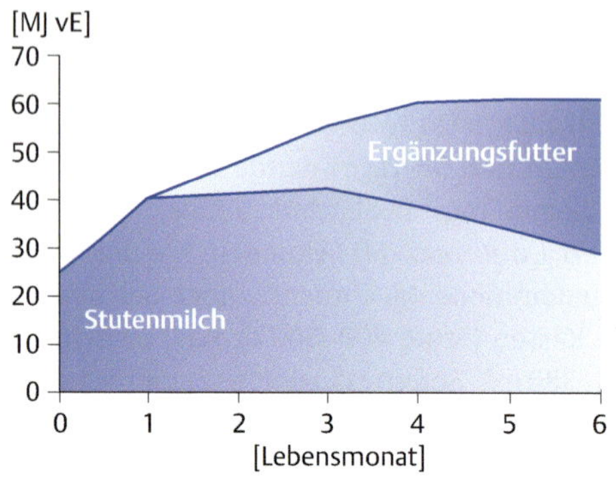

▶ **Abb. 7.13** Tägliche Energieaufnahme von Saugfohlen (mittelgroßer Rassen) aus Muttermilch sowie Bedarf an Ergänzungsfutter.

(▶ **Abb. 7.13**). Fohlen intensivieren im 2. Lebensmonat die Futtersuche, steigern die Grasaufnahme und vermindern die Saugfrequenz. Dabei lernen die Tiere durch Nachahmung. Das jeweilige Zeitfenster dieser Umstellung richtet sich nach der Milchproduktion der Stute, der Art des verfügbaren Futters sowie der gewünschten Entwicklungsgeschwindigkeit des Fohlens. Auch bei Stallhaltung beginnt das Fohlen im 2. Lebensmonat zunächst mehr spielerisch **Heu** zu fressen.

Die aufgenommene Menge ist erst gering: im 2. Lebensmonat täglich etwa 100–150 g. Auch aus der Krippe der Stute versuchen die Fohlen schon bald Futter aufzunehmen. Dies kann toleriert werden, denn es dient der Gewöhnung auch an diese Futterart.

Aus arbeitswirtschaftlichen oder technischen Gründen erhalten Weidefohlen häufig kein Beifutter. Damit nimmt man auf schlechten Weiden eine langsamere Entwicklung in Kauf. Durch Anlage eines kleinen Weidebezirks mit Fohlenkrippen und einer schmalen Öffnung, durch die nur Fohlen eintreten können, lässt sich aber auch unter diesen Bedingungen eine **kontrollierte Beifutteraufnahme** sichern. In jedem Fall ist auf eine ausreichende Mineralstoffversorgung zu achten, da der Ca-Gehalt im Gras gering, das Ca:P-Verhältnis sehr eng und die Se-, J- und Cu-Gehalte im Gras knapp sein können.

Eine kontrollierte und adäquate Nährstoffversorgung wird bei unsicherer oder unbefriedigender Weidequalität erleichtert, wenn die Fohlen **nachts aufgestallt** und beigefüttert werden. Menge und Zusammensetzung müssen sich nach der Qualität des Weidefutters richten. Das Kraftfutter ist abends zuzuteilen, damit die Fohlen tagsüber ausreichend Grünfutter aufnehmen. Vor dem Austrieb erhalten Stuten und Fohlen Raufutter, wenn das Gras jung, eiweißreich und rohfaserarm ist.

Das den Stuten zugeteilte und auch für Fohlen erreichbare Heu muss von guter hygienischer Qualität und hochverdaulich sein. Fehlt Heu oder ist es nicht erreichbar (hohe Raufen), fressen die Fohlen **Streustroh** – wegen der oft geringen Qualität und möglicher Kontamination mit Parasitenlarven ist dies nicht ohne Risiko.

Bei durchschnittlichem Wachstumsverlauf (Ende des 2.,4. u. 6. Monats 26, 37, 46 % des Endgewichts) entwickelt sich die Aufnahme von Festfutter zu einem zählbaren Beitrag zur Energieaufnahme von etwa 5–10 % (▶ **Abb. 7.13**) am Ende des 2. Lebensmonats; im Alter von 6 Monaten verteilt sich die Energieaufnahme zu rd. 40 % auf Milch und 60 % auf andere Nahrungsquellen. Bei jungem Gras (8 MJ ME/kg TS) müsste das 2–3 Monate alte Fohlen zusätzlich zur Muttermilch rd. 24–39 g TS/kg $KM^{0,75}$ aufnehmen (▶ **Tab. 7.16**), bei Kombinationen von Gras und Kraftfutter entsprechend weniger. Die Tockensubstanzaufnahme insgesamt erreicht danach 2 % der Körpermasse, was Praxisbeobachtungen entspricht.

Unter natürlichen Bedingungen bleibt die Aufnahme von Muttermilch noch etwa bis zum 8.–9. Lebensmonat bestehen, allerdings nimmt der Beitrag zur Energieaufnahme insgesamt deutlich ab.

Vorsicht

Salzlecksteine sollten für Fohlen nicht erreichbar sein (übermäßige Aufnahme → Durchfallrisiko; fehlendes Wasser → Intoxikationsrisiko).

Sobald das Fohlen konstant Festfutter aufnimmt, braucht es **Wasser**. Selbsttränken müssen in passender Höhe erreichbar sein. Ein Wasserabusus ist zu unterbinden.

Rationsgestaltung Bis Mitte des 2. Lebensmonats haben die Fohlen so viel gelernt, dass sie systematisch Gras aufnehmen oder im Falle einer Stallhaltung beigefüttert werden.

Tab. 7.16 Energie- und Trockensubstanzaufnahme aus Milch und die zur Abdeckung des Energiebedarfs erforderliche Trockensubstanzaufnahme aus Festfutter bei unterschiedlicher Energiekonzentration (8–11,7 MJ ME/kg TS) sowie Orientierungswerte zu Kraftfutter- und Raufuttermengen (Gras/Heu) und die hieraus beispielhaft abgeleiteten Mengen für Warmblutfohlen mit 500 kg Endgewicht (Tab. basiert auf Daten aus Mack 2007[4]).

Alter (Monat[1])	KM (rel.[2])	Tägliche Aufnahme		TS-Aufnahme, g TS/kg KM^{0,75} je Tag					
		ME a.d. Milch	Milch, g/kg KM^{0,75}	gesamt	aus Milch	aus Festfutter[3]			
				–	bei genannter Energiekonz., MJ ME/kg TS				
		% d. Bedarfs	uS	TS	19,7	8	10	11,7	~11,4[4]
2	26	94	414[7]	48–50	44	6	5	4	8–11
3	32	79	322	49–55	34	21	17	15	20–40
4	37	64	255	51–62	27	35	28	24	32–37
5	42	53	205	52–65	22	43	34	29	36–42
6	46	45	167	53–68	18	50	40	34	36–48
s. o.	**s. o.**	**Orientierungswerte g TS/kg KM^{0,75}**		**Anwendung auf ein Warmblutfohlen mit 500 kg Endgewicht**					
		KF[5]	**Gras/Heu[6]**	**KM**	**Bedarf**	**aus Milch[7]**	**KF**	**Gras/Heu[8]**	**ME aus Festfutter**
				kg	**ME, MJ/Tag**		**kg/Tag**		**MJ/Tag**
2	26	4,5	nb[9]	128	32	30	0,2	nb[9]	2,0
3	32	10–14	6–10	158	35	28	0,5	nb[9]	7,0
4	37	17	14	185	38	25	1,0	2,5/0,6	14
5	42	19	22	209	41	22	1,2	4/1	19
6	46	23	15	232	43	19	1,6	5/1,1	24
7	51	21	>70	252	42	–	1,5	>17/>4	42

[1] zum Ende des Lebensmonates
[2] relativ zum Endgewicht
[3] erforderliche Menge an Festfutter-TS zusätzlich zur Muttermilch; Festfutter bestehend aus jungem Gras, vergleichbarem Heu oder Gras + Kraftfutter; 11,7 ME MJ/kg TS entsprechen einem Kraftfutter:Raufutter-Verhältnis 80:20
[4] in der Praxis beobachtete Kraftfutteraufnahme
[5] Kraftfutter auf Getreidebasis mit mind. 160 g pcvRp/kg TS; 11,7 MJ ME/kg TS
[6] Gras oder Heu mit 8 MJ ME/kg TS
[7] Verwertung der Milchenergie ab dem 2. Monat mit 90 % angesetzt
[8] bei 20 bzw. 86 % TS für Gras bzw. Heu
[9] nicht bestimmt bzw. nicht berücksichtigt

Frühere Empfehlungen, Warmblutfohlen ab dem 2. Monat 0,5 kg Hafer zu geben und je Monat um 0,5 kg zu erhöhen, waren dem üblichen Absetzen mit 12–15 Wochen und der Beanspruchung der Mutterstuten in der Feldarbeit geschuldet; sie zeigen jedoch andererseits, dass Saugfohlen frühzeitig an Kraftfutter adaptiert werden können.

Bei ertragsstarker Weide und hochverdaulichem Aufwuchs (8 MJ ME/kg TS) kann ein Fohlen den Energiebedarf ausschließlich über Muttermilch und Gras abdecken. Bei den hiesigen Grasstandorten ist allerdings i. d. R. die Proteinversorgung unzureichend und das Angebot an Mineralstoffen (besonders Ca und P) weist kritische Lücken auf. Im fortgeschrittenen Vegetationsstadium ist auch die Energieaufnahme für die erwartete Körpermassezunahme unsicher. Verzögerungen im Wachstum werden später, vor allem nach dem Absetzen, kompensiert, sofern dann ein entsprechend forciertes Energie- und Nährstoffangebot vorliegt. Störungen der Entwicklung des Trageapparates aufgrund unzureichender Mineralstoffaufnahme sind jedoch nicht zuverlässig zu korrigieren.

Wegen der zu erwartenden Engpässe in der Energie- und Proteinversorgung sowie der meist nicht befriedigenden Aufnahme von Mineralfuttern bei Fohlen ist sowohl bei Weidegang als auch bei freiem Angebot von Heu in der Stallhaltung der Einsatz eines Kraftfutters, das aus Getreide, Leguminosen oder Extraktionsschroten als Proteinträgern und einem vitaminierten Mineralfutter besteht (▸ **Tab. 7.17**), zu empfehlen. In der Landespferdezucht wurden bei durchschnittlicher Wachstumsintensität für 2–6 Monate alte Warmblutfohlen 8–48 g Kraftfutter-TS/kg $KM^{0,75}$ (= 0,2–1,2 kg/100 kg KM) zusätzlich zu Gras und Heulage eingesetzt (▸ **Tab. 7.16**).

Einseitige Beifütterung von gequetschtem Hafer ist wegen des geringen Ca-, Cu- und Vitamingehalts sowie der begrenzten Eiweißqualität nicht ausreichend. Durch Mischfutter (sog. Fohlenstarter, Ergänzungsfutter für Fohlen) kann die Form der Beifütterung erheblich vereinfacht werden. Die Mischfutter enthalten neben hochwertigen Eiweißen – evtl. aufgewertet mit synthetischen Aminosäuren – auch die essenziellen Mineralstoffe und Vitamine in ausreichender Menge (▸ **Tab. 7.17**).

Für die Darreichung des Kraftfutters wird eine niedrige Krippe bereitgestellt, die für die Stute nicht zugänglich ist (oder schmale Fressschlitze besitzt). Energie- und Eiweißbedarf im Wachstum (S. 93).

Die Beifutter können entsprechend dem Entwicklungsgrad der Fohlen unterschiedlich zusammengesetzt sein (▸ **Tab. 7.17**), im Handel stehen Mischungen für Saug- und Absatzfohlen sowie für Jährlinge zur Verfügung.

▸ **Tab. 7.17** Empfehlungen zur Zusammensetzung von Mischfuttern für Fohlen (je kg).

Energie/Nährstoffe	Säugeperiode	6.–12. Monat	> 12 Monate
ME (MJ)	10–11	11–12	11–12
Rohprotein (g)	150–170	150–180	120–150
pcvRp (g)	135–155	135–160	100–120
Lysin (g)	7–8	7–9	5
Kalzium (g)	8–10	12–15	10–15
Phosphor (g)	5–6	6–8	5–6
Natrium (g)	3	2–3	2–3
Kupfer (mg)	15	20–25	20–25
Zink (mg)	100–150	100–150	100–150
Selen (mg)	0,3–0,4	0,3–0,4	0,3–0,6
Vitamin A (IE × 1000)	30	15–30	15–30
Vitamin E (mg)	200–400	300–500	400–600
Mischfuttermenge/Tag (kg/100 kg KM)	0,5	0,5–0,75	0,25

Ergänzend siehe ▸ **Tab. 4.11**, ▸ **Tab. 4.12** und ▸ **Tab. 4.13**.

Orientierungsgrößen notwendiger Kraftfuttermengen für moderate Aufzuchtintensität bei Verfügbarkeit von hochverdaulichem Gras oder Heu sind in ▶ **Tab. 7.16** und ▶ **Tab. 7.18** aufgeführt. Die Grasaufnahme (TS-Gehalt 16 %) für ein Warmblutfohlen ist dann zur Abdeckung des Energiebedarfs mit 5–12 kg (3.–6. Monat) zu erwarten. Tatsächlich erreichen Fohlen im Alter von 6 Monaten einen Grasverzehr von > 20 kg bei einer Verdaulichkeit, die sich von der ausgewachsener Pferde nicht unterscheidet, so dass bei restriktivem Kraftfuttereinsatz die gewünschte Gewichtsentwicklung gesichert ist, solange das Kraftfutter die notwendigen Proteinkonzentrationen (150 g pcvRp/kg TS) aufweist. Kalzium und Phosphor müssen mit 12–15 und 6–8 g/kg TS vertreten sein, um zu typischem Weidegras oder den entsprechenden Konserven eine sichere Versorgung zu gewährleisten.

Während der Säugezeit wird bei mittelgroßen Rassen das **Fohlenaufzuchtfutter (Starter)** in Mengen bis zu 0,5 kg/Tag gegeben, der zusätzliche Bedarf mit gequetschtem Hafer oder anderem angemessen behandeltem Getreide (z. B. Maisflocken) abgedeckt. Alternativ kann ein Mischfutter für Fohlen genutzt werden, der Getreideeinsatz entfällt dann. Die Gesamtkraftfuttermenge (für Warmblutfohlen rd. 1,6–1,9 kg bei 500–600 kg KM) ist der Entwicklung des Fohlens, der Milchproduktion der Stute und der Raufutterqualität anzupassen (▶ **Tab. 7.18**). Bei Vollblutfohlen ist der Energiebedarf höher als bei Warmblutfohlen. Die Milchleistung der Vollblutstuten ist jedoch nicht entsprechend erhöht. Daher sind für Vollblutfohlen höhere Kraftfuttermengen angemessen (s. Tabellenanhang, ▶ **Tab. 13.21**, ▶ **Tab. 13.22** und ▶ **Tab. 13.23**).

Mutterlose Aufzucht

Durch Erkrankung oder Tod der Mutterstuten wird – sofern keine Ammenstute zur Verfügung steht – eine mutterlose Aufzucht notwendig. Sie ist durchaus erfolgversprechend, wenn der damit verbundene Arbeitsaufwand nicht gescheut wird und die Grundprinzipien der Fütterungstechnik und Hygiene beachtet werden.

Versorgung mit Kolostrum Die Nährfunktion der Muttermilch lässt sich leicht durch Milchaustauscher ersetzen, nicht dagegen die Schutzfunktion des Kolostrums (Antikörper). Das mutterlose Fohlen muss daher zunächst mit Kolostrum versorgt werden, am einfachsten und sichersten über eine Ammenstute oder durch Zufuhr von konserviertem Stutenkolostrum. In Gestüten oder Zuchtgemeinschaften sind für solche Fälle kleine Portionen (0,15 l) Kolostrum bereitzuhalten, die am zweckmäßigsten von älteren Stuten im Mai/Juni (hoher Antikörper- und Vitamin-A-Gehalt) unmittelbar vor dem Säugen der eigenen Fohlen in den ersten 4 h nach der Geburt gewonnen und bei – 20 °C konserviert werden.

Fohlen mittelgroßer Rassen erhalten mit der Flasche oder – bei Schluckbeschwerden – mit der Magensonde etwa 6-mal in 1-stündigem Abstand 150 ml körperwarmes Kolostrum, das in einem Wasserbad oder mittels Mikrowelle zunächst aufgewärmt wurde (nicht direkt erwärmen, um Hitzeschäden zu vermeiden).

Mit Hilfe einfacher Testverfahren kann im Serum des Fohlens überprüft werden, ob **ausreichende Mengen an Antikörpern** aufgenommen und absorbiert wurden:

▶ **Tab. 7.18** Orientierungsrahmen zur Rationsgestaltung bei Fohlen (kg Futter/100 kg KM je Tag).[1)]

Alter (Monat)	TS-Aufnahme	Raufutter-TS	Kraftfutter insgesamt (Hafer + Ergänzungsfutter)[2)]
3.–6. (Absetzen)	1,5–2,0	ad lib.	0,5–0,8
6.–12.	1,5–2,0	ad lib.	1,0–1,5
13.–18.	1,5–2,0	ad lib. mind. 1,5	0,1–0,25
19.–24.	1,8–2,5	ad lib. mind. 1,5	0,1 + 0,3
30.–36.	1,8–2,5	ad lib. mind. 1,5	–

[1)] KM in verschiedenen Abschnitten ▶ **Tab. 4.15**
[2)] je nach Weide- bzw. Heuqualität, 88 % TS

Falls kein Kolostrum zur Verfügung steht, ist eine **Blutplasmaübertragung** angezeigt, ebenso wenn über 18 h alte Fohlen keine Gammaglobuline im Blut aufweisen.

Zu früh geborene Fohlen (vor 320 Tagen) oder **unreife Fohlen** zur Zeit der Geburt (normale Geburtsgewichte ▸ **Tab. 4.15**) sind ähnlich wie mutterlose Fohlen zu behandeln, jedoch unter Berücksichtigung zusätzlicher Faktoren (S. 291).

Milchaustauscher Nach der Kolostrumperiode erhalten die Fohlen Milchaustauscher, die als wasserlösliche Trockenpräparate zur Verfügung stehen. Zubereitung und Fütterungstechnik sind den Gebrauchsanweisungen zu entnehmen. Milchaustauscher können auch aus Kuhmilch hergestellt werden. Der Zusatz von etwas Honig verbessert den Geschmack.

Muttermilchersatz
Milchaustauscher für Fohlen
Mischfutter mit rd. 200 g Rohprotein, 140 g Rohfett, 500 g Laktose/kg.
In Wasser suspendieren und je nach Herstellerangaben dosieren.

Die Milchaustauscher werden in der Regel körperwarm zunächst in Flaschen, baldmöglichst aber in Schalen oder Eimern mit Zitzen (in Höhe des mütterlichen Gesäuges aufhängen) angeboten.

In der 1. Woche muss 10- bis 15-mal/Tag mit nächtlichen Pausen von höchstens 4 h getränkt werden. Die Milchmenge wird bei mittelgroßen Rassen pro Mahlzeit langsam von 0,2 auf 0,5 l gesteigert.

In der 2. Woche kann die Zahl der Mahlzeiten auf 6–8 reduziert werden, bei nächtlichen Pausen von 4–6 h und unter vorsichtiger Erhöhung der Tränkemenge. Die tägliche Milchmenge ist mit 15–20 % der KM anzusetzen.

Fohlen vertragen auch Milchaustauschertränken, die ad lib. zur Verfügung gestellt werden und nur Umgebungstemperaturen (15–20 °C) aufweisen. Die Fohlen nehmen dann ihrem normalen Tränkbedürfnis entsprechend kontinuierlich kleine Mengen auf. Aus Sicherheitsgründen muss die Tränke, besonders in den warmen Jahreszeiten, 2-mal täglich frisch bereitet werden.

Weitere Ernährung Ab der 3. Lebenswoche erhalten mutterlose Fohlen Ergänzungsfutter für Fohlen sowie Heu. Mit etwa 2½–3 Monaten wird die Tränkmenge nach und nach reduziert. Sobald die Fohlen täglich rd. 1,2 kg Kraftfutter/100 kg KM aufnehmen, werden sie von der Milchtränke abgesetzt.

Kotveränderungen und Durchfälle bei Saugfohlen

Zu den häufigsten Störungen bei Fohlen zählen Durchfälle, die durch Ernährungsfehler, Parasiten, Viren und Bakterien verursacht werden können. Entsprechende diätetische Maßnahmen (S. 314) sind vorzunehmen.

Futterumstellung Ein gelegentlich in der 2. Lebenswoche auftretender weicher bis wässriger Kot wird in der Regel nicht durch Milchveränderungen im Zusammenhang mit der Rosse der Stute verursacht, sondern ist häufig (sofern es sich nicht um eine Strongyloidesinfektion handelt) die Reaktion des Darms auf erste feste Stoffe, die das Fohlen zusätzlich zur Milch aufnimmt und an die sich der Darm, insbesondere der Dickdarm, gewöhnen muss. Diese fieberlose Störung bedarf keiner besonderen Behandlung.

Ernährungsbedingte Durchfälle Primär ernährungsbedingte Durchfälle treten gelegentlich im Laufe des 1. Lebensmonats auf, wenn die Fohlen noch nicht in der Lage sind, zwischen geeigneten und ungeeigneten Substraten bei der Futteraufnahme zu unterscheiden: Sand, Stroh, Kot, Leckmassen, überhöhte Wassermengen kommen ursächlich für solche Verdauungsstörungen infrage, aber auch eine übermäßige Milchaufnahme (starke Milchproduktion der Stute, längere Tränkintervalle durch Trennung von Fohlen und Muttertier).

Parasitär bedingte Durchfälle Diese können durch **Strongyloides** (Aufnahme über Muttermilch), vor allem aber durch **Strongyliden (Strongylus vulgaris)** verursacht werden.

Virusinfektionen Sehr schwere Durchfälle mit profusem wässrigem Kot und schnellem Körperverfall treten im 1. und 2. Lebensmonat nach Infektion mit **Rotaviren** auf. Diese Viren zerstören

u. a. die Epithelzellen der Darmzotten, so dass die Nährstoffe nicht absorbiert werden und sich evtl. Laktose-Unverträglichkeiten entwickeln können.

Bakterielle Infektionen Von den bakteriell verursachten Diarrhöen hat die **Salmonellose** die weiteste Verbreitung. Meistens werden die Fohlen von latent befallenen anderen Pferden (Ausscheidern), oft vom Muttertier infiziert. Die Erkrankung kann mild oder schwer verlaufen (stark faulig riechender Kot) und ist meistens von Temperaturerhöhung begleitet. Im Gegensatz zu älteren Tieren erkranken Fohlen unabhängig von zusätzlichen Stressbelastungen. Infektionen mit ***Escherichia coli*** führen in der Regel zu schweren Septikämien, nicht primär zu Durchfällen, während **Clostridien** (*perfringens* oder *welchii*) bei 1–2 Tage alten Fohlen hämorrhagische Diarrhöen verursachen können.

7.6.2 Absetzfohlen

Fohlen werden üblicherweise im Alter von 6 Monaten von der Mutter abgesetzt. Unter natürlichen Bedingungen erfolgt dies erst im Alter von 7–9 Monaten. Der Termin ist vom Entwicklungszustand und der Aufnahme von Rau- und Ergänzungsfutter abhängig und sollte nicht schematisch festgelegt werden. Zur Vorbereitung wird z. B. 1 Woche vor dem Absetztermin das Futter der Stute reduziert und das Fohlen stundenweise von der Mutter separiert. Nach der endgültigen Trennung bleibt das Fohlen in seiner gewohnten Umgebung, möglichst in Gemeinschaft mit anderen Fohlen. Die Stute bringt man außer Sicht- und Hörweite. Bei übermäßiger Milchproduktion muss sie von der Weide genommen und mit energieärmerem Heu und begrenzten Mengen an Stroh (max. 1 kg/100 kg KM) gefüttert werden (Gesäugekontrolle).

Vorsicht

Nach dem Absetzen fehlt dem Fohlen vor allem das mit der Muttermilch aufgenommene hochwertige Eiweiß. Entwicklungsverzögerungen durch Mangel an essenziellen Aminosäuren (Lysin) sind möglich. Wenn zugleich die Energieaufnahme auf hohem Niveau bleibt, besteht die Gefahr des übermäßigen Fettansatzes.

Um diesen Engpass zu überbrücken, werden **Ergänzungsfutter für Fohlen** mit hochwertigem Eiweiß über den Absetzzeitpunkt hinausgehend eingesetzt (▸ **Tab. 7.17**). Sie können bei täglichen Gaben bis zu 0,7 kg/100 kg KM (bei 400–600 kg KM 1–2 kg/Tag) die Aminosäurenversorgung absichern. Der zusätzliche Energiebedarf des Fohlens, der auf der Weide besonders im Hochsommer oft nicht erfüllt wird, lässt sich mit einem preisgünstigen Mischfutter oder Hafer ausgleichen (▸ **Tab. 7.18**).

Die notwendige Menge an Ergänzungsfutter für Weidefohlen nach dem Absetzen ergibt sich aus der **Qualität der Weide**. Bei mittelgroßen Rassen (400–600 kg KM) werden unter ungünstigen Bedingungen (geringer, energiearmer Aufwuchs) bis zu 2–3 kg/Tag notwendig, da die Grünfutteraufnahme in diesem Alter noch bescheiden ist.

Merke

Bei grasreichen Weiden ist wegen des engen Ca:P-Verhältnisses und der z. T. sehr niedrigen Ca-Gehalte besonders auf eine ausreichende Ca-, aber auch Cu-, J- und Se-Ergänzung zu achten.

Bei Absetzfohlen kommen gelegentlich **Enterotoxämien** vor, verursacht durch *Clostridium perfringens* (Typ B und C). Der Keim vermehrt sich im Darmkanal plötzlich und bildet größere Mengen hochwirksamer Toxine, die innerhalb von Stunden den Tod des Tieres herbeiführen können, ohne dass zuvor schwere Verdauungsstörungen auftreten. Hilfsfaktoren für das Clostridienwachstum stellen Überfütterung mit Kraftfutter, plötzlicher Futterwechsel und überhöhte Eiweißmengen dar. Aus diesem Grunde ist das Kraftfutter bei höheren Gaben auf 3–4 Mahlzeiten zu verteilen und die Aufnahme durch Zulage von Heuhäcksel zu verzögern sowie jede plötzliche Futterumstellung zu vermeiden.

Auch für Intoxikationen durch das Toxin von *Clostridium botulinum* sind Fohlen besonders disponiert – evtl. auch enterale Toxinbildung (S. 282), so dass bei Risikofuttermitteln (mit Erde kontaminierte Silagen) Vorsicht geboten ist.

7.6.3 Fohlen im 2. Lebenshalbjahr (1. Winterstallperiode)

Während des 1. Winters (2. Lebenshalbjahr) wächst das Fohlen noch intensiv. Entsprechend hoch ist der Bedarf an Eiweiß, Lysin, Mineralstoffen und Vitaminen. Darauf ist die Zusammensetzung der Ergänzungsfuttermittel abzustimmen. Die Energiezufuhr ist dem Ernährungszustand, der Nutzungsrichtung, den Umgebungstemperaturen und Bewegungsmöglichkeiten der Fohlen anzupassen.

Bei unzutreffender Bewertung des Raufutters und unpassender Ergänzung bestehen Risiken:

- ungenügende Eiweißaufnahme: begünstigt bei hoher Energiezufuhr Verfettung
- Defizit an Kalzium, Phosphor, Kupfer, Zn, Se, J: u. a. Störung der Skelettentwicklung
- nicht bedarfsgerechte Karotin- bzw. Vit.-A- und Vit.-E-Zufuhr: erhöhte Infektanfälligkeit

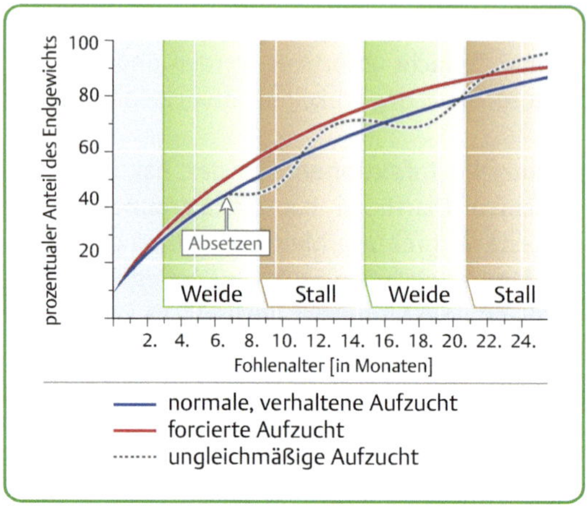

▶ **Abb. 7.14** Verlauf des Wachstums bei Fohlen und mögliche Abweichungen von einer gleichmäßigen Entwicklung.

Die Zuteilung eines stärkereichen Kraftfutters mit nur 2 Mahlzeiten/Tag wird hinsichtlich der langfristigen Risiken – Insulinausschüttung, Skelettschäden (S. 321) – unterschätzt.

Die Fohlen werden am besten in **Laufställen mit Außenauslauf** gehalten. Bewegungsarme Boxenhaltung ist für eine physiologische Skelettentwicklung nachteilig. Gemeinsame Aufzucht von mehreren Fohlen wirkt sich günstig auf die Entwicklung aus, da die Tiere sich sozialisieren und gegenseitig zur Bewegung stimulieren. Damit werden die Entstehung von Verhaltensstörungen vermieden die Entwicklung von Knochen, Bändern und Sehnen gefördert. Während Schlechtwetterperioden und bei geringen Bewegungsmöglichkeiten ist die Kraftfutterzuteilung einzuschränken.

Merke
Eine hohe Körpermasse ist kein Beleg für eine optimale Aufzucht.

Kleine Ausläufe sollten von grünen Pflanzen freigehalten werden, da z. B. mit ausgerissenen Quecken oder 1-jährigem Rispengras (Poa annua) erhebliche Sandmengen aufgenommen werden können.

Bei einzeln, in engen Boxen gehaltenen Fohlen entsteht leicht das **Risiko der Überfütterung und Verfettung**, verbunden mit allen Nachteilen einer bewegungsarmen Haltung. Inaktivität hemmt u. a. die Skelettentwicklung (S. 319). Daher ist bei ihnen die Energiezuteilung eher unter den Bedarfsnormen (▶ **Tab. 4.16**) zu halten und ein langsameres Wachstum in Kauf zu nehmen (Erreichen von rd. 55–60 % des Endgewichts innerhalb von 12 Monaten).

Die verzögerte Entwicklung während der Wintermonate wird später auf der Weide ausgeglichen. Entscheidend ist, dass abrupte Depressionen ebenso wie Schübe im Wachstum vermieden werden (▶ **Abb. 7.14**).

Die TS-Aufnahme variiert zwischen 1,5–2 kg/100 kg KM je Tag. Für die **Winterfutterrationen** kommen Raufutter, geringe Mengen an Rüben oder Möhren sowie Kraftfutter in restriktiver Menge infrage ▶ **Tab. 7.19**).

Das **Heu** sollte hochverdaulich und gehaltvoll sein. Ein Gemisch von Wiesen- und Leguminosenheu verbessert die Eiweiß- und Mineralstoffzufuhr.

Die tägliche **Kraftfuttermenge** ist mit maximal 1 kg/100 kg KM anzusetzen, davon etwa die Hälfte in Form eines Mischfutters zur Fohlenaufzucht, den Rest mit Getreide auffüllen.

Unnötig hohe Kraftfuttermengen begrenzen die Raufutteraufnahme und erhöhen das Risiko für die Entstehung von Schleimhautdefekten im Magen.

Bei Fohlen in Gruppenhaltung kann bei entsprechender Technik die Ration auch als sogenannte **Mischration** vorgelegt werden; hierbei werden alle Komponenten mittels spezieller Mischwagen vermengt und anhand der bordeigenen Wägeeinrichtung nach Gewicht kontrolliert vorgelegt.

▶ **Tab. 7.19** Beispielrationen für Fohlen (600 kg ausgewachsen, kg/Tag).[1]

Alter (Monate)	6		12	18		24		36
aktuelle KM (kg)	**278**		**400**	**480**		**535**		**597**
Gras, Weide allgemein	20	–	–	–	35	–	40	–
Heu, allgemein	–	5	7	8	–	9	–	12
Möhren	–	–	1	–	–	2	–	–
Haferkörner, gequetscht	–	–	0,5	–	0,5	–	0,5	0,5
Leinsaatextraktionsschrot	–	–	–	–	–	–	–	–
Ergänzungsfutter zu Heu/Getreide[2]	–	–	–	–	–	–	–	–
Ergänzungsfutter für Fohlen[2]	1	1,5	1,0	–	–	–	–	–
Ergänzungsfutter für Jungpferde[2]	–	–	–	1,5	–	1,5	–	–
Mineralfutter für Jungpferde[3]	–	–	–	–	0,1	–	0,1	0,08
Gehalte in der Gesamtration								
ME (MJ)	46	46	45	67	69	76	78	82
pcvRp (g)[4]	590	460	530	610	850	640	960	640
pcvLysin (g)	22	20	23	27	30	28	34	28
pcvMethionin + Cystin (g)	15	14	16	18	19	18	22	17
pcvThreonin (g)	23	19	22	25	33	27	37	28
pcvTryptophan (g)	8	6	7	7	11	8	13	8
Kalzium (g)	35	44	45	56	54	54	59	51
Phosphor (g)	20	24	26	30	27	27	30	29
Kupfer (mg)[5]	60	85	75	95	120	90	100	155
Zink (mg)[4]	250	390	330	420	440	520	450	620
Selen (mg)	1,0	1,3	1,0	1,3	1,7	1,6	1,7	1,7
Vitamin A (IE × 1000)	> 30							
Vitamin E (mg)	> 600							

1) s. Empfehlungen Tabellenanhang ab ▶ **Tab. 13.18**, für 600 kg Endgewicht ▶ **Tab. 13.22**
2) s. ▶ **Tab. 7.14**, ▶ **Tab. 7.17**
3) spurenelementreiches Mineralfutter zu Gras oder Heu („Spuren-E"), s. ▶ **Tab. 7.2**
4) auf ± 10 gerundet
5) auf ± 5 gerundet

7.6.4 Jährlinge

Weidehaltung Sobald es die Witterung erlaubt, kommen die Jährlinge auf die Weide. Ihre Zahl sollte möglichst paarig sein, da sich zwischen je 2 Fohlen Bindungen entwickeln, die die Futteraufnahme, aber auch die Bewegung anregen. Anfangs bleiben die Fohlen nur wenige Stunden auf der Weide. Heu sowie eine reduzierte Kraftfuttermenge werden beibehalten, um eine **allmähliche Futterumstellung** zu sichern.

Bei einer TS-Aufnahmekapazität von 2–2,5 kg/100 kg KM/Tag und einer Energiedichte von 7–10 MJ ME/kg TS im Grünfutter können Jährlinge ihren Energiebedarf (S. 93) während der Hauptwachstumsphase des Weidefutters im Mai und Juni voll decken. Oft besteht sogar eine überhöhte Aufnahme; Gleiches gilt für die Eiweißzufuhr. Über Maßnahmen zur Drosselung der Grünfutteraufnahme (S. 152).

In trockenen Jahren sowie auf Weiden ohne Umtrieb kann im Sommer bei überständigem Material auch die Energie- und Eiweißversorgung knapp werden.

Zufütterung Bei unzureichendem Aufwuchs oder geringem Futterwert im Weidefutter wird zugefüttert; zur Ergänzung bieten sich Mischfutter an. Diese Praxis ist besonders bei Vollblutjährlingen üblich, die im Herbst ins Trainingslager kommen. Die Beifütterung muss sich an Futterangebot und Futterqualität orientieren, üblicherweise sind Mengen von 0,5 kg/100 kg KM ausreichend.

Praxis

Im Frühjahr und Herbst sind eher eiweißarme (z. B. Getreidekörner), im Sommer eher eiweißreichere Futtermittel zur Ergänzung des Weideaufwuchses zu wählen.

Mineralstoffversorgung Zum Mineralstoffbedarf ▸ **Tab. 4.17.**

Auch wenn das Gras den Energie- und Proteinbedarf abdeckt ist eine Ergänzung des Grases mit einem Mineralfutter notwendig, das bei bei mineralstoffarmem Aufwuchs auch Kalzium und Phosphor enthalten sollte (8 % Ca, 3 % P). Die Versorgung wachsender Pferde insbesondere mit Kalzium und Phosphor ist auf der Weide vielfach unsicher oder unzureichend. Auch Natrium (S. 104), ebenso wie Kupfer, Selen, Jod und seltener Zink sind im Weidefutter (je nach Standort, ▸ **Tab. 5.9**) nicht immer in den erforderlichen ausreichenden Mengen enthalten.

Nur wenn mineralstoffreiche Ergänzungsfutter nicht zugefüttert werden können, sollten mineralstoffreiche **Leckmassen auf** der Weide bereitgestellt werden.

Stallhaltung Nach der Aufstallung im Herbst (bei nasskalter Witterung nicht zu spät) besteht die Futterration vorwiegend aus Heu oder anderen Raufuttermitteln wie Grassilage und einer Kraftfutterergänzung (▸ **Tab. 7.18**, ▸ **Tab. 7.19**). Da das Fohlen seine Hauptwachstumsphase hinter sich hat, kann der Aufwand an Fohlenaufzuchtfutter zurücktreten; jetzt reicht auch ein Ergänzungsfutter zu Heu und Hafer.

7.6.5 Zweijährige

Weidehaltung Die 2-jährigen Jungpferde kommen im Frühjahr unter Beachtung der Übergangsrisiken alsbald auf die Weide, die – ausreichend Aufwuchs vorausgesetzt – den Energie- und Proteinbedarf abdecken kann, Lücken ergeben sich aber wie bereits genannt in der Mineralstoffversorgung. Im Mai wird evtl. die Zulage strukturreicher, eiweißarmer Beifutter (Stroh), im Sommer eine Energieergänzung notwendig.

Stallhaltung In der folgenden Winterfutterperiode kann die Ration, sofern die Pferde nicht schon zu leichter Arbeit (nicht unter dem Reiter) herangezogen werden, wie bei Jährlingen gestaltet werden, da ihr Energie- und Nährstoffbedarf außer beim Eiweiß in ähnlicher Größenordnung liegt wie bei diesen (▸ **Tab. 4.16**).

Vorsicht

Eine intensive Aufzucht (S. 321) und frühe Nutzung sind nicht ohne Risiko. Um Entwicklungsstörungen zu vermeiden, ist ein moderates (▸ Tab. 2.12, ▸ Tab. 2.13), aber gleichmäßiges Wachstum während der gesamten Aufzuchtzeit anzustreben (▸ Abb. 4.12).

Abrupte Wachstumsdepressionen (z. B. nach dem Absetzen oder bei schlechter Weide im Sommer) ebenso wie plötzliche Wachstumsschübe (nach Aufstallung im Winter oder beim Übergang auf die Weide nach temporär proteinarmer Winterfütterung) sind zu vermeiden. Dies schließt nicht aus, dass die Zuwachsraten in der Zeit mit geringen Bewegungsmöglichkeiten knapper (im Winter), bei größerem Bewegungsspielraum (im Sommer) höher liegen. Sind Fohlen in der Entwicklung zurückgeblieben, muss die Futtermenge bei der Rehabilitation langsam angehoben werden, damit kein zu starker Wachstumsschub erfolgt.

7.7 Ponys und Kleinpferde

Ponys verdauen Futter nicht wesentlich besser als Großpferde. Ponyrassen (Shetland-, Exmoor-, Islandpony, Fjordpferd) unterscheiden sich jedoch entsprechend Herkunft oder Einkreuzungen erheblich im Grundumsatz von Warmblut- und Vollblutpferden.

Die Tiere haben sich in Jahrhunderten an die Futterverhältnisse extensiver Standorte adaptiert. Durch ihr Verhalten (ruhiges Temperament) sowie die starke Hautisolation (dichtes Haarkleid, Unterhautfettgewebe) haben sie offenbar einen um rd. 25 % geringeren Energieaufwand im Erhaltungsstoffwechsel als andere Rassen. Ausgeprägt ist zudem ein sogenannter Winter-Hypometabolismus; die Herzfrequenz fällt im Spätherbst/Winter bei Individuen dieser Rassen wie beim Przewalski-Pferd auf rd. ⅓ der sommerlichen Herzfrequenzen. Diese ausgeprägte Saisonalität des Stoffwechsels korrespondiert mit der Aktivität der Schilddrüse. Unter natürlichen Bedingungen korreliert die metabolische Aktivität mit der Futteraufnahme und der Körpermasse, insbesondere dem sommerlichen Ansatz von Fettgewebe und der Mobilisierung während der Wintermonate. Mit der genetischen Distanz des domestizierten Pferdes vom Przewalski-Pferd geht die Saisonalität des Metabolismus verloren. Demzufolge sind Einkreuzungen metabolisch aktiver Rassen (z. B. Vollblut, Araber) in Ponyrassen auch mit genetischen Veränderungen des Energieumsatzes bei den Nachkommen verbunden. Derart rassenspezifische bzw. genetisch bedingte Unterschiede bestehen nicht bei energetischen Umsetzungen für Leistungen; für Wachstum und Milchleistung wird je Produkteinheit bei Ponys der gleiche Aufwand angenommen wie bei Pferden. Bei Arbeit ist allerdings die Schrittfrequenz und nicht Schrittlänge und Geschwindigkeit die bestimmende Größe.

7.7.1 Erhaltungsbedarf

Der bei Ponys vorgesehene Erhaltungsbedarf von 0,4 MJ/kg $KM^{0,75}$ je Tag trägt den genetischen Bedingungen Rechnung (▸ **Tab. 7.20**). Unsicherheiten bestehen allerdings für Pony- und Kleinpferderassen, die aus wärmeren Klimazonen stammen oder früher mit Arabern bzw. Vollblütern aufgekreuzt wurden (New Forest, Welsh Mountain, Haflinger, Connemara-Pony u. a.).

Die kleineren **Ponys der Extensivrassen** werden in der Regel nicht zur Arbeit genutzt, so dass, außer bei Zuchttieren, im Wesentlichen der Erhaltungsbedarf zu erfüllen ist (▸ **Tab. 4.3**, ▸ **Tab. 4.4**). Bei ihnen besteht unter den günstigeren Klima- und Futterverhältnissen Mitteleuropas häufiger die Gefahr der Über- als Unterversorgung.

Weidehaltung Im Frühjahr, Sommer und Herbst werden gesunde Ponys der Extensivrassen am einfachsten auf der Weide gehalten. Um einer Verfettung zu entgegnen, ist die Weidefläche restriktiv zuzuteilen.

Bei mittlerer Weidequalität reichen 0,10 ha/ 100 kg KM zur Deckung des Erhaltungsbedarfs. Auf Standweiden mit schlechteren Futterqualitäten oder bei erhöhtem Bedarf (Arbeit, Gravidität) sind größere Flächen vorzusehen.

> **Vorsicht**
> **Junges, eiweiß- und oligosaccharidreiches Gras begünstigt bei Ponys überhöhte Futteraufnahme; Durchfälle oder Aufblähen sowie Verfettung und metabolische Entgleisungen (u. a. Insulindysregulation) mit Hufrehe sind mögliche Folgen.**

Ponyweiden sind daher nur knapp zu düngen. Auch auf ertragsarmen Weideflächen können ausgewachsene Ponys auffällige Gewichtszunahmen entwickeln, die im Wesentlichen auf Fetteinlagerungen zurückgehen. Falls das Gras zu rasch wächst, wird vor dem Austrieb durch hoch angesetzte Mahd das Angebot reduziert oder Stroh bzw. älteres Heu beigefüttert. In größeren Herden hat sich die tägliche Zuteilung kleinerer Flächen mittels Elektrozaun bewährt.

Während Trockenperioden im Hochsommer ebenso wie im Winter wird die Futterversorgung der Weideponys evtl. knapp. Ausgewachsene Tiere ohne besondere Beanspruchung können eine zeitliche und nicht zu ausgeprägte Energieunterversorgung zwar ohne Nachteile überstehen, sie nehmen unter diesen Bedingungen aber evtl. vermehrt Wurzeln und Erde auf (Risiko von Verdauungsstörungen). Bei knappen Weideverhältnissen kann zur Förderung der mechanischen Sättigung Stroh zugefüttert werden.

Die Notwendigkeit der Beifütterung ist in Abhängigkeit von der Gewichtsentwicklung während der Hauptvegetationsperiode und der Nutzung der Ponys abzuwägen.

Bei begrenzter Energieaufnahme im Herbst und Winter verlieren die Tiere Gewicht, was durchaus natürlich ist und erwünscht sein kann. Mit Rückgang der Tageslichtlänge und Temperatur sinken die Aktivität, die Herzfrequenz und die TS-Aufnahme.

Siehe bezüglich der Winterweidehaltung auch die Aspekte des Tierschutzes (S. 331).

Stallhaltung Grünfutter kann auch im Stall verfüttert werden. Die notwendigen Mengen richten sich nach der Qualität. Bei mittlerem Nährstoffgehalt ist etwa das 3- bis 4-Fache der in ▶ **Tab. 7.1** und ▶ **Tab. 7.20** angeführten Heumengen vorzusehen.

Vorsicht

Kurz geschnittenes, u. a. bei der Grünlandpflege anfallendes Gras (sog. „Rasenmähergras"), begünstigt Ileumanschoppungen (da es ungenügend zerkaut abgeschluckt wird) und sollte nicht verfüttert werden.

Während der **Winterstallhaltung** sollen Ponys, sofern keine besonderen Leistungen gefordert werden, ausschließlich mit Heu, Stroh oder Heulage ergänzt mit einem vitaminierten Mineralfutter ernährt werden (▶ **Tab. 7.20**). Nehmen sie bei den angegebenen Heumengen noch vermehrt Streustroh auf, ist die Heuzuteilung evtl. zu erhöhen, um Obstipationen zu vermeiden.

Hochtragende, laktierende Stuten sowie arbeitende Ponys benötigen aufgrund der zu erbringenden Leistung ein höherwertiges Raufutter als unter Erhaltungsbedingungen oder ein Ergänzungsfutter.

Werden **Maissilage**, **Trockenschnitzel** oder **Zuckerrüben** eingesetzt, ist deren hohe Energiedichte zu beachten (Gefahr der Verfettung). Andererseits ist dann – ebenso wie bei überwiegender

▶ **Tab. 7.20** Futterrationen für Ponys (Erhaltungsbedarf, kg/Tag; Versorgungsempfehlungen s. Tabellenanhang, ▶ **Tab. 13.5**).

KM (kg)	**100**	**200**	**300**	**100**	**200**	**300**	**100**	**200**	**300**	**100**	**200**	**300**
Gras, Weide, allgemein[1)]	9	12	16	7	11	15	7	11	14	4	11	15
Heu, allgemein	2,5	3,5	4,5	2	3	4	2	3	4	1	3	4
Weizenstroh	–	–	–	0,5	0,5	1	–	–	–	1	–	–
Trockenschnitzel	–	–	–	–	–	–	0,2	0,5	0,5	–	–	–
Möhren	–	–	–	–	0,5	1	–	–	–	–	–	–
Ergänzungsfutter[2)]	–	–	–	–	–	–	–	–	–	0,5	0,5	0,5
vit. Mineralfutter[3)]	15	30	50	15	30	50	15	30	50	–	–	–
Gehalte in der Gesamtration												
ME (MJ)	16	22	29	15	22	31	14	23	30	15	24	30
pcvRp (g)	125	175	225	105	155	215	110	175	123	110	200	250
Ca (g)	11	15	19	10	15	21	11	19	23	10	15	19
P (g)	6	8	10	5	7	10	5	7	10	4	8	11

1) alternativ Grassilage oder Heu
2) s. ▶ **Tab. 7.3**
3) spurenelementhaltiges Mineralfutter zu Gras und Heu, s. ▶ **Tab. 7.2**

Strohfütterung – die Eiweißversorgung nicht gesichert.

Aus diesem Grunde müssen zu diesen Futtermitteln **eiweißreiche Ergänzungsfutter** eingesetzt werden, während bei Heu bzw. Heulagen **Mineralfutter** oder **mineralstoffreiche Ergänzungsfutter** genügen (▸ **Tab. 7.20**).

Brot, Obst- und Gemüseabfälle

Ponys erhalten häufig auch Reste aus Küche und Garten. Kleine Portionen werden bei einwandfreier hygienischer Qualität im Allgemeinen vertragen. Voraussetzung ist jedoch eine korrekte Ration, die Entgleisungen der Körpermasse vermeidet. Kernobstrückstände, Gartenabfälle sind ungeeignet (▸ **Tab. 9.1**).

7.7.2 Arbeitende Ponys

Bei reiterlich oder im Gespann genutzten Ponys kann der Energiebedarf in ähnlicher Größenordnung gegenüber dem Erhaltungsbedarf ansteigen wie beim Großpferd. Aufgrund der hohen Schrittfrequenz bei Ponys ist der Energieaufwand für die spezifischen Gangarten (d. h. unabhängig von der Geschwindigkeit) höher als etwa bei Warmblutpferden. Der insbesondere bei Gespannarbeit möglichen erheblichen Zunahme des Energiebedarfs ist vor allem bei dem allgemein für Ponys bevorzugten energiearmen Heu mit Zulagen von Kraftfutter zu entsprechen. Günstig sind hierbei pektinreiche Futtermittel und bei intensiver Beanspruchung (> 1,5 x Erhaltung) auch Pflanzenöl, um die Stärkeaufnahme zu begrenzen (▸ **Tab. 7.21**).

7.7.3 Stuten und Fohlen

Für **Zuchtstuten** gelten ähnliche Anforderungen wie bei Großpferden. Der Energie- und Nährstoffbedarf tragender Ponystuten liegt jedoch – bezogen auf die Körpermasse – höher als bei Großpferden – nicht nur wegen des relativ höheren Erhaltungsbedarfs, sondern auch aufgrund der höheren Geburtsgewichte (▸ **Tab. 2.8**).

Vorsicht

Risiko einer Hyperlipidämie: Gut ernährte hochtragende Ponystuten der Extensivrassen sollten stets ausreichend Energie aufnehmen können. Bei einer plötzlichen Unterversorgung – sei es durch schlechte Winterweide, Schneefall, Erkrankungen etc. – kann es zu einer unkontrollierten Mobilisierung von Triglyzeriden aus den Depots und einem extremen Anstieg des Fettgehalts im Blut kommen.

Hochtragende Ponystuten, die am Winteranfang noch oder am Winterausgang bereits wieder auf der Weide gehalten werden, bekommen daher je nach Größe zusätzlich 0,5–1 kg Heu bzw. 0,2–0,5 kg Hafer oder Kraftfutter.

▸ **Tab. 7.21** Futterrationen für arbeitende Ponys (kg/Tag).

Arbeitsintensität	**mittel (1,7)[1]**		**schwer (2)[1]**	
KM (kg)	**200**	**300**	**200**	**300**
Heu, allgemein	4	5	4	6
Haferkörner, gequetscht	0,5	–	–	1
Ergänzungsfutter für Ponys[2)3)]	1	1,5	2	1
Gehalte in der Gesamtration				
ME (MJ)	40	46	44	59
pcvRp (g)[4]	345	405	410	480
Kalzium (g)	21	27	25	30
Phosphor (g)	14	16	15	20

1) s. auch Versorgungsempfehlungen im Tabellenanhang, ▸ **Tab. 13.25**
2) zusätzlich 20–40 g NaCl/Tag
3) s. ▸ **Tab. 7.3**
4) auf ± 5 gerundet

Laktierende Stuten sind wie Warmblutstuten auf ertragsstarken Weiden zu halten, anderenfalls ist aufgrund ihrer hohen Milchmengenleistungen (▸ **Tab. 2.9**) eine intensivierte Beifütterung notwendig (gutes Heu, Zuchtstutenfutter; ▸ **Tab. 7.14**).

Die **Fohlen** der Ponyrassen wachsen rasch heran (▸ **Tab. 4.14**). Für sie gelten ähnliche Fütterungsgrundsätze wie für Fohlen der Großpferderassen. Ein Risiko für Osteochondrosen (S. 319) besteht bei ihnen offenbar nicht.

Während der Stallhaltungsperiode ist das Rau- oder Saftfutter für Stuten oder Fohlen leistungsgerecht mit Kraftfutter (Hafer, Mischfutter) zu ergänzen (▸ **Tab. 7.22**).

▸ **Tab. 7.22** Winterfutterrationen für Ponyfohlen und -stuten (ausgewachsen 200 kg KM; kg/Tag).

	Fohlen				Stuten	
Ende Lebensmonat	**6.**	**12.**	**18.**	**24.**	**hochtragend**	**laktierend**
km (kg)	**84**	**116**	**137**	**151**	**230**	**200**
Heu, allgemein	1,5	2	2,5	3	3	4
Ergänzungsfutter für Fohlen[1)]	0,8	0,8	–	–	–	–
Ergänzungsfutter für Jungpferde[1)]	–	–	0,8	–	–	–
Hafer, gequetscht	–	–	–	0,3	–	0,5
Mineralfutter für Jungpferde	–	–	–	0,05	–	–
Ergänzungsfutter für Zuchtstuten[1)]	–	–	–	–	1,2	1,5
Gehalte in der Gesamtration						
ME (MJ)	18	21	24	23	31	45
pcvRp (g)[2)]	185	210	215	170	300	445
Lysin (g)	10	11	11	8	15	24
Kalzium (g)	18	20	19	22	27	40
Phosphor (g)	10	12	9	10	14	20
Kupfer (mg)[2)]	30	35	40	50	55	55
Zink (mg)[2)]	155	170	220	155	250	295
Selen (mg)	0,66	0,66	0,83	0,59	0,99	1,8
Vitamin A (IE × 1000)[3)]	18	20	22	18	30	32
Vitamin E (IE)[4)]	400	480	580	370	1100	540

[1)] Gehalte der Mischfutter s. ▸ **Tab. 7.14**, ▸ **Tab. 7.17**
[2)] auf ± 5 gerundet
[3)] inklusive Vitamin A berechnet aus Karotingehalten der Einzelfuttermittel
[4)] auf ± 10 gerundet

8 Diagnostik zur Überprüfung einer adäquaten Energie- und Nährstoffversorgung

Ingrid Vervuert, unter früherer Mitarbeit von Helmut Meyer †

Dank Ergänzungs-, insbesondere vitaminierter Mineralfutter sind Nährstoffmangelzustände heute selten. Bei einseitiger Verwendung von Grundfuttermitteln (Gras, Heu, Heulage, Stroh) ohne Ergänzungen sowie durch Interaktionen zwischen verschiedenen Nährstoffen können dennoch gelegentlich **Mangelerkrankungen** auftreten. In diesem Zusammenhang verdient die Versorgung mit Natrium, Kupfer, Zink, Selen sowie Karotin bzw. Vitamin A und E besondere Beachtung (▶ **Tab. 8.1**). Bei laktierenden Stuten wird darüber hinaus während der Stallhaltungsperiode im Winter häufig eine Unterversorgung mit Eiweiß beobachtet.

Vielfach weisen Pferderationen aber eine **Überversorgung** mit Nährstoffen auf, insbesondere wenn verschiedene vitaminierte Mineralfuttermittel und Ergänzungsprodukte, denen ebenfalls häufig Vitamine und Mineralstoffe zugesetzt werden, gemeinsam verfüttert werden. Relativ häufig kommt ein Energieüberschuss vor, besonders während der Aufzucht, aber auch bei Extensivrassen oder im niedrigen Leistungssegment bei Sportpferden. Der Ernährungszustand (S.208) ist entsprechend zu beurteilen. Ein Eiweißüberhang ist typisch zu Beginn des Weidegangs sowie für Hochleistungspferde mit hohem Energiebedarf. Überversorgungen mit Vitaminen (A und D) oder Spurenelementen (Jod, Selen, Eisen) entstehen beim wahllosen Einsatz von Ergänzungsprodukten.

Die Energie- und Nährstoffversorgung des Pferdes lässt sich anhand der **Aufnahme** (Futtermenge, Zusammensetzung des Futters), z.T. aber auch durch **Analyse bestimmter Parameter am Tier** (Ernährungszustand, Blut-, Harnzusammensetzung) beurteilen.

Die erstgenannte Möglichkeit ist im Abschnitt Futtermittelkunde eingehend beschrieben. Bei Kenntnis der Futtermittel und ihrer Zusammensetzung können für bestimmte Rationen daher unschwer allgemeine Aussagen (z.B. Vitamin-A-, Karotin-, Ca-, Eiweißmangel) gemacht werden. In speziellen Fällen (für Nährstoffe mit großer Variabilität im Futter) oder bei Unsicherheiten über die Futtermengenaufnahme (Weidegang) ist dieses Verfahren unsicher oder sogar unmöglich. Notwendige **Futteranalysen** sind allerdings zeitaufwändig, teuer und liefern häufig nur eine Momentaufnahme, so dass eine langfristig bestehende Unter- oder Überversorgung oft nicht sicher erkannt werden kann.

▶ **Tab. 8.1** Mangel oder Überschuss von Energie und Nährstoffen in Pferdefutterrationen.

Energie bzw. Nährstoffe	Mangel	Überschuss
Energie	• gelegentlich bei hochtragenden (Risiko: Hyperlipidämie bei Ponystuten) oder bei laktierenden Stuten • alte Pferde bei geringer Raufutteraufnahme aufgrund von Zahn- bzw. Kauproblemen	• häufig, besonders bei wachsenden Fohlen (Risiko: Skelettentwicklungsstörungen) und Extensivrassen • Freizeitpferde mit geringer Arbeitsintensität
Eiweiß	• häufig bei laktierenden Stuten und Fohlen ohne Weidegang, einseitige Verwendung von Stroh, Rüben oder überständigem und überlagertem Heu	• häufig, besonders bei Pferden mit hoher Futtermengenaufnahme und geringem bis moderatem Bedarf (z.B. Erhaltung oder Freizeitpferde)
Kalzium	• häufig bei laktierenden Stuten und Fohlen, bei fehlender Mineralstoffergänzung von üblichen Grundfuttermitteln	• Fütterung zahlreicher Ca-haltiger Ergänzungen, einseitige Luzerne-/Kleefütterung

► **Tab. 8.1** Fortsetzung

Energie bzw. Nährstoffe	Mangel	Überschuss
Phosphor	• häufig bei laktierenden Stuten und Fohlen, bei fehlender Mineralstoffergänzung von üblichen Grundfuttermitteln	• Fütterung zahlreicher P-haltiger Ergänzungen, einseitige Verwendung von Kleie oder anderen Getreidenachprodukten
Magnesium	• auf intensiv gedüngten Weiden	• Fütterung zahlreicher Mg-haltiger Ergänzungen, eine hohe Aufnahme gilt als unkritisch
Natrium	• häufig, besonders bei Pferden mit hohen Schweißverlusten oder Durchfällen	• selten, eventuell bei Saugfohlen (Zugang zu Lecksteinen)
Chlorid	• häufig nach starken Schweißverlusten oder Durchfällen	• selten
Kalium	• temporär nach extremen Schweißverlusten und massiven Durchfällen	• bei Aufnahme von Gras, Heu, Heulagen, Silagen von intensiv gedüngten Weiden, eine hohe Aufnahme gilt als unkritisch
Eisen	• nach starken Blutverlusten (Parasitenbefall)	• Fütterung zahlreicher mineralisierter Ergänzungen
Kupfer	• Cu-arme Weiden, bei tragenden Stuten und Saugfohlen	• Fütterung zahlreicher Cu-haltiger Ergänzungen
Zink	• häufig, typisch für Heu (Heulage)-Hafer-Rationen, allerdings wird die bei einem Zn-Mangel spezifische Erkrankung „Parakeratose“ selten beobachtet	• Fütterung zahlreicher Zn-haltiger Ergänzungen
Mangan	• sehr selten, auf hoch aufgekalkten Weiden oder Kalkverwitterungsböden	• Fütterung zahlreicher Mn-haltiger Ergänzungen, bei Aufnahme von Gras, Heu, Heulagen, Silagen, eine hohe Aufnahme gilt als unkritisch
Jod	• häufig, insbesondere in küstenfernen Regionen, sekundär durch Stoffe, die den J-Stoffwechsel beeinträchtigen (z. B. enthalten in Kohlarten, Raps)	• Fütterung zahlreicher J-haltiger Ergänzungen, z. B. Algenprodukte
Selen	• Deutschland gilt als Se-Mangelgebiet	• bei überhöhter Se-Supplementation; Aufnahme Se-akkumulierender Pflanzen (z. B. in Nordamerika)
Vitamin A/β-Karotin	• häufig im Winter bei Fütterung von überlagertem Heu ohne weitere Ergänzungen	• Fütterung zahlreicher Vitamin-A-haltiger Ergänzungen
Vitamin D	• selten	• Fütterung zahlreicher Vitamin-D-haltiger Ergänzungen, Aufnahme von Giftpflanzen mit Vitamin-D-aktiven Substanzen (z. B. Goldhafer)
Vitamin E	• häufig im Winter bei Fütterung von überlagertem Heu ohne weitere Ergänzungen	• Fütterung zahlreicher Vitamin-E-haltiger Ergänzungen, eine hohe Aufnahme gilt als unkritisch
wasserlösliche Vitamine	• bei schweren Durchfallerkrankungen oder Antibiotikatherapie	• nicht zu erwarten
Vitamin B_1	• evtl. bei Adlerfarn- oder Sumpfschachtelhalmaufnahme	• nicht zu erwarten
Folsäure	• kein Grünfutter, hohe Schweißverluste	• nicht zu erwarten

8.1

Untersuchung von Parametern in Blut und Harn

Die Untersuchungen von Substraten, die direkt am Tier gewonnen werden, besitzen zum Teil eine gute Aussagekraft über die Energieversorgung, wohingegen aber z. B. in Bezug auf die Mengen- und Spurenelementversorgung Blut- und Harnparameter vielfach nur eine sehr eingeschränkte Aussage zu lassen. Eine solche Analyse kann allerdings nur Erfolg haben, wenn

- die gemessene Substanz sicher von der Ernährung beeinflusst wird,
- Grenzwerte für Normalbereiche bekannt sind,
- Einflüsse durch Fütterungszeitpunkt, Bewegungsaktivität und Wasseraufnahme beachtet und
- evtl. vorliegende krankhafte Veränderungen (z. B. Nieren-, Ausscheidungsstörungen) ausgeschlossen werden.

Manche Parameter bleiben dennoch so variabel, dass eine mehrmalige Untersuchung an einem Tier notwendig wird oder – wo es sich um Bestandsprobleme handelt – mehrere Tiere eines Bestands erfasst werden müssen (mindestens 7–10 Tiere pro Bestand). Darüber hinaus sollten die Hinweise über die Auswahl adäquater Blutentnahmeröhrchen, die Behandlung der Proben nach der Entnahme (z. B. zügiges Gewinnen von Serum oder Plasma durch Zentrifugation) sowie ein ordnungsgemäßer Versand der Probe beachtet werden.

Energieversorgung Eine bedarfsübersteigende Energieversorgung, insbesondere in Kombination mit einem Bewegungsmangel, führt langfristig zur Adipositas. Die langfristig ausgewogene Energieversorgung wird am sichersten unmittelbar aus der Körperkondition abgeleitet (▶ Tab. 6.7). Ein kurzfristig bestehendes Energiedefizit ist durch einen erheblichen **Anstieg der Triglyzeride** und **freien Fettsäuren im Plasma** gekennzeichnet.

Eiweißversorgung Eine sehr hohe Eiweißversorgung lässt sich (sofern Störungen im Wasserhaushalt oder in der renalen Ausscheidung ausgeschlossen werden) relativ gut anhand der **Plasmaharnstoffspiegel** ablesen (▶ Tab. 8.2). Die Werte bleiben – außer in der 1. Stunde postprandial – vom Fütterungszeitpunkt weitgehend unbeeinflusst. Ein langfristiger Eiweißmangel macht sich schließlich auch durch einen Rückgang des **Albumingehalts** im Plasma bemerkbar.

Besondere Beachtung gilt auch der Eiweißqualität, d. h. die Versorgung mit **essenziellen Aminosäuren**. Bislang liegen allerdings keine Referenzwerte für Aminosäuren wie die erstlimitierende Aminosäure Lysin im Blut vor, so dass die adäquate Versorgung mit Aminosäuren aus der Rationskalkulation abzuleiten ist.

Mineralstoffversorgung Die Versorgung mit **Kalzium** lässt sich nur bedingt aus dem Serum- bzw. Plasma-Ca-Spiegel ablesen. Eine extreme Überversorgung führt jedoch 2–3 h nach der Fütterung zu einer temporären leichten Hyperkalzämie (▶ Tab. 8.2). Günstiger ist die Beurteilung der fraktionellen Ca-Exkretion unter Berücksichtigung der Serum- bzw. Plasma- und Harn-Ca-Werte und der Kreatiningehalte in Blut und Harn.

Eine adäquate Versorgung mit **Phosphor** ist anhand der Plasma-P-Spiegel im Blut abzuleiten. Nach starker Überversorgung bei gleichzeitig adäquater oder geringer Ca-Zufuhr liegen die Plasmawerte für den anorganischen Phosphor in der Regel im oberen, bei Unterversorgung im unteren Bereich der Norm. Hier sind aber erhebliche altersbedingte Unterschiede in den Referenzwerten zu beachten. Fohlen und Jährlinge haben deutlich höhere Referenzwerte für das anorganische Phosphat als adulte Pferde.

Die Versorgung mit **Magnesium** lässt sich, bei extremer Unter- oder Überversorgung gut aus den Serum- bzw. Plasmawerten ablesen.

Elektrolytversorgung Die Versorgungslage mit den wichtigsten Elektrolyten (**Natrium, Kalium, Chlorid**) ist nur bedingt aus dem Serum- bzw. Plasmagehalt abzuleiten. Bei einer extremen Überversorgung sind aber durchaus erhöhte Elektrolytgehalte im Blut zu erkennen. Für Natrium und Chlorid (S. 104) ist ebenfalls die Beurteilung der fraktionellen Elektrolytexkretion unter Berücksichtigung der Serum-/Plasma- und Harn-Elektrolytwerte und der Kreatiningehalte im Blut und Harn sinnvoll.

▸ **Tab. 8.2** Diagnostische Parameter zur Beurteilung der Nährstoffversorgung des Pferdes (Tab. basiert auf Daten aus Vervuert u. Kienzle 2013).

Nährstoff	Untersuchungssubstrat	Parameter	Aussagekraft
Eiweiß	Serum/Plasma	Eiweiß	Unterversorgung: ++
		Albumin	Unterversorgung: ++
		Harnstoff	Überversorgung: ++
Kalzium	Serum/Plasma	Ca	+
	Serum/Plasma + Harn	FE: Ca; Kreatinin[1)]	+
Magnesium	Serum/Plasma	Mg	++
	Serum/Plasma + Harn	FE: Mg; Kreatinin[1)]	++
Phosphor	Serum/Plasma	anorganisches P	++
	Serum/Plasma + Harn	FE: P; Kreatinin[1)]	+
Natrium	Serum/Plasma	Na	Überversorgung: ++
	Serum/Plasma + Harn	FE: Na; Kreatinin[1)]	++
Kalium	Serum/Plasma	K	++
Chlorid	Serum/Plasma	Cl	Überversorgung: ++
	Serum/Plasma + Harn	FE: Cl; Kreatinin[1)]	++
Kupfer[2)]	Serum/Plasma	Cu	+
	Leber	Cu	++
	Haare	Cu	+
Zink	Serum/Plasma	Zn	+
	Haare	Zn	+
Selen	Serum/Plasma	Se	aktuelle Versorgung: ++
	Mähnenhaar	Se	chronische Überversorgung: ++
	Vollblut	GPx, Hämoglobin	langfristige Versorgung: ++
Mangan	Serum/Plasma	Mn	Es liegen kaum Untersuchungen beim Pferd vor.
Eisen	Serum	Fe	+
	Serum	Ferritin	+
Jod	Harn	I	++
Kobalt	Serum/Plasma	Co	Es liegen kaum Untersuchungen beim Pferd vor.
Vitamin B_{12}	Serum	Vitamin B_{12}	Es liegen kaum Untersuchungen beim Pferd vor.
Vitamin A	Serum/Plasma	Retinol	+
	Leber	Retinol	Überversorgung: ++
β-Karotin	Serum/Plasma	β-Karotin	++

► **Tab. 8.2** Fortsetzung

Nährstoff	Untersuchungssubstrat	Parameter	Aussagekraft
Vitamin E	Serum/Plasma	α-Tokopherol	++
Vitamin D	Serum/Plasma	Kalzitriol	++

+: geringer Zusammenhang zwischen Fütterung und Gehalt im Serum bzw. Plasma
++: guter Zusammenhang zwischen Fütterung und Gehalt im Serum bzw. Plasma
[1] Berechnung der fraktionellen Exkretion (FE) von Ca, P, Na, K:

$$FE = \frac{X_{Harn}}{X_{Plasma}} \times \frac{Kreatinin_{Plasma}}{Kreatinin_{Harn}}$$

[2] höhere Plasma-Cu-Werte bei neugeborenen Fohlen physiologisch
Bei allen Plasmawerten sind Wasserversorgung (Hämokonzentration), Nierenfunktion (Ausscheidungsstörungen?), z. T. auch Zeit nach der Fütterung (Ca), bei den Harnwerten zusätzlich auch Einflüsse durch die Bewegung zu beachten. Für viele Mineralstoffe gibt es laborinterne Referenzwerte, die zu beachten sind.

Spurenelementversorgung Unter den Spurenelementen kann sich ein Mangel an **Eisen** im Blutbild (Hämatokrit, Hämoglobingehalt) bemerkbar machen, allerdings ist dieser Indikator unspezifisch, da andere Ursachen (Infektionen, Parasiten, andere Nährstoffmängel) mit berücksichtigt werden müssen. Aussagen zur Eisenversorgung sind auch durch Bestimmung des Serum-Ferritins möglich, allerdings ist Serum-Ferritin auch ein Entzündungsmarker, so dass dies bei der Interpretation beachtet werden muss.

Die Serum- bzw. Plasmawerte für **Zink, Kupfer und Jod** liefern nur bei extremem und längerfristigem Mangel Hinweise auf die Versorgungslage. Post mortem können die Leber-Cu-Gehalte sichere Hinweise sowohl für einen Mangel (besonders auch bei Neugeborenen) als auch für eine Überversorgung geben. In Einzelfällen ist auch die Entnahme von Lebergewebe mittels Punktion zur Bestimmung der Cu-Gehalte bei lebenden Pferden gerechtfertigt.

Die aktuelle Versorgung mit **Selen** kann durch Bestimmung des Serum- bzw. Plasma-Se-Gehalts abgeschätzt werden, da die aktuelle Versorgungslage relativ sicher im Blut reflektiert wird. Die indirekte Beurteilung der Se-Versorgung über die Se-abhängige **Glutathionperoxidase (GPx)** ist ein guter Indikator, um die langfristige Se-Versorgung darzustellen. Die Untersuchung des **Haars** (Deckhaar, Mähnenhaar), aber auch ggf. das **Hufhorn** bieten eine gute Möglichkeit, eine chronisch hohe Se-Versorgung detektieren zu können, da Se bei einer sehr hohen Versorgung im Austausch gegen Schwefel vermehrt in Haar und Hufhorn eingelagert wird.

Vitaminversorgung Eine Unterversorgung mit **Vitamin A** kann nur bedingt durch Veränderungen des Retinolspiegels gekennzeichnet werden (► **Tab. 4.24**, ► **Tab. 8.2**), da er auch bei längerdauernder Unterversorgung zunächst noch im Bereich der Norm bleiben kann (bis die Vitamin-A-Reserven in der Leber entleert sind). Eine Überversorgung ist bereits vor Auftreten klinischer Symptome durch einen erheblichen Anstieg der Serum- bzw. Plasma-Retinol-Werte nachzuweisen (► **Tab. 8.2**). Bei Verdacht einer Vitamin-A-Überversorgung bietet die Leber ein gutes Untersuchungssubstrat.

Durch Bestimmung des Serum- bzw. Plasma-Tokopherol-Gehalts kann evtl. eine extreme Unterversorgung mit **Vitamin E** erkannt werden (► **Tab. 8.2**), bei Weidegang insbesondere im Frühjahr sind sehr hohe Vitamin-E-Gehalte im Blut zu erwarten, die allerdings als unkritisch gelten.

Die Versorgung mit **Vitamin D** kann durch die Bestimmung des Serum- bzw. Plasma-Kalzitriolwerts erfasst werden, hier gilt insbesondere die Überversorgung als kritisch.

Praxis

In Bezug auf eine adäquate Rationsgestaltung (S. 127) sollten die in ► **Tab. 8.3** zusammengefassten wichtigsten Eckpunkte kontrolliert werden.

▸ **Tab. 8.3** Eckpunkte zur Kontrolle einer adäquaten Rationsgestaltung beim Pferd.

Eckpunkt	Parameter	Bedeutung
Futteraufnahme	• Wiegen der Futtermittel	• Übersicht über Futtermengen
	• sensorische Überprüfung der Futtermittel	• Hygienische Mängel wie z. B. ein Schimmelpilzbefall können zur Futterverweigerung und zu gesundheitlichen Störungen wie z. B. Atemwegserkrankungen führen. • Sehr „weiche" Heuqualitäten werden ungern von Pferden aufgenommen.
	• botanische Überprüfung der Futtermittel	• Detektion von nicht schmackhaften Futtermitteln
Verträglichkeit	• sensorische und mikrobiologische Untersuchung	• Analyse von Bakterien, Pilzen und Hefen sowie Toxine im Futter zur Abklärung eines Futtermittelverderbs
	• botanische Überprüfung der Futtermittel	• Detektion von schädlichen Futtermitteln, z. B. Giftpflanzen
	• Überprüfung Fütterungsmanagement	• Relation Raufutter-Kraftfutter (Stärke!), Mahlzeitengröße und -frequenz, Abstand Fütterung-Arbeit
	• Wiegen der Futtermittel	• Kontrolle der Rau- und Kraftfutteraufnahme
	• Kotqualität	• Abweichungen deuten auf Verdauungsstörungen hin, z. B. Stärkeabflutung in den Dickdarm oder bei Silagefütterung.
Energieaufnahme	• Körpergewichtermittlung, z. B. Wiegen oder BCS	• Prävention von Über- und Untergewicht
Stärkeaufnahme	• Kotqualität, pH im Kot	• Durchfall und niedrige pH-Werte im Kot weisen auf zu hohe Stärkemengen hin.
Fettaufnahme	• Kotqualität, Fettgehalt im Kot	• Durchfall weist auf zu hohe Fettmengen hin.
Eiweißaufnahme	• Harnstoff im Blut	• Erhöhte Harnstoffgehalte weisen auf eine hohe Eiweißzufuhr hin, erhöht aber auch bei Nierenerkrankungen und bei starken Gewichtsverlusten bei Diäten zum Abnehmen ohne angepasste Proteinzufuhr.
Ca und P	• Nachweis im Blut oder Harn (▸ **Tab. 8.2**)	• wenig aussagekräftiger Zusammenhang zwischen Fütterung und Gehalten im Serum bzw. Plasma oder Harn
Mg, Na und Cl	• Nachweis im Blut oder Harn (▸ **Tab. 8.2**)	• relativ guter Zusammenhang zwischen Fütterung und Gehalten im Serum bzw. Plasma
Cu, Zn, Se, Mn und Fe	• Nachweis im Blut (▸ **Tab. 8.2**)	• Cu, Zn, Mn und Fe: geringer Zusammenhang zwischen Fütterung und Gehalten im Serum bzw. Plasma • Se: relativ guter Zusammenhang zwischen Fütterung und Gehalten im Serum bzw. Plasma
Vitamine D und E	• Nachweis im Blut (▸ **Tab. 8.2**)	• relativ guter Zusammenhang zwischen Fütterung und Gehalten im Serum bzw. Plasma
Karotinoide	• sensorische Überprüfung der Raufutterqualität	• Die Intensität der Grünfärbung im Raufutter ist ein guter Indikator für die Karotingehalte, ausgeblichenes Raufutter trägt nicht mehr zur Karotin- bzw. Vitamin-A-Versorgung bei.

9 Schadwirkungen durch Futtermittel

Ingrid Vervuert, unter früherer Mitarbeit von Helmut Meyer †

Mit Futtermitteln können Schadstoffe aufgenommen werden, die entweder primär schon in den Futtermitteln enthalten sind oder sekundär durch Vermischung, Kontamination und Verderb in die Futtermittel gelangen bzw. in ihnen entstehen.

9.1 Giftpflanzen

Schäden durch die Aufnahme von Giftpflanzen (► **Tab. 9.1**) besitzen eine gewisse Relevanz, zumal durch europäische Anstrengungen zur Erhaltung der Biodiversität auf Grünlandflächen bestimmte Giftpflanzen einen Selektionsvorteil erhalten können. Giftpflanzen können auf der Weide, mit dem Rau- oder Krippenfutter und bei Ausritten aufgenommen werden. Pferde nehmen die meisten Giftpflanzen in der Regel nur ungern auf, aber unter folgenden Bedingungen fehlt evtl. diese Repellenswirkung:

- Die Pferde sind noch unerfahren (Jungtiere).
- Die Giftpflanzen stammen aus fremden Ländern, so dass keine speziesassoziierte Erfahrung besteht (z. B. exotische Pflanzen in Parks).
- Es liegt eine knappe Futterversorgung vor, besonders mit Raufutter.
- Giftpflanzen können nach Trocknen, Silieren oder Häckseln schlecht aussortiert werden.

Merke

Prinzipiell sind die meisten Giftpflanzen auch in getrocknetem Zustand wie z. B. im Heu toxisch, aber in Hahnenfußgewächsen (Ranunculaceae) und Gundermann (Glecoma hederacea) werden die Toxine durch Trocknung abgebaut.

Das **Adonisröschen** (z. B. Adonis vernalis) kommt besonders auf kalkreichen Böden vor. Die enthaltenen Kardenolidglykoside führen lokal zu Reizungen an Maul- und Magen-Darm-Schleimhaut, nach Resorption treten Störungen der Herzfunktion auf.

Adlerfarn (Pteridium aquilinum) und **Sumpfschachtelhalm** (Equisetum palustre) enthalten Substanzen, die Vitamin B_1 inaktivieren. Nach Aufnahme von Heu mit geringen Anteilen dieser Giftpflanzen fallen Appetitlosigkeit, Übererregbarkeit, Verlangsamung der Herztätigkeit und allgemeine Schwäche auf. Nach längerdauernder Aufnahme von frischem Adlerfarn kann ein anderes Toxin Knochenmarkerkrankungen und Tumoren auslösen.

Die Aufnahme der samenhaltigen Flügelfrucht des **Berg-Ahorns** (Acer pseudoplantanus) steht mit dem Auftreten der atypischen Weidemyopathie bei Pferden in Verbindung. Während in Europa im Wesentlichen der Berg-Ahorn für das Auftreten der atypischen Weidemyopathie von Bedeutung ist, beobachtet man in Nordamerika Vergiftungen, die in Zusammenhang mit dem Eschen-Ahorn (Acer negundo) stehen. In Deutschland findet man den Eschen-Ahorn selten als Zierbaum in Parks. Als toxisches Agens konnte Hypoglycin A in den samenhaltigen Flügelfrüchten (Aufnahme im Herbst) und in den Sprösslingen (Aufnahme im Frühjahr) des Berg-Ahorns detektiert werden. Die Aufnahme von Hypoglycin A führt zu Muskelschäden insbesondere an der Skelett-, Herz- und Atemmuskulatur, ein Befund der charakteristisch für die atypische Weidemyopathie ist. Hypoglycin A wird nach der Aufnahme zu Methylen-Cyclopropyl-Acetyl-Coenzym A (MCPA) verstoffwechselt, und dieser toxische Metabolit hemmt die sog. Acyl-CoA-Dehydrogenasen in den Mitochondrien, so dass Fettsäuren nicht mehr verstoffwechselt werden können. Durch die gestörte β-Oxidation der Fettsäuren kommt es zu einer sog. Fettspeicher-Myopathie.

▶ **Tab. 9.1** Giftpflanzen für Pferde.

Pflanzenart	giftige Teile	Risiko[1)]	Wirkungen
Grünland und Heu (▶ Tab. 5.11)			
Wälder und Parkanlagen			
Buche (Fagus sylvatica)	Samen	++	Kolik, Krämpfe, Lähmung
Buchsbaum (Buxus sempervirens)	Blätter und Rinde, 750 g tödlich	++	Kolik, Erregung, dann lähmend, Tod durch Atemlähmung
Eibe (Taxus baccata)	alle Pflanzenteile, besonders Nadeln, 150 g tödlich	+++	zentrale Krämpfe, Kollaps, Tod
Eiche (Quercus ssp.)	unreife Früchte, Rinde, junge Blätter	++	Obstipation, dann Diarrhoe, Nierenversagen
Goldhafer	ganze Pflanze, Anteil über 30 %	++	Verkalkung von Weichteilen, Polyurie, Polydipsie
Goldregen (Laburnum anagyroides)	Wurzelrinde, Blüten, Samen	+++	Krämpfe, Atemlähmung, Koma, Tod
Lebensbaum (Thuja)	gesamte Pflanze	+++	Kolik, Durchfall, Leber- und Nierenschäden
Rhododendron (Rhododendron ssp.)	besonders Blätter	+	Kolik, Durchfall oder Obstipation, Krämpfe
Robinie (Robinia pseudoacacia)	Rinde	++	Kolik, Obstipation, zentralnervöse Störungen
Seidelbast (Daphne mezereum)	gesamte Pflanze, besonders Rinde und Beeren, 30 g Rinde oder Beeren tödlich	+++	Kolik, Inkoordination
Wald- und Wegeränder, Lichtungen und Ödland			
Adlerfarn (Pteridium aquilinum)	gesamte Pflanze	+++	Ataxien, Lähmung der Hinterhand, Blutungen, Herzrhythmusstörungen
Adonisröschen (Adonis vernalis)	gesamte Pflanze	++	Kolik, Herzmuskelschäden mit Einblutungen
Berg-Ahorn (Acer pseudoplantanus)	Samen, Blätter, Sprösslinge	+++	Myopathie der Skelett-, Herz- und Atemmuskulatur
Bilsenkraut (Hyoscyamus niger)	alle Pflanzenteile, besonders Wurzeln	+++	Kolik, Tobsucht, Lähmungen
Bingelkraut (Mercuria annua und M. perennis)	gesamte Pflanze	++	Speicheln, Durchfall, Leber- und Nierenschädigung mit Ikterus und Hämaturie
Eisenhut (Aconitum napellus und A. vulparia)	gesamte Pflanze, 10–12 mg Aconitin tödlich	+++	Speicheln, Kolik, Ataxien, Atemlähmung
Ferkelkraut (Hypochaeris radicata)	gesamte Pflanze	+	Hahnentritt mit z. T. schweren Verlaufsformen
Fingerhut (Digitalis lanata, lutea u. purpurea)	Blätter und Samen, 25 g getrocknete Blätter tödlich	++	Kolik, Tod durch Herzstillstand
Graukresse (Berteroa incana)	gesamte Pflanze	++	Hyperthermie, Ödeme, Hufrehe-ähnliche Symptome
Gundermann (Glechoma hedeasea)	ganze Pflanze	(+)	Schweißausbruch, röchelnde Atmung, Husten
Herbstzeitlose (Colchicum autumnale)	gesamte Pflanze	+++	Kolik, blutiger Durchfall Kreislaufversagen

► **Tab. 9.1** Fortsetzung

Pflanzenart	giftige Teile	Risiko[1)]	Wirkungen
Johanniskraut (Hypericum perforatum und H. maculatum)	gesamte Pflanze	+	krustöse Hautveränderungen insbesondere an unpigmentierten Hautstellen, die der Sonne ausgesetzt sind (Fotodermatitis)
Kreuzkraut (Senecio ssp.)	gesamte Pflanze, besonders Wurzel	+ + +	Leberschädigung mit Apathie, Abmagerung, Ikterus und zentralnervösen Störungen
Lupine (Lupinus angustifolius, luteus, polyphyllus)	Samen	+ +[2)]	Leberschädigung mit Apathie, Abmagerung, Ikterus und zentralnervösen Störungen
Nachtschatten (Solanum dulcamara)	gesamte Pflanze	(+)	Speicheln, Kolik, Inkoordination, Herzstillstand
Schwarze Tollkirsche (Atropa belladonna)	gesamte Pflanze, 120–180 g TS tödlich	+ + +	Erregung, Krämpfe, Atemlähmung
Stechapfel (Datura stramonium)	gesamte Pflanze, 1,25 kg Samen tödlich	+	Kolik, Krämpfe, Koma
Gärten			
Grüne Feuerbohne (Phaseolus coccineus)	Samen	+ +	Kolik, Durchfall, Krämpfe
Herkulesstaude (Heracleum monte-gazziam)	Saft	(+)	Kontaktdermatitis
Kartoffel (Solanum tuberosum)	Blüten, Beeren	+	wässriger Durchfall, Hämolyse, Atemnot, Tod
Pfaffenhütchen (Euonymus europaea)	Früchte, Zweige	+ +	Kolik, Tod
Pflaume (Prunus domestica)	Kerne (falls aufgebissen)	+	Kolik, Atemnot, Krämpfe
Platterbse (Lathyrus latifolius)	Samen	+ +	Schreckhaftigkeit, Kolik, Hinterhandlähmung, Schweif- und Haarverlust

[1)] + + + sehr gefährlich, + + gefährlich, + weniger gefährlich, (+) Vergiftungen selten
[2)] je nach Alkaloid- bzw. Mykotoxingehalt

Atypische Weidemyopathie

Die atypische Weidemyopathie ist eine Muskelerkrankung, die maßgeblich die Skelettmuskulatur, aber auch die Herz- und Zwerchfellmuskulatur betreffen kann. Von dieser sporadisch auftretenden Erkrankung sind Weidepferde betroffen, welche häufig aufgrund des sehr raschen und massiven Verlaufs tödlich endet. Auffällig ist ein zeitlicher Zusammenhang zwischen einem Kälteeinbruch, insbesondere im Herbst bzw. Frühwinter, und dem plötzlichen sporadischen Ausbruch dieser Erkrankung. Zunehmend werden aber auch Erkrankungsfälle im Frühjahr beobachtet, was vermutlich mit der Aufnahme der Hypoglycin-A-haltigen Sprösslinge des Berg-Ahorns im Zusammenhang steht.
Bei der labordiagnostischen Untersuchung fällt eine deutliche Erhöhung der meisten Muskelenzyme im Blut auf, wobei ein Leitenzym für Muskelschädigungen, die Kreatinkinase (CK), bis über 100000 U/L (Normwert < 70 U/L) dramatisch im Blut ansteigen kann. Auch das herzmuskelspezifische Enzym Troponin T ist in der Regel deutlich im Blut erhöht. Die Nierenparameter im Blut reagieren nicht einheitlich, es wird von deutlich veränderten bis hin zu unveränderten Nierenparametern berichtet. Darüber hinaus gibt es z. T. deutliche Veränderungen im Elektrolythaushalt, fast alle Pferde weisen dabei einen erniedrigten Ca-Wert im Blut auf. Im Harn weist eine massive Ausscheidung von Myoglobin auf die Schädigung der Muskulatur hin, dies erklärt den dunkel verfärbten Harn.
Die symptomatische Therapie ist aufgrund des massiven Verlaufs der Muskelschädigung nur in Ausnahmefällen erfolgreich.

Eicheln werden im Spätsommer gelegentlich nach heftigen Stürmen auf Weiden aufgenommen, die von Eichen (Quercus robur) begrenzt werden. Eicheln enthalten Tannine, die in grünen, unreifen Früchten in relativ hohen Konzentrationen gefunden werden können. Die Tannine binden dabei an Nahrungsproteine, Verdauungsenzyme und Eiweiße der Darmschleimhaut, so dass das es zu einer eingeschränkten Resorption der Nährstoffe bis hin zu schweren Koliken kommen kann.

Der **Goldhafer** (Trisetum flavescens), der Vitamin-D-Metaboliten enthält, verursacht bei massenhaftem Vorkommen (15–30 % des Bestands) auf Weideflächen (z. B. in Mittelgebirgslagen und im Alpenvorland) und chronischer Aufnahme Hyperkalzämien und schwere Nieren- und Gefäßverkalkungen.

Die **Graukresse** (Berteroa incana) wächst auf sandigen und trockenen Flächen, und die Aufnahme von Pflanzenmaterial kann zu Ödemen und zur Hufrehe führen. Hierbei werden Glukosinolate für die Toxizität der Pflanze verantwortlich gemacht.

Die **Herbstzeitlose** (Colchicum autumnale) findet sich vorwiegend im süddeutschen Raum auf weniger intensiv genutzten Wiesen. Vergiftungssymptome nach Aufnahme von Heu, das die giftigen Samen und Kapseln enthielt, waren Appetitverlust, starke Speichelbildung, Kolik, blutiger Durchfall und Atemnot.

Das **Jacobskreuzkraut** (Senecio jacobae), aber auch andere Kreuzkräuter enthalten leberschädigende Pyrrolizidinalkaloide, die auch durch Trocknen oder Silieren nicht inaktiviert werden. Bei chronischer Aufnahme fallen Appetitlosigkeit, Abmagerung, Abgeschlagenheit, Benommenheit, teilweise (bei erheblichen Leberveränderungen) auch Erregungszustände, verbunden mit erhöhten Leberenzymaktivitäten und NH_3-Gehalten im Blut, auf.

Am Rande von Weiden ist für Pferde evtl. das im Juli/August gelb blühende **Johanniskraut** (Hypericum perforatum) erreichbar. Durch Sensibilisierung der Haut führt es an nicht pigmentierten Hautstellen bei Sonnenbestrahlung zu Sonnenbrand.

Bei Ausritten durch Gärten, Parkanlagen und Wälder sind auch andere Giftpflanzen erreichbar, die sporadisch Vergiftungen verursachen (► **Tab. 9.1**). Vergiftungen mit **Eibe** (Taxus baccata) kommen besonders im Herbst vor, wenn die Nadeln die höchste Giftkonzentration enthalten. Aber auch **Lebensbaum** (Thuja ssp.), **Seidelbast** (Daphne mezereum), **Robinie** (Robinia pseudoacacia), **Goldregen** (Laburnum anagyroides), **Eisenhut** (Aconitum ssp.), **Tollkirsche** (Atropa belladonna) und **Fingerhut** (Digitalis ssp.) stellen erhebliche Risiken dar.

Giftpflanzendatenbank

Eine gute und stetig aktualisierte Informationsquelle über Vergiftungen mit Giftpflanzen bietet die Datenbank der Veterinärpharmakologie und -toxikologie der Universität Zürich unter www.clinitox.ch an.

9.2

Futtermittel mit schädlichen Inhaltsstoffen

Wie bereits im Kapitel Futtermittelkunde besprochen, kommen in manchen Futtermitteln schädliche Inhaltsstoffe vor. Diese Substanzen, zu denen **Blausäure** (z. B. in Leinsamen), **Alkaloide** (z. B. in Lupinen), **Senföle** (z. B. in Raps) oder Nitrat zählen, sind nur dann kritisch, wenn die genannten Futtermittel nicht sachgemäß zubereitet (trocknen, kochen etc.) oder in überhöhten Mengen bzw. über längere Zeit verfüttert werden.

Nitrat ist für Pferde vermutlich nicht so giftig wie für Wiederkäuer (geringere Reduktion zu Nitrit). Grün- und Raufutter sollten nicht mehr als 10 g Nitrat/kg TS enthalten, wenn sie etwa 50 % der Ration ausmachen. Erhöhte Nitratgehalte kommen sowohl im jungen Grünfutter als auch in Herbstzwischenfrüchten wie z. B. Grünraps vor, je nach Höhe der Stickstoffdüngung und den Witterungsbedingungen. Nach Erfahrungen bei anderen Spezies sind nach erhöhter Nitrataufnahme Leistungsminderungen durch Kreislaufstörungen (infolge Methämoglobinbildung) möglich, auch Störungen der Schilddrüsenfunktion.

Die Fütterung von **Zwiebeln** (Allium cepa) kann zum Auftreten von hämolytischen Anämien führen, Ähnliches kann auch bei der Verfütterung von **Knoblauch** (Allium sativum) beobachtet werden.

Ist Bioheu das bessere Heu?

Die extensive Nutzung von Flächen gemäß der sog. Fauna-Flora-Habitat(FFH)-Richtlinie fördert die Artenvielfalt, diese Flächen werden häufig für die Einwerbung von „Bioheu“ genutzt. Die FFH-Richtlinie erlaubt für die geschützten Flächen eine bis zu 3-fache Mahd mit Entfernung des Mahdgutes ab dem 1. Juli des Nutzungsjahres. Diese Flächen bieten aufgrund der späten Mahd einen idealen Lebensraum für Gräser und Kräuter, aber auch für Giftpflanzen, da durch die späte Schnittnutzung eine ideale Ausbreitung von Samen gefördert wird. Vor dem Schnitt muss deshalb der Pflanzenbestand kritisch auf Giftpflanzen überprüft werden. Bei dem späten Schnitt steigt des Weiteren der unverdauliche Rohfasergehalt deutlich an, der Anteil wertvoller Inhaltstoffe nimmt hingegen deutlich ab und Mikroorganismen wie Bakterien und Schimmelpilze sind häufiger deutlich höher als in früh geschnittenen Heuqualitäten.

9.3

Kontaminierte Futtermittel

Futtermittel können auf unterschiedliche Weise mit Fremd-, oft auch Schadstoffen kontaminiert werden und zu Erkrankungen führen.

9.3.1 Erde und spezielle anorganische Stoffe

Erhöhte Mengen an **Erde** (Sand, Lehm, Tonpartikel) können sowohl auf Grünfutter (Überschwemmungsgebiete, Rieselwiesen) als auch in Silagen, Heu, Heulagen und Trockengrün (Ansaugen lockerer Bodenteile bei der Bergung), aber auch an Wurzeln und Knollen (unzureichende Reinigung vor dem Verfüttern) vorkommen.

Auch in Ausläufen mit wenig grünen Pflanzen werden oft erhebliche **Sandmengen** aufgenommen, wenn die Pflanzen mit Wurzeln (z. B. Quecken, 1-jähriges Rispengras) herausgerissen werden oder bei der Aufnahme von Blättern. Auch die Fütterung vom Boden kann zu einer erheblichen Sand- bzw. Erdaufnahme führen. Ebenso kann eine knappe Raufutterzufuhr eine vermehrte Sandaufnahme verursachen. Gelegentlich werden auch Mängel an Eisen (S. 108), Kupfer (S. 110) oder Natrium (S. 104) als prädisponierende Faktoren für eine erhöhte Sandaufnahme diskutiert. Nach der Aufnahme größerer Mengen an Sand können Koliken, Durchfälle oder das Absetzen von freiem Kotwasser ausgelöst werden. Die erhöhte Sand- oder Erdkontamination bedingt eine hohe Eisen-Aufnahme; dadurch kann die Kupfer-Versorgung beeinträchtigt werden.

Andere anorganische Stoffe gelangen evtl. durch **Industrieemissionen** auf die Futtermittel. Einige Elemente, von denen Schädigungen bei Pferden bekannt sind, wurden in ▸ **Tab. 9.2** zusammengestellt.

9.3.2 Düngemittel

Eine Kontamination der Futtermittel mit Düngemitteln ist bei unsachgemäßer Verwendung und Einsatz loser, gut haftender Substanzen möglich. Eine direkte, spontane Aufnahme ist unwahrscheinlich.

▸ **Tab. 9.2** Kritische Gehalte anorganischer Stoffe in Futtermitteln für Pferde gemäß Richtlinie 2002/32 und EU-VO 744/2012.

Element	Quelle	Toleranzmenge mg/kg Futter-TS	Folgen	Untersuchungssubstrate für Diagnose
Arsen	arsenhaltige Pestizide, Seealgenmehl	2	akut: Gastroenteritis chronisch: Gaumen- u. Nasenulzera, Nachhandlähmungen, Blindheit	Haut, Haar, Leber, Niere
Blei	Emissionen aus verschiedenen bleihaltigen Quellen, Pb-haltige Abfälle	10	Ataxie, Gewichtsverlust, Diarrhö, Kehlkopfparalysen, Anämie	Plasma, Leber, Knochen
Fluor	Industrieemissionen, Rohphosphate	150	gestörtes Wachstum, Lahmheiten, verfärbte Zähne	Böden, Futtermittel, Knochen, Zähne
Glyphosat	Herbizide	0,1	gastrointestinale Störungen, Niereninsuffizienz	pflanzliche Futtermittel
Kadmium	Industrieemissionen	1,0	Anämie, Leber-, Nierenerkrankungen, Reproduktions-, Skelettstörungen	Leber, Niere
Quecksilber	Fischmehl, Hg-haltige Abfälle	0,1	akut: Gastroenteritis, Kolik, Nierenversagen chronisch: ZNS-Störungen, Tremor	Gesamtblut, Haare, Leber, Niere

kritische Nährstoffmengen ▸ **Tab. 8.1**

Unter den Düngemitteln sind kalkhaltige (Branntkalk aufgrund seiner Ätzwirkung auf die Schleimhaut), harnstoffhaltige (Ammoniakvergiftung: 3,5 g/kg KM sind tödlich) und nitrathaltige (Nitratvergiftung) hervorzuheben.

Praxis

Die Sicherheitshinweise zur Wartezeit zwischen Auftragen des Düngers und erneuter Beweidung sollten grundsätzlich beachtet werden, bei vielen kommerziellen Düngern sind dies 8–12 Tage.

9.3.3 Schädlingsbekämpfungs- und Kurzspritzmittel

Insektizide werden zur Bekämpfung von Futtermilben oder generell bei Desinfektion von Silos eingesetzt. Dabei sind die Anwendungsvorschriften streng zu beachten.

Unter den derzeit zugelassenen **Herbiziden** (Unkrautbekämpfungsmittel) sind nur wenige für Säugetiere ausgesprochen giftig. Schäden sind nur dann zu erwarten, wenn die Wartezeiten zwischen Anwendung und Nutzung nicht beachtet werden. Die weltweit am häufigsten eingesetzten Herbizide beinhalten den Wirkstoff **Glyphosat**, das gebräuchlichste Handelsprodukt wird unter dem Namen „Roundup" geführt. Es liegen keine spezifischen Angaben zur Toxizität von Glyphosat bei Equiden vor. Jedoch sind Vergiftungen wie z. B. gastrointestinale Störungen (Durchfall) bis hin zur Niereninsuffizienz und Schock bei unsachgemäßer Anwendung, d. h. bei Aufnahme hoher Glyphosatmengen zu erwarten. Bei vorschriftsgemäßer Anwendung des Herbizids sind nach heutigem Erkenntnisstand Nebenwirkungen bei Pferden unwahrscheinlich, allerdings liegen für Pferde zu diesem Sachverhalt keine Untersuchungen vor.

Futtermittel können mit **Rodentiziden** (zur Bekämpfung von Ratten und Mäusen) kontaminiert werden, wenn Lagerräume für Getreide oder andere Futtermittel damit behandelt werden. Auf Kumarinbasis wirkende Stoffe hemmen die Blutgerinnung.

Von **Kurzspritzmitteln** (zur Hemmung des Halmwachstums von Getreide) sind bisher keine Nebenwirkungen bei Pferden bekannt. Mögliche Einflüsse auf die Zusammensetzung des Strohs (erhöhter Gehalt an Gerüstsubstanzen, geringere Verdaulichkeit) wurden bislang bei Pferden nicht überprüft.

9.3.4 Futterzusatzstoffe

Für Geflügel sind Zusatzstoffe (**Ionophore** wie Monensin-Natrium oder Salinomycin) zugelassen, die für Pferde hochtoxisch sind. Durch Fehlmischungen, Kontamination, aber auch durch tatsächliche Verwendung von Futtermitteln, die für die oben genannten Tierarten bestimmt sind, können Zwischenfälle auftreten.

Monensin-Natrium verursacht bei Gehalten von 30 mg/kg Futter Appetitlosigkeit, Schwitzen und Koliken, in höheren Mengen (> 60 mg/kg Futter) auch Lähmungen (LD_{50} 2–3 mg/kg KM/Tag).

Salinomycin besitzt eine noch höhere Toxizität (LD_{50} 0,6 mg/kg KM/Tag) als Monensin-Natrium, wobei ähnliche Symptome beobachtet werden.

Treten in engem zeitlichen Zusammenhang zur Anlieferung eines neuen Mischfutters kolikartige Symptome mit ausgeprägtem Schwitzen und Bewegungsstörungen bei mehreren Pferden im Bestand auf, ist an eine mögliche Intoxikation durch Ionophore zu denken und das Futter bis zur Klärung abzusetzen. Futtermittelrechtlich werden die Ionophore als unerwünschte Stoffe geführt, und es sind Höchstgehalte für Mischfutter für Pferde festgelegt.

Merke
Mischfutter, die für andere Tierarten bestimmt sind, dürfen nicht an Pferde verfüttert werden.

9.4 Verdorbene und mikrobiell kontaminierte Futtermittel

Die Aufnahme verdorbener Futtermittel stellt heute eine der häufigsten Ursachen für Störungen im Verdauungskanal und des Atmungstrakts dar. Der Futtermittelverderb kennzeichnet dabei alle Veränderungen, die das Futtermittel für den Verzehr unbrauchbar machen. Bei dem Verderb von Futtermitteln unterscheidet man zwischen dem abiotischen und biotischen Verderb.

Der **abiotische Verderb** kennzeichnet chemische Prozesse wie die Oxidation von Fetten, die zu einer Veränderung des Futtermittels wie das Ranzigwerden führen. In der Pferdefütterung spielt der abiotische Verderb eine untergeordnete Rolle, im Einzelfall sind ranzige Fette bei einem fettangereicherten Ergänzungsfutter oder beim Einsatz von Pflanzenölen zu beobachten.

Der **biotische Verderb** eines Futtermittels ist durch Veränderungen durch Mikroorganismen wie Bakterien, Pilzen und Hefen, aber auch Vorratsschädlingen wie Milben, Käfer und Insekten gekennzeichnet.

Futtermittel werden überwiegend durch Trocknen und Silieren konserviert. Verderbnisvorgänge (▶ **Abb. 9.1**) setzen bei **Trockenfuttermitteln** ein, wenn sie nicht ausreichend getrocknet werden (Heu, Hafer > 15 % Wasser) oder sekundär Wasser aus der Umgebung aufnehmen (wasserreiche Stallluft, feuchte Boden- und Wandflächen, offene oder undichte Futterkisten im Stall).

Futtermittel **mit großen Oberflächen der Einzelpartikel** (z. B. Weizenkleie) vermögen rasch Wasser zu adsorbieren. Dies gilt auch für Getreidekörner, wenn ihre natürliche Schutzschicht, die Frucht- und Samenschale, durch Quetschen oder Walzen aufgebrochen wurde.

In **Futtersilos**, die starken Temperaturschwankungen ausgesetzt sind (Sonneneinstrahlung), kann Wasser aus dem Futter verdampfen und nachts bei Temperaturrückgang an den Wänden, insbesondere bei Metallsilos, kondensieren. Das Kondenswasser fließt dann an den Silorändern in das Futter und ist so Ursache für erste Verderbnisvorgänge (wandständige Verklebungen). Eine Wasser-„Entmischung“ kann auch nach Befüllen

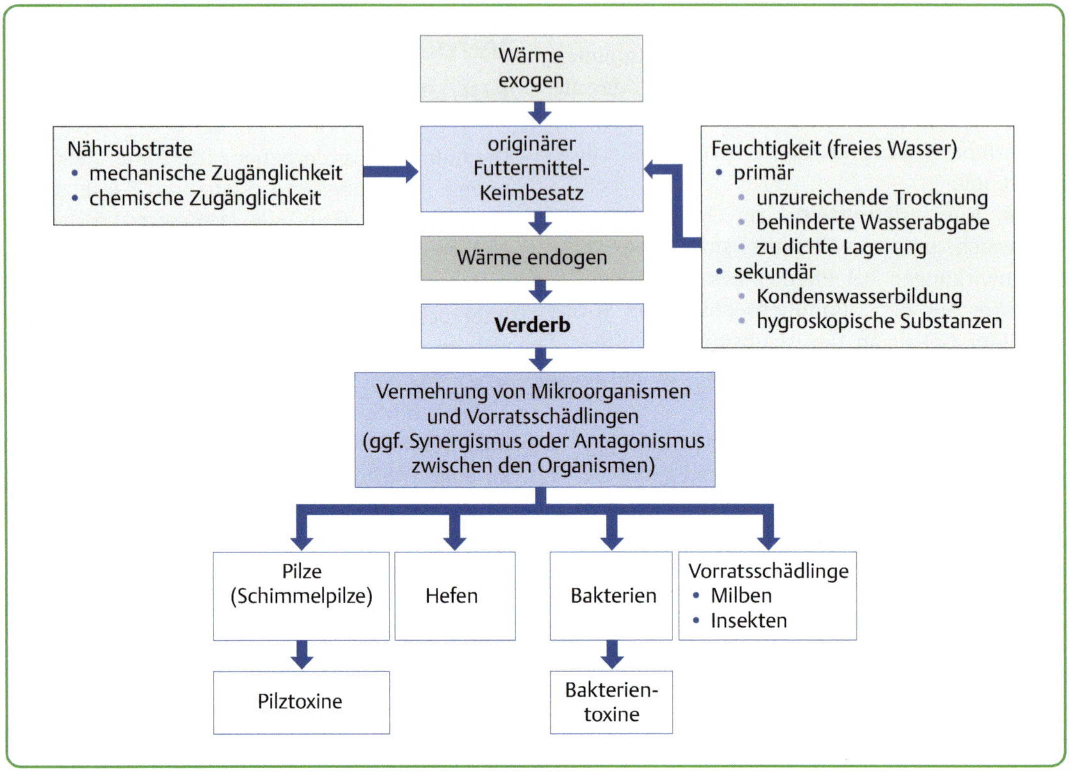

▶ **Abb. 9.1** Ursachen und Folgen von Futtermittelverderb.

der Silos mit nicht ausreichend gekühltem pelletiertem Mischfutter einsetzen.

Verderbnis bei **Raufuttermitteln** ist gewöhnlich die Folge ungenügender Trocknung auf dem Feld. Blattreiches, stängelarmes Heu (Grummet) ist besonders disponiert. Aber auch bei Hochdruckballen und generell bei stark verdichteter Lagerung (gehäckseltes Material) kann noch vorhandene Restfeuchtigkeit nicht vollständig nach außen entweichen, so dass sich im Zentrum des Futterstapels Schimmelnester bilden.

Silagen verderben vor allem, wenn der pH-Wert nicht ausreichend gesenkt wurde oder keine anaeroben Bedingungen (vollständiger Luftabschluss) vorliegen (▶ **Tab. 5.14**). Mangelhafte anaerobe Bedingungen kommen bei ungenügender Verdichtung sowie Verletzung der Verpackungsfolien vor. Nach Öffnung der Silos besteht ein besonderes Risiko für aeroben Verderb (S. 159).

Praxistipp

Aufgrund des schnellen Verderbs, insbesondere durch Hefen, sollte bei warmen Außentemperaturen die Silage bzw. Heulage nach dem Öffnen des Ballens innerhalb von 12–24 h vollständig verfüttert werden.

Vielfach sind die Veränderungen durch den Verderb (S. 130) gut zu erkennen (▶ **Abb. 9.2**, ▶ **Abb. 9.3**).

Verderb ist in der Regel ein dynamischer Prozess, der sich selbst unterhält bzw. beschleunigt, da durch die Tätigkeit der Mikroorganismen (Schimmelpilze, Hefen, Bakterien) Wasser und Wärme gebildet werden und sich damit die Bedingungen für mikrobielle Umsetzungen weiter verbessern (▶ **Abb. 9.1**). Ist das Substrat verbraucht, lässt das Bakterienwachstum nach, so dass dann auch in verdorbenen Futtermitteln evtl. nur ein geringer Keimgehalt nachweisbar ist.

▶ **Abb. 9.2** Gute Heuqualitäten.
a Intensiv grünes Luzerneheu, keine Abweichungen von Farbe, Geruch oder Griff.
b Leicht ausgeblichenes Luzerneheu, leichte/keine Abweichungen von Geruch oder Griff.

▶ **Tab. 9.3** Verdorbene Futtermittel, schädliche Inhaltsstoffe und Schadwirkungen.

Schädigende Substrate	Schadwirkungen
Milben	Indikator für Futtermittelverderb, Akzeptanzminderung, allergenes Potenzial, synergistische Wirkung mit Schimmelpilzen
Schimmelpilzsporen	Ansiedlung im Atmungs- oder Verdauungstrakt (Mykosen), Inhalation → Atembeschwerden → eventuell Allergien
Schimmelpilztoxine	Verdauungsstörungen, Leber- und Nierenschäden, nervöse Ausfallerscheinungen, Störungen der Fertilität (Mykotoxikosen)
Hefen	Tympanien (Aufgasungen) im Verdauungskanal, besonders im Magen und Dünndarm, Koliken
unspezifische Bakterien	Verdauungsstörungen, Koliken, Leberschäden?
spezifisch pathogene Bakterien, z. B. Salmonellen, Clostridien	Diarrhoe, Mastitiden, zentralnervöse Symptome
Botulinustoxin (Exotoxin von *Clostridium botulinum*)	progressive Lähmungserscheinungen, besonders Schluckbeschwerden
Exotoxin von *Clostridium perfringens*	Enterotoxämien (auch nach Futterwechsel und proteinreicher Fütterung)
Endotoxine (gramnegative Keime) = Lipopolysaccharide	Bedeutung bei gleichzeitig weiteren Schadwirkungen (z. B. Dickdarmazidose) und Störungen der Schleimhautintegrität; evtl. Schockzustände, Leberschäden

?: Es sind keine kritischen Höchstgrenzen für diese Mykotoxine festgelegt bzw. bekannt.

Im Verdachtsfall oder bei Erkrankungen sollte eine **mikrobiologische Untersuchung** der Futtermittel erfolgen unter Berücksichtigung der Probenahmebedingungen (S. 192). Die möglichen Wirkungen der in verdorbenen Futtermitteln enthaltenen schädigenden Komponenten sind in ▶ **Tab. 9.3** zusammengestellt.

Verdorbene Futtermittel werden häufig nur zögernd aufgenommen oder nicht akzeptiert. Diese durchaus sinnvolle Reaktion des Pferdes (aufgrund von Repellentstoffen) funktioniert allerdings nur teilweise.

Merke

Nicht einwandfreie Futter werden trotzdem gefressen, wenn die Futterzuteilung knapp ist bzw. ein erhöhter Bedarf vorliegt, verdorbenes Heu oder Stroh insbesondere dann, wenn die Ration wenig Raufutter enthält und ein starkes Kaubedürfnis besteht.

► **Abb. 9.3** Schlechte Heuqualitäten.

a (Intensiv grünes) Wiesenheu, keine Abweichungen von Farbe, Geruch oder Griff.

b Leicht ausgeblichenes Wiesenheu, leichte/keine Abweichungen von Geruch oder Griff.

c Stark vergrautes Wiesenheu, Griff klamm, starke Verklebungen, Geruch dumpf-schimmelig.

9.4.1 Milben und Insekten

Getreide- und Heulager können vielfach mit **Milben** belastet sein, die Milben stellen hierbei einen guten Indikator für den Futtermittelverderb dar. Milben besitzen eine allergische Potenz, darüber hinaus aktivieren sie gewebeschädigende Zytokine und Matrix-Metalloproteinasen. Milben gelten zudem als Transportvehikel von Pilzsporen, wobei die Pilzsporen über den Milbenkot über das Futter verteilt werden.

Insekten wie **Motten** oder **Mehl-** oder **Reiskornkäfer** haben vermutlich keine direkten gesundheitlichen Auswirkungen auf das Pferd, aber erhebliche nachteilige Konsequenzen für das Futtermittel, z. B. eine erhöhte Disponierung für den mikrobiellen Verderb, eine mechanische Schädigung des Futtermittels, damit verbunden ein erhöhter Nährstoffabbau insbesondere der Stärke, sowie Veränderungen in der Rieselfähigkeit, was u. a. zu Verklumpungen führen kann.

9.4.2 Bakterien, Pilze und Hefen

Bei der Beurteilung des mikrobiellen Besatzes von Futtermitteln wird zwischen produkttypischen (Epiphyten) und Verderb anzeigenden Bakterien, Pilzen und Hefen unterschieden. Eine weitere Abgrenzung erfolgt durch eine mögliche Kontamination mit Auslösung einer Infektionserkrankung, wobei das Futter hierbei nur als Vektor dient.

Bei der Beurteilung des Keimbesatzes eines Futtermittels werden die Keimarten, die ermittelten Keimzahlen und die Art des Futtermittels berücksichtigt. Der Arbeitskreis für Futtermittelmikrobiologie hat ein **Bewertungsschema zur Beurteilung der mikrobiologisch-hygienischen Beschaffenheit von Futtermitteln** für Deutschland erarbeitet, welches die verschiedenen Bakterien, Pilze und Hefen in verschiedene Keimgruppen (► **Tab. 9.4**) einteilt und anhand dieser Einteilung Orientierungswerte für verschiedene Futtermittel ausgibt (► **Tab. 9.5**).

Die Bedeutung eines erhöhten Befalls von Futtermitteln mit produkttypischen **Bakterien** für das Auftreten von gesundheitlichen Störungen ist beim Pferd nicht bekannt. Verdauungsstörungen, Koliken und evtl. auch Leberschädigungen werden vielfach postuliert, allerdings liegen keine eindeu-

▶ **Tab. 9.4** Einteilung des mikrobiellen Besatzes von Futtermitteln gemäß VDLUFA (Tab. basiert auf Daten aus Kamphues 2014 und VDLUFA 2012).

Gruppe	Bedeutung	Keimgruppe	Indikatorkeime innerhalb der Keimgruppe
aerobe mesophile Bakterien	produkttypisch	KG 1	• Gelbkeime • Pseudomonas, Enterobacteriaceae • sonstige produkttypische Bakterien
	verderbanzeigend	KG 2	• Bacillus • Staphylococcus, Micrococcus
		KG 3	• Streptomyzeten
Schimmel- und Schwärzepilze	produkttypisch	KG 4	• Schwärzepilze • Verticillium • Acremonium • Aureobasidium • sonstige produkttypische Pilze
	verderbanzeigend	KG 5	• Aspergillus • Penicillium • Scopulariopsis • Wallernia • sonstige verderbanzeigende Pilze
		KG 6	• Mucorales
Hefen	verderbanzeigend	KG 7	• alle Gattungen

▶ **Tab. 9.5** Orientierungswerte für produkttypische und verderbanzeigende Keime für verschiedene Futtermittel gemäß VDLUFA (Tab. basiert auf Daten aus Kamphues 2014 und VDLUFA 2012).

Futtermittel	Mesophile aerobe Bakterien × 10⁶ KBE/g			Schimmel- und Schwärzepilze × 10³ KBE/g			Hefen × 10³ KBE/g
Keimgruppe	**1**	**2**	**3**	**4**	**5**	**6**	**7**
Mais	2	0,5	0,05	20	30	5	60
Weizen, Roggen	5	0,5	0,05	30	20	2	30
Gerste	20	1	0,05	40	30	2	100
Hafer	50	1	0,05	200	5	5	200
Maissilage	0,4	0,2	0,03	5	10	3	1000
Grassilage	0,2	0,2	0,01	5	5	5	200
Heu	30	2	0,15	200	100	5	150
Stroh	100	2	0,15	200	100	5	400

tigen Belege vor. Bakterien können aber **Exo- und Endotoxine** bilden mit entsprechend schädigendem Potenzial (S. 282).

Schimmelpilze besitzen ein erhöhtes allergisches Potential, welches insbesondere durch inhalative Exponierung den Atmungstrakt nachteilig schädigen kann. Darüber hinaus bilden zahlreiche Pilze **Mykotoxine**, die sowohl leberschädigende als auch immunsuppressive Wirkungen (S. 283) haben können. Auch systemische Infektionen wie die **Aspergillose** mit Manifestation im Atmungstrakt (z. B. Luftsäcke) können durch Pilze ausgelöst werden.

Getreide, Mischfuttermittel oder Heulagen mit erhöhten Gehalten an **Hefen** sind häufig verantwortlich für eine vermehrte Gasbildung im Magen und Dünndarm, so dass sog. Gaskoliken entstehen können.

9.4.3 Infektionserreger

Kontaminationen des Futters durch pathogene Bakterien sind selten. Weidefutter können durch Harn verschiedener Nager **Leptospiren** enthalten. Leptospiroseinfektionen sind daher besonders bei Weidepferden möglich (Inappetenz, Leistungsschwäche, Blutharnen, Aborte).

Listerien kommen verbreitet im Erdboden vor und können damit ins Futter gelangen. Dort haben sie z. B. bei verdorbenen Silagen (S. 159) die Chance zum Überleben, besonders in den Randzonen. Eine Infektion ist durch Apathie und Paralysen (Enzephalitis) gekennzeichnet.

Salmonellen, insbesondere *S. typhimurium*, die in der Außenwelt recht widerstandsfähig sind, können auf allen Futtermitteln vorkommen, die mit Exkrementen von Ausscheidern Kontakt hatten, z. B. Weidegras, aber auch Maissilagen oder selbst bei Getreidekörnern.

Die **Aspergillose** kann durch verschiedene Aspergillus ssp., meist Aspergillus fumigatus, hervorgerufen werden und kann beim Pferd zu einer Manifestation im Atmungstrakt (z. B. Luftsäcke), oder aber auch zu einer disseminierten Infektion mit Beteiligung des ZNS und anderer Organe führen.

9.4.4 Toxine bakterieller Herkunft

Exotoxine

Botulismus *Clostridium botulinum* kann über Tierkadaver ins Raufutter und vor allen Dingen über Erdkontaminationen, insbesondere in Silagen oder Heulagen, gelangen. Aber auch das Düngen mit Hühnergülle oder mit Gärresten aus Biogasanlagen stellt ein erhöhtes Risiko für die Kontamination mit *Clostridium botulinum* dar. Es gibt aber auch zahlreiche Botulismusfälle beim Pferd, die mit der Aufnahme von kontaminiertem Heu in Zusammenhang stehen. Unter Luftabschluss und bei nur schwach saurem oder alkalischem pH-Wert können sich diese Bakterien vermehren und ein für Pferde hochtoxisches Neurotoxin (S. 159) bilden. Das von *Cl. botulinum* stammende Exotoxin kann bereits in kleinen Mengen schwerste Folgen wie Schluckbeschwerden, Atemnot, Lähmung der Herz- und Skelettmuskulatur hervorrufen.

Praxis

Die folgenden Empfehlungen können das Risiko für den Eintrag von *Clostridium botulinum* in Silagen, Heulagen und Heu minimieren:

- Erdkontamination bei der Ernte vermeiden
  - Schnitthöhe > 10 cm
- Kadaver beachten
  - vor der Ernte Fläche begehen und Wild aufscheuchen, z. T. Einsatz von Drohnen
- Trocknungsgrad des Silierguts beachten
  - Zu feuchtes und zu trockenes Siliergut erschwert die Siliereignung.
  - optimaler Trockungsgrad des Silierguts: > 30 bis < 60 %
- evtl. Nutzung von Silierhilfsmittel zur Optimierung des Siliervorgangs
- optimale Lagerhygiene
  - während der Lagerung: Abschirmen der Futtermittel vor Nager- und Vogelkot
  - optimale Belüftung insbesondere während der Schwitzphase des Heus

Endotoxine

Endotoxine, die sich aus Lipopolysaccharidketten zusammensetzen, sind Zerfallsprodukte gramnegativer Bakterien, wobei die Endotoxine direkt über das Futter aufgenommen werden können, aber auch im Darm beim Zerfall von gramnegativen Bakterien entstehen. Höhere Gehalte in Futtermitteln sind in jedem Fall als Indikator für einen Futterverderb zu bewerten (▶ **Tab. 9.6**). Eine hohe orale Aufnahme führt offenbar erst nach Schädigung der Darmschleimhaut (Stauungen, Übersäuerung etc.) zu klinischen Folgen. Fieber, Durchfall und ein generelles Schockgeschehen sind Symptome einer systemischen Endotoxinwirkung.

▶ **Tab. 9.6** Lipopolysaccharidgehalte (µg/g) in Futtermitteln für Pferde.

Futtermittel	Normalwerte	Erhöhte Werte	Kritische Werte
Hafer	< 20	20–50	> 50
Mischfutter	< 10	10–20	> 20
Heu/Stroh	< 15	35–75	> 100

9.4.5 Mykotoxine

Mykotoxine (▸ Tab. 9.7) sind sekundäre Stoffwechselprodukte, die von Pilzen gebildet werden. Bislang sind mehr als 400 sekundäre Metaboliten mit toxischem Potential bekannt, die von mehr als 300 Pilzarten gebildet werden können. In Abhängigkeit davon, ob es zu Pilzbefall und Mykotoxinproduktion vor oder nach der Ernte kommt, unterscheidet man zwischen Feld- und Lagerpilzen und deren Toxinen. Zu unterstreichen ist, dass Mykotoxine nicht komplett aus Futtermitteln zu eliminieren sind, die Optimierung der Ernte- und Lagerungsbedingungen stellt aber sinnvolle Maßnahmen dar, um die Kontamination der Futtermittel mit Mykotoxinen zu minimieren. Insbesondere die Trocknung und Reinigung von Getreide führen zu einer effektiven Reduktion der Mykotoxinkontamination, wohingegen der Einsatz von Mykotoxinbindern aufgrund fehlender Wirksamkeitsstudien für das Pferd aktuell nicht empfohlen werden kann.

Zu den wichtigsten Gattungen der **Feldpilze**, die Mykotoxine bilden können, zählen Alternaria ssp. und Fusarium ssp., bei den **Lagerpilzen** sind insbesondere Penicillium ssp. und Aspergillus ssp. zu nennen.

Zu den wichtigsten Mykotoxinen zählen Aflatoxine, Fumonisine, Ochratoxin A, Deoxynivalenol (DON), Zearalenon, T 2/HT 2-Toxin und die Mutterkornalkaloide.

▸ **Tab. 9.7** Übersicht über die wichtigsten Mykotoxine, deren produzierende Pilzgattung und disponierte Futtermittel (Tab. basiert auf Daten aus Schulz und Vervuert 2015).

Mykotoxin	Pilzspezies	Hauptquelle	Wirkung bei Pferden	Wichtigste Mykotoxine/ Metaboliten
Trichothecene	Fusarium spp.	Mais, Weizen, Hafer	verzögerte/reduzierte Futteraufnahme, Immunsuppression, dopaminerge Wirkung Zentrales Nervensystem, zytotoxisch	Deoxynivalenol (DON), T 2/HT 2-Toxin
Zearalenon	Fusarium spp.	Mais, Weizen	Fruchtbarkeitsstörungen	Zearalenone, α-ZON, (β-ZON)
Fumonisine	Fusarium verticillioides	Mais	Equine Leukoenzephalomalazie (ELEM), Leber- und kardiovaskuläre Schäden	Fumonisin B_1 (B_2, B_3)
Mutterkorn-alkaloide	Claviceps purpurea	Roggen, Triticale, Weizen, Gerste, Gräser	ausgeprägte Kontraktur der glatten Muskulatur und des Uterus	Ergometrin, Ergosin, Ergotamin, Ergocornin, Ergokryptin und Ergocristin
Lolitrem	Neotyphodium lolii	Deutsches Weidelgras	Kalium-Kanalblocker: Ataxie, Tremor, Muskelfaszikulation, Krämpfe	Lolitrem B
Ergopeptin-alkaloide	Neotyphodium coencephalum	Rohrschwingel	Fruchtbarkeits- und Gestationsstörungen	Ergovalin
Indolizidin-alkaloide	Rhizoctonia leguminicola	Klee	cholinerge Wirkung, parasympatikomimetische Effekte, exzessive Salivation (Slobbers disease)	Slaframin, Swainsonin
Ochratoxine	Aspergillus ochraceus, Penicillium verrucosum	Getreide	Nierenschädigung, Immunsuppression	Ochratoxin A, Citrinin
Aflatoxine	Aspergillus flavus, Aspergillus parasiticus	Mais, Weizen	Leistungsminderung, Leberschädigung, Immunsuppression, Anorexie, Gewichtsverlust, Fieber	AFB1, AFB2, AFG1, AFG2

Die Wirkungen von Mykotoxinen sind sehr vielfältig, da verschiedene Organsysteme wie die Leber (z. B. Aflatoxin), der Magen-Darm-Trakt (z. B. DON), der Geschlechtsapparat (z. B. Zearalenon) oder aber auch das zentrale Nervensystem (z. B. Fumonisine) betroffen sein können.

Das Pferd gilt als besonders empfindlich gegenüber der Aufnahme von **Fumonisin B_1** (kritischer Wert > 1 mg/kg Futter), wobei der toxinproduzierende Pilz überwiegend auf der Maispflanze vorkommt. Im englischsprachigen Bereich wird diese Erkrankung auch als „Moldy Corn Disease“ bezeichnet. Die Aufnahme von Fumonisinen löst beim Pferd eine Leukoenzephalomalazie aus, wobei es zu massiven Nekrosen der weißen Substanz im Großhirn kommt. Die Pferde sind dabei apathisch, vielfach bei einer ausgeprägten Ataxie und Blindheit. Diese Erkrankung hat in Nord- und Südamerika eine gewisse Bedeutung, in Europa gibt es kaum Erkrankungsfälle.

In Getreide werden durch Fusarium ssp. häufig die Mykotoxine Zearalenon und Deoxynivalenol (DON) gebildet. Das Mykotoxin **DON** ist beim Schwein sehr gut untersucht, und verursacht erhebliche gesundheitliche Störungen wie Erbrechen, Verweigerung der Futteraufnahme, Leberschäden und Immunsuppression. Aktuelle Untersuchungen beim Pferd belegen, dass eine relative hohe DON-Aufnahme (75 µg/kg KM) zwar zu einer Futterverweigerung führt, dass aber keine nachteiligen Effekte auf das Immunsystem und auf die Leber beobachtet werden konnten.

T 2-Toxin und sein Hauptmetabolit HT 2-Toxin gehören zu derselben Stoffgruppe wie DON, beide Toxine besitzen aber eine höhere Toxizität als DON. In den letzten Jahren wurden T 2- und HT 2-Toxine hauptsächlich in Haferproben aus nördlichen Regionen Europas gefunden, vereinzelt waren auch Mais- und Weizenproben mit diesen Toxinen kontaminiert. Beide Toxine besitzen eine hämatotoxische und immunotoxische Wirkung. Über negative Effekte beim Pferd existiert nur wenig Literatur. In vitro kam es nach T 2-Exposition an equinen Erythrozyten zur Hämolyse. Nach Fütterung von reinem T 2-Toxin (7 mg/d) über 32–40 Tage konnten keine Fertilitätsstörungen oder Beeinträchtigungen des Gesundheitsstatus bei Pferden beobachtet werden, aber bei 3 von 6 Pferden wurden orale Läsionen festgestellt.

Zearalenon ist ein Mykotoxin, welches zu Fruchtbarkeitsstörungen führen kann. Auch wenn es beim Pferd nur sehr wenige Untersuchungen zu diesem Thema gibt, so gilt das Pferd vermutlich als eher unempfindlich gegenüber einer Zearalenonaufnahme, da das Pferd Zearalenon sehr schnell in eine untoxische Verbindung abbauen und über die Niere ausscheiden kann.

Des Weiteren wird im Getreide, insbesondere im Roggen, aber auch in Grassamen, das Dauermyzel des Pilzes Claviceps purpurea (**Mutterkorn**) gefunden. Die meist bananenförmigen, 1–3 cm langen, schwarzen Sklerotien können evtl. mit Schwarzhafer verwechselt werden. Das Myzel enthält verschiedene Gifte, die u. a. zu Erregung, Depression, Paralyse, Gliedmaßengangränen und Milchmangel führen können. Im Getreide sind futtermittelrechtlich max. 1 g Mutterkornsklerotien/kg zu tolerieren, wenngleich aufgrund wechselnder Toxingehalte gelegentlich höhere Mengen vertragen werden.

Lolitrem B und **Ergovalin**. Als Endophyten werden Pilze wie *Neotyphodium spp.* und *Rhizoctonia spp.* bezeichnet, welche in der Wirtspflanze leben und in der Regel ein symbiotisches Verhältnis zu ihrem Wirt besitzen, wobei sie z. B. den Wuchs oder die Stresstoleranz der Pflanze erhöhen können. Vielfach werden Weidelgrassaaten gezielt mit Endophyten infiziert, um die Stressresistenz für Einsaaten z. B. für Fußball- oder Golfplätze zu erhöhen.

Einige dieser Stoffwechselprodukte der Endophyten (z. B. Lolitrem B) können beim Pferd, vor allem im Spätsommer und Herbst, zu Vergiftungen führen. Eine dieser Erkrankungen ist die sog. Taumelkrankheit, auch als „Ryegrass staggers“ bezeichnet, welche durch die Aufnahme von mit Endophyten (*Neotyphodium lolii*) belastetem Deutschen Weidelgras hervorgerufen wird. Dieser Pilz produziert das sog. tremorgene Mykotoxin **Lolitrem B**, welches zu neuromuskulären Dysfunktionen führt.

Pferde, die über 14 Tage Lolitrem-B-kontaminiertes Heu (2 mg/kg) erhielten, zeigten einen bewegungsabhängigen Tremor und vestibuläre Ataxien. Des Weiteren kam es zu einer Beeinträchtigung der Darmmotorik sowie zu einer erhöhten Herz- und Atemfrequenz bei den Pferden. Nach Futterumstellung zeigte sich eine schnelle Regeneration der betroffenen Tiere.

Als weiteres Alkaloid, welches durch *Neotyphodium spp.* gebildet wird, ist das **Ergovalin** von Bedeutung. Dieses Toxin wird hauptsächlich in Endophyten-belastetem Rohrschwingel nachgewiesen und es besitzt eine gefäßverengende Wirkung, wobei es vor allen Dingen zum Abort und zu einer verminderten Euterentwicklung bei Stuten kommen kann.

Vermutet wird auch, dass die Ergovalinaufnahme aufgrund der vasokonstriktorischen Wirkung eine Huflederhautentzündung (Hufrehe) auslösen kann. Es konnte z. B. gezeigt werden, dass im Verlaufe einer 90-tägigen Ergovalinaufnahme (~200 µg/kg Futter) erhöhte Huftemperaturen und eine erhöhte Hufempfindlichkeit mit Lahmheit bei Pferden auftrat.

Auch der Befall von **Rotklee** (Trifolium pratense), seltener auch der Befall von **Weißklee** oder **Luzerne** mit dem parasitierenden Pilz Rhizoctomia leguminocola, der das Mykotoxin Slaframin bildet, löst bei Aufnahme eine massive Speichelbildung, verbunden mit Diarrhö und Fressunlust, aus. Aufgrund der erhöhten Speichelbildung wird die Erkrankung auch „Slobber Disease“ bzw. **Speichelkrankheit** genannt.

Teil 3 Erkrankungen und Diätetik

10 Fütterungsempfehlungen bei Krankheiten und Störungen

Ingrid Vervuert, unter früherer Mitarbeit von Helmut Meyer †

10.1 Allgemeines

Zahlreiche Fütterungsfehler, häufig in Kombination mit Haltungs- oder Nutzungsfehlern, können zu **ernährungsbedingten Erkrankungen** wie Adipositas oder Magenulzera führen, wobei primäres Ziel das Erkennen und Abstellen der Fütterungs- und Haltungsfehler ist.

Auf der anderen Seite kann eine sinnvolle Ernährung

- bei akut kranken Tieren den Heilungsprozess unterstützen und beschleunigen,
- bei chronischen Krankheiten die Beschwerden abschwächen oder sogar vollständig beseitigen und
- bei disponierten Tieren die Wiederkehr einer bestimmten Krankheit verhindern.

Merke

Fütterungsmaßnahmen, die gezielt der Beseitigung, Abschwächung und Vorbeuge eines abnormen und krankhaften, nicht durch Nährstoffmängel bedingten Körperzustands dienen, zählen zur Diätetik.

Allgemeine Fütterungsempfehlungen ohne Berücksichtigung bestimmter Ziele oder allein unter dem Aspekt einer ausreichenden Zufuhr aller essenziellen Nährstoffe erfüllen diese Forderung nicht, denn die vollständige und ausgeglichene Ernährung eines Tieres ist eine selbstverständliche Aufgabe der Tierernährung. Sie kann aber nicht gleichzeitig auf die Beeinflussung spezifischer Krankheitszustände abgestellt sein. Aus diesem Grunde ist die Bezeichnung **„Diätfuttermittel"** für Produkte ohne spezielle Indikation (z. B. sog. Aufbaufutter, vitamin- oder mineralstoffreiche Präparate etc.) abzulehnen. Von ihnen ist bei Krankheiten, die nicht durch einen Mangel bedingt sind, im Allgemeinen keine therapieunterstützende Wirkung zu erwarten.

Um einen Missbrauch des Begriffs „Diätfutter" zu verhindern und eine Überprüfbarkeit entsprechender Produkte zu gewährleisten, hat der Gesetzgeber Regelungen erlassen, die im Sinne einer Positivliste verbindliche Vorgaben zu Indikationen für den Einsatz von Diätfuttermitteln, zu den Wirkungsprinzipien sowie zur Deklaration machen.

Diätfuttermittel sind für folgende **Indikationen** zugelassen:

- Insuffizienz des Dünndarms
- chronische Verdauungsstörungen im Dickdarm
- Minderung von Stressreaktionen
- Elektrolytmangel
- Abmagerung
- Störungen der Leber- und Nierenfunktion

Diätfutter können nicht die Gesamtration eines Pferdes stellen, da ergänzende Raufuttermittel unentbehrlich bleiben. Bei der komplexen und oft unterschiedlichen Genese der o. g. Störungen ist es daher oft sinnvoller, **Rationen mit geeigneten Futtermitteln** zu konzipieren. Solche Konzepte brauchen keineswegs besonders kompliziert zu sein. Sie bieten den Vorteil größerer Flexibilität und individueller Anpassung. Hier können Eigenheiten des Pferdes berücksichtigt werden, so dass in Abhängigkeit von Krankheitszustand oder auch Akzeptanzverhalten Modifikationen möglich sind.

10.2 Störungen in der Nahrungszufuhr

10.2.1 Dysphagie

Ursachen Holzknabbern, Erdefressen oder Kotfressen (Koprophagie) haben teils eine gemeinsame Ursache, teils sind aber auch spezielle Faktoren im Spiel. Zu den gemeinsamen Ursachen zählen Langeweile, wenig Bewegung, isolierte Haltung, kein Kontakt zu anderen Pferden, einstreulose Aufstallung, vor allem aber eine knappe Versorgung mit kaufähigem Raufutter und damit ungenügende kauende Beschäftigung.

Zeigen sich diese Erscheinungen bei gemeinsam gehaltenen Weidepferden, so ist die Nährstoffversorgung zu überprüfen. **Erdefressen** wird z. B. bei Salzmangel, aber vereinzelt auch bei Eisen- oder Kupfermangel beobachtet. Beim **Holzfressen** kann ebenfalls ein Spurenelementemangel vorliegen. Allerdings benagen auch adäquat versorgte Pferde häufig ohne erkennbaren Grund Holz oder Baumrinden, möglicherweise weil Geschmack oder Konsistenz angenehm sind. Dies ist z. B. sehr häufig bei der Weidehaltung, selbst mit ausreichendem Grasangebot, zu beobachten. **Kotfressen** ist für Saugfohlen (S. 251) typisch, hierbei wird die mikrobielle Besiedlung des Magen-Darm-Trakts gefördert, des Weiteren trägt das Kotfressen beim Fohlen zur Eiweiß- und Vitamin-B-Versorgung bei. Bei adulten Pferden wird Koprophagie vor allem bei einer zu knappen Versorgung mit kaufähigem Raufutter, absolut zu geringer Futtermenge, aber gelegentlich auch bei Verdauungsstörungen gesehen.

Diätetische Maßnahmen Die wichtigste Maßnahme gilt der Überprüfung der Raufutterzufuhr, wobei bei Stallhaltung die Mindestaufnahmemenge an Raufutter von 1,5 kg TS/100 kg KM, z. B. ~1,7 kg Heu/100 kg KM, einzuhalten ist, ggf. muss die Raufuttermenge weiter erhöht werden (z. B. bei Haltung auf Späne oder Sand). Des Weiteren sollte eine Überprüfung der Mineralstoffversorgung erfolgen, hier sind sowohl die Rationskalkulation als auch zum Teil eine Blutuntersuchung (S. 267) sinnvoll.

10.2.2 Appetitlosigkeit

Ursachen Appetitlosigkeit ist ein Symptom, keine Krankheit. Frisst ein Pferd schlecht, so sind die im Folgenden aufgeführten Faktoren zu überprüfen.

Praxis

Bei einer ungenügenden Futteraufnahme kommen verschiedene Ursachen in Betracht, die überprüft werden sollten:

Vom **Pferd** ausgehend:
- Allgemeinerkrankungen (Fieber, Schmerzen)
- Organerkrankungen (Magengeschwüre, Herz, Leber, Niere, Lunge)
- Störungen am Verdauungskanal (Lippen, Zähne, Zahnfleisch, Kiefergelenk, Magen-Darm-Schleimhaut, Passagestörungen, Versandung, Fehlfermentationen u. a.)
- Parasitenbefall
- Rosse
- Überlastung (Erschöpfung, Hyperthermie, Dehydratation)

Vom **Futter** ausgehend:
- mangelhafte Futterhygiene (z. B. Schimmelpilzbefall, stark vergorene Futtermittel)
- Futterstruktur, Konsistenz (zu fein vermahlen, zu harte Pellets, zu weiches Heu, z. B. vom zweiten Schnitt, u. a.)
- abweichender Geschmack (z. B. Bitterstoffe im Futter, Medikamente)
- Futterwechsel

Von der **Umwelt** ausgehend:
- psychischer Stress (Herdenstruktur, Abwesenheit eines „Stallgenossen", Einflüsse durch Menschen, andere Umgebung)
- fehlerhafte Fütterungstechnik (Krippenform)
- mangelnde Verfügbarkeit von Wasser
- hohe Temperaturen bei hoher Luftfeuchte

Fressunlust kann durch Allgemeinerkrankungen (Fieber, Schmerzen), durch Rosse, Erschöpfung (längere Anstrengungen), aber auch durch Organkrankheiten verursacht werden. Am Verdauungskanal sind insbesondere zu beachten: Lippen, Zähne, Kiefergelenk, Magen (Magenulzera), Passagestörungen (Obstipationen, Obturationen), Sandablagerungen in Dünn- und Dickdarm oder zäkale oder kolonale Azidosen (S. 307).

Andererseits liefert bei gesunden Pferden oft das Futter die Erklärung für eine mangelhafte Fresslust, z. B. bei hohem Sand- und Staubgehalt, Schimmelpilzbefall, Bitterstoffen, Medikamenten oder anderen Fremdstoffen. Unter diesen Bedingungen fressen meistens mehrere Pferde eines Bestands schlecht, wenngleich einzelne, besonders empfindliche Tiere schon frühzeitig solche Futtermängel durch ihr Verhalten signalisieren.

Schließlich muss bei der Problemlösung auch die Umwelt beachtet werden: Psychischer Stress durch Gegenwart belastender Pferde oder Menschen, Trennung von der gewohnten Umgebung oder von gewohnten Pferden, ungeeignete Krippen oder fehlende Möglichkeiten zur Wasseraufnahme können Ursachen ungenügender Futteraufnahme sein, ebenso wie hohe Umgebungstemperaturen, hohe Luftfeuchte oder ungenügende Lüftung.

Sind die Ursachen der Fressunlust erkannt, ist zielstrebig für Abhilfe zu sorgen durch Behandlung der Tiere, Futterwechsel oder Verbesserung der Umwelt.

Diätetische Maßnahmen Generell sind bei schlecht fressenden Pferden schmackhafte Futtermittel einzusetzen, vor allem Gras, trockenes, stängelbetontes Heu (erster später Schnitt in der Blüte), Heulagen oder Grassilagen, Getreideflocken, Rüben, Möhren, Äpfel, Melasse, Mash (S. 239) und zum Teil auch fettangereicherte Ergänzungsfutter.

Bei Problempferden ist es hilfreich, jeweils nur so viel Futter zuzuteilen, wie innerhalb von 30 min gefressen werden kann. Nach dieser Zeit sollten Reste entfernt und später durch neues, noch nicht von der Ausatmungsluft durchblasenes Futter ersetzt werden. Täglich 30–60-minütige mäßige Bewegungen stimulieren ebenfalls den Appetit, ebenso die Gegenwart gut fressender Pferde.

10.2.3 Kachexie und Sondenernährung

Ursachen Sind Pferde nach einer Erkrankung oder aus anderen Gründen stark abgemagert (aber organisch gesund), so kann durch eine energiedichte Ration der normale Ernährungszustand rasch wiederhergestellt werden.

Diätetische Maßnahmen Neben früh geerntetem, hochverdaulichem Heu, Heulagen oder Luzerne können zusätzlich getreide- und fettreiche Mischfutter ergänzt werden. Bei entsprechender Fütterungstechnik können Tageszunahmen bis zu 0,2 kg/100 kg KM erreicht werden. Das Raufutter sollte nach langsamer Adaptation (Vermeidung der zu hohen Futteraufnahme nach längerer Nahrungskarenz) ad libitum angeboten werden, das Kraftfutter in Mengen zwischen 0,2–0,8 kg/100 kg KM pro Tag.

Nach Operationen oder bei Erkrankungen im Kopfbereich (z. B. Lähmungen des Schlundkopfs), aber auch bei fortschreitender Appetitlosigkeit kann die **Ernährung mittels Sonde** notwendig werden.

Die Sondennahrung muss einfach herstellbar, nach Zusatz von Wasser gut fließbar sein und wegen der begrenzten Magenkapazität des Pferdes eine ausreichende Energiedichte (mindestens 11,9 MJ umsetzbare Energie/kg TS) aufweisen. Kurzfristig können auch pelletierte Mischfutter (z. B. für Sport- oder Zuchtpferde) oder Milchaustauscher für Fohlen nach vollständiger Auflösung in Wasser verwendet werden.

Wird eine längerdauernde Sondenernährung notwendig, kommt die in ▶ Tab. 10.1 genannte Mischung infrage, die hochverdauliche Komponenten enthält. 1 kg dieser Mischung wird mit 4,5 kg Wasser verdünnt (rd. 2,1 MJ umsetzbare Energie/l). Um den Erhaltungsbedarf zu decken, sind in der Regel 3 Mahlzeiten (je 2 l/100 kg KM) notwendig.

Vorsicht

Die Sondennahrung sollte langsam, d. h. mit Unterbrechungen, appliziert werden, da flüssige Nahrung Magen und Dünndarm rasch durchläuft und dann größere Mengen an leicht fermentierbaren Substanzen in den Dickdarm gelangen (Risiko für Fehlgärungen im Dickdarm, Hemmung des Rohfaserabbaus bei Zufluss größerer Fettmengen).

▶ **Tab. 10.1** Mischfutter zur Applikation per Sonde. Umsetzbare Energie 11,2 MJ/kg, pcvRP 91 g/kg. Komponenten und Zusammensetzung (Angaben pro kg).

Komponenten	g/kg
Grünmehl	340
Haferflocken	310
Magermilch[1)]	90
Futterzucker	200
Pflanzenöl	50
vitaminiertes Mineralfutter[2)]	5
Viehsalz	5

1) alternativ auch Sojaextraktionsschrot
2) Auswahlkriterien vitaminiertes Mineralfutter (S. 189)

Treten **Unverträglichkeitsreaktionen** auf (Unruhe infolge Überladung des Magens oder Koliken durch Blähungen im Dickdarm), ist die Futtermenge zu reduzieren oder die Mahlzeitenfrequenz zu erhöhen und die Zuflussgeschwindigkeit zu verlangsamen.

Parenterale Ernährung

Die parenterale Versorgung ist in solchen Fällen indiziert, wenn die orale Route zur Futteraufnahme über einen längeren Zeitraum kontraindiziert ist (z. B. Gefahr von Ileus nach Dünndarmresektion). Kohlenhydrate und Fette sind die primären Energiequellen, ergänzend werden Aminosäuren berücksichtigt, um den Eiweißbedarf entsprechend abdecken zu können (▸ **Tab. 10.2**).

Die sehr hohen Kosten, aber auch die zum Teil auftretenden Nebenwirkungen wie eine persistierende Hyperglykämie schränken den Einsatz der parenteralen Ernährung beim Pferd ein. Auf der anderen Seite verbessert die parenterale Versorgung ganz erheblich die Energie- und Nährstoffversorgung des Pferdes, welches wiederum zu einer schnelleren Regeneration beiträgt.

10.2.4 Ernährung zu früh geborener, lebensschwacher oder aphagischer Fohlen

Für die erfolgreiche Aufzucht von Fohlen der genannten Kategorien ist als erste Voraussetzung die Umgebungstemperatur (rd. 20 °C) zu optimieren durch Wärmestrahler, Heizkissen oder Wärmflaschen.

> **Vorsicht**
> **Hypothermische Fohlen müssen langsam aufgewärmt werden, da eine zu rasche Erhöhung der Körperinnentemperatur den Energieumsatz so stark steigern kann, dass sich vorübergehend das Energiedefizit verschärft.**

In akuten Fällen sind Sauerstoffzufuhr und Glukosegaben (i. v.) notwendig.

Diätetische Maßnahmen Für die Ernährung dieser Fohlen sind **Milchaustauscher** (S. 256) einzusetzen, die neben den üblichen Gehalten erhöhte Mengen an Kupfer (bis 25 mg/kg Futter-TS) und Eisen (bis 100 mg/kg Futter-TS) aufweisen sollten (Frühgeburten besitzen geringere Reserven an diesen Spurenelementen).

Die tägliche Futtermenge beginnt mit rd. 5 % der KM und stündlicher Zuteilung. Ein 50 kg schweres Fohlen würde bei einer Tagesration von 2,5 kg also rd. 100 ml/Mahlzeit erhalten. Je nach Befinden des Fohlens wird die Tagesmenge bis auf 15–20 % der KM gesteigert, bei Verlängerung der Fütterungsintervalle auf 2 h.

Die Applikation der Milchaustauscher über eine **Flasche** ist bei schwachen Fohlen, insbesondere wenn sie nicht stehen können, wegen möglicher Schluckbeschwerden nicht risikolos. Besser ist es daher, eine **Nasenschlund-Sonde** zu verwenden. Ständige Überwachung (Beachtung von Reflux, Blähungen etc.) ist Voraussetzung für den Erfolg der Fütterung.

Bei erheblichen enteralen Störungen kann mit Hilfe von entsprechenden Produkten aus der Humanmedizin eine **parenterale Ernährung** versucht werden. Die tägliche Energiezufuhr sollte etwa 300 kJ/kg KM erreichen (▸ **Tab. 10.2**).

▸ **Tab. 10.2** Zusammensetzung von Infusionslösungen zur parenteralen Versorgung beim Pferd (Infusionsrate 0,5 ml/kg KM pro h) (Tab. basiert auf Daten aus Durham et al. 2004).

Zusammensetzung	Intrafusin 22	Glukose 50 %	Intralipid 20 %	Gesamt
Aminosäuren (g/l)	152	-	-	**50,7**
Eiweiß (g/l)	137	-	-	**45,7**
Energie (MJ/l)	2,5	7,8	8,4	**6,2**
Osmolalität (mosm/l)	1400	2780	350	**1510**

10.2.5 Adipositas

Ursachen Eine chronische Überversorgung mit Energie, häufig in Kombination mit einem Bewegungsmangel oder falsch eingeschätzter Leistung des Tieres, führt zur Adipositas. Verfettung ist für Leistungsfähigkeit, Wärmeregulation und Infektionsabwehr von Nachteil.

Rund 30–40 % der adipösen Pferde und Ponys weisen darüber hinaus eine Störung in der Insulinregulation sowie Hufreheschübe auf. Dieser Symptomenkomplex wird als equines metabolisches Syndrom (S. 325) bezeichnet.

Diagnostik Die Diagnose der Adipositas orientiert sich am Gewicht sowie am allgemeinen Körperzustand (▸ **Tab. 6.7**). Zusätzliches Fett wird bei disponierten Pferden vor allem an Mähnenkamm, Schulter, Schweifrübe und ggf. Präputium angesetzt.

Diätetische Maßnahmen Für adipöse Pferde sind energiearme Rationen vorzusehen, die nur 60–70 % des Erhaltungsbedarfs (ausgehend vom Normalgewicht) decken. Sie müssen jedoch ein ausreichendes Volumen und genügend Struktur besitzen, so dass die Pferde adäquat mit der Futteraufnahme beschäftigt sind und ihr Verdauungskanal sich ausreichend füllt.

Zur Versorgung adipöser Pferde eignet sich älteres, energiearmes Heu (evtl. im Gemisch mit Stroh) oder ein Heu aus dem Grassamenanbau in Mengen von 1,2–1,5 kg/100 kg KM. Damit wird der Energiebedarf im Erhaltungsstoffwechsel zu etwa 70 % gedeckt, so dass zum Energieausgleich moderat Fett mobilisiert werden muss. Das Heu sollte in engmaschigen oder doppelten **Heunetzen** (Maschenweite < 30 mm) verfüttert werden; siehe auch Slow Feeding Systeme (S. 200).

> **Vorsicht**
> **Bei hochtragenden adipösen Stuten oder auch bei akuten Reheschüben ist von abrupten energierestriktiven Maßnahmen abzusehen, da sonst die Gefahr der Hyperlipidämie besteht.**

Zusätzlich zum Heu ist ein Eiweißträger, z. B. Grünmehl oder Luzerne (0,1–0,2 kg/100 kg KM), zu füttern, um den Abbau von Muskulatur zu verhindern. Die Mineralstoff- und Vitaminversorgung sollte über ein vitaminiertes Mineralfutter sowie ggf. einen Salzleckstein abgedeckt werden.

Rationsvorschläge

Tagesration zur Körpergewichtsreduktion bei adipösen Pferden und Ponys

Rationsvorschlag 1
- 1,5 kg Heu/100 kg KM
- 0,1 kg Grünmehl/100 kg KM
- vitaminiertes Mineralfutter
- Salzleckstein

Rationsvorschlag 2
- 1 kg Heu/100 kg KM
- 0,4 kg Stroh/100 kg KM
- 0,1 kg Luzernecobs/100 kg KM
- vitaminiertes Mineralfutter (max. 10 % Ca)
- Salzleckstein

Sofern die Pferde keine organischen Schäden (Kreislauf, Skelett) aufweisen, hilft körperliche **Bewegung**, um die Insulinregulation zu verbessern. Hier scheint bereits eine moderate Belastung mit Schritt- und Trabphasen geeignet zu sein, um die Insulinwirkung verbessern zu können. Auch der Energiebedarf ist bei körperlicher Belastung höher als unter Erhaltungsbedingungen, allerdings sind längerdauernde und forcierte Bewegungen notwendig, um eine deutliche Erhöhung des Energiebedarfs und damit der Futteraufnahme zu erreichen (▸ **Tab. 4.7**).

10.3 Krankheiten der Haut

Hautkrankheiten haben eine recht unterschiedliche Ätiologie (ungenügende Nährstoffversorgung, Allergien, Ektoparasiten, Pilz- oder Bakterieninfektionen, physikalische Einwirkungen etc.). Diätetische Maßnahmen können nur dort Erfolg haben, wo eine klare Diagnose vorliegt und Zusammenhänge zur Ernährung bestehen. Häufig begünstigen jedoch Ernährungsfehler die Entstehung von Hauterkrankungen (z. B. Infektionen), so dass es sich stets lohnt, die Fütterung, insbesondere die Nährstoffzufuhr zu überprüfen und ggf. zu korrigieren (▸ **Tab. 10.3**).

► **Tab. 10.3** Mögliche Einflüsse einer Fehlernährung auf Hautveränderungen beim Pferd.

Nährstoff	Zu erwartende klinische Symptome bei erheblichen Abweichungen von der Normalversorgung	Disponierendes Fütterungsregime	Diagnostisch zu verwertende Parameter ► Tab. 8.2
Eiweiß- bzw. Aminosäurenmangel (insbesondere Methionin, Tryptophan, Lysin)	trockenes, raues Haarkleid, brüchige Haare, Hyperkeratose, Infektionsdisposition	einseitige Fütterung: Stroh, stark verholztes oder schilfartiges Heu, insbesondere bei erhöhtem Eiweißbedarf (Laktation, Wachstum, Haarwechsel)	Serum-Harnstoffgehalt
Mangel an ungesättigten Fettsäuren	trockene, schuppige Haut	einseitige Fütterung: Stroh, stark verholztes oder schilfartiges Heu	diagnostische Fütterung mit Leinöl
Vitamin-A- bzw. Karotinmangel	„stumpfes" Haarkleid, Dyskeratosen, geringes Haarwachstum, Haarausfall, Juckreiz, Infektionsdisposition	Stroh, stark verholztes oder schilfartiges Heu, Mühlennachprodukte, Getreidekörner, insbesondere bei erhöhtem Bedarf	Serum-Vitamin-A-Gehalt
Zink	Parakeratose, Haarausfall, Schuppenbildung, schlechte Wundheilung, Entzündungen, Hufhornschäden (?)	Zn-Gehalt in der Ration < 20 mg/kg oder Zn-absorptionshemmende Stoffe in der Ration wie Phytin-P (z. B. Weizenkleie) oder hohe Ca-Gehalte	Serum-Zn-Gehalt
Biotin	sprödes, trockenes, glanzloses Haar	–	Serum-Biotin-Gehalt

10.3.1 Sonnenbrand

Ursachen Bei Sonnenbrand auf nicht pigmentierten Hautstellen sollte die Ration auf Pflanzen mit fotosensibilisierenden Inhaltsstoffen überprüft werden (z. B. Johanniskraut, Buchweizen).

Gelegentlich scheinen auch verpilzte Futterpflanzen für die Sensibilisierung verantwortlich zu sein. Mykotoxine können den Leberstoffwechsel so verändern, dass Umbauprodukte des Chlorophylls, z. B. Phylloerythrin, in den peripheren Kreislauf gelangen und die nichtpigmentierte Haut sensibilisieren. Solche Störungen sind daher auch im Zusammenhang mit Lebererkrankungen möglich.

Diätetische Maßnahmen Besteht der Verdacht, dass fotosensibilisierende Pflanzen aufgenommen worden sind, so sind entsprechende Pflanzen auf der Weide, aber auch im Raufutter zu entfernen. Pferde mit massiven Hautveränderungen sollten aufgestallt werden.

Die Zulage an Zink (1–2 mg/kg KM/Tag) sowie eine bedarfsangepasste Vitamin-A-Versorgung (S. 114), ► **Tab. 4.22**, wirken unterstützend auf die Hautregeneration. Bei Lebererkrankungen sind entsprechende diätetische Maßnahmen (S. 314) einzuleiten.

10.3.2 Verbrennungen und Wunden

Ursachen Verbrennungen können gelegentlich beobachtet werden, auch Wunden mit erheblichen Ausprägungsgraden durch unterschiedliche Traumata oder auch iatrogen (paravenöse Applikation von Medikamenten) können auftreten.

Diätetische Maßnahmen Bei größeren Verbrennungen oder großflächigen Wunden kann die Heilung durch eine erhöhte Eiweißzufuhr (z. B. Sojaextraktionsschrot 0,05–0,1 kg/100 kg KM) begünstigt werden. Weiterhin soll nach Erfahrung bei anderen Spezies eine zusätzliche Gabe von Zink

(1–2 mg/kg KM/Tag) und Vitamin A (300 IE pro $kg^{0,75}$) die Epithelisierung (S. 111) verbessern.

10.3.3 Allergische Hauterkrankungen

Ursachen Allergisch bedingte Hauterkrankungen äußern sich oft als **Urtikaria (Quaddelausschlag)**. Diese meist plötzlich auftretende Veränderung kann durch exogene Einflüsse (Insektenstiche, Brennnesselkontakt) ausgelöst werden, wird aber auch nach Fütterung von grünem Roggen, Kartoffelblättern, grünen Hülsenfrüchten und selbst nach Aufnahme von Knoblauch gesehen. Gelegentlich tritt sie bei Dysbiosen im Darmkanal auf (endogene Sensibilisierung).

Diätetische Maßnahmen Bei Verdacht auf eine Allergie sind alle Futtermittel (einschließlich Mineralfutter oder sonstiger Präparate) sofort abzusetzen. Anschließend ist stufenweise zu prüfen, welche Futtermittel nicht vertragen werden. Wenn nach Einsatz einer neuen, hygienisch einwandfreien Heu- oder Heulagencharge (möglichst aus Monokulturen, z. B. Lieschgras) Reaktionen ausbleiben, kann geprüft werden, ob die üblichen Kraftfuttermittel (Hafer, Mais, evtl. Gerste) vertragen werden, ebenso wie evtl. eingesetzte Mineralfutter oder andere Präparate. In diesem Fall können aus dem Erfolg der Fütterung diagnostische Schlüsse gezogen werden.

10.4 Krankheiten der Atemwege

Ursachen Erkrankungen der Atemwege und der Lunge können sowohl infektiös, als auch durch die Inhalation von partikulären Stäuben, seltener durch toxische Gase (Ammoniak) verursacht oder begünstigt werden.

Die in der Stallluft schwebenden Partikel stammen überwiegend aus dem Futter oder der Einstreu. So kann das Aufschütteln von trockenem Heu oder Stroh in der Nähe von Pferden mit equinem Asthma zu Hustenanfällen und Atemnot führen.

Die Staubkonzentration in der Stallluft variiert mit den Fütterungszeiten (► **Abb. 6.4**). Größere Staubanteile (5–50 µm) werden überwiegend im Nasenrachenraum bzw. in den Bronchien abgefangen, während kleinere auch bis in die Lungenalveolen vordringen können. Als besonders gefährlich gelten Staubanteile, die sehr klein sind und einen Durchmesser zwischen 2 und etwa 7 µm aufweisen. Der Staub enthält verschiedenste Teilchen aus dem Futter von Blättern, Samen, Grannen, Blüten etc., aber auch Infektionserreger (Bakterien, Schimmelpilzsporen) und deren Toxine (Mykotoxine, Endotoxine) und Milben. In neueren Untersuchungen konnte gezeigt werden, dass die Symptome des equinen Asthmas bei Pferden nicht allein auf Schimmelpilzsporen zurückzuführen sind, sondern viele Pferde reagieren besonders empfindlich auf die kombinierte Inhalation von Schimmelpilzsporen und Endotoxinen. Endotoxine sind Zellwandbestandteile von gramnegativen Bakterien, die über den Zerfall der Bakterien über den Kot ausgeschieden werden und so die Stallluft belasten können. Endotoxine sind aber auch in verdorbenen Futtermitteln in größeren Mengen enthalten.

Therapie Generell gilt die 24-h-Weidehaltung als optimale Maßnahme bei chronisch-allergischen Lungenerkrankungen. Bei Stallhaltung sind folgende Maßnahmen einzuhalten:

Praxis

Bei Pferden mit Atemwegserkrankungen in Stallhaltung können die folgenden Maßnahmen ergriffen werden:

1. Ausschließlicher Einsatz von hygienisch einwandfreien und staubarmen Futtermitteln

Als Raufuttermittel sind **Silagen** oder **Heulagen** (Verweis Box) zu bevorzugen. Falls das **Heu** nicht gegen Heulage ausgetauscht werden kann, kann es **gewässert** werden. Kurzfristiges (5–10 min) vollständiges Eintauchen des Heus in Wasserbassins entfernt feine Staubpartikel weitgehend, hält jedoch Verluste an löslichen Kohlenhydraten und Mineralstoffe in Grenzen. Das Waschwasser ist nach jedem „Heuwaschen" zu entsorgen. In der letzten Zeit werden auch „**Heubedampfer**" (S. 295) zur Hygienisierung von Heu eingesetzt, die ebenfalls eine sehr gute Keimreduktion durch das Dämpfen des Heus gewährleisten. Hierfür stehen sowohl kommerzielle Heubedampfer als auch eigene Konstruktionen zur Verfügung.

Vor- und Nachteile der Heulagefütterung (S. 311) **bei Pferden (TS-Gehalt 65–75 %, pH > 6):**

- Vorteile
  - gute Staubbindung
  - hohe Schmackhaftigkeit
  - Ernte wetterunabhängiger als bei der Heugewinnung
  - Lagerung in Folien
- Nachteile
  - Botulismusrisiko
  - schneller Verderb beim Öffnen bei warmen Außentemperaturen
  - freies Kotwasser

2. Verwendung von staubarmem Einstreumaterial

Durch das Entfernen von Stroh als Einstreumaterial kann die Stallluft nachhaltig verbessert werden. Als Einstreumaterialien eignen sich Papierschnipsel, gereinigte Späne oder Torf. Aber auch Strohpellets sind als Einstreumaterial geeignet.

3. Senkung der Staubbelastung im Nasenbereich während der Futteraufnahme

- Bei der Verfütterung von Kraftfutter sind **pelletierte** Konfektionierungen zu bevorzugen, da diese in der Regel eine geringere Keimbelastung und eine bessere Partikelbindung aufweisen.
- Getreide kann aber auch sehr gut mit 1–3 % **Pflanzenöl** benetzt werden, um eine Staubbindung herbeizuführen. Ähnliche Effekte werden durch die Zulage von Wasser erreicht.
- Können Pferde ihr Futter von der Box aus an der Stallaußenseite, d. h. **im Freien** aufnehmen, werden sie nachhaltig vor Staub geschützt.
- Zur Förderung des Sekretabflusses hat sich die **Fütterung vom Boden** bewährt.

4. Intensive Lüftung bzw. Belegung von Außenboxen

Durch gründliche Lüftung (5-maliger Luftwechsel/h) kann die Staubexposition deutlich gemindert werden.

5. Senkung des Ammoniakgehalts in der Stallluft

Außer Staub kann auch ein hoher Ammoniakgehalt in der Stallluft den Respirationstrakt belasten. Es ist auf eine angemessene, nicht überhöhte Eiweißzufuhr zu achten, um den Harnstoffgehalt im Harn und die Freisetzung von Ammoniak im Stall zu senken.

6. Staubarme Umgebung auch für die Nachbarschaft einrichten

Die oben genannten Maßnahmen sind nur dann sinnvoll, wenn die gesamte Umgebung der Pferde mit chronischen Atemwegsproblemen staubarm eingerichtet wird. Optimal sind komplett von der eher typischen Haltung abgetrennte staubarme Fütterungs- und Haltungsareale.

Heubedampfer

Kommerzielle Heubedampfer führen zu einer deutlichen Reduktion der Keimgehalte im Heu (► **Tab. 10.4**), so dass diese eine Alternative zum Heuwässern oder der Fütterung von Heulage darstellen. Eigene Konstruktionen zum Bedampfen des Heus haben teilweise den Nachteil, dass der Wasserdampf nicht adäquat den inneren Kern des Heus erreicht, so dass keine deutliche Keimreduktion stattfindet, teilweise können sich sogar wärmetolerante Bakterien stark vermehren.

► **Tab. 10.4** Reduktion der vermehrungsfähigen Keimgehalte im Heu (N = 5) durch Dampfbehandlung (Tab. basiert auf Daten aus Moore Colyer et al. 2014).

Parameter	Heu (Ausgangsmaterial)	Bedampftes Heu[1]
Gesamtkeimzahl	51286	741
Pilze	1047	2

[1]40 min im Haygain Bedampfer, Angaben vermehrungsfähige Keimgehalte pro g Futter

Diätetische Maßnahmen Bei Pferden mit Atemwegserkrankungen ist eine Optimierung der Nährstoffversorgung sinnvoll: Als Epithelschutzvitamin besitzt das **Vitamin A** eine wichtige Funktion für die Schleimhäute des Respirationstraktes. Ein Mangel kann zu einer erhöhten Manifestation von Erkrankungen des Atmungstraktes führen, allerdings muss betont werden, dass es nur unter extremen Fütterungsbedingungen zu einem solchen Mangel kommen kann. Die kommerziellen Ergänzungsfuttermittel sind in der Regel vitaminreich, und auch über Weidegang oder Möhren kann die Aufnahme von Vitamin A über **β-Karotin** (Provitamin A) sichergestellt werden. Problematisch sind allerdings Raufutterqualitäten, die länger gelagert wurden, da die Lagerung zu einer Abnahme des β-Karotin-Gehalts führt.

Antioxidativ wirksame Zusatzstoffe wie **Vitamin E**, **Vitamin C** und **Selen** scheinen ebenfalls positiven Einfluss auf die Abwehrfunktionen zu besitzen, so dass eine adäquate Versorgung mit den genannten Zusatzstoffen (S. 191) sicherzustellen ist.

Die Supplementierung mit **Omega-3-Fettsäuren** scheint beim Menschen einen positiven Effekt auf die Prävention und Therapie von Asthma zu besitzen, wobei die immunmodulatorischen und auch die entzündungshemmenden Eigenschaften dieser Fettsäuren von Interesse sind. Beim Pferd liegen bislang nur wenige klinische Untersuchungen vor, wobei eine 10-wöchige Zulage von Omega-3-Fettsäuren zwar die Zahl der Leukozyten in der bronchoalveolären Flüssigkeit bei chronisch lungenkranken Pferden reduzieren konnte, dies allerdings keinen Effekt auf Lungenfunktion sowie klinische Symptomatik der Pferde hatte.

In diesem Bereich besteht somit ein erheblicher Forschungsbedarf, ob z. B. die Zulage von Leinöl (Dosierung 0,2–0,5 ml/kg KM pro Tag) mit einem erhöhten Anteil an Omega-3-Fettsäuren eine sinnvolle Empfehlung bei chronischen Atemwegserkrankungen darstellt.

Unbestritten ist darüber hinaus, dass es zahlreiche **Kräuter** gibt, die beispielsweise eine schleimlösende Wirkung besitzen oder aber das Immunsystem unterstützen und somit selbstverständlich ihren Platz in der Behandlung, vielleicht auch in der Prophylaxe von Atemwegserkrankungen besitzen. Problematisch ist allerdings, dass kaum Untersuchungen zu der sinnvollen Zusammensetzung von Kräutermischungen sowie entsprechende Dosierungen beim Pferd vorliegen, so dass an dieser Stelle keine Empfehlung abzuleiten ist.

10.5 Fieberhafte Erkrankungen

Fieberhafte Erkrankungen sind von nachhaltigen Veränderungen im Stoffwechsel begleitet.

Die Diätetik sollte auf die Abschwächung der Infektionsbelastung (Erhöhung der Widerstandskraft) sowie die Kompensation bzw. Beseitigung der durch die fieberhafte Erkrankung bedingten Folgezustände zielen.

10.5.1 Steigerung der Abwehrkräfte

Allgemein kann die Widerstandskraft gegenüber Infektionserregern durch eine adäquate Energie- und Nährstoffversorgung gesichert werden. Die Zulage von Aminosäuren scheint darüber hinaus einen positiven Effekt bei viralen Erkrankungen zu besitzen, so dass die Fütterung mit präzäkal **gut verdaulichen Eiweißen** wie z. B. Sojaextraktionsschrot oder Erbsenflocken, täglich 0,05–0,1 kg/100 kg KM, zu empfehlen ist.

Ferner ist die **Vitamin-A-Versorgung** (S. 116) zu beachten, da dieses Vitamin für die Integrität der Haut und Schleimhäute, aber auch für die Phagozytoseaktivität, die Lysozymproduktion sowie die Bildung der Bakterizide unentbehrlich ist.

Weiter hat sich gezeigt, dass auch eine marginale Versorgung mit **Zink**, **Vitamin E**, **Selen**, **Vitamin B_6**, **Pantothensäure** und **Folsäure** die Abwehrkräfte beeinträchtigt. Da bei Infektionskrankheiten die Nahrungsaufnahme meistens sistiert, andererseits wasserlösliche Vitamine nicht in größerer Menge gespeichert werden und die intraintestinale Vitaminsynthese gestört sein kann, verdienen diese Vitamine besonders bei längerdauernden Erkrankungen Beachtung, ebenso wie **Vitamin C** (S. 123), dessen Plasmaspiegel bei Infektionen oft subnormal ist.

10.5.2 Nährstoff- und Energieversorgung bei Fieber

Die Folgen einer Infektionskrankheit ergeben sich aus dem Grad und Manifestationsort.

Die Erhöhung der Körperinnentemperatur ist mit einem vermehrten Energieumsatz verbunden. Steigt die Körpertemperatur um 1 °C, nimmt der tägliche Bedarf an umsetzbarer Energie nach Erfahrung bei anderen Spezies merklich zu. Bei gleichzeitiger Nahrungskarenz wird vermehrt Fett aus Körperreserven abgebaut (Gefahr der Hyperlipidämie). Auch der Eiweißumsatz ist erhöht (bis zum 2- bis 3-Fachen des Normalwerts), insbesondere bei geringen Fettreserven. Andere Nährstoffe können je nach Infektionsherd in größerem Maße vermehrt benötigt werden, z. B. bei Infektionen des Darmrohrs (z. B. Elektrolytverluste), der Niere (vermehrte Verluste von B-Vitaminen) oder der Leber (geringere Syntheseleistung).

Dauert die Erhöhung der Körperinnentemperatur **nicht länger als 5 Tage**, ist eine bedarfsübersteigende Nährstoffsubstitution noch nicht erforderlich. Auch zusätzliche Nährstoffgaben, die die Widerstandskraft erhöhen, werden innerhalb so kurzer Zeit kaum wirksam. Solche Patienten erhalten eine energie- und nährstoffangepasste Tagesration (▶ **Tab. 10.5**) aus einem hochwertigen Heu (früher 1. Schnitt, 2 kg/100 kg KM), Luzernepellets oder Sojaextraktionsschrot (0,02–0,05 kg/100 kg KM), extrudierte Getreideflocken (0,3 kg/100 kg KM), getrocknete Bierhefe (0,05 kg/100 kg KM) und ein vitaminiertes Mineralfutter. Saftfutter wie Möhren oder Futterrüben oder auch die Fütterung von Mash erhöhen oftmals die Akzeptanz der Ration.

Längerdauernde fieberhafte Erkrankungen erfordern eine Substitution insbesondere an Energie und Eiweiß. Auch die zur Steigerung der Infektionsabwehr benötigten Vitamine und Spurenelemente müssen in erhöhtem Maße zugeführt werden. Für solche Patienten sind Mischfutter mit 15 % Eiweiß,

▶ **Tab. 10.5** Eiweiß- und energiereiche Rationen für Pferde (600 kg KM, Angaben in kg).

Futtermittel	I	II	III
Wiesenheu, früher 1. Schnitt	12	12	12
Luzernepellets	1	–	–
Gerstenflocken	1	1	–
Hafer	–	–	1
Sojaextraktions-schrot	–	0,15	–
Erbsenflocken	–	–	0,15
Leinöl	0,1	0,1	0,1
Bierhefe	0,1	0,1	0,1
vitaminiertes Mineralfutter[1)]	0,1	0,1	0,1
Gehalte in der Gesamtration			
umsetzbare Energie (MJ)	106	100	96
pcvRp (g)	979	936	1072

1) Auswahlkriterien vitaminiertes Mineralfutter

50 % leichtverdaulichen Kohlenhydraten und bis zu 10 % Fett (z. B. Zuchtstutenfutter) sowie früh geerntetes Heu, Heulage oder frisches Gras zu empfehlen. Auch der Einsatz von Omega-3-Fettsäuren (z. B. Leinöl: 20 ml/100 kg KM) ist zur Minderung der Entzündungsreaktion u. U. hilfreich. Neben der Verfütterung eines Mineralfutters sollte zusätzlich die Gabe von Vitamin E (200 mg/100 kg KM), von B-Vitaminen (Trockenbierhefe, 0,05 kg/100 kg KM) sowie Vitamin C (4 g/100 kg KM) erfolgen.

10.6 Krankheiten des Herzens

Ursachen Herzerkrankungen beim Pferd können verschiedene Ursachen haben, sie reichen von kongenitalen Herzerkrankungen bis zu Krankheiten des Perikards, Epikards, Myokards und Endokards sowie Rhythmusstörungen und Herzinsuffizienzen. Die Fütterung ist nur sehr selten Ursache für Herzerkrankungen.

Das sog. **Cor pulmonale** entwickelt sich bei Störungen des Strömungswiderstands im Lungenkreislauf, wobei Lungenerkrankungen zu Veränderungen am rechten Herzen führen können.

Die Aufnahme von **Giftpflanzen** wie Adlerfarn oder Fingerhut kann zu Herzrhythmusstörungen führen. Auch die Aufnahme von **Clostridientoxinen** (z. B. *Clostridium botulinum*) oder Hypoglycin A aus dem Samen oder Sprösslingen verschiedener Ahornarten wie Berg- oder Eschen-Ahorn ist mit massiven Schädigungen der Herzmuskulatur verbunden.

Ein **Vitamin-E-Mangel** kann beim Schwein zu einer akuten Herzinsuffizienz führen, beim Pferd wurde diese Form der Herzerkrankung bislang nicht beschrieben.

Diätetische Maßnahmen Herzkranke Pferde sollten **kein Übergewicht** haben. Maßnahmen zur Gewichtsreduktion (S. 292) sind durchzuführen. Weiterhin sind bei allen Herzkrankheiten, gleichgültig welcher Genese, **hochverdauliche, hygienisch einwandfreie Futtermittel in kleinen Portionen** zu verabreichen, um eine Überfüllung des Verdauungstrakts oder Blähungen (Druck auf Zwerchfell und Herz) zu vermeiden.

Herzmuskelschäden können evtl. durch **Vitamin-E-Gaben** (S. 119) gebessert werden (3–5 mg/kg KM/Tag). Zusätzlich sind sämtliche **zur Blutbildung notwendigen Nährstoffe** (Eiweiß, Eisen, B-Vitamine) sowie **antioxidative Substanzen** wie Selen ausreichend bereitzustellen, so dass eine maximale Sauerstofftransportkapazität des Bluts erreicht wird und die Entstehung von freien Radikalen minimiert wird.

Bei jungen, noch nicht ausgewachsenen Pferden ist die Carnitineigensynthese noch nicht vollständig ausgebildet, hier ist u. U. eine L-**Carnitin-Supplementierung** (2 g L-Carnitin/100 kg KM) sinnvoll.

Falls eine Wasserretention besteht (Aszites, Gliedmaßenödeme), ist die **Salzzufuhr auf das Mindestmaß zu beschränken** (Verzicht auf Lecksteine, salzhaltige Misch- oder Mineralfutter). Bei üblichen Raufuttermengen ist eine Kalium-Substitution, selbst bei der Applikation von Diuretika, im Allgemeinen nicht notwendig.

10.7
Krankheiten des Verdauungskanals

Ursachen Krankheiten des Verdauungskanals werden überwiegend – direkt oder indirekt – durch Fehler in der Fütterung oder Fütterungspraxis verursacht. Nachfolgend können nur die wichtigsten, nutritiv bedingten Störungen aufgeführt werden.

Diagnostik Zur Erkennung chronischer Störungen im Verdauungskanal sind neben einer gründlichen Erhebung der Anamnese und Adspektion auch **Kotuntersuchungen** hilfreich. Neben Überprüfung der Formung (kleine, feste Ballen sprechen für längere Retentionszeit im Darm) sowie von Wasserbindung und Farbe ist auch der Geruch zu beachten, der bei zu eiweißreicher Fütterung oder verzögerter Passagezeit faulig-unangenehm ist. Im Übrigen sind folgende spezielle Tests möglich:

Praxis

Mit einfachen Tests kann die Verdauung bei Störungen untersucht werden:

Untersuchung des Kotes

Der Kot sollte hinsichtlich folgender Parameter untersucht werden:

- **Partikelgröße:** 100–200 g frischer Kot werden über einem Sieb mit Lochgrößen von 1,5 mm mit scharfem Wasserstrahl ausgewaschen. Größere Mengen grober Partikel mit 4–5 mm Länge sprechen für ungenügende Zerkleinerung von Raufutter in der Maulhöhle (Zähne prüfen). Gegebenenfalls ist ein (relativer) Vergleich mit nicht betroffenen, ähnlich gefütterten Pferden hilfreich. Besteht die Möglichkeit, die Kottrockensubstanz ebenso wie die Menge der getrockneten Partikel zu bestimmen, ist eine absolute Aussage möglich: Nicht mehr als 50 % der Kottrockensubstanz sollten auf grobe Partikel (> 1,5 mm Durchmesser) entfallen. Gleichzeitig können auch atypische Komponenten erkannt werden (Holzpartikel, Sägespäne aus der Einstreu, Baumrinden etc.).

- **Sandgehalt:** 0,5 kg Kot werden mit 2 Teilen Wasser vermischt, umgerührt und über Gaze in ein Glasgefäß gegeben (möglichst englumiger Standzylinder). An der Größe des Sediments lässt sich der Sandanteil abschätzen. Genauere Ergebnisse liefert die Rohaschebestimmung inklusive Bestimmung der HCl-unlöslichen Asche (Sand ist nicht HCl-löslich).
- **Enthaltene Haferkörner:** Kommen größere Mengen unverdauter Haferkörner im Kot vor, so sollte zunächst überprüft werden, ob es sich tatsächlich um heile Körner oder um die entleerten Schalen handelt. Der Hafer wird nicht voll genutzt, wenn 1 kg Frischkot mehr als 150 heile Haferkörner enthält (1 kg Hafer = rd. 25000–30000 Körner!).
- **pH-Wert:** Der pH-Wert im frischen Kot kann nach Aufschwemmen mit destilliertem Wasser (1 : 1) in einem Becherglas mit Hilfe von Indikatorpapier einfach überprüft werden. Werte < 6,2 sind auffallend, ein Wert < 6 spricht für eine verstärkte Fermentation von Kohlenhydraten im Zäkum oder Kolon.

Bestimmung der Absorptionskapazität der Dünndarmschleimhaut

- **Glukosetoleranztest:** Nach 12 h Fasten wird 1 g Glukose/kg KM in 10 %iger wässriger Lösung per Nasenschlund-Sonde eingegeben, und es werden in 30–60-minütigen Abständen die Plasma-Glukosewerte bestimmt (NaF-Röhrchen verwenden!). Bei gesunden Pferden sind nach 2 h Maximalwerte von rd. 8,3 mmol/l zu erwarten (► **Abb. 4.1**). Abweichungen sprechen je nach Grad für Störungen der Schleimhautfunktionen, vorausgesetzt, im Magen findet kein mikrobieller Abbau des Zuckers infolge Störung der Magenpassage statt, aber auch Unterschiede in der Insulinsensitivität können das Ergebnis beeinflussen.
- **Xyloseabsorptionstest:** Nach 12-stündigem Fasten wird 1 g Xylose/kg KM in 10 %iger wässriger Lösung per Nasenschlund-Sonde eingegeben, und es werden in 30–60-minütigen Abständen die Plasma-Xylosewerte bestimmt. Bei ungestörter Absorption sind nach 2 h Maximalwerte von rd. 1,67 mmol/l zu erwarten. Der Xyloseabsorptionstest ist im Vergleich zum Glukosetoleranztest wesentlich spezifischer zur Diagnostik einer Malabsorption, da er durch endokrinologische Gegenregulationen z. B. über das Hormon Insulin nicht beeinflusst wird.

10.7.1 Zahnkrankheiten

Krankheiten der Zähne sind beim Pferd ernst zu nehmen, da ihre Funktionsfähigkeit eine wichtige Voraussetzung für eine normale Futterzerkleinerung, -passage und -verdauung ist. Häufige Schneidezahnveränderungen umfassen persistierende Milchzähne, Oligodontie (> 6 Schneidezähne im Ober- bzw. Unterkiefer, Über- und Unterbiss) sowie Frakturen, Diastemata, Abnormalitäten der Schneidezahnoberflächen sowie ein übermäßiges Wachstum.

Ursachen und Pathophysiologie Insbesondere das **übermäßige Wachstum der Schneidezähne** wird mit einem unzureichenden Kauvorgang in Verbindung gebracht.

Seit einigen Jahren wird eine schmerzhafte Zahnerkrankung beobachtet, die als **EOTRH (Equine Odontoclastic Tooth Resorption and Hypercementosis)** bezeichnet wird. Die Erkrankung wird bei Pferden beobachtet, die älter als 15 Jahre alt sind. Hierbei kommt es zunächst zu einem erheblichen Abbau von Zahnsubstanz, insbesondere im Bereich der Schneidezähne, aber auch des Kieferknochens. Als proliferative Reaktion wird vermehrt Zement gebildet, welcher im Wurzelbereich zu erheblichen Auflagerungen an den Schneidezähnen führen kann. Die Pferde fallen durch vermehrten Zahnstein, fauligen Geruch aus der Maulhöhle sowie Zahnfleischrückgang oder wulstiges Zahnfleisch auf. Die Ursachen für diese Erkrankung sind unklar, initial wird ein erhöhter mechanischer Stress der peridontalen Ligamente vermutet.

Der 1. Prämolar (**Wolfszahn**), falls vorhanden, wird für zahlreiche Rittigkeitsprobleme verantwortlich gemacht, deshalb wird dieser Zahn häufig extrahiert.

Auch bei den Backenzähnen werden persistierende Milchzähne beobachtet, ebenso wie Oligodontie, Frakturen oder Diastemata auftreten können. Am häufigsten werden aber **abnorme Gebissabnutzungen** (z. B. Zahnspitzen, Wellengebisse, Treppengebiss) vorgefunden, die zum einen durch das physiologische Verhältnis von Ober- zu Unterkiefer entstehen können (► **Abb. 10.1**), zum anderen aber auch durch eine mangelhafte Versorgung mit kaufähigem Raufutter bedingt sein können.

Das Vorliegen eines Über- bzw. Unterbisses prädisponieren darüber hinaus zu einer ungleichmäßigen Abnutzung der Backenzähne.

Die schmelzfaltigen Backenzähne werden beim Kauen ständig abgerieben, was möglichst gleichmäßig erfolgen sollte. Bei geringer Kautätigkeit (überwiegend Krippen-, wenig Raufutter) ebenso wie bei Veränderungen im Kiefergelenk besteht das Risiko einer ungleichmäßigen Abnutzung, so dass der harte Zahnschmelz an den äußeren Rändern der Oberkiefer- und den inneren Rändern der Unterkieferbackenzähne (▶ **Abb. 10.1**) **Spitzen** bildet, die die Backen- bzw. Zungenschleimhaut verletzen und Schmerzen erzeugen.

Die Beziehung zwischen Fütterung und **Karies** ist bisher nicht eindeutig geklärt. Futterrationen, die zu einer geringen Kautätigkeit und Speichelproduktion führen, Futterkomponenten mit hoher Klebkraft (z.B. melassierte Mischfutter) oder stärke- bzw. zuckerreiche Futtermittel wirken vermutlich begünstigend für die Ablagerung von Zahnstein.

Diagnostik Bei Pferden und Ponys sollten mindestens jährlich die Zähne kontrolliert werden und ggf. eine Behandlung der Zähne erfolgen. Sofern sich Gebissfehler korrigieren lassen, können Pferde ohne weitere spezielle Rationsanforderungen versorgt werden.

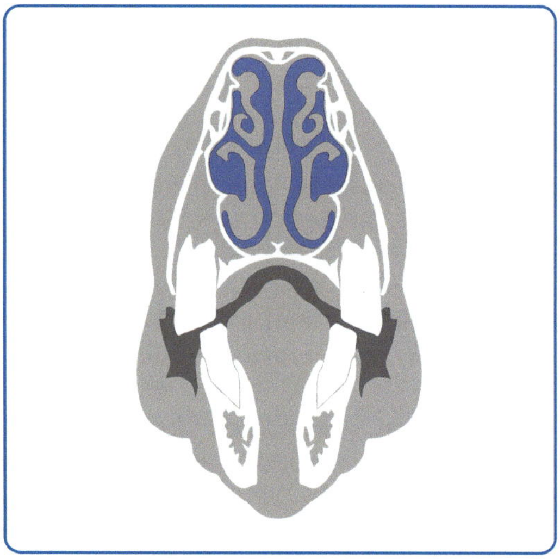

▶ **Abb. 10.1** Backenzähne des Pferdes. Querschnitt durch den Gesichtsschädel in Höhe des 5. Backenzahns. Die Kauflächen von Ober- und Unterkiefer decken sich nicht in Ruhestellung, werden aber beim Kauen mahlend gegeneinander bewegt. (aus Simon, Herold, Schlemper: Praxisleitfaden Zahn- und Kiefererkrankungen des Pferdes. Parey Verlag: Stuttgart; 2009)

Diätetische Maßnahmen und Therapie In einigen Fällen können relativ große Wolfszähne Schmerzen beim Kauen ausüben, so dass eine reduzierte Futteraufnahme zu beobachten ist, in diesen Fällen ist eine Extraktion zu empfehlen.

Bei irreparablen Schäden an Backenzähnen bzw. starker Abnutzung insbesondere bei alten Pferden (S. 216) muss die Fütterung auf die eingeschränkte Funktion angepasst werden (▶ **Tab. 10.6**).

Auf Stroh und andere Raufuttermittel (überständiges bzw. schilfartiges Heu) muss häufig verzichtet werden, da die Futteraufnahme sehr gering ist. In Abhängigkeit von der Vegetation ist der mehrstündige bis ganztägige Weidegang sinnvoll. Wird auch junges, blattreiches Heu oder Heulage nicht mehr ausreichend aufgenommen bzw. zerkleinert, so können Luzernecobs (1,5–2 kg/100 kg KM) oder Heucobs (1,5–2 kg/100 kg KM) gefüttert werden. Können auch Häcksel nicht mehr ausreichend aufgenommen werden, so muss auf Grünmehle zurückgegriffen werden. Auch das Füttern von Maiscobs oder pektinreichen Rübenschnitzeln (0,2 kg/100 kg KM) stellt eine sinnvolle Ergänzung da. In der Regel

▶ **Tab. 10.6** Rationen für Pferde mit Zahnschäden (600 kg KM, Angaben in kg).

Futtermittel	I	II*	III*
Wiesenheu, früher 1. Schnitt	10	4	–
Luzernecobs	1	–	–
Heucobs	–	–	6
Maiscobs	–	6	4
Maisflocken	1	1	1
Trockenschnitzel	–	–	1
Pflanzenöl	0,3	0,3	0,3
vitaminiertes Mineralfutter[1]	0,1	0,1	0,1
Gehalte in der Gesamtration			
umsetzbare Energie (MJ)	99	92	97
pcvRp (g)	802	726	753

* geringe bis keine freiwillige Heuaufnahme
[1] Auswahlkriterien vitaminiertes Mineralfutter

müssen die Raufuttermittel eingeweicht werden, um somit als Brei gefüttert werden zu können.

Thermisch aufgeschlossene Getreideprodukte (z. B. extrudierte Gerste, 0,3 kg/100 kg KM pro Mahlzeit) sowie Pflanzenöle (20–50 ml/100 kg KM pro Tag) in Kombination mit einem Mineralfutter sind in Abhängigkeit des Ernährungszustandes und des Energiebedarfs anzubieten. Ebenso ist die Gabe eines breiförmigen Mischfutters (z. B. Zuchtstutenfutter) in der Regel unproblematisch.

Praxis
Da die Selbstreinigung des Gebisses bei Pferden mit Zahnschäden häufig beeinträchtigt ist, empfiehlt sich das regelmäßige Ausspülen des Mauls und Entfernen abgelagerter Futterreste.

Auch die Aufnahme von kaltem Wasser kann bei Schmerzen in der Maulhöhle beeinträchtigt sein, so dass handwarmes Wasser per Eimertränke angeboten werden sollte.

Merke
Pferde mit Zahnerkrankungen, insbesondere alte Pferde, nehmen nur sehr langsam Futter auf. Dies muss insbesondere in Gruppenhaltung berücksichtigt werden.

Vielfach werden gerade alte Pferde vom Futterplatz vertrieben, so dass keine stressfreie Futteraufnahme möglich ist. Das Separieren in kleinen Gruppen mit einer ausreichenden Anzahl an Futterplätzen sowie das mehrstündige Aufstallen gewährleisten eine stressfreie Futteraufnahme.

10.7.2 Schlundverstopfungen

Ursachen Schlundverstopfungen stehen fast regelmäßig mit Fütterungsfehlern im Zusammenhang.

Vorsicht
Die häufigste Ursache von Schlundverstopfungen ist die Verfütterung nicht eingeweichter Trockenschnitzel, selbst in kleinen Mengen.

Die Passagestörung führt oft zu schweren Komplikationen (Lungenentzündung infolge Aspiration). Auch größere Anteile von nur grob zerkleinerten Trockenschnitzeln in Mischfutterpellets (über 10 %) scheinen die Entstehung von Schlundverstopfungen, insbesondere im Zusammenhang mit hastiger Futteraufnahme, geringer Einspeichelung und Zahnschäden zu begünstigen.

Auch getrocknete, prinzipiell gut geeignete Futtermittel, z. B. Obst- oder Möhrentrester, weisen ein hohes Quellvermögen auf und können zusammen mit Trockenschnitzeln eine kritische Menge quellfähiger Komponenten in einer Ration ergeben.

Bei Weidepferden kann die Fütterung von Pellets (in kleinen Mengen als Lock- oder Belohnungsfutter) ein Risiko darstellen, insbesondere ihre hastige Aufnahme bei knappem Grasbewuchs.

Schlundverstopfungen sind auch nach Abschlucken von geschnittenem Obst oder Rüben beobachtet worden.

In seltenen Fällen führen Getreide oder andere Futtermittel zu einer Schlundverstopfung (z. B. abrupter Wechsel von Weide- auf Stallfütterung).

Diätetische Maßnahmen Während die durch Trockenschnitzel bedingten Schlundverstopfungen durch vorheriges Einweichen sicher verhütet werden können, sind die übrigen Störungen nicht immer zu vermeiden.

Rüben oder Möhren sollten ganz (so dass die Pferde zum Kauen gezwungen werden) oder gemust verfüttert werden. Zerkleinerung in direkt abschluckbare Stücke begünstigt Passagestörungen. Die Überprüfung auf Quellfähigkeit von Futtermitteln kann in einem Messzylinder mit der Zulage einer definierten Wasser- und Futtermenge einfach überprüft werden.

Sind Pferde durch hastiges, gieriges Fressen oder durch nicht behebbare Zahnschäden für die Störung disponiert, muss versucht werden, durch Zumischen von Heu- oder Strohhäcksel zum Kraftfutter, die Kauaktivität zu verlangsamen und die Speichelsekretion anzuregen. In schweren Fällen wie z. B. bei alten Pferden mit Zahnproblemen wird eine breiige Fütterung notwendig.

Praxis
Generell gilt, dass vor der Zuteilung des Kraftfutters zunächst Raufutter gefüttert werden soll (0,2–0,5 kg/100 kg KM), damit vor der Kraftfutterzulage bereits eine gewisse Sättigung eingetreten ist.

10.7.3 Magenulzera

Ursachen und Pathophysiologie Magengeschwüre treten sowohl beim Sportpferd als auch beim Fohlen mit einer relativ hohen Inzidenz auf. Sie können klinisch unauffällig bleiben, aber auch zu verstärktem Speicheln, Zähneknirschen und Leerkauen sowie zu Koliken alsbald nach der Futteraufnahme führen.

Pathogenetisch spielt der Einwirkung von Säuren (Salzsäure, kurzkettige Fettsäuren und Gallensäuren) auf die Magenschleimhaut eine wichtige Rolle, darüber hinaus gelten Fütterung, Stress, Rennbelastungen, Boxenhaltung sowie eine medikamentöse Therapie mit nicht steroidalen Antiphlogistika als Risikofaktoren.

Bei der Fütterung stellen lange Nüchternzeiten sowie hohe Kraftfutteranteile in der Ration Risiken für das Auftreten von ulzerativen Schädigungen der Magenschleimhaut beim Pferd dar.

Die vor allem am Übergang vom drüsenlosen Teil der Magenschleimhaut zum Drüsenmagen lokalisierten Ulzera scheinen vorwiegend durch Übersäuerung zu entstehen; vermutlich durch eine verstärkte Magensaftsekretion und/oder durch erhöhte Konzentrationen von kurzkettigen Fettsäuren (z.B. Buttersäure), welche durch den Abbau von Stärke durch Bakterien entstehen können. Aber auch bei starker sportlicher Nutzung scheint ein Teil des sauren Mageninhalts durch erhöhten Druck von dem drüsenhaltigen Teil des Magens in den drüsenlosen Teil des Magens zu gelangen.

Die im übrigen Bereich des Magens vorkommenden Geschwüre, vor allem bei Fohlen, werden auf einen ungenügenden Schutz der Magenschleimhaut zurückgeführt (peptische Andauung). Aber auch eine mechanische Schädigung durch hartstängelige Futterpartikel kann Schleimhautschäden insbesondere am Magenausgang hervorrufen.

Luzernehäcksel

Studien bei Fohlen und Pferden haben gezeigt, dass die Fütterung von Luzernehäckseln zu Schleimhautschäden am Magenausgang, dem Pylorus, führen können (nach Vondran et al. 2016).

Diätetische Maßnahmen Die tägliche **Mindestmenge an Raufutter** darf 1,5 kg/100 kg Körpermasse (Bezug Trockensubstanz) nicht unterschreiten. Die Verfütterung von großen Mengen an Luzernehäckseln ist vermutlich nachteilig, da mechanische Läsionen im Bereich des Pylorus durch die hartstängeligen Strukturen nicht auszuschließen sind. Der regelmäßige mehrstündige bzw. ganztägige Weidegang gilt als vorteilhaft zur Prävention, aber auch in der Therapie von Magenschleimhautschäden.

Zur Prävention von Magengeschwüren sollte die **Kraftfuttermenge pro Mahlzeit** auf maximal 0,3 kg/100 kg KM **limitiert** sein, um eine zu starke Füllung des Magens zu vermeiden. Der Austausch von Stärke gegen fettreiche Ergänzungsfutter oder auch die Zulage von Pflanzenöl scheint einen positiven Effekt auf die Magenschleimhaut zu besitzen, da durch die Pflanzenölfütterung eine forcierte bakterielle Fermentation im Magen verhindert werden kann.

Neben der Begrenzung der Kraftfuttermenge pro Mahlzeit sollten auch lange **Nüchternzeiten** (> 6–8 h) **vermieden** werden, um die kontinuierliche Sekretion von Magensäure ohne Pufferung zu vermeiden. Speichelbildung und Durchmischung des Mageninhalts können durch die Fütterung von Raufutter **unmittelbar vor** der Kraftfuttergabe optimiert werden.

Der **Abstand zwischen der Fütterung und dem Beginn der Arbeit** sollte des Weiteren sinnvoll gewählt werden. Im Hinblick auf die Verdauungsvorgänge im Magen-Darm-Trakt, aber auch für die optimale Energie- und Elektrolytversorgung während der Belastung gilt der Arbeitsbeginn 3–5 h nach der letzten Fütterung als günstig.

Bei der **medikamentösen Behandlung** von Magengeschwüren stellt die Fütterung eine notwendige Begleittherapie dar. Bei massiven Magengeschwüren sollte kein Kraftfutter verfüttert werden, in diesen Fällen sollte entweder Heu oder Heulage ad libitum oder 24-stündiger Weidegang gewährt werden. Ist das Pferd stark abgemagert oder bei intensiver sportlicher Nutzung können stärke- und zuckerreduzierte Ergänzungsfutter gefüttert werden. Aber auch Pflanzenöle (20–50 ml/100 kg KM pro Tag) sind geeignet, um die Energieversorgung optimieren (Einmischen in Grünmehl).

Praxis

Ist keine 24-h Weidehaltung möglich, dann sollten folgende Grundsätze beachtet werden:

- Einsatz eines Heus vom 1. Schnitt, möglichst früher 1. Schnitt, holzige, schilfige Heuqualitäten vermeiden
- Die tägliche Mindestmenge an Heu beträgt 1,7 kg/100 kg KM oder Heu zur freien Verfügung; Hinweis bei Gabe von Omeprazol (S. 303) beachten
- Alternativ zum Heu kann auch Heulage gefüttert werden.
- einwandfreie hygienische Qualität der Futtermittel (Heu, Einstreu, etc.)
- Verzicht auf stärkereiche Ergänzungsfutter bzw. Getreide, alternativ Einsatz von stärke- und zuckerreduzierten Ergänzungen
- Ergänzung von Pflanzenöl
- Einsatz von entzündungshemmenden Omega-3-Fettsäuren (z. B. Leinöl)

Omeprazol

Aktuelle Studien haben gezeigt, dass bei der medikamentösen Behandlung von Magengeschwüren mit Omeprazol (z. B. Gastrogard) vor der oralen Gabe der Magen leer sein sollte, um einen optimalen Wirkspiegel erzielen zu können. Dies bedeutet, dass 4–6 Stunden vor der oralen Eingabe von Omeprazol kein Futter mehr zur Verfügung stehen sollte.

Bei Pferden, die infolge der Ulkusbildung erhebliche **Motilitätsstörungen** sowie ggf. eine deutliche Vergrößerung des Magens aufweisen, kann das Heu gegen Grünmehlpellets ersetzt werden, um die gesamte Ration breiförmig füttern zu können. Es gelten dabei die allgemeinen Grundsätze wie bei der Fütterung von Pferden mit Magenulzera. Zu beachten ist auch, dass die notwendigen Tagesrationen auf mindestens 3–4 Teilportionen über den Tag zu verteilen sind.

Fütterungsempfehlung

Tagesration bei Magenentleerungsstörungen (600 kg KM, leichte bis mittlere Arbeit)

Allgemein gilt: Mit Ausnahme des Heus sollten bei Magenentleerungsstörungen die Futtermittel breiförmig, d. h. mit Wasser vermengt, angeboten werden.

- 8 kg Heu, Fütterung im Heunetz, Maschenweite < 3 cm (bei starken Motilitätsstörungen kann das Heu vollständig durch eingeweichte Grünmehlpellets ersetzt werden.)
- 3–4 kg eingeweichte Grünmehlpellets
- 1,5–2,5 kg stärke- und zuckerreduziertes Ergänzungsfutter
- 50–100 ml Leinöl (enthält entzündungshemmende Omega-3-Fettsäuren)
- 50–100 ml Pflanzenöl wie z. B. Maiskeimöl
- 100 g Leinsamen
- 20–30 g Speise- oder Viehsalz (zur Anregung der Wasseraufnahme, nicht jodiertes und fluoriertes Salz verwenden!)
- Salzleckstein

10.7.4 Koliken

Zu den häufigsten Störungen des Verdauungskanals zählt die Kolik, ein Sammelbegriff für verschiedene durch Schmerz und Unruhe gekennzeichnete Krankheiten im Bauchraum.

Ursachen Für die Entstehung von Koliken sind vorrangig Fehler in der Fütterung verantwortlich (► **Tab. 10.7**, ► **Abb. 10.2**). Begünstigend wirken Bewegungsarmut oder überanstrengende Bewegung, Aufregung, Stress, Parasitenbefall, Intoxikationen, Infektionen, selten Witterungseinflüsse.

Vorsicht

Die wichtigsten Fütterungsfehler bei Koliken (► Tab. 10.7):

- **geringe Raufuttergabe**
- **hohe Krippenfuttermengen pro Mahlzeit**
- **hygienische Mängel der Futtermittel**
- **falsche Zubereitung der Futtermittel (z. B. unzureichender Stärkeaufschluss von Mais)**
- **plötzlicher Futterwechsel**
- **Wassermangel**

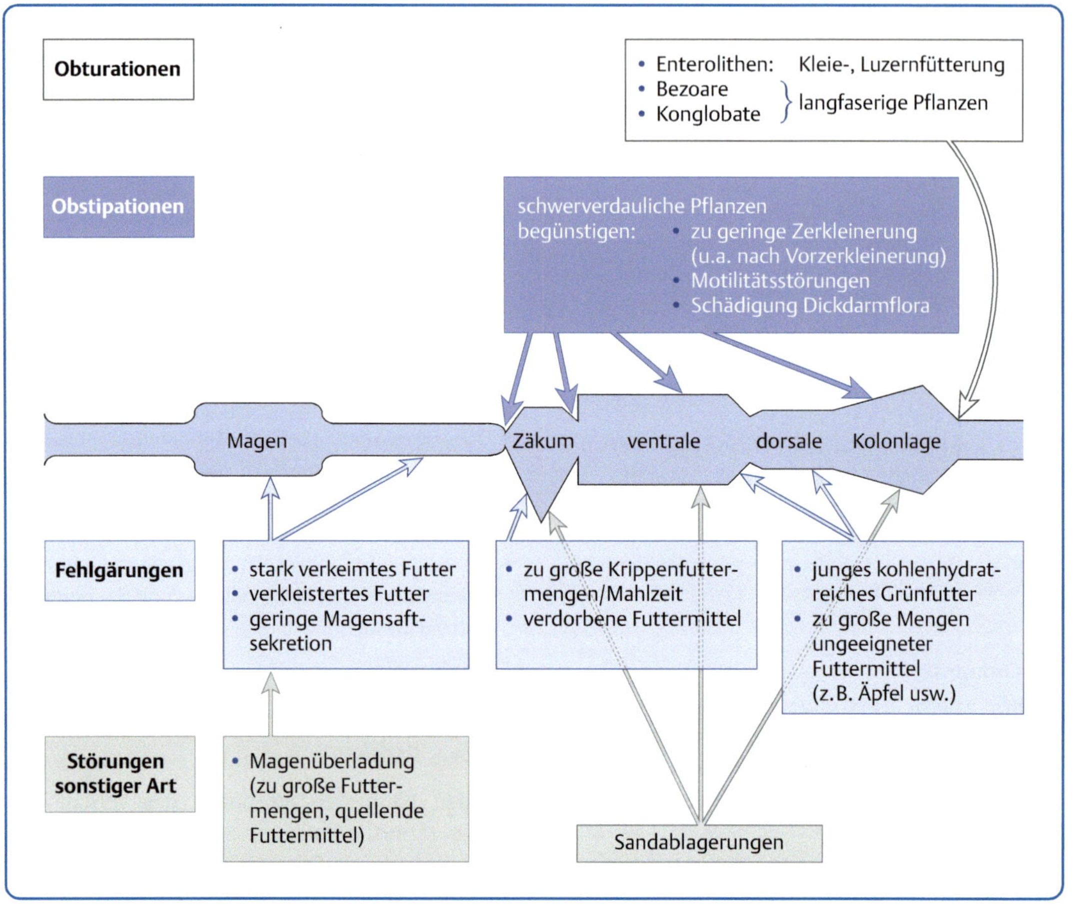

▸ **Abb. 10.2** Alimentär bedingte Kolikursachen; Einteilung und Lokalisation der wichtigsten Störungen (Abb. basiert auf Daten aus Meyer 1979).

Pathophysiologie Die bei Koliken im Vordergrund stehenden Schmerzen gehen von Druckerhöhungen im Darmlumen, von Lageveränderungen des Darmrohrs (die sekundär zu Druckerhöhungen oder Zerrungen führen können) sowie von spastischen Kontraktionen oder entzündlichen Veränderungen am Darmrohr aus.

Diese abnormen Zustände können aus pathogenetischer Sicht durch Hemmung der Nahrungspassage (Obturationen bzw. Obstipationen) oder Fehlgärungen bzw. Fehlfermentationen mit Gas-, Säure- oder Toxinbildung verursacht werden.

Obturationen

Obturationen, d.h. die Verlegung des Darmrohres durch feste, bewegliche Körper (Enterolithe, Pseudoenterolithe oder Bezoare), vor allem am Übergang von der magenähnlichen Erweiterung zum kleinen Kolon sind heute selten.

Die Bildung echter **Enterolithe** bzw. Darmsteine wird begünstigt durch übermäßige Aufnahme von P- und Mg-reichen FM (Kleien, Luzerne).

Das Vorliegen von **Fremdkörpern** im Dickdarm als Kristallisationskerne wie Kieselsteine, Metallfragmente, Kleidungsstücke, Holzstücke oder Pferdehaare bilden allerdings die Voraussetzung für das Ablagern von mineralischen Komponenten.

Pflanzenbezoare entstehen gelegentlich nach Verfüttern von gemähten, langfaserigen Pflanzen (junger Klee, Windhalm), wenn sie in der Maulhöhle nicht ausreichend zerkleinert werden und sich im Darm zusammenballen. Manchmal lagern sich auf pflanzlichen Konglobaten noch anorganische

► **Tab. 10.7** Fütterungsfehler, die Magen-Darm-Störungen begünstigen oder verursachen können.

Auslöser bzw. Fehler	Auswirkungen
Fehler in Futtermittelauswahl oder Rationszusammensetzung	
Klebereiweiße in Weizen und Roggen	Magen: Verkleisterungsgefahr, Fehlgärungen, Überladung
mangelhafte Raufutterzufuhr	Magenulzera, Dysbiosen, Durchfall, kompensatorisch erhöhte Sandaufnahme
einseitige Verwendung rohfaserreicher, sperriger, eiweißarmer FM (z. B. Stroh)	Zäkum-/Kolonobstipationen
langfaseriges FM, das ungenügend gekaut wird (z. B. Rotklee in der Blüte)	Faserkonglobate im kleinen Kolon
blähendes Futter (junges Grünfutter, Klee, Kohlgewächse, Äpfel, Brot)	Zäkum-/Kolontympanien, evtl. Magenüberladung
überhöhte Mengen an FM mit hohem Mg- und P-Gehalt (Kleien, Nachmehle, Luzerne)	Darmsteinbildung
Ungenügende Futterqualität	
verdorbene FM (z. B. erhöhte Schimmelpilzgehalte)	Tympanien, Durchfall, Hufrehe
Grünfutter, das in Haufen gelegen und sich erwärmt hat	Tympanien
FM mit geringer aerober Stabilität (z. B. Heulagen nach dem Öffnen des Ballens: hohe Hefengehalte)	Tympanien
angefaulte oder gefrorene FM (Rüben, Kartoffeln, Silage)	Magen- und Darmkatarrhe, Hufrehe
stark verschmutzte FM (Rüben, Kartoffeln)	Magen- und Darmkatarrhe, Sandkolik
Kontamination der FM mit Giftpflanzen (Herbstzeitlose)	blutiger Durchfall
Fehler in der Futterzubereitung	
nicht angemessen zubereitetes Getreide (z. B. ganzer Mais)	mangelhafter Stärkeaufschluss: pH-Wert-Abfall im Zäkum und Kolon
zu kurz gehäckseltes Stroh (unter 2–3 cm)	Zäkum-/Kolon-/Ileumobstipationen
kurz geschnittenes Gras (Rasenmäher)	Ileumobstipationen
Trockenschnitzel nicht eingeweicht	Schlundverstopfung
Fehler in der Haltungs-, Fütterungs- und Tränktechnik	
zu wenig Mahlzeiten, zu große Mengen hochverdauliche FM pro Mahlzeit	Fehlgärungen im Magen (Gas-, Ulkusbildung bzw. pH-Wert-Abfall im Zäkum), Hufrehe
unkontrollierter Zugang zum Kraftfutter bzw. zu jungem Weidegras	Magenüberladung, Durchfall, Hufrehe
plötzlicher Futterwechsel, besonders beim Übergang zum Grünfutter	Durchfall, Hufrehe
starke körperliche Belastung unmittelbar vor oder nach der Fütterung	Fehlgärungen im Magen und Dünndarm, temporäre Magenüberladung
Wassermangel (abgestellte Selbsttränke!, hohe Schweißverluste)	Obstipationen

Substanzen ab (Kalziumphosphate, Silikate), die diese von außen verfestigen (**Pseudoenterolithe**).

Obstipationen

Obstipationen sind gekennzeichnet durch Verstopfung des Darmrohrs an besonders disponierten Stellen infolge Quellung oder Zusammenballung von Futterpartikeln, gelegentlich durch Parasiten.

Ursachen Dickdarmobstipationen verursachende und disponierende Faktoren sind in ▶ **Tab. 10.8** aufgeführt.

Obstipationen im Dünndarmbereich beschränken sich im Wesentlichen auf die Passage vom Ileum zum Zäkum. Sie können entstehen, wenn Grün- oder Raufutter zu stark vorzerkleinert gefüttert wird, z. B. Rasenmähergras. Auch feinfaserige Gräser (z. B. Windhalm), kurz gehäckseltes Getreide- oder Hanfstroh werden evtl. nicht ausreichend zermahlen abgeschluckt und blockieren die Ileumpassage.

Obstipationen im Kolon kommen am häufigsten vor, vorrangig durch Aufnahme größerer Mengen rohfaserreichen, stängligen, verholzten oder verkieselten Materials wie z. B. Stroh.

Begünstigende Faktoren Störungen in der Aktivität der Dickdarmflora bzw. in der Peristaltik wirken begünstigend. Die **Dickdarmflora** kann durch ungenügenden Zufluss an fermentierbaren Substraten (Gerüstkohlenhydrate wie z. B. Zellulose oder Hemizellulose), evtl. auch von Stickstoff, vor allem aber durch antibiotisch wirkende Substanzen (Medikamente) ebenso wie durch lange Fütterungsintervalle oder Hungerperioden geschädigt werden.

Motilitätsstörungen des Darmrohrs werden durch Parasitenbefall (Thrombosen), Sandablagerungen, zu geringe oder zu intensive Bewegung, Aufregungen etc. begünstigt, auch durch Fehlgärungen mit starken pH-Verschiebungen im Darmlumen. Auch ein längerdauernder **Wassermangel** (nicht funktionsfähige Tränken, hohe Schweißverluste) begünstigt Passagestörungen im Dickdarm, da sich der Darminhalt eindickt. Während einer Kolik wird dieser Prozess oft verstärkt, wenn die Flüssigkeitsaufnahme sistiert, durch Schwitzen jedoch weitere Wasserverluste entstehen oder die Passage vom Dünn- zum Dickdarm unterbrochen ist.

▶ **Tab. 10.8** Ursachen und Dispositionen von Dickdarmobstipationen.

Auslöser	Auswirkungen Dickdarm
Futter und Wasser	
sperrige, faserige, harte FM	Aktivitätsverlust der Mikroflora
stark vorzerkleinerte Futter	Zusammenballungen
Schimmelpilzbefall	Schädigung der Mikroflora
Energie ↓, Stickstoff ↓	Aktivitätsverlust der Mikroflora
lange Nüchterungsphasen > 12 h	Aktivitätsverlust der Mikroflora
Futterwechsel	mangelhafte Adaptation der körpereigenen Enzyme und Mikroflora: Dysbiose
Wassermangel	sehr fester Chymus, Aktivitätsverlust der Mikroflora
Pferd	
ungenügende Kauaktivität, Zahnschäden	mangelhafte Zerkleinerung, geringe Einspeichelung, mangelhafte Verdauungsleistung der körpereigenen Enzyme und Mikroflora
Sandaufnahme	Sandablagerung, Epithelschädigung, Schädigung der Mikroflora, Motilitätsverlust
wenig Bewegung	Motilitätsverlust
Erschöpfung	mangelhafte Verdauungsleistung der körpereigenen Enzyme und Mikroflora: Dysbiose
Sonstige	
Medikamente	Beeinträchtigung der Peristaltik, Schädigung der Mikroflora

Fehlgärungen

Fehlgärungen sind durch temporäre oder längerdauernde Veränderungen in der Zahl, Zusammensetzung und Aktivität der Darmflora oder -fauna gekennzeichnet. Sie können durch verstärkte Gasbildung, erhöhte Säuren- oder Toxinbildung Koliken verursachen mit Sekundärfolgen wie Tympanien, Schleimhautreizungen, Hyperperistaltik, Volvulus und Torsionen.

Ursachen Primäre Fehlgärungen entstehen überwiegend durch erhöhte Mikroorganismen (z. B. Hefen) im Futter, so dass sie vorrangig im Magen und Dünndarm auftreten.

Sekundäre Fehlgärungen sind meistens die Folge einer übermäßigen Futtermengenaufnahme und dem daraus resultierenden unvollständigen Abbau und der Absorption von fermentierbarer Substanz im Dünndarm (▸ **Abb. 3.8**). Unter diesen Bedingungen gelangen hohe Mengen teilverdauter Nahrungsstoffe in den Dickdarm und werden dort mikrobiell fermentiert. Insbesondere das Abfluten von leicht fermentierbaren Kohlenhydraten (z. B. Stärke) in den Dickdarm gilt als kritisch. Auch jede Atonie des Darms (z. B.Toxine, Schock) begünstigt Dysbiosen.

Fehlgärungen im Magen sind typisch nach Fütterung von überhöhten Mengen an Krippenfutter, verdorbenem Futter, von gefrorenen oder angefaulten Wurzeln und Knollen oder auch von frischem Grünfutter, das in Haufen gelegen hat und in dem sich Mikroorganismen vermehrt haben. Auch Heulagen können nach dem Öffnen der Folie sehr schnell hohe Hefegehalte, insbesondere bei warmen Außentemperaturen aufweisen, so dass Fehlgärungen möglich sind.

Da in dem relativ großen Anfangsteil des Pferdemagens (▸ **Abb. 3.5**) zunächst kein saurer Magensaft auf den Mageninhalt einwirkt, können sich dort nach Futteraufnahme Mikroorganismen (erhöht in erwärmten oder nicht ausreichend getrockneten FM) sehr schnell vermehren.

Stark verhefte Futtermittel führen häufig kurz nach der Futteraufnahme infolge Gasbildung und Druckerhöhung im Magen zu Koliken.

> **! Merke**
> **Hefen sind gegenüber dem sauren Magensaft resistent, so dass verhefte Futtermittel zu Aufgasungen in Dünn- und Dickdarm führen können.**

Futtermittel, die im Magen **stark verkleistern** (größere Mengen an Roggen oder Weizen), können auch ohne hygienische Mängel dort zu Fehlgärungen beitragen, weil sie die Durchdringung des Mageninhalts mit saurem Magensaft erschweren und im Zentrum des Magenbreis unkontrolliert mikrobielle Umsetzungen ablaufen.

Auch Stresssituationen, die eine ausreichende Magensaftsekretion behindern (unmittelbare starke Belastung vor und nach der Fütterung, Aufregung, Futterneid), vermögen solche Entwicklungen auszulösen.

Fehlgärungen im Dünndarm sind bisher weniger sicher zu diagnostizieren. Die innerhalb von wenigen Stunden nach der Futteraufnahme auftretenden, oft als **Krampfkoliken** bezeichneten Störungen dürften überwiegend auf Fehlgärungen im Dünndarm zurückzuführen sein. Das Risiko wird verstärkt durch Aufnahme von hygienisch nicht einwandfreiem Futter, insbesondere von Heulagen bzw. Silagen. Auch durch Kraftfuttergaben vor dem Austrieb auf die Weide sind Störungen dieser Art möglich.

Fehlgärungen im Zäkum entstehen meist sekundär, häufig nach übermäßiger Aufnahme von Krippenfutter mit präzäkal schwerverdaulicher Stärke, wie sie z. B. in Mais oder Gerste anzutreffen ist (▸ **Tab. 3.10**). Je größer die aufgenommene Kraftfuttermenge in einer begrenzten Zeit ist, umso mehr verdauliche Komponenten fließen noch in das Zäkum und werden dort unter Bildung hoher Mengen an kurzkettigen Fettsäuren mikrobiell abgebaut. In besonders schweren Fällen wird die zäkale Mikroflora umgeschichtet. Laktatbildende Mikroorganismen dominieren, und über eine verstärkte Laktatbildung fällt der pH-Wert weiter ab (▸ **Abb. 10.3**). Die **Milchsäure (Laktat)**, die nicht absorbiert wird, verursacht Reizungen der Darmschleimhaut und Motilitätsstörungen. Die erhöhte Osmolalität im Chymus führt zur Wasseranreicherung, der tiefe pH-Wert zum teilweisen Absterben von Mikroorganismen und evtl. zur Freisetzung von Endotoxinen, die bei Schleimhautschäden ab-

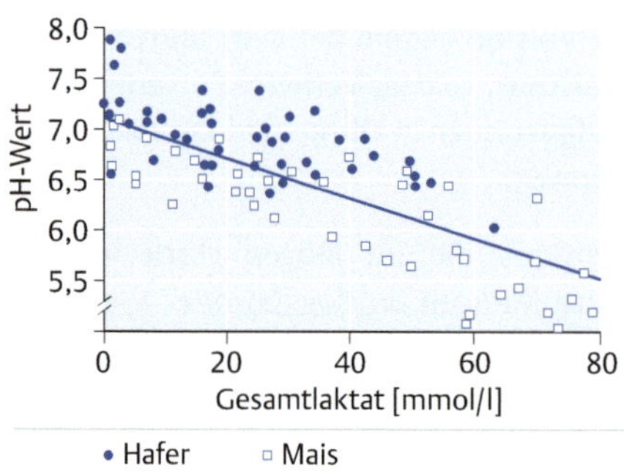

▶ **Abb. 10.3** Gesamtlaktatgehalt und pH-Werte im Zäkum des Pferdes nach Aufnahme von 3 (2–4) g Mais- bzw. Haferstärke/kg KM/Mahlzeit (Quelle: Radicke 1990).

sorbiert werden können. Eine Hufrehe (S. 324) kann als extraenterale Komplikation auftreten.

Nach Aufnahme überhöhter Eiweißmengen sind bei einer Dysbiose Abbauprodukte des Eiweißes in höheren Konzentrationen zu erwarten. Die Abbauprodukte (u. a. Ammoniak, biogene Amine) führen ebenfalls zu einer Umschichtung der Mikroflora, was mit Durchfällen in Verbindung stehen kann.

Fehlgärungen im Kolon kommen vorwiegend nach Aufnahme größerer Mengen an Futtermitteln vor, die erst dort intensiv abgebaut werden (junges Gras oder junger Klee, Äpfel, Brot, Kohl oder verdorbene Futtermittel).

Fehlgärungen begünstigen nicht allein Gas- und Säurebildung, sondern führen auch zu einem Zerfall von gramnegativen Bakterien, deren Zellwandbestandteile als **Endotoxine** bezeichnet werden. Bei vorgeschädigter Darmschleimhaut können Endotoxine in den Blutkreislauf gelangen und dort Fieber, Hemmung der Blutgerinnung sowie ein Multiorganversagen mit Schock hervorrufen.

Sonstige Kolikursachen

Magenüberladung Unabhängig von den zuvor genannten Mechanismen entstehen Koliken auch durch Magenüberladung (durch unkontrollierte Aufnahme von Kraftfutter, jungem Weidegras oder quellenden Futtermitteln). Zur sekundären Magenüberladung kann es nach Obturationen, Obstipationen oder postoperativ kommen.

Sandkolik Nehmen Pferde vermehrt Sand auf, z. B. mit Grünfutter, Blättern, Silagen, Wurzeln, bei Haltung in Ausläufen im Winter, aufgrund eines Mineralstoff-Mangels oder im Zuge einer knappen Raufutterversorgung, zeigen sie zunächst unspezifische Symptome (wechselnde Futteraufnahme, Flehmen, abwechselndes Liegen und Aufstehen). In schweren Fällen treten akute bis subakute Koliken auf (starke Schmerzäußerungen, Rückenlage mit angezogenen Gliedmaßen). Der Grad der Erkrankung richtet sich nicht allein nach der aufgenommenen Menge, sondern auch nach der Größe, Härte und Oberfläche der Sandkörner. Grobe, scharfe Körner sind besonders ungünstig.

Fütterungsempfehlungen nach Koliken

Ziel diätetischer Fütterungsmaßnahmen muss es sein, die Funktionsfähigkeit des Magen-Darm-Kanals möglichst rasch wiederherzustellen und bei Disposition zu rezidivierenden Koliken die Anfälligkeit der Tiere zu mindern.

Merke
Bei Kolikpatienten sind immer die zugrundeliegenden Fütterungsfehler aufzuklären und abzustellen.

Dies ist die wichtigste Voraussetzung zur Vermeidung weiterer Koliken. Futter sollte während der Kolik nicht vorgelegt werden, nach dem Abklingen der Koliksymptomatik kann die Wiederanfütterung erfolgen. Die Fütterung nach überstandener Kolik ist dabei nach Art und Lokalisation der Störung anzupassen.

Nach Magenüberladung, Gasbildung im Magen und Krampfkoliken durch Aufgasungen im Dünndarm In diesen Fällen ist hygienisch einwandfreies **Heu** das Mittel der Wahl. Zur Ergänzung sind z. T. zucker- und stärkereduzierte Ergänzungsfuttermittel oder **Pflanzenöle** (bis 50 g/100 kg KM/Tag auf 2–3 Mahlzeiten verteilt) eingemischt in Grünmehle zweckmäßig, um eine forcierte Gasbildung unterbinden zu können.

In den ersten 10–14 Tagen nach einem schweren Kolikverlauf sollte auf den Einsatz von **Getreide** verzichtet werden, um ein Abfluten von Stärke in den Dickdarm, und somit ein Verschieben der

Mikroflora in Richtung nachteiliger Bakterienpopulationen wie z. B. Streptokokken zu vermeiden.

Der **thermische Aufschluss** von Getreide (z. B. Mais- oder Gerstenflocken) sowie der maximale Einsatz von 0,3 kg/100 kg KM pro Mahlzeit stellen geeignete Maßnahmen dar, um den Stärkeabfluss in den Dickdarm langfristig effektiv zu verhindern.

Nach Dickdarmobstipation Wurde die Kolik durch eine Dickdarmobstipation verursacht, so muss die übermäßige Aufnahme hartstängligen Futters wie z. B. Stroh (auch aus der Einstreu), in Kombination mit ungenügender hygienischer FM-Qualität, strikt unterbunden werden.

Die Anfütterung nach Behebung von Obstipationen des Zäkums und des Kolons kann in der Regel zügig erfolgen, wobei hochverdauliche Rohfaserquellen wie Gras, Heu (früher 1. Schnitt) oder Luzerneprodukte eingesetzt werden können. Aber auch das Füttern der pektinreichen Trockenschnitzel (0,2 kg/100 kg KM) ist als Rohfaserquelle in Ergänzung zum Heu sinnvoll. Besonderes Augenmerk verdient des Weiteren die zügige Wiederaufnahme von **Wasser**.

Chronische Zäkumobstipation Eine chronische Zäkumobstipation steht vermutlich im Zusammenhang mit einer nerval bedingten motorischen Störung, hier ist in einigen Fällen eine sehr grundlegende Fütterungsumstellung (z. B. restriktiver Einsatz von Raufutter) notwendig. Generell ist der 24-h-Weidegang bei gutem Grasangebot als optimal anzusehen. Ist kein 24-h-Weidegang möglich, dann sollten folgende Aspekte beachtet werden:

Praxis

Fütterungstipps bei chronischen Zäkumobstipationen, falls der 24-h-Weidegang nicht möglich ist:

- Luzerneheu oder -cobs
- weitere leicht verdauliche Rohfaserquellen wie z. B. Rübenschnitzel
- thermisch aufgeschlossene Getreideprodukte (Getreideflocken wie z. B. Mais- oder Gerstenflocken) oder Ergänzungsfutter
- Goldleinsamen (heller Leinsamen) ohne Aufkochen
- Einsatz von Trockenbierhefe zur Verbesserung der Vitamin-B-Versorgung
- Pflanzenöle (z. B. Sonnenblumen- oder Maiskeimöl)
- evtl. Einsatz von Laktose
- kompletter Verzicht auf Stroh
- möglichst die Gesamtration als Brei anbieten

Rationsvorschlag

Tagesration bei Vorliegen einer chronischen Zäkumobstipation (600 kg KM, Warmblut, Freizeitpferd)

- 7 kg Luzernecobs
- 1 kg melassierte Rübenschnitzel
- 1 kg Getreide (z. B. Maisflocken)
- 150 ml Pflanzenöl
- 100–200 g Trockenbierhefe
- 100–200 g Goldleinsamen (nicht aufkochen)
- 100 g Laktose
- vitaminiertes Mineralfutter
- Salzleckstein

Die Ration als Brei anbieten und die Tagesration auf 4–6 Mahlzeiten verteilen, Wasser immer zur freien Verfügung bereitstellen.
Auswahlkriterien vitaminiertes Mineralfutter (S. 189)

Nach Sandkoliken Bei Dickdarmkoliken, die mit einer hohen Sandaufnahme in Verbindung gebracht werden können, wird häufig die Verfütterung von **Semen psyllii** (Plantago ssp., „**Flohsamenschalen**") zur Sandausschleusung empfohlen. Untersuchungen belegen aber, dass die alleinige Aufnahme von 1 g Flohsamen/kg KM nicht zu einer zufriedenstellenden Sandelimination führt.

Allerdings haben neuere Studien gezeigt, dass die 3-tägige orale Applikation von Psyllium (1 g/kg KM) in Kombination mit Magnesium-Sulfat (1 g/kg

KM) oder Paraffinöl (2 Liter bei einem Großpferd) über eine Nasenschlund-Sonde zu einer verbesserten Sandausschleusung führte, so dass dies als initiale Akut-Therapie genutzt werden kann.

Merke
Die Verfütterung größerer Heumengen (2,5 % der KM versus 1,5 % der KM) besitzt die besten Effekte auf die Sandausscheidung.

10.7.5 Veränderungen der Kotkonsistenz adulter Pferde

Kleine, harte Kotballen

Ursachen Kleine, harte Kotballen, die den Absatz erschweren, bilden sich nach einseitiger Kraftfutterfütterung, häufig in Kombination mit einer hohen Strohaufnahme. Der Kot erreicht dann Trockensubstanzgehalte von über 40 %. Andererseits setzen auch Pferde, die wenig gefressen haben oder an Passagestörungen leiden, oft kleine, feste Kotballen ab.

Die **Kotfarbe** richtet sich nach der Futterart: Bei Grünfutter dominiert eine grüne, bei Heu-Hafer-Rationen eher eine gelb-graue Farbe. Auffallende Verfärbungen (schwarz, gelblich) oder Blut- und Schleimbeimengungen sollten Anlass zu tierärztlicher Konsultation sein.

Diätetische Maßnahmen Die Erhöhung der Raufutteraufnahme führt in der Regel zu einer Verbesserung der harten Kotkonsistenz, hierbei sollten vor allen Dingen leicht verdauliche Raufutterqualitäten wie Gras, Heu (früher 1. Schnitt) oder Heulagen verfüttert werden.

Auch der Einsatz von **Leinsamen** (50 g/100 kg KM, mit heißem Wasser aufquellen) oder melassierten Trockenschnitzel (100 g/100 kg KM) sind zu empfehlen sind. Die übermäßige Aufnahme von Stroh sollte hingegen vermieden werden.

Weicher Kot

Pferde zeigen gelegentlich Veränderungen der normalen Kotform (erhöhter Wassergehalt, weiche, kuhfladenartige Konsistenz, Wassergehalt > 80 %), die noch nicht zu den Durchfällen gerechnet werden können, aber oft störend sind oder auch Vorboten für nachhaltige Störungen wie Durchfälle (S. 311) darstellen.

Ursachen Weicher, z. T. ungeformter Kot wird bei Pferden auf Weiden mit jungem, eiweißreichem, rohfaserarmem Futter gesehen (Gras, Klee), ebenso wie nach übermäßiger Fütterung von Trockenschnitzeln, rohen Kartoffeln und Rüben. Auch bei der Verfütterung von Grassilagen (TS-Gehalt < 60 %) kann bei einigen Pferden ein sehr weicher Kot (S. 160) beobachtet werden.

Durch Aufregungen (Transport), hormonelle Umstellungen (z. B. Fohlenrosse) oder Erschöpfung kann es ebenfalls gelegentlich zu temporären Kotveränderungen kommen.

Chronische Konsistenzveränderungen können auch infolge Insuffizienz von Pankreas oder Dünndarmschleimhaut auftreten.

Freies Kotwasser

Das Problem des freien Kotwassers stellt eine häufige Beobachtung in der Praxis dar, wobei die Pferde zunächst normal geformten Kot absetzen, gefolgt von dem Absetzen ungebundenen Kotwassers.

Ursachen und Pathophysiologie Wasser liegt im Intestinaltrakt entweder frei vor oder wird an die Futterpartikeloberfläche gebunden, oder es befindet sich intrazellulär in den Futterpartikeln, wobei die Wasserbindung an oder in den Futterpartikeln maßgeblich durch unverdaute Bestandteile des Futters beeinflusst wird. Ungenügend zerkleinerte Futterpartikel zeigen eine schlechtere Wasserbindung, dieses wird ggf. als freies Kotwasser abgesetzt.

Freies Wasser wird im Gastrointestinaltrakt überwiegend im Zäkum und Kolon absorbiert, wobei Absorptionsraten in Abhängigkeit von der Fütterung zwischen 75 % für Stroh-, 84 % für Heu- und 93 % für Mischfutterfütterung beschrieben werden.

Selten sind in einem Bestand alle Pferde betroffen, es handelt sich meistens um Einzeltiere, so dass eine eindeutige Zuordnung zu einem Faktor, der das Auftreten des freien Kotwassers begünstigt, sehr schwierig ist. Sehr häufig sind auch alte Pferde (> 20 Jahre) betroffen. Generell scheint die **Verfütterung von Silage oder Heulage** mit einem größeren Risiko behaftet zu sein, und häufig ist ein Wechsel von Silage auf Heu erfolgreich, um das

Auftreten von freiem Kotwasser verhindern zu können. Die vergleichende Überprüfung zwischen Heu- oder Heulage- bzw. Silagefütterung bei Pferden ergab für die Heulage- bzw. Silagefütterung deutlich niedrigere Trockensubstanzgehalte im Kot, so dass der Verdacht nahe liegt, dass bei der Heulage- bzw. Silagefütterung im Dickdarm weniger freies Wasser absorbiert wird und mehr Wasser mit dem Kot ausgeschieden wird. Die Gründe für diese Beobachtung liegen u. U. in einer **geringeren Zerkleinerung der Futterpartikel** bei der Heulage- bzw. Silagefütterung, da zumindest tendenziell größere Futterpartikel im Kot im Vergleich zur Heufütterung gefunden wurden. Spekuliert wird auch, dass während des Silierprozesses Eiweiße abgebaut werden und vermehrt sog. **„Nicht-Eiweiß-Stickstoffe"** anfallen können, die möglicherweise zu einer erhöhten Anflutung von ungenutztem **Harnstoff** und **Ammoniak** im Dickdarm führen, welches wiederum die Wasserabsorption im Dickdarm nachteilig beeinflussen kann.

Zu betonen ist, dass das Absetzen von freiem Kotwasser auch unter **Heufütterung**, insbesondere bei der Verfütterung des 2. Schnitts oder bei schilfhaltigen bzw. stark überständigen Heuqualitäten, zu beobachten ist. Bei Pferden, die bei Heufütterung unter dem Problem des freien Kotwassers leiden, ist möglicherweise die Futterzerkleinerung ebenfalls verändert, dies konnte z. B. durch Partikeluntersuchungen im Kot bei Pferden mit freiem Kotwasser belegt werden.

Einen nicht unerheblichen Einfluss hat in diesem Zusammenhang vermutlich auch die **Mikroflora** auf das beobachtete Geschehen, dies gilt sowohl für die Silage-, Heulage- als auch für die Heufütterung.

Auch die vermehrte Aufnahme von **Sand** wird als Grund für das Auftreten von freiem Kotwasser gesehen, viele Pferde mit freiem Kotwasser weisen erhöhte Sandgehalte im Kot auf.

Merke

Grundsätzlich können auch Stressfaktoren wie die Rangordnung in der Herde oder kein freier Auslauf als disponierende Faktoren für das Auftreten von freiem Kotwasser infrage kommen.

Diätetische Maßnahmen Die Fütterungsempfehlungen richten sich im Wesentlichen auf die **Stabilisierung der Mikroflora** des Dickdarms, allerdings bleibt bei einigen Pferden der Erfolg trotz optimaler Fütterungsbedingungen aus.

Bei der Verfütterung von Silage oder Heulage sollte der **Wechsel zu einem qualitativ hochwertigen Heu (früher 1. Schnitt)** erfolgen. Auch die moderate Einschränkung der Raufutteraufnahme von der Ad-libitum-Fütterung auf die restriktive Fütterung der Mindestempfehlung von täglich 1,5 kg/100 kg KM kann erfolgreich sein. Ergänzend eignen sich besonders **pektinreiche Futtermittel** wie Rübenschnitzel oder getrocknete Möhren (0,2 kg/100 kg KM), die Zellwandbestandteile von Hefen wie **Trockenbierhefe** (0,05 kg/100 kg KM) oder auch die Zulage von **Grün- bzw. Grasmehl** (0,2 kg/100 kg KM). Im Einzelfall hat sich die Zulage geringer Mengen an **unbearbeiteten Maiskörnern** (0,1 kg/100 kg KM) bewährt.

Die Verfütterung von **Lignozellulose** (z. B. Arbocel, ~100 g für ein Großpferd) führt zu einer stärkeren Bindung von Wasser.

Praxis

Fallen große Futterpartikel im Kot auf, so sollten die Zähne kontrolliert werden.

Liegt eine vermehrte **Sandaufnahme** vor, so muss diese unterbunden werden; der Einsatz von Flohsamen (S. 308) zur verbesserten Sandausschleusung lässt sich allerdings durch Untersuchungen nicht bestätigen.

Diarrhö bei adulten Pferden

Dickdarmübersäuerung

Die häufig postulierte „Dickdarmübersäuerung" bei Heulage bzw. Silagefütterung kann nicht bestätigt werden. Sowohl die pH-Werte als auch die Bildung von organischen Säuren im Dickdarm unterscheiden sich nicht zwischen Heu,- Heulage- oder Silagefütterung bei Pferden (► **Tab. 10.9**).

Durchfälle sind gekennzeichnet durch niedrige Trockensubstanzgehalte im Kot (unter 20 %) und häufigen Kotabsatz. Sie kommen besonders bei Fohlen (S. 256) vor, seltener bei ausgewachsenen Pferden.

▶ **Tab. 10.9** Einfluss der Fütterung verschiedener Raufutterquellen auf das Kolonmilieu bei Pferden (Tab. basiert auf Daten aus Muhonen et al. 2009).

Kolon	Silage (34 % TS)	Heulage (55 % TS)	Heu (86 % TS)
pH	6,81	6,74	6,75
Laktat, mmol/l	0,16	0,08	0,07
Gesamt organische Säuren, mmol/l	60	58	62
Essigsäure, mmol/l	43	47	48

Ursachen und Pathophysiologie Der kontinuierliche Absatz eines stark wässrigen, ungeformten Kots beruht meistens auf einer ungenügenden Rückresorption des in großen Mengen im vorderen Bereich des Darmrohrs einfließenden Wassers (▶ **Tab. 3.3**, ▶ **Abb. 3.16**). Während bei intakter Dickdarmschleimhaut rd. das Doppelte der täglich in das Zäkum fließenden Wassermenge von rd. 150 ml pro kg KM absorbiert werden kann, bewirken schon mäßige Störungen im Gleichgewicht von Zufluss und Absorption erhebliche Veränderungen der Kotkonsistenz. Steigt z. B. die fäkale Wasserabgabe von 15 auf 30 ml/kg KM, fällt der Kot-TS-Gehalt (bei einer konstanten Kot-TS-Menge von 5 g/kg KM) von 25 auf 14 % ab.

Schwere Durchfälle können verursacht werden durch:

- Parasiten, besonders kleine Strongyliden und Bandwürmer
- Bakterien, besonders Salmonellen (S. 282)
- Rationsfehler (z. B. Stärkeeinflutung in den Dickdarm) und dadurch bedingte Vermehrung bestimmter Bakterien im Darm *(E. coli, Cl. perfringens, Cl. difficile)*
- Rota- und Coronaviren (S. 256) bei Fohlen
- allgemeine Erschöpfung oder Aufregung
- Endotoxinschock
- immunologische Reaktionen gegenüber bestimmten Futterkomponenten

Ernährungsbedingte Diarrhöen im engeren Sinne werden im Zusammenhang mit länger bestehender Nahrungskarenz (> 72 h), hohem Kraftfuttereinsatz bei gleichzeitig geringer Raufutterzufuhr, plötzlichem Futterwechsel oder Verwendung verdorbener Futtermittel genannt. Möglicherweise besteht hier als gemeinsame Ursache eine nachhaltige **Störung der Dickdarmflora** mit der Folge einer Abnahme der Produktion kurzkettiger Fettsäuren. Von ihnen liefert besonders die Buttersäure die notwendige Energie für das Kolonepithel.

Diätetische Maßnahmen Bei der Behandlung von Diarrhöen muss einerseits versucht werden, die Primärursachen möglichst zu beseitigen, die intraluminalen Veränderungen zu normalisieren und vor allem die **Verluste an Wasser und Elektrolyten** zu substituieren. Die fäkalen Abgaben können erheblich sein und täglich pro kg KM bis zu 100 ml Wasser, 300 mg Na, 50 mg K und 100 mg Cl betragen.

Merke

Sofern das Futter nicht ursächlich beteiligt ist, besteht bei Durchfallpatienten keine Veranlassung zu einer Nahrungskarenz.

Wird bei adulten Pferden **chronisch weicher Kot** (kuhfladenähnlich) in Kombination mit **Blähungen**, auch im Dickdarm, beobachtet, so kann eine **Entzündung der Dünn- und Dickdarmschleimhaut (Inflammatory Bowl Disease = IBD)** vorliegen.

Die Ursachen für die entzündlichen Reaktionen der Schleimhaut im Dünn- und Dickdarm sind bislang weder beim Menschen noch beim Pferd eindeutig bekannt, es wird aber eine Mitbeteiligung der Mikroflora diskutiert. Inwieweit bestimmte Futtermittel (z. B. glutenhaltige Futtermittel wie z. B. Weizen) oder auch Heulagen (biogene Amine durch den Eiweißabbau während der Silierung) zu der Problematik beitragen, ist nicht bekannt, so dass die Fütterung sich im Wesentlichen auf die Probleme wie Gewichtsverluste, vermutlich aufgrund der Proteinverluste über den Darm, Durchfälle und ggf. eine reduzierte Glukose-Aufnahme aus dem Dünndarm fokussiert. Ist der Dickdarm mitbetroffen, so kann auch die bakterielle Vitamin-B-Produktion gestört sein.

Durch spezifische Tests (S. 298) lassen sich solche Störungen evtl. lokalisieren. Bei geringen Abweichungen bleiben sie oft unerkannt, da die verminderte präzäkale Verdauung durch die mikrobielle Verdauung im Dickdarm kompensiert wird.

Ist der Dünndarm primär betroffen, so sollten die Pferde Futtermittel erhalten, die im Dünndarm leicht absorbiert werden können wie **thermisch aufgeschlossene Getreide** (z. B. extrudierte Gerstenflocken, 0,2–0,3 kg/100 kg KM) bzw. vorrangig im Dickdarm abgebaut werden, aber die Sekretion im präzäkalen Bereich nicht zu stark fördern (frühgeschnittenes Heu vom 1. Schnitt, Trockenschnitzel).

Gehen die Veränderungen vom **Dickdarm** aus, so sind **raufutterärmere, wenig sekretionsfördernde Rationen** anzubieten (▸ **Tab. 10.10** C), damit der intestinale Wasserfluss in Grenzen gehalten wird. Andererseits können moderate Mengen an Raufutter (S. 155) bzw. Trockenschnitzel (S. 167), die im Dickdarm fermentiert werden, nicht entbehrt werden.

Bei schweren, anhaltenden Durchfällen sind oft noch parenterale Gaben von Wasser und **Elektrolytlösungen** notwendig, evtl. mit besonderem Augenmerk auf die oft **hohen K-Verluste**. Günstiger ist es, wenn die Pferde spontan K-reiche Futter (Heu) aufnehmen.

Schwerste akute Diarrhöen mit ständigem Abgang von stark flüssigem, wässrigem Kot werden meistens durch Störungen in der Absorptionskapazität der Dickdarmschleimhaut verursacht (**Typhlokolitis**). Da unter diesen Bedingungen die Versorgung der Dickdarmepithelien mit Energie eingeschränkt ist, verlieren sie zunehmend die Fähigkeit zur Absorption von Elektrolyten und Wasser. Die Dickdarmepithelien werden über die im Darmlumen gebildeten kurzkettigen Fettsäuren, insbesondere Buttersäure, energetisch versorgt. Bei der diätetischen Behandlung muss auch diesem Punkt Rechnung getragen werden. In schweren, akuten Fällen ist umgehend tierärztliche Hilfe notwendig. Neben einer **Sondenkost** (▸ **Tab. 10.11** B) kann die **orale Gabe kurzkettiger Fettsäuren** bzw. ihrer Salze versucht werden (▸ **Tab. 10.11** A). Mit dieser Eingabe wird bereits eine Substitution von Wasser und Natrium (rd. 200 mg/kg KM) erreicht und auch einer Azidose entgegengewirkt.

Meistens ist eine zusätzliche parenterale Applikation von **Volumenersatzlösungen** (z. B. Ringer-Lösung oder makromolekulare Lösungen) notwendig, deren Menge je nach Hämatokrit- und Gesamt-

▸ **Tab. 10.10** Rationen für ausgewachsene Pferde mit Verdauungsstörungen und Durchfällen (600 kg KM, Angaben in kg).

Diarrhö mit Schwerpunkt im	**Dünndarm**		**Dickdarm**
Futtermittel	**A**	**B**	**C**
Heu, früher 1. Schnitt	12 oder ad lib.	10	6
Luzernecobs	–	1	1
Trockenschnitzel		0,5	1
Maisflocken	1	1	3
Erbsenflocken	0,1	0,1	0,2
Pflanzenöl z. B. Maiskeimöl	–	0,05	0,2
Leinöl	0,05	0,05	0,05
Trockenbierhefe	–	–	0,2
NaCl[1)]	0,03	0,03	0,03
vitaminiertes Mineralfutter[2)]	0,1	0,1	0,1
Gehalte in der Gesamtration			
umsetzbare Energie (MJ)	98	98	116
pcvRp (g)	1017	949	987

1) NaCl- und KCl-Gaben nur bei schweren, anhaltenden Durchfällen mit entsprechenden Störungen des Allgemeinbefindens; 30 g der NaCl-KCl-Mischung bis 4 × täglich, zusätzlich Wasser ad lib. (nach Schott 1998)
2) Auswahlkriterien vitaminiertes Mineralfutter

► **Tab. 10.11** Rationen zur Sondenapplikation bei Pferden mit schweren Entzündungen im Magen-Darm-Trakt bzw. Typhlokolitis (600 kg KM, Angaben in kg oder l, wenn nicht anders vermerkt).

Futtermittel	Akut*	
	A	B
Natriumacetat	120 g	–
Natriumpropionat	105 g	–
Natriumbutyrat	130 g	–
Natriumhydroxid	42 g	–
Natriumchlorid	75 g	–
Wasser	30 l[1)]	24 l[2)]
Haferflocken	–	0,3
Trockenschnitzel	–	–
Magermilchpulver	–	0,15
Leinsaat	–	–
Melasse/Zucker	–	0,06
Weizenkleie	–	0,08
Sojaextraktionsschrot	–	0,08
Pflanzenöl	–	0,08
NaCl	–	0,04
vitaminiertes Mineralfutter [3)]	–	0,015
Gehalte pro kg der Gesamtration		
umsetzbare Energie (MJ)	–	10,4
pcvRp (g)	–	102

* akut aufgetretene Störung
[1)] über ca. 2 h verteilt eingeben
[2)] Menge nach aktuellem Fall ggf. modifizieren
[3)] Auswahlkriterien vitaminiertes Mineralfutter

eiweißgehalt des Blutes > 10 l/100 kg KM pro Tag betragen kann. Bei einer metabolischen Azidose muss außerdem mit **Natriumhydrogenkarbonat** gepuffert werden. K-Verluste sind ggf. durch Gaben von 3-mal täglich 5–8 g Kaliumchlorid/100 kg KM (2 %ige Lösung) per Nasen-Schlund-Sonde zu substituieren.

10.7.6 Diarrhö bei Saugfohlen

Bei Infektionserkrankungen ist stets tierärztliche Hilfe (Bekämpfung der Primärursache, Substitution von Wasser und Elektrolyten) unverzichtbar. Einige Fohlen lecken übermäßig an Salzlecksteinen, die z. B. in der Box aufgehängt sind, was ebenfalls zu Durchfall führen kann. In solchen Fällen ist der Salzleckstein aus der Box zu entfernen oder so aufzuhängen, dass das Saugfohlen keinen Zugang zu dem Leckstein hat. Nach dem Entfernen des Lecksteins kann sehr schnell wieder eine normale Kotkonsistenz beobachtet werden.

Diätetische Maßnahmen Bei noch vorhandener Fresslust können **Milchaustauscher für Fohlen** (S. 256), ergänzt mit kommerziell erhältlichen Elektrolytzulagen, versucht werden. Bei fehlender spontaner Aufnahme kommt eine **Sondenkost** infrage.

Viele Fohlen zeigen zwischen dem 12. und 18. Lebenstag häufig eine breiige bis sehr wässrige Kotkonsistenz. Da dieser Durchfall mit der Rosse der Stute einhergeht, wird der Durchfall auch als **„Fohlenrossedurchfall"** bezeichnet. Aber auch bei der mutterlosen Aufzucht wird dieser Durchfall teilweise beobachtet. Als Ursache kommt vermutlich eine Adaptation der gastrointestinalen Mikroflora auf die beginnende Festfutteraufnahme infrage. Verläuft der Durchfall ohne weitere Komplikationen (ungestörtes Allgemeinverhalten, ungestörte Milchaufnahme), so sind keine weiteren diätetischen Maßnahmen einzuleiten. Kommt es aber zu einer massiven Dehydratation, so muss auf jeden Fall eine Elektrolytsubstitution und ggf. auch Fütterung per Sonde eingeleitet werden.

10.8 Krankheiten der Leber

In der Praxis werden vielfach **erhöhte Leberenzymaktivitäten** bei Routineblutuntersuchungen festgestellt. Die Pferde zeigen dabei in der Regel weder Abmagerung noch eine Leistungsminderung. Diese z. T. sehr hohen Leberenzymaktivitäten im Blut sind dann nur schwer mit einer Insuffizienz der Leber in Verbindung zu bringen. Grundsätzlich sollten aber alle nutritiven und nicht nutritiven Ursachen, die zu einer Leberstörung führen können, ausgeschlossen werden.

Die **nutritiven Ursachen** umfassen Aufnahme von Giftpflanzen (z. B. Kreuzkraut), Schimmelpilzen (z. B. Penicillium oder Aspergillus ssp.), Mykotoxinen (z. B. Aflatoxin), Schwermetalle (z. B. Blei) sowie ein chronischer Vitamin-E-Mangel.

Bereits bestehende pathologisch-anatomische Veränderungen wie **Zirrhose** und **Verfettung** lassen sich durch diätetische Maßnahmen in der Regel nicht rückgängig machen, doch können die Folgen der ungenügenden Entgiftungsleistung der Leber eventuell modifiziert werden.

10.8.1 Hepatoenzephales Syndrom

Ursachen Bei einer hochgradigen Insuffizienz der Leber können u. a. die über das Pfortadersystem zufließenden, toxisch wirkenden Stoffe (wie Ammoniak, Schwefelwasserstoff, Merkaptane, biogene Amine, Indole) nicht ausreichend entgiftet werden. Gelangen sie in den peripheren Kreislauf, ebenso wie aromatische Aminosäuren (z. B. Tryptophan), sind schwere klinische Erscheinungen wie Abgeschlagenheit, Schwäche, auch zentralnervöse Störungen zu erwarten (hepatoenzephales Syndrom).

Im Verlauf schwerer Lebererkrankungen wird ein Abfall der verzweigtkettigen Aminosäuren Leucin, Isoleucin und Valin zugunsten einer Zunahme der aromatischen Aminosäuren Phenylalanin, Tyrosin und Trypotophan beobachtet.

Diätetische Maßnahmen Liegen die klinischen Erscheinungen einer Hepatoenzephalopathie vor, so ist vor allem ihre Belastung durch Produkte aus dem Eiweißabbau im Darm zu mindern. Dazu wird die **Eiweißmenge auf das absolut notwendige Maß reduziert** (etwa 70–80 % der für Erhaltung notwendigen Menge; ▶ **Tab. 4.6**) unter Verwendung hochverdaulicher Eiweiße, die bereits im Dünndarm zerlegt werden (▶ **Tab. 3.10**).

Die **Energieversorgung** richtet sich sehr stark nach der Körperkondition der betroffenen Pferde, in der Regel sollte die Energieversorgung aber deutlich oberhalb des Erhaltungsbedarfs eingestellt werden (> 20 %), um Körpergewichtsverluste durch den Abbau von Muskulatur kompensieren zu können.

Durch Zufütterung von **Laktose** (0,2–1 g/kg KM) oder **Laktulose** (0,5–1 g/kg KM) 3-mal täglich wird über eine Senkung des pH-Werts im Dickdarm die Ammoniakabsorption gemindert und zusätzlich die Leber entlastet. Auch die Fütterung der Inulinhaltigen Topinamburknollen ist bei Leberpatienten geeignet.

Häufige kleine Mahlzeiten verhüten die stoßweise Anflutung von Eiweißabbauprodukten in der Leber. Gleichzeitig sind die Patienten ausreichend mit Energie (Kohlenhydrate) zu versorgen, damit kein Eiweiß als Energiequelle mobilisiert wird. Hier sind **extrudierte Getreide** (0,3 kg/100 kg KM pro Mahlzeit) zu empfehlen. Aufgrund des Verhältnisses von aromatischen zu verzweigtkettigen Aminosäuren eignen sich insbesondere **Maisflocken**.

In allen anderen Fällen ist dagegen Eiweiß entsprechend den Bedarfsempfehlungen zu geben oder bis zu 50 % mehr, um die hohe Regenerationskraft der Leber zu nutzen. Mäßige Mengen an **Sojaextraktionsschrot** oder **Bierhefe** (20 g/100 kg KM) können die notwendigen essenziellen Aminosäuren liefern.

Generell ist die Zufuhr der **Vitamine** A und E sowie von wasserlöslichen Vitaminen zu erhöhen und zusätzlich auch oral Vitamin C (rd. 4 g/100 kg KM/Tag) zu geben (evtl. geringe Eigensynthese).

Rationsvorschlag

Tagesration für eine leberschonende Diät (600 kg KM, Warmblutpferd, Freizeitpferd)

- 12 kg Heu oder zur freien Verfügung (später 1. Schnitt in der Blüte)
- 1–1,5 kg Maisflocken
- 300–500 g Topinambur (frische Knollen) oder 300 g Lactulose
- 50 ml Leinöl
- 30–50 g Trockenbierhefe
- vitaminiertes Mineralfutter
- Vitamin E (2–4 mg/kg KM)
- Salzleckstein

Auswahlkriterien vitaminiertes Mineralfutter (S. 189)

Leberverfettung

Ursachen Eine Leberverfettung wird bei der sog. **Hyperlip(id)ämie**, die überwiegend bei Ponys beobachtet werden kann, beschrieben. Bei hochtragenden Ponystuten werden Hyperlipidämien mit Fettgehalten im Plasma bis zu 80 mmol/l gesehen, wenn nach vorheriger guter Ernährung plötzlich eine Nahrungskarenz eintritt, sei es durch Futtermangel, Krankheiten (Wurmbefall, Infektionen) oder Stress (Transport). Unter diesen Bedingungen wird offenbar kurzfristig mehr Fett mobilisiert als umgesetzt, so dass es sich in der Leber (Leberverfettung) und im Blut anreichert.

Diätetische Maßnahmen

Merke
Da bei fortgeschrittener Leberverfettung kaum Heilungsaussichten bestehen, sind vorbeugende Maßnahmen besonders wichtig.

Maßnahmen zur Energierestriktion (S.292) bei adipösen Pferden und Ponys sollten vor der Trächtigkeit eingeleitet werden. Während der Trächtigkeit sollte eine bedarfsangepasste Fütterung (S.263) erfolgen, wobei heubetonte Rationen in Kombination mit einem vitaminierten Mineralfutter zu bevorzugen sind. Im letzten Drittel der Trächtigkeit ist darüber hinaus eine moderate Zulage eines Kraftfutters (0,1–0,3 kg/100 kg KM pro Tag) auch bei Ponys zu empfehlen.

10.9
Krankheiten der Harnorgane

10.9.1 Nierenerkrankungen

Im Gegensatz zum Menschen oder zu Hunden und Katzen liegen über diätetische Strategien bei Nierenerkrankungen beim Pferd kaum wissenschaftliche Untersuchungen vor.

Diätetische Maßnahmen Die diätetischen Empfehlungen orientieren sich im Wesentlichen an den Aufgaben der Nieren, wobei die tubuläre Filtration der sog. „harnpflichtigen Stoffe" wie Harnstoff, Kreatinin, aber auch verschiedener Mineralstoffe (z. B. Ca, P oder Na) und Wasser bei Nierenerkrankungen gestört sein kann.

Bei gestörter Ausscheidungsfunktion der Niere müssen die notwendigen diätetischen Maßnahmen aus den Blut- und Harnbefunden abgeleitet werden: Besteht eine ausgeprägte **Proteinurie** – wie beim Pferd häufig zu beobachten –, ist die Eiweißzufuhr entsprechend der Höhe des renalen Eiweißverlusts anzuheben (Kontrolle der Plasmaproteinwerte; ► **Tab. 8.2**). Zur **Eiweißsubstitution** kommen hochwertige, leichtverdauliche Eiweiße (Sojaextraktionsschrot oder Erbsenflocken) infrage (► **Tab. 5.17**).

Sind andererseits bei normgerechter Eiweißzufuhr die **Plasmaharnstoffspiegel erhöht**, wird ähnlich wie bei einer Leberinsuffizienz proteinarm gefüttert (► **Tab. 10.12**). Vielfach werden dabei die Empfehlungen zur Aufnahme von essenziellen Aminosäuren unterschritten, so dass die Zulage von **essenziellen Aminosäuren** wie Lysin und Methionin eine sinnvolle Ergänzung darstellt.

Die **Energieversorgung** richtet sich sehr stark nach der Körperkondition der betroffenen Pferde, in der Regel sollte die Energieversorgung aber deutlich oberhalb des Erhaltungsbedarfs eingestellt werden (> 20 %), um Körpergewichtsverluste durch den Abbau von Muskulatur kompensieren zu können.

Als **Raufutterquellen** (≥ 2 kg Heu/100 kg KM pro Tag) sollten bevorzugt gräserbetonte Qualitäten verfüttert werden, hohe Anteile an Kräutern, Klee oder Luzerne bergen das Risiko einer sehr hohen Eiweißaufnahme, z. T. sind auch die hohen Ca-Gehalte in Kräutern und Luzerne kritisch.

Getreide, aber auch Fette bieten eine hohe Energiedichte, so dass diese bei fortschreitenden Körpergewichtsverlusten neben Raufutter bevorzugt einzusetzen sind. Bei Einsatz von Getreide (0,3 kg/100 kg KM pro Mahlzeit, 3- bis 4-mal tägl.) sind

► **Tab. 10.12** Eiweißarme Rationen für Pferde (600 kg KM, Angaben in kg, falls nicht anders angegeben).

Futtermittel	I	II	III
Heu, überständig, 1. Schnitt	12	10	8
Maisflocken	2	3	3
Trockenschnitzel	–	–	1
Möhren	2	4	4
Pflanzenöl (z. B. Maiskeimöl)	0,2	0,2	0,2
Leinöl	0,05	0,05	0,05
vitaminiertes Mineralfutter[1]	0,1	0,1	0,1
Vitamin-E-Ergänzung	4 g	4 g	4 g
Gehalte pro kg der Gesamtration			
umsetzbare Energie (MJ)	118	117	111
pcvRp (g)	592	556	570

[1] Auswahlkriterien vitaminiertes Mineralfutter

Maisflocken oder **Hafer** zu wählen, da diese im Vergleich zu Gerste niedrigere Eiweißgehalte, aber gleichzeitig höhere Fettgehalte aufweisen. Als Fettquellen sollten **Pflanzenfette** eingesetzt werden (50–70 ml/100 kg KM), wobei Soja- und Rapsöl zum Teil eine geringere Akzeptanz im Vergleich zu Sonnenblumen- oder Maiskeimöl aufweisen können.

Erhöhte P- und **Mg-Gehalte** im Blut zwingen zur Reduktion dieser Elemente in der Ration (Verzicht auf Kleien, sonstige Mühlennachprodukte und Rückstände der Ölgewinnung).

Da Pferde Ca vorrangig über die Niere ausscheiden, ist bei renal bedingten **Erhöhungen des Plasma-Ca-Spiegels** die Ca-Zufuhr strikt auf die Norm einzustellen (40 mg/kg KM/Tag; keine Fütterung von Kräutern, Klee, Luzerne, oder überhöhten Mengen Ca-haltiger Supplemente), da überhöhte Plasma-Ca-Spiegel lebensbedrohlich sein können.

In Abhängigkeit des Auftretens renaler **NaCl-Verluste** ist eventuell eine gezielte Substitution von Salz ggf. notwendig (3–10 g Salz/100 kg KM), hierbei sollte nicht jodiertes und nicht fluoriertes Speisesalz zur Ergänzung eingesetzt werden.

Vielfach zeigen erkrankte Pferde eine **sehr geringe** bzw. **sehr wählerische Futteraufnahme** bis hin zur **Anorexie.** Deswegen können schmackhafte Futterkomponenten wie **Möhren** mitverfüttert werden. Im Einzelfall sind aber auch solche Futtermittel zu wählen, die zwar aufgrund einer eher ungünstigen Zusammensetzung (z. B. hoher Eiweißgehalt) eher abzulehnen sind, aber eine hohe Schmackhaftigkeit aufweisen. So ist z. B. bei anorektischen Pferden durchaus **Weidegang** zu empfehlen, da Gras häufig das einzige Futtermittel ist, welches noch aufgenommen wird.

10.9.2 Harnsteine

Rezidivierende Harnsteinbildungen erfordern ebenfalls diätetische Maßnahmen.

Ursachen Beim Pferd bestehen die Harnsteine vorwiegend aus Kalziumkarbonat, nur extrem selten gibt es andere Ca-haltige Konkremente oder Struvitkristalle (Ammoniak-Magnesium-Phosphat). Generell werden diese Steinbildungen durch entzündliche Veränderungen in den harnabführenden Wegen, alkalische pH-Werte, Wassermangel und hohe Konzentrationen an Kalzium im Harn begünstigt.

Diätetische Maßnahmen Bei anfälligen Tieren ist eine überhöhte Ca- und Vitamin-D-Versorgung zu vermeiden und für eine ausreichende Wasserzufuhr zu sorgen.

> **Vorsicht**
> **Bei der Fütterung von Pferden mit Harnsteinen sollten keine Ca- und Vitamin-D-haltigen Mineralfutter verfüttert werden, Ca-reiche Futtermittel wie Kräuter, Klee, Luzerne oder Rübenschnitzel sollten ebenfalls vermieden werden.**

Neben der Reduktion der genannten kritischen Nährstoffe kann eine **Azidierung des Harns** z. B. mit Ammoniumchlorid (50–100 mg/kg KM) versucht werden, bei raufutterbetonten Rationen wird aber kaum eine Ansäuerung des Harns erreicht.

Abgeleitet von anderen Tierarten erscheint die **Erhöhung der Wasseraufnahme** eine wesentliche Maßnahme bei rezidivierenden Harnsteinen zu sein. Mit der Gabe von **NaCl** (10 g/100 kg KM, nicht jodiert bzw. fluoriert) kann die Wasseraufnahme bei Pferden erheblich gesteigert werden, die freie Wasseraufnahme muss allerdings zu jeder Zeit gewährleistet sein.

Rationsvorschlag

Tagesration für eine Diät bei Ca-haltigen Harnsteinen (600 kg KM, Warmblutpferd, Freizeitpferd)

- 10 kg Heu (möglichst gräserbetont, kräuterarm, ohne Leguminosen wie z. B. Klee)
- 2 kg Möhren
- 0,5–1 kg Maisflocken
- 100 ml Pflanzenöl
- 40–60 g Viehsalz
- Spurenelement- und Vitamin-E-Ergänzung

10.10
Krankheiten der Skelettmuskulatur

Bei Sportpferden sind rd. 80% der beobachteten Muskelerkrankungen den so genannten Belastungsmyopathien zu zuordnen, weitere Muskelerkrankungen umfassen infektiöse und immunologische Myopathien oder die hyperkaliämische periodische Paralyse (HYPP, stark rückläufige Bedeutung).

10.10.1 Belastungsmyopathien

Bei den Belastungsmyopathien wird in der Literatur zwischen den sporadischen, akuten Myopathien z. B. nach fieberhaften Erkrankungen und den chronischen, wiederholt auftretenden Belastungsmyopathien unterschieden.

Zu den chronischen, wiederholt auftretenden Belastungsmyopathien (engl. **Recurrent Exertional Rhabdomyolysis = RER**) gehören u. a. die wiederholt auftretenden Belastungsmyopathien des Vollblüters und die **Polysaccharidspeicherkrankheit (PSSM)**.

Die RER des Vollblüters kann u. a. durch einen Defekt der myoplastischen Ca-Regulation hervorgerufen werden, ca. 5–10% der Vollblüter scheinen betroffen zu sein. Inwieweit auch andere Rassen von diesem Gendefekt betroffen sind, ist zurzeit unklar. Die RER des Vollblüters tritt in der Regel sporadisch in Kombination mit weiteren Stressfaktoren wie erhöhte Nervosität der Pferde oder mit einer sehr hohen Kraftfutteraufnahme auf.

Bei der PSSM kommt es zu einer exzessiven und abnormalen Glykogenspeicherung in der Skelettmuskulatur, wobei ein Defekt der Muskelglykogensynthase (GYS 1, Typ I PSSM) vorliegen kann. Dieser Defekt wird mit einem entsprechenden Gentest detektiert. Besonders betroffen sind Quarter Horses, aber auch American Paints, Appaloosa und Warmblüter konnten entsprechend identifiziert werden. Mindestens ein weiterer Gendefekt im Glykogenstoffwechsel der Skelettmuskulatur konnte außerdem diagnostiziert werden (Typ II PSSM), hier liegt besonders bei Warmblutpferden eine erhöhte Disposition vor.

Prädisponierende Faktoren für die Auslösung einer Belastungsmyopathie scheinen insbesondere das Temperament der Pferde (hohe Stressempfindlichkeit, Nervosität), aber auch das Geschlecht (Stuten > Wallache, Hengste) zu sein.

Die **Bedeutung der Fütterung** in der Pathophysiologie und Prävention von chronischen Belastungsmyopathien ist unumstritten, wobei die Verfütterung von energie- bzw. stärkereichen Rationen (Getreide > 5 kg/Tag), Elektrolytimbalanzen (NaCl-Mangel, evtl. K-Mangel) und eine marginale Selen- und Vitamin-E-Versorgung von Bedeutung sein können.

Diätetische Maßnahmen und Therapie Generell sollten die Rationen bei disponierten Pferden reich an **Heu** sein (Mindestempfehlung: > 1,7 kg Heu/100 kg KM, ▶ **Tab. 10.13**).

In zahlreichen Untersuchungen konnte gezeigt werden, dass die **Reduktion oder der komplette Austausch von Stärke** in der Ration zu einer deutlichen Verbesserung des Muskelstoffwechsels bei disponierten Pferden beitrug, wobei vielfach Stärke gegen **Fett als energieliefernde Substrat** ausgetauscht wurde. Die Fütterung von Fett bzw. Pflanzenölen scheint unabhängig vom Ernährungszustand in der Therapie von PSSM-Pferden (insbesondere Typ I) notwendig zu sein. Als Fettlieferant wird in den meisten wissenschaftlichen Untersuchungen **Reiskleie** eingesetzt (200–300 g/100 kg KM), aber auch andere Pflanzenfette wie **Maiskeim-** oder **Sonnenblumenöl** sind mögliche Quellen (50–100 ml/100 kg KM). Fettangereicherte Ergänzungsfuttermittel (> 8% Fett) stehen auch als sog. **„PSSM-Futter"** kommerziell zur Verfügung. Aufgrund der potentiell entzündungshemmenden Wirkmechanismen ist die Zulage von Omega-3-Fettsäuren (z. B. Leinöl) des Weiteren zu empfehlen.

Sowohl bei einem Muskelabbau als auch bei muskulären Erkrankungen wird eine optimale Zufuhr an **essenziellen Aminosäuren** empfohlen. Hierfür stehen zahlreiche Futtermittel wie z. B. Erbsenflocken, getrocknete Bierhefe oder Aminosäuren-Mischungen zur Verfügung. Des Weiteren wird der Zulage von Reiskeimöl (gamma Oryzanol) eine muskelaufbauende Wirkung zugesprochen, so dass Reiskeimöl ebenfalls zu empfehlen ist.

In praxisüblichen Rationen für Sportpferde wird häufig eine nennenswerte **Na- und Cl-Unterversorgung** beobachtet, die durch die Bereitstellung von Salzlecksteinen nicht kompensiert werden kann.

► **Tab. 10.13** Fütterungsempfehlungen für arbeitende Pferde mit vorberichtlichen belastungsbedingten Myopathien (600 kg KM, Angaben in kg, falls nicht anders angegeben).

Futtermittel	Belastungsmyopathie		PSSM[1)]	PSSM
Wiesenheu, Mitte d. Blüte	12	12	12	12
Reiskleie	–	–	0,5	–
stärke- und zuckerreduziertes Mischfutter	1,5–3	–	–	1,5–3
Maisflocken	–	0,5–1,5	–	–
Pflanzenöl (z. B. Sonnenblumenöl)	0,1	0,1–0,3	–	0,3
Leinöl	–	0,05	0,05	0,05
Sojaextraktionsschrot	–	0,1	–	0,1
Aminosäuren-Mischung[2)]	0,07	–	0,05	–
nicht jodiertes und nicht fluoriertes Speise- oder Viehsalz	0,03–0,05	0,03–0,05	0,02	0,03–0,05
Vitamin E	2–4 g	2–4 g	4–6 g	4–6 g
vitaminiertes Mineralfutter[2)]	–	0,1	0,1	0,1
Gehalte in kg der Gesamtration				
umsetzbare Energie (MJ)	95–112	85–104	80	90–104
pcvRp (g)	880–1000	874–985	763	880–1000

[1)] Pferde im Erhaltungsstoffwechsel
[2)] Auswahlkriterien vitaminiertes Mineralfutter

Zellschrumpfung infolge Dehydratation kann zu entsprechenden Zellschäden im Skelettmuskel führen. Die Gabe von **Elektrolyten** (z. B. 10–20 g NaCl/100 kg KM) in Kombination mit einer **erhöhten Wasseraufnahme** nach intensiven Belastungen besitzt vermutlich Potenzial, um kurzfristig die Perfusion der Muskulatur verbessern zu können.

Auch die bedarfsabdeckende Vitamin-E- und Se-Versorgung ist von Bedeutung für eine adäquate Muskelfunktion. Eine knappe **Selenversorgung** ist allerdings in praxisüblichen Rationen für Sportpferde in Kombination mit dem Einsatz von Mischfuttermitteln und/oder Mineralfuttermitteln eher selten, vielfach wird eine übertrieben hohe bis kritisch hohe Selenversorgung bei Sportpferden beobachtet.

Die **Vitamin-E-Versorgung** in Sportpferderationen kann sehr schwanken, es werden sowohl eine sehr knappe als auch eine sehr hohe Vitamin-E-Zufuhr beobachtet. Ungeachtet der notwendigen **bedarfsangepassten** Vitamin-E-Versorgung (200 mg Vitamin E/100 kg Körpermasse) wird vielfach eine **bedarfsüberschreitende** Vitamin E Versorgung (400–600 mg Vitamin E/100 kg Körpermasse) als positiv erachtet.

Der Einsatz von **Natriumbikarbonat** wird vielfach in der Literatur diskutiert, durchgeführte Studien (28–56 g Bikarbonat bei Großpferden) belegen keinerlei Effizienz dieser Maßnahme, darüber hinaus ist Bikarbonat aufgrund der meist bestehenden Alkalose kontraindiziert.

10.11 Störungen des Bewegungsapparats

10.11.1 Entwicklungsstörungen des Skeletts beim Fohlen

Störungen in der Entwicklung von Skelett, Sehnen und Bändern kommen vor allem bei schnell wachsenden Fohlen großer Rassen vor. Sie werden als entwicklungsbedingte Skeletterkrankungen bezeichnet und sind klinisch charakterisiert u. a. durch Umfangsvermehrungen im Bereich der Gelenke, besonders des Vorderfußwurzelgelenks („Knie“ oder Epiphysitis), sowie durch Stellungsfehler. Gelegentlich treten auch Ataxien und Lahmhei-

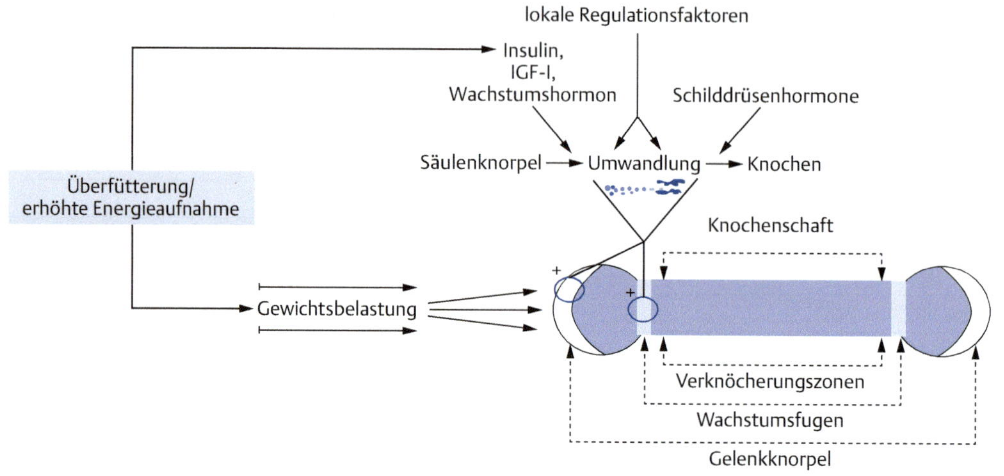

▶ **Abb. 10.4** Zusammenhang zwischen Energieaufnahme und hormonellen Regulationsvorgängen beim Wachstum. (aus Zentek: Ernährung des Hundes. Enke Verlag: Stuttgart; 2016)

ten aufgrund von Veränderungen an der Halswirbelsäule auf (Wobbler-Syndrom).

Ursachen und Pathophysiologie Zum Verständnis dieser Störungen muss auf die komplizierten **Wachstumsvorgänge in den Gliedmaßenknochen** hingewiesen werden (▶ **Abb. 10.4**). Am wachsenden Röhrenknochen sind die Knochenenden (Epiphysen) durch eine knorpelige Epiphysenscheibe vom Knochenmittelstück (Schaft oder Diaphyse) getrennt. In der Wachstumszone proliferiert der Knorpel in beiden Richtungen und mineralisiert, d. h. verknöchert nach und nach, während für das Breitenwachstum die periostale (von der Knochenhaut ausgehende) Verknöcherung verantwortlich ist. Parallel zu diesen Zuwachsbildungen wird ständig Knochengewebe von der Markhöhle aus abgebaut, so dass der Knochen trotz Vergrößerung weitgehend seine Form beibehält. Auch von den Gelenkknorpeln aus wächst der Knochen in die Länge.

Die genannten Entwicklungsstörungen sind pathologisch-anatomisch u. a. durch **Osteochondrosen** (nichtentzündliche, vom Knorpel ausgehende Veränderungen des Knochengewebes) sowie Knochen- und Knorpelentzündungen mit Abspaltung von Knochen- oder Knorpelteilen im Gelenk gekennzeichnet (**Osteochondrosis dissecans**). Sie führen zu Funktionsstörungen (z. B. Lahmheiten) oder infolge ungleicher Wachstumsabläufe zu Stellungsanomalien einschließlich Sehnenkontrakturen. Die Stellungsabweichungen begünstigen degenerative Veränderungen an den noch nicht vollständig mineralisierten Wachstumsfugen, da sie dann – ebenso wie die Gelenkknorpel – einseitig belastet werden.

Merke

Bei Entstehung der Entwicklungsstörungen des Skeletts wirken Genetik, Größe, Wachstumsgeschwindigkeit, aber auch ungeeignete Haltungsbedingungen disponierend.

Osteochondrosen treten häufig **bei großen Rassen** mit über 400 kg Endgewicht auf, deren Fohlen rasch wachsen. Das Geburtsgewicht von Fohlen großer Rassen hat sich nach 6 Monaten um das 5-Fache vermehrt, bei Ponyfohlen erst um das 3,5-Fache (▶ **Tab. 4.14**). Auch nach 1 Jahr bestehen diese Unterschiede in der Gewichtsentwicklung zwischen Pferde- und Ponyrassen.

Innerhalb großwüchsiger Rassen können einzelne Individuen zusätzlich disponiert sein. Die Heritabilität dieser Störungen, deren Schätzung aufgrund des variierenden klinischen Bildes schwierig ist, erreicht meistens nur Werte von < 0,3.

Merke
Eine ungenügende Bewegung der Fohlen, besonders während des Winters, ist ein wichtiger disponierender Faktor für Osteochondrosen, denn die Motorik und der Belastungsreiz sind wesentliche Voraussetzungen für ein gleichmäßiges Wachstum des Skeletts.

Bei Fohlen in Boxenhaltung wurde eine Abnahme der Knochendichte beobachtet, nicht jedoch bei Tieren in Auslaufhaltung. Bei einem **intensiven Bewegungstraining** konnten auch bei forcierter Aufzucht die orthopädischen Entwicklungsstörungen verringert werden.

Andererseits haben sich **harte Böden** im Auslauf oder auf der Weide (z. B. nach Trockenperioden) als disponierend für die Entwicklung der Skelettschäden gezeigt, ebenso krasse Wechsel in den Bewegungsmöglichkeiten (enge Boxen, Weide).

Bei den **nutritiv bedingten Ursachen** geht die ungenügende Verknöcherung bei einem Energieüberschuss vom Knorpelgewebe aus, während bei einer Fehlernährung mit Kalzium oder Phosphor die Störung aufgrund einer mangelhaften Mineralisierung zu erklären ist. Im klinischen Bild ergeben sich allerdings in Abhängigkeit von der Ätiologie keine spezifischen Unterschiede. In Einzelfällen ist des Weiteren zu prüfen, ob ein Cu- oder Mn-Mangel, ein Vitamin-A-Überschuss (längerfristig mehr als 1000 IE/kg KM und Tag) oder ein Defizit an essenziellen Aminosäuren, besonders Lysin, vorliegt.

Energieüberschuss

Ursachen und Pathophysiologie

Merke
Eine generell zu intensive Fütterung und ein zu schnelles Wachstum gelten heute als Hauptursachen für Entwicklungsstörungen am Skelett.

An der Pathogenese sind mechanische, aber auch hormonelle Einflüsse beteiligt. Bei **schnell wachsenden Fohlen** begünstigt eine unphysiologische hohe Gewichtsbelastung der empfindlichen gewichttragenden, noch nicht voll mineralisierten Skelettteile (Knorpel) die degenerativen Veränderungen, insbesondere im Zusammenhang mit **Stellungsanomalien**. Bei Fohlen, die sich nach Einengung ihrer Bewegungsmöglichkeiten während des Winters nach dem Austrieb auf der Weide abrupt bewegen und damit das **Skelett stark belasten**, treten die genannten Störungen verstärkt auf.

Zusätzlich führt eine erhöhte Energieaufnahme zu einer verstärkten Bildung von **Insulin** und **Wachstumshormonen** und deren Mediatoren. Die u. a. auch in den Wachstumsfugen gebildeten Wachstumsfaktoren beschleunigen die Teilung und Differenzierung der Knorpelzellen. Die temporär starke Zellvermehrung macht die Wachstumszone per se, insbesondere aber in Kombination mit einer verstärkten mechanischen Belastung durch ein hohes Gewicht, empfindlicher für dystrophische Veränderungen.

Kontrakturen der oberflächlichen und tiefen Beugesehnen bei 6–12 Monate alten Fohlen werden nach energiereicher Fütterung (die langen Röhrenknochen scheinen schneller zu wachsen als die Sehnen) beobachtet, aber auch nach ungleichmäßigem Wachstum durch restriktive Fütterung oder geringe Futteraufnahme infolge Erkrankung und anschließender Ad-libitum-Fütterung mit extrem raschen Wachstumsschüben.

Für die **Prävention** ist ferner von Bedeutung, dass vermutlich auch eine **verstärkte Insulinausschüttung** – verursacht durch kohlenhydratreiche Mahlzeiten – die Störungen begünstigt, da Insulin die Wirkung der Schilddrüsenhormone, die an der terminalen Differenzierung der Knorpelzellen beteiligt sind (► **Abb. 10.4**), verändert.

Diätetische Maßnahmen Zur Vorbeugung von Entwicklungsstörungen durch Energieüberschuss ist eine dem Bedarf entsprechende Energie- und Nährstoffversorgung während der gesamten Aufzuchtphase (► **Abb. 7.14**) bei gleichzeitig optimalen Haltungsbedingungen (Bewegungsmöglichkeiten) anzustreben.

Eine **restriktive Aufzucht** sollte allerdings weder zu Wachstumsstörungen führen (die u. a. Durchtrittigkeit begünstigen) noch zu einem unausgeglichenen Nährstoffangebot. Die optimale Relation zwischen den Nährstoffen muss eingehalten werden.

Fehlernährung mit Kalzium und Phosphor

Obwohl die Bedeutung von Kalzium und Phosphor für die Skelettentwicklung seit 100 Jahren bekannt ist, kommen immer noch Fehler vor; deshalb sollte man sich zum jeweiligen Bedarf (S. 98) informieren und entsprechend füttern (► **Tab. 4.17**).

Ursachen Ein zu geringes Ca-Angebot ist vor allem auf der Weide bei Aufnahme von jungem Grünfutter möglich, aber auch bei vielen Rationen, die ausschließlich aus Hafer und Ca-armem Heu (gräserbetontes Heu) ohne Ergänzungen bestehen. Ein Ca-Defizit wird in solchen Rationen oft durch ein relativ hohes P-Angebot (Ca:P-Verhältnis < 1) verstärkt.

Bei der weiten Verbreitung von mineralisierten Ergänzungsfuttern sollte ein Ca-Defizit selten sein. Das größte Risiko besteht bei ausschließlicher Haltung auf junger, grasreicher Weide ohne Beifütterungsmöglichkeit.

Diätetische Maßnahmen Die Ca- und P-Versorgung ist bei Saugfohlen bis zum 3. Lebensmonat in der Regel über die Stutenmilch sichergestellt. Die Fohlen sollten aber schon sehr früh an die Aufnahme eines Mineralfutters (Ca-Gehalt: > 15 %, P-Gehalt > 8 %) gewöhnt werden, so dass ab dem 3. Lebensmonat die Beifütterung eines Mineralfutters erfolgen kann, dies gilt sowohl für Boxenhaltung als auch bei 24-h-Weidehaltung.

Kupfermangel

Cu-Mangel kann Osteochondrosen verursachen bzw. den Schweregrad beeinflussen. Erworbene Kontrakturen der oberflächlichen und tiefen Beugesehnen unmittelbar nach der Geburt können evtl. ebenfalls mit einem Cu-Mangel der Mutterstute in Zusammenhang stehen.

Ursachen Eine unmittelbare Beziehung zu Cu-armen Böden (Sand, Moor) ist heute nicht mehr sicher herzustellen, da Mineraldünger vielfach Kupfer enthalten und damit die Cu-Werte im Futter angehoben werden. Eine gleichzeitig hohe Zn-, Fe- oder Cd-Aufnahme kann ein marginales Cu-Angebot verschärfen.

Mögliche marginale Versorgungsbedingungen bei Fohlen (S. 110) sind:

- mangelhafte Cu-Versorgung tragender Stuten
- geringe Speicherung von Kupfer in der fetalen Leber
- längerdauernde ausschließliche oder überwiegende Aufnahme der Cu-armen Stutenmilch
- Cu-armes Gras oder Ergänzungen (z. B. Hafer)
- Interaktionen mit anderen Mengen- und Spurenelementen wie Ca, Zn oder Fe

Diätetische Maßnahmen In der Ration von tragenden Stuten und Absatzfohlen sollten 10–12 mg, im Ergänzungsfutter für Saugfohlen 20–25 mg Cu/kg enthalten sein. Des Weiteren sollte die Ration auf Interaktionen verschiedener Mengen- und Spurenelementen überprüft werden.

10.11.2 Orthopädische Erkrankungen bei adulten Pferden

Orthopädische Erkrankungen bei adulten Pferden werden meistens durch Traumata, Überlastung oder Abnutzung verursacht, seltener primär durch Ernährungsfehler. Gleichwohl ist, insbesondere wenn die oben genannten Ursachen nicht vorliegen, die langfristig vorhergehende Fütterung zu überprüfen.

Energie- und Nährstoffversorgung

Ursachen Bei wachsenden Pferden gibt es einen engen Zusammenhang zwischen einer hohen Energieversorgung und entwicklungsbedingten Skelettstörungen, so dass auf eine bedarfsangepassten Energiezufuhr zu achten ist.

Bei adulten Pferden, die z. B. Arthrosen aufweisen, sollte ebenfalls eine **angepasste Energiezufuhr** erfolgen, um dem Entstehen einer Adipositas (S. 292) vorbeugen zu können.

Zu den ersten Symptomen eines akuten **Ca-Mangels** (S. 98) bzw. **P-Überschusses** zählen wechselnde Lahmheiten, d. h., die Lahmheit wechselt von einer Gliedmaße auf die andere. Bei fortschreitender **Demineralisierung des Skeletts**, auch unter dem Periost, entstehen Schmerzen durch Zugspannungen, die das Pferd abwechselnd durch Entlastung einer Gliedmaße zu mindern sucht.

Ein Mangel an **Mangan** (S. 112) bzw. ein Überschuss an **Vitamin A** (S. 116) sind nur äußerst selten Ursache einer Lahmheit, sollten aber bei unklaren Fällen überprüft werden.

Diätetische Maßnahmen Bei übergewichtigen Pferden sollte eine **Gewichtsreduktion** (S. 292) vorgenommen werden, da ein optimales Körpergewicht eine geringere Belastung für den Bewegungsapparat darstellt. Mittels Rationsüberprüfung sollten **Nährstoffdefizite bzw. -überschüsse** ausgeschlossen werden, ggf. sind Mineralfutter zu ergänzen oder aber auch überschüssige Ergänzungspräparate aus der Ration zu eliminieren.

Der Einsatz von **oralen Chondroprotektiva** zur Behandlung von Osteoarthritiden beim Pferd findet in der Praxis breite Anwendung. Chondroprotektive Substanzen sollen dabei die Nährstoff- und Energieversorgung des Knorpelgewebes verbessern, bei der Reparatur von Matrixschäden soll die Aktivität der Chondrozyten unterstützt werden sowie eine Inhibition von Entzündungsmediatoren und Enzymen, die katabol auf die Knorpel- und Knochenmatrix wirken. In Konsequenz soll durch die Supplementierung oraler Chondroprotektiva die Progredienz der Gelenkzerstörung verhindert bzw. verzögert werden.

Ein gewisses Potenzial kann den **Omega-3-Fettsäuren**, ggf. auch der **Neuseeländischen Grünlippigen Muschel** aufgrund der enthaltenen Omega-3-Fettsäuren sowie der **Teufelskralle** zu geordnet werden, wobei die entzündungshemmenden sowie schmerzlindernden Eigenschaften der genannten Substanzen von Bedeutung sind. Omega-3-Fettsäuren sind in **Fisch-** und **Leinöl** enthalten, Mengen von 20–30 ml/100 kg KM sind durchaus einsetzbar.

Oral verabreichte **Glukosamine** (Baustein für Glykosaminoglykane) zeigen allerdings beim Pferd nur eine sehr geringe Bioverfügbarkeit (Bioverfügbarkeit Glukosamine: 2,5–6,1 %; Chondroitinsulfat: 22–32 %), wobei vermutlich der größte Anteil der oral verabreichten Glykosaminoglykanen bereits im Darm mikrobiell abgebaut wird. Aber auch der Gelenktropismus ist selbst bei intravenöser Gabe deutlich niedriger als die im Zellkultursystem erforderliche Wirkstoffkonzentration.

Unterstrichen werden muss, dass es im Gegensatz zu dem frequenten Einsatz kaum wissenschaftliche Untersuchungen über die Wirksamkeit, Dosierung und Nebenwirkungen der genannten oralen Chondroprotektiva beim Pferd vorliegen.

10.11.3 Krankheiten des Hufes

Ursachen und Pathophysiologie Über die Beziehungen zwischen Fütterung und Hufhornwachstum bzw. -qualität liegen nur wenige Informationen vor. Das **Hornwachstum** hängt primär vom Alter ab. Für Saugfohlen wird mit 1,5 cm, bei Jährlingen 1,0 cm und bei ausgewachsenen Pferden 0,9 cm pro Monat gerechnet.

Das Wachstum wird durch einen **Mangel an Eiweiß**, vor allem an schwefelhaltigen Aminosäuren wie z. B. Methionin, verzögert. Umgekehrt scheint durch einen Eiweißüberschuss das Hornwachstum beschleunigt zu werden.

Wird **Selen** im Überschuss aufgenommen, kommt es zu Störungen in der Keratinsynthese. Weiche ödematöse Schwellungen am Kronsaum, später horizontale Ringe am Huf, sind die Folgen. Eine chronische Selenüberversorgung kommt bei Sportpferden gehäuft vor, akute Intoxikationen werden im Wesentlichen durch Fehlmischungen oder durch eine übersteigerte Aufnahme von selenhaltigen Leckmassen beobachtet.

Auch eine marginale **Zinkversorgung** verursacht vermutlich Veränderungen in der Hornqualität, wobei eine knappe Zinkversorgung eventuell bei ausschließlicher Raufutterfütterung oder 24 h Weidegang ohne zusätzliche Supplementierung vorkommen kann.

Ein **Karotin-** bzw. **Vitamin-A-Mangel** begünstigt des Weiteren loses, brüchiges Hufhorn.

> **Praxis**
> Bei Abweichungen in der Hufqualität (brüchiges, bröckeliges, weiches Horn) sind die Fütterungseinflüsse zu überprüfen und zu korrigieren, daneben aber auch die Haltungsbedingungen (Einstreu, zu trockenes oder zu feuchtes Milieu).

Vielfach treten Hornschäden nur bei einzelnen Tieren eines Bestands auf, so dass ein simpler Nährstoffmangel auszuschließen ist. Neben genetischen Faktoren können auch individuelle Bedingungen (z. B. im Spurenelementstoffwechsel) ausschlaggebend sein. Spezielle Untersuchungen sollten neben auffälligen Tieren auch gesunde Pferde einschließen.

Diätetische und andere vorbeugende Maßnahmen Bei Erkrankungen des Hufes sollte auf eine saubere und trockene **Einstreu** geachtet werden. Eine übertrieben hohe **Eiweißzufuhr** begünstigt die Entstehung einer nassen Einstreu, so dass die Eiweißversorgung an den Bedarf anzupassen ist (▸ **Tab. 4.6**). Die **Selenzufuhr** sollte ebenfalls strikt an den Bedarf angepasst werden, da eine hohe Selenzufuhr (S. 113) das Auftreten einer brüchigen Hornqualität begünstigt (▸ **Tab. 4.20**).

Bei Verdacht eines **Zn-Mangels** (niedrige Plasma-Zn-Spiegel; ▸ **Tab. 8.2**) sind Zn-Zulagen (100–150 mg Zn/100 kg KM/Tag) zu versuchen. Bei der Zn-Zulage sollte auch die eingesetzte Zinkverbindung beachtet werden. Eine gute Verfügbarkeit bieten organische Zinkverbindungen, aber auch Zinksulfat weist eine gute Absorption auf, wohingegen Zinkoxid nur zu einem sehr geringen Anteil absorbiert wird.

Bei Pferden mit einer Disposition für sprödes Hufhorn, Hornspalten und -risse sind auch durch kontinuierliche hohe **Biotingaben** (3 mg/100 kg KM/Tag) Besserungen zu erwarten.

Hufrehe

Die Hufrehe ist charakterisiert durch eine Entzündung der Huflederhaut, die meistens mit erheblichen Schmerzen und z. T. mit dem kompletten Ausschuhen verbunden ist.

Ursachen und Pathophysiologie Sie tritt in Zusammenhang mit Überanstrengungen, Gebärmutterentzündungen (Nachgeburtsverhaltungen), Koliken, vor allem aber auch nach Fütterungsfehlern auf, die eine hohe Glukose- und Insulinreaktion provozieren (siehe EMS (S. 325)) oder eine **Dysbiose im Zäkum** verursachen. Dazu zählen die übermäßige Aufnahme stärke- und zuckerreicher Futtermittel wie Getreide, Zucker, Melasse, aber auch Weidegras. Gras kann hohe Gehalte an wasserlöslichen Kohlenhydraten enthalten, die hohe Glukose- und Insulinreaktionen verursachen können, was insbesondere bei Pferden und Ponys, die eine Insulindysregulation aufweisen (siehe EMS (S. 325)), kritisch ist. Gras kann aber auch solche Kohlenhydrate enthalten, die im Dünndarm kaum verdaut, im Dickdarm jedoch schnell fermentiert werden, die ggf. zu einer Dysbiose im Zäkum führen. Hierzu zählen Fruktane, die insbesondere bei niedrigen Temperaturen in der Nacht und sonnigen Vormittagen stark ansteigen können.

Bei den durch Kohlenhydratüberfütterung bedingten Dysbiosen im Zäkum werden offenbar durch verstärkte Bakteriolyse **Endotoxine** freigesetzt, die bei geschädigter Schleimhaut (durch hohe Laktatkonzentrationen) den peripheren Kreislauf erreichen und an der Huflederhaut über Mediatoren zu Gewebsschäden führen.

Neben den Dysbiosen wird aber auch das **equine metabolische Syndrom** (S. 325) für das Auftreten von Hufreheschüben verantwortlich gemacht.

Diätetische Maßnahmen und Therapie Zur **Vorbeugung** einer Hufrehe sind die oben genannten Risikofuttermittel zu meiden oder mengenmäßig zu begrenzen.

Disponierte Tiere für die Weidehufrehe sollten nach kalten Nächten (< 10 °C) und sonnigen Vormittagen nicht grasen, da die Gräser unter diesen Bedingungen weniger wachsen und die Fruktangehalte hoch sein können. Auch bei früh gemähtem, stängelreichem Bewuchs besteht unter den genannten Bedingungen ein Risiko, da Stängel mehr Fruktane als Blätter enthalten. Bei permanenten Standortproblemen ist die Pflanzengesellschaft zu überprüfen und ggf. stark fruktanspeichernde Gräser (S. 153) sind zurückzudrängen. Unter Umständen ist bei rehedisponierten Pferden ganz auf Weidegang zu verzichten.

Während eines **akuten Hufreheschubs** sollte den Tieren Heu vorgelegt werden (1,7 kg/100 kg KM). Bei schweren Erkrankungszuständen wird jedoch häufig nur eine sehr reduzierte Futteraufnahme beobachtet. Eine bedarfsüberschreitende **Zink-** (100 mg/100 kg KM) und **Vitamin-E-Zulage** (200–400 mg/100 kg KM) über einen Zeitraum von 4–6 Wochen ist zu empfehlen. Auch **Omega-3 Fettsäuren** modifizieren u. U. das Entzündungsgeschehen, so dass **Leinöl** entsprechend ergänzend gefüttert werden kann (20 ml/100 kg KM, einmischen in Grünmehl).

10.12 Endokrine Störungen

10.12.1 Equines metabolisches Syndrom

Ursachen Das „equine metabolische Syndrom" (EMS) ist ein Symptomenkomplex, der sich aus verschiedenen metabolischen Abnormalitäten zusammensetzt, in denen folgende Faktoren eingeschlossen sind:

- regionale oder generelle Adipositas
- Insulinresistenz bzw. -dysregulation
- klinische oder subklinische Hufrehe

Neben den Komponenten Fettleibigkeit, Insulinresistenz bzw. Insulindysregulation und Hufrehe werden in verschiedenen Studien weitere klinische Abweichungen festgestellt: Hypertriglyzeridämie bzw. Dyslipidämie, Hyperleptinämie, arterielle Hypertension, ein veränderter Reproduktionszyklus und eine erhöhte Konzentration an Entzündungsmarkern wie z. B. Tumor-Nekrose-Faktor-alpha.

Die **Fettleibigkeit** – als ein Charakteristikum des EMS – ist als eine exzessive Ansammlung von Fettgewebe, sowohl generalisiert als auch regional (z. B. Nackenkamm) zu verstehen. Hierbei spielt die chronische Energieüberversorgung, insbesondere bei Ponyrassen, eine zentrale Rolle bei der Entstehung.

Nachdem das Fettgewebe lange Zeit lediglich als Energiespeicherdepot verstanden wurde, schreibt man diesem Organ in den letzten Jahren eine erhebliche Stoffwechselaktivität zu. **Weißes Fettgewebe** besitzt dabei unter physiologischen Konditionen antiinflammatorische Eigenschaften. Bei vorliegender Adipositas verschieben die Fettzellen ihre Funktion aber in Richtung Produktion **proinflammatorischer Mediatoren** (Adipozytokine), hierzu zählen Zytokine (z. B. Tumor-Nekrose-Faktor-alpha), Hormone (z. B. Leptin), Wachstumsfaktoren, Enzyme, Komplementfaktoren und Prostazykline. Einige von ihnen werden ausschließlich oder vorwiegend vom Fettgewebe produziert, während andere auch in verschiedenen Geweben außerhalb des Fettgewebes synthetisiert werden. Diese Mediatoren beeinflussen Appetit und Sättigung, den Glukose- und Lipidmetabolismus, die Blutdruckregulation sowie die Inflammation und Immunfunktion.

Die mit der Adipositas häufig gemeinsam auftretende **Insulinresistenz** bzw. Insulindysregulation (unzureichende Wirkung des Insulins auf die Glukoseregulation) wird vermutlich durch die nachteilige Wirkung verschiedener Zytokine am Insulinrezeptor begünstigt. Sowohl die proinflammatorischen Zytokine und Hormone aus dem Fettgewebe als auch insbesondere das Insulin (Aktivierung des vasokonstriktorischen Endothelins I sowie Reduktion der vasodilatatorischen Wirkung des Stickoxids) werden als Auslöser für die Hufrehe diskutiert.

Diätetische Maßnahmen Die Maßnahmen zur Gewichtsreduktion (S. 292) bei adipösen Pferden wurden bereits beschrieben.

10.12.2 Pituitary Pars intermedia Dysfunction

Ätiologie Die Pituitary Pars intermedia Dysfunction (PPID, früher „Equines Cushing-Syndrom") stellt eine funktionelle Störung der Pars intermedia der Hypophyse dar. Die Ursache für die Dysfunktion ist vermutlich ein Verlust von Nervenzellen im Hypothalamus, welcher der Hypophyse übergeordnet ist. Der Verlust der Nervenzellen führt vermutlich zu einer verringerten Produktion des Botenstoffes Dopamin.

Diese Erkrankung scheint überwiegend ältere Pferde (> 15 Jahre) zu betreffen, PPID kann auch bei jungen Pferden auftreten.

Die betroffenen Pferde zeigen häufig ein abnorm langes und welliges Haarkleid (Hypertrichie) und häufig ist der Fellwechsel verzögert oder unterbleibt ganz. Viele Pferde weisen einen deutlichen Muskelschwund, eine Fettumverteilung und chronisch rezidivierende Reheschübe auf. Weitere Symptome umfassen Hyperglykämie, Hyperinsulinämie, Polydipsie, Polyurie, Leistungsschwäche sowie eine erhöhte Infektionsanfälligkeit und Läsionen z. B. in der Maulhöhle.

Neben der Therapie mit dem Dopaminagonisten **Pergulid** stellt die Fütterung eine therapiebegleitende Maßnahme dar. Einige Pferde, die an PPID leiden, sind zusätzlich am equinen metabolischen Syndrom erkrankt.

Diätetische Maßnahmen Adipöse Pferde mit PPID sollten eine energierestriktive Diät (S. 292) erhalten.

Bei Auftreten von **chronischen Reheschüben** sowie bei **Hyperglykämien** und **Hyperinsulinämien** (in der Regel bei gleichzeitiger EMS-Erkrankung) sollten stärke- und zuckerhaltige Futtermittel ebenso wie die Grasaufnahme aus der Ration ausgeschlossen werden.

Hierbei ist anzumerken, dass der **Weidegang** ein erhöhtes Risiko darstellt, weil zahlreiche Gräser sehr **hohe Zuckergehalte** aufweisen können.

Bei Pferden mit einem erheblichen Muskelschwund, häufig in Kombination mit Abmagerung, sollte die Energieaufnahme optimiert werden. Die tägliche Raufutteraufnahme muss zunächst kontrolliert werden. Wird ein deutlicher Rückgang der täglichen Raufutteraufnahme aufgrund von Zahn- bzw. Kauproblemen beobachtet (z. B. < 1 kg Heu/100 kg KM), so muss das kaufähige Raufutter gegen eingeweichte Raufutteralternativen wie z. B. eingeweichte Grünmehlpellets (täglich ~2 kg/100 kg KM) ausgetauscht werden. Vielfach sind neben der Fütterung von Raufutter weitere Ergänzungen notwendig, um den Energiebedarf bei Pferden mit PPID abdecken zu können. Stärke- und zuckerreduzierte, aber fett- und proteinangereicherte Ergänzungsfuttermittel, die auch bei PSSM-Pferden eingesetzt werden können, stellen eine sinnvolle Ergänzung dar. Aber auch Kombinationen aus **hochwertigen Eiweißträgern** (z. B. Sojaextraktionsschrot, Erbsenflocken) und fettreichen Einzelkomponenten (z. B. Reiskleie (S. 318), Pflanzenöle) können gefüttert werden (► **Tab. 10.10**). Zur Unterstützung des Immunsystems sind Ergänzungen mit **Omega-3-Fettsäuren** (Leinöl: 20 ml/100 kg KM), **Zink** (1–2 mg/kg KM) und **Vitamin E** (2 mg/kg KM) sinnvoll.

Der Weidegang ist bei PPID-Pferden, die an einer Insulindysregulation leiden, aufgrund der zum Teil hohen Zuckergehalte (inkl. Fruktane) im Gras umstritten. Praxisbeobachtungen zeigen, dass bei PPID-Pferden unter Pergulid-Therapie der Weidegang ohne weitere Reheschübe möglich ist, allerdings kann das Auftreten einer Hufrehe nicht grundsätzlich ausgeschlossen werden.

Rationsvorschlag

Tagesration für eine Diät bei PPID (600 kg KM, Warmblutpferd, Freizeitpferd, abgemagert)

- 12 kg Heu oder zur freien Verfügung (früher 1. Schnitt, kein extrem überständiges bzw. spät geerntetes Heu)
- 1,5–2,5 kg stärke- und zuckerreduziertes Ergänzungsfutter
- 100 ml Pflanzenöl (z. B. Maiskeimöl)
- 100 g Erbsenflocken
- 100 g Trockenbierhefe
- 50 ml Leinöl
- Vitamin E-Ergänzung (2 mg/kg KM)
- Salzleckstein

10.13

Störungen des Wasser- und Mineralstoffhaushalts nach körperlichen Belastungen

Ursachen Belastungen des Energie-, Wasser- und Elektrolythaushalts nach längerdauernden Ritten bei hohen Umgebungstemperaturen können zu allgemeiner Erschöpfung, verbunden mit Exsikkose, Hypoglykämie und Hyperthermie und zu plötzlichen Todesfällen führen.

Die **Wasserverluste**, die im Extrem über 10 % der KM erreichen, lassen sich durch den Hautfaltentest (die am Hals abgezogene Haut schnellt nicht zurück, sondern bleibt als Falte längere Zeit bestehen) erkennen und durch zusätzliche Bestimmung von Hämatokrit und Gesamtprotein im Plasma größenordnungsmäßig abschätzen (► **Tab. 10.14**).

Der **Anstieg des Plasmaeiweißgehalts** signalisiert, dass die internen Kompensationsmöglichkeiten des Wasserhaushalts nicht mehr ausreichen, um eine Eindickung des Blutes zu verhindern. Da unter diesen Bedingungen die renale Wasserabgabe stark gedrosselt wird, steigt auch der **Plasmaharnstoffspiegel** an.

Infolge eines hohen Energieumsatzes und bei ungenügender Glukoseneubildung kann der **Blutglukosespiegel**, insbesondere nach Distanzritten, seltener nach kurzen Ritten, **deutlich unter die Norm** (► **Tab. 4.2**) fallen. Da allein Glukose dem Zentralnervensystem als Energiequelle dient, sind Ausfallerscheinungen möglich (geringe Reaktions-

▶ **Tab. 10.14** Beurteilung von Wasserverlusten.

Dehydration	Wasserverlust (% KM)	Hämatokrit (%)	Gesamtprotein (g/l Plasma)
leicht	4–6	43–47	70–80
mittel	6–8	47–55	80–95
schwer	> 10	> 55	> 95

fähigkeit, Unsicherheiten im Gang sowie bei Abschätzung von Hindernissen), die schwere Unfälle verursachen können.

Kritische **Hyperthermien** liegen vor, wenn die Körpertemperatur 10 min nach Beendigung der Prüfung bzw. des Rennens noch über 39 °C bleibt. Jede Hyperthermie erhöht den Energieumsatz und damit den Sauerstoffbedarf der Zelle (beim Menschen um rd. 10 % pro 1 °C Körpertemperaturanstieg). Bei Temperaturen oberhalb 41 °C übersteigt evtl. der Sauerstoffverbrauch die Sauerstoffzufuhr, so dass bei gleichzeitigem Glukosemangel **hypoxämische Störungen** besonders in empfindlichen Geweben und Organen (Gehirn, Leber, Niere) auftreten.

Die mit der **Schweißbildung** verbundenen hohen **Na-Verluste** werden im Blutbild selten deutlich (da nahezu identische Na-Konzentrationen im Plasma und Schweiß vorliegen). Andererseits können aber **Hypokaliämien** auftreten, insbesondere nach Beendigung der Belastung, wenn verstärkt Kalium in den intrazellulären Raum einfließt (▶ **Abb. 4.18**). Aufgrund der wesentlich höheren Cl-Konzentrationen im Schweiß (▶ **Tab. 2.17**) als im Plasma (▶ **Tab. 8.2**) sind nach längeren Belastungen **Hypochlorämien** charakteristisch (▶ **Abb. 7.5**), verbunden mit ausgeprägten **Alkalosen** (pH-Werte > 7,44; Bikarbonat > 28 mmol/l).

Die gelegentlich nach Überlastung auftretenden **Hypokalzämien** (gekennzeichnet durch Muskelkrämpfe und Spasmen) sind vermutlich Folge einer vermehrten Bindung an Eiweiße oder Laktat oder einem deregulierten intrazellulärem Austausch.

Bei starken Veränderungen des Mineralstoffgehalts im Blut wird z. T. auch **synchrones Zwerchfellflattern** beobachtet (Erregung des N. phrenicus durch Impulse der Herzmuskulatur, so dass sich das Zwerchfell im Rhythmus des Herzmuskels kontrahiert).

Diätetische Maßnahmen und Therapie Erschöpfte Pferde sind umgehend aus dem Rennen bzw. der Prüfung zu nehmen. Neben Wasser müssen vor allem **Elektrolyte** substituiert werden. Trinken die Pferde nicht spontan, kann in der 1. Stunde nach der Belastung eine **salzreiche Futtermischung** (S. 225) angeboten werden, welche die freiwillige Wasseraufnahme erhöht. Bei einer extremen Dehydratation müssen **isotone Elektrolytlösungen mittels Nasen-Schlund-Sonde** oder als Infusion appliziert werden.

Die Höhe der notwendigen **Wassersubstitution** kann annähernd aus dem Körpermassenverlust (entspricht etwa dem Wasserverlust) oder aus dem Anstieg des Plasmaeiweißgehalts (▶ **Tab. 10.14**) abgeschätzt werden. Bestehen Schwierigkeiten bei der oralen Flüssigkeitsapplikation, z. B. bei Krampfzuständen, können **rektale Infusionen** versucht werden, da Wasser und Elektrolyte auch die Kolonschleimhaut passieren (▶ **Abb. 3.10**).

Bei einer **Hypoglykämie** sind 5- bis 10 %ige Glukosetränken angezeigt. Der Zusatz von Kochsalz mindert die Akzeptanz. In schweren Fällen muss parenteral substituiert werden.

Überhitzte Pferde sollten zusätzlich mit Wasser am ganzen Körper gekühlt werden, wobei Wassertemperaturen um 15° bis 20 °C empfohlen werden.

Bei einer **Hypokalzämie** ist in akuten Fällen Kalzium intravenös zu geben. Zusätzlich erhalten die Pferde oral Kalzium, etwa 30 mg Ca/kg KM als Kalziumzitrat (20 % Ca) oder Kalziumchlorid (34 % Ca; ▶ **Tab. 5.18**).

Erschöpfte Tiere sollten langsam im Schritt geführt werden und kleine Portionen eines hochverdaulichen Heus erhalten.

11 Fütterung vor und nach Operationen

Ingrid Vervuert, unter früherer Mitarbeit von Helmut Meyer †

11.1 Fütterung vor Operationen

Sofern kein Notfall vorliegt, kann der Patient diätetisch systematisch auf die Operation vorbereitet werden. Einen Tag vorher (längere Karenz → Risiko der Typhlokolitis) wird nicht mehr gefüttert, bei freiem Zugang zur Tränke. Durch eine 2-tägige Nahrungskarenz können allenfalls Magen (weitgehend) und Dünndarm entleert werden, nicht dagegen die Füllung des Dickdarms, die eher wässriger wird.

11.2 Fütterung nach Operationen

Nach der Operation, die mit Blutverlusten, Gewebezerstörungen, Flüssigkeitsverschiebungen, evtl. auch Infektionen, verbunden ist, wird die Diät den verschiedenen postoperativen Reaktionsphasen des Patienten angepasst.

Diätetische Maßnahmen Der Energie- und Eiweißbedarf nach Operationen ist bei Pferden bislang nicht präzisiert worden.

Ein Pferd benötigt im Erhaltungsstoffwechsel täglich an umsetzbarer Energie rd. 0,52–0,64 MJ/kg $KM^{0,75}$. Es kann nicht ausgeschlossen werden, dass durch systemische Entzündungsreaktionen als auch durch den chirurgischen Eingriff per se ein **erhöhter Energiebedarf** zu unterstellen ist. Beim Menschen wird ein Energiemehrbedarf nach abdominalen chirurgischen Eingriffen von bis zu 30 % unterstellt, ein deutlicher Mehrbedarf an Energie (+ 50–100 %) wird insbesondere auch bei einer postoperativen Sepsis unterstellt. Aufgrund fehlender Daten beim Pferd wird aktuell der Energiebedarf gemäß Erhaltung unterstellt.

Dem **Eiweißbedarf** ist des Weiteren besondere Beachtung zu schenken, um einen Abbau von Muskelmasse zu verhindern, so dass ein Zuschlag an Eiweiß zwischen 20–50 % oberhalb des Erhaltungsbedarfs unterstellt werden kann. Neben der Abdeckung des Eiweißbedarfs sollten auch nicht essenzielle Aminosäuren wie **Glutamin** Beachtung finden, da dieses sowohl bei der Wundheilung als auch bei der Versorgung der Enterozyten eine wichtige Rolle spielt. Auch wenn wesentliche Daten zum Aminosäurenbedarf bei gesunden und kranken Pferden fehlen, so könnte der Einsatz von Glutamin in einer Dosierung von 60 mg/kg KM zu einer energetischen Verbesserung der Enterozytenversorgung beitragen.

Der **Bedarf an Mineralstoffen und Vitaminen** richtet sich im Wesentlichen nach dem Erhaltungsbedarf (► **Tab. 4.17**, ► **Tab. 4.22**), mögliche Einschränkungen in der Absorption ergeben sich z. B. aufgrund der Resektion verschiedener Darmabschnitte, darüber hinaus ist ein erhöhter Bedarf z. B. aufgrund immunmodellierender Eigenschaften (z. B. Zink: 1–2 mg/kg KM/Tag, Vitamin E 2 mg/kg KM) denkbar.

Bei erheblichen Körpergewichtsverlusten können langfristig **proteinreiche Futtermittel** mit einer hohen Eiweißqualität wie Luzerneprodukte (0,2–0,5 kg/100 kg KM) oder Sojaextraktionsschrot (0,05 kg/100 kg KM) verfüttert werden, moderate Mengen an **Pflanzenölen** (20–50 ml/100 kg KM, langsame Adaptation) verbessern darüber hinaus die Energieversorgung.

Bei Patienten mit **Knochenfrakturen** oder **-operationen** sollte eine adäquate Kalzium-, Phosphor- und Magnesiumversorgung erfolgen (Luzerneprodukte, Mineralfutter), eine überhöhte Zufuhr an Kalzium und Phosphor (S. 98) (> 2-Fache des Bedarfs) besitzt allerdings keinen positiven Effekt auf den Heilungsprozess.

Nach **Bauchoperationen** ohne Eröffnung des Darms kann in der Regel schon nach 4–6 h, mit Eröffnung nach 12–24 h erstmals gefüttert werden, wobei hochverdauliche Rohfaserquellen wie Gras, Heu (früher 1. Schnitt) oder Luzerneprodukte eingesetzt werden können.

Nach **Dünndarmresektion** und **Anastomosen** sollten die enterale Fütterung sowie die Wasseraufnahme erst dann erfolgen, wenn die intestinale

Motilität wieder hergestellt ist. In vielen Kliniken wird frühestens 12–24 h postoperativ angefüttert. Im Allgemeinen werden breiförmige Futtermittel wie eingeweichte Luzernecobs, aufgekochter Leinsamen oder ein aufgeweichtes Mischfutter (z. B. für Zuchtstuten) verfüttert. Für ein Großpferd sollten Mengen von 0,3–0,5 kg pro Mahlzeit alle 3–4 h verabreicht werden. Es liegen Einzelbeobachtungen vor, dass die Anfütterung mit kleinen Mengen an Heu (0,1–0,3 kg) bereits 6 h postoperativ, und dann im 3- bis 4-stündigen Intervall erfolgen kann.

Nach operativer Beseitigung von **Mastdarmrissen** sind Gras (mehrmalige 20-minütige Fütterungsperioden über den Tag), evtl. auch qualitativ hochwertige Grassilagen (TS < 60 %, 1–1,5 kg/100 kg KM), eingeweichte pelletierte Mischfutter, Weizenkleie (50–100 g/100 kg KM), Laktose (0,2–0,5 g/kg KM) und evtl. auch Laxanzien (25 g Na_2SO_4/100 kg KM/Tag) zu verfüttern.

11.2.1 Diäten für Pferde mit resezierten Darmabschnitten

Bei schwerwiegenden Schäden der Darmschleimhaut müssen evtl. größere Abschnitte entfernt werden. Betroffene Pferde sind durchaus überlebensfähig (selbst bei Verlust von über 50 % des Dünndarms bzw. nahezu vollständiger Resektion von Kolon oder Zäkum), wenn die Rationsgestaltung dieser Situation angepasst wird. Es muss allerdings betont werden, dass bei der Resektion erheblicher Dünndarmanteile (> 60 %), Nährstoffe in der Resorption erheblich eingeschränkt sein können.

Dünndarmresektion

Wurden größere Teile des Dünndarms reseziert, so kommen vorwiegend **raufutterreiche Rationen** (Heu früher 1. Schnitt oder Luzernecobs, Mengen > 2 kg/100 kg KM) und ggf. weitere fermentierbare Futtermittel wie **Trockenschnitzel** (50–100 g/100 kg KM) zum Einsatz.

Geringe Mengen an **Kraftfutter** sind durchaus auch einsetzbar. Die verfütterte Stärke sollte möglichst thermisch aufgeschlossen sein, damit eine maximale Verfügbarkeit der Stärke für den Abbau zu Glukose durch die pankreatischen Amylasen in den noch vorhandenen Dünndarmabschnitten möglich ist.

Hier bieten sich insbesondere **extrudierte** oder **flockierte Getreide** an. Das Kraftfutter ist in kleinen Portionen (maximal 0,1 kg/100 kg KM pro Mahlzeit) anzubieten.

Auch andere Nährstoffe wie Aminosäuren, Fette, Mineralstoffe und Vitamine können u. U. in der Resorption maßgeblich limitiert sein.

Bei erheblichen Körpergewichtsverlusten können langfristig **proteinreiche Futtermittel** mit einer hohen Eiweißqualität wie Luzerneprodukte (0,2–0,5 kg/100 kg KM) oder Sojaextraktionsschrot (0,05 kg/100 kg KM) verfüttert werden, moderate Mengen an **Pflanzenölen** (20–50 ml/100 kg KM, langsame Adaptation) verbessern darüber hinaus die Energieversorgung.

Eine regelmäßige langfristige Kontrolle der Mineralstoffe und von Vitamin A und E im Blut ist sinnvoll, um ggf. eine bedarfsüberschreitende Anpassung der **Mineralstoff- und Vitaminversorgung** vornehmen zu können.

Kolon- oder Zäkum(teil)resektion

Langfristige Fütterungsstrategien sind nach der (Teil-)Resektion von Kolon oder Zäkum notwendig, wobei maßgeblich die **Rohfaserverdauung** mit allen abzuleitenden Konsequenzen wie der **Störung der Vitamin-B-Synthese** und ggf. auch die **Wasserabsorption** (Kolon) besonders betroffen sind. Darüber hinaus kann die **Mineralstoffabsorption**, z. B. von Phosphor, erheblich eingeschränkt sein.

Als Raufutter eignen sich hochverdauliche Qualitäten (sehr früher Schnitt) oder ganz besonders Luzerneheu. Das **Luzerneheu** kann täglich aufgrund der Fermentationseigenschaften im Dickdarm in Mengen von 2 kg/100 kg KM verfüttert werden, wohingegen gräserbetonte Qualitäten eher restriktiver einzusetzen sind (1,5 kg/100 kg KM).

Das **Kraftfutter** sollte stärke-, fett- (5–10 %) und proteinreich (14–16 %) sein. Geeignet sind z. B. Zuchtstutenfutter unter Zulage von 50–80 ml **Pflanzenöl** pro 100 kg KM/Tag.

Bei gestörter Vitamin-B-Synthese sollte die Ergänzung mit getrockneter **Bierhefe** erfolgen (50 g/100 kg KM).

Eine regelmäßige langfristige Kontrolle der Mineralstoffe im Blut ist sinnvoll, um ggf. eine bedarfsüberschreitende Anpassung der **Mineralstoffversorgung** vornehmen zu können.

Inwieweit **Probiotika** einen Beitrag zur Optimierung der Mikroflora bzw. zur Verbesserung der Verdaulichkeit von Nährstoffen leisten, kann nicht abschließend beurteilt werden. Aktuelle Studien belegen, dass der Einsatz von Hefen (Saccharomyces cerevisiae) keine Effekte auf die Nährstoffverdaulichkeit bei gesunden Pferden besitzt.

12 Fütterung und Tierschutz

Ingrid Vervuert, unter früherer Mitarbeit von Helmut Meyer †

Wenn beim Pferd von Tierschutz gesprochen wird, so denkt man meistens an Trainingsmethoden, Transporttechnik, Art der Aufstallung, Anspannung, Zäumung und Sattelung oder an das Markieren (Brennen). Dabei wird leicht übersehen, dass für das Wohlbefinden der Pferde – und zwar zu jeder Stunde – die Fütterung einen ganz entscheidenden Wert besitzt.

Merke

Fehler in der Ernährung können Verhaltensstörungen, Schmerzen, Leiden oder auch Erkrankungen verursachen – Störungen, die vermeidbar sind.

Die Pferdehalterin bzw. der Pferdehalter hat Verantwortung gegenüber dem Pferd. Auch aus Gründen des Tierschutzes muss er daher die richtige Ernährung seines Pferdes anstreben.

§ Tierschutzgesetz § 2

Wer ein Tier hält, betreut oder zu betreuen hat,

- muss das Tier seiner Art und seinen Bedürfnissen entsprechend angemessen ernähren, pflegen und verhaltensgerecht unterbringen,
- darf die Möglichkeit des Tieres zu artgemäßer Bewegung nicht so einschränken, dass ihm Schmerzen oder vermeidbare Leiden oder Schäden zugefügt werden,
- muss über die für eine angemessene Ernährung, Pflege und verhaltensgerechte Unterbringung des Tieres erforderlichen Kenntnisse und Fähigkeiten verfügen.

Als Orientierungshilfe für die artgerechte Haltung und Fütterung dienen die „Leitlinien zur Beurteilung von Pferdehaltungen unter Tierschutzaspekten“, aber auch das vorliegende Buch versucht, die Biologie des Pferdes, insbesondere die Anatomie, Physiologie und Psychologie, im Hinblick auf Nahrungsaufnahme und -verdauung verständlich zu machen und daraus optimale, rational begründete Ernährungsformen für gesunde und kranke Tiere abzuleiten.

Merke

Bewegung und kontinuierliche Futteraufnahme stellen ein gekoppeltes Grundbedürfnis der Pferde dar, so dass bei gesunden Pferden der mehrstündige bis ganztägige Weidegang die Haltungsform darstellt, die die physiologischen Bedürfnisse am besten abdecken kann und somit gemäß des Tierschutzgedankens eine wünschenswerte Haltung darstellt.

§ Die 10 wichtigsten Forderungen aus Sicht des Tierschutzes

1. Ausreichende Zufuhr an Energie und allen anderen lebensnotwendigen Nährstoffen, um Mangelerscheinungen zu vermeiden.
2. Keine übermäßige Zufuhr an Energie (Verfettung) oder kritischen Nährstoffen (z. B. Selen, Vitamin D oder Jod), um Intoxikationen zu vermeiden.
3. Ausreichende Zufuhr von Raufutter, mindestens täglich aber 1,5 kg / 100 kg KM pro Tag in Bezug auf die Trockenmasse oder 12 h Beschäftigung mit der Raufutteraufnahme, besonders bei Pferden mit wenig Bewegung oder einstreuloser Haltung, um Verhaltensstörungen zu vermeiden.
4. Die Fütterungstechnik dem Bedarf des Pferdes anpassen: Lieber häufiger füttern als zu große Portionen (Krippenfutter) in einer Mahlzeit zuteilen.
5. Nur hygienisch einwandfreie Futtermittel einsetzen, d. h. Futtermittel vor der Verwendung überprüfen.
6. Auf der Weide, bei Ausritten, während der Pausen die Aufnahme giftiger Pflanzen vermeiden. Mögliche Risiken schon im Voraus abstellen.
7. Sicherstellen, dass Pferde immer ausreichend Wasser zur Verfügung haben, insbesondere an heißen Tagen, nach starkem Schwitzen oder während eines Transports.
8. Vor größeren Leistungsanforderungen die Pferde auch seitens der Ernährung umsichtig vorbereiten, ebenso in Pausen optimale Fütterungs- und Tränketechniken anstreben.

9. Pferde bei der Futter- und Wasseraufnahme beobachten, um frühzeitig Fehlentwicklungen zu erkennen.
10. Bei gesundheitlichen Störungen schnellstens die Tierärztin bzw. den Tierarzt benachrichtigen, da diese oft lebensbedrohend sind.

Teil 4
Versorgungsempfehlungen

13 Tabellenanhang

Manfred Coenen

13.1 Berechnungen

13.1.1 Gehalt an Rohnährstoffen in Mischfuttermitteln und Ableitung von umsetzbarer Energie und präzäkal verdaulichem Rohprotein

Nach der Futtermittelverordnung müssen folgende Inhaltsstoffe deklariert werden (in % der Originalsubstanz): **Rohasche, Rohfett, Rohprotein, Rohfaser;** außerdem **Kalzium, Phosphor** und **Natrium.**

Das Futter enthält zusätzlich Wasser und N-freie Extraktstoffe. Der **Rohwassergehalt** in Mischfuttern beträgt bis zu 14%, in der Regel rd. 12%, so dass dieser Wert eingesetzt werden kann. Der **Trockensubstanzgehalt** kann demnach pauschal mit 88% angenommen werden.

Beispiel zur Nährstoffberechnung

Die organische Substanz und N-freien Extraktstoffe eines Mischfutters mit 12% Rohprotein, 4% Rohfett, 8% Rohasche und 15% Rohfaser können wie folgt berechnet werden (► **Tab. 13.1**):

► **Tab. 13.1** Nährstoffberechnung.

Inhaltsstoff	%	g/kg
Rohprotein	12	120
Rohfett	4	40
Rohasche	8	80
Rohfaser	15	150
Rohwasser	12	120
N-freie Extraktstoffe (g/kg)	$x = 1000 - (120 + 40 + 80 + 150 + 120) = 490$	
organische Substanz (g/kg)	$y = 1000 - (80 + 120) = 800$	
Nährstoffe je kg Trockenmasse, z. B. Rohprotein (g/kg)[1)]	$z = \frac{120}{0,88} = 136$	

[1)] bei einem Trockensubstanzgehalt des Mischfutters von 88%

▶ **Tab. 13.2** Berechnung der umsetzbaren Energie und des präzäkal verdaulichen Rohproteins anhand der deklarierten Rohnährstoffgehalte und zusätzlicher Analyseergebnisse zum Gehalt an Neutrale-Detergenzien-Rohprotein (NDFRp), jeweils pro kg (Tab. basiert auf Daten der GfE 2014).

Deklaration	Gehalte (%)	Zusätzliche Analyse (%)	Berechnete Werte (%)	Gehalte (g/kg TS)	ME (MJ, Faktor)	ME (MJ/kg TS)	ME (MJ/kg Futter)	pcvRp (g/kg Futter)
Rohwasser[1)]	12	–	–	136	–	–	–	–
Rohasche	8	–	–	91	–	–	–	–
Rohprotein	12	–	–	136	0,0129	1,76	–	–
Rohfett	4	–	–	45	0,042	1,91	–	–
Rohfaser	15	–	–	170	– 0,0019	–0,32	–	–
NDFRp	–	2,4	–	27	–	–	–	–
N-freie Extraktstoffe[2)]	–	–	49	557	0,0185	10,30	–	–
organische Substanz	–	–	80	909	–	–	–	–
pcvRp	–	–	8,64	98	–	–	–	**86,4**
Neutrale Detergenzien-Faser	21	–	–	240	–	–	–	–
						–3,54		
Summe						10,11	**8,9**	

1) Gehalte unter 14 % sind nicht deklarationspflichtig; i. d. R. variieren die Wassergehalte um 12 %.
2) ▶ **Tab. 13.1**

▶ **Tab. 13.3** Schätzgleichungen für die Ableitung der NDF- und ADF-Gehalte aus den Rohfasergehalten; Angaben in g/kg TS (Tab. basiert auf Daten aus INRA 2015).

Futtermittel	Geschätzte Größe	
	NDF	ADF
Weideaufwuchs		
• frisch	306 + 0,9Rfa	76 + 0,83Rfa
• angewelkt	306 + 0,85Rfa	
• Heu	306 + 0,97Rfa	
Gras		
• frisch	260 + 1,14Rfa	40 + 0,95Rfa
• angewelkt	260 + 1,09Rfa	
• Heu	260 + 1,21Rfa	
Leguminosen (Ganzpflanzen)	320 + 0,575Rfa	147 + 0,579Rfa
Mais, Maissilage	201 + 1,3Rfa	8,2 + 1,06Rfa
sonstige Ganzpflanzen	228 + 1,24Rfa	55 + 0,97Rfa

▶ **Tab. 13.4** Beispiel zur Ableitung des DCAB-Wertes, mEq/kg TS (Tab. basiert auf Daten aus Kamphues et al. 2014).

Element		x	Umrechnungsfaktoren	= mEq/kg TS
Na	1,2	g/kg TS	43,5	65,3
K	20		25,5	512,0
Cl	8		–28,2	–225,6
S	2		–62,4	–124,8
–			Summe	227

13.2

Versorgungsempfehlungen

13.2.1 Erhaltungsstoffwechsel

▸ **Tab. 13.5** Empfehlungen zur Versorgung von Pferden mit umsetzbarer Energie (ME MJ/Tag), präzäkal verdaulichem Rohprotein bzw. Aminosäuren (pcvRp bzw. pcvAminosäuren in g/Tag), Mengenelementen (g/Tag), Spurenelementen (mg/Tag) und Vitaminen im Erhaltungsstoffwechsel (Tab. basiert auf Daten der GfE 2014).

KM kg	100	150	200	250	300	350	400	450	500	550	600	650	700	800	900	1000
KM ^{0,75} kg	32	43	53	63	72	81	89	98	106	114	121	129	136	150	164	178
Erwartete Futteraufnahme kg TS/Tag																
von	2,8	3,9	4,8	5,7	6,5	7,3	8,0	8,8	9,5	10,2	10,9	11,6	12,2	13,5	14,8	16,0
bis	3,5	4,7	5,9	6,9	7,9	8,9	9,8	10,7	11,6	12,5	13,3	14,2	15,0	16,5	18,1	19,6
Bedarf/Versorgungsempfehlung																
Strukturiertes, kaufähiges Raufutter (kg TS/Tag)	1,5	2,25	3	3,75	4,5	5,25	6	6,75	7,58	8,25	9	9,75	10,5	12	13,5	15
Umsetzbare Energie																
ME[1)], Pony	12,6	17,1	21,3	25,1	28,8	–	–	–	–	–	–	–	–	–	–	–
ME[1)], Haflinger u. a.	–	–	–	–	–	36,4	40,2	44,0	–	–	–	–	–	–	–	–
ME[1)], Warmblut	–	–	–	–	–	–	46,5	50,8	55,0	59,1	63,0	66,9	–	–	–	–
ME[1)], Vollblut	–	–	–	–	–	–	–	62,5	67,7	72,7	77,6	82,4	–	–	–	–
ME[1)], Kaltblut	–	–	–	–	–	–	–	–	–	–	54,6	57,9	61,2	67,7	73,9	80,0
Präzäkal verdauliches Rohprotein und Aminosäuren																
pcvRp	95	129	160	189	216	243	268	293	317	341	364	386	408	451	493	533
pcvLysin	4,0	5,4	6,6	7,9	9,0	10,1	11,2	12,2	13,2	14,2	15,2	16,1	17,0	18,8	20,5	22,2
pcvMethionin + Cystin	2,7	3,7	4,6	5,4	6,2	7,0	7,7	8,4	9,1	9,8	10,4	11,1	11,7	12,9	14,1	15,3
pcvThreonin	4,9	6,6	8,2	9,7	11,2	12,5	13,9	15,1	16,4	17,6	18,8	20,0	21,1	23,3	25,5	27,6

▶ **Tab. 13.5** Fortsetzung

KM kg	100	150	200	250	300	350	400	450	500	550	600	650	700	800	900	1000
$KM^{0,75}$ kg	32	43	53	63	72	81	89	98	106	114	121	129	136	150	164	178
Mengenelemente																
Kalzium	5	7	9	10	12	13	15	16	17	19	20	21	22	25	27	29
Phosphor	4	5	6	7	8	9	10	11	12	13	14	15	15	17	19	20
Magnesium	2	2	3	3	4	4	5	5	6	6	6	7	7	8	9	9
Elektrolyte; Minimalbedarf																
Natrium	1	1	1	2	2	2	2	3	3	3	3	3	4	4	4	5
Kalium	4	6	7	9	10	11	12	14	15	16	17	18	19	21	23	25
Chlorid	1	1	1	1	1	1	1	1	2	2	2	2	2	2	2	3
Elektrolyte; Empfehlung bei Anrechnung basaler Schweißmenge (0,04 l/kg $KM^{0,75}$ je Tag)																
Schweiß, l/Tag	1	2	2	3	3	3	4	4	4	5	5	5	5	6	7	7
Natrium	6	8	10	12	13	15	17	18	20	21	23	24	25	28	31	33
Kalium	6	9	11	13	15	17	18	20	22	23	25	26	28	31	34	36
Chlorid	8	10	13	15	17	19	21	23	25	27	29	31	32	36	39	42
Spurenelemente																
Kupfer	32	43	53	63	72	81	89	98	106	114	121	129	136	150	164	178
Zink	126	171	213	251	288	324	358	391	423	454	485	515	544	602	657	711
Eisen	126	171	213	251	288	324	358	391	423	454	485	515	544	602	657	711
Mangan	126	171	213	251	288	324	358	391	423	454	485	515	544	602	657	711
Selen	0,3	0,4	0,5	0,6	0,7	0,8	0,9	1,0	1,1	1,1	1,2	1,3	1,4	1,5	1,6	1,8
Jod	0,5	0,6	0,8	0,9	1,1	1,2	1,3	1,5	1,6	1,7	1,8	1,9	2,0	2,3	2,5	2,7

Tab. 13.5 Fortsetzung

KM kg	100	150	200	250	300	350	400	450	500	550	600	650	700	800	900	1000
KM ^{0,75} kg	32	43	53	63	72	81	89	98	106	114	121	129	136	150	164	178
Vitamine																
Vit. A, IE/Tag	5000	6000	8000	9000	11000	12000	13000	15000	16000	17000	18000	19000	20000	23000	25000	27000
Vit. D, IE/Tag	900	1300	1600	1900	2200	2400	2700	2900	3200	3400	3600	3900	4100	4500	4900	5300
Vit. E, mg/Tag	160	210	270	310	360	400	450	490	530	570	610	640	680	750	820	890
Vit. B_1, mg/Tag	10	10	20	20	20	20	30	30	30	30	40	40	40	50	50	50
Vit. B_2, mg/Tag	10	10	10	10	10	20	20	20	20	20	20	30	30	30	30	40

1) Erhaltungsbedarf/Tag an ME entsprechend der Nennung: 0,4, 0,45, 0,52, 0,64 MJ/kg $KM^{0,75}$

2) präzäkal verdauliche Aminosäuren

13.2.2 Erhaltungsstoffwechsel + Gravidität

▸ **Tab. 13.6** Empfehlungen für die Versorgung von Pferden mit umsetzbarer Energie (MJ/Tag), präzäkal verdaulichem Rohprotein, Mengenelementen (g/Tag), Spurenelementen (mg/Tag) und Vitaminen: Erhaltungsstoffwechsel + Gravidität: Pony (Tab. basiert auf Daten der GfE 2014).

KM, adult, kg	**100**						**200**					
Geburtsgewicht, kg	**10,5**						**21**					
Tag d. Gravidität	**215**	**245**	**275**	**305**	**320**	**335**	**215**	**245**	**275**	**305**	**320**	**335**
Fetus + Plazenta												
Masse, kg	2,5	3,7	5,3	7,6	9,2	11,1	5,1	7,3	10,6	15,3	18,4	5,1
Zunahme, g/Tag	31	45	65	94	113	136	62	90	130	188	226	62
Umsetzbare Energie und präzäkal verdauliches Rohprotein												
ME[1)]	13,6	14,1	14,8	16,0	16,8	17,7	23,2	24,2	25,7	28,0	29,5	23,2
pcvRp	103,0	108,3	117,0	131,3	141,6	154,8	175,9	186,5	203,8	232,4	253,0	175,9
Mengenelemente												
Kalzium	6,1	6,8	8,1	10,2	11,7	13,8	10,6	12,0	14,5	18,7	21,8	10,6
Phosphor	4,3	4,7	5,6	6,9	8,0	9,3	7,4	8,3	10,0	12,7	14,8	7,4
Magnesium	1,7	1,7	1,7	1,8	1,8	1,8	2,9	2,9	2,9	3,0	3,1	2,9
Elektrolyte; Minimalbedarf												
Natrium	0,9	1,0	1,0	1,1	1,2	1,2	1,6	1,7	1,8	2,0	2,1	1,6
Kalium	4,5	4,5	4,5	4,6	4,6	4,7	7,5	7,6	7,7	7,8	7,9	7,5
Chlorid	0,5	0,5	0,5	0,6	0,6	0,6	0,9	0,9	0,9	1,0	1,1	0,9
Elektrolyte; Versorgungsempfehlung mit Na, K, Cl bei Berücksichtigung basaler Schweißbildung (0,04 l/kg $KM^{0,75}$ je Tag)												
Natrium	6	6	6	6	6	6	10	10	10	10	11	10
Kalium	7	7	7	7	7	7	11	11	11	11	11	11
Chlorid	8	8	8	8	8	8	13	13	13	13	13	13

▶ **Tab. 13.6** Fortsetzung

KM, adult, kg	**100**						**200**					
Geburtsgewicht, kg	**10,5**						**21**					
Tag d. Gravidität	**215**	**245**	**275**	**305**	**320**	**335**	**215**	**245**	**275**	**305**	**320**	**335**
Spurenelemente												
Kupfer	32						53					
Zink	142						239					
Eisen	158						266					
Mangan	142						239					
Selen	0,5						0,8					
Jod	0,5						0,8					
Vitamine												
Vit. A, IE/Tag	10,5						15955					
Vit. D, IE/Tag	1581						2659					
Vit. E, IE/Tag	316						532					
Vit. B_1, mg/Tag	9						16					
Vit. B_2, mg/Tag	6						11					

[1] Erhaltungsbedarf/Tag an ME: 0,4 MJ/kg $KM^{0,75}$

► **Tab. 13.7** Empfehlungen für die Versorgung von Pferden mit umsetzbarer Energie (MJ/Tag), präzäkal verdaulichem Rohprotein, Mengenelementen (g/Tag), Spurenelementen (mg/Tag) und Vitaminen: Erhaltungsstoffwechsel + Gravidität: Pony und Haflinger (Tab. basiert auf Daten der GfE 2014).

KM, adult, kg	**Pony, 300**						**Haflinger, 350**					
Geburtsgewicht, kg	**31,5**						**36,8**					
Tag d. Gravidität	**215**	**245**	**275**	**305**	**320**	**335**	**215**	**245**	**275**	**305**	**320**	**335**
Fetus + Plazenta												
Masse, kg	7,6	11,0	15,9	22,9	27,6	33,2	8,8	12,8	18,5	26,8	32,2	38,7
Zunahme, g/Tag	93	135	195	282	339	408	109	157	228	329	396	476
Umsetzbare Energie und präzäkal verdauliches Rohprotein												
ME[1)]	31,7	33,2	35,4	38,9	41,2	44,1	39,7	41,5	44,1	48,1	50,9	54,3
pcvRp	240,8	256,6	282,7	325,5	356,4	396,1	271,4	289,8	320,2	370,3	406,3	452,5
Mengenelemente												
Kalzium	14,7	16,8	20,4	26,7	31,5	37,7	16,6	19,1	23,3	30,7	36,2	43,4
Phosphor	10,2	11,6	14,1	18,2	21,3	25,4	11,5	13,2	16,1	20,9	24,5	29,2
Magnesium	3,9	3,9	4,0	4,1	4,2	4,3	4,4	4,4	4,5	4,6	4,7	4,9
Elektrolyte; Minimalbedarf												
Natrium	2,2	2,3	2,5	2,7	2,9	3,1	2,5	2,6	2,8	3,1	3,3	3,5
Kalium	10,2	10,3	10,4	10,6	10,7	10,9	11,5	11,6	11,7	11,9	12,1	12,3
Chlorid	1,2	1,2	1,3	1,4	1,5	1,6	1,3	1,4	1,5	1,6	1,7	1,8
Elektrolyte; Versorgungsempfehlung mit Na, K, Cl bei Berücksichtigung basaler Schweißbildung (0,04 l/kg KM^{0,75} je Tag)												
Natrium	14	14	14	14	14	15	15	16	16	16	16	16
Kalium	15	15	15	15	15	16	17	17	17	17	17	18
Chlorid	17	17	17	18	18	18	19	19	20	20	20	20

▶ **Tab. 13.7** Fortsetzung

KM, adult, kg	**Pony, 300**						**Haflinger, 350**					
Geburtsgewicht, kg	**31,5**						**36,8**					
Tag d. Gravidität	**215**	**245**	**275**	**305**	**320**	**335**	**215**	**245**	**275**	**305**	**320**	**335**
Spurenelemente												
Kupfer	72						81					
Zink	324						364					
Eisen	360						405					
Mangan	324						364					
Selen	1,1						1,2					
Jod	1,1						1,2					
Vitamine												
Vit. A, IE/Tag	21625						24276					
Vit. D, IE/Tag	3604						4046					
Vit. E, IE/Tag	721						809					
Vit. B_1, mg/Tag	22						24					
Vit. B_2, mg/Tag	14						16					

[1] Erhaltungsbedarf/Tag an ME: Pony 0,4, Haflinger 0,45 MJ/kg $KM^{0,75}$

▶ **Tab. 13.8** Empfehlungen für die Versorgung von Pferden mit umsetzbarer Energie (MJ/Tag), präzäkal verdaulichem Rohprotein, Mengenelementen (g/Tag), Spurenelementen (mg/Tag) und Vitaminen: Erhaltungsstoffwechsel + Gravidität: Haflinger, Warmblut und Vollblut (Tab. basiert auf Daten der GfE 2014).

KM, adult, kg	**Haflinger, Warmblut, 400**						**Haflinger, Warm- u. Vollblut, 450**					
Geburtsgewicht, kg	**42,0**						**47,3**					
Tag d. Gravidität	**215**	**245**	**275**	**305**	**320**	**335**	**215**	**245**	**275**	**305**	**320**	**335**
Fetus + Plazenta												
Masse, kg	10,1	14,6	21,1	30,6	36,8	44,2	11,4	16,4	23,8	34,4	41,4	49,8
Zunahme, g/Tag	124	180	260	376	452	544	140	202	293	423	509	612
Umsetzbare Energie und präzäkal verdauliches Rohprotein												
ME[1)]												
• Haflinger[1)]	44	46	49	54	57	61	48	50	54	59	63	67
• Warmblut[1)]	50	52	55	60	63	67	55	57	61	66	69	74
• Vollblut[1)]	–	–	–	–	–	–	67	69	72	78	81	85
pcvRp	301	322	357	414	455	508	330	354	393	457	503	563
Mengenelemente												
Kalzium	18	21	26	35	41	49	20	23	29	38	45	55
Phosphor	13	15	18	24	28	33	14	16	20	26	31	37
Magnesium	4,9	4,9	5,0	5,1	5,3	5,4	5,3	5,4	5,5	5,6	5,8	5,9
Elektrolyte; Minimalbedarf												
Natrium	2,7	2,9	3,1	3,5	3,7	4,0	3,0	3,2	3,4	3,8	4,1	4,4
Kalium	13	13	13	13	13	14	14	14	14	14	15	15
Chlorid	1,5	1,5	1,6	1,8	1,9	2,0	1,6	1,7	1,8	2,0	2,1	2,2

▶ **Tab. 13.8** Fortsetzung

KM, adult, kg	Haflinger, Warmblut, 400						Haflinger, Warm- u. Vollblut, 450					
Geburtsgewicht, kg	**42,0**						**47,3**					
Tag d. Gravidität	**215**	**245**	**275**	**305**	**320**	**335**	**215**	**245**	**275**	**305**	**320**	**335**
Elektrolyte; Versorgungsempfehlung mit Na, K, Cl bei Berücksichtigung basaler Schweißbildung (0,04 l/kg $KM^{0,75}$ je Tag)												
Natrium	17	17	17	18	18	18	19	19	19	19	20	20
Kalium	19	19	19	19	19	19	20	20	21	21	21	21
Chlorid	21	21	22	22	22	22	23	23	24	24	24	24
Spurenelemente												
Kupfer	89						98					
Zink	402						440					
Eisen	447						489					
Mangan	402						440					
Selen	1,3						1,5					
Jod	1,3						1,5					
Vitamine												
Vit. A, IE/Tag	26833						29311					
Vit. D, IE/Tag	4472						4885					
Vit. E, IE/Tag	894						977					
Vit. B_1, mg/Tag	27						29					
Vit. B_2, mg/Tag	18						20					

[1] Erhaltungsbedarf/Tag an ME: 0,4 MJ/kg $KM^{0,75}$

▸ **Tab. 13.9** Empfehlungen für die Versorgung von Pferden mit umsetzbarer Energie (MJ/Tag), präzäkal verdaulichem Rohprotein, Mengenelementen (g/Tag), Spurenelementen (mg/Tag) und Vitaminen: Erhaltungsstoffwechsel + Gravidität: Warm- und Vollblut (Tab. basiert auf Daten der GfE 2014).

KM, adult, kg	**500**						**550**					
Geburtsgewicht, kg	**52,5**											
Tag d. Gravidität	**215**	**245**	**275**	**305**	**320**	**335**	**215**	**245**	**275**	**305**	**320**	**335**
Fetus + Plazenta												
Masse, kg	12,6	18,3	26,4	38,2	46,0	55,3	14	20	29	42	51	61
Zunahme, g/Tag	155	225	325	470	566	680	171	247	358	517	622	748
Umsetzbare Energie und präzäkal verdauliches Rohprotein												
ME[1)]												
• Warmblut	60	62	66	72	76	80	64	67	71	77	82	87
• Vollblut	72	75	79	84	88	93	78	81	85	91	95	101
pcvRp	358	384	428	499	551	617	386	415	462	541	598	670
Mengenelemente												
Kalzium	22	26	32	42	50	60	24	28	34	46	55	66
Phosphor	15	18	22	29	34	41	17	19	24	31	37	44
Magnesium	5,7	5,8	5,9	6,1	6,3	6,4	6,2	6,2	6,4	6,6	6,7	6,9
Elektrolyte; Minimalbedarf												
Natrium	3,3	3,5	3,7	4,2	4,5	4,8	3,5	3,7	4,0	4,5	4,8	5,2
Kalium	15	15	15	16	16	16	16	16	17	17	17	17
Chlorid	1,7	1,8	2,0	2,2	2,3	2,5	1,9	2,0	2,1	2,3	2,5	2,7
Elektrolyte; Versorgungsempfehlung mit Na, K, Cl bei Berücksichtigung basaler Schweißbildung (0,04 l/kg $KM^{0,75}$ je Tag)												
Natrium	20	20	21	21	21	22	22	22	22	23	23	23
Kalium	22	22	22	23	23	23	24	24	24	24	25	25
Chlorid	25	25	26	26	26	26	27	27	27	28	28	28

▶ **Tab. 13.9** Fortsetzung

KM, adult, kg	**500**						**550**					
Geburtsgewicht, kg	**52,5**											
Tag d. Gravidität	**215**	**245**	**275**	**305**	**320**	**335**	**215**	**245**	**275**	**305**	**320**	**335**
Spurenelemente												
Kupfer	106						114					
Zink	476						511					
Eisen	529						568					
Mangan	476						511					
Selen	1,6						1,7					
Jod	1,6						1,7					
Vitamine												
Vit. A, IE/Tag	31721						34072					
Vit. D, IE/Tag	5287						5679					
Vit. E, IE/Tag	1057						1136					
Vit. B_1, mg/Tag	32						34					
Vit. B_2, mg/Tag	21						23					

1) Erhaltungsbedarf/Tag an ME in Reihenfolge der Nennung: 0,52, 0,64, 0,45 MJ/kg $KM^{0,75}$

▶ **Tab. 13.10** Empfehlungen für die Versorgung von Pferden mit umsetzbarer Energie (MJ/Tag), präzäkal verdaulichem Rohprotein, Mengenelementen (g/Tag), Spurenelementen (mg/Tag) und Vitaminen: Erhaltungsstoffwechsel + Gravidität: Warm-, Voll- und Kaltblut (Tab. basiert auf Daten der GfE 2014).

KM, adult, kg	**600**						**650**					
Geburtsgewicht, kg	**63**						**68,3**					
Tag d. Gravidität	**215**	**245**	**275**	**305**	**320**	**335**	**215**	**245**	**275**	**305**	**320**	**335**
Fetus + Plazenta												
Masse, kg	15,2	21,9	31,7	45,9	55,2	66,4	16,4	23,8	34,4	49,7	59,8	71,9
Zunahme, g/Tag	187	270	390	564	679	816	202	292	423	611	735	884
Umsetzbare Energie und präzäkal verdauliches Rohprotein												
ME[1)]												
• Warmblut	69	72	76	83	88	94	73	76	81	89	94	100
• Vollblut	83	86	91	98	102	108	88	92	97	104	109	116
• Kaltblut	60	63	68	75	79	85	64	67	72	80	85	91
pcvRp	413	444	497	582	644	723	439	474	530	623	690	776
Mengenelemente												
Kalzium	26	30	37	50	59	72	27	32	40	53	64	77
Phosphor	18	21	26	34	40	48	19	22	27	36	43	52
Magnesium	6,6	6,7	6,8	7,0	7,2	7,4	7,0	7,1	7,2	7,5	7,7	7,9
Elektrolyte; Minimalbedarf												
Natrium	3,8	4,0	4,3	4,8	5,2	5,6	4,0	4,3	4,6	5,2	5,6	6,0
Kalium	17	17	18	18	18	19	18	18	19	19	19	20
Chlorid	2,0	2,1	2,3	2,5	2,7	2,9	2,1	2,2	2,4	2,7	2,8	3,1
Elektrolyte; Versorgungsempfehlung mit Na, K, Cl bei Berücksichtigung basaler Schweißbildung (0,04 l/kg $KM^{0,75}$ je Tag)												
Natrium	23	23	24	24	25	25	25	25	25	26	26	27
Kalium	25	25	26	26	26	27	27	27	27	28	28	28
Chlorid	29	29	29	30	30	30	31	31	31	31	32	32

▶ **Tab. 13.10** Fortsetzung

KM, adult, kg	**600**						**650**					
Geburtsgewicht, kg	**63**						**68,3**					
Tag d. Gravidität	**215**	**245**	**275**	**305**	**320**	**335**	**215**	**245**	**275**	**305**	**320**	**335**
Spurenelemente												
Kupfer	121						129					
Zink	546						579					
Eisen	606						644					
Mangan	546						579					
Selen	1,8						1,9					
Jod	1,8						1,9					
Vitamine												
Vit. A, IE/Tag	36369						38619					
Vit. D, IE/Tag	6062						6437					
Vit. E, IE/Tag	1212						1287					
Vit. B_1, mg/Tag	36						39					
Vit. B_2, mg/Tag	24						26					

[1)] Erhaltungsbedarf/Tag an ME: 0,4 MJ/kg $KM^{0,75}$

▸ **Tab. 13.11** Empfehlungen für die Versorgung von Pferden mit umsetzbarer Energie (MJ/Tag), präzäkal verdaulichem Rohprotein, Mengenelementen (g/Tag), Spurenelementen (mg/Tag) und Vitaminen: Erhaltungsstoffwechsel + Gravidität: Kaltblut (Tab. basiert auf Daten der GfE 2014).

KM, adult, kg	**700**											
Geburtsgewicht, kg	**73,5**						**94,5**					
Tag d. Gravidität	**215**	**245**	**275**	**305**	**320**	**335**	**215**	**245**	**275**	**305**	**320**	**335**
Fetus + Plazenta												
Masse, kg	17,7	25,6	37,0	53,5	64,4	77,4	22,7	32,9	47,6	68,8	82,8	99,5
Zunahme, g/Tag	218	315	455	658	792	952	280	405	585	846	1018	1224
Umsetzbare Energie und präzäkal verdauliches Rohprotein												
ME[1)]	68	71	77	85	90	97	82	87	94	104	111	120
pcvRp	466	502	563	663	735	828	567	614	692	821	913	1032
Mengenelemente												
Kalzium	29	34	42	57	68	83	36	42	53	72	86	105
Phosphor	20	24	29	39	46	56	25	29	36	49	58	70
Magnesium	7,4	7,5	7,7	7,9	8,1	8,4	8,9	9,1	9,3	9,6	9,9	10,2
Elektrolyte; Minimalbedarf												
Natrium	4,2	4,5	4,9	5,5	5,9	6,4	5,2	5,5	6,0	6,8	7,3	7,9
Kalium	19	20	20	20	21	21	23	24	24	25	25	25
Chlorid	2,3	2,4	2,6	2,8	3,0	3,3	2,7	2,9	3,1	3,5	3,7	4,0
Elektrolyte; Versorgungsempfehlung mit Na, K, Cl bei Berücksichtigung basaler Schweißbildung (0,04 l/kg $KM^{0,75}$ je Tag)												
Natrium	26	26	27	27	28	28	31	32	32	33	34	34
Kalium	28	29	29	29	30	30	34	34	35	35	36	36
Chlorid	33	33	33	33	33	34	39	40	40	40	40	41

Tab. 13.11 Fortsetzung

KM, adult, kg	**700**											
Geburtsgewicht, kg	**73,5**						**94,5**					
Tag d. Gravidität	**215**	**245**	**275**	**305**	**320**	**335**	**215**	**245**	**275**	**305**	**320**	**335**
Spurenelemente												
Kupfer	136						164					
Zink	612						739					
Eisen	680						822					
Mangan	612						739					
Selen	2,0						2,5					
Jod	2,0						2,5					
Vitamine												
Vit. A, IE/Tag	40827						49295					
Vit. D, IE/Tag	6804						8216					
Vit. E, IE/Tag	1361						1643					
Vit. B_1, mg/Tag	41						49					
Vit. B_2, mg/Tag	27						33					

[1] Erhaltungsbedarf/Tag an ME: 0,4 MJ/kg $KM^{0,75}$

13.2.3 Erhaltungsstoffwechsel + Laktation

▶ **Tab. 13.12** Empfehlungen für die Versorgung von Pferden mit umsetzbarer Energie (MJ/Tag), präzäkal verdaulichem Rohprotein, präzäkal verdaulichen Aminosäuren, Mengenelementen (g/Tag), Spurenelementen (mg/Tag) und Vitaminen: Erhaltungsstoffwechsel + Laktation: Pony (Tab. basiert auf Daten der GfE 2014).

KM, kg	100							200						
Tag d. Laktation	**15**	**30**	**61**	**92**	**122**	**153**	**183**	**15**	**30**	**61**	**92**	**122**	**153**	**183**
Milchmenge, kg	4,2	4,4	4,2	3,8	3,4	3,0	2,6	7,5	7,8	7,4	6,8	6,0	5,3	4,7
ME[1)]	27	27	27	25	24	23	21	46	47	46	44	41	39	37
Präzäkal verdauliches Rohprotein u. Aminosäuren														
pcvRp	250	241	221	202	186	172	161	433	417	382	349	321	296	275
Lysin	15	15	13	12	11	10	9	27	26	23	21	19	17	15
Methionin + Cystin	8	8	7	6	6	5	5	14	13	12	11	10	9	8
Threonin	11	11	10	9	9	8	8	20	19	18	16	15	14	13
Leucin	21	20	18	16	15	14	12	36	35	31	28	26	23	21
Isoleucin	10	10	9	8	7	7	6	18	17	15	14	13	12	11
Phenylal. + Tyrosin	17	17	15	13	12	11	10	30	29	26	23	21	19	17
Tryptophan	5	4	4	4	3	3	3	8	8	7	6	6	5	4
Valin	13	12	11	10	9	9	8	22	21	19	18	16	15	14
Histidin	6	6	5	5	4	4	3	10	10	9	8	7	6	6
Arginin	15	15	14	13	12	11	11	26	25	23	22	20	19	18
Mengenelemente														
Kalzium	16	15	13	12	11	10	9	27	26	23	21	19	17	16
Phosphor	11	10	9	8	7	6	6	19	18	15	14	12	11	10
Magnesium	2	2	2	2	2	2	2	4	4	4	4	4	3	3
Minimalbedarf für Elektrolyte														
Natrium	2	2	2	2	2	2	2	3	3	3	3	3	3	3
Kalium	8	8	8	7	7	7	6	13	14	13	13	12	12	11
Chlorid	2	2	2	2	1	1	1	3	3	3	3	3	2	2

Tab. 13.12 Fortsetzung

KM, kg	**100**							**200**						
Tag d. Laktation	**15**	**30**	**61**	**92**	**122**	**153**	**183**	**15**	**30**	**61**	**92**	**122**	**153**	**183**
Elektrolyte; Empfehlung bei Anrechnung basaler Schweißmenge (0,04 l/kg $KM^{0,75}$ je Tag)														
Natrium	7	7	7	7	7	7	7	12	12	12	12	12	11	11
Kalium	10	10	10	9	9	9	9	17	17	17	16	16	15	15
Chlorid	9	9	9	9	9	8	8	15	15	15	15	14	14	14
Spurenelemente														
Kupfer	32							53						
Zink	142							239						
Eisen	158							266						
Mangan	142							239						
Selen	0,5							0,8						
Jod	0,5							0,8						
Vitamine														
Vit. A, IE/Tag	9487							15955						
Vit. D, IE/Tag	1581							2659						
Vit. E, IE/Tag	316							532						
Vit. B_1, mg/Tag	9							16						
Vit. B_2, mg/Tag	6							11						

[1] Erhaltungsbedarf/Tag an ME: 0,4 MJ/kg $KM^{0,75}$

▸ **Tab. 13.13** Empfehlungen für die Versorgung von Pferden mit umsetzbarer Energie (MJ/Tag), präzäkal verdaulichem Rohprotein, präzäkal verdaulichen Aminosäuren, Mengenelementen (g/Tag), Spurenelementen (mg/Tag) und Vitaminen: Erhaltungsstoffwechsel + Laktation: Pony und Haflinger (Tab. basiert auf Daten der GfE 2014).

KM, kg	**Pony[1], 300**							**Haflinger[2], 350**						
Tag d. Laktation	**15**	**30**	**61**	**92**	**122**	**153**	**183**	**15**	**30**	**61**	**92**	**122**	**153**	**183**
Milchmenge, kg	10,4	10,9	10,4	9,4	8,4	7,4	6,5	11,8	12,3	11,8	10,7	9,6	8,4	7,4
ME	63	65	63	60	57	53	50	75	77	75	72	68	64	61
Präzäkal verdauliches Rohprotein u. Aminosäuren														
pcvRp	597	576	526	481	441	407	378	675	651	594	543	498	459	426
Lysin	37	36	32	29	26	23	21	42	40	36	32	29	26	24
Methionin + Cystin	19	18	17	15	14	13	12	22	21	19	17	16	14	13
Threonin	27	26	24	22	21	19	18	31	30	27	25	23	22	20
Leucin	50	48	43	39	35	32	29	56	54	49	44	40	36	33
Isoleucin	25	24	21	19	18	16	15	28	27	24	22	20	18	17
Phenylal. + Tyrosin	42	40	36	32	29	26	23	47	45	40	36	32	29	26
Tryptophan	11	11	10	9	8	7	6	13	12	11	10	9	8	7
Valin	31	30	27	24	22	20	19	35	33	30	28	25	23	21
Histidin	14	14	12	11	10	9	8	16	16	14	12	11	10	9
Arginin	36	34	32	30	28	26	25	40	39	36	34	31	30	28
Mengenelemente														
Kalzium	38	36	32	28	26	23	21	43	40	36	32	29	26	24
Phosphor	27	25	21	19	17	15	14	30	28	24	21	19	17	16
Magnesium	6	6	5	5	5	5	5	7	6	6	6	5	5	5
Minimalbedarf für Elektrolyte														
Natrium	5	5	5	4	4	4	4	5	5	5	5	5	4	4
Kalium	18	19	18	17	17	16	15	21	21	20	20	19	18	17
Chlorid	4	4	4	4	4	3	3	5	5	5	4	4	4	3

▶ **Tab. 13.13** Fortsetzung

KM, kg	Pony[1], 300							Haflinger[2], 350						
Tag d. Laktation	**15**	**30**	**61**	**92**	**122**	**153**	**183**	**15**	**30**	**61**	**92**	**122**	**153**	**183**
Elektrolyte; Empfehlung bei Anrechnung basaler Schweißmenge (0,04 l/kg $KM^{0,75}$ je Tag)														
Natrium	16	16	16	16	16	15	15	18	18	18	18	18	17	17
Kalium	23	23	23	22	21	21	20	26	26	26	25	24	23	22
Chlorid	20	20	20	20	20	19	19	23	23	23	22	22	22	21
Spurenelemente														
Kupfer	72							81						
Zink	324							364						
Eisen	360							405						
Mangan	324							364						
Selen	1,1							1,2						
Jod	1,1							1,2						
Vitamine														
Vit. A, IE/Tag	21625							24276						
Vit. D, IE/Tag	3604							4046						
Vit. E, IE/Tag	721							809						
Vit. B_1, mg/Tag	22							24						
Vit. B_2, mg/Tag	14							16						

Erhaltungsbedarf/Tag an ME: [1] 0,4 [2] 0,45 MJ/kg $KM^{0,75}$

▸ **Tab. 13.14** Empfehlungen für die Versorgung von Pferden mit umsetzbarer Energie (MJ/Tag), präzäkal verdaulichem Rohprotein, präzäkal verdaulichen Aminosäuren, Mengenelementen (g/Tag), Spurenelementen (mg/Tag) und Vitaminen: Erhaltungsstoffwechsel + Laktation: Haflinger, Warm- und Vollblut (Tab. basiert auf Daten der GfE 2014).

KM, kg	**400**							**450**						
Tag d. Laktation	**15**	**30**	**61**	**92**	**122**	**153**	**183**	**15**	**30**	**61**	**92**	**122**	**153**	**183**
Milchmenge, kg	13,2	13,7	13,1	12,0	10,7	9,4	8,2	14,6	15,1	14,5	13,2	11,7	10,4	9,1
ME														
• Haflinger[1)]	84	85	83	80	75	71	67	92	94	92	87	83	78	74
• Warmblut[2)]	90	92	90	86	82	77	74	99	101	98	94	89	85	81
• Vollblut[3)]	–	–	–	–	–	–	–	110	112	110	106	101	97	92
Präzäkal verdauliches Rohprotein u. Aminosäuren														
pcvRp	751	723	661	603	553	510	473	825	794	725	662	607	559	518
Lysin	47	45	40	36	32	29	26	52	49	44	40	36	32	29
Methionin + Cystin	24	23	21	19	17	16	15	26	25	23	21	19	17	16
Threonin	34	33	30	28	26	24	23	38	36	33	31	28	26	25
Leucin	63	60	54	49	44	40	37	69	66	60	54	49	44	41
Isoleucin	31	30	27	24	22	20	18	34	33	30	27	24	22	20
Phenylal. + Tyrosin	53	50	45	40	36	32	29	58	55	50	44	40	35	32
Tryptophan	14	14	12	11	10	9	8	16	15	13	12	11	9	8
Valin	39	37	34	31	28	26	24	43	41	37	34	31	28	26
Histidin	18	17	15	14	12	11	10	20	19	17	15	14	12	11
Arginin	45	43	40	37	35	33	31	49	47	44	41	38	36	34
Mengenelemente														
Kalzium	47	45	40	36	32	29	27	52	49	44	39	35	32	30
Phosphor	33	31	27	24	21	19	18	37	34	29	26	23	21	19
Magnesium	7	7	7	6	6	6	6	8	8	7	7	7	6	6

▸ **Tab. 13.14** Fortsetzung

KM, kg	400							450						
Tag d. Laktation	**15**	**30**	**61**	**92**	**122**	**153**	**183**	**15**	**30**	**61**	**92**	**122**	**153**	**183**
Minimalbedarf für Elektrolyte														
Natrium	6	6	6	6	5	5	5	6	7	6	6	6	5	5
Kalium	23	23	23	22	21	20	19	25	25	25	24	23	22	21
Chlorid	5	5	5	5	4	4	4	6	6	6	5	5	4	4
Elektrolyte; Empfehlung bei Anrechnung basaler Schweißmenge (0,04 l/kg $KM^{0,75}$ je Tag)														
Natrium	20	20	20	20	20	19	19	22	22	22	22	21	21	21
Kalium	29	29	29	28	27	26	25	31	32	31	30	29	28	27
Chlorid	25	25	25	25	24	24	24	28	28	28	27	27	26	26
Spurenelemente														
Kupfer	89							98						
Zink	402							440						
Eisen	447							489						
Mangan	402							440						
Selen	1,3							1						
Jod	1,3							1						
Vitamine														
Vit. A, IE/Tag	26833							29311						
Vit. D, IE/Tag	4472							4885						
Vit. E, IE/Tag	894							977						
Vit. B_1, mg/Tag	27							29						
Vit. B_2, mg/Tag	18							20						

Erhaltungsbedarf/Tag an ME: 1) 0,4 2) 0,52 3) 0,64 MJ/kg $KM^{0,75}$

▶ **Tab. 13.15** Empfehlungen für die Versorgung von Pferden mit umsetzbarer Energie (MJ/Tag), präzäkal verdaulichem Rohprotein, präzäkal verdaulichen Aminosäuren, Mengenelementen (g/Tag), Spurenelementen (mg/Tag) und Vitaminen: Erhaltungsstoffwechsel + Laktation: Warm- und Vollblut (Tab. basiert auf Daten der GfE 2014).

KM, kg	**500**							**550**						
Tag d. Laktation	**15**	**30**	**61**	**92**	**122**	**153**	**183**	**15**	**30**	**61**	**92**	**122**	**153**	**183**
Milchmenge, kg	15,9	16,5	15,8	14,4	12,8	11,3	9,9	17,2	17,8	17,1	15,5	13,8	12,2	10,7
ME														
• Warmblut[1)]	107	109	107	102	97	92	87	115	118	115	110	105	99	94
• Vollblut[2)]	120	122	120	115	110	105	100	129	131	129	124	118	113	108
Präzäkal verdauliches Rohprotein u. Aminosäuren														
pcvRp	897	864	788	720	659	607	563	967	932	850	776	711	654	606
Lysin	56	54	48	43	39	35	31	61	58	52	47	42	38	34
Methionin + Cystin	29	27	25	23	21	19	17	31	30	27	24	22	20	19
Threonin	41	39	36	33	31	29	27	44	43	39	36	33	31	29
Leucin	75	72	65	59	53	48	44	81	78	70	63	57	52	47
Isoleucin	37	35	32	29	26	24	22	40	38	35	31	28	26	24
Phenylal. + Tyrosin	63	60	54	48	43	39	35	68	65	58	52	46	42	38
Tryptophan	17	16	15	13	11	10	9	18	18	16	14	12	11	10
Valin	46	44	40	37	33	30	28	50	48	43	39	36	33	30
Histidin	22	21	19	17	15	13	12	23	22	20	18	16	14	13
Arginin	53	52	48	44	42	39	37	57	56	52	48	45	42	40
Mengenelemente														
Kalzium	57	54	48	43	38	35	32	61	58	51	46	41	38	35
Phosphor	40	37	32	28	25	23	21	43	40	35	30	27	25	22
Magnesium	9	8	8	7	7	7	7	9	9	8	8	8	7	7

▶ **Tab. 13.15** Fortsetzung

KM, kg	500							550						
Tag d. Laktation	**15**	**30**	**61**	**92**	**122**	**153**	**183**	**15**	**30**	**61**	**92**	**122**	**153**	**183**
Minimalbedarf für Elektrolyte														
Natrium	7	7	7	7	6	6	5	8	8	8	7	7	6	6
Kalium	27	28	27	26	25	24	22	29	30	29	28	27	25	24
Chlorid	6	6	6	6	5	5	4	7	7	7	6	6	5	5
Elektrolyte; Empfehlung bei Anrechnung basaler Schweißmenge (0,04 l/kg KM^{0,75} je Tag)														
Natrium	23,9	24,1	23,9	23,5	23,1	22,7	22,4	26	26	26	25	25	24	24
Kalium	34,1	34,6	34,1	32,9	31,7	30,5	29,4	37	37	37	35	34	33	32
Chlorid	29,8	30,0	29,8	29,3	28,9	28,5	28,0	32	32	32	32	31	31	30
Spurenelemente														
Kupfer	106							114						
Zink	476							511						
Eisen	529							568						
Mangan	476							511						
Selen	2							2						
Jod	2							2						
Vitamine														
Vit. A, IE/Tag	31721							34072						
Vit. D, IE/Tag	5287							5679						
Vit. E, IE/Tag	1057							1136						
Vit. B_1, mg/Tag	32							34						
Vit. B_2, mg/Tag	21							23						

Erhaltungsbedarf/Tag an ME: 1) 0,52, 2) 0,64 MJ/kg KM^{0,75}

▶ **Tab. 13.16** Empfehlungen für die Versorgung von Pferden mit umsetzbarer Energie (MJ/Tag), präzäkal verdaulichem Rohprotein, präzäkal verdaulichen Aminosäuren, Mengenelementen (g/Tag), Spurenelementen (mg/Tag) und Vitaminen: Erhaltungsstoffwechsel + Laktation: Warm-, Voll- und Kaltblut (Tab. basiert auf Daten der GfE 2014).

KM, kg	**600**							**650**						
Tag d. Laktation	**15**	**30**	**61**	**92**	**122**	**153**	**183**	**15**	**30**	**61**	**92**	**122**	**153**	**183**
Milchmenge, kg	18,4	19,2	18,3	16,7	14,9	13,1	11,5	19,7	20,5	19,6	17,8	15,9	14,0	12,3
ME														
• Warmblut[1)]	124	126	123	118	112	106	101	132	134	131	125	119	113	107
• Vollblut[2)]	138	141	138	132	126	121	115	147	150	147	141	135	128	123
• Kaltblut[3)]	115	118	115	109	103	98	92	123	125	122	116	110	104	98
Präzäkal verdauliches Rohprotein u. Aminosäuren														
pcvRp	1037	998	911	831	761	701	649	1105	1064	970	885	810	746	691
Lysin	65	62	56	50	45	40	36	69	66	59	53	48	43	39
Methionin + Cystin	33	32	29	26	24	22	20	35	34	31	28	25	23	21
Threonin	47	46	42	39	36	33	31	50	49	45	41	38	35	33
Leucin	87	83	75	68	61	56	51	92	89	80	72	65	59	54
Isoleucin	43	41	37	34	30	28	25	46	44	40	36	32	30	27
Phenylal. + Tyrosin	73	70	62	56	50	45	40	78	74	66	59	53	48	43
Tryptophan	20	19	17	15	13	12	11	21	20	18	16	14	13	11
Valin	53	51	47	42	38	35	32	57	55	50	45	41	37	34
Histidin	25	24	21	19	17	16	14	27	26	23	20	18	17	15
Arginin	61	59	55	51	48	45	42	65	63	59	55	51	48	45
Mengenelemente														
Kalzium	66	62	55	49	44	40	37	70	66	59	52	47	43	39
Phosphor	46	43	37	33	29	26	24	49	45	39	35	31	28	26
Magnesium	10	10	9	9	8	8	8	11	10	10	9	9	8	8

▶ **Tab. 13.16** Fortsetzung

KM, kg	600							650						
Tag d. Laktation	**15**	**30**	**61**	**92**	**122**	**153**	**183**	**15**	**30**	**61**	**92**	**122**	**153**	**183**
Minimalbedarf für Elektrolyte														
Natrium	8	8	8	8	7	7	6	9	9	9	8	8	7	7
Kalium	31	32	31	30	29	27	26	33	34	33	32	30	29	28
Chlorid	7	7	7	7	6	6	5	8	8	8	7	7	6	5
Elektrolyte; Empfehlung bei Anrechnung basaler Schweißmenge (0,04 l/kg $KM^{0,75}$ je Tag)														
Natrium	27	28	27	27	27	26	26	29	29	29	29	28	28	27
Kalium	39	40	39	38	37	35	34	42	42	42	40	39	37	36
Chlorid	34	34	34	34	33	33	32	36	37	36	36	35	35	34
Spurenelemente														
Kupfer	121							129						
Zink	546							579						
Eisen	606							644						
Mangan	546							579						
Selen	2							2						
Jod	2							2						
Vitamine														
Vit. A, IE/Tag	36369							38619						
Vit. D, IE/Tag	6062							6437						
Vit. E, IE/Tag	1212							1287						
Vit. B_1, mg/Tag	36							39						
Vit. B_2, mg/Tag	24							26						

Erhaltungsbedarf/Tag an ME: [1)] 0,52; [2)] 0,64; [3)] 0,45 MJ/kg $KM^{0,75}$

Tab. 13.17 Empfehlungen für die Versorgung von Pferden mit umsetzbarer Energie (MJ/Tag), präzäkal verdaulichem Rohprotein, präzäkal verdaulichen Aminosäuren, Mengenelementen (g/Tag), Spurenelementen (mg/Tag) und Vitaminen: Erhaltungsstoffwechsel + Laktation: Kaltblut (Tab. basiert auf Daten der GfE 2014).

KM, kg	700							900						
Tag d. Laktation	**15**	**30**	**61**	**92**	**122**	**153**	**183**	**15**	**30**	**61**	**92**	**122**	**153**	**183**
Milchmenge, kg	20,9	21,7	20,8	18,9	16,9	14,9	13,0	25,7	26,7	25,6	23,3	20,7	18,3	16,0
ME[1)]	130	133	130	123	117	110	104	158	162	158	150	142	134	127
Präzäkal verdauliches Rohprotein u. Aminosäuren														
pcvRp	1172	1128	1029	938	859	791	732	1431	1378	1256	1144	1047	963	891
Lysin	74	71	63	56	51	45	41	90	86	77	69	62	55	50
Methionin + Cystin	37	36	33	30	27	25	23	46	44	40	36	33	30	28
Threonin	53	52	47	44	40	37	35	65	63	58	53	49	45	42
Leucin	98	94	85	76	69	63	57	120	115	104	93	84	77	70
Isoleucin	48	46	42	38	34	31	29	59	57	51	46	42	38	35
Phenylal. + Tyrosin	83	79	71	63	56	50	45	101	97	86	77	69	62	55
Tryptophan	22	21	19	17	15	13	12	27	26	23	21	18	16	15
Valin	60	58	53	48	43	40	36	74	71	64	58	53	48	44
Histidin	28	27	24	22	19	18	16	35	33	30	27	24	21	19
Arginin	69	67	62	58	54	51	48	84	82	76	70	66	62	58
Mengenelemente														
Kalzium	74	70	62	56	50	46	42	91	86	76	68	61	55	51
Phosphor	52	48	42	37	33	30	27	64	59	51	45	40	36	33
Magnesium	11	11	10	10	9	9	9	14	13	12	12	11	11	10
Minimalbedarf für Elektrolyte														
Natrium	9	9	9	9	8	8	7	11	11	11	11	10	9	9
Kalium	35	36	35	34	32	31	29	43	44	43	41	39	37	35
Chlorid	8	8	8	8	7	6	6	10	10	10	9	8	8	7

▶ **Tab. 13.17** Fortsetzung

KM, kg	700							900						
Tag d. Laktation	**15**	**30**	**61**	**92**	**122**	**153**	**183**	**15**	**30**	**61**	**92**	**122**	**153**	**183**
Elektrolyte; Empfehlung bei Anrechnung basaler Schweißmenge (0,04 l/kg $KM^{0,75}$ je Tag)														
Natrium	31	31	31	30	30	29	29	37	38	37	37	36	36	35
Kalium	44	45	44	43	41	40	38	54	55	54	52	50	48	46
Chlorid	38	39	38	38	37	37	36	47	47	47	46	45	44	44
Spurenelemente														
Kupfer	136							164						
Zink	612							739						
Eisen	680							822						
Mangan	612							739						
Selen	2							2						
Jod	2							2						
Vitamine														
Vit. A, IE/Tag	40827							49295						
Vit. D, IE/Tag	6804							8216						
Vit. E, IE/Tag	1361							1643						
Vit. B_1, mg/Tag	41							49						
Vit. B_2, mg/Tag	27							33						

1) Erhaltungsbedarf/Tag an ME: 0,45 MJ/kg $KM^{0,75}$

13.2.4 Erhaltungsstoffwechsel + Wachstum

▶ **Tab. 13.18** Empfehlungen für die Versorgung von Pferden mit umsetzbarer Energie (MJ/Tag), präzäkal verdaulichem Rohprotein, präzäkal verdaulichen Aminosäuren, Mengenelementen (g/Tag), Spurenelementen (mg/Tag) und Vitaminen: Erhaltungsstoffwechsel + Wachstum: Pony (100/200 kg KM) (Tab. basiert auf Daten der GfE 2014).

$KM_{Adult,\ kg}$	100								200							
Alter, $Monat_{Ende}$	**3**	**4**	**5**	**6**	**12**	**18**	**24**	**36**	**3**	**4**	**5**	**6**	**12**	**18**	**24**	**36**
$KM_{aktuell}$, kg	**30**	**34**	**38**	**42**	**58**	**68**	**75**	**84**	**59**	**68**	**76**	**84**	**116**	**137**	**151**	**169**
Zunahme, g/Tag	**158**	**139**	**125**	**113**	**69**	**47**	**33**	**18**	**316**	**278**	**249**	**225**	**139**	**94**	**66**	**35**
ME a. Milch, rel.[1)]	0,80	0,65	0,52	0,44	–	–	–	–	0,80	0,65	0,52	0,44	–	–	–	–
ME[2)]	7	8	8	9	10	12	13	13	13	14	14	15	18	20	21	22
Präzäkal verdauliche/s Rohprotein und Aminosäuren																
pcvRp	83	82	81	81	83	85	86	88	154	150	148	147	145	146	148	150
Lysin	4,5	4,3	4,2	3,8	3,2	2,9	3,2	3,8	8,4	8,0	7,7	7,1	5,7	5,2	5,6	6,5
Methionin + Cystin	3,1	3,1	3,1	2,8	2,6	2,5	2,9	3,6	5,6	5,6	5,6	5,1	4,5	4,3	5,0	6,2
Threonin	3,3	3,3	3,3	3,0	2,7	2,6	3,0	3,7	6,2	6,0	6,0	5,5	4,8	4,5	5,1	6,2
Mengenelemente																
Kalzium	4,0	4,1	4,3	4,4	5,9	5,6	5,4	5,2	7,6	7,8	8,1	8,3	10,7	9,9	9,4	8,9
Phosphor	2,0	2,2	2,3	2,4	3,8	3,6	3,5	3,3	3,9	4,1	4,4	4,5	6,9	6,4	6,1	5,8
Magnesium	0,4	0,5	0,6	0,6	1,2	1,3	1,4	1,5	0,7	0,9	1,0	1,1	2,0	2,2	2,4	2,5
Minimalbedarf für Elektrolyte																
Natrium	0,6	0,6	0,6	0,6	0,7	0,8	0,8	0,8	1,0	1,0	1,1	1,1	1,3	1,3	1,3	1,4
Kalium	1,9	2,1	2,2	2,4	3,1	3,4	3,6	3,9	3,3	3,6	3,9	4,1	5,2	5,8	6,1	6,6
Chlorid	0,4	0,4	0,4	0,4	0,4	0,4	0,4	0,4	0,7	0,7	0,7	0,7	0,7	0,7	0,7	0,7
Elektrolyte; Empfehlung bei Anrechnung basaler Schweißmenge (0,04 l/kg $KM^{0,75}$ je Tag)																
Natrium	2,1	2,4	2,6	2,5	2,7	2,9	3,6	4,6	3,6	4,1	4,5	4,3	4,6	4,9	6,1	7,7
Kalium	2,7	2,9	3,2	3,0	3,2	3,4	4,4	5,6	4,6	5,0	5,4	5,1	5,5	5,8	7,4	9,5
Chlorid	3,2	3,5	3,8	3,5	3,8	4,1	5,1	6,6	5,5	6,0	6,5	6,0	6,5	6,9	8,6	11,2

▶ **Tab. 13.18** Fortsetzung

$KM_{Adult,\ kg}$	100								200							
Alter, $Monat_{Ende}$	**3**	**4**	**5**	**6**	**12**	**18**	**24**	**36**	**3**	**4**	**5**	**6**	**12**	**18**	**24**	**36**
$KM_{aktuell}$, kg	**30**	**34**	**38**	**42**	**58**	**68**	**75**	**84**	**59**	**68**	**76**	**84**	**116**	**137**	**151**	**169**
Zunahme, g/Tag	**158**	**139**	**125**	**113**	**69**	**47**	**33**	**18**	**316**	**278**	**249**	**225**	**139**	**94**	**66**	**35**
Spurenelemente																
Kupfer	13	14	15	16	21	21	21	28	21	24	26	28	35	35	35	47
Zink	57	64	69	74	94	94	94	125	96	107	116	124	159	159	159	211
Eisen	64	71	77	82	105	105	105	139	107	119	129	138	176	176	176	234
Mangan	57	64	69	74	94	94	94	125	96	107	116	124	159	159	159	211
Selen	0,19	0,21	0,23	0,25	0,31	0,31	0,31	0,42	0,32	0,36	0,39	0,41	0,53	0,53	0,53	0,70
Jod	0,19	0,21	0,23	0,25	0,31	0,31	0,31	0,42	0,32	0,36	0,39	0,41	0,53	0,53	0,53	0,70
Vitamine																
Vit. A, IE/Tag	3810	4240	4610	4930	6300	6300	6300	8350	6410	7130	7750	8300	10590	110590	110590	114050
Vit. D, IE/Tag	1400	1560	1380	1320	1470	1470	1470	1390	2350	2620	2330	2210	2470	2470	2470	2340
Vit. E, IE/Tag	127	141	154	164	210	210	210	278	214	238	258	277	353	353	353	468
Vit. B_1, mg/Tag	4	4	5	5	6	6	6	8	6	7	8	8	11	11	11	14
Vit. B_2, mg/Tag	3	3	3	3	4	4	4	6	4	5	5	6	7	7	7	9

1) erwarteter Anteil der Stutenmilch an der abgeleiteten Energieaufnahme

2) Erhaltungsbedarf/Tag an ME: 0,46 MJ/kg $KM^{0,75}$

Tab. 13.19 Empfehlungen für die Versorgung von Pferden mit umsetzbarer Energie (MJ/Tag), präzäkal verdaulichem Rohprotein, präzäkal verdaulichen Aminosäuren, Mengenelementen (g/Tag), Spurenelementen (mg/Tag) und Vitaminen: Erhaltungsstoffwechsel + Wachstum: Pony und Haflinger (Tab. basiert auf Daten der GfE 2014).

$KM_{Adult,\ kg}$	Pony, 300[1)]								Haflinger, 350[2)]							
Alter, $Monat_{Ende}$	**3**	**4**	**5**	**6**	**12**	**18**	**24**	**36**	**3**	**4**	**5**	**6**	**12**	**18**	**24**	**36**
$KM_{aktuell}$, kg	**89**	**103**	**115**	**125**	**174**	**205**	**226**	**253**	**104**	**120**	**134**	**146**	**203**	**239**	**264**	**295**
Zunahme, g/Tag	**474**	**418**	**374**	**338**	**208**	**140**	**99**	**53**	**553**	**487**	**436**	**395**	**243**	**164**	**115**	**61**
ME a. Milch, rel.[3)]	0,80	0,65	0,52	0,44	–	–	–	–	0,80	0,65	0,52	0,44	–	–	–	–
ME	18	19	20	21	24	27	29	30	22	24	25	26	30	34	36	38
Präzäkal verdauliche/s Rohprotein und Aminosäuren																
pcvRp	221	215	211	208	203	202	203	205	254	247	242	238	230	229	229	231
Lysin	12,2	11,6	11,2	10,2	8,2	7,2	7,8	8,9	14,1	13,4	12,8	11,7	9,3	8,2	8,8	10,0
Methionin + Cystin	8,1	7,9	7,9	7,2	6,3	6,0	6,9	8,4	9,2	9,1	9,0	8,2	7,2	6,8	7,8	9,5
Threonin	8,9	8,6	8,5	7,8	6,7	6,2	7,1	8,5	10,2	9,9	9,7	8,9	7,6	7,1	8,0	9,6
Mengenelemente																
Kalzium	11,2	11,4	11,8	12,0	15,3	13,9	13,1	12,3	12,9	13,2	13,6	13,8	17,5	15,8	14,9	13,9
Phosphor	5,7	6,0	6,3	6,5	9,8	8,9	8,4	7,9	6,6	6,9	7,3	7,5	11,2	10,2	9,6	8,9
Magnesium	1,0	1,2	1,4	1,5	2,7	3,0	3,2	3,4	1,1	1,3	1,5	1,7	3,1	3,4	3,6	3,9
Minimalbedarf für Elektrolyte																
Natrium	1,5	1,5	1,5	1,6	1,8	1,8	1,8	1,9	1,7	1,7	1,8	1,8	2,0	2,0	2,1	2,1
Kalium	4,6	5,0	5,3	5,6	7,1	7,9	8,3	8,9	5,2	5,6	6,0	6,3	8,0	8,8	9,4	10,0
Chlorid	1,0	1,0	1,0	1,0	1,0	1,0	1,0	1,0	1,2	1,1	1,1	1,1	1,1	1,1	1,1	1,1
Elektrolyte; Empfehlung bei Anrechnung basaler Schweißmenge (0,04 l/kg $KM^{0,75}$ je Tag)																
Natrium	5,0	5,6	6,2	5,9	6,3	6,7	8,3	10,5	5,6	6,3	7,0	6,6	7,1	7,5	9,4	11,8
Kalium	6,3	6,9	7,5	7,0	7,5	7,9	10,1	12,9	7,1	7,8	8,4	7,8	8,4	8,9	11,3	14,4
Chlorid	7,5	8,2	8,8	8,2	8,8	9,3	11,6	15,2	8,4	9,2	9,9	9,2	9,9	10,5	13,1	17,0

▶ **Tab. 13.19** Fortsetzung

$KM_{Adult, kg}$	Pony, 300[1)]							Haflinger, 350[2)]							
Alter, $Monat_{Ende}$	**3**	**4**	**5**	**6**	**12**	**18**	**24**	**36**	**3**	**4**	**5**	**6**	**12**	**18**	**24**	**36**
$KM_{aktuell}$, kg	**89**	**103**	**115**	**125**	**174**	**205**	**226**	**253**	**104**	**120**	**134**	**146**	**203**	**239**	**264**	**295**
Zunahme, g/Tag	**474**	**418**	**374**	**338**	**208**	**140**	**99**	**53**	**553**	**487**	**436**	**395**	**243**	**164**	**115**	**61**
Spurenelemente																
Kupfer	29	32	35	37	48	48	48	63	33	36	39	42	54	54	54	71
Zink	130	145	158	169	215	215	215	286	146	163	177	189	242	242	242	321
Eisen	145	161	175	187	239	239	239	317	163	181	197	210	269	269	269	356
Mangan	130	145	158	169	215	215	215	286	146	163	177	189	242	242	242	321
Selen	0,43	0,48	0,53	0,56	0,72	0,72	0,72	0,95	0,49	0,54	0,59	0,63	0,81	0,81	0,81	1,07
Jod	0,43	0,48	0,53	0,56	0,72	0,72	0,72	0,95	0,49	0,54	0,59	0,63	0,81	0,81	0,81	1,07
Vitamine																
Vit. A, IE/Tag	8690	9670	10510	11250	14350	14350	14350	19040	9760	10850	11800	12620	16110	16110	16110	21370
Vit. D, IE/Tag	3190	3550	3150	3000	3350	3350	3350	3170	3580	3980	3540	3370	3760	3760	3760	3560
Vit. E, IE/Tag	290	322	350	375	478	478	478	635	325	362	393	421	537	537	537	712
Vit. B_1, mg/Tag	9	10	11	11	14	14	14	19	10	11	12	13	16	16	16	21
Vit. B_2, mg/Tag	6	6	7	8	10	10	10	13	7	7	8	8	11	11	11	14

[1–2)] Erhaltungsbedarf/Tag an ME: [1)] 0,46 [2)] 0,52 MJ/kg $KM^{0,75}$

[3)] erwarteter Anteil der Stutenmilch an der abgeleiteten Energieaufnahme

▶ **Tab. 13.20** Empfehlungen für die Versorgung von Pferden mit umsetzbarer Energie (MJ/Tag), präzäkal verdaulichem Rohprotein, präzäkal verdaulichen Aminosäuren, Mengenelementen (g/Tag), Spurenelementen (mg/Tag) und Vitaminen: Erhaltungsstoffwechsel + Wachstum: Haflinger (400/450 kg KM) (Tab. basiert auf Daten der GfE 2014).

KM_{Adult}, kg	400								450							
Alter, $Monat_{Ende}$	**3**	**4**	**5**	**6**	**12**	**18**	**24**	**36**	**3**	**4**	**5**	**6**	**12**	**18**	**24**	**36**
$KM_{aktuell}$, kg	**119**	**137**	**153**	**167**	**232**	**273**	**302**	**337**	**134**	**154**	**172**	**188**	**261**	**308**	**340**	**380**
Zunahme, g/Tag	**632**	**557**	**498**	**451**	**278**	**187**	**132**	**70**	**711**	**626**	**561**	**507**	**313**	**210**	**148**	**79**
ME a. Milch, rel.[1)]	0,80	0,65	0,52	0,44	–	–	–	–	0,80	0,65	0,52	0,44	–	–	–	–
ME[2)]	24	26	28	29	34	37	40	42	27	29	30	31	37	41	44	46
Präzäkal verdauliche/s Rohprotein und Aminosäuren																
pcvRp	287	278	272	267	257	255	255	256	319	308	301	296	283	280	279	280
Lysin	16,0	15,1	14,5	13,2	10,5	9,2	9,8	11,1	17,8	16,8	16,1	14,7	11,6	10,2	10,8	12,2
Methionin + Cystin	10,4	10,2	10,1	9,2	8,0	7,6	8,7	10,5	11,6	11,3	11,2	10,2	8,9	8,3	9,5	11,5
Threonin	11,5	11,2	10,9	10,0	8,5	7,9	8,9	10,6	12,8	12,4	12,1	11,1	9,4	8,7	9,7	11,6
Mengenelemente																
Kalzium	14,7	15,0	15,4	15,6	19,6	17,7	16,6	15,4	16,4	16,7	17,2	17,4	21,8	19,6	18,3	17,0
Phosphor	7,5	7,8	8,3	8,5	12,6	11,4	10,7	9,9	8,4	8,7	9,2	9,5	14,0	12,6	11,8	10,9
Magnesium	1,3	1,5	1,7	1,9	3,4	3,8	4,0	4,3	1,4	1,6	1,9	2,1	3,7	4,1	4,4	4,7
Minimalbedarf für Elektrolyte																
Natrium	1,9	1,9	2,0	2,0	2,3	2,3	2,3	2,3	2,1	2,1	2,2	2,2	2,5	2,5	2,5	2,5
Kalium	5,8	6,2	6,7	7,0	8,9	9,8	10,4	11,1	6,4	6,9	7,3	7,7	9,7	10,7	11,3	12,1
Chlorid	1,3	1,3	1,3	1,3	1,2	1,2	1,2	1,2	1,5	1,4	1,4	1,4	1,4	1,3	1,4	1,4
Elektrolyte; Empfehlung bei Anrechnung basaler Schweißmenge (0,04 l/kg $KM^{0,75}$ je Tag)																
Natrium	6,3	7,0	7,7	7,4	7,9	8,3	10,4	13,0	6,9	7,7	8,5	8,1	8,7	9,1	11,3	14,2
Kalium	7,9	8,6	9,3	8,7	9,4	9,9	12,6	16,0	8,7	9,5	10,2	9,6	10,3	10,9	13,7	17,4
Chlorid	9,4	10,2	11,0	10,2	11,0	11,6	14,5	18,8	10,2	11,2	12,0	11,2	12,0	12,7	15,8	20,6

Tab. 13.20 Fortsetzung

KM_{Adult}, kg	400								450							
Alter, $Monat_{Ende}$	3	4	5	6	12	18	24	36	3	4	5	6	12	18	24	36
$KM_{aktuell}$, kg	119	137	153	167	232	273	302	337	134	154	172	188	261	308	340	380
Zunahme, g/Tag	632	557	498	451	278	187	132	70	711	626	561	507	313	210	148	79
Spurenelemente																
Kupfer	36	40	43	47	59	59	59	79	39	44	47	51	65	65	65	86
Zink	162	180	196	209	267	267	267	354	177	197	214	229	292	292	292	387
Eisen	180	200	217	233	297	297	297	394	196	218	237	254	324	324	324	430
Mangan	162	180	196	209	267	267	267	354	177	197	214	229	292	292	292	387
Selen	0,54	0,60	0,65	0,70	0,89	0,89	0,89	1,18	0,59	0,66	0,71	0,76	0,97	0,97	0,97	1,29
Jod	0,54	0,60	0,65	0,70	0,89	0,89	0,89	1,18	0,59	0,66	0,71	0,76	0,97	0,97	0,97	1,29
Vitamine																
Vit. A, IE/Tag	10790	12000	13040	13950	17810	17810	17810	23620	11780	13110	14240	15240	19450	19450	19450	25800
Vit. D, IE/Tag	3960	4400	3910	3720	4160	4160	4160	3940	4320	4810	4270	4060	4540	4540	4540	4300
Vit. E, IE/Tag	360	400	435	465	594	594	594	787	393	437	475	508	648	648	648	860
Vit. B_1, mg/Tag	11	12	13	14	18	18	18	24	12	13	14	15	20	20	20	26
Vit. B_2, mg/Tag	7	8	9	9	12	12	12	16	8	9	10	10	13	13	13	17

[1] erwarteter Anteil der Stutenmilch an der abgeleiteten Energieaufnahme [2]Erhaltungsbedarf/Tag an ME: 0,52 MJ/kg $KM^{0,75}$

▶ **Tab. 13.21** Empfehlungen für die Versorgung von Pferden mit umsetzbarer Energie (MJ/Tag), präzäkal verdaulichem Rohprotein, präzäkal verdaulichen Aminosäuren, Mengenelementen (g/Tag), Spurenelementen (mg/Tag) und Vitaminen: Erhaltungsstoffwechsel + Wachstum: Warmblut, Vollblut (Tab. basiert auf Daten der GfE 2014).

KM_{Adult}, kg	450								500							
Alter, $Monat_{Ende}$	3	4	5	6	12	18	24	36	3	4	5	6	12	18	24	36
$KM_{aktuell}$, kg	126	148	167	185	267	321	356	398	142	166	188	208	300	361	401	448
Zunahme, g/Tag	738	669	612	562	357	237	161	77	830	753	688	632	402	267	181	87
ME a. Milch, rel.[1)]	0,80	0,65	0,52	0,44	–	–	–	–	0,80	0,65	0,52	0,44	–	–	–	–
ME																
• Warmblut[2)]	32	35	37	39	47	53	58	60	35	38	41	43	51	57	62	65
• Vollblut[3)]	38	42	44	47	57	64	70	74	41	45	48	51	62	70	76	80
Präzäkal verdauliche/s Rohprotein und Aminosäuren																
pcvRp	359	352	347	344	330	324	320	317	395	387	382	377	361	353	348	343
Lysin	20,2	19,4	18,8	17,3	13,6	11,7	12,3	13,7	22,3	21,4	20,7	19,0	15,0	12,8	13,4	14,9
Methionin + Cystin	12,9	12,8	12,8	11,7	10,1	9,4	10,7	13,0	14,2	14,1	14,0	12,8	11,1	10,2	11,6	14,1
Threonin	14,3	14,1	14,0	12,8	10,8	9,8	11,0	13,1	15,8	15,5	15,3	14,0	11,8	10,7	12,0	14,2
Mengenelemente																
Kalzium	18,7	19,5	20,4	20,8	26,2	23,1	21,2	19,1	20,7	21,5	22,5	22,9	28,7	25,3	23,1	20,8
Phosphor	9,6	10,2	10,9	11,3	16,8	14,8	13,6	12,3	10,6	11,3	12,1	12,5	18,5	16,2	14,9	13,3
Magnesium	1,5	1,8	2,1	2,3	4,2	4,7	4,9	5,3	1,7	1,9	2,2	2,5	4,6	5,0	5,3	5,7
Minimalbedarf für Elektrolyte																
Natrium	2,4	2,5	2,5	2,6	2,9	2,9	2,9	2,9	2,6	2,7	2,8	2,8	3,2	3,2	3,1	3,1
Kalium	6,8	7,5	8,0	8,5	11,0	12,1	12,9	13,7	7,5	8,1	8,7	9,3	11,9	13,1	13,9	14,8
Chlorid	1,7	1,6	1,6	1,6	1,6	1,6	1,5	1,5	1,8	1,8	1,8	1,8	1,7	1,7	1,7	1,7

▸ **Tab. 13.21** Fortsetzung

KM_{Adult}, kg	450								500							
Alter, $Monat_{Ende}$	**3**	**4**	**5**	**6**	**12**	**18**	**24**	**36**	**3**	**4**	**5**	**6**	**12**	**18**	**24**	**36**
$KM_{aktuell}$, kg	**126**	**148**	**167**	**185**	**267**	**321**	**356**	**398**	**142**	**166**	**188**	**208**	**300**	**361**	**401**	**448**
Zunahme, g/Tag	**738**	**669**	**612**	**562**	**357**	**237**	**161**	**77**	**830**	**753**	**688**	**632**	**402**	**267**	**181**	**87**
Elektrolyte; Empfehlung bei Anrechnung basaler Schweißmenge (0,04 l/kg $KM^{0,75}$ je Tag)																
Natrium	7,4	8,3	9,3	8,8	9,4	10,0	12,8	16,1	8,0	9,1	10,1	9,5	10,3	10,9	13,8	17,4
Kalium	9,3	10,2	11,1	10,3	11,2	11,9	15,4	19,7	10,1	11,1	12,1	11,2	12,1	12,9	16,7	21,3
Chlorid	10,8	12,0	13,0	12,0	13,0	13,8	17,7	23,3	11,8	13,0	14,1	13,0	14,1	15,0	19,1	25,2
Spurenelemente																
Kupfer	41	46	51	55	72	72	72	97	45	50	55	59	78	78	78	105
Zink	185	208	229	247	325	325	325	438	201	226	248	267	351	351	351	474
Eisen	206	232	254	274	361	361	361	487	223	251	275	297	390	390	390	527
Mangan	185	208	229	247	325	325	325	438	201	226	248	267	351	351	351	474
Selen	0,6	0,7	0,8	0,8	1,1	1,1	1,1	1,5	0,7	0,8	0,8	0,9	1,2	1,2	1,2	1,6
Jod	0,6	0,7	0,8	0,8	1,1	1,1	1,1	1,5	0,7	0,8	0,8	0,9	1,2	1,2	1,2	1,6
Vitamine																
Vit. A, IE/Tag	12358	13898	15251	16457	21648	21648	21648	29194	13374	15040	16505	17810	23428	23428	23428	31594
Vit. D, IE/Tag	4531	5096	4575	4389	5051	5051	5051	4866	4904	5515	4952	4749	5467	5467	5467	5266
Vit. E, IE/Tag	412	463	508	549	722	722	722	973	446	501	550	594	781	781	781	1053
Vit. B_1, mg/Tag	12	14	15	16	22	22	22	29	13	15	17	18	23	23	23	32
Vit. B_2, mg/Tag	8	9	10	11	14	14	14	19	9	10	11	12	16	16	16	21

[1] erwarteter Anteil der Stutenmilch an der abgeleiteten Energieaufnahme
[2–3] Erhaltungsbedarf/Tag an ME: [2] 0,598 [3] 0,736 MJ/kg $KM^{0,75}$

▸ **Tab. 13.22** Empfehlungen für die Versorgung von Pferden mit umsetzbarer Energie (MJ/Tag), präzäkal verdaulichem Rohprotein, präzäkal verdaulichen Aminosäuren, Mengenelementen (g/Tag), Spurenelementen (mg/Tag) und Vitaminen: Erhaltungsstoffwechsel + Wachstum: Warm- und Vollblut (Tab. basiert auf Daten der GfE 2014).

KM_{Adult}, kg	550								600							
Alter, $Monat_{Ende}$	**3**	**4**	**5**	**6**	**12**	**18**	**24**	**36**	**3**	**4**	**5**	**6**	**12**	**18**	**24**	**36**
$KM_{aktuell}$, kg	**174**	**203**	**230**	**255**	**367**	**441**	**490**	**547**	**190**	**222**	**251**	**278**	**401**	**481**	**534**	**597**
Zunahme, g/Tag	**1015**	**920**	**841**	**772**	**491**	**326**	**222**	**106**	**1107**	**1004**	**917**	**843**	**536**	**356**	**424**	**116**
ME a. Milch, rel.[1)]	0,80	0,65	0,52	0,44	0,00	0,00	0,00	0,00	0,80	0,65	0,52	0,44	0,00	0,00	0,00	0,00
ME																
• Warmblut[2)]	38	41	44	46	55	62	67	70	41	44	47	49	59	66	72	75
• Vollblut[3)]	45	49	52	55	67	75	82	86	48	52	56	59	71	80	87	92
Präzäkal verdauliche/s Rohprotein und Aminosäuren																
pcvRp	431	422	416	410	391	381	375	370	467	457	449	443	420	409	402	395
Lysin	24,4	23,4	22,6	20,7	16,3	13,9	14,5	16,1	26,5	25,4	24,5	22,5	17,6	15,0	15,6	17,2
Methionin + Cystin	15,5	15,3	15,3	14,0	12,0	11,0	12,6	15,1	16,7	16,6	16,5	15,1	12,9	11,8	13,5	16,2
Threonin	17,2	16,9	16,7	15,3	12,8	11,6	12,9	15,3	18,6	18,3	18,0	16,5	13,8	12,4	13,9	16,4
Mengenelemente																
Kalzium	22,7	23,6	24,6	25,0	31,3	27,4	25,0	22,4	24,7	25,6	26,7	27,1	33,8	29,5	26,9	24,0
Phosphor	11,6	12,3	13,2	13,6	20,1	17,6	16,1	14,4	12,6	13,4	14,3	14,8	21,7	19,0	17,3	15,4
Magnesium	1,8	2,1	2,4	2,7	4,9	5,4	5,8	6,1	1,9	2,2	2,6	2,9	5,3	5,8	6,1	6,5
Minimalbedarf für Elektrolyte																
Natrium	2,9	2,9	3,0	3,1	3,5	3,4	3,4	3,3	3,1	3,2	3,3	3,3	3,7	3,7	3,6	3,6
Kalium	8,1	8,8	9,4	10,0	12,8	14,1	15,0	16,0	8,6	9,4	10,1	10,7	13,7	15,1	16,0	17,0
Chlorid	2,0	2,0	1,9	1,9	1,9	1,8	1,8	1,8	2,2	2,1	2,1	2,1	2,0	2,0	1,9	1,9

▸ **Tab. 13.22** Fortsetzung

KM_{Adult}, kg	**550**								**600**							
Alter, $Monat_{Ende}$	**3**	**4**	**5**	**6**	**12**	**18**	**24**	**36**	**3**	**4**	**5**	**6**	**12**	**18**	**24**	**36**
$KM_{aktuell}$, kg	**174**	**203**	**230**	**255**	**367**	**441**	**490**	**547**	**190**	**222**	**251**	**278**	**401**	**481**	**534**	**597**
Zunahme, g/Tag	**1015**	**920**	**841**	**772**	**491**	**326**	**222**	**106**	**1107**	**1004**	**917**	**843**	**536**	**356**	**424**	**116**
Elektrolyte; Empfehlung bei Anrechnung basaler Schweißmenge (0,04 l/kg $KM^{0,75}$ je Tag)																
Natrium	8,7	9,8	10,9	10,3	11,1	11,7	14,9	18,7	9,3	10,5	11,6	11,0	11,8	12,6	15,9	20,0
Kalium	10,9	12,0	13,0	12,1	13,1	13,9	18,0	22,9	11,7	12,9	14,0	13,0	14,0	14,9	19,2	24,5
Chlorid	12,7	14,0	15,1	14,0	15,1	16,1	20,6	27,0	13,6	14,9	16,2	14,9	16,2	17,3	22,0	28,9
Spurenelemente																
Kupfer	48	54	59	64	84	84	84	113	51	57	63	68	90	90	90	121
Zink	215	242	266	287	377	377	377	509	230	259	284	306	403	403	403	543
Eisen	239	269	295	319	419	419	419	566	256	287	315	340	448	448	448	604
Mangan	215	242	266	287	377	377	377	509	230	259	284	306	403	403	403	543
Selen	0,7	0,8	0,9	1,0	1,3	1,3	1,3	1,7	0,8	0,9	0,9	1,0	1,3	1,3	1,3	1,8
Jod	0,7	0,8	0,9	1,0	1,3	1,3	1,3	1,7	0,8	0,9	0,9	1,0	1,3	1,3	1,3	1,8
Vitamine																
Vit. A, IE/Tag	14366	16155	17728	19130	25164	25164	25164	33935	15334	17244	18924	20420	26861	26861	26861	36224
Vit. D, IE/Tag	5267	5923	5319	5101	5872	5872	5872	5656	5623	6323	5677	5445	6268	6268	6268	6037
Vit. E, IE/Tag	479	538	591	638	839	839	839	1131	511	575	631	681	895	895	895	1207
Vit. B_1, mg/Tag	14	16	18	19	25	25	25	34	15	17	19	20	27	27	27	36
Vit. B_2, mg/Tag	10	11	12	13	17	17	17	23	10	11	13	14	18	18	18	24

1) erwarteter Anteil der Stutenmilch an der abgeleiteten Energieaufnahme
2–3) Erhaltungsbedarf/Tag an ME: 2) 0,598, 3) 0,736 MJ/kg $KM^{0,75}$

▶ **Tab. 13.23** Empfehlungen für die Versorgung von Pferden mit umsetzbarer Energie (MJ/Tag), präzäkal verdaulichem Rohprotein, präzäkal verdaulichen Aminosäuren, Mengenelementen (g/Tag), Spurenelementen (mg/Tag) und Vitaminen: Erhaltungsstoffwechsel + Wachstum: Warm-, Voll- und Kaltblut (Tab. basiert auf Daten der GfE 2014).

KM_{Adult}, kg	Warmblut, Vollblut, 650								Kaltblut, 650							
Alter, $Monat_{Ende}$	**3**	**4**	**5**	**6**	**12**	**18**	**24**	**36**	**3**	**4**	**5**	**6**	**12**	**18**	**24**	**36**
$KM_{aktuell}$, kg	**190**	**222**	**251**	**278**	**401**	**481**	**534**	**597**	**206**	**240**	**272**	**301**	**434**	**521**	**579**	**647**
Zunahme, g/Tag	**1107**	**1004**	**917**	**843**	**536**	**356**	**242**	**116**	**1199**	**1088**	**994**	**913**	**580**	**385**	**262**	**126**
ME a. Milch, rel.[1)]	0,80	0,65	0,52	0,44	0,00	0,00	0,00	0,00	0,80	0,65	0,52	0,44	0,00	0,00	0,00	0,00
ME																
• Warmblut[2)]	44	47	50	52	63	70	76	80	–	–	–	–	–	–	–	–
• Vollblut[3)]	51	56	59	62	76	85	93	97	–	–	–	–	–	–	–	–
• Kaltblut	–	–	–	–	–	–	–	–	36	39	41	42	49	54	59	61
Präzäkal verdauliche/s Rohprotein und Aminosäuren																
pcvRp	503	491	483	476	450	436	428	420	446	429	417	408	384	376	373	372
Lysin	28,5	27,4	26,4	24,2	18,9	16,0	16,6	18,3	25,1	23,6	22,5	20,5	16,0	13,9	14,6	16,2
Methionin + Cystin	18,0	17,8	17,7	16,2	13,8	12,6	14,3	17,2	16,1	15,7	15,4	14,0	12,0	11,2	12,7	15,2
Threonin	20,0	19,6	19,4	17,7	14,8	13,3	14,8	17,4	17,8	17,2	16,8	15,3	12,8	11,7	13,0	15,4
Mengenelemente																
Kalzium	26,6	27,6	28,8	29,2	36,3	31,6	28,7	25,6	23,2	23,6	24,3	24,4	30,1	26,7	24,8	22,7
Phosphor	13,6	14,4	15,4	15,9	23,3	20,3	18,5	16,4	11,9	12,3	13,0	13,3	19,4	17,2	15,9	14,6
Magnesium	2,0	2,4	2,8	3,1	5,6	6,2	6,5	7,0	1,9	2,2	2,5	2,8	5,0	5,4	5,8	6,1
Minimalbedarf für Elektrolyte																
Natrium	3,3	3,4	3,5	3,6	4,0	3,9	3,8	3,8	3,0	3,0	3,0	3,1	3,4	3,4	3,4	3,4
Kalium	9,2	10,0	10,8	11,4	14,6	16,0	17,0	18,1	8,6	9,2	9,8	10,3	12,9	14,1	15,0	16,0
Chlorid	2,3	2,3	2,2	2,2	2,1	2,1	2,1	2,0	2,1	2,0	1,9	1,9	1,8	1,8	1,8	1,8

▶ **Tab. 13.23** Fortsetzung

KM_{Adult}, kg	Warmblut, Vollblut, 650								Kaltblut, 650							
Alter, $Monat_{Ende}$	**3**	**4**	**5**	**6**	**12**	**18**	**24**	**36**	**3**	**4**	**5**	**6**	**12**	**18**	**24**	**36**
$KM_{aktuell}$, kg	**190**	**222**	**251**	**278**	**401**	**481**	**534**	**597**	**206**	**240**	**272**	**301**	**434**	**521**	**579**	**647**
Zunahme, g/Tag	**1107**	**1004**	**917**	**843**	**536**	**356**	**242**	**116**	**1199**	**1088**	**994**	**913**	**580**	**385**	**262**	**126**
Elektrolyte; Empfehlung bei Anrechnung basaler Schweißmenge (0,04 l/kg $KM^{0,75}$ je Tag)																
Natrium	9,9	11,2	12,4	11,7	12,6	13,4	16,9	21,2	9,2	10,3	11,3	10,8	11,5	12,2	15,0	18,8
Kalium	12,4	13,7	14,9	13,8	14,9	15,9	20,4	26,0	11,6	12,7	13,6	12,8	13,7	14,5	18,2	23,0
Chlorid	14,4	15,9	17,2	15,9	17,2	18,3	23,4	30,7	13,6	14,8	15,9	14,8	15,9	16,9	20,9	27,1
Spurenelemente																
Kupfer	54	61	67	72	95	95	95	128	52	58	63	67	85	85	85	113
Zink	244	275	301	325	428	428	428	577	233	259	281	301	384	384	384	510
Eisen	271	305	335	361	475	475	475	641	259	288	313	335	427	427	427	567
Mangan	244	275	301	325	428	428	428	577	233	259	281	301	384	384	384	510
Selen	0,8	0,9	1,0	1,1	1,4	1,4	1,4	1,9	0,78	0,86	0,94	1,00	1,28	1,28	1,28	1,70
Jod	0,8	0,9	1,0	1,1	1,4	1,4	1,4	1,9	0,78	0,86	0,94	1,00	1,28	1,28	1,28	1,70
Vitamine																
Vit. A, IE/Tag	16283	18311	20095	21684	28523	28523	28523	38465	15530	17270	18770	20080	25630	25630	25630	34000
Vit. D, IE/Tag	5970	6714	6028	5782	6655	6655	6655	6411	5690	6330	5630	5360	5980	5980	5980	5670
Vit. E, IE/Tag	543	610	670	723	951	951	951	1282	518	576	626	669	854	854	854	1133
Vit. B_1, mg/Tag	16	18	20	22	29	29	29	38	16	17	19	20	26	26	26	34
Vit. B_2, mg/Tag	11	12	13	14	19	19	19	26	10	12	13	13	17	17	17	23

1) erwarteter Anteil der Stutenmilch an der abgeleiteten Energieaufnahme
2–3) Erhaltungsbedarf/Tag an ME: 2) 0,598 3) 0,736 MJ/kg $KM^{0,75}$

▶ **Tab. 13.24** Empfehlungen für die Versorgung von Pferden mit umsetzbarer Energie (MJ/Tag), präzäkal verdaulichem Rohprotein, präzäkal verdaulichen Aminosäuren, Mengenelementen (g/Tag), Spurenelementen (mg/Tag) und Vitaminen: Erhaltungsstoffwechsel + Wachstum: Kaltblut (Tab. basiert auf Daten der GfE 2014).

KM_{Adult}, kg	**700**								**900**							
Alter, $Monat_{Ende}$	**3**	**4**	**5**	**6**	**12**	**18**	**24**	**36**	**3**	**4**	**5**	**6**	**12**	**18**	**24**	**36**
$KM_{aktuell}$, kg	**208**	**239**	**267**	**293**	**405**	**478**	**528**	**591**	**267**	**308**	**344**	**376**	**521**	**615**	**679**	**759**
Zunahme, g/Tag	**1106**	**974**	**872**	**789**	**486**	**327**	**231**	**123**	**1422**	**1253**	**1121**	**1015**	**625**	**421**	**297**	**158**
ME a. Milch, rel.[1)]	0,80	0,65	0,52	0,44	–	–	–	–	0,80	0,65	0,52	0,44	–	–	–	–
ME[2)]	39	41	43	45	52	57	62	65	47	51	53	54	63	70	75	78
Präzäkal verdauliche/s Rohprotein und Aminosäuren																
pcvRp	477	459	445	436	409	400	396	394	601	575	557	544	504	490	483	479
Lysin	26,9	25,3	24,1	21,9	17,1	14,8	15,5	17,2	34,0	31,9	30,3	27,6	21,3	18,3	19,0	20,9
Methionin + Cystin	17,2	16,7	16,4	15,0	12,8	11,9	13,4	16,1	21,6	20,9	20,5	18,7	15,8	14,6	16,4	19,6
Threonin	19,1	18,4	17,9	16,3	13,6	12,5	13,8	16,3	24,0	23,0	22,4	20,4	16,9	15,3	16,9	19,8
Mengenelemente																
Kalzium	24,9	25,3	26,0	26,2	32,1	28,5	26,3	24,1	31,7	32,1	32,9	33,0	40,2	35,3	32,4	29,4
Phosphor	12,8	13,2	13,9	14,3	20,7	18,3	16,9	15,5	16,2	16,8	17,6	18,0	25,8	22,7	20,8	18,9
Magnesium	2,0	2,3	2,7	2,9	5,2	5,7	6,1	6,5	2,5	2,9	3,3	3,6	6,4	7,0	7,4	7,9
Minimalbedarf für Elektrolyte																
Natrium	3,2	3,2	3,2	3,3	3,6	3,6	3,6	3,6	4,0	4,0	4,1	4,1	4,5	4,4	4,3	4,3
Kalium	9,1	9,8	10,4	10,9	13,7	15,0	15,8	16,9	11,2	12,0	12,7	13,4	16,6	18,1	19,2	20,5
Chlorid	2,2	2,1	2,1	2,0	1,9	1,9	1,9	1,9	2,8	2,7	2,6	2,5	2,4	2,4	2,3	2,3
Elektrolyte; Empfehlung bei Anrechnung basaler Schweißmenge (0,04 l/kg $KM^{0,75}$ je Tag)																
Natrium	9,8	10,9	12,0	11,5	12,2	12,9	15,9	19,9	12,0	13,3	14,6	14,0	14,9	15,7	19,3	24,0
Kalium	12,3	13,4	14,4	13,5	14,5	15,3	19,3	24,3	15,0	16,4	17,6	16,5	17,6	18,6	23,3	29,4
Chlorid	14,4	15,7	16,8	15,7	16,8	17,8	22,1	28,7	17,5	19,1	20,4	19,1	20,4	21,6	26,7	34,6

▶ Tab. 13.24 Fortsetzung

KM_{Adult}, kg	**700**								**900**							
Alter, $Monat_{Ende}$	**3**	**4**	**5**	**6**	**12**	**18**	**24**	**36**	**3**	**4**	**5**	**6**	**12**	**18**	**24**	**36**
$KM_{aktuell}$, kg	**208**	**239**	**267**	**293**	**405**	**478**	**528**	**591**	**267**	**308**	**344**	**376**	**521**	**615**	**679**	**759**
Zunahme, g/Tag	**1106**	**974**	**872**	**789**	**486**	**327**	**231**	**123**	**1422**	**1253**	**1121**	**1015**	**625**	**421**	**297**	**158**
Spurenelemente																
Kupfer	55	61	66	71	90	90	90	120	66	73	80	85	109	109	109	145
Zink	246	274	298	318	406	406	406	539	297	331	359	385	491	491	491	651
Eisen	274	304	331	354	452	452	452	599	330	367	399	427	545	545	545	723
Mangan	246	274	298	318	406	406	406	539	297	331	359	385	491	491	491	651
Selen	0,82	0,91	0,99	1,06	1,35	1,35	1,35	1,80	0,99	1,10	1,20	1,28	1,64	1,64	1,64	2,17
Jod	0,82	0,91	0,99	1,06	1,35	1,35	1,35	1,80	0,99	1,10	1,20	1,28	1,64	1,64	1,64	2,17
Vitamine																
Vit. A, IE/Tag	16410	18250	19840	21230	27100	27100	27100	35940	19820	22040	23950	25630	32720	32720	32720	43390
Vit. D, IE/Tag	6020	6690	5950	5660	6320	6320	6320	5990	7270	8080	7190	6840	7630	7630	7630	7230
Vit. E, IE/Tag	547	609	661	708	903	903	903	1198	661	735	799	855	1091	1091	1091	1447
Vit. B_1, mg/Tag	16	18	20	21	27	27	27	36	20	22	24	26	33	33	33	43
Vit. B_2, mg/Tag	11	12	13	14	18	18	18	24	13	15	16	17	22	22	22	29

1) erwarteter Anteil der Stutenmilch an der abgeleiteten Energieaufnahme
2) Erhaltungsbedarf/Tag an ME: 0,518 MJ/kg $KM^{0,75}$

13.2.5 Erhaltungsstoffwechsel + Arbeit

▶ **Tab. 13.25** Empfehlungen für die Versorgung von Pferden mit umsetzbarer Energie (MJ/Tag), präzäkal verdaulichem Rohprotein, präzäkal verdaulichen Aminosäuren, Mengenelementen (g/Tag), Spurenelementen (mg/Tag) und Vitaminen: Erhaltungsstoffwechsel + Arbeit: Pony, Haflinger (Tab. basiert auf Daten der GfE 2014).

KM, kg	**Pony, 300**					**Haflinger, 350**				
Charakter der Arbeit	**leicht**	**mittel**	**anspruchsvoll**	**schwer**	**sehr schwer**	**leicht**	**mittel**	**anspruchsvoll**	**schwer**	**sehr schwer**
Energiebedarf relativ zum Erhaltungsbedarf (= 1)										
–	**1,25**	**1,5**	**1,75**	**2,0**	**2,5**	**1,25**	**1,5**	**1,75**	**2,0**	**2,5**
$Schweiß_{Arbeit}$, L[1])	**2**	**3**	**5**	**6**	**9**	**2**	**4**	**6**	**8**	**12**
ME[2)]	36	43	50	58	72	46	55	64	73	91
Minimalbedarf f. Elektrolyte										
Natrium	8	14	21	27	40	10	18	26	34	50
Kalium	13	15	18	20	25	14	18	21	24	31
Chlorid	10	19	27	36	54	12	23	34	45	67
Versorgungsempfehlung bei Ansatz basaler Schweißbildung von 0,04 l/kg $KM^{0,75}$ je Tag										
$Schweiß_{basal}$, l/Tag	3					3				
Natrium	20	26	32	39	51	23	31	39	47	63
Kalium	18	21	24	26	31	21	24	27	31	37
Chlorid	32	40	49	58	75	37	48	59	70	92
Präzäkal verdauliche/s Rohprotein und Aminosäuren										
pcvRp	216					243				
Lysin	9,0					10,1				
Methionin + Cystin	6,2					7,0				
Threonin	11,2					12,5				
Mengenelemente										
Kalzium	12					13				
Phosphor	8					9				
Magnesium	4					4				

▶ **Tab. 13.25** Fortsetzung

KM, kg	Pony, 300					Haflinger, 350				
Charakter der Arbeit	**leicht**	**mittel**	**anspruchsvoll**	**schwer**	**sehr schwer**	**leicht**	**mittel**	**anspruchsvoll**	**schwer**	**sehr schwer**
Energiebedarf relativ zum Erhaltungsbedarf (= 1)										
–	**1,25**	**1,5**	**1,75**	**2,0**	**2,5**	**1,25**	**1,5**	**1,75**	**2,0**	**2,5**
Schweiß$_{Arbeit}$, L[1]	**2**	**3**	**5**	**6**	**9**	**2**	**4**	**6**	**8**	**12**
Spurenelemente										
Kupfer	72					81				
Zink	288					324				
Eisen	288					324				
Mangan	288					324				
Selen	0,72					0,81				
Jod	1,08					1,21				
Vitamine										
Vit. A, IE/Tag	11000					12000				
Vit. D, IE/Tag	6					6				
Vit. E, IE/Tag	360					400				
Vit. B_1, mg/Tag	20					20				
Vit. B_2, mg/Tag	10					20				

[1] anhand des Leistungsbedarfs an ME abgeleitete Schweißmengen; diese können erheblich von den tatsächlichen abweichen
[2] Erhaltungsbedarf Pony 0,4, Haflinger 0,45 MJ ME/kg $KM^{0,75}$ je Tag

▶ **Tab. 13.26** Empfehlungen für die Versorgung von Pferden mit umsetzbarer Energie (MJ/Tag), präzäkal verdaulichem Rohprotein, präzäkal verdaulichen Aminosäuren, Mengenelementen (g/Tag), Spurenelementen (mg/Tag) und Vitaminen: Erhaltungsstoffwechsel + Arbeit: Haflinger (Tab. basiert auf Daten der GfE 2014).

KM, kg	**400**					**450**				
Charakter der Arbeit	**leicht**	**mittel**	**anspruchsvoll**	**schwer**	**sehr schwer**	**leicht**	**mittel**	**anspruchsvoll**	**schwer**	**sehr schwer**
Energiebedarf relativ zum Erhaltungsbedarf (= 1)										
–	**1,25**	**1,5**	**1,75**	**2,0**	**2,5**	**1,25**	**1,5**	**1,75**	**2,0**	**2,5**
Schweiß$_{Arbeit}$, L[1]	**2**	**4**	**7**	**9**	**13**	**2**	**5**	**7**	**10**	**14**
ME[2]	50	60	70	80	101	55	66	77	88	110
Minimalbedarf f. Elektrolyte										
Natrium	11	20	29	37	55	12	22	31	41	60
Kalium	16	20	23	27	34	17	21	25	29	37
Chlorid	14	26	38	50	75	15	28	41	55	81
Versorgungsempfehlung bei Ansatz basaler Schweißbildung von 0,04 l/kg KM^{0,75} je Tag										
Schweiß$_{basal}$, L/Tag	4					4				
Natrium	25	34	43	52	69	28	37	47	57	76
Kalium	23	27	30	34	41	25	29	33	37	45
Chlorid	41	53	65	77	102	44	58	71	84	111
Präzäkal verdauliche/s Rohprotein und Aminosäuren										
pcvRp	268					293				
Lysin	11,2					12,2				
Methionin + Cystin	7,7					8,4				
Threonin	13,9					15,1				
Mengenelemente										
Kalzium	15					16				
Phosphor	10					11				
Magnesium	5					5				

▶ **Tab. 13.26** Fortsetzung

KM, kg	**400**					**450**				
Charakter der Arbeit	**leicht**	**mittel**	**anspruchsvoll**	**schwer**	**sehr schwer**	**leicht**	**mittel**	**anspruchsvoll**	**schwer**	**sehr schwer**
Energiebedarf relativ zum Erhaltungsbedarf (= 1)										
–	**1,25**	**1,5**	**1,75**	**2,0**	**2,5**	**1,25**	**1,5**	**1,75**	**2,0**	**2,5**
Schweiß$_{Arbeit}$, L[1]	**2**	**4**	**7**	**9**	**13**	**2**	**5**	**7**	**10**	**14**
Spurenelemente										
Kupfer	89					98				
Zink	358					391				
Eisen	358					391				
Mangan	358					391				
Selen	0,89					0,98				
Jod	1,34					1,47				
Vitamine										
Vit. A, IE/Tag	13000					15000				
Vit. D, IE/Tag	6					6				
Vit. E, IE/Tag	450					490				
Vit. B_1, mg/Tag	30					30				
Vit. B_2, mg/Tag	20					20				

[1] anhand des Leistungsbedarfs an ME abgeleitete Schweißmengen; diese können erheblich von den tatsächlichen abweichen
[2] Erhaltungsbedarf 0,45 MJ ME/kg $KM^{0,75}$ je Tag

▸ **Tab. 13.27** Empfehlungen für die Versorgung von Pferden mit umsetzbarer Energie (MJ/Tag), präzäkal verdaulichem Rohprotein, präzäkal verdaulichen Aminosäuren, Mengenelementen (g/Tag), Spurenelementen (mg/Tag) und Vitaminen: Erhaltungsstoffwechsel + Arbeit: Warmblut (Tab. basiert auf Daten der GfE 2014).

KM, kg	**450**					**500**				
Charakter der Arbeit	**leicht**	**mittel**	**anspruchsvoll**	**schwer**	**sehr schwer**	**leicht**	**mittel**	**anspruchsvoll**	**schwer**	**sehr schwer**
Energiebedarf relativ zum Erhaltungsbedarf (= 1)										
–	**1,25**	**1,5**	**1,75**	**2,0**	**2,5**	**1,25**	**1,5**	**1,75**	**2,0**	**2,5**
Schweiß$_{Arbeit}$, L[1)]	**3**	**6**	**8**	**11**	**17**	**3**	**6**	**9**	**12**	**18**
ME[2)]	64	76	89	102	127	69	82	96	110	137
Minimalbedarf f. Elektrolyte										
Natrium	14	25	36	47	69	15	27	39	51	75
Kalium	18	23	27	32	41	20	25	29	34	44
Chlorid	17	32	48	63	94	18	35	52	68	102
Versorgungsempfehlung bei Ansatz basaler Schweißbildung von 0,04 l/kg KM^{0,75} je Tag										
Schweiß$_{basal}$, L/Tag	4					4				
Natrium	29	40	51	62	85	32	44	56	68	92
Kalium	26	30	35	40	49	28	33	38	43	53
Chlorid	46	62	77	93	123	50	67	84	100	134
Präzäkal verdauliche/s Rohprotein und Aminosäuren										
pcvRp	293					317				
Lysin	12,2					13,2				
Methionin + Cystin	8,4					9,1				
Threonin	15,1					16,4				
Mengenelemente										
Kalzium	16					17				
Phosphor	11					12				
Magnesium	5					6				

▶ **Tab. 13.27** Fortsetzung

KM, kg	450					500				
Charakter der Arbeit	**leicht**	**mittel**	**anspruchsvoll**	**schwer**	**sehr schwer**	**leicht**	**mittel**	**anspruchsvoll**	**schwer**	**sehr schwer**
Energiebedarf relativ zum Erhaltungsbedarf (= 1)										
–	1,25	1,5	1,75	2,0	2,5	1,25	1,5	1,75	2,0	2,5
$Schweiß_{Arbeit}$, L[1]	3	6	8	11	17	3	6	9	12	18
Spurenelemente										
Kupfer	98					106				
Zink	391					423				
Eisen	391					423				
Mangan	391					423				
Selen	0,98					1,06				
Jod	1,47					1,59				
Vitamine										
Vit. A, IE/Tag	15000					16000				
Vit. D, IE/Tag	6					6				
Vit. E, IE/Tag	490					530				
Vit. B_1, mg/Tag	30					30				
Vit. B_2, mg/Tag	20					20				

[1] anhand des Leistungsbedarfs an ME abgeleitete Schweißmengen; diese können erheblich von den tatsächlichen abweichen
[2] Erhaltungsbedarf 0,52 MJ ME/kg $KM^{0,75}$ je Tag

▸ **Tab. 13.28** Empfehlungen für die Versorgung von Pferden mit umsetzbarer Energie (MJ/Tag), präzäkal verdaulichem Rohprotein, präzäkal verdaulichen Aminosäuren, Mengenelementen (g/Tag), Spurenelementen (mg/Tag) und Vitaminen: Erhaltungsstoffwechsel + Arbeit: Warmblut (Tab. basiert auf Daten der GfE 2014).

KM, kg	550					600				
Charakter der Arbeit	**leicht**	**mittel**	**anspruchsvoll**	**schwer**	**sehr schwer**	**leicht**	**mittel**	**anspruchsvoll**	**schwer**	**sehr schwer**
Energiebedarf relativ zum Erhaltungsbedarf (= 1)										
–	**1,25**	**1,5**	**1,75**	**2,0**	**2,5**	**1,25**	**1,5**	**1,75**	**2,0**	**2,5**
$Schweiß_{Arbeit}$, L[1)]	**3**	**6**	**10**	**13**	**19**	**3**	**7**	**10**	**14**	**21**
ME[2)]	74	89	103	118	148	79	95	110	126	158
Minimalbedarf f. Elektrolyte										
Natrium	16	29	42	54	80	17	31	44	58	86
Kalium	21	26	32	37	47	22	28	34	39	51
Chlorid	20	37	55	73	109	21	40	59	78	116
Versorgungsempfehlung bei Ansatz basaler Schweißbildung von 0,04 l/kg $KM^{0,75}$ je Tag										
$Schweiß_{basal}$, L/Tag	4					5				
Natrium	34	47	60	73	98	36	50	64	78	105
Kalium	30	35	41	46	57	32	38	43	49	60
Chlorid	54	72	90	108	144	58	77	96	115	153
Präzäkal verdauliche/s Rohprotein und Aminosäuren										
pcvRp	341					364				
Lysin	14,2					15,2				
Methionin + Cystin	9,8					10,4				
Threonin	17,6					18,8				
Mengenelemente										
Kalzium	19					20				
Phosphor	13					14				
Magnesium	6					6				

▶ **Tab. 13.28** Fortsetzung

KM, kg	**550**					**600**				
Charakter der Arbeit	**leicht**	**mittel**	**anspruchsvoll**	**schwer**	**sehr schwer**	**leicht**	**mittel**	**anspruchsvoll**	**schwer**	**sehr schwer**
Energiebedarf relativ zum Erhaltungsbedarf (= 1)										
–	**1,25**	**1,5**	**1,75**	**2,0**	**2,5**	**1,25**	**1,5**	**1,75**	**2,0**	**2,5**
Schweiß$_{Arbeit}$, L[1]	**3**	**6**	**10**	**13**	**19**	**3**	**7**	**10**	**14**	**21**
Spurenelemente										
Kupfer	114					121				
Zink	454					485				
Eisen	454					485				
Mangan	454					485				
Selen	1,14					1,21				
Jod	1,70					1,82				
Vitamine										
Vit. A, IE/Tag	17000					18000				
Vit. D, IE/Tag	6					6				
Vit. E, IE/Tag	570					610				
Vit. B_1, mg/Tag	30					40				
Vit. B_2, mg/Tag	20					20				

[1] anhand des Leistungsbedarfs an ME abgeleitete Schweißmengen; diese können erheblich von den tatsächlichen abweichen
[2] Erhaltungsbedarf 0,52 MJ ME/kg $KM^{0,75}$ je Tag

▶ **Tab. 13.29** Empfehlungen für die Versorgung von Pferden mit umsetzbarer Energie (MJ/Tag), präzäkal verdaulichem Rohprotein, präzäkal verdaulichen Aminosäuren, Mengenelementen (g/Tag), Spurenelementen (mg/Tag) und Vitaminen: Erhaltungsstoffwechsel + Arbeit: Warmblut, Vollblut (Tab. basiert auf Daten der GfE 2014).

KM, kg	**650, Warmblut**					**450, Vollblut**				
Charakter der Arbeit	**leicht**	**mittel**	**anspruchsvoll**	**schwer**	**sehr schwer**	**leicht**	**mittel**	**anspruchsvoll**	**schwer**	**sehr schwer**
Energiebedarf relativ zum Erhaltungsbedarf (= 1)										
–	**1,25**	**1,5**	**1,75**	**2,0**	**2,5**	**1,25**	**1,5**	**1,75**	**2,0**	**2,5**
Schweiß$_{Arbeit}$, L[1)]	**4**	**7**	**11**	**15**	**22**	**3**	**7**	**10**	**14**	**20**
ME[2)]	84	100	117	134	167	78	94	109	125	156
Minimalbedarf f. Elektrolyte										
Natrium	18	33	47	62	91	16	30	43	57	84
Kalium	24	30	36	42	54	19	25	30	36	47
Chlorid	22	42	63	83	124	20	39	58	77	115
Versorgungsempfehlung bei Ansatz basaler Schweißbildung von 0,04 l/kg KM^{0,75} je Tag										
Schweiß$_{basal}$, L/Tag	5					4				
Natrium	39	53	68	82	111	32	45	59	73	100
Kalium	34	40	46	52	64	27	33	38	44	55
Chlorid	61	81	102	122	163	50	69	88	107	145
Präzäkal verdauliche/s Rohprotein und Aminosäuren										
pcvRp	386					293				
Lysin	16,1					12,2				
Methionin + Cystin	11,1					8,4				
Threonin	20,0					15,1				
Mengenelemente										
Kalzium	21					16				
Phosphor	15					11				
Magnesium	7					5				

Tab. 13.29 Fortsetzung

KM, kg	650, Warmblut					450, Vollblut				
Charakter der Arbeit	leicht	mittel	anspruchsvoll	schwer	sehr schwer	leicht	mittel	anspruchsvoll	schwer	sehr schwer
Energiebedarf relativ zum Erhaltungsbedarf (=1)										
–	1,25	1,5	1,75	2,0	2,5	1,25	1,5	1,75	2,0	2,5
$Schweiß_{Arbeit}$, L[1]	4	7	11	15	22	3	7	10	14	20
Spurenelemente										
Kupfer	129					98				
Zink	515					391				
Eisen	515					391				
Mangan	515					391				
Selen	1,29					0,98				
Jod	1,93					1,47				
Vitamine										
Vit. A, IE/Tag	19000					15000				
Vit. D, IE/Tag	6					6				
Vit. E, IE/Tag	640					490				
Vit. B_1, mg/Tag	40					30				
Vit. B_2, mg/Tag	30					20				

[1] anhand des Leistungsbedarfs an ME abgeleitete Schweißmengen; diese können erheblich von den tatsächlichen abweichen
[2] Erhaltungsbedarf Warmblut 0,52, Vollblut 0,64 MJ ME/kg $KM^{0,75}$ je Tag

▶ **Tab. 13.30** Empfehlungen für die Versorgung von Pferden mit umsetzbarer Energie (MJ/Tag), präzäkal verdaulichem Rohprotein, präzäkal verdaulichen Aminosäuren, Mengenelementen (g/Tag), Spurenelementen (mg/Tag) und Vitaminen: Erhaltungsstoffwechsel + Arbeit: Vollblut (Tab. basiert auf Daten der GfE 2014).

KM, kg	500					550				
Charakter der Arbeit	leicht	mittel	anspruchsvoll	schwer	sehr schwer	leicht	mittel	anspruchsvoll	schwer	sehr schwer
Energiebedarf relativ zum Erhaltungsbedarf (= 1)										
–	1,25	1,5	1,75	2,0	2,5	1,25	1,5	1,75	2,0	2,5
$Schweiß_{Arbeit}$, L[1)]	4	7	11	15	22	4	8	12	16	24
ME[2)]	85	102	118	135	169	91	109	127	145	182
Minimalbedarf f. Elektrolyte										
Natrium	18	32	47	62	91	19	35	50	66	98
Kalium	21	27	33	39	51	22	29	35	42	55
Chlorid	22	43	63	84	125	24	46	68	90	134
Versorgungsempfehlung bei Ansatz basaler Schweißbildung von 0,04 l/kg $KM^{0,75}$ je Tag										
$Schweiß_{basal}$, L/Tag	4					5				
Natrium	34	49	64	79	108	37	53	69	84	116
Kalium	29	35	41	47	59	31	38	44	51	64
Chlorid	54	75	95	116	157	58	80	102	124	168
Präzäkal verdauliche/s Rohprotein und Aminosäuren										
pcvRp	317					341				
Lysin	13,2					14,2				
Methionin + Cystin	9,1					9,8				
Threonin	16,4					17,6				
Mengenelemente										
Kalzium	17					19				
Phosphor	12					13				
Magnesium	6					6				

Tab. 13.30 Fortsetzung

KM, kg	500					550				
Charakter der Arbeit	leicht	mittel	anspruchsvoll	schwer	sehr schwer	leicht	mittel	anspruchsvoll	schwer	sehr schwer
Energiebedarf relativ zum Erhaltungsbedarf (= 1)										
–	1,25	1,5	1,75	2,0	2,5	1,25	1,5	1,75	2,0	2,5
$Schweiß_{Arbeit}$, L[1]	4	7	11	15	22	4	8	12	16	24
Spurenelemente										
Kupfer	106					114				
Zink	423					454				
Eisen	423					454				
Mangan	423					454				
Selen	1,06					1,14				
Jod	1,59					1,70				
Vitamine										
Vit. A, IE/Tag	16000					17000				
Vit. D, IE/Tag	6					6				
Vit. E, IE/Tag	530					570				
Vit. B_1, mg/Tag	30					30				
Vit. B_2, mg/Tag	20					20				

[1] anhand des Leistungsbedarfs an ME abgeleitete Schweißmengen; diese können erheblich von den tatsächlichen abweichen
[2] Erhaltungsbedarf 0,64 MJ ME/kg $KM^{0,75}$ je Tag

▶ **Tab. 13.31** Empfehlungen für die Versorgung von Pferden mit umsetzbarer Energie (MJ/Tag), präzäkal verdaulichem Rohprotein, präzäkal verdaulichen Aminosäuren, Mengenelementen (g/Tag), Spurenelementen (mg/Tag) und Vitaminen: Erhaltungsstoffwechsel + Arbeit: Vollblut (Tab. basiert auf Daten der GfE 2014).

KM, kg	600					650				
Charakter der Arbeit	**leicht**	**mittel**	**anspruchsvoll**	**schwer**	**sehr schwer**	**leicht**	**mittel**	**anspruchsvoll**	**schwer**	**sehr schwer**
Energiebedarf relativ zum Erhaltungsbedarf (= 1)										
–	**1,25**	**1,5**	**1,75**	**2,0**	**2,5**	**1,25**	**1,5**	**1,75**	**2,0**	**2,5**
$Schweiß_{Arbeit}$, L[1]	**4**	**8**	**13**	**17**	**25**	**4**	**9**	**13**	**18**	**27**
ME[2]	97	116	136	155	194	103	124	144	165	206
Minimalbedarf f. Elektrolyte										
Natrium	20	37	54	71	104	21	39	57	75	111
Kalium	24	31	38	45	59	25	33	40	47	62
Chlorid	25	49	72	96	143	27	52	77	102	152
Versorgungsempfehlung bei Ansatz basaler Schweißbildung von 0,04 l/kg $KM^{0,75}$ je Tag										
$Schweiß_{basal}$, L/Tag	5					5				
Natrium	34	49	64	79	108	42	60	78	96	132
Kalium	29	35	41	47	59	36	43	50	58	72
Chlorid	54	75	95	116	157	66	91	116	141	191
Präzäkal verdauliche/s Rohprotein und Aminosäuren										
pcvRp	364					386				
Lysin	15,2					16,1				
Methionin + Cystin	10,4					11,1				
Threonin	18,8					20,0				
Mengenelemente										
Kalzium	20					21				
Phosphor	14					15				
Magnesium	6					7				

Tab. 13.31 Fortsetzung

KM, kg	600					650				
Charakter der Arbeit	**leicht**	**mittel**	**anspruchsvoll**	**schwer**	**sehr schwer**	**leicht**	**mittel**	**anspruchsvoll**	**schwer**	**sehr schwer**
Energiebedarf relativ zum Erhaltungsbedarf (= 1)										
–	**1,25**	**1,5**	**1,75**	**2,0**	**2,5**	**1,25**	**1,5**	**1,75**	**2,0**	**2,5**
$Schweiß_{Arbeit}$, L[1]	**4**	**8**	**13**	**17**	**25**	**4**	**9**	**13**	**18**	**27**
Spurenelemente										
Kupfer	121					129				
Zink	485					515				
Eisen	485					515				
Mangan	485					515				
Selen	1,21					1,29				
Jod	1,82					1,93				
Vitamine										
Vit. A, IE/Tag	18000					19000				
Vit. D, IE/Tag	6					6				
Vit. E, IE/Tag	610					640				
Vit. B_1, mg/Tag	40					40				
Vit. B_2, mg/Tag	20					30				

[1] anhand des Leistungsbedarfs an ME abgeleitete Schweißmengen; diese können erheblich von den tatsächlichen abweichen
[2] Erhaltungsbedarf 0,64 MJ ME/kg $KM^{0,75}$ je Tag

▶ **Tab. 13.32** Empfehlungen für die Versorgung von Pferden mit umsetzbarer Energie (MJ/Tag), präzäkal verdaulichem Rohprotein, präzäkal verdaulichen Aminosäuren, Mengenelementen (g/Tag), Spurenelementen (mg/Tag) und Vitaminen: Erhaltungsstoffwechsel + Arbeit: Kaltblut (Tab. basiert auf Daten der GfE 2014).

KM, kg	**700**					**800**				
Charakter der Arbeit	**leicht**	**mittel**	**anspruchsvoll**	**schwer**	**sehr schwer**	**leicht**	**mittel**	**anspruchsvoll**	**schwer**	**sehr schwer**
Energiebedarf relativ zum Erhaltungsbedarf (= 1)										
–	**1,25**	**1,5**	**1,75**	**2,0**	**2,5**	**1,25**	**1,5**	**1,75**	**2,0**	**2,5**
Schweiß$_{Arbeit}$, L[1]	**3**	**7**	**10**	**13**	**20**	**4**	**7**	**11**	**15**	**22**
ME[2]	77	92	107	122	153	85	102	118	135	169
Minimalbedarf f. Elektrolyte										
Natrium	17	30	44	57	84	19	34	48	63	92
Kalium	24	30	35	41	52	27	33	39	45	57
Chlorid	21	39	58	76	113	23	43	64	84	125
Versorgungsempfehlung bei Ansatz basaler Schweißbildung von 0,04 l/kg $KM^{0,75}$ je Tag										
Schweiß$_{basal}$, L/Tag	5					6				
Natrium	39	52	65	79	105	43	58	72	87	116
Kalium	35	41	46	52	63	39	45	51	57	69
Chlorid	62	80	99	117	155	68	89	109	130	171
Präzäkal verdauliche/s Rohprotein und Aminosäuren										
pcvRp	408					451				
Lysin	17,0					18,8				
Methionin + Cystin	11,7					12,9				
Threonin	21,1					23,3				
Mengenelemente										
Kalzium	22					25				
Phosphor	15					17				
Magnesium	7					8				

Tab. 13.32 Fortsetzung

KM, kg	700					800				
Charakter der Arbeit	**leicht**	**mittel**	**anspruchsvoll**	**schwer**	**sehr schwer**	**leicht**	**mittel**	**anspruchsvoll**	**schwer**	**sehr schwer**
Energiebedarf relativ zum Erhaltungsbedarf (= 1)										
–	**1,25**	**1,5**	**1,75**	**2,0**	**2,5**	**1,25**	**1,5**	**1,75**	**2,0**	**2,5**
Schweiß$_{Arbeit}$, L[1]	**3**	**7**	**10**	**13**	**20**	**4**	**7**	**11**	**15**	**22**
Spurenelemente										
Kupfer	136					150				
Zink	544					602				
Eisen	544					602				
Mangan	544					602				
Selen	1,36					1,50				
Jod	2,04					2,26				
Vitamine										
Vit. A, IE/Tag	20000					23000				
Vit. D, IE/Tag	6					6				
Vit. E, IE/Tag	680					750				
Vit. B_1, mg/Tag	40					50				
Vit. B_2, mg/Tag	30					30				

[1] anhand des Leistungsbedarfs an ME abgeleitete Schweißmengen; diese können erheblich von den tatsächlichen abweichen
[2] Erhaltungsbedarf 0,45 MJ ME/kg $KM^{0,75}$ je Tag

Tab. 13.33 Empfehlungen für die Versorgung von Pferden mit umsetzbarer Energie (MJ/Tag), präzäkal verdaulichem Rohprotein, präzäkal verdaulichen Aminosäuren, Mengenelementen (g/Tag), Spurenelementen (mg/Tag) und Vitaminen: Erhaltungsstoffwechsel + Arbeit: Kaltblut (Tab. basiert auf Daten der GfE 2014).

KM, kg	900					1000				
Charakter der Arbeit	leicht	mittel	anspruchsvoll	schwer	sehr schwer	leicht	mittel	anspruchsvoll	schwer	sehr schwer
Energiebedarf relativ zum Erhaltungsbedarf (= 1)										
–	1,25	1,5	1,75	2,0	2,5	1,25	1,5	1,75	2,0	2,5
$Schweiß_{Arbeit}$, L[1)]	4	8	12	16	24	4	9	13	17	26
ME[2)]	92	111	129	148	185	100	120	140	160	200
Minimalbedarf f. Elektrolyte										
Natrium	21	37	53	69	101	22	40	57	74	109
Kalium	29	36	43	49	63	32	39	46	53	68
Chlorid	25	47	70	92	137	27	51	75	100	148
Versorgungsempfehlung bei Ansatz basaler Schweißbildung von 0,04 l/kg $KM^{0,75}$ je Tag										
$Schweiß_{basal}$, L/Tag	7					7				
Natrium	47	63	79	95	127	51	68	85	103	138
Kalium	43	49	56	62	76	46	53	60	68	82
Chlorid	75	97	119	142	187	81	105	129	154	202
Präzäkal verdauliche/s Rohprotein und Aminosäuren										
pcvRp	493					533				
Lysin	20,5					22,2				
Methionin + Cystin	14,1					15,3				
Threonin	25,5					27,6				
Mengenelemente										
Kalzium	27					29				
Phosphor	19					20				
Magnesium	9					9				

Tab. 13.33 Fortsetzung

KM, kg	**900**					**1000**				
Charakter der Arbeit	**leicht**	**mittel**	**anspruchsvoll**	**schwer**	**sehr schwer**	**leicht**	**mittel**	**anspruchsvoll**	**schwer**	**sehr schwer**
Energiebedarf relativ zum Erhaltungsbedarf (= 1)										
–	**1,25**	**1,5**	**1,75**	**2,0**	**2,5**	**1,25**	**1,5**	**1,75**	**2,0**	**2,5**
Schweiß$_{Arbeit}$, L[1]	**4**	**8**	**12**	**16**	**24**	**4**	**9**	**13**	**17**	**26**
Spurenelemente										
Kupfer	164					178				
Zink	657					711				
Eisen	657					711				
Mangan	657					711				
Selen	1,64					1,78				
Jod	2,46					2,67				
Vitamine										
Vit. A, IE/Tag	25000					27000				
Vit. D, IE/Tag	6					6				
Vit. E, IE/Tag	820					890				
Vit. B_1, mg/Tag	50					50				
Vit. B_2, mg/Tag	30					40				

[1] anhand des Leistungsbedarfs an ME abgeleitete Schweißmengen; diese können erheblich von den tatsächlichen abweichen

[2] Erhaltungsbedarf 0,45 MJ ME/kg $KM^{0,75}$ je Tag

13.3 Zusammensetzung von Einzelfuttermitteln

Die Tabellen zur Futterzusammensetzung basieren auf Daten von Wöhlbier et al. 1959, Kirchgessner et al. 1971, DLG 1973, Jeroch et al. 1993, DLG 1995, Finkler-Schade et al. 1996, Degussa 1997, NRC 2001, Müller 2002, Dahlhoff 2003, Sauvant et al. 2004, Nater et al. 2007, NRC 2007, Kienzle et al. 2008, Wichert et al. 2008, Kienzle und Möhlmann 2009, Kirchhoff et al. 2010, Azuhnwi et al. 2011, Besier et al. 2013, Resch 2014, Resch und Gruber 2015, Rodehutscord et al. 2016, Souci et al. 2016, Lindner 2017, Zeyner et al. 2018, 2018a und Zhao 2014 sowie Daten der nachfolgend genannten Datenquellen: Datenbank der INRA, CIRAD, AFZ und FAO 2012–2017 (www.feedipedia.org), Datenbank der DLG (https://datenbank.futtermittel.net), LUFA-Nordwest (www.lufa-nord-west.de), Evonik Nutrition and Care GmbH, Germany, AMINODat5.0.

▶ **Tab. 13.34** Rohnährstoff-, Stärke- und Zuckergehalte von Einzelfuttermitteln für Pferde einschließlich der abgeleiteten Gehalte an umsetzbarer Energie (ME, MJ) und präzäkal verdaulichem Rohprotein (pcvRp); bezogen auf das Futter mit dem angegebenen Trockensubstanzgehalt.

Futtermittel	Identifikation/ Status	TS[1]	Ra	Rp	Rfe	Rfa	NDF	ADF	Stärke	Zucker	ME[2]	ME[3]	pcvRp[4]
		g/kg	g/kg	g/kg	g/kg	g/kg	g/kg	g/kg	g/kg	g/kg	MJ/kg	MJ/kg	g/kg
Grünfutter – frisch													
Gras	allgemein	200	18	33	7	48	81	46	3	14	1,7	1,7	23
	Dauergrünland 1. Aufwuchs	200	17	31	11	51	113	57	5	13	1,8	1,8	20
	Dauergrünland 2. Aufwuchs u. folgende	200	18	33	10	51	64	61	6	13	1,7	1,7	24
	Dauergrünland späte 1. Nutzung, Ähren/Rispenschieben	180	16	31	12	39	90	46	19	8	1,7	1,7	21
	Dauergrünland späte 1. Nutzung, Beginn – Mitte Blüte	220	18	27	6	66	127	72	–	12	1,6	1,6	16
	Dauergrünland, intensive Nutzung, jung	160	17	30	7	36	81	42	1	21	1,3	1,4	21
	Dauergrünland, intensive Nutzung, spät	250	20	45	7	68	78	74	–	14	1,9	2,0	33
	unbekannte/ extensive Nutzungsintensität, 1.–2. Aufwuchs, Rispenschieben/ bis 6 Wochen alt	180	20	31	5	42	31	16	–	32	1,4	1,5	24
	Weidelgras frisch	180	19	28	7	44	74	39	–	39	1,5	1,5	19

▶ **Tab. 13.34** Fortsetzung

Futtermittel	Identifikation/ Status	TS[1]	Ra	Rp	Rfe	Rfa	NDF	ADF	Stärke	Zucker	ME[2]	ME[3]	pcvRp[4]
		g/kg	g/kg	g/kg	g/kg	g/kg	g/kg	g/kg	g/kg	g/kg	MJ/kg	MJ/kg	g/kg
Esparsette	–	220	16	40	7	55	78	66	–	–	1,8	1,9	29
Landsberger Gemenge	–	160	15	24	4	45	76	49	–	–	1,2	1,2	16
Luzerne	–	200	23	41	6	53	79	62	13	8	1,4	1,4	30
Gerste	Ganzpflanze	240	27	27	8	68	138	78	–	–	1,7	1,7	15
Hafer	Ganzpflanze	200	20	24	6	57	108	62	10	41	1,5	1,5	14
Mais	Ganzpflanze	230	14	20	5	56	145	72	47	31	2,1	2,0	9
	Maiskolbenschrot	500	11	54	21	38	140	69	283	–	6,7	6,7	37
Weizen	Ganzpflanze	230	19	27	6	67	130	73	18	50	1,7	1,7	16
Grünfutter – siliert													
Gras	Heulage	700	55	77	19	211	436	279	–	72	5,2	5,2	42
	Anwelksilagen allgemein	400	42	62	12	104	196	120	116	21	3,0	3,1	41
	Weidelgras	300	31	46	12	75	124	65	–	65	2,4	2,5	31
Mais	Maiskolbenschrot	630	10	60	31	20	120	62	447	6	9,2	9,2	43
	Maissilage 25–30 % TS	270	11	20	7	58	124	66	63	1	2,7	2,6	11
	Maissilage 30–35 % TS	320	13	23	10	65	142	75	91	1	3,3	3,3	12
	Maissilage 35–40 % TS	360	14	26	13	71	146	83	115	5	3,8	3,8	15

► **Tab. 13.34** Fortsetzung

Futtermittel	Identifikation/ Status	TS[1)]	Ra	Rp	Rfe	Rfa	NDF	ADF	Stärke	Zucker	ME[2)]	ME[3)]	pcvRp[4)]
		g/kg	g/kg	g/kg	g/kg	g/kg	g/kg	g/kg	g/kg	g/kg	MJ/kg	MJ/kg	g/kg
Grünfutter – natürlich getrocknet													
Gras	Heu, allgemein	860	63	87	20	256	564	353	–	84	6,4	6,4	50
	Heu, Dauergrünland, intensive Nutzung, grasreich	860	53	80	18	271	527	291	–	57	6,3	6,2	45
	Heu, Dauergrünland, intensive Nutzung, kräuter-, kleereich	860	76	81	19	253	508	275	–	57	6,3	6,2	45
	Heu, Weidelgras	860	88	125	24	240	514	262	–	–	6,2	6,4	82
Esparsette	Heu	860	68	139	17	230	368	307	–	–	6,5	6,7	95
Klee	Heu (Rot-, Weiß-, Inkarnatklee)	860	93	155	44	213	273	263	67	49	7,0	7,2	110
Luzerne	Heu	860	91	157	18	249	380	286	67	–	5,6	5,9	111
Grünfutter – künstlich getrocknet													
Gras	Grünmehl	900	94	160	36	215	480	275	–	91	7,3	7,6	108
Luzerne	< 14 % Rp	900	97	136	22	288	452	326	–	32	5,5	5,7	90
	> 18 % Rp	900	112	195	28	213	345	230	70	41	6,6	6,6	143
	14–18 % Rp	900	105	164	25	258	420	299	70	38	5,9	6,2	114
Mais	Maiskolbenschrot	880	16	79	32	62	206	77	485	22	11,9	11,8	54

▶ **Tab. 13.34** Fortsetzung

Futtermittel	Identifikation/ Status	TS[1)]	Ra	Rp	Rfe	Rfa	NDF	ADF	Stärke	Zucker	ME[2)]	ME[3)]	pcvRp[4)]
		g/kg	g/kg	g/kg	g/kg	g/kg	g/kg	g/kg	g/kg	g/kg	MJ/kg	MJ/kg	g/kg
Stroh													
Gerste	naturbelassen	860	58	33	13	369	692	415	–	–	4,4	4,3	6
Hafer	naturbelassen	860	59	31	13	369	654	384	–	–	4,4	4,3	6
Roggen	naturbelassen	860	62	35	13	374	670	433	–	–	4,2	4,1	6
Triticale	naturbelassen	860	46	28	19	337	646	409	–	–	5,4	5,3	5
Weizen	naturbelassen	860	60	35	12	359	667	430	–	–	4,5	4,4	6
Gerste	Ammoniakaufschluss	860	51	72	12	386	711	442	–	–	3,9	3,8	13
Gerste	NaOH-Aufschluss	860	91	35	12	361	664	413	–	–	3,9	3,8	6
Weizen	Ammoniak aufgeschlossen	860	61	74	13	378	695	432	–	–	3,9	3,8	13
Weizen	NaOH-Aufschluss	860	86	33	12	376	692	430	–	–	3,7	3,6	6
Wurzeln und Knollen inkl. Nebenprodukte													
Futterrüben	frisch (Massenrüben)	130	14	14	3	32	17	9	–	94	1,0	1,0	11
Kartoffel	Knolle, frisch	285	21	30	5	7	24	10	206	18	3,7	3,7	23
Zuckerrübe	nativ	210	15	13	1	11	43	27	–	109	2,6	2,5	8
Mohrrübe	frisch	110	13	10	2	10	13	10	–	56	1,2	1,2	8
Rote Beete	nativ	135	11	13	1	7	22	9	–	68	1,6	1,6	9
Maniok	geschält, getrocknet	880	36	25	11	34	70	48	698	22	11,9	11,9	16
Kartoffel	Pülpe	880	32	54	5	165	266	189	368	16	9,0	8,8	31
Mohrrübe	getrocknet, Pülpe getrocknet	900	58	100	20	84	171	112	20	356	10,6	10,6	73
Melasse	nativ	900	111	127	2	4	0	0	–	568	10,7	10,8	102
	nativ	880	61	79	8	174	413	210	24	63	8,2	8,1	45

▶ **Tab. 13.34** Fortsetzung

Futtermittel	Identifikation/ Status	TS[1)]	Ra	Rp	Rfe	Rfa	NDF	ADF	Stärke	Zucker	ME[2)]	ME[3)]	pcvRp[4)]
		g/kg	g/kg	g/kg	g/kg	g/kg	g/kg	g/kg	g/kg	g/kg	MJ/kg	MJ/kg	g/kg
Trocken-schnitzel	melassiert	880	63	95	8	156	327	178	45	119	8,5	8,4	62
Nebenprodukte der Obstverarbeitung/Saftgewinnung													
Obsttrester	getrocknet	880	22	65	26	291	573	508	–	55	7,1	6,8	27
Traubentres-tet	getrocknet	880	68	120	29	229	564	481	–	9	7,2	7,4	72
Zitrustrester	getrocknet	880	60	62	23	119	186	137	–	215	9,8	9,6	41
Bananen	getrocknet	950	41	41	15	30	102	75	702		13,0	12,8	36
Getreidekörner													
Hafer	nativ	880	28	101	47	115	300	140	362	14	10,8	10,9	77
	entspelzt bzw. Nackthafer	880	21	121	49	34	99	33	539	12	12,6	12,7	97
Gerste	nativ	880	23	105	20	47	190	56	525	24	11,7	11,7	83
Mais	nativ	880	13	84	39	22	102	27	643	19	12,9	12,8	66
Weizen	nativ	880	16	112	16	23	122	32	607	28	12,1	12,2	89
Dinkel	nativ	880	40	110	21	93	264	134	467	28	10,4	10,5	86
Hirse (Panicum spp)	nativ	880	27	113	44	39	50	25	374	3	12,3	12,4	91
Hirse (Sorghum)	nativ	880	18	96	30	24	97	38	654	12	12,5	12,5	76
Reis	nativ	880	53	76	19	95	189	117	597	4	10,3	10,1	58
	geschält	880	11	79	15	9	52	13	777	4	12,7	12,6	62
Roggen	nativ	880	19	91	20	22	89	62	557	33	12,3	12,3	72
Triticale	nativ	880	18	103	14	24	126	31	595	30	12,1	12,1	82

▸ **Tab. 13.34** Fortsetzung

Futtermittel	Identifikation/ Status	TS[1]	Ra	Rp	Rfe	Rfa	NDF	ADF	Stärke	Zucker	ME[2]	ME[3]	pcvRp[4]
		g/kg	g/kg	g/kg	g/kg	g/kg	g/kg	g/kg	g/kg	g/kg	MJ/kg	MJ/kg	g/kg
Nebenprodukte der Getreideverarbeitung													
Weizen	Kleie/Schälkleie	880	50	151	35	94	398	118	197	62	10,3	10,6	105
Gerste	Kleie/Schälkleie	880	52	110	38	133	554	163	105	–	9,8	9,8	64
Mais	Kleie/Schälkleie	880	41	211	42	88	389	128	308	24	10,4	10,4	154
Roggen	Kleie/Schälkleie	880	52	144	32	71	255	73	213	89	10,7	10,9	105
Reis	Reiskleie	880	82	130	149	73	219	97	259	26	12,9	13,1	95
Mais	Kleberfuttermehl	880	60	192	31	73	348	93	190	19	10,2	10,2	140
	Kleber	880	18	597	32	11	36	14	149	5	10,0	12,1	485
	Keimextraktions-schrot	880	33	206	23	83	385	113	233	30	10,2	10,2	150
Weizen	Kleberfuttermehl	880	56	144	33	58	280	82	260	42	10,9	11,1	104
	Kleber	900	12	743	17	4	23	2	–	–	9,4	12,0	605
Biertreber	getrocknet	900	43	239	73	150	507	197	61	14	10,0	10,0	172
Bierhefe	getrocknet	880	66	361	20	98	77	22	19	15	8,4	9,7	290
Schlempe	getrocknet	880	55	256	50	72	308	121	93	25	10,4	10,4	194
Leguminosenkörner													
Ackerbohnen	nativ	880	34	258	13	80	140	94	439	34	9,8	9,8	204
Erbsen	nativ	880	31	212	11	54	125	62	509	44	10,6	10,6	166
Linsen	nativ	880	32	240	12	42	114	55	457		10,7	10,7	190
Lupinen	nativ (Süßlupinen, blau-, weiß-, gelbblühend)	880	36	331	64	132	153	117	80	54	9,5	9,5	262
Wicke	nativ	880	37	245	14	43	138	66	420	31	10,5	10,5	193

▶ **Tab. 13.34** Fortsetzung

Futtermittel	Identifikation/ Status	TS[1)]	Ra	Rp	Rfe	Rfa	NDF	ADF	Stärke	Zucker	ME[2)]	ME[3)]	pcvRp[4)]
		g/kg	g/kg	g/kg	g/kg	g/kg	g/kg	g/kg	g/kg	g/kg	MJ/kg	MJ/kg	g/kg
Fettreiche Samen und Verarbeitungsprodukte													
Lein	nativ	900	39	215	356	85	195	93	22	34	18,1	18,1	166
Raps	nativ	900	39	190	412	89	184	130	33	49	19,6	19,6	146
Sojabohne	Vollbohne, dampferhitzt	880	49	333	209	56	129	79	54	73	14,2	14,2	265
Erdnuss	Samen geschält	900	23	266	428	40	84	51	52	70	20,8	20,8	212
Palmkern	nativ	900	19	86	431	129	445	313			20,1	20,0	49
Lein	Extraktionsschrot	900	59	315	28	97	299	182	49	40	9,3	9,3	243
	Kuchen, 8 + 12 % Fett	900	57	310	91	93	229	138	6	41	10,9	10,9	242
Raps	Extraktionsschrot	880	69	338	25	124	271	180	12	60	8,1	8,1	263
	Kuchen, > 9 % Fett	880	62	310	90	113	253	171	14	79	10,1	10,1	240
	Kuchen, bis 9 % Fett	880	68	349	41	112	257	168	26	90	8,6	8,6	272
Sojabohne	Extraktionsschrot, ungeschält, dampferhitzt	880	63	455	17	59	21	73	7	84	8,7	10,3	369
	Extraktionsschrot geschälte Saat	880	62	473	15	42	97	52	57	97	8,9	10,5	381

▶ **Tab. 13.34** Fortsetzung

Futtermittel	Identifikation/ Status	TS[1)]	Ra	Rp	Rfe	Rfa	NDF	ADF	Stärke	Zucker	ME[2)]	ME[3)]	pcvRp[4)]
		g/kg	g/kg	g/kg	g/kg	g/kg	g/kg	g/kg	g/kg	g/kg	MJ/kg	MJ/kg	g/kg
Sonnen-blumen	Extraktionsschrot ungeschälte Saat	880	62	282	20	250	399	284	–	53	5,8	5,8	211
	Extraktionsschrot, teilgeschält	880	66	333	17	200	341	234	14	55	6,4	6,4	256
	Extraktionsschrot geschälte Saat	900	71	399	18	119	193	191	50	93	7,9	9,3	316
	Kuchen > 8 % Fett, teilgeschälte Saat	900	53	267	122	231	386	272	7	40	9,1	9,1	200
	Kuchen bis 8 % Fett, geschälte Saat	900	59	377	60	139	323	222	14	63	8,9	10,2	292
Palmkern	Extraktionsschrot	900	39	168	21	179	658	399	4	19	8,6	8,9	107
	Kuchen, < 9 % Fett	900	54	152	87	196	66	403	8	23	9,7	9,8	120
	Kuchen, > 9 % Fett	900	38	166	104	167	56	342	9	27	10,9	11,2	132
Kokos	Extraktionsschrot	900	67	213	25	145	508	276	15	105	8,7	8,7	151
	Kuchen bis 12 % Fett	900	61	203	85	129	492	258	3	92	10,6	10,6	143
Erdnuss	Extraktionsschrot	900	60	492	9	110	202	139	0	76	7,6	9,3	392
Sojabohne	Schalen	900	46	119	20	350	567	411	74	15	5,3	5,4	71
Erdnuss	Schale (Häutchen)	900	45	152	143	209	373	202	–	–	10,9	11,0	107
Pflanzenöle	nativ	999	1	–	998	–	–	–	–	–	38,4	38,4	0

▶ Tab. 13.34 Fortsetzung

Futtermittel	Identifikation/ Status	TS[1]	Ra	Rp	Rfe	Rfa	NDF	ADF	Stärke	Zucker	ME[2]	ME[3]	pcvRp[4]
		g/kg	g/kg	g/kg	g/kg	g/kg	g/kg	g/kg	g/kg	g/kg	MJ/kg	MJ/kg	g/kg
Milchprodukte (Rind)													
Magermilch	getrocknet	950	80	287	7	–	–	–	–	66	11,3	11,3	258
Molke	getrocknet	950	103	101	16	–	–	–	–	618	12,1	12,1	91
Kasein	Identifikation/Status	950	27	860	10	–	–	–	–	–	9,1	12,1	774

[1] Der Gehalt an N-freien Extraktstoffen (NfE) kann rechnerisch abgeleitet werden: NfE = TS – (Ra + Rp + Rfe + Rfa)
[2] bei Bewertung der Harnenergie mit 8 kJ/g Rp; s. Kap. Energiegehalt in Futtermitteln (S. 138)
[3] bei differenzierter Bewertung der Harnenergie je nach Futterart und Proteinkonzentration; s. Kap. Energiegehalt in Futtermitteln (S. 138) inkl. Fußnote
[4] das NFD-fixierte, d. h. nicht lösliche Rp (NDF-Rp) und die Löslichkeit des Rp (RpLöslichkeit, %) können aus der Angabe zum pcvRp abgeleitet werden: NDF – Rp = Rp – pcvRp/0,9; RpLöslichkeit, % des Rp = (pcvRp/0,9)/Rp × 100

Tab. 13.35 Mengen- und Spurenelementgehalte in Einzelfuttermitteln für Pferde; bezogen auf das Futter mit dem in Tab. 13.34 angegebenen Trockensubstanzgehalt.

Futtermittel	Identifikation/Status	Ca	P	Mg	Na	K	Cl	Cu	Zn	Fe	Mn	Se	J
		g/kg	g/kg	g/kg	g/kg	g/kg	g/kg	mg/kg	mg/kg	mg/kg	mg/kg	mg/kg	mg/kg
Grünfutter – frisch													
Gras	allgemein	1,0	0,6	0,4	0,1	4,5	1,6	1	5	41	15	0,01	0,03
	Dauergrünland 1. Aufwuchs	1,7	0,7	0,5	0,1	5,7	1,6	1	7	29	16	0,01	0,03
	Dauergrünland 2. Aufwuchs u. folgende	1,4	0,7	0,5	0,1	5,8	1,8	1	7	28	17	0,01	0,03
	Dauergrünland späte 1. Nutzung, Ähren/Rispenschieben	1,0	0,7	0,4	0,1	5,4	1,3	1	7	21	14	0,00	0,03
	Dauergrünland späte 1. Nutzung, Beginn – Mitte Blüte	1,0	0,7	0,4	0,1	5,9	2,6	2	8	29	18	0,01	0,03
	Dauergrünland, intensive Nutzung, jung	1,7	0,6	0,5	0,1	4,7	1,3	1	3,7	32,7	7	0,01	0,02
	Dauergrünland, intensive Nutzung, spät	1,2	0,7	0,4	0,1	5,7	2,0	1,3	5,8	51,1	19,1	0,01	0,04
	unbekannte/extensive Nutzungsintensität, 1.–2. Aufwuchs, Rispenschieben/bis 6 Wochen alt	1,2	0,7	0,3	0,1	4,1	1,4	2	6	41	26	0,01	0,03
	Weidelgras frisch	1,2	0,6	0,3	0,2	4,5	1,4	1	5	23	20	0,00	0,05
Esparsette	–	0,1	0,1	0,0	0,0	5,5	1,5	–	–	1	0	0,02	–
Landsberger Gemenge	–	1,4	0,5	0,3	0,1	4,0	–	1	–	26	14	–	–
Luzerne	–	3,9	0,5	0,6	0,1	4,5	1,3	3	8	74	14	0,02	0,05
Gerste	Ganzpflanze	1,2	0,4	0,6		3,4	–	1	–	–	–	–	–
Hafer	Ganzpflanze	0,8	0,5	0,3	0,2	4,4	–	4	6	39	23	–	–
Mais	Ganzpflanze	0,9	0,5	0,5	0,1	3,5	–	1	7	130	8	–	–
	Maiskolbenschrot	0,3	1,4	0,7	0,1	2,9	–	2	11		4	–	–
Weizen	Ganzpflanze	0,8	0,6	0,3	0,5	5,8	–	1	1		5	–	–

▶ Tab. 13.35 Fortsetzung

Futtermittel	Identifikation/Status	Ca	P	Mg	Na	K	Cl	Cu	Zn	Fe	Mn	Se	J
		g/kg	g/kg	g/kg	g/kg	g/kg	g/kg	mg/kg	mg/kg	mg/kg	mg/kg	mg/kg	mg/kg
Grünfutter – siliert													
Gras	Heulage	3,8	1,9	1,3	0,3	15,3	–	4	17	141	64	0,01	0,14
	Anwelksilagen allgemein	2,4	1,5	1,0	0,9	10,6	4,8	3	18	225	58	–	–
	Weidelgras	2,0	1,0	0,4	0,4		–	2	8	38	33	0,01	0,09
Mais	Maiskolbenschrot	0,3	1,8	0,8	0,1	3,3	–	2	14	–	4	–	–
	Maissilage 25–30 % TS	0,6	0,5	0,3	0,0	3,2	–	1	6	21	7	0,05	–
	Maissilage 30–35 % TS	0,7	0,6	0,4	0,0	3,3	–	1	8	23	9	0,06	–
	Maissilage 35–40 % TS	0,8	0,7	0,5	0,1	4,1	–	1	9	41	9	–	–
Grünfutter – natürlich getrocknet													
Gras	Heu, allgemein	4,2	2,3	1,6	0,8	18,3	7,4	5	24	234	118	0,01	0,01
	Heu, Dauergrünland, intensive Nutzung, grasreich	4,1	1,7	1,4	0,2	13,8	–	–	–	–	–	–	–
	Heu, Dauergrünland, intensive Nutzung, kräuter-, kleereich	10,9	1,3	4,0	0,6	9,2	–	–	–	–	–	–	–
	Heu, Weidelgras	5,6	2,9	1,2	1,0	–	–	6	22	108	94	0,02	0,26
Esparsette	Heu	11,8	2,5	2,0	0,2	–	–	–	–	–	–	–	–
Klee	Heu (Rot-, Weiß-, Inkarnatklee)	13,1	2,2	2,6	0,1	21,8	6,4	8	24	236	32	0,17	0,25
Luzerne	Heu	14,1	2,3	2,2	0,8	20,5	5,6	8	25	498	38	0,22	0,16
Grünfutter – künstlich getrocknet													
Gras	Grünmehl	5,6	3,0	1,7	3,6	21,1	7,8	7	32	495	51	0,20	0,63
Luzerne	<14 % Rp	18,3	2,4	1,5	0,2	21,0	5,7	9	21	310	39	0,25	–
	>18 % Rp	23,1	3,1	1,7	0,2	27,5	6,5	18	35	706	57	0,24	–
	14–18 % Rp	19,8	2,4	1,5	0,2	22,7	6,0	5	20	315	48	0,25	–
Mais	Maiskolbenschrot	0,4	2,5	1,1		5,0	–	3	19	–	6	–	–

▶ **Tab. 13.35** Fortsetzung

Futtermittel	Identifikation/Status	Ca	P	Mg	Na	K	Cl	Cu	Zn	Fe	Mn	Se	J
		g/kg	g/kg	g/kg	g/kg	g/kg	g/kg	mg/kg	mg/kg	mg/kg	mg/kg	mg/kg	mg/kg
Stroh													
Gerste	naturbelassen	3,9	0,8	1,0	1,1	12,4	5,2	8	18	166	36	–	0,30
Hafer	naturbelassen	2,4	1,1	0,9	1,8	12,6	–	5	30	123	39	–	0,28
Roggen	naturbelassen	2,4	0,4	0,7	0,5	10,3	–	3	16	143	64	–	0,42
Triticale	naturbelassen	2,3	0,3	0,6	0,1	10,3	–	–	–	–	–	–	–
Weizen	naturbelassen	4,1	0,6	1,0	0,1	9,6	5,2	4	16	168	32		6,79
Gerste	Ammoniakaufschluss	–	–	–	–	–	–	–	–	–	–	–	–
	NaOH-Aufschluss	–	–	–	–	–	–	–	–	–	–	–	–
Weizen	Ammoniak aufgeschlossen	2,7	0,7	0,9	1,1			7	34	250	55		6,79
	NaOH-Aufschluss	2,7	0,7	0,9	1,1			7	34	250	55		6,79
Wurzeln und Knollen inkl. Nebenprodukte													
Futterrüben	frisch (Massenrüben)	0,3	0,3	0,2	0,5	–	–	1	2	84	6	–	0,05
Kartoffel	Knolle, frisch	0,2	0,7	0,2	0,0	4,2	0,5	1	3	4	2	0,02	0,02
Zuckerrübe	nativ	0,4	0,3	–	–	3,2	–	–	–	–	–	–	–
Mohrrübe	frisch	0,4	0,3	0,2	0,3	3,1	0,6	1	4	7	3	0,01	0,04
Rote Beete	nativ	0,3	0,4	0,4	0,8	4,9	0,8	1	4	9	2	0,01	0,00
Maniok	geschält, getrocknet	1,7	0,9	1,1	0,3	7,2	0,2	4	16	18	21	0,06	
Kartoffel	Pülpe	4,5	1,1	1,2	1,1	7,1	1,8	6	35	609	38		
Mohrrübe	getrocknet, Pülpe getrocknet	4,1	3,2	1,1	2,5	20,8		4	24	48	17	0,03	0,30
Melasse	nativ	1,5	0,3	0,3	6,7	46,3	5,3	15	21	25	34	0,09	1,26
Trockenschnitzel	nativ	12,5	0,9	1,8	0,8	4,0	1,2	6	17	495	63	0,11	1,98
	melassiert	9,4	0,8	1,4	2,4	6,3	1,0	5	14	557	63	0,10	0,89

▶ **Tab. 13.35** Fortsetzung

Futtermittel	Identifikation/Status	Ca	P	Mg	Na	K	Cl	Cu	Zn	Fe	Mn	Se	J
		g/kg	g/kg	g/kg	g/kg	g/kg	g/kg	mg/kg	mg/kg	mg/kg	mg/kg	mg/kg	mg/kg
Nebenprodukte der Obstverarbeitung/Saftgewinnung													
Obsttrester	getrocknet	0,7	1,4	0,5	2,2	2,0	–	5	9	133	8	–	–
Traubentrestet	getrocknet	7,8	2,3	0,8	0,2	10,4	–	60	21	104	11	–	–
Zitrustrester	getrocknet	15,0	0,9	1,2	1,4	8,2	0,3	3	12	70	7	0,05	0,09
Bananen	getrocknet	0,2	0,9	0,9	–	19,0	–	–	–	–	–	–	–
Getreidekörner													
Hafer	nativ	1,1	3,2	1,0	0,1	4,6	1,0	3	24	101	40	0,19	0,1
	entspelzt bzw. Nackthafer	0,8	3,2	1,0	0,1	3,7	0,7	3	27	104	35	0,09	0,08
Gerste	nativ	0,6	3,2	1,0	0,2	4,2	1,0	8	26	134	14	0,12	0,97
Mais	nativ	0,5	2,7	1,2	0,1	3,5	0,6	2	20	26	5	0,10	0,11
Weizen	nativ	0,2	1,2	0,1	0,1	0,1	0,6	1	6	4	3	0,01	0,11
Dinkel	nativ	0,5	4,0	1,3	0,1	3,8	–	4	35	43	43	–	–
Hirse (Panicum spp)	nativ	0,3	2,9	1,2	0,1	3,7	0,2	5	28	44	19	0,02	0,03
Hirse (Sorghum)	nativ	0,3	2,9	1,3	0,2	3,7	0,6	4	19	60	9	0,44	0,02
Reis	nativ	13,3	0,6	0,3	2,2	2,6		9	53	21	5	0,10	0,02
	geschält	0,5	2,1	1,5	0,0	3,1		1	16	44	14	0,07	0,02
Roggen	nativ	0,9	3,0	1,1	0,0	4,5	0,6	5	23	57	44	0,08	0,09
Triticale	nativ	0,7	3,5	1,0	0,1	4,9	0,9	6	20	58	20	–	0,09

▶ **Tab. 13.35** Fortsetzung

Futtermittel	Identifikation/Status	Ca	P	Mg	Na	K	Cl	Cu	Zn	Fe	Mn	Se	J
		g/kg	g/kg	g/kg	g/kg	g/kg	g/kg	mg/kg	mg/kg	mg/kg	mg/kg	mg/kg	mg/kg
Nebenprodukte der Getreideverarbeitung													
Weizen	Kleie/Schälkleie	1,4	10,1	4,3	0,1	12,4	0,9	17	75	145	114	0,45	0,10
Gerste	Kleie/Schälkleie	1,4	4,0	1,8	0,5	–	–	–	–	–	49	–	–
Mais	Kleie/Schälkleie	4,2	3,1	1,4	0,3	8,7	2,1	2	2	51	19	–	–
Roggen	Kleie/Schälkleie	1,2	8,5	3,2	0,6	–	–	11	79	158	88	–	–
Reis	Reiskleie	0,7	15,1	9,3	0,4	12,9	–	7	58	104	202	–	–
Mais	Kleberfuttermehl	1,4	8,9	3,7	2,9	13,2	2,0	7	57	195	18	0,21	0,17
	Kleber	0,6	4,5	0,4	0,8	0,9	0,7	11	35	114	7	0,20	0,70
	Keimextraktionsschrot	0,3	5,6	2,2	0,8	3,6	0,4	17	68	348	12	0,50	–
Weizen	Kleberfuttermehl	1,4	7,4	2,6	0,9	10,1	1,9	7	61	–	81	–	–
	Kleber	0,4	1,8	0,1	0,2	–	–	8	–	–	4	–	–
Biertreber	getrocknet	2,5	5,1	2,3	0,3	2,8		18	80	117	42	–	–
Bierhefe	getrocknet	2,6	11,9	2,1	1,6	16,8	2,7	42	67	134	38	0,71	0,02
Schlempe	getrocknet	1,8	7,7	2,8	2,6	9,1	2,5	10	55	113	21	0,34	0,17
Leguminosenkörner													
Ackerbohnen	nativ	1,4	4,7	1,6	0,1	9,9	0,7	12	32	62	9	0,02	–
Erbsen	nativ	1,1	4,1	1,4	0,1	10,0	0,8	7	32	90	10	0,16	0,25
Linsen	nativ	1,0	4,0	1,1	0,4	9,1	–	12	33	77	16	–	–
Lupinen	nativ (Süßlupinen, blau-, weiß-, gelbblühend)	2,6	3,8	1,7	0,3	9,7	0,5	7	35	60	616	0,08	–
Wicke	nativ	2,8	3,1	1,0	0,1	8,4	1,2	8	42	143	7	–	–

▶ **Tab. 13.35** Fortsetzung

Futtermittel	Identifikation/Status	Ca	P	Mg	Na	K	Cl	Cu	Zn	Fe	Mn	Se	J
		g/kg	g/kg	g/kg	g/kg	g/kg	g/kg	mg/kg	mg/kg	mg/kg	mg/kg	mg/kg	mg/kg
Fettreiche Samen und Verarbeitungsprodukte													
Lein	nativ	3,2	5,6	3,4	0,6	6,7	0,5	11	44	127	26	–	0,36
Raps	nativ	4,3	6,2	2,2	0,2	7,0	–	3	36	194	31	–	–
Sojabohne	Vollbohne, dampferhitzt	2,9	5,7	2,4	0,0	17,5	0,1	14	41	121	26	0,19	0,06
Erdnuss	Samen geschält	0,7	4,1	2,0	0,1	6,6	0,1	8	28	18	16	0,06	0,13
Palmkern	nativ	1,0	3,1	1,6	0,1	3,4	0,7	14	26	118	111	0,06	0,06
Lein	Extraktionsschrot	3,9	8,5	5,0	0,9	11,2	–	19	46	300	43	–	–
	Kuchen, 8 + 12 % Fett	3,8	7,6	4,6	0,7	10,5	0,5	17	60	284	35	0,40	0,34
Raps	Extraktionsschrot	7,4	10,9	4,8	0,4	12,3	0,6	5	56	240	56	1,10	0,09
	Kuchen, > 9 % Fett	6,7	10,3	4,7	0,2	10,3	–	7	59	257	55	–	–
	Kuchen, bis 9 % Fett	7,8	10,9	4,7	0,4	12,0	0,7	7	62	203	51	1,07	0,18
Sojabohne	Extraktionsschrot, ungeschält, dampferhitzt	3,3	6,2	2,9	0,3	21,1	–	18	48	270	37	–	–
	Extraktionsschrot geschälte Saat	3,1	6,7	2,9	0,1	20,7	0,9	17	52	147	36	0,21	0,25
Sonnenblumen	Extraktionsschrot ungeschälte Saat	3,7	9,1	4,5	0,2	13,3	1,2	24	77	224	26	0,45	0,12
	Extraktionsschrot, teilgeschält	–	10,5	5,3	0,1	15,9	1,4	58	65	227	47	0,48	0,14
	Extraktionsschrot geschälte Saat	3,6	9,2	4,9	0,1	16,3	0,1	23	58	236	44	0,07	0,09
	Kuchen > 8 % Fett, teilgeschälte Saat	3,5	8,4	3,7	0,1	10,5	1,1	21	77	357	24	0,27	0,35
	Kuchen bis 8 % Fett, geschälte Saat	5,1	11,7	5,4	0,1	15,6	1,1	42	81	210	38	0,27	0,35

▶ **Tab. 13.35** Fortsetzung

Futtermittel	Identifikation/Status	Ca	P	Mg	Na	K	Cl	Cu	Zn	Fe	Mn	Se	J
		g/kg	g/kg	g/kg	g/kg	g/kg	g/kg	mg/kg	mg/kg	mg/kg	mg/kg	mg/kg	mg/kg
Palmkern	Extraktionsschrot	2,8	6,0	3,2	0,3	6,7	1,5	28	55	245	230	0,12	0,13
	Kuchen, <9 % Fett	2,5	5,4	2,8	0,3	5,9	1,5	26	61	509	164	0,12	0,22
	Kuchen, >9 % Fett	1,5	5,9	2,8	0,1	7,1	1,1	22	50	441	235	0,16	0,15
Kokos	Extraktionsschrot	0,9	6,3	3,1	0,6	19,2	–	33	56	838	62	–	–
	Kuchen bis 12 % Fett	1,2	5,3	2,8	0,6	18,1	6,1	31	62	714	75	0,00	1,27
Erdnuss	Extraktionsschrot	1,7	6,0	3,2	0,8	12,5	1,0	15	54	554	43	0,21	0,26
Sojabohne	Schalen	4,6	1,3	2,0	0,1	10,9	0,2	7	36	529	20	0,19	–
Erdnuss	Schale (Häutchen)	1,8	1,4	1,5	1,2	10,5	–	22	34	433	41	–	–
Pflanzenöle	nativ	–	–	–	–	–	–	–	–	–	–	–	–
Milchprodukte (Rind)													
Magermilch	getrocknet	14,1	10,2	1,1	5,6	15,7	9,4	3	43	7	2	0,13	0,82
Molke	getrocknet	13,1	8,5	1,4	6,9	20,2	19,7	2	50	9	3	0,22	–
Kasein	getrocknet	2,5	6,1	0,2	0,4	1,1	–	1	62	5	1	–	–

▶ **Tab. 13.36** Präzäkal verdauliches Rohprotein und präzäkal verdauliche Aminosäuren in Futtermitteln (g/kg Futter).

FM-Gruppe	Identifikation/Status	pcvRp[1)]	Lys	Met + Cys	Thr	His	Ileu	Leu	Phe	Try	Val	Summe esAA	Summe AS
Grünfutter, frisch													
Gras	allgemein	23	0,8	0,5	0,9	0,4	0,8	1,5	1,1	0,3	1,1	7,4	17,5
	Dauergrünland 1. Aufwuchs	20	0,7	0,5	0,8	0,4	0,7	1,3	0,9	0,3	0,9	6,6	15,4
	Dauergrünland 2. Aufwuchs u. folgende	24	0,9	0,6	0,9	0,4	0,8	1,6	1,1	0,3	1,1	7,7	18,1
	Dauergrünland späte 1. Nutzung, Ähren/Rispenschieben	21	0,8	0,5	0,8	0,4	0,8	1,4	1,0	0,3	1,0	6,9	16,2
	Dauergrünland späte 1. Nutzung, Beginn – Mitte Blüte	16	0,6	0,4	0,6	0,3	0,6	1,0	0,7	0,2	0,7	5,1	12,0
	Dauergrünland, intensive Nutzung, jung	21	0,7	0,5	0,8	0,4	0,7	1,4	0,9	0,3	1,0	6,6	15,6
	Dauergrünland, intensive Nutzung, spät	33	1,2	0,8	1,2	0,6	1,2	2,1	1,5	0,4	1,5	10,5	24,6
	frisch, unbekannte/extensive Nutzungsintensität, 1.-2. Aufwuchs, Rispenschieben/bis 6 Wochen alt	24	0,9	0,6	0,9	0,4	0,8	1,6	1,1	0,3	1,1	7,7	18,1
	Weidelgras frisch	19	0,7	0,5	0,7	0,3	0,7	1,3	0,9	0,3	0,9	6,2	14,5
Esparsette	–	29	1,5	0,8	1,2	0,6	1,2	2,2	1,6	0,4	1,5	10,8	24,6
Landsberger Gemenge	–	16	0,9	0,5	0,7	0,3	0,7	1,0	0,7	0,2	1,0	6,0	13,8
Luzerne	–	30	1,7	0,9	1,3	0,6	1,2	2,0	1,4	0,5	1,9	11,3	25,8
Gerste	Ganzpflanze	15	1,0	0,5	0,8	0,4	0,8	1,4	0,9	0,9	1,0	7,7	15,0
Hafer		14	0,5	0,4	0,6	0,3	0,8	1,0	0,7	0,2	0,6	5,0	11,0
Mais		9	0,6	0,3	0,4	0,2	0,5	0,9	0,6	0,5	0,7	4,6	9,1
Mais	Maiskolbenschrot	37	1,0	1,6	1,3	0,9	1,3	4,5	1,6	0,3	1,7	14,2	34,0
Weizen	Ganzpflanze, frisch	16	0,7	0,4	0,7	0,5	0,7	1,1	0,7	0,2	0,9	5,8	12,2

▸ Tab. 13.36 Fortsetzung

FM-Gruppe	Identifikation/Status	pcvRp[1)]	Lys	Met + Cys	Thr	His	Ileu	Leu	Phe	Try	Val	Summe esAA	Summe AS
Grünfutter – siliert													
Gras	Heulage	42	1,5	1,0	1,5	0,7	1,4	2,6	1,7	0,5	1,9	12,8	31,6
	siliert, allgemein, Norddeutschland	41	1,5	0,8	1,3	0,7	1,5	2,7	1,8	0,5	2,1	12,8	28,6
	Weidelgras	31	1,0	0,6	1,0	0,5	1,1	1,9	1,4	0,3	1,5	9,5	116,6
Mais	Maiskolbenschrot siliert	43	1,1	1,8	1,5	1,1	1,5	5,2	1,8	0,3	2,0	16,4	39,1
	Maissilage 25–30 % TS	11	0,3	0,3	0,3	0,2	0,4	1,0	0,4	0,1	0,5	3,4	8,0
	Maissilage 30–35 % TS	12	0,3	0,3	0,4	0,2	0,4	1,1	0,5	0,1	0,6	3,9	9,2
	Maissilage 35–40 % TS	15	0,3	0,4	0,5	0,3	0,5	1,3	0,5	0,1	0,7	4,6	11,0
Grünfutter – natürlich getrocknet, Trockengrün[2)]													
Gras	Heu, allgemein	50	2,2	1,3	2,2	0,7	2,7	3,5	2,4	0,6	2,4	17,9	40,3
	Heu, unbekannte Nutzungsintensität, 1.–2. Aufwuchs	86	3,0	2,0	3,1	1,4	2,9	5,4	3,4	1,1	3,9	26,1	64,5
	Heu, Dauergrünland, intensive Nutzung, grasreich	45	1,6	1,0	1,6	0,7	1,5	2,8	1,7	0,6	2,0	13,5	33,3
	Heu, Dauergrünland, intensive Nutzung, kräuter-, kleereich	45	1,6	1,1	1,6	0,7	1,5	2,8	1,8	0,6	2,0	13,7	33,9
	Weidelgras Heu	82	2,9	1,9	3,0	1,3	2,7	5,1	3,2	1,0	3,7	24,9	61,5
Esparsette	Heu od. künstl getrocknet	95	5,5	3,0	4,5	2,0	4,1	6,8	4,7	1,8	5,2	37,5	84,5
Klee (Rot-, Weiß-, Inkarnatklee)	Heu od. künstl. getr.	110	3,5	1,2	2,9	1,5	2,5	4,6	3,4	2,1	4,4	26,1	57,5
Luzerne	Luzerne Heu	111	5,8	2,8	4,4	2,3	4,3	7,4	4,9	1,8	5,4	39,0	88,0

▶ **Tab. 13.36** Fortsetzung

FM-Gruppe	Identifikation/Status	pcvRp[1)]	Lys	Met + Cys	Thr	His	Ileu	Leu	Phe	Try	Val	Summe esAA	Summe AS
Grünfutter – künstlich getrocknet													
Gras	Grünmehl	108	5,7	2,8	4,3	2,3	4,2	7,3	4,8	1,8	5,3	38,3	86,3
Luzerne	Luzerne künstl. getr. < 16 % Rp	90	3,8	2,5	3,6	1,8	3,2	5,8	3,7	1,3	4,8	30,3	73,0
Luzerne	Luzerne künstl. getr. < 20 % Rp	143	5,8	3,8	5,4	2,6	5,3	9,1	6,3	2,0	6,7	47,1	110,6
Luzerne	Luzerne künstl. getr. 16–20 % Rp	114	5,1	3,2	4,6	2,4	4,4	7,8	5,0	1,6	6,3	40,3	94,5
Mais	Maiskolbenschrot getrocknet	54	1,7	2,4	1,9	1,6	1,9	6,4	2,6	0,4	2,6	21,4	52,7
Wurzeln & Knollen inkl. Nebenprodukten													
Futterrüben	frisch (Massenrüben)	11	0,4	0,2	0,3	0,2	0,4	0,4	0,2	0,1	0,4	2,3	6,4
Kartoffel	Knolle, frisch	23	1,7	0,8	1,3	0,5	1,2	2,3	1,4	0,3	1,5	11,1	22,3
Zuckerrübe	nativ	8	0,5	0,2	0,4	0,3	0,3	0,5	0,3	0,1	0,5	3,1	6,4
Mohrrübe	frisch	8	0,4	0,2	0,3	0,2	0,3	0,3	0,3	0,1	0,4	2,5	6,5
Rote Bete	nativ	9	0,5	0,3	0,4	0,3	0,3	0,5	0,3	0,1	0,5	3,4	7,0
Maniok	geschält, getrocknet	16	0,5	0,3	0,4	0,2	0,3	0,6	0,4	0,2	0,5	3,5	9,8
Kartoffel	Pülpe	31	2,4	1,1	1,8	0,7	1,7	3,2	2,0	0,4	2,0	15,4	30,7
Mohrrübe	ganz getrocknet, Pülpe getrocknet	73	3,8	1,8	2,5	1,5	3,3	3,3	2,8	1,0	3,9	24,0	62,7
Melasse	nativ	102	1,4	0,8	0,6	0,5	2,7	2,7	0,4	1,0	1,8	11,9	76,4
Trocken-schnitzel	nativ	45	2,7	1,3	2,1	1,5	1,7	2,8	1,8	0,5	2,8	17,2	36,0
	melassiert	62	3,5	1,7	2,9	2,0	2,3	3,7	2,3	0,7	3,7	22,8	47,1

▶ **Tab. 13.36** Fortsetzung

FM-Gruppe	Identifikation/Status	pcvRp[1)]	Lys	Met + Cys	Thr	His	Ileu	Leu	Phe	Try	Val	Summe esAA	Summe AS
Nebenprodukte der Obstverarbeitung/Saftgewinnung													
Trester	Obst	27	1,4	0,9	1,0	0,7	1,0	1,7	1,0	0,2	1,3	9,2	23,4
	Trauben	72	3,4	1,2	2,7	1,1	3,0	4,6	3,2	0,7	2,6	22,5	52,2
	Zitrusfrüchte	41	1,3	0,9	1,3	0,8	1,3	2,3	1,6	0,4	1,7	11,7	28,7
Bananen	getrocknet	36	1,0	0,8	1,3	0,6	1,2	2,1	1,3	0,4	1,5	10,4	24,3
Getreidekörner													
Hafer	nativ	77	3,1	3,5	2,6	1,7	2,8	5,6	3,8	1,0	3,9	28,0	69,6
	Nackthafer/entspelzt	97	4,0	4,5	3,3	2,2	3,7	7,1	4,9	1,3	4,9	36,0	89,2
Gerste	nativ	83	3,0	3,2	2,8	1,8	2,9	5,7	4,1	1,0	4,0	28,5	76,8
Mais		66	2,0	2,9	2,4	1,9	2,3	7,9	3,2	0,5	3,1	26,2	64,4
Weizen		89	2,4	6,8	2,4	2,2	3,5	4,8	4,5	1,2	3,8	31,6	82,3
Dinkel		86	2,3	6,5	2,3	2,1	3,4	4,6	4,3	1,2	3,6	30,3	78,8
Hirse (Panicum spp.)		91	0,3	0,3	0,5	0,3	0,5	1,3	0,6	0,1	0,6	4,6	8,6
Hirse (Sorghum)		76	1,7	2,6	2,5	1,7	3,0	9,8	3,8	0,9	3,8	29,8	72,2
Reis		58	2,0	2,8	2,0	1,3	2,3	4,5	2,8	0,8	3,2	21,6	51,6
	Körner, geschält	62	2,2	3,0	2,1	1,4	2,4	4,8	3,0	0,8	3,5	23,3	55,5
Roggen	nativ	72	3,0	2,9	2,4	1,7	2,3	4,5	3,2	0,8	3,3	24,0	65,8
Triticale		82	2,8	3,2	2,5	1,9	2,7	5,3	3,6	0,9	3,6	26,5	75,7

▸ **Tab. 13.36** Fortsetzung

FM-Gruppe	Identifikation/Status	pcvRp[1)]	Lys	Met + Cys	Thr	His	Ileu	Leu	Phe	Try	Val	Summe esAA	Summe AS
Nebenprodukte der Getreideverarbeitung													
Weizen	Kleie/Schälkleie	105	4,1	3,7	3,3	2,7	3,2	6,2	4,0	1,6	4,7	33,7	88,0
Gerste		64	2,5	2,2	2,0	1,7	2,0	3,8	2,5	1,0	2,9	20,7	54,2
Mais		154	5,4	5,5	5,1	3,9	4,3	12,8	5,9	1,4	6,5	50,9	124,6
Roggen		105	3,5	4,1	3,3	2,4	3,5	6,7	4,7	1,1	4,6	34,0	97,0
Reis	Reiskleie	95	4,3	3,8	3,5	2,5	3,4	6,6	4,2	1,2	5,1	34,6	85,3
	Kleberfuttermehl	140	4,2	5,1	4,9	4,2	4,2	11,7	4,8	0,7	6,5	46,3	115,4
	Kleber	485	8,1	20,3	16,0	9,8	19,2	77,5	29,5	2,6	22,0	205,1	499,7
	Keimextraktionsschrot	150	6,2	5,3	5,7	4,5	5,2	12,0	6,4	1,6	8,1	54,9	128,3
Weizen	Kleberfuttermehl	104	3,5	3,7	3,4	2,6	3,4	6,6	4,1	1,6	4,9	33,8	89,4
	Kleber	605	9,6	21,8	15,1	12,3	21,6	41,4	30,4	5,7	23,5	181,4	595,0
Biertreber	getrocknet	172	5,7	6,5	6,0	3,6	6,9	14,4	9,2	2,1	9,0	63,5	154,6
Bierhefe		290	19,0	6,9	13,7	6,1	12,9	19,8	11,9	3,4	15,3	109,1	240,6
Schlempe		194	6,2	7,2	7,1	4,9	7,4	19,5	9,1	1,7	9,7	72,7	177,0
Leguminosenkörner													
Ackerbohnen	Samen/Flocken	204	11,9	3,7	6,7	5,0	8,0	14,1	8,2	1,7	8,9	68,2	171,5
Erbsen	nativ	166	12,0	4,0	6,3	4,1	7,0	11,8	7,9	1,5	7,8	62,4	154,6
Linsen		190	12,4	3,6	6,7	4,8	7,9	13,6	9,1	1,5	8,8	68,4	163,2
Lupinen	Samen, süß, blau, weiß, gelb	262	11,2	5,3	8,0	6,2	10,8	17,1	9,5	1,8	9,6	79,6	222,9
Wicke	Samen, nativ	193	4,5	3,5	6,4	5,2	5,8	11,8	7,9	1,3	9,5	55,8	160,4

▶ **Tab. 13.36** Fortsetzung

FM-Gruppe	Identifikation/Status	pcvRp[1)]	Lys	Met + Cys	Thr	His	Ileu	Leu	Phe	Try	Val	Summe esAA	Summe AS
Fettreiche Samen & Verarbeitungsprodukte													
Lein	nativ	166	6,4	6,0	6,2	3,6	7,0	9,4	8,0	2,7	8,2	57,5	153,0
Raps		146	8,9	6,7	6,5	4,0	5,8	10,2	5,9	2,0	7,5	57,3	131,0
Sojabohne	Vollbohne, dampferhitzt	265	16,4	7,7	10,3	6,9	11,9	20,0	13,3	3,5	12,5	102,7	258,7
Erdnuss	Samen geschält	212	7,0	4,6	5,4	4,8	6,8	13,2	10,7	2,0	8,3	62,8	188,4
Palmkern	nativ	49	1,5	1,5	1,5	0,9	1,5	2,9	1,9	0,5	2,2	14,4	38,9
Lein	Extraktionsschrot	243	8,7	8,5	8,9	5,4	10,1	13,7	11,3	3,6	12,0	82,2	218,8
	Kuchen, 8 + 12 % Fett	242	9,7	9,0	9,4	6,1	10,7	14,5	11,6	3,9	12,6	87,5	236,7
Raps	Extraktionsschrot	263	13,6	11,3	11,1	6,9	10,3	17,9	10,4	3,6	13,2	98,2	235,4
	Kuchen, > 9 % Fett	240	13,4	10,5	10,6	6,3	9,6	16,8	9,8	3,3	12,4	92,7	213,3
	Kuchen, bis 9 % Fett	272	15,2	11,8	11,8	7,2	10,8	18,9	11,0	3,7	13,9	104,4	241,6
Sojabohne	Extraktionsschrot, ungeschält, dampferhitzt	369	22,4	10,3	14,3	9,6	16,8	28,0	18,7	4,9	17,5	142,6	360,1
	Extraktionsschrot, geschälte Saat	381	23,4	10,9	14,6	10,0	17,4	29,1	19,4	5,2	18,1	148,1	371,4
Sonnenblume	Extraktionsschrot, ungeschälte Saat	211	7,4	8,1	7,6	5,1	8,5	13,1	9,5	2,8	10,2	72,3	186,6
	Extraktionsschrot, teilgeschält	256	8,9	9,7	9,2	6,2	10,2	15,9	11,5	3,4	12,5	87,5	225,3
	Extraktionsschrot, geschälte Saat	316	11,0	12,1	11,4	7,7	12,7	19,7	14,2	4,2	15,4	108,4	279,0
	Kuchen > 8 % Fett, teilgeschälte Saat	200	6,6	7,2	6,8	4,5	7,4	11,6	8,4	2,5	9,2	64,2	170,1
	Kuchen bis 8 % Fett, geschälte Saat	292	10,4	11,4	10,7	7,1	11,7	18,2	13,2	3,9	14,3	101,0	258,4
Palmkern	Extraktionsschrot	107	2,9	3,2	3,1	1,8	3,5	6,6	4,1	0,8	5,0	31,0	86,9
	Kuchen, < 9 % Fett	120	3,3	3,5	3,5	2,1	4,0	7,4	4,8	0,9	5,8	35,5	99,6
	Kuchen, > 9 % Fett	132	3,6	3,9	3,9	2,3	4,4	8,2	5,2	1,0	6,3	38,6	108,3

▶ **Tab. 13.36** Fortsetzung

FM-Gruppe	Identifikation/Status	pcvRp[1)]	Lys	Met + Cys	Thr	His	Ileu	Leu	Phe	Try	Val	Summe esAA	Summe AS
Kokos	Extraktionsschrot	151	3,6	3,9	4,3	2,7	4,7	9,0	6,1	1,2	7,1	42,6	795,5
	Kuchen bis 12 % Fett	143	3,7	3,8	4,2	2,6	4,4	8,4	5,8	1,1	6,6	40,7	113,0
Erdnuss	Extraktionsschrot	392	12,4	9,0	9,8	8,7	12,6	23,9	18,9	3,8	15,2	114,1	342,3
Sojabohne	Schalen	71	4,6	1,9	2,4	1,8	2,5	4,2	2,6	0,8	3,1	24,0	57,9
Erdnuss	Schale (Häutchen)	107	4,9	2,2	3,1	3,2	3,4	6,3	4,6	1,3	4,4	33,3	102,7
Milchprodukte													
Magermilch	getrocknet	258	15,9	7,1	8,9	5,5	10,4	19,9	9,9	3,2	13,1	93,9	208,3
Molke		91	6,9	3,0	5,3	1,5	4,6	7,7	2,8	1,3	4,5	37,8	78,0
Kasein		774	63,0	27,0	33,7	23,2	41,5	75,1	39,5	10,1	51,5	364,7	796,5

[1)] Die Werte für die präzäkal verdaulichen Aminosäuren beziehen sich auf den angegebenen Gehalt an präzäkal verdaulichem Rp; Bei Abweichungen in diesem Wert kann eine Justierung der Aminosäurengehalte auf den aktuellen Wert für pcvRp erfolgen: AS/pcvRp lt. Tabelle x aktuelles pcvRp
[2)] konventionelle Vortrocknung und nachfolgende technisch unterstützte Belüftung und Nachtrocknung

► **Tab. 13.37** Fettlösliche Vitamine in Futtermitteln für Pferde.

Futtermittel	Identifikation/Status	Vit. A	Vit.D	Vit.E
		IE/kg[1)]		mg/kg[1)]
Gras	Frühjahr	22300[2)]	–	50
	Sommer, früh, v.d. Rispenschieben	21750	–	40
		12250	–	25
Gras	Heulage	6000–10000	0–500	50–1002[2)]
	Anwelksilagen allgemein	15000–18000	< 10	50
Mais	Maissilage 35–40 % TS	2500	< 5	50
Gras	Heu, allgemein	5000–8000	700–800	50–100
Klee	Heu (Rot-, Weiß-, Inkarnatklee)	10000–14000	50–100	5
Luzerne	Heu	20000–25000	300–350	5
Gras	Grünmehl	120000	< 5	110
Luzerne	Grünmehl	60000	350	100
Futterrüben	frisch (Massenrüben)	–	0	–
Kartoffel	Knolle, frisch	0	0	0
Zuckerrübe	nativ	4500	0	–
Mohrrübe	frisch	25000	0	–
Rote Bete	nativ	–	–	–
Maniok	geschält, getrocknet	0	0	0
Melasse	nativ	0	0	0
Trockenschnitzel	nativ	90	550	15
Hafer	nativ	2050	0	10
Gerste	nativ	2200	0	15
Mais	nativ	23000	0	15
Weizen	nativ	150	0	15
Dinkel	nativ	–	–	–
Hirse (Panicum spp.)	nativ	110	0	10
Reis	nativ	0	0	0
Weizen	Kleie/Schälkleie	500	0	20
Ackerbohnen	nativ	0	0	0
Erbsen	nativ	450	0	0
Erdnuss, Kokos, Lein, Lupinen; Palmkern, Raps, Sojabohne, Wicke	nativ od. Nebenprodukte	0	0	0
Pflanzenöle	nativ	0	0	0
Magermilch	getrocknet	300	0	2
Molke	getrocknet	0	0	0
Kasein	getrocknet	0	0	0

[1)] auf ± 500 bzw. ± 5 gerundet; [2)] aus Karotin berechnet: 1 mg Karotin entspricht 400 IE Vit. A
0 = kein nennenswerter Gehalt, – keine sicheren Angaben

13.4
Erforderliche Nährstoffgehalte in Ergänzungsfuttermitteln

Aus der Futteraufnahme und dem Energie- und Nährstoffbedarf lassen sich die jeweiligen gewünschten Konzentrationen in der Futtertrockenmasse ableiten. Dies ist hilfreich, um bei vorliegenden Analysedaten zum Grundfutter über die Ansprüche an das Ergänzungsfutter entscheiden zu können.

▶ **Tab. 13.38** Notwendige Konzentrationen von Nährstoffen im Ergänzungsfutter in Abhängigkeit von den Gehalten im Grundfutter (GF) relativ zum gewünschten Gehalt bzw. bei zunehmenden Anteilen des Ergänzungsfutters (EF = 100 % – GF) an der Trockenmasse der Gesamtration.

Gegebene Konzentration[1] eines Nährstoffs	Anteil des Grundfutters – Gras oder Graskonserven, % der Gesamtration											
	99,6	99,4	99,2	99	98	95	90	85	80	75	65	60
90 %	25,9	17,6	13,4	10,9	5,9	2,9	1,9	1,6	1,4	1,3	1,2	1,2
80 %	50,8	34,1	25,8	20,8	10,8	4,8	2,8	2,1	1,8	1,6	1,4	1,3
70 %	75,7	50,7	38,2	30,7	15,7	6,7	3,7	2,7	2,2	1,9	1,6	1,5
60 %	100,6	67,3	50,6	40,6	20,6	8,6	4,6	3,3	2,6	2,2	1,7	1,6
50 %	125,5	83,8	63,0	50,5	25,5	10,5	5,5	3,8	3,0	2,5	1,9	1,8
40 %	150,4	100,4	75,4	60,4	30,4	12,4	6,4	4,4	3,4	2,8	2,1	1,9
30 %	175,3	117,0	87,8	70,3	35,3	14,3	7,3	5,0	3,8	3,1	2,3	2,1
20 %	200,2	133,5	100,2	80,2	40,2	16,2	8,2	5,5	4,2	3,4	2,5	2,2
10 %	225,1	150,1	112,6	90,1	45,1	18,1	9,1	6,1	4,6	3,7	2,7	2,4

[1] Angegebene Konzentration i.d. Trockenmasse der Grundfutterration in % der Empfehlung
Beispiel: Gewünschter Cu-Gehalt 10 mg/kg TS, in Gras sind 6 mg/kg TS enthalten = 60 % der Empfehlung; ein vitaminiertes Mineralfutter, das zu 0,4 % der Trockenmasse (bei 10 kg TS/Tag ergeben sich 40 g) eingesetzt wird, muss im Ergänzungsfutter das 100,6-Fache des gewünschten Gehalts von 10 mg enthalten; wird ein Ergänzungsfutter zu 10 % der Gesamttrockenmasse eingesetzt, ergibt sich ein notwendiger Cu-Gehalt von 4,6 × 10 = 46 mg/kg TS des Ergänzungsfutters.

13.5
Beurteilung des Ernährungszustandes anhand eines Body Condition Score (BCS) mit der Skala 1 bis 9

In Ergänzung des BCS nach Carrol und Huntington (1988, s. ▶ **Tab. 6.7**) mit der Skalierung von 1 bis 6 wird nachfolgend ein inhaltlich vergleichbares System mit der Skalierung von 1 bis 9 aufgeführt, auf das sich u. a. Angaben zur Körperzusammensetzung stützen. In der Praxis sind beide Systeme brauchbar.

▸ **Tab. 13.39** Raster zur Beurteilung des Ernährungszustandes (Body Condition Score, BCS) anhand einer Skala von 1 (lebensbedrohlich kachektisch) bis 9 (krankhaft adipös) und Schätzung des entsprechenden Körperfettgehaltes[1)] (Tab. basiert auf Daten aus GfE 2014, nach Kienzle u. Schramme 2004, Hois et al. 2005).

BCS	Hals	Schulter (SB u. R auf Höhe des Ellbogengelenks)	Rücken, Kruppe	Brustwand, 6.–17. R	Hüfte	Sitzbeinhöcker, Schweifansatz	Körperfett, %[1)]
1	SF konkav, W fühlbar u. sichtbar; kein KF	SB sichtbar u. hervortretend, H u. UH keine Faltenbildung möglich	WD u. WQ sichtbar, K konkav, H nicht verschieblich, Ansätze d. R sichtbar	R sichtbar und hervortretend	Hg eingefallen, Hhö u. Shö prominent ohne Unterhautfettgewebe, Areal zw. Shö, Hhö u. Sa konkav, After eingefallen	Körperoberflächen konkav, W abgegrenzt sichtbar	<5
2	s. o., W fühlbar, kaum sichtbar	SB Vorderkante und SB-gräte sichtbar; R sicht- und tastbar	s. o., Ansätze der R tastbar	s. o.	s. o., Linie über KB gerade	s. o., W schwach abgegrenzt	<5
3	SF noch leicht konkav, W mit Druck fühlbar; kein KF	SB in Umrissen sichtbar, R tastbar	WD markant, H nicht verschieblich	s. o.	s. o., KB kaum hervortretend, Shö sichtbar, After leicht eingefallen	s. o., Wirbel nicht abgegrenzt, W-Seitenflächen nicht sichtbar	6
4	SF gerade, W nur mit gezieltem Druck fühlbar, KF vorhanden, HL nicht mehr konkav	SB abgedeckt, SB-Gräte noch erkennbar, R zunehmend abgedeckt, aber tastbar; Faltenbildung noch schwierig	WD am Widerrist nur abgebildet unter straffer Haut	R schwach sichtbar, gut tastbar	Hhö deutlich gezeichnet, klare Konturen, Shö schwach gezeichnet	KF zw. Shö u. Sa noch leicht konkav, W nur in Konturen abgezeichnet	9
5	SF u. HL leicht konvex, KF gut erkennbar, Höhe ca. 5 cm	s. o., zunehmende Abdeckung, knöcherne Grundlagen kaum sichtbar, H verschieblich	H auch über den WD leicht verschieblich, R noch tastbar	R kaum mehr sichtbar, bei gezieltem Druck fühlbar	Hhö i.d. Konturen unscharf, zunehmend rund, Shö fühlbar	W von Unterhautgewebe abgedeckt; KF gerade	12
6	SF leicht konvex, HL konvex, KF deutlich, ca. 5,5–7 cm	weitgehende Gewebeabdeckung, Faltenbildung möglich	H leicht verschieblich, R erschwert tastbar	s. o.	Hhö nach dorsal kaum hervortretend, Shö erschwert tastbar	W teils von Fettgewebe umgeben, KF leicht konvex	16
7	s. o., HL deutlich konvex; KF abgesetzt, Höhe ca. 7–8,5 cm	s. o., Faltenbildung leicht	K und R weich abgedeckt, H leicht zu verschieben	R noch unter weicher Gewebeabdeckung fühlbar	Hhö rund, weich wirkend	deutliche Fettabdeckung d. W, KF deutlich konvex	21

Tab. 13.39 Fortsetzung

BCS	Hals	Schulter (SB u. R auf Höhe des Ellbogengelenks)	Rücken, Kruppe	Brustwand, 6.–17. R	Hüfte	Sitzbeinhöcker, Schweifansatz	Körperfett, %[1]
8	s. o., HL auffallend konvex, KF deutlich abgesetzt, Höhe 8,5–10 cm	weiche Gewebeabdeckung, Faltenbildung leicht, ohne Spannung	K weich abgedeckt, über R polsterartiges Fettgewebe	R kaum fühlbar, einsinkende Fingerspitzen	Hhö sichtbar mit Fettgewebe eingefasst	W von Fettpolster eingeschlossen, KF ausgeprägt konvex	26
9	SL deutlich konvex, HL stark konvex, KF massiv, neigt zur Seite, Höhe > 10 cm	Fettabdeckung von SB u. der nach hinten anschließenden Region der R; Fettabdeckung des Widerristes; Faltenbildung möglich	umfassende polsterartige Fettabdeckung	R nicht tastbar, durchgehende Fettgewebsabdeckung	Hhö nicht mehr als Vorwölbung erkennbar	umfassende Fettabdeckung	> 30

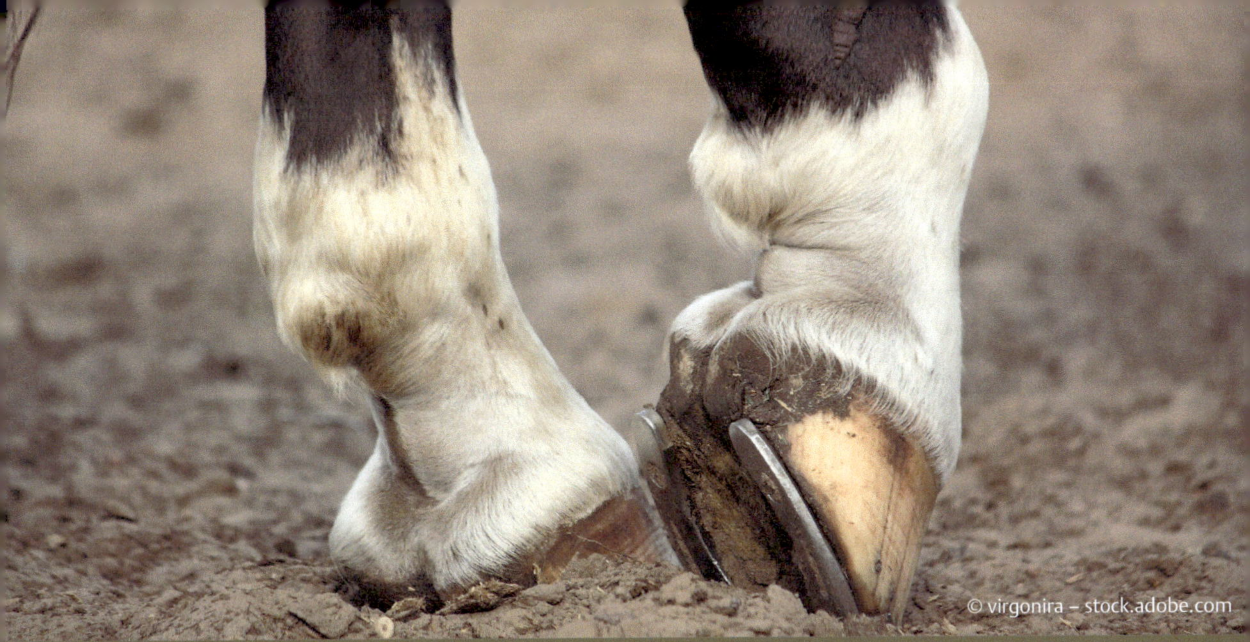

Teil 5
Anhang

14 Literatur

Die Literatur wurde ergänzt, erweitert und aktualisiert. Bei umfänglichen Änderungen ist daher ein Abschnitt als „Literaturergänzung" ausgewiesen.

14.1 Allgemeine Literatur

[1] Cunha TJ. Horse feeding and nutrition. 2nd Edition. New York: Academic Press; 1991

[2] Ehrenbeg P. Die Fütterung des Pferdes. Radebeul und Berlin: Neumann Verlag; 1954

[3] Equine Science Society. Proc. Equine Nutrition and Physiology Symposium.

[4] Frape D. Equine Nutrition and Feeding. 4th Edition. Oxford: Wiley-Blackwell 2010

[5] GfE (Gesellschaft für Ernährungsphysiologie der Haustiere). Empfehlungen zur Energie- und Nährstoffversorgung des Pferdes. Frankfurt/Main: DLG-Verlag; 1994

[6] Jarrige R, Martin-Rosset W, Hrsg. Le Cheval. Reproduction, Selection, Alimentation, Exploitation. Paris: Institut National de la Recherche Agronomique. 1984

[7] Lewis LD. Feeding and care of the horse. Philadelphia: Lea & Febiger; 1995

[8] Martin-Rosset W, Hrsg. L'alimentation des chevaux – techniques et pratiques. Paris: Institut National de la Recherche Agronomique; 1990

[9] National Research Council (NRC). Nutrient Requirements of Horses. 4th Edition. Washington: National Academies Press; 1978

[10] National Research Council (NRC). Nutrient Requirements of Horses. 5th Edition. Washington: National Academies Press; 1989

[11] Olsson NO. The Nutrition of the Horse. In: Cuthbertson D, Hrsg. Nutrition of Animals of Agricultural Importance. Part 2: 921–960. Oxford und Braunschweig: Pergamon Press; 1969

[12] Pilliner S. 1992: Horse nutrition and feeding. Oxford: Wiley-Blackwell; 1992

[13] Wolter R. L'alimentation du cheval. Paris: Ed. Vigot Frères; 1971

14.1.1 Literaturergänzung Allgemeine Literatur

[14] Brody S. Bioenergetics and growth: with special reference to the efficiency complex in domestic animals. New York: Reinhold Publishing; 1945

[15] Ellis AD, Longland A, Coenen M et al. The impact of nutrition on the health and welfare of horses: EAAP Publication No. 128; Wageningen Acadmic Pub; 2010

[16] Geor RJ, Harris P, Coenen M. Equine Applied and Clinical Nutrition: Health, Welfare and Performance. Edinburgh London: Elsevier Health Sciences; 2013

[17] GfE (Gesellschaft für Ernährungsphysiologie). Nr. 11: Empfehlungen zur Energie- und Nährstoffversorgung von Pferden. Ausschuss für Bedarfsnormen, Hrsg. Frankfurt/Main: DLG/Verlag; 2014

[18] Hodgson DR, McKeever KH, McGowan CM. The Athletic Horse. Principles and Praxtice of equine Sports Medicine. 2nd ed. St. Louis, Missouri: Elsevier/Saunders; 2014

[19] INRA ((Institut national de la recherche agronomique). Equine nutrition; INRA Nutrient requirements, recommended allowances and feed tables. Martin-Rosset W, Hrsg. Wageningen: Wageningen Academic Publishers; 2015

[20] Julliand V, Martin-Rosset W. The growing horse: Nutrition and Prevention of growth disorders: EAAP Publication No. 114; Wageningen Academic Pub; 2005

[21] Kamphues J, Wolf P, Coenen M et al. Supplemente zur Tierernährung für Studium und Praxis. Hannover: Schaper GmbH; 2014

[22] Kleiber M. The fire of life. An introduction to animal energetics. London: John Wiley & Sons, Inc., New York; 1961

[23] Kleiber M. The Fire of Life. revised edition ed. New York: Krieger Publ. Co.; 1975

[24] Loeffler K, Gäbel G. Anatomie und Physiologie der Haustiere. 14. ed. Stuttgart: Eugen Ulmer; 2015

[25] Marlin D, Nankervis K. Equine Exercise Physiology. Oxford: Blackwell Science Ltd.; 2002

[26] NRC (National Research Council). Nutrient Requirements for Horses. National Research Council; Board on Agriculture and Natural Resources; Committee on Nutrient Requirements of Horses, Hrsg. Washington: The Natinal Academic Press; 2007

[27] Saastamoinen M, Fradinho MJ, Santos AS et al. Forages and grazing in horse nutrition: EAAP Publication No. 132; Wageningen Academic Pub; 2012

[28] Saastamoinen MT, Martin-Rosset W. Nutrition of the exercising horse: EAAP Publication No. 125; Wageningen Academic Pub; 2008

[29] Waran N. The Welfare of Horses. Phillips C, Hrsg. Dorderecht NL: Springer; 2007

[30] Wissdorf H. Praxisorientierte Anatomie und Propädeutik des Pferdes. Hannover: Schlütersche; 2002

14.2 Teil 1: Allgemeine Grundlagen

14.2.1 Kapitel 1–4

[31] Agricultural Research Council. The Nutrient Requirements of Farm Livestock. No. 2. Ruminants, 2nd Edition. London: Agricultural Research Council; 1980

[32] Agricultural Research Council. The Nutrient Requirements of Farm Livestock. No. 3. Pigs, 2nd Edition. London: Agricultural Research Council; 1980

[33] Almousa L. The effect of magnesium on the inflammatory response in human vascular endothelial cells. University of Nottingham; 2018

[34] Anderson CE, Potter GD, Kreider JL et al. Digestible energy requirements for exercising horses. J. Anim. Sci. 1983; 56: 91–95

[35] Argo CM, Cox JE, Lockyer et al. Adaptive changes in the appetite, growth and feeding behaviour of pony mares offered ad libitum access to a complete diet in either a pelleted or chaff-based form. Animal Science 2002; 74: 517–528

[36] Art T, Lekeux P. A critical assessment of pulmonary function testing in exercising ponies. Veterinary research communications 1988; 12: 25–39

[37] Art T, Lekeux P. Effect of environmental temperature and relative humidity on breathing pattern and heart rate in ponies during and after standardised exercise. The Veterinary record 1988; 123: 295–299

[38] Art T, Lekeux P. Pulmonary mechanics during treadmill exercise in race ponies. Veterinary research communications 1988; 12: 245–258

[39] Art T, Lekeux P. Respiratory airflow patterns in ponies at rest and during exercise. Canadian journal of veterinary research = Revue canadienne de recherche veterinaire 1988; 52: 299–303

[40] Art T, Votion D, Lekeux P. Physiological measurements in horses after strenuous exercise in hot, humid conditions. Equine veterinary journal 1995. Supplement 20: 120–124

[41] Barsnick R. Untersuchungen zur Akzeptanz und Verdaulichkeit von Trockenschnitzeln unterschiedlicher Konfektionierung beim Pferd [Dissertation]. Stiftung Tierärztliche Hochschule Hannover; 2003

[42] Battaglia FC, Meschia G. Principal substrates of fetal metabolism. Physiol Rev 1978; 58: 499–527

[43] Bergero D, Meineri G, Miraglia N, Peiretti G. Apparent digestibility of hays in horses determined by total collection of faeces and using internal marker methods. International Journal of Food, Agriculture and Environment 2005; 3(1): 199–202

[44] Bochnia M, Boesel M, Bahrenthien L, Wensch-Dorendorf M, Zeyner A. Feed intake patterns of sport ponies and warmblood horses following iso-energetic intake of pelleted fibre-rich mixed feed, muesli feed and semicrushed oat grains. J Anim Physiol Anim Nutr 2017; 101: 37–42

[45] Bonin SJ, Clayton HM, Lanovaz JL, Johnson TJ. Kinematics of the equine temporomandibular joint. Am J Vet Res 2006; 67(3): 423–428

[46] Bonin SJ, Clayton HM, Lanovaz JL, Johnston T. Comparison of mandibular motion in horses chewing hay and pellets. Equine Vet J 2007; 39(3): 258–262

[47] Brade, W, Distl O, Sieme H, Zeyner A. Pferdezucht,-haltung und -fütterung: Empfehlungen für die Praxis, VTI; 2011

[48] Brody S. Bioenergetics and Growth. New York: Reinhold Publishing Corp.; 1945

[49] Brøkner C, Austbø D, Næsset JA, Knudsen KEB, Tauson AH. Equine pre-caecal and total tract digestibility of individual carbohydrate fractions and their effect on caecal pH response. Archives of animal nutrition 2012; 66(6): 490–506

[50] Brüssow N, Voigt K, Vervuert I, Hollands T, Cuddeford D, Coenen M. The effect of the order of feeding oats and chopped alfalfa to horses on the rate of feed intake and chewing activity. Pferdeheilkunde 2005; Suppl. 21: 37–38

[51] Brüssow NaS. Effekte verschiedener Futtermittel und -bearbeitungsformen auf die Futteraufnahmedauer, die Kaufrequenz und die Kauintensität beim Pferd. Stiftung Tierärztliche Hochschule Hannover, 2006

[52] Burlacu GH, Voicu I, Nicolae E et al. Study on the energy and protein metabolism in horses. Arch Tierernahr 1993; 45: 173–185

[53] Caskin IN, Bogdanov PP. Nekotorye zakonomernosti embrional jnogo i postembrional jnogo rosta i razvitija donokirizkih losadei v tabunnyh usloviah. Konevodstvo 1952; 22: 6–16

[54] Castejón-Riber C, Muñoz A, Trigo P et al. Comparative ergoespirometric adaptations to a treadmill exercise test in untrained show Andalusian and Arabian horses. Vet Res Commun 2012; 36: 41–46

[55] Claus M, Frey R, Kiefer B, Lechner-Doll M, Loehlein W, Polster C, Rössner GE, Streich WJ. The maximum attainable body size of herbivorous mammals: morphophysiological constrains on foregut and adaptations of hindgut fermenters. Oecologia 2003; 136: 14–27

[56] Coenen M. Remarks on the benefits of heart rate recordings. Proc. Kentucky Equine Research Nutrition Conference 2010; 17: 42–54

[57] Coenen M. Chloridhaushalt und Chloridbedarf des Pferdes [Habil.]. Stiftung tierärztliche Hochschule Hannover, 1991

[58] Coenen M. The suitability of heart rate in the prediction of oxygen consumption, energy expenditure and energy requirement of the exercising horse. In: Saatsamoinen MT, Martin-Rosset W. Nutrition of the exercising horse. EAAP Publication 125: 139–146. Wageningen: Wageningen Academic Publishers; 2008

[59] Coenen M, Kienzle E, Vervuert I et al. Recent German Developments in the Formulation of Energy and Nutrient Requirements in Horses and the Resulting Feeding Recommendations. J. Equine Vet. Sci. 2011; 31: 219–229

[60] Coenen M, Kirchhof S, Kienzle E et al. Aktualisierung von Grunddaten für die faktorielle Ableitung des Energie- und Nährstoffbedarfs laktierender Stuten. Übersichten Tierernährung 2010; 38: 91–121

[61] Coenen M. Macro and trace elements in equine nutrition. In: Geor RJ, Harris PA, Coenen M. Equine applied and clinical nutrition. Philadelphia: Saunders Elsevier; 2013: 190–228

[62] Coenen M, Meyer H. Energy and nutrient requirements of the pregnant mare. Budapest: Proc. EAAP conference; 1986

[63] Coenen M, Vervuert I. Wasser- und Elektrolythaushalt arbeitender Pferde [Übersichten]. Tierernährung 2003; 31: 29–72

[64] Coenen, M, Vervuert I. A minimum of roughage and a maximum of starch-necessary benchmarks for equine diets. Pferdeheilkunde 2010; 26(2): 147–151

[65] Cottrili CM, Jefferson-Lo J, Ousey JC et al. The placenta as a determinant of fetal well-being in normal and abnormal equine pregnancies. J Reprod Fertil Suppl 1991; 44: 591–601

[66] Crichton R. Inorganic Biochemistry of Iron Metabolism – From Molecular Mechanisms to Clinical Consequences, 2nd Edition; New York/London: Wiley & Sons; 2001

[67] Cuddeford D. Feed intake in horses. In: Geor R, Coenen M, Harris P, Hrsg. Equine Applied and Clinical Nutrition: Health, Welfare and Performance. Philadelphia: Elsevier Saunders; 2013

[68] Cuddeford D, Woodhead A, Muirhead R. A comparison between the nutritive value of short-cutting cycle, high temperature-dried alfalfa and timothy hay for horses. Equine Vet J 1992; 24(2): 84–89

[69] Cymbaluk NF, Christiso GI, Leach DH. Longitudinal growth analysis of horses following limited and ad libitum feeding. Equine Veterinary Journal 1990; 22: 198–204

[70] Cymbaluk NF. Water. Equine applied and clinical nutrition. In Geor RJ, Harris PA, Coenen M. Equine Applied and Clinical Nutrition. Health, Welfare and Performance. Elsevier: Edinburgh, London; 2013: 80–95

[71] De Fombelle A, Varloud M, Goachet AG, Jacotot E, Philippeau C, Drogoul C, Julliand V. Characterization of the microbial and biochemical profile of the different segments of the digestive tract in horses given two distinct diets. Anim Sci 2003; 77(2): 293–304

[72] Dejmal M, Lenka L, Fisáková Nyvltová M, Bajer A, Petr L, Kocár P, Kocárová R, Nejman L, Rybnicek M, Súvová Z, Culp R, Vavrcik H. Medieval Horse Stable; The Results of Multi Proxy Interdisciplinary Research. PloS one 2014; e89273

[73] den Engelsen C. Het gewicht van de land bouhuis dieren. Veteelt Zuivelber. 1966; 9: 293–310

[74] Dodd J, Doran G, Harris P, Noble G. 41 Magnesium aspartate supplementation and reaction speed response in horses. Journal of Equine Veterinary Science 2015; 35(5): 401–402

[75] Dodd J, Doran G, Harris P, Noble G. 60 Oral magnesium supplementation alters blood and urine electrolyte concentrations in horses. Journal of Equine Veterinary Science 2015; 35(5): 409–410

[76] Doreau M, Boulot S, Martin-Rosset W et al. Relationship between nutrient intake, growth and body composition of the nursing foal. Reprod Nutr Dev 1986; 26: 683–690

[77] Douglas RH, Ginther OJ. Development of the equine fetus and placenta. Journal of reproduction and fertility 1975; Supplement 23: 503–505

[78] Dugdale AHA, Grove-White D, Curtis GC, Harris P, Argo CMcG. Body condition scoring as a predictor of body fat in horses and ponies. The Veterinary Journal 2012; 194.2: 173–178

[79] Duncan P, Foose TJ, Gordson IJ, Gakahu CG, Lloyd M. Comparative nutrient extraction from forages by

grazing bovids and equids: a test of the nutritional model of equid/bovid competition and coexistence. Oecologia 1980; 84: 411–418

[80] Dusek J, Richter L. Änderungen der Körpermasse von Stuten im Verlauf der Gravidität. Arch. Tierzucht 1972; 15: 361–366

[81] Eizema K, Van den Burg MMM, De Joge HW et al. Myosin Heavy Chain Isoforms in Equine Gluteus Medius Muscle: Comparison of mRNA and Protein Expression Profiles. J Histochem Cytochem 2005; 53: 1383–1390

[82] Evans DL, Rose RJ. Maximum oxygen uptake in racehorses: changes with training state and prediction from submaximal cardiorespiratory measurements. ICEEP Publication; 1987. 52–67

[83] Evans DL, Rose RJ. Cardiovascular and respiratory responses to submaximal exercise training in the thoroughbred horse. Pflugers Archiv : European Journal of Physiology 1988; 411: 316–321

[84] Flade JE. Wachstum und Entwicklung beim Pferd - eine Betrachtung über die Fohlenaufzucht. Tierzucht 1957; 11: 163–170

[85] FAO (Food and Agriculture Organization oft he United Nations). Live Animals. 2017; Im Internet: www.fao.org/faostat/en/#data/QA

[86] Flade JE. Shetland Ponys. Wittensen/Lutherstadt: Ziemsen Verlag; 1959

[87] Fowden AL, Forhead AJ, Bloomfield M et al. Pancreatic alpha cell function in the fetal foal during late gestation. Exp Physiol 1999; 84: 697–705

[88] Fowden AL, Forhead AJ, White KL et al. Equine uteroplacental metabolism at mid- and late gestation. Experimental physiology 2000a; 85: 539–545

[89] Fowden AL, Silver M. Glucose and oxygen metabolism in the fetal foal during late gestation. The American journal of physiology 1995; 269: R1455–1461

[90] Fowden AL, Tayler PM, White KL et al. Ontogenic and nutritionally induced changes in fetal metabolism in the horse. The Journal of physiology 2000b; 528: 209–219

[91] Franciolli AL, Cordiero BM, Da Fonseca ET et al. Characteristics of the equine embryo and fetus from days 15 to 107 of pregnancy. Theriogenology 2011; 76: 819–832

[92] Frape D. Equine Nutrition and Feeding. Blackwell Science: Oxford; 1998

[93] Freeman DW, Potter GD, Schelling GT et al. Nitrogen metabolism in mature horses at varying levels of work. Journal of animal science 1988; 66: 407–412

[94] Fuller Z, Cox JE, Argo CM. Photoperiodic entrainment of seasonal changes in the appetite, feeding behaviour, growth rate and pelage of pony colts. Anim Sci 2001; 72: 65–74

[95] Gabel A. Metabolic bone disease: problems of terminology. Equine veterinary journal 1988; 20(1): 4–6

[96] Gauvreau GM, Young SS, Staempfli H. The relationship between respiratory exchange ratio, plasma lactate and muscle lactate concentrations in exercising horses using a valved gas collection system. Canadian journal of veterinary research = Revue canadienne de recherche veterinaire 1996; 60: 161–171

[97] Gee EK, Fennessy PF, Morel PCH et al. Chemical body composition of 20 Thoroughbred foals at 160 days of age, and preliminary investigation of techniques used to predict body fatness. New Zealand Veterinary Journal 2003; 51: 125–131

[98] GfE (Gesellschaft für Ernährungsphysiologie der Haustiere). Empfehlungen zur Energie- und Nährstoffversorgung des Pferdes. Frankfurt/Main: DLG-Verlag; 1994

[99] GfE (Gesellschaft für Ernährungsphysiologie der Haustiere). Empfehlungen zur Energie- und Nährstoffversorgung von Schweinen. Frankfurt/Main: DLG-Verlag; 2006

[100] GfE (Gesellschaft für Ernährungsphysiologie der Haustiere). Empfehlungen zur Energieversorgung von Aufzuchtkälbern und Aufzuchtrindern. Proc. Soc. Nutr. Physiol. 1997; 6: 201–215

[101] GfE (Gesellschaft für Ernährungsphysiologie, Ausschuss für Bedarfsnormen). Empfehlungen zur Energie- und Nährstoffversorgung von Pferden. Frankfurt/Main: DLG-Verlag; 2014

[102] Glade MJ, Belling TH. A dietary etiology for osteochondrotic cartilage. Journal of Equine Veterinary Science 1986; 6: 151–155

[103] Glade MJ, Gupta S, Reimers TJ. Hormonal responses to high and low planes of nutrition in weanling Thoroughbreds. Journal of Animal Science 1984; 59: 658–665

[104] Giussani DA, Forhead AJ, Gardner DS et al. Postnatal cardiovascular function after manipulation of fetal growth by embryo transfer in the horse. The Journal of Physiology 2003; 547: 67–76

[105] Giussani DA, Forhead AJ, Flowden AL. Development of cardiovascular function in the horse fetus. J. Physiol. 2005: 565: 1019–1030

[106] Grace ND, Pearce SG, Firth EC et al. Content and distribution of macro- and micro-elements in the body of pasture-fed young horses. Australian veterinary journal 1999; 77: 172–176

[107] Greco-Otto P, Massie Sh, Shields E, Roy MF, Pajo E, Léguillette R. High intensity, short duration pulling in heavy horses: physiological effects of competition and rapid weight change. Vet. Res. 2017; 13: 317–326

[108] Günther C. Untersuchungen über die Verdaulichkeit und Verträglichkeit von Hafer, Quetschhafer, Gerste und Mais beim Pferd [Dissertation]. Stiftung Tierärztliche Hochschule Hannover; 1984

[109] Gunn HM. The growth of the transverse sectional area (TSA) of M. semitendinosus in the dog and horse and its relation to athletic ability in the two species. Anatomia, histologia, embryologia 1979; 8: 365–368

[110] Harrington D. Influence of magnesium deficiency on horse foal tissue concentrations of Mg, calcium and phosphorus. British Journal of Nutrition 1975; 34(1): 45–57

[111] Harris DM, Rodiek AV. Dry matter digestibility of diets containing beet pulp fed to horses. Equine Nutrition and Physiology Symposium, 13. Proccedings; 1993

[112] Hattingh J. A comparative study of transepidermal water loss through the skin of various animals. Comparative Biochemistry and Physiology Part A: Physiology 1972; 43(4): 715–718

[113] Hayek LA, Bernor RL, Solounias N, Steigerwald P. Preliminary studies of hipparionine horse diet as measured by tooth microwear. Ann. Zool. Fennici 1991; 28: 187–200

[114] Heilemann M, Woakes AJ, Snow DH. Investigations on the respiratory water loss in horses at rest and during exercise. Advances in Animal Physiology and Animal Nutrition 1990; 21: 52–59

[115] Henneke DR, Potter GD, Kreider JL, Yeates BF. Relationship between condition score, physical measurements and body fat percentage in mares. Equine Vet J 1983; 15: 371–372

[116] Herold P. Untersuchungen zum Leistungspotenzial des Einsatzes von Arbeitspferden und moderner pferdegezogener Technik im Ökologischen Landbau am Beispiel der Mahd im Grünland [Dissertation]. Kassel: Universität Kassel, Fachbereich Ökologische Argrarwissenschaften; 2016

[117] Heusner AA. Energy metabolism and body size. I. Is the mass exponent of Kleiber's equation a statistical artefact? Resp. Physiology 1982; 48: 1–3

[118] Hesse H. Entwicklung und Wachstumsverlauf bei Kleinpferden. Tierzüchtg. u. Züchtungsbiol. 1957; 70: 175–181

[119] Hinchkliff KR. Equine Exercise Physiology. Saunders Ltd.; 2007

[120] Hodgson DR, Davis RE, Mcconaghy FF. Thermoregulation in the horse in response to exercise. The British veterinary journal 1994; 150: 219–235

[121] Hodgson DR, Mccutcheon LJ, Byrd SK et al. Dissipation of metabolic heat in the horse during exercise. Journal of applied physiology 1993; 74: 1161–1170

[122] Hodgson DR, Rose RJ. The Athletic Horse: Principles and Practice of Equine Sports Medicine. Philadelphia: Saunders Company; 1994

[123] Hoh JFY. Superfast or masticatory myosin and the evolution of jaw-closing muscles of vertebrates. J. Exp. Biol. 2002; 205: 2203–2210

[124] Hois Ch. Feldstudie zur Gewichtsentwicklung und Gewichtsschätzung beim wachsenden Pferd [Dissertation]. München; 2004

[125] Hois Ch; Kienzle E, Schulze A. Gewichtsschätzung und Gewichtsentwicklung bei Fohlen und Jungpferden. Pferdeheilkunde 2005; 21: 552–558

[126] Holloszy JO. Biochemical adaptations in muscle. J. Bio. Chem. 1967; 242: 2278–2282

[127] Holman JP. Heat Transfer. Singapore: McGraw-Hill Inc.; 1986

[128] Houpt KA. Equine Behavior Problems in Relation to Humane Care. Anthrozoos: A Multidisciplinary Journal of The Interactions of People & Animals 1987; 1: 184–187

[129] Huang S, Eronen JT, Janis CM, Saarinen JJ, Silvestro D, Fritz SA. Mammal body size evolution in North America and Europe over 20 Myr: similar trends generated by different processes. Proc. Biol. Sciences 2017; 284: 1–9

[130] Idell-Wenger JA, Grotyohann LW, Neely JR. Coenzyme A and Carnitine Distribution in Normal and Ischemic Hearts. J. Bio. Chem. 1978; 253: 4310–4318

[131] Jensen RB, Austbø D, Knudsen KB, Tauson AH. The effect of dietary carbohydrate composition on apparent total tract digestibility, feed mean retention time, nitrogen and water balance in horses. Animal 2014; 8(11): 1788–1796

[132] Karlsson CP, Lindberg JE, Rundgren M. Associative effects on total tract digestibility in horses fed different ratios of grass hay and whole oats. Livestock Production Science 2000; 65(1–2): 143–153

[133] Krull HD. Untersuchungen über Aufnahme und Verdaulichkeit von Grünfutter beim Pferd. Agr. Diss. Stuttgart/Hohenheim; 1984

[134] Jeffcott LB, Savage CJ. Nutrition and the development of osteochondrosis. Pferdeheilkunde 1996; 12: 338–342

[135] Jones BA, Hatfield RD, Muck RE. Effect of fermentation and bacterial inoculation on lucerne cell walls. Journal of the Science of Food and Agriculture 1992; 60(2): 147–153

[136] Kamphues J, Wolf P, Coenen M, Eder K, Iben C, Kienzle E, Liesegang A, Männer K, Zebeli Q, Zentek J. Supplemente zur Tierernährung für Studium und Praxis. Hannover: Schaper; 2014

[137] Katz LM, Bayly WM, Hines MT, Sides RH. Differences in the ventilatory responses of horses and ponies to exercise of varying intensities. Equine Vet J 1999; Suppl(30): 49–51

[138] Katz L, Gough K, Herdan C, Mcgivney B, Bayly W, Sides R, Hill E. Evaluation of a portable system designed to measure ventilatory parameters and oxygen consumption in unridden horses. Equine Vet J. 2014; Suppl. 46: 23

[139] Kayar, SR, Hoppeler H, Lindstedt SL et al. Total muscle mitochondrial volume in relation to aerobic capacity of horses and steers. Plügers Arch 1989; 413: 343–347

[140] Kearns CF, McKeever KH, Abe T. Overview of Horse Body Composition and Muscle Architecture: Implications for Performance. Vet. J. 2002; 164: 224–234

[141] Kearns HF, McKeever KH, John-Alder H, Abe T, Brechue WF. Relationship between body composition, blood volume and maximal oxygen uptake. Equine Exercise Physiology 6, Equine Vet. J. 2002; Suppl. 34: 485–490

[142] Kendell Ch. Horse powered traction and tillage-some options and costs for sustainable agriculture, with international applications. Newcastle Soil Association; 2003

[143] Kienzle E, Coenen M, Zeyner A. Der Erhaltungsbedarf von Pferden an umsetzbarer Energie. Übersichten zur Tierernährung 2010; 38: 33–54

[144] Kienzle E, Schramme S. Beurteilung des Ernährungszustandes mittels Body Condition Scores und Gewichtsschätzung bei adulten Warmblutpferden. Pferdeheilkunde 2004; 20: 517–524

[145] Kingston JK, Geor RJ, McCutcheon LJ. Rate and composition of sweat fluid losses are unaltered by hypohydration during prolonged exercise in horses. Journal of applied physiology 1997; 83: 1133–1143

[146] Kleiber M. The fire of life: an introduction to animal energetics. New York/London: Wiley & Sons Inc.; 1961

[147] Krull HD. Untersuchungen über die Aufnahme und Verdaulichkeit von Grünfutter beim Pferd [Dissertation]. Stiftung Tierärztliche Hochschule Hannover, 1984

[148] Kubus K. Zur Beziehung zwischen der akzelerometrisch erfassten Körperbeschleunigung und der Herzfrequenz beim Pferd [Dissertation]. Leipzig; 2013

[149] Langdon J. The economics of horses and oxen in medieval England. The Agricultural History Review 1982; 30.1: 31–40

[150] Lindemann G. Untersuchungen über den Einfluß von Lactose-und Stärkezulagen auf die Verdaulichkeit von NH3-aufgeschlossenem Stroh beim Pferd [Dissertation]. Stiftung Tierärztliche Hochschule Hannover; 1982

[151] Lindenberg FChB. An oligosaccharide diet to induce regulatory immunity in horses. PhD-Thesis University of Copenhagen, Faculty of Health and Medical Sciences; 2017

[152] Lindner A. Untersuchungen zum Natriumstoffwechsel des Pferdes bei marginaler Versorgung und zusätzlicher Bewegungsbelastung [Dissertation]. Hannover; 1983

[153] Lund RJ, Guthrie HJ, Mostert CW et al. Effect of three different warm-up regimens on heat balance and oxygen consumption of thoroughbred horses. Journal of applied physiology 1996; 80: 2190–2197

[154] Ma J, Zhao N, Zhu D. Biphasic responses of human vascular smooth muscle cells to magnesium ion. Journal of Biomedical Materials Research Part A 2016; 104(2): 347–356

[155] MacFadden B. Cenozoic Mammalian Herbivores from the Americas: Reconstructing Ancient Diets and Terrestrial Communities. Ann. Rev. Ecolology a. Systematics 2000; 31: 33–59

[156] Mack J. Einfluss des Kraftfutterangebots auf Parameter des Wachstums bei Warmblutfohlen [Dissertation]. München: Ludwig-Maximilians-Universität; 2007

[157] Mackenthun E. Effekte der Lebendhefezulage Saccharomyces cerevisae auf die Nährstoffverdaulichkeit einer Heu-Maisration bei gesunden Pferden [Dissertation]. Universität Leipzig; 2011

[158] Marlin D, Nankervis K. Equine Exercise Physiology. Blackwell Science Ltd.; 2002

[159] Martin-Rosset W (Ed.). Equine nutrition. INRA Nutrient requirements, recommended allowances and feed tables. Wageningen: Wageningen Academic Publishers; 2015

[160] Martin-Rosset W. Energy requirements and allowances of exercising horses. Nutrition of the exercising horse. EAAP Publication 2008; 125: 103–138

[161] Martin-Rosset W. Particularites de la croissance et du developpement du cheval. Ann. Zootech 1983; 31: 109–130

[162] Martin-Rosset W, Boccard R, Jussiaux M, Robelin J, Trillaud-Geyl C, Nicolas N, Jailler R, Dehalle C, Cuylle G. Croissance relative des différents tissus, organes et régions corporelles entre 12 et 30 mois chez le cheval de boucherie de différentes races lourdes. Annales de zootechnie; 1983

[163] Martin-Rosset W, Doreau M, Boulot S, Miraglia N. Influence of level of feeding and physiological state on diet digestibility in light and heavy breed horses. Livestock production science 1990; 25(3): 257–264

[164] Martin-Rosset W, Dulphy JP. Digestibility interactions between forages and concentrates in horses: influence of feeding level-comparison with sheep. Livestock Production Science 1987; 17: 263–276

[165] Martin-Rosset W, Vermorel M. Maintenance energy requirement variations determined by indirect calorimetry and feeding trials in light horses. Journal of Equine Veterinary Science 1991; 11(1): 42–45

[166] Martin-Rosset W, Vernet J, Dubroeucq H, Arnaud G, Picard A, Vermorel M. Variation of fatness and energy content of the body with body condition score in sport horses and its prediction. Nutrition of the exercising horse 2008: 167–176

[167] Matsui A, Inoue Y, Asai Y et al. Effect of the geographic breeding region on digestible energy intake and growth rate of thoroughbred yearling horses: A comparison of the Hidaka and Miyazaki regions of Japan. Journal of Equine Science 2005; 16: 19–26

[168] Matsuura A, Sakuma S, Irimajiri M, Hodate K. The maximum permissible load weight of Taishuh pony at a trot. J. Anim. Sci. 2014; 91: 3989–3996

[169] Matsuura A, Inoue S, Irimajiri M, Hodate K. Maximum permissible load for Kiso horses trotting over a short, straight course. Anim. Sci. J. 2017; doi: 10.1111/asj.12893. [Epub ahead of print]

[170] Mazur A, Touyz R, Wolf F. Magnesium in Health & Disease. 2017

[171] McCutcheon LJ, Geor RJ. Sweat fluid and ion losses in horses during training and competition in cool vs. hot ambient conditions: implications for ion supplementation. Equine veterinary journal 1996; Supplement 22: 54–62

[172] McCutcheon LJ, Geor RJ. Sweating. Fluid and ion losses and replacement. The Veterinary clinics of North America. Equine practice 1998; 14: 75–95

[173] McCutcheon LJ, Geor RJ, Ecker GL et al. Equine sweating responses to submaximal exercise during 21 days of heat acclimation. Journal of applied physiology 1999; 87: 1843–1851

[174] McCutcheon LJ, Geor RJ, Hare MJ et al. Sweating rate and sweat composition during exercise and recovery in ambient heat and humidity. Equine veterinary journal 1995; Supplement 20: 153–157

[175] Meyer H. Intestinaler N-Stoffwechsel, endogener N-Verlus und N-Bedarf ausgewachsener Pferde. Übersichten Tierernährung 1984; 12: 251–271

[176] Meyer H, Ahlswede L. Über das intrauterine Wachstum und die Körperzusammensetzung von Fohlen sowie den Nährstoffbedarf tragender Stuten. Übersichten Tierernährung 1976; 4: 263–292

[177] Meyer H, Coenen M, Probst D. Futtereinspeichelung und -passage im Kopfdarm des Pferdes. Zeitschr. Tierphysiologie, Tierernährung und Futtermittelkunde 1986; 56: 171–183

[178] Meyer H, Heilemann M, Hipp-Quarton A et al. Schweißmenge und Schweißzusammensetzung beim Pferd. Fortschr. Tierphysiol. Tierernährg. 1990; 21: 21–34

[179] Meyer H, Stadermann B. Energie- und Nährstoffbedarf tragender Stuten. Pferdeheilkunde 1991; 7: 10–20

[180] Meyer H, Stadermann B, Schnurpel B, Nehring T. The influence of type of diet (roughage or concentrate) on the plasma level, renal excretion, and apparent digestibility of calcium and magnesium in resting and exercising horses. J Equine Vet Sci 1992; 12(4): 233–239

[181] Meyer H. Das neugeborene Fohlen – alles startklar? Pferdeheilkunde 1996; 12.3: 171–178

[182] Miller AT, Blyth CS. Lean body mass as a metabolic reference standard. J Appl Physiol 1953; 5: 311–316

[183] Miraglia N, Bergero D, Bassano B, Tarantola M, Ladetto G. Studies of apparent digestibility in horses and the use of internal markers. Livestock Production Science 1999; 60(1): 21–25

[184] Mitchell D. Heat loss from animals and man. London: Butterworths; 1974

[185] Monteiro CP, Matias CN, Bicho M, Santa-Clara H, Laires MJ. Coordination between antioxidant defences might be partially modulated by magnesium status. Magnesium research 2016; 29(4): 161–168

[186] Mostert HJ, Lund RJ, Guthrie AJ et al. Integrative model for predicting thermal balance in exercising horses. Equine veterinary journal 1996; Supplement 22: 7–15

[187] Müller C. Influence of physical structure of haylage on equine eating behaviour. The impact of nutrition on the health and welfare of horses 2010; 81

[188] Müller CE. Equine ingestion of haylage harvested at different plant maturity stages. Applied animal behaviour science 2011; 134(3–4): 144–151

[189] Müller G. Feldstudie zur Versorgung mit Nährstoffen und zu Einflussfaktoren auf die Kotzusammensetzung bei Pferden unter Fütterung von Grassilage oder Heu als Rauhfutter [Dissertation]. Stiftung Tierärztliche Hochschule Hannover; 2002

[190] Müller-Reh F. Untersuchungen über die Mineralstoff- (Ca, P, Mg. IC, Na) und Spurenelement- (Fe, Cu. Zn, Mn) Versorgung beim Pferd [Dissertation]. Stiftung Tierärztliche Hochschule Hannover; 1972

[191] Mundt HC. Untersuchungen über die Verdaulichkeit von aufgeschlossenem Stroh für Pferde [Dissertation]. Stiftung Tierärztliche Hochschule Hannover; 1978

[192] Nielsen FH. Dietary magnesium and chronic disease. Advances in Chronic Kidney Disease 2018; 25(3): 230–235

[193] Neustädter LT. Untersuchungen zu möglichen Auswirkungen einer unterschiedlichen Mengenelementversorgung auf den Mineralstoffhaushalt von Pferden [Dissertation]. Stiftung Tierärztliche Hochschule Hannover; 2015

[194] Ninomiya S, Sato S, Sugawa K. Weaving in stabled horses and its relationship to other behavioural traits. Appl. Anim. Behav. Sci. 2007; 106: 134–143

[195] Nitsche H. Untersuchungen über die Stickstoffausscheidungen im Harn unter Berücksichtigung der Wasseraufnahme und Wasserabgabe bei Arbeitspferden in Ruhe im Rahmen von Eiweißminimumbestimmungen.. Biedermann´s Zentralbl. 1936; 8: 243–260

[196] NRC (National Research Council). Nutrient Requirements of horses. Washington: National Academies Press. 2007

[197] Ohmura HH, Mujai KK, Akahashi TT et al. Comparison of net anaerobic energy utilisation estimated by plasma lactate accumulation rate and accumulated oxygen deficit in Thoroughbred horses. Equine veterinary journal 2010; Suppl. 38: 62–69

[198] Orlando L, Ginolhac A, Zhang G, Froese D, Albrechtsen A, Stiller M. et al. Recalibrating Equus evolution using the genome sequence of an early Middle Pleistocene horse. Nature 2013; 499.7456: 74–78

[199] Pferdekamp M. Einfluss steigender Proteinmengen auf den Stoffwechsel des Pferdes [Dissertation]. Stiftung Tierärztliche Hochschule Hannover; 1978

[200] Platt H. Growth and maturity in the equine fetus. Journal of the Royal Society of Medicine 1978; 71: 658–661

[201] Platt H. Growth of the equine foetus. Equine Vet. J. 1984; 16: 247–252

[202] Powell DM, Bennett-Wimbush K, Peeples A, Duthie M. Evaluation of Indicators of Weight-Carrying Ability of Light Riding Horses. J. Equine Vet. Sci. 2008; 28: 28–33

[203] Powers SK, Beadle RE, Lawler J, Thompson D. Oxygen deficit-oxygen debt relationships in ponies during submaximal treadmill exercise. Respir Physiol 1987; 70(2): 251–263

[204] Powers SK, Beadle RE, Thompson D, Lawler J. Ventilatory and blood gas dynamics at onset and offset of exercise in the pony. J Appl Physiol 1987; 62(1): 141–148

[205] Richards N, Choct M, Hinch GN, Rowe JB. Equine α-amylase: does it limit starch digestion in the small intestine of the horse? Recnt Advances Anim Nutr Australia 2003; 14: 191–196

[206] Riek A. Relationship between milk energy intake and growth rate in suckling mammalian young at peak lactation: an updated meta-analysis. J. Zoology. 2004; 274: 160–170

[207] Robb J, Harper RB, Hintz HF et al. Chemical composition and energy value of the body, fatty acid composition of adipose tissue, and liver and kidney size in the horse. Anim. Prod. 1972; 14: 25–34

[208] Rubel W. English Horse-Bread. Gastronomica 2006; 6: 40–51

[209] Ryan CT, Dallap Schaer BL, Nunamaker DM. A novel wireless data acquisition system for the measurement of hoof accelerations in the exercising horse. Equine Vet. J. 2006; 38: 671–674

[210] Savage CJ, Mc Carthy MC, Feffcott RN. Effects of dietary energy and protein on induction of dyschondroplasia in foals. Equine Veterinary Journal 1993; Suppl. 16: 74–79

[211] Schmidt J, Lauprrecht D, Stegen H. Beitrag zur Beurteilung des wachsenden Pferdes anhand von Körpermaßen. Berlin: Verlag Paul Parey; 1932

[212] Schryver HF, Hintz HF, Lowe JE. Mineral composition of the whole body, liver and bone of young horses. J Nutr 1974; 104:126–132

[213] Schüler Ch. Eine Feldstudie zu Energiebedarf und Energieaufnahme von arbeitenden Pferden zur Überprüfung eines Bewertungssystems auf der Stufe der umsetzbaren Energie; LMU München, Veterinärmedizinische Fakultät; Diss. Vet. Med. 2009

[214] Schulze K. Untersuchungen zur Verdaulichkeit und Energiebewertung von Mischfuttermitteln für Pferde [Dissertation]. Stiftung Tierärztliche Hochschule Hannover; 1987

[215] Schwede H. Knochenreifungsstörung als möglicher leistungsmindernder Faktor bei jungen Pferden. Monatshefte der Veterinärmedizin 1986; 42, 263–266

[216] Seal US, Plotka ED. Age-specific pregnancy rastes in feral horses. J. Wildlife Management 1983; 47.2: 422–429

[217] Shipley LA, Gross JE, Spalinger DE. The Scaling of Intake Rate in Mammalian Herbivores. The American Naturalist 1984; 143: 1055–1082

[218] Shockey BJ. Two new notoungulates (family Notohippidae) from the Salla Beds of Bolivia (Deseadan: late Oligocene): systematics and functional morphology. J. Vert. Paleontol. 1997; 17: 584–99

[219] Smil V. World history and energy. Encyclopedia of Energy 2004; 6: 549–561

[220] Stromberg B. A review of salient features of osteochondrosis in the horse. Equine Veterinary Journal 1979; 11: 211–214

[221] Suzuki A. Histochemicalproperties of the masseter muscle in horses and goats. Tohoku J. Agric. Research 1989; 40: 1–7

[222] Taran FMP, Gobesso AaO, Gonzaga IVF, Françoso R, Centini TN, Moreira CG, Silva LFP. Effects of different amounts of Saccharomyces cerevisiae supplementation on apparent digestibility and faecal parameters in horses fed high-roughage and high-concentrate diets. Livestock Science 2016; 186: 29–33

[223] Thiel M, Tolkmitt G, Hörnicke H. Body temperature changes in horses during riding: Time course and effects on heart rate and respiratory frequency. Equine Exercise Physiology 1987; 2: 183–193

[224] Turcott-White SK, Nielsen BD, Robison CI, Skelly CE, Rosenstein DS, Pritchard A, Herdt T. Influence of various concentrate-to-roughage ratios on dietary intake and nutrient digestibilities of weanling horses. Journal of Animal Physiology and Animal Nutrition 2018. doi: 10.1111/jpn.13006

[225] Tyler CM, Golland LC, Evans DL. Skeletal muscle adaptations to prolonged training, overtraining and detraining in horses. Pflügers Arch. Eur. J. Physiol. 1998; 436: 391–397

[226] Van Weyenberg S, Buyse J, Janssens GP. Digestibility of a complete ration in horses fed once or three times a day and correlation with key blood parameters. Vet J 2007; 173(2): 311–316

[227] Van Weyenberg S, Buyse J, Kalmar ID, Swennen Q, Janssens GP. Voluntary feed intake and leptin sensitivity in ad libitum fed obese ponies following a period of restricted feeding: a pilot study. J Anim Physiol Anim Nutr (Berl) 2013; 97(4): 624–631

[228] Van Weyenberg S, Hesta M, Buyse J, Janssens G. The effect of weight loss by energy restriction on metabolic profile and glucose tolerance in ponies. Journal of animal physiology and animal nutrition 2008; 92 (5): 538–545

[229] Van Weyenberg S, Buyse J, Janssens GP. Increased plasma leptin through l-carnitine supplementation is associated with an enhanced glucose tolerance in healthy ponies. J Anim Physiol Anim Nutr (Berl) 2009; 93(2): 203–208

[230] Van Weyenberg S, Hesta M, Kalmar ID, Vandermeiren J, Janssens GP. Nutritional management of laminitis in a horse. Vet Rec 2009; 164(22): 694–695

[231] Van Weyenberg S, Sales J, Janssens G. Passage rate of digesta through the equine gastrointestinal tract: A review. Livestock science 2006; 99(1): 3–12

[232] Vermorel, M, W Martin-Rosset (1997): Concepts, scientific bases, structure and validation of the French horse net energy system (UFC). Livestock Production Science 47(3): 261–275

[233] Vermorel M, Martin-Rosset W. Concepts, scientific bases, structure and validation of the French horse net energy system (UFC). Livestock Production Science 1997; 47(3): 261–275

[234] Vermorel M, Martin-Rosset W, Vernet J. Energy utilization of two diets for maintenance by horses; agreement with the new French net energy system. Journal of Equine Veterinary Science 1991; 11(1): 33–35

[235] Vermorel M, Vernet J, Martin-Rosset W. Energy utilization and diurnal variations of energy expenditure in saddle horses fed near maintenance. 11. Symposium on Energy Metabolism of Farm Animals, Lunteren (Netherlands), 18–24 Sep 1988, Pudoc; 1989

[236] Vernet J, Vermorel M, Martin-Rosset W. Energy cost of eating long hay, straw and pelleted food in sport horses. Animal Science 1995; 61(3): 581–588

[237] Vervuert I, Borchers A, Granel M et al. Estimation of growth rates in warmblood foals and the incidence of osteochondrosis. Pferdeheilkunde 2005; 21 (Conference): 129–130

[238] Vervuert I, Brussow N, Bochnia M, Cuddeford D, Coenen M. Electromyographic evaluation of masseter muscle activity in horses fed (i) different types of roughage and (ii) maize after different hay allocations. J Anim Physiol Anim Nutr (Berl) 2013; 97(3): 515–521

[239] Vervuert I, Voigt K, Hollands T, Cuddeford D, Coenen M. Effects of processing barley on its digestion by horses. Vet Rec 2008; 162(21): 684–688

[240] Vervuert I, Voigt K, Hollands T, Cuddeford D, Coenen M. Effect of feeding increasing quantities of starch on glycaemic and insulinemic responses in healthy horses. Vet J. 2009; 182: 67–72

[241] Walton A, Hammond J. The Maternal Effects on Growth and Conformation in Shire Horse-Shetland Pony Crosses. Proceedings of the Royal Society of London. Series B, Biological Sciences 1938; 125: 311–335

[242] Waran NK, Clarke N, Farnworth M. The Effects of weaning on the domestic horse. Appl. Animal Behav. Sci. 2008; 110: ,42–57

[243] Warren LK, Lawrence LA, Brewster-Barnes T, Powell DM. The effect of dietary fibre on hydration status after dehydration with frusemide. Equine Vet J 1999; 31(S 30): 508–513

[244] Westervelt RG, Stouffer JR, Hintz HF. Estimating fatness in horses and Ponys. J. Anim. Sci. 1976; 43: 781–785

[245] Wolf E. Grundlagen der rationellen Fütterung des Pferdes. Neue Beiträge – Resultate der 1885/86 und 1886/87 in Hohenheim ausgeführten Versuche. Berlin: Paul Parey; 1887

[246] Wood PDP. Algebraic Model of the Lactation Curve in Cattle. Nature 1967; 216: 164–165

[247] Zeyner A, Geißler C, Dittrich A. Effects of hay intake and feeding sequence on variables in faeces and faecal water (dry matter, pH value, organic acids, ammonia, buffering capacity) of horses. J Anim Physiol Anim Nutr 2004; 88(1–2): 7–19

[248] Zeyner AK, Kienzle E, Coenen M. Artgerechte Pferdefütterung. Pferdezucht, -haltung und -fütterung: Empfehlungen für die Praxis. Landbauforschung Völkenrode. W Brade, O Distl, H Sieme, A Zeyner. 2011; Sonderheft 353: 164–191

[249] Zeyner AK, Romanowski A, Vernunft P, Harris E, Kienzle E. Scoring of sweat losses in exercised horses – a pilot study. J Anim Physiol Anim Nutr 2014; 98 (2): 246–250

[250] Zuntz N, Hagemann O. Untersuchungen über den Stoffwechsel des Pferdes bei Ruhe und Arbeit. Landw. Jb. 1884; 27: 284–301

[251] Zuntz N, Hagemann O. Untersuchungen über den Stoffwechsel des Pferdes bei Ruhe und Arbeit. Landw. Jb. 1889; 18: 1–156

[252] Zuntz N, Hagemann O. Der Stoffwechsel des Pferdes. Landw. Jb. 1898; 27, Ergänzungsband 3: 1–56

14.2.2 Literaturergänzung Kapitel 1–4

[253] Ahmad G, Kuhi HD, Mohit A. A review Hair tissue analysis: An analytical method for determining essential elements, toxic elements, hormones and drug use and abuse. Int Res J Appl Basic Sci 2013; 4: 3675–3688

[254] Al Jassim RAM, Andrews FM. The bacterial community of the horse gastrointestinal tract and its relation to fermentative acidosis, laminitis, colic, and stomach ulcers. The Veterinary clinics of North America Equine practice 2009; 25(2): 199–215

[255] Al Jassim RAM, Scott PT, Trebbin AL et al. The genetic diversity of lactic acid producing bacteria in the equine gastrointestinal tract. FEMS Microbiology Letters 2005; 248(1): 75–81

[256] Al Jassim RAM, Scott PT, Krause DO et al. Cellulolytic and lactic acid bacteria in the gastrointestinal tract of the horse. Recent Advances in Animal Nutrition in Australia 2005; 15: 155–163

[257] Alberghina D, Giannetto C, Visser EK et al. Effect of diet on plasma tryptophan and serotonin in trained mares and geldings. Vet Rec 2010; 166(5): 133–136

[258] Argo CM, Dugdale AH, McGowan CM. Considerations for the use of restricted, soaked grass hay diets to promote weight loss in the management of equine metabolic syndrome and obesity. Vet J 2015; 206(2): 170–177

[259] Argo CM, Curtis GC, Grove-White D et al. Weight loss resistance: a further consideration for the nutritional management of obese Equidae. Vet J 2012; 194(2): 179–188

[260] Arnold W, Ruf T, Kuntz R. Seasonal adjustment of energy budget in a large wild mammal, the Przewalski horse (Equus ferus przewalskii) II. Energy expenditure. J Exp Biol 2006; 209(Pt 22): 4566–4573

[261] Art T, Duvivier DH, van Erck E et al. Validation of a portable equine metabolic measurement system. Equine Vet J 2006; 38(S 36): 557–561

[262] Asano K, Suzuki K, Chiba M et al. Twenty-eight element concentrations in mane hair samples of adult riding horses determined by particle-induced X-ray emission. Biol Trace Elem Res 2005; 107(2): 135–140

[263] Asano K, Suzuki K, Chiba M et al. Relationship between trace elements status in mane hair and atrial fibrillation in horse. J Vet Med Sci 2006; 68(7): 769–771

[264] Asano K, Suzuki K, Chiba M et al. Correlation between 25 element contents in mane hair in riding horses and atrioventricular block. Biol Trace Elem Res 2005; 108(1–3): 127–136

[265] Asano K, Suzuki K, Chiba M et al. Influence of the coat color on the trace elemental status measured by particle-induced X-ray emission in horse hair. Biol Trace Elem Res 2005; 103(2): 169–176

[266] Asano R, Suzuki K, Otsuka T et al. Concentrations of toxic metals and essential minerals in the mane hair of healthy racing horses and their relation to age. J Vet Med Sci 2002; 64(7): 607–610

[267] Autio E, Neste R, Airaksinen S et al. Measuring the heat loss in horses in different seasons by infrared thermography. Journal of applied animal welfare science 2006; 9(3): 211–221

[268] Bazzano M, Giudice E, Giannetto C et al. The peripartum period influenced the serum macromineral profile in mares. Archives Animal Breeding 2016; 59 (1): 65–70

[269] Becvarova I, Buechner-Maxwell V. Feeding the foal for immediate and long-term health. Equine Vet J Suppl 2012; (41): 149–156

[270] Bell F, Evans CL. The relation between sweating and the innervation of sweat glands in the horse. The Journal of physiology 1956; 134(2): 421–426

[271] Benedict FG. The surface-area constant in comparative physiology. The Yale journal of biology and medicine 1932; 4(4): 385

[272] Bergero D, Meineri G, Miraglia N et al. Apparent digestibility of hays in horses determined by total collection of faeces and using internal marker methods. International Journal of Food, Agriculture and Environment 2005; 3(1): 199–202

[273] Bergero D, Miraglia N, Polidori M et al. Blood serum and skin fatty acid levels in horses and the use of dietary polyunsaturated fatty acids. Animal Research 2002; 51(2): 157–163

[274] Bergman EN. Energy contributions of volatile fatty acids from the gastrointestinal tract in various species. Physiological reviews 1990; 70(2): 567–590

[275] Berlin D, Aroch I. Concentrations of ionized and total magnesium and calcium in healthy horses: effects of age, pregnancy, lactation, pH and sample type. Vet J 2009; 181(3): 305–331

[276] Betros C, McKeever K, Kearns C et al. Effects of ageing and training on maximal heart rate and VO2max. Equine Vet J 2002; 34(S 34): 100–105

[277] Beythien E, Aurich C, Wulf M et al. Effects of season on placental, foetal and neonatal development in horses. Theriogenology 2017; 97: 98–103

[278] Beythien E, Wulf M, Ille N et al. Effects of sex, pregnancy and season on insulin secretion and carbohydrate metabolism in horses. Anim Reprod Sci 2017; 184: 86–93

[279] Blackmore TM, Dugdale AH, Argo CM et al. Strong stability and host specific bacterial community in faeces of ponies. PLoS One 2013; 8(9): e75079

[280] Bochnia M, Boesel M, Bahrenthien L et al. Feed intake patterns of sport ponies and warmblood horses following iso-energetic intake of pelleted fibre-rich mixed feed, muesli feed and semicrushed oat grains. J Anim Physiol Anim Nutr (Berl) 2017; 101 Suppl 1: 37–42

[281] Bochnia M, Schürer C, Gottschalk J et al. Effects of isoenergetic quantities of a low-starch muesli feed high in fat and fibre vs. oat grains on the glycemic and insulinemic responses and feed intake patterns in sport ponies. J Anim Physiol Anim Nutr (Berl) 2017; 101: 43–50

[282] Bonin SJ, Clayton HM, Lanovaz JL et al. Kinematics of the equine temporomandibular joint. Am J Vet Res 2006; 67(3): 423–428

[283] Bonin SJ, Clayton HM, Lanovaz JL et al. Comparison of mandibular motion in horses chewing hay and pellets. Equine Vet J 2007; 39(3): 258–262

[284] Borchers A. Die Körpergewichts- und Körpergrößenentwicklung des Warmblutfohlens während des ersten Lebenshalbjahres in Bezug zur Energie- und Proteinzufuhr sowie zum Auftreten der Osteochondrose; Stiftung Tierärztliche Hochschule; Diss. Vet. Med. 2002

[285] Borer KE, Bailey SR, Menzies-Gow NJ et al. Effect of feeding glucose, fructose, and inulin on blood glucose and insulin concentrations in normal ponies and those predisposed to laminitis. J Anim Sci 2012; 90(9): 3003–3011

[286] Borghi RT, Rodrigues PG, Moura RS et al. Digestibility of Nutrients and Digestive Health in Horses Submitted to Moderate Exercise and Supplemented With Diets Formulated With Soybean Hulls. J Equine Vet Sci 2017; 59: 118–125

[287] Borkent D, Reardon RJM, McLachlan G et al. An epidemiological survey on the prevalence of equine peripheral dental caries in the United Kingdom and possible risk factors for its development. Equine Vet J 2017; 49(4): 480–485

[288] Boulot MDS. Relationship between nutrient intake, growth and body composition of the nursing foal.

[289] Brade W, Distl O, Sieme H et al. Pferdezucht,-haltung und-fütterung: Empfehlungen für die Praxis: VTI; 2011

[290] Brama PA, Firth EC, van Weeren PR et al. Influence of intensity and changes of physical activity on bone mineral density of immature equine subchondral bone. Equine Vet J 2009; 41(6): 564–571

[291] Brinkmann L, Gerken M, Riek A. Adaptation strategies to seasonal changes in environmental conditions of a domesticated horse breed, the Shetland pony (Equus ferus caballus). Journal of Experimental Biology 2012; 215(7): 1061–1068

[292] Brinkmann L, Gerken M, Riek A. Seasonal changes of total body water and water intake in Shetland ponies measured by an isotope dilution technique. J Anim Sci 2013; 91(8): 3750–3758

[293] Brinkmann L, Gerken M, Riek A. Effect of long-term feed restriction on the health status and welfare of a robust horse breed, the Shetland pony (Equus ferus caballus). Res Vet Sci 2013; 94(3): 826–831

[294] Brinkmann L, Riek A, Gerken M. Long-term adaptation capacity of ponies: effect of season and feed restriction on blood and physiological parameters. Animal 2018; 12(1): 88–97

[295] Brito HCD, Charlie-Silva I, Faria CCS et al. Acid-base alterations in barrel racing quarter horses of different fitness levels assessed via the simplified strong ion approach. Equine Vet J 2014; 46: 48–48

[296] Brody S. Bioenergetics and growth: with special reference to the efficiency complex in domestic animals. New York: Reinhold Publishing; 1945

[297] Brody S, Lardy HA. Bioenergetics and Growth. The Journal of Physical Chemistry 1946; 50(2): 168–169

[298] Brøkner C, Austbø D, Næsset JA et al. Equine pre-caecal and total tract digestibility of individual carbohydrate fractions and their effect on caecal pH response. Arch Anim Nutr 2012; 66(6): 490–506

[299] Brüssow N, Voigt K, Vervuert I et al. The effect of the order of feeding oats and chopped alfalfa to horses on the rate of feed intake and chewing activity. Pferdeheilkunde 2005; Suppl. 21: 37–38

[300] Brüssow NAS. Effekte verschiedener Futtermittel und -bearbeitungsformen auf die Futteraufnahmedauer, die Kaufrequenz und die Kauintensität beim Pferd; Stiftung Tierärztliche Hochschule Hannover; Diss. Vet. Med. 2006

[301] Bullimore SR, Pagan JD, Harris PA et al. Carbohydrate supplementation of horses during endurance exercise: comparison of fructose and glucose. J Nutr 2000; 130(7): 1760–1765

[302] Butudom P, Schott H, Davis M et al. Drinking salt water enhances rehydration in horses dehydrated by frusemide administration and endurance exercise. Equine Vet J 2002; 34(S 34): 513–518

[303] Cameron EZ, Linklater WL, Stafford KJ et al. Birth sex ratios relate to mare condition at conception in Kaimanawa horses. Behavioral Ecology 1999; 10(5): 472–475

[304] Carlson G, Mansmann R. Serum electrolyte and plasma protein alterations in horses used in endurance rides. J Am Vet Med Ass 1974; 165(3): 262

[305] Carlson G, Rumbaugh G. Response to saline solution of normally fed horses and horses dehydrated by fasting. Am J Vet Res 1983; 44(6): 964–968

[306] Carlson G, Rumbaugh G, Harrold D. Physiologic alterations in the horse produced by food and water deprivation during periods of high environmental temperatures. Am J Vet Res 1979; 40(7): 982–985

[307] Carlson GP, editor Fluid and electrolyte alterations in endurance-trained horses. Proc First Intl Symp on Equine Hematology, eds Kitchen H, Krehbiel JD (Continuing Education Service, Michigan State Univ East Lansing, MI); 1975

[308] Carlson GP. Fluid, electrolyte, and acid-base balance. Clinical Biochemistry of Domestic Animals (Fifth Edition): Elsevier; 1997. p. 485–516

[309] Carmalt JL. Observations of the cheek tooth occlusal angle in the horse. J Vet Dent 2004; 21(2): 70–75

[310] Carmalt JL. Evidence-based equine dentistry: preventive medicine. The Veterinary clinics of North America Equine practice 2007; 23(2): 519–524

[311] Carmalt JL, Carmalt KP. Equine dentistry–what do we really know? J Vet Dent 2004; 21(3): 134–135

[312] Carmalt JL, Allen AL. Effect of rostrocaudal mobility of the mandible on feed digestibility and fecal particle size in horses. J Am Vet Med Ass 2006; 229(8): 1275–1278

[313] Carmalt JL, Allen AL. Morphology of the occlusal surfaces of premolar and molar teeth as an indicator of age in the horse. J Vet Dent 2008; 25(3): 182–188

[314] Carmalt JL, Allen A. The relationship between cheek tooth occlusal morphology, apparent digestibility, and ingesta particle size reduction in horses. J Am Vet Med Ass 2008; 233(3): 452–455

[315] Carmalt JL, Townsend HG, Allen AL. Effect of dental floating on the rostrocaudal mobility of the mandible of horses. J Am Vet Med Ass 2003; 223(5): 666–669

[316] Carmalt JL, Cymbaluk NF, Townsend HG. Effect of premolar and molar occlusal angle on feed digestibility, water balance, and fecal particle size in horses. J Am Vet Med Ass 2005; 227(1): 110–113

[317] Carmalt JL, Carmalt KP, Barber SM. The effect of occlusal equilibration on sport horse performance. J Vet Dent 2006; 23(4): 226–230

[318] Carmalt JL, Townsend HG, Janzen ED et al. Effect of dental floating on weight gain, body condition score, feed digestibility, and fecal particle size in pregnant mares. J Am Vet Med Ass 2004; 225(12): 1889–1893

[319] Carmalt JL, Simhofer H, Bienert-Zeit A et al. The association between oral examination findings and computed tomographic appearance of the equine temporomandibular joint. Equine Vet J 2017; 49(6): 780–783

[320] Carslake HB, Argo CM, Pinchbeck GL et al. Insulinaemic and glycaemic responses to three forages in ponies. Vet J 2018; 235: 83–89

[321] Castejón-Riber C, Muñoz A, Trigo P et al. Comparative ergoespirometric adaptations to a treadmill exercise test in untrained show Andalusian and Arabian horses. Veterinary research communications 2012; 36(1): 41–46

[322] Clauss M, Frey R, Kiefer B et al. The maximum attainable body size of herbivorous mammals: morphophysiological constraints on foregut, and adaptations of hindgut fermenters. Oecologia 2003; 136(1): 14–27

[323] Close GL, Hamilton DL, Philp A et al. New strategies in sport nutrition to increase exercise performance. Free Radic Biol Med 2016; 98: 144–158

[324] Coenen M. Beiträge zur Verdauungsphysiologie des Pferdes, 13. Mitteilung: Verdaulichkeit und praecaecale Passage einer suspendierfähigen Diät in Abhängigkeit von der Applikationsform (spontane Futteraufnahme bzw. flüssig per Sonde). J Anim Physiol Anim Nutr 1986; 56(1–5): 104–117

[325] Coenen M. Chloridhaushalt und Chloridbedarf des Pferdes; Stiftung Tierärztliche Hochschule Hannover; Habil.-schr. 1991

[326] Coenen M, Vervuert I. Wasser- und Elektrolythaushalt arbeitender Pferde. Übers Tierernährg 2003; 31: 29–72

[327] Coenen M, Vervuert I. A minimum of roughage and a maximum of starch-necessary benchmarks for equine diets. Pferdeheilkunde 2010; 26(2): 147–151

[328] Coenen M, Kirchhof S, Kienzle E et al. Aktualisierung von Grunddaten für die faktorielle Ableitung des Energie- und Nährstoffbedarfs laktierender Stuten. Übersichten zur Tierernährung 2010; 38(1): 91–121

[329] Collas C, Dumont B, Delagarde R et al. Energy supplementation and herbage allowance effects on daily intake in lactating mares. J Anim Sci 2015; 93 (5): 2520–2529

[330] Cottin F, Metayer N, Goachet AG et al. Oxygen consumption and gait variables of Arabian endurance horses measured during a field exercise test. Equine Vet J Suppl 2010; (38): 1–5

[331] Cotugna N, Snider OS, Windish J. Nutrition assessment of horse-racing athletes. J Community Health 2011; 36(2): 261–264

[332] Cuddeford D. Voluntary food intake by horses. Nutrition of the performance horse (Eds: Julliand V, Martin-Rosset W) EAAP publication 2002; (111): 89–100

[333] Cuddeford D. Feeding, management and equine dentistry. Vet Rec 2005; 156(23): 751

[334] Cuddeford D, Handel I, Thrusfield M. Osteochondrosis in foals. Vet Rec 2013; 172(17): 455–456

[335] Cuddeford D, Pearson RA, Archibald RF et al. Digestibility and gastro-intestinal transit time of diets containing different proportions of alfalfa and oat straw given to Thoroughbreds, Shetland ponies, Highland ponies and donkeys. Anim Sci 1995; 61(2): 407–417

[336] Curtis GC, Barfoot CF, Dugdale A, H.A. et al. Voluntary ingestion of wood shavings by obese horses under dietary restriction. Br J Nutr 2011; 106(S 1): S 178-S 182

[337] Cymbaluk NF. Cold housing effects on growth and nutrient demand of young horses. J Anim Sci 1990; 68(10): 3152–3162

[338] Cymbaluk NF. Thermoregulation of horses in cold, winter weather: a review. Livestock Prod Sci 1994; 40(1): 65–71

[339] Cymbaluk NF. Water. In: Geor RJ, Harris PA, Coenen M, Hrsg. Equine applied and clinical nutrition. Edinburgh, London: Elsevier; 2013. p. 80–95

[340] Damke C. 24-stündige intragastrale pH-Metrie beim Pferd während der Fütterung verschiedener Rationen; Universität Leipzig; Diss. Vet. Med. 2008

[341] Danek J, Wisniewski E, Krumrych W et al. The effect of calcium excess in the fodder on hematological and biochemical parameters of blood plasma and hair in stallions. Medycyna Weterynaryjna 1995; 51: 544–544

[342] De Fombelle A, Julliand V, Drogoul C et al. Feeding and microbial disorders in horses: 1-Effects of an abrupt incorporation of two levels of barley in a hay diet on microbial profile and activities. J Equine Vet Sci 2001; 21(9): 439–445

[343] De Fombelle A, Veiga L, Drogoul C et al. Effect of diet composition and feeding pattern on the prececal digestibility of starches from diverse botanical origins measured with the mobile nylon bag technique in horses. J Anim Sci 2004; 82(12): 3625–3634

[344] De Fombelle A, Varloud M, Goachet AG et al. Characterization of the microbial and biochemical profile of the different segments of the digestive tract in horses given two distinct diets. Anim Sci 2003; 77 (2): 293–304

[345] Delesalle C, van de Walle GR, Nolten C et al. Determination of the source of increased serotonin (5-HT) concentrations in blood and peritoneal fluid of colic horses with compromised bowel. Equine Vet J 2008; 40(4): 326–331

[346] Dicks LMT, Botha M, Dicks E et al. The equine gastro-intestinal tract: an overview of the microbiota, disease and treatment. Livestock Science 2014; 160: 69–81

[347] Dougal K, Harris PA, Edwards A et al. A comparison of the microbiome and the metabolome of different regions of the equine hindgut. FEMS Microbiology Ecology 2012; 82(3): 642–652

[348] Dunnett M, Lees P. Trace element, toxin and drug elimination in hair with particular reference to the horse. Res Vet Sci 2003; 75(2): 89–101

[349] Dunnett M, Lees P. Equine hair analysis: current status and future prospects. Equine Vet J 2004; 36(2): 102–103

[350] Dunnett M, Lees P. Hair analysis as a novel investigative tool for the detection of historical drug use/misuse in the horse: a pilot study. Equine Vet J 2004; 36(2): 113–117

[351] Duren SE, Pagan JD, Harris PA et al. Time of feeding and fat supplementation affect plasma concentrations of insulin and metabolites during exercise. Equine Vet J Suppl 1999; (30): 479–484

[352] Edouard N, Fleurance G, Martin-Rosset W et al. Voluntary intake and digestibility in horses: effect of forage quality with emphasis on individual variability. Animal 2008; 2(10): 1526–1533

[353] Ehrlein HJ, Hörnicke H, Engelhardt Wv et al. Die Herzschlagfrequenz während standardisierter Belastung als Maß für die Leistungsfähigkeit von Pferden 1. Zentralblatt für Veterinärmedizin Reihe A 1973; 20(3): 188–208

[354] Ellis AD, Saastamoinen M. Feeding growing race horses in work. Nutrition of the exercising horse EAAP Publication 2008; (125): 311–331

[355] Elzinga S, Nielsen B, Schott H et al. Effect of age on digestibility of various feedstuffs in horses. J Equine Vet Sci 2011; 31(5): 268–269

[356] Elzinga SE, Weese JS, Adams AA. Comparison of the fecal microbiota in horses with equine metabolic syndrome and metabolically normal controls fed a similar all-forage diet. J Equine Vet Sci 2016; 44: 9–16

[357] Ertelt A, Gehlen H. Kotwasser beim Pferd–ein ungelöstes Problem. Pferdeheilkunde 2015; 31: 261–268

[358] Fedtke A, Pfaff M, Volquardsen J et al. Effects of feeding different roughage-based diets on gastric mucosa after weaning in warmblood foals. Pferdedheilkunde 2015; 31: 596–602

[359] Fernandes KA, Rogers EK, Gee EK et al. Body condition and morphometric measures of adiposity in a cohort of Pony Club horses and ponies in New Zealand. Proceedings of the New Zealand Society of Animal Production 2015; 75: 195–199

[360] Fonnesbeck PV. Partitioning the nutrients of forage for horses. J Anim Sci 1969; 28(5): 624–633

[361] Fonnesbeck PV, Symons LD. Effects of diet on concentration of protein, urea nitrogne, sugar and cholesterol of blood plasma of horses. J Anim Sci 1969; 28(2): 216–219

[362] Foreman JH, Grubb TL, Benson GJ et al. Acid-base and electrolyte effects of shortening steeplechase in a three-day-event. Equine Vet J Suppl 1996; (22): 85–90

[363] Fortier J, Goachet AG, Julliand V et al. Effects of two field continuous incremental tests on cardiorespiratory responses in Standardbred trotters. J Anim Physiol Anim Nutr (Berl) 2015; 99(2): 244–250

[364] Fortier J, Deley G, Goachet AG et al. Quantification of the energy expenditure during training exercises in Standardbred trotters. Animal 2015; 9(5): 793–799

[365] Fowler AL, Hansen TL, Strasinger LA et al. Phosphorus digestibility and phytate degradation by yearlings and mature horses. J Anim Sci 2015; 93(12): 5735–5742

[366] Fradinho MJ, Correia MJ, Grácio V et al. Effects of body condition and leptin on the reproductive performance of Lusitano mares on extensive systems. Theriogenology 2014; 81(9): 1214–1222

[367] Frape D. Equine Nutrition and Feeding. Oxford: Blackwell Science Ltd; 1998

[368] Gallagher JR. The potential of pasture to supply the nutritional requirements of grazing horses. Aust Vet J 1996; 73(2): 67–68

[369] Geor RJ, Harris P, Coenen M. Equine Applied and Clinical Nutrition: Health, Welfare and Performance. Edinburgh London: Elsevier Health Sciences; 2013

[370] George LA, Staniar WB, Cubitt TA et al. Evaluation of the effects of pregnancy on insulin sensitivity, insulin secretion, and glucose dynamics in Thoroughbred mares. Am J Vet Res 2011; 72(5): 666–674

[371] Ghorbani A, Mohit A, Kuhi HD. Effects of Dietary Mineral Intake on Hair and Serum Mineral Contents of Horses. J Equine Vet Sci 2015; 35(4): 295–300

[372] Glover V, Herold P, Hörning B. Einsatz von Arbeitspferden in der deutschen Landwirtschaft. 2011

[373] Glunk EC, Sheaffer CC, Hathaway MR et al. Interaction of grazing muzzle use and grass species on forage intake of horses. J Equine Vet Sci 2014; 34(7): 930–933

[374] Glunk EC, Hathaway MR, Weber WJ et al. The effect of hay net design on rate of forage consumption when feeding adult horses. J Equine Vet Sci 2014; 34(8): 986–991

[375] Goachet A, Loriers A, Le Floch E et al. Energy expenditure during a 160 km endurance race. Equine Vet J Suppl 2014; 46: 32

[376] Goachet AG, Julliand V. Implementation of field cardio-respiratory measurements to assess energy expenditure in Arabian endurance horses. Animal 2015; 9(5): 787–792

[377] Goachet AG, Philippeau C, Martin L et al. Effect of long-term endurance conditioning on total Tract apparent digestibility of fiber in horses. J Equine Vet Sci 2009; 29(5): 373–375

[378] Gordon ME, McKeever KH. Diurnal variation of ghrelin, leptin, and adiponectin in Standardbred mares. J Anim Sci 2005; 83(10): 2365–2371

[379] Grace ND, Pearce SG, Firth EC et al. Concentrations of macro-and micro-elements in the milk of pasture-fed Thoroughbred mares. Aust Vet J 1999; 77(3): 177–180

[380] Hampson BA, Owens E, Watts KA et al. Nutritional analysis of gastric contents and body condition score at a single time point in feral horses in Australia. Am J Vet Res 2011; 72(9): 1226–1233

[381] Hansen NCK, Avershina E, Mydland LT et al. High nutrient availability reduces the diversity and stability of the equine caecal microbiota. Microbial ecology in health and disease 2015; 26(1): DOI: 10.3402/mehd.v3426.27216

[382] Hansen TL. Modeling Digestibility and Rate of Passage in Horses; University of Kentucky; Masters-Degree 2014

[383] Hansen TL, Lawrence LM. Feed composition and animal factors affecting forage digestibility by horses. J Equine Vet Sci 2013; 33(5): 340–341

[384] Harris P, Ellis A, Fradinho M et al. Feeding conserved forage to horses: recent advances and recommendations. Animal 2017; 11(6): 958–967

[385] Heilemann M, Woakes AJ, Snow DH. Investigations on the respiratory water loss in horses at rest and during exercise. Advances in Animal Physiology and Animal Nutrition 1990; (21): 52–59

[386] Henneke DR, Potter GD, Kreider JL et al. Relationship between condition score, physical measurements and body fat percentage in mares. Equine Vet J 1983; 15(4): 371–372

[387] Herold P. Untersuchungen zum Leistungspotenzial des Einsatzes von Arbeitspferden und moderner pferdegezogener Technik im Ökologischen Landbau am Beispiel der Mahd im Grünland; Universitätsbibliothek Kassel; Diss. 2017

[388] Herold P, Heß J, editors. Zugkraftbedarf, Arbeitsgeschwindigkeit, Flächenleistung und Energieverbrauch moderner Pferde gezogener Mähtechnik im Ökologischen Landbau. 11 Wissenschaftstagung Ökologischer Landbau, Justus-Liebig-Universität Gießen; 2011

[389] Hinchcliff KW, Kohn CW, Geor R et al. Acid:base and serum biochemistry changes in horses competing at a modified 1 Star 3-day-event. Equine Vet J Suppl 1995; (20): 105–110

[390] Hipp B, Südekum KH, Zeyner A et al. Renal energy excretion of horses depends on renal hippuric acid and nitrogen excretion. J Anim Physiol Anim Nutr 2018; 102(1): e380-e386

[391] Hodgson D, McCutcheon LJ, Byrd SK et al. Dissipation of metabolic heat in the horse during exercise. Journal of Applied Physiology 1993; 74(3): 1161–1170

[392] Hoffman RM, Kronfeld DS, Cooper WL et al. Glucose clearance in grazing mares is affected by diet, pregnancy, and lactation. J Anim Sci 2003; 81(7): 1764–1771

[393] Hoffman RM, Boston RC, Stefanovski D et al. Obesity and diet affect glucose dynamics and insulin sensitivity in Thoroughbred geldings. J Anim Sci 2003; 81 (9): 2333–2342

[394] Hoffman RM, Hess TM, Williams CA et al. Speed associated with plasma pH, oxygen content, total protein and urea in an 80 km race. Equine Vet J Suppl 2002; (34): 39–43

[395] Hois C, Kienzle E, Schulze A. Prediction of body weight and weight development in growing horses. Pferdeheilkunde 2005; 21(6): 552–558

[396] Hsiung T-S. A monograph on the protozoa of the large intestine of the horse. 1930:

[397] Huthmann S, Gasse H, Jacob HG et al. Biomechanical evaluation of equine masticatory action: position and curvature of equine cheek teeth and age-related changes. Anatomical record 2008; 291(5): 565–570

[398] Huthmann S, Staszyk C, Jacob HG et al. Biomechanical evaluation of the equine masticatory action: calculation of the masticatory forces occurring on the cheek tooth battery. J Biomech 2009; 42(1): 67–70

[399] Jacob SI, Geor RJ, Weber PSD et al. Effect of age and dietary carbohydrate profiles on glucose and insulin

dynamics in horses. Equine Vet J 2018; 50(2): 249–254

[400] Jensen RB, Austbo D, Bach Knudsen KE et al. The effect of dietary carbohydrate composition on apparent total tract digestibility, feed mean retention time, nitrogen and water balance in horses. Animal 2014; 8(11): 1788–1796

[401] Jensen RB, Kyrstein TD, Junghans P et al. The effect of feeding on CO2 production and energy expenditure in ponies measured by indirect calorimetry and the 13C-bicarbonate technique. Animal 2015; 9 (11): 1778–1785

[402] John J, Roediger K, Schroedl W et al. Development of intestinal microflora and occurrence of diarrhoea in sucking foals: effects of Bacillus cereus var. toyoi supplementation. BMC Vet Res 2015; 11: 34

[403] Jones BA, Hatfield RD, Muck RE. Effect of fermentation and bacterial inoculation on lucerne cell walls. Journal of the Science of Food and Agriculture 1992; 60(2): 147–153

[404] Jorgensen GH, Aanensen L, Mejdell CM et al. Preference for shelter and additional heat in horses exposed to Nordic winter conditions. Equine Vet J 2016; 48(6): 720–726

[405] Jose-Cunilleras E, Viu J, Corradini I et al. Energy expenditure of critically ill neonatal foals. Equine Vet J Suppl 2012; (41): 48–51

[406] Karasu GK, Krabbenborg R, Einspanier A et al. Insulinaemic and glycaemic responses to a second meal of a fibre- or starch-enriched compound feed in healthy horses. Vet J 2015; 204(2): 220–222

[407] Katz L, Gough K, Herdan C et al. Evaluation of a portable system designed to measure ventilatory parameters and oxygen consumption in unridden horses. Equine Vet J Suppl 2014; 46: 23

[408] Katz LM, Bayly WM, Hines MT et al. Differences in the ventilatory responses of horses and ponies to exercise of varying intensities. Equine Vet J Suppl 1999; (30): 49–51

[409] Kearns C, McKeever K, Kumagai K et al. Fat-free mass is related to one-mile race performance in elite standardbred horses. Vet J 2002; 163(3): 260–266

[410] Kearns C, McKeever K, John-Alder H et al. Relationship between body composition, blood volume and maximal oxygen uptake. Equine Vet J 2002; 34 (S 34): 485–490

[411] Kienzle E, Zeyner A. Metabolizable energy for horses: development of a simple and flexible feed evaluation system. The impact of nutrition on the health and welfare of horses Metabolizable energy for horses: development of a simple and flexible feed evaluation system, Wageningen Academic Publishers, Wageningen 2010: 37–39

[412] Kienzle E, Zeyner A. The development of a metabolizable energy system for horses. J Anim Physiol Anim Nutr 2010; 94(6):

[413] Kienzle E, Burger A. Der Erhaltungsbedarf des Pferdes an Mengenelementen. Übers Tierernährg 2011; 39: 67–104

[414] Kläring AM. Auswirkungen von Kolikerkrankungen auf die Entstehung von Magenschleimhautläsionen beim Pferd; FU Berlin; Diss. Vet. Med. 2015

[415] Kleiber M. The Fire of Life. revised edition ed. New York: Krieger Publ. Co.; 1975

[416] Köller G, Recknagel S, Spallek A et al. Magenschleimkonzentration und intragastraler pH-Wert adulter Pferde während der Nahrungskarenz und nach oraler Applikation von Pronutrin®. Pferdeheilkunde 2010; 26: 186–190

[417] Kuntz R, Kubalek C, Ruf T et al. Seasonal adjustment of energy budget in a large wild mammal, the Przewalski horse (Equus ferus przewalskii) I. Energy intake. J Exp Biol 2006; 209(Pt 22): 4557–4565

[418] Lindner A, Schmidt M, Meyer H. Investigations on sodium metabolism in exercised Shetland ponies fed a diet marginal in sodium. Equine Exercise Physiology 1983; 1: 310–316

[419] Lindner A, Schmidt M, Meyer H et al. Beiträge zur Verdauungsphysiologie des Pferdes: 10. Mitteilung: Veränderungen des intestinalen sowie intermediären Wasser-und Elektrolytstoffwechsels bei Pferden mit chronischem Natriummangel. Z Tierphysiol Tierernährg Futtermittelkde 1984; 52(1–5): 155–170

[420] Mariella J, Pirrone A, Gentilini F et al. Hematologic and biochemical profiles in Standardbred mares during peripartum. Theriogenology 2014; 81(4): 526–534

[421] Martin-Rosset W. Particularités de la croissance et du développement du cheval. Annales de Zootechnie 1983; 32(1): 109–130

[422] Martin-Rosset W. Energy requirements and allowances of exercising horses. Nutrition of the exercising horse EAAP Publication 2008; 125: 103–138

[423] Martin-Rosset W. Equine nutrition: INRA nutrient requirements, recommended allowances and feed tables. Wageningen: Wageningen Academic Publishers; 2015

[424] Martin-Rosset W, Vermorel M. Maintenance energy requirement variations determined by indirect calorimetry and feeding trials in light horses. J Equine Vet Sci 1991; 11(1): 42–45

[425] Martin-Rosset W, Doreau M, Boulot S et al. Influence of level of feeding and physiological state on diet digestibility in light and heavy breed horses. Livestock Prod Sci 1990; 25(3): 257–264

[426] Martin-Rosset W, Vermorel M, Doreau M et al. The French horse feed evaluation systems and recommended allowances for energy and protein. Livestock Prod Sci 1994; 40(1): 37–56

[427] Martin-Rosset W, Vernet J, Dubroeucq H et al. Variation of fatness and energy content of the body with body condition score in sport horses and its prediction. In: Saastamoinen MT, Martin-Rosset W, Hrsg. Nutrition of the exercising horse. EAAP Publication 155: Wageningen Academic Publisher; 2008. p. 167–176

[428] Martin-Rosset W, Boccard R, Jussiaux M et al., editors. Croissance relative des différents tissus, organes et régions corporelles entre 12 et 30 mois chez le cheval de boucherie de différentes races lourdes. Annales de Zootechnie; 1983

[429] Mastellar SL, Moffet A, Harris PA et al. Effects of threonine supplementation on whole-body protein synthesis and plasma metabolites in growing and mature horses. Vet J 2016; 207: 147–153

[430] Matsui A, Ohmura H, Asai Y et al. Effect of amino acid and glucose administration following exercise on the turnover of muscle protein in the hindlimb femoral region of thoroughbreds. Equine Vet J Suppl 2006; (36): 611–616

[431] Matsuura A, Sakuma S, Irimajiri M et al. Maximum permissible load weight of a Taishuh pony at a trot. J Anim Sci 2013; 91(8): 3989–3996

[432] Matsuura A, Mano H, Irimajiri M et al. Maximum permissible load for Yonaguni ponies (Japanese landrace horses) trotting over a short, straight course. Animal Welfare 2016; 25(1): 151–156

[433] Matsuura A, Inoue S, Irimajiri M et al. Maximum permissible load for Kiso horses trotting over a short, straight course. Anim Sci J 2018; 89(1): 232–236

[434] Matsuura A, Irimajiri M, Matsuzaki K et al. Method for estimating maximum permissible load weight for Japanese native horses using accelerometer-based gait analysisasj_1041. 2012:

[435] McCue PM, Ferris RA. Parturition, dystocia and foal survival: a retrospective study of 1047 births. Equine Vet J Suppl 2012; (41): 22–25

[436] Mertens U. Analyse von Fruchtbarkeitsmerkmalen in der Population des Hannoverschen Warmbluts; Stiftung Tierärztliche Hochschule Hannover; Diss. Vet. Med. 2002

[437] Meyer H. Intestinaler N-Stoffwechsel, endogener N-Verlust und N-Bedarf ausgewachsener Pferde. Übers Tierernährg 1984; 12: 251–271

[438] Meyer H. Nutrition of the equine Athlete. Equine Exercise Physiology 1987; 2: 644–673

[439] Meyer H, Ahlswede L, Reinhardt HJ. Untersuchungen über Freßdauer, Kaufrequenz und Futterzerkleinerung beim Pferd. Dtsch Tierärztl Wschr 1975; 82: 54–58

[440] Meyer H, Ahlswede L, Pferdekamp M. Untersuchungen uber Magenentleerung und Zusammensetzung des Mageninhaltes beim Pferd. Dtsch Tierarztl Wschr 1980; 87: 43–47

[441] Meyer H, Lindemann G, Schmidt M. Einfluss unterschiedlichen Mischfuttergaben pro Mahlzeit auf praecaecale-und postileale Verdauungsvorgange beim Pferd. Fortschritte in der Tierphysiologie und Tierernahrung 1982; 13: 32–39

[442] Meyer H, Lindner A, Schmidt M. Beiträge zur Verdauungsphysiologie des Pferdes 11. Mitteilung: Untersuchungen zum Einfluß einer restriktiven Wasserzufuhr auf den Gesamtwassestoffwechsel sowie den intestinalen Wasserumlauf. Z Tierphysiol Tierernährg Futtermittelkde 1985; 54(1–5): 264–276

[443] Meyer H, Coenen M, Probst D. Beiträge zur Verdauungsphysiologie des Pferdes, 14. Mitteilung: Futtereinspeichelung und-passage im Kopfdarm des Pferdes. J Anim Physiol Anim Nutr 1986; 56(1–5): 171–183

[444] Meyer H, Gürer C, Lindner A. Beiträge zur Verdauungsphysiologie des Pferdes: 12. Mitteilung 1 Einfluß einer marginalen K-Zufuhr beim Pferd auf den K-Stoffwechsel sowie die Schweißbildung und Schweißzusammensetzung. J Anim Physiol Anim Nutr 1986; 55(1–5): 29–44

[445] Meyer H, Flothow C, Radicke S. Preileal digestibility of coconut fat and soybean oil in horses and their influence on metabolites of microbial origin of the proximal digestive tract. Arch Anim Nutr 1997; 50 (1): 63–74

[446] Meyer H, Muuss H, Guldenhaupt V et al. Intestinaler Wasser-, Natrium-und Kaliumstoffwechsel beim Pferd. Fortschritte in der Tierphysiologie und Tierernahrung 1982:

[447] Meyer H, Schmidt M, Lindemann G et al. Praecaecale und postileale Verdaulichkeit von Mengen- (Ca. P, Mg) und Spurenelementen (Cu, Zn, Mn) beim Pferd Fortschritte in der Tierphysiologie und Tierernährung 1982; 13: 61–69

[448] Meyer H, Schmidt M, Lindner A et al. Beiträge zur Verdauungsphysiologie des Pferdes: 9. Mitteilung: Einfluβ einer marginalen Na-Versorgung auf Na-Bilanz, Na-Gehalt im Schweiβ sowie klinische Sympto-

me 1. Z Tierphysiol Tierernährg Futtermittelkde 1984; 51(1–5): 182–196

[449] Meyer H, Coenen M, Teleb H et al. Beiträge zur Verdauungsphysiologie des Pferdes: Untersuchungen über Futterzerkleinerung und Freisetzung von Futterinhaltsstoffen im Kopfdarm des Pferdes 1. J Anim Physiol Anim Nutr 1986; 56(1–5): 266–275

[450] Meyer H, Coenen M, Teleb H et al. Beiträge zur Verdauungsphysiologie des Pferdes, 15. Mitteilung: Untersuchungen über Futterzerkleinerung und Freisetzung von Futterinhaltsstoffen im Kopfdarm des Pferdes 1. J Anim Physiol Anim Nutr 1986; 56(1–5): 266–275

[451] Meyer H, Stadermann B, Schnurpel B et al. The influence of type of diet (roughage or concentrate) on the plasma level, renal excretion, and apparent digestibility of calcium and magnesium in resting and exercising horses. J Equine Vet Sci 1992; 12(4): 233–239

[452] Meyer H, Radicke S, Kienzle E et al. Investigations on preileal digestion of starch from grain, potato and manioc in horses. Journal of Veterinary Medicine Series A 1995; 42(1–10): 371–381

[453] Mok CH, Levesque CL, Urschel KL. Using the indicator amino acid oxidation technique to study threonine requirements in horses receiving a predominantly forage diet. J Anim Physiol Anim Nutr (Berl) 2018; 102(5): 1366–1381

[454] Morgan EKM. Climatic energy demand of horses. Equine Vet J 1995; 27(S 18): 396–399

[455] Morgan K. Thermoneutral zone and critical temperatures of horses. Journal of Thermal Biology 1998; 23(1): 59–61

[456] Morgan K, Ehrlemark A, Sallvik K. Dissipation of heat from standing horses exposed to ambient temperatures between-3 o C and 37 o C. Journal of Thermal Biology 1997; 22(3): 177–186

[457] Morgan K, Funkquist P, Nyman G. The effect of coat clipping on thermoregulation during intense exercise in trotters. Equine Vet J Suppl 2002; (34): 564–567

[458] Morgan K, Nyman G, Funkquist P. Heat balance in trotters during intense exercise. Nutrition of the exercising horse, EAAP publication 2008: 163–166

[459] Müller-Reh F. Untersuchungen über die Mineralstoff-(Ca, P, Mg. IC, Na) und Spurenelement-(Fe, Cu. Zn, Mn)Versorgung beim Pferd; Stiftung Tierärztliche Hochschule Hannover Diss. Vet. Med. 1972

[460] Muuss H, Meyer H, Schmidt M. Entleerung und Zusammensetzung des Ileumchymus beim Pferd 1982; Beiträge zur Verdauungsphysiologie des Pferdes 13: 13–23

[461] Nagy P, Guillaume D, Daels P. Seasonality in mares. Animal Reproduction Science 2000; 60: 245–262

[462] National Research Council. NRC, 2007. Nutrient Requirements of Horses, 6th revised ed, Washington DC 2007:

[463] Naujeck A, Hill J. Influence of sward height on bite dimensions of horses. Anim Sci 2003; 77(1): 95–100

[464] Naujeck A, Hill J, Gibb M. Influence of sward height on diet selection by horses. Applied Animal Behaviour Science 2005; 90(1): 49–63

[465] Nery J, Valle E, Minuti A et al., editors. Evaluation of gastrointestinal permeability in endurance horses at rest using the dual-sugar technique. 17th European Society of Veterinary and Comparative Nutrition Congress; 2013: University Press;

[466] Neustadter LT, Kamphues J, Ratert C. Influences of different dietary contents of macrominerals on the availability of trace elements in horses. J Anim Physiol Anim Nutr (Berl) 2018; 102(2): e633-e640

[467] Ohmura H, Hiraga A, Jones JH. Method for quantifying net anaerobic power in exercising horses. Equine Vet J Suppl 2006; (36): 370–373

[468] Ohmura H, Mukai K, Takahashi T et al. Cardiorespiratory function in Thoroughbreds during locomotion on a treadmill at an incline or decline. Am J Vet Res 2017; 78(3): 340–349

[469] Oliveira CA, Azevedo JF, Martins JA et al. The impact of dietary protein levels on nutrient digestibility and water and nitrogen balances in eventing horses. J Anim Sci 2015; 93(1): 229–237

[470] Olsman AF, Jansen WL, Sloet van Oldruitenborgh-Oosterbaan MM et al. Assessment of the minimum protein requirement of adult ponies. J Anim Physiol Anim Nutr (Berl) 2003; 87(5–6): 205–212

[471] Pagan JD, Harris PA. The effects of timing and amount of forage and grain on exercise response in thoroughbred horses. Equine Vet J Suppl 1999; (30): 451–457

[472] Pagan JD, Lawrence TJ, Lawrence LA. Feeding protected sodium bicarbonate attenuates hindgut acidosis in horses fed a high-grain ration. The impact of nutrition on the health and welfare of horses 2010; (128): 19–22

[473] Patterson-Kane J, Karikoski N, McGowan C. Paradigm shifts in understanding equine laminitis. Vet J 2018; 231: 33–40

[474] Pferdekamp M. Einfluss steigender Proteinmengen auf den Stoffwechsel des Pferdes [dissertation]; Stiftung Tierärztliche Hoschule Hannover; Diss. Vet. Med. 1978

[475] Philippeau C, Faubladier C, Goachet AG et al., editors. Is there an impact of feeding concentrate before or after forage on colonic pH and redox potential in horses. Applied equine nutrition and training Equine Nutr Training Conf(ENUTRACO) Wageningen Acad Publ; 2009 2009; Madrid, Spain

[476] Potts S, Thatcher R, Jones AW et al. Sweat osmolarity shows intra-animal regional variation in the horse. Vet Dermatol 2015; 26(5): 374–375

[477] Powell DM, Bennett-Wimbush K, Peeples A et al. Evaluation of indicators of weight-carrying ability of light riding horses. J Equine Vet Sci 2008; 28(1): 28–33

[478] Powers SK, Beadle RE, Thompson D et al. Ventilatory and blood gas dynamics at onset and offset of exercise in the pony. J Appl Physiol (1985) 1987; 62(1): 141–148

[479] Powers SK, Beadle RE, Lawler J et al. Oxygen deficit-oxygen debt relationships in ponies during submaximal treadmill exercise. Respir Physiol 1987; 70 (2): 251–263

[480] Rauchhaupt Av. Untersuchungen über den Mengen- und Spurenelementstatus bei Mutterstuten in differenten Reproduktionsstadien und deren Fohlen unter besonderer Berücksichtigung der Gliedmaßenfehlstellungen bei Jungtieren bis zum sechsten Lebensmonat; Justus Liebig Universität Giessen; Diss. Vet. Med. 2006

[481] Respondek F, Goachet AG, Julliand V. Effects of dietary short-chain fructooligosaccharides on the intestinal microflora of horses subjected to a sudden change in diet. J Anim Sci 2008; 86(2): 316–323

[482] Rosenfeld I, Austbø D, Volden H. Models for estimating digesta passage kinetics in the gastrointestinal tract of the horse. J Anim Sci 2006; 84(12): 3321–3328

[483] Saalschmidt F. Untersuchungen über verdauungsphysiologische Effekte eines Probiotikums aus Enterococcus faecium und Lactobacillus rhamnosus bei Pferden; FU Berlin; Diss. Vet. Med. 2017

[484] Saalschmidt F, Vahjen W, Zentek J. Die Mikrobiota im Gastrointestinaltrakt von adulten Pferden und Einflüsse der Fütterung. Übers Tierernährg 2014; 42: 141–164

[485] Sadet-Bourgeteau S, Philippeau C, Julliand V. Effect of concentrate feeding sequence on equine hindgut fermentation parameters. Animal 2017; 11(7): 1146–1152

[486] Sauer H. Biometrische Studien über das Wachstum von Pferden. Entwicklungsstadien des Rheinisch-Deutschen Kaltblutpferdes: Springer; 1930. p. 202–205

[487] Schmidt M. Ein Beitrag zum Spurenelementgehalt in Schweiß und Organen des Pferdes (Trace element content of sweat and organs of horses). Dtsch Tierärztl Wschr 1984; 91: 197–198

[488] Schulze I. Belastung von in der gewerblichen Personenbeförderung eingesetzten Kutschpferden. Hannover; Stiftung Tierärztliche Hochschule; Diss. Vet. Med. 2000

[489] Schwabenbauer K, Meyer H, Lindemann G. Gehalt an flüchtigen Fettsäuren und Ammoniak im Caecuminhalt des Pferdes in Abhängigkeit von Futterart, Futterreihenfolge und Fütterungszeitpunkt. Fortschritte in der Tierphysiologie und Tierernahrung 1982; 13: 24–31

[490] Simhofer H, Niederl M, Anen C et al. Kinematic analysis of equine masticatory movements: comparison before and after routine dental treatment. Vet J 2011; 190(1): 49–54

[491] Slade LM, Robinson DW. Nitrogen metabolism in nonruminant herbivores. II. Comparative aspects of protein digestion. J Anim Sci 1970; 30(5): 761–763

[492] Slade LM, Robinson DW, Casey KE. Nitrogen metabolism in nonruminant herbivores. I. The influence of nonprotein nitrogen and protein quality on the nitrogen retention of adult mares. J Anim Sci 1970; 30(5): 753–760

[493] Spiers DE. Physiological basics of temperature regulation in domestic animals. Environmental Physiology of Livestock 2012: 17–34

[494] Spitzlei S. Untersuchungen zur Zusammensetzung des Hufhorns beim Pferd, deren Bedeutung für die Stabilität und Beziehung zur Nährstoffversorgung (Investigantion on the composition of equine hoof horn with regard to quality of hoof horn (integrity, hardness) and relastion to nutrient supply). Hannover; Stiftung Tierärztliche Hochschule Diss. Vet. Med. 1996

[495] Spooner H, Nielsen B, SCHOTT II H et al. Sweat composition in Arabian horses performing endurance exercise on forage-based, low Na rations. Equine Vet J 2010; 42: 382–386

[496] St-Pierre B, de la Fuente G, O'Neill S et al. Analysis of stomach bacterial communities in Australian feral horses. Molecular biology reports 2013; 40(1): 369–376

[497] Stewart AJ. Magnesium disorders in horses. The Veterinary clinics of North America Equine practice 2011; 27(1): 149–163

[498] Sykes B, Jokisalo JM. Rethinking equine gastric ulcer syndrome: part 3–equine glandular gastric ulcer syndrome (EGGUS). Equine Veterinary Education 2015; 27(7): 372–375

[499] Talukdar A, Calhoun M, Stinson A. Sweat glands of the horse: a histologie study. Am J Vet Res 1970; 31: 2179–2190

[500] Tarr JA. A note on the horse as an urban power source. Journal of Urban History 1999; 25(3): 434–448

[501] Taylor LA, Muller DW, Schwitzer C et al. Comparative analyses of tooth wear in free-ranging and captive wild equids. Equine Vet J 2016; 48(2): 240–245

[502] Theegarten D. Das Grubenpferd im rheinisch-westfälischen Bergrevier: Ein historischer Rückblick. Abteilung für Pathologie der Ruhr-Universität Bochum: na;

[503] Troschke S. Die Versorgung des Pferdes mit Kupfer und Selen; Veterinärmedizinische Universität Wien; Bakkalaureat 2009

[504] Troxler J. Pferde im Tourismus–ein Tierschutzproblem am Beispiel der Kutschenfahrten? In: Baumgartner J, Lexer, D., editor. Tierschutz; 2 Tagung der Plattform Österreichische TierärztInnen für Tierschutz; Wien: Sektion Tierhaltung und Tierschutz der Österreichischen Gesellschaft der Tierärzte; 2011. p. 51–54

[505] Tsubone H, Hanafusa M, Endo M et al. Effect of Treadmill Exercise and Hydrogen-rich Water Intake on Serum Oxidative and Anti-oxidative Metabolites in Serum of Thoroughbred Horses. J Equine Sci 2013; 24(1): 1–8

[506] Turcott-White SK, Nielsen BD, Robison CI et al. Influence of various concentrate-to-roughage ratios on dietary intake and nutrient digestibilities of weanling horses. J Anim Physiol Anim Nutr 2018: 1–10

[507] Tyler CJ, Coffey TR, Hodges GJ. Acute L-arginine supplementation has no effect on cardiovascular or thermoregulatory responses to rest, exercise, and recovery in the heat. Eur J Appl Physiol 2016; 116 (2): 363–371

[508] Uden P, Rounsaville TR, Wiggans GR et al. The measurement of liquid and solid digesta retention in ruminants, equines and rabbits given timothy (Phleum pratense) hay. Br J Nutr 1982; 48(2): 329–339

[509] Ungru J, Bluher M, Coenen M et al. Effects of body weight reduction on blood adipokines and subcutaneous adipose tissue adipokine mRNA expression profiles in obese ponies. Vet Rec 2012; 171(21): 528

[510] Uppenborn W. Untersuchungen über die Trächtigkeitsdauer der Stuten, mit einem Anhang: Untersuchungen über Zwillingsgeburten beim Pferd. Zeitschrift für Tierzüchtung und Züchtungsbiologie einschließlich Tierernährung 1933; 28(1–3): 1–27

[511] Valle E, Bergero D. Electrolyte requirements and supplementation in exercising horses. Nutrition of the exercising horse EAAP publication 2008; 125: 219–232

[512] Valle E, Bergero D. Feeding electrolyte for sport horses. 2008:

[513] van den Hoven R, Bauer A, Hackl S et al. A preliminary study on the changes in some potential markers of muscle-cell degradation in sub-maximally exercised horses supplemented with a protein and amino acid mixture. J Anim Physiol Anim Nutr (Berl) 2011; 95(5): 664–675

[514] van Doorn DA, Everts H, Wouterse H et al. Influence of high phosphorus intake on salivary and plasma concentrations, and urinary phosphorus excretion in mature ponies. J Anim Physiol Anim Nutr (Berl) 2011; 95(2): 154–160

[515] van Doorn DA, Schaafstra FJ, Wouterse H et al. Repeated measurements of P retention in ponies fed rations with various Ca:P ratios. J Anim Sci 2014; 92 (11): 4981–4990

[516] Van Erck E, Votion D-M, Serteyn D et al. Evaluation of oxygen consumption during field exercise tests in Standardbred trotters. Equine and Comparative Exercise Physiology 2007; 4(1): 43–49

[517] Van Weyenberg S, Sales J, Janssens G. Passage rate of digesta through the equine gastrointestinal tract: A review. Livestock Science 2006; 99(1): 3–12

[518] Van Weyenberg S, Buyse J, Janssens GP. Increased plasma leptin through l-carnitine supplementation is associated with an enhanced glucose tolerance in healthy ponies. J Anim Physiol Anim Nutr (Berl) 2009; 93(2): 203–208

[519] Van Weyenberg S, Hesta M, Buyse J et al. The effect of weight loss by energy restriction on metabolic profile and glucose tolerance in ponies. J Anim Physiol Anim Nutr (Berl) 2008; 92(5): 538–545

[520] Van Weyenberg S, Buyse J, Kalmar ID et al. Voluntary feed intake and leptin sensitivity in ad libitum fed obese ponies following a period of restricted feeding: a pilot study. J Anim Physiol Anim Nutr (Berl) 2013; 97(4): 624–631

[521] Varloud M, De Fombelle A, Goachet AG et al. Partial and total apparent digestibility of dietary carbohydrates in horses as affected by the diet. Anim Sci 2004; 79(1): 61–72

[522] Varloud M, Fonty G, Roussel A et al. Postprandial kinetics of some biotic and abiotic characteristics of the gastric ecosystem of horses fed a pelleted concentrate meal. J Anim Sci 2007; 85(10): 2508–2516

[523] Vecchi I, Sabbioni A, Bigliardi E et al. Relationship between body fat and body condition score and their effects on estrous cycles of the Standardbred

maiden mare. Vet Res Commun 2010; 34 Suppl 1: S 41–45

[524] Venner M, Vervuert I. Fütterung zur Prävention von Magengeschwüren beim Sportpferd, ein Update. Leipziger Blaue Hefte: 88

[525] Vermorel M, Martin-Rosset W. Concepts, scientific bases, structure and validation of the French horse net energy system (UFC). Livestock Prod Sci 1997; 47(3): 261–275

[526] Vermorel M, Vernet J, Martin-Rosset W, editors. Energy utilization and diurnal variations of energy expenditure in saddle horses fed near maintenance. 11 Symposium on Energy Metabolism of Farm Animals, Lunteren (Netherlands), 18–24 Sep 1988; 1989: Pudoc;

[527] Vermorel M, Martin-Rosset W, Vernet J. Energy utilization of two diets for maintenance by horses; agreement with the new French net energy system. J Equine Vet Sci 1991; 11(1): 33–35

[528] Vernet J, Vermorel M, Martin-Rosset W. Energy cost of eating long hay, straw and pelleted food in sport horses. Anim Sci 1995; 61(3): 581–588

[529] Vervuert I. Major mineral and trace element requirements and functions in exercising horses. Nutrition of the exercising horse EAAP publication 2008; 125: 207–218

[530] Vervuert I. Phänomen freies Kotwasser beim Pferd. pferde spiegel 2015; 18(01): 8–11

[531] Vervuert I, Hohn K. Was leisten orale Chondroprotektiva beim Pferd? pferde spiegel 2011; 14(02): 50–54

[532] Vervuert I, Coenen M, Bothe C. Effects of oat processing on the glycaemic and insulin responses in horses. J Anim Physiol Anim Nutr (Berl) 2003; 87(3–4): 96–104

[533] Vervuert I, Coenen M, Bothe C. Effects of corn processing on the glycaemic and insulinaemic responses in horses. J Anim Physiol Anim Nutr (Berl) 2004; 88(9–10): 348–355

[534] Vervuert I, Coenen M, Bichmann M. Comparison of the effects of fructose and glucose supplementation on metabolic responses in resting and exercising horses. J Vet Med A Physiol Pathol Clin Med 2004; 51(4): 171–177

[535] Vervuert I, Coenen M, Bothe C. Effects of corn processing on the glycaemic and insulinaemic responses in horses. J Anim Physiol Anim Nutr 2004; 88(9–10): 348–355

[536] Vervuert I, Coenen M, Watermulder E. Metabolic responses to oral tryptophan supplementation before exercise in horses. J Anim Physiol Anim Nutr (Berl) 2005; 89(3–6): 140–145

[537] Vervuert I, Coenen M, Zamhofer J. Effects of draught load exercise and training on calcium homeostasis in horses. J Anim Physiol Anim Nutr (Berl) 2005; 89 (3–6): 134–139

[538] Vervuert I, Stanik K, Coenen M. Effects of different levels of calcium and phosphorus intake on calcium homeostasis in exercising horses. Equine Vet J Suppl 2006; (36): 659–663

[539] Vervuert I, Bothe C, Coenen M. Glycaemic and insulinaemic responses to mechanical or thermal processed barley in horses. J Anim Physiol Anim Nutr (Berl) 2007; 91(5–6): 263–268

[540] Vervuert I, Klein S, Coenen M. Effects of feeding state on glycaemic and insulinaemic responses to a starchy meal in horses: a methodological approach. Animal 2009; 3(9): 1246–1253

[541] Vervuert I, Klein S, Coenen M. Effect of mixing dietary fibre (purified lignocellulose or purified pectin) and a corn meal on glucose and insulin responses in healthy horses. J Anim Physiol Anim Nutr (Berl) 2009; 93(3): 331–338

[542] Vervuert I, Klein S, Coenen M. Short-term effects of a moderate fish oil or soybean oil supplementation on postprandial glucose and insulin responses in healthy horses. Vet J 2010; 184(2): 162–166

[543] Vervuert I, Coenen M, Wedemeyer U et al. Biochemical markers of bone activity in young standardbred orses during different types of exercise and training. J Vet Med A Physiol Pathol Clin Med 2002; 49(8): 396–402

[544] Vervuert I, Voigt K, Hollands T et al. Effects of processing barley on its digestion by horses. Vet Rec 2008; 162(21): 684–688

[545] Vervuert I, Voigt K, Hollands T et al. Effect of feeding increasing quantities of starch on glycaemic and insulinaemic responses in healthy horses. Vet J 2009; 182(1): 67–72

[546] Vervuert I, Voigt K, Hollands T et al. The effect of mixing and changing the order of feeding oats and chopped alfalfa to horses on: glycaemic and insulinaemic responses, and breath hydrogen and methane production. J Anim Physiol Anim Nutr (Berl) 2009; 93(5): 631–638

[547] Vervuert I, Brussow N, Bochnia M et al. Electromyographic evaluation of masseter muscle activity in horses fed (i) different types of roughage and (ii) maize after different hay allocations. J Anim Physiol Anim Nutr (Berl) 2013; 97(3): 515–521

[548] Vervuert I, Coenen M, Wedemeyer U et al. Calcium homeostasis and intact plasma parathyroid hormone during exercise and training in young Standardbred horses. Equine Vet J 2002; 34(7): 713–718

[549] Vervuert I, Coenen M, Winkelsett S et al. Growth rates in Hanoverian Warmblood foals and the development of osteochondrosis. The Growing Horse: Nutrition and Prevention of Growth Disorders, Dijon, France 2004: 85–89

[550] Vervuert I, Winkelsett S, Christmann L et al. Evaluation of the influences of exercise, birth date, and osteochondrosis on plasma bone marker concentrations in Hanoverian Warmblood foals. Am J Vet Res 2007; 68(12): 1319–1323

[551] Vigroux P, Candau M, Ruckebusch Y. [Cecal motricity and ceco-iliac transit in the horse]. C R Seances Soc Biol Fil 1975; 169(6): 1617–1621

[552] Vogel G. Beiträge zur Kenntnis der Nierenphysiologie einiger Haussäugetiere: Parey - Berlin, Hamburg; 1962

[553] Vondran S, Venner M, Vervuert I. Effects of two alfalfa preparations with different particle sizes on the gastric mucosa in weanlings.

[554] Vondran S, Venner M, Vervuert I. Effects of two alfalfa preparations with different particle sizes on the gastric mucosa in weanlings: alfalfa chaff versus alfalfa pellets. BMC Vet Res 2016; 12(1): 110 DOI 110.1186/s12917-12016-10733-12915

[555] Vondran S, Venner M, Coenen M et al. Effects of alfalfa chaff on the gastric mucosa in adult horses. Pferdeheilkunde 2017; 33(1): 66–71

[556] Wagner E, Potter G, Eller E et al. Absorption and retention of trace minerals in adult horses. The Professional Animal Scientist 2005; 21(3): 207–211

[557] Wagner EL, Potter GD, Gibbs PG et al. Copper and zinc balance in exercising horses fed 2 forms of mineral supplements. J Anim Sci 2011; 89(3): 722–728

[558] Walker WT, Callan RJ, Hill AE et al. Effects of oral powder electrolyte administration on packed cell volume, plasma chemistry parameters, and incidence of colic in horses participating in a 6-day 162-km trail ride. Can Vet J 2014; 55(8): 765–771

[559] Waller AP, Lindinger MI. Nutritional aspects of post exercise skeletal muscle glycogen synthesis in horses: a comparative review. Equine Vet J 2010; 42(3): 274–281

[560] Watson ED, McDonnell AM, Cuddeford D. Characteristics of cyclicity in maiden thoroughbred mares in the United Kingdom. Vet Rec 1994; 135(5): 104–106

[561] Watson ED, Cuddeford D, Burger I. Failure of beta-carotene absorption negates any potential effect on ovarian function in mares. Equine Vet J 1996; 28(3): 233–236

[562] Webb A, Weaver BM. Body composition of the horse. Equine Vet J 1979; 11(1): 39–47

[563] Weese JS, Holcombe SJ, Embertson RM et al. Changes in the faecal microbiota of mares precede the development of post partum colic. Equine Vet J 2015; 47(6): 641–649

[564] Weisrock KU, Winkelsett S, Martin-Rosset W et al. Long-term effects of intermittent equine parathyroid hormone fragment (ePTH-1–37) administration on bone metabolism in healthy horses. Vet J 2011; 190(2): e130–134

[565] Weisrock KU, Winkelsett S, Martin-Rosset W et al. Long-term effects of intermittent equine parathyroid hormone fragment (ePTH-1–37) administration on bone metabolism in healthy horses. Vet J 2011; 190(2): e130–134

[566] West GB, Woodruff WH, Brown JH. Allometric scaling of metabolic rate from molecules and mitochondria to cells and mammals. Proceedings of the National Academy of Sciences 2002; 99(Suppl 1): 2473–2478

[567] Weyenberg SV, Hesta M, Buyse J et al. Short-term effects of energy changes on plasma leptin concentrations and glucose tolerance in healthy ponies. Vet J 2008; 178(2): 233–237

[568] White SH, Warren IK. Effects of dietary selenium and training on oxydative stress in young horses. equine Vet J Suppl 2014; 46: 33

[569] White SH, Warren IK, Wohlgemuth S. Eccects of dietary selenium and training on mitochondrial function in young horses. Equine Vet J Suppl 2014; 46: 33

[570] Wichert B, Frank T, Kienzle E. Zinc, copper and selenium intake and status of horses in Bavaria. J Nutr 2002; 132(6): 1776S-1777S

[571] Williams GL, Thorson JF, Prezotto LD et al. Reproductive seasonality in the mare: neuroendocrine basis and pharmacologic control. Domestic animal endocrinology 2012; 43(2): 103–115

[572] Willing B, Vörös A, Roos S et al. Changes in faecal bacteria associated with concentrate and forage-only diets fed to horses in training. Equine Vet J 2009; 41(9): 908–914

[573] Winkelsett S. Biochemische Knochenmarker und Parathormon bei Warmblutfohlen unter Berücksichtigung des Vorkommens der Osteochondrose; Stiftung Tierärztliche Hochschule Hannover; Diss. Vet. Med. 2003

[574] Winsco KN, Coverdale JA, Wickersham TA et al. Influence of maternal plane of nutrition on mares and their foals: determination of mare performance and voluntary dry matter intake during late pregnancy using a dual-marker system. J Anim Sci 2013; 91(9): 4208–4215

[575] Witte ST, Will LA. Investigation of selenium sources associated with chronic selenosis in horses of western Iowa. Journal of Veterinary Diagnostic Investigation 1993; 5(1): 128–131

[576] Wolf E. Grundlagen der rationellen Fütterung des Pferdes. Neue Beiträge - Resultate der 1885/86 und 1886/87 in Hohenheim ausgeführten Versuche.: Verlag Paul Parey, Berlin; 1887

[577] Yur F, Dede S, Deger Y et al. Effects of vitamin E and selenium on serum trace and major elements in horses. Biol Trace Elem Res 2008; 125(3): 223–228

[578] Zehnder C. Feldstudie zu Risikofaktoren für den Absatz von freiem Kotwasser beim Freizeitpferd. München; Ludwig-Maximilians-Universität München; Diss. Vet. Med. 2009

[579] Zehnder C. Feldstudie zu Risikofaktoren für den Absatz von freiem Kotwasser beim Freizeitpferd; Ludwig-Maximillians-Universität München; Diss. Vet. Med. 2009

[580] Zeyner A, Kirbach H, Furll M. Effects of substituting starch with fat on the acid-base and mineral status of female horses. Equine Vet J Suppl 2002; (34): 85–91

[581] Zeyner A, Bessert J, Gropp JM. Effect of feeding exercised horses on high-starch or high-fat diets for 390 days. Equine Vet J Suppl 2002; (34): 50–57

[582] Zeyner A, Geissler C, Dittrich A. Effects of hay intake and feeding sequence on variables in faeces and faecal water (dry matter, pH value, organic acids, ammonia, buffering capacity) of horses. J Anim Physiol Anim Nutr (Berl) 2004; 88(1–2): 7–19

[583] Zeyner A, Kienzle E, Coenen M. Artgerechte Pferdefütterung. In: Brade W, Distl O, Sieme Het al., Hrsg. Pferdezucht, -haltung und -fütterung: Empfehlungen für die Praxis Landbauforschung Völkenrode. Sonderheft 3532011. p. 164–191

[584] Zeyner A, Romanowski K, Vernunft A et al. Scoring of sweat losses in exercised horses–a pilot study. J Anim Physiol Anim Nutr (Berl) 2014; 98(2): 246–250

[585] Zeyner A, Hoffmeister C, Einspanier A et al. Glycaemic and insulinaemic response of quarter horses to concentrates high in fat and low in soluble carbohydrates. Equine Vet J Suppl 2006; (36): 643–647

[586] Zeyner A, Romanowski K, Vernunft A et al. Effects of Different Oral Doses of Sodium Chloride on the Basal Acid-Base and Mineral Status of Exercising Horses Fed Low Amounts of Hay. PLoS One 2017; 12(1): e0168325

[587] Zeyner A, Romanowski K, Orgis A et al. Feed Intake Patterns and Immediate Glycaemic and Insulinaemic Responses of Horses Following Ingestion of Different Quantities of Starch From Oat, Barley and Grains. The Open Nutrition Journal 2017; 11(1): 39–51

[588] Zuntz N, Hagemann O. Stoffwechsel des Pferdes bei Ruhe und Arbeit. Landwirtschaftl Jahrbücher 1898; XXVII, Ergänzungsbd. III

14.3 Teil 2: Grundlagen der Fütterung

14.3.1 Kapitel 5 (Futtermittel) und Kapitel 7 (Spezielle Fütterung)

[589] Allen WR, Wilsher S, Stewart F. The influence of maternal size on placental, fetal and postnatal growth in the horse. II. Endocrinology of pregnancy. J Endocrinol 2002; 172: 237–246

[590] Allen WR, Wilsher S, Turnbull C et al. Influence of maternal size on placental, fetal and postnatal growth in the horse. I. Development in utero. Reproduction 2002; 123: 445–453

[591] Alsaadi SaRA, Aljobory AMIS. Study the variation in biochemical parameters of post colic surgical horses which treated with chamomile flowers. Imperial Journal of Interdisciplinary Research 2016; 2(11): 1964–1968

[592] Archer M. Grassland management for horses. Vet Rec 1980; 107: 171–174

[593] Bergero D, Valle E. A critical analysis on the use of herbs and herbal extracts in feeding sport horses. Pferdeheilkunde 2006; 22(5): 550–557

[594] Bergero D, Valle E, Miraglia N, Peiretti P. Effect of supplementation with probiotics, prebiotics and phytoterapic extracts on apparent digestibility of horses fed hay. Ippologia 2008; 19(1): 5–9

[595] Burlacu GH, Voicu D, Voicu I et al. Study on the energy and protein metabolism in horses. Arch. Tierernährung 1993; 45: 173–185

[596] Coenen M. The occurrence of feed-induced stomach ulcers in horses. Schweiz Arch Tierheilkd 1990; 132: 121–126

[597] Coenen M, Appelt K, Niemeyer A et al. Study of gelatin supplemented diet on amino acid homeostasis in the horse. Equine Vet J Suppl 2006; 606–610

[598] Coenen M, Kienzle E, Vervuert I et al. Recent German Developments in the Formulation of Energy and Nutrient Requirements in Horses and the Resulting Feeding Recommendations. J. Equine Vet. Sci. 2011; 31: 219–229

[599] Coenen M, Mossler A, Vervuert I. Fermentative gases in breath indicate that inulin and starch start to be degraded by microbial fermentation in the stomach and small intestine of the horse in contrast to pectin and cellulose. Journal of Nutrition 2006; 136: 2108S–2110S

[600] Coenen M, Probst D, Gurer C et al. Studies on Saliva Production and Composition in the Horse. J Anim Physiol an N 1986; 56: 163–163

[601] Connysson M, Muhonen S, Lindberg JE, Essén-Gustavsson B, Nyman G, Nostell K, Jansson A. Effects on exercise response, fluid and acid-base balance of protein intake from forage-only diets in standardbred horses. Equine Veterinary Journal 2006; 38 (S 36): 648–653

[602] Douglas RH, Ginther OJ. Development of the equine fetus and placenta. J Reprod Fertil Suppl 1975; 503–505

[603] Dusek J, Richter L. Änderungen der Körpermasse von Stuten im Verlauf der Gravidität. Arch. Tierzucht Arch Tierzucht 1972; 15: 361–366

[604] Fonnesbeck PV, Symons LD. Effects of diet on concentration of protein, urea nitrogne, sugar and cholesterol of blood plasma of horses. J Anim Sci 1969; 28(2): 216–219

[605] Fors, M. Herbs for horses. 2009; DoANaMSUoASh-C-nK ES 0553

[606] Fowden AL, Forhead AJ, Ousey JC. Endocrine adaptations in the foal over the perinatal period. Equine Vet J Suppl 2012; 130–139

[607] Fowden AL, Forhead AJ, Ousey JC. The Endocrinology of equine parturition. Exp Clin Endocrinol Diabetes 2008; 116: 393–403

[608] Fowden, A. L., A. J. Forhead, K. L. White, and P. M. Taylor. 2000. Equine uteroplacental metabolism at mid- and late gestation. Exp Physiol 2012; 85: 539–545

[609] Geor RJ, Harris PA, Coenen M. Equine applied and clinical nutrition. Edinburgh: Elsevier; 2013

[610] GfE (Gesellschaft für Ernährungsphysiologie). Empfehlungen zur Energie- und Nährstoffversorgung von Pferden. Frankfurt/Main, DLG-Verlag; 2014

[611] Giussani DA, Forhead AJ, Fowden AL. Development of cardiovascular function in the horse fetus. J Physiol 2005; 565: 1019–1030

[612] Giussani DA, Forhead AJ, Gardner DS et al. 2003. Postnatal cardiovascular function after manipulation of fetal growth by embryo transfer in the horse. J Physiol 2003; 547: 67–76

[613] Glunk EC, Hathaway MR, Weber WJ, Sheaffer CC, Martinson KL. The effect of hay net design on rate of forage consumption when feeding adult horses. J Equine Vet Sci 2014; 34(8): 986–991

[614] Glunk EC, Sheaffer CC, Hathaway MR, Martinson KL. Interaction of grazing muzzle use and grass species on forage intake of horses. J Equine Vet Sci 2014; 34 (7): 930–933

[615] Goachet AG, Varloud M, Philippeau C et al. Long-term effects of endurance training on total tract apparent digestibility, total mean retention time and faecal microbial ecosystem in competing Arabian horses. Equine Vet J Suppl 2010; 387–392

[616] Grace ND, Pearce SG, Firth EC et al. Content and distribution of macro- and micro-elements in the body of pasture-fed young horses. Aust Vet J 1999; 77: 172–176

[617] Graham-Thiers PM, Kronfeld DS. Amino acid supplementation improves muscle mass in aged and young horses. J Anim Sci 2005; 83: 2783–2788

[618] Graham-Thiers PM, Kronfeld DS, Kline KA. Dietary protein influences acid-base responses to repeated sprints. Equine Vet J Suppl 1999; 463–467

[619] Graham-Thiers PM, Kronfeld DS, Kline KA et al. Dietary protein restriction and fat supplementation diminish the acidogenic effect of exercise during repeated sprints in horses. J Nutr 2001; 131: 1959–1964

[620] Harris P. Feeding management of elite endurance horses. Vet Clin North Am Equine Pract 2009; 25: 137–153, viii

[621] Harris PA, Marlin DJ, Scott CM et al. Electrolyte and total protein changes in nonheat acclimated horses performing treadmill exercise in cool (20 degrees C/40 %RH), hot, dry (30 degrees C/40 %RH) or hot, humid (30 degrees C/80 %RH) conditions. Equine Vet J Suppl 1995; 85–96

[622] Harris RC, Harris PA, Routledge NB et al. Plasma glutamine concentrations in the horse following feeding and oral glutamine supplementation. Equine Vet J Suppl 2006; 637–642

[623] Harris PA, Pagan JD, Crandell KG et al. Effect of feeding thoroughbred horses a high unsaturated or saturated vegetable oil supplemented diet for 6 months following a 10 month fat acclimation. Equine Vet J Suppl 1999; 468–474

[624] Harris PA, Ellis A, Fradinho M, Jansson A, Julliand V, Luthersson N, Santos A, Vervuert I. Feeding conser-

ved forage to horses: recent advances and recommendations. Animal 2017; 11(6): 958–967

[625] Hipp B, Südekum KH, Zeyner A, Goren G, Kienzle E. Renal energy excretion of horses depends on renal hippuric acid and nitrogen excretion. J Anim Physiol Anim Nutr 2018; 102(1): e380–e386

[626] Holcombe S, Embertson R, Kurtz K, Roessner H, Wismer S, Geor R, Kaneene J. Increased serum nonesterified fatty acid and low ionised calcium concentrations are associated with post partum colic in mares. Equine veterinary journal 2016; 48(1): 39–44

[627] Jansson A, Dahlborn K. Effects of feeding frequency and voluntary salt intake on fluid and electrolyte regulation in athletic horses. J Appl Physiol (1985) 1999; 86: 1610–1616

[628] Jansson A, Lindberg JE. A forage-only diet alters the metabolic response of horses in training. Animal 2012; 6: 1939–1946

[629] Jansson A, Lindberg JE. Effects of a forage-only diet on body weight and response to interval training on a track. Nutrition of the Exercising Horse. EAAP publication 2008; 125: 345–349

[630] Jonsson A, Pahlow G. Systematic classification and biochemical characterization of yeasts growing in grass silage inoculated with Lactobacillus cultures. Animal Research and Development 1984; 20(3): 7–22

[631] Jose-Cunilleras E, Hinchcliff KW, Sams RA et al. Glycemic index of a meal fed before exercise alters substrate use and glucose flux in exercising horses. J Appl Physiol (1985) 2002; 92: 117–128

[632] Kamphues J, Wolf P, Coenen M, Eder K, Iben C, Kienzle E, Liesegang A, Männer K, Zebeli Q, Zentek J. Supplemente zur Tierernährung für Studium und Praxis. Hannover: Schaper; 2014

[633] Kleiber M. The fire of life: an introduction to animal energetics. New York/London: Wiley & Sons Inc.; 1961

[634] Könekamp AH. Pferdehaltung in Gestüten und Reitställen. Essen: Verlag Giradet 1978

[635] Kohn RA, Dinneen MM, Russek-Cohen E. Using blood urea nitrogen to predict nitrogen excretion and efficiency of nitrogen utilization in cattle, sheep, goats, horses, pigs, and rats. J Anim Sci 2005; 83(4): 879–889

[636] Kuchler M, Kienzle E. New data on renal energy excretion in ponies eating various types of feed. Proc. Society of Nutrition Physiology 2018; 27: 81

[637] McKane SA, Canfield PJ, Rose RJ. Equine bronchoalveolar lavage cytology: survey of thoroughbred racehorses in training. Aust Vet J 1993; 70: 401–404

[638] McKeever KH, Eaton TL, Geiser S et al. Age related decreases in thermoregulation and cardiovascular function in horses. Equine Vet J Suppl 2010; 220–227

[639] Meyer H, Ahlswede L. Über das intrauterine Wachstum und die Körperzusammensetzung von Fohlen sowie den Nährstoffbedarf tragender Stuten. Übersichten Tierernährung 1976; 4: 263–292

[640] Meyer H, Coenen M, Probst D. Contributions to Digestive Physiology of the Horse .14. Feed Insalivation and Passage in the Equine Upper Intestinal-Tract. J Anim Physiol an N 1986; 56: 171–183

[641] Meyer H, Coenen M, Teleb H et al. Contributions to Digestive Physiology of the Horse .15. Studies on Fat Reduction and Release of Fat-Containing Materials in the Ileus of the Horse. J Anim Physiol an N 1986; 56: 266–275.

[642] Meyer H, Stadermann B. Energie- und Nährstoffbedarf tragender Stuten. Pferdeheilkunde 1991; 7: 10–20

[643] Oke SL, Mcilwraith CW. Review of the economic impact of osteoarthritis and oral joint-health supplements in horses. Proceedings; 2010

[644] Rose RJ, Arnold KS, Church S et al. Plasma and sweat electrolyte concentrations in the horse during long distance exercise. Equine Vet J 1980; 12: 19–22

[645] Rose RJ, Hodgson DR, Sampson D et al. Changes in plasma biochemistry in horses competing in a 160 km endurance ride. Aust Vet J 1983; 60: 101–105

[646] Rose RJ, Ilkiw JE, Arnold KS et al. Plasma biochemistry in the horse during 3-day event competition. Equine Vet J 1980; 12: 132–136

[647] Schott HC 2nd, Düsterdiek KF, Eberhart SW et al. Effects of electrolyte and glycerol supplementation on recovery from endurance exercise. Equine Vet J Suppl 1999; 384–393

[648] Schwarz FJ, Meyer U. Optimierung des Futterwertes von Mais und Maisprodukten. vTI Sonderheft 2006; 331

[649] Slade LM, Robinson. Nitrogen metabolism in nonruminant herbivores. II. Comparative aspects of protein digestion. J Anim Sci 1970; 30(5): 761–763

[650] Slade LM, Robinson DW, Casey KE. Nitrogen metabolism in nonruminant herbivores. I. The influence of nonprotein nitrogen and protein quality on the nitrogen retention of adult mares. J Anim Sci 1970; 30(5): 753–760

[651] Stewart AJ, Hardy J, Kohn CW, Toribio RE, Hinchcliff KW, Silver B. Validation of diagnostic tests for determination of magnesium status in horses with reduced magnesium intake. American journal of veterinary research 2004; 65(4): 422–430

[652] Stewart AJ. Magnesium disorders in horses. Veterinary Clinics: Equine Practice 2011; 27(1): 149–163

[653] Tanquerel L, Fillion-Bertrand G, Lavoie JP, Leclere M. Effects of magnesium sulfate infusion on clinical signs and lung function of horses with severe asthma. American Journal of Veterinary Research 2018; 79(6): 664–673

[654] Torfs S, Delesalle C, Vanschandevijl K, De Clercq D, Van Loon G, Nollet H, Deprez P. Anti-inflammatory phytotherapeutics: a valuable alternative to NSAID treatment in horses. Vlaams diergeneeskundig tijdschrift 2008; 78: 161–170

[655] Valle E, Bergero D. Feeding electrolyte for sport horses. EAAP Scientific series; 2008

[656] Valle E, Bergero D. Electrolyte requirements and supplementation in exercising horses. Nutrition of the exercising horse. EAAP publication 2008; 125: 219–232

[657] Valle E, Barbero R, Cuniberti B, Bertuglia A, Re G, Bergero D G10 Effects of herbal extracts on blood prostaglandins, leukotrienes and thromboxanes in the horse: comparison with phenylbutazone. Journal of Veterinary Pharmacology and Therapeutics 2006; 29: 209–210

[658] VDLUFA (Verband Deutscher Landwirtschaftlicher Untersuchungs- ud Forschungsanstalten). Verfahrensanweisung zur mikrobiologischen Qualitätsbeurteilung - Verbandsmethode; Methoden Buch III, 8. Erg. 2011. Darmstadt, VDLUFA Verlag

[659] Vervuert I, Winkelsett S, Christmann L et al. Evaluation of the influences of exercise, birth date, and osteochondrosis on plasma bone marker concentrations in Hanoverian Warmblood foals. Am J Vet Res 2007; 68: 1319–1323

[660] Vollstedt S. Are horses able to choose the right remedy – a practice report. Planta Medica International Open 4; 2017. doi: 10.1055/s-0037–1608021.

[661] von Engelhardt W. Cardiovascular effects of exercise and training in horses. Adv Vet Sci Comp Med 1977; 21: 173–205

[662] Wang R, Chen C, Liu W, Zhou T, Xun P, He K, Chen P. The effect of magnesium supplementation on muscle fitness: a meta-analysis and systematic review. Magnesium research 2017; 30(4): 120–132

[663] Weißbach F, Kuhla S. Stoffverluste bei der Bestimmung des Trockenmassegehaltes von Silagen und Grünfutter: Entstehende Fehler und Möglichkeiten der Korrektur. Übers. Tierernährung 1995; 23: 189–214

[664] Welch AA, Kelaiditi E, Jennings A, Steves CJ, Spector TD, Macgregor A. Dietary Magnesium Is Positively Associated With Skeletal Muscle Power and Indices of Muscle Mass and May Attenuate the Association Between Circulating C-Reactive Protein and Muscle Mass in Women. Journal of Bone and Mineral Research 2016; 31(2): 317–325

[665] Wenzel CJ. Effect of magnesium sulfate on acute bronchoconstriction in the equine asthma model, Mississippi State University; 2017

[666] Zeyner A, Kirchhof S, Susenbeth A et al. Protein evaluation of horse feed: a novel concept. In: Ellis AD, Longland AC, Coenen M et al: Hrsg. The impact of nutrition on the health and welfare of horses. EAAP Publication 128: 40–42. Wageningen: Wageningen Academic Publishers; 2010

[667] Zeyner A, Romanowski K, Vernunft A, Harris P, Kienzle E. Scoring of sweat losses in exercised horses–a pilot study. J Anim Physiol Anim Nutr (Berl) 2014; 98(2): 246–250

[668] Zeyner A, Kienzle E. A method to estimate digestible energy in horse feed. J Nutr 2002; 132(6 Suppl 2): 1771S–1773S

14.3.2 Literaturergänzung Kapitel 5 und 7

[669] Adam M, Arnold C, Ehlers K et al. Cervical Vertebral Compressive Myelopathy associated with articular processes osteoarthritis in three horses. Pferdeheilkunde 2016; 32(3): 249–253

[670] Adamu L, Rasedee AFNb, Mohd Adzahan N et al. The Use of a Metabolic Disorder Index as a Predictor for Metabolic Eliminations in Endurance Horses. J Equine Vet Sci 2017; 51: 113–121

[671] Agar C, Gemmill R, Hollands T et al. The use of nutritional supplements in dressage and eventing horses. Vet Rec Open 2016; 3(1): e000154

[672] Arbeitsgemeinschaft der Norddeutschen Landwirtschaftskammern. Qualitätsstandard Mischungen für Pferdegrünland. In: Verband der Landwirtschaftskammern, editor. 2018.

[673] Austbo D, Tauson A. Feeding forage before or after oats affects caecum pH profiles of the. Forages and grazing in horse nutrition 2012; 132: 327

[674] Bachmann M, Wensch-Dorendorf M, Bulang M et al. Impact of dynamics of faecal concentrations of plant and synthetic n-alkanes on their suitability for the estimation of dry matter intake and apparent digestibility in horses. The Journal of Agricultural Science 2016; 154(7): 1291–1305

[675] Bachmann M, Czeto A, Romanowski K et al. Effects of grain species, genotype and starch quantity on

the postprandial plasma amino acid response in horses. Res Vet Sci 2018; 118: 295–303

[676] Bergero D, Valle E. A critical analysis on the use of herbs and herbal extracts in feeding sport horses. Pferdeheilkunde 2006; 22(5): 550–557

[677] Bergero D, Valle E, Miraglia N et al. Effect of supplementation with probiotics, prebiotics and phytoterapic extracts on apparent digestibility of horses fed hay. Ippologia 2008; 19(1): 5–9

[678] Bergero D, Valle E, Miraglia N et al. Effetto dell'integrazione con probiotici, prebiotici ed estratti d'erbe sulla digeribilità in vivo di cavalli alimentati con fieno. Ippologia 2008; 19: 5–9

[679] Besier J, Strickler B, von Niederhäusern R et al. Heu oder Haylage in der Pferdefütterung im Vergleich. Agrar Forschung Schweiz 2013: 264

[680] Blackman M, Moore-Colyer M. Hay for horses: the effects of three different wetting treatments on dust and nutrient content. Anim Sci 1998; 66(3): 745–750

[681] Bockisch F, Aboling S, Coenen M et al. [Yellow oat grass intoxication in horses: Pitfalls by producing hay from extensive landscapes? A case report]. Tierärztliche Praxis G: Großtiere/Nutztiere 2015; 43(5): 296–304

[682] Bohner A, editor Faktoren der Nährstoffverfügbarkeit im Boden des Dauergrünlandes. Fachtagung für biologische Landwirtschaft 2014, 15 – 22: Internationale Bio-Forschungsergebnisse aus Core Organic II sowie Düngekonzepte im Bio-Grünland; 2014; Rmberg Gumpenstein

[683] Borchers A. Die Körpergewichts- und Körpergrößenentwicklung des Warmblutfohlens während des ersten Lebenshalbjahres in Bezug zur Energie- und Proteinzufuhr sowie zum Auftreten der Osteochondrose; Stiftung Tierärztliche Hochschule; Diss. Vet. Med. 2002

[684] Borer KE, Bailey SR, Menzies-Gow NJ et al. Effect of feeding glucose, fructose, and inulin on blood glucose and insulin concentrations in normal ponies and those predisposed to laminitis. J Anim Sci 2012; 90(9): 3003–3011

[685] Borghi RT, Rodrigues PG, Moura RS et al. Digestibility of Nutrients and Digestive Health in Horses Submitted to Moderate Exercise and Supplemented With Diets Formulated With Soybean Hulls. J Equine Vet Sci 2017; 59: 118–125

[686] Brandi RA, Tribucci AMO, Balieiro JCC et al. Citrus pulp in concentrates for horses. Food and Nutrition Sciences 2014; 5(13): 1272

[687] Brøkner C, Knudsen KEB, Karaman I et al. Chemical and physicochemical characterisation of various horse feed ingredients. Anim Feed Sci Techn 2012; 177(1–2): 86–97

[688] Brummer M, Hayes S, Dawson KA et al. Measures of antioxidant status of the horse in response to selenium depletion and repletion. J Anim Sci 2013; 91(5): 2158–2168

[689] Brunner J, Liesegang A, Weiss S et al. Feeding practice and influence on selected blood parameters in show jumping horses competing in S witzerland. Journal of animal physiology and animal nutrition 2015; 99(4): 684–691

[690] Brunner J, Wichert B, Burger D et al. A survey on the feeding of eventing horses during competition. J Anim Physiol Anim Nutr (Berl) 2012; 96(5): 878–884

[691] Bundesministerium f. Ernährung LuF. Arbeitspferde wirtschaftlich füttern. Land- und hauswirtschaftlicher Auswertungs- und Informationsdienst Reihe: AID H 431954.

[692] Burk A, Williams C. Feeding management practices and supplement use in top-level event horses. Comparative Exercise Physiology 2008; 5(2): 85–93

[693] Carlson G, editor Response to oral or intravenous fluids. Proceedings of the 5th Annual Scientific Meeting of the Association of Equine Sports Medicine; 1985

[694] Chen P, Yu L, Chen L et al. Morphology and microstructure of maize starches with different amylose/amylopectin content. Starch-Stärke 2006; 58(12): 611–615

[695] Coenen M, Appelt K, Niemeyer A et al. Study of gelatin supplemented diet on amino acid homeostasis in the horse. Equine Vet J Suppl 2006; (36): 606–610

[696] Connysson M, Essén-Gustavsson B, Lindberg JE et al. Effects of feed deprivation on Standardbred horses fed a forage-only diet and a 50: 50 forage-oats diet. Equine Vet J 2010; 42: 335–340

[697] Connysson M, Muhonen S, Lindberg JE et al. Effects on exercise response, fluid and acid-base balance of protein intake from forage-only diets in standardbred horses. Equine Vet J 2006; 38(S 36): 648–653

[698] [30] Cordero VV, Cavinder CA, Tedeschi LO et al. The development and evaluation of a mathematical nutrition model to predict digestible energy intake of broodmares based on body condition changes. J Anim Sci 2013; 91(5): 2169–2177

[699] Crandell KG, Pagan JD, Harris P et al. A comparison of grain, oil and beet pulp as energy sources for the exercised horse. Equine Vet J Suppl 1999; (30): 485–489

[700] Cuddeford D. Alternative feedstuffs for horses. In Pract 1986; 8(2): 68–70

[701] Cuddeford D. Artificially dehydrated lucerne for horses. Vet Rec 1994; 135(18): 426–429

[702] Cymbaluk NF. Comparison of forage digestion by cattle and horses. Can J Anim Sci 1990; 70(2): 601–610

[703] De Moffarts B, Kirschvink N, Art T et al. Effect of oral antioxidant supplementation on blood antioxidant status in trained thoroughbred horses. Vet J 2005; 169(1): 65–74

[704] De Moffarts B, Portier K, Kirschvink N et al. Effects of exercise and oral antioxidant supplementation enriched in (n− 3) fatty acids on blood oxidant markers and erythrocyte membrane fluidity in horses. Vet J 2007; 174(1): 113–121

[705] Delano KM. Trends in Equine Nutrition and the Effects of a Hindgut Buffer Product in Overconditioned Horses; Virginia Tech; Diss. 2017

[706] DLG (Deutsche Landwirtschaftliche Gesellschaft). DLG-Futterwerttabellen - Pferde. 4 edin Vorbereitung,

[707] Dodd J, Doran G, Harris P et al. Magnesium aspartate supplementation and reaction speed response in horses. J Equine Vet Sci 2015; 35(5): 401–402

[708] Dodd J, Doran G, Harris P et al. Oral magnesium supplementation alters blood and urine electrolyte concentrations in horses. J Equine Vet Sci 2015; 35 (5): 409–410

[709] [41] Doreau M, Dussap G. [Estimation of milk production in the nursing mare by labeling the body water of the foal]. Reprod Nutr Dev 1980; 20(6): 1883–1892

[710] Doreau M, Martin-Rosset W. Uraemia in the mare: effects of seasonal variations, of energy level of the diet and individual differences. Ann Rech Vet 1985; 16(1): 87–91

[711] Doreau M, Martin-Rosset W, Barlet JP. [Circadian variations in the content of plasma constituants in the brood mare]. Reprod Nutr Dev 1981; 21(1): 1–17

[712] Doreau M, Martin-Rosset W, Barlet JP. [Variations in plasma components in lactating mares at late pregnancy-early lactation (author's transl)]. Ann Rech Vet 1981; 12(3): 219–225

[713] Doreau M, Boulot S, Chilliard Y. Yield and composition of milk from lactating mares: effect of body condition at foaling. J Dairy Res 1993; 60(4): 457–466

[714] Doreau M, Moretti C, Martin-Rosset W et al., editors. Effect of quality of hay given to mares around foaling on their voluntary intake and foal growth1990

[715] Doreau M, Boulot S, Martin-Rosset W et al. Relationship between nutrient intake, growth and body composition of the nursing foal. Reprod Nutr Dev 1986; 26(2B): 683–690

[716] Doreau M, Boulot S, Barlet JP et al. Yield and composition of milk from lactating mares: effect of lactation stage and individual differences. J Dairy Res 1990; 57(4): 449–454

[717] Doreau M, Boulot S, Bauchart D et al. Voluntary intake, milk production and plasma metabolites in nursing mares fed two different diets. J Nutr 1992; 122(4): 992–999

[718] Dougal K, Harris PA, Edwards A et al. A comparison of the microbiome and the metabolome of different regions of the equine hindgut. FEMS Microbiology Ecology 2012; 82(3): 642–652

[719] Dougal K, de la Fuente G, Harris PA et al. Characterisation of the faecal bacterial community in adult and elderly horses fed a high fibre, high oil or high starch diet using 454 pyrosequencing. PLoS One 2014; 9(2): e87424

[720] Dougal K, de la Fuente G, Harris PA et al. Characterisation of the faecal bacterial community in adult and elderly horses fed a high fibre, high oil or high starch diet using 454 pyrosequencing. PloS one 2014; 9(2): e87424

[721] Douhard M. Offspring sex ratio in mammals and the Trivers-Willard hypothesis: In pursuit of unambiguous evidence. LID - 10.1002/bies.201700043 [doi]. Bioessays 2017; 39(1521–1878 (Electronic)): 1521–1878 (Electronic); DOI: 1510.1002/bies.201700043

[722] Downing DT, Colton Vi SW. Skin surface lipids of the horse. Lipids 1980; 15(5): 323–327

[723] Drogoul C, Poncet C, Tisserand JL. Feeding ground and pelleted hay rather than chopped hay to ponies: 1. Consequences for in vivo digestibility and rate of passage of digesta. Anim Feed Sci Techn 2000; 87 (1): 117–130

[724] [56] Drogoul C, De Fombelle A, Julliand V. Feeding and microbial disorders in horses: 2: Effect of three hay: grain ratios on digesta passage rate and digestibility in ponies. J Equine Vet Sci 2001; 21(10): 487–491

[725] DSV. Gräser - bestimmen und erkennen. (www.dsv-saaten.de) DS, Hrsg. Lippstadt: Eigenverlag; 2004

[726] Dugdale AH, Curtis GC, Harris PA et al. Assessment of body fat in the pony: part I. Relationships between the anatomical distribution of adipose tissue, body composition and body condition. Equine Vet J 2011; 43(5): 552–561

[727] Dugdale AH, Curtis GC, Cripps P et al. Effect of dietary restriction on body condition, composition and welfare of overweight and obese pony mares. Equine Vet J 2010; 42(7): 600–610

[728] Dugdale AH, Curtis GC, Cripps PJ et al. Effects of season and body condition on appetite, body mass and body composition in ad libitum fed pony mares. Vet J 2011; 190(3): 329–337

[729] Duncan P, Foose TJ, Gordon IJ et al. Comparative nutrient extraction from forages by grazing bovids and equids: a test of the nutritional model of equid/bovid competition and coexistence. Oecologia 1990; 84(3): 411–418

[730] [62] Dunnett C, Dunnett M, editors. Organic versus inorganic zinc supplementation: effect on markers of zinc status. The impact of nutrition on the health and welfare of horses 5th European Workshop on Equine Nutrition, Cirencester, UK, 19–22 September, 2010; 2010: Wageningen Academic Publishers;

[731] Elzinga S, Nielsen B, Schott H et al. Effect of age on digestibility of various feedstuffs in horses. J Equine Vet Sci 2011; 31(5): 268–269

[732] Elzinga S, Nielsen BD, Schott II HC et al. Comparison of nutrient digestibility between adult and aged horses. J Equine Vet Sci 2014; 34(10): 1164–1169

[733] Elzinga SE, Weese JS, Adams AA. Comparison of the fecal microbiota in horses with equine metabolic syndrome and metabolically normal controls fed a similar all-forage diet. J Equine Vet Sci 2016; 44: 9–16

[734] Essén-Gustavsson B, Connysson M, Jansson A. Effects of crude protein intake from forage-only diets on muscle amino acids and glycogen levels in horses in training. Equine Vet J 2010; 42: 341–346

[735] Fedtke A, Pfaff M, Volquardsen J et al. Effects of feeding different roughage-based diets on gastric mucosa after weaning in warmblood foals. Pferdedheilkunde 2015; 31: 596–602

[736] Filipovic N, Stojevic Z, Prvanovic N et al. The influence of late pregnancy and lactation on bone metabolism in mares. Res Vet Sci 2010; 88(3): 405–410

[737] Filipovic N, Stojevic Z, Plevnik N et al. The influence of age on bone metabolism in mares during late pregnancy and lactation. Res Vet Sci 2014; 97(2): 194–198

[738] Finkler-Schade C. Felduntersuchung während der Weideperiode zur Ernährung von Fohlenstuten und Saugfohlen sowie zum Wachstumsverlauf der Fohlen: FN-Verlag der Dt. Reiterlichen Vereinigung; 1998

[739] Finkler-Schade C. Das Saugfohlen - Wachstum und Ernährung. Pferdeheilkunde 2007; 23: 569–576

[740] Finkler-Schade C, Enbergs H, Niess E et al. Analyse der Fütterung von Hohlenstuten und Saugfohlen während der Weideperiode in Westfalen. Pferdeheilkunde 1996; 12(3): 251–256

[741] Finno CJ, McKenzie E, Valberg SJ et al. Effect of fitness on glucose, insulin and cortisol responses to diets varying in starch and fat content in Thoroughbred horses with recurrent exertional rhabdomyolysis. Equine Vet J Suppl 2010; (38): 323–328

[742] Firth EC, van Weeren PR, Pfeiffer DU et al. Effect of age, exercise and growth rate on bone mineral density (BMD) in third carpal bone and distal radius of Dutch Warmblood foals with osteochondrosis. Equine Vet J Suppl 1999; (31): 74–78

[743] Gallagher JR, McMeniman NP. The nutritional status of pregnant and non-pregnant mares grazing South East Queensland pastures. Equine Vet J 1988; 20(6): 414–416

[744] Gallagher K, Leech J, Stowe H. Protein, energy and dry matter consumption by racing thoroughbreds: a field survey. J Equine Vet Sci 1992; 12(1): 43–48

[745] Glatter M, Bochnia M, Goetz F et al. Glycaemic and insulinaemic responses of adult healthy warm-blooded mares following feeding with Jerusalem artichoke meal. J Anim Physiol Anim Nutr (Berl) 2017; 101 Suppl 1: 69–78

[746] Glunk EC, Sheaffer CC, Hathaway MR et al. Interaction of grazing muzzle use and grass species on forage intake of horses. J Equine Vet Sci 2014; 34(7): 930–933

[747] Glunk EC, Hathaway MR, Weber WJ et al. The effect of hay net design on rate of forage consumption when feeding adult horses. J Equine Vet Sci 2014; 34(8): 986–991

[748] Goren G, Fritz J, Dillitzer N et al. Fresh and preserved green fodder modify effects of urinary acidifiers on urine pH of horses. J Anim Physiol Anim Nutr (Berl) 2014; 98(2): 239–245

[749] Green AR, Gates RS, Lawrence LM. Measurement of horse core body temperature. Journal of Thermal Biology 2005; 30(5): 370–377

[750] Grimwood K, Penaluna L-A, Brown H. A preliminary investigation into the mineral intake of horses in the UK. J Equine Vet Sci 2016; 36: 44–48

[751] Günther C. Untersuchungen über die Verdaulichkeit und Verträglichkeit von Hafer, Quetschhafer, Gerste und Mais beim Pferd; Stiftung Tierärztliche Hochschule Hannover; Diss. Vet. Med. 1984

[752] Haas SD, Bristol F, Card CE. Risk factors associated with the incidence of foal mortality in an extensively managed mare herd. Can Vet J 1996; 37(2): 91–95

[753] Hallebeek JM, van Doorn DA, Beynen AC. [Energy and protein supply for event horses during training: comparison between intake and requirements]. Tijdschr Diergeneeskd 2000; 125(16): 482–486

[754] Hansen TL. Modeling Digestibility and Rate of Passage in Horses; University of Kentucky; Masters-Degree 2014

[755] Hansen TL, Lawrence LM. Feed composition and animal factors affecting forage digestibility by horses. J Equine Vet Sci 2013; 33(5): 340–341

[756] Hansen TL, Lawrence LM. Composition Factors Predicting Forage Digestibility by Horses. J Equine Vet Sci 2017; 58: 97–102

[757] Harris DM, Rodiek AV, editors. Dry matter digestibility of diets containing beet pulp fed to horses. Equine Nutrition and Physiology Symposium, 13 Proccedings; 1993

[758] Harris P. Feeding management of elite endurance horses. Vet Clin North Am Equine Pract 2009; 25(1): 137–153, viii

[759] Harris P, Ellis A, Fradinho M et al. Feeding conserved forage to horses: recent advances and recommendations. animal 2017; 11(6): 958–967

[760] Harris PA. Review of equine feeding and stable management practices in the UK concentrating on the last decade of the 20th century. Equine Vet J Suppl 1999; (28): 46–54

[761] Harris PA, Marlin DJ, Scott CM et al. Electrolyte and total protein changes in nonheat acclimated horses performing treadmill exercise in cool (20 degrees C/40 %RH), hot, dry (30 degrees C/40 %RH) or hot, humid (30 degrees C/80 %RH) conditions. Equine Vet J Suppl 1995; (20): 85–96

[762] Harris RC, Harris PA, Routledge NB et al. Plasma glutamine concentrations in the horse following feeding and oral glutamine supplementation. Equine Vet J Suppl 2006; (36): 637–642

[763] Herholz C, Zink N, Laska H et al. Dopingrelevante Substanzen in Futtermitteln für Pferde. Schweizer Archiv f Tierheilkunde 2017; 159: 231–235

[764] Hertzsch R, Emmerich IU, Lachenmeier DW et al. [Alimentary intake of opioid alkaloids by horses. Hazards due to poppy-containing feeds]. Tierärztliche Praxis G: Großtiere/Nutztiere 2015; 43(1): 35–43

[765] Hess TM, Kronfeld DS, Williams CA et al. Effects of oral potassium supplementation on acid-base status and plasma ion concentrations of horses during endurance exercise. Am J Vet Res 2005; 66(3): 466–473

[766] Hesselkilde EZ, Almind ME, Petersen J et al. Cardiac arrhythmias and electrolyte disturbances in colic horses. Acta Vet Scand 2014; 56(1): 58

[767] Hoffman CJ, Costa LR, Freeman LM. Survey of feeding practices, supplement use, and knowledge of equine nutrition among a subpopulation of horse owners in New England. J Equine Vet Sci 2009; 29: 719–726

[768] Hoffman RM, Wilson JA, Kronfeld D et al. Hydrolyzable carbohydrates in pasture, hay, and horse feeds: direct assay and seasonal variation. J Anim Sci 2001; 79(2): 500–506

[769] Honoré EK, Uhlinger CA. Equine feeding practices in central North Carolina: a preliminary survey. J Equine Vet Sci 1994; 14(8): 424–429

[770] Hoskin SO, Gee EK. Feeding value of pastures for horses. New Zealand Veterinary Journal 2004; 52(6): 332–341

[771] Hurles A. A survey on the feeding of competition horses and perceptions of forage in the UK and Sweden; Uppsala SLU;

[772] Hurtes A. A survey on the feeding of competition horses and perceptions of forage in the UK and Sweden. Uppsala; SLU, Dept. of Animal Nutrition and Management; Diss. 2015

[773] Hutton K. Citrus pulp in formulated diets. Recent advances in animal nutrition in Australia'(Ed D Farrell) pp 1987: 297–316

[774] Inoue Y, Asai Y, Tomita M et al. The effect of milk basic protein supplementation on bone metabolism during training of young thoroughbred racehorses. Equine Vet J 2006; 38(S 36): 654–658

[775] Ireland J, Clegg P, McGowan C et al. A cross sectional study of geriatric horses in the United Kingdom. Part 2: Health care and disease. Equine Vet J 2011; 43(1): 37–44

[776] Ireland JL, Clegg PD, McGowan CM et al. A cross-sectional study of geriatric horses in the United Kingdom. Part 1: Demographics and management practices. Equine Vet J 2011; 43(1): 30–36

[777] Ireland JL, McGowan CM, Clegg PD et al. A survey of health care and disease in geriatric horses aged 30 years or older. Vet J 2012; 192(1): 57–64

[778] Jansson A, Lindberg JE. Effects of a forage-only diet on body weight and response to interval training on a track. Nutrition of the Exercising Horse EAAP publication 2008; (125): 345–349

[779] Jansson A, Lindberg JE. A forage-only diet alters the metabolic response of horses in training. Animal 2012; 6(12): 1939–1946

[780] Jansson A, Saastamoinen M, Lindberg JE. Forage feeding systems. Forages and grazing in horse nutrition: Springer; 2012. p. 289–303

[781] Jensen RB, Austbø D, Tauson A-H. Feeding forage before or after oats affects caecum pH profiles of the horse. Forages and grazing in horse nutrition: Springer; 2012. p. 327–330

[782] Jensen RB, Brokner C, Knudsen KE et al. A comparative study of the apparent total tract digestibility of carbohydrates in Icelandic and Danish warmblood horses fed two different haylages and a concentrate consisting of sugar beet pulp and black oats. Arch Anim Nutr 2010; 64(5): 343–356

[783] Jeroch H, Flachowsky G, Weissbach F. Futtermittelkunde: G. Fischer; 1993

[784] Jodkowska E. Body surface temperature as a criterion of the horse predisposition to effort. Zeszyty Naukowe Akademii Rolniczej we Wroclawiu Rozprawy (Poland) 2005:

[785] Jodkowska E, Dudek K, Przewozny M. The maximum temperatures (Tmax) distribution on the body surface of sport horses. Journal of Life Sciences 2011; 5: 291–297

[786] Julliand S, Martin A, Julliand V. Effect of dehydrated alfalfa on equine gastric and faecal microbial ecosystems. Livestock Science 2018; 215: 16–20

[787] Julliand V, De Fombelle A, Varloud M. Starch digestion in horses: the impact of feed processing. Livestock Science 2006; 100(1): 44–52

[788] Kägi F. Das Einsparen von Hafer in der Ration der Armeepferde. Der Fourier 1943; 16: 4–12

[789] Kamphues J. Supplemente zur Tierernährung für Studium und Praxis: Schlütersche; 2014

[790] Karasu GK, Krabbenborg R, Einspanier A et al. Insulinaemic and glycaemic responses to a second meal of a fibre-or starch-enriched compound feed in healthy horses. The Veterinary Journal 2015; 204(2): 220–222

[791] Karlsson CP, Lindberg JE, Rundgren M. Associative effects on total tract digestibility in horses fed different ratios of grass hay and whole oats. Livestock Production Science 2000; 65(1–2): 143–153

[792] Karlsson CP, Lindberg JE, Rundgren M. Associative effects on total tract digestibility in horses fed different ratios of grass hay and whole oats. Livestock Prod Sci 2000; 65(1–2): 143–153

[793] Karlsson CP, Jansson A, Essen-Gustavsson B et al. Effect of molassed sugar beet pulp on nutrient utilisation and metabolic parameters during exercise. Equine Vet J 2002; 34(S 34): 44–49

[794] Kaya-Karasu G, Huntington P, Iben C et al. Feeding and Management Practices for Racehorses in Turkey. J Equine Vet Sci 2018; 61: 108–113

[795] Kienzle, persönliche Mitteilung; 2019

[796] Kienzle E, Fehrle S, Opitz B. Interactions between the apparent energy and nutrient digestibilities of a concentrate mixture and roughages in horses. J Nutr 2002; 132(6): 1778S-1780S

[797] Kienzle E, Stürmer K, Ranz D et al. A High Roughage/Concentrate Ratio Decreases the Effect of Ammonium Chloride on Acid-Base Balance in Horses1–3. J Nutr 2006; 136(7S): 2048S

[798] Kienzle E, Möllmann F, Nater S et al. Mineral content of hay harvested in Bavarian and Swiss horse farms. Predictive value of cutting time, number of cut, botanical composition, origin and fertilization. J Anim Physiol Anim Nutr (Berl) 2008; 92(6): 712–717

[799] [130] Kirchgessner M, Müller HL, Voigtländer G. Spurenelementgehalte (Fe, Mn, Cu, Zn, Co, Mo) des Weidegrases in Abhängigkeit von Wachstumsdauer und Vegetationsperiode. Das wirtschaftseigene Futter 1971; 3: 179–187

[800] Kirchhof S, Eisner I, Gierus M et al. Variation in the contents of crude protein fractions of different forage legumes during the spring growth. Grass and Forage Sciences 2010; 65: 376–382

[801] Kläring AM. Auswirkungen von Kolikerkrankungen auf die Entstehung von Magenschleimhautläsionen beim Pferd; FU Berlin; Diss. Vet. Med. 2015

[802] Krull HD. Untersuchungen über die Aufnahme und Verdaulichkeit von Grünfutter beim Pferd.; Stiftung Tierärztliche Hochschule Hannover Diss. Vet. Med. 1984

[803] Kuchler M, Kienzle E, editors. New data on renal energy excretion in ponies eating various types of feed. Proc Society of Nutrition Physiology; 2018; Göttingen

[804] Lang V, Kirchgessner M, Voigtländer G. Spurenelementgehalte des Wiesenschwingels (Festuca pratensis Huds.) in Abhängigkeit von Wuchshöhe, Entwicklung und Witterung. Z Acker- u Pflanzenbau 1972; 135(3): 216–225

[805] Leahy ER, Burk AO, Greene EA et al. Nutrition-associated problems facing elite level three-day eventing horses. Equine Vet J Suppl 2010; (38): 370–374

[806] Lindberg J, Karlsson CP. Effect of partial replacement of oats with sugar beet pulp and maize oil on nutrient utilisation in horses. Equine Vet J 2001; 33(6): 585–590

[807] Lindberg JE, Karlsson CP. Effect of partial replacement of oats with sugar beet pulp and maize oil on nutrient utilisation in horses. Equine Vet J 2001; 33 (6): 585–590

[808] Lindemann G. Untersuchungen über den Einfluß von Lactose-und Stärkezulagen auf die Verdaulichkeit von NH3-aufgeschlossenem Stroh beim Pferd. Hannover, Tierärztliche Hochschule; Stiftung Tierärztliche Hochschule Hannover; Diss. Vet. Med. 1982

[809] Lindemann G, Schmidt M, Meyer H. Beiträge zur Verdauungsphysiologie des Pferdes: 8. Mitteilung 1: Untersuchungen über die praecaecale Verdaulichkeit von Stärke und Lactose sowie ihren Einfluß auf den caecalen Stoffwechsel. Z Tierphysiol Tierernährg Futtermittelkde 1983; 50(1–5): 157–169

[810] Longland AC, Barfoot C, Harris PA. Effect of period, water temperature and agitation on loss of water-soluble carbohydrates and protein from grass hay: implications for equine feeding management. Vet Rec 2014; 174(3): 68

[811] Lopez Lopez C, Ferreira LMM, Garcia U et al. Diet selection and performance of horses grazing on different heathland types. Animal 2017; 11(10): 1708–1717

[812] LUFA-Nordwest. „Auswertungen von Futtermitteluntersuchungen". wwwlufa-nord-westde 2018:

[813] Mack JK, Remler HP, Senckenberg E et al. Kraftfutteraufnahme und Entwicklung von Körper masse und Körpermaßen von Saugfohlen in Abhängigkeit vom Kraftfutterangebot. Tierärztliche Praxis G: Großtiere/Nutztiere 2012; 40(03): 150–156

[814] Mack JK, Remler HP, Senckenberg E et al. [Energy intake and body weight development of Warmblood foals that changed stud at weaning]. Tierärztliche Praxis G: Großtiere/Nutztiere 2014; 42(4): 220–224

[815] Mack SJ, Dugdale AH, Argo CM et al. Impact of water-soaking on the nutrient composition of UK hays. Vet Rec 2014; 174(18): 452

[816] Mackenthun E. Effekte der Lebendhefezulage Saccharomyces cerevisae auf die Nährstoffverdaulichkeit einer Heu-Maisration bei gesunden Pferden Universität Leipzig; Diss. Vet. Med. 2011

[817] Madejon P, Dominguez MT, Murillo JM. Pasture composition in a trace element-contaminated area: the particular case of Fe and Cd for grazing horses. Environ Monit Assess 2012; 184(4): 2031–2043

[818] Mahnke B, Thun A, Müller J et al., editors. Zusammenhang zwischen Phosphorgehalten in Grünlandaufwüchsen, nutritiven Qualitätsparametern und der Phänologie der Hauptbestandesbildner im ökologischen Landbau. Jahrestagung der AGGF in Aulendorf (2015); 2015; Aulendorf

[819] Maier DA. Zum Einfluss des Vegetationsstadiums auf den Spurenelementgehalt von Rotklee (Trifolium pratense L.) und Luzerne (Medicago varia Mart.). Wirtschaftseig Futter 1968; 14: 112–122

[820] Martin RG, McMeniman NP, Dowsett KF. Milk and water intakes of foals sucking grazing mares. Equine Vet J 1992; 24(4): 295–299

[821] Martin-Rosset W, Dulphy JP. Digestibility interactions between forages and concentrates in horses: influence of feeding level-comparison with sheep. Livestock Prod Sci 1987; 17: 263–276

[822] Mesquita VS, Pagan JD, Valberg SJ et al. Effect of non-structural carbohydrates, fat and fiber intake on glycogen repletion following intense exercise. Equine Vet J Suppl 2014; 46: 33

[823] Miraglia N, Saastamoinen M, Martin-Rosset W. Role of pasture in mares and foals management in Europe. Nutrition and Feeding of the Broodmare. EAAP Scientific Series. 120: EAAP; 1999; 2006. p. 279

[824] Monreal L, Garzón N, Espada Y et al. Electrolyte vs. glucose-electrolyte isotonic solutions for oral rehydration therapy in horses. Equine Vet J 1999; 31 (S 30): 425–429

[825] Moore-Colyer MJ, Lumbis K, Longland A et al. The effect of five different wetting treatments on the nutrient content and microbial concentration in hay for horses. PLoS One 2014; 9(11): e114079

[826] Muhonen S, Lindberg JE, Bertilsson J et al. Effects on fluid balance, digestion and exercise response in Standardbred horses fed silage, haylage and hay. Comparative Exercise Physiology 2008; 5(3–4): 133–142

[827] Müller CE. Long-stemmed vs. cut haylage in bales—Effects on fermentation, aerobic storage stability, equine eating behaviour and characteristics of equine faeces. Anim Feed Sci Techn 2009; 152(3–4): 307–321

[828] Müller CE. Equine ingestion of haylage harvested at different plant maturity stages. Applied Animal Behaviour Science 2011; 134(3–4): 144–151

[829] Müller CE. Equine digestion of diets based on haylage harvested at different plant maturities. Anim Feed Sci Techn 2012; 177(1–2): 65–74

[830] Müller CE, Udén P. Preference of horses for grass conserved as hay, haylage or silage. Anim Feed Sci Techn 2007; 132(1–2): 66–78

[831] Müller CE, Pauly TM, Udén P. Storage of small bale silage and haylage–influence of storage period on fermentation variables and microbial composition. Grass and Forage Science 2007; 62(3): 274–283

[832] Müller CE, Von Rosen D, Udén P. Effect of forage conservation method on microbial flora and fermentation pattern in forage and in equine colon

and faeces. Livestock Science 2008; 119(1–3): 116–128

[833] Müller G. Feldstudie zur Versorgung mit Nährstoffen und zu Einflussfaktoren auf die Kotzusammensetzung bei Pferden unter Fütterung von Grassilage oder Heu als Rauhfutter Stiftung Tierärztliche Hochschule; Diss. Vet.Med. 2002

[834] Mundt HC. Untersuchungen über die Verdaulichkeit von aufgeschlossenem Stroh für Pferde; Stiftung Tierärztliche hoschule Hannover (TiHo); Diss. Vet. Med. 1978

[835] Nater UM, Wanner M, Wichert B. Nährstoffgehalte und Eignung des Grundfutters zur Pferdefütterung: Eine Erhebung unter schweizerischen Bedingungen. Schweizer Archiv für Tierheilkunde 2007; 149(3): 103–109

[836] Neustadter LT, Kamphues J, Ratert C. Influences of different dietary contents of macrominerals on the availability of trace elements in horses. J Anim Physiol Anim Nutr (Berl) 2018; 102(2): e633-e640

[837] Niedersachsen L. Grünlandbewirtschaftung - Ein Beitrag zum Wasserschutz. In: Niedersachsen; L, Fachbereich Nachhaltige Landnutzung lnR, editors. Functional Ecology2007. p. 739–743.

[838] Niedersachsen L. Grünlandbewirtschaftung - Ein Beitrag zum Wasserschutz. In: Landwirtschaftskammer Niedersachsen; Fachbereich Nachhaltige Landnutzung lnR, editor. 2007.

[839] Nogradi N, Couetil LL, Messick J et al. Omega-3 fatty acid supplementation provides an additional benefit to a low-dust diet in the management of horses with chronic lower airway inflammatory disease. J Vet Intern Med 2015; 29(1): 299–306

[840] O'Neill W, McKee S, Clarke AF. Flaxseed (Linum usitatissimum) supplementation associated with reduced skin test lesional area in horses with Culicoides hypersensitivity. Can J Vet Res 2002; 66(4): 272–277

[841] Oke SL, Mcllwraith CW, editors. Review of the economic impact of osteoarthritis and oral joint-health supplements in horses. Proceedings Am Ass Equine Pract; 2010

[842] Ott EA, Feaster JP, Lieb S. Acceptability and digestibility of dried citrus pulp by horses. J Anim Sci 1979; 49(4): 983–987

[843] Patoux S, Istasse L. Incorporation of sunflower oil or linseed oil in equine compound feedstuff: 1 Effects on haematology and on fatty acids profiles in the red blood cells membranes. J Anim Physiol Anim Nutr (Berl) 2016; 100(5): 828–835

[844] Pearson RA, Archibald RF, Muirhead RH. The effect of forage quality and level of feeding on digestibility and gastrointestinal transit time of oat straw and alfalfa given to ponies and donkeys. Br J Nutr 2001; 85(5): 599–606

[845] Peiretti PG, Miraglia N, Bergero D. Effects of oat or corn on the horse rations digestibility. J Food Agric Environm 2011; 9: 268–270

[846] Peiretti PG, Meineri G, Miraglia N et al. Intake and apparent digestibility of hay or hay plus concentrate diets determined in horses by the total collection of feces and n-alkanes as internal markers. Livestock Science 2006; 100(2–3): 189–194

[847] Pöllinger A. Gärheu als alternative Konservierungsform für Grünlandfutter: na; 2009

[848] Pool-Anderson K, Raub RH, Warren JA. Maternal influences on growth and development of full-sibling foals. J Anim Sci 1994; 72(7): 1661–1666

[849] Pratt-Phillips SE. Feeding Practices and Nutrient Intakes Among Elite Show Jumpers. J Equine Vet Sci 2016; 43: 39–43

[850] Pritchard JC, Burn CC, Barr AR et al. Validity of indicators of dehydration in working horses: a longitudinal study of changes in skin tent duration, mucous membrane dryness and drinking behaviour. Equine Vet J 2008; 40(6): 558–564

[851] Ragnarsson S, Lindberg JE. Nutritional value of timothy haylage in Icelandic horses. Livestock Science 2008; 113(2–3): 202–208

[852] Redgate SE, Cooper JJ, Hall S et al. Dietary experience modifies horses' feeding behavior and selection patterns of three macronutrient rich diets. J Anim Sci 2014; 92(4): 1524–1530

[853] Resch R. Auswirkungen unterschiedlicher Trocknungsverfahren auf die Raufutterqualität. Einfluss des Konservierungsverfahrens von Wiesenfutter auf Nährstoffverluste, Futterwert, Milchproduktion und Milchqualität 2014: 19

[854] Resch R, Gruber L. Proteinfraktionen von Dauerwiesenfutter in Abhängigkeit von Konservierungsverfahren und Lagerungsdauer. 42. Viehwirtschaftliche Fachtagung 2015; 25: 26

[855] Richards N, Hinch G, Rowe J. The effect of current grain feeding practices on hindgut starch fermentation and acidosis in the Australian racing Thoroughbred. Aust Vet J 2006; 84(11): 402–407

[856] Ringmark S, Roepstorff L, Essen-Gustavsson B et al. Growth, training response and health in Standardbred yearlings fed a forage-only diet. Animal 2013; 7(5): 746–753

[857] Robison C, Nielsen BD, LeCompte RA et al. Chopping Hay Before Feeding Does Not Influence Fecal Particle Size, Blood Variables, or Water Intake in 3-Year-Old Arabians. J Equine Vet Sci 2017; 54: 118–122

[858] Rodehutscord M, Ruckert C, Maurer HP et al. Variation in chemical composition and physical characteristics of cereal grains from different genotypes. Arch Anim Nutr 2016; 70(2): 87–107

[859] Rosenfeld I, Austbø D. Effect of type of grain and feed processing on gastrointestinal retention times in horses 1. J Anim Sci 2009; 87(12): 3991–3996

[860] Rosenfeld I, Austbo D. Effect of type of grain and feed processing on gastrointestinal retention times in horses. J Anim Sci 2009; 87(12): 3991–3996

[861] Rosenfeld I, Austbø D. Digestion of cereals in the equine gastrointestinal tract measured by the mobile bag technique on caecally cannulated horses. Anim Feed Sci Techn 2009; 150(3–4): 249–258

[862] Rosenfeld I, Austbø D, Volden H. Models for estimating digesta passage kinetics in the gastrointestinal tract of the horse. J Anim Sci 2006; 84(12): 3321–3328

[863] Rubel W. English Horse-bread, 1590–1800. Gastronomica 2006; 6(3): 40–51

[864] Rückert C, Emmerich I, Hertzsch R et al. Pyrrolizidine alkaloids in commercial feedstuffs for horses. Equine Vet J 2018:

[865] Saalschmidt F. Untersuchungen über verdauungsphysiologische Effekte eines Probiotikums aus Enterococcus faecium und Lactobacillus rhamnosus bei Pferden; FU Berlin; Diss. Vet. Med. 2017

[866] Saastamoinen M. Factors affecting growth and development of foals and young horses. Acta Agriculturae Scandinavica 1990; 40(4): 387–396

[867] Saastamoinen M, Fradinho MJ, Santos AS et al. Forages and grazing in horse nutrition: EAAP Publication No. 132; Wageningen Academic Pub; 2012

[868] Saastamoinen MT, Martin-Rosset W. Nutrition of the exercising horse: EAAP Publication No. 125; Wageningen Academic Pub; 2008

[869] Saastamoinen MT, Hellämäki M. Forage analyses as a base of feeding of horses. Forages and grazing in horse nutrition: Springer; 2012. p. 305–314

[870] Sächsisches Landesamt für Umwelt LuG. Nachsaat und Neuansaat. In: Sächsisches Landesamt für Umwelt LuGATE, editor. 2001.

[871] Satué K, Felipe M, Mota J et al. Factors influencing gestational length in mares: a review. Livestock Science 2011; 136(2–3): 287–294

[872] Schubert R, Gruhn K, Zimmermann C. Untersuchungen zum Futterwert von NH3-behandeltem Stroh für Pferde. Arch Anim Nutr 1989; 39(1–2): 229–236

[873] Schulze K. Untersuchungen zur Verdaulichkeit und Energiebewertung von Mischfuttermitteln für Pferde Stiftung Tierärztliche Hochschule (TiHo); Diss. Vet. Med. 1987

[874] Seguin V, Garon D, Lemauviel-Lavenant S et al. How to improve the hygienic quality of forages for horse feeding. J Sci Food Agric 2012; 92(4): 975–986

[875] Soroko M, Dudek K, Howell K et al. Thermographic evaluation of racehorse performance. J Equine Vet Sci 2014; 34(9): 1076–1083

[876] Stoneham SJ, Morresey P, Ousey J. Nutritional management and practical feeding of the orphan foal. Equine Veterinary Education 2017; 29(3): 165–173

[877] Strobel C, Gunther E, Romanowski K et al. Effects of oral supplementation of probiotic strains of Lactobacillus rhamnosus and Enterococcus faecium on diarrhoea events of foals in their first weeks of life. J Anim Physiol Anim Nutr (Berl) 2018:

[878] Stutz WA. Effects of dietary cation-anion balance on blood parameters in the exercising horse; Oklahoma State University; Diss. 1992

[879] Suagee-Bedore JK, Wagner AL, Girard ID. Feeding DigestaWell Buffer to Horses Alters the Effects of Starch Intake on Blood pH, Lipopolysaccharide, and Interleukin-1β. J Equine Vet Sci 2018; 61: 36–45

[880] Tanner SL, Wagner AL, Digianantonio RN et al. Dietary crude protein intake influences rates of whole-body protein synthesis in weanling horses. Vet J 2014; 202(2): 236–243

[881] Torfs S, Delesalle C, Vanschandevijl K et al. Anti-inflammatory phytotherapeutics: a valuable alternative to NSAID treatment in horses. Vlaams Diergeneeskundig Tijdschrift 2008; 78: 161–170

[882] Treiber KH, Geor RJ, Boston RC et al. Dietary energy source affects glucose kinetics in trained Arabian geldings at rest and during endurance exercise. J Nutr 2008; 138(5): 964–970

[883] Troschke S. Die Versorgung des Pferdes mit Kupfer und Selen; Veterinärmedizinische Universität Wien; Bakkalaureat 2009

[884] Urschel KL, Geor RJ, Waterfall HL et al. Effects of leucine or whey protein addition to an oral glucose solution on serum insulin, plasma glucose and plasma amino acid responses in horses at rest and following exercise. Equine Vet J Suppl 2010; (38): 347–354

[885] Vaga M, Hetta M, Huhtanen P. Effects of heat treatment on protein feeds evaluated in vitro by the method of estimating utilisable crude protein at the

duodenum. J Anim Physiol Anim Nutr (Berl) 2017; 101(6): 1259–1272

[886] Valle E, Barbero R, Cuniberti B et al. G10 Effects of herbal extracts on blood prostaglandins, leukotrienes and thromboxanes in the horse: comparison with phenylbutazone. Journal of Veterinary Pharmacology and Therapeutics 2006; 29: 209–210

[887] van Weyenberg S, Buyse J, Janssens GP. Digestibility of a complete ration in horses fed once or three times a day and correlation with key blood parameters. Vet J 2007; 173(2): 311–316

[888] Venner M, Vervuert I. Fütterung zur Prävention von Magengeschwüren beim Sportpferd, ein Update. Leipziger Blaue Hefte 2018; 9: 88–90

[889] Verhaar N, Rogers CW, Gee EK et al. The Feeding Practices and Estimated Workload in a Cohort of New Zealand Competition Horses. J Equine Vet Sci 2014; 34(11): 1257–1262

[890] Vervuert I. Ausgewählte nutritiv bedingte Probleme beim Pferd. Tierärztliche Praxis Ausgabe G: Großtiere/Nutztiere 2008; 36(02): 131–139

[891] Vervuert I. Phänomen freies Kotwasser beim Pferd. pferde spiegel 2015; 18(01): 8–11

[892] Vervuert I. Heulage und Co.: Was kann die Fütterung für die Lunge tun? pferde spiegel 2018; 21 (03): 107–114

[893] Vervuert I, Stanik K, Coenen M. Effects of different levels of calcium and phosphorus intake on calcium homeostasis in exercising horses. Equine Vet J Suppl 2006; (36): 659–663

[894] Vervuert I, Voigt K, Hollands T et al. Effects of processing barley on its digestion by horses. Vet Rec 2008; 162(21): 684–688

[895] Vondran S, Venner M, Vervuert I. Effects of two alfalfa preparations with different particle sizes on the gastric mucosa in weanlings: alfalfa chaff versus alfalfa pellets. BMC Vet Res 2016; 12(1): 110 DOI 110.1186/s12917-12016-10733-12915

[896] Weißbach F, Kuhla S. Stoffverluste bei der Bestimmung des Trockenmassegehaltes von Silagen und Grünfutter: Entstehende Fehler und Möglichkeiten der Korrektur. Übers Tierernährg 1995; 23: 189–214

[897] Winkelsett S, Vervuert I. [Animal welfare in prevention and therapy of laminitis]. Dtsch Tierarztl Wschr 2008; 115(3): 106–113

[898] Wolf E. Grundlagen der rationellen Fütterung des Pferdes. Neue Beiträge - Resultate der 1885/86 und 1886/87 in Hohenheim ausgeführten Versuche.: Verlag Paul Parey, Berlin; 1887

[899] Wyss U, Klein R, Mund K et al. Stabilität von Silagen für Pferde bei der Verfütterung. Agrar Forschung Schweiz 2010: 314

[900] Zehnder C. Feldstudie zu Risikofaktoren für den Absatz von freiem Kotwasser beim Freizeitpferd; Ludwig-Maximillians-Universität München; Diss. Vet. Med. 2009

[901] Zeyner A, Kienzle E. A method to estimate digestible energy in horse feed. J Nutr 2002; 132(6 Suppl 2): 1771S-1773S

[902] Zeyner A, Kirchhof S, Susenbeth A et al. A new protein evaluation system for horse feed from literature data. J Nutr Sci 2015; 4: e4

14.3.3 Kapitel 6 (Allgemeines zur Fütterung)

[903] Bundesministerium für Ernährung, Landwirtschaft und Verbraucherschutz. Leitlinien zur Beurteilung von Pferdehaltungen unter Tierschutzaspekten. Bundesministerium für Ernährung, Landwirtschaft und Verbraucherschutz; 2009

[904] Carrol C, Huntington P. Body condition scoring and weight estimation of horses. Equine vet. J. 1988; 20: 41–45

[905] Carter RA, Geor RJ, Staniar BW et al. Apparent adiposity assessed by standardised scoring systems and morphometric measurements in horses and ponies. Vet J. 2009; 179: 204–210

[906] Chrichlow E, Yoshida K, Wallace K. Dust levels in riding stable. Equine vet. J. 1980; 12: 185–188

[907] Coenen M, Kienzle E, Vervuert I et al. Recent German developments in the formulation of energy and nutrient requirements in horses and the resulting feeding recommendations. J. Equine Vet. Sci. 2011; 31: 219–229

[908] Committee on Minerals and Toxic Substances in Diets and Water for Animals; Board on Agriculture and Natural Resources (BANR); Division on Earth and Life Studies (DELS); National Research. Mineral tolerances of Animals. 2nd Edition. Washington: National Academies Press; 2005

[909] Frape D. Equine Nutrition and Feeding. 4th Edition. Oxford: Wiley-Blackwell 2010

[910] Kamphues J, Amtsberg G, Klarmann D. Feinanteile im Staub in Futtermitteln. Berl. Münch. Tierärztl. Wschr. 1989; 102: 418–421

[911] McDowell LR. Minerals in animal and human nutrition. 1st Edition. Amsterdam: Elsevier Science BV; 2003

[912] Schnitzer U. Untersuchungen zur Planung von Reitanlagen [Disssertation - Karlsruhe]. Frankfurt/Main: KTBL-Schrift 6; 1970

[913] Vervuert I. Food properties affecting starch digestion by healthy horses as measured by glycaemic and insulinaemic responses [Habl. Schrift]. Leipzig; 2009

[914] Vervuert I, Bergero D. Ration formulation in horses: the scope of interpretation. In: Ellis AD, Longland AC, Coenen M et al: Hrsg. The impact of nutrition on the health and welfare of horses. EAAP Publication 2010; 128: 106–115

14.3.4 Kapitel 8 (Diagnostik zur Überprüfung einer adäquaten Energie- und Nährstoffversorgung)

[915] Bickhardt K, Deegen E, Espelage W. Kidney function tests in horses-methods and reference values in healthy animals. Dtsche Tierärztl. Wochenschrift 1996; 103: 117–122

[916] Combs Jr. GF, Hrsg. 2008: The vitamins. 3rd Edition. Burlington, San Diego, London: Elsevier Academic Press; 2008

[917] Harmeyer J, Schlumbohm C. Effects of pharmacological doses of Vitamin D 3 on mineral balance and profiles of plasma Vitamin D 3 metabolites in horses. J. Steroid Biochem. Mol. Biology 2004; 89–90: 595–600

[918] Hyyppä S, Höyhtyä M, Nevalainen M et al. Effect of exercise on plasma ferritin concentrations: implications for the measurement of iron status. Equine Vet. J. Suppl. 2002; 34:186–190

[919] Kaneko JJ, Hrsg. Clinical biochemistry of domestic animals. 4th Edition. San Diego und New York: Academic Pres; 2008

[920] Kohn RA, Dinneen MM, Russek-Cohen E. Using blood urea nitrogen to predict nitrogen excretion and efficiency of nitrogen utilization in cattle, sheep, goats, horses, pigs, and rats. J. Anim. Sci. 2005; 83: 879–889

[921] McDowell LR. Minerals in animal and human nutrition. 1st Edition. Amsterdam: Elsevier Science BV; 2003

[922] Meyer H, Boos A, Weisweiler B et al. Ein Beitrag zum β-Carotin und Vitamin-A-Stoffwechsel des Pferdes. Pferdeheilkd. 1995; 11: 259–262

[923] Moritz A. Klinische Labordiagnostik in der Tiermedizin. Stuttgart: Schattauer; 2013

[924] Weisweiler B, Twehues R, Kuczka A et al. Einfluß hoher Vitamin-D-Dosierungen auf Ca-, Mg- und P-Stoffwechsel von Pferden. Pferdeheilkd. 1993; 9: 343–352

[925] van Weeren PR, Knaap J, Firth EC. Influence of liver copper status of mare and newborn foal on the development of osteochondrotic lesions. Equine Vet. J. 2003; 35: 67–71

[926] Vervuert I. Major mineral and trace element requirements and functions in exercising horses. In: Nutrition of the exercising horse. In: Saatsamoinen MT, Martin-Rosset W. Nutrition of the exercising horse. EAAP Publication 125: 207–218. Wageningen: Wageningen Academic Publishers; 2008

[927] Vervuert I, Coenen M, Höltershinken M et al. Aktuelle Befunde zur Beurteilung der Selenversorgung beim Pferd. Tierärztl. Praxis 2000; 3: 172–177

[928] Vervuert I, Kienzle E. Does blood really tell? Assessing nutritional status from blood, urine and tissue samples. In: Geor R, Coenen M, Harris P, Hrsg. Equine Applied and Clinical Nutrition: Health, Welfare and Performance. Philadelphia: Elsevier Saunders; 2013

[929] Wehr U, Englschalk B, Kienzle E et al. Iodine balance in relation to iodine intake in ponies. J. Nutr. 2002; 132:1767S–1768S

14.3.5 Kapitel 9 (Schadwirkungen durch Futtermittel)

[930] Bockisch F, Aboling S, Coenen M, Vervuert I. Goldhafer-Intoxikation bei Pferden. Wie sicher ist die Heuqualität von extensiven Standorten? Tierärztl. Praxis 2015: 5: 296–304

[931] GEGFM: German Experts Group of Feed Microbiologists. Arbeitskreis „Futtermittelbiologie“ der Fachgruppe VI der VDLUFA; 2012

[932] Giftpflanzendatenbank, CliniTox: www.vetpharm.uzh.ch/clinitox/; www.vetpharm.uzh.ch/giftdb/

[933] Kamphues J, Wolf P, Coenen M, Eder K, Iben C, Kienzle E, Liesegang A, Männer K, Zebeli Q, Zentel J. Supplemente zur Tierernährung. Hannover: M.& H. Schaper 2014, S. 203–208Roth L, Daunderer M, Kormann K. Giftpflanzen - Pflanzengifte: Vorkommen, Wirkung, Therapie - allergische und phototoxische Reaktionen. Mit Sonderteil über Gifttiere. Hamburg: Nikol Verlagsgesellschaft mbH & Co. KG; 2008

[934] Schulz AK, Vervuert I. Die Bedeutung von Mykotoxinen in der Pferdefütterung. Prakt. Tierarzt 2015; 96 (7): 690–698

[935] Valberg SJ, Sponseller BT, Hegeman AD et al. Seasonal pasture myopathy/atypical myopathy in North

America associated with ingestion of hypoglycin A within seed of the box elder tree. Equine Vet J. 2013; 45: 419–426

[936] Vervuert I. Welche Risiken bergen Heulagen oder Grassilagen für Pferde? Prakt. Tierarzt 2015; 96(2): 159–162

14.4
Teil 3: Erkrankungen und Diätetik

14.4.1 Kapitel 10 (Fütterungsempfehlungen bei Krankheiten und Störungen)

[937] Coenen M. Verdaulichkeit und praecaecale Passage einer suspendierfähigen Diät in Abhängigkeit von der Applikationsform. Z. Tierphysiol., Tierernährg. u. Futtermittelkd. 1986; 56: 104–117

[938] Cohen ND, Gibbs PG, Woods AM. Dietary and other management factors associated with colic in horses. J Am Vet Med Assoc 1999; 125: 53–60

[939] Dietz O, Huskamp B, Hrsg: Handbuch Pferdepraxis. Stuttgart: Enke Verlag in MVS Medizinverlage Stuttgart; 2006

[940] Dixon PM, Dacre I. A review of equine dental disorders. Vet J. 2005; 169: 165–187

[941] Durham A. Therapeutics for Equine Endocrine Disorders. Vet Clin North Am Equine Pract. 2017; 33 (1): 127–139

[942] Durham AE, Phillips TJ, Walmsley JP et al. Nutritional and clinicopathological effects of post operative parenteral nutrition following small intestinal resection and anastomosis in the mature horse. Equine Vet. J. 2004; 36: 390–396

[943] Frape D. Equine Nutrition and Feeding. 4th Edition. Oxford: Wiley-Blackwell; 2010

[944] Harris PA, Ellis AD, Fradinho MA, Jansson A, Julliand V, Luthersson N, Santos AS, Vervuert I. Review of feeding conserved forage to horses: recent advances and recommendations. Animal 2016: 24: 1–10

[945] Harris PA, Rivero JL. Exercise-associated muscle disorders. In: Geor R, Coenen M, Harris P, Hrsg. Equine Applied and Clinical Nutrition: Health, Welfare and Performance. Philadelphia: Elsevier Saunders; 2013

[946] Löffler K, Gäbel G. Anatomie und Physiologie der Haustiere. Stuttgart: Ulmer; 2018

[947] Mackenthun E, Coenen M, Vervuert I. Effects of Saccharomyces cerevisiae supplementation on apparent total tract digestibility of nutrients and fermentation profile in healthy horses. J. Anim. Physiol. Anim. Nutr. 2013: (Berl). 97 Suppl. 1: 115–20

[948] Magdesian KG. Nutrition for critical gastrointestinal illness: feeding horses with diarrhea or colic. Vet. Clin. Equine 2003; 19: 617–644

[949] Mair T. Feeding management pre- and post-surgery. In: Geor R, Coenen M, Harris P, Hrsg. Equine Applied and Clinical Nutrition: Health, Welfare and Performance. Philadelphia: Elsevier Saunders; 2013

[950] McGowan TW, Pinchbeck GP, McGowan CM. Prevalence, risk factors and clinical signs predictive for equine pituitary pars intermedia dysfunction in aged horses. Equine Vet. J. 2013; 45(1): 74–79

[951] Meyer H. Bedeutung von Futter und Fütterung bei Koliken des Pferdes. Tierärztl. Praxis 1979; 7: 221–227

[952] Meyer H, Hrsg. Beiträge zum Wasser- und Elektrolythaushalt des Pferdes. Fortschr. Tierphysiol. Tierernährg., Heft 21. Berlin und Hamburg: Verlag Paul Parey; 1990

[953] Meyer H, Landes E. Typhlocolitis – nutritive Anamnese und Diätvorschläge. Colleg. Vet. 1996; 26: 58–61

[954] Meyer H, Zentek J. Ernährung des Hundes. 6. Auflage. Berlin: Verlag Paul Parey; 2010

[955] McKenzie E, Firshman AM. Optimal diet of horses with chronic exertional myopathies. Vet. Clin. Equine 2009; 25: 121–135

[956] Mendoza L, Lejeune JP, Caudron I, Detilleux J, Sandersen C, Deliège B, Serteyn D. Impact of feeding and housing on the development of osteochondrosis in foals-A longitudinal study. Prev Vet Med. 2016; 127: 10–14

[957] Moore-Colyer MJ, Lumbis K, Longland A, Harris P. The effect of five different wetting treatments on the nutrient content and microbial concentration in hay for horses. PLoS One. 2014; 9(11): e114079. doi: 10.1371/journal.pone.0114079

[958] Muhonen S, Julliand V, Lindberg JE, Bertilsson J, Jansson A. Effects on the equine colon ecosystem of grass silage and haylage diets after an abrupt change from hay. J Anim Sci 2009; 87(7): 2291–2298. doi: 10.2527/jas.2008-1461Murray MJ

[959] Nadeau J, Andrews F, Mathew A et al. Evaluation of diet as a cause of gastric ulcers in horses. Am. J. Vet. Res. 2000; 61: 784–790

[960] Rade R, Kamphues J. Bedeutung von Futter und Fütterung für die Gesundheit des Atmungstraktes. Übers. Tierernährg. 1999; 27: 65–121

[961] Radicke S. Untersuchungen zur Verdauung von Mais- und Haferstärke beim Pferd [Dissertation]. Hannover; 1990

[962] Radicke S, Meyer H, Kienzle E. Über den Einfluß von Futterart und Fütterungszeitpunkt auf den Blutglukosespiegel bei Pferden. Pferdeheilkd. 1994; 10: 187–190

[963] Ralston S. Feeding behaviour. Vet. Clin. N. America 1986; 2: 609–621

[964] Schott H. Oral fluids for equine diarrhoea. The Vet. J. 1998; 155: 119–121

[965] Semevolos SA. Osteochondritis dissecans development. Vet Clin North Am Equine Pract. 2017

[966] Valberg JS. How to feed horses with exertional myopathies. AAEP Proceedings 62nd Annual Convention Orlando 2016, 520–522

[967] Venner M, Ohnesorge B. Glukose- und Xylose-Resorptionstest zur Diagnostik der Malabsorption beim Pferd. Tierärztl. Praxis 2001; 29: 256–259

[968] Venner M, Vervuert I, Winter J et al. Magenerkrankungen beim Pferd. Continuing Vet. Education 2011; 2: 1–24

[969] Vervuert I. Fütterungsempfehlungen bei Muskelerkrankungen des Pferdes: Stand der Forschung versus „Supplementiasis". Prakt. Tierarzt 2011; 11: 988–991

[970] Vervuert I. Fütterungsmanagement von Pferden nach Koliken. Pferdeheilkd. 2012; 4: 471–476

[971] Vervuert I, Ellis A. Developmental orthopaedic disease. In: Geor R, Coenen M, Harris P, Hrsg. Equine Applied and Clinical Nutrition: Health, Welfare and Performance. Philadelphia: Elsevier Saunders; 2013

[972] Vervuert I, Hohn K. Was leisten orale Chondroprotektiva beim Pferd? Pferdespiegel 2011; 14: 50–54

[973] Vervuert I, Ungru J, Zientek F. Das Equine Metabolische Syndrom- Zivilisationskrankheit oder Erbe der Wildpferde. Pferdespiegel 2012; 15: 64–72

[974] Votion DM, van Galen G, Sweetman L, Boemer F, de Tullio P, Dopagne C, Lefère L, Mouithys-Mickalad A, Patarin F, Rouxhet S, van Loon G, Serteyn D, Sponseller BT, Valberg SJ. Identification of methylenecyclopropyl acetic acid in serum of European horses with atypical myopathy. Equine Vet J. 2014; 46(2): 146–149.

[975] Vondran S, Venner M, Vervuert I. Effects of alfalfa chaff on the gastric mucosa in adult horses. Pferdeheilkunde 2017; 33(1): 66–71

[976] Vondran S, Venner M, Vervuert I. Effects of two alfalfa preparations with different particle sizes (alfalfa chaff vs alfalfa pellets) on the gastric mucosa in weanlings. BMC Vet. Res. 2016; 2(1): 110. doi: 10.1186/s12917-016-0733-5

[977] Whitlock R. Colitis: differential diagnosis and treatment. Equine vet. J. 1986; 18: 278–283

[978] Woods P, Robinson N, Swanson M et al. Airborne dust and aeroallergen concentration in a horse stable. Equine vet J 1993; 25: 208–213

14.5 Teil 4: Versorgungsempfehlungen

14.5.1 Kapitel 13 (Tabellenanhang)

[979] Azuhnwi BN, Bollert B, Martens M et al. Morphology, tannin concentration and forage value of 15 Swiss accessions of sainfoin (Onobrychis viciifolia Scop.) as influenced by harvest time and cultivation site. Grass Forage Sci 2011; 66(4): 474–487

[980] Dahlhoff S. Fruktangehalt im Gras von Pferdeweiden während der Weidesaison 2002; Tierärztliche Hochschule Hannover; Diss. Vet. Med. 2003

[981] Degussa. Aminosäurenzusammensetzung von Futtermitteln. 4. Aufl; 1997

[982] DLG (Deutsche Landwirtschaftliche Gesellschaft). Mineralstoffgehalte in Futtermitteln. Frankfurt/Main: DLG-Verlag 1973

[983] DLG (Deutsche Landwirtschaftliche Gesellschaft). DLG-Futterwerttabellen: Aminosäuren. Frankfurt/Main: DLG-Verlag; 1976

[984] DLG (Deutsche Landwirtschaftliche Gesellschaft). DLG-Futterwerttabellen für Wiederkäuer. 6. Aufl. Frankfurt/Main: DLG-Verlag; 1991

[985] DLG (Deutsche Landwirtschaftliche Gesellschaft). DLG-Futterwerttabellen – Pferde. Frankfurt/Main: DLG-Verlag 1995

[986] GfE (Gesellschaft für Ernährungsphysiologie der Haustiere). Empfehlungen zur Energie- und Nährstoffversorgung des Pferdes. Frankfurt/Main: DLG-Verlag 2014

[987] Jeroch, H, Flachowsky G, Weissbach F. Futtermittelkunde. Jena/Stuttgart: Gustav Fischer Verlag; 1993

[988] Kienzle E, Möllmann F. Spurenelementanalyse in Heu für Pferde – einmal untersuchen, mehrmals schätzen. Tierarztl Prax Ausg G Großtiere Nutztiere 2009; 37: 242–246

[989] Lindner G. Grundfutterqualität 2016. lkonline, Landwirtschaftskammer Salzburg 2017; https://sbg.lko.at/grundfutterqualität-im-jahr-2016+2500+2517374

[990] Müller G. Feldstudie zur Versorgung mit Nährstoffen und zu Einflussfaktoren auf die Kotzusammensetzung bei Pferden unter Fütterung von Grassilage oder Heu als Raufutter; Tierärztliche Hochschule Hannover; Diss. Vet. Med. 2002

[991] NRC (National Research Council). Nutrient Requirements of Dairy Cattle. 7. Ed. Washington D.C.: National Academic Press 2001

[992] NRC (National Research Council). Nutrient Requirements of Horses. 6. Ed. Washington D.C.: National Academic Press 2007

[993] Resch R. Futter-, Energie- und Rohproteinerträge für Grünland in Österreich 2013. BMLFUW-Faustzahlen für Wirtschafts- und Extensivgrünland, Feldfutterbau, Silomais und Futterrüben. Grüner Bericht 2014

[994] Resch R. Auswirkungen unterschiedlicher Trocknungsverfahren auf die Raufutterqualität. 19. Alpenländisches Expertenforum, 3. April 2014, LFZ Raumberg-Gumpenstein, A-8952 Irdning; 45–54

[995] Resch R, Gruber L. Proteinfraktionen von Dauerwiesenfutter in Abhängigkeit von Konservierungsverfahren und Lagerungsdauer. 42. Viehwirtschaftliche Fachtagung, 25.–26. März 2015, Bericht HBLFA Raumberg-Gumpenstein; 49–55

[996] Rodehutscord M, Rückert Ch, Maurer HP et al. Variation in chemical composition and physical characteristics of cereal grains from different genotypes. Arch Anim Nutrition 2016; 70: 87–107

[997] Sauvant D, Perez JM, Tran G. Tables of composition and nutritional value of feed material. 2004; https://doi.org/10.3920/978-90-8686-668-7

[998] Souci SW, Fachmann W, Kraut H. Die Zusammensetzung der Lebensmittel, Nährwert-Tabellen. 8. Aufl. Stuttgart: Wissenschaftliche Verlagsgesellschaft 2016

[999] Wichert B, Frank T, Kienzle E. Versorgung von Pferden in Oberbayern mit den Spurenelementen Zink, Kupfer und Selen. Tierarztl Prax Ausg G Großtiere Nutztiere 2002; 30: 46–52

[1000] Wöhlbier W, Kirchgessner M, Oelschläger W. Die Gehalte des Rotklees und der Luzerne an Mengen- und Spurenelementen. Arch Tierernährung 1959; 9: 194–201

[1001] Zeyner A, Grünewald K-H, Esser S et al. Contents of precaecally digestible crude protein and amino acid profile of the total and insoluble crude protein fraction of compound feeds for horses treated in Germany. Proc. 22nd Congr. Europ. Soc. Vet. Comp. Nutr. (ESVCN). Munich (Germany): 6.–8. September 2018a, 155

[1002] Zeyner A, Krause O, Karp H-P et al. Nutritive value of hay and haylage from horse farms in Germany with particular interest in precaecally digestible crude protein. Proc. 22nd Congr. Europ. Soc. Vet. Comp. Nutr. (ESVCN). Munich (Germany): 6.–8. September 2018b, 160

[1003] Zhao X. Content of macro- and microminerals in wrapped forages for horses. Thesis, Faculty of Veterinary Medicine and Animal Science 2014

14.5.2 Überarbeitung von Angaben zum Energie- und Nährstoffbedarf und Versorgungsempfehlungen

Die Autoren danken mit Nachdruck den Mitgliedern des Ausschusses für Bedarfsnormen (AfBN) der Gesellschaft für Ernährungsphysiologie (GfE; Prof. Dr. M. Rodehutscord, Hohenheim [Vorsitzender]; Prof. Dr. J. Kamphues, Hannover; Prof. Dr. H. Schenkel, Hohenheim; Dr. W. Staudacher, Frankfurt; Prof. Dr. W. Windisch, Weihenstephan; Prof. Dr. K.-H. Südekum, Bonn; Prof. Dr. A. Susenbeth, Kiel; Prof. Dr. G. Flachowsky, Braunschweig; temporäre Mitglieder: Prof. Dr. E. Kienzle, München; Prof. Dr. A. Zeyner, Halle; Prof. Dr. M. Coenen, Leipzig) für die intensive gemeinsame Bearbeitung der Themen, die unverzichtbare Voraussetzung für die Berücksichtigung wesentlicher, teils an anderer Stelle veröffentlichter (s. u.) Neuerungen in der Futterbewertung und Ableitung von Bedarfsgrößen bzw. Versorgungsempfehlungen darstellen.

[1004] GfE (Gesellschaft für Ernährungsphysiologie der Haustiere, Ausschuss für Bedarfsnormen). Empfehlungen zur Energie- und Nährstoffversorgung des Pferdes. Frankfurt/Main: DLG-Verlag 2014

[1005] Kienzle E, Zeyner A. The development of a metabolizable energy system for horses. J Anim Physiol Anim Nutr 2010; 94: e231–240

[1006] Kienzle E, Burger A. Der Erhaltungsbedarf des Pferdes an Mengenelementen. Übersichten Tierernährung 2011; 39: 67–104

[1007] Coenen M, Schmidt S, Zeyner A, Kienzle E. Revision of the energy and nutrient requirements of mares: I. Gestation. In: Ellis AD, Longland AC, Coenen M, Miraglia N (Hrsg.). The impact of nutrition on the health and welfare of horses. Revision of the energy and nutrient requirements of mares: I. Gestation.

Wageningen: Wageningen Academic Publishers 2010; 32–34

[1008] Schmidt B, Zeyner A, Kienzle E, Kirchhof S, Coenen M. Milk intake and foal growth – a review of literature. In: Ellis AD, Longland AC, Coenen M, Miraglia N (Hrsg.). Revision of the energy and nutrient requirements of mares: I. Gestation. Wageningen: Wageningen Academic Publishers; 2010: 43–46

[1009] Zeyner A, Harris PA. Vitamins. In: Geor RJ, Harris PA, Coenen M (Hrsg.). Equine applied and clinical nutrition. Edinburgh: Elsevier 2013: 168–189

[1010] Zeyner A, Kienzle E, Coenen M. Artgerechte Pferdefütterung. In: Brade W, Distl O, Sieme H, Zeyner A (Hrsg.). Pferdezucht, -haltung und –fütterung. Empfehlungen für die Praxis. Landbauforschung, Sonderheft 353. 2011; 164–191

[1011] Zeyner A, Kirchhof S, Susenbeth A et al. Protein evaluation of horse feed: a novel concept. In: Ellis AD, Longland AC, Coenen M, Miraglia N (Hrsg.). The impact of nutrition on the health and welfare of horses. EAAP Publication 2010; 128: 40–42. Wageningen: Wageningen Academic Publishers; 2010

15 Abkürzungsverzeichnis und Glossar

ad lib. *ad libitum (zur freien Verfügung)*
ADP *Adenosindiphosphat*
Anionen *negativ geladene Ionen*
Äquivalentgewicht *Atom-(Formel-)Gewicht: Wertigkeit*
ATP *Adenosintriphosphat*
BCS *Body Condition Score*
Ca *Kalzium*
Cd *Kadmium*
Cl *Chlorid*
Co *Kobalt*
CP *Kreatinphosphat*
Cu *Kupfer*
DE *verdauliche Energie*
dt *Dezitonne = 100 kg*
dvRp *dünndarmverdauliches Rohprotein*
E *Energie (in Tabellen)*
EMS *Equines metabolisches Syndrom*
endogene Verluste *obligatorische Nährstoffverluste des Organismus (über Darm, Niere, Haut)*
extrazelluläre Flüssigkeit *Körperflüssigkeit in Gefäßen, zwischen den Zellen und im Verdauungskanal*
Fe *Eisen*
FM *Futtermittel*
FMG/FMV *Futtermittelgesetz bzw. -verordnung*
GE *Bruttoenergie*
GEGFM *German Experts Group of Feed Microbiologists*
GfE, früher GEH *Gesellschaft für Ernährungsphysiologie der Haustiere*
IE *Internationale Einheit*
intravasal *im Blutgefäßsystem*
J *Jod*
J *Joule (Energieeinheit; 1 J = 0,239 Kalorien)*
j. v. u. Z. *Jahre vor unserer Zeit*
K *Kalium*
Kationen *positiv geladene Ionen*
KBE *koloniebildende Einheiten*
kcal *Kilo-Kalorien = 4,186 kJ*
KG *Keimgruppe*
kJ *Kilo-Joule = 1000 J*
KM *Körpermasse*
Koprophagie *Kotfressen*
Krippenfutter *konzentrierte Futtermittel (Kraftfutter, Mischfutter, Getreidekörner)*
l *Liter*
LD_{50} *mittlere tödliche Dosis*
LG *Litergewicht*
LPS *Lipopolysaccharide*
ME *umsetzbare Energie*
Mg *Magnesium*
Milliäquivalentgewicht *1/1000 Äquivalentgewicht*
MJ *Mega-Joule = 1000 kJ*
Mn *Mangan*
mol *Molekulargewicht (g)*
Molaren *hintere Backenzähne*
mmol *$^1/_{1000}$ mol*
N *Stickstoff*
N *Newton (physikal. Dimension für Kraft)*
Na *Natrium*
NE *Nettoenergie*
NfE *Stickstoff-(N-)freie Extraktstoffe*
NH_3 *Ammoniak*
Nm *Newtonmeter = Kraft × Weg = Arbeit*
NPN *Nichtprotein-Stickstoff*
Obstipation *Verstopfung*
Obturation *Verlegung*
P *Phosphor*
Pankreas *Bauchspeicheldrüse*
parenteral *nicht über den Verdauungskanal*
peripartal *vor und nach der Geburt*
per os *über das Maul*
p.m. *post mortem = nach dem Tode*
p.n. *post natum = nach der Geburt (Fohlen)*
postileale Verdauung *Verdauung im Dickdarm*
p. p. *post partum = nach der Geburt (Stute)*
PPID *Pituitary Pars intermedia Dysfunction (veraltet: Equines Cushing Syndrom)*
ppr. *postprandial = nach der Futteraufnahme*
Prämolaren *vordere Backenzähne*
präzäkale Verdauung *Verdauung im Magen/Dünndarm*
PSSM *Polysaccharid-Speicherkrankheit*
Ra *Rohasche*
Rfa *Rohfaser*
Rfe *Rohfett*
Rp (N × 6,25) *Rohprotein*
S *Schwefel*
Se *Selen*
TKG *Tausendkorngewicht*
TS *Trockensubstanz*
U *Units (Einheiten)*
uS *ursprüngliche Substanz*

VDLUFA *Verband deutscher landwirtschaftlicher Untersuchungs- und Forschungsanstalten*

vE *verdauliche Energie*

vit. *vitaminiert*

vRp *verdauliches Rohprotein*

Zn *Zink*

Sachverzeichnis

A

B

G

H

N

O

P

Q

R

T

U

V

W